中国石化员工培训教材

无损探伤工

中国石化员工培训教材编审指导委员会　编

本书主编　吴松

中国石化出版社

内 容 提 要

《无损探伤工》为《中国石化员工培训教材》系列之一，该书分为五篇：超声检测、渗透检测、涡流检测、磁粉检测、射线检测。

本书的特点是：实——紧贴实际、讲究实用、注重实效；新——内容新颖、形式新颖；精——精心组织、精心编写、精雕细刻；简——删繁就简，突出主干、简洁精练，易教易学。通过典型案例介绍和实际检测中的工艺编制说明，为从事无损检测工作的人员提供了便捷的实际操作应用指南。

本书是无损检测人员进行岗位技能培训的必备教材，也是专业技术人员必备的参考书。

图书在版编目(CIP)数据

无损探伤工 / 吴松主编 . —北京：中国石化出版社，2014.9

中国石化员工培训教材

ISBN 978-7-5114-2970-4

Ⅰ. ①无… Ⅱ. ①吴… Ⅲ. ①无损检验-职工培训-教材 Ⅳ. ①TG115.28

中国版本图书馆 CIP 数据核字(2014)第 191978 号

中国石化出版社出版发行

地址：北京市东城区安定门外大街 58 号

邮编：100011 电话：(010)84271850

读者服务部电话：(010)84289974

http://www.sinopec-press.com

E-mail:press@sinopec.com

北京富泰印刷有限责任公司印刷

*

787×1092 毫米 16 开本 45.25 印张 1141 千字

2014 年 12 月第 1 版 2014 年 12 月第 1 次印刷

定价：136.00 元

中国石化员工培训教材编审指导委员会

序

中国石化是上中下游一体化能源化工公司，经营规模大、业务链条长、员工数量多，在我国经济社会发展中具有举足轻重的作用。公司的发展，基础在队伍，关键在人才，根本在提高员工队伍整体素质。员工教育培训是建设高素质员工队伍的先导性、基础性、战略性工程，是加强人才队伍建设的重要途径。

当前，我们已开启了建设世界一流能源化工公司的新航程，加快转变发展方式的任务艰巨而繁重，这对进一步做好员工教育培训工作提出了新的更高要求。我们要以中国特色社会主义理论为指导，紧紧围绕企业改革发展、队伍建设和员工成长需要，以提高思想政治素质为根本，以能力建设为重点，积极构建符合中国石化实际的培训体系，加大重点和骨干人才培训力度，深入推进全员培训，不断提高教育培训的质量和效益，为打造世界一流提供有力的人才保证和智力支持。

培训教材是员工学习的工具。加强培训教材建设，能够有效反映和传递公司战略思想和企业文化，推动企业全员学习，促进学习型企业建设。中国石化员工培训教材编审指导委员会组织编写的这套系列教材，较好地反映了集团公司经营管理目标要求，总结了全体员工在实践中创造的好经验好做法，梳理了有关岗位工作职责和工作流程，分析研究了面临的新技术、新情况、新问题等，在此基础上进行了完善提升，具有很强的实践性、实用性和较高的理论性、思想性。这套系列培训教材的开发和出版，对推动全体员工进一步加强学习，进而提高全体员工的理论素养、知识水平和业务能力具有重要的意义。

学习的目的在于运用，希望全体员工大力弘扬理论联系实际的优良学风，紧密结合企业发展环境的新变化、新进展、新情况，学好用好培训教材，不断提高解决实际问题、做好本职工作的能力，真正做到学以致用、知行合一，把学习培训的成果切实转变为推进工作、促进改革创新的实际行动，为建设世界一流能源化工公司作出积极的贡献。

傅成玉

二〇一二年七月十六日

前　言

根据中国石化发展战略要求，为加强培训资源建设、推进全员培训的深入开展，集团公司人事部组织梳理了近些年培训教材开发成果，调研了企业培训教材需求，开展了中国石化员工培训课程体系研究。在此基础上，按职业素养、综合管理、专业技术、技能操作、国际化业务、新员工等六类，组织编写覆盖石油石化主要业务的系列培训教材，初步构建起中国石化特色的培训教材体系。这套系列教材围绕中国石化发展战略、队伍建设和员工成长的需要，以提高全体员工履行岗位职责的能力为重点，把研究和解决生产经营、改革发展面临的新挑战、新情况、新问题作为重要目标，把全体员工在实践中创造的好经验好做法作为重要内容，具有较强的实践性、针对性。这套培训教材的开发工作由中国石化员工培训教材编审指导委员会组织，集团公司人事部统筹协调，总部各业务部门分工负责专业指导和质量把关，主编单位负责组织培训教材编写。在培训教材开发和编写的过程中，上下协同、团结合作，各级领导给予了高度重视和支持，许多管理专家、技术骨干、技能操作能手为培训教材编写贡献了智慧、付出了辛勤的劳动。

《无损探伤工》教材分为五篇：超声检测、渗透检测、涡流检测、磁粉检测、射线检测。该教材包含了中国石化系统无损检测人员初级工、中级工、高级工、技师、高级技师的培训、考核内容。本着“实、新、精、简”的原则，强调实际运用，增加并扩展了典型应用实例，特别是典型案例中的工艺编制部分，对无损检测工作者有着积极的指导及辅助作用。

《无损探伤工》教材由江汉油田负责组织编写，主编吴松，副主编王小伍、李华桃；参加编写的单位有江汉油田、中原油田、江苏油田。五篇编写人员分别是，超声检测篇：胡俊华、王小伍、薛帏、朱春飞、梁君；渗透检测篇：杨玉平、江能；涡流检测篇：刘正军；磁性检测篇：李华桃、施昌质；射线检测篇：刘明清、陈志强、李少云、王全元、邹 君、白清春。本教材已经由集团公司人事部组织审定通过，主审李爱国，参加审定的人员有：李宏、王琪、魏红璞、王彬、张小龙、张淄生、宋明广、孟广恕，审定工作得到了河南油田、胜利油田单位的大力支持；中国石化出版社对教材的编写和出版工作给予了通力协作和配合，在此一并表示感谢。

由于本教材涵盖的内容较多，不同企业之间也存在着差别，编写难度较大，加之编写时间紧迫，不足之处在所难免，敬请各使用单位及个人对教材提出宝贵意见和建议，以便教材修订时补充更正。

目 录

超声波检测

渗透检测

涡流检测

磁 粉 检 测

射线检测

超声波检测

第一章 概 述

1.1 超声波检测的定义和作用

超声波检测一般是指使超声波在工件中传播，就反射、透射和散射的波进行研究，对工件进行宏观缺陷检测、几何特性测量、组织结构和力学性能变化的检测和表征，并进而对其特定应用性进行评价的技术。在石油石化行业中，超声检测通常指宏观缺陷检测和材料厚度测量。

1.2 超声波的特点

用于宏观缺陷检测的超声波，常用频率为0.5~25MHz，对钢等金属材料的检测，常用频率为0.5~10MHz。超声波的频率很高，远远超过了能引起人耳听觉的声波的频率范围，使其具有以下重要特性，得以广泛应用于无损检测。

1. 方向性好

超声波波长短，声束指向性好，可以使超声波能量向一定方向集中辐射。

2. 能量高

机械波的能量(声强)与频率的平方成正比。超声检测频率千倍于声波，因此超声波的能量百万倍于声波。

3. 良好的几何声学特性

即在均匀介质中以一定的声速沿直线传播，并在界面上产生反射、折射和波型转换等。在超声检测中，脉冲反射法就是利用了超声波几何声学特点。

4. 特殊的物理声学特性

即波的叠加、干涉和衍射等。在超声检测中，时差衍射法(TOFD)就是利用了超声波掠过障碍物时的衍射效应。

5. 穿透能力强

超声波在大多数介质中传播时，能量损失小，传播距离大，穿透能力强。在金属材料中的穿透能力可达数米，这是其他检测无法比拟的。

1.3 超声波检测工作原理

超声波检测主要是基于超声波在工件中的传播特性，如超声波在通过材料时能量会损失，在遇到两种介质分界面时会发生反射等。以脉冲反射法为例，其工作原理是：

声源产生的脉冲波进入到工件中——超声波在工件中以一定方向和速度向前传播——遇到两侧声阻抗有差异的界面时部分声波被反射——检测设备接收和显示——分析声波幅度和

位置等信息，评估缺陷是否存在或存在缺陷的大小、位置等。两侧声阻抗有差异的界面可能是材料中的某种缺陷(不连续)。如裂纹、气孔、夹渣等。也可能是工件的外表面。声波反射的程度取决于界面两侧声阻抗差异的大小、入射角以及界面的面积等。通过测量入射声波和接收声波之间声传播的时间，可以得知反射点距入射点的距离。

通常用来发现缺陷和对其进行评估的基本信息为：

（1）是否存在来自缺陷的超声波信号及其幅度。

（2）入射声波与接收声波之间的传播时间。

（3）超声波通过材料以后能量的衰减。

1.4 超声波检测技术的优点及局限性

1.4.1 优点

与其他无损检测方法相比，超声检测方法的优点有：

（1）适用于金属、非金属和复合材料等多种制件的无损检测。

（2）穿透能力强，可对较大厚度范围内的工件内部缺陷进行检测。如对金属材料，可检厚度为 1~2mm 的薄壁管材和板材，也可检测几米长的钢锻件。

（3）缺陷定位较准确。

（4）对面型缺陷的检出率较高。

（5）灵敏度高，可检测工件内部尺寸很小的缺陷。

（6）检测成本低、速度快。设备轻便，现场使用较方便，对人体及环境无害等。

1.4.2 局限性

（1）对工件中的缺陷进行精确的定性、定量仍需作深入研究。

（2）对具有复杂形状或不规则外形的工件进行超声检测有困难。

（3）缺陷的位置、取向和形状对检测结果有一定影响。

（4）工件材质、晶粒度等对检测有较大影响。

（5）常用的手工 A 型脉冲反射检测时结果显示不直观，检测结果无直接见证记录。

习 题

1. 超声检测的工作原理是什么？
2. 超声检测有哪些优点和局限性？

第二章　超声波检测的物理基础

超声波是一种机械波，是机械振动在介质中的传播。了解超声波的性质及其传播特点，对于正确应用超声波检测技术、解决实际检测中的各种问题是十分必要的。在超声波检测中，主要涉及几何声学和物理声学中的一些基本概念和定律。如反射定律、折射定律、波型转换、叠加、干涉和衍射等。

2.1　机械振动与机械波

2.1.1　机械振动

物体(或质点)在某一平衡位置附近作来回往复的运动，称为机械振动。

振动是自然界最常见的一种运动形式，日常生活中的振动现象随处可见，凡有摇摆、晃动、打击、发声的地方都存在机械振动，如弹簧振子、摆轮、音叉、琴弦以及蒸汽机活塞的往复运动等。

振动产生的必要条件是：物体一离开平衡位置就会受到回复力的作用；物体(或质点)在受到一定力的作用下，将离开平衡位置，产生一个位移；该力消失后，在回复力作用下，它将向平衡位置运动，并且还要越过平衡位置移动到相反方向的最大位移位置，然后再向平衡位置运动。这样一个完整运动过程称为一个“循环”或一次“全振动”。

振动是往复、周期性运动，可用周期和频率表示振动的快慢，用振幅表示振动的强弱。

振幅——振动物体离开平衡位置的最大距离，叫做振动的振幅，用 A 表示。

周期——当物体作往复运动时完成一次全振动所需要的时间，称为振动周期，用 T 表示。常用单位为秒(s)。

频率——振动物体在单位时间内完成全振动的次数，称为振动频率，用 f 表示。常用单位为赫兹(Hz)，1 赫兹表示 1s 内完成 1 次全振动，即 1 Hz=1 次/s。此外还有千赫(kHz)，兆赫(MHz)。$1\ \text{kHz}=10^3\ \text{Hz}$，$1\text{MHz}=10^6\text{Hz}$。

由周期和频率的定义可知，二者互为倒数：

$$T=\frac{1}{f}$$

2.1.2　机械波

1. 机械波的产生与传播

振动的传播过程，称为波动。机械波是机械振动在弹性介质中的传播过程，如水波、声波、超声波等。

为了简单说明机械波的产生和传播，不妨建立如图 2-1 所示的弹性介质模型，图中质点间以小弹簧连接在一起，这种质点间以弹性力连接在一起的介质称为弹性介质。一般固体、液体、气体都可视为弹性介质。

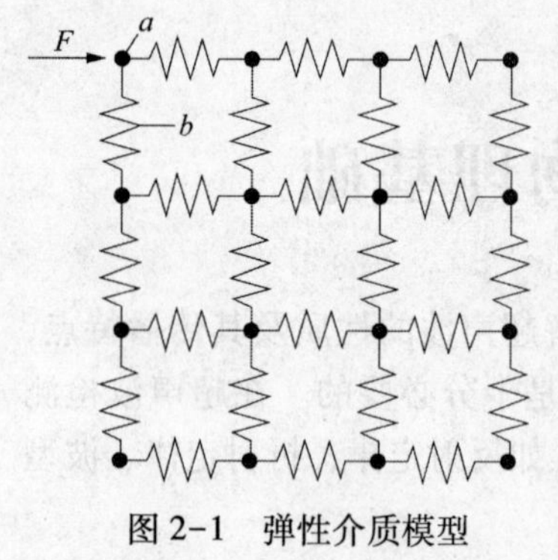

图 2-1　弹性介质模型
a—质点；b—表示弹性的弹簧

当外力 F 作用于质点 a 时，a 就会离开平衡位置，这时 a 周围的质点将对 a 产生弹性力，使 a 回到平衡位置。当 α 回到平衡位置时，具有一定的速度，由于惯性，a 不会停在平衡位置，而会继续向前运动，并沿相反方向离开平衡位置，这时 a 又会受到反向弹性力，使 a 又回到平衡位置，这样质点 a 在平衡位置来回往复运动，产生振动。与此同时，a 周围的质点也会受到大小相等、方向相反的弹性力的作用，使它们离开平衡位置，并在各自的平衡位置附近振动。这样弹性介质中一个质点的振动就会引起邻近质点的振动，邻近质点的振动又会引起较远质点的振动，于是振动就以一定的速度由近及远地传播开来，从而就形成了机械波。液体和气体的弹性波是在受到压力时体积的收缩和膨胀产生的。

由此可见，产生机械波必须具备以下两个条件：

（1）要有作机械振动的波源。

（2）要有能传播机械振动的弹性介质。

机械振动与机械波是互相关联的，振动是产生机械波的根源，机械波是振动状态的传播。波动中介质各质点并不随波前进，而是按照与波源相同的振动频率在各自的平衡位置上振动，并将能量传递给周围的质点。因此，机械波的传播不是物质的传播，而是振动状态和能量的传播。

2. 机械波的主要物理量

描述机械波的主要物理量有周期、频率、波长和波速。

（1）周期 T 和频率 f 为波动经过的介质质点产生机械振动的周期和频率，机械波的周期和频率只与振源有关，与传播介质无关。波动频率也可定义为波动过程中，任一给定点在 1 秒钟内所通过的完整波的个数，与该点振动频率数值相同，单位为赫兹(Hz)。

（2）波长 λ 声波经历一个完整周期所传播的距离，称为波长，用 λ 表示。同一波线上相邻两振动相位相同的质点间的距离即为波长。波源或介质中任意一质点完成一次全振动，波正好前进一个波长的距离。波长的常用单位为米(m)或毫米(mm)。

（3）波速 c 波动中，波在单位时间内所传播的距离称为波速，用 c 表示。常用单位为米/秒(m/s)或千米/秒(km/s)。

由波速、波长和频率的定义可得：

$$c = \lambda f \text{ 或 } \lambda = c/f$$

由上式可知，波长与波速成正比，与频率成反比。当频率一定时，波速越高，波长越长；当波速一定时，频率越低，波长就越长。

2.2　超声波的分类

波的分类方法很多，下面简单介绍几种常见的分类方法。

2.2.1　按波型分类

在超声检测中主要应用的波型有纵波、横波和表面波等。

1. 纵波 L

介质中质点的振动方向与波的传播方向互相平行的波，称为纵波，用 L 表示，如图 2-2 所示。

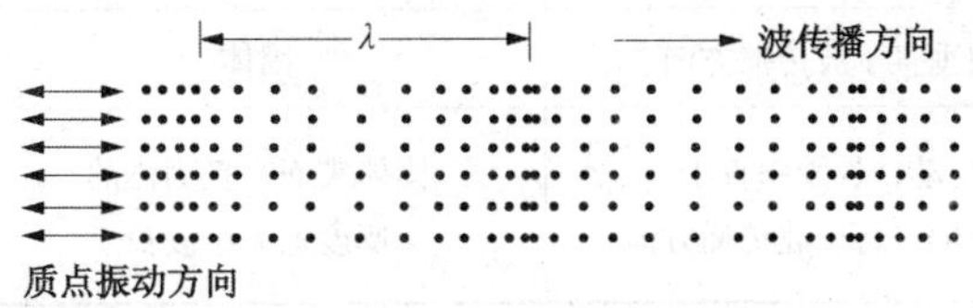

图 2-2　纵波示意图

纵波中介质质点受到交变拉压应力作用并产生伸缩形变，故纵波亦称为压缩波。而且，由于纵波中的质点疏密相间，故又称疏密波。

凡能承受拉伸或压缩应力的介质都能传播纵波。固体介质能承受拉伸或压缩应力，因此固体介质可以传播纵波。液体和气体虽然不能承受拉伸应力，但能承受压缩应力产生的体积变化，因此液体和气体介质也可以传播纵波。

2. 横波 $S(T)$

介质中质点的振动方向与波的传播方向互相垂直的波，称为横波，用 S 或 T 表示，如图 2-3 所示。

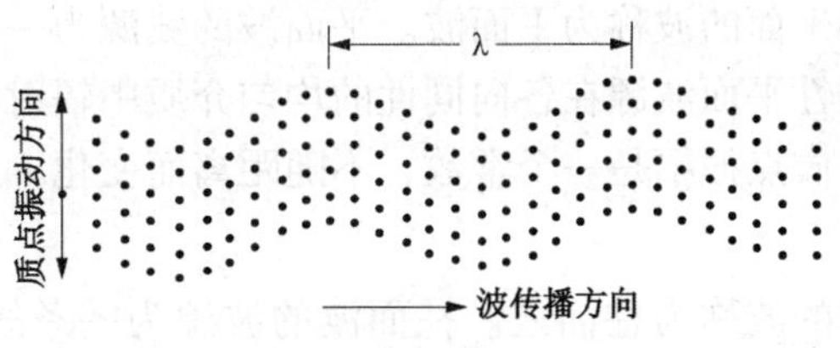

图 2-3　横波示意图

横波中介质质点受到交变剪切应力作用并产生切变形变，故横波又称切变波或剪切波。

只有固体介质才能承受剪切应力，液体和气体介质不能承受剪切应力，故横波只能在固体介质中传播，不能在液体和气体介质中传播。

3. 表面波 R

当介质表面受到交变应力作用时，产生沿介质表面传播的波，称为表面波，常用 R 表示。表面波是瑞利在 1887 年首先提出来的，因此表面波又称瑞利波。

表面波在介质表面传播时，介质表面质点作椭圆运动，椭圆长轴垂直于波的传播方向，短轴平行于波的传播方向。椭圆运动可视为纵向振动与横向振动的合成，即纵波与横波的合成。因此表面波同横波一样只能在固体介质中传播，不能在液体或气体介质中传播。

表面波只能在固体表面传播。表面波的能量随传播深度的增加而迅速减弱。当传播深度超过两倍波长时，质点的振幅就已经很小了。因此，一般认为，表面波检测只能发现距工件表面两倍波长深度范围内的缺陷。

超声检测中常用的波型归纳在表 2-1 中。

表 2-1 超声检测中常用的波型

波的类型	质点振动特点	传播介质	应用
纵波	质点振动方向平行于波传播方向	固、液、气体	钢板、锻件检测等
横波	质点振动方向垂直于波传播方向	固体	焊缝、钢管检测等
表面波	质点作椭圆运动，长轴垂直于波传播方向，短轴平行于波传播方向	固体表面，且固体的厚度远大于波长	钢管检测等

2.2.2 按波形分类

波的形状(波形)是指波阵面的形状。

波阵面：同一时刻，介质中振动相位相同的所有质点所连成的面称为波阵面。

波前：某一时刻，波动所到达的空间各点所连成的面称为波前。

波线：波的传播方向称为波线。

由以上定义可知，波前是最前面的波阵面，是波阵面的特例。任意时刻，波前只有一个，而波阵面却有很多。在各向同性的介质中，波线垂直于波阵面或波前。

根据波阵面形状不同，可以把波分为平面波、柱面波和球面波。

1. 平面波

波阵面为互相平行的平面的波称为平面波。平面波的波源为一平面，如图 2-4 所示。

尺寸远大于波长的刚性平面波源在各向同性的均匀介质中辐射的波可视为平面波。平面波波束不扩散，平面波各质点振幅是一个常数，不随距离而变化。

2. 柱面波

波阵面为同轴圆柱面的波称为柱面波。柱面波的波源为一条线，如图 2-5 所示。长度远大于波长的线状波源在各向同性的介质中辐射的波可视为柱面波。柱面波波束向四周扩散，柱面波各质点的振幅与距离平方根成反比。

3. 球面波

波阵面为同心球面的波称为球面波。球面波的波源为一点，如图 2-6 所示。

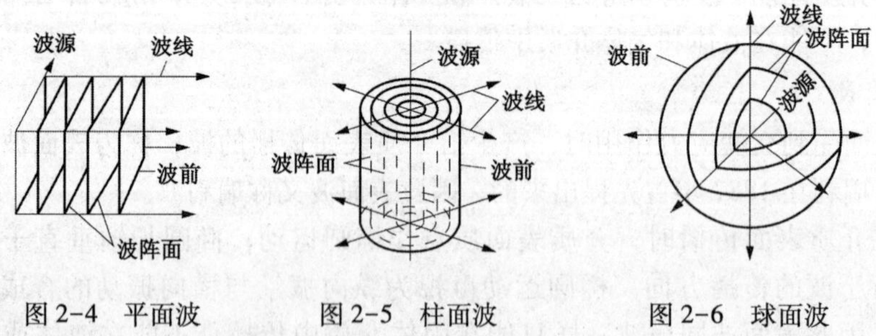

图 2-4 平面波 图 2-5 柱面波 图 2-6 球面波

尺寸远小于波长的点波源在各向同性的介质中辐射的四面八方扩散，球面波各质点的振幅与距离成反比。

实际应用的超声波探头中的波源近似活塞振动，在各向同性的介质中辐射的波称为活塞波。当距离波源的距离足够大时，活塞波类似于球面波。

2.2.3 按振动的持续时间分类

根据波源振动的持续时间长短，将波动分为连续波和脉冲波。

1. 连续波

波源持续不断地振动所辐射的波称为连续波，如图 2-7 所示。超声波穿透法检测常采用连续波。

2. 脉冲波

波源振动持续时间很短，(通常是微秒数量级，$1\mu s = 10^{-6}s$)、间歇辐射的波称为脉冲波，如图 2-8 所示。目前超声检测中广泛采用的就是脉冲波。

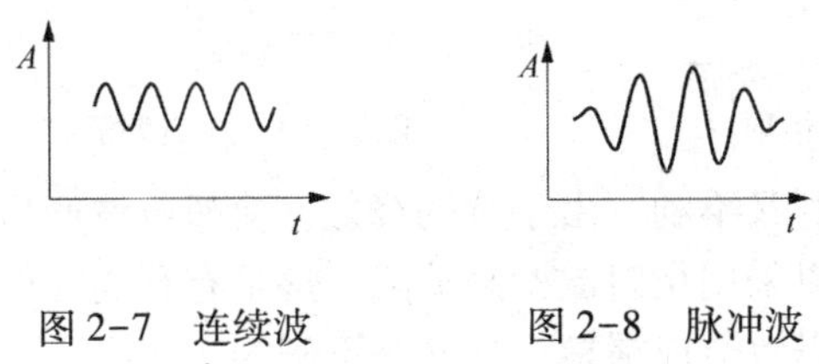

图 2-7 连续波　　图 2-8 脉冲波

2.3 波的叠加、干涉和衍射

2.3.1 波的叠加与干涉

1. 波的叠加原理

当几列波在同一介质中传播时，如果在空间某处相遇，则相遇处质点的振动是各列波引起振动的合成，在任意时刻该质点的位移是各列波引起位移的矢量和。几列波相遇后仍保持自己原有的频率、波长、振动方向等特性并按原来的传播方向继续前进，好像在各自的途中没有遇到其他波一样，这就是波的叠加原理，又称波的独立性原理。

波的叠加现象可以从许多事实观察到，如两石子落水，可以看到两个以石子入水处为中心的圆形水波的叠加情况和相遇后的传播情况。又如乐队合奏或几个人谈话，人们可以分辨出各种乐器和每个人的声音，这些都可以说明波传播的独立性。

2. 波的干涉

两列频率相同、振动方向相同、相位相同或相位差恒定的波相遇时，介质中某些地方的振动互相加强，而另一些地方的振动互相减弱或完全抵消的现象叫做波的干涉现象，产生干涉现象的波叫相干波，其波源称为相干波源。

波的叠加原理是波的干涉现象的基础，波的干涉是波动的重要特征。在超声检测中，由于波的干涉，使超声波源附近出现声压极大、极小值。

3. 波的衍射(绕射)

如图 2-9 所示，超声波在介质中传播时，若遇到障碍物(如缺陷)，据惠更斯-菲涅耳原理，缺陷边缘可以看作是发射子波的波源，使波的传播方向改变，从而使缺陷背后的声影缩小，反射波降低。波的绕射和障碍物尺寸 D_f及波长 λ 的相对大小有关。当 $D_f \ll \lambda$ 时，波的绕射强，反射弱，缺陷回波很低，容易漏检。超声检测灵敏度约为 $\lambda/2$，这是一个重要原因。当 $D_f \gg \lambda$ 时，反射强，绕射弱，声波几乎全反射。

如图 2-10 所示，平面波在介质中传播时，遇到缺陷 AB，据惠更斯-菲涅耳原理，缺陷边缘 A、B 可以看作是发射子波的波源，声波向各个方向衍射，从而使衍射时差法超声检测成为可能。

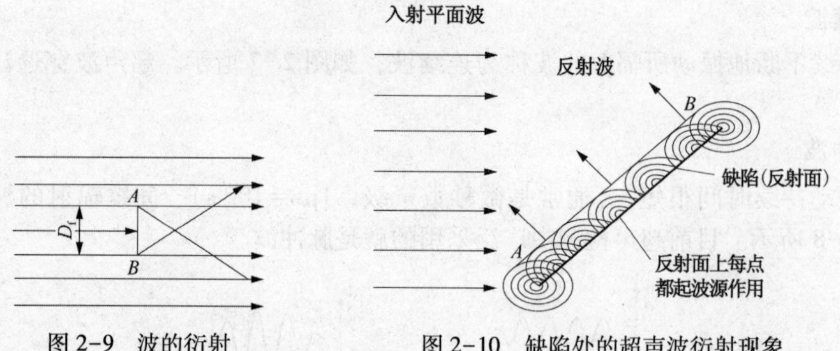

图 2-9　波的衍射　　图 2-10　缺陷处的超声波衍射现象

波的衍射对检测既有利又不利。由于波的绕射，使超声波产生晶粒绕射顺利地在介质中传播；由于波的衍射，可以采用衍射波检测缺陷，这是有利的。但同时由于波的绕射，使一些小缺陷回波显著下降，以致造成漏检，这又是不利的。

2.4　超声波的传播速度

超声波在介质中的传播速度主要取决于介质的弹性模量和密度有关，固体介质中介质的尺寸大小对声束也有一定的影响，无限大介质与细长棒中的声速也不一样。对特定的介质，弹性模量和密度为常数，故声速也是常数。不同的介质，有不同的声速。超声波在介质中的传播速度是表征介质声学特性的重要参数。

2.4.1　声速基本公式

细长棒中的声速为：$c_{Lb}=\sqrt{\dfrac{E}{\rho}}$

无限大固体介质中的声速为：$c=k\sqrt{\dfrac{E}{\rho_{Lb}}}$

流体介质中的声速为：$c_{Lb}=\sqrt{\dfrac{B}{\rho}}$

式中　E——固体介质的杨氏弹性模量；

B——流体介质的容变弹性模量；

ρ——介质的密度；

k——常系数，与波型和固体介质的尺寸有关的。

固体介质不仅能传播纵波，而且还可以传播横波和表面波等，但它们的声速是不同的。对同一种固体介质，大小关系如下：

纵波声速 c_L>横波声速 c_S>表面波声速 c_R

2.4.2　声速的测量

实际检测中有时需要测量材料中的声速，对超声检测人员来说，超声波检测仪是最现成的声速测量仪器。用这种方法测量，可用单探头反射法，也可用双探头穿透法。仪器会测量出超声波通过给定厚度的材料所用的时间，然后用公式：

$$声速\ c=\frac{波程\ L}{试件\ t}$$

计算得到结果。现在的数字式超声波检测仪有声速测量程序，不需要人工计算了。

2.5 声场及其特征量

充满超声波的空间或超声振动所波及的部分介质，叫超声场。超声场具有一定的空间大小和形状，只有当缺陷位于超声场内时，才有可能被发现。描述超声场的特征值(即物理量)主要有声压、声强和声阻抗。

2.5.1 声压 *P*

超声场中某一点在某一时刻所具有的压强 P_1 与没有超声波存在时的静态压强 P_0 之差，称为该点的声压，用 P 表示。

$$P=P_1-P_0$$

声压单位：帕斯卡(Pa)、微帕斯卡(μPa)

$$1\text{Pa}=1\text{N/m}^2 \qquad 1\text{Pa}=10^6\mu\text{Pa}$$

超声检测仪器显示的信号幅值的本质就是声压 P，示波屏上的波高与声压成正比。在超声检测中，就缺陷而论，声压值反映了缺陷的大小。

2.5.2 声阻抗 *Z*

超声场中任一点的声压与该处质点振动速度之比称为声阻抗，常用 Z 表示。

$$Z=\frac{P}{u}=\rho c$$

声阻抗的单位为克/厘米^2 · 秒($\text{g/cm}^2\cdot\text{s}$)或千克/米^2 · 秒($\text{kg/m}^2\cdot\text{s}$)。

由上式可知，声阻抗 Z 可理解为介质对质点振动的阻碍作用。这类似于电学中的欧姆定律 $I=U/R$，电压一定，电阻增加，电流减小。

声阻抗是表征介质声学性质的重要物理量。超声波在两种介质组成的界面上的反射和透射情况与两种介质的声阻抗密切相关。

常用材料的声阻抗见表 2-2 和表 2-3。

表 2-2　常用固体材料的密度、声速与声阻抗

种　类	ρ/(g/cm^3)	c_{Lb}/(m/s)	c_L/(m/s)	c_s/(m/s)	$z=\rho c_L$(×10^{6}g/cm^2 · s)
铝(Al)	2.7	5040	6260	3080	1.691
铁(Fe)	7.7	5180	5850~5900	3230	4.50
铸铁	6.9~7.3		3500~5600	2200~3200	2.5~4.2
钢	7.8		5880~5950	3230	4.53
铜(Cu)	8.9	3710	4700	2260	4.18
有机玻璃	1.18		2730	1460	0.32
聚苯乙烯	1.05		2340~2350	1150	0.25
环氧树脂	1.1~1.25		2400~2900	1100	0.27~0.36
尼龙	1.1~1.2		1800~2200		0.198~0.264

表 2-3　常见流体的密度、声速与声阻抗

种　　类	$\rho/(g/cm^3)$	$c_L/(m/s)$	$\rho c(\times 10^6 g/cm^2 \cdot s)$
轻油	0.810	i324	0.107
变压器油	0.859	1425	0.122
汽油	0.805	1250	0.101
煤油	0.825	1295	0.106
酒精	0.790	1440	0.114
水(20℃)	0.997	1480	0.148
甘油：100%	1.270	1880	0.238
33%(体积)水溶液	1.084	1670	0.180
20%(体积)水溶液	1.050	1600	0.168
10%(体积)水溶液	1.025	1560	0.158
水玻璃：100%	1.70	2350	0，399
33%(体积)水溶液	1.26	1720	0.217
20%(体积)水溶液	1.14	1600	0.182
10%(体积)水溶液	1.06	1560	0.166
空气	0.0013	344	0.00004

2.5.3　声强 *I*

单位时间内垂直通过单位面积的声能称为声强，常用 I 表示，单位是瓦/厘米²(W/cm^2)或焦耳/厘米²·秒($J/cm^2 \cdot s$)。

在同一介质中，超声波的声强与声压的平方成正比。

$$I = \frac{1}{2}\frac{P^2}{Z}$$

2.5.4　分贝与奈培

1. 分贝与奈培的概念

在生产和科学实验中，所遇到的声强数量级往往相差悬殊，如引起听觉的声强范围为 $10^{-16} \sim 10^{-4} W/cm^2$，最大值与最小值相差 12 个数量级。显然采用绝对值来度量是不方便的，但如果对其比值(相对量)取对数来比较计算则可大大简化运算。分贝与奈培就是两个同量纲的量之比取对数后的单位。

通常规定引起听觉的最弱声强为 $I_1 = 10^{-16} W/cm^2$ 作为声强的标准，另一声强 I_2 与标准声强 I_1 之比的常用对数称为声强级，单位为贝尔(B)。

$$\Delta = \lg \frac{I_2}{I_1} (dB) \tag{2-1}$$

实际应用贝尔太大，故常取其 1/10 即分贝(dB)来作单位：

$$\Delta = 10\lg \frac{I_2}{I_1} = 20\lg \frac{P_2}{P_1} (dB) \tag{2-2}$$

通常说某处的噪声为多少分贝，就是通过上式计算得到的。几种声音的声强及声强级大

致如下：

声音	声强	声强级
引起听觉的声音	10^{-16}W/cm^2	0dB
树叶沙沙声	10^{-15}W/cm^2	10dB
耳语	10^{-14}W/cm^2	20dB
谈话	10^{-11}W/cm^2	50dB
大炮声	10^{-6}W/cm^2	100dB
超声波	10^{4}W/cm^2	200dB

在超声检测中，当超声检测仪的垂直线性较好时，仪器示波屏上的波高与声压成正比。这时有：

$$\Delta = 20\lg\frac{P_2}{P_1} = 20\lg\frac{H_2}{H_1}(\text{dB}) \qquad (2-3)$$

这里声压基准 P_1 或波高基准 H_1 可以任意选取。

当 $H_2/H_1=1$ 时，$\Delta=0$dB，说明两波高相等时，二者的分贝差为零。

当 $H_2/H_1=2$ 时，$\Delta=6$dB，说明 H_2 为 H_1 的 2 倍时，H_2 比 H_1 高 6dB。

当 $H_2/H_1=1/2$ 时，$\Delta=-6$dB，说明 H_2 为 H_1 的 1/2 时，H_2 比 H_1 低 6dB。

常用声压比（波高比）对应的 dB 值列于表 2-4。

表 2-4　常用声压比（波高比）对应的 dB 值

P_2/P_1 或者 H_2/H_1	10	4	2	1	1/2	1/4	1/10
dB	20	12	6	0	−6	−12	20

若对 P_2/P_1 或者 H_2/H_1 取自然对数，则其单位为奈培（NP）。

$$\Delta = \ln\frac{P_2}{P_1} = \ln\frac{H_2}{H_1}(\text{NP})$$

$$1\text{NP} = 8.68\text{dB}1\text{dB} = 0.115\text{NF}$$

2. 分贝与奈培的应用

分贝与奈培用于表示两个相差很大的量之比，显得很方便，在声学和电学中都得到广泛的应用，特别是在超声检测中应用更为广泛。例如示波屏上两波高的比较就常常用 dB 表示。

例 1：示波屏上一波高为 80mm，另一波高为 20mm，问前者比后者高多少 dB?

解：　$\Delta=20\lg(H_2/H_1)=20\lg80/20=12(\text{dB})$

答：前者比后者高 12dB。

例 2：示波屏上有 A、B、C 三个波，其中 A 波比 B 波高 3 dB，C 波比 B 波低 3 dB，已知 B 波高为 50 mm，求 A、C 的波高各为多少?

解：由已知得 $\Lambda=20\lg \Lambda/B=3$

所以，　$A=10^{0.15}\times B=1.4\times50=70$（mm）

又，　$\Delta=20\lg(C/B)=-3$

所以，　$C=10^{-0.15}\times B=0.7\times50=35$（mm）

答：A，C 波高分别为 70 mm 和 35 mm。

用分贝值表示回波幅度的相互关系，不仅可以简化运算，而且在确定基准波高以后，可直接用仪器衰减器的读数表示缺陷波相对波高。因此，分贝概念的引用对超声检测有很重要的实用价值。此外在超声波的定量计算中和衰减系数的测定中也常常用到分贝。

2.6 超声波垂直入射到界面时的反射和透射

超声波从一种介质传播到另一种介质时，在两种介质的分界面上，一部分能量反射回原介质内，称为反射波；另一部分能量透过界面在另一种介质内传播，称为透射波。在界面上声能(声压、声强)的分配和传播方向的变化都将遵循一定的规律。

本节先讨论超声波垂直入射到平界面上时的反射和透射情况，重点是声能的分配比例。

2.6.1 单一平界面的反射率与透射率

当超声波垂直入射到光滑平界面时，将在第一介质中产生一个与入射波方向相反的反射波，在第二介质中产生一个与入射波方向相同的透射波，如图 2-11 所示。

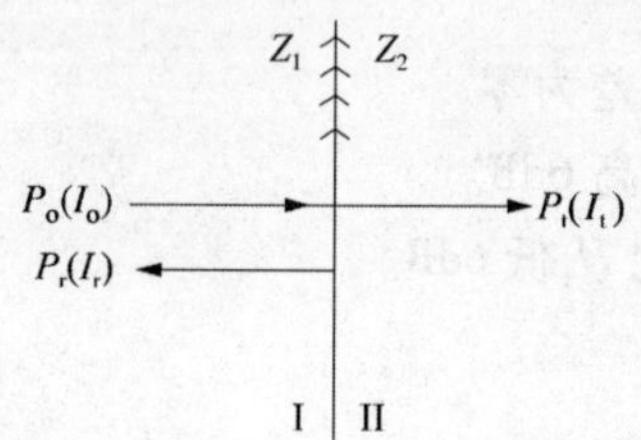

图 2-11 垂直入射到单一平界面

反射波与透射波的声压(或声强)是按一定规律分配的。这个分配比例由声压反射率(或声强反射率)和透射率(或声强透射率)来表示。

设入射波的声压 P_o(声强 I_o)，反射波的声压 P_r(声强 I_r,)透射波的声压 P_t(声强 I_t)，如图 2-11 所示。

界面上反射波声压 P_r 与入射波声压 P_o 之比，称为界面的声压反射率，用 r 表示，即：

$$r = \frac{P_r}{P_o}$$

界面上透射波声压 P_t 与入射波声压 P_o 之比，称为界面的声压透射率，用 t 表示，即

$$t = \frac{P_t}{P_o}$$

声压反射率 r 和透射率 t 分别为：

$$\begin{cases} r = \dfrac{P_r}{P_o} = \dfrac{Z_2 - Z_1}{Z_2 + Z_1} \\ t = \dfrac{P_t}{P_o} = \dfrac{2Z_2}{Z_2 + Z_1} \end{cases} \tag{2-4}$$

式中 Z_1，Z_2——第一、第二种介质的声阻抗；

界面上反射波声强 I_r 与入射波声强 I_o 之比，称为声强反射率，用 R 表示。

界面上透射波声强 I_t 与入射波声强 I_o 之比，称为声强透射率，用 T 表示。

$$\begin{cases} R = \dfrac{I_r}{I_o} = r^2 = \left(\dfrac{Z_2 - Z_1}{Z_2 + Z_1}\right)^2 \\ T = \dfrac{I_t}{I_o} = \dfrac{Z_1}{Z_2}t^2 = \dfrac{4Z_1Z_2}{(Z_2 + Z_1)^2} \end{cases} \tag{2-5}$$

以上各式说明超声波垂直入射到平界面上时，声压或声强的分配比例仅与界面两侧介质的声阻抗有关。

由以上几个公式可以导出：

$$T + R = 1 \quad t - r = 1$$

下面讨论几种常见界面上的声压、声强反射和透射情况。

（1）当 $Z_2>Z_1$ 时，$r=\frac{P_r}{P_o}=\frac{Z_2-Z_1}{Z_2+Z_1}>0$，反射波声压 P_r 与入射波声压 P_o 同相位。界面上反射波与入射波叠加类似驻波，合成声压振幅增大为 P_o+P_r，例如超声波平面波垂直入射到水/钢界面。

$Z_1=0.15\times10^6 g/cm^2 \cdot s$，$Z_2=4.5\times10^6 g/cm^2 \cdot s$ 则：

$$r = \frac{P_r}{P_o} = \frac{Z_2 - Z_1}{Z_2 + Z_1} = \frac{4.5 - 0.15}{4.5 + 0.15} = 0.935$$

$$r = \frac{P_t}{P_o} = \frac{2Z_2}{Z_2 + Z_1} = \frac{2 \times 4.5}{4.5 + 0.15} = 1.935$$

$$R = r^2 = 0.935^2 = 0.875$$

$$T = \frac{4Z_2Z_1}{(Z_2 + Z_1)^2} = \frac{4 \times 4.5 \times 0.15}{(4.5 + 0.15)^2} = 0.125$$

（2）当 $Z_2<Z_1$ 时，$r=\frac{P_r}{P_o}=\frac{Z_2-Z_1}{Z_2+Z_1}<0$，即反射波声压 P_r 与入射波声压 P_o 相位相反，反射波与入射波合成声压振幅减小。例如超声波平面波垂直入射到钢/水界面。$Z_1=4.5\times10^6 g/cm^2 \cdot s$，$Z_2=0.15\times10^6 g/cm^2 \cdot s$ 则：

$$r - \frac{P_r}{P_o} - \frac{Z_2 - Z_1}{Z_2 + Z_1} = \frac{0.15 - 4.5}{4.5 + 0.15} = -0.935$$

$$r = \frac{P_t}{P_o} = \frac{2Z_2}{Z_2 + Z_1} = \frac{2 \times 0.15}{4.5 + 0.15} = 0.065$$

$$R = r^2 = 0.935^2 = 0.875$$

$$T = 1 - R = 1 - 0.875 = 0.125$$

以上计算表明，超声波垂直入射到钢/水界面时，声压透射率很低，声压反射率很高。

声强反射率与透射率与超声波垂直入射到水/钢界面相同。由此可见，超声波垂直入射到某界面时的声强反射率与透射率与从何种介质入射无关。

（3）当 $Z_2 \ll Z_1$ 时，（如钢/空气界面），$Z_1=4.5\times10^6 g/cm^2 \cdot s$，$Z_1=0.00004\times10^6 g/cm^2 \cdot s$，则：

$$r = \frac{Z_2 - Z_1}{Z_2 + Z_1} = \frac{0.00004 - 4.5}{0.00004 + 4.5} \approx -1$$

$$t = \frac{2Z_2}{Z_2 + Z_1} = \frac{2 \times 0.00004}{0.00004 + 4.5} \approx 0$$

$$R = r^2 \approx (-1)^2 = 1$$

$$T = 1 - R \approx 1 - 1 = 0$$

计算表明，当入射波介质声阻抗远大于透射波介质声阻抗时，声压反射率趋于-1，透射率趋于0，即声压几乎全反射，无透射，只是反射波声压与入射波声压有180°相位变化。

检测中，探头和工件间如不施加耦合剂，则形成固(晶片)/气界面，超声波将无法进入工件。

(4) 当 $Z_1 \approx Z_2$ 时，即界面两侧介质的声阻抗近似相等时，$r=\dfrac{Z_2-Z_1}{Z_2+Z_1}\approx 0$，$t\approx 1$。如钢的淬火部分与非淬火部分及普通碳钢焊缝的母材与填充金属之间的声阻抗相差很小，一般为1%左右。超声波垂直入射时几乎全透射，无反射。因此在焊缝检测中，若母材与填充金属结合面没有任何缺陷，是不会产生界面回波的。

常用物质界面的纵波声压反射率列于表 2-5。

表 2-5　常用物质界面的纵波声压反射率　　%

种类	声阻抗 $Z(\times 10^6 g/cm^2\cdot s)$	空气(24℃)	酒精	变压器油	水(20℃)	甘油	聚苯乙烯	环氧树脂	有机玻璃	铝	铜	钢
钢	4.53	100	95	94	94	90	88	87	86	45	4	0
铜	4.18	100	95	94	93	89	87	85	85	42	0	
铝	1.69	100	88	86	84	75	72	69	68	0		
有机玻璃	0.33	100	50	44	37	16	8	2	0			
环氧树脂	0.32	100	49	42	36	14	7	0				
聚苯乙烯	0.25	100	44	37	30	8	0					
甘油	0.24	100	37	30	23	0						
水(20℃)	0.15	100	15	7	0							
变压器油	0.13	100	8	0								
酒精	0.11	100	0									
空气(24℃)	0.00004	0										

$$r=\frac{Z_2-Z_1}{Z_2+Z_1}\times 100\%$$

以上讨论的超声波纵波垂直到单一平界面上的声压、声强反射率和透射率公式同样适用于横波入射的情况，但必须注意的是在固体/液体或固体/气体界面上，横波全反射。因为横波不能在液体和气体中传播。

2.6.2　薄层界面的反射率与透射率

超声检测时，经常遇到耦合层和缺陷薄层等问题，这些都可归结为超声波在薄层界面的反射和透射问题。此时，超声波是由声阻抗为 Z_1 的第一介质入射到 Z_1 和 Z_2 界面，然后通过声阻抗为 Z_2 的第二介质薄层射到 Z_2 和 Z_3 界面，最后进入声阻抗为 Z_3 的第三介质。

超声波通过一定厚度的异质薄层时，反射和透射情况与单一的平界面不同。异质薄层很薄，进入薄层内的超声波会在薄层两侧界面引起多次反射和透射，形成一系列的反射波和透射波，如图 2-12 所示。

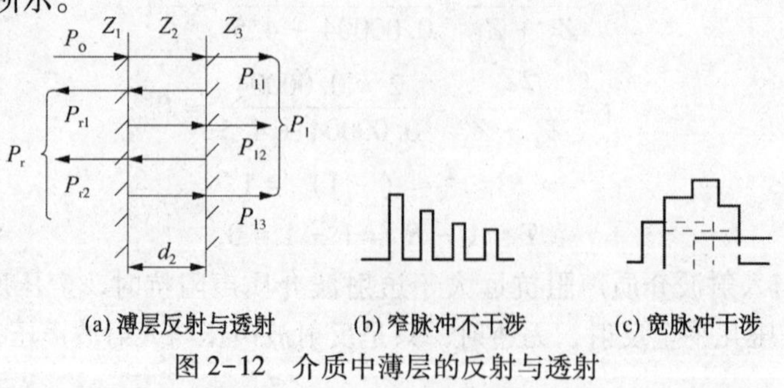

图 2-12　介质中薄层的反射与透射

当超声波脉冲宽度相对于薄层较窄时，薄层两侧的各次反射波、透射波互不干涉，如图2-12b所示。当脉冲宽度相对于薄层较宽时，薄层两侧的各次反射波、透射波就会互相叠加产生干涉，如图2-12c所示。由于上述原因，声压反射率和透射率的计算就比较复杂，本节不予介绍。一般说来，超声波通过异质薄层时的声压反射率和透射率不仅与介质声阻抗和薄层声阻抗有关，而且与薄层厚度同其波长之比 d_2/λ_2 有关。

1. 均匀介质中的异质薄层($Z_1=Z_3\neq Z_2$)

对于 $Z_1=Z_3\neq Z_2$，即均匀介质中异质薄层，其声压反射率与透射率为：

$$r=\sqrt{\frac{\frac{1}{4}\left(m-\frac{1}{m}\right)^2\sin^2\frac{2\pi d_2}{\lambda_2}}{1+\frac{1}{4}\left(m-\frac{1}{m}\right)^2\sin^2\frac{2\pi d_2}{\lambda_2}}} \tag{2-6}$$

$$t=\sqrt{\frac{1}{1+\frac{1}{4}\left(m-\frac{1}{m}\right)^2\sin^2\frac{2\pi d_2}{\lambda_2}}} \tag{2-7}$$

式中 d_2——异质薄层厚度；

λ_2——异质薄层中的波长；

m——两种介质声阻抗之比，$m=\frac{Z_1}{Z_2}$。

由以上公式可知：

(1)当 $d_2=n\times\frac{\lambda_2}{2}$($n$ 为整数)，即薄层厚度为其半波长的整数倍时，超声波全透射($t\approx1$)，几乎无反射($r\approx0$)，好像不存在异质薄层一样。这种透声层常称为半波透声层。

(2) $d_2=(2n+1)\times\frac{\lambda_2}{4}$($n$ 为整数) 时，即异质薄层厚度等于其四分之一波长的奇数倍时，声压透射率最低，声压反射率最高。

图2-13与图2-14是在钢和铝中存在一个充满空气或水的缝隙时的声压反射率和声压透射率。由图2-13可知。

(1) 当 $f=1$MHz时，钢中厚度为 $d=10^{-5}$mm的气隙几乎能100%反射。两块紧贴在一起的十分精密的块规之间隙也有 10^{-5}mm。可见超声波对检测含有气体介质的裂纹等缺陷的灵敏度是很高的。

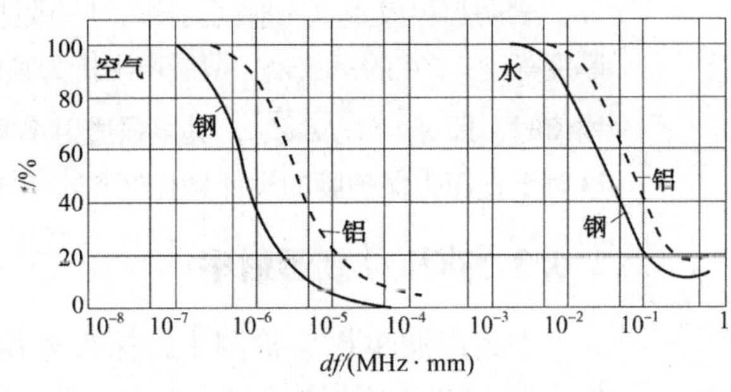

图2-13 钢和铝中气隙、水隙声压透射率

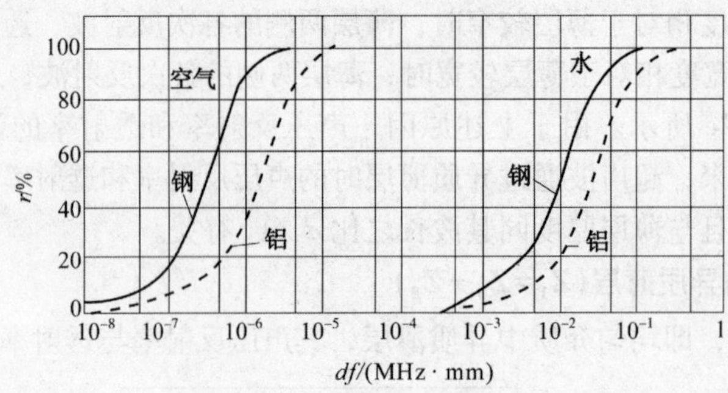

图 2-14　钢和铝中气隙、水隙声压反射率

(2) 当材料中的气隙或水隙厚度一定时，频率增加，声压反射率也随着增加。例如对于钢中的气隙 $d=10^{-7}$mm 时，$f=1$MHz，$r=20\%$，$f=5$MHz，$r=60\%$。可见提高超声检测频率对于提高检测灵敏度是有利的。

2. 薄层两侧介质不同的双界面

$(Z_1 \neq Z_2 \neq Z_3)$ 即非均匀介质中的薄层，例如晶片—保护膜—工件，其声强透射率为：

$$T=\frac{4Z_1Z_3}{(Z_1+Z_3)^2\cos^2\frac{2\pi d_2}{\lambda_2}+\left(Z_2+\frac{Z_1Z_3}{Z_2}\right)^2\sin^2\frac{2\pi d_2}{\lambda_2}} \tag{2-8}$$

由上式可知：

(1) $d_2=n\times\frac{\lambda_2}{2}$($n$ 为整数) 时：

$$T=\frac{4Z_1Z_3}{(Z_1+Z_3)^2}$$

即超声波垂直入射到两侧介质声阻抗不同的薄层时，若薄层厚度等于半波长的整数倍，则通过薄层的声强透射率与薄层的性质无关，好像不存在薄层一样。

(2) $d_2=(2n+1)\times\frac{\lambda_2}{4}$($n$ 为整数)，且 $Z_2=\sqrt{Z_1Z_3}$ 时：

$$T=\frac{4Z_1Z_2}{\left(Z_2+\frac{Z_1Z_3}{Z_2}\right)^2}=1$$

表明超声波垂直入射到两侧介质声阻抗不同的薄层，若薄层厚度等于 $\lambda_2/4$ 的奇数倍，薄层声阻抗为其两侧介质声阻抗几何平均值时，即 $Z_2=\sqrt{Z_1Z_3}$，其声强透射率等于 1，超声波全透射。这对于直探头保护膜的设计具有重要的指导意义。

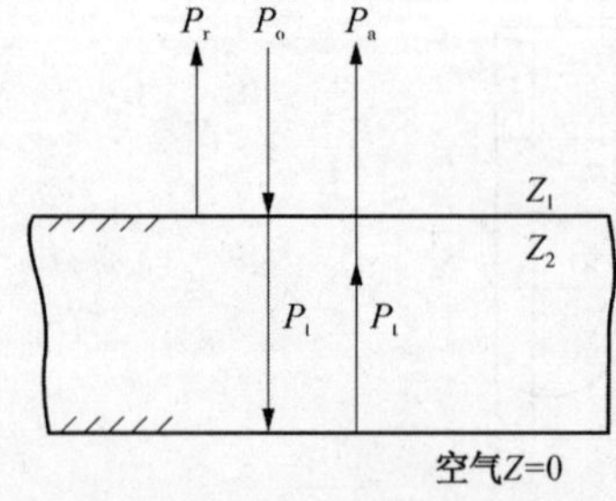

图 2-15　声压往复透射率

2.6.3　声压往复透射率

在超声波单探头检测中，探头兼作发射和接收超声波。探头发出的超声波透过界面进入工件，在固/气底面产生全反射后再次通过同一界面被探头接收，如图 2-15 所示。

这时探头接收到的回波声压 P_a 与入射波声压 P_o 之比，称为声压往复透射率 $T_{往}$。

$$T_{往}=\frac{P_a}{P_o}=\frac{P_t}{P_o}\times\frac{P_a}{P_t}=\frac{4Z_1Z_2}{(Z_1+Z_2)^2}$$

例如：用 PZT-5 晶片（$Z_1=3.37\times10^6 g/cm^2\cdot s$）对钢制工件（$Z_2=4.50\times10^6 g/cm^2\cdot s$）检测时，若耦合剂中声压全透射，钢制工件底面声压全反射，则其声压往复透射率为：

$$T_{往}=\frac{4Z_1Z_2}{(Z_1+Z_2)^2}-\frac{4\times3.37\times4.5}{(3.37+4.5)^2}-0.978$$

又如水浸法检测钢制工件时，水中声阻抗 $Z_1=0.15\times10^6 g/cm^2\cdot s$，钢中声阻抗，若底面全反射，则超声波在水/钢界面的声压往复透射率为：

$$T_{往}=\frac{4Z_1Z_2}{(Z_1 | Z_2)^2}=\frac{4\times0.15\times4.5}{(4 | 0.15 | 4.5)^2}=0.125$$

常用物质界面纵波声压往复透射率列于表 2-6。

表 2-6　常用物质界面纵波声压往复透射率 T　　%

种　类	变压器油	水(20℃)	甘　油	有机玻璃
钢	11	12.5	19	26
铜	12	13	22	29
铝	26	28	43	55
有机玻璃	80	84	98	100

声压往复透射率与界面两侧介质的声阻抗有关，与从何种介质入射到界面无关。界面两侧介质的声阻抗相差越小，声压往复透射率就越高，反之就越低。

声压往复透射率高低直接影响检测灵敏度高低，往复透射率高，检测灵敏度高。反之，检测灵敏度低。

2.7　超声波倾斜入射到界面时的反射和折射定律

如图 2-16 所示，当超声波倾斜入射到界面时，除产生同种类型的反射和折射波外，还会产生不同类型的反射和折射波，这种现象称为波型转换。

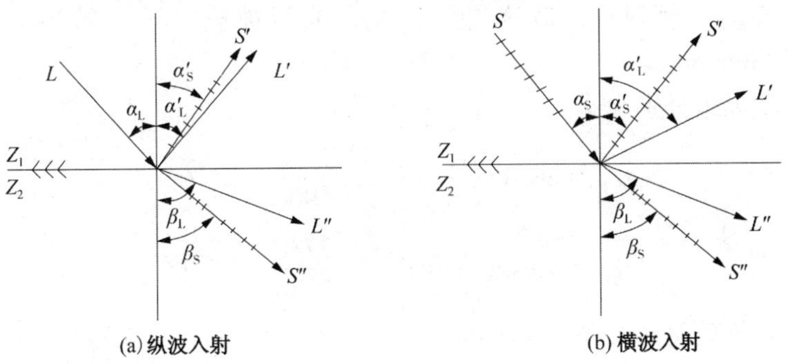

(a) 纵波入射　　(b) 横波入射

图 2-16　倾斜入射

1. 纵波倾斜入射

当纵波 L 倾斜入射到界面时，除产生反射纵波 L' 和折射纵波 L'' 外，还会产生反射横波

S'和折射横波 S''，如图 2-16a 所示。各种反射波和折射波方向符合反射、折射定律：

$$\frac{\sin\alpha_L}{C_{L1}}=\frac{\sin\alpha'_L}{C_{L1}}=\frac{\sin\alpha'_S}{C_{S1}}=\frac{\sin\beta_L}{C_{L2}}=\frac{\sin\beta_S}{C_{S2}} \tag{2-9}$$

式中 C_{L1}、C_{S1}——第一介质中的纵波、横波波速；

C_{L2}、C_{S2}——第二介质中的纵波、横波波速；

α_L、α'_L——纵波入射角、反射角；

β_L、β_S——纵波、横波折射角；

α'_S——横波反射角。

由于在同一介质中纵波波速不变，因此 $\alpha_L=\alpha'_L$。又由于在同一介质中纵波波速大于横波波速，因此 $\alpha'_L>\alpha'_S$，$\beta_L>\beta_S$。

(1) 第一临界角 $\alpha_Ⅰ$：由式(2-9)有$\frac{\sin\alpha_L}{c_{L1}}=\frac{\sin\beta_L}{c_{L2}}$，当 $c_{L2}>c_{L1}$时，$\beta_L>\alpha_L$ 并随着 α_L 单调增加，β_L 也增加，当 α_L 增加到一定程度时，$\beta_L=90°$，所对应的纵波入射角称为第一临界角，用 $\alpha_Ⅰ$表示，如图 2-16(a)所示。

$$\alpha_Ⅰ=\arcsin\frac{c_{L1}}{c_{L2}}$$

(2)第二临界角 $\alpha_Ⅱ$：在式(2-9)中有$\frac{\sin\alpha_L}{c_{L1}}=\frac{\sin\beta_S}{c_{S2}}$，当 $c_{S2}>c_{S_1}$时，$\beta_S>\alpha_L$，随着 α_L 增加，β_S 也增加，当 α_L 增加到一定程度时，$\beta_S=90°$，这时所对应的纵波入射角称为第二临界角，用 $\alpha_Ⅱ$、表示，如图 2-16(b)所示。

$$\alpha_Ⅱ=\arcsin\frac{c_{L1}}{c_{S2}}$$

由 $\alpha_Ⅰ$和 $\alpha_Ⅱ$的定义可知：

① 当 $\alpha_L<\alpha_Ⅰ$时，第二介质中既有折射纵波 L''又有折射横波 S''。

② 当 $\alpha_L=\alpha_Ⅰ\sim\alpha_Ⅱ$时，第二介质中只有折射横波 S''，没有折射纵波 L''，这就是常用横波探头的制作和横波检测的原理。

③ 当 $\alpha_L\geqslant\alpha_Ⅱ$时，第二介质中既无折射纵波 L''，又无折射横波 S''。这时在其介质的表面存在表面波 R，这就是常用表面波探头的制作原理。

例如：纵波倾斜入射到有机玻璃/钢界面时，有机玻璃中 $c_{L1}=2730$m/s，钢中：$c_{L2}=5900$m/s，$c_{S2}=3230$m/s。

则第一、二临界角分别为：

$$\alpha_Ⅰ=\arcsin\frac{c_{L1}}{c_{L2}}=\arcsin\frac{2730}{5900}=27.6°$$

$$\alpha_Ⅱ=\arcsin\frac{c_{L1}}{c_{S2}}=\arcsin\frac{2730}{3230}=57.7°$$

由此可见，有机玻璃横波探头楔块角度 $a_L=27.6°\sim57.7°$，有机玻璃表面波探头楔块角度 $\alpha_L\geqslant57.7°$。

2. 横波倾斜入射

当横波倾斜入射到界面时，同样会产生波型转换，如图 2-16(b)所示。各反射、折射波的方向符合反射、折射定律：

$$\frac{\sin\alpha_S}{c_{S1}}=\frac{\sin\alpha'_S}{c_{S1}}=\frac{\sin\alpha'_L}{c_{L1}}=\frac{\sin\beta_L}{c_{L2}}=\frac{\sin\beta_S}{c_{S2}} \tag{2-10}$$

横波倾斜入射时，同样存在第一、二临界角，由于在实际检测中无多大实际意义，故这里不再讨论，这里只讨论第三临界角 $\alpha_{\text{Ⅲ}}$。

由式(2-9)中有$\frac{\sin\alpha_S}{c_{S1}}=\frac{\sin\alpha'_L}{c_{L1}}$，因为 $c_{L1}>c_{S1}$，所以 $\alpha'_L>\alpha_S$，随 α_S单调增加，当 α_S增加到一定程度时，$\alpha'_L=90°$。这时所对应的横波入射角称为第三临界角，用 $\alpha_{\text{Ⅲ}}$ 表示，如图 2-17 (c)所示，则：

$$\alpha_{\text{Ⅲ}}=\arcsin\frac{c_{S1}}{c_{L1}}$$

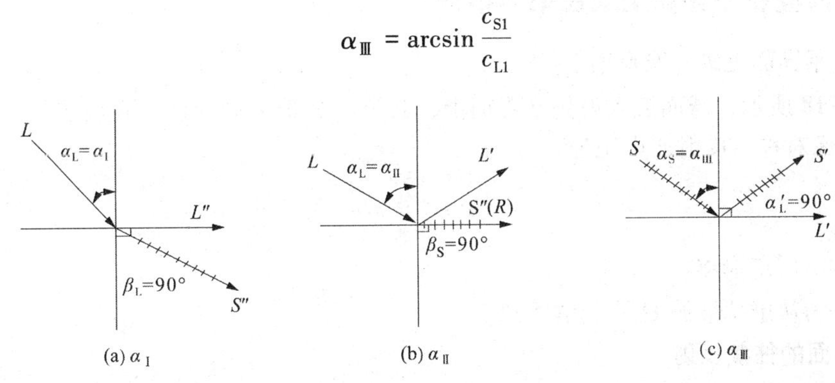

图 2-17　临界角

当 $\alpha_S\geqslant\alpha_{\text{Ⅲ}}$时，在第一介质中只有反射横波，没有反射纵波，即横波全反射。

对于钢：$c_{L1}=5900\text{m/s}$，$c_{S1}=3230\text{m/s}$。

$$\alpha_{\text{Ⅲ}}=\arcsin\frac{c_{S1}}{c_{L2}}=\arcsin\frac{3230}{5900}=33.2°$$

当 $\alpha_S\geqslant33.2°$时，钢中横波全反射。

2.8　超声波的聚焦和发散

超声波与可见光一样，在通过异质界面时会发生反射和折射时并具有聚焦和发散的几何特性。由于超声波还可能产生波型转换，因此超声波的聚焦与发散更为复杂。为了便于讨论，这里不考虑波型转换行为。

2.8.1　声压距离公式

1. 平面波

平面波波束不扩散，而是互相平行，因此声压不随距离而变化。

2. 球面波声压距离公式

球面波的波阵面为同心球面，球面波声场中距波源 x 处的质点的声压 P 与至波源的距离成反比。

$$P_x=\frac{P_1}{x} \tag{2-11}$$

3. 柱面波声压距离公式

柱面波的波阵面为同轴柱面，柱面波声场中距波源 x 处的质点的声压 P 与至波源距离的平方根$\sqrt{x}$成反比。

$$P=\frac{P_1}{\sqrt{x}} \tag{2-12}$$

式中 P_1——距离为单位 1 处的声压；

x——某点至波源的距离。

2.8.2 球面波在平界面上的反射与折射

1. 单一平界面上的一次反射

如图 2-18 所示，球面波入射到平界面上，其反射波仍为球面波，且波源与入射波源关于平界面镜像对称，反射波声压为：

$$P=r\frac{P_1}{x}$$

式中 r——声压反射率；

x——为从虚拟波源 O'算起的距离。

2. 双界面的往复反射

如图 2-19 所示，球面波在互相平行的双界面间的多次反射仍符合球面波变化规律。当入射角较小，声压反射率 $r=1$ 时，对于脉冲波，双界面距离 d 较大时不产生干涉，这时前壁各次反射波声压比为：

$$\frac{P_1}{2d}:\frac{P_1}{4d}:\frac{P_1}{6d}:\cdots=1:\frac{1}{2}:\frac{1}{3}:\cdots$$

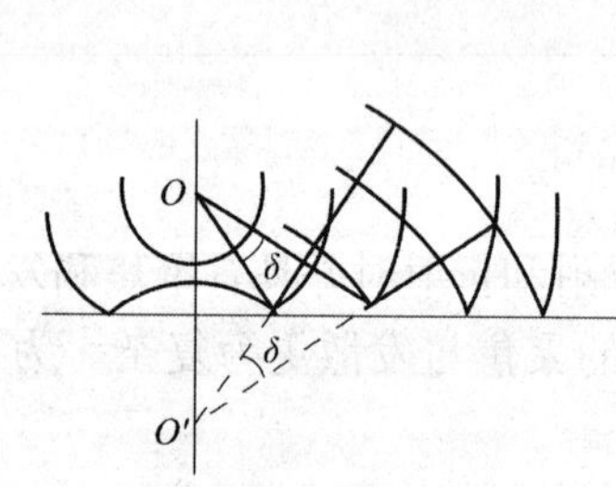

图 2-18 球面波在平界面上的反射

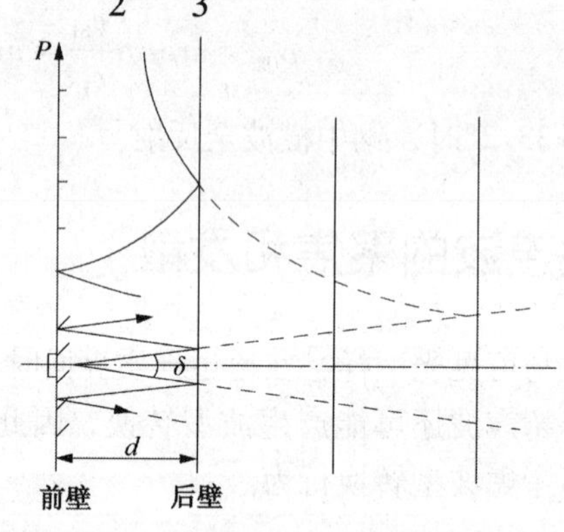

图 2-19 球面波在双平界面上的反射

后壁各次波的声压比为

$$\frac{P_1}{d}:\frac{P_1}{3d}:\frac{P_1}{5d}:\cdots=1:\frac{1}{3}:\frac{1}{5}:\cdots$$

实际检测中，当 d 较大时，超声波探头发出的超声波可视为球面波，示波屏上各次底面反射波的高度之比近似符合 $1:\frac{1}{2}:\frac{1}{3}:\cdots$的规律

3. 单一平界面上的折射

如图 2-20 所示，球面波入射到平界面上时，其折射波不再是严格的球面波了。只有当

其张角 δ_1 较小时，可视为近似的球面波，且有：

$$\frac{\delta_1}{\delta_2} \approx \frac{\sin\delta_1}{\sin\delta_2} = \frac{c_1}{c_2}$$

对于水/钢界面：

$$\frac{\delta_1}{\delta_2} \approx \frac{c_1}{c_2} = \frac{1450}{5900} \approx \frac{1}{4}$$

这表明球面波入射到水/钢界面时，折射波更加发散。

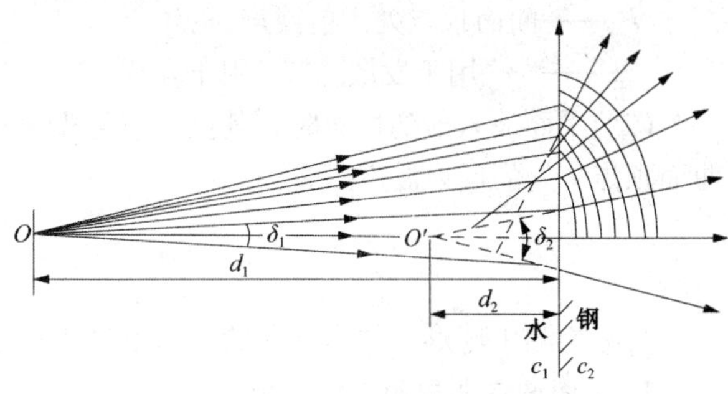

图 2-20　球面波在水/钢界面上的折射

折射波声压

$$P_x = t\frac{P_1}{x}$$

式中　t ——声压透射率；

x ——从折射波源 O'算起的距离。

2.8.3　平面波在曲界面上的反射与折射

1. 平面波在曲界面上的反射

当平面波入射到曲界面上时，反射波或者其反向延长线近似相交于一点，称为聚焦或发散，如图 2-21 所示。交点(或者虚交点)称为曲面镜的焦点。焦点至镜面顶点(波轴与镜面的交点)的距离称为曲面镜的焦距，以 f 表示。焦距公式为

$$f = \frac{r}{2} \tag{2-13}$$

式中　r——曲面的曲率半径。

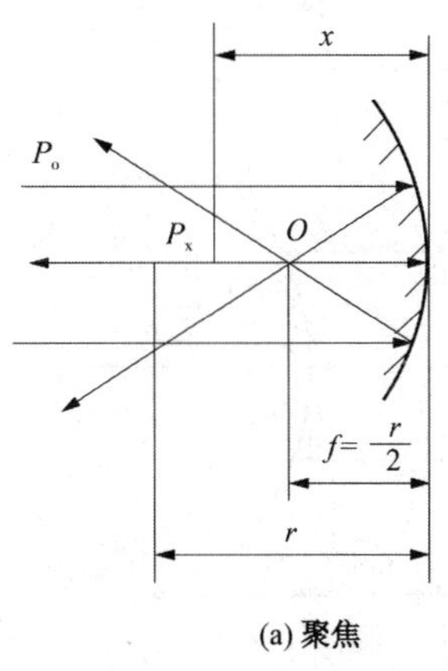

(a) 聚焦

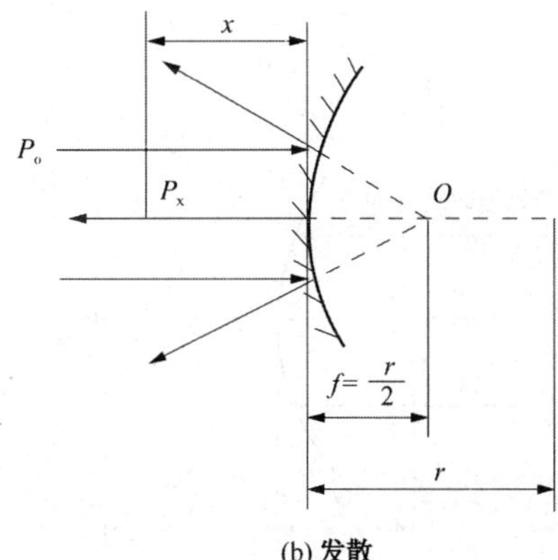

(b) 发散

图 2-21　平面波在曲界面上的反射

(1) 平面波入射到球面时，反射波可视为从焦点发出的球面波。在曲面轴线上距曲面顶点 x 处的反射波声压为：

$$P_x = P_o\left|\frac{f}{x \pm f}\right| \tag{2-14}$$

式中 x——轴线上某点至曲面顶点的距离；

P_o——曲面顶点处入射波声压；

±——“+”用于发散，“-”用于聚焦。

（2）平面波入射到柱面时，其反射波可视为从聚焦轴线发出的柱面波。在曲面轴线上距曲面顶点 x 处的反射波声压为：

$$P_x = P_o\sqrt{\left|\frac{f}{x \pm f}\right|} \tag{2-15}$$

实际检测中球形、柱形气孔的反射就属于以上两种情况。

2. 平面波在曲界面上的折射

平面波入射到曲界面上时，折射波或其反向延长线近似交于一点，称为曲面透镜的焦点，如图 2-22 所示。交点(或者虚交点)称为曲面透镜的焦点。焦点的 x 坐标称为曲面透镜的焦距，记为 f，焦距公式为

$$f = \pm\left|\frac{r}{1 - c_2/c_1}\right| \tag{2-16}$$

式中 r——曲面的曲率半径；

c_1、c_2——分别为入射波和折射波所在介质的声速。

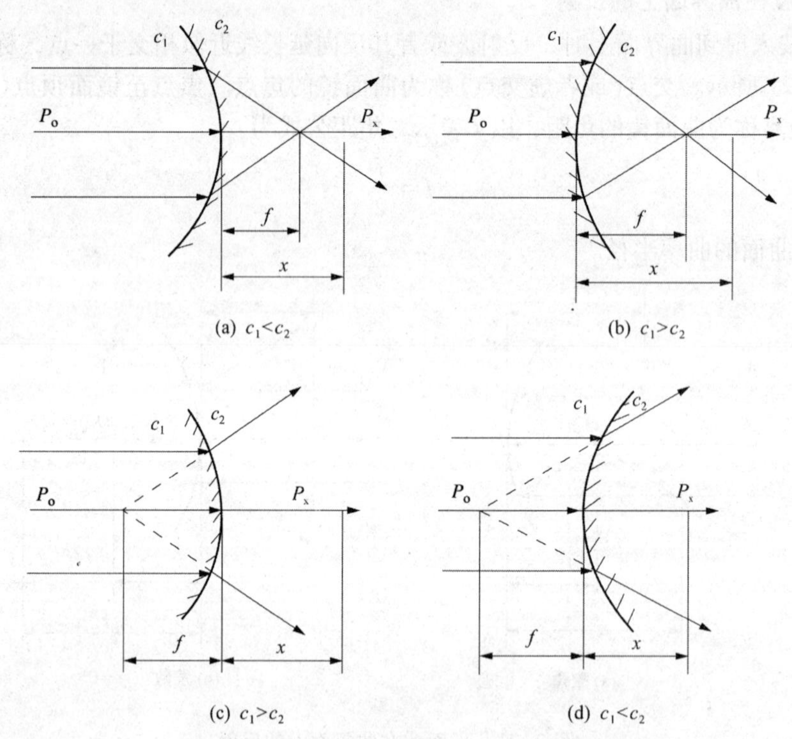

图 2-22 平面波在曲界面的折射

折射波发散时 f 取正号，聚焦时 f 取负号。聚焦与发散不仅与曲面的凹凸有关，而且与界面两侧介质中的波速之比有关，详见表 2-7。

表 2-7 折射波的聚焦或发散

	$c_1<c_2$	$c_1>c_2$
凹透镜	$f>0$，聚焦	$f<0$，发散
凸透镜	$f<0$，发散	$f>0$，聚焦

（1）平面波入射至球面透镜时，其折射波可视为从焦点发出的球面波，曲面轴线上距曲面顶点 x 处的折射波声压为：

$$P_x = tP_o\left|\frac{f}{x \pm f}\right| \tag{2-17}$$

式中 t——声压透射率；

（2）平面波入射到柱面透镜，其折射波可视为从聚焦轴线发出的柱面波，轴线上 x 处的折射波声压为：

$$P_x = tP_o\sqrt{\left|\frac{f}{x \pm f}\right|} \tag{2-18}$$

实际检测用的水浸聚焦探头就是根据平面波入射到 $c_1>c_2$ 的凸透镜上，折射波发生聚焦的特点来设计的，如图 2-22(b)所示，这样可以提高检测灵敏度。

2.8.4 球面波在曲界面上的反射与折射

1. 球面波在曲界面上的反射

球面波入射到曲界面上，折射波或其反向延长线近似交于一点，称为成像。如图 2-23 所示。凹曲面的反射波成实像（聚焦），凸曲面的反射波成虚像（发散）。成像公式为：

$$\frac{1}{a} + \frac{1}{b} = \frac{1}{f} \tag{2-19}$$

式中 a——源距，即波源至曲面的距离；

b——像距，波源像至曲面的距离，虚像（发散）的像距为负值；

f——曲面镜的焦距，见式(2-13)。

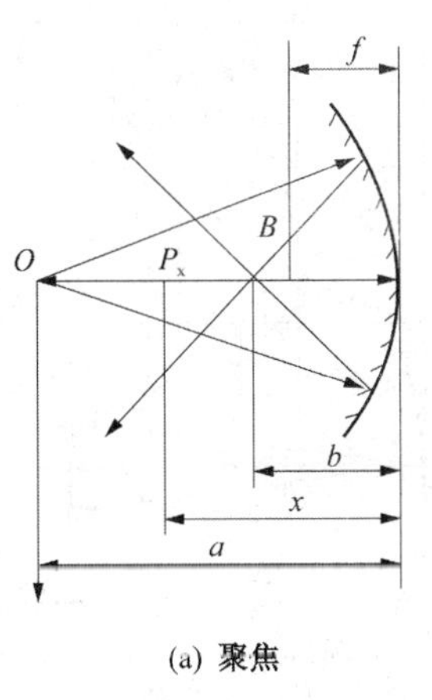

(a) 聚焦

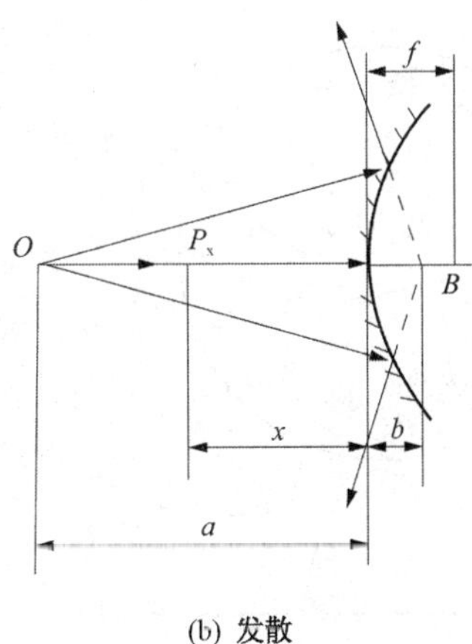

(b) 发散

图 2-23 球面波在曲界面上的反射

（1）球面波在球面上的反射波，可视为从像点发出的球面波。轴线上距顶点为 x 处的反射波声压为：

$$P_x = P_o \left| \frac{b}{x \pm b} \right| \tag{2-20}$$

式中　P_o——球面顶点(x 轴原点)处入射波声压；

实际检测中，至波源距离较远的球形气孔缺陷就属于球面波在凸球面上的反射。由于反射波进一步发散，因此其回波较低。这就是超声检测气孔灵敏度低的原因所在。

(2) 球面波在柱面上的反射波，既不是单纯的球面波，也不是单纯的柱面波，而是近似为两个不同柱面波叠加。轴线上距离顶点为 x 处的反射波声压为：

$$P_x = P_o \sqrt{\left| \frac{a}{x+a} \frac{b}{x \pm b} \right|} \tag{2-21}$$

球面波在柱面上的反射，在实际检测中具有现实意义。例如超声波径向检测大型圆柱形锻件属于这种情况。

凹柱面反射波聚集于实像点，使像点处的声压趋于很大。如果像点处存在一个较小的缺陷，那么经底面反射至缺陷，再从缺陷反射至底面，最后由底面反射回到探头，形成路径似“W”反射称为 W 反射，如图 2-24 所示。

W 反射时，示波屏上同时出现两个缺陷波，一前一后，一高一低，前者位于底波 B_1 之前，高度较低，为缺陷直接反射。后者位于 B_1 之后，高度较高，为 W 反射。检测时应根据前者来对缺陷进行定位和定量。

如图 2-25 所示是超声波径向检测空心圆柱体的情况，类似于球面波在凸柱面上的反射，反射波发散。以 $x=a$；$f=\frac{r}{2}$；$\frac{1}{b}=\frac{1}{f}-\frac{1}{a}$；代入式(2-21)得：

$$P_{柱} = \frac{P_o}{2}\sqrt{\frac{r}{x+r}} = \frac{P_o}{2}\sqrt{\frac{r}{R}} < \frac{P_o}{2}$$

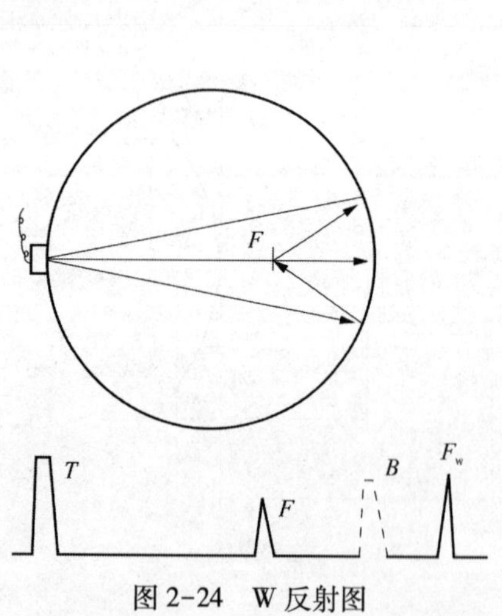

图 2-24　W 反射图

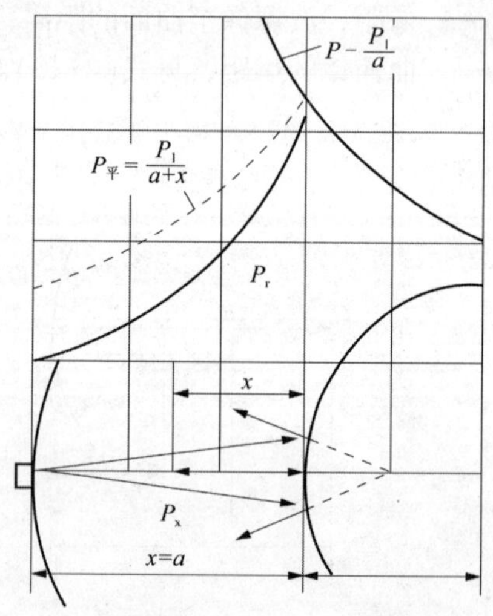

图 2-25　空心圆柱体反射波声压

这说明入射点处空心圆柱体的反射声压总是低于同距离的平底面的反射声压。这是由于凸曲面反射波发散的结果。另外还可看出，当圆柱体外直径(2R)一定时，内孔直径(2r)增加，其反射回波升高。

2. 球面波在曲界面上的折射

球面波入射到曲界面上，其折射波同样会发生聚焦和发散，如图 2-26 所示。轴线上距曲面顶点 x 处的折射波声压为：

球形界面：

$$P_{x} = tP_{o}\left|\frac{b}{x \pm b}\right| \tag{2-22}$$

柱形界面：

$$P_{x} = tP_{o}\sqrt{\left|\frac{a}{x + a}\frac{b}{x \pm b}\right|} \tag{2-23}$$

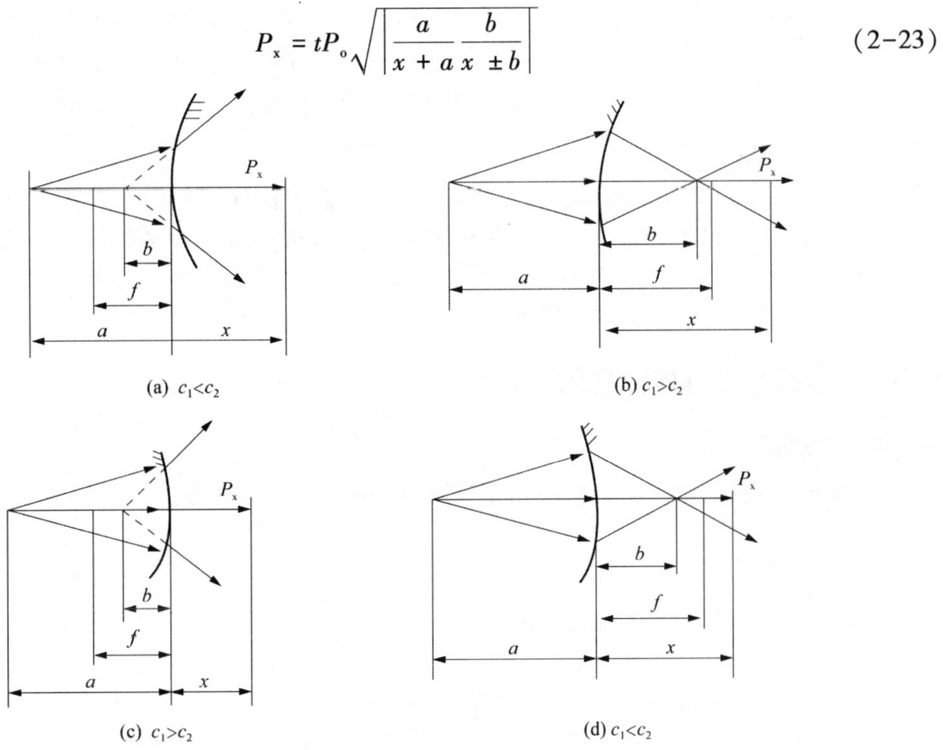

(a) $c_1<c_2$　(b) $c_1>c_2$

(c) $c_1>c_2$　(d) $c_1<c_2$

图 2-26　球面波在曲界面上的折射

实际检测中，水浸检测柱形或球形工件就属于图 2-26(a)所示。由于折射波发散，因此检测灵敏度很低，为了提高检测灵敏度，常常采用聚焦检测。

2.9　超声波的衰减

超声波在介质中传播时，随着距离的增加，超声波能量逐渐减弱的现象叫做超声波衰减。

2.9.1　衰减的原因

引起超声波衰减的主要原因是波束扩散、晶粒散射和介质吸收。

1. 扩散衰减

超声波在传播过程中，由于波束的扩散，使超声波的能量随距离增加而逐渐减弱的现象称为扩散衰减。超声波的扩散衰减仅取决于波阵面的形状，与介质的性质无关。平面波波阵面为平面，波束不扩散，不存在扩散衰减。柱面波波阵面为同轴圆柱面。波束向四周扩散，存在扩散衰减，声压与距离的平方根成反比。球面波波阵面为同心球面，波束向四面八方扩散，存在扩散衰减，声压与距离成反比。

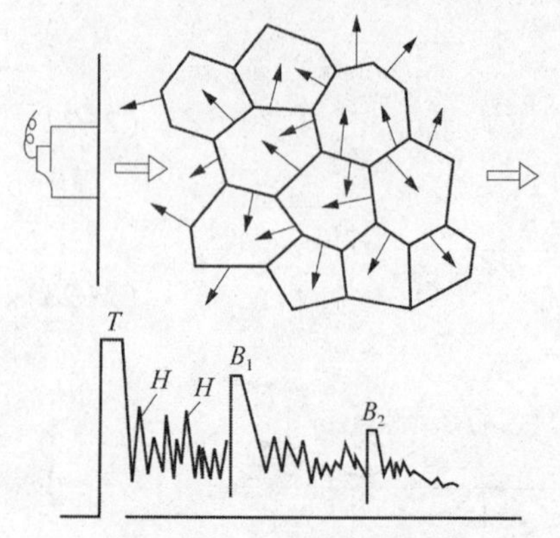

图 2-27　草状回波(草波)

2. 散射衰减

超声波在介质中传播时，遇到声阻抗不同的界面产生散乱反射引起衰减的现象，称为散射衰减。散射衰减与材质的晶粒密切相关，当材质晶粒粗大时，散射衰减严重，被散射的超声波沿着复杂的路径传播到探头，在示波屏上引起草状回波(又叫草波)，使信噪比下降，严重时噪声会淹没缺陷波，如图 2-27 所示。

3. 吸收衰减

超声波在介质中传播时，由于介质中质点间内摩擦(即黏滞性)和热传导引起超声波的衰减，称为吸收衰减或黏滞衰减。

通常所说的介质衰减是指吸收衰减与散射衰减，不包括扩散衰减。

2.9.2　衰减方程与衰减系数

1. 衰减方程

平面波不存在扩散衰减，只存在介质衰减，其声压衰减方程为：

$$P_x = P_o e^{-\alpha x} \tag{2-24}$$

式中　P_o——波源的起始声压；

P_x——至波源距离为 x 处的声压；

α——介质衰减系数，dB/mm；

e——自然对数的底(e=2.71828…)。

球面波与柱面波既存在扩散衰减，又存在介质衰减，它们的声压衰减方程与上式相仿，也是在各自的声压—距离方程(2-11)、(2-12)右边乘以指数函数 $e^{-\alpha x}$ 。即：

球面波：
$$p_x = \frac{P_1}{x} e^{-\alpha x}$$

柱面波：
$$p_x = \frac{P_1}{\sqrt{x}} e^{-\alpha x}$$

2. 衰减系数

衰减系数 α 只考虑了介质的散射和吸收衰减，未涉及扩散衰减。对于金属材料等固体介质而言，介质衰减系数等于散射衰减系数 α_S 和吸收衰减系数 α_a 之和。

介质的吸收衰减与频率成正比，散射衰减与频率、材料晶粒度和各向异性有关。当介质晶粒较粗大时，若采用较高的频率，将会引起严重衰减，示波屏出现大量草波，使信噪比明显下降，超声波穿透能力显著降低。这就是晶粒较大的奥氏体钢和一些铸件检测进行超声检测的困难所在。

介质的衰减与介质的性质密切相关，因此在实际工作中有时可根据底波的次数和幅度来衡量材料衰减情况，从而判定材料晶粒度大小、缺陷密集程度、石墨含量以及水中泥沙含量等。

2.9.3 衰减系数的测定

1. 薄板工件衰减系数的测定

对于厚度较小，上下底面互相平行，表面光洁的薄板工件或试块。可用直探头放在薄板表面，使声波在上下表面来回反射，在示波屏上出现多次底波。由于介质衰减和反射损失，使底波高度依次减少，如图 2-28(a)和图 2-28(b)所示。其介质衰减系数按下式计算：

$$\alpha = \frac{20\lg(B_m/B_n) - \delta}{2(n-m)x}(\mathrm{dB/mm}) \tag{2-25}$$

式中 m、n——底波的反射次数；

B_m、B_n——第 m、n 次底波高度；

δ——反射损失，每次反射损失约为 0.5~1.0dB；

x——薄板的厚度。

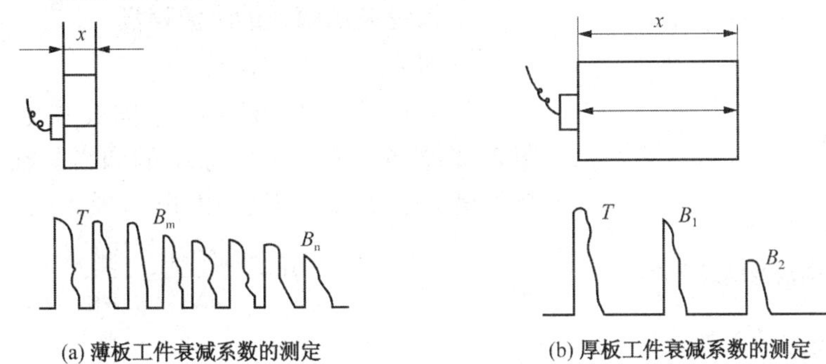

(a) 薄板工件衰减系数的测定　　(b) 厚板工件衰减系数的测定

图 2-28 衰减系数的测定

式(2-24)没有考虑扩散衰减，因此现场应用时应根据薄板厚度来确定波的次数，使声波的传播距离在波束未扩散区内。

2. 厚板或粗圆柱体衰减系数的测定

对于厚度大于 200mm 的板材或轴类零件，可根据第一、第二次底波 B_1、B_2高度来测定衰减系数，如图 2-28(b)所示。图中 B_1、B_2高度差由扩散衰减、介质衰减、反射损失引起。

这时介质衰减系数 α 按下式计算：

$$\alpha = \frac{20\lg(B_1/B_2) - 6 - \delta}{2x} \tag{2-26}$$

式中 B_1、B_2——第一、第二次底波高度；

6——扩散衰减引起的分贝差；

δ——反射损失，每次反射损失约为 0.5~1.0dB；

x——工件厚度。

a 为材料中单程的衰减系数，脉冲反射法检测过程中包括来回传播距离，所以，实际工件中某一声程(S)的材质衰减量为：$2 \cdot a \cdot S$。

例：某工件厚度 $x=500$mm，测得 $B_1=80\%$，$B_2=20\%$，反射损失 $\delta=0.5$ dB，则工件的衰减系数为

$$\alpha = \frac{20\lg(B_1/B_2) - 6 - \delta}{2x}$$

$$= \frac{20\lg(80/20) - 6 - 0.5}{2 \times 500}$$
$$= 0.005(\text{dB/mm})$$

工件全声程上衰减量为：

$2 \cdot a \cdot x = 2 \times 0.005 \times 500 = 5\text{dB}$

2.10　超声场

超声波探头（波源）发射的超声场，具有特殊的结构。只有当缺陷位于超声场内时，才有可能被发现。实际检测中广泛应用反射法，不同形状的反射体的回波声压具有不同的规律。

2.10.1　纵波发射声场

1. 圆盘波源辐射的纵波声场

1）波源轴线上声压分布

在连续简谐纵波且不考虑介质衰减的条件下，图 2-29液体介质中半径为 R_S的圆盘源轴线上的声压 P 与距离 x 成反比，与波源面积 F_S成正比：

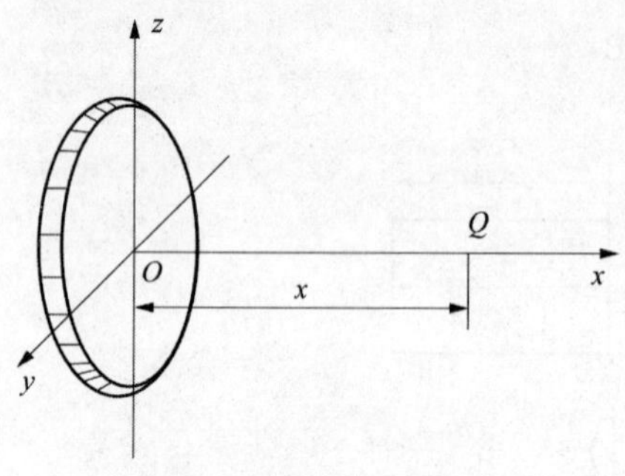

图 2-29　圆盘源轴线上声压

$$P = \frac{P_o \pi R_S^2}{\lambda x} = \frac{P_o F_S}{\lambda x} \qquad (2-27)$$

式中　P_o——波源的起始声压；

λ——波长；

x——轴线上的点至波源距离；

π——圆频率；

R_S——波源半径；

F_S——波源面积，$F_S = \pi R_S^2 = \pi D_S/4$（$D_S$ 为波源直径）

波源轴线上的声压随距离变化的情况如图 2-30 中实线所示。

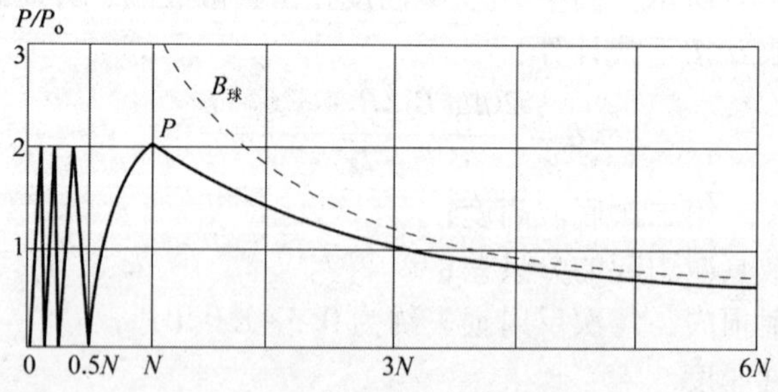

图 2-30　圆盘源轴线上声压分布

（1）近场区：波源附近由于波的干涉而出现一系列声压极大极小值的区域，称为超声场的近场区，又叫菲涅耳区。近场区声压分布不均，是由于波源各点至轴线上某点的距离不同，存在波程差，互相叠加时存在相位差而互相干涉，使某些地方声压互相加强，另一些地方互相减弱，于是就出现声压极大极小值的点。

波源轴线上最后一个声压极大值至波源的距离称为近场区长度，用 N 表示。近场区长度与波源面积成正比，与波长成反比。

$$N = \frac{D_S^2}{4\lambda} = \frac{R_S^2}{\lambda} = \frac{F_S}{\pi\lambda} \tag{2-28}$$

在近场区检测定量是不利的，处于声压极小值处的较大缺陷回波可能较低，而处于声压极大值处的较小缺陷回波可能较高，这样就容易引起误判，甚至漏检，因此应尽可能避免在近场区检测定量。

（2）远场区：波源轴线上至波源的距离 $x>N$ 的区域称为远场区。远场区轴线上的声压随距离增加单调减小。当 $x>3N$ 时，声压与距离成反比，近似球面波的规律，$P = P_o F_S / \lambda x$ 。如图 2-30 中虚线所示。

2）超声场横截面声压分布

超声场近场区与远场区各横截面上的声压分布是不同的，在 $x<N$ 的近场区内，存在中心轴线上声压为 0、偏离中心声压较高的截面。在 $x \geqslant N$ 的远场区内，轴线上的声压最高，偏离中心声压逐渐降低，且同一横截面上声压的分布是完全对称的。在实际检测中，测定探头波束轴线的偏离和横波斜探头的 K 值时，规定要在 $2N$ 以外进行就是这个原因。

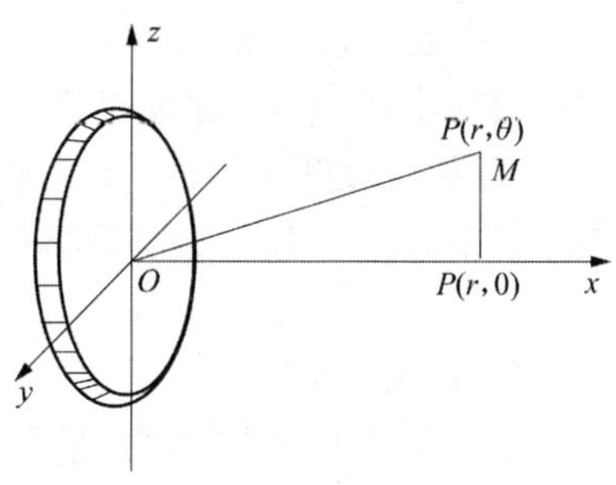

图 2-31　圆盘波束指向性定义

3）波束指向性和半扩散角

如图 2-31 波源前充分远处一点的声压 $P(r,\ \theta)$ 与波源轴线上同距离处声压 $P(r,\ 0)$ 之比，称为指向性系数，用 D_c 表示。

$$D_c = \frac{P(r,\ \theta)}{P(r,\ 0)}$$

D_c 与 y 的关系如图 2-32 所示，可知：

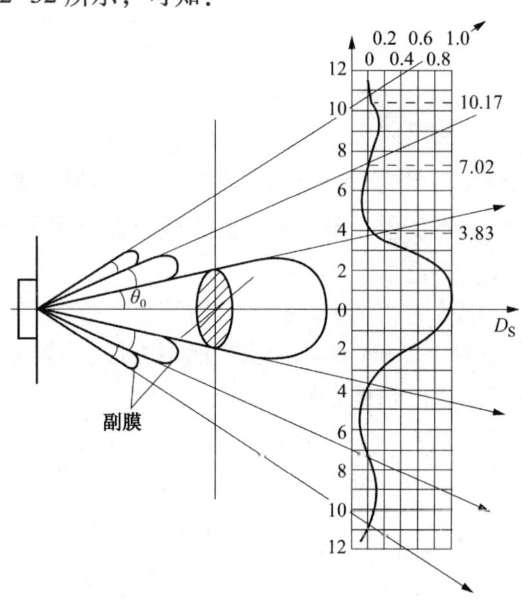

图 2-32　圆盘源波束指向性分布图

（1）$D_c \leqslant 1$。这说明超声场中至波源充分远处同一横截面上各点的声压是不同的，以轴线上的声压为最高。实际检测中，只有当波束轴线垂直于缺陷时，缺陷回波最高就是这个原因。

（2）圆盘源辐射的声束截面声场中存在一些声压为零的点，这些点所对应的 θ 角称为零值发散角。其中第一零值发散角称为半扩散角，其大小为：

$$\theta_o = 70\lambda / D_S (^\circ) \tag{2-29}$$

（3）当 $y>3.83$，即 $\theta>\theta_o$ 时，$|D_c|<0.15$。这说明半扩散角以外的声场声压很低，超声波的能量主要集中在半扩散角以内。因此可以认为半扩散角限制了波束的范围。

（4）在超声波主波束之外尚存在一些副瓣，但由于副瓣能量很低和介质对超声波的衰减作用，从波源附近开始传播后衰减很快。

（5）由式(2-29)可知，增加探头直径 D_S，提高检测频率 f，半扩散角 θ_o 将减小，即可以改善波束指向性，使超声波的能量更集中，有利于提高检测灵敏度；但由式(2-28)可知，增大 D_S 和 f，近场区长度 N 增加，对检测不利。因此在实际检测中要综合考虑所使用的超声技术以及 D_S 和 f 对 θ_o 及 N 的影响，合理选择 D_S 和 f。一般是在保证检测灵敏度的前提下尽可能减少近场区长度。

4）波束未扩散区与扩散区

超声波波源辐射的超声波是以特定的角度向外扩散出去的，但并不是从波源开始扩散的，而是在波源附近存在一个未扩散区 b，其理想化的形状如图 2-33 所示。

$$b = 1.64N \tag{2-30}$$

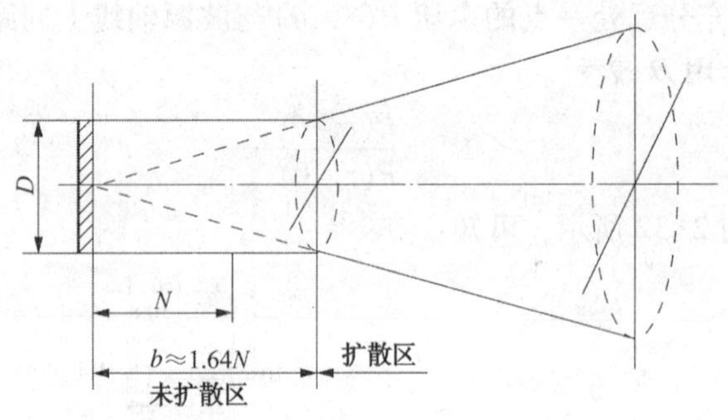

图 2-33 圆盘源理想化声场中的波束未扩散区和扩散区

在波束未扩散区内，波束不扩散，不存在扩散衰减，各截面平均声压基本相同。因此对于薄板前几次底波相差无几。

到波源的距离 $x>b$ 的区域称为扩散区，扩散区内波束扩散，存在扩散衰减。

例 1：若用 $f=2.5$MHz，$D_S=20$mm 的直探头检测钢工件（声速 $c_L=5900$m/s），那么近场区长度 N，半扩散角 θ_o 和未扩散区长度 b 分别为

$$N = \frac{D_S^2}{4\lambda} = \frac{D_S^2 f}{4c_L} = \frac{20^2 \times 2.5 \times 10^6}{4 \times 5900 \times 10^3} = 42.4(\text{mm})$$

$$\theta_o = 70\frac{\lambda}{D_S} = 70\frac{c_L}{D_S f} = 70 \times \frac{5900 \times 10^3}{20 \times 2.5 \times 10^6} = 8.26^\circ$$

$$b = 1.64N = 1.64 \times 42.4 = 69.5(\text{mm})$$

例 2：用 2.5 MHz、ϕ12mm 纵波直探头检测钢工件，钢中 $c_L=5900$ m/s，求其半扩

散角。

解：

$$\lambda_L = \frac{c_L}{f} = \frac{5.9}{2.5} = 2.36(\text{mm})$$

$$\theta_o = 70\frac{\lambda_L}{D_S} = 70 \times \frac{2.36}{12} = 13.8°$$

2. 矩形波源辐射的纵波声场

如图 2-34 所示，矩形波源作活塞振动时，在液体介质中辐射的纵波声场同样存在近场区和未扩散角。由于矩形仅有两条对称轴，波场的横截面不是各向对称的(如图 2-35)，故声轴外的点需要两个方向角坐标 θ 和 ϕ，距波源中心 r 处的某点的声压表为 $P(r, \theta, \phi)$。远场声轴上的某点的声压为

$$P(r, 0, 0) = \frac{P_o F_S}{\lambda r} \tag{2-31}$$

式中　F_S——矩形波源面积，$F_S = 4ab$。

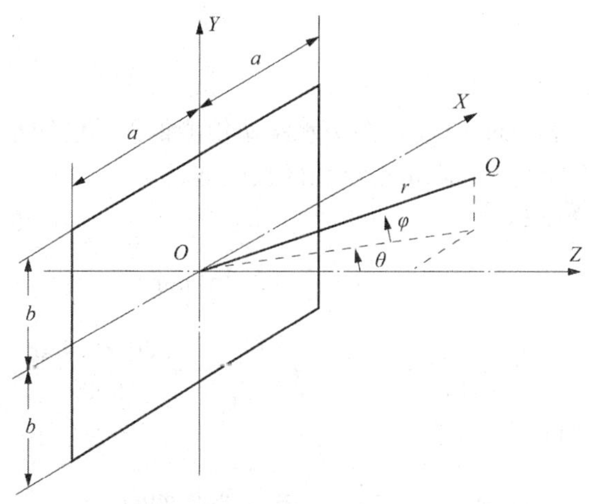

图 2-34　矩形源声场的坐标系

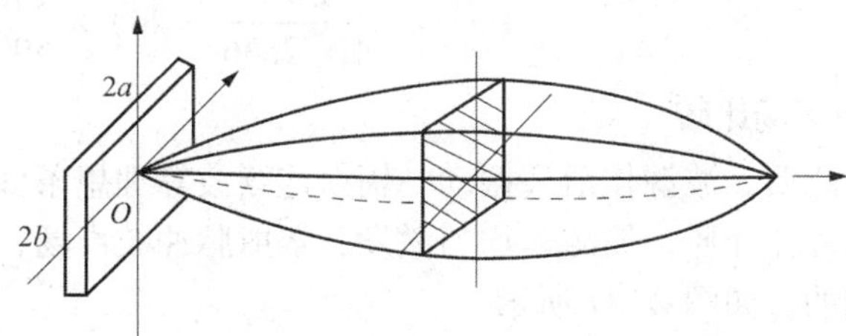

图 2-35　矩形波源声场

沿 a 边方向的中轴面(XOZ 坐标面)上的半扩散角 θ_o 为：

$$\theta_o = 57\frac{\lambda}{2a}(°) \tag{2-32}$$

沿 b 边方向的中轴面(YOZ 坐标面)上的半扩散角 ϕ_o 为：

$$\phi_o = 57\frac{\lambda}{2b}(°) \tag{2-33}$$

矩形波源的近场区长度为：

$$N = \frac{F_S}{\pi\lambda} \tag{2-34}$$

3. 纵波声场近场区在两种介质中的分布

公式 $N = \dfrac{F_S}{\pi\lambda}$ 表示的是一种均匀介质中的近场区长度。实际检测中，有时近场区分布在两种不同的介质中，如图 2-36 所示的水浸检测，超声波是先进入水，然后再进入钢中。当水层厚度较小时，近场区就会分布在水、钢两种介质中。

设水层厚度为 L，则钢中剩余近场区长度 N'为：

基于钢中近场区计算，则：

$$N' = N_2 - L\frac{c_1}{c_2} \tag{2-35}$$

若基于水中近场区计算，则：

$$N' = (N_1 - L)\frac{c_1}{c_2} \tag{2-36}$$

式中 1——水；

2——钢。

例如，用 2.5 MHz、ϕ14mm 纵波直探头水浸法检测钢板，已知水层厚度为 20mm，水中 $c_1 = 1480$m/s，钢中 $c_2 = 5900$m/s，求钢中近场区长度 N。

解：(1)采用公式(2-32)：

钢中纵波波长：$\lambda_2 = \dfrac{c}{f} = \dfrac{5.9}{2.5} = 2.36(\text{mm})$

钢中近场区长度：$N = \dfrac{D_S^2}{4\lambda_2} - L\dfrac{c_1}{c_2} = \dfrac{14^2}{4 \times 2.36} - \dfrac{20 \times 1480}{5900} = 15.7(\text{mm})$

(2) 采用公式(2-33)：

水中纵波波长：$\lambda_1 = \dfrac{c}{f} = \dfrac{1.48}{2.5} = 0.592(\text{mm})$

钢中近场区长度：$N = (\dfrac{D_S^2}{4\lambda_1} - L)\dfrac{c_1}{c_2} = (\dfrac{14^2}{4 \times 2.36} - 20) \times \dfrac{1480}{5900} = 15.7(\text{mm})$

4. 实际声场与理想声场比较

以上讨论的是液体介质，波源作活塞振动，辐射连续波等理想条件下的声场，简称理想声场。实际检测往往是固体介质，波源非均匀激发，辐射脉冲波声场，简称实际声场。它与理想声场是不完全相同的，如图 2-37 所示。

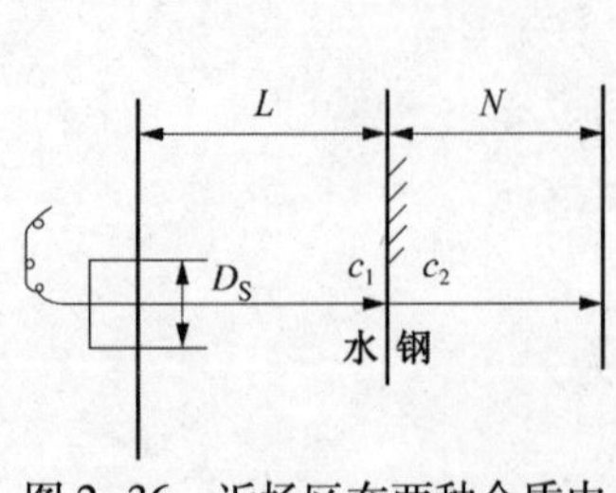

图 2-36 近场区在两种介质中

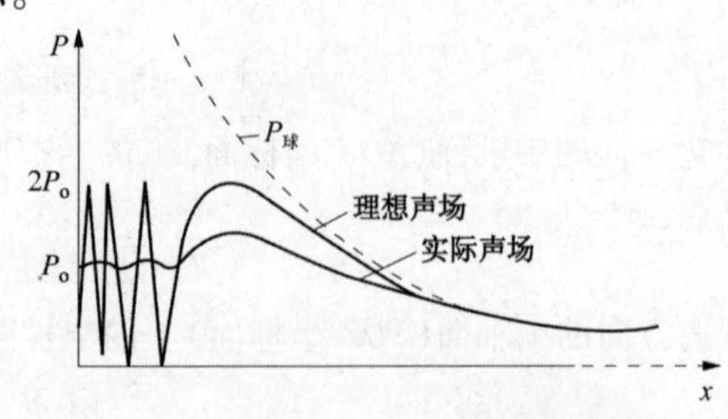

图 2-37 实际声场与理想声场声压比较

实际声场与理想声场在远场区轴线上声压分布基本一致(图 2-37)，但在近场区存在明显区别。实际声场轴线上声压波动幅度比理想声场平缓得多。

2.10.2 横波发射声场

1. 假想横波波源

常用的横波探头是使纵波倾斜入射到界面上，通过波型转换来实现横波检测的。当入射角 α_L 介于 $\alpha_{\mathrm{I}} \sim \alpha_{\mathrm{II}}$ 时，纵波全反射，第二介质中只有折射横波。

横波探头辐射的声场由第一介质中的纵波声场与第二介质中的横波声场两部分组成，两部分声场是折断的，如图 2-38 所示，为了便于理解计算，可将第一介质中的纵波波源转换为轴线与第二介质中横波波束轴线重合的假想横波波源，这时整个声场可视为由假想横波波源辐射出来的连续的横波声场。

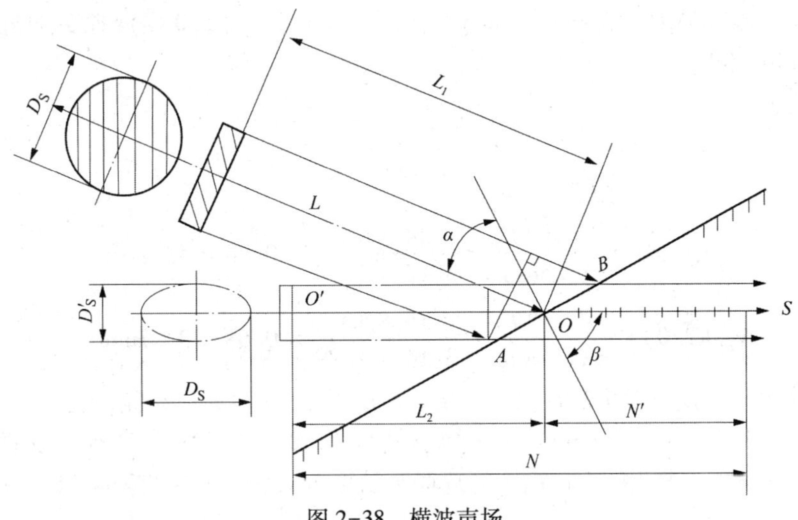

图 2-38 横波声场

当实际波源为圆形时，虚拟横波波源为椭圆形，长轴等于实际波源的直径 D_S，短轴为 D_S 的投影压缩。

2. 横波声场的结构

1）波束轴线上的声压

横波声场同纵波声场一样，由于波的干涉存在近场区和远场区。当 $x \geqslant 3N$ 时，横波声场波束轴线上的声压与至假想波源的距离成反比，与波源面积成正比，类似纵波声场。

2）近场区长度

横波声场近场区长度为：

$$N = \frac{F_S}{\pi \lambda_{S_2}} \frac{\cos\beta}{\cos\alpha} \tag{2-37}$$

式中 N——近场区长度，由假想波源 O' 算起。

横波声场中，第二介质中的近场区长度 N' 为：

$$N' = N - L_2 = \frac{F_S}{\pi \lambda_{S_2}} \frac{\cos\beta}{\cos\alpha} - L_1 \frac{\tan\alpha}{\tan\beta} \tag{2-38}$$

式中 F_S——波源面积；

λ_{S_2}——介质Ⅱ中横波波长；

L_1——入射点至波源的距离；

L_2——入射点至假想波源的距离。

横波探头常采用 K 值（$K=\tan\beta_S$）来表示横波折射角的大小，常用 K 值为 1.0，1.5，2.0 和 2.5 等。为了便于计算近场区长度，特将 K 与 $\cos\beta/\cos\alpha$、$\tan\alpha/\tan\beta$ 的关系列于表 2-8。

表 2-8　$\cos\beta/\cos\alpha$、$\tan\alpha/\tan\beta$ 与 K 值的关系

K 值	1.0	1.5	2.0	2.5
$\cos\beta/\cos\alpha$	0.88	0.78	0.68	0.6
$\tan\alpha/\tan\beta$	0.75	0.66	0.58	0.5

例 1：试计算 2.5MHz、14mm×16mm 矩形晶片 $K1.0$ 和 $K2.0$ 横波探头的近场区长度 N（钢中 $c_{S2}=3230\text{m/s}$）。

解：

$$\lambda_{S2}=\frac{c_{S2}}{f}=\frac{3.23}{2.5}\approx 1.29\text{mm}$$

$$N_1(K1.0)=\frac{ab}{\pi\lambda_{S2}}\frac{\cos\beta_1}{\cos\alpha_1}=\frac{14\times 16}{3.14\times 1.29}\times 0.88=48.7\text{mm}$$

$$N_2(K2.0)=\frac{ab}{\pi\lambda_{S2}}\frac{\cos\beta_2}{\cos\alpha_2}=\frac{14\times 16}{3.14\times 1.29}\times 0.68=37.7\text{mm}$$

由上计算表明，横波探头晶片尺寸一定，K 值增大，近场区长度减小。

例 2：有一 2.5MHz、10 mm×12 mm 矩形晶片 $K2.0$ 横波探头，其有机玻璃中入射点至晶片的距离为 12mm，求此探头在钢中的近场区长度 N'（钢中 $c_{S2}=3230\text{m/s}$）。

解：

$$\lambda_{S2}=\frac{c_{S2}}{f}=\frac{3.23}{2.5}\approx 1.29\text{mm}$$

$$\begin{aligned}N'&=\frac{ab}{\pi\lambda_{S2}}\frac{\cos\beta}{\cos\alpha}-L_1\frac{\tan\alpha}{\tan\beta}\\&=\frac{10\times 12}{3.14\times 1.29}\times 0.68-12\times 0.58\\&=13\text{mm}\end{aligned}$$

3）半扩散角

从假想横波声源辐射的横波声束同纵波声场一样，具有良好的指向性，可以在被检材料中定向辐射，只是声束的对称性与纵波声场有所不同，如图 2-39、图 2-40 所示。

（1）纵波斜入射在第二介质中产生横波声场，其声束不再对称于声束轴线，而是存在上下两个半扩散角，其中上半扩散角 $\theta_{上}$ 大于声束下半扩散角 $\theta_{下}$。

（2）横波垂直入射时，其声束对称于轴线，这时半扩散角可按下式计算。

对于圆片形声源：

$$\theta_0=70\frac{\lambda_{S2}}{D_S}\tag{2-39}$$

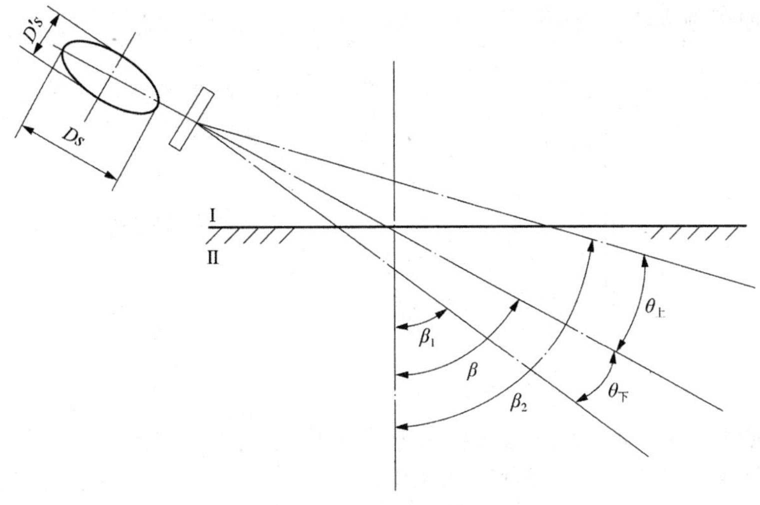

图 2-39　横波声场半扩散角

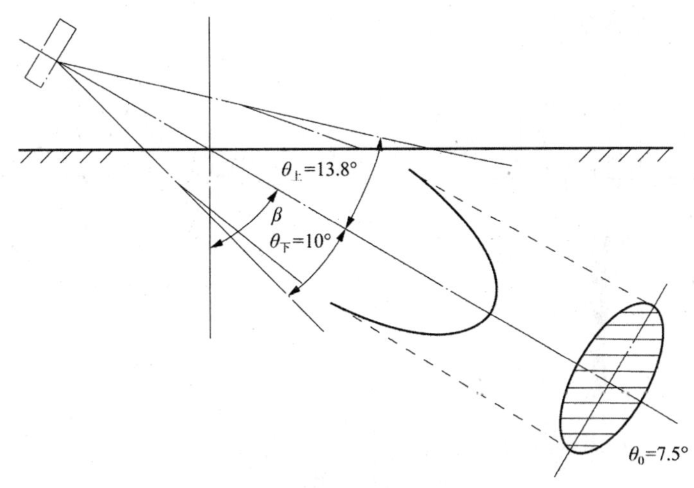

图 2-40　2. 5MHz、ϕ12mm K2 斜探头半扩散角

对于矩形正方形声源：

$$\theta_0 = 57\,\frac{\lambda_{S2}}{2a} \tag{2-40}$$

2. 10. 3　聚焦声源发射声场

1. 聚焦声场的形成

常规的纵波声场或横波声场，声束是以一定的角度向外扩散出去的，能量不集中，缺陷定量精度不高，对粗晶材料检测困难大，20 世纪 60 年代发展起来的聚焦声源发射的声场具有声束细，能量集中，分辨力和灵敏度高等优点。用聚焦探头测定大型缺陷的面积或指示长度比常规探头精确。用聚焦探头检测粗晶材料也有了较大的进展。

聚焦探头分为液浸聚焦和接触聚焦两大类。其中液浸聚焦技术发展得比较完善，接触聚焦目前也发展得很快。采用聚焦理论研制的接触聚焦直、斜探头用于实际检测，收到了较为满意的效果。

液浸聚焦如图 2-41 所示，它是利用平面波入射到 $c_1 > c_2$ 的凸透镜(从入射方向看)上其折射波聚焦的原理制成的。当声透镜为球面镜时，获得点聚焦；当声透镜为柱面镜时，获得线聚焦。

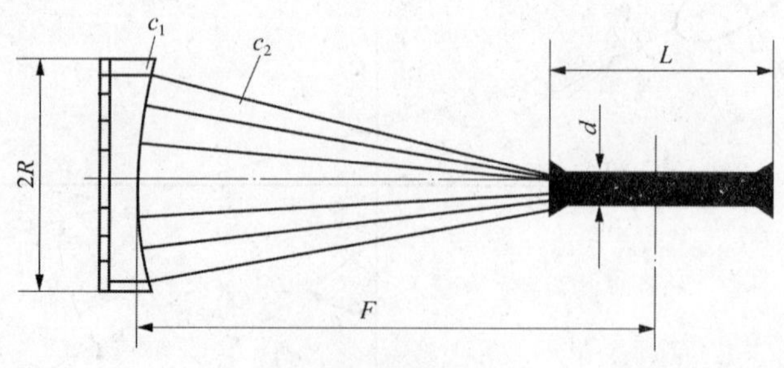

图 2-41　液浸聚焦

接触聚焦如图 2-42 所示，它与液浸聚焦不同的是：在声透镜前面加了一个透声楔块，并且要求声透镜中的声速 c_1 大于透声楔块中的声速 c_2，即 $c_1 > c_2$。由图可知，它是利用平面波入射到 $c_1 > c_2$ 的凸透镜上其折射波聚焦，该聚焦折射波再入射到 $c_2 < c_3$ 的平界面上其折射波在工件内进一步聚焦。

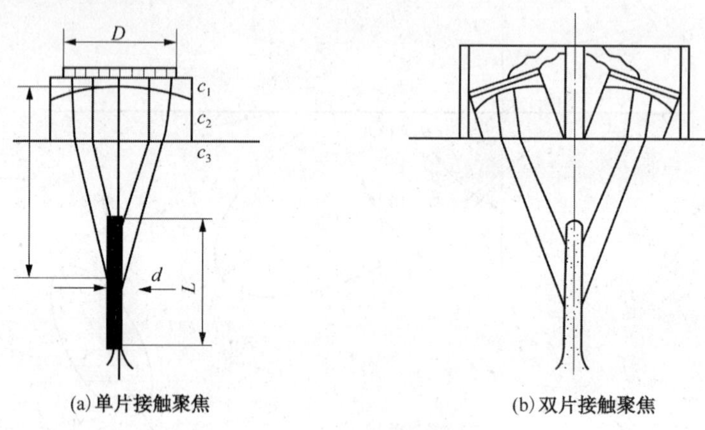

(a) 单片接触聚焦　　(b) 双片接触聚焦

图 2-42　接触聚焦

2. 聚焦探头的应用

聚焦探头具有声束细、灵敏度高等优点，在铸钢件及奥氏体钢检测、缺陷面积或指示长度的测定和裂纹高度的测定等方面得到较好的应用。

铸钢件及奥氏体钢晶粒粗大、衰减严重，常规探头检测散射显著，容易产生草状回波，信噪比低，缺陷判别困难大。采用聚焦探头检测，由于声束细，产生散射的概率小，因此信噪比高，灵敏度高，有利于缺陷的检出。

随着断裂力学的发展，对缺陷定量的要求日益提高，然而常规探头测定的缺陷面积或指示长度往往与缺陷实际尺寸相差较大。实验证明，使用聚焦探头利用多重分贝法（如 6dB，12dB 等）来测定缺陷面积或指示长度要比常规探头精确得多。

裂纹是最危险的缺陷，测定裂纹高度已引起检测界的高度重视。人们曾设想采用各种方法来测定裂纹的高度，但测试精度较低。近年来采用聚焦探头利用端点衍射回波法来测定裂纹的高度，获得较好的效果，精度明显提高。

同时聚焦探头因其声束细，每次扫查范围小，故检测效率低。另外，探头的通用性较差，每只探头仅适用于检测某一深度范围内的缺陷。

应用聚焦探头检测和测定缺陷尺寸的方法已在实际生产中得到应用。例如，法国已利用水浸聚焦检测装置检测核反应堆压力壳，美国也已制成汽轮机转子内孔聚焦检测装置。我国也广泛利用水浸聚焦方法对钢管进行自动超声检测，在对某些奥氏体不锈钢、铸钢件进行检测和测量缺陷自身高度方面取得较好的成效。

2.11 规则反射体的回波声压

最常用的脉冲反射法，是根据接收到的反射回波位置、幅度等信息来判断材料内部是否存在缺陷及缺陷的状况。因此，研究声场中存在反射界面时反射波的声压对于缺陷的检出和缺陷的评价是十分重要的。前面已经在界面尺寸为无限大的前提下，讨论了声波在异质界面上的反射、折射方向与能量分配，涉及的主要是界面两侧介质特性对声波的影响。下面结合圆盘声源声场规律，讨论在圆盘声场远场中，假设介质衰减可以忽略且界面声压反射率为 1 时，不同形状反射体反射声压的变化规律。

由于工件中实际缺陷是不规则的，其形状是多种多样的，因此，在进行理论分析时，常采用几种简化的规则形状模型来进行计算。有些形状模型可在试样上人工制作，从而可作为人工模拟反射体，用于仪器的调节和缺陷的评价。本节要讨论的规则形状反射体包括大平面、圆形或方形平面、圆柱形反射体和球形反射体。

2.11.1 规则反射体回波声压简化公式

1. 大平面

大平面又常称为大平底，指的是垂直于声波前进方向、面积远远大于该处超声场截面积的平底反射体。在超声检测中，与入射面相对的工件的另一个平行表面就是一个典型的大平面。

若大平面距声源的距离为 x，则超声束在大平面上完全反射后向相反方向传播，返回到探头时的回波声压就相当于距声源的距离为 $2x$ 处的入射声压。如图 2-43 所示。$\lambda x \geqslant 3N$ 时，按远场中的声压公式：

$$P_x = \frac{\pi D^2}{4\lambda x} = P_o \frac{S}{2\lambda x} \qquad (2-41)$$

则大平底的回波声压 P 为：

$$P_B = P_o \frac{\pi D^2}{4\lambda x} \cdot \frac{1}{2} = P_o \frac{S}{2\lambda x} \qquad (2-42)$$

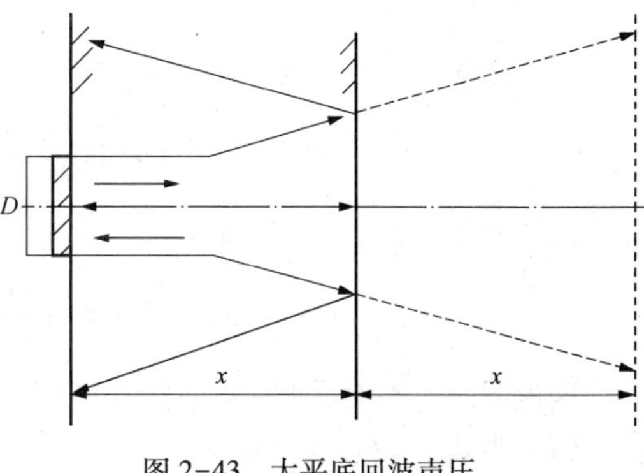

图 2-43 大平底回波声压

上式表明：在检测条件(S，λ)一定时，大平底的回波声压与距声源的距离成反比。两个不同声程的大平底面的回波分贝差为：

$$\Delta dB = 20\lg \frac{P_1}{P_2} = 20\lg \frac{x_2}{x_1} \qquad (2-43)$$

当 $x_2 = 2x_1$时，

$$\Delta dB = 20\lg \frac{P_1}{P_2} = 20\lg \frac{x_2}{x_1} = 20\lg 2 = 6dB \qquad (2-44)$$

这说明大平底面的声程增加一倍时，其回波降低 6dB。

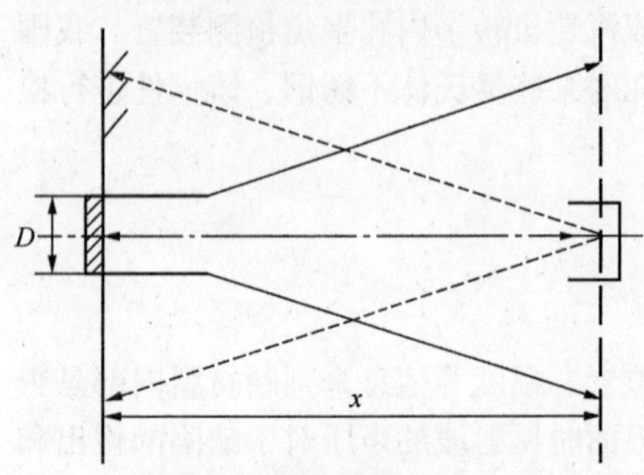

图 2-44　圆形平面反射体对超声波的反射

2. 圆形平面

如图 2-44 所示，假设有一个与声波前进方向垂直的直径为 ϕ 的圆形平面反射体，距声源的距离为 x，且 $x>3N$。直径 ϕ 满足 $\phi < \frac{0.4\lambda x}{D}$ 时，认为反射体足够小，声压在反射体面积上可以看作是均匀分布的。

假设超声波在圆形平面上全反射，则根据惠更斯原理，可把反射体看作是一个直径为 ϕ 的新声源，新声源的起始声压等于声源发出的声波到达反射面处的声压：

$$P_x = P_o \frac{\pi D^2}{4\lambda x} = P_o \frac{S}{\lambda x} \tag{2-45}$$

那么，到达生源的回波声压 P 为：

$$P_\phi = P_x \frac{\pi \phi^2}{4\lambda x} = P_o \frac{\pi D^2}{4\lambda x} \cdot \frac{\pi \phi^2}{4\lambda x} = P_o \frac{SS'}{\lambda^2 x^2} \tag{2-46}$$

式中　S——生源的面积；

S'——圆形平面反射体的面积。

由式 2-45 可知：在检测条件（S，λ）一定时，圆形平面反射体的回波声压（或波高）与其面积成正比，与距声源距离的平方成反比。式（2-45）也适用于方形平面反射体。

任意两个直径（ϕ）、距离（x）不同的圆形平面反射体的回波声压之比为：

$$\frac{H_1}{H_2} = \frac{P_1}{P_2} = \frac{S_1 x_2^2}{S_2 x_1^2} = \frac{\phi_1 x_2}{\phi_2 x_1} \tag{2-47}$$

二者之间的分贝差为：

$$\Delta \mathrm{dB} = 20\lg \frac{P_1}{P_2} = 20\lg \frac{S_1 x_2^2}{S_2 x_1^2} = 40\lg \frac{\phi_1 x_2}{\phi_2 x_1} \tag{2-48}$$

（1）当 $\phi_1 = \phi_2$，$x_2 = 2x_1$ 时：

$$\Delta \mathrm{dB} = 20\lg \frac{P_1}{P_2} = 40\lg \frac{\phi_1 x_2}{\phi_2 x_1} = 40\lg \frac{x_2}{x_1} = 40\lg 2 = 12\mathrm{dB}$$

这说明圆形平面反射体的直径相同而声程增大一倍时，其回波降低 12dB。

（2）当 $\phi_1 = 2\phi_2$，$x_2 = x_1$ 时：

$$\Delta \mathrm{dB} = 20\lg \frac{P_1}{P_2} = 40\lg \frac{\phi_1 x_2}{\phi_2 x_1} = 40\lg \frac{\phi_1}{\phi_2} = 40\lg 2 = 12\mathrm{dB}$$

这说明圆形平面反射体的声程相同而直径减少一半时，其回波降低 12dB。

圆形平面反射体是超声检测中最具代表性的反射体。实际检测中，通常在试块底面加工平底圆孔，称为平底孔。平底孔的孔底即为圆形平面反射体的反射面。由于反射声压与平底孔直径的平方存在正比关系，而声压与超声检测仪屏幕上的回波幅度成正比，因此，不同直径的平底孔其反射回波幅度有固定的关系。在评价缺陷的大小时，通过与已知尺寸平底孔回波幅度进行比较，可以计算与缺陷反射幅度相等的平底孔的直径，作为缺陷大小的评估指标，称为缺陷的平底孔当量，认为缺陷面积相当于相应直径平底孔的面积。

3. 圆柱形反射体

这里考虑圆柱形反射体的反射声压，是指超声波垂直入射到圆柱侧面的小直径圆柱形反射体的反射声压，如图 2-45 和图 2-46 所示。在实际应用中，在试块中制作轴线平行于入射面的人工钻孔，用柱面做反射体，称为横孔。根据横孔的长度与入射声束截面尺寸的关系，横孔分为长横孔和短横孔。

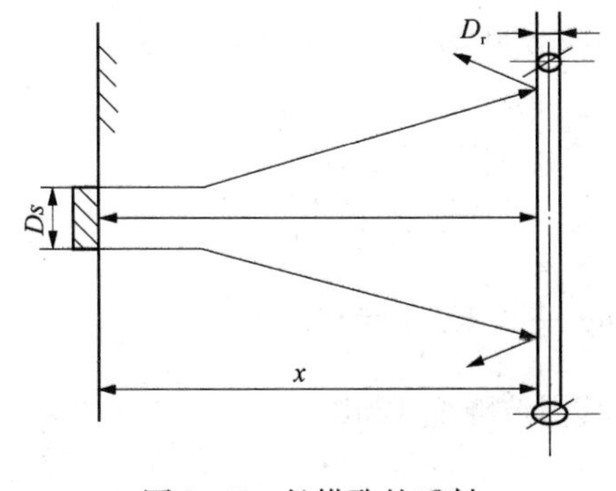

图 2-45　长横孔的反射

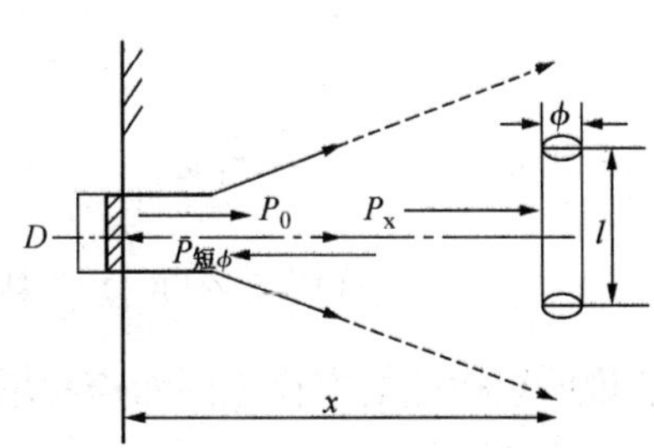

图 2-46　短横孔的反射

1）长横孔

长度大于入射声束截面尺寸的横孔称为长横孔。如图 2-45 所示。当距声源的距离 $x>3N$、长横孔直径 $\phi<\dfrac{0.4\lambda x}{D}$ 时，长横孔的反射回波声压近似下式的表示：

$$P_{长\phi}=P_o\frac{\pi D^2}{4\lambda x}\sqrt{\frac{\phi}{8x}}=P_o\frac{S}{\lambda x}\sqrt{\frac{\phi}{8x}} \tag{2-49}$$

由式(2-49)可知：在检测条件(S，λ)一定时，长横孔的回波声压(或波高)平方根成正比，与距声源距离的二分之三次方成反比。任意两个直径(ϕ)、距离(x)不同的长横孔的回波分贝差为：

$$\Delta dB=20\lg\frac{P_1}{P_2}=10\lg\frac{\phi_1x_2^3}{\phi_2x_1^3} \tag{2-50}$$

(1) 当 $\phi_1=\phi_2$，$x_2=2x_1$时

$$\Delta dB=20\lg\frac{P_1}{P_2}=10\lg\frac{\phi_1x_2^3}{\phi_2x_1^3}=10\lg\frac{x_2^3}{x_1^3}=30\lg2=9dB$$

这说明长横孔的直径相同而声程增大一倍时，其回波降低 9dB。

(2) 当 $\phi_1=2\phi_2$，$x_2=x_1$时

$$\Delta dB=20\lg\frac{P_1}{P_2}=10\lg\frac{\phi_1x_2^3}{\phi_2x_1^3}=10\lg\frac{\phi_1}{\phi_2}=10\lg2=3dB$$

这说明长横孔的声程相同而直径减少一半时，其回波降低 3dB。

2）短横孔

孔的长度(l)小于入射声束截面尺寸的横孔称为短横孔。如图 2-46 所示。当距声源的距离 $x>3N$、长横孔直径 $\phi<\dfrac{0.4\lambda x}{D}$ 时，短横孔的反射回波声压近似为：

$$P_{\text{短}\phi} = P_0 \frac{\pi D^2}{4\lambda x} \cdot \frac{l}{2x}\sqrt{\frac{\phi}{\lambda}} = P_0 \frac{Sl}{2\lambda x^2}\sqrt{\frac{\phi}{\lambda}} \tag{2-51}$$

式中　ϕ——横孔孔径；

l——横孔长度。

由式(2-51)可知：在检测条件(S，λ)一定时，短横孔的回波声压(或波高)与短横孔的长度成正比，与直径的平方根成正比，与距声源距离的平方成反比。当短横孔的长度相同时，任意两个直径(ϕ)、距离(x)不同的短横孔的回波分贝差为：

$$\Delta \text{dB} = 20\lg \frac{P_1}{P_2} = 10\lg \frac{\phi_1 x_2^4}{\phi_2 x_1^4} \tag{2-52}$$

(1) 当 $\phi_1 = \phi_2$，$x_2 = 2x_1$时：

$$\Delta \text{dB} = 20\lg \frac{P_1}{P_2} = 10\lg \frac{\phi_1 x_2^4}{\phi_2 x_1^4} = 10\lg \frac{x_2^4}{x_1^4} = 40\lg 2 = 12\text{dB}$$

这说明短横孔的直径相同而声程增大一倍时，其回波降低 12dB。

(2) 当 $\phi_1 = 2\phi_2$，$x_2 = x_1$时：

$$\Delta \text{dB} = 20\lg \frac{P_1}{P_2} = 10\lg \frac{\phi_1 x_2^3}{\phi_2 x_1^3} = 10\lg \frac{\phi_1}{\phi_2} = 10\lg 2 = 3\text{dB}$$

这说明短横孔的声程相同而直径减少一半时，其回波降低 3dB。

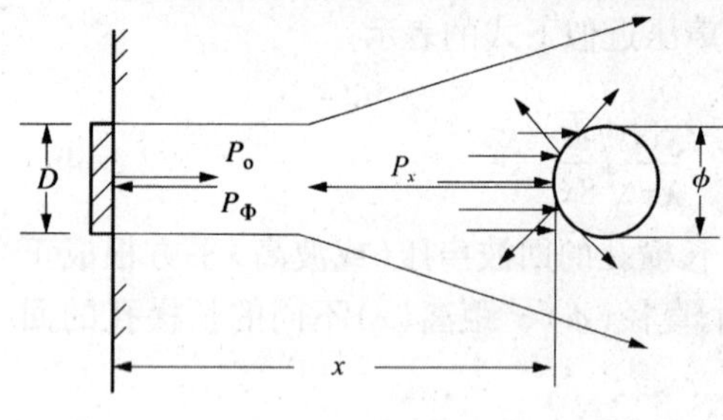

图 2-47　球孔回波声压

4. 球形反射体

这里的球形反射体，也是指球的直径 $\phi < \dfrac{0.4\lambda x}{D}$ 的小尺寸反射体。超声波入射到球面上时，会向各个方向反射，因此，回到声源处的回波很少，如图 2-47 所示。

根据理论推导，在远场($x > 3N$)中，球形反射体的回波声压可近似用下式计算：

$$P_{\text{球}\phi} = P_{\text{o}} \frac{\pi D^2}{4\lambda x} \cdot \frac{\phi}{4x} = P_{\text{o}} \frac{S\phi}{4\lambda x^2} \tag{2-53}$$

由式(2-53)可知：在检测条件(S，λ)一定时，球孔的回波声压(或波高)与球孔的直径成正比。任意两个直径(ϕ)、距离(x)小同的球孔的回波分贝差为：

$$\Delta \text{dB} = 20\lg \frac{P_1}{P_2} = 10\lg \frac{\phi_1 x_2^2}{\phi_2 x_1^2} \tag{2-54}$$

(1) 当 $\phi_1 = \phi_2$，$x_2 = 2x_1$时：

$$\Delta \text{dB} = 20\lg \frac{P_1}{P_2} = 20\lg \frac{\phi_1 x_2^2}{\phi_2 x_1^2} = 20\lg \frac{x_2^2}{x_1^2} = 40\lg 2 = 12\text{dB}$$

这说明球孔的直径相同而声程增大一倍时，其回波降低 12dB。

(2) 当 $\phi_1 = 2\phi_2$，$x_2 = x_1$时：

$$\Delta \text{dB} = 20\lg \frac{P_1}{P_2} = 20\lg \frac{\phi_1 x_2^2}{\phi_2 x_1^2} = 20\lg \frac{\phi_1}{\phi_2} = 20\lg 2 = 6\text{dB}$$

这说明球孔的声程相同而增直径大一倍时，其回波降低 6dB。

5. 大直径圆柱面

大直径圆柱面指声束直径小于圆柱体直径，且声束沿径向入射到圆柱面时的反射面。在实际工作中常遇到两种情况，一是探头置于实心圆柱体外表面时，来自圆柱体凹底面的回波；二是探头位于空心圆柱体的外表面或内表面时，来自于内孔的凸面反射和来自于外圆周的凹面反射。

1）实心圆柱体

探头置于外表面，声束沿径向入射时，若圆柱体直径 $d>3N$，则凹曲面的回波声压为：

$$P_{柱} = P_{o}\frac{S}{2\lambda d_{柱}} \tag{2-55}$$

将此式与式(2-41)进行比较，可以发现，实心圆柱体底面回波声压公式与大平底回波声压公式恰好相同。

2）空心圆柱体

如图 2-48 所示，直探头沿径向检测大直径空心圆柱体有两种可能，即探头置于外圆周或置于内壁。

（1）当探头置于外圆周，且圆柱体壁厚 $x>3N$，则圆柱体内壁的反射声压为：

$$P_{外} = P_{o}\frac{S}{2\lambda x}\sqrt{\frac{d_{柱}}{D_{柱}}} \tag{2-56}$$

式中 $d_{柱}$——空心圆柱体内径；

$D_{柱}$——空心圆柱体内径；

S——声源的面积；

x——空心圆柱体的壁厚。

（2）当探头置于圆柱体内壁，则圆柱体外壁的反射声压为：

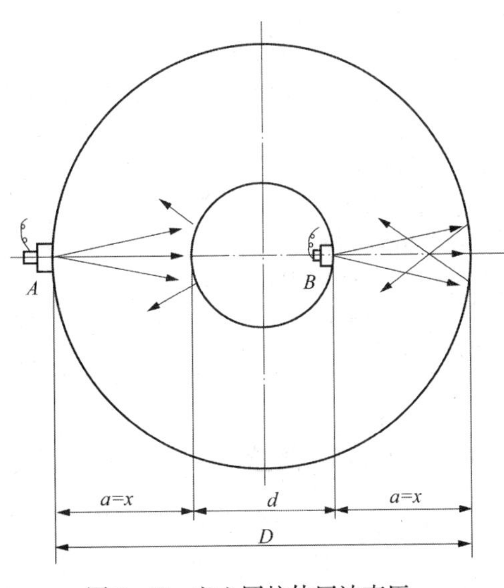

图 2-48　空心圆柱体回波声压

$$P_{内} = P_{o}\frac{S}{2\lambda x}\sqrt{\frac{D_{柱}}{d_{柱}}} \tag{2-57}$$

比较上述公式，可以看出，探头置于外壁时，底面回波声压小于大平底反射声压，因声波入射至凸面使反射声波发散；探头置于内壁时，底面回波声压大于大平底反射声压，因声波入射至凹面使反射声波汇聚。

例：检测外径为 1000mm、内径为 400mm 的空心圆柱体，当探头置于外圆周和置于圆柱体内壁时，两者的底面回波相差多少 dB？

$$解：\Delta dB = 20\lg\frac{P_{外}}{P_{内}} = 20\lg\frac{P_{o}\frac{S}{2\lambda x}\sqrt{\frac{d_{柱}}{D_{柱}}}}{P_{o}\frac{S}{2\lambda x}\sqrt{\frac{D_{柱}}{d_{柱}}}} = 20\lg\frac{d_{柱}}{D_{柱}} = 20\lg\frac{400}{1000} = 8dB$$

答：两者的底波回波相差 8dB。

从式(2-42)至式(2-57)等规则反射体的返回声压计算公式可知，返回声压的大小与入射声压和反射体的形状、尺寸有关，当晶片和检测频率一定时，它们的入射声压($P = P_o \frac{\pi D^2}{4\lambda x}$)是相同的，所以它们返回声压的差异仅与反射体的形状、尺寸有关，构成这些式子中不相同的部分，称之为形状系数。规则反射体返回声压及其形状系数归纳于表 2-9 中。

表 2-9 规则反射体反射回波声压和其形状系数

反射体种类＼声压	入射声压(P_λ)	形状系数	返回声压
大平底面（实心圆柱体）	$P_x = P_o \frac{\pi D^2}{4\lambda x}$	$\frac{1}{2}$	$P_B = P_x \cdot \frac{1}{2} = P_o \frac{\pi D^2}{4\lambda x} \cdot \frac{1}{2}$
平底孔		$\frac{\pi\phi^2}{4\lambda x}$	$P_\phi = P_x \cdot \frac{\pi\phi^2}{4\lambda x} = P_o \frac{\pi D^2}{4\lambda x} \cdot \frac{\pi\phi^2}{4\lambda x}$
长横孔		$\sqrt{\frac{\phi}{8x}}$	$P_{长\phi} = P_x \cdot \sqrt{\frac{\phi}{8x}} = P_o \frac{\pi D^2}{4\lambda x} \cdot \sqrt{\frac{\phi}{8x}}$
短横孔		$\frac{l}{2x}\sqrt{\frac{\phi_{短}}{\lambda}}$	$P_{短\phi} = P_x \cdot \frac{l}{2x}\sqrt{\frac{\phi_{短}}{\lambda}} = P_o \frac{\pi D^2}{4\lambda x} \cdot \frac{l}{2x} \cdot \sqrt{\frac{\phi_{短}}{\lambda}}$
球孔		$\frac{\phi}{4x}$	$P_{球\phi} = P_x \cdot \frac{\phi}{4x} = P_o \frac{\pi D^2}{4\lambda x} \cdot \frac{\phi}{4x}$
空心圆柱体（探头置于外圆周）		$\frac{1}{2}\sqrt{\frac{d_{柱}}{D_{柱}}}$	$P_{外} = P_x \cdot \frac{1}{2}\sqrt{\frac{d_{柱}}{D_{柱}}} = P_o \frac{\pi D^2}{4\lambda x} \cdot \frac{1}{2}\sqrt{\frac{d_{柱}}{D_{柱}}}$
空心圆柱体（探头置于内壁）		$\frac{1}{2}\sqrt{\frac{D_{柱}}{d_{柱}}}$	$P_{内} = P_x \cdot \frac{1}{2}\sqrt{\frac{D_{柱}}{d_{柱}}} = P_o \frac{\pi D^2}{4\lambda x} \cdot \frac{1}{2}\sqrt{\frac{D_{柱}}{d_{柱}}}$

2.11.2 AVG 曲线

AVG 曲线是描述规则反射体的距离(A)、回波高度(V)及当量尺寸(G)之间关系的曲线。A、V、G 是德文距离、增益和大小三词的字头。英文中称 AVG 为 DGS 曲线。AVG 曲线可用于对缺陷定量和灵敏度调整。

AVG 曲线有多种类型，根据通用性分为通用 AVG 和实用 AVG；根据波型不同分为纵波 AVG 和横波 AVG；据反射体不同分为平底孔 AVG 和横孔 AVG 等。

下面以平底孔为例来说明纵波平底孔 AVG 曲线的原理和绘制方法。

1. 纵波平底孔 AVG 曲线

1）通用 AVG

当 $x \geqslant 3N$，不考虑介质衰减时，若用 dB 表示相对波高，大平底面与平底孔回波高度分别为：

大平底： $V_1 = [B] - [T] = 20\lg(H_B/H_o) = 20\lg(\pi/2A)$ (2-58)

平底孔： $V_2 = [f] - [T] = 20\lg(H_f/H_o) = 40\lg(\pi G/A)$ (2-59)

式中 A——归一化距离；$A = x/N = \pi\lambda x/F_S$ ；

G——归一化缺陷当量大小；$G = D_f/D_S = \sqrt{F_f/F_S}$ ；

V_1——大平底面回波与始波高度 dB 差；

V_2——平底孔回波与始波高度 dB 差。

以横坐标表示 A，纵坐标表示 V_1、V_2，由式(2-58)得大平底面回波高度与距离之间的关系曲线，如图 2-49 所示中 B 曲线。由式(2-59)得一簇不同 G 值的平底孔回波高度与距离之间的关系曲线，如图 2-49 所示中的其他曲线。

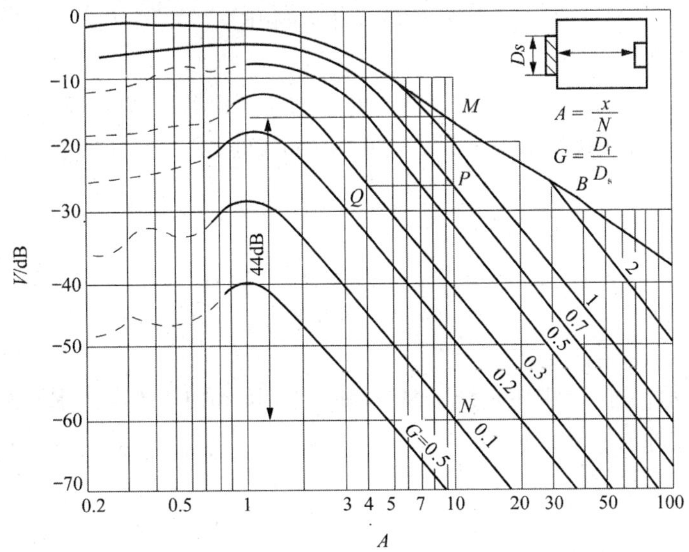

图 2-49　平底孔通用 AVG 曲线

图中 V 均为负 dB 值，说明各底波与平底孔回波均比始波低，需要增益相应 dB 值，才能达到与始波等高。

在 $A<3$ 的区域内，由于理论公式不适用，因此该区域的曲线一般不绘出或由实测得到。

由图 2-49 所示的平底孔缺陷通用 AVG 曲线可见，当 $A<1$ 时，由于波的干涉，使平底孔回波声压趋于复杂化，出现极大极小值。但对于大平底而言，其回波几乎不随距离变化，在这个区域内的入射波可视为平面波的一部分，平均声压为常数。

通用 AVG 曲线由于采用了归一化距离和归一化缺陷当量大小，因此通用性好，适用不同规格的探头。

通用 AVG 曲线可以用来调整检测灵敏度和对缺陷进行定量，下面举例说明之。

例：用 2. 5MHz、ϕ20mm 直探头检测厚为 400mm 钢制饼形锻件，已知钢中 $c_L=5900$ m/s。检测中在 170mm 处发现一缺陷，其回波比底波低 10dB。

(1) 如何利用底波调整 ϕ2 平底孔灵敏度?

(2) 求此缺陷的当量平底孔尺寸为多少?

解：(1)调灵敏度：

① 求 N：

$$N=\frac{D_S^2}{4\lambda}=\frac{D_S^2}{4c/f}=\frac{20^2\times 2.5}{4\times 5.9}=42.6(\text{mm})$$

② 求 A 和 G：

$$A=\frac{x}{N}=\frac{400}{42.4}\approx 9.4$$

$$G=\frac{D_f}{D_S}=\frac{2}{20}=0.1$$

③ 查 AVG 曲线。

如图 2-49 所示，过 $A=9.4$ 处作垂线交 $G=0.1$ 线于 N，交 B 线于 M，则 MN 所对应的分贝值为 400 mm 处大平底与 $\phi2$ 平底孔的回波分贝差：

$$\Delta = B - \phi2 = 44\text{dB}$$

④ 调整 $\phi2$ 灵敏度。

调节仪器使第一次底波 B_1 达基准波高，对于增益型仪器，增加 44dB；对于衰减型仪器，衰减掉 44dB。至此 $\phi2$ 灵敏度调好，即，这时 400mm 处 $\phi2$ 平底孔回波正好达基准波高。

（2）对缺陷当量：

① 求 A_f：

$$A_f = \frac{x_f}{N} = \frac{170}{42.4} \approx 4$$

② 求 G_f：

如图 2-49 所示，过 $A=4$ 作垂线，从比 M 点低 10 dB 的 P 点作水平线，相交于 Q 点，则 Q 点对应的 G 值即为所求：$G_f=0.3$。

③ 求缺陷的当量尺寸：

$$D_f = G_f D = 0.3 \times 20 = 6$$

由以上例子看到，通用 AVG 曲线虽然通用性较好，但使用中要进行归一化换算，不大方便，为此引入了适用于特定探头的专用 AVG 曲线，常称实用 AVG 曲线。

2）实用 AVG 曲线

以横坐标表示实际声程，纵坐标表示规则反射体相对波高，用来描述距离、波幅、当量尺寸之间的关系曲线，称为实用 AVG 曲线，如图 2-50 所示。

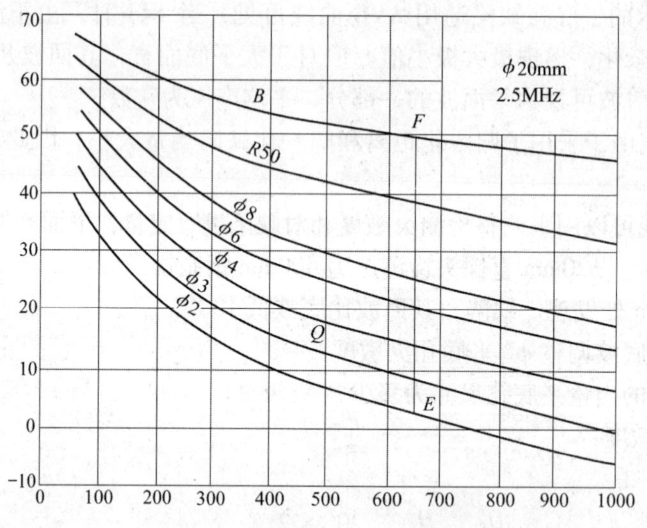

图 2-50　平底孔实用 AVG 曲线

实用 AVG 曲线可由以下公式得到。

不同距离的大平底回波 dB 差：$\Delta = 20\lg\frac{P_{B1}}{P_{B2}} = 20\lg\frac{x_2}{x_1}$　（2-60）

不同距离的不同大小平底孔回波 dB 差：$\Delta = 20\lg\frac{P_{f1}}{P_{f2}} = 40\lg\frac{D_{f1}x_2}{D_{f2}x_1}$　（2-61）

同距离的大平底与平底孔回波 dB 差：$\Delta = 20\lg\frac{P_B}{P_f} = 20\lg\frac{2\lambda x}{\pi D_f^2}$ （2-62）

实用 AVG 曲线中 $x \geqslant 3N$ 部分的不同大小平底孔回波 dB 差，可由理论公式计算得到，还可由实测 CS-Ⅱ试块得到或由通用 AVG 进行转换得到，但 $x<3N$ 的区域只能通过实测得到。

下面以晶片直径 $D=20$mm，频率为 $f=2.5$ MHz 的纵波直探头为例，介绍利用如上公式计算绘制在钢中的实用 AVG 曲线，如图 2-50 所示。

（1）首先要确定一个统一的灵敏度基准。如图 2-50 所示确定的基准为：距离 $x=750$mm 时，$\phi2$ 平底孔回波高度为 0dB。

（2）计算不同距离处同一大小平底孔的回波 dB 差。

根据(2-60)，此时 $D_{f2}=D_{f1}$，则有：$\Delta = 40\lg\frac{x_2}{x_1}$

代入 $x_2=750$mm，分别计算 $Z_1=100$，200，…时的 Δ 值，以 Δ 为纵坐标，x_1为横坐标画曲线，即可得到图 2-50 中 $\phi2$ 平底孔的距离幅度曲线。

（3）计算同距离处不同大小平底孔的回波 dB 差。

根据式(2-60)，此时 $x_2=x_1$，则有：$\Delta = 40\lg\frac{D_{f2}}{D_{f1}}$

代入 $D_{f1}=2$mm，分别计算 $D_{f2}=3$，4，…时的 Δ 值。将 $\phi2$ 平底孔曲线分别向上平移相应的 dB 值，就得到 $\phi3$、$\phi4$…$\phi8$ 的距离幅度曲线。

（4）计算 $\phi2$ 平底孔回波与同距离大平底面回波高度的 dB 差。

根据式(2-60)，$\Delta = 20\lg\frac{P_B}{P_f} = 20\lg\frac{2\lambda x}{\pi D_f^2} = -8.5 + \lg x$

计算出不同 x 值对应的 Δ 值，将 $\phi2$ 平底孔曲线分别向上平移相应的 dB 值，就得到图 2-50所示中的曲线 B。

由于实用 AVG 曲线是由特定探头实测和计算得到的，因此实用 AVG 曲线也只适用于特定探头。在实用 AVG 曲线中要注明探头的尺寸和频率。

对于垂直线性良好的仪器，回波高度与声压成正比，将 AVG 曲线直接绘制在仪器示波屏面板上，称为 AVG 面板曲线，其纵坐标表示波高，横坐标表示距离，如图 2-51 所示。图中虚线表示底波衰减 10dB、20dB、30dB 以后的波高。

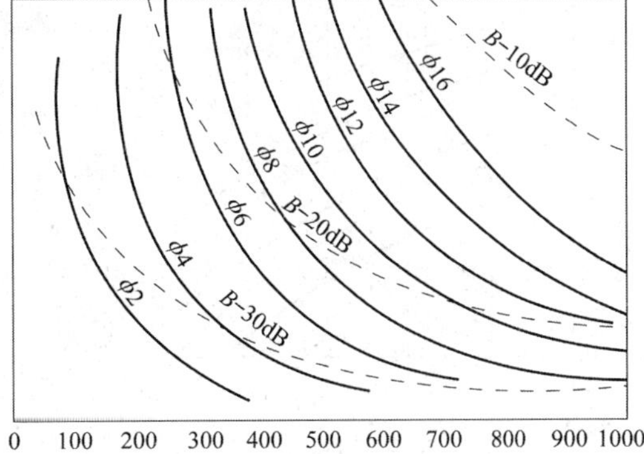

图 2-51　平底孔 AVG 面板曲线

利用 AVG 面板曲线来调整检测灵敏度和对检测中发现的缺陷定量十分方便。

实用 AVG 曲线同样可用于调整检测灵敏度和对缺陷定量，而且比通用 AVG 曲线方便。

例：用 2.5MHz、$\phi20$mm 直探头检测饼形钢锻件，锻件厚 650 mm，检测中在 500 mm 处发现一缺陷，缺陷波高比大平底回波低 31dB。问：

（1）如何利用底波调整 $\phi2$ 灵敏度？

（2）求缺陷的当量大小？

解：(1)灵敏度的调整

如图 2-50 在 $x=650\text{mm}$ 处作垂线交 $\phi2$ 曲线于 E、交 B 曲线于 F，则 EF 对应的分贝值 $\Delta=48\text{dB}$ 就表示该处大平底与 $\phi2$ 平底孔回波分贝差。然后再按前面所述灵敏度的调整方法进行调整。

（2）对缺陷定量

如图 2-50 在 $x_f=500\text{mm}$ 处作垂线与比 F 点低 31dB 的水平线相交于 Q 点，则 Q 点所对应的曲线的当量尺寸声 $\phi4$ 就是所求缺陷的当量大小。

2. 横波平底孔 AVG 曲线

1）通用 AVG

一般横波声场由有机玻璃中的纵波声场和工件中的横波声场两部分组成，引进假想波源后则成为连续的横波声场。当 $x\geqslant3N$ 时，横波声场波束轴线上的声压分布与纵波情况相似，因此纵波平底孔 AVG 曲线图 2-49 原则上可用于横波。只不过这时要作如下变换。

$$N=\frac{F_S}{\pi\lambda_{S2}}\cdot\frac{\cos\beta}{\cos\alpha} \tag{2-63}$$

$$A=\frac{L_2+x}{N} \tag{2-64}$$

$$G=\frac{D_f}{D_S}\cdot\frac{\cos\alpha}{\cos\beta} \tag{2-65}$$

式中 α——横波斜探头中的纵波入射角；

β——横波检测时工件中的横波折射角；

L_2——入射点至假想波源的距离，$L_2=L_1(\tan\alpha/\tan\beta)$，$L_1$为入射点至波源的距离；

x——从入射点算起工件中的距离；

D_f——平底孔直径；

D_S——波源的直径。

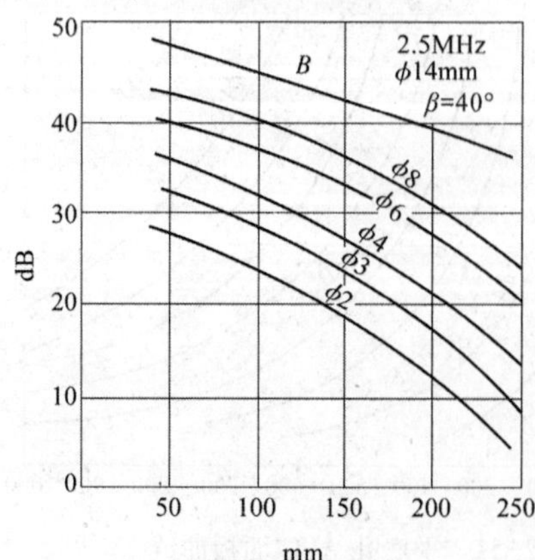

图 2-52 横波平底孔实用 AVG 曲线

横波通用 AVG 曲线同样通用性好，适用于不同横波探头。

2）实用 AVG 曲线

横波实用 AVG 曲线横坐标表示横波声程，纵坐标表示相对波高的 dB 值。横波实用 AVG 使用方便，但只适用于特定探头，如图 2-52 所示。图中距离由假想波源算起。

横波实用 AVG 曲线可由式(2-60)、式(2-61)、式(2-62)计算得到，也可根据横波通用 AVG 曲线转换得到，还可通过实测平底孔三角试块得到。

以上讨论的平底孔 AVG 曲线，在锻件检测中得到应用。在焊缝检测中，一般是采用描述一定直径横孔回波高与距离之间关系的距离——波幅曲线。这种曲线常常通过实测得到，它是实用 AVG 曲线的特例。

习　题

一、问答题

1. 什么是机械振动和机械波？二者有何关系？
2. 什么是振动周期和振动频率？二者有何关系？
3. 什么是弹性介质？简述超声波在弹性介质中的传播过程。
4. 什么是波动频率、波速和波长？三者有何关系？
5. 什么是超声波？产生超声波的条件是什么？在超声检测中应用了超声波的哪些主要性质？
6. 何谓纵波、横波、表面波和板波？在固体和液体介质中各可以传播何种类型的波？为什么？
7. 什么是波线、波阵面和波前？它们之间有何关系？
8. 什么是平面波、柱面波和球面波？各有何特点？实际应用的超声波探头发出的波属于什么波？
9. 超声波在介质中的传播速度与哪些因素有关？钢中纵波、横波和表面波的波速有何关系？
10. 什么是波的叠加原理？什么是波的干涉现象？两列波相遇时，在什么情况下互相加强？在什么情况下互相减弱？
11. 什么是波的绕射(衍射)？波的绕射对超声检测影响如何？
12. 什么是超声场？描述超声场的物理量有哪些？
13. 什么是声压？声压的常用单位是什么？
14. 什么是声强？声强的常用单位是什么？声强与哪些因素有关？
15. 什么是声阻抗？声阻抗的常用单位是什么？声阻抗与哪些因素有关？
16. 什么是分贝和奈培？二者有何关系？平常说某人讲话的声音为50dB是相对于什么而言的？
17. 什么是声压反射率和透射率？超声波垂直入射到Z_1/Z_2界面时，其声压反射率和透射率与哪些因素有关？在什么情况下声压反射率最高？
18. 什么是声压往复透射率？声压往复透射率与哪些因素有关？
19. 超声波垂直入射到均匀介质中的异质薄层(如水中钢板、钢中裂纹)时，在什么情况下声压反射率最高(或最低)？
20. 超声波垂直入射到薄层两侧介质不同的界面(如晶片Z_1/保护膜Z_2/工件Z_3)时，在什么情况下声压往复透射率最高？
21. 何谓波型转换？产生波型转换的条件是什么？
22. 说明超声波反射、折射定律和式中各参数的物理意义。
23. 什么是第一、第二临界角？产生第一、第二临界角的条件是什么？并说明常用横波和表面波探头的制作原理。
24. 什么是第三临界角？第三临界角与哪些因素有关？
25. 超声波倾斜入射到界面的声压反射率和透射率(折射率)与哪些因素有关？

26. 什么是端角反射？端角反射有何特点？超声波检测单面焊根部未焊透等缺陷时，探头的 K 值应在什么范围内？
27. 平面波入射到曲面上时，其反射波和折射波在什么情况下聚集？在什么情况下发散？试说明常用水浸聚集探头中声透镜的设计原理。
28. 什么是超声波的衰减？引起超声波衰减的主要原因是什么？平常所说的介质衰减是指什么衰减？
29. 试说明测定较厚工件($x \geqslant 3N$)材质衰减系数的方法。
30. 画图说明纵波、横波垂直入射到固/液、固/固界面上时的反射波和透射波。
31. 画图说明纵波倾斜入射到固/固、固/液、液/固、液/液界面上时的反射波和折射波。
32. 画图说明横波倾斜入射到固/固、固/液界面上时的反射波和折射波。
33. 画出第一、第二、第三临界角对应的入射波、折射波和折射波。

二、选择题

1. 以下关于谐振动的叙述，哪一条是错误的(　　)
   A. 谐振动就是质点在作匀速圆周运动
   B. 任何复杂振动都可视为多个谐振动的合成
   C. 在谐振动中，质点在位移最大处受力最大，速度为零
   D. 在谐振动中，质点在平衡位置速度最大，受力为零
2. 下列有关振动的描述中，正确的是：(　　)
   A. 在简谐振动时，振幅和频率保持不变
   B. 在简谐振动中，振动质点处于平衡位置时，质点的动能最大而势能为零
   C. 在简谐振动中，振动质点的振幅最大时，质点的势能最大而为动能零
   D. 以上都对
3. 下列关于振动和波动的叙述中，哪一条是错误的(　　)
   A. 波动是产生振动的根源　　B. 波动是振动在物体或空间中的传播
   C. 波动是物质运动的一种形式　　D. 振动可以是简谐的或非简谐的
4. 超声波在弹性介质中传播时有：(　　)
   A. 质点振动和质点的移动　　B. 质点振动和振动的传递
   C. 质点振动和能量传递　　D. B 和 C
5. 超声波的传播过程包括：(　　)
   A. 介质的传播和能量的传播　　B. 介质的振动和介质的移动
   C. 能量的传播和振动状态的传播　　D. 以上都不是
6. 下列关于超声波的描述中哪一点是正确的：(　　)
   A. 超声波是一种机械波
   B. 超声波是由机械振动所引起的
   C. 超声波的传播过程也是振动的传播过程
   D. 以上都对
7. 在单位时间内通过弹性介质中某点的完整波的数目称为：(　　)
   A. 波动的振幅　　B. 波动的波长
   C. 波动的脉冲时间　　D. 波动的频率
8. 超声波的波长：(　　)

A. 与介质的声速和频率成正比　B. 等于声速与频率的乘积
C. 等于声速与周期的乘积　D. 与声速和频率无关

9. 要改变用于检测零件的声波波长，需改变：(　　)
A. 声波频率　B. 换能器直径
C. 电脉冲电压　D. 脉冲重复频率

10. 波的形式可由：(　　)
A. 质点的振动方向和波动的方向来区分
B. 波动的持续时间来区分
C. 波动的传播过程中某一瞬时振动相位相同的所有质点联成的波阵面来区分
D. 以上全部

11. 在液体中唯一能传播的声波波型是：(　　)
A. 剪切波　B. 瑞利波
C. 压缩波　D. 兰姆波

12. 传播速度略小于横波，不向材料内部传播的超声波是：(　　)
A. 纵波　B. 表面波
C. 横波　D. 兰姆波

13. 瑞利波的振动轨迹是：(　　)
A. 圆形　B. 椭圆形
C. 正弦波　D. 余弦波

14. 钢中表面波的能量大约在距表面多远的距离会降低到原来的 1/25 。(　　)
A. 五个波长　B. 一个波长
C. 1/10 波长　D. 0. 5 波长

15. 一般认为表面波作用于物体的深度大约为：(　　)
A. 0. 5λ　B. λ
C. 2λ　D. 3. 7λ

16. 超声波在介质中的传播速度就是：(　　)
A. 超声波在介质中能量的传播速度　B. 质点振动的速度
C. 物质迁移的速度　D. 脉冲恢复的速度

17. 超声波在介质中的传播速度与(　　)有关。
A. 介质的弹性　B. 介质的密度
C. 超声波波型　D. 以上全部

18. 在同一固体材料中，纵、横波声速之比，与材料的(　　)有关。
A. 密度　B. 弹性模量
C. 泊松比　D. 以上全部

19. 在同种固体材料中，纵波声速 c_L，横波声速 c_S，表面波声速 c_R 之间的关系是：(　　)
A. $c_R>c_S>c_L$　B. $c_S>c_L>c_R$
C. $c_L>c_S>c_R$　D. 以上都不对

20. 在下列不同类型超声波中，哪种波的传播速度随频率的不同而改变？(　　)
A. 表面波　B. 板波

C. 疏密波　　　　D. 剪切波

21. 在0~74℃之间，当温度升高时，水的声速将：(　　)

A. 不变　　　　B. 增大

C. 变小　　　　D. 无规律变化

22. 检测厚度大于400mm的钢锻件时，如降低纵波的频率，其声速将：(　　)

A. 提高　　　　B. 降低

C. 不变　　　　D. 不能确定

23. 在传播超声波的介质中，由于振动产生交变附加压强，这个交变附加压强称为(　　)

A. 声强　　　　B. 声压

C. 瞬时压强　　　　D. 以上皆不是

24. 同一振源产生的声压：(　　)

A. 在固体中是相同的　　　　B. 在液体中是相同的

C. 在气体中是相同的　　　　D. 以上都不对

25. 超声场中的声压峰值：(　　)

A. 与介质密度、声速和质点的振动速度成正比

B. 与介质密度和声速成正比，与质点的振动速度成反比

C. 与介质密度、声速和质点的振动速度成反比

D. 与介质密度成正比，与声速和质点的振动速度成反比

26. 材料的声阻抗，在数值上等于：(　　)

A. 材料的密度和质点的振动速度的乘积

B. 材料的密度和声传播速度的乘积

C. 材料的密度和波长的乘积

D. 以上B和C

27. 下列有关声阻抗的叙述中正确的是：(　　)

A. 声阻抗Z可理解为介质对质点振动的阻碍作用

B. 声阻抗是表征介质声学性质的重要物理量

C. 材料的声阻抗与温度有关

D. 以上都对

28. 超声波斜入射到异质界面时，可能发生：(　　)

A. 反射　　　　B. 折射

C. 波型转换　　　　D. 以上都可能

29. 超声波垂直入射到异质界面时，可能发生：(　　)

A. 反射　　　　B. 折射、波型转换

C. 反射、透射　　　　D. 反射、折射、波型转换

30. 超声波传播过程中，遇到尺寸与波长相当的障碍物时，将发生：(　　)

A. 只绕射，无反射　　　　B. 既反射又绕射

C. 只反射无绕射　　　　D. 以上都可能

31. 超声波垂直入射到异质界面时，反射波与透过波声能的分配比值取决于：(　　)

A. 界面两侧介质的声速　　　　B. 界面两侧介质的衰减系数

C. 界面两侧介质的声阻抗　　D. 以上全部

32. 在同一界面上，声强透过率 T 与声压反射率 r 之间的数值关系是：(　　)

A. $T=r^2$　　B. $T=1-r^2$

C. $T=1+r$　　D. $T=1-r$

33. 在同一界面上，声强反射率 R 与声强透过率 T 之间的关系是：(　　)

A. $R+T=1$　　B. $T=1-R$

C. $R=1-T$　　D. 以上全对

34. 有一不锈钢复合钢板，不锈钢复合层声阻抗 Z_1，基体钢板声阻抗 Z_2，今从钢板一侧以 2.5MHz 直探头接触法探测，则界面上声压透射率公式为：(　　)

A. $\frac{Z_2-Z_1}{Z_1+Z_2}$　　B. $\frac{Z_1-Z_2}{Z_2+Z_1}$

C. $\frac{2Z_1}{Z_2+Z_1}$　　D. $\frac{2Z_2}{Z_1+Z_2}$

35. 超声波倾斜入射至异质界面时，其传播方向的改变主要取决于：(　　)

A. 界面两侧介质的声阻抗　　B. 界面两侧介质的声速

C. 界面两侧介质的衰减系数　　D. 以上全部

36. 使纵波折射角等于 90°时的纵波斜入射角称为：(　　)

A. 第一临界角　　B. 第二临界角

C. 第三临界角　　D. 透射角

37. 使横波折射角等于 90°时的纵波斜入射角称为：(　　)

A. 第一临界角　　B. 第二临界角

C. 第三临界角　　D. 透射角

38. 若探头的入射角小于第一临界角时，则工件中的波型是：(　　)

A. 纵波　　B. 横波

C. 表面波　　D. A 和 B

39. 若探头的入射角在第一临界角和第二临界角时，则工件中的波型是：(　　)

A. 纵波　　B. 横波

C. 表面波　　D. A 和 B

40. 超声波在水/钢界面上的反射角：(　　)

A. 等于入射角的 1/4　　B. 等于入射角

C. 纵波反射角大于横波反射角　　D. 以上 B 和 C

41. 超声波横波倾斜入射至钢/水界面，则：(　　)

A. 纵波折射角大于入射角　　B. 纵、横波折射角均小于入射角

C. 横波折射角小于入射角　　D. 以上全不对

42. 第一介质为有机玻璃($c_L=2700$m/s)，第二介质为铜($c_L=4700$m/s；c_S2300m/s)，则第Ⅱ临界角为：(　　)

A. $\alpha_{\text{II}}=\sin^{-1}(2700/4700)$　　B. $\alpha_{\text{II}}=\sin^{-1}(2700/2300)$

C. $\alpha_{\text{II}}=\sin^{-1}(2300/4700)$　　D. 以上都不对

43. 检验钢材用的 $K=2$ 斜探头，探测铝材时，其 K 值将：(　　)

A. 大于 2　　B. 等于 2

C. 小于2　　D. 以上都可能

44. 使用粘贴于平面晶片前的凹球面声透镜（其纵波速度为 c_1、声阻抗为 Z_1）制作聚焦探头，为了使声束在介质（其纵波速度为 c_2、声阻抗为 Z_2）中聚焦，条件是：（　　）

A. $c_1<c_2$　　B. $c_1>c_2$

C. $Z_1<Z_2$　　D. $Z_1>Z_2$

45. 平面波入射到声透镜上，便透射波聚焦的条件是：（　　）

A. $c_1>c_2$的凸透镜　　B. $c_1>c_2$的凹透镜

C. $c_1<c_2$的凸透镜　　D. 条件不够，不能确定

46. 当超声波入射到凸界面时，其透射波：（　　）

A. 不发散、不聚焦　　B. 发散

C. 聚焦　　D. 条件不够，不能确定

47. 当超声波入射到凹界面时，其反射波：（　　）

A. 不发散、不聚焦　　B. 发散

C. 聚焦　　D. 条件不够，不能确定

48. 当超声横波入射至端角时，下面的叙述哪点是错误的？（　　）

A. 反射横波与入射波平行但方向相反　　B. 入射角为30°时的射率最高

C. 入射角为45°时，反射率高　　D、入射角为60°时，反射率最低

49. 用水浸聚焦探头局部水浸法检验钢板时，声束进入工件后将：（　　）

A. 因折射而发散　　B. 进一步集聚

C. 保持原聚焦状况　　D. 以上都可能

50. 引起超声波衰减的原因是：（　　）

A. 声束扩散　　B. 晶粒散射

C. 介质吸收　　D. 以上全部

51. 超声波的扩散衰减主要取决于：（　　）

A. 波阵面的几何形状　　B. 材料的晶粒度

C. 材料的黏滞性　　D. 以上全部

52. 在相同的探测条件下，横波的衰减将：（　　）

A. 小于纵波　　B. 大于纵波

C. 等于纵波　　D. 不一定小于纵波

53. 在通常的细晶金属材料，超声检测时所引起的超声波衰减的主要因素是：（　　）

A. 吸收　　B. 散射

C. 声束扩散　　D. 绕射

54. 通常由材料晶粒粗大而引起的衰减主要属于：（　　）

A. 扩散衰减　　B. 散射衰减

C. 吸收衰减　　D. 以上都是

55. 由探头发射的超声波，与频率有关的衰减方式是：（　　）

A. 扩散衰减　　B. 散射衰减

C. 吸收衰减　　D. 以上都是

56. 活塞声源，声束轴线上最后一个声压极小值到声源的距离为：（　　）（N 为近场区

长度）

A. N　　B. N/2

C. N/3　　D. N/4

57. 下列直探头，在钢中指向性最好的是：（　　）

A. 2. 5P20Z　　B. 3P14Z

C. 4P20Z　　D. 5P14Z

58. 下面有关半扩散角的叙述中，哪点是错误的？（　　）

A. 用第一零辐射角表示　　B. 为指向角的一半

C. 与指向角相同　　D. 是主声束辐射锥角之半

59. 超声场的未扩散区长度：（　　）

A. 约等于近场长度　　B. 约等于近场长度 0. 6 倍

C. 约为近场长度 1. 6 倍　　D. 以上都可能

60. 在探测条件相同的情况下，面积比为 2 的两个平底孔，其反射波高相差：（　　）

A. 6dB　　B. 12dB

C. 9dB　　D. 18dB

61. 在探测条件相同的情况下，孔径比为 4 的两个球形人工缺陷，其反射波高相差：（　　）

A. 6dB　　B. 12dB

C. 24dB　　D. 18dB

62. 在探测条件相同的情况下，直径比为 2 的两个实心圆柱体，其曲底面回波相差（　　）

A. 12dB　　B. 9dB

C. 6dB　　D. 3dB

63. 外径为 D，内径为 d 的空心圆柱体，以相同的灵敏度在内壁和外圆探测，如忽略耦合差异，则底波高度比为（　　）

A. $\sqrt{\dfrac{d}{D}}$　　B. $\sqrt{\dfrac{D}{d}}$

C. $\sqrt{\dfrac{D-d}{2}}$　　D. $\dfrac{D}{d}$

64. 当使用通用 AVG 曲线检测时，下列述述中。哪一条是错误的：（　　）

A. 不受检测仪器性能的影响　　B. 不受荧光屏尺寸的限制；

C. 不受探头尺寸的限制　　D. 不受检测频率的限制

65. 同直径的平底孔在球面波声场中距声源距离增大 1 倍则回波减弱：（　　）

A. 6dB　　B. 12dB

C. 3dB　　D. 9dB

66. 同直径的长横孔在球面波声场中距离声源距离增大 1 倍回波减弱：（　　）

A. 6dB　　B. 12dB

C. 3dB　　D. 9dB

67. 在球面波声场中大平底距声源距离增大 1 倍回波减弱：（　　）

A. 6dB　　B. 12dB

C. 3dB　　D. 9dB

68. 对于柱面波，距声源距离增大 1 倍，声压变化是：(　　)

A. 增大 6dB　　B. 减小 6dB

C. 增大 3dB　　D. 减小 3dB

69. 对于球面波，距声源距离增大 1 倍，声压变化是：(　　)

A. 增大 6dB　　B. 减小 6dB

C. 增大 3dB　　D. 减小 3dB

70. 比 ϕ3mm 底孔回波小 7dB 的同声程平底孔直径是：(　　)

A. ϕ1mm　　B. ϕ2 mm

C. ϕ4mm　　D. ϕ0. 5mm

三、是非题

1. 波动过程中能量传播是靠相邻两质点的相互碰撞来完成的。(　　)
2. 波只能在弹性介质中产生和传播。(　　)
3. 由于机械波是由机械振动产生的，所以波动频率等于振动频率。(　　)
4. 由于机械波是由机械振动产生的，所以波长等于振幅。(　　)
5. 传声介质的弹性模量越大，密度越小，声速就越高。(　　)
6. 物体作谐振动时，在平衡位置的势能为零。(　　)
7. 一般固体介质中的声速随温度升高而增大。(　　)
8. 由端角反射率试验结果推断，使用 $K\geqslant1.5$ 的探头探测单面焊焊缝根部未焊透缺陷，灵敏度较低，可能造成漏检。(　　)
9. 超声波扩散衰减的大小与介质无关。(　　)
10. 超声波的频率越高，传播速度越快。(　　)
11. 介质能传播横波和表面波的必要条件是介质具有切变弹性模量。(　　)
12. 频率相同的纵波，在水中的波长大于在钢中的波长。(　　)
13. 既然水波能在水面传播，那么超声表面波也能沿液体表面传播。(　　)
14. 因为超声波是由机械振动产生的，所以超声波在介质中的传播速度即为质点的振动速度。(　　)
15. 如材质相同，细钢棒(直径<λ)与钢锻件中的声速相同。(　　)
16. 在同种固体材料中，纵、横波声速之比为常数。(　　)
17. 不同的固体介质，弹性模量越大，密度越大，则声速越大。(　　)
18. 表面波在介质表面作椭圆振动，椭圆的长轴平行于波的传播方向。(　　)
19. 波的叠加原理说明，几列波在同一介质中传播并相遇时，都可以合成一个波继续传播。(　　)
20. 在超声波传播方向上，单位面积、单位时间通过的超声能量叫声强。(　　)
21. 超声波的能量远大于声波的能量，1MHz 的超声波的能量相当于 1kHz 声波能量的 100 万倍。(　　)
22. 声压差 2 倍，则两信号的分贝差为 6dB。(　　)
23. 材料的声阻抗越大，超声波传播时衰减越大。(　　)
24. 平面波垂直入射到界面上，入射声压等于透射声压和反射声压之和。(　　)
25. 平面波垂直入射到界面上，入射能量等于透射能量与反射能量之和。(　　)

26. 超声波的扩散衰减与波型、声程和传声介质、晶粒度有关。(　　)
27. 对同一材料而言，横波的衰减系数比纵波大得多。(　　)
28. 界面上入射声束的折射角等于反射角。(　　)
29. 当声束以一定角度入射到不同介质的界面上，会发生波型转换。(　　)
30. 在同一固体材料中，传播纵、横波时声阻抗不一样。(　　)
31. 声阻抗是衡量介质声学特性的重要参数，温度变化对材料的声阻抗无任何影响。(　　)
32. 超声波垂直入射到平界面时，声强反射率与声强透射率之和等于1。(　　)
33. 超声波垂直入射到异质界面时，界面一侧的总声压等于另一侧的总声压。(　　)
34. 超声波垂直入射到 $Z_2>Z_1$ 的界面时，声压透过率大于1，说明界面有增强声压的作用。(　　)
35. 超声波垂直入射到异质界面时，当底面全反射时，声压往复透射率与声强透射率在数值上相等。(　　)
36. 超声波垂直入射时，界面两侧介质声阻抗差愈小，声压往复透射率愈低。(　　)
37. 当钢中的气隙(如裂纹)厚度一定时，超声波频率增加，反射波高也随着增加。(　　)
38. 超声波倾斜入射到异质界面时，同种波型的反射角等于折射角。(　　)
39. 超声波倾斜入射到异质界面时，同种波型的折射角总大于入射角。(　　)
40. 超声波以10°角入射至水/钢界面时，反射角等于10°。(　　)
41. 超声波入射至钢/水界面时，第一临界角约为14. 5°。(　　)
42. 第二介质中折射的横波平行于界面时的纵波入射角为第一临界角。(　　)
43. 如果有机玻璃/铝界面的第一临界角大于有机玻璃/钢界面第一临界角，则前者的第二临界角也一定大于后者。(　　)
44. 只有当第一介质为固体介质时，才会有第三临界角。(　　)
45. 横波斜入射至钢/空气界面时，入射角在30°左右时，横波声压反射率最低。(　　)
46. 超声波入射到 $c_1<c_2$ 的凹曲面时，其透过波发散。(　　)
47. 超声波入射到 $c_1>c_2$ 的凸曲面时，其透过波集聚。(　　)
48. 以有机玻璃作声透镜的水浸聚焦探头，有机玻璃/水界面为凹曲面。(　　)
49. 介质的声阻抗愈大，引起的超声波的衰减愈严重。(　　)
50. 聚焦探头辐射的声波，在材质中的衰减小。(　　)
51. 超声波探伤中所指的衰减仅为材料对声波的吸收作用。(　　)
52. 超声平面波不存在材质衰减。(　　)
53. 超声波频率越高，近场区的长度也就越大。(　　)
54. 对同一个直探头来说，在钢中的近场长度比在水中的近场长度大。(　　)
55. 近场区由于波的干涉探伤定位和定量都不准。(　　)
56. 探头频率越高，声束扩散角越小。(　　)
57. 超声波探伤的实际声场中的声束轴线上不存在声压为零的点。(　　)
58. 声束指向性不仅与频率有关，而且与波型有关。(　　)
59. 超声波的波长越长，声束扩散角就越大，发现小缺陷的能力也就越强。(　　)

60. 因为超声波会扩散衰减，所以检测应尽可能在其近场区进行。(　)
61. 因为近场区内有多个声压为零的点，所以探伤时近场区缺陷往往会漏检。(　)
62. 如超声波频率不变，晶片面积越大，超声场的近场长度越短。(　)
63. 面积相同，频率相同的圆晶片和方晶片，超声场的近场长度一样长。(　)
64. 面积相同，频率相同的圆晶片和方晶片，其声束指向角亦相同。(　)
65. 晶片尺寸相同，超声场的近场长度愈短，声束指向性愈好。(　)
66. 声波辐射的超声波的能量主要集中在主声束内。(　)
67. 实际声场与理想声场在远场区轴线上声压分布基本一致。(　)
68. 探伤采用低频是为了改善声束指向性，提高探伤灵敏度。(　)
69. 与圆盘源不同，矩形波源的纵波声场有两个不同的半扩散角。(　)
70. 在超声场的未扩散区，可将声源辐射的超声波看成平面波，平均声压不随距离增加而改变。(　)
71. 斜角探伤横波声场中假想声源的面积大于实际声源面积。(　)
72. 频率和晶片尺寸相同时，横波声束指向性比纵波好。(　)
73. 200mm 处 $\phi 4$ 长横孔的回波声压比 100mm 处 $\phi 2$ 长横孔的回波声压低。(　)
74. 球孔的回波声压随距离的变化规律与平底孔相同。(　)
75. 同声程理想大平面与平底孔回波声压的比值随频率的提高而减小。(　)
76. 轴类工件外圆径向探伤时，曲底面回波声压与同声程理想大平面相同。(　)
77. 对空心圆柱体在内孔探伤时，曲底面回波声压比同声程大平面低。(　)

四、计算题

1. 铝(Al)的纵波声速为6300m/s，横波声速为3100m/s，试计算2MHz的声波在铝(Al)中的纵、横波波长？
2. 甘油的密度为1270kg/m^3，纵波声速为1900m/s，试计算其声阻抗？
3. 某种耐磨聚合有机材料的声速 $c_L=2550$m/s，如用该材料作斜探头楔块，检验钢焊缝($c_L=5900$m/s；$c_s=3230$m/s)，试计算第一，第二临界角各为多少度？
4. 5P20×20K2 斜探头，楔块中声速 $c_{L1}=2700$m/s，钢中声速 $c_{L2}=5900$m/s；$c_{S2}=3200$m/s，求探头入射角为多少度？
5. 已知钢中，$c_s=3230$m/s，某硬质合金中 $c_s=4000$m/s，铝中 $c_s=3080$m/s，求用探测钢的 K1.0 横波探头探测该硬质合金和铝时的实际 K 值为多少？
6. 已知钢中 $c_L=5900$m/s，$c_s=3230$m/s，水中 $c_L=1480$m/s，超声波倾斜入射到水/钢界面

   ① 求 $\alpha_L=10°$时对应的β_L和β_S　②求$\beta_S=45°$时对应的α_L和β_L
7. 已知超声波探伤仪示波屏上有A、B、C三个波，其中A波高为满刻度的80%，B波为50%，C波为20%①设A波为基准(0 dB)，那么B、C波高各为多少dB？②设B波为基准(10dB)，那么A、C波高各为多少dB？③设C波为基准(−8dB)，那么A，B波高各为多少dB？
8. 示波屏上有一波高为满刻度的100%，但不饱和，问衰减多少dB后，该波正好为10%？
9. 超声波垂直入射至水/钢界面，已知水的声速 $c_{L1}=1500$m/s，钢中声速 $c_{L2}=5900$m/s，钢密度 $\rho=7800$kg/m^3，试计算界面声强透过率？

10. 从钢材一侧探测钢钛复合板，已知 $Z_{钢}=46\times10^6$ kg/ m ^{2}s

$Z_{水}=1.5\times10^6$ kg/ m ^{2}s，$Z_{钛}=27.4\times10^6$ kg/ m ^{2}s 求

a. 界面声压反射率

b. 底面声压反射率

c. 界面回波与底面回波的 dB 差

d. 如将钛底面浸在水中，问此时的界面回波与底面回波差多少 dB？

11. 某工件厚度 $T=240$mm，测得第一次底波为屏高的 90%，第二次底波为 15%，如忽略反射损失，试计算该材料的衰减系数？

12. 用 2MHzϕ14 直探头探测厚度为 400mm 的饼形锻件，一次底波高度为 100%时，二次底波高度为 10%，已知底面反射损失为 2dB，求该材料衰减系数。

13. 用 2.5MHzϕ20mm 的探头测定 500mm 厚的饼形锻件的衰减系数，现测得完好区域的 $B_1=80\%$，$B_2=35\%$，求此锻件的介质衰减系数 a 为多少？(不计反射损失)

14. 试计算 5P14SJ 探头，在水中($c_L=1500$m/s)的指向角和近场区长度？

15. 试计算频率 $f=5$MHz，边长 $a=13$mm 的方晶片，在钢中($c_L=5900$m/s)，主声束半扩散角为多少度？

16. 已知钢中 $c_L=5900$m/s，水中 $c_L=1484$m/s，求 2.5MHz，ϕ20mm 纵波直探头在钢和水中辐射的纵波声场的近场区长度 N、半扩散角 θ_0和未扩散区长度 b 各为多少？

17. 用 2.5MHz，ϕ20mm 的纵波直探头水浸探伤钢板，已知水层厚度为 20mm，钢中 $c_L=5900$m/s，水中 $c_L=1480$m/s，求钢中近场长度为多少？

18. 用 2.5MHz，ϕ20mm 纵波直探头水浸探伤铝板，已知铝中近场区长度为 20mm，铝中 $c_L=6260$m/s，水中 $c_L=1480$m/s，求水层厚度为多少？

19. 已知有机玻璃中 $c_L=2730$m/s，钢中 $c_{S2}=3230$m/s，探头入射点至实际波源的距离为 15mm。试分别计算 2.5MHz，14×16mm 的 K1.0 和 K2.0 有机玻璃横波斜探头在钢中近场长度。

20. 用 2.5MHz，ϕ20mm 的直探头探测厚为 150mm 的饼形锻件，已知示波屏上同时出现三次底波，其中 $B_2=50\%$，衰减器读数为 20dB，若不考虑介质衰减，求 B_1和 B_3达 50%高时衰减器的读数各为多少 dB？

21. 已知 $x>3N$，200mm 处 ϕ2 平底孔回波高为 24dB，求 400mm 处 ϕ4 平底孔和 800mm 处 ϕ2 平底孔回波高各为多少 dB？

22. 用 2.5MHz，ϕ20mm 直探头测定钢中不同类型反射体的回波高。已知钢中 $c_L=$ 5900m/s，400mm 处 ϕ2 平底孔回波高为 12dB。

① 求 400mm 处 ϕ2 长横孔和球孔的回波高各为多少 dB？

② 求 400mm 处大平底面的底波高为多少 dB？

参考答案

选择题答案：1. A 2. D 3. A 4. D 5. C 6. D 7. D 8. C 9. A 10. D 11. C 12. B 13. B 14. B 15. C 16. A 17. D 18. C 19. C 20. B 21. B 22. C 23. B 24. D 25. A 26. B 27. D 28. D 29. C 30. B 31. C 32. B 33. D 34. C 35. B 36. A 37. B 38. D 39. B 40. B 41. D 42. D 43. C 44. B 45. A 46. D 47. C 48. B 49. B 50. D 51. A 52. B 53. C 54. B 55. D 56. B 57. C 58. B 59. C 60. A 61. B 62. C 63. D 64. A 65. B 66. A 67. A 68. D 69. B 70. B

是非题答案：1.× 2.× 3.○ 4.× 5.○ 6.○ 7.× 8.○ 9.○ 10.× 11.○ 12.× 13.× 14.× 15.× 16.○ 17.× 18.× 19.× 20.× 21.○ 22.× 23.× 24.× 25.○ 26.× 27.○ 28.× 29.○ 30.○ 31.× 32.○ 33.○ 34.× 35.○ 36.× 37.○ 38.× 39.× 40.○ 41.× 42.× 43.× 44.○ 45.○ 46.× 47.○ 48.× 49.× 50.× 51.× 52.× 53.○ 54.× 55.○ 56.○ 57.○ 58.○ 59.× 60.× 61.× 62.× 63.○ 64.× 65.× 66.○ 67.× 68.× 69.× 70.○ 71.× 72.○ 73.○ 74.○ 75.○ 76.○ 77.×

计算题答案：1.（3.5mm；1.55mm） 2.（$2.4\times10^6 kg/m^2\cdot s$） 3.（$\alpha_{Ⅰ}=25.6°$ $\alpha_{Ⅱ}=52.1°$） 4.（49°） 5.（1.8；0.9） 6.（43.8°；22.3°）、（18.9°；无） 7.①（-4dB；-12dB）、②（14dB；2dB）③（4dB；0dB） 8.（20dB） 9.（0.12） 10.（-0.25）（0.936）（11.46dB）（10.5dB） 11.（0.02dB/mm） 12.（0.015dB/mm） 13.（1.18×10^3 dB/mm） 14.（1.5°；163mm） 15.（5°） 16.（42.4mm；8.28°；69.5mm；168.9mm；2.07°；277mm） 17.（37.4mm） 18.（84.6mm） 19.（37.4mm，29.1mm） 20.（26dB；16.5dB） 21.（0dB；-24dB） 22.（29.5dB，3.5dB；55.5dB）

第三章　超声波检测仪器、探头和试块

超声检测设备与器材包括超声检测仪、探头、试块、耦合剂和机械扫查装置等，其中仪器和探头对超声检测系统的能力起关键性作用。了解其原理、构造和作用及其主要性能，是正确选择检测设备与器材并进行有效检测的保证。

3.1　超声检测仪

超声检测仪是超声检测的主体设备，它的作用是产生电振荡并施加于换能器(探头)上，激励探头发射超声波，同时接收来自于探头的电信号，将其放大后以一定方式显示出来，从而得到被检工件中有关缺陷的信息。

3.1.1　超声检测仪的分类

1. 概述

超声检测仪主要是指示脉冲波的幅度和运行时间的脉冲波检测仪，包括脉冲反射式超声检测仪和衍射时差法超声检测仪两类。脉冲反射式超声检测仪通过探头向工件周期性地发射一个持续时间很短的电脉冲，激励探头发射脉冲超声波，并接收从工件中反射回来的脉冲波信号，通过检测信号的返回时间和幅度判断是否存在缺陷和缺陷的位置、大小等情况。衍射时差法超声检测仪采用一发一收双探头方式，接收从工件中衍射回来的脉冲波信号，通过检测信号的返回时间来判断是否存在缺陷和缺陷位置、大小等情况。脉冲反射式检测仪的信号显示方式可分为A型显示和超声成像显示，其中超声成像显示又可分为B、C、D、S、P型显示等类，以A型脉冲反射式超声检测仪最为基本，使用范围最广，所以也是本章的主要介绍对象。

根据采用的信号处理技术，超声检测仪又可分为模拟式和数字式仪器，目前模拟式超声波检测仪已在逐渐淘汰，数字式超声波检测仪(简称数字仪)已经十分普及，所以我们讲仪器操作知识时以数字仪为主，模拟仪用来显示脉冲仪的工作原理。超声波检测仪按通道数，分为单通道和多通道，便携式超声波检测仪都是单通道的。

2. A型显示

A型显示是一种波形显示，是将超声信号的幅度与传播时间的关系以直角坐标的形式显示出来，如图3-1所示。横坐标代表声波的传播时间，纵坐标代表信号幅度。如果超声波在均质材料中传播，声速是恒定的，则传播时间可转变为传播距离。从声波的传播时间可以确定缺陷位置，由回波幅度可以估算缺陷当量尺寸。

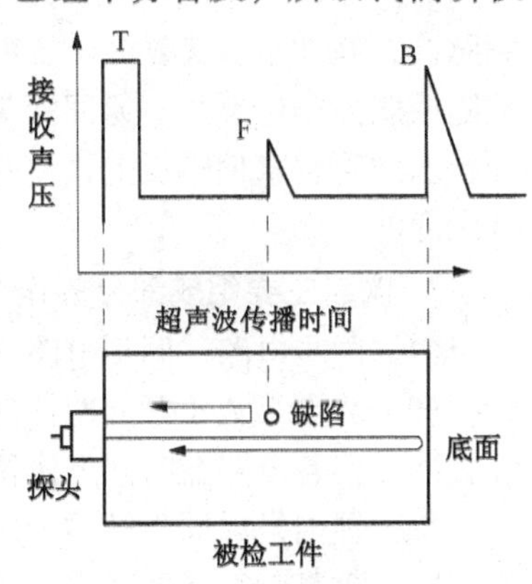

图3-1　A型显示原理
T—始波　F—缺陷波　B—底波

图3-1所示为脉冲反射法检测的典型A型显示图形，左侧的幅度很高的脉冲T称为始脉冲或始波，是发射脉冲

直接进入接收电路后，在屏幕上的起始位置显示出来的脉冲信号；右侧的高回波 B 称为底波或底面回波，是超声波传播到与入射面相对的工件底面产生的反射波；中间的回波 F 则为缺陷的反射回波。

A 型显示具有检波与非检波两种形式(见图 3-2)。非检波信号又称射频信号，是探头输出的脉冲信号的原始形式，可用于分析信号特征；检波形式是探头输出的脉冲信号经检波后显示的形式。由于检波形式可将时基线从屏幕中间移到刻度板底线，可观察的幅度范围增加了一倍，同时，图形较为清晰简单，便于判断信号的存在及读出信号幅度。但检波形式与非检波形式相比，失去了其中的相位信息。

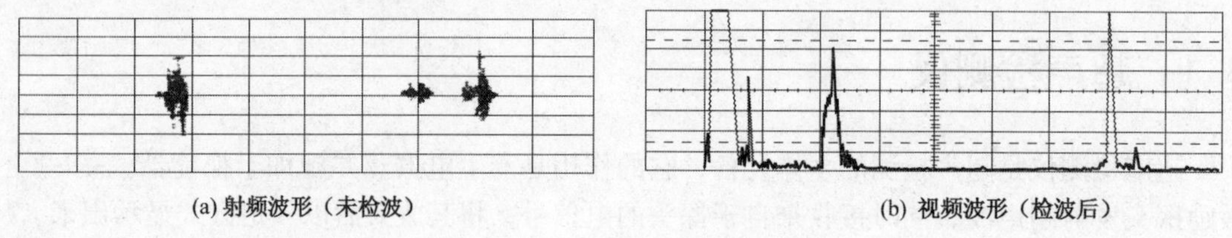

(a) 射频波形（未检波）　　(b) 视频波形（检波后）

图 3-2　A 型显示波型

3.1.2　模拟式超声检测仪

1. 仪器电路方框图和工作原理

A 型脉冲反射式模拟超声检测仪的主要组成部分是：同步电路、扫描电路、发射电路、接收放大电路、显示电路和电源电路等。电路方框图如图 3-3 所示。

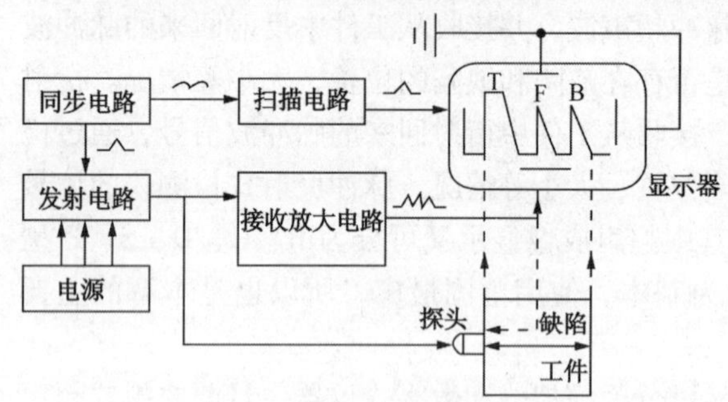

图 3-3　A 型脉冲反射式模拟超声检测仪电路方框图

除此之外，检测仪还有延时电路、报警电路、深度补偿电路、标记电路、跟踪及记录等附加装置。

仪器工作原理：同步电路产生的触发脉冲同时加至扫描电路和发射电路，扫描电路受触发开始工作，产生锯齿波扫描电压，加至示波管水平偏转板，使电子束发生水平偏转，在荧光屏上产生一条水平扫描线。与此同时，发射电路受触发产生高频脉冲，施加至探头，激励压电晶片振动，在工件中产生超声波，超声波在工件中传播，遇缺陷或底面产生反射，返回探头时，又被压电晶片转变为电信号，经接收电路放大和检波，加至示波管垂直偏转板上，使电子束发生垂直偏转，在水平扫描线的相应位置上产生缺陷回波和底波。

2. 仪器主要组成部分的作用

(1) 同步电路　同步电路又称触发电路，主要由振荡器和微分电路等组成。其作用是每秒钟产生数十至数千个周期性的同步脉冲，作为发射电路、扫描电路以及其他辅助电路的触发脉冲，使各电路在时间上协调一致工作。

每秒钟内发射同步脉冲的次数称为重复频率。同步脉冲的重复频率决定了超声检测仪的发射脉冲重复频率，即决定了每秒钟向被检工件内发射超声脉冲的次数。在一些仪器上设有重复频率调节旋钮供使用者选择。

选择重复频率对自动化检测很重要。自动化检测的优势之一就是可以自动记录超声信号，因而可以实现高速扫查，这就需要有高重复频率以保证不漏检。但是，高重复频率使两次脉冲间隔时间变短，有可能使未充分衰减的多次反射进入下一周期，形成所谓的“幻象波”，造成缺陷误判。因此，自动化检测的扫描速度也是受到可用的最大重复频率限制的。在手工检测目视观察的情况下，提高重复频率可使波形显示亮度增加，便于观察。

（2）扫描电路　扫描电路又称时基电路，用来产生锯齿波电压，施加到示波管水平偏转板上，使示波管荧光屏上的光点沿水平方向从左至右作等速移动，产生一条水平扫描时基线。改变扫描速度（锯齿波的斜率）即可改变显示在屏幕上的时间范围，也就是超声波传播的声程范围。扫描电路的方框图及其波形如图 3-4 所示。

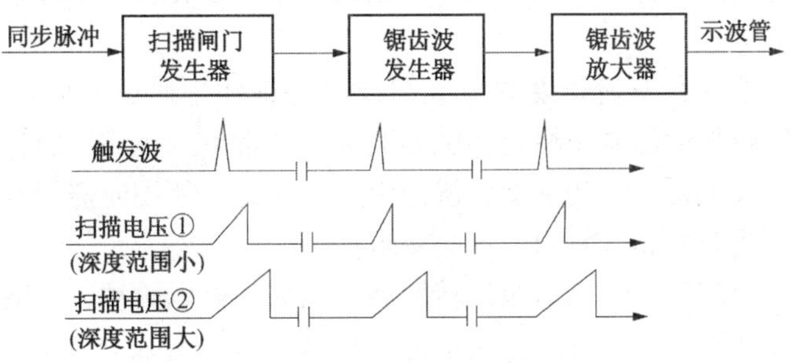

图 3-4　扫描电路方框图及其波形

仪器上通常提供两个时基线调节功能，一个是用来改变屏幕上显示的时间（距离）范围的大小，称为测量范围或声速，调节该旋钮的实质是调节扫描速度（锯齿波的斜率）。有的仪器同时设置测量范围和声速两个旋钮，测量范围是粗调旋钮，按检测距离的大范围分挡，声速是细调旋钮，以声速值作为旋钮位置的指示。

另一个时基线调节功能是调节屏幕上显示的时间范围的起点，也就是时基电路触发的延迟时间，称为延迟。延迟由延迟电路实现，延迟电路的作用就是将同步信号延迟一段时间后再去触发扫描电路，使扫描延迟一段时间再开始，这样就可以以较快的时基扫描速度，将声传播方向上某一小段的波形展现在整个屏幕上，以便更仔细地观察。在水浸法检测时，可以用来将水中传播距离移出屏幕左端。

（3）发射电路　发射电路是一个电脉冲信号发生器，可以产生 100～400V 的高压电脉冲，施加到压电晶片上产生脉冲超声波。有些高能型仪器也提供高达 1000 V 的高压电脉冲，以适应一些特殊情况的检测要求。

发射电路通常可分为调谐式和非调谐式两种，图 3-5 所示为两种发射电路的原理图。调谐式电路谐振频率由电路中的电感、电容决定，发出的超声脉冲频带较窄。谐振频率通常调谐到与探头的固有频率相一致。这种电路常用于为了穿透高衰减材料而需激发宽脉冲的情况。

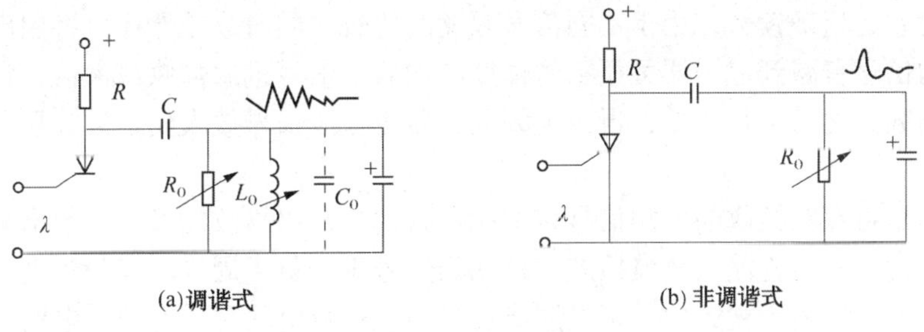

图 3-5　发射电路原理

非调谐式电路发射一短脉冲，脉冲形状有尖脉冲、方波等不同形式，脉冲频带较宽，可适应不同频带范围的探头。目前常见的超声检测仪多采用非调谐式电路。

发射电脉冲的频率特性将被传递到整个检测系统，首先是探头，转换为超声脉冲后进入被检件，之后又回到探头，进入接收电路，最后到达显示器。因此，最终显示在屏幕上的信号可以看作是发射脉冲经过一系列过程被处理后的结果。目前的超声检测仪接收电路通常是宽带的，很多常用探头也是宽带的，因此，发射电路的频率特性对最终的 A 显示图形影响很大。为了使探头的能量转换效率达到最高，并保证发射的超声波具有所要求的频谱，通常要求发射脉冲频带范围要包含探头自身的频带范围。频带越宽，发射脉冲越窄，可能达到的分辨力也越好。

超声检测仪中多设置有发射强度调节旋钮或阻尼旋钮，通过改变发射电路中的阻尼电阻，由使用者调节发射脉冲的电压幅度和脉冲宽度。通常电压越高、脉冲越宽，则发射能量越大，但同时，也增大了盲区，使深度分辨力变差。因此，使用时需根据检测对象的特点加以调节，以适应对穿透能力和分辨力的不同要求。

（4）接收电路　超声信号经压电晶片转换后得到的微弱电脉冲，被输入到接收电路。接收电路对其进行放大、检波，使其能在显示屏上得到足够的显示。接收电路通常由衰减器、高频放大器、检波器和视频放大器等组成。接收电路的性能对检测仪性能影响极大，它直接影响到检测仪的垂直线性、动态范围、检测灵敏度、分辨力等重要技术指标。接收电路的方框图及其波形如图 3-6 所示。

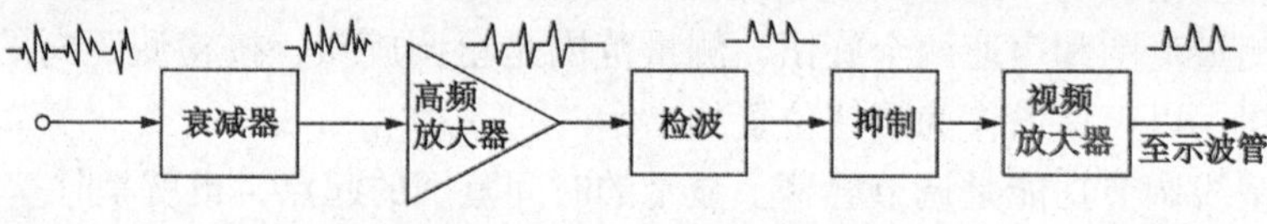

图 3-6　接收电路及其波形

由缺陷回波引起的压电晶片产生的射频电压通常只有几十毫伏到数百毫伏，而示波管显示所需电压需上百伏，所以接收电路必须具有约 10^5 的放大能力。一般把放大器的电压放大倍数用 dB（分贝）来表示：

$$K_v = 20\lg\frac{U_{出}}{U_{入}}(\mathrm{dB})$$

式中，K_v 为电压放大倍数的分贝值，$U_{出}$ 为放大器的输出电压，$U_{入}$ 为放大器的输入电压。一般检测仪的电压放大倍数可达 $10^4 \sim 10^5$ 倍，相当于 80~100dB。

为了对信号幅度进行定量评定，首先要求放大器的输出电压与输入电压呈线性关系。为了能够测量幅度的变化值，先使信号进入已校准的衰减器，以便对信号幅度定量调节，给出不同信号幅度差的精确读数，用于不同信号幅度的比较。同时衰减器还可将超出显示器幅度范围的过大的信号衰减到显示器可显示的幅度。然后，信号进入高频放大器，将信号电压放大到一定的倍数，之后进行检波，再经视频放大器将检波信号放大到示波管显示所需的足够的电压。

检波电路是将探头接收的射频信号转变成视频信号，以检波的形式显示出来。检波包括全波检波、正检波和负检波。全波检波可将视频信号正、负半周均转换为正电压全部显示出来；正或负检波则仅显示视频信号正半周或负半周。检波电路常带有滤波电路。通常仪器中均设置有射频或视频显示方式的旋钮。

为了抑制噪声信号，接收电路中通常设计有抑制电路，用于将幅度较小的一部分信号截去，不在显示屏上显示。使用抑制时，仪器的垂直线性和动态范围均会下降。因此需慎重使用。

接收电路的频带宽度也极其重要，关系到能否不失真的将接收到的信号转换到显示屏上和读取，因此要和探头的频带相匹配。

在用单晶片探头以脉冲反射方式进行检测时，发射脉冲在激励探头的同时也直接进入接收电路，形成始波。由于发射脉冲电压很高，在短时间内放大器的放大倍数会降低，甚至没有放大作用，这种现象称为阻塞。由于发射脉冲自身有一定的宽度，加上放大器的阻塞现象，在靠近始波的一段时间范围内，所要求发现的缺陷往往不能发现，具体到被检工件中，这段时间所对应的由入射面进入工件的深度距离，称为盲区。

（5）显示电路　显示电路主要由示波管及外围电路组成。

示波管用来显示检测图形，示波管由电子枪、偏转系统和荧光屏三部分组成，其基本结构如图 3-7 所示。

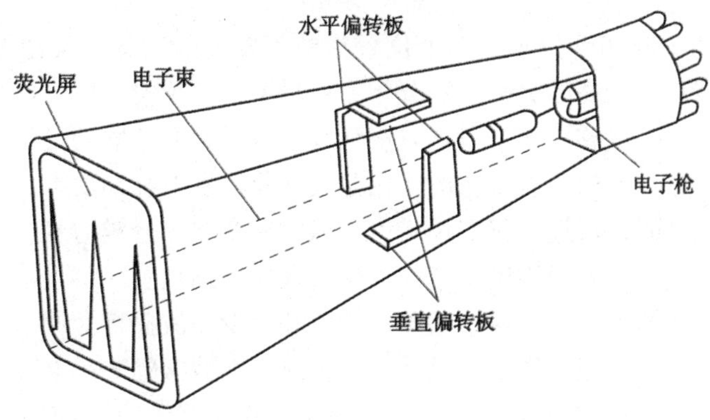

图 3-7　示波管的基本结构

电子枪发射的聚束电子以很高的速度轰击荧光屏时，使荧光物质发光，在荧光屏上形成亮点。扫描电路的扫描电压和接收电路的信号电压分别加至水平偏转板和垂直偏转板，使电子束发生偏转，因而亮点就在荧光屏上移动，扫描出图形。

当重复扫描相同图像的频率很高时，由于人眼的视觉暂留作用，图像看起来是静止不动的，所以，当探头稳定地放在工件表面时，看到的是静止的回波波形，便于对信号进行评定。当探头移动速度很快时，图像是闪烁变化的，因此，在采用目视观察波形进行检测时，必须限制扫查速度，以保证缺陷波能够产生重复图像，使人眼捕捉到缺陷波。

示波管前通常装有刻度板，便于读出回波位置和高度。

（6）电源　电源的作用是给检测仪各部分电路提供适当的电能，使整机电路工作。一般检测仪用 220 V 或 110 V 交流电源。小型便携式检测仪多用蓄电池供电，用充电器给蓄电池充电。

3. 仪器主要开关旋钮的作用及其调整

检测仪面板上有许多开关和旋钮，用于调节检测仪的功能和工作状态。图 3-8 所示为 CTS- 22 型检测仪的面板示意图，下面以这种仪器为例，说明各主要开关的作用及调整方法。

（1）工作方式选择旋钮。工作方式选择旋钮的作用是选择检测方式，即“双探”或“单探”方式。当开关置于位置“双探”时，为双探头一发一收工作状态，可用一个双晶探头或两个单探头检测，发射探头和接收探头分别连接到发射插座和接收插座。当开关置于位置“单

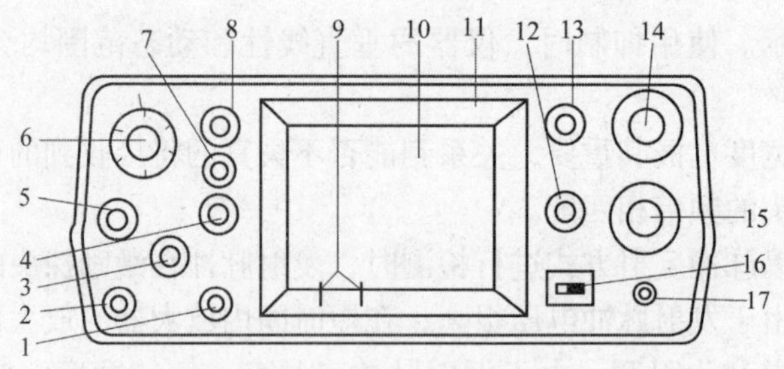

图 3-8　CTS-22 型检测仪面板示意图

1—发射插座；2—接收插座；3—工作方式选择；4—发射强度；5—粗调衰减器；
6—细调衰减器；7—抑制；8—增益；9—定位游标；10—示波管；11—遮光罩；12—聚焦
13—深度范围；14—深度细调；15—脉冲移位；16—电源电压指示器；17—电源开关

探”时，为单探头自发自收工作状态，此时发射插座和接收插座从内部连通，探头可插入任一插座。

检测仪“单探”方式有两个位置，一个位置为中等发射强度挡，旋钮置于该位置时，发射强度不可变，仪器具有较高的灵敏度和分辨力。另一个位置的发射强度是可变的，旋钮置于该位置时，可用发射强度旋钮调节仪器发射强度，同时改变仪器的灵敏度和分辨力。

（2）发射强度旋钮。发射强度旋钮的作用是改变仪器发射脉冲功率，从而改变仪器的发射强度。增大发射强度时，可提高仪器灵敏度，但脉冲变宽，分辨力变差。因此，在检测灵敏度能满足要求的情况下，发射强度旋钮应尽量放在较低的位置。

（3）衰减器。衰减器的作用是调节检测灵敏度和测量回波振幅。调节灵敏度时，衰减读数大，灵敏度低；反之，衰减读数小，灵敏度高。测量回波振幅时，衰减读数大，回波幅度高；反之，衰减读数小，回波幅度低。一般检测仪的衰减器分粗调和细调两种，粗调每挡 10 dB 或 20 dB，细调每挡 2 dB 或 1 dB，总衰减量为 80 dB 左右。

（4）增益旋钮。增益旋钮也称增益细调旋钮，其作用是改变接收放大器的放大倍数，进而连续改变检测仪的灵敏度。使用时将反射波高度精确地调节到某一指定高度，仪器灵敏度确定以后，检测过程中一般不再调整增益旋钮。

（5）抑制旋钮。抑制的作用是抑制荧光屏上幅度较低或认为不必要的杂乱反射波，使之不予显示，从而使荧光屏显示的波形清晰。

值得注意的是使用抑制时，仪器垂直线性和动态范围将被改变。抑制作用越大，仪器动态范围越小，从而在实际检测中容易漏掉小的缺陷，因此，除非十分必要，一般不使用抑制。

（6）深度范围旋钮。深度范围旋钮也称深度粗调旋钮，其作用是粗调荧光屏扫描线所代表的检测范围，调节深度范围旋钮，可较大幅度地改变时间扫描线的扫描速度。从而使荧光屏上回波间距大幅度地压缩或扩展。

粗调旋钮一般都分为若干挡，检测时应视被探工件厚度选择合适挡位。厚度大的工件，选择数值较大的挡；厚度小的工件，选择数值较小的挡。

（7）深度细调旋钮。深度细调旋钮的作用是精确调整检测范围。调节细调旋钮，可连续改变扫描线的扫描速度，从而使荧光屏上的回波间距在一定范围内连续变化。

调整检测范围时，先将深度粗调旋钮置于合适的挡，然后调节细调旋钮，使反射波的间距与反射体的距离成一定比例。

(8) 延迟旋钮。延迟旋钮(或称脉冲移位旋钮)用于调节开始发射脉冲时刻与开始扫描时刻之间的时间差。调节延迟旋钮可使扫描线上的回波位置大幅度左右移动，而不改变回波之间的距离。

调节检测范围同时，用延迟旋钮可进行零位校正，即用深度粗调和细调旋钮调节好回波间距后，再用延迟旋钮将反射波调至正确位置，使声程原点与水平刻度的零点重合。水浸检测中，用延迟旋钮可将不需要观察的图形(水中部分)调到荧光屏外，以充分利用荧光屏的有效观察范围。

(9) 聚焦旋钮。聚焦旋钮的作用是调节电子束的聚焦程度，使荧光屏显示的波形清晰。除聚焦旋钮外，许多仪器还有辅助聚焦旋钮。当附节聚焦旋钮不能使波形清晰时，可配合调节"聚焦"与"辅助聚焦"，使波形最清晰为止。

(10) 频率选择旋钮。宽频带检测仪的放大器频率范围宽，覆盖了整个检测所需的频率范围，检测仪面板上没有频率选择旋钮，检测频率由探头频率决定。

窄频带检测仪设有频率选择开关，用以使发射电路与所用探头相匹配，并改变放大器的通频带，使用时开关指示的频率范围应与所选用探头相一致。

(11) 水平旋钮。水平旋钮也称零位调节旋钮，用于调节水平旋钮，可使扫描线连扫描线上的回波一起左右移动一段距离，但不改变回波间距。调节检测范围时，用深度粗调和细调旋钮调好回波间距，用水平旋钮进行零位校正。

(12) 重复频率旋钮。重复频率旋钮的作用是调节脉冲重复频率，即改变发射电路每秒钟发射脉冲的次数。重复频率低时，荧光屏图形较暗，仪器灵敏度有所提高；重复频率高时，荧光屏图形较亮，这对露天检测观察波形是有利的。应该指出，重复频率要视被探工件厚度进行调节，厚度大，应使用较低的重复频率；厚度小，可使用较高的重复频率。但重复频率过高时，易出现幻象波。有些检测仪的重复频率开关与深度范围旋钮联动，调节深度范围旋钮时，重复频率随之调节到适合于所探厚度的数值。

(13) 垂直旋钮。垂直旋钮用于调节扫描线的垂直位置。调节垂直旋钮，可使扫描线上下移动。

(14) 辉度旋钮。辉度旋钮用于调节波形的亮度。当波形亮度过高或过低时，可调节辉度旋钮，使亮度适中，但要兼顾聚焦性能。一般辉度调整后应重新调节聚焦和辅助聚焦等旋钮。

(15) 深度补偿开关。有些检测仪设有深度补偿开关或"距离振幅校正"(DAC)旋钮，它们的作用是改变放大器的性能，使位于不同深度的相同尺寸缺陷的回波高度差异减小。

(16) 显示选择开关。显示选择开关用于选择"检波"或"不检波"显示。开关置于"检波"位置时，荧光屏显示为检波信号显示(或称视频显示)；开关置于"不检波"位置，荧光屏显示为不检波信号显示(或称射频显示)。便携式检测仪大多不具备这种开关。

3.1.3 数字式超声检测仪

数字式超声检测仪是计算机技术和超声检测仪技术相结合的产物。它是在传统的超声检测仪的基础上，采用计算机技术实现仪器功能的精确和自动控制、信号获取和处理的数字化和自动化、检测结果的可记录性和可再现性。因此，它具有传统的超声检测仪的基本功能，同时又增加了数字化带来的数据测量、显示、存储与输出功能。近年来，数字式仪器发展很快，有逐步替代模拟式仪器的趋势。

数字式超声检测仪的发射、接收电路的参数控制和接收信号的处理、显示均采用数字化方式。不同的制造商生产的数字式仪器，可能会采用不同的电路设置，保留的模拟电路部分也不相同。但最主要的一点，是探头接收的随时间变化的超声信号，需经模-数转换、数字处理后显示出来。

1. 数字式超声检测仪与模拟式超声检测仪的异同

(1) 基本组成。图 3-9 所示是典型 A 型脉冲反射式数字式超声检测仪的电路框图。从它的基本构成来看，数字式仪器发射电路与模拟式仪器是相同的，接收放大电路的前半部分，包括衰减器和高频放大器等，与模拟式仪器也是相同的。但信号经放大到一定程度后，则由模—数转换器将其变为数字信号，由微处理器进行处理后，在显示器上显示出来。对于传统仪器上的检波、滤波、抑制等功能数字式仪器可以通过对数字信号进行数字处理完成，也可在模—数转换前采用模拟电路完成。数字式仪器的显示是二维点阵式的，与模拟式仪器的显示方式有很大的不同，不再像模拟式仪器由单行扫描线经幅度调节显示波形，而是由微处理器通过程序来控制显示器实现逐行逐点扫描。发射电路和模—数转换器的同步控制不再需要同步电路，而是由微处理器通过程序来协调各部分的工作。

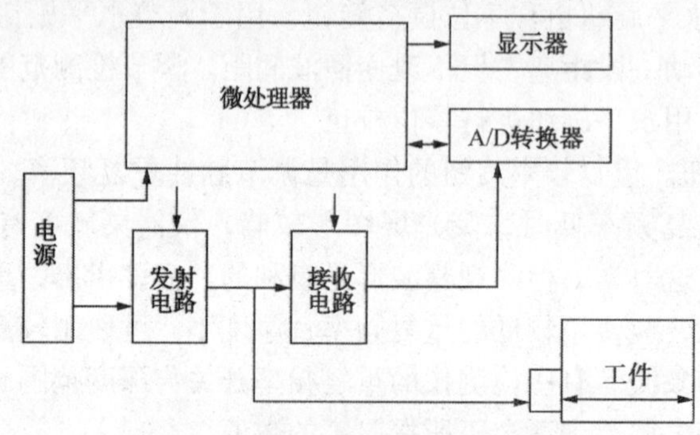

图 3-9　数字式超声检测仪电路框图

(2) 仪器的功能。从基本功能来看，数字式仪器可提供模拟式仪器具有的所有功能，但是，各部分功能的控制方式是不同的。在模拟式仪器中，操作者直接拨动开关对仪器的电路进行调整，而在数字式仪器中，则要通过人机对话，用按键或菜单的方式，将控制数据输入给微处理器，然后，由微处理器发出信号控制各电路的工作。微处理器还可按照预先设定的程序，自动对仪器进行调整，这就给自动检测系统提供了极大的方便。

此外，数字化控制使得控制参数可以存储，可以自动按存储的参数重新对仪器进行调整，从而方便了检测过程的重复再现。检测波形的数字化使得仪器可进一步提供波形的记录与存储、波形参数的自动计算与显示(波高、距离等)、距离波幅曲线的自动生成、时基线比例的自动调整以及频谱分析等附加功能。

(3) 仪器的性能。从影响仪器性能的最基本的部分——发射电路和接收电路来看，数字式仪器与模拟式仪器是相同的，因此，仪器的灵敏度、分辨力、放大线性等与模拟仪器差别不大。最主要的差别是数字式仪器中的模-数转换、信号处理和显示部分。这部分的性能决定着显示的信号是否失真。失真严重时，会影响缺陷的判定，造成漏检、误检。仪器这部分性能的主要影响参数有模-数转换器的模-数转换频率、字长和存储深度，以及显示器的刷新频率。

模-数转换(又称 A/D 转换)是通过对连续变化的模拟信号进行高速度、等间隔的采样，将其变换为一列大小变化的数字量的过程(见图3-10)。对这些数字量可以进行计算、处理、显示。如果以数字的大小作为幅度，将这列数字仍按相同的间隔在直角坐标系中描绘出来，则重新构成了一个由分离的点组成的曲线，这就是数字化的波形。可见，若要重建的波形不失真，则需尽可能地增加采样密度，或者说，提高采样频率。模—数转换器的模—数转换频率，也就是每秒钟时钟脉冲的个数，是固定的。这个频率决定了可采集的超声波信号的最高频率。若模—数转换频率与超声波频率的比值不够大，则可能采集不到最大峰值，严重时可引起漏检。

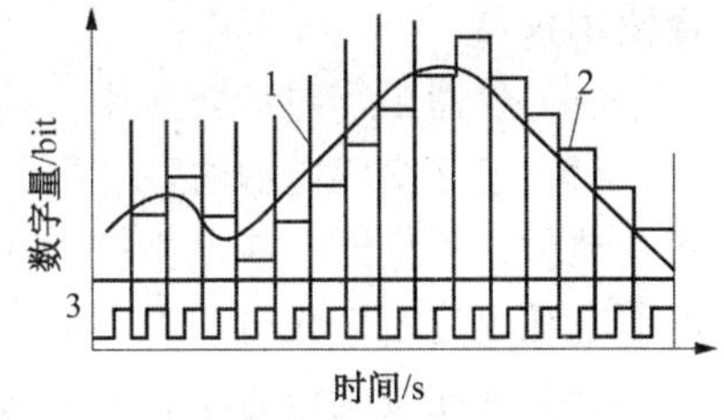

图3-10　模—数转换示意图

1—模拟信号；2—数字输出；3—时钟脉冲

模-数转换器的字长是指一个数字量用几位二进制数来表达，它决定幅度读数的精度。一个8位的模—数转换器可表示的数字是256，也就是说，可将幅度分为256个等级。采用数字检波后，半波幅度为128级，则理论精度约为1%。但实际上，由于数字化过程的幅度误差，实际精度要比这个数值要差一些。

模-数转换器的另一个参数是存储深度，即一个波形可存储的数据点的多少，或称数据长度。这个参数与采样频率，决定着检测范围的大小。对于一定的检测范围，采样频率越高，则要求存储深度越大。对于一定的采样频率，存储深度越大，则检测范围也越大。

模-数转换后的数据，经计算处理后送到显示器显示，能否实时的把超声信号全部显示出来，与显示器的响应速度以及数据处理速度有关。显示器的刷新频率应与超声脉冲重复频率相一致，这样才能保证所有信号得到显示，否则，也可能造成缺陷漏检。这个问题在早期的数字式仪器上表现得比较严重。

2. 数字式超声检测仪的优势与问题

综上所述，数字式仪器与模拟式仪器相比的优势在于：接收信号的数字化使超声信号的存储、记录、再现十分方便，改变了传统超声检测缺乏永久记录的缺点；同时，也方便了信号的分析与处理，从而可从接收的超声信号中得到更多的量化信息；显示器不需要传统的示波管，使得仪器更便于小型化；仪器参数的数字式控制使检测参数可以存储、检测过程的重现更方便；还便于实现遥控等功能，为自动检测系统提供了更方便的条件。数字化使仪器功能可用软件不断扩展，使一台仪器满足不同使用者的需求。

但是，数字式仪器也有一些不利因素，因其模—数转换器的采样频率、数据长度、显示器的分辨率、刷新速度等带来的信号失真，可能对检测信号的评价带来一定的影响。在使用数字式仪器时，必须对这些因素加以考虑，以免造成缺陷的漏检、误检等问题。

3.1.4　仪器的维护保养

超声检测仪是一种比较精密的电子仪器，为减少仪器故障的发生，延长仪器使用寿命，使仪器保持良好的工作状态，应注意对仪器的维护保养，仪器的维护应注意以下几点：

(1) 使用仪器前，应仔细阅读仪器使用说明书，了解仪器的性能特点，熟悉仪器各控制开关和旋钮的位置、操作方法和注意事项，严格按说明书要求操作。

(2) 搬动仪器时应防止强烈震动，现场检测尤其高空作业时，应采取可靠保护措施，防止仪器摔碰。

(3) 尽量避免在靠近强磁场、灰尘多、电源波动大、有强烈振动及温度过高或过低的场合使用仪器。

(4) 仪器工作时应防止雨、雪、水、机油等进入仪器内部，以免损坏仪器线路和元件。

(5) 连接交流电源时，应仔细核对仪器额定电源电压，防止错接电源，烧毁元件。使用蓄电池供电的仪器，应严格按说明书进行充电操作。放电后的蓄电池应及时充电，存放较久的蓄电池也应定期充电，否则会影响蓄电池容量甚至无法重新充电。

(6) 转或按旋钮时不宜用力过猛，尤其是旋钮在极端位置时更应注意，否则会使旋钮错位甚至损坏。

(7) 拔接电源插头或探头插头时，应用手抓住插头壳体操作，不要抓住电缆线拔插。探头线和电源线应理顺，不要弯折扭曲。

(8) 仪器每次用完后，应及时擦去表面灰尘、油污，放置在干燥地方。

(9) 在气候潮湿地区或潮湿季节，仪器长期不用时，应定期接通电源开机一次，开机时间约半小时，以驱除潮气，防止仪器内部短路或击穿。

(10) 仪器出现故障，应立即关闭电源，及时请维修人员检查修理。切忌随意拆卸，以免故障扩大和发生事故。

3.1.5 自动检测设备

传统的接触法手动扫查超声检测具有简便灵活、成本低等优点，但其检测过程受人为因素影响较大。为了提高检测可靠性，对一定批量生产的具有特定形状规格的材料和零件，越来越多地采用自动扫查、自动记录的超声检测系统。在能使探头相对于工件作快速扫查方面，非接触的水浸或喷水检测方式具有很大的优势，因此，大多数自动检测系统均采用水浸法检测。由于超声检测要求扫查到整个工件表面，且在扫查过程中需保持探头相对于入射面的角度和距离不变，因此，应针对不同形状、规格的工件设计专用的机械扫查装置。

一个超声自动检测系统通常由超声检测仪与探头、机械扫查器(带有探头操纵装置)、扫查电气控制、水槽、显示与记录装置等构成。随着计算机技术的发展，目前的检测系统中，检测仪器设置、扫查过程的控制和结果的记录与分析，统一由计算机软件协调进行。常见的扫查系统类型有：针对平面件的简单三轴扫查系统，扫描器可带动探头沿 X、Y、Z 三个方向运动；针对盘轴件的带转盘的系统；针对大型复合材料构件的穿透法喷水检测系统；专用于管、棒材的旋转行进的系统等。不同的系统在机械装置、扫查方式和记录方式上可有很大的不同。很多系统可以同时显示 A 扫描、B 扫描和 C 扫描图形。有些生产线上的自动检测系统还带有自动上、下料的机械手。

3.2 探头（换能器）

凡能将任何其他形式能量转换成超音频振动形式能量的器件均可用来发射超声波，具有逆效应时又可用来接收超声波，这类元件称为超声换能器。以换能器为主要元件组装成具有一定特性的超声波发射、接收器件，常称为探头。超声波探头是组成超声检测系统的最重要的组件之一。探头的性能直接影响超声检测能力和效果。

当前超声检测中采用的超声换能器主要有压电换能器、磁致伸缩换能器、电磁声换能器和激光超声换能器。其中最常用的是压电换能器探头，其关键部件是压电晶片，是一个具有压电特性的单晶或多晶体薄片，其作用是将电能转换为声能，并将声能转换为电能。本节主要讨论压电换能器探头。

3.2.1 压电效应与压电材料

某些晶体材料在交变拉压应力作用下，产生交变电场的效应称为正压电效应。反之，当晶体材料在交变电场作用下，产生伸缩变形的效应称为逆压电效应。正、逆压电效应统称为压电效应。

超声波探头中的压电晶片具有压电效应，当高频电脉冲激励压电晶片时，发生逆压电效应，将电能转换为声能(机械能)，探头发射超声波。当探头接收超声波时，发生正压电效应，将声能转换为电能。

压电材料：具有压电效应的材料称为压电材料，压电材料分为单晶材料和多晶材料，常用的单晶材料有石英(SiO_2)，硫酸锂(Li_2SO_4)铌酸锂($LiNbO_3$)等。常用的多晶材料有钛酸钡($BaTiO_3$)，锆钛酸铅($PbZrTiO_3$，缩写为 PZT)、钛酸铅($PbTiO_3$)等，多晶材料又称压电陶瓷。

3.2.2 探头的结构

压电换能器探头一般由压电晶片、阻尼块、接头、电缆线、保护膜和外壳组成。斜探头中通常还有一个使晶片与入射面成一定角度的斜楔块。图 3-11 所示为探头的基本结构。

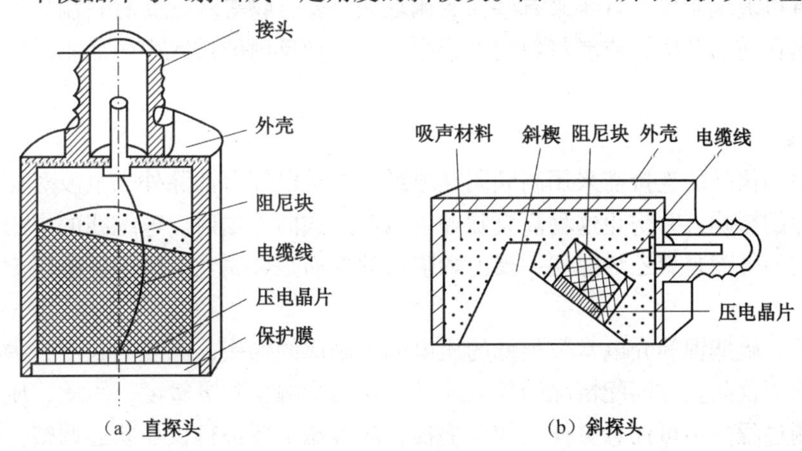

图 3-11 压电换能器探头的基本结构

各组成部分的作用：

1. 压电晶片

压电晶片的作用是发射和接收超声波，实现电声换能。晶片的性能决定着探头的性能。晶片的尺寸和谐振频率，决定发射声场的强度、距离波幅特性与指向性。晶片制作质量的好坏，也关系着探头的声场对称型、分辨力、信噪比等特性。

晶片可制成圆形、方形或矩形。晶片的两面需敷上银层(或金层、铂层)作为电极，以使晶片上的电压能均匀分布。

2. 阻尼块和吸声材料

阻尼块是由环氧树脂和钨粉等按一定比例配成的阻尼材料，其声阻抗应尽可能接近压电晶片的声阻抗，紧贴在压电晶片或楔块后面。阻尼块对压电晶片的振动起阻尼作用，一是可使晶片起振后尽快停下来，从而使脉冲宽度减小，分辨力提高；二是阻尼块还可以吸收晶片向其背面发射的超声波；三是对晶片起支承作用。

斜探头中，晶片前面已粘贴在斜楔上，背面可不加阻尼块。但斜楔内的多次反射波会形成一系列杂乱信号，故需在斜楔周围加上吸声材料，以减小噪声。

3. 保护膜

保护膜的作用是保护压电晶片不致磨损或损坏。保护膜分为硬、软保护膜。硬保护膜适用于表面较光洁的工件检测。软保护膜可用于表面较粗糙的工件检测。当保护膜的厚度为 $\lambda_2/4$ 的奇数倍，且保护膜的声阻抗 Z_2 为晶片声阻抗 Z_1 和工件声阻抗 Z_3 的几何平均值（$Z_2=\sqrt{Z_1Z_3}$）时，超声波全透射。

保护膜会使始波宽度增大，分辨力变差，灵敏度降低。在这方面，硬保护膜比软保护膜更严重。石英晶片不易磨损，可不加保护膜。

4. 斜楔

斜楔是斜探头中为了使超声波倾斜入射到检测面而装在晶片前面的楔块。斜楔使探头的晶片与工件表面形成一个严格的夹角，以保证晶片发射的超声波按设定的倾斜角斜入射到斜楔与工件的界面，从而能在界面处产生所需要的波型转换，以便在工件内形成特定波型和角度的声束。同时，有了斜楔在晶片前面，就不再需要保护膜了。

斜楔中的纵波波速须小于工件中的纵波波速，具有适当的衰减系数，且耐磨、易加工。一般斜楔用有机玻璃制成，近年来有些探头用尼龙、聚合物等其他新材料制作斜楔，效果不错。有些斜楔在前面开槽，或者将斜楔做成牛角形，使反射波进入牛角而不返回晶片，从而减少杂波。

5. 电缆线

探头与检测仪间的连接需采用高频同轴电缆，这种电缆可消除外来电波对探头的激励脉冲及回波脉冲的影响，并防止这种高频脉冲以电波形式向外辐射。电缆线的中心是单股或多股芯线。芯线的外面是聚乙烯隔层。聚乙烯隔层的外面是金属丝编织的屏蔽层。电缆线的最外层是外皮。

对于石英、硫酸锂等介电常数很低的压电晶片制成的探头，电缆的长度、种类的变化会引起探头与检测仪间阻抗匹配情况的较大改变，从而影响检测灵敏度，因此，应选用专用电缆，且在检测过程中不可任意更换，如果更换，应考虑重新进行仪器状态调整。同轴电缆比一般电缆脆弱，弯曲过大时容易损坏，因此，使用探头电缆线要注意，应将电缆线理顺，不可扭折电缆线。

6. 外壳

外壳的作用在于将各部分组合在一起，并保护之。

3.2.3 探头的主要种类

超声波检测用探头的种类很多，根据波型不同，可分为纵波探头、横波探头、表面波探头、板波探头等。根据耦合方式分为接触式探头和液（水）浸探头。根据波束分为聚焦探头与非聚焦探头。根据晶片数不同分为单晶探头、双晶探头等。此外还有高温探头、微型探头、爬波探头、TOFD 探头及相控制探头等特殊用途的探头。下面介绍几种典型探头。

1. 接触式纵波直探头

直探头用于发射垂直于探头表面传播的纵波，以探头直接接触工件表面的方式进行垂直入射纵波检测，简称纵波直探头。直探头主要用于检测与检测面平行或近似平行的缺陷，如板材、锻件检测等。

纵波直探头的主要参数是频率和晶片尺寸。

2. 接触式斜探头

接触式斜探头可分为纵波斜探头（$\alpha_L<\alpha_I$），横波斜探头（$\alpha_L=\alpha_I\sim\alpha_{II}$）、表面波探头（$\alpha_L>\alpha_{II}$）、兰姆波探头及可变角探头等。如图 3-11b 所示，其共同特点是：压电晶片贴在一块斜楔上，晶片与探头表面成一定倾角。

纵波斜探头是入射角 $\alpha_L<\alpha_I$ 的探头。目的是：利用小角度的纵波进行缺陷检测，或在横波衰减过大的情况下，利用纵波穿透能力强的特点进行纵波斜入射检测。使用时应注意工件中同时存在的横波的干扰。

横波斜探头是入射角 $\alpha_L=\alpha_I\sim\alpha_{II}$、且折射波为纯横波的探头，横波斜探头实际上是直探头加斜楔组成的。主要用于检测与检测面成一定角度的缺陷，如焊缝检测、汽轮机叶轮检测等。横波斜探头的标称方式常见的有二种：一种是以横波折射角 β_S 来标称，常用 $\beta_S=40°$，45°，50°，60°，70°等，如西方国家和日本。另一种是以钢中折射角的正切值 $K=\tan\beta_S$ 来标称，常用 $K=0.8$，1.0，1.5，2.0，2.5 等，这是我国提出来的，在计算钢中缺陷位置时比较方便。目前国产横波斜探头大多采用 K 值标称系列。横波斜探头上的主要参数为工作频率、晶片尺寸和 K 值。

K 值与 β_S 的换算关系见表 3-1。注意此表只适用于有机玻璃/钢界面。

表 3-1　常用 K 值对应的 β_S（有机玻璃/钢）

K 值	1.0	1.5	2.0	2.5	3.0
β_S	45	56.3	63.4	68.2	71.6
α_L	36.7	44.6	49.1	51.6	53.5

表面波（瑞利波）探头入射角需在产生瑞利波的临界角附近，通常比 α_{II} 略大。表面波探头用于对表面或近表面缺陷进行检测。表面波探头的结构与横波斜探头一样，唯一的区别是斜楔块角度不同。

兰姆波探头的角度根据板厚、频率和所选定的兰姆波模式而定，主要用于薄板中缺陷的检测。

可变角探头的入射角是可变的，其结构如图 3-12 所示。转动压电晶片可使入射角连续变化，一般变化范围为 0°～70°，可实现纵波、横波、表面波或兰姆波检测。

3. 双晶探头（分割探头）

双晶探头有两块压电晶片，一块用于发射超声波，另一块用于接收超声波，中间夹有隔声层。根据入射角 α_L 不同，分为双晶纵波探头（$\alpha_L<\alpha_I$）和双晶横波探头（$\alpha_L=\alpha_I\sim\alpha_{II}$）。

双晶探头的结构如图 3-13 所示。

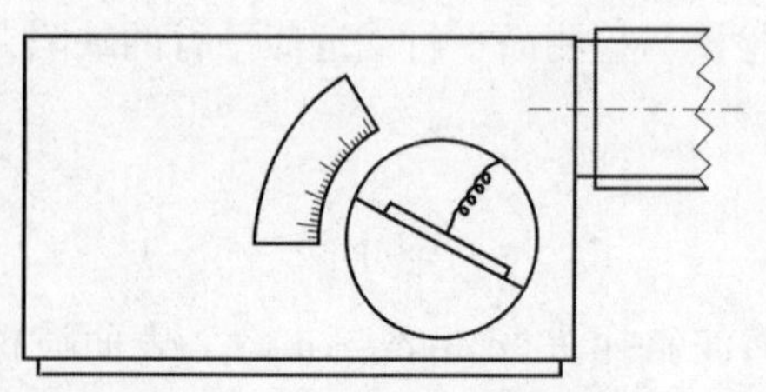

图 3-12　可变角探头结构示意图

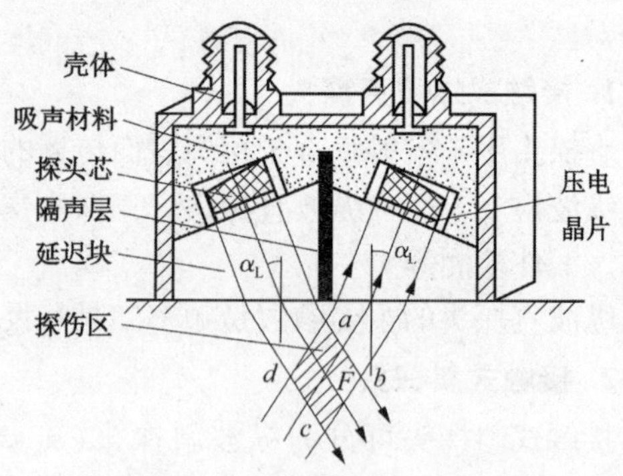

图 3-13　双晶探头结构示意图

双晶探头具有以下优点：

（1）灵敏度高　双晶探头的两块晶片，一发一收，发射晶片用发射灵敏度高的压电材料制成，接收晶片由接收灵敏度高的压电材料制成。这样探头发射和接收灵敏度都高，这是单晶探头无法比拟的。

（2）杂波少盲区小　双晶探头的发射与接收分开，消除了发射压电晶片与延迟块之间的反射杂波。同时由于始脉冲未进入放大器，克服了阻塞现象，使盲区大大减小，为检测近表面缺陷提供了有利条件。

（3）工件中近场区长度小　双晶探头采用了延迟块，缩短了工件中的近场区长度，这对检测是有利的。

（4）检测范围可调　双晶探头检测时，对于位于棱形 abcd 内的缺陷灵敏度较高。而棱形 abcd 是可调的，可以通过改变入射角 α_L 来调整。α_L 增大，棱形 abcd 向表面移动，在水平方向变扁。α_L 减小，棱形向内部移动，在垂直方向变扁。

双晶探头主要用于检测近表面缺陷和已知缺陷的定点测量。

双晶探头的主要参数为频率、晶片尺寸和声束汇聚区的范围。

4. 接触式聚焦探头

聚焦探头种类较多。根据焦点形状不同分为点聚焦和线聚焦。点聚焦的理想焦点为一点，其声透镜为球面；线聚焦的理想焦点为一条线，其声透镜为柱面。根据耦合情况不同分为水浸聚焦与接触聚焦。水浸聚焦以水为耦合介质，探头不与工件直接接触。

接触聚焦是探头通过薄层耦合介质与工件接触。接触聚焦据聚焦方式不同又分为透镜式聚焦、反射式聚焦和曲面晶片式聚焦，如图 3-14 所示，透镜式聚焦是平面晶片发射超声波通过声透镜和透声楔块来实现聚集，如图 3-14(a)所示。反射式聚焦是平面晶片发射超声波通过曲面楔块反射来实现聚焦，如图 3-14(b)所示。曲面晶片式聚焦探头的晶片为曲面，通过曲面楔块实现聚焦，如图 3-14(c)所示，但曲面晶片很难制作，目前已很少采用。

接触式聚焦探头的主要参数为频率、晶片尺寸和焦距。

5. 水浸平探头和水浸聚焦探头

水浸平探头相当于可在水中使用的纵波直探头，用于水浸法检测。当改变探头倾角使声束从水中倾斜入射至工件表面时，也可通过折射在工件中产生纯横波。

在水浸平探头前加上声透镜则可产生聚焦声束，称为水浸聚焦探头。水浸聚焦探头的结构如图 3-15 所示。声透镜的作用就是实现声束聚焦。焦距 F 与声透镜的曲率半径 r 之间关系为：

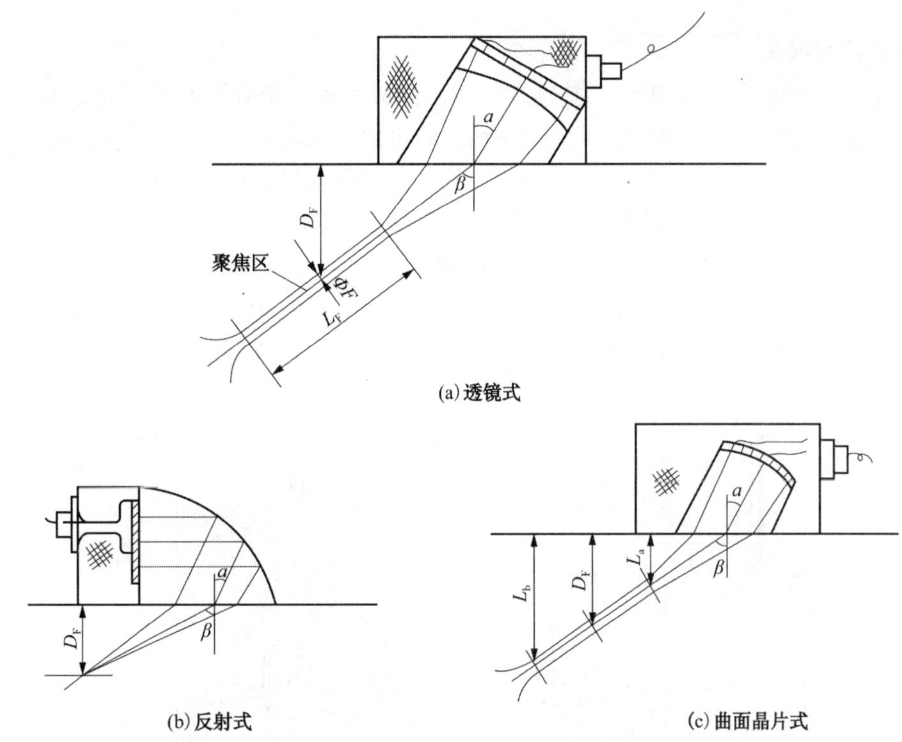

图 3-14　聚焦探头

$$F=\frac{c_1 r}{c_1-c_2}=\frac{nr}{n-1}$$

式中　n——透镜与耦合介质波速比，$n=c_1/c_2$。

对于有机玻璃声透镜和水，$n=2730/1480=1.84$，这时 $F=2.2r$。

聚焦探头检测工件时，实际焦距 F' 会变小。

$$F'=F-L(c_3/c_2-1)$$

式中　L——工件中焦点至工件表面的距离；

c_2——耦合剂中波速；

c_3——工件中波速。

这时水层厚度为：

$$H=F-Lc_3/c_2$$

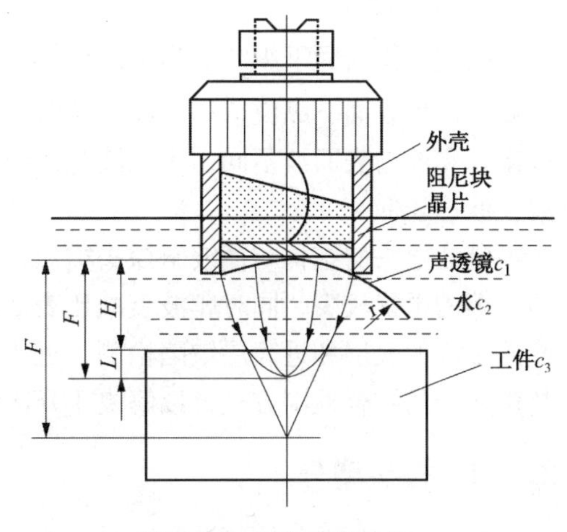

图 3-15　聚焦探头结构

6. 高温探头

常规探头只能用于检测常温下的工件，然而实际生产中有时需要对高温工件进行检测。如原子反应堆中的某些部件，这时必须采用高温探头来进行检测。图 3-16 所示为高温探头的一种结构。高温探头中的压电晶片需选用居里温度较高的铌酸锂（1200℃）、石英（550℃）、钛酸铅（460℃）来制作，外壳与阻尼块为不锈钢，电缆为无机物绝缘体高温同轴电缆，前面壳体与晶片之间采用特殊钎焊使之形成高温耦合层。这种探头可在 400~700℃高温下进行检测。

7. 电磁超声探头

电磁超声探头如图 3-17 所示，其物理结构由高频线圈和磁铁两部分组成，高频线圈用于产生高频激发磁场；磁铁用来提供外加磁场，它可以是永久磁铁或直流电磁铁，也可以是交流电磁铁或脉冲电磁铁。当置于工件表面上的高频线圈通过高频电流时，它在工件的趋肤层内产生涡流（或感应磁场，相当于电动机的转子），此涡流在外加磁场（相当于电机定子磁场）的作用下，也会像电动机那样受到机械力的作用，产生高频振动，于是在工件中形成了超声波波源。在接收超声波时，如同发电机的转子在定子的磁场中旋转，会在转子中产生感应电流一样，工件表面的振荡也会在外加磁场力的作用下，在高频线圈中感应出电压而被仪器接收。

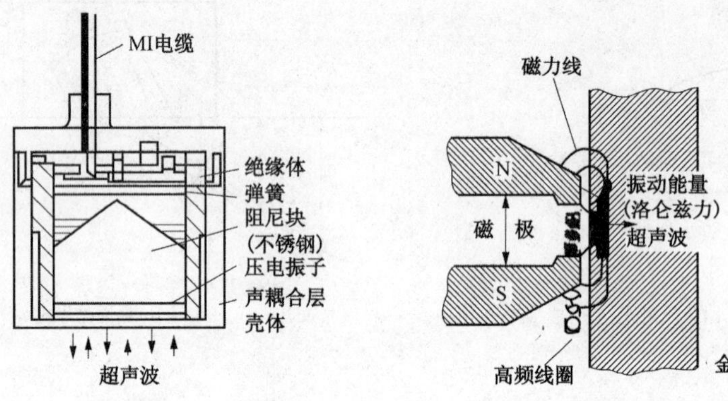

图 3-16　原子反应堆高温探头的结构　　　　图 3-17　电磁超声探头

8. 爬波探头

爬波是指表面下纵波。当纵波以第一临界角 α_{I} 附近的角度入射到界面时，就会在第二介质中产生表面下纵波，即爬波。这时第二介质中除爬波外，还有其他波形，但速度均较爬波慢。爬波与表面波不同，表面波是入射角大于或等于第二临界角时产生的，是表面下的横波，波速较低。

爬波探头的结构与横波斜探头类似，只有入射角不同。爬波受工件表面刻痕、不平整、凹陷等的干扰较少，同时爬波衰减比表面波小，检测深度较表面波大，因此常用于表面较粗糙的工件的表层和近表层缺陷检测。近年来开始出现采用爬波探头配合衍射时差法（TOFD）超声检测的综合检测方式，以解决 TOFD 的表面盲区问题。

3.2.4　探头型号

探头型号有简单的，也有复杂的，如例 1、例 2 和例 3 所示：

例 1：

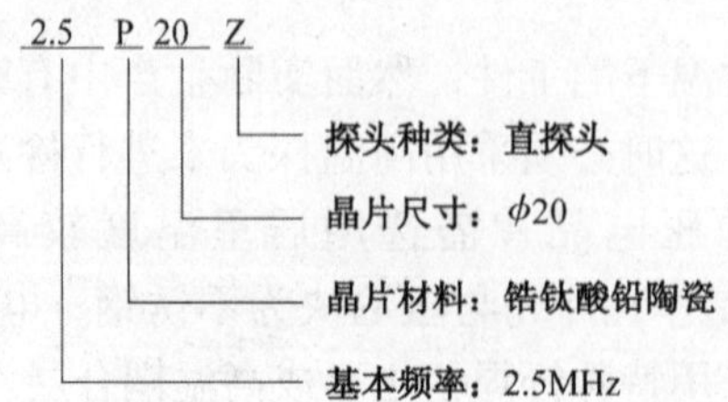

例 2：

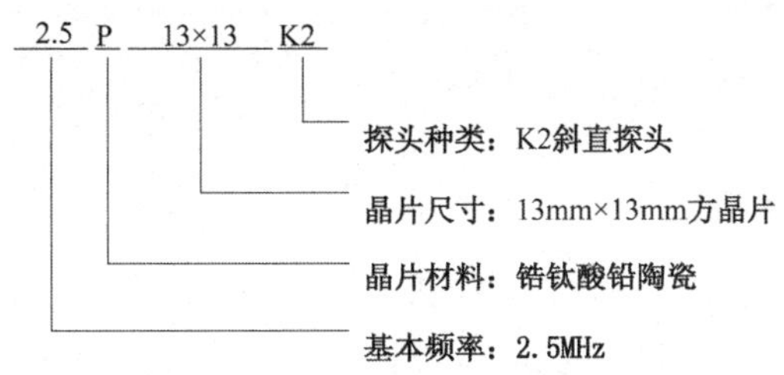

例 3：

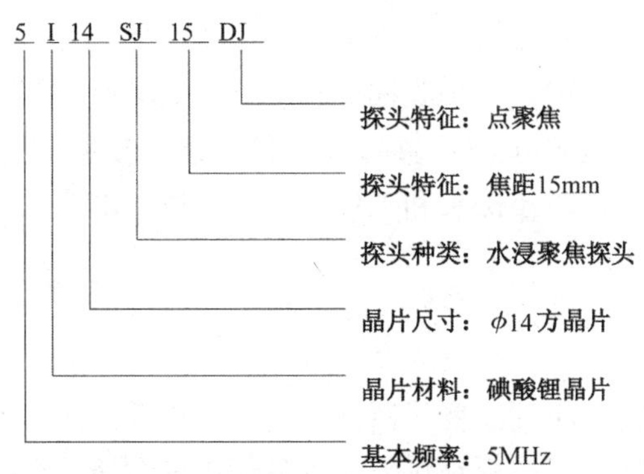

基本频率：用阿拉伯数字表示，单位为 MHz

晶片材料：用化学元素缩写符号表示，见表 3-2。

晶片尺寸：用阿拉伯数字表示，单位为 mm。其中圆晶片用直径表示；矩形晶片用长×宽表示；双晶探头为圆形的用分割前的直径表示，两片矩形晶片用长×宽×2 表示。

探头种类：用汉语拼音缩写字母表示，见表 3-3。直探头也可不标出。

表 3-2 晶片材料代号

压电材料	代　　号	压电材料	代　　号
锆钛酸铅陶瓷	P	碘酸锂单晶	I
钛酸钡陶瓷	B	石英单晶	Q
钛酸铅陶瓷	T	其他压电材料	N
铌酸锂单晶	L		

表 3-3 探头种类代号

种　　类	代　　号	种　　类	代　　号
直探头	Z	水浸聚焦探头	SJ
斜探头（用 K 值表示）	K	表面波探头	BM
斜探头（用折射角表示）	X	可变角探头	KB
分割探头	FG		

探头特征：斜探头钢中折射角正切值（K 值）用阿拉伯数字表示。钢中折射角用阿拉伯数字表示，单位为“°”。双晶探头钢中声束汇聚区深度用阿拉伯数字表示，单位为 mm。

水浸聚焦探头水中焦距用阿拉伯数字表示，单位为 mm。DJ 表示点聚焦，XJ 表示线聚焦。

3.3 耦合剂

3.3.1 耦合剂的作用

超声耦合是指超声波在检测面上的声强透射率。声强透射率高，超声耦合好。为了改善探头与工件间声能的传递，而加在探头和检测面之间的液体薄层称为耦合剂。在液浸法检测中，通过液体实现耦合，此时液体也是耦合剂。

当探头和工件之间有一层空气时，超声波的反射率几乎为100%，即使很薄的一层空气也可以阻止超声波传入工件。因此，排除探头和工件之间的空气非常重要。耦合剂可以填充探头与工件间的空气间隙，使超声波能够传入工件，这是使用耦合剂的主要目的。除此之外，耦合剂有润滑作用，可以减小探头和工件之间的摩擦，防止工件表面磨损探头，并使探头便于移动。

3.3.2 常用耦合剂

常用耦合剂有水、甘油、机油、变压器油、化学糨糊等。

水的优点是来源方便，缺点是容易流失，容易使工件生锈，有时不易润湿工件。液浸检测中最常使用水作耦合剂，使用时可加入润湿剂和防腐剂等。

甘油的优点是声阻抗大，耦合效果好，缺点是要用水稀释，容易使工件形成腐蚀坑，价格较贵。

机油和变压器油的附着力、黏度、润湿性都较适当，也无腐蚀性，价格又不贵，因此是最常用的耦合剂。

化学糨糊的耦合效果比较好，也是一种常用的耦合剂。

3.4 试块

与一般的测量方式一样，为了保证检测结果的准确性、可重复性和可比性，必须用一个具有已知固定特性的试样对检测系统进行校准。这种按一定用途设计制作的具有简单几何形状人工反射体或模拟缺陷的试样，通常称为试块。试块和仪器、探头一样，是超声检测中的重要器材。

3.4.1 试块的分类和作用

1. 试块的分类

超声检测用试块通常分为标准试块、对比试块和模拟试块三大类。

(1) 标准试块　标准试块通常是由权威机构制定的试块，其特性与制作要求有专门的标准规定。标准试块通常具有规定的材质、形状、尺寸及表面状态。标准试块用于仪器探头系统性能测试校准和检测校准，如ⅡW 试块。JB/T 4730.3—2005 标准中采用的标准试块有：钢板用标准试块 CBⅠ，CBⅡ；锻件用标准试块 CSⅠ，CSⅡ，CSⅢ；焊接接头用标准试块 CSK-ⅠA，CSK-ⅡA，CSK-ⅢA，CSK-ⅣA。

(2) 对比试块　对比试块是以特定方法检测特定工件时采用的试块，含有意义明确的人工反射体(平底孔、槽等)。它与被检工件材料声学特性相似，其外形尺寸应能代表被检工件的特征，试块厚度应与被检工件的厚度相对应。对比试块主要用于检测校准以及评估缺陷的当量尺寸，以及将所检出的不连续信号与试块中已知反射体产生的信号相比较。

(3) 模拟试块　模拟试块是含模拟缺陷的试块，可以是模拟工件中实际缺陷而制作的样件，或者是在以往检测中所发现含自然缺陷的样件。模拟试块主要用于检测方法的研究、无损检测人员资格考核和评定、评价和验证仪器探头系统的检测能力和检测工艺等。

2. 人工反射体

试块中的人工反射体应按其使用目的选择，应尽可能与需检测的缺陷特征接近。常用的人工反射体主要有长横孔、短横孔、横通孔、平底孔、V 形槽和其他线切割槽等。

(1) 横通孔和长横孔具有轴对称特点，反射波幅比较稳定，有线性缺陷特征，适用于各种 K 值探头。一般代表工件内部有一定长度的裂纹、未焊透、未熔合和条状夹渣。通常使用在对接接头、堆焊层的超声检测中，也有用在螺栓件和铸件检测的。

(2) 短横孔在近场区表现为线状反射体特征，在远场区表现为点状反射体特征。主要用于对接焊接按头检测。适用于各种 K 值探头。

(3) 平底孔一般具有点状面积型反射体的特点，主要用于锻件、钢板、对接焊接接头、复合板、堆焊层的超声检测。通常适用于直探头和双晶探头的校准和检测。

(4) V 形槽和其他线切割槽具有表面开口的线性缺陷的特点。适用于钢板、钢管、锻件等工件的横波检测，也可模拟其他工件或对接接头表面或近表面缺陷以调整检测灵敏度。检测或校准时，通常采用 K1 斜探头，根据需要，也可采用其他 K 值探头。

3.4.2　标准试块

1. 标准试块的基本要求

标准试块的材质应均匀，内部杂质少，无影响使用的缺陷。加工容易，不易变形和锈蚀，具有良好的声学性能。试块的平行度、垂直度、粗糙度和尺寸精度都应经过严格检验并符合一定的要求。

标准试块要用平炉镇静钢或电炉软钢制作，如 20 号碳钢。

标准试块检测面粗糙度一般不低于 $Ra=1.6\mu m$，尺寸公差±0.05mm。

试块上的平底孔应检验其直径、孔底表面粗糙度、平面度等。常用下述检查方法：先用无腐蚀性溶剂清洗孔并干燥，然后用注射器将硅橡胶液注入孔内，抽出注射器，插入大头针，待橡胶凝固后借助大头针将橡胶模型取出，在光学投影仪上检查孔底粗糙度和平整程度。

2. 常用标准试块

1) IIW 试块

IIW 是国际焊接学会的英文缩写。该试块是荷兰代表首先提出来的，故称荷兰试块。该试块形状似船形，因此又叫船形试块，IIW 试块结构尺寸如图 3-18 所示。

IIW 试块材质相当于我国 20 号碳钢，正火处理，晶粒度 7~8 级。

IIW 试块的主要用途如下：

(1) 调整纵波检测范围和扫描速度(时基线比例)：利用试块上 25 mm 和 100mm 尺寸。

(2) 校验仪器的水平线性、垂直线性和动态范围：利用试块上 25 mm 或 100 mm 尺寸。

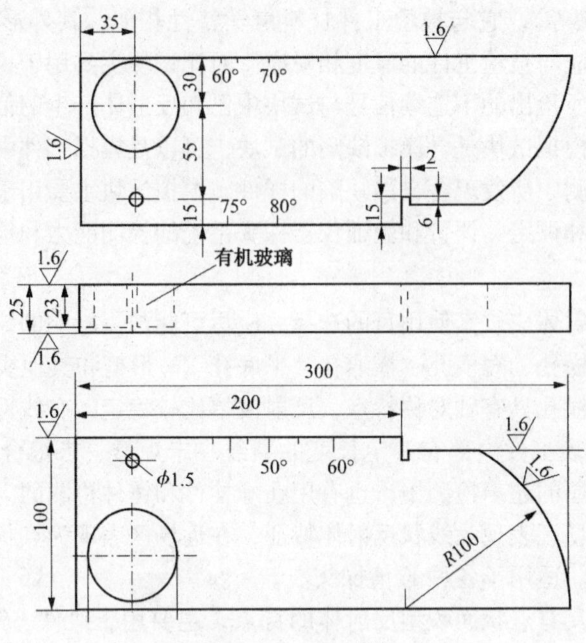

图 3-18　IIW 试块

（3）测定直探头和仪器组合的远场分辨力：利用试块上 85 mm、91 mm 和 100 mm 尺寸。

（4）测定直探头和仪器组合后的最大穿透能力：利用 ϕ50 mm 有机玻璃块底面的多次反射波。

（5）测定直探头与仪器组合的盲区：利用试块上 ϕ50 mm 有机玻璃圆弧面至侧面间距 5 mm 和 10 mm。

（6）测定斜探头的入射点：用 R100 圆弧面。

（7）测定斜探头的折射角：折射角在 35°～76°范围内用 ϕ50 mm 孔测，折射角在 74°～80°范围内用 ϕ1. 5 mm 圆孔测。

（8）测定斜探头和仪器组合的灵敏度余量：利用试块 *R*100 或 ϕ1. 5 mm。

（9）调整横波检测范围和扫描速度：由于纵波声程 91mm 相当于横波声程 50mm，因此可以利用试块上 91mm 来调整横波的检测范围和扫描速度。例如横波 1∶1，先用直探头对准 91 底面，使底波 B_1、B_2分别对准 50、100，然后换上横波探头并对准 *R*100 圆弧面，找到最高回波，并调至 100 即可。

（10）测定斜探头声束轴线的偏离：利用试块的直角棱边侧。

ⅡW 试块用途较广，但也有一些不足，对此一些国家做了小的修改作为本国的标准试块。如德国和日本在 *R*100 圆心处两侧加开宽为 0. 5mm，深为 2mm 的沟槽，借以获得 *R*100 圆弧面的多次反射，这就克服了ⅡW 试块调整横波检测范围和扫描速度不便的缺点。

2）ⅡW2 试块

ⅡW2 试块也是荷兰代表提出来的国际焊接学会标准试块，由于外形类似牛角，故又称牛角试块。与ⅡW 试块相比，ⅡW2 试块质量轻、尺寸小、形状简单、容易加工和便于携带，但功能不及ⅡW 试块。ⅡW2 试块的材质同ⅡW，结构尺寸和反射特点如图 3-19 所示。

当斜探头对准 *R*25 时，*R*25 反射回波一部分被探头接收，显示 B_1，另一部分反射至 *R*50，然后又返回探头，但这时不能被接收因此无回波。当此反射波再次经 *R*25 反射回到探头时才能被接收，这时显示 B_2，它与 B_1的间距为 *R*25+*R*50。以后各次回波间距均为 *R*25+

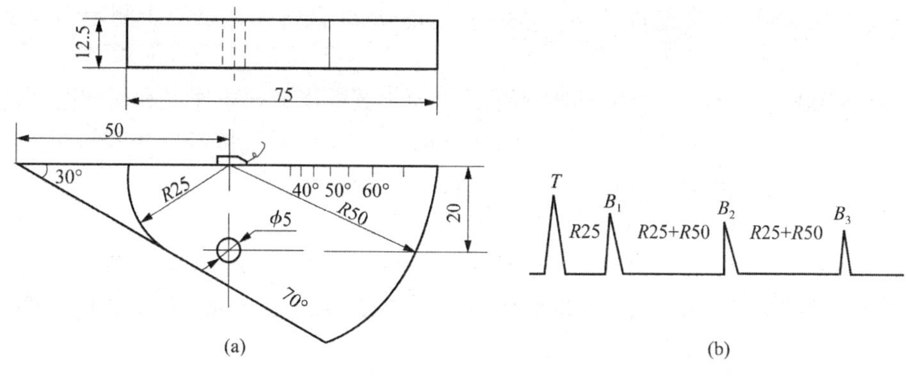

图 3-19　ⅡW2 试块

R50。IIW2 试块的主要用途如下：

（1）测定斜探头的入射点：利用 R25 与 R50 圆弧反射面测。

（2）测定斜探头的折射角：利用 ϕ5mm 横通孔测。

（3）测定仪器水平、垂直线性和动态范围：利用厚度 12. 5 测。

（4）调整检测范围和扫描速度：纵波直探头利用 12. 5 底面的多次反射波调整，横波斜探头利用 R25 和 R50 调整。

（5）测定仪器和探头的组合灵敏度：利用 ϕ5mm 或 R50 圆弧面测。

3）CSK-ⅠA 试块

CSK-ⅠA 试块是我国承压设备无损检测标准 JB/T 4730. 3—2005 中规定的标准试块，是在ⅡW 试块基础上改进后得到的，其结构及主要尺寸如图 3-20 所示。CSK-ⅠA 试块有三点改进：

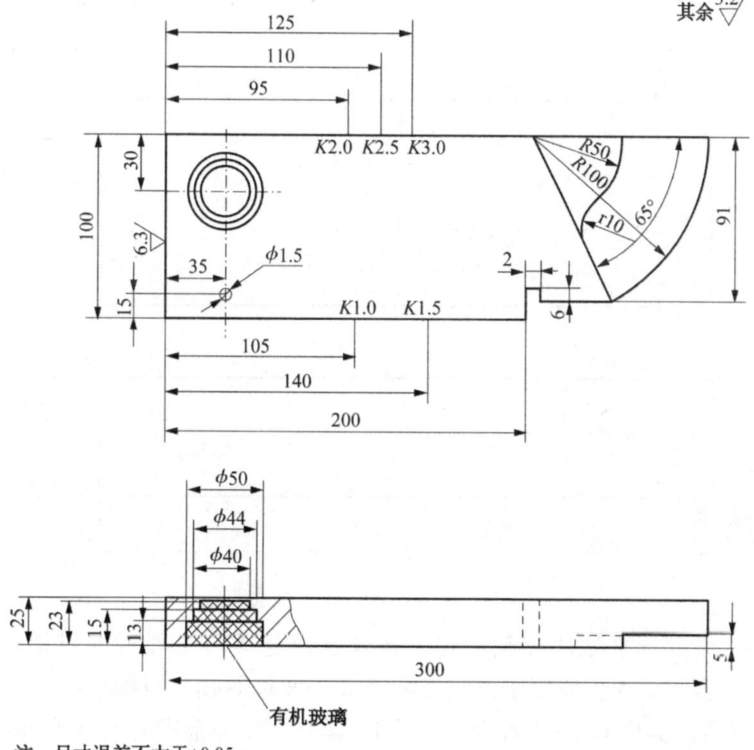

图 3-20　CSK-ⅠA 试块

（1）将直孔 ϕ50mm 改进 ϕ50mm、ϕ44mm、ϕ40mm 台阶孔，以便于测定横波斜探头的分辨力。

（2）将 R100 改为 R100、R50 阶梯圆弧，以便于调整横波扫描速度和检测范围。

（3）将试块上标定的折射角改为 K 值（$K=\tan\beta_S$），从而可直接测出横波斜探头的 K 值。

CSK-IA 试块的其他功能同 IIW 试块，材质一般同被检工件。

4）CSK-ⅡA，CSK-ⅢA 和 CSK -ⅣA 标准试块

CSK-ⅡA，CSK-ⅢA，CSK-ⅣA 试块是 JB/T 4730.3—2005 标准中规定采用的焊缝超声波检测用的横孔标准试块。CSK-ⅡA 结构如图 3-21 所示；CSK-ⅢA 结构如图 3-22 所示；CSK-ⅣA 结构如图 3-23 所示。

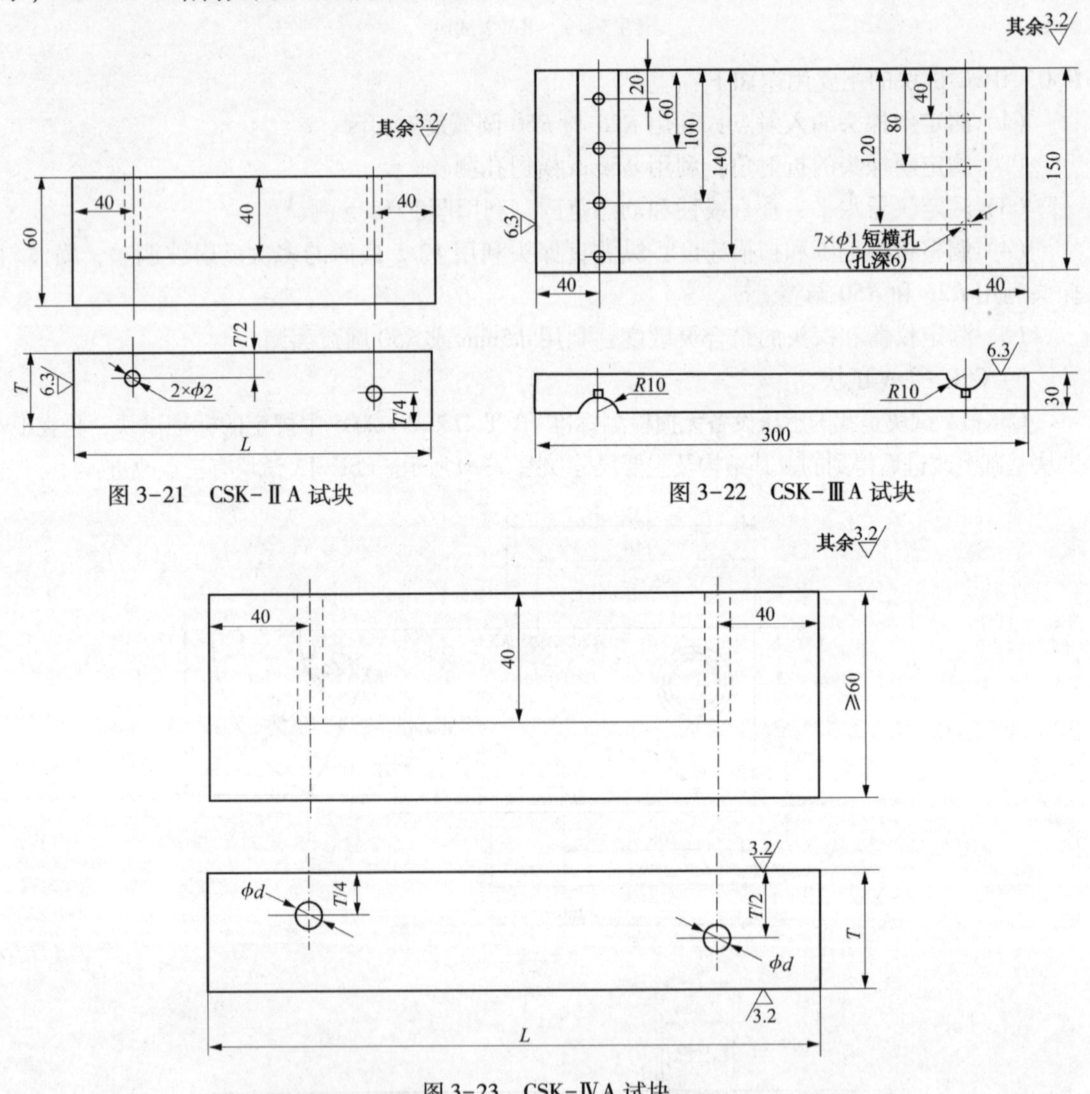

图 3-21　CSK-ⅡA 试块

图 3-22　CSK-ⅢA 试块

图 3-23　CSK-ⅣA 试块

我国的 CSK 系列标准试块比较特殊，要求试块材质与工件相同或相近。CSK -ⅡA，CSK-ⅢA，CSK-ⅣA 试块主要用于测定横波距离—波幅曲线、斜探头的 K 值和调整横波扫描速度和灵敏度等。其中 CSK-ⅡA 和 CSK-ⅢA 适用于壁厚范围为 8~120mm 的焊缝，CSK-ⅣA 系列试块用于壁厚范围 120~400mm 的焊缝。

CSK-ⅡA，CSK-ⅢA 试块主要是用于调节仪器灵敏度，两种试块的不同在于选用的参考反射体不同，CSK-ⅡA 采用 $\phi 2\times 40$ 的长横孔，CSK-ⅢA 采用 $\phi 1\times 6$ 的短横孔。

而 $\phi 1\times 6$ 的短横孔在声场的距离波—幅曲线规律与 $\phi 2$ 平底孔相近，和德国标准相类似，对厚焊缝探伤极为有利。

下面来证明 $\phi 1\times 6$ 短横孔与 $\phi 2$ 平底孔的反射体波高相当。

$\because P_{\phi}=P_{\phi}$，$x_{\phi}=x_{\phi}$，设：$f=2.5\text{MHz}$

$$P_{\phi}=\frac{L}{2x_{\phi}}\cdot\sqrt{\frac{\phi}{\lambda}} \qquad P_{\phi}=\frac{\pi\phi^2}{4\lambda x_{\phi}}$$

$L=6\text{mm}$，$\phi=1\text{mm}$，$\lambda_{\phi}=3.23/2.5=1.29\text{mm}$

$$\therefore \frac{L}{2x_{\phi}}\cdot\sqrt{\frac{\phi}{\lambda}}=\frac{\pi\phi^2}{4\lambda x_{\phi}}\Rightarrow\frac{L}{2}\cdot\sqrt{\frac{\phi}{\lambda}}=\frac{\pi\phi^2}{4\lambda}$$

$$\therefore \phi^2=\frac{4\lambda L\sqrt{\dfrac{\phi}{\lambda}}}{2\pi}=\frac{2\times 1.29\times 6\times\sqrt{\dfrac{1}{1.29}}}{3.14}=4.34\text{mm}$$

$\phi=\sqrt{4.34}=2.08\text{mm}\approx 2\text{mm}$

$\therefore \phi 1\times 6=\phi 2$

$\phi 2\times 40$ 的长横孔，其长度为 40mm，与美国 ASME 标准相似。

3.4.3 对比试块

1. 对比试块的基本要求

对比试块材料的透声性、声速、声衰减等应尽可能与被检工件相同或相近。一般情况下，对比试块材质尽可能与被检工件相同或相近。低合金钢、碳钢和工具钢的声性能相差不大，以一种材料来制作对比试块基本可以代用。但不锈钢、镍基合金、钴基合金应采用工件本身的材料来制作。制作时应保证材质均匀、无杂质、无影响使用的缺陷。

对比试块的外形应尽可能简单，并能代表被检工件的特征；对比试块厚度应与被检工件的厚度要相对应；对比试块粗糙度与被检工件相同或相近。如果涉及两种或两种以上不同厚度部件焊接接头的检测，对比试块的厚度应由其最大厚度来确定。对比试块一般采用人工反射体，常用的人工反射体有长横孔、短横孔、横通孔、平底孔、V 形槽和其他线切割槽等。

加工好的试块应测试其外形尺寸公差，并采用硅橡胶覆型的方法观测孔底的形状和尺寸误差。对于成套距离幅度试块，也需要测试其距离幅度曲线。

2. 常用对比试块

JB/T 4730.3—2005 标准中规定和采用的对比试块主要有：

① 钢板横波检测对比试块；

② 锻件横波检测对比试块；

③ 无缝钢管横波检测用对比试块：纵向人工缺陷试块、横向人工缺陷试块；

④ 声能传输损耗超声检测对比试块；

⑤ T 形焊接接头超声检测对比试块；

⑥ 铝焊接接头超声检测对比试块；

⑦ 钢制压力管道和管子焊接接头超声检测对比试块；

⑧ 铝及铝合金压力管道和管子焊接接头超声检测对比试块；

⑨ 钛焊接接头超声检测对比试块；

⑩ T1 型，T2 型，T3 型堆焊层超声检测对比试块；

⑪ 奥氏体不锈钢对接接头对比试块。

(1) 半圆试块　半圆试块是我国广为流行的试块，其结构和反射特点如图 3-24 所示。

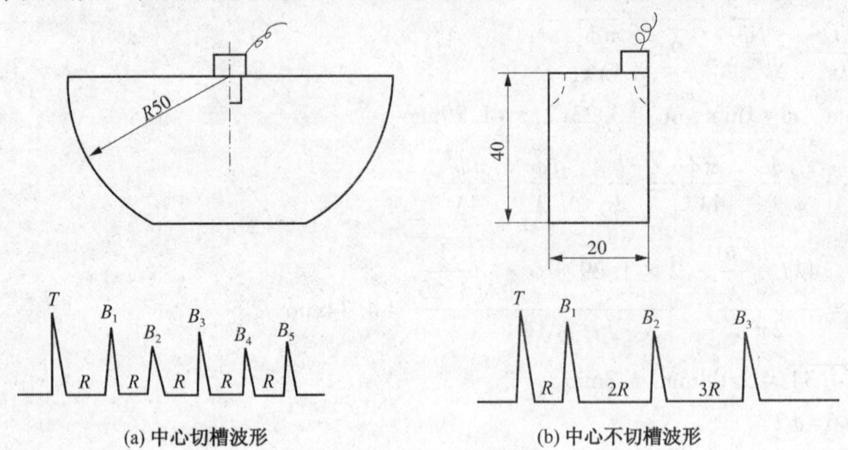

(a) 中心切槽波形　　(b) 中心不切槽波形

图 3-24　半圆试块

有时试块圆弧部分切去一块是为了安放平稳。图中半圆试块中心切槽是为了产生多次反射，在示波屏上形成等距离的反射波。由于中心槽未切通，切槽处反射波间距均为 R，而未切槽处反射波间距为 R、$2R$、$2R$、…，二者相互叠加使示波屏上奇次波高，偶次波低，如(a)中心切槽波形所示。此外还有一种中心不切槽的半圆试块，这种试块反射波间距为 R、$2R$、$2R$、…，波形如图 3-24(b)中心不切槽波形图所示。常用半圆试块的半径为 $R40$ 或 $R50$。

半圆试块的主要用途如下：

① 测定斜探头的入射点：利用 $R50$ 测。

② 调整横波扫描速度和检测范围：利用 $R50$ 调。

③ 调整纵波扫描速度和检测范围：利用厚度 20 调。

④ 测定仪器的水平、垂直线性和动态范围：利用厚度 20 调。

⑤ 调整灵敏度：利用 $R50$ 圆弧面调。

半圆试块基本可以代替牛角试块的功能，且加工简便，便于携带，便于采用与被检件相同的材料制作，可根据被检工件情况改变圆的半径。

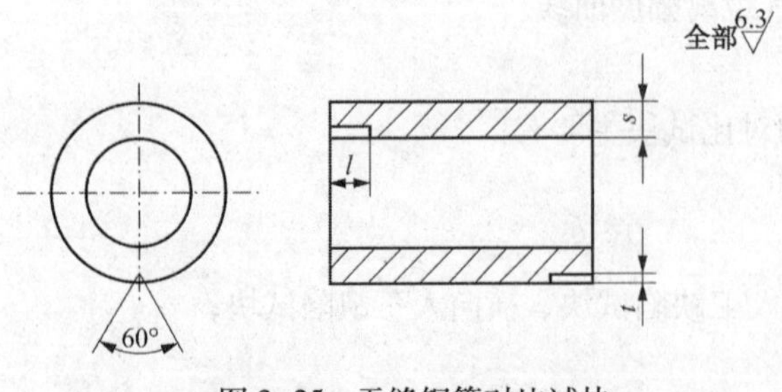

图 3-25　无缝钢管对比试块

(2) 无缝钢管横波检测对比试块　图 3-25所示试块是 JB/T 4730.3—2005 标准中规定的无缝钢管横波检测用对比试块，主要针对纵向缺陷。对比试块应选取与被检钢管规格相同，材质、热处理工艺和表面状况相同或相似的钢管制备。对比试块不得有大于或等于 ϕ2mm 当量的自然缺陷。对比试块的长度应满足检测方法和检测设备要求。

试块的尺寸、V 形槽和位置如图 3-25 所示和表 3-4。

表 3-4　对比试块上人工缺陷尺寸

级别	长度	深度 t 占壁厚的百分比/%	级别	长度	深度 t 占壁厚的百分比/%
Ⅰ	40	5(0.2 mm≤t≤1mm)	Ⅲ	40	10(0.2 mm≤t≤3 mm)
Ⅱ	40	8(0.2 mm≤t≤2 mm)			

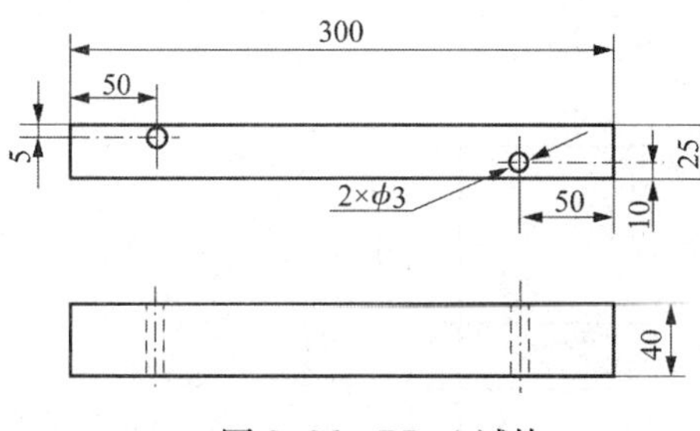

图 3-26　RB-1 试块

(3) RB-1、RB-2、RB-3 试块　RB-1、RB-2、RB-3 试块是《GB/T 11345—1989 钢焊缝手工超声波探伤方法和探伤结果分级》中规定的焊缝检测用对比试块。试块的形状和尺寸如图 3-26、图 3-27、图 3-28 所示。试块的材质与被检材料的声学性能相同或相近。

RB-1 试块主要用于壁厚范围为 8～25 mm 的对接焊缝检测；RB-2 试块主要用于壁厚范围为 8～100mm的对接焊缝检测；RB-3 试块主要用于壁厚范围为 8～150mm 的对接焊缝检测。

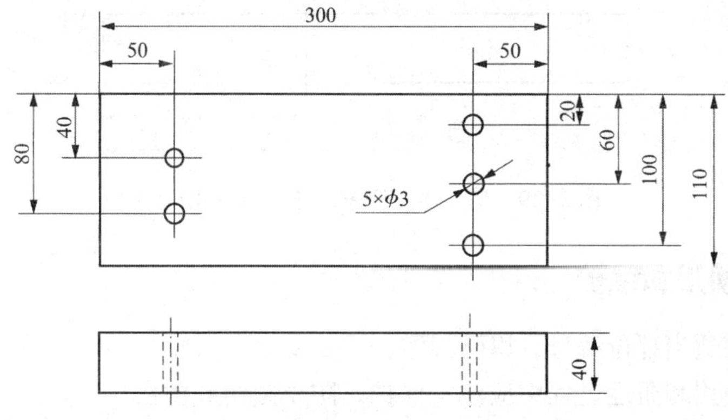

图 3-27　RB-2 试块

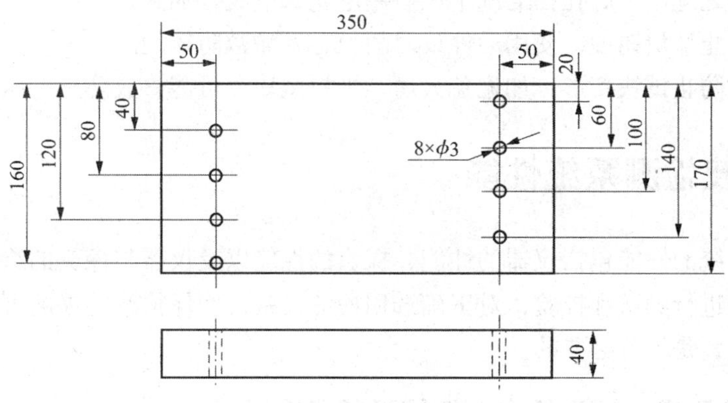

图 3-28　RB-3 试块

试块的主要用途：

① 调节时基线比例和检测范围(模拟仪)。

② 测定斜探头的 K 值。

③ 测定横波 AVG 曲线。

④ 调节检测灵敏度。

⑤ 进行缺陷定量。

(4) 奥氏体不锈钢对接接头对比试块图 3-29 所示是 JB/T 4730.3— 2005 标准中规定的奥氏体不锈钢对接接头对比试块。对比试块的材料应与被检工件材料相同，不得存在大于或等于 ϕ2mm 平底孔当量直径的缺陷。试块的中部为对接焊接接头，该焊接接头应与被检焊接接头相似，并采用同样的焊接工艺制成。

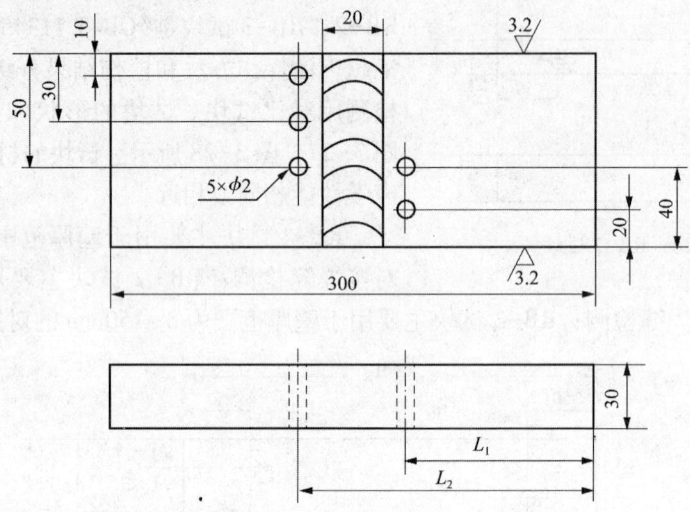

图 3-29　奥氏体不锈钢对接接头对比试块

3.4.4　试块的使用和维护

(1) 试块应在适当部位编号，以防混淆。

(2) 试块在使用和搬运过程中应注意保护，防止碰伤或擦伤。

(3) 使用试块时应注意清除反射体内的油污和锈蚀。常用蘸油细布将锈蚀部位抛光，或用合适的去锈剂处理。平底孔在清洗干燥后用尼龙塞或胶合剂封口。

(4) 注意防止试块锈蚀，使用后停放时间长，要涂敷防锈剂。

(5) 要注意防止试块变形，如避免火烤，平板试块尽可能立放防止重压。

3.5　超声波检测系统性能

超声检测系统的性能包括仪器的性能、探头的性能以及仪器与探头的组合性能。了解这些性能，并定期进行测试和校验，对正确选用检测设备，确保检测结果的可靠性，保证超声检测工作的质量，是十分必要的。

3.5.1　超声检测仪、探头的主要性能及其组合性能

1. 超声检测仪的主要性能

超声检测仪各部分电路的主要性能见表 3-5。

表 3-5　超声检测仪器的主要性能

项　　目	具体性能
脉冲发射部分	脉冲重复频率
	发射脉冲频谱
	发射电压（发射脉冲幅度）
	脉冲上升时间
	脉冲持续时间
接收部分（包括与示波管结合的性能）	垂直线性
	频率响应
	噪声电平
	最大使用灵敏度
	衰减器准确度
	垂直偏转极限
	垂直线性范围
	动态范围
	水平线性
	水平偏转极限
	水平线性范围
数字超声仪器额外的性能	数字采样率和采样位数
	数字采样误差
	A 型显示的像素数量
	数字式超声仪器的响应时间

（1）脉冲发射部分。这部分性能主要有发射电压、发射脉冲上升时间、发射脉冲宽度和发射脉冲频谱。其中脉冲频谱与前几个参数是相关的。脉冲上升时间直接与频谱的带宽相关，脉冲上升时间越短，则频带越宽。在仪器技术指标中，常给出发射电压幅度和脉冲上升时间，作为发射部分的性能指标。

发射电压幅度也就是发射脉冲幅度，它的高低主要影响发射的超声波能量；脉冲上升时间则与可用的超声波频率有关，上升时间短，频带宽，频率上限也高，则可配用的探头频率相应也高。同时，脉冲上升时间短，脉冲宽度也可减小，从而可减小盲区，提高分辨力。

（2）接收部分。接收部分的性能主要有垂直线性、频率响应、噪声电平、最大使用灵敏度、衰减器准确度以及与示波管结合的性能，包括垂直偏转极限、线性范围和动态范围。

垂直线性是指输入到超声检测仪接收电路的信号幅度与其在超声检测仪显示器上所显示的幅度成正比关系的程度。在用波幅评定缺陷尺寸的时候，垂直线性对测试准确度影响较大。

频率响应又称接收电路带宽，常用频带的上、下限频率表示。采用宽带探头时，接收电路的频带要包含探头的频带，才能保证波形不失真。

噪声电平是指空载时最大灵敏度下的电噪声的幅度。它的大小会限制仪器可用的最大灵敏度。

最大使用灵敏度是指信噪比大于 6dB 时可检测的最小信号的峰值电压。它表示的是系统接收微弱信号的能力。

衰减器准确度反映的是衰减器读数的增减与显示的信号幅度变化之间的对应关系。它对仪器灵敏度调整、缺陷当量的评定均有重要意义。

垂直偏转极限是指示波管上 Y 偏转最大时，对应的刻度值。通常要求大于满刻度值(100%)。垂直线性范围是在规定了垂直线性误差值后，垂直线性在误差范围内的显示屏上的信号幅度范围。通常用上、下限刻度值(%)表示。

动态范围是指在增益不变的情况下，超声检测仪可运用的一段信号幅度范围，在此范围内信号不过载或畸变，也不至过小而难以观测。动态范围通常用满足上述条件的最大输入信号与最小输入信号之比的分贝值表示。

(3) 时基部分　时基部分的性能包括水平线性、脉冲重复频率以及与示波管结合的性能，包括水平偏转极限和线性范围。

水平线性又称时基线性，或者扫描线性。水平线性指的是输入到超声检测仪中的不同回波的时间间隔与超声检测仪显示屏时基线上回波的间隔成正比关系的程度。水平线性主要取决于扫描电路产生的锯齿波的线性。水平线性影响缺陷位置确定的准确度。

脉冲重复频率在 3.1.2 节中已有描述。

水平偏转极限是示波管上 X 偏转最大时，对应的刻度值。通常要求大于满刻度值(100%)。

水平线性范围是水平线性在规定误差范围内的时基线刻度范围。在使用时可根据水平线性范围调整仪器的时基线，使要测量的信号位于该范围内。

2. 探头的主要性能

探头的主要性能包括频率响应、相对灵敏度、时间域响应、电阻抗、距离幅度特性、声束扩散特性、斜探头的入射点和折射角、声轴偏斜角和双峰等。

频率响应是在给定的反射体上测得的探头的脉冲回波频率特征。在用频谱分析仪测试频率特性可得到探头的中心频率、峰值频率、带宽等参数。

相对灵敏度是以脉冲回波方式，在规定的介质、声程和反射体上，衡量探头电声转换效率的一种度量。具体表达方式在不同标准中有不同的规定，如《GB/T 18694—2002 无损检测　超声检验　探头及其声场的表征》中规定为探头输出的回波电压峰—峰值与施加在探头上的激励电压峰—峰值之比；而《JB/T 10062—1999 超声探伤用探头性能测试方法》中则规定为被测探头在规定的反射体上的回波幅度与石英晶片固定试块回波幅度之比。

时间域响应是通过回波脉冲的形状、脉冲宽度(长度)、峰数等特征来评价探头的性能。脉冲宽度与峰数是以不同形式来表示所接收回波信号的持续时间。脉冲宽度为在低于峰值幅度的规定水平上所测得的脉冲(回波)前沿和后沿之间的时间间隔。峰数为在所接收信号的波形持续时间内，幅度超过最大幅度的 20%(-14 dB)的周数。脉冲宽度越窄，峰数越少，则探头阻尼效果越好。这样的探头分辨力好，但灵敏度略低。

距离幅度特性、声束扩散特性、声轴偏斜角和双峰，均属于探头的声场特性。第二章中已介绍了近场长度、扩散角和远场区声压分布的公式，但由于介质衰减以及探头频率成分的非单一性等原因，实际声场测量结果与理论计算结果会有所差异，因此，进行声场的实际测量是有必要的。

距离-幅度特性是探头声轴上规定反射体回波声压随距离变化的曲线。距离幅度特性可测出声场的最大峰值距探头的距离、远场区幅度随距离下降的快慢等。

声束扩散特性是指不同距离处横截面上声压下降至声轴上声压值的-6 dB 时的声束宽度。由于声束扩散，所以不同距离处声束宽度也不同。相同距离处不同探头的声束宽度变化情况与半扩散角有关。

声轴偏斜角反映的是声束轴线与探头的几何轴线偏斜的程度。双峰是指声束轴线沿横向移动时，同一反射体产生两个波峰的现象。声轴偏斜角和双峰均是与声束横截面上的声压分布相关的性能，反映的是最大峰值偏离探头中心轴线的情况。此性能将会影响到缺陷水平位置的确定。

斜探头的入射点和折射角是实际超声检测中经常用到的参数，每次检测时均要进行测量。入射点指斜楔中纵波声轴入射到探头底面的交点；折射角的标称值指钢中横波的折射角，由斜楔的角度决定。两者均是探头制作完成时的固定参数，但随着使用中探头斜楔的磨损，两个参数均会改变。

3. 超声检测仪和探头的组合性能

组合性能包括灵敏度(或灵敏度余量)、分辨力、信噪比和频率等。

(1) 灵敏度。超声检测中灵敏度广义的含义是指整个检测系统(仪器与探头)发现最小缺陷的能力。发现的缺陷越小，灵敏度就越高。

仪器与探头的灵敏度常用灵敏度余量来衡量。灵敏度余量是指仪器最大输出时(增益、发射强度最大，衰减和抑制为零)，使规定反射体回波达基准高所需衰减的衰减总量。灵敏度余量大，说明仪器与探头的灵敏度高。灵敏度余量与仪器和探头的综合性能有关，因此又叫仪器与探头的综合灵敏度。

(2) 分辨力。超声检测系统的分辨力是指能够对一定大小的两个相邻反射体提供可分离指示时两者的最小距离。由于超声脉冲自身有一定宽度，在深度方向上分辨两个相邻信号的能力有一个最小限度(最小距离)，称为纵向分辨力。在工件的入射面和底面附近，可分辨的缺陷和相邻界面间的距离，称为入射面分辨力和底面分辨力，又称上表面分辨力和下表面分辨力。实际检测时，入射面分辨力和底面分辨力与所用的检测灵敏度有关，检测灵敏度高时，界面脉冲或始波宽度会增大，使得分辨力变差。探头平移时，分辨两个相邻反射体的能力称为横向分辨力。横向分辨力取决于声束的宽度。

(3) 信噪比。信噪比是指示波屏上有用的最小缺陷信号幅度与无用的最大噪声幅度之比。由于噪声的存在会掩盖幅度低的小缺陷信号，容易引起漏检或误判，严重时甚至无法进行检测。因此，信噪比对缺陷的检测起关键作用。

(4) 频率。是超声仪器和探头组合后的一个重要参数，很多物理量的计算都与频率有关，例如超声场近场区长度、半扩散角、规则反射体的回波声压等。探头的公称频率是制造厂在探头上标出的频率，该频率是根据驻波共振理论设计的。仪器和探头的组合频率取决于仪器的发射电路与探头的组合性能，与公称频率之间往往存在一定的差值。为衡量该差值，实践中往往采用回波频率误差表征。回波频率误差是指当仪器与探头组合使用时，经工件底面反射回的超声波的频率与探头公称频率间的误差极限。

3.5.2 超声检测仪、探头及其组合性能的测试方法

1. 仪器使用性能的测试方法

仪器的基本性能主要由制造商在仪器出厂前进行测试，并提供给用户。对于使用者来说，更关心的是那些与检测直接相关的基本性能，主要包括垂直线性、水平线性、动态范围

和衰减器准确度。这些指标的测量方法较为简单，通常不需要连接特殊的电路或仪器。在定期的仪器检定中，以及在日常工作中确认仪器状态时，均需对这些指标进行测量，因此，这些指标又称仪器的使用性能。关于这些技术指标的具体量值要求，需根据超声检测的具体对象和目的进行规定。

（1）垂直线性接收电路中影响垂直线性的有衰减器、高频放大器、视频放大器等。不同的标准中，规定了不同的测试方法。一种简单的测试方法是采用规定的人工反射体产生的脉冲回波，用仪器上的衰减器改变屏幕上显示的回波高度，以测得的回波高度值与相应衰减量对应的理论波高的最大差值作为垂直线性误差。这种方法测得的垂直线性误差综合了衰减器和放大器等接收电路各部分的误差值。

垂直线性误差的测试步骤如下：

① 抑制旋钮至“0”，衰减器保留 30dB 衰减余量。

② 直探头通过耦合剂置于ⅡW(或其他试块)上，对准 25 mm 底面，并用压块恒定压力。

③ 调节仪器使试块上某次底波位于示波屏的中间，并达满幅度 100%，但不饱和，作为“0”dB。

④ 固定增益旋钮和其他旋钮，调衰减器，每次衰减 2dB，并记下相应的波高 H_i 填入表 3-6中，直到底波消失。

表 3-6　衰减器的调节

衰减器 ΔdB			0	2	4	6	8	10	12	14	16	18	20	22	24
回波高度	实测	绝对波高 H_i													
		相对波高/%													
	理想相对波高/%		100	79.4	63.1	50.1	39.8	31.6	25.1	19.9	15.8	12.6	10	7.9	6.3
偏差/%															

注：$实测相对波高\% = \dfrac{H_i(衰减\ \Delta dB\ 后的波高)}{H_0(衰减\ 0dB\ 后的波高)} \times 100\%$。

$理想相对波高\% = 10-\dfrac{\Delta_i}{20} \times 100\% (20\lg\dfrac{H_i}{H_0} = -\Delta_i)$。

⑤ 计算垂直线性误差：

$$D = (\mid d_1 \mid + \mid d_2 \mid) \times 100\%$$

式中　d_1——实测值与理想值的最大正偏差；

d_2——实测值与理想值的最大负偏差。

《JB/T 10061—1999A 型脉冲反射式超声波探伤仪通用技术条件》规定仪器垂直线性误差 $D \leqslant 8\%$，JB/T 4730.3—2005 中进一步规定垂直线性误差≤5%。

为了要区分衰减器误差与其他电路的误差，一种方法是先用标准衰减器测出仪器上衰减器的准确度，在衰减器符合要求的情况下，再进行上述测量；另一种方法是采用两个成比例的信号，调节增益(或衰减器)使信号在屏幕上的波高改变为不同的值，观察两个信号幅度比的变化情况。由于衰减器对两个信号的衰减量是一样的，因此幅度比的变化基本排除了衰减器的影响，可代表放大电路的线性情况。在确认放大器线性满足要求的情况下，仍可用衰减器调节量与回波高度的对应关系来测定衰减器的准确度。

可按下列简易方法大致测出衰减误差：在探头远场区，同声程平底孔的孔径相差一倍，其反射回波的理论差值为 12 dB。据此，可以用直探头检测试块内同声程的 ϕ2mm 和 ϕ4mm

平底孔(如CS-1型5号和15号试块)，用衰减器将它们的回波调至同一高度(如垂直刻度的80%)，此时衰减器的调节量(dB)值与12 dB的差值即为衰减误差。数字仪的衰减器最小步进为0.1dB，但模拟仪的衰减器旋钮刻度只有整数值，难以调节到基准高度的回波余额可折算。对于垂直线性好的仪器，可按下列方法进行。

a. 使ϕ2mm平底孔的最大反射波高为适当高度，记为H_1。

b. 使同声程的ϕ4mm平底孔最大反射波出现在荧光屏上，并衰减12dB，记下此时高度为H_2，则衰减误差N可按下式估算：

$$N(\mathrm{dB}) = 20\lg(H_1/H_2)$$

JB/T 10061—1999标准中规定：任意相邻12 dB误差≤±1 dB，JB/T 4730.3—2005中进一步规定最大累计误差≤1 dB。

(2) 水平线性。水平线性的测试可利用任何表面光滑、厚度适当，并具有两个相互平行的大平面的试块，用纵波直探头获得多次反射回波，并将规定次数的两个回波调整到与两端的规定刻度线对齐，之后，观察其他的反射回波位置与水平刻度线相重合的情况。

以直探头和IIW试块为例，按《JB/T 10061—1999A型脉冲反射式超声波探伤仪通用技术条件》的方法进行的测试步骤如下：

① 将直探头置于IIW(或其他试块)上，对准25 mm厚的大平底面，如图3-30(a)所示。

② 调微调、水平或脉冲移位等旋钮，使示波屏上出现五次底波B_1到B_5，且使B_1对准2.0，B_5对准10，如图3-30(b)所示。

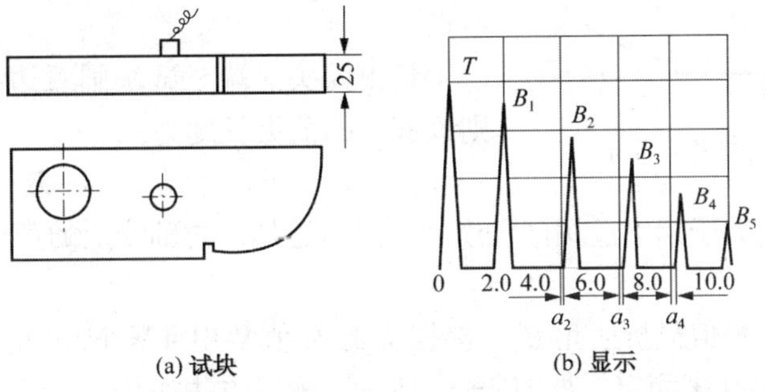

(a) 试块　　(b) 显示

图3-30　水平线性的测试

③ 观察和记录B_2，B_3，B_4与水平刻度值4.0、6.0、8.0的偏差值a_2，a_3，a_4。

④ 计算水平线误差：

$$\delta = \frac{|a_{max}|}{0.8b} \times 100\%$$

式中　a_{max}——a_2，a_3，a_4中最大者；

b——示波屏水平满刻度值。

JB/T 10061—1999标准中规定仪器的水平线性误差≤2%，JB/T 4730.3—2005中进一步规定仪器的水平线性误差≤1%。

(3) 动态范围。动态范围的测量通常采用直探头，将试块上反射体的回波高度调节到垂直刻度的100%，用衰减器将回波幅度由100%下降到刚能辨认的最小值时，该调节量即为仪器的动态范围。注意这时抑制旋钮为“0”。

JB/T 10061—1999标准中规定仪器的动态范围不小于26 dB。

2. 探头的性能及其测试

多数探头性能不仅与探头晶片本身的特性有关，还与探头的阻尼、耦合介质特性、测试时激励信号的特性有关。很多性能必须通过脉冲回波来反映，因此，测试时往往要规定测试激励信号、耦合介质以及脉冲反射法时的反射体，以使需检测的探头性能以外的其他影响因素被排除或保持不变，使检测结果具有可比性。

前面所述的探头性能是探头制造商进行探头质量评价时需要检测的项目。对于使用者而言，测试的目的主要是对探头性能的定期校验，以及斜探头入射点与折射角等易变参数的常规测试。下面仅介绍常用距离幅度特性、声束特性、斜探头的入射点与折射角、声束偏斜角与双峰的测试方法。

（1）距离幅度特性。接触法纵波直探头距离幅度特性的测定需要采用一套含不同深度的平底孔的试块，测量每个深度的平底孔的幅度，绘制成幅度与距离的关系曲线。横波距离幅度曲线可采用不同深度的横孔进行测定。水浸法探头的距离幅度曲线采用水中钢球反射波幅随距离的变化来表示。

（2）斜探头入射点和前沿长度。可采用 IIW 试块或 CSK-IA 试块测定。测定方法如下：

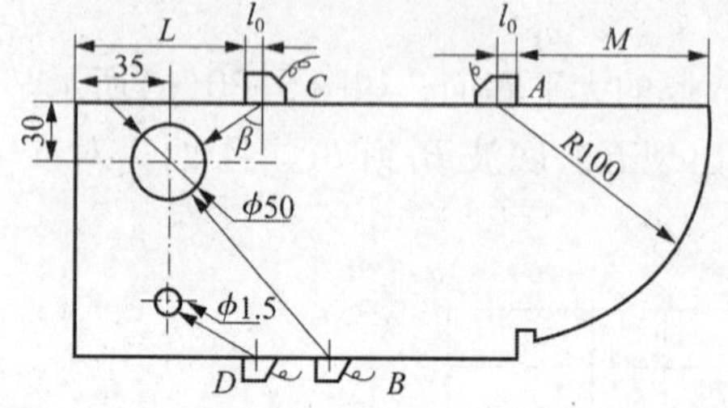

图 3-31　入射点与 K 值测定

将斜探头放在试块上，如图 3-31 所示。

在检测面中心位置移动（探头声束轴线与试块两侧平行），使 $R100$ 圆柱曲底面回波达最高，此时，$R100$ 圆弧的圆心所对应探头上的点就是该探头的入射点。

量出探头前端至试块圆弧边缘的距离 M（mm）。则该探头的前沿长度为：

$$l_0 = 100 - M$$

注意试块上 R 应大于钢中近场区长度 N，因为近场区内轴线上的声压不一定最高，测试误差大。

（3）测定斜探头 K 值或折射角 β_S。斜探头的 K 值常用ⅡW 试块或 CSK-ⅠA 试块上的 ϕ50mm 和 ϕ1. 5mm 横孔来测定，如图 3-31 所示。测定方法如下：

当探头置于 B 位置时，可测定 β_S 为 35°~75°（K=0. 7~1. 73）；

当探头置于 C 位置时，可测定 β_S 为 60°~75°（K=1. 73~3. 73）；

当探头置于 D 位置时，可测定 β_S 为 75°~80°（K=3. 73~5. 67）。

下面以 C 位置为例说明 K 值的测试方法。探头对准试块上 ϕ50mm 横孔，找到最高回波，并测出探头前沿至试块端面的距离 L，则有：

$$K = \tan\beta_S = \frac{L + l_0 - 35}{30}$$

式中　β_S 由此式求得：$\beta_S = \arctan K$。

值得注意的是：测定探头的 K 值或 β_S 也应在大于 $2N$ 进行。因为近场区内，声压最高点不一定在声束轴线上，测试误差大。

（4）声轴的偏移和声束宽度　直探头和斜探头都可能存在声轴的偏移，下面以直探头为例说明之。

① 在试块上选取深度约为 2 倍被测探头近场长度的横通孔。

② 标出探头的参考方向，将探头的几何中心轴对准横通孔的中心轴，如图 3-32（a）所

示，然后使探头沿 x 方向在试块的中心线移动，测出横通孔回波幅度最高点时探头的移动距离 Dx，其中横通孔回波幅度最高点在 $+x$ 方向时加上(+)号，在 $-x$ 方向时加上(-)号。

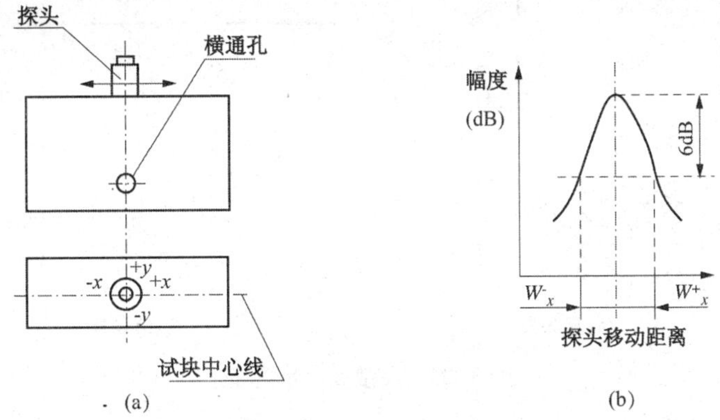

图 3-32　直探头声轴的偏移和声束宽度

③ 继续沿 x 方向移动探头，分别测出横通孔回波幅度最高点至孔波幅度下降 6dB 时探头的移动距离 W_{+x} 和 W_{-x}，如图 3-32(b)所示。

④ 使探头旋转 90°后沿 x 方向对准试块中心线移动，按 b 和 c 条测出 D_y，W_{+y} 和 W_{-y}。

D_x，D_y 表示了声轴的偏移。W_{+x}，W_{-x}，W_{+y} 和 W_{-y} 表示声束宽度，读数精确到 1mm。

(5) 探头双峰：探头双峰常用横孔试块来测定，如图 3-33(a)所示。探头对准横孔，并前后平行移动，当示波屏上出现图 3-33(b)所示的双峰波形时，说明探头具有双峰现象。

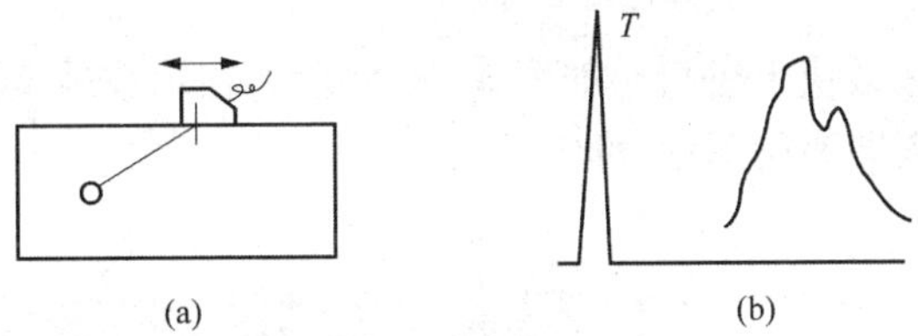

图 3-33　探头双峰测定

3. 仪器与探头组合性能测试

组合性能测试包括灵敏度(或灵敏度余量)、分辨力和信噪比。

1) 灵敏度余量

仪器与直探头组合的灵敏度余量测试方法如下：

(1) 仪器增益旋钮至最大，抑制旋钮至“0”，发射强度旋钮至“强”，连接探头，并使探头悬空，调衰减器使电噪声电平≤10%，记下此时的衰减器的读数 N_1(dB)。

(2) 将探头对准图 3-34(a)所示的 200mm 声程处的 ϕ2mm 平底孔。调衰减器使 ϕ2mm 平底孔回波高度为 50%，记下此时衰减器读数 N_2dB。则仪器与探头的灵敏度余量 N 为：

$$N=N_2-N_1(\text{dB})$$

仪器与斜探头组合的灵敏度余量的测试：

(1) 增益旋钮至最大，抑制旋钮至“0”，发射强度旋钮至“强”，连接探头并悬空，记下电噪声电平≤10%的衰减量 N_1。

(2) 探头置于ⅡW 试块或 CSK- IA 试块上，如图 3-34(b)所示，记下使 R100 圆弧面的第一次反射波最高达 50%时的衰减量 N_2。则仪器与斜探头的灵敏度余量 N 为：

$$N=N_2-N_1(\text{dB})$$

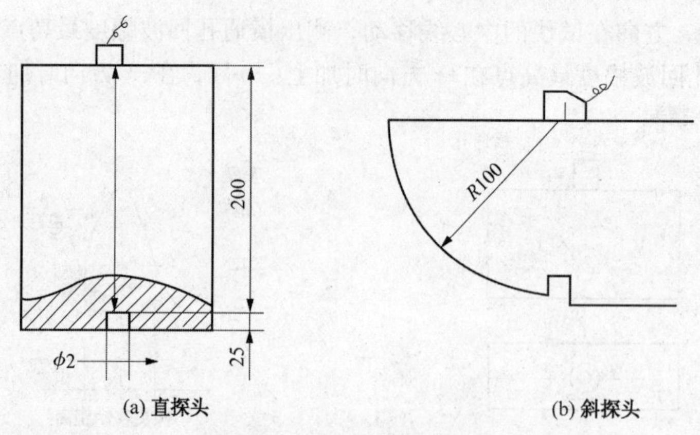

(a) 直探头　　(b) 斜探头

图 3-34　灵敏度余量测定

2）盲区与始脉冲宽度

盲区是指从检测面到能够发现缺陷的最小距离。盲区的大小与仪器的阻塞时间和始脉冲宽度有关。

始脉冲宽度测定方法：按规定调好灵敏度并调至标准“0”点，如图 3-35 所示，示波屏上始脉冲达 20%高处至水平刻度“0”点的距离 W_n，即为始脉冲宽度。

JB/T 4730.3—2005 中规定，仪器和直探头组合的始脉冲宽度(在基准灵敏度下)：对于频率为 5 MHz 的探头，宽度不大于 10 mm；对于频率为 2.5 MHz 的探头，宽度不大于 15mm。

盲区的测定可在盲区试块上进行，如图 3-36 所示。在示波屏上能清晰地显示 ϕ1mm 平底孔独立回波的最小距离即为所测的盲区。

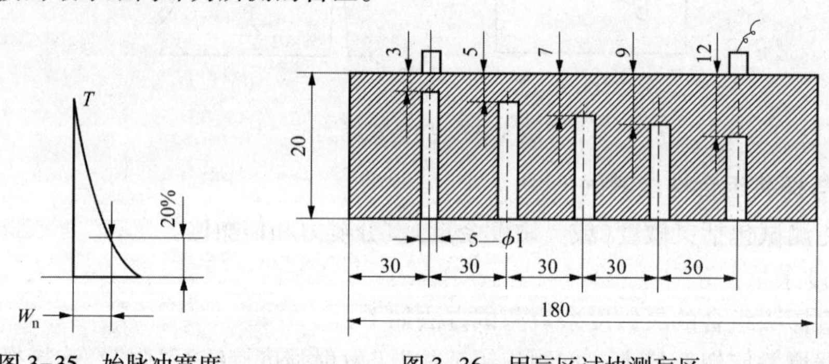

图 3-35　始脉冲宽度　　图 3-36　用盲区试块测盲区

如果没有盲区试块，也可利用ⅡW 或 CSK-ⅠA 试块来估计盲区的范围，如图 3-37 所示直探头分辨力测试。若探头置于Ⅰ处有独立回波，则盲区小于或等于 5 mm。若Ⅰ处无独立回波，Ⅱ处有独立回波，则盲区在 5~10mm 之间。若Ⅱ处仍无独立回波，则盲区大于 10 mm。

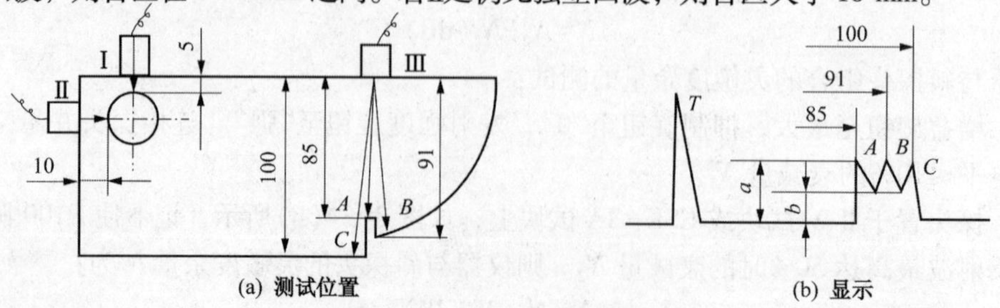

(a) 测试位置　　(b) 显示

图 3-37　直探头分辨力测试

3）远场分辨力

（1）仪器与直探头远场分辨力的测定。

① 抑制旋钮至“0”，探头置于图 3-37(a)所示的 CSK-IA 试块Ⅲ处，左有移动探头，使示波屏上出现 85、91、100 三个反射回波 A、B、C，如图 3-37(b)所示，则波峰和波谷的分贝差 $20\lg(a/b)$ 表示分辨力。

② JB/T 4730.3—2005 中规定，直探头远场分辨力≥30 dB。

（2）仪器与斜探头分辨力的测定。

① 斜探头置于图 3-38(a)所示的 CSK-ⅠA 试块上，对准 ϕ50mm、ϕ44mm、ϕ40mm 三阶梯孔，使示波屏上出现三个反射波。

② 平行移动探头并调节仪器，使 ϕ50mm、ϕ44mm 回波等高，如图 3-38(b)所示，其波峰为 h_1，波谷为 h_2，则其分辨力为：

$$X = 20\lg\frac{h_1}{h_2}(\text{dB})$$

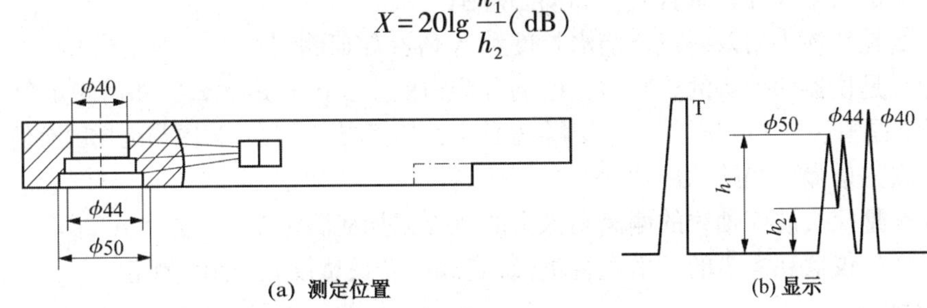

(a) 测定位置　　(b) 显示

图 3-38　斜探头分辨力测定

实际测试时，用衰减器将 h_1 衰减到 h_2，其衰减量 ΔN 为分辨力，则 $X = \Delta N$dB。

JB/T 4730—2005 中规定，斜探头的远场分辨力≥6 dB。

4）信噪比

信噪比的测定分为仪器校验时的测定和实际检测时的测定。

一般以 200 mm 声程处 ϕ1mm 平底孔反射回波 $H_{信}$ 与噪声杂波 $H_{噪}$ 之间的分贝差来表示信噪比的大小，即 $\Delta = 20\lg(H_{信}/H_{噪})$。

习　题

一、问答题

1. 简述超声波探伤仪中同步电路的作用？
2. 超声波探伤仪发射电路中的阻尼电阻有什么作用？
3. 超声波探伤仪的接收电路由哪几部分组成？“抑制”旋钮有什么作用？
4. 什么是压电晶体？举例说明压电晶体分为几类？
5. 何谓压电材料的居里点？哪些情况要考虑它的影响？
6. 探头保护膜的作用是什么？对它有哪些要求？
7. 声束聚焦有什么优点？简述聚焦探头的聚焦方法和聚焦形式？
8. 简述超声波探头的分类和应用。
9. 画图说明纵波直探头的主要结构和各部分的主要作用。
10. 画图说明横波斜探头的主要结构和各部分的主要作用。

11. 画图说明双晶探头的主要结构和各部分的主要作用。
12. 画图说明聚焦探头的主要结构和各部分的主要作用。
13. 超声波探伤仪主要性能指标有哪些？
14. 超声波斜探头的技术指标有哪些？
15. 简述超声探伤系统主要性能指标有哪些？
16. 对超声波探伤所用探头的晶片材料有哪些要求？
17. 什么是试块？试块的主要作用是什么？
18. 试块有哪几种分类方法？我国常用试块有哪几种？
19. 试块应满足哪些基本要求？使用试块时应注意些什么？
20. 我国的 CSK-ⅠA 试块与ⅡW 试块有何不同？
21. 什么是超声波检测仪的水平线性、垂直线性和动态范围？它们对检测有何影响？如何测定水平线性、垂直线性和动态范围？
22. 什么是斜探头的入射点、前沿长度和 K 值？如何测定？
23. 什么是仪器和探头的分辨力？影响分辨力的主要因素是什么？如何测定分辨力？
24. 什么是盲区？影响盲区的主要因素是什么？如何测定高压？盲区与近场区有何不同？
25. 什么是信噪比和始脉冲宽度？如何测定？
36. 什么是探头波束轴线的偏离和探头的双峰？如何测定？
37. 什么是仪器和探头的灵敏度余量(综合或组合灵敏度)？如何测定？

二、选择题

1. A 型扫描显示中，从荧光屏上直接可获得的信息是：(　　)
   A. 缺陷的性质和大小　　B. 缺陷的形状和取向
   C. 缺陷回波的大小和超声传播的时间　　D. 以上都是
2. A 型扫描显示，“盲区”是指：(　　)
   A. 近场区　　B. 声束扩散角以外区域
   C. 始脉冲宽度和仪器阻塞恢复时间　　D. 以上均是
3. A 型扫描显示中，荧光屏上垂直显示大小表示：(　　)
   A. 超声回波的幅度大小　　B. 缺陷的位置
   C. 被探材料的厚度　　D. 超声传播时间
4. A 型扫描显示中，水平时基线代表：(　　)
   A. 超声回波的幅度大小　　B. 探头移动距离
   C. 声波传播时间　　D. 缺陷尺寸大小
5. 脉冲反射式超声波探伤仪中，产生触发脉冲的电路单元叫做(　　)
   A. 发射电路　　B. 扫描电路
   C. 同步电路　　D. 显示电路
6. 脉冲反射超声波探伤仪中，产生时基线的电路单元叫做(　　)
   A. 扫描电路　　B. 触发电路
   C. 同步电路　　D. 发射电路
7. 发射电路输出的电脉冲，其电压通常可达(　　)
   A. 几百伏到上千伏　　B. 几十伏
   C. 几伏　　D. 1 伏

8. 发射脉冲的持续时间叫：(   )

A. 始脉冲宽度　　B. 脉冲周期

C. 脉冲振幅　　D. 以上都不是

9. 探头上标的 2.5MHz 是指：(   )

A. 重复频率　　B. 工作频率

C. 触发脉冲频率　　D. 以上都不对

10. 影响仪器灵敏度的旋钮有：(   )

A. 发射强度和增益旋钮　　B. 衰减器和抑制

C. 深度补偿　　D. 以上都是

11. 仪器水平线性的好坏直接影响：(   )

A. 缺陷性质判断　　B. 缺陷大小判断

C. 缺陷的精确定位　　D. 以上都对

12. 仪器的垂直线性好坏会影响：(   )

A. 缺陷的当量比较　　B. AVG 曲线面板的使用

C. 缺陷的定位　　D. 以上都对

13. 接收电路中，放大器输入端接收的回波电压约有(   )

A. 几百伏　　B. 100V 左右

C. 10V 左右　　D. 0.001～1V

14. 同步电路每秒钟产生的触发脉冲数为(   )

A. 1～2 个　　B. 数十个到数千个

C. 与工作频率相同　　D. 以上都不对。

15. 调节仪器面板上的“抑制”旋钮会影响探伤仪的(   )

A. 垂直线性　　B. 动态范围

C. 灵敏度　　D. 以上全部

16. 放大器的不饱和信号高度与缺陷面积成比例的范围叫做放大器的：(   )

A. 灵敏度范围　　B. 线性范围

C. 分辨力范围　　D. 选择性范围

17. 单晶片直探头接触法探伤中，与探测面十分接近的缺陷往往不能有效地检出，这是因为：(   )

A. 近场干扰　　B. 材质衰减

C. 盲区　　D. 折射

18. 同步电路的同步脉冲控制是指：(   )

A. 发射电路在单位时间内重复发射脉冲次数

B. 扫描电路每秒钟内重复扫描次数

C. 探头晶片在单位时间内向工件重复辐射超声波次数

D. 以上全部都是

19. 表示探伤仪与探头组合性能的指标有：(   )

A. 水平线性、垂直线性、衰减器精度　　B. 灵敏度余量、盲区、远场分辨力

C. 动态范围、频带宽度、探测深度　　D. 垂直极限、水平极限、重复频率

20. 使仪器得到满幅显示时 Y 轴偏转板工作电压为 80V，现晶片接收到的缺陷信号电压为

40mV，若要使此缺陷以50%垂直幅度显示，仪器放大器应有多大增益量？（　）

A. 74dB　　B. 66dB

C. 60dB　　D. 80dB

21. 脉冲反射式超声波探伤仪同步脉冲的重复频率决定着：（　）

A. 扫描长度　　B. 扫描速度

C. 单位时间内重复扫描次数　　D. 锯齿波电压幅度

22. 线聚焦探头声透镜的形状为(　　)

A. 球面　　B. 平面

C. 柱面　　D. 以上都可以

23. 探头的分辨力：（　　）

A. 与探头晶片直径成正比　　B. 与频带宽度成正比

C. 与脉冲重复频率成正比　　D. 以上都不对

24. 当激励探头的脉冲幅度增大时：（　　）

A. 仪器分辨力提高　　B. 仪器分辨力降低，但超声强度增大

C. 声波穿透力降低　　D. 对试验无影响

25. 探头晶片背面加上阻尼块会导致：（　　）

A. θm 值降低，灵敏度提高　　B. θm 值增大，分辨力提高

C. θm 值增大，盲区增大　　D. θm 值降低，分辨力提高

26. 为了从换能器获得最高灵敏度：（　　）

A. 应减小阻尼块　　B. 应使用大直径晶片

C. 应使压电晶片在它的共振基频上激励　　D. 换能器频带宽度应尽可能大

27. 超声检测系统的灵敏度：（　　）

A. 取决于探头、高频脉冲发生器和放大器　　B. 取决于同步脉冲发生器

C. 取决于换能器机械阻尼　　D. 随分辨力提高而提高

28. 换能器尺寸不变而频率提高时：（　　）

A. 横向分辨力降低　　B. 声束扩散角增大

C. 近场长度增大　　D. 指向性变钝

29. 一般探伤时不使用深度补偿是因为它会：（　　）

A. 影响缺陷的精确定位　　B. 影响 AVG 曲线或当量定量法的使用

C. 导致小缺陷漏检　　D. 以上都不对

30. 晶片共振波长是晶片厚度的(　　)

A. 2 倍　　B. 1/2 倍

C. 1 倍　　D. 4 倍

31. 已知 PZT-4 的频率常数是 2000m/s，2. 5MHz 的 PZT-4 晶片厚度约为：（　　）

A. 0. 8mm　　B. 1. 25mm

C. 1. 6mm　　D. 0. 4mm

32. 在毛面或曲面工件上作直探头探伤时，应使用：（　　）

A. 硬保护膜直探头　　B. 软保护膜直探头

C. 大尺寸直探头　　D. 高频直探头

33. 目前工业超声波探伤使用较多的压电材料是：(　　)

A. 石英　　B. 钛酸钡

C. 锆钛酸铅　　D. 硫酸锂

34. 双晶直探头的最主要用途是：(　　)

A. 探测近表面缺陷　　B. 精确测定缺陷长度

C. 精确测定缺陷高度　　D. 用于表面缺陷探伤

35. 超声波探伤仪的探头晶片用的是下面哪种材料：(　　)

A. 导电材料　　B. 磁致伸缩材料

C. 压电材料　　D. 磁性材料

36. 下面哪种材料最适宜做高温探头：(　　)

A. 石英　　B. 硫酸锂

C. 锆钛酸铅　　D. 铌酸锂

37. 下面哪种压电材料最适宜制作高分辨力探头：(　　)

A. 石英　　B. 钛酸铅

C. 偏铌酸铅　　D. 钛酸钡

38. 下列压电晶体中哪一种作高频探头较为适宜(　　)

A. 钛酸钡　　B. 铌酸锂

C. PZT　　D. 钛酸铅

39. 表示压电晶体发射性能的参数是(　　)

A. 压电电压常数 g_{33}　　B. 机电耦合系数 K

C. 压电应变常数 d_{33}　　D. 以上全部

40. 窄脉冲探头和普通探头相比(　　)

A. Q 值较小　　B. 灵敏度较低

C. 频带较宽　　D. 以上全部

41. 采用声透镜方式制作聚焦探头时，设透镜材料为介质 1，欲使声束在介质 2 中聚焦，选用平凹透镜的条件是(　　)

A. $Z_1>Z_2$　　B. $c_1<c_2$

C. $c_1>c_2$　　D. $Z_1<Z_2$

42. 探头软保护膜和硬保护膜相比，突出优点是(　　)

A. 透声性能好　　B. 材质衰减小

C. 有利消除耦合差异　　D. 以上全部

43. 以下哪一条，不属于双晶探头的优点(　　)

A. 探测范围大　　B. 盲区小

C. 工件中近场长度小　　D. 杂波少

44. 以下哪一条，不属于双晶探头的性能指标(　　)

A. 工作频率　　B. 晶片尺寸

C. 探测深度　　D. 近场长度

45. 斜探头前沿长度和 K 值测定的几种方法中，哪种方法精度最高：(　　)

A. 半圆试块和横孔法　　B. 双孔法

C. 直角边法　　D. 不一定，须视具体情况而定

46. 超声探伤系统区别相邻两缺陷的能力称为：(　　)

A. 检测灵敏度　　B. 时基线性

C. 垂直线性　　D. 分辨力

47. 用以标定或测试超声探伤系统的，含有模拟缺陷的人工反射体的金属块叫：(　　)

A. 晶体准直器　　B. 测角器

C. 参考试块　　D. 工件

48. 对超声探伤试块的基本要求是：(　　)

A. 其声速与被探工件声速基本一致

B. 材料中没有超过 ϕ2mm 平底孔当量的缺陷

C. 材料衰减不太大且均匀

D. 以上都是

49. CSK-ⅡA 试块上的 $\phi1\times6$ 横孔，在超声远场，其反射波高随声程的变化规律与(　　)相同。

A. 长横孔　　B. 平底孔

C. 球孔　　D. 以上 B 和 C

50. 手动超声接触法探伤时，使用耦合剂的最主要目的是：(　　)

A. 提高超声波在探头与被检测部件间的透射率

B. 浸润被探伤部件表面，避免被探伤表面磨损

C. 浸润探头表面，延长探头使用寿命

D. 以上都是

51. 超声检测时，耦合剂的声阻抗是影响声耦合效果的一个重要因素，下列叙述正确的是：(　　)

A. 耦合剂的声阻抗越小，耦合效果越好

B. 耦合剂的声阻抗越接近工件，耦合效果越好

C. 耦合剂的声阻抗与工件相差越大，耦合效果越好

D. 以上都不对

52. 与表面光滑的工件相比，对表面较粗糙的工件采用直接接触法检测时，下列叙述正确的是：(　　)

A. 宜选用频率较低的探头和黏度较小的耦合剂

B. 宜选用频率较高的探头和黏度较大的耦合剂

C. 宜选用频率较低的探头和黏度较大的耦合剂

D. 以上都不对

三、是非题

1. 超声波探伤中，发射超声波是利用正压电效应，接收超声波是利用逆压电效应。(　　)
2. 增益 100dB 就是信号强度放大 100 倍。(　　)
3. 与锆钛酸铅相比，石英作为压电材料有性能稳定、机电耦合系数高、压电转换能量损失小等优点。(　　)
4. 与普通探头相比，聚焦探头的分辨力较高。(　　)
5. 使用聚焦透镜能提高灵敏度和分辨力，但减小了探测范围。(　　)
6. 点聚焦探头比线聚焦探头灵敏度高。(　　)

7. 双晶探头只能用于纵波检测。(　　)
8. B 型显示能够展现工件内缺陷的埋藏深度。(　　)
9. C 型显示能展现工件中缺陷的长度和宽度，但不能展现深度。(　　)
10. 通用 AVG 曲线采用的距离是以近场长度为单位的归一化距离，适用于不同规格的探头。(　　)
11. 在通用 AVG 曲线上，可直接查得缺陷的实际声程和当量尺寸。(　　)
12. A 型显示探伤仪，利用 D. G. S. 曲线板可直观显示缺陷的当量大小和缺陷深度。(　　)
13. 衰减器是用来调节探伤灵敏度的，衰减器读数越大，灵敏度越高。(　　)
14. 多通道探伤仪是由多个或多对探头同时工作的探伤仪。(　　)
15. 探伤仪中的发射电路亦称为触发电路。(　　)
16. 探伤仪中的发射电路亦可产生几百伏到上千伏的电脉冲去激励探头晶片振动。(　　)
17. 探伤仪的扫描电路即为控制探头在工件探伤面上扫查的电路。(　　)
18. 探伤仪发射电路中的阻尼电阻的阻值愈大，发射强度愈弱。(　　)
19. 调节探伤仪“深度细调”旋钮时，可连续改变扫描线扫描速度。(　　)
20. 调节探伤仪“抑制”旋钮时，抑制越大，仪器动态范围越大。(　　)
21. 调节探伤仪“延迟”旋钮时，扫描线上回波信号间的距离也将随之改变。(　　)
22. 不同压电晶体材料中声速不一样，因此不同压电材料的频率常数也不相同。(　　)
23. 不同压电材料的频率常数不一样，因此用不同压电材料制作的探头其标称频率不可能相同。(　　)
24. 压电晶片的压电应变常数(d_{33})大，则说明该晶片接收性能好。(　　)
25. 压电晶片的压电电压常数(g_{33})大，则说明该晶片接收性能好。(　　)
26. 探头中压电晶片背面加吸收块是为了提高机械品质因子 θ_m，减少机械能损耗。(　　)
27. 工件表面比较粗糙时，为防止探头磨损和保护晶片，宜选用硬保护膜。(　　)
28. 斜探头楔块前部和上部开消声槽的目的是使声波反射回晶片处，减少声能损失。(　　)
29. 由于水中只能传播纵波，所以水浸探头只能进行纵波探伤。(　　)
30. 双晶直探头倾角越大，交点离探测面距离愈远，覆盖区愈大。(　　)
31. 斜探头前部磨损较多时，探头的 K 值将变大。(　　)
32. 利用ⅡW 试块上 ϕ50mm 孔与两侧面的距离，仅能测定直探头盲区的大致范围。(　　)
33. 当斜探头对准ⅡW2 试块上 $R50$ 曲面时，荧光屏上的多次反射回波是等距离的。(　　)
34. 中心切槽的半圆试块，其反射特点是多次回波总是等距离出现。(　　)
35. 与ⅡW 试块相比 CSK-ⅠA 试块的优点之一是可以测定斜探头分辨力。(　　)
36. 调节探伤仪的“水平”旋钮，将会改变仪器的水平线性。(　　)
37. 测定仪器的“动态范围”时，应将仪器的“抑制”、“深度补偿”旋钮置于“关”的位置。(　　)
38. 盲区与始波宽度是同一概念。(　　)

39. 测定组合灵敏度时，可先调节仪器的“抑制”旋钮，使电噪声电平≤10%，再进行测试。(　　)
40. 测定“始波宽度”时，应将仪器的灵敏度调至最大。(　　)
41. 为提高分辨力，在满足探伤灵敏度要求情况下，仪器的发射强度应尽量调得低一些。(　　)
42. 脉冲重复频率的调节与被探工件厚度有关，对厚度大的工件，应采用较低的重复频率。(　　)
43. 双晶探头主要用于近表面缺陷的探测。(　　)
44. 温度对斜探头折射角有影响，当温度升高时，折射角将变大。(　　)
45. 目前使用最广泛的测厚仪是共振式测厚仪。(　　)
46. 在钢中折射角为60°的斜探头，用于探测铝时，其折射角将变大。(　　)
47. “发射脉冲宽度”就是指发射脉冲的持续时间。(　　)
48. 软保护膜探头可减少粗糙表面对探伤的影响。(　　)
49. 水浸聚焦探头探伤工件时，实际焦距比理论计算值大。(　　)
50. 声束指向角较小且声束截面较窄的探头称作窄脉冲探头。(　　)

四、计算题

1. 测得某探头和仪器的始脉冲宽 T=2μs，工件中的 $c_L=5900$ m/s，求此探头和仪器的盲区至少为多少 mm？
2. 用 IIW 试块测定仪器的水平线性，当 B_1、B_5 分别对准 2.0 和 10 时，B_2、B_3、B_4 分别对准 3.98、5.92、7.96，求该仪器的水平线性误差为多少？
3. 用 CSK-IA 试块测定斜探头和仪器的分辨力，现测得台阶孔 $\phi50$、$\phi44$ 反射波等高时波峰高 $h_1=80\%$，波谷高 $h_2=25\%$，求分辨力为多少？
4. 某探头晶片频率常数 N=200m/s，频率 f=2.5MHz，求该探头晶片厚度为多少？
5. 某探头晶片的波速为 $c_L=5740$m/s，晶片厚度 $t=0.574$mm，求该探头的标称频率为多少？
6. 用 CSK-IA 试块测定斜探头和仪器的分辨力，现测得台阶孔 $\phi50$、$\phi44$ 反射波等高时波峰高 $h_1=80\%$，波谷高 $h_2=25\%$，求分辨力为多少？

参考答案

选择题答案：1. C　2. C　3. A　4. C　5. C　6. A　7. A　8. A　9. B　10. D　11. C　12. A　13. D　14. B　15. D　16. B　17. C　18. D　19. B　20. C　21. C　22. A　23. B　24. B　25. D　26. C　27. A　28. C　29. B　30. A　31. A　32. B　33. C　34. A　35. C　36. D　37. C　38. B　39. C　40. D　41. C　42. C　43. A　44. D　45. A　46. D　47. C　48. D　49. D　50. A　51. B　52. C

是非题答案：1. ×　2. ×　3. ×　4. ○　5. ○　6. ○　7. ×　8. ○　9. ○　10. ○　11. ×　12. ○　13. ×　14. ×　15. ×　16. ○　17. ×　18. ×　19. ○　20. ×　21. ×　22. ○　23. ×　24. ×　25. ○　26. ×　27. ×　28. ×　29. ×　30. ×　31. ×　32. ○　33. ×　34. ○　35. ○　36. ×　37. ○　38. ×　39. ×　40. ×　41. ○　42. ○　43. ○　44. ○　45. ×　46. ×　47. ○　48. ○　49. ×　50. ×

计算题：1. (5.9mm)　2. (1%)　3. (10dB)　4. (0.08mm)　5. (5MHz)　6. (10dB)

第四章　超声检测技术

超声检测方法分类的方式有多种，较常用的有以下几种：

（1）工作原理：常见的有脉冲反射法和衍射时差法(TOFD)。

（2）显示型式：A 型显示和超声成像显示(可细分为 B 型、C 型、D 型、S 型、P 型显示等)。

（3）波型：纵波法、横波法、表面波法、板波法、爬波法等。

（4）探头数目：单探头法、双探头法、多探头法。

（5）探头与工件的接触方式：接触法、液浸法、电磁耦合法。

（6）人工干预的程度：手工检测、自动检测。

每一个具体的超声检测方法都是上述不同分类方式的一种组合，如最常用的单探头横波脉冲反射接触法(A 型显示)。每一种检测方法都有其特点和局限性，针对每个检测对象所采用的不同的检测方法，是根据检测目的及被检工件的形状、尺寸、材质等特征来进行选择的。

4.1　不同原理的超声检测方法

超声检测方法按原理可分为脉冲反射法、衍射时差法、穿透法和共振法。

4.1.1　脉冲反射法

超声波探头发射脉冲波到被检工件内，通过观察来自内部缺陷或工件底面反射波的情况来对工件进行检测的方法，称为脉冲反射法。

脉冲反射法包括缺陷回波法、底波高度法和多次底波法。

1. 缺陷回波法

根据仪器示波屏上显示的缺陷波形进行判断的方法，称为缺陷回波法。该方法以回波传播时间对缺陷定位，以回波幅度对缺陷定量，是脉冲反射法的基本方法。

图 4-1 所示为缺陷回波检测法的基本原理，当工件完好时，超声波可顺利传播到达底面，检测图形中只有表示发射脉冲 T 及底面回波 B 两个信号，如图 4-1(a)所示。

若工件中存在缺陷，则在检测图形中，底面回波前有表示缺陷的回波 F，如图 4-1(b)所示。

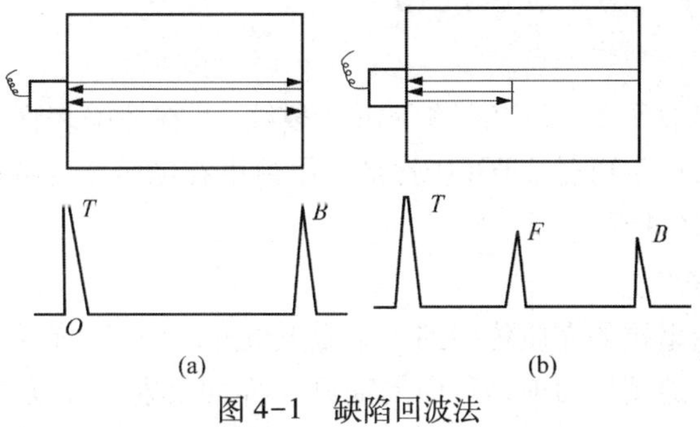

图 4-1　缺陷回波法

2. 底波高度法

当工件的材质和厚度不变时，底面回波高度应是基本不变的。如果工件内存在缺陷，底面回波高度会下降甚至消失，如图 4-2 所示。

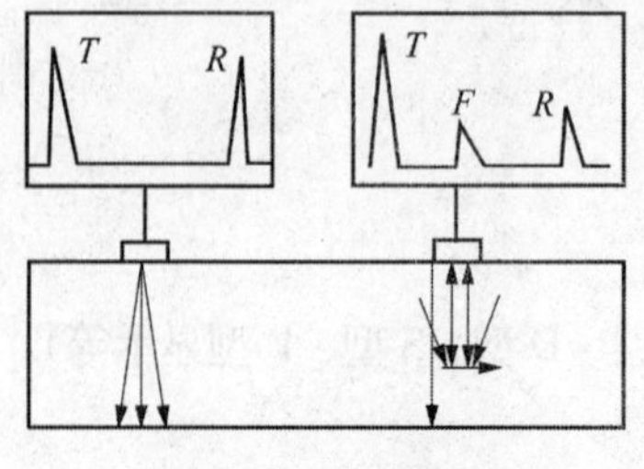

图 4-2 底波高度法

这种依据底面回波的高度变化判断工件缺陷情况的检测方法，称为底波高度法。

底波高度法的特点在于同样投影大小的缺陷可以得到同样的指示，而且不出现盲区，但是要求被检工件的检测面与底面平行，耦合条件一致。该方法检出缺陷定位定量不便，灵敏度较低，因此，实用中很少作为一种独立的检测方法，而是经常作为一种辅助手段，配合缺陷回波法发现某些倾斜的、小而密集的缺陷，对于锻件采用直探头纵波检测法时常使用，如由缺陷引起的底波降低量。

3. 多次底波法

当透入工件的超声波能量较大，而工件厚度较小时，超声波可在检测面与底面之间往复传播多次，示波屏上出现多次底波 B_1、B_2、B_3、…。如果工件存在缺陷，则由于缺陷的反射以及散射而增加了声能的损耗，底面回波次数减少，同时也打乱了各次底面回波高度依次衰减的规律，并显示出缺陷回波，如图 4-3 所示。这种依据多次底面回波的变化，判断工件有无缺陷的方法，称为多次底波法。

多次底波法主要用于厚度不大、形状简单、检测面与底面平行的工件检测，缺陷检出的灵敏度低于缺陷回波法。

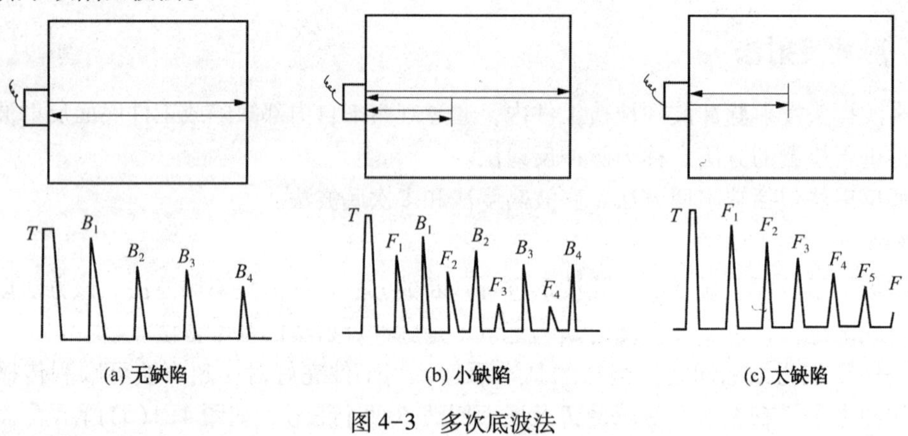

图 4-3 多次底波法

4.1.2 衍射时差法(TOFD)

1. TOFD 原理

波形衍射：当超声波作用于一条长缺陷时(裂纹)，在缺陷表面产生反射和折射，另外在缺陷端点或端角还会产生衍射。TOFD 就是利用声束在缺陷端点或端角产生的衍射波来对缺陷进行定位定量(如图 4-4)。

2. 波形的相位关系

超声波束由一个高阻抗的介质传播到一个低阻抗介质中时，在界面经过反射后波束相位发生改变，如果波束在遇到界面前是负向周期则在界面反射后转变为正向周期。如图 4-5，波束经过上端点和底面时，在异质界面反射和相位发生转变，因此波形相位相似，而波束经过下端点时相当于波束在缺陷底部环绕，相位不发生转变与直通波相位相似。理论和实践证明，如果两个衍射信号的相位相反，则在两个信号间一定存在一个连续不间断的缺陷。因此识别相位变化对于评定缺陷尺寸非常重要。利用上、下端点的时间差来计算缺陷深度和自身高度是 TOFD 探伤最重要的部分。

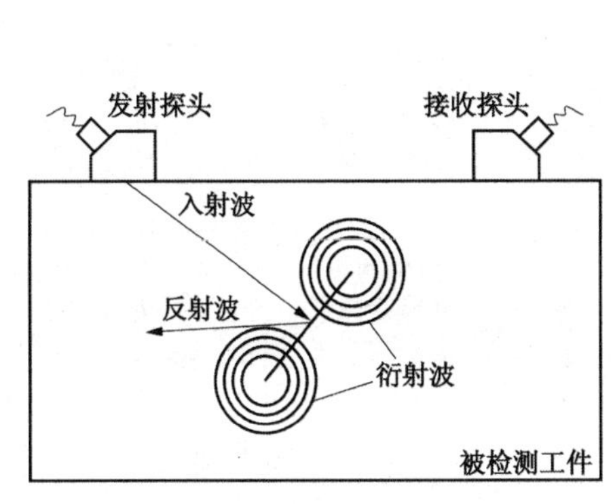

图 4-4　衍射法缺陷定位

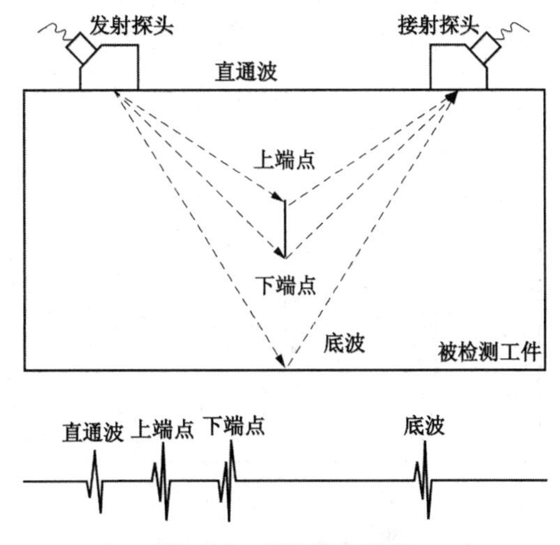

图 4-5　反射相位转变

* 注：在一些特殊情况下，例如气孔，小夹渣之类的缺陷，由于几何尺寸太小，不会产生两个分离的端点信号。

3. 深度计算公式

如图 4-6 所示，两探头的信号是对称的，则在两探头之间的信号时间 t 可以用式(4-1)计算，

$$t = \frac{2 \cdot \sqrt{s^2 + h^2}}{c} \tag{4-1}$$

式中　s——两探头中心距的一半；

h——反射信号的深度；

c——声速。

由于时间可以由仪器自行测出，因此由式(4-1)可计算出缺陷深度。

$$h = \sqrt{\left(\frac{c \cdot t}{2}\right)^2 - s^2} \tag{4-2}$$

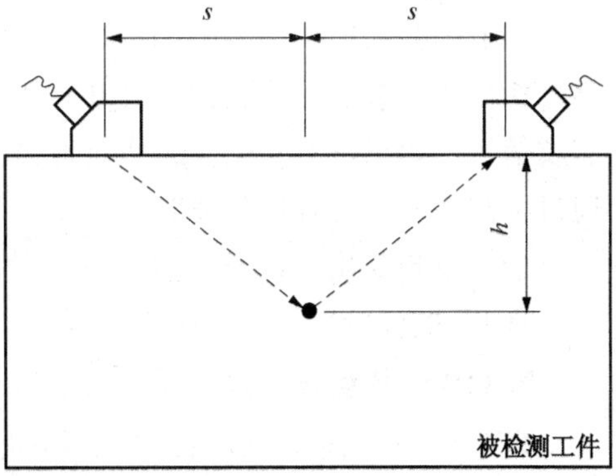

根据式(4-2)，计算出缺陷的上端点深度和下端点深度两者之差即为缺陷自身高度(如图 4-7)。

图 4-6　两对称探头信号

则缺陷自身高度公式为：

$$h = h_1 - h_2 \tag{4-3}$$

式中　h_1——上端点深度；

h_2——下端点深度。

4. TOFD 扫描成像

TOFD 的成像并非是缺陷的实际图像，显示包括 A 扫描信号和 TOFD 图像，通过扫查时

探头所接收到的 A 扫描图像转换为黑白两色的灰度图(如图 4-8)，将扫查过程中采集到的连续的 A 扫描信号形成的图像线条沿探头的运动方向拼接成二维视图，位置对应声程，以灰度表示信号幅度，一个轴代表探头移动距离，另一个轴代表扫查面至底面的深度，这样就形成 TOFD 图像。为了能有更清晰的图像，因此要求至少 256 级的灰度分辨率，利用灰阶度来表示振幅，当回波处于 0 位时用中间灰色表示，当波形向正半周变化时向 100%灰度(白色)渐变，当波形向负正半周变化时向-100%灰度(黑色)渐变。

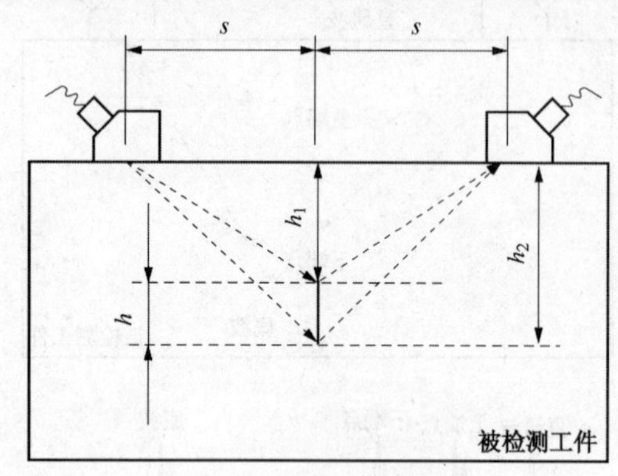

图 4-7　缺陷的反射

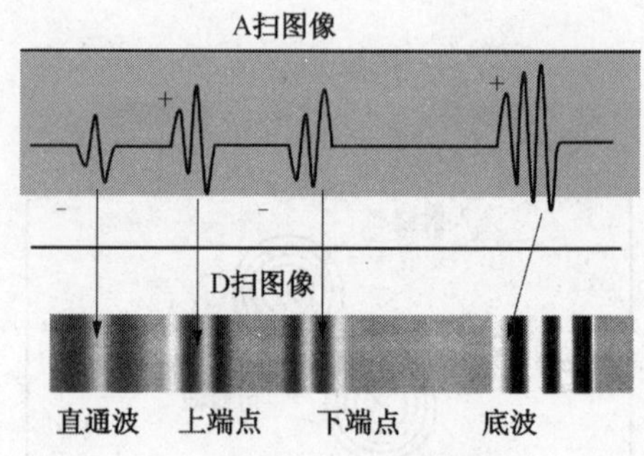

图 4-8　A 型扫描

5. 被检材料表面状态和耦合要求

TOFD 法所用信号幅度较低，通常只适用于超声波衰减、散射较小的材料。一般要求机加工表面 Ra= 6. 3μm，喷砂表面为 12. 5μm；探头与接触面的间隙 20. 5mm。上述要求通常仅适用于要进行缺陷定量的表面。可以选用不同的耦合介质，但应与被检材料匹配。

6. TOFD 技术的主要应用

(1) 精确裂纹的尺寸，TOFD 是最精确的技术之一，特别是内部的缺陷；

(2) 屏幕和尺寸。由于 TOFD 在波束的覆盖内能发现所有的裂纹，与方向性无关，有很高的检出率。事实上检测数据以 B 或 D 扫描形式进行采集，改善检测出现在几何信号中的裂纹信号，如特征不匹配，焊缝缺陷如过度焊透或过度咬边。使用 TOFD 大多数焊缝能很快通过检测并证明没有重要裂纹；

(3) 检测变化。TOFD 是精确的可用的测量裂纹增长的方法之一。

TOFD 的标准发展比较缓慢。可是，随着发展已经提出检测标准(英国和欧洲)。

7. TOFD 优势与局限性

TOFD 是一项很强大的技术，不但能精确缺陷深度，而且适于常规检查。可是缺乏适当的标准，在一些检测中仍被阻止使用。各种工程评价证明技术结合具有高检出率和低误报率。另外简单的扫查使在很多不同的结构得到应用，包括复杂的几何结构。

TOFD 像其他技术一样具有局限性(见下面的优势和局限性)。通常该技术不适应粗糙的带木纹的材料并且横向波的存在妨碍表面扫查的检测可靠性。

(1) 优势：TOFD 与常规脉冲回波有两个重要不同：

① 缺陷衍射信号的角度几乎是独立的；

② 深度尺寸定位和相应的误差不依靠信号振幅。

因此 TOFD 的主要优势：

① TOFD 直通波的尺寸精度是 ±1 mm，裂纹增长检测能力可达±0.3 mm；

② 任何方向的缺陷都能有效的发现；

③ 穿过金属横截面类型视图的检测数据的持久数字记录。

(2) 局限性：TO FD 不像脉冲回波检测，缺陷的尺寸测量不依靠衍射信号的振幅，单一的振幅阈值不能用来选择重要缺陷。TOFD 容易检出气孔性缺陷，线性夹渣，掺杂物等。

TOFD 的主要局限性：

① 挑选可报告的缺陷没有单一的振幅开端；

② 所有 TOFD 的检测数据的真实分析都是为了挑选可报告的缺陷；

③ 不能适应近表面缺陷的检测，因为可能隐藏在横向波下，检测近表面时测量精度也会下降。

4.2 声束入射方向

主要有直射声速法和斜射声速法。

4.2.1 直射声束法

使超声波垂直于检测表面入射进行检测的方法，称为直射声束法，又称垂直入射法，简称垂直法。

直射声束法使用纵波直探头进行检测。波束垂直入射至工件检测面，以不变的波型和方向透入工件如图 4-9 所示。在同一介质中传播时，纵波速度大于横波的速度，穿透能力强，对晶界反射或散射的敏感性不高，所以可检测工件的厚度是比横波大，而且可用于粗晶材料的检测。

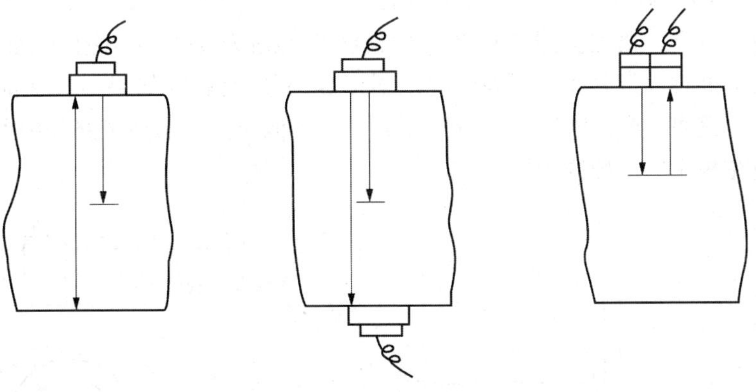

图 4-9　直射声束法

直射声束法常用的是单晶直探头脉冲反射法和双晶直探头脉冲反射法。对于单直探头，由于远场区接近于按简化模型进行理论推导的结果，可用当量法对缺陷进行评定；同时由于盲区和分辨力的限制，只能发现工件内部离检测面一定距离以外的缺陷。双晶直探头利用两个晶片一发一收，很大程度上克服了单直探头盲区的影响，因此适用于检测近表面缺陷和薄壁工件。

直射声束法主要用于铸造、锻压、轧材及其制品的检测，该法对于与检测面平行的缺陷检出效果最佳。由于直射声束法检测时，波型和传播方向不变，所以缺陷定位比较方便。

4.2.2 斜射声束法

斜射声束法包括纵波斜探头法和横波法。

1. 纵波斜探头法

将纵波倾斜入射至工件检测面，利用折射纵波进行检测的方法，称为纵波斜探头法。此时，入射角小于第一临界角 α_1，工件中既有纵波也有横波，由于纵波传播速度快，几乎是横波的两倍，因此可利用纵波来识别缺陷和定量，但注意不要与横波信号混淆。

一般来说，小角度纵波斜探头常用来检测探头移动范围较小、检测范围较深的一些部件，如从螺栓端部检测螺栓，多层包扎设备的环焊缝等。

对于粗晶材料，如奥氏体不锈钢焊接接头的检测，也常采用纵波斜探头法检测。在 TOFD 检测技术中，使用的探头一般也为纵波斜探头。

2. 横波法

将纵波倾斜入射至工件检测面，利用波型转换得到横波进行检测的方法，称为斜射横波法。简称斜射法或者横波法。

斜射声束的产生通常有两种方式，一种是接触法时采用斜探头，由晶片发出的纵波通过一定倾角的斜楔到达接触面，在界面处发生波型转换，在工件中产生折射后的斜射横波声束；另一种是利用水浸直探头，在水中改变声束入射到检测面时的入射角，从而在工件中产生所需波型和角度的折射波。

图 4-10 所示的是斜射声束横波接触法平板检测的情况，图 4-11 所示的是斜射声束横波水浸法管材检验的情况。对于接触法斜探头，斜楔常用材料为有机玻璃(其纵波速度 c_L = 2730m/s)。根据折射定律，当工件材料为钢时(纵波速度 c_L = 5900m/s，横波速度 c_S = 3230m/s)，可得第一临界角 $\alpha_{\mathrm{I}} = 27.6°$，第二临界角 $\alpha_{\mathrm{II}} = 57.8°$，入射角在这两个角度之间，则工件中呈现单一横波。通常检测所用横波折射角为 38°~80°之间。如图 4-10 所示，横波斜射声束检测时，声束在上下表面间反射形成 W 形路径。如果声波在前进中没有遇到障碍，声束不会返回，A 扫描显示除始脉冲 T 外无其他回波。当声束路径中遇到缺陷时，反射同波将出现在相应的声程位置处。

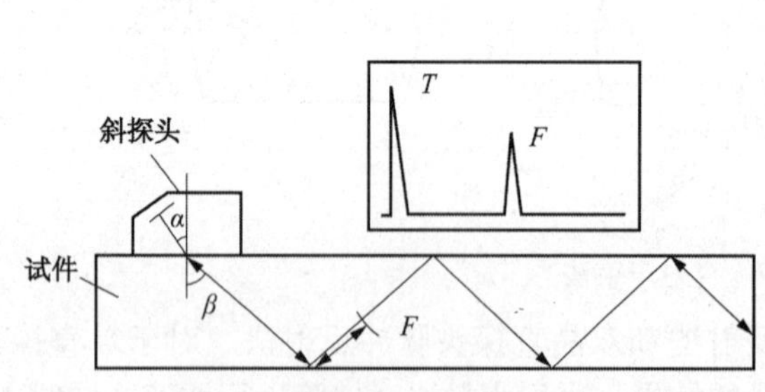

图 4-10　斜射声束横波接触法平板检测

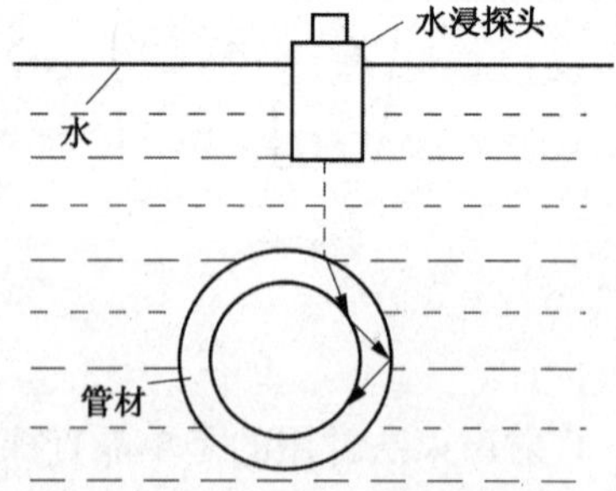

图 4-11　横波水浸法管材检测

横波法主要用于焊接接头和管材的检测，是目前特种设备行业中应用最多的一种方法。检测其他工件时，则作为一种有效的辅助手段，用以发现与检测面有一定倾角的缺陷。

4.3 探头数目

4.3.1 单探头法

使用一个探头兼作发射和接收超声波的检测方法称为单探头法。单探头法操作方便，可检出大多数缺陷，是目前最常用的一种方法。

单探头法检测，对于与波束轴线垂直的面状缺陷和立体型缺陷的检出效果最好。与波束轴线平行的面状缺陷难以检出。当缺陷与波束轴线倾斜时，则根据倾斜角度的大小，能够收到部分回波或者因反射波束全部反射在探头之外而无法检出。

4.3.2 双探头法

使用两个探头(一个发射，一个接收)进行检测的方法称为双探头法。主要用于发现单探头法难以检出的缺陷。

双探头法又可根据两个探头排列方式和工作方式，进一步分为并列式、交叉式、V 形串列式、K 形串列式、串列式等，如图 4-12 所示。

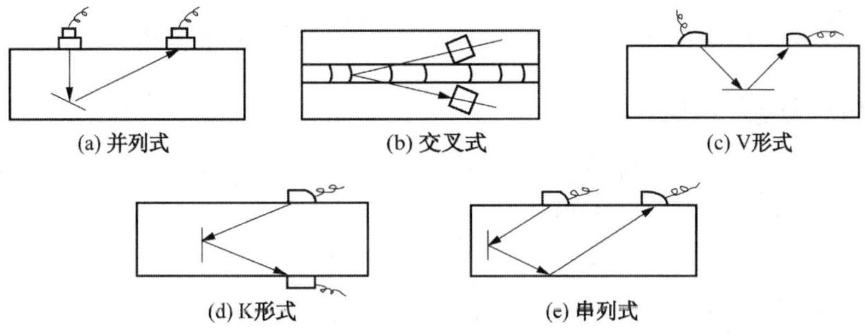

图 4-12　双探头的排列方式

1. 并列式

两个探头并列放置，检测时两者作同步同向移动。但直探头作并列放置时，通常是一个探头固定，另一个探头移动，以便发现与检测面倾斜的缺陷，如图 4-12(a)所示。双晶探头的原理，就是将两个并列的探头组合在一起，具有较高的分辨力和信噪比，适用于薄工件、近表面缺陷的检测。

2. 交叉式

两个探头轴线交叉，交叉点为要检测的部位，如图 4-12(b)所示。此种检测方法可用来发现与检测面垂直的面状缺陷，在焊缝检测中，常用来发现横向缺陷。

3. V 形串列式

两探头相对放置在同一面上，一个探头发射的声波被缺陷反射，反射的回波刚好落在另一个探头的入射点上，如图 4-12(c)所示。此种检测方法主要用来发现与检测面平行的面状缺陷。

4. K 形串列式

两探头以相同的方向分别放置于工件的上下表面上。一个探头发射的声波被缺陷反射，反射的回波进入另一个探头，如图 4-12(d)所示。此种检测方法主要用来发现与检测面垂直的面状缺陷。

5. 串列式

两探头一前一后，以相同方向放置在同一表面上，一个探头发射的声波被缺陷反射，反射的回波经底面反射进入另一个探头，如图 4-12(e)所示。此种检测方法用来发现与检测面垂直的片状缺陷(如厚焊缝的中间未焊透、窄间隙焊缝的坡口面未熔合等)。

这种检测方法的特点是，不论缺陷是处在焊缝的上部、中部或根部，其缺陷声程始终相等，从而缺陷信号在荧光屏上的水平位置固定不变；上、下表面存在盲区；两个探头在一个表面上沿相反的方向移动，用手工操作较困难，需要设计专用的扫查装置。

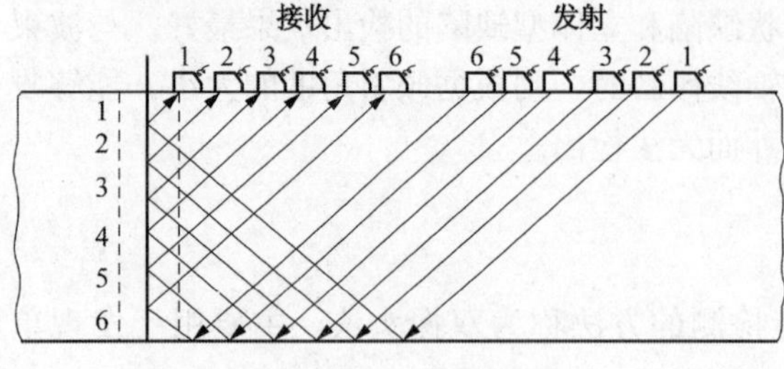

图 4-13　多探头法

4.3.3　多探头法

使用两个以上的探头组合在一起进行检测的方法，称为多探头法。多探头法的应用，主要是通过增加声束来提高检测速度或发现各种取向的缺陷。通常与多通道仪器和自动扫查装置配合，如图 4-13 所示。

4.4　探头与工件和接触方式

检测时探头与工件的接触方式，包括接触法、液浸法和电磁超声。

4.4.1　接触法和液浸法

探头与工件检测面之间，涂有很薄的耦合剂层，因此可以看作为两者直接接触，这种检测方法称为直接接触法，或简称接触法。

将探头和工件浸于液体中以液体作耦合剂进行检测的方法，称为液浸法。耦合剂可以是水，也可以是油。当以水为耦合剂时，称为水浸法。

液浸法检测，探头不直接接触工件，所以此方法适用于表面粗糙的工件，探头也不易磨损，耦合稳定，检测结果重复性好，便于实现自动化检测。

液浸法按检测方式不同，又分为全浸没式和局部浸没式。

(1) 全浸没式　被检工件全部浸没于液体之中，适用于体积不大，形状简单的工件检测，如图 4-14(a)所示。

(2) 局部浸没式　把被检工件的一部分浸没在水中或被检工件与探头之间保持一定的水层而进行检测的方法，适用于大体积工件的检测。局部浸没法又分为喷液式、通水式和满溢式。

① 喷液式：超声波通过以一定压力喷射至检测表面的水柱耦合方式，如图 4-14(b)所示。

② 通水式：借助于一个专用的有进水、出水口的液罩，使液罩内经常保持一定容量的液体，这种方法称为通水式，如图 4-14(c)所示。

③ 满溢式：满溢式液罩结构与通水式相似，但只有进水口，多余液体从罩的上部溢出，这种方法称为满溢式，如图 4-14(d)所示。

根据探头与工件检测面之间液层的厚度，液浸法又可分为高液层法和低液层法。

4.4.2　接触法和液浸法特点比较

1. 接触法优点

多为手工检测，操作方便；设备简单，适用于现场检测，且成本较低；直接耦合，入射声能损失小，可以提供较大的厚度穿透能力；在相同的检测参数下，可比液浸法提供更高的

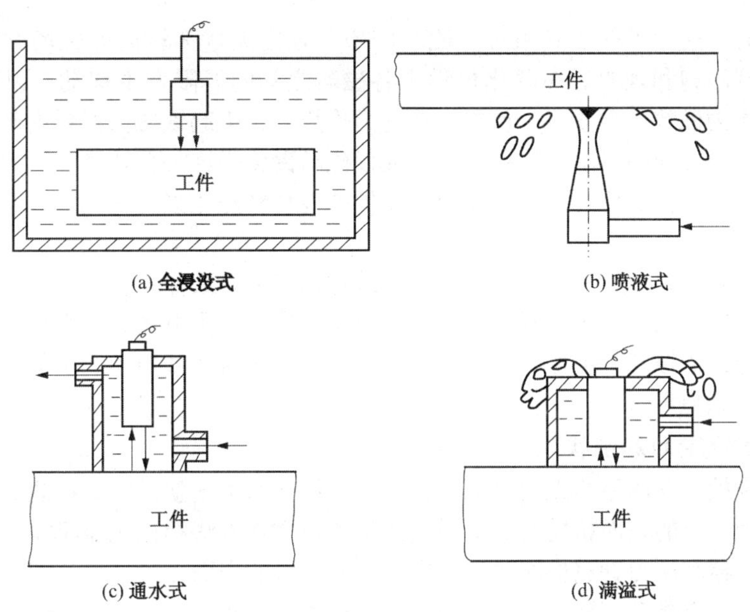

图 4-14 液浸法

检测灵敏度。

2. 接触法缺点

手工操作受人为因素影响较大，耦合不易稳定；要求被检表面的粗糙度较小。

3. 液浸法优点

探头与被检工件不接触，超声波的发射和接收均较稳定，表面粗糙度的影响较小；通过调节探头角度，可方便的改变探头发射的声束方向；可缩小检测盲区，从而可检测较薄的工件；探头不直接接触工件，探头损坏的可能性小，探头寿命长；便于实现聚焦声束检测，满足高灵敏度、高分辨率检测的需要；便于实现自动检测，减少影响检测可靠性的人为因素。

4. 液浸法缺点

超声波在液体和金属表面的反射，损失了大量能量，需采用较高的增益。当检测高衰减材料或大厚度材料时，可能没有足够的能量。在较高增益下，还可能出现噪声干扰。

在实际检测时，应根据应用的对象、目的和场合，结合两种方法的优缺点综合选择。

4.4.3 电磁耦合法

采用电磁超声探头激发和接收超声波的检测方法，通常称为电磁超声检测(EMAT)。探头与工件之间既无耦合剂，也不相互接触。电磁超声探头结构及工作原理见第 3.2.3 节。

1. 电磁超声产生的机理

铁磁性物质具有类似结晶体的结构，在铁的正离子中央有被电子云包围的铁的负离子。其相邻的原子之间由于电子自旋而产生元磁矩，在元磁矩之间有相互作用力，它驱使相邻的元磁矩平行排列在同一方向上，形成磁畴，磁畴间的相互作用很小。铁磁性材料的磁化现象可从微观和宏观两个方面来分析。微观磁化强度由上述相互作用理论所给出的自发磁化强度的数值决定，亦即磁畴的磁化强度；而宏观磁化强度则是所有磁畴的微观磁化强度之和(矢量和)，它可以是从零到微观磁化强度的饱和值。在工程技术中，主要是利用铁磁性材料的宏观磁化强度，即在没有外磁场作用时，各个磁畴互相均衡，材料总的磁化强度等于零；当有外磁场作用时，这一平衡受到破坏，磁畴的磁化强度矢量都转向外磁场方向与外磁场平行，材料即呈现磁饱和现象。在磁化过程中各磁畴之间的界限发生移动，因而产生机械变形，这种现象称为磁致伸缩效应。反之，在外力作用下，引起铁磁性材料内部发生应变，产生应力，使各磁畴之间的界限发生移动，从而使磁畴磁化强度矢量转动，因而铁磁性材料的磁化强度也发生相应的变化，这种由于应力使铁磁性材料磁化强度变化的现象，称为逆磁致伸缩效应。

可见，在一般铁磁性材料中，同时存在磁致伸缩与逆磁致伸缩现象。此外，由于电磁感应的存在，材料形变而产生的磁场，必然会在材料中感应一个电场，所以可以预料，在铁磁性材料中的任何机械振动都会伴随着产生一个电磁振动，这两种振动产生的波相互耦合在一起，就会形成电磁超声。

2. 电磁超声的特点和现状

常规的超声检测和测厚给无损检测工作者带来最大的不便就是需对检测对象的表面进行处理，使其达到一定的表面粗糙度。电磁超声检测与常规方法相比无需机械和液体耦合，进行锅炉、压力容器和压力管道检测时对沾染或结渣轻微的表面无须进行处理，大大减少了辅助性工作量；由于电磁超声探头与工件有一定的距离，因此还可能应用于高温在线检测；同时电磁超声检测速度快，适用于连续生产线的自动检测。综合而言，电磁超声技术具有广阔的发展空间。

目前，电磁超声可以像传统的压电晶片换能器一样，在铁磁性金属件中产生纵波、横波、斜声束以及聚焦声束，可同常规的超声检测一样来检查工作中的缺陷。美国材料与试验协会为美国电力研究所研制的电磁超声测厚装置可测厚达 1 mm，准确度为 0.05 mm；我国的电磁超声检测技术也发展很快，EMAT 装置已在钢管自动化检测、钢板自动化检测中进入实用化阶段。但是，电磁超声的缺陷检出能力和信噪比与常规的压电晶片换能器超声检测相比，还有待于进一步研究和提高。

4.5 手工检测和自动检测

按人工干预的程度分类，超声检测可分为手工检测和自动检测。

4.5.1 手工检测

手工检测一般指由操作者手持探头进行的 A 型脉冲反射式超声检测。

手工检测方便易操作，大量应用于特种设备的相关行业，对于保证产品质量起了重要的作用，目前，石油天然气行业标准(SY)、船舶行业标准(CB)，机械行业标准(JB)、航空行业标准((HB)、航天行业标准(QJ)、核工业标准(EJ)、兵器工业标准(WJ)等标准主要的适用范围即为手工检测。

但是，也要看到，手工检测结果受操作者的人为因素影响比较大，假定在仪器探头等其他一切硬件条件均满足工艺的情况下，这时操作者的责任心、情绪状态、扫查探头的方式和手法、技术水平等均会直接关系到缺陷的检出率和缺陷判断的准确率，同时检测过程中的超声信号无法连续记录，检测结果的可靠性、复现性难以保证。

4.5.2 自动检测

自动检测指使用自动化超声检测设备，在最少的人工干预下进行并完成检测的全部过程。一般指采用自动扫查装置，或在检测过程中可自动记录声束位置信息、自动采集和记录数据的检测方式。在自动检测中，检测结果受人为因素影响较小。

若满足以下任何一个条件，可称为自动检测：

(1) 采用自动扫查装置。探头固定于机械扫查装置上，扫查装置或工件按照设定的方式运动，从而完成超声检测全过程。如钢管制造企业生产的无缝钢管、双面埋弧焊钢管和高频焊钢管、炼钢厂生产的钢板采用的都是自动超声检测。

(2) 自动记录声束位置信息、自动采集和记录数据。为跟踪和记录探头位置，自动超声设备必须配备位置传感器，一般采用编码器或声定位技术，但相控阵方法是个例外，因为相控阵可以采用电子扫描以替代机械扫描。在扫查过程中，自动超声设备应能够自动采集超声信号以及相对应的位置信息，并以不可更改的方式记录下来。一般也使用扫查装置，按照驱动扫查装置的动力而言，可分为电动机驱动和人驱动。若采用电动机驱动，则称为全自动；若采用人驱动，则称为半自动。全自动和半自动均简称为自动检测。

超声成像技术涉及二维或三维成像，成像算法中需要超声信号以及相对应的位置信息，因此都属于自动超声检测。

自动检测技术是超声检测技术的重要应用和发展方向，在欧美国家的锅炉压力容器制造中，出现逐渐替代射线检测的现象和趋势。

手动检测和自动检测的一般顺序见图 4-15、图 4-16。

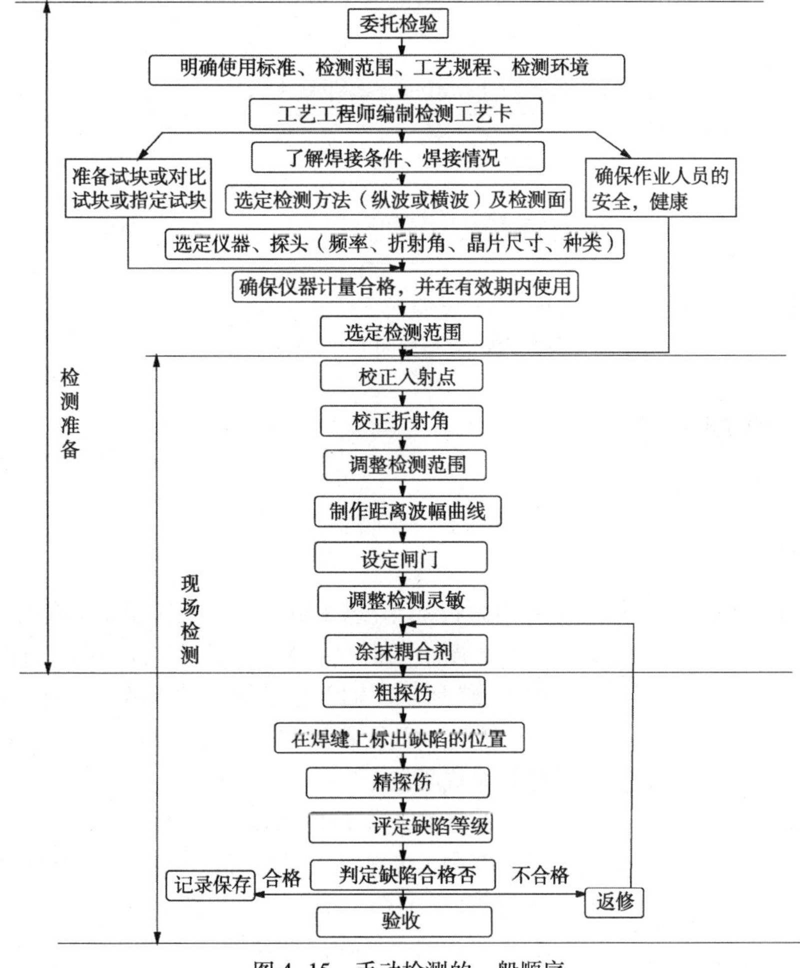

图 4-15　手动检测的一般顺序

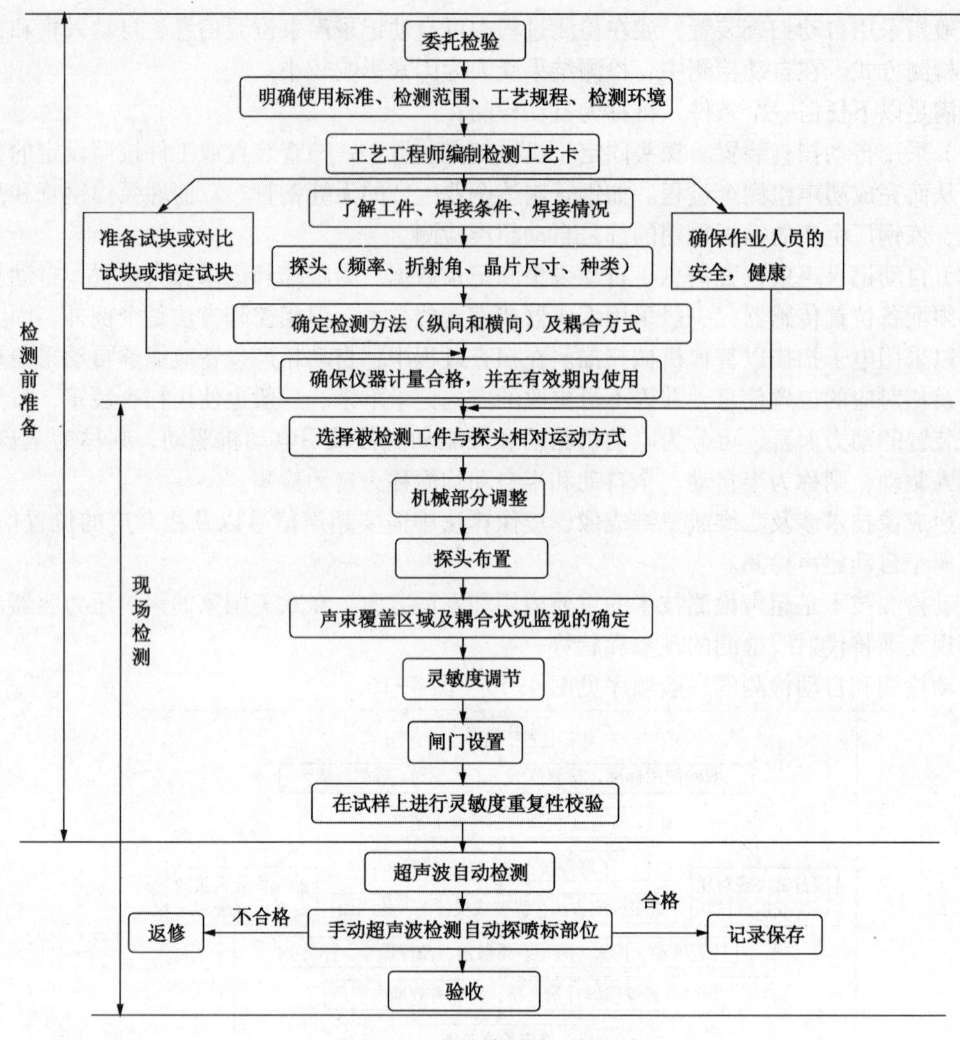

图 4-16　自动检测的一般顺序

4.6　其他检测方法

4.6.1　爬波法

当纵波从第一种介质以第一临界角附近的角度(±30°以内)入射于第二种介质时，在第二种介质中不但存在表面纵波，而且还存在斜射横波，如图 4-17 所示。通常把横波的波前称为头波，沿介质表面下一定距离处在横波和表面纵波之间传播的峰值波称为纵向头波或爬波。

图 4-17　爬波的产生

在纵波速度为 5850m/s 的细晶珠光体钢平面试块上，用频率为 1.8 MHz、晶片直径为 18 mm、有机玻璃斜楔角度为 27.6°的两个探头分别作为发射和接收探头，测得试块水平面的声场指向性如图 4-18(a)所示；用直径为5mm

直探头在圆柱体侧壁测得在入射平面内的声场指向性，如图 4-18(b)所示。

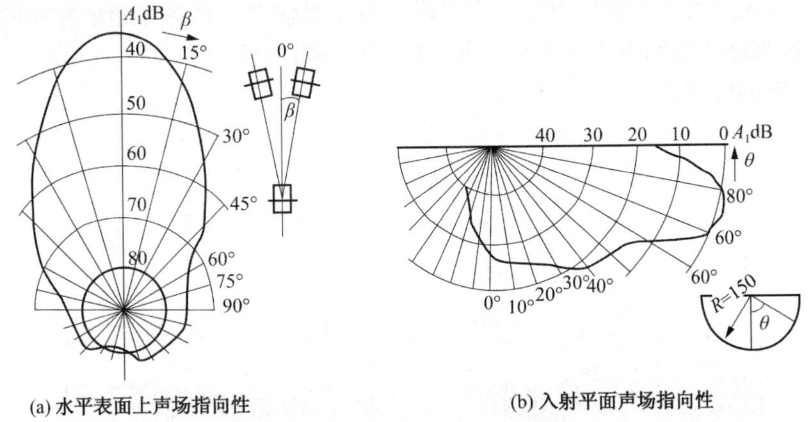

(a) 水平表面上声场指向性　　(b) 入射平面声场指向性

图 4-18　爬波的声场指向性实例

爬波受工件表面刻痕、不平整、凹陷、液滴等的干扰较小，有利于检测表面下的缺陷。如铸件、堆焊层等的表面下裂纹以及螺纹根部的裂纹等，且理论和实验研究表明：将爬波探头的入射角 a 选为第一临界角，可通过选择 $f \cdot D$ 值，来改变对表面附近缺陷的敏感程度，这里 f 为声波频率，D 为探头晶片直径。爬波速度与纵波相近，在圆弧面上约为纵波的 0.96。因横波吸收能量，爬波离开探头后衰减很快，回波声压约与距离的 4 次方成反比，检测距离较小，通常只有几十毫米，在很多情况下采用双探头一收一发相对放置较为有利。

4.6.2　相控阵和 S 扫描成像

超声相控阵技术是借鉴相控阵雷达技术的原理而发展起来的。超声检测中，往往要进行声束扫描。常用的快速扫描方式有机械扫描和电子扫描。机械扫描又分为线扫描、扇形扫描、弧形扫描和圆周扫描等几种形式，而电子扫描则也有线形和扇形扫描两种形式。相控阵成像是通过控制换能器阵列中各阵元激励(或接收)脉冲的时间延迟，改变由各阵元发射(或接收)声波到达(或来自)物体内某点时的相位关系，就可实现聚焦点和声束方位的变化，从而可进行扫描成像。

相控阵探头的特点：压电晶片不再是一个整体，而是由多个独立小晶片单元组成的阵列，常见的有直线排列的线阵、环形排列的面阵探头等，如图 4-19 所示。

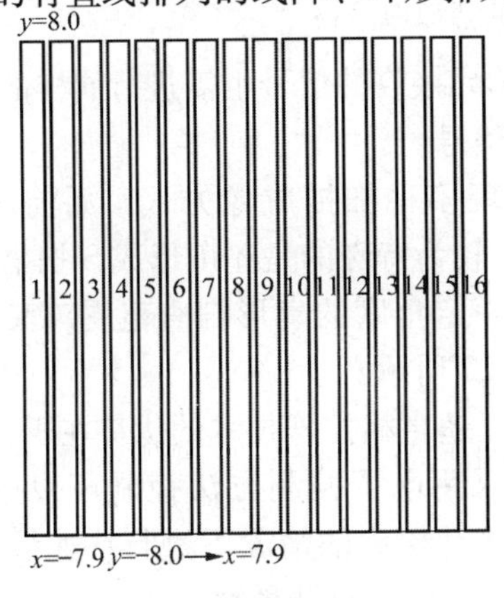

(a) 线阵探头

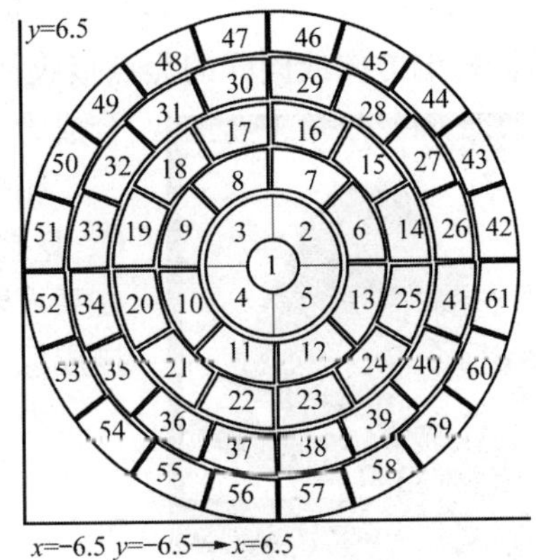

(b) 环形面阵探头

图 4-19　相控阵探头

相控阵仪器：与探头阵列相对应，仪器中用于发射和接收信号的电路是多通道的，每一个通道接一个阵元。根据所需发射的声束特征，由仪器软件计算各通道的相位(延迟)关系，并控制发射/接收移相控制器，从而形成所需的声束和接收信号。

相控阵声束偏转和声束聚焦的原理：

为了实现声束的偏转，相当于要使波阵面以一定的角度倾斜，也就是说，要使各阵元发出的声波在与探头成一定角度的平面上具有相同的相位，如图 4-20 所示。这时，需要各单元的激励脉冲从左到右等间隔增加延迟时间，使得合成波阵面具有一个倾角，实现了声束方向的偏转。通过改变延时间隔，可以调整声束角度。

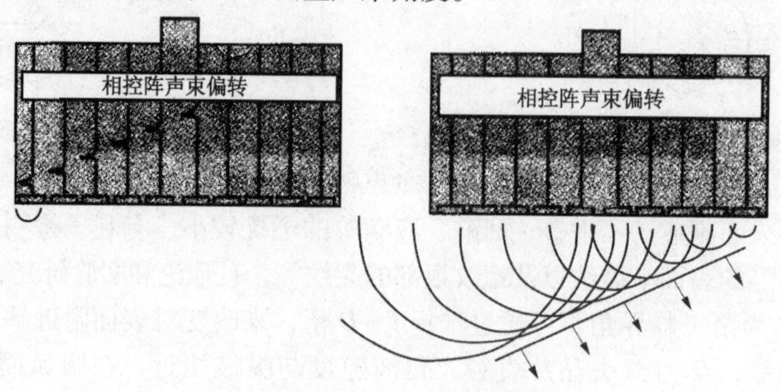

图 4-20　相控阵声束偏转原理

为了实现声束的聚焦，如图 4-21 所示，则需使两端阵元先激励，逐渐向中间加大延时，使合成波阵面形成具有一定曲率的圆弧面，声束指向曲面圆心。通过改变延时间隔，可以调整焦距长短。

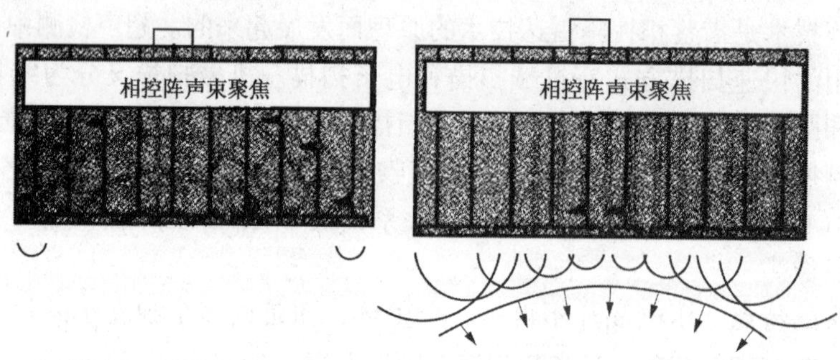

图 4-21　相控阵声束聚焦原理

为了按同样的方向或同样的焦点接收回波，各单元接收的信号也需进行同样的延时，再合成为一个回波信号。

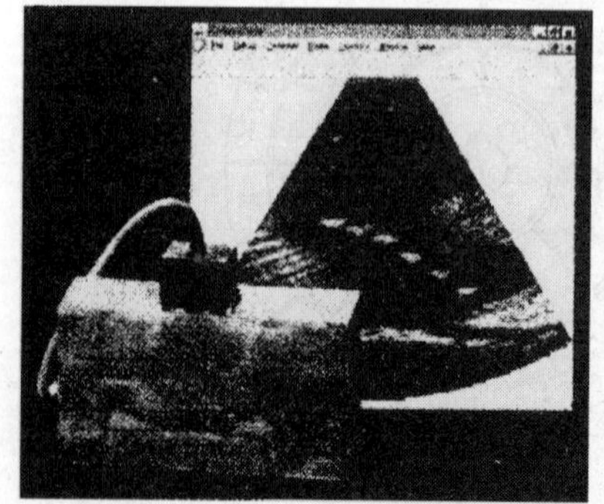

图 4-22　相控阵 S 扫描成像

相控阵可实现多种扫描成像方式，如前所述的 B、C、D 扫描成像，较为特殊的是还可形成 S 扫描成像，即在某入射点形成一定角度的扇形扫查范围，又称扇形扫描成像，如图 4-22 所示。

由上述可知，超声相控阵技术的优势在于：

（1）由于可采用电子控制方法控制声束进行扫查，可在不移动或少移动探头的情况下进行快速线扫查或扇形扫查，从而大大提高了检测效率。

（2）由于可对声束角度进行控制，具有良好的声束可达性，通过多个检测角度的设定，可以进行复杂形状和在役零件的检测。如核反应堆压力容器管嘴和其他接头、摩擦焊发动机组件、发动机盘件及叶片的根部和叶盘结合部的检测。

(3) 通过动态控制声束的偏转和聚焦，可以实现焦点位置的动态控制，避免了普通聚焦探头为实现全深度聚焦检测而对不同深度范围频繁更换探头的麻烦。

4.6.3 超声导波检测技术

相对于传统的超声波检测技术，超声导波具有传播距离远、速度快的特点，因此，在大型构件(如在役管道) 和复合材料板壳的无损检测中有良好的应用前景。

1. 导波的分类

导波是由于声波在介质中的不连续交界面间产生多次往复反射，并进一步产生复杂的干涉和几何弥散而形成的。主要分为圆柱体中的导波以及板中的 SH 波、SV 波、兰姆波 (Lamb) 和漏兰姆波等。根据 Silk 和 Bainton 的理论，圆柱体中的导波分为：①轴对称纵向模式 L (0，m) (m=1，2，3，……)；②轴对称扭转模式 T (0，m) (m=1，2，3，……)；③非轴对称弯曲模式 F (n，m) (n，m=1，2，3，……)。各模式中整数 m 是计数变量，反映该模式在管壁厚方向上的振动形态，整数 n 反映该模式绕管壁螺旋式传播形态。其中，L (0，m) 和 T (0，m) 模式是 F(n，m) 模式中 n=0 的特例。

2. 频散特性与频散方程

频散是导波的主要特性之一，即导波的相速度随着频率的不同而不同。频散特性是导波应用于复合材料无损检测的主要依据。导波的频散方程反映了导波的频散特性。

1) 波导材料

导波在介质中的传播特性与介质特性有很大关系。导波的传播特性不仅限值于各向同性弹性介质中，还涉及到各向异性和具有黏弹性的材料。

由广义胡克定律可知，固体媒质的弹性性质可以由 36 个弹性系数 C_{ij}(i ，j=1~6) 表示。具有对称性的介质，相应的弹性系数减少。对于各向同性固体，弹性系数的值只有拉密常数 λ 和 μ 不为零。对于各向同性的材料，其相速度面是球面，而对于各向异性的材料，其相速度面是非球面。Lowe MJ S 等，在对航空碳纤维蒙皮板进行检测时发现，导波在各向异性材料中传播时，其频散方程为：

$$F(s', s'', \phi, \omega) = 0$$

式中 s'——慢度矢量(群速度的倒数)；

s''——衰减矢量；

ϕ——相位的方向；

ω——角频率。

对各向异性材料，导波频散方程的解需在四维空间内获得，对于各向同性材料，则只需要考虑 s' 和 ω。但是，无论是何种材料，如果波源为有限区域，导波的能量速度矢量通常指向材料的慢度面。导波在弹性材料中传播时通常无需考虑衰减。而许多现代人造材料(聚合物和复合材料) 都属于黏弹性材料，导波在其中的衰减必须考虑。对于黏弹性材料而言，其弹性模量是复数，实部代表储能能力，虚部代表耗能能力。就黏弹性层中传播的导波来说，其波数也是复数，实部用来表征波的传播，虚部用来表征波的衰减。弹性层中传播的导波的波数值是实数。

2）多层结构

建立导波在多层结构中的频散方程的方法通常是，先求出导波在单层中的位移和应力表达式，然后设定层与层交界面上相应的位移和应力连续，即分别在相邻两层表面处得到的位移和应力值相等。求解导波在多层结构中的频散方程主要采用传递矩阵法和全局矩阵法。传递矩阵法的基本思想是消去中间层引入的所有未知量，问题的解用外边界条件形式表示，它在频厚积较大的情况下会造成数值解的不稳定。全局矩阵法可以解决任何频厚积范围的情况，其求解速度比传递矩阵法快，但涉及到求解高阶行列式的问题。

3）边界问题

边界问题是指导波的传输介质是处于自由边界还是在其周围有液体，后一种情况会造成导波的衰减。需要指出的是，根据 Rose JL 的理论，对于任意一个 N 层结构(不论材料是弹性、黏弹性、各向异性还是各向同性)，可以通过全局矩阵方法建立的频散方程为：

$$\begin{vmatrix} A_{11} & A_{12} & \cdots & A_{1(4N)} \\ A_{21} & A_{22} & \cdots & A_{2(4N)} \\ \vdots & \vdots & \vdots & \vdots \\ A_{(4N)1} & A_{(4N)2} & \cdots & A_{(4N)(4N)} \end{vmatrix}$$

方程中左边的各元素由给定层的拉密常数、厚度、频率和波数等决定。如果某层是液体，可以删除相应的行和列。

4）频散方程的数值计算

频散方程的求解过程相当复杂，需要求解 Bessel 方程。对于圆柱体，解的形式必须采用第三类 Bessel 函数(即 Hankel 函数)。Bar shinger JN 对含有黏弹性层的多层圆柱体的研究指出。对弹性层求解时使用二分法，对黏弹性层而言，首先不考虑导波的衰减，选取弹性层的解为初始值，沿着相速度和衰减的两个方向使得频散方程得到最小值，从而获得频散方程的解。但是频散方程数值计算的复杂以及 Bessel 函数不稳定。Niklasson A. Jonas 等在研究各向同性的平板上覆盖有各向异性材料的情况时，采用有效边界技术(BCs）建立了近似频散方程，它比全局矩阵法得到的方程要小得多，节约了计算量。

BCs 是把作用在覆盖层上的牵引力延伸到整个覆盖层的厚度处，建立近似频散方程时利用了覆盖层的边界、交界面的条件以及运动方程。

3. 导波的位移、能量和波包

用于无损检测的导波模式应考虑导波的频散特性以及波的结构面内位移、面外位移以及随着结构厚度变化的应力变化。不同的波结构影响入射的能量和对缺陷的敏感程度。如圆管中传播的导波，其位移的轴向分量对探测圆周向开口裂纹的灵敏度很高；管道内外表面径向位移的大小决定了能量泄漏量，能量泄漏多的导波传播距离短。导波的能量和波包形状也是选择导波模式的两个重要因素，衡量的标准是导波的能量泄漏少、传播距离远以及随距离增加波包变化小。

1）导波的位移

导波在不同结构中的位移分布，通常取不同的坐标系。在平板中采用普通三维坐标，而对于圆柱体则采用柱面坐标(坐标方向是沿轴向、径向和圆周向)。

2）导波的能量

导波的能量包括能量的传播、分布和泄漏。对于弹性介质，一般认为导波的群速度就是能量的传播速度；对于黏弹性材料，导波能量的传播速度不能按照脉冲或者波包的速度（即简单的群速度）来计算。

只有当传播的距离远远大于波长的时候，总能量的平均速度才等于导波的群速度，平均能流密度的速度与深度和最底层的相速度相等。导波能量在平板之间的环氧层会有较大的损失，而且随着导波模式的不同，损失的程度也不一样。能量可以从板泄漏到弹性橡胶中去，衰减与交界面的压缩力有关。导波的能量决定了选择用于无损检测的导波模式。

3）传播距离对导波波包的影响

导波的频散程度决定了信号波包的峰值幅度随着传播距离的增加而减小的快慢，频散严重就会导致信噪比的降低。波包宽度随着传播距离线性增加，通过选择合适的入射信号可以使波包的宽度最小。对于不同的检测距离和内径与壁厚比的管道，应采用不同的导波模式和激发脉冲频率。

4. 导波在特殊形体中的传播

实际被检工件并不都是规则的平板、棒或圆柱体，一般来说，对于由规则和不规则形体组成的复杂结构而言，导波在其规则部分中的传播特性和在单一规则结构中的传播特性是一样的，只需考虑复杂结构中的不规则部分。

5. 数值分析和信号处理技术

超声导波技术最主要的部分集中在数值分析和信号处理技术上。用数值模拟的方法可以模拟不同的导波模式，并研究其特性，可以大大减少试验的盲目性和工作量；利用数值模拟技术还可以研究导波模式与不同种类缺陷的相互作用，即不同的导波模式在不同缺陷处的散射问题，主要包括导波在缺陷处的反射和折射系数以及在缺陷处的位移和能量的变化。由于导波在边界和缺陷处产生的回波信号非常复杂，导致产生多种模式的导波以及噪声，因此，采用合理的信号处理技术分离出有用的信号，提高信噪比十分重要。

1）数值分析方法

通常采用有限元法和边界元法解决导波散射问题，有限元法首先对位移矢量形式的运动学方程用加权余量法表示，区域离散得到每个单元的运动方程，最后将所有单元的运动学方程集合成全局运动方程；边界元法是将位移矢量形式的运动学方程用加权余量法得到边界积分方程，将边界划分成若干单元，用这些单元将边界积分方程离散，最终得到一个表征结点上位移和应力的矩阵方程。

导波无损检测时，有时单纯使用有限元法或边界元法并不非常完善。有限元法虽对介质的性质没有特别要求，可处理各向同性和非均匀的各向异性材料，但要求区域是有界的，而且处理起来较麻烦。相对于有限元法，边界元法具有维数减少、需要更少的计算时间和存储空间、容易管理面积更大的区域以及可以对更多的目标值进行计算的优点，但要求材料是均匀的。

运用上述两种基本方法和其他一些技术的结合，产生了多种混合方法，其中被广泛使用的是简正模态展开法。该方法最早由 Auld 提出，可用于波场的分析和合成，但其要求导波模式必须完备且必须正交（严格意义上讲是双正交，即在粒子的速度场和应力场内都应正交）。

2）信号处理技术

目前导波信号处理最主要的方法是二维快速傅里叶变换（2D-FFT）和短时傅里叶变换（STFT）。利用二维傅里叶变换把多种模式重叠的信号进行分离，使用普通的一维傅里叶变换无法对信号进行处理。对具有聚乙烯覆盖层的钢管进行超声导波检测时，使用短时傅里叶变换对回波信号进行时频特性分析。此外，使用再分配声谱图技术对回波信号进行处理。声谱图是时域信号的能量密度谱，能很好地获取兰姆波模式，但是在时频域的解会受到限制，因此选用再分配技术，也就是说把所有的能量都分配到质心上去。能量初始位置的时频(t, ω)单谱线可以用重分配值得到，给定时频信号的再分配声谱图就变成三维矩阵。该方法可有效检测单裂纹和多裂纹缺陷。

4.7 缺陷评定

当超声波发现缺陷显示信号之后，要对缺陷进行评定，以判断是否对使用存在危害，缺陷的评定内容主要是缺陷位置的确定和缺陷尺寸的评定，缺陷位置的确定包括缺陷平面位置和缺陷埋藏深度的确定，缺陷尺寸的评定主要包括缺陷回波幅度的评定、当量尺寸的评定和缺陷延伸长度的测量。

4.7.1 缺陷的定位

1. 直探头纵波探伤

1）缺陷平面位置的确定

纵波直探头检测时，发现缺陷后，首先要确定缺陷回波波幅最高的位置，则缺陷通常位于探头正下方。由于声速通常有一定的宽度，这种方法确定的缺陷平面位置并不是十分的精确。

确定平面位置时，需要考虑探头声束是否有偏离，如果在近场区，还要考虑是否存在双峰，这些因素都可能使得缺陷回波波幅最高时，缺陷不在探头的正下方。

水浸法检测时，由于探头不直接与检测面接触，要获得缺陷在工件上的平面位置有一定难度，特别是水槽或工件较大时，操作者无法在工件表面上作出标记。因此，常常需要在水浸检测发现缺陷后，用接触法进行定位。C 扫描检测时，若图像有明确的起始点，则可通过图像上的相对距离确定。

2）缺陷埋藏深度的确定

用纵波直探头进行直接接触法探伤时，如果超声波检测仪的时基线时按声程 1∶n 的比例调节的，若观察到缺陷回波前沿所对的水平刻度值 τ_f，则缺陷至探头的距离 x_f为：

$$x_f = n\tau_f$$

例如：用纵波直探头探伤，按声程 1∶2 调节时基线比例，在水平刻度 50 格处有一缺陷回波，则缺陷至探头的距离为：$x_f = 50 \times 2 = 100$mm。

在声速均匀的情况下，反射回波的传播时间与传播距离成正比，因此在经过校正的时基线上读出的缺陷声程可以使很精确的。

水浸法检测时，由于一般按声程进行扫描速度调节，以水与工件的第一次界面回波作为深度读数的 0 点，所以水浸法确定缺陷的深度的原理与接触法相同。

2. 斜探头横波探伤

斜探头横波探伤的定位方法不像直探头纵波检测那样只能单一的声程定位，而有声程定位、水平定位和深度定位之分。同时，为使定位计算方便，通常将斜探头入射点作为声程原点，并经零位校正后，声程原点与时间轴零位相一致。这样，有机玻璃中一段纵波声程移在零位左右，零位右边的时间轴刻度直接表示了工件中反射体的声程、水平距离和深度距离，读数方便。如图 4-23 为斜探头横波进行焊缝探伤的示例。

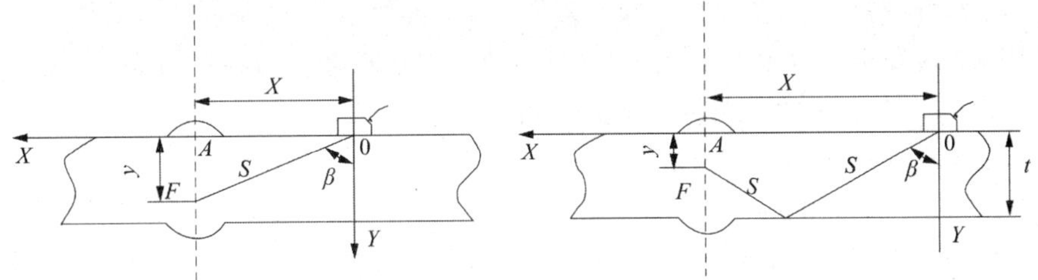

图 4-23 焊缝中缺陷的定位方法

由图可知，所谓声程定位，即示波屏上显示的缺陷前沿所对应的时间轴刻度，表示了缺陷距入射点的斜声程 S；水平定位则表示缺陷距入射点水平距离 x；深度定位则表示缺陷距深测面的深度 y。虽然他们确定的缺陷位置和方法有所区别，但是实际上经过简单的三角关系计算，可以方便地进行相互转换。

直射声束定位时有：

$$S = \frac{x}{\sin\beta} = \frac{y}{\cos\beta}$$

或：

$$\mathrm{tg}\beta = \frac{x}{y}$$

一次反射声束定位时有：

$$S = \frac{x}{\sin\beta}$$

$$y = 2t - S\cos\beta = 2t - \frac{x}{\mathrm{tg}\beta}$$

式中 t——工件厚度；

β——斜探头折射角。

斜探头横波探伤时，时间轴比例的调整方法和零位校准也因其方法的不同，可利用各种对比试块上的基准反射面进行调节。例如利用薄板试块端面、半圆试块的圆弧面、ⅡW_2试块的圆弧面、ⅡW 试块的圆弧面、横孔试块上的横孔、平板试块直角棱边、三角试块平底面等都可以作为时间轴比例的调节基准。

3. 实际定位举例

1）水平定位法

一次波探伤时，缺陷在工件中的水平距离 L_f和深度 H_f

$$\mathrm{tg}\beta = K = L_f/H_f$$

所以：$H_f = L_f/K$

二次波探伤时，缺陷在工件中的水平距离 L_f和深度 H_f。

$$L_f = n\tau_f$$

式中 τ_f——在水平刻度上的读数。

$$H_f = 2T - L_f/K$$

超声波经过底面反射后再反射到缺陷。

如何利用公式计算缺陷深度(判别式)：

（1）当 $H<T$　$H_f=H$

（2）当 $T<H<2T$　$H_f=2T-L_f/K$

（3）当 $2T<H<3T$　$H_f=H-2T$（二次半波）

例：用 K2 斜探头，以水平 1∶1 调节时间轴，探测厚度为 20mm 的工件，探伤时，在 3 格和 6 格处出现两个缺陷波，求这两个缺陷的位置。

解：$\because n_1=3$，$n_2=6$ 水平调节 1∶1

$\therefore L_{f1}=30\text{mm}$；$L_{f2}=60\text{mm}$

$H_{f1}=L_{f1}/K=30/2=15\text{mm}$

$H=L_{f2}/2=30\text{mm}$

$H_{f2}=2T-H=2\times20-30=10\text{mm}$

2）深度定位法

一次波探伤时，缺陷在工件中的水平距离 L_f 和深度 H_f：

$L_f=KH_{读数}$

$H_f=H_{读数}$

二次波探伤时，缺陷在工件中的水平距离 L_f 和深度 H_f：

$L_f=KH_{读数}$

$H_{读数}<T$　$H_f=H_{读数}$

$H_{读数}>T$　$H_f=H_{读数}$

例：用 K2 斜探头，以垂直 1∶1 调节时间轴，探测厚度为 40mm 工件时，在 3 格和 6 格处出现两个缺陷波，求这两个缺陷的位置。

解：$\because n_1=3$，$n_2=6$ 水平调节 1∶1

$\therefore H_{f1}=30\text{mm}$；$H_{f2}=60\text{mm}>T$

$H_{f2}=2T-H=2\times40-60=20\text{mm}$

4.7.2 缺陷的定量

缺陷定量就是通过超声检测评估出缺陷的大小和数量。缺陷的大小就是确定缺陷的面积、长度和高度等。缺陷的数量是指在工件中一定范围内缺陷的个数。

缺陷的大小、数量和分布状态是评定工件质量优劣的主要依据，它决定着是否对工件判废、拒收或返修，因此，对缺陷定量是超声检测的重要环节。

在实际检测中，由于自然缺陷的形状、性质等是多种多样的，要通过超声回波信号确定缺陷的真实尺寸还是比较困难的。目前主要是利用来自缺陷的反射波高、沿工件表面测出的缺陷延伸范围以及存在缺陷时底面回波的变化等信息，对缺陷的尺寸进行评定。评定的方法包括回波高度法、当量法和测长法三种。回波高度法和当量法适用于缺陷尺寸小于声束截面的情况；测长法适用于缺陷尺寸大于声束截面的情况。

1. 回波高度法

根据回波高度对缺陷定量的方法称为回波高度法，也称为波高法。根据回波的对象，回波高度法又可分为缺陷回波高度法和底面回波高度法。

1）缺陷回波高度法

（1）缺陷回波高度法的原理：

对于垂直线性好的仪器，声压与回波高度成正比，在确定的探测条件下，缺陷的尺寸越大，反射声压越大，缺陷回波波幅越高。因此，缺陷的大小可以用缺陷回波高度来表示。

（2）缺陷回波的高度表示方法：

常用的缺陷回波的高度表示方法有两种：第一种表示方法是在确定的灵敏度下，缺陷回波峰值相对于示波屏垂直满刻度的百分比，时基线位于垂直零位时，可由垂直刻度线直接读出。另一种表示方法是将回波峰值下降或上升至基准高度所需衰减（或增益）的分贝数，在确定的灵敏度下，回波高于基准高度记为正分贝，回波低于基准高度记为负分贝。

（3）缺陷回波高度法的应用：

缺陷回波高度法在自动化或半自动化检测时十分方便。在实际检测时，当检测灵敏度调节完毕后，将缺陷回波高度与检测灵敏度的基准波幅相比较，作为判定工件是否合格的依据，通过闸门高度的设定，可以进行自动报警与记录。

2）底面回波高度法

利用缺陷波与底波的相对波幅高度来衡量缺陷相对大小的方法称为底面回波高度法。

（1）底面回波高度法的原理：

当工件中存在缺陷时，由于部分声能被缺陷反射或吸收，使传到底面的声能减少，致使底面回波高度比无缺陷时降低。底面回波高度降低的多少与缺陷的大小有关，缺陷越大，底面回波高度下降就越大。反之，缺陷越小，底面回波高度下降的越小。因此，可用底面回波高度来表示缺陷大小。

（2）底面回波高度法的适应性：

当工件上、下表面与入射声束垂直且缺陷反射面（或直径）小于入射声束横截面（或直径）时，可用底面回波高度法。

（3）底面回波高度法表示缺陷相对大小的方法：

底面回波高度法表示缺陷相对大小可有以下不同的方法：

① F/B_F法。F/B_F法是指在一定的检测灵敏度条件下，用缺陷回波的高度（F）与缺陷处工件底面回波的高度（B_F）相比较来确定缺陷相对大小的方法。缺陷的存在使得底波降低，缺陷越大，则 F 越高，B_F越低，F/B_F值越大。反之，F/B_F值越小，缺陷也越小。F/B_F值不仅和缺陷面积有关，还和缺陷的反射情况有关。

② F/B_G法。F/B_G法是指在一定的检测灵敏度条件下，用缺陷回波的高度 F 与无缺陷时的工件底面回波高度 B_G相比较来确定缺陷相对大小的方法。

③ B_G/B_F法。对于较小的缺陷或造成工件致密性差的缺陷，如铸、锻件中的疏松，缺陷回波往往不明显，这时 F/B_F法和 F/B_G法不适用，只能采用 B_G/B_F法。

B_G/B_F法就是在一定的检测灵敏度条件下，用无缺陷时的工件底面回波高度 B_G与有缺陷时的工件底面回波高度 B_F相比较来确定缺陷相对大小的方法。检测时，观察工件底面回波的降低情况，缺陷的大小用 B_G/B_F值来表示。无缺陷时，B_G/B_F值为 1，有缺陷时 B_G/B_F值大于 1，B_G/B_F值越大，则缺陷越大。

（4）底面回波高度法的特点：

① 不需要对比试块和复杂的计算，方法简单；

② 可用于测定缺陷的相对大小、密集程度和材质晶粒度、石墨化程度等；

③ 可利用缺陷的阴影对缺陷大小进行评价，有助于检测因缺陷形状、反射率等原因使

反射信号较弱的大缺陷。底波高度的降低主要与缺陷的大小有关；

④ 不能明确地给出缺陷的尺寸。

(5) 底面回波高度法的适应性：

底波高度法只能粗略评定工件的质量情况，常应用于对缺陷定量要求不高的工件检测，它不适于形状复杂而无底面回波的工件检测。

2. 当量评定法

在超声检测中，用某人工规则反射体的尺寸来描述实际缺陷相对尺寸的缺陷定量方法称为当量法。所谓当量，就是指在相同的探测条件下，如果工件中的自然缺陷回波高度与同声程的人工规则反射体的回波高度相等时，自然缺陷的尺寸就用该人工规则反射体的尺寸来表示，用这种方法表示的缺陷尺寸就称为当量尺寸。典型表述为：缺陷尺寸为 ϕ2mm 平底孔当量，或缺陷平底孔当量尺寸为 ϕ2mm。

当量评定法适用于面积(或直径)小于声束截面(或直径)的缺陷的尺寸评定。

由于影响缺陷反射回波幅度的因素很多，当量法确定的当量尺寸并不是缺陷的真实尺寸。因为人工反射体是一个规则形状的缺陷，且界面反射率较大，在通常情况下，缺陷的实际尺寸要大于当量尺寸。

常用的当量法有试块比较法、当量计算和 AVG 曲线法。

1) 试块比较法

试块比较法就是将工件中的自然缺陷回波直接与试块上的人工规则反射体回波进行比较，对缺陷进行定量的方法。在纵波检测中，最常用的人工规则反射体是平底孔。如果工件中的自然缺陷回波波幅与试块上同声程的人工规则反射体的回波波幅相等时，该人工规则反射体的尺寸作为工件中自然缺陷的当量，如人工规则反射体为 ϕ2mm 平底孔，称缺陷的当量尺寸为 ϕ2mm 平底孔当量。若缺陷的波幅高度与同声程的人工规则反射体的回波波幅不相等时，则以人工规则反射体的尺寸和缺陷波回波的波幅高于或低于人工规则反射体的回波波幅的分贝差表示，如 ϕ2+3dB 平底孔当量，表示缺陷波回波波幅比同声程的 ϕ2mm 平底孔的波幅高 3dB，如 ϕ2−5dB 平底孔当量，则表示缺陷回波波幅比同声程 ϕ2mm 平底孔的回波波幅低 5dB。

(1) 试块比较法的注意事项：

采用试块比较法对缺陷定量时，要保持探测条件相同，即所用试块的材质、表面粗糙度和形状等都要与被探工件相同或相近，并且所用的仪器、探头、灵敏度旋钮位置和对探头施加的压力等也要相同。仪器的调节应使回波易于比较，如波高可为示波屏满刻度的 50%～80%。如果缺陷的声程与所用对比试块中平底孔的声程不同，则可用两个声程与之相近的平底孔，用插入法进行评定。

(2) 试块比较法的优点：

① 当量概念明确、直观，

② 结果精确可靠，不受近场区的限制，

③ 对仪器的水平线性和垂直线性要求也不高，因此，对于缺陷定量要求高的重要工件或需要在 $x<3N$ 情况下对缺陷定量的工件，常采用试块比较法。

(3) 当量试块比较法的缺点：

用试块比较法确定缺陷当量时，需要制作一系列含不同声程不同直径的人工缺陷试块，现场检测时，携带和使用都很不方便。解决的办法是，采用与实际检测相同的探头与检测条件，预先用对比试块绘制好实用 AVG 曲线，在现场检测时，仅需携带少量试块调节仪器灵敏度，再根据曲线评定缺陷当量。这种方法可以解决现场操作的不便，但制作对比试块的工作是不能省略的。

2）当量计算法

当量计算法是根据缺陷回波与基准波高（或底波）的分贝差值，利用各种规则反射体的理论回波声压公式进行计算，求出缺陷当量尺寸的定量方法。

采用当量计算法时，可不需要专门试块，但缺陷的声程应不小于 3 倍近场长度。

在实际检测中，最常用的方法是测出缺陷回波高度与检测灵敏度或大平底回波高度之间的分贝差（ΔdB），再计算缺陷的当量，具体计算公式如下：

（1）测出缺陷回波高度与检测灵敏度之间的分贝差（ΔdB_{fj}）时，可用下列公式计算缺陷的当量直径：

因不同平底孔的回波声压比的分贝数为：

$$\Delta dB_{fj} = 20\lg\frac{P_f}{P_j} = 20\lg\frac{\phi_f^2}{\phi_j^2}\cdot\frac{x_f^2}{x_j^2} = 40\lg\frac{\phi_f}{\phi_j}\cdot\frac{x_j}{x_f}$$

上式可转化为：

$$\phi_f = \phi_j\cdot\frac{x_f}{x_j}\cdot 10^{\frac{\Delta dB_{fj}}{40}}$$

式中 ϕ_f——缺陷的当量直径；

ϕ_j——调节灵敏度时的基准平底孔直径；

x_j——调节灵敏度时的基准平底孔的声程；

x_f——缺陷的声程；

ΔdB_{fj}——缺陷波幅与调节灵敏度时的基准波的 dB 差。

（2）测出缺陷回波高度与大平底回波高度之间的分贝差（ΔdB）时，可以利用下式计算缺陷的当量尺寸：

因大平底与平底孔回波声压比的分贝差为：

$$\Delta dB_{Bf} = 20\lg\frac{P_B}{P_\phi} = 20\lg\frac{2\lambda x_f^2}{\pi\phi_f^2 x_B}$$

上式可转化为

$$\phi_f = \sqrt{\frac{2\lambda x_f^2}{\pi x_B\cdot 10^{\frac{\Delta dB_{Bf}}{20}}}}$$

式中 x_B——大平底距探头的距离；

ΔdB_{Bf}——底波与缺陷波的 dB 差。

例 1：用频率 f=2MHz，晶片直径 D=14mm 的直探头，对厚度 δ=350mm 的钢工件探伤，发现距探测面 200mm 处有一缺陷，此缺陷回波高度比平底孔试块 150/ϕ2 回波高度高 11dB，求缺陷的平底孔当量尺寸。

已知：x_f=200mm，x_j=150mm，ϕ_j=2mm，ΔdB_{fj}=11dB，求：ϕ_f=?

解：$\because\ N=\frac{D^2}{4\lambda}=\frac{fD^2}{4C}=\frac{2\times 14^2}{4\times 5.9}=17\text{mm}$ $3N=3\times 17=51\text{mm}$

$\therefore$ 200mm>3N，可以用当量计算法。

$$\phi_f = \phi_j \cdot \frac{x_f}{x_j} \cdot 10^{\frac{\Delta dB_{fj}}{40}} = 2 \times \frac{200}{150} \cdot 10^{\frac{11}{40}} = 5\text{mm}$$

答：此缺陷的当量平底孔尺寸为5mm。

例2：用2.5P14Z直探头，检测厚度为600mm的钢锻件，技术要求不允许存在ϕ2mm平底孔当量的缺陷，钢中C_L=5900m/s，材质衰减系数忽略不计，

(a)如何利用底波调节检测灵敏度；

(b)检测中发现一单个深为200mm的缺陷，其波幅比检测灵敏度高26dB，求其当量大小。

已知：f=2.5MHz，$x_B=\delta$=600mm，ϕ_j=2mm，C_L=5900m/s，S_f=200mm因此缺陷波幅比检测灵敏度高26dB，故：ΔdB_{fj}=26dB，求：(1)ΔdB_{Bf}=？(2)ϕ_f=？

$$解：\lambda = \frac{C_L}{f} = \frac{5.9 \times 10^6}{2.5 \times 10^6} = 2.36\text{mm}$$

$$\because\ N = \frac{D^2}{4\lambda} = \frac{14^2}{4 \times 2.36} = 20.8\text{mm} \therefore 200\text{mm}>3N，可以用当量计算法。$$

$$(1)\ \Delta dB_{Bf} = 20\lg\frac{2\lambda x_B}{\pi\phi_f^2} = 20\lg\frac{2 \times 2.36 \times 600}{\pi \times 2^2} = 47\text{dB}$$

$$(2)\ \phi_f = \phi_j \cdot \frac{x_f}{x_j} \cdot 10^{\frac{\Delta dB_{fj}}{40}} = 2 \times \frac{200}{600} \cdot 10^{\frac{26}{40}} = 3\text{mm}$$

答：(1)将纵波直探头置于工件探测面上，找到无缺陷处的底波，将其调到基准波高，再增益47dB，灵敏度调好。

(2)缺陷当量为ϕ3mm平底孔当量。

3. 缺陷长度的测定

测长法是根据缺陷回波高度与探头中心移动距离来确定缺陷尺寸的一种方法。这种按规定的方法测定的缺陷长度称为缺陷的指示长度。由于工件中实际缺陷的形状、取向、表面状况、内含物等因素都会影响缺陷的回波高度，因此，用测长法所探测出的缺陷尺寸并不是缺陷的真实尺寸。

当工件中的缺陷长度(或面积)大于声束宽度(或截面)时，一般采用测长法来确定缺陷的长度。

缺陷指示长度测定的原理是，当声束整个宽度全部入射到大于声束截面的缺陷上时，缺陷的反射幅度为其最大值，而当声束的一部分离开缺陷时，缺陷反射面积减小，回波幅度降低，完全离开时，缺陷回波不再显现。这样，就可以根据缺陷最大回波高度降低的情况和探头移动的距离来确定缺陷的边缘范围或长度。实际检测时，通常规定探头移动至使缺陷回波高度下降到一定程度(如下降6dB)的位置，作为测长的端点。

根据测定缺陷长度时的灵敏度基准不同，测长法可分为相对灵敏度法、绝对灵敏度法和端点峰值法。

1）相对灵敏度测长法

相对灵敏度测长法是以缺陷最大回波高度为基准的测长方法。

相对灵敏度测长法的操作过程是，发现缺陷回波时，找到缺陷最大回波高度，以此为基准，然后沿缺陷长度方向的一侧移动探头，使缺陷回波下降相对于最大高度的某一确定值，

记下此时的探头位置。再沿着相反的方向移动探头，使缺陷回波在另一侧下降同样高度时，记下探头的位置。量出两个位置间探头移动的距离，即为缺陷的指示长度。

根据缺陷回波相对于其最大高度降低的 dB 值，相对灵敏度测长法有 3dB 法、6dB 法、12dB 法、20dB 法等。

（1）6dB 法：

由于波幅降低 6dB 法后正好为原来波幅高度的一半，因此 6dB 法又称为半波高度法。6dB 法是使用较多的一种测长方法，它适应于在扫查过程中缺陷波幅只有一个高点的情况。

6dB 法的具体操作过程如下：检测中发现缺陷时，找到缺陷最大回波高度，用衰减器使缺陷最大回波高度达到基准波高（如垂直满刻度的 50%）。然后用衰减器（或增益器）将基准波高再增益 6dB。探头以缺陷最大回波高度点为起始点，沿缺陷长度方向分别向两侧移动探头，当缺陷回波高度降至基准高度时，记录探头位置。测量出两侧探头中心位置之间的距离即为缺陷的指示长度，如图 4-24 所示。

在实际检测中，对于垂直线性良好的仪器，常采用下述简便的操作方法，就是找到缺陷最大回波高度后，将其调至示波屏满刻度的某一高度（一般为 80%），沿缺陷长度方向向两侧移动探头，当缺陷回波高度降低一半时（40% ），测量两侧探头中心之间的距离，即为缺陷的指示长度。

（2）端点 6dB

端点 6dB 法又称为端点半波高度法，在扫查过程中，当缺陷有多个波峰高点时，缺陷的长度测定可采用端点 6dB 法。

端点 6dB 法的具体做法是：当发现缺陷后，探头沿缺陷的长度方向移动，找到缺陷两端的最大反射波，分别以这两个端点的反射波高为基准，继续向左、向右方向移动探头，当端点反射波高度降低一半（6dB）时，探头中心线之间的移动距离即为缺陷的指示长度，如图 4-25 所示。

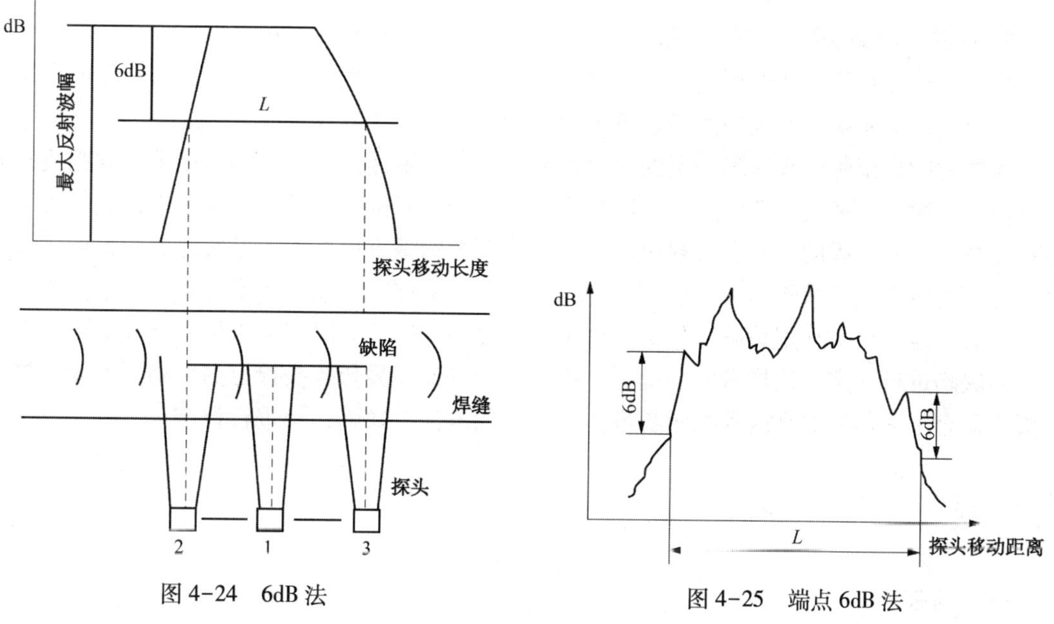

图 4-24　6dB 法

图 4-25　端点 6dB 法

2）绝对灵敏度测长法

绝对灵敏度测长法是在仪器灵敏度一定的情况下，以缺陷回波幅度降低到某一确定的基准位置时探头移动的距离来测量指示长度的方法。

绝对灵敏度测长法的操作过程是：当发现缺陷后，保持确定的检测灵敏度不变，沿缺陷长度方向向两侧平行移动，当缺陷波高下降到规定的灵敏度水平(如图 4-26 中的 B 线)时，则探头左右(或前后)移动的距离即为缺陷的指示长度。

绝对灵敏度测长法所测得的缺陷指示长度与测长灵敏度有关，测长灵敏度高，所测得的缺陷指示长度大。在自动检测中，常用绝对灵敏度法测长。

3) 端点峰值法

探头在扫查过程中，若发现缺陷各部位的回波高度不一，存在多个波高时，也可采用端点峰值法测定缺陷的长度。

端点峰值法的具体做法是：当发现缺陷后，探头沿着缺陷的长度方向移动，找到缺陷两端的最高反射波，以探头在缺陷两端的最高反射波之间的移动距离作为缺陷的指示长度，如图 4-27。

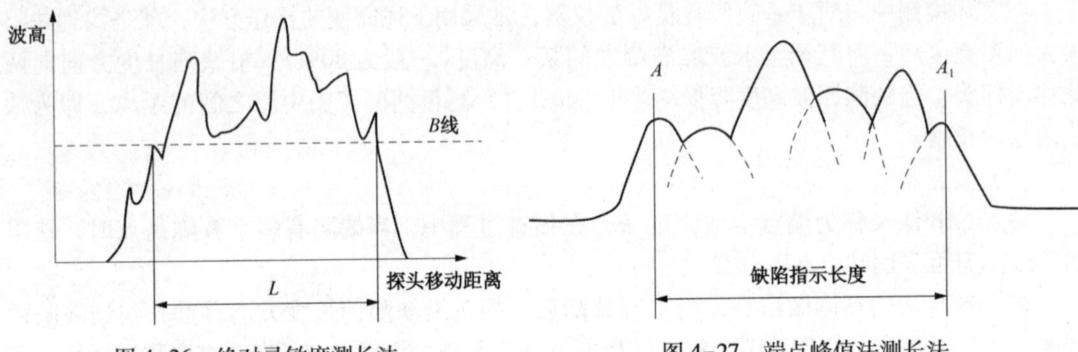

图 4-26　绝对灵敏度测长法　　图 4-27　端点峰值法测长法

应当指出的是：所采用的测长方法不同，所测得的缺陷指示长度不同，如用端点 6dB 法所测出的缺陷指示长度比用端点峰值法长，20dB 法所测出的缺陷指示长度比 6dB 法长。

4. 水浸法检测缺陷尺寸的评定

水浸法检测缺陷尺寸的评定可与接触法一样采用回波高度法，缺陷当量的评定通常采用试块对比法，缺陷指示长度的测量也可采用与接触法同样的方式。

需注意的是聚焦探头缺陷当量的评定，从理论上，聚焦探头是不能直接采用规则反射体回波声压规律进行缺陷当量评定的，因其声场不符合公式推导的条件。但在声束直径大于平底孔直径时，同声程的平底孔反射声压与平底孔直径的平方也基本上是成正比的，可借用平底孔当量的概念进行缺陷当量的评定。但是，聚焦探头评定的缺陷当量有时会与平探头的评定结果有一定差异，在用缺陷当量对工件进行合格判定时，有时需要采用平探头对聚焦探头发现的缺陷进行评定。这样做的前提是，平探头能够发现聚焦探头检出的缺陷。因此，聚焦探头更适合于采用回波高度和指示长度测量结合的方法对缺陷大小进行评定。

习　题

一、问答题

1. 简述超声检测方法的分类情况。
2. 简述脉冲反射法和穿透法，及各自优缺点。

3. 直射纵波检测适用于哪些情况？这种技术有什么优缺点？
4. 斜射横波检测适用于检测哪些对象？
5. 可用来检测垂直于表面的平面型缺陷的超声检测方式有哪些？
6. 液浸法适宜用来检测哪些产品？
7. 什么叫爬波？它适用于什么检测对象？
8. 简述超声相控探头与普通探头的区别。
9. 简述超声相控阵技术的优势。
10. TOFD 技术的主要用途有哪些？
11. 传播距离对导波波包的影响有哪些？

二、选择题

1. 采用什么超声探伤技术不能测出缺陷深度？（　　）
   A. 直探头探伤法　　B. 脉冲反射法
   C. 斜探头探伤法　　D. 穿透法
2. 表面波探伤时，仪器荧光屏上出现缺陷波的水平刻度值通常代表(　　)
   A. 缺陷深度　　B. 缺陷至探头前沿距离
   C. 缺陷声程　　D. 以上都可以
3. 采用底波高度法(F/B 百分比法)对缺陷定量时，下面哪种说法正确(　　)？
   A. F/B 相同，缺陷当量相同　　B. 该法不能给出缺陷的当量尺寸
   C. 适用于对尺寸较小的缺陷定量　　D. 适于对密集性缺陷的定量
4. 在频率一定和材料相同情况下，横波对小缺陷探测灵敏度高于纵波的原因是：（　　）
   A. 横波质点振动方向对缺陷反射有利　　B. 横波探伤杂波少
   C. 横波波长短　　D. 横波指向性好
5. 从 A 型显示荧光屏上不能直接获得缺陷性质信息。超声探伤对缺陷的定性是通过下列方法来进行：（　　）
   A. 精确对缺陷定位　　B. 精确测定缺陷形状
   C. 测定缺陷的动态波形　　D. 以上方法须同时使用
6. 单斜探头探伤时，在近区有幅度波动较快，探头移动时水平位置不变的回波，它们可能是：（　　）
   A. 来自工件表面的杂波　　B. 来自探头的噪声
   C. 工件上近表面缺陷的回波　　D. 耦合剂噪声
7. 确定脉冲在时基线上的位置应根据：（　　）
   A. 脉冲波峰　　B. 脉冲前沿
   C. 脉冲后沿　　D. 以上都可以
8. 在脉冲反射法探伤中可根据什么判断缺陷的存在？（　　）
   A. 缺陷回波　　B. 底波或参考回波的减弱或消失
   C. 接收探头接收到的能量的减弱　　D. AB 都对
9. 在直接接触法直探头探伤时，底波消失的原因是：（　　）
   A. 耦合不良　　B. 存在与声束不垂直的平面缺陷
   C. 存在与始脉冲不能分开的近表面缺陷　　D. 以上都是

10. 在直探头探伤时，发现缺陷回波不高，但底波降低较大，则该缺陷可能是：（　　）

A. 与表面成较大角度的平面缺陷　　B. 反射条件很差的密集缺陷

C. AB 都对　　D. AB 都不对

11. 与探测面垂直的内部平滑缺陷，最有效的探测方法是：（　　）

A. 单斜探头法　　B. 单直探头法

C. 双斜探头前后串列法　　D. 分割式双直探头法

12. 下列有关接触法检测优点的叙述中，正确的是：（　　）

A. 多为手动检测，操作方便　　B. 设备简单，适合于现场检验

C. 直接耦合，入射声能损失少　　D. 以上都是

13. 下列有关液浸法检测特点的叙述中，正确的是：（　　）

A. 便于实现自动化检测

B. 避免在近场区内检测

C. 便于实现聚焦声束检测，以满足高灵敏度、高分辨率的要求

D. 以上都是

三、是非题

1. 多次底波法缺陷检出灵敏度低于缺陷回波法。（　　）

2. 穿透法的最大优点是不存在盲区，但小缺陷容易漏检。（　　）

3. 穿透法的灵敏度高于脉冲反射法。（　　）

4. 串列法探伤适用于检查垂直于探测面的平面缺陷。（　　）

5. 串列式双探头法探伤即为穿透法。（　　）

6. 厚焊缝采用串列法扫查时，如焊缝余高磨平，则不存在死区。（　　）

7. 曲面工件探伤时，探伤面曲率半径愈大，耦合效果愈好。（　　）

8. 实际探伤中，为提高扫查速度减少杂波的干扰，应将探伤灵敏度适当降低。（　　）

参考答案

选择题答案：1. D　2. B　3. B　4. C　5. D　6. B　7. B　8. D　9. D　10. C　11. C　12. D　13. D

是非题答案：1. ○　2. ○　3. ×　4. ○　5. ×　6. ×　7. ○　8. ×

第五章　典型工件的超声波检测

5.1　超声波检测通用工艺规程和工艺卡

5.1.1　超声检测通用工艺规程

超声检测通用工艺规程是根据相关法规、安全技术规范、产品标准、有关的技术文件相关检测标准要求，并针对检测机构的特点和检测能力而编制的技术文件。超声检测通用工艺规程应涵盖本单位(制造、安装或检验检测单位)产品(或检测对象)的检测范围。

超声检测通用工艺规程一般以文字说明为主，检测对象一般为某类工件，它具有一定的覆盖性和通用性，至少应包括以下内容：

(1) 适用范围：指明该通用工艺规程适用于哪类工件或哪种产品的焊缝及焊缝类型等。

(2) 引用标准、法规：技术文件引用的法规、安全技术规范、技术标准等。

(3) 检测人员资格：对检测人员的资格要求。

(4) 检测设备、器材和材料：

超声检测用的仪器、探头、试块和耦合剂等。主要性能指标有：检测设备规格型号、探头类型、晶片尺寸和频率；标准试块及对比试块型号名称；耦合剂型号名称。

(5) 检测表面制备：对被检工件表面的准备方法及要求等。

(6) 检测时机：指不同材料的被检工件超声检测的时间安排等。

(7) 检测工艺和检测技术：指明进行超声检测时可选择的检测技术等级、检测方法、检测方向、扫查方式、检测部位范围、仪器时基线比例和灵敏度调节、测定缺陷位置、当量和指示长度的方法等。

(8) 检测结果的评定和质量等级分类：指明检测结果评定所依据的验收标准或技术标准以及验收合格级别等。

(9) 检测记录、报告和资料存档：规定检测原始记录、报告内容及格式要求，资料、档案管理要求，安全管理规定等。

(10) 编制(级别)、审核(级别)和批准人、制定日期：超声检测通用工艺规程的编制、审核及批准应符合相关法规或标准的规定。

5.1.2　超声检测工艺卡

超声检测工艺卡是具体产品检测作业的指导性文件，一般用表、卡的形式。是针对工件某一具体产品或产品上某一部件，依据超声检测通用工艺规程、被检工件的技术要求和相关标准而专门制定的有关检测技术细节和具体参数的工艺文件，凡是工艺卡上没有规定的一些共性问题，应按通用工艺规程进行。工艺卡一般应包括以下内容：

(1) 工艺卡编号：应根据程序文件的规定编制。

(2) 产品部分：产品名称和编号，制造、安装或检验编号，工件类别、规格尺寸、材料牌号、热处理状态及表面状态。

（3）检测设备与材料：仪器型号和编号、探头规格参数、试块和耦合剂等。

（4）检测工艺参数：检测方法、检测比例、检测部位、仪器时基线比例和检测灵敏度调节等。

（5）检测技术要求：执行标准、验收级别。

（6）检测部位示意图。

（7）编制人员（资质级别）、审核人员（资质级别）。

（8）制定日期。

实施超声检测的人员应按检测工艺卡进行操作，超声检测工艺卡的编制、审核应符合相关法规、安全技术规范或技术标准的规定，“超声检测工艺卡”的格式示例（见表 5-1）。

表 5-1　超声检测工艺卡

产品名称			产品编号	
工件	部件名称		厚度/mm	
	部件编号		规格/mm	
	材料牌号		检测时机	
	检测项目		坡口形式	
	表面状态		焊接方法	
仪器探头参数	仪器型号		仪器编号	
	探头型号		试块种类	
	检 测 面		扫查方式	
	耦 合 剂		表面补偿	
	扫描线调节		检测灵敏度	
技术要求	检测标准		检测比例	
	验收标准		合格级别	
检测部位示意图				

编制（资格）		审核（资格）	
日期		日期	

超声检测工艺卡的填写内容：

产品名称、产品编号 按图样或工艺文件填写，如液化气球罐、发电锅炉、加氢反应器等。若对于尚无产品名称和编号的原材料和部件等，则杠划。

部件名称、部件编号：对于产品焊接接头杠划。对于板材或锻件部件名称填“板材”或“锻件”，部件编号对于锻件指受检锻件编号，对于板材指受检板材的编号。

材料牌号：指被检工件的材质，如 Q435R，20 号钢等。

厚度：指被检工件的厚度，如 20mm。

规格：指被检工件的规格尺寸，如 ϕ219mm×8mm。

热处理状态：如(600±50)℃消除应力退火，900℃正火。

检测时机：一般焊缝应为“焊接完工后”；对有延迟裂纹倾向的材料，应为“焊后至少24h后”；对《GB 12337—1998 钢制球形储罐》的焊缝，应为“焊后至少36h后”，对锻件应为“最终热处理后”；其他工件可根据工序安排按实际填写。

表面状态：指被检工件检测而要求制备的表面状态。如果被检工件表面漆层厚，应为“除去漆层，露出金属光泽”、焊接接头可为“清除焊接飞溅，露出金属光泽”。

检测项目：按检测对象分为焊缝、板材和锻件。

坡口形式：指检测部位焊缝的坡口形式，按焊接工艺规程的坡口形式填写，如V形、U形、X形等。

焊接方法：按图样或焊接工艺规程的焊接方法填写，如焊条电弧焊、埋弧自动焊、氩弧焊等。

仪器型号：超声检测仪器型号，如CTS—22、HS600、PXU350等。

仪器编号：指检测单位内的仪器使用编号。

探头型号：指实现检测工艺需采用的探头参数。如 5P6 × 6K2.5、2.5P20Z、5T20FG10Z。

试块种类：指检测时用来调节仪器探头系统性能校准和检测灵敏度校准的试块。如焊缝检测为“CSK—ⅠA、CSK—ⅡA/CSK—ⅢA”，“CSK—ⅠB、RB—2”；锻件检测可为“CSⅠ”或者“CSⅡ”钢板检测可填写“CBⅠ”或“CBⅡ”；用大平底调节检测灵敏度时可填写“工件大平底”。

检测面：焊缝检测时可填写“单面单侧”“双面单侧”“双面双侧”；锻件或钢板检测时可填写“内壁”“外圆面”“轧制面”等。

扫查方式：指检测时应使用的扫查方式。焊缝检测时一般为“锯齿形扫查”或(和)“斜平行扫查”；钢板检测时为“列线扫查”，坡口边缘为“全面扫查”；锻件检测时为“全面扫查”。

耦合剂：一般可采用机油、水、甘油或工业浆糊等。

表面补偿：指检测时工件表面与试块表面状态引起的dB差。一般为2~5dB，具体值由实测确定，锻件或钢板采用底波计算法时为0dB。

扫描线调节：指扫描速度调节。如采用模拟检测仪可填写“深度1∶1 ”“水平1∶2”或“声程1∶1”等；当采用数字检测仪且用圆弧试块校准时可填写“声程1∶1”。锻件检测时根据工件尺寸填写“深度1∶10”或“声程1∶100 ”等，钢板检测时根据钢板尺寸填写“深度2∶1”或“声程1∶1”等。

检测灵敏度：焊缝检测时填评定线灵敏度：如“ϕ1×6-9dB”“ϕ2×40-18dB”，检测横向缺陷时要求提高6dB；锻件检测时填写如“最大检测距离处的ϕ2mm平底孔”；钢板检测时填写如“ ϕ5mm平底孔第一次反射波高为满刻度的50%”。

检测标准：执行检测所依据的有关方法标准，如对承压设备为“JB/T 4730.3—2005”。

验收标准：对超声检测所发现的缺陷验收所依据的有关标准，如对承压设备验收标准一般为“JB/T 4730.3—2005”。

合格级别：根据委托要求或执行的有关规程、规范填写，如依据《压力容器安全技术监察规程》Ⅰ级合格，则此处填写“ Ⅰ级”。

检测部位示意图：标示工件形状、检测部位(包括检测面)和探头的检测位置等信息的示意图。

编制和审核(审批)：工艺的编制、审核、审批人员，这些人员的资质应符合相关法规标准或技术文件的规定，对于承压设备超声检测，要求编制人员具有UTⅡ级及以上的资格，审核人员一般为 NDT 责任工程师，审批人员一般为单位技术负责人。

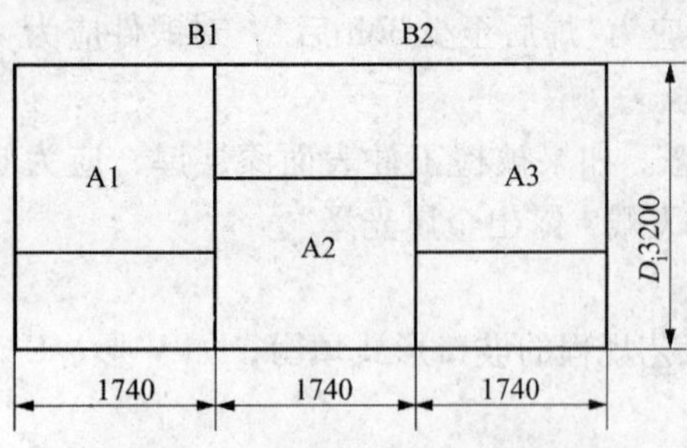

图 5-1　回转炉壳体排版示意图

在上述各项的填写时，应注意探头、试块、检测面、扫描线调节和检测灵敏度之间是相关联的和系统的，当采用多种探头检测时，可对格式进行适当调节，同时在检测示意图中标示出来。

例 1：回转炉超声检测工艺卡

现有回转炉壳体部分（规格为 D_i3200mm×54mm×5220mm，材质为 Q345R）已焊接完成并经射线检测合格，按设计要求射线检测合格后需要进行超声 100%检测。检测要求按 JB/T 4730.3—2005 标准 B 级检验，验收级别为Ⅰ级，待检焊接接头如图 5-1 所示。工艺卡编制情况（见表 5-2）。

表 5-2　回转炉超声检测工艺卡

产品名称	回转炉	产品编号	—	
工件	部件名称	壳体	规格	D_i3200mm×54mm×5220mm
	检测时机	焊后 24h	板厚	54mm
	检测部位	焊缝	材质	Q345R
	表面状态	打磨	坡口型式	X
	焊接方法	自动焊	检测部位编号	B_1、B_2、A_1、A_2、A_3
器材及参数	仪器型号	数字仪器 HS-610e	检测方法	直接接触法
	探头型号	2.5P13×13K2	表面补偿	实测
	试块型号	CSK-ⅠA、CSK-ⅢA	扫查速度	≤150mm/s
	检测面	单面双侧	耦合剂	机油
技术要求	验收标准	JB/T 4730.3-2005B 级	检测比例	100%
	合格级别	Ⅰ级	检测规程编号	—
时基线调节	在 CSK-ⅠA 试块上校准斜探头的入射点、K 值、扫描速度。			
灵敏度调节及设定	制作面板 ϕ1×6 基准线，在仪器参数表中：判定线(RL)+10dB，定量线(SL)+0 dB，评定线(EL)-6 dB，即生成三条线，调节仪器使 54mm 深度处评定线位于示屏 20%高度或以上，记录此波高及此仪器 dB 示值即完成检测灵敏度设定。			
扫查方式	1. 锯齿型扫查、斜平行扫查，探头的每次扫查覆盖率应大于探头直径的 15%。 2. 缺陷定位、定量时，采用前后、左右、转角、环绕等基本扫查方式。			
缺陷记录	1. 达到或超过定量线(≥SL+0 dB)的缺陷；2. 裂纹、白点等危害性缺陷。			
不允许缺陷	1. 裂纹类危害性缺陷；2. 波幅≥SL+0 dB 且指示长度>18mm 单个缺陷；3. 波幅≥SL+10 dB 的缺陷；4. 任意 486mm 长度范围内波幅≥SL+0 dB 缺陷累计长度>54mm。			
扫查方式及扫查部位示意图				
编制		审核		日期

例 2：在用压力管道环向对接接头有一压力管道环向对接焊接接头，尺寸为 ϕ133mm（外径）×5mm 与 ϕ159mm（外径）×7mm 变径连接，材料为 Q345R 钢，焊缝宽度 10mm。要求按《JB/T 4730. 3—2005 承压设备无损检测 第 3 部分 超声检测》标准进行超声检测，验收级别为Ⅱ级，工艺卡编制情况见表 5-3。

表 5-3　管道环向对接接头超声检测工艺卡

工件名称	管件连接件	工件编号	—
规格	ϕ133mm/ϕ159mm	厚度	5mm/7mm
材质	Q345R	检测时机	在役检测
验收标准	JB/T 4730. 3—2005	合格级别	Ⅱ级
仪器型号	数字式 HS-610e	表面状态	打磨除漆
耦合剂	机油	表面补偿	3dB

探头序号	1	2
探头型号	5P6×6K2. 5 前沿 5mm	5P6×6K3 前沿 6mm
试块	GS-3	GS-3
灵敏度调节	用 GS-3 试块制作距离—波幅曲线并进行表面补偿	用 GS-3 试块制作距离—波幅曲线并进行表面补偿
检测灵敏度	ϕ2×20-16dB	ϕ2×20-16dB
评定线	ϕ2×20-16dB	ϕ2×20-16dB
定量线	ϕ2×20-16dB	ϕ2×20-16dB
判废线	ϕ2×20-10dB	ϕ2×20-10dB

扫查示意图

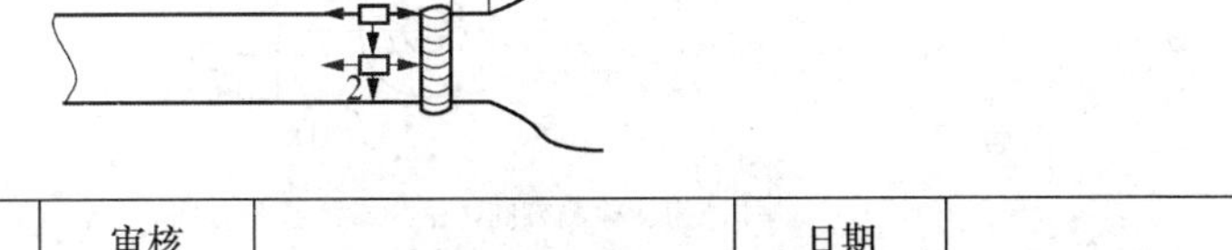

编制		审核		日期	

现有仪器、探头、试块、耦合剂；

（1）超声波检测仪：数字式 HS610e

（2）探头：5 P9×9K2. 5 前沿 11 mm、5 P6×6K2. 5 前沿 5 mm、5P6×6K3 前沿 6mm、5P6×6K2. 7 前沿 7mm。

（3）试块：GS-1、GS-2、GS-3、GS-4。

（4）耦合剂：化学浆糊、机油、水。

工艺关键点分析：由于管道接头靠大径端只有 10 mm 直边，无法采用现有的超声探头进行检测，因此只能在直管段单侧进行检测，依据 JB/T 4730. 3—2005 中 6. 1. 4. 1 条规定："一般要求从对接焊接接头两侧进行检测，确因条件限制只能从焊接接头一侧检测时，应采用两种或两种以上的不同 *K* 值探头进行检侧"，故需采用两种 K 值探头进行检测。

5.2 锻件的超声波检测

锻件制造过程为：冶铸→锻造→热处理→机械加工等。通常锻件制造工艺会造成以下三类缺陷：①材料原始缺陷(钢锭冶铸过程中产生的缩孔、疏松、夹杂和裂纹等)。②制造过程中产生的缺陷。分为：锻造缺陷(折叠、重皮、白点、裂纹等)；热处理缺陷(白点、裂纹等)和机械加工缺陷(表面裂纹)。③使用过程中产生的缺陷(疲劳或应力腐蚀等原因而产生的裂纹)。

锻件检测方法的一般原则是应进行纵波检测，筒形和环形锻件还应增加横波检测，检测方向(见图 5-2)。纵波检测原则上应从两个相互垂直的方向进行检测，尽可能检测到锻件的全体积。当锻件厚度超过 400mm 时，从相对两端面进行 100%的扫查。

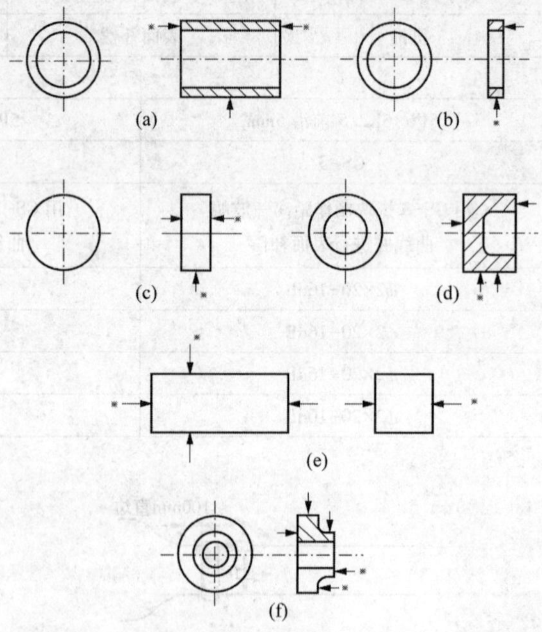

图 5-2　锻件检测方向

检测时机：锻件检测原则上应安排在热处理后，孔、台等结构机加工前进行，检测面的粗糙度 $Ra \leqslant 6.3\mu m$。

锻件中的固有缺陷或工艺缺陷大多呈面状，且与主锻压面平行。检测时，超声波声束一般以垂直于主锻压面扫查为主。常采用的检测方法是，工件大平底调节法和试块调节法。下面分别予以介绍。

本检测方法适用于承压设备用碳钢和低合金钢锻件的超声检测和质量分级。

不适用于奥氏体钢等粗晶材料锻件的超声检测，也不适用于内外半径之比小于 80%的环形和筒形锻件的周向横波检测。

5.2.1 饼形锻件检测

1. 工件大平底调节法

例：用 2.5P20Z 探头，检测边长为 ϕ400mm×400mm 的饼型锻件($c_L = 5900m/s$)，要求

ϕ2mm 平底孔当量缺陷不漏检，利用工件底面回波调节检测灵敏度(不考虑材质衰减)，并对工件进行探伤，检测工艺卡(见表 5-4)：

表 5-4 饼形锻件超声检测工艺卡

工件名称	饼形锻件	规格	ϕ400mm×400mm	锻件材质	锻钢
表面状态	机械加工	检测时机	热处理后	仪器时基线比例	声程 1∶5
仪器型号	数字检测仪 HS-610e	探头规格	2. 5P20Z	参考试块	工件底面回波
检测灵敏度	ϕ2mm 平底孔不漏检	耦 合 剂	机油	检测方法	纵波检测
检测部位	两端面及外圆面	扫查速度	≤150mm/s	表面补偿	—
验收标准	CB/T3907 -1999	合格级别	Ⅰ级	扫查方式	直接接触法
灵敏度调节					
计算	$\Delta dB_{bi}=20\lg\frac{2\lambda S_b}{\pi\phi_i^2}=20\lg\frac{2\times2.36\times400}{\pi2^2}=43.5dB$				
检测灵敏度调节	将探头置于工件探测面上，找到底面无缺陷处的最高回波，按自动增益，将底波调到基准波高，然后增益 43. 5dB，检测灵敏度调好。				
扫查方式	两断面和外圆面 100%扫查，并探头的每次扫查覆查率应大于探头直径的 15%。				
检测部位示意图					

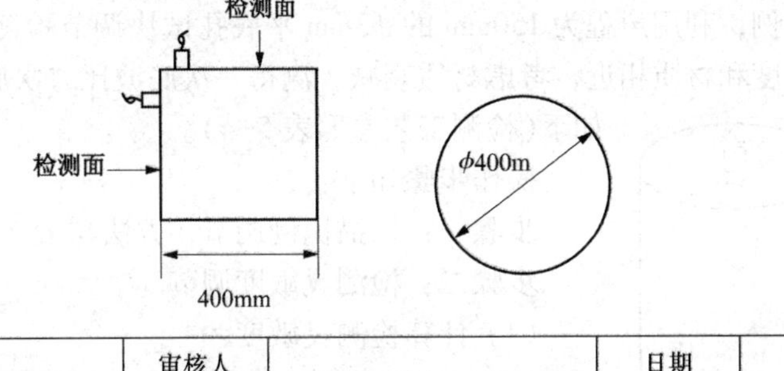

编制人		审核人		日期	

操作步骤如下：

步骤一：扫描比例的调节

工件厚度为 400mm 的锻件，时基线比例调节为声程 1∶5。在 IIW 试块上按图 5-3 所示的方式探测 100mm 的底面，调节仪器扫查范围，将 1、2、3、4、5 次底波的前沿分别对准水平刻度的 2、4、6、8 和 10 格，此时的扫描比例为 1∶5，扫描线即调好。

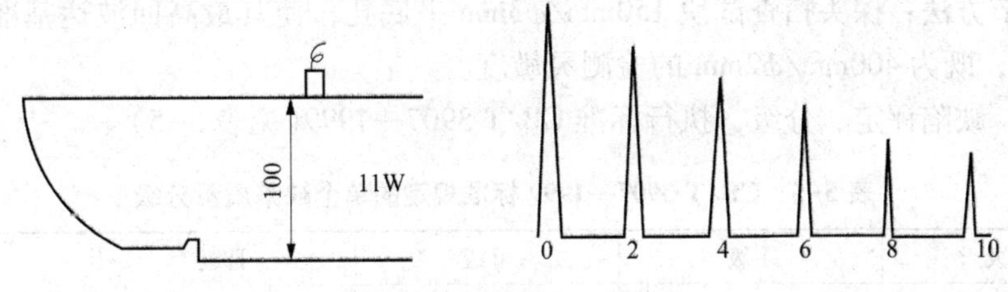

图 5-3 扫描线 1∶5 调节

步骤二：检测灵敏度调节

(1) 计算检测灵敏度：

$f=2.5MHz$，$S_b=400mm$，$\phi_j=2mm$

$$\lambda=\frac{C_L}{f}=\frac{5.9}{2.5}=2.36\text{mm}$$

$$3N=3\times\frac{D^2}{4\lambda}=3\times\frac{20^2}{4\times2.36}=127\text{mm}$$

工件厚度为400mm，大于3N，可以应用公式进行计算

$$\Delta\text{dB}_{bi}=20\lg\frac{2\lambda S_b}{\pi\phi^2}=20\lg\frac{2\times2.36\times400}{\pi2^2}=43.5\text{dB}$$

（2）调节方法：将探头置于工件探测面上，找到无缺陷处的底波，按自动增益，将底波调到基准波高，然后增益43.5dB，灵敏度调好。

步骤三：缺陷评定

对试件进行100%扫查检测过程中，发现距探测面250mm处有一缺陷，波高为29dB。评定此缺陷是否允许存在。

（1）计算缺陷当量直径：

$$\phi_j=\phi_j\frac{S_f}{S_b}10^{\frac{\Delta\text{dB}_{ij}}{40}}=2\times\frac{250}{400}\times10^{\frac{29}{40}}=6.6\text{mm}$$

（2）缺陷判定：缺陷当量直径ϕf=6.6mm，故不允许存在。

2. 试块调节法检测

以上题为例，利用声程为150mm的ϕ3mm平底孔试块调节检测灵敏度(见图5-4)。试块与工件粗糙度和材质相近，考虑材质衰减，测得一次底波比二次底波高8dB，其检测过程如下(检测工艺参照表5-4)。

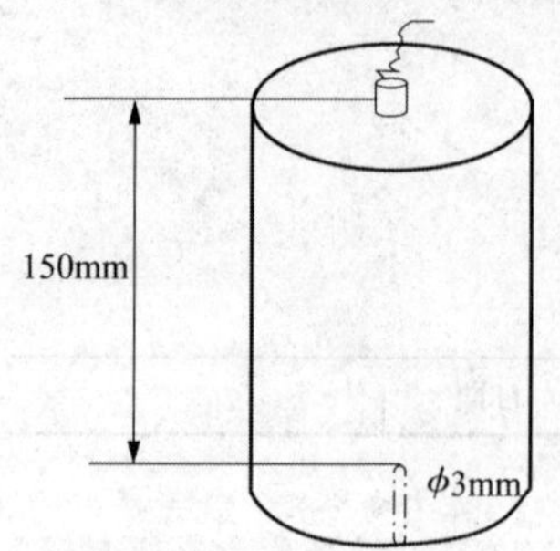

图5-4 平底孔试块

操作步骤如下：

步骤一：扫描比例调节，方法与大平底调节法相同。

步骤二：检测灵敏度调节

（1）计算检测灵敏度：

f=2.5MHz，S_b=400mm，S_S=150mm，ϕ_S=3mm，ϕ_j=2mm，lg(B_1/B_2)=14dB；

$$\sigma=\frac{20\lg(B_1/B_2)-6}{2T}=\frac{8-6}{2\times400}=0.0025\text{dB/mm}$$

$$\Delta\text{dB}_{fi}=40\lg\frac{\phi_S S_b}{\phi_i S_S}+2\sigma(S_b-S_S)=40\lg\frac{3\times400}{2\times150}+2\times0.0025(400-150)=25.4\text{dB}$$

（2）调节方法：探头扫查试块150mm/ϕ3mm平底孔，使其最高回波达基准波高，然后增益25.4dB，既为400mm/ϕ2mm的检测灵敏度。

步骤三：缺陷评定、分级，执行标准CB/T 3907—1999(见表5-5)

表5-5 CB/T 3907—1999标准规定的单个缺陷质量分级

等　级	Ⅰ级	Ⅱ级	Ⅲ级	Ⅳ级
单个缺陷直径 d/mm	<3	>4~6	>6~9	>9

检测工件，发现距探测面250mm有一个单个缺陷，波高为29dB。根据CB/T 3907—1999标准，对此缺陷进行评级。

（1）计算缺陷当量直径：

$$\phi_f=\phi_j\frac{S_f}{S_b}10^{\frac{\Delta dB_{fj}-2\alpha(S_b-S_f)}{40}}=2\times\frac{250}{400}\times10^{\frac{29-2\times0.0025\times(400-250)}{40}}=6.4\text{mm}$$

（2）缺陷评定、分级：

根据《CB/T 3907—1999 船用锻钢件超声波探伤》表 5-5 判定：单个圆形缺陷当量直径为 6.4mm，评为Ⅲ级。

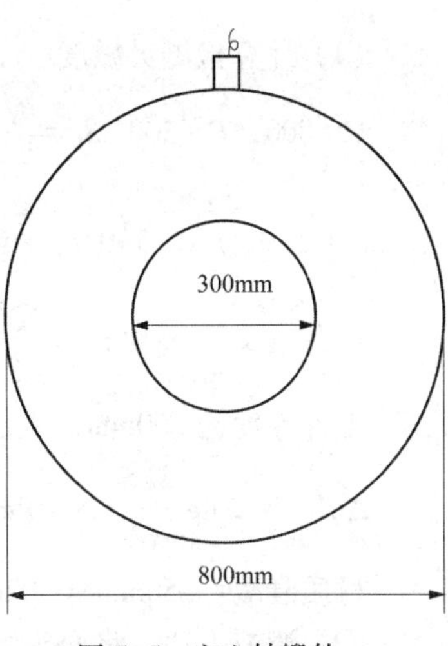

图 5-5　空心轴锻件

5.2.2　锻钢件空心轴检测

例：用 2.5P20Z 探头，对图 5-5 所示的锻钢空心轴检测，外径为 800mm，内径为 300mm，径向探伤时，利用与工件声程相同的大平底调节检测灵敏度，要求 ϕ2mm 平底孔当量缺陷不漏检，材质衰减系数为 $\alpha_{双}=0.02$dB/mm，$c_{L钢}=5900$m/s，检测工艺卡(见表 5-6)。

表 5-6　空心轴超声径向检测工艺卡

工件名称	空心轴锻件	规格	ϕ800mm×250mm	锻件材质	锻　钢
表面状态	机械加工	检测时机	热处理后	仪器时基线比例	声程 1∶4
仪器型号	数字检测仪 HS-610e	探头规格	2.5P20Z	参考试块	工件底面回波
检测灵敏度	φ2mm 平底孔不漏检	耦合剂	机油	表面补偿	—
验收标准	CB/T 3907—1999	合格级别	Ⅰ级	检测方式	直接接触法
径向检测灵敏度调节					
计　算	$\Delta dB_{bi}=20\lg\frac{2\lambda S_b}{\pi\phi_i^2}+10\lg\frac{d}{D}=20\lg\frac{2\times2.36\times250}{\pi2^2}+10\lg\frac{300}{800}=35.2\text{dB}$ 另：材质衰减 250mm×0.02dB/mm＝5dB； 则共需增益：35.2dB＋5dB＝40.5dB				
调节方法	将探头置于 250mm 工件探测面上，按自动增益，将底波调到基准波高，然后增益 43.5 dB，灵敏度调好。				
检测部位示意图					
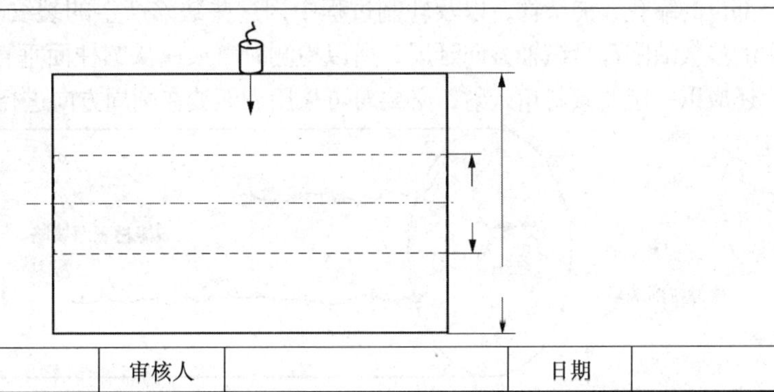					
编制人		审核人		日期	

操作步骤如下：

步骤一：扫描比例调节，方法与大平底调节法相同

步骤二：检测灵敏度调节

(1) 计算检测灵敏度

$$D=800,\ R=300,\ S_{\mathrm{b}}=\frac{D-R}{2}=\frac{800-300}{2}=250\mathrm{mm},\ \phi_{\mathrm{j}}=2\mathrm{mm}$$

$$c_{\mathrm{L}}=5.9,\ f=2.5\mathrm{MHz},\ \lambda=\frac{c_{\mathrm{L}}}{f}=\frac{5.9}{2.5}=2.36\mathrm{mm}$$

$$3N=3\times\frac{D^2}{4\lambda}=3\times\frac{20^2}{4\times2.36}=127\mathrm{mm}$$

工件厚度为250mm，大于3N，可以应用公式进行计算：

$$\Delta\mathrm{dB}_{\mathrm{bi}}=20\lg\frac{2\lambda S_{\mathrm{b}}}{\pi\phi_{\mathrm{i}}^2}+10\lg\frac{d}{D}=20\lg\frac{2\times2.36\times250}{\pi2^2}+10\lg\frac{300}{800}=35.2\mathrm{dB}$$

材质衰减：250mm×0.02dB/mm=5dB。

(2) 调节方法：将探头置于250mm工件探测面上，按自动增益，将底波调到基准波高，然后增益35.2 dB +5dB =40.5 dB，灵敏度调好。

步骤三：缺陷评定

对图5-5工件进行径向100%扫查检测过程中，发现距探测面150mm处有一缺陷，波高为18dB。评定此缺陷是否允许存在。

(1) 计算缺陷当量直径：

$$\phi_{\mathrm{f}}=\phi_{\mathrm{j}}\frac{S_{\mathrm{f}}}{S_{\mathrm{b}}}10^{\frac{\Delta dB_{\mathrm{fj}}-2\alpha(S_{\mathrm{b}}-S_{\mathrm{f}})}{40}}=2\times\frac{150}{250}\times10^{\frac{18-2\times0.02\times(250-150)}{40}}=2.7\approx3\mathrm{mm}$$

(2) 缺陷判定：缺陷当量直径 ϕ_{f}=3mm>2mm，故不允许存在。

5.3 棒材的超声波检测

5.3.1 棒材及棒材中常见的缺陷

棒材是采用轧机将坯料轧制或经过锻造形成的半成品。棒材中的缺陷分为表面缺陷和内部缺陷两种，如图5-6所示。内部缺陷是由铸锭和坯料内的缺陷在轧制过程中延展而成的，主要是位于中心部位的缩孔、夹杂物，以及轧制过程中因这些缺陷产生的裂纹等，表面缺陷主要是裂纹。棒材中的多数缺陷都沿纵轴方向延展，所以检测时声束应从圆柱面垂直入射。为检测不同取向的缺陷，还应以一定的倾斜角入射，必要时可采用表面波在圆周方向进行表面缺陷检测。

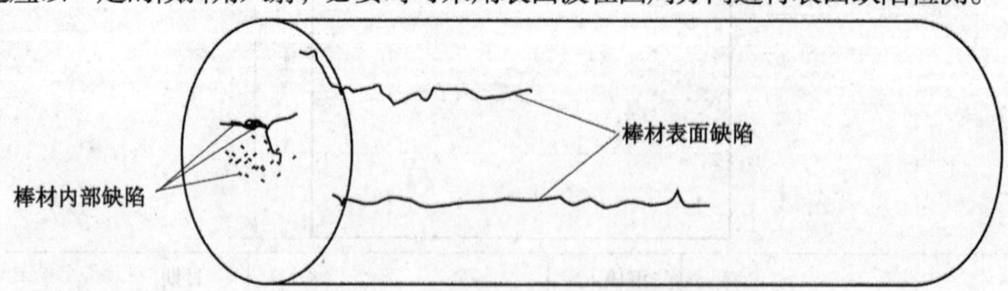

图5-6 棒材表面缺陷和内部缺陷

5.3.2 棒材超声波检测常用技术

棒材的超声波检测方法与轴类锻件的检测方法基本相同。

棒材中的多数缺陷均位于棒材的中心部位且沿轴向延伸，因此圆柱面的纵波直入射脉冲反射法是常用的方法。一般通过棒材旋转而探头沿纵轴平移，实现对棒材的全面扫查。为了发现近表面的裂纹、折叠等缺陷，可采用横波周向检测。对于较小直径棒材的检测如果纵波直探头受盲区限制，不能满足检测近表面分辨力要求时，可采用双晶直探头。

棒材检测分为接触法和水浸法两种方式。水浸法检测时，由于水中声能损失，灵敏度和信噪比不高，检测效果不及接触法。这里介绍仅接触法超声波检测方法。

接触法又分为纵波径向检测法和横波周向检测法。

1. 接触法纵波径向检测

将纵波直探头置于棒材的圆柱面上，声束沿径向射入工件内部进行检测，如图 5-7。主要检测棒材的轴向缺陷。

操作步骤如下：

步骤一：检测条件选择

（1）头规格：频率为 2.5~10MHz，晶片直径为 10~15mm。

（2）对比标样：对比试块的材料声学特性及规格应与被检棒材的材料相同或相近。其形状如图 5-8 所示。

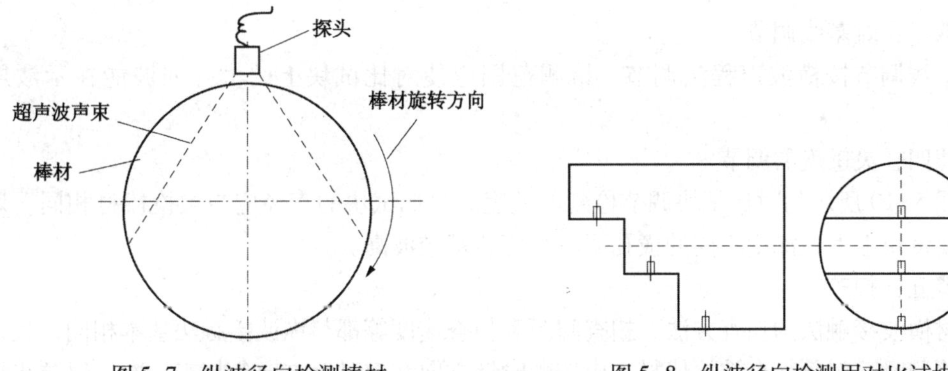

图 5-7　纵波径向检测棒材　　图 5-8　纵波径向检测用对比试块

步骤二：时基线调节

在图 5-7 所示的对比试块上调节时基线比例。扫查范围不小于棒材的直径。

步骤三：灵敏度的调节

用图 5-7 所示的对比试块调节灵敏度，调节时要使距探头最近和最远的规定的平底孔回波均达到基准高度，选取其灵敏度较高者。

步骤四：扫查

采用径向扫查方式。扫查时，棒材旋转，纵波直探头置于棒材圆柱面上，沿工件轴向作直线移动。扫查速度要使试块中平底孔回波均能得到清晰显示。

步骤五：缺陷的定位

大直径棒材的缺陷定位类似于锻件纵波接触法检测定位的方法。

步骤六：缺陷的定量

缺陷定量的方法一般采用试块比较法，也可以采用实测的 AVG 曲线对缺陷定量。实测 AVG 曲线时，试块检测面的条件(粗糙度、曲率半径)应与工件相同。

2. 接触法横波周向检测

横波周向检测主要检测棒材表面和近表面的轴向缺陷，例如表面裂纹、折叠等。将横波斜探头置于棒材的圆柱面上，声束倾斜沿圆周方向射入工件内部进行检测，如图5-9所示。

操作步骤如下：

步骤一：检测条件

选择斜探头K值的原则是，要使棒材中传播的超声波尽量是纯横波，以减少非缺陷回波的干扰，利于对缺陷波的识别。探头楔块的底面应磨成与棒材表面相吻合的曲面。

步骤二：对比试块

对比试块的材料应与被检棒材的材料相同或相似，其形状如图5-10所示。

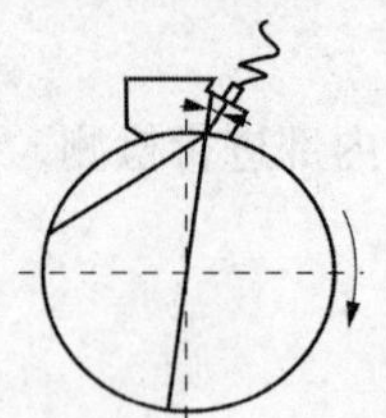

图5-9　横波周向检测棒材

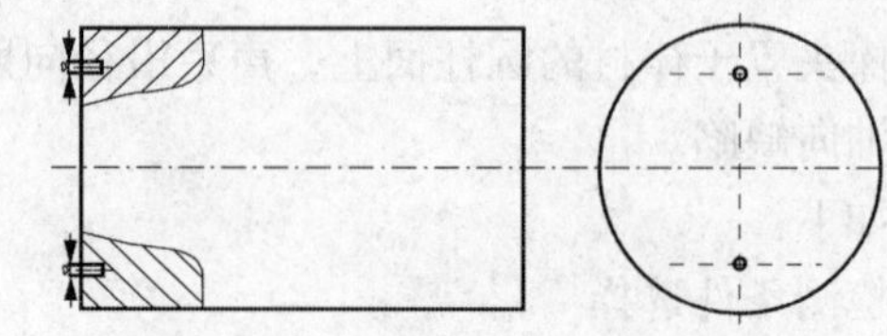

图5-10　横波周向检测对比试块

对比试块的横孔直径、长度及其离开表面的位置，应按相关技术标准或供需双方协商确定。

步骤三：时基线调节

时基线调节按横波声程法调节。检测范围应使对比试块上的横孔回波能在示波屏上显示。

步骤四：灵敏度的调节

用图5-10所示的对比试块调节检测灵敏度。对比试块的直径应与被检棒材相同。调节仪器，使试块上埋藏深度不同的横孔回波高度达基准波高。

步骤五：扫查

棒材横波接触法的扫查方法、扫查间距和扫查速度等都与纵波接触法基本相同，只是横波周向检测时，对每一个被检棒材，应按顺时针方向和逆时针方向各扫查一次，以防止缺陷漏检。

步骤六：缺陷定位

棒材检测更关心的是缺陷的轴向位置，作为原材料的棒材常将有缺陷的部位切除后使用。径向位置可以用对比试块上的人工孔作参考来定位。当缺陷回波与对比试块上的人工孔位置相近时，则该缺陷的埋藏深度约与人工孔的深度相近。由于声束角度的扩散，以及缺陷取向的影响，其径向定位存在误差。

步骤七：缺陷定量

棒材表面裂纹、折叠等缺陷，由于缺陷取向相对于声束方向的不确定性，当量评定比较困难。通常用试块中的横孔调节起始灵敏度，发现有一定幅度的缺陷，则将缺陷所在的一段棒材切除。

5.4　铸钢件的检测

铸件是各种机械设备的重要毛坯，生产加工过程中产生的缺陷会影响设备的安全使用。铸件晶粒粗大、组织不均匀、透声性差，超声波探伤时干扰杂波多、信噪比低，再加上表面粗糙，造成铸件检测时对缺陷的定量较困难。

5.4.1 铸钢件的缺陷

铸钢件在浇铸过程中产生的缺陷虽然与钢锭浇铸产生的缺陷类似，但它们仍属工艺缺陷，常见的工艺缺陷有气孔、夹杂、缩孔、疏松和裂纹等。

1. 气孔(气泡)

气孔是由于金属液含气量过多，模型潮湿及透气性不佳而形成的空洞。铸件中的气孔分为单个分散气孔和密集气孔。

2. 夹杂

夹杂分为非金属夹杂和金属夹杂两类。非金属夹杂是冶炼时金属与气体发生化学反应形成的产物或浇铸时耐火材料、型砂等混入钢液形成的夹杂物。金属夹杂是异种金属偶尔落入钢液中未能溶化而形成的夹杂物。

3. 缩孔

缩孔是由于金属液冷却凝固时体积收缩得不到补充而形成的缺陷。缩孔多位于截面最大部位或截面突变处。

4. 疏松

由于熔炼不良，铸模形状不适当等原因，在铸钢件壁厚的中部产生了细的晶界裂纹或者晶界中产生细微的空隙，而形成的疏松结构，这部分晶粒结合相当弱(在射线透照底片上形成云雾状暗影)。

5. 裂纹

裂纹是指钢液，冷却过程中由于低熔点杂质过多，加之内应力(热应力和组织应力)过大使铸件局部裂开而形成的缺陷。铸件截面尺寸突变处，应力集中严重，易出现裂纹。

综上所述，铸钢件中的工艺缺陷的显著的特点是，形状复杂。

铸钢件的使用缺陷主要是疲劳裂纹，包括机械疲劳和热疲劳裂纹。

5.4.2 铸件探测条件的选择

铸件检测，一般采用纵波直探头探测铸钢件内部的主要缺陷，用横波斜探头探测裂纹缺陷。

1. 检测面的要求及检测方向

(1) 对不需要机械加工的工件，采用喷砂或砂轮打磨等方法，清除妨碍检测的附着物，使工件表面的粗糙度 $Ra \leqslant 12.5\mu m$；

(2) 对需要机械加工的工件，机械加工之后可采用直接接触法进行检测，要求表面的粗糙度 $Ra \leqslant 10\mu m$；

(3) 使用直探头检测铸件时，应尽可能使超声波声束方向垂直于缺陷。

2. 铸件超声波检测适应性确定

由于铸件的晶粒粗大，易产生林状回波，为保证检测时的信噪比，应确定铸件超声波检测适应性，GB/T 7233.1—2009 标准规定：铸件超声检测时，应满足下述条件：

(1) 底波与林状回波的波幅差值应不小于 30dB；

(2) 当工件厚度 $\delta \leqslant 250mm$ 时，底面同声程的 $\phi 3mm$ 平底孔的波幅高度与林状回波的波幅差值应不小于 8dB；

（3）当工件厚度 $\delta>250mm$ 时，底面同声程的 $\phi 6mm$ 平底孔的波幅高度与林状回波的波幅差值应不小于 8dB；

（4）为细化晶粒，提高信噪比，一般要求铸件在退火或正火后进行超声波检测。

3. 探头选择

（1）探头的型式：对于厚铸钢件，采用单晶纵波直探头；对于较薄的铸钢件，采用双晶纵波直探头。采用斜探头时，如铸钢件晶粒不太粗，可用单晶横波斜探头；如晶粒较粗，可用双晶横波斜探头，以提高信噪比。

（2）探头的尺寸：纵波直探头的直径一般为 $\phi 20\sim30mm$，横波斜探头的折射角宜选用 45°，只有在探头移动范围受到限制的情况选用较大角度的探头。

（3）探测频率：铸钢件晶粒比较粗大，衰减较大，宜选用较低的频率。对于厚度不大又经过热处理的铸钢件，可选用 1. 0～2. 5MHz；对于厚度较大和未热处理的铸钢件，宜选用 0. 5～2. 5MHz。

4. 试块备置

采用纵波直探头对铸钢件检测时，用图 5-11 所示的 ZGZ 系列平底孔对比试块。试块材质与被检铸钢件相同或相似，不允许存在 $\phi 2$ 平底孔缺陷。

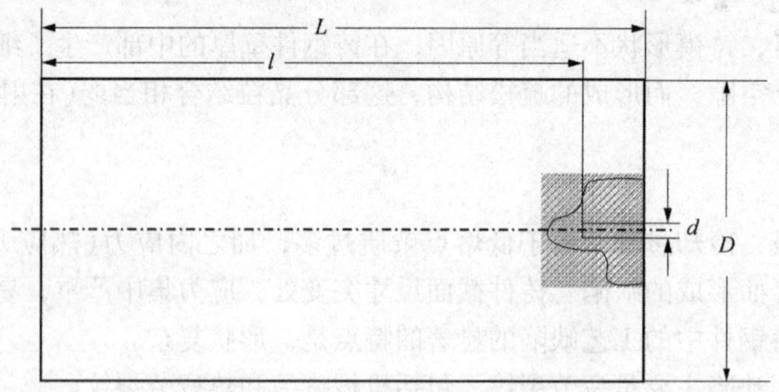

图 5-11　铸钢件平底孔试块

试块平底孔直径 d 分别为 3mm、4mm、6mm 三种。平底孔声程 l 为 25mm、50mm、75mm、100mm、150mm 和 200mm 六种。该试块用于测试距离—波幅曲线和调节检测灵敏度。

5. 耦合剂

铸钢件检测时用黏度较大的耦合剂，如浆糊、黄油、甘油、水玻璃等。也可以联合使用，例如先在表面涂一层水玻璃，待干后用砂纸打磨平滑，再用机油耦合进行检测。这样可以降低对表面光洁度的要求，减少打磨工作量。

6. 铸钢件内外层划分

铸钢件中缺陷至表面的距离不同，其危害不一样，一般外层比内层大。为此按铸钢件厚度划分为外层、内层、外层三层。当其厚度<90mm 时，每层各占 1/3，当其厚度≥90mm 时，两外层厚度各为 30mm，其余为内层。

7. 检测灵敏度要求

检测灵敏度应根据对铸件质量要求不同而确定，对内、外层采取不同的检测灵敏度。按 GB/T 7233. 1—2009 标准要求，以 $\phi 3mm$、$\phi 4mm$、$\phi 6mm$ 三种平底孔当量为基准灵敏度。双晶直探头检测时，以最大声程处的 ϕ3mm 平底孔当量为基准灵敏度。

5.4.3 铸件的检测方法

操作步骤如下：

步骤一：扫描速度调节：扫描速度按声程比例调节

步骤二：距离—波幅曲线的测绘

(1) 根据标准规定的灵敏度，选定一组平底孔直径相同、声程不同的对比试块。

(2) 测出工件与对比试块的透声性和耦合损失差 ΔdB。

(3) 衰减器的衰减量置于≥(Δ+10)dB。

(4) 将探头置于平底孔声程与工件厚度相同或相近的试块上，调节仪器使平底孔最高回波达 10%~20%，然后固定各旋钮，将探头分别对准声程逐渐减小的平底孔，标记各孔回波的最高点，连成曲线，从而得到该平底孔的距离—波幅曲线。

步骤三：灵敏度的调节

在做好距离—波幅曲线的基础上，调节衰减器，使仪器增益 ΔdB(透声性和耦合损失差 ΔdB 之和)，则灵敏度调节就绪。为便于发现缺陷，动态检测时再增益 6dB 作为扫查灵敏度。

步骤四：缺陷记录及测定

扫查中根据缺陷波高与底波降低情况判别工件内部是否存在缺陷。(根据 GB/T 7233.1—2009)以下几种情况作为缺陷记录。

(1) 缺陷回波幅度达到距离—波幅曲线。

(2) 底面回波幅度降低量≥12dB。

(3) 不论缺陷回波高低。认为是线状或片状缺陷。

(4) 缺陷位置测定：由示波屏上缺陷回波前沿所对应的水平刻度值来确定缺陷的坐标位置。

(5) 缺陷面积大小的测定：利用缺陷反射法判别缺陷时，用缺陷 6dB 法测定缺陷面积。用底波降低法判别缺陷时，以底波降低 12dB 作为缺陷边界测定缺陷面积。

步骤五：质量级别的评定

GB/T 7233.1—2009 标准规定，根据平面型缺陷和非平面型缺陷的尺寸，将铸钢件质量分为Ⅰ、Ⅱ、Ⅲ、Ⅳ、Ⅴ五个等级，其中Ⅰ级最高，Ⅴ级最低。

评定时，评定区面积为 106mm^2(317mm×317mm 或面积相同的矩形)，将最严重的缺陷位于评定区内。位于评定区边界线上的缺陷，只计入缺陷位于评定区内的那部分面积。位于内外层界面上的非平面型缺陷，若大部分在外层，则计入外层，反之计入内层。若探测面积不足 106mm^2，则按比例折算允许的缺陷面积。

平面型缺陷分级(见表 5-7)，非平面型缺陷分级(见表 5-8)。

表 5-7 平面型缺陷质量等级划分

等　级	Ⅰ	Ⅱ	Ⅲ	Ⅳ	Ⅴ
单个缺陷在厚度方向尺寸/mm	0	5	8	11	超过Ⅳ级
单个缺陷面积/mm^2	0	75	200	360	
缺陷总面积/mm^2	0	150	400	700	

表 5-8　非平面型缺陷质量等级划分

等　　级		Ⅰ	Ⅱ	Ⅲ	Ⅳ	Ⅴ
外层	单个缺陷在厚度方向尺寸/mm	20	20	20	20	超过Ⅳ级
	单个缺陷面积/mm^2	250	1000	2000	4000	
	缺陷总面积/mm^2	5000	10000	20000	40000	
内层	单个缺陷在厚度方向尺寸占总厚度百分比/%	10	10	15	15	
	缺陷总面积/mm^2	12500	20000	30000	50000	

注：①单个缺陷尺寸大于 320mm 为 V 级。②单个缺陷面积为缺陷最大尺寸和与其垂直方向最大尺寸之积。③位于外层间距小于 25mm 的两个或多个缺陷可视为一个缺陷，其面积为各缺陷面积之和。④凡检测区存在裂纹的铸钢件，评为 V 级。⑤某铸钢件的质量级别，系指平面型缺陷和非平面型缺陷均满足该级别的规定，即二者中级别较低的级别为该铸钢件的级别。

5.5　焊缝的超声波检测

5.5.1　焊接接头的基本结构

焊接接头可以分为三个部分：焊缝区、熔合线、热影响区。焊缝区是由焊条金属和母材金属熔化、发生化学反应后形成的焊缝金属；熔合线是焊缝区外侧至母材部分熔化的区域；热影响区是母材部分熔化区和母材发生固相组织变化的区域。

5.5.2　焊缝坡口形式

为使两块母材的连接部分充分的熔化，焊接前常把连接端面加工成合适的形状称为坡口型式。根据板厚、焊接方法、接头形式和要求不同可采用不同的坡口型式，如图 5-12 为常见坡口型式。

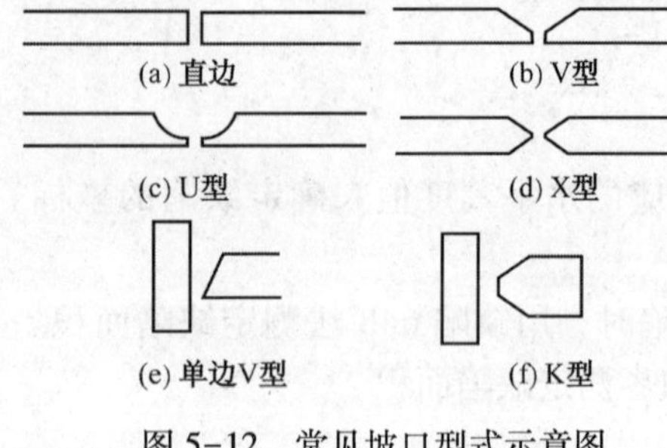

图 5-12　常见坡口型式示意图

5.5.3　焊接缺陷

焊接过程中产生的缺陷主要有五类：

(1) 熔合不良类：未焊透、未熔合；

(2) 裂纹类：热裂纹、冷裂纹；

(3) 孔洞类：气孔、缩孔；

(4) 夹杂物类：夹渣、夹钨；

(5) 成形不良类：咬边、烧穿、焊瘤。

未焊透是母材金属与焊缝金属之间局部未熔化成为一体；未熔合是母材金属与焊缝金属之间局部未熔化成为一体，或焊缝金属与焊缝金属之间局部未熔化成为一体；焊接裂纹是指金属在焊接应力及其他致脆因素共同作用下，焊接接头中局部地区金属原子结合力遭到破坏而形成的新界面所产生的缝隙；气孔是焊缝中常见的缺陷，它是在熔池结晶过程中未能逸出而残留在焊缝金属中的气体形成的孔洞；焊缝中残留的各种非熔焊金属以外的物质称为夹杂物；咬边是母材金属上沿焊趾产生的沟槽；焊瘤是熔化的金属流到焊缝外或流到未熔化的母材金属上形成的金属瘤；烧穿是由于熔化深度超出母材金属厚度，熔化金属自坡口背面流出，形成穿孔缺陷。

5.5.4 钢板对接焊缝超声横波检测

本方法适用于：低碳钢，低合金钢；壁厚范围为 8~400mm 的全熔化焊焊接接头。

例：对 300mm×200mm×20mm 的双面埋弧焊钢板对接焊缝超声检测，根据 JB/T 4730.3—2005 对焊缝评级，要求Ⅰ合格，检测工艺卡(见表 5-9)。

表 5-9 钢板对接焊缝超声检测工艺卡

工件名称	钢板对接焊缝	规格	300mm×200mm×20mm	工件编号	—
坡口型式	X 型	焊接方法	双面埋弧焊	检测时机	焊后 24h
表面状态	打磨	材 质	碳钢	耦合剂	机油
探头规格	2.5P12×12K2.5	对比标样	CSK-ⅠA，CSK-ⅢA	探头前沿	10 mm
仪器型号	数字检测仪 HS-610e	检测部位	焊缝及热影响区两侧	扫查重叠范围	不小于晶片宽度的 15%
检测速度	不大于 150mm/s	补偿	实测	检测级别	单面双侧(B 级)
		验收标准	JB/T 4730.3—2005	合格级别	Ⅰ级

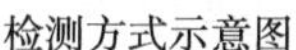
检测方式示意图

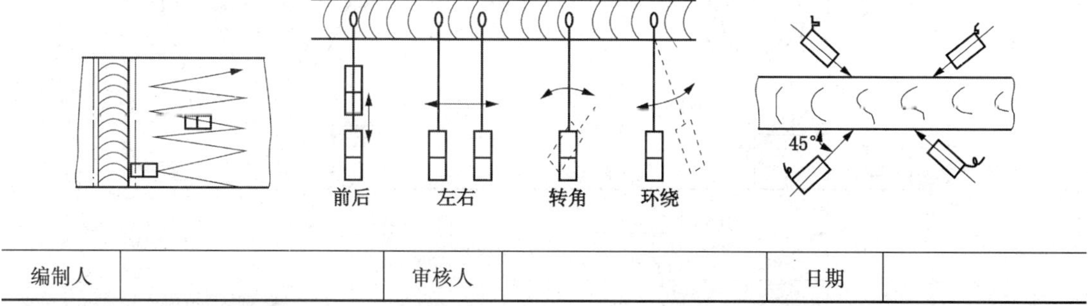

编制人		审核人		日期	

1. 检测前准备

(1) 平板表面要求，表面应清除飞溅物、氧化皮、凹坑、锈蚀、油污及其他杂质。

(2) 耦合剂：常采用的有水、甘油、机油、化学浆糊等，这里选择机油作为耦合剂。

2. 操作步骤如下：

步骤一：探头的选择：2.5MHzK2.5

步骤二：标准试块的选择

调校灵敏度采用 CSK-ⅠA 试块(见图 5-13)，制作距离—波幅曲线是采用 CSK-ⅢA 试块(见图 5-14)。

步骤三：距离-波幅曲线的测试及灵敏度的调节

这里介绍的是使用数字式手探仪，对平板进行检测。

(1) 打开仪器，选择斜探头通道，仪器的设置中输入探头的频率，以及平板的厚度；

(2) 将探头对准 R100mm 弧面和 R50mm 弧面，见图 5-15 放在 A 位置，移动探头，找到反射面反射的最高波，用尺子量出探头前端到弧面的水平距离，分别测量三次求的平均值 90mm，100mm−90mm＝10mm，即为探头的前沿长度 10mm。

（3）在面板上调出双闸门，分别设置在 R100mm 弧面的底波和 R50mm 弧面的底波之上图 5−16 中 B_1、B_2，找到最高回波，按自动校准，这时候仪器将自动校准，直到提示校准已完成，输入探头前沿的长度 10mm。

（4）输入探头前沿后，进入 K 值测定，将探头对准 ϕ50 的孔，如图 5−15，放在 C 位置，找到反射最高波后按确定，探头 K 值已确定。

在校准完成的仪器上按【曲线】键，然后选择【制作】；将探头放在 CSK−ⅢA 试块上，对准深度为 10mm 的孔，找到最高回波，按【波峰记忆】，按确定键，记录仪器分贝值。然后依次对准深度为 20mm、30mm、40mm、50mm 的孔，找到最高回波，按【波峰记忆】，按确定键，分别记录仪器分贝值。最后按两次确定键。打开设置面板根据 JB/T 4730.3—2005 标准要求，见表 5−10，可知评定线为 $\phi1\times6-9$dB，定量线为 $\phi1\times6-3$dB，判废线为 $\phi1\times6+5$dB。设置中将评定线选为−9dB、定量线为−3dB、判废线为+5dB。在面板上将显示三条曲线（见图 5−17）。

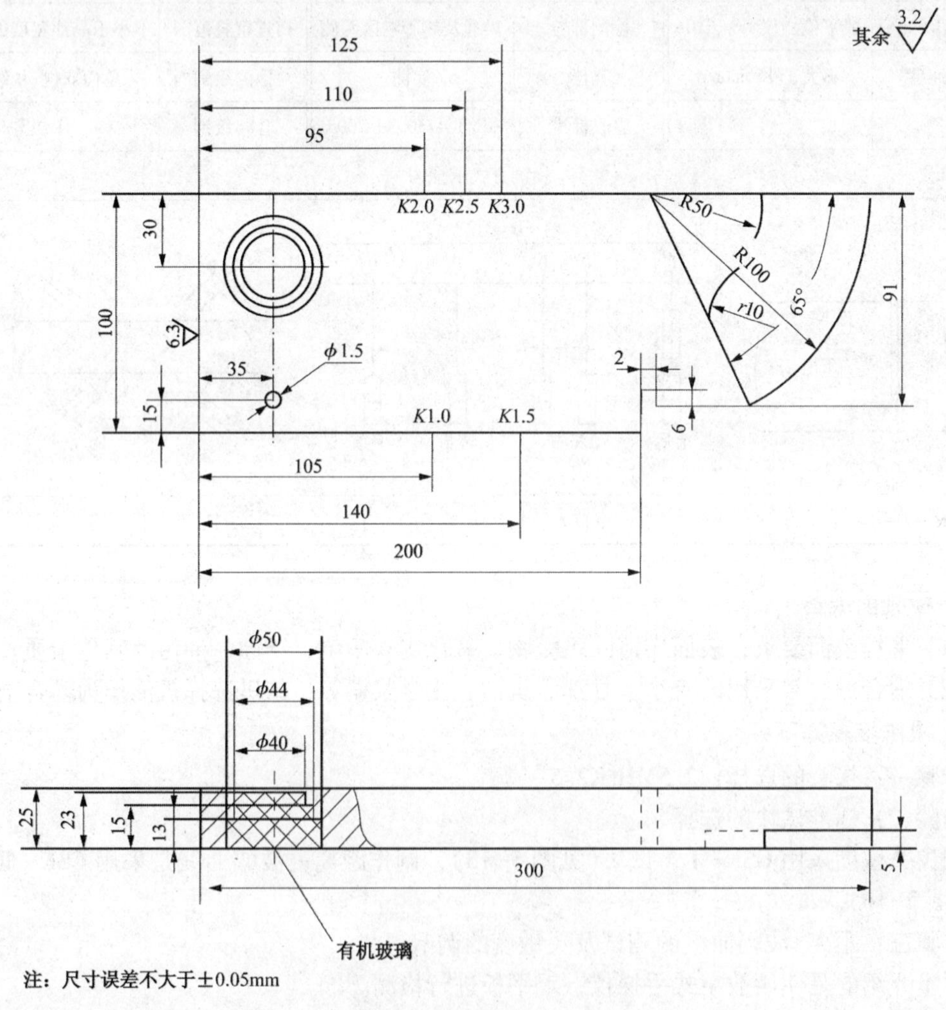

图 5−13 CSK−ⅠA 试块

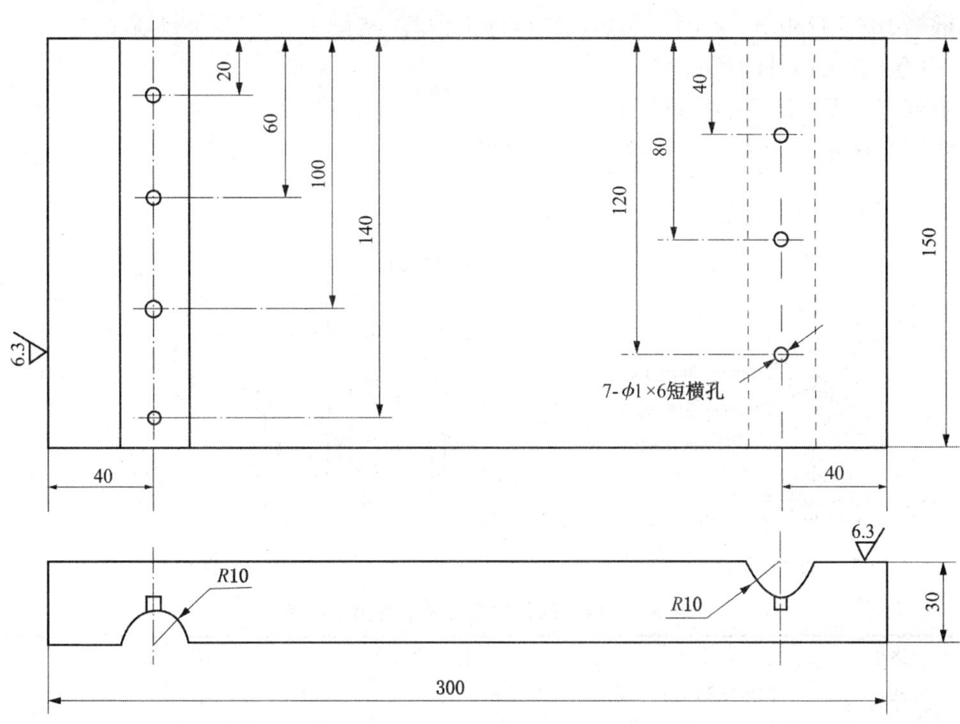

注：尺寸误差不大于±0.5mm

图 5-14 CSK-ⅢA 试块

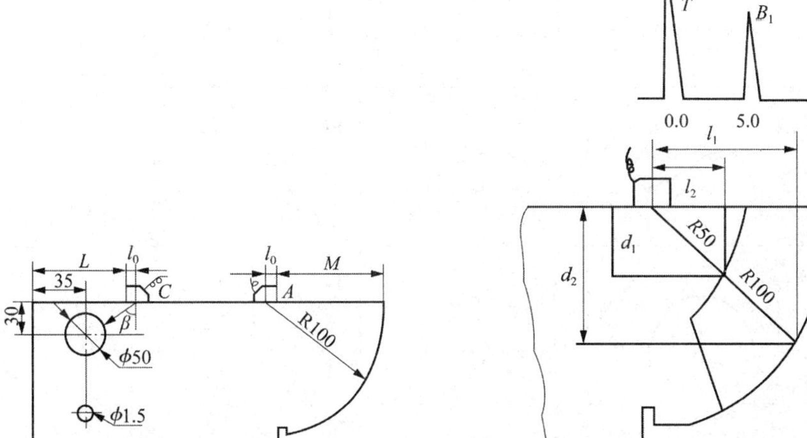

图 5-15 CSK-ⅠA 试块测量探头前沿

图 5-16 CSK-ⅠA 试块调节比例

表 5-10 距离-波幅曲线的灵敏度

试块类型	厚度/mm	评定线	定量线	判废线
CSK-ⅡA	6~46	ϕ2×40-18dB	ϕ2×40-12dB	ϕ2×40-4dB
	>46~120	ϕ2×40-14dB	ϕ2×40-8dB	ϕ2×40+2dB
CSK-ⅢA	8~15	ϕ1×6-12dB	ϕ1×6-6dB	ϕ1×6+2dB
	>15~146	ϕ1×6-9dB	ϕ1×6-3dB	ϕ1×6+5dB
	>46~120	ϕ1×6-6dB	ϕ1×6	ϕ1×6+10dB

步骤四：确定探伤灵敏度

根据 JB/T 4730.3—2005，起始灵敏度即为距离-波幅曲线上 2T 所对应的评定线的增益读数 dB 值(含表面补偿值)。

步骤五：焊缝探测的扫查方式

常用扫查方式见图 5-18，各扫查方式的作用见表 5-11。

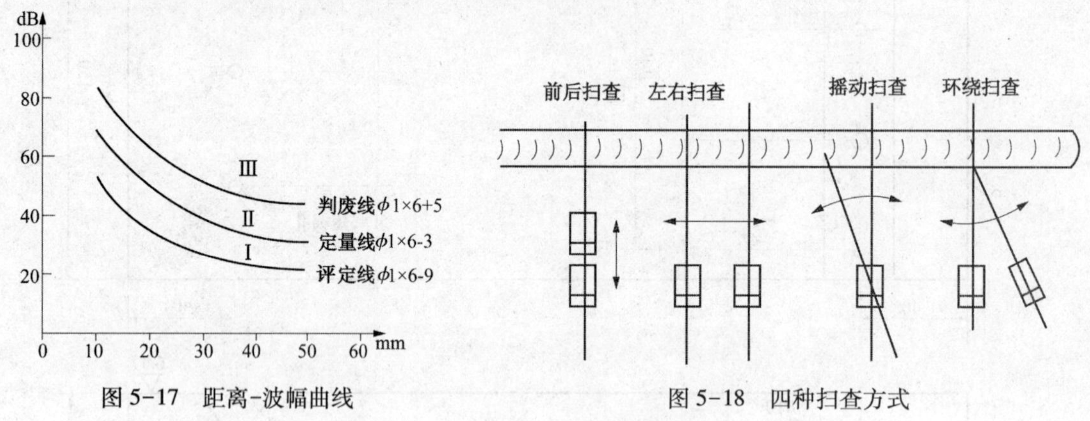

图 5-17　距离-波幅曲线

图 5-18　四种扫查方式

表 5-11　四种扫查方式的动态包络线

包络线特征 / 探头运动方式	圆形缺陷（如气孔、夹渣）	平直缺陷（如未焊透）	锯齿缺陷（如裂纹）	扫查作用
左右移动	Y X	Y X	Y X	①确定缺陷在焊缝中的纵向位置；②测定缺陷的指示长度；
前后移动	Y X	Y X	Y X	①确定缺陷的最大反射波幅；②确定缺陷的埋藏深度；
定点移动	Y O° X	Y O° X	Y O° X	确定缺陷的取向及形状
环绕移动	Y X	Y O° X	Y O° X	确定缺陷的取向及形状

步骤六：缺陷的评定

在Ⅱ区直线上有两个缺陷，用 6dB 法测得缺陷的指示长度分别为 10mm 和 3mm 间距为 2mm。对缺陷进行综合评级。

由于两个缺陷的间距小于最小缺陷的长度 3mm，因缺陷指示长度小于 10mm 时，按 5mm 计，缺陷长度为(10+5) mm = 15mm>2×20/3 = 13. 3mm，根据表 5-12 的规定进行评级，该缺陷评为Ⅲ级，结果为不合格。

表 5-12　焊接接头质量分级/mm

等级	板厚 T	反射波幅（所在区域）	单个缺陷指示长度 L	多个缺陷累计长度 L'
Ⅰ	6~400	Ⅰ	非裂纹类缺陷	
	6~120	Ⅱ	$L=T/3$，最小为 10，最大不超过 30	在任意 $9T$ 焊缝长度范围内 L'不超过 T'
	>120~400		$L=T/3$，最大不超过 50	
Ⅱ	6~120	Ⅱ	$L=2T/3$，最小为 12，最大不超过 40	在任意 $4.5T$ 焊缝长度范围内 L'不超过 T'
	>120~400		最大不超过 75	
Ⅲ	6~400	Ⅱ	超过Ⅱ级者	超过Ⅱ级者
		Ⅲ	所有缺陷	
		Ⅰ、Ⅱ、Ⅲ	裂纹等危害性缺陷	

注：1. 母材板厚不同时，取薄板侧厚度值

2. 当焊缝长度不足 $9T$(Ⅰ级)或 $4.5T$(Ⅱ级)时，可按比例折算。当折算后缺陷累计长度超过单个缺陷指示长度时，以单个缺陷指示长度为准。

5. 5. 5　TOFD 焊缝检测

1. TOFD 的检测平板对接焊缝

利用 TOFD 一只探头探测板厚为 20mm 的工件并对扫查图像进行保存，这里主要介绍 HS800 便携式 TOFD 超声波检测仪的操作检测。

2. 操作步骤

步骤一：探头选择

探头选用一发一收，相向对置的两个探头；波型通常为压缩波(纵波），两探头中心频率相同，侧向波和底面回波脉冲宽度均不得超过峰值波幅 10 %时，测出的两个周期；脉冲重复频率应调节到相继发射脉冲所产生的声信号之间无干扰。

步骤二：缺陷扫查

（1）根据所测试板厚，利用系数表和简易公式计算 PCS。

$$PCS(TOFD) = a\times T \tag{5-1}$$

式中　a——单位厚度探头间距系数(如表 5-13)；

T——板厚。

表 5-13　单位厚度探头间距系数

TOFD 探头标号	频　率	折射角	单位厚度探头间距系数
1	5. 00	50. 00	2. 38
2	10. 00	50. 00	2. 38
3	5. 00	45. 00	2. 00
4	2. 25	42. 00	1. 80

由于壁厚是 20mm 根据上面公式计算可知 PCS 为 48mm，即两 TOFD 探头中心红色标记线间距离为 48 mm，$S = PCS/2 = 24$mm。

（2）利用公式计算出探头固定夹的位置 L。

$$L = S + X - Y \tag{5-2}$$

式中 L——接线盒一端至同侧探头夹外侧边缘位置的距离（如图 5-19 所示）；

S——TOFD 探头半间距，接线盒中心与探头上红色中心标记线间的距离；

X——探头中心标记线与探头夹外侧边缘的距离（本例中为 50mm 定值）；

Y——扫查器接线盒长度的一半（本例中为 35mm 定值）。

（3）根据计算结果先移动左边 TOFD 探头夹至扫查器上横梁刻度 L 的位置，并固定好探头夹，如图 5-19 所示：

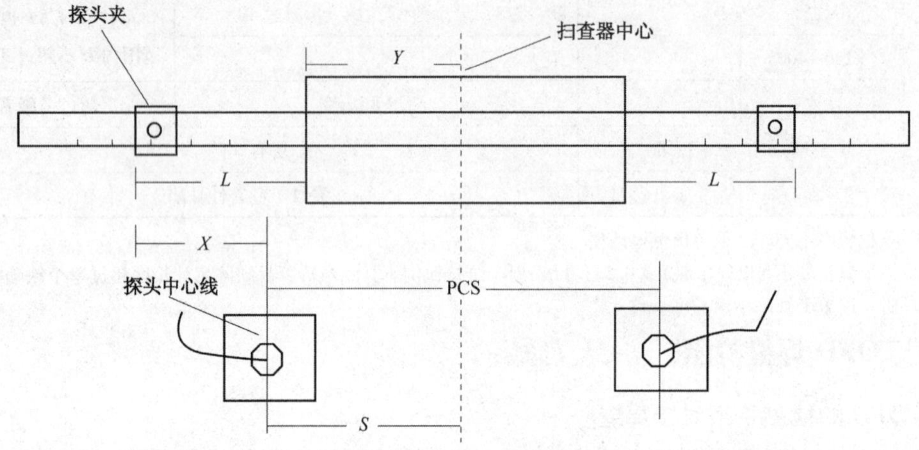

图 5-19　固定好探头示意图

同样的方法可正确调节右边 TOFD 探头的位置。调节完毕后，应用钢尺测量 TOFD 探头上两红线间距是否等于我们所计算的 PCS，验证 PCS 调校是否精确，如果结果吻合，则 PCS 调节完毕，否则应重新进行调节。

步骤三：TOFD 通道灵敏度与零偏的调节

将扫查器置于待测工件完好部位，保证 TOFD 探头耦合完好，屏幕显示如图 5-20 所示：

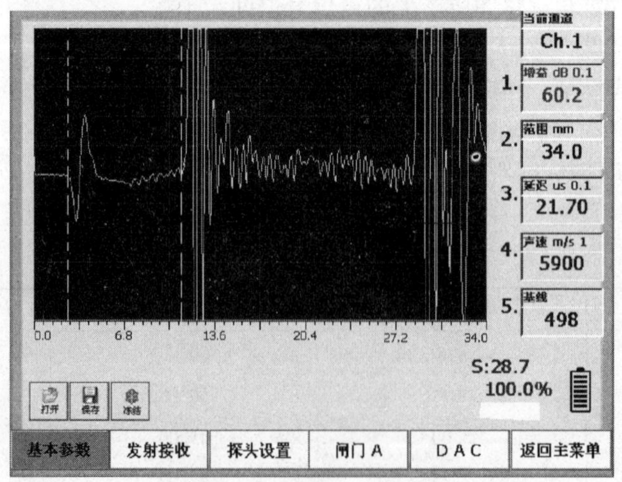

图 5-20　耦合完好的显示

调节检测范围，使直通波、底波和底面转换型波能够同时清晰显示在屏幕内，移动直通波至屏幕水平刻度10%位置，同时使底面转换波形处于屏幕水平刻度90%，调节完毕后，将直通波波幅调节至基线上40%~80%波高(根据杂波高低适当调节)；再调节调节好LW定位线功能，CH1，即TOFD通道调校完毕。

步骤四：扫查

通道设置完毕后，进入“自动检测”状态；将厚度更改为工件实际厚度20mm。耦合好扫查器后，开始推动扫查器进行初步扫查，此时屏幕上同步显示扫查结果。

步骤五：数据保存

在扫查完毕后，根据工作需要对检测数据进行保存。

步骤六：对初扫数据进行离线分析，对缺陷评定

5.5.6　集输管道环向对接焊缝的超声波检测

本方法适用于ϕ32~159mm，壁厚大于4mm的管道环向对接焊缝的超声波检测。

例：对ϕ159mm×9mm的集输管道环向对接焊缝检测，根据JB/T 4730.3—2005对焊缝评级要求Ⅰ合格，检测工艺卡(见表5-14)。

表5-14　集输管道环向对接焊缝超声检测工艺卡

工件名称	集输管道环向对接焊缝	规格	ϕ150mm×9mm	工件编号	—
坡口型式	V型	焊接方法	手工焊	检测时机	焊后24h
表面状态	打磨	材　质	碳钢	检测部位	焊缝及热影响区
探头规格	5P8×8K2.5	探头前沿	6mm	仪器时基线比例	水平1∶1
检测速度	≤150mm/s	扫查重叠范围	不小于1.2mm	检测级别	单面双侧(B级)
仪器型号	数字仪器HS-610e	耦合剂	机油	补偿	实测
对比标样	CSK—ⅠAGS-4	验收标准	JB/T 4730.3—2005	合格级别	Ⅰ级

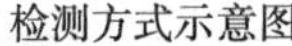

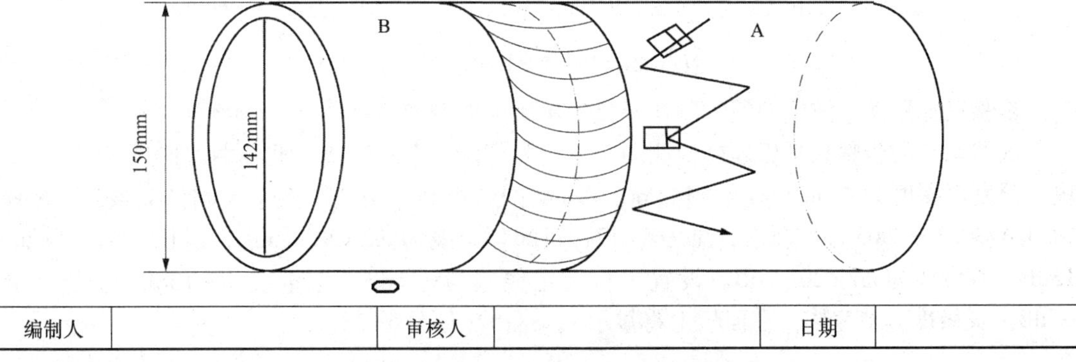

编制人		审核人		日期	

操作步骤如下：

1. 检测前准备

(1) 表面要求，表面应清除飞溅物、氧化皮、凹坑、锈蚀、油污及其他杂质。

(2) 耦合剂：常采用的有水、甘油、机油、化学浆糊等，选择机油作为耦合剂。

2. 检测步骤

步骤一：探头频率选用5P8×8K2.5，前沿为6 mm(见表5-15)

表 5-15　斜探头 K 值的选择

管壁厚度/mm	探头 K 值	探头前沿值/mm
4.0~8	2.5~3.0	≤6
>8~15	2.0~2.5	≤8
>15	1.5~2.0	≤12

步骤二：标准试块的选择

调校灵敏度时采用 CSK-ⅠA 试块，制作距离—波幅曲线制作选用的试块见表 5-16，采用 GS-4 试块(见图 5-21)。

表 5-16　试块圆弧曲率半径

试块型号	试块圆弧曲率半径/mm	
	R_1	R_2
GS-1	18	22
GS-2	26	32
GS-3	40	50
GS-4	60	72

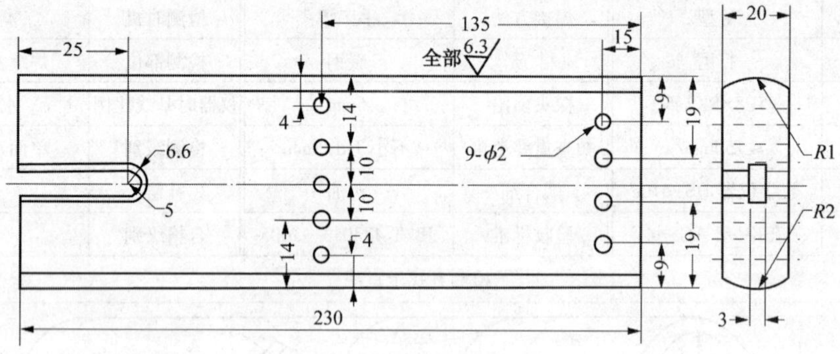

图 5-21　GS-4 试块形状和尺寸

步骤三：距离—波幅曲线的制作及检测灵敏度的调节

仪器调节的步骤和平板焊缝检测的调节步骤相同，在测距离—波幅曲线时选择 GS-4 试块，分别以深度为 4mm、9mm、14mm、19mm 四个点制作曲线。四个点测试完成后，根据 JB/T 4730.3—2005 标准要求，见表 5-17，可知评定线为 $\phi2\times20-16$dB，定量线为 $\phi2\times20-13$dB，判废线为 $\phi2\times20-7$dB。设置中将评定线选为-16dB、定量线为-13dB、判废线为-7dB。灵敏度调节完毕，在面板上将显示三条曲线(见图 5-22)。

表 5-17　距离—波幅曲线的灵敏度

厚度/mm	评定线	定量线	判废线
≤8	$\phi2\times20-16$dB	$\phi2\times20-16$dB	$\phi2\times20-10$dB
>8~15		$\phi2\times20-13$dB	$\phi2\times20-7$dB
>8~15		$\phi2\times20-10$dB	$\phi2\times20-4$dB

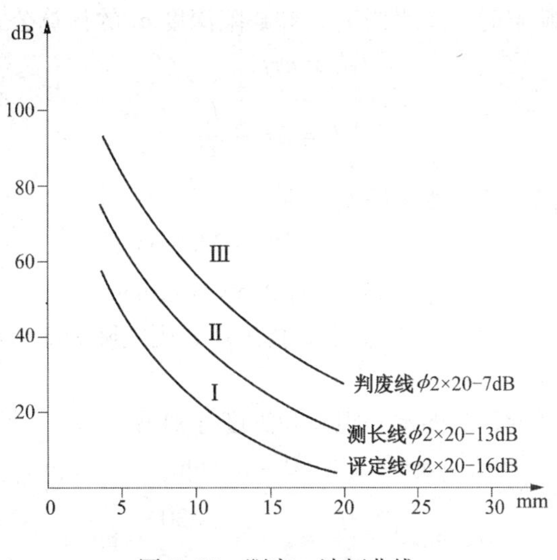

图 5-22　距离—波幅曲线

步骤四：扫查方法

探头从焊接接头两侧垂直于焊接接头作锯齿形扫查，齿距间距应小于探头晶片宽度的一半。

为了观察缺陷动态波形或区分伪缺陷信号以确定缺陷的位置、方向、形状，同时采用前后、左右、转角等扫查方法。

检测位置及探头移动区：从焊接接头两侧进行检测，探头移动区应大于 1.5P(P 为跨距)。

步骤五：缺陷的评定

缺陷位置测定、缺陷最大反射波幅的测定和缺陷指示长度的刻定方法与平板对接接头相同。但缺陷的指示长度 I 应按下式进行修正：

$$I = L \times (R - H)/R \tag{5-3}$$

式中　L——探头左右移动距离，mm；

R——管子外径，mm；

H——缺陷距外表面深度(指示深度)，mm。

探伤过程中发现有一个缺陷回波显示在示波屏第 3 格，其最高回波幅度在距离—波幅曲线的Ⅱ区，探头左右移动的距离为 18mm，按照 JB/T 4730.3—2005 标准，对该缺陷进行评级。

解：用一次波探伤发现缺陷时，水平距离 l_f 和缺陷深度 d_f 的计算公式为

$$\begin{cases} l_f = n\tau_f \\ d_f = \dfrac{l_f}{K} \end{cases}$$

式中　l_f——水平距离，mm；

d_f——缺陷深度，mm；

n——水平 1∶n 调节；

τ_f——示波屏度数，格；

K——探头 K 值。

用二次波探伤发现缺陷时，水平距离 l_f 和缺陷深度 d_f 的计算公式为

$$\begin{cases} l_f = n\tau_f \\ d_f = 2T - \dfrac{l_f}{K} \end{cases}$$

由题意可得，一、二次波的水平距离分别为

$$l_1 = KT = 2.5\times9 = 22.5\text{mm}$$

$$l_2 = 2KT = 2\times2.5\times9 = 45\text{mm}$$

仪器按比例水平 1∶1 校准，缺陷波在 3 格出现，则实际为 3 格×10mm＝30mm。

$\because$ 22.5mm<l_f＝30mm<45mm

$\therefore$ 此缺陷是二次发现的，它的水平距离和深度分别为

$$\begin{cases} l_f = n\tau_f = 1\times30 = 30\text{mm} \\ d_f = 2T - \dfrac{l_f}{K} = 2\times9 - \dfrac{30}{2.5} = 6\text{mm} \end{cases}$$

缺陷长度为：$I=L\times(R-H)/R=18\times(75-6)/75\approx16.6$mm

答：缺陷深度为 6mm，缺陷长度为 16.6mm，缺陷长度>“ $T/3$，最大为 15mm”的条件，根据表 5-18 的规定进行评级，该缺陷评为Ⅲ级。

表 5-18　对接接头质量等级

焊接接头等级	焊接接头内部缺陷		焊接接头根部未焊透缺陷	
	反射波幅所在区域	单个缺陷指示长度 L/mm	缺陷指示长度/mm	缺陷累计长度/mm^2
Ⅰ	Ⅰ	非裂纹类缺陷	$L=T/3$ 最小为 5	长度小于或等于焊缝周长的 10%，且小于 30
	Ⅱ	≤$T/4$*，最大为 10		
Ⅱ	Ⅱ	≤$T/3$，最大为 15	$L=2T/3$ 最小为 6	长度小于或等于焊缝周长的 15%，且小于 30
Ⅲ	Ⅱ	超过Ⅱ级者	超过Ⅱ级者	超过Ⅱ级者
	Ⅲ	所有缺陷		
	Ⅰ、Ⅱ、Ⅲ	裂纹等危害性缺陷		

注：在 10mm 焊缝范围内，同时存在条状缺陷和未焊透时，应评为Ⅲ级。

当缺陷累计长度小于单个缺陷指示长度时，以单个缺陷指示长度为准。

* 板厚不等的焊接接头，取薄板侧厚度值。

5.5.7　大管径环向对接焊缝的超声波检测

本检测方法适用于壁厚范围为 15～120mm，标称直径大于或等于 159mm 的钢制承压管道环向对接焊接接头超声检侧。不适用于铸钢、奥氏体不锈钢的管道环向对接焊接接头超声检测。

例：对 ϕ1016mm×18.4mm 的承压管道环向对接焊缝进行检测，根据 GB/T 15830—2008 对焊缝评级要求Ⅰ合格，检测工艺(见表 5-19)。

表 5-19　大管径环向对接焊缝超声检测工艺卡

工件名称	环向对接焊缝	规格	ϕ1016mm×18. 4mm	工件编号	—
坡口型式	V 型	焊接方法	手工焊	检测时机	焊后 24h
表面状态	打磨	材 质	碳钢	检测部位	焊缝及热影响区两侧
探头规格	2. 5P8×8K2. 5	探头前沿	8 mm	仪器时基线比例	水平 1 : 1
检测速度	不大于 150mm/s	扫查重叠范围	不小于 1. 2 mm	检测比例	100%
仪器型号	数字仪器 HS-610e	耦 合 剂	机油	补偿	实测
验收标准	GB/T 15830—2008	合格级别	Ⅰ级	对比标样	CSK—ⅠARB-2
检测方式示意图					

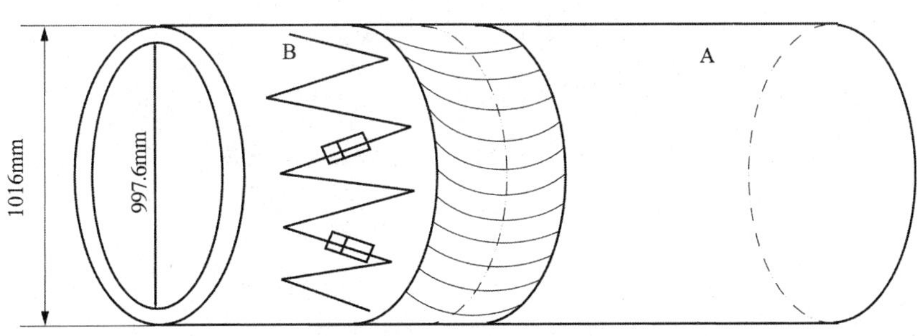

编制人		审核人		日期	

操作步骤如下：

1. 检测前准备

(1) 焊接接头两侧应清除飞溅，锈蚀、氧化物等杂质。

(2) 检测区域：焊缝本身，再加上焊缝两侧各相当于母材厚度 30%的一段区域。去除余高的焊缝应将余高打磨到与邻近母材平齐。

(3) 耦合剂：选用湿润能力和透声能力良好，且无毒、无腐蚀性、易清除的耦合剂，这里选用机油。

2. 检测步骤

步骤一：探头选用：2. 5P8×8K2. 5；见表 5-20。

表 5-20　斜探头 *K* 值的选择

管壁厚度/mm	探头折射角/(°)	管壁厚度/mm	探头折射角/(°)
15~46	70 或 60	>100~120	60 和 45 并用
>46　100	60 或 45；45 或 60、45 或 70 并用		

步骤二：试块的选择

调校灵敏度时采用 RB-2 试块。

步骤三：距离—波幅曲线的制作及检测灵敏度的调节

按照表 5-21 分别制作：评定线、定量线、判废线三条曲线(见图 5-23)。检测灵敏度

为评定线 $\phi3\times40-20\text{dB}$。

表 5-21　距离—波幅曲线的灵敏度

厚度/mm	评定线	定量线	判废线
≥15~46	φ3×40−20dB	φ3×40−14dB	φ3×40−6dB
>46~120	φ3×40−16dB	φ3×40−10dB	φ3×40

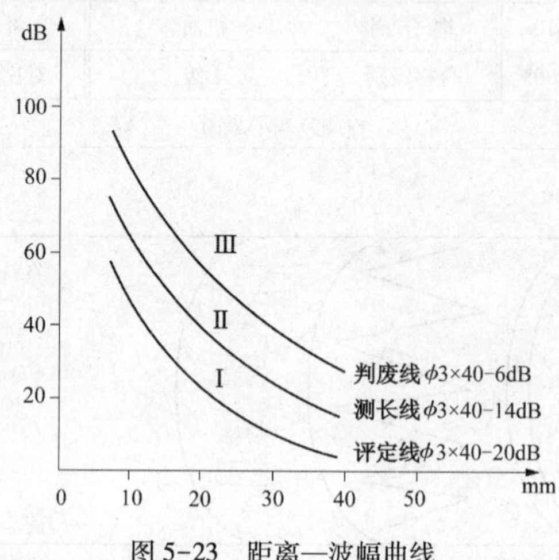

图 5-23　距离—波幅曲线

步骤四：扫查方法见章 5.3.4 中的步骤三

步骤五：缺陷的评定（见 GB/T 15830—2008，表 5-22）

在Ⅱ区上有一个缺陷，缺陷指示长度为 11mm，深度为 9mm，缺陷长度为：11mm>$T/3$，根据表 5-18 的规定进行评级，该缺陷评为Ⅱ级。

表 5-22　允许存在的缺欠指示长度

质量等级	Ⅰ级	Ⅱ级
缺陷指示长度 L/mm	$L=T/3$，但最小可为 10，最大不超过 30	$L=2T/3$，最小可为 12，最大不超过 50

注：管壁厚度不等的焊接接头，T 取薄壁管厚度。

5.5.8　T 型角焊缝的超声波检测

1. T 型角焊缝结构及检测方法

T 型角焊缝由翼板（标准称为面板）和腹板焊接而成，坡口开在腹板上，如图 5-24 所示。

对于 T 型角焊缝常采用以下方式进行检测：

（1）采用直探头在翼板上进行探测，如图中探头位置 1，用于探测 T 型焊缝中腹板与翼板间未焊透或翼板侧焊缝下层状撕裂等缺陷。

（2）采用斜探头在腹板上利用一、二次波进行探测，如图中 5-24 探头位置 2。此方法与平板对接焊缝检测方法相似。

（3）采用斜探头在翼板外侧或内侧进行探测，如图 5-24 中探头位置 3。探头于外侧时利用一次波探测，探头于内侧时利用二次波探测。比较而言，外侧一次波探测灵敏度高，定位方便。不但可以检测纵向缺陷，而且可以检测横向缺陷。不足之处在于外侧看不到焊缝，探测前要先测定并标出焊缝的位置。

2. 探测条件的选择

T型角焊缝采用横波斜探头探测时，对仪器、探头、试块及灵敏度的选择，对探测面的加工要求，耦合剂的选用，扫查方式，距离-波幅曲线的测绘，灵敏度的调节等与对接焊缝基本相同，以下不赘述。重点介绍有关纵波直探头探测的问题。

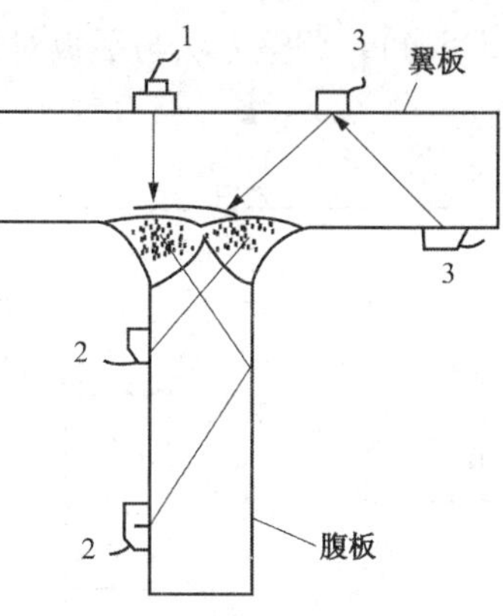

图 5-24　T型角焊缝超声检测示意图

例：检测腹板厚度为20mm，翼板厚度为30 mm T型角焊缝(见图 5-24)，并根据 JB/T 4730.3—2005 标准进行评定。

操作步骤如下：

步骤一：探头的选择

直探头：2.5P14Z。

斜探头：在翼板上检测时推荐使用K1探头。在腹板上检测时，探头 *K* 值根据腹板厚度按表5-23选择。

表 5-23　推荐采用的斜探头 *K* 值

板厚 *T*/mm	*K* 值	板厚 *T*/mm	*K* 值
6~25	3.0~2.0(70°~60°)	46~120	2.0~1.0(60°~40°)
>25~46	2.5~1.5(68°~56°)	>120~400	2.0~1.0(60°~40°)

步骤二：仪器扫描线的调节

纵波直探头检测时，利用T型焊缝的翼板或试块以声程法调节。

横波斜探头检测时，调整方法与平板对接焊缝相同。

步骤三：检测灵敏度调节

(1) 纵波直探头检测灵敏度调节时，根据T型焊缝的翼板厚度，利用CSⅡ系列试块制作曲线。根据 JB/T 4730.3—2005 标准，其各线灵敏度要求如表5-24、图5-25所示。

表 5-24　T型焊接接头直探头距离-波幅曲线的灵敏度

评定线	定量线	判废线
ϕ2 平底孔	ϕ3 平底孔	ϕ4 平底孔

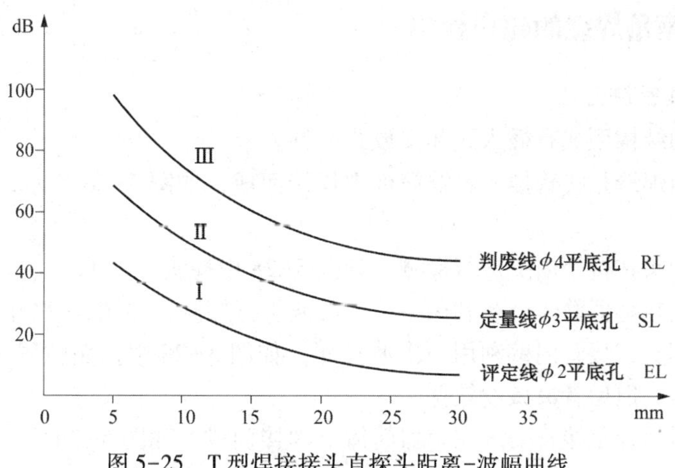

图 5-25　T型焊接接头直探头距离-波幅曲线

(2) 横波斜探头检测时，距离-波幅曲线灵敏度应以腹板厚度按表 5-10 制作(见 5.5.4)。调整方法与平板对接焊缝相同。

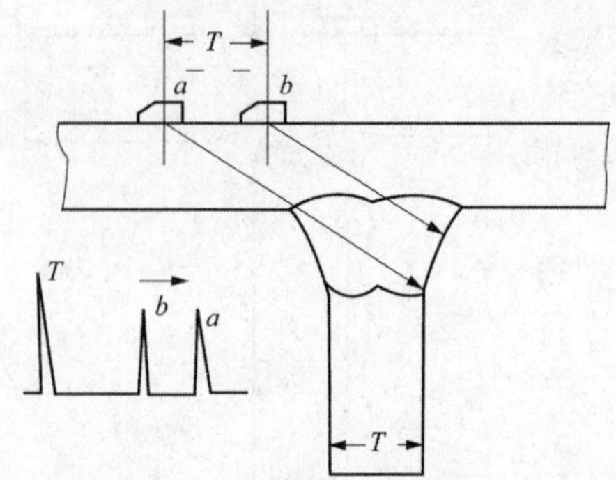

图 5-26 T 型接头焊缝斜探头扫查示意图

步骤四：扫查方式

斜探头横波检测的扫查方式如图 5-26，与平板对接焊缝类似不赘述。

纵波直探头检测有如图 5-27 所示的两种方式，包括锯齿型扫查、斜平行扫查、在翼板探头扫查范围应覆盖焊缝及热影响区。

步骤五：缺陷评定

(1) 超过评定线的信号应注意其是否具有裂纹等危害性缺陷特征，如怀疑时，应采取改变探头 K 值、增加检测面、观察动态波形并结合工艺特征作判定，如对波形不能判断时，应辅以其他检测方法作综合判定。

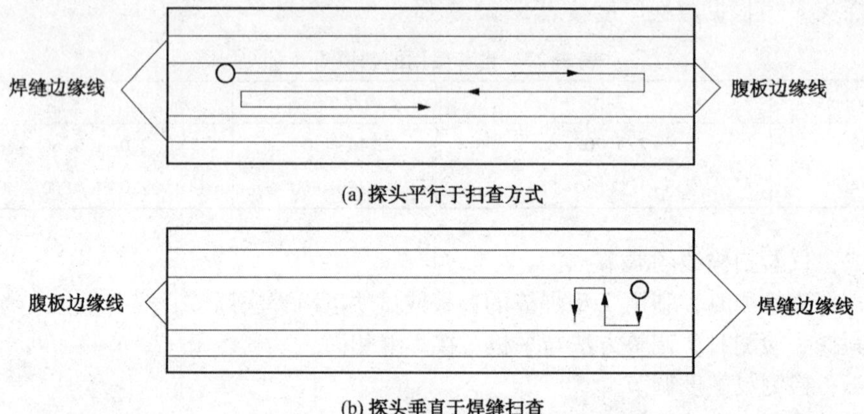

图 5-27 T 型接头焊缝直探头扫查示意图

(2) 缺陷指示长度小于 10mm 时，按 5mm 计。

(3) 相邻两缺陷在一直线上，其间距小于其中较小缺陷长度时，应作为一条处理，以两缺陷长度之和作为其指示长度(间距不计入缺陷长度)。

焊接接头质量分级见表 5-12。

5.5.9 大型管座角焊缝的超声检测

1. 结构类型和检测方法

管座角焊缝的结构型式有插入式和安放式两种。

插入式管座角焊缝是接管插入容器筒件内焊接而成，如图 5-28 所示，可采用以下几种方式检测：

(1) 采用直探头在接管内壁进行探测，如图 5-28 中探头位置 1。

(2) 用斜探头在容器筒体外壁利用一、二次波进行探测，如图 5-27 中探头位置 2。

(3) 采用斜探头在接管内壁利用一次波探测，如图 5-28 中探头位置 3。也可在接管外壁利用二次波探测，但后者灵敏度较低。

安放式管座角焊缝是接管安放在容器筒体上焊接而成，如图 5-29 所示。可采用以下几种检测方式：

（1）采用直探头在容器筒体内壁进行探测，如图 5-29 中探头位置 1。

（2）采用斜探头在接管外壁利用二次波进行探测，如图 5-29 中探头位置 2。

（3）采用斜探头在接管内壁利用一次波进行探测，如图 5-29 中探头位置 3。

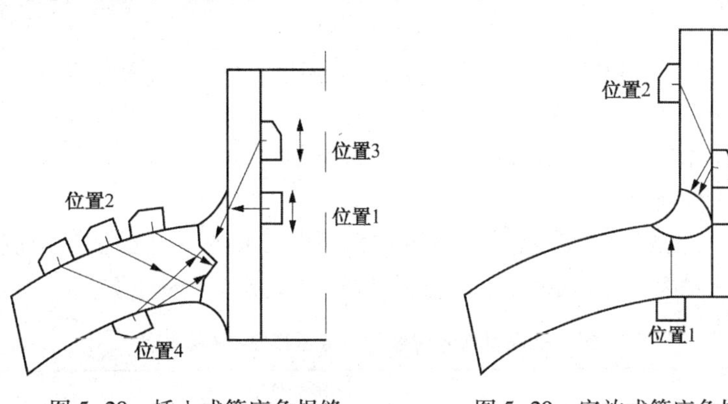

图 5-28　插入式管座角焊缝　　　　图 5-29　安放式管座角焊缝

由于管座角焊缝中，危害最大的缺陷是未熔合和裂纹等纵向缺陷（沿焊缝方向），因此一般以纵波直探头探测为主。对于直探头扫查不到的区域，如安放式焊缝根部，需要另加斜探头进行探测。

2. 探测条件的选择

操作步骤如下：

步骤一：探头选择

在管座角焊缝检测中，检测频率为 2.5～5 MHz。采用单直探头或双晶直探头检测时，由于容器筒体或接管表面为曲面，探头表面为平面，二者接触面小，耦合不良。为了实现较好的耦合，探头的尺寸不宜过大。一般推荐探头与工件接触面尺寸 $W < 2\sqrt{R}$，式中 R 为检测面曲率半径。

采用斜探头检测时，探头与工件接触面尺寸应满足以下要求：

$$a(\text{或}\ b) \leqslant \sqrt{\frac{D}{2}}$$

式中　a——斜探头接触面长度（周向检测）；

b——斜探头接触面宽度（轴向检测）；

D——检测面曲面直径。

步骤二：试块选择

直探头检测用试块与锻件检测的平底孔试块相似如图 5-30。试块中 S、b 见表 5-25。试块材质、曲率半径、表面粗糙度同工件。该试块用于调节检测灵敏度和对缺陷定量。斜探头检测用试块与平板对接焊缝检测用试块相同。

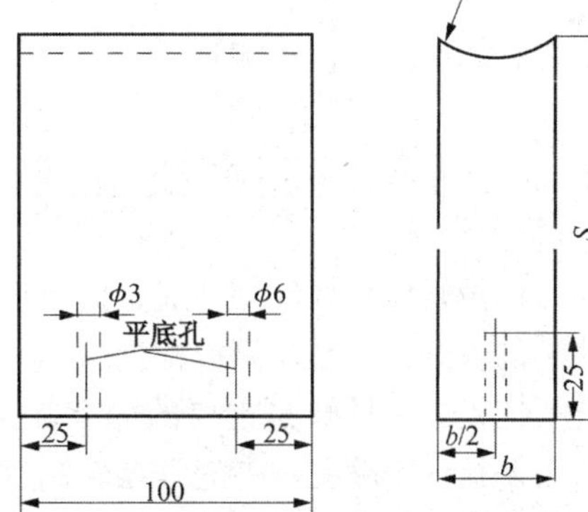

图 5-30　曲面平底孔试块

表 5-25　曲面平底孔试块 S、b 尺寸

S/mm	100	125	150	175
b/mm	50	50	60	60

步骤三：仪器的调节

（1）扫描线调节：

直探头检测时，可利用工件上或试块上已知尺寸的底面来调整。斜探头检测时，可和用CSK-ⅠA 或ⅡW2 试块按声程进行仪器时基线调节，使最大检测声程位于仪器时基线后半部分。

（2）灵敏度调节：

直探头检测时，可用试块对比法或利用工件的圆柱曲底面以底波计算法来调节。直探头检测灵敏度要求一般不低于 ϕ2mm 平底孔。

斜探头检测时，按平板对接焊缝检测的方法调整。

步骤四：距离-波幅曲线

直探头探测时，平底孔距离-波幅曲线可在含不同埋深平底孔的试块上测试，根据 GB 11345—1989 标准，距离-波幅曲线的灵敏度按表 5-26 确定。

表 5-26　检测管座角焊缝的平底孔距离-波幅曲线

标　准	GB/T 11345—1989		
	A	B	C
评定线	ϕ3	ϕ2	ϕ2
定量线	ϕ4	ϕ3	ϕ3
判废线	ϕ6	ϕ4	ϕ6

采用斜探头检测时，距离—波幅曲线的测定与平板对接焊缝的方法相同。

步骤五：缺陷的定量及评定

超声检测过程中发现超过定量线的缺陷时，要测定缺陷的位置、当量大小和指示长度。

缺陷当量：直探头检测时，可用当量计算法或试块比较法来确定。斜探头检测时，按平板对接焊缝方法测定缺陷幅度和所在区域。

缺陷指示长度：当缺陷反射波只有一个高点时，用 6dB 法测长。当缺陷反射有多个高点时，用端点峰值法测长。

5.6　板材的超声波检测

钢板是由板坯轧制而成，而板坯又是由钢锭轧制或连续浇铸而成。目前对板材内部进行检测的较好方法是超声波检测。

钢板中常见缺陷主要的固有缺陷有分层、折叠、（重皮）、白点和层状非金属夹杂物。分层是板坯中缩孔、夹渣等在轧制过程中未密合而形成的分离层，分层破坏了钢板的整体连续性，影响钢板承受垂直板面的拉力作用的强度。折叠是钢板表面局部形成相互折合的层状金属。白点是钢板在轧制后冷却过程中氢原子来不及扩散而形成的，白点断面呈白色，大多出现在厚度大于 40mm 的钢板中。由于钢板中的分层、折叠等缺陷是在轧制过程中形成的，除裂纹以外，大都平行于轧制板面。采用超声波纵波检测方法。

5.6.1　板材手动超声波检测

本检测方法适用于壁厚范围为 6~250mm 的碳素钢、低合金钢制承压设备用板材的超声检测和质量分级。

奥氏体钢板材、镍及镍合金板材以及双相不锈钢板材的超声检测也可参照执行。

1. 检测方法

因为钢板中的缺陷大都平行于轧制面，主要采用纵波直探头法，包括直接接触法和水浸法。对于易产生轧制裂纹的或要求较高的钢板，要辅以横波斜探头法。采用的探头有单晶直探头、双晶直探头（又称为联合双直探头）或聚焦探头。

钢板检测时一般采用多次底波反射法，即在示波屏上显示多次底波。这样不仅可以根据缺陷波来判定缺陷情况，而且可以根据底波衰减情况来判断缺陷情况。只有板厚较大时才采用一次底波或二次底波法。一次底波法示波屏上只显示钢板界面回波与一次底波，只计界面回波与底波之间的缺陷波。

2. 探测条件的确定

（1）探测频率：钢材经轧制后其晶粒比较细，可以采用较高的频率，一般为2.5~5.0MHz；

（2）探头型式：当板厚≤20mm 时，为了克服盲区影响，应采用双晶直探头，板厚大于20mm，采用单晶直探头。

（3）探头尺寸：钢板的面积都很大，为了提高检测速度宜选用大尺寸晶片探头，晶片尺寸过大近场长度相应增大，又不利于探测，一般选用 ϕ20~ϕ30mm 的单晶直探头或 10mm×30mm×2mm 的双晶直探头。

（4）耦合条件：钢板面积大，检测工作量相应较大，采用直接接触法工作人员的劳动强度大，生产率低，为此一般在大面积粗探时采用水浸法（具体方法详见前面的“通用技术”），故水就是耦合剂。粗探发现缺陷要进行细探时，如采用直接接触法，耦合剂可采用机油或化学浆糊。

（5）试块：钢板检测的试块有两种：当板厚≤20mm，采用双晶直探头时，要用阶梯试块，如图 5-31 所示。阶梯的厚度基本涵盖了板厚≤20mm 的中板厚度。板厚大于 20mm，采用单晶直探头时，要用 ϕ5 平底孔试块，详见前述“超声检测仪器、探头及试块”有关内容。

例：用直探头手动检测壁厚为 2400mm×1200mm×50mm 的钢板（见图 5-32），材质为 Q345R，并依据 JB/T 4730.3—2005 进行全面扫查，验收级别为Ⅱ。工艺卡编制情况（见表 5-27）。

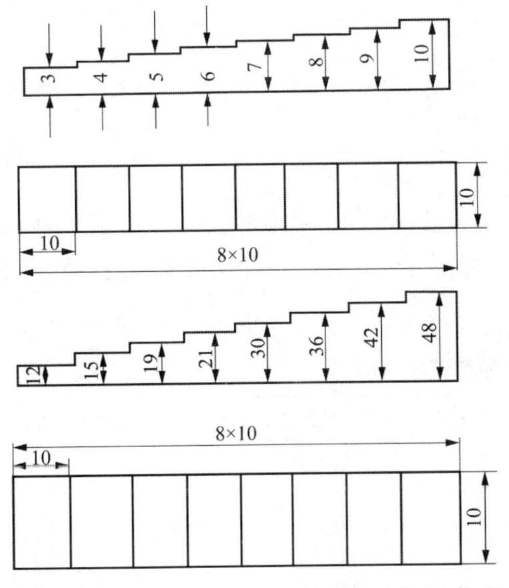

图 5-31　板厚小于等于 20 双晶直探头检测用试块

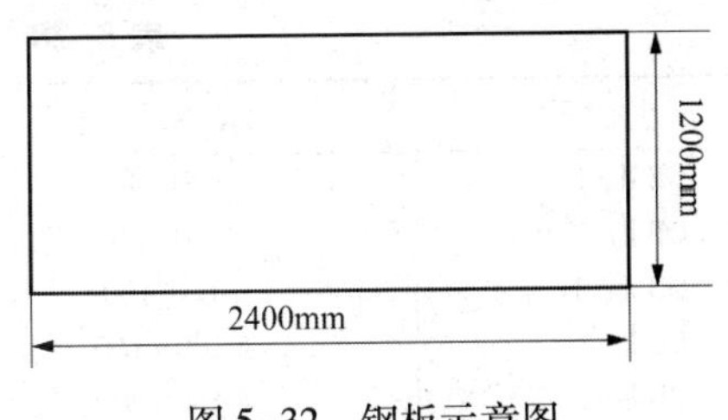

图 5-32　钢板示意图

表 5-27 钢板超声检测工艺卡

产品名称	钢 板	工件编号	—	
工件	检测项目	板材	规格	2400mm×1200mm×50mm
	检测时机	轧制后	板厚	50mm
	表面状态	轧制面	材质	Q345R
器材及参数	仪器型号	数字仪器 HS-610e	检测方法	直接接触法
	探头型号	2. 5P20Z	表面补偿	实测
	试块型号	CBⅡ-2	扫查速度	≤150mm/s
	耦合剂	机油	检测面	轧制面
技术要求	验收标准	JB/T 4730. 3—2005	检测比例	100%
	合格级别	Ⅱ级	检测规程编号	—
扫描线调节及说明	在试块上调节仪器的检测范围为 200mm			
灵敏度校准及设定	探头对准 CBⅡ-2 标准试块的 $\phi5$ 平底孔，将一次反射波高度调整到满刻度的 50%作为基准灵敏度。			
扫查方式及说明	扫查方式为间距≤100mm 的列线扫查，坡口预定线周边 50mm 宽度范围内进行 100%扫查，并且探头的每次扫查覆盖率大于探头直径的 15%。			
缺陷记录	1. 指示长度≥40mm 的缺陷；2. 指示面积≥25mm^2；3. 裂纹、白点等危害性缺陷。			
扫查方式及扫查部位示意图	压延方向 100%扫查区域 坡口预定线 1200 100 100 100 2400			
编制		审核		日期

操作步骤如下：

步骤一：检测前准备

探头选择：2. 5P20Z。

耦合剂：选用 10 号机油作为耦合剂。

步骤二：检测灵敏度调节

根据被检钢板厚度在表 5-28 中选择 CBⅡ相应试块的 $\phi5$ 平底孔试块。这里选择 CBⅡ-2，将单晶直探头放置在所选的平底孔试块上，探测 $\phi5$ 平底孔，并将其调为满刻度的 50%高度，即为检测灵敏度。

表 5-28 CBⅡ标准试块/mm

试块编号	被检钢板厚度	检测面到平底孔的距离，S	试块厚度，T
CBⅡ-1	>20~40	15	≥20
CBⅡ-2	>40~60	30	≥40
CBⅡ-3	>60~100	50	≥65
CBⅡ-4	>100~160	90	≥110
CBⅡ-5	>160~200	140	≥170
CBⅡ-6	>200~250	190	≥220

当采用第二次缺陷波和第二次底波来评定缺陷时，检测灵敏度应以相应的第二次反射波来校准。

步骤三：扫查方式

扫查方式为间距≤100mm 的列线扫查，坡口预定线周边 50mm 宽度范围内进行 100%扫查，并且探头的每次扫查覆盖率大于探头直径的 15%。

步骤四：缺陷的判定

按 JB/T 4730. 3—2005 Ⅰ级验收标准对缺陷进行评定。

（1）缺陷定位　用直探头在钢板上进行扫查，在找到缺陷最大回波时，固定探头，调节“增益”，使缺陷最大回波高度下降到基准波高（AM ：50%）时，记下此时增益读数。假设为 S_3 dB，示波屏上的（PS ：XX. X mm）的读数即为缺陷埋深 h（mm ），此时探头的几何中心位置即为缺陷在探测面上的投影位置。如图 5-33 所示量出缺陷最大处 M 坐标（x_M，y_M），即可知缺陷在坐标轴上的位置 M（x_M，y_M，h）。

（2）缺陷定量　在找到缺陷最大回波时，调节“增益”，使缺陷最大回波高度降到基准波高（AM：50%），记下此时的增益读数 S_3 dB，则缺陷的当量为小 ϕ5mm +（A_0-S_3）dB，即表示缺陷比试块平底孔直径中 ϕ5mm 大（A_0-S_3）dB。当 A_0-S_3为正时，表示缺陷比平底孔大；当 A_0-S_3为负时，表示缺陷比平底孔小。

（3）缺陷面积或长度评定　将增益调到起始灵敏度 A_0dB，在钢板上找到缺陷最大回波时，以该最大回波位置为中心，向外辐射状移动探头，直至缺陷回波降到“AM：25%”波高为止，此时探头的几何中心所对位置即为缺陷的边缘。连接各次测定的探头几何中心位置，即可在探测面上画出缺陷在探测面上的平面投影形状的大小，进而可以计算出其近似面积（图 5-33）；并标记出缺陷最左边点 A、最下边点 B，最右边点 C 和最上边点 D 的平面坐标。

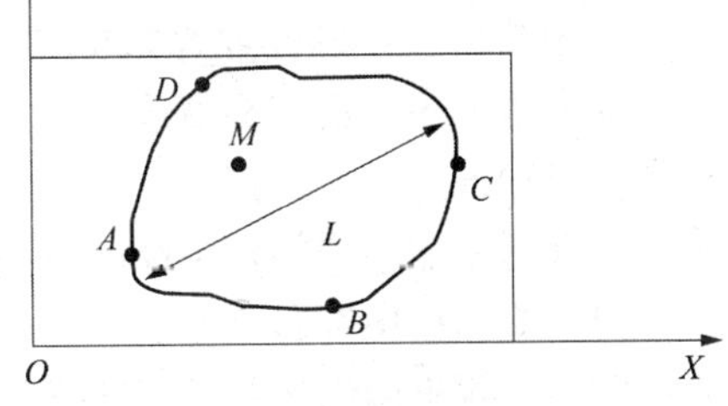

图 5-33　缺陷示意图

缺陷的长度只需按照上述测面积的方法，测出缺陷延伸方向的最长两端距离，即为缺陷长度 L。

步骤五：缺陷评定

在钢板中部发现指示长度为 60mm 宽度为 50mm 和指示长度为 110mm 宽度为 50mm，其间距为 70mm 的两个缺陷，根据 JB/T 4730. 3—2005 对其进行评级。

两个缺陷的指示面积分别为 30cm^2 和 55cm^2，根据 JB/T 4730. 3—2005 标准的表 5-29，单个指示长度评为Ⅱ级,。单个面积指示长度评为Ⅲ级，最后综合评为Ⅲ级。

表 5-29　钢板质量分级

级别	不允许存在的单个缺陷的指示长度/mm	不允许存在的单个缺陷指示面积/cm^2	在任一 1m×1m 检测面积内存在的缺陷面积百分比（100%）	以下缺陷指示面积不计/cm^2
Ⅰ	<80	<25	≤3	<9
Ⅱ	<100	<50	≤5	<15
Ⅲ	<120	<100	≤10	<25
Ⅳ	<150	<100	≤10	<25
Ⅴ	超过Ⅳ者			

5.6.2 板材自动超声波检测的扫查方式

通常探头相对钢板移动的扫查方式为：纵向扫查、横向扫查和摆动扫查(即横向梳扫)，下面分别对不同的扫查方式进行介绍。

1. 纵向扫查

探头平行于钢板压延方向作相对运动的检查方法为纵向扫查(见图 5-34)。

纵向扫查的检测轨迹为平行直线(见图 5-35)，平行线之间的间距 T 可随钢管的检测标准而改变，T=75mm、100mm、150mm、200mm、225mm 等。

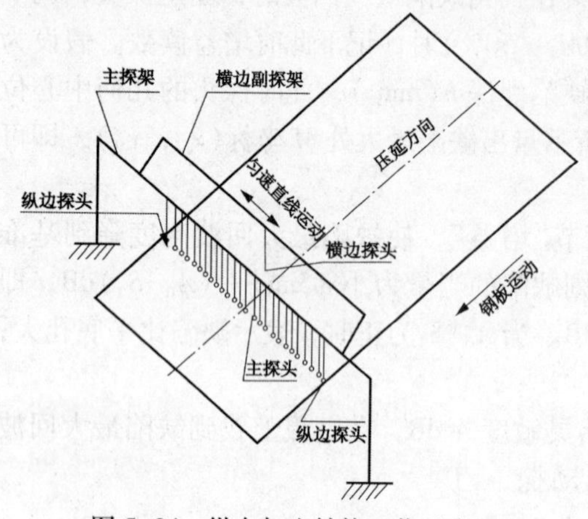

图 5-34　纵向扫查结构工作示意图

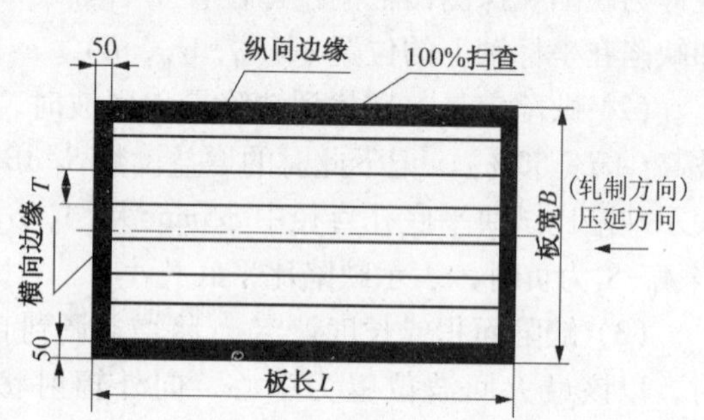

图 5-35　纵向扫查检测线示意图

探头数量多少由钢板宽度及检测标准决定。若钢板作直线运动而探头不动的在线超声波检测，按扫查要求摆放探头，如：板宽 4500mm 钢板(ϕ1420 钢管)，实施 GB/T 2970—2004 的 1 级检测标准，作间距 100mm 扫查，则需要：

(1) 检测板中部的主探头：(4500−2×50)/100=44 只。

(2) 检测板两纵边探头：2×3=6 只(二边各三只，通常一只探头晶片尺寸为 ϕ20mm，考虑到 50mm 之内扫查 100%覆盖，至少需要 3 只探头)。

(3) 两横边(板头板尾)探头：1×3=3 只。在主探架前方平行增加一个横边副探架(横边探头在其探架上可作往返直线运动)。以上共计探头数量为 53 只。

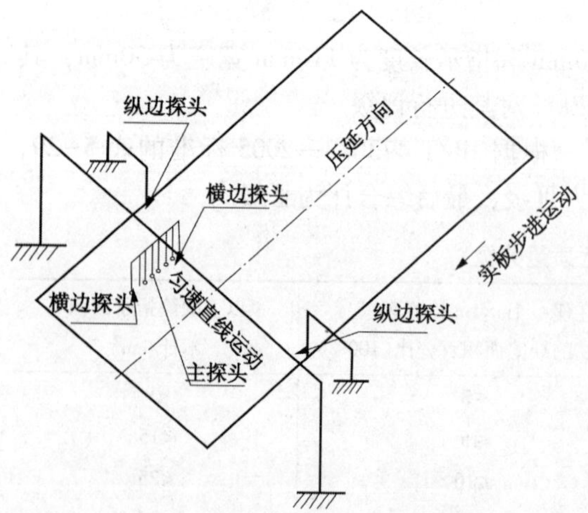

图 5-36　横向扫查结构工作示意图

2. 横向扫查

探头垂直于钢板的压延方向作相对运动的检查方法为横向扫查，结构形式(见图 5-36)。

横向扫查与纵向扫查方式基本一样，检测轨迹也为平行直线(见图 5-37)，只是横向扫查的探头数量由于一次扫查的范围增大而比纵向扫查的探头数量多。若探头数量不多，则可采用钢板作步进(间歇)直线运动，探头垂直于钢板压延方向往返扫查，但检验节拍慢。

3. 摆动扫查(即横向梳扫)

按一定间距固定的若干探头沿垂直于钢

板压延方向排布，并沿垂直于钢板压延方向作横向摆动，同时钢板纵向作匀速直线连续运动并通过探头的检查方法称为摆动扫查。纵边检测由纵边探头沿钢板压延方向扫查。横边检测由主探头多次往返作垂直于钢板压延方向扫查。在横边检测时，钢板必须缓慢前进，保证检测100%（见图5-38）。

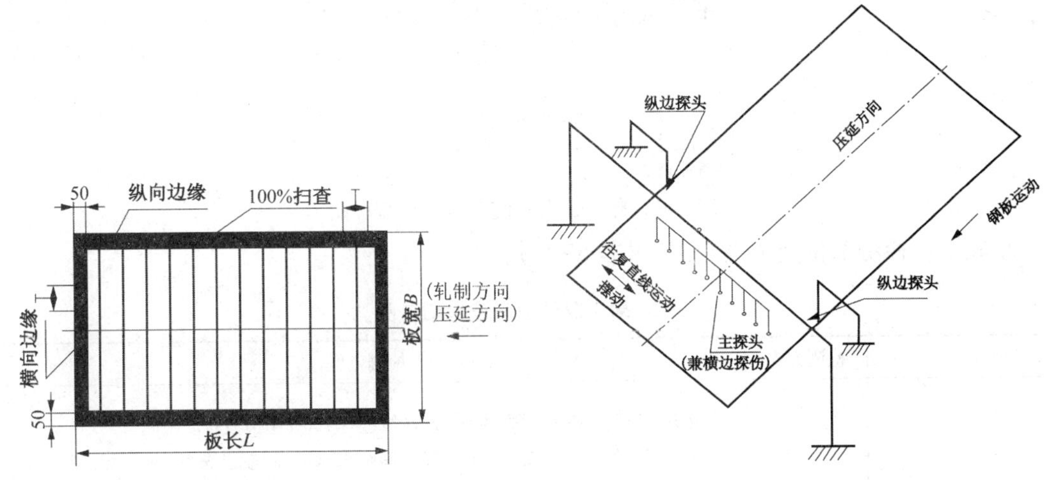

图5-37　横向扫查检测轨迹示意图

图5-38　摆动扫查结构示意图

探头横向摆动装置一般采用电机-曲柄滑块机械传动。当电机带动曲柄作整周连续转动时，通过连杆可带动滑块作往复直线运动。滑块下垂直挂着一排可上下升降约200mm的主探头。曲柄长度和探头间距均可调。

曲柄滑块机构带动探头作往返运动，则探头沿垂直于钢板压延方向作一正（余）弦曲线运动，而钢板作匀速直线运动，我们将这两个速度合成，则可得出探头在钢板上的检测轨迹线（见图5-39），在图中A为摆幅（摆幅A为曲柄长度的二倍），K为探头间距，S为螺距（随钢板运动速度而变化），A、K、S可随板宽和检测标准不同而调节，$K \leqslant A$。

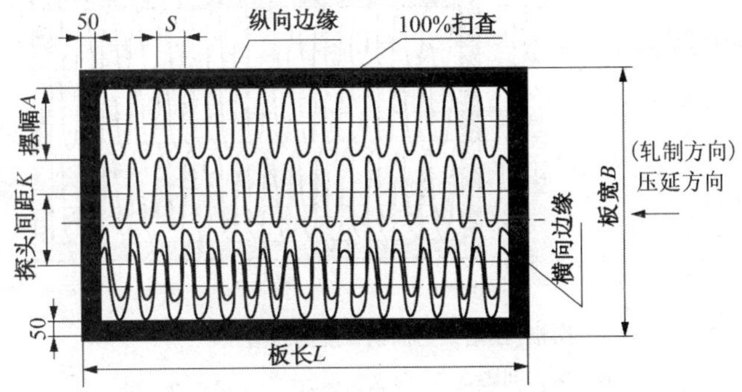

图5-39　摆动扫查检测线示意图

摆动扫查相对于单纯的全覆盖纵（横）向扫查及往复式纵（横）向扫查，具有机械结构简单、体积小、通道数少、运行平稳可靠等特点。

5.6.3　板材自动超声波检测

本方法适用于壁厚范围为6~40mm中厚板超声自动检测，采用局部满溢式耦合、垂直板面入射的纵波直探头检测法。

例：对板厚为25mm的钢板进行超声自动检测，操作步骤如下：

步骤一：检测工艺流程布置(见图 5-40)：

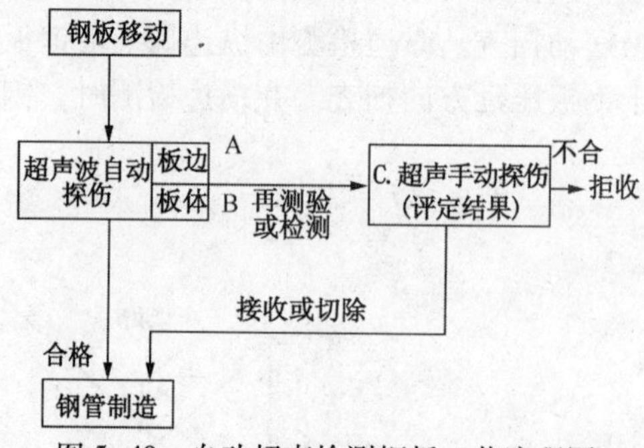

图 5-40　自动超声检测钢板工艺流程图

步骤二：检测部位及范围确定(见表 5-30)：

表 5-30　自动超声波检测范围

项　　目	检测方式	检测范围
板边(固定扫查)		1. 板头、板尾及钢板两边各 50mm 区域进行 100%超声波自动检测。 2. 钢板两侧各设 3 只探头，相互横向间距 15mm，对板边缘 50mm 区域进行 100%超声波自动检测。 板头　板尾　50mm　50mm　50mm　50mm　钢板运动方向
板头、板体、板尾(摆动扫查)	脉冲反射法	50(30)　S　纵向边缘　100%扫查　摆幅A　探头间距K　横向边缘　板宽B　(轧制方向)压延方向　50(30)　板长L A—摆幅(摆幅 A 为曲柄长度的二倍)， K—探头间距， S—螺距(由钢板运动速度而变化)。 A、K、S 可随板宽和检测标准不同而调节，$K \leqslant A$。
评定结果(手动复验)		板边和板体的缺欠喷标进行超声手动复检。

步骤三：探头布置方式

由于检测标准或技术条件的要求不同，钢板上所布置的探头数量及位置按相应标准要求执行。不同的检测标准，决定了超声波声束扫查覆盖面积的百分比亦不相同，探头布置及扫查部位(见表5-31)。

表 5-31　探头布置及扫查方式

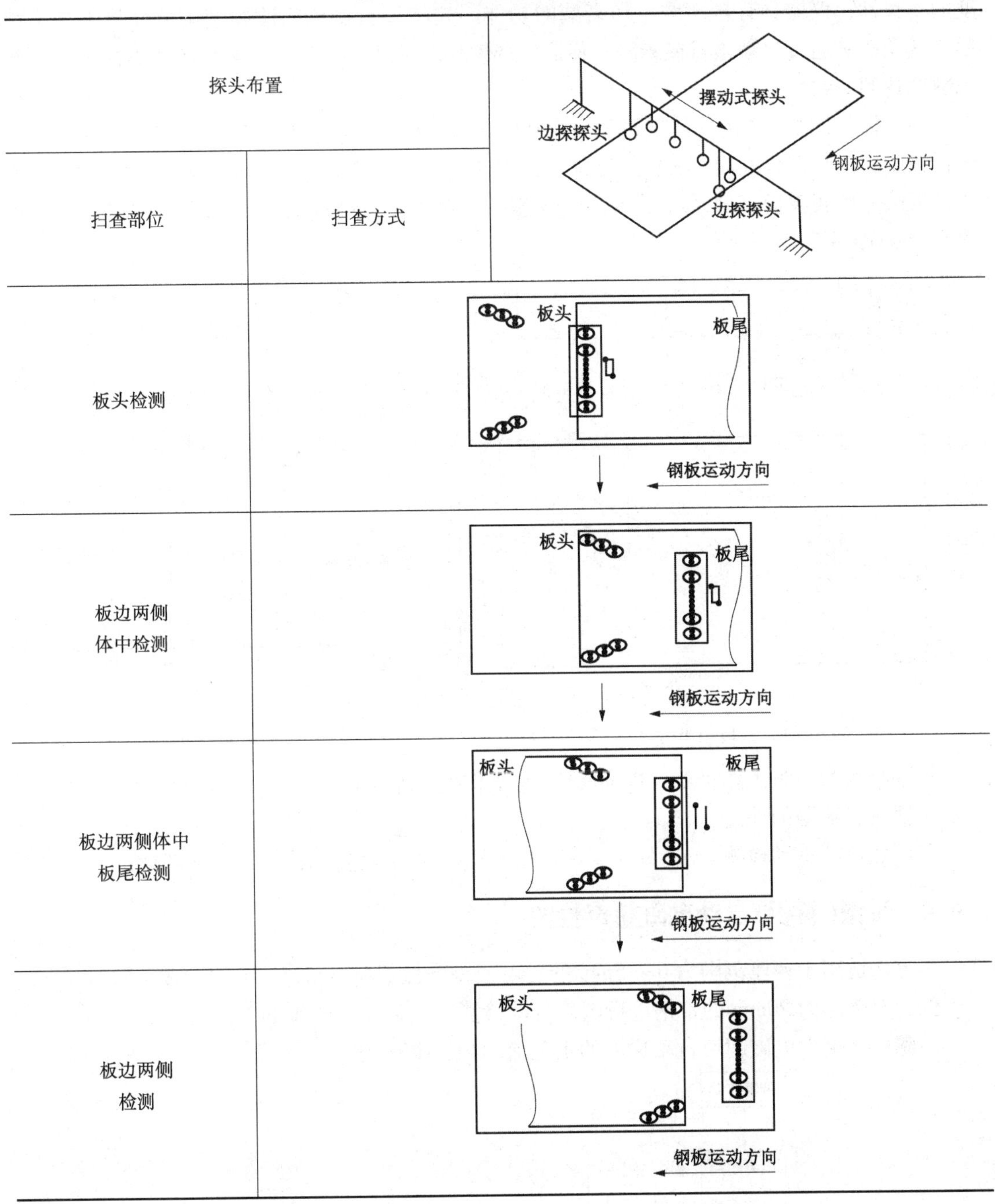

探头布置		
扫查部位	扫查方式	
板头检测		
板边两侧体中检测		
板边两侧体中板尾检测		
板边两侧检测		

步骤四：对比标样制作及检测灵敏度调节：

根据GB/T 9711—2011和API-5L 44版等标准规定，对比标样应采用同规格、相似的表面状态和声学性能、无缺陷的实物钢板制作(见图5-41)，利用板厚1/2深度的ϕ6mm平底孔人工缺陷确定检测灵敏度。

检测灵敏度调节：探头置于对比标样上扫查ϕ6mm平底孔，将人工缺陷第一次反射波高调至基准波高(示波屏满刻度的80%)，作为检测灵敏度。

由于仪器是多通道设备，各检测通道与探头的组合灵敏度高低不一，为了保证检测灵敏度的一致性，仪器具有自动增益和衰减的功能。先将一只探头回波幅度调节好作为基准之后，其余探头通过自动增益或衰减，使回波幅度保持一致。从而使检测仪的所有通道的检测灵敏度达到一致性。

闸门设置：闸门1为伤波报警闸门，闸门2为耦合状况失波报警闸门。将闸门1的宽度设置在始脉冲与钢板底面回波区域之间，高度为50%，用于监视缺陷报警状况。闸门2设置于钢板第一次底波稳定的回波区域，完全套住一次底波，高度为20%，用于监视仪器工作和耦合状况(见图5-42)。

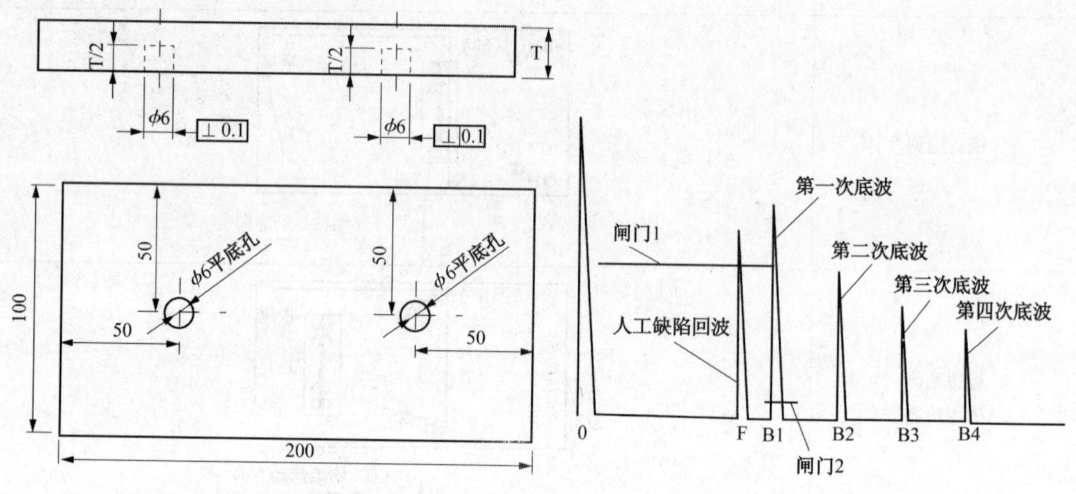

图5-41　钢板超声波试块

图5-42　闸门设置

校准频次为：每工作班至少校准两次(每工作班开始及以后至少每4h进行一次)。

步骤五：缺陷的评定。

采用超声波手动检测方法(见5.5.4)，根据标准规定对自动检测的可疑部位进行评定。

5.6.4　带钢(卷板)自动电磁超声检测

本方法适用于壁厚范围为6~25mm的导电或铁磁性板材电磁超声自动检测。

例：对壁厚为20mm的带钢进行超声自动检测，具体操作步骤如下：

步骤一：钢带电磁超声自动检测的工艺流程(见图5-43)：

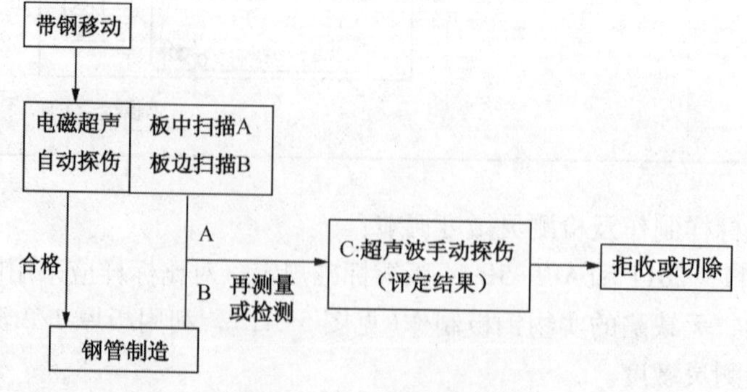

图5-43　电磁超声自动检测带钢工艺流程图

步骤二：探头布置：

带钢边缘两侧边各布置一只探头，带钢中部布置两只探头，四个探头沿钢板板面按特定的距离和方向依次排列，对钢板进行100%扫查检测（见图5-44）。

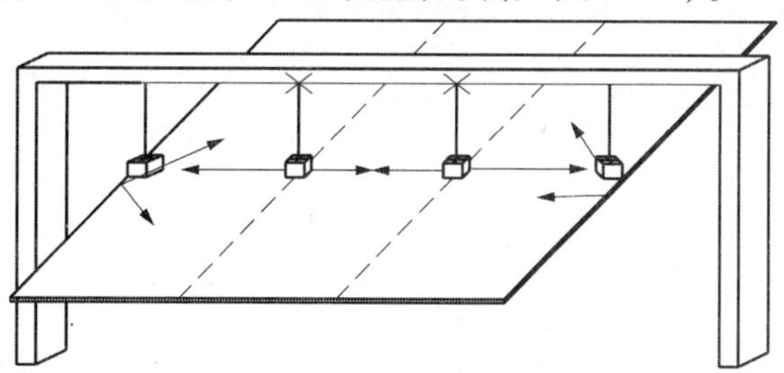

图5-44　探头布置示意图（图中箭头为声束扫查方向）

扫查及布置方式见表5-32。

表5-32　探头扫查及布置方式

项　目	检测方式	检测范围
带钢体中固定扫查	电磁超声脉冲反射法	1. 对带钢板体母材≥25%的表面覆盖面积进行超声波自动扫查检测。 2. 对带钢两侧边缘45mm范围内母材，进行100%超声波自动检测。 L1　L2　L1 30　A1　A2　30 B1　带钢板体　B2
带钢两侧固定扫查		
评定结果手动检测	A型超声脉冲反射法	对板边缘和板体中部的母材可疑缺陷喷标部位进行压电超声手动复检。

步骤三：对比标样制作：

对比标样应采用与被检工件相同厚度、相似表面状态和声学性能、无缺陷的实物钢板制作。具有下图中位于板厚1/2深度的人工分层缺陷（见图5-45），用以确定探伤灵敏度。

步骤四：检测灵敏度调节及闸门设置

板中检测灵敏度调节：

（1）将A1、A2探头落到钢板表面，施加磁化电流，显示屏幕上出现始脉冲和板边反射波，调节报警闸门。

（2）探头置于对比标样上，超声波主声束扫查人工缺陷，使人工缺陷最高回波达到示波

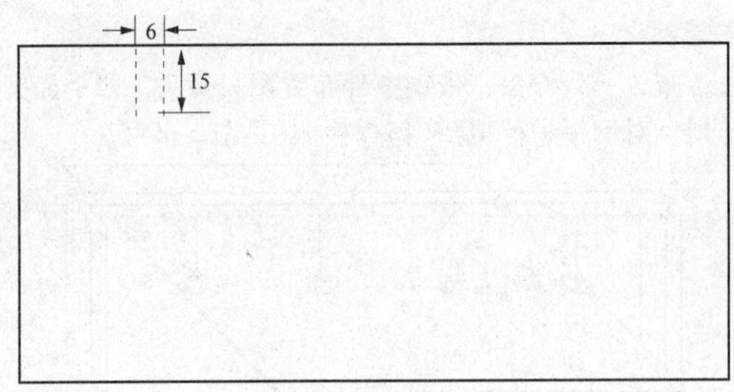

图 5-45　E 对比标样

屏满刻度的 80%，作为基准探伤灵敏度。

板中闸门设置：

闸门 1 为伤波报警闸门，闸门 2 为失波报警闸门。将闸门 1 的宽度设置在始脉冲与钢板边缘回波区域之间，高度为 50%，作为伤波报警区域。闸门 2 设置于板边回波区域，完全套住板边回波，高度为 20%，用于监视仪器工作和耦合状况。(见图 5-46)

板边检测灵敏度调节：

将 B1、B2 探头落到对比标样钢板表面，超声波主声束扫查人工缺陷，调节增益，使人工缺陷最高回波达到示波屏满刻度的 80%，作为基准探伤灵敏度。

板边设置闸门：闸门 1 为伤波报警闸门，闸门 2 为失波报警闸门。使人工缺陷回波位于上波报警闸门中部，闸门宽度覆盖范围不小于被检区域，高度为 50%。闸门 2 设置于始脉冲回波区域，完全套住始脉冲，高度为 20%，用于监视仪器工作状况(见图 5-47)。

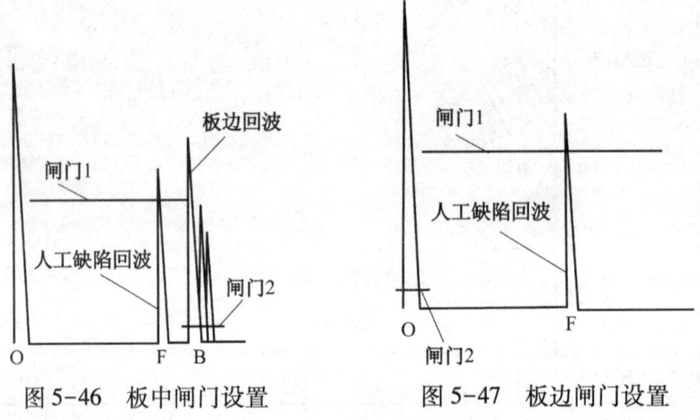

图 5-46　板中闸门设置　　图 5-47　板边闸门设置

步骤五：缺陷评定：

采用超声波手动检测方法(见 5.5.4)，对 EMAT 自动检测的缺陷部位进行评定。

5.6.5　复合板的检测

1. 复合板的特点

复合板是由基材和复合层组成的。例如在碳素钢或低合金钢的基材上复以不锈钢、钛之类的复合层。复合层用来提高耐磨、耐腐蚀等性能，而强度则主要是由基材来保证的。

复合层与基材的结合可以采用轧制法、爆炸复合法和堆焊复合法等，复合板中的缺陷主要是复合层和基材界面上的结合不良。结合不良部分的缺陷呈完全脱开或不完全脱开状态。

2. 复合板的结合面回波

在用纵波直探头对复合板作检测时，如果基材与复合层的声阻抗相同或接近，超声波在结合面上不会产生明显的界面回波，例如奥氏体不锈钢复合在普通钢上的复合板；如果基材与复合层的声阻抗相差较大，在复合界面上会产生较强的界面回波，例如钛合金复合在普通钢上的复合板。表 5-33 分别列出了 18-8 不锈钢及钛复合钢板与钢复合的界面声压反射率。

表 5-33 复合钢板复合面的声压反射率（钢：$z_2=46\times10^6kg/m^2s$）

复合材料	$z_1/(10^6kg/m^2s)$	z_1/z_2	声压反射率，r	结合面回波声压 PrdB / 底面回波声压 PrdB
18-8 不锈钢	45.7	0.993	0.0035	-49.1
钛	27.4	0.596	0.253	-11.4

由此表不难推断，复合材料为 18-8 不锈钢的复合钢板，结合面回波极小，几乎看不到；而复合材料是钛的复合钢板结合面回波就会相当的大。

3. 检测方法

复合板中的缺陷主要是复合层和基材界面上的结合不良，而这种结合不良形成的面正好平行于板面，因此最适宜采用纵波直探头置于板面上进行探测。

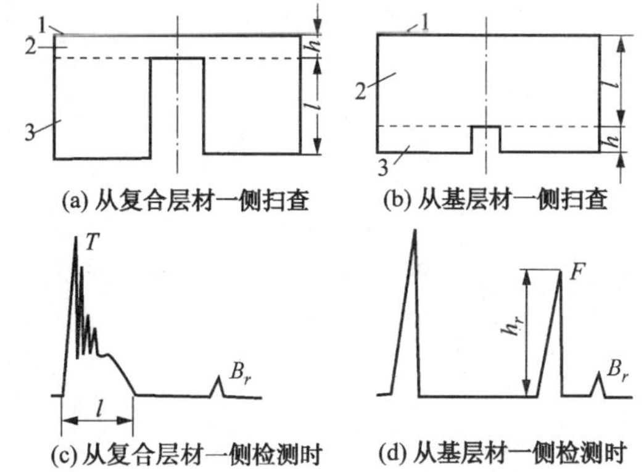

图 5-48 钛复合钢板对比试块及检测图形

h_r—人工槽反射波高；l—人工槽多次反射波高；1—探测面；2—复合材；3—基材

操作步骤如下：

步骤一：探测条件的选择：

（1）探头：可采用单晶直探头或双晶直接头，探测频率为 2.5～5.0MHz，探头直径为 $\phi20\sim\phi30$mm。

（2）对比试块：对比试块应选用与被检复合钢板的规格、材质、热处理工艺和表面状态相同或相似的复合钢板制备。对比试块的尺寸和形状见图 5-48、见表 5-34、表 5-35。对比试块的复板厚度 A 和复合钢板的复板厚度的误差不得超过± 10%。

表 5-34 人工缺陷尺寸

探头直径	槽　宽	探头直径	槽　宽
14	5±0.2	30	10±0.2
20	7±0.2		

表 5-35 B 型对比试块的基板厚度/mm

复合钢板的基板厚度	B 型对比试块的基板厚度	复合钢板的基板厚度	B 型对比试块的基板厚度
≤20	复合钢板的基板厚度或 15	>20～40	复合钢板的基板厚度或 80
>20～40	复合钢板的基板厚度或 30	>20～40	与复合钢板的基板厚度的误差不超过±20%
>20～40	复合钢板的基板厚度或 50		

步骤二：检测面的选择：

可从母材一侧探测，也可从复合层一侧探测，根据声阻抗、表面状态及复合钢板的形状决定。对于轧制的复合板原则上应为轧制表面，但应平整不影响检测结果。

步骤三：检测灵敏度调节：

应将对比试块或复合钢板完全接合部分的底波 B，调节到满刻度的 80%作为检测灵敏度，以此扫查试块人工缺陷部位，并予以记录，然后与工件进行比较。

（1）从复板一侧检测时，找出最小的第一次底波 Ba 并予以记录（见图 5-49a）。

（2）从基板一侧检测时，找出最大的人工缺陷回波 Fb 和此时的底波 dB，并予以记录（见图 5-49b）。

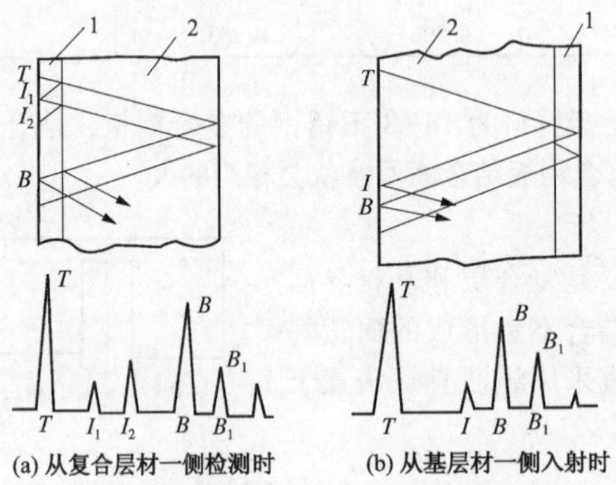

图 5-49　复合钢板检测中超声波的传播路径（图中为清楚起见，将垂直波束倾斜画出）

a）从复合层材一侧检测时　b）从基层材一侧入射时

1—复合材　2—基材

步骤四：扫查方式：

探头在基板或复板一侧按 50mm 的间距，垂直轧制方向移动扫查，如图 5-50 所示。在焊缝坡口位置 50mm 的范围内应进行 100%的检测。

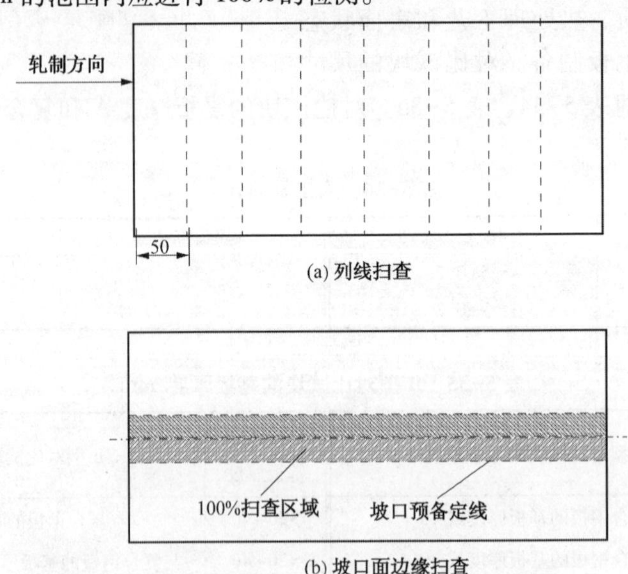

图 5-50　复合板的扫查方式

步骤五：未接合部分的定义和等级评定：

（1）未接合部分的定义。

① 从复板侧检测时，若缺陷回波多次反射的第一次底面回波高度低于 A 形对比试块底

面回波 Ba 时，该部分即为未接合部分。

② 从基板侧检测时，若缺陷回波高度高于 B 形对比试块人工缺陷回波高度，或 F/B 的值高于 B 形对比试块的 Fb/Bb 值时，该部分即为未接合部分。

（2）未接合区域的测定法。

① 从复板一侧检测时，采用缺陷全波消失法确定缺陷的界限。未接合部分的宽度和长度应以探头内侧算起。

② 从基板一侧检测时，采用缺陷半波高度法确定缺陷的界限。未接合部分的宽度和长度应以探头中心算起。

（3）未接合部分的定义和等级评定。

① 未接合部分的定义：从复板侧检测时，若缺陷回波多次反射的第一次底面回波高度低于对比试块底面回波 Ba 时，该部分即为未接合部分。从基板侧检测时，若缺陷回波高度高于 B 形对比试块人工缺陷回波高度，或 F/B 的值高于 B 形对比试块的 Fb/Bb 值时，该部分即为未接合部分。

② 未接合区域的测定法：从复板一侧检测时，采用缺陷全波消失法确定缺陷的界限。未接合部分的宽度和长度应以探头内侧算起。从基板一侧检测时，采用缺陷半波高度法确定缺陷的界限。未接合部分的宽度和长度应以探头中心算起。

未接合缺陷的等级评定（见表 5-36）。

表 5-36　未接合缺陷的等级评定

等级	单个缺陷指示面积/mm^2	单个缺陷指示长度/mm	任一 1m×1m 面积内存在缺陷面积的百分比%
Ⅰ	<1600	<60	≤2
Ⅱ	<3600	<80	≤3
Ⅲ	<6400	<120	≤4

注：1. 单个缺陷面积小于 $900mm^2$ 不计。

2. 两个缺陷之间的最小间距小于等于 20mm 时，应作为单个缺陷处理，其面积为两个缺陷面积之和（不考虑间距）。

在坡口预定线两侧各 50mm（板厚大于 100mm 时，以板厚的一半为准）内，缺陷的指示长度大于或等于 50mm 时，则应判废，不作评级。在检测过程中，检测人员如确认钢板中有白点、裂纹等危害性缺陷存在时，则应判废，不作评级。

例：某合金和钢组成的复合材料，二者完全结合（见图 5-51），合金厚度为 30mm，钢厚度为 20mm，$Z_{合金}=24.2\times10^6 kg/m^2\cdot s$，$c_{钢}=5900m/s$，$Z_{钢}=45.6\times10^6 kg/m^2\cdot s$，$c_{合金}=3320m/s$，现用直接接触法对金属面探测，分别计算出：A. 复合界面的声压反射率；B. 底面声压反射率；C. 复合界面与底面二者的波高 dB 差；D. 若示波屏上时间轴以钢中纵波声程 1∶1 校正后，画出复合界面波与底面波的位置（始波对准 0 刻线）。

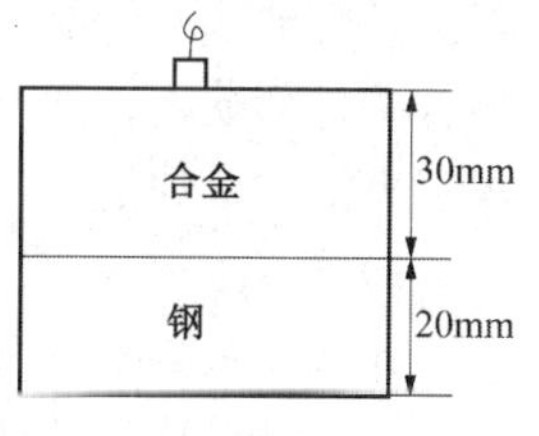

图 5-51　复合板示意图

解：

A. 声压反射率：$\gamma_p=\dfrac{Z_{钢}-Z_{合金}}{Z_{合金}+Z_{钢}}=\dfrac{45.6-24.2}{24.2+45.6}=0.3066=30.66\%$

B. 底面声压反射率：$T=1-r_p^2=1-0.3066^2=0.90599=90.599\%$

C. 复合界面与底面波高 dB 差：$\Delta dB = 20\lg\dfrac{\gamma_p}{1-\gamma_p^2} = 20\lg\dfrac{0.3066}{1-0.3066^2} = -9.4dB$

D. 界面波与底面波位置比：$\dfrac{5900}{10}=\dfrac{3320}{x}$ 所以：$x=\dfrac{3320\times10}{5900}=5.627$

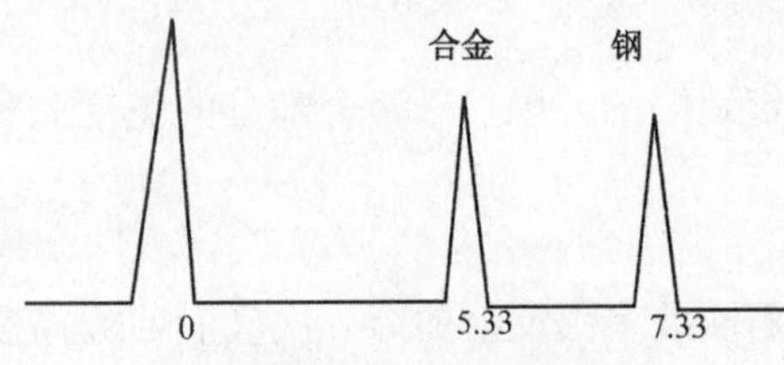

图 5-52　合金与钢的反射波在示波屏上显示位置

$n_{合金}=\dfrac{30}{5.627}=5.33$ 格，$n_{钢}=5.33+2=7.33$ 格

答：声压反射率为 30.66%，底面声压反射率为 90.599%，复合界面与底面波高差为-9.4dB，界面波与底面波位置比为 5.627。复合界面波与底面波的位置(见图 5-52)。

5.7　管材的超声检测

5.7.1　管材的加工和管材缺陷

1. 管材的加工

管材种类很多，据管径不同分为小口径管(管径规格范围)和大口径管(管径范围)，据加工方法不同分为无缝钢管和焊接管。

无缝钢管是通过穿孔法和高速挤压法得到的，穿孔法是用穿孔机穿孔，并同时用轧辊滚轧，最后用心棒轧管机定径压延平整成型。高速挤压法是在挤压机中直接挤压成形，这种方法加工的管材尺寸精度高，厚壁中径管也有用这种方法的。

焊接管是先将板材卷成管形，然后用电阻焊或埋弧自动焊加工成型。一般大口径管，例如燃气输送管道，多用这种方法加工。焊接管的无损检测对象主要是焊缝，焊缝的超声检测方法已如前述，不再在这里介绍。

2. 管材的缺陷

无缝钢管中常见的固有缺陷有夹杂、夹层等；工艺缺陷主要有裂纹、折迭、白点等。焊接管中的常见缺陷包括焊缝金属和与之相邻的母材热影响区的区域。有外部缺陷和内部缺陷。外部缺陷有焊缝尺寸不符合要求、未焊满、咬边、焊瘤、表面气孔、表面裂纹等，为检测这些外部缺陷，通常采用目视检测、磁粉检测、渗透检测等方法。常见的内部缺陷有孔穴、夹渣、未焊透、未熔合和裂纹等。

1）孔穴

孔穴类缺陷包括气孔、结晶缩孔、弧坑缩孔等。

气孔是最典型的孔穴类缺陷。是在焊接过程中焊接熔池在高温时吸收了过量的气体或冶金反应产生的气体，在冷却凝固之前来不及逸出而残留在焊缝金属内所形成的空穴。根据形状和分布的情况，可分为球形气孔、条形气孔、均布气孔、链状气孔和局部密集气孔等。产生气孔的主要原因是焊条或焊剂在焊前未烘干，焊件表面污物清理不净等。

结晶缩孔是冷却过程中在焊缝中心形成的长型收缩孔穴，通常在垂直于焊缝表面方向上出现。

弧坑缩孔是指焊道收弧处的凹陷，且在后续焊道焊接之前或在后续焊道焊接过程中未被消除。

2）未焊透

未焊透是指焊接接头部分金属未完全熔透的现象。产生未焊透的主要原因是焊接电流过小，运条速度太快或焊接规范不当（如坡口角度过小，根部间隙过小或钝边过大等）。未焊透分为根部未焊透和中间未焊透等。

3）未熔合

未熔合主要是指焊缝金属与母材之间没有熔合在一起或焊道金属之间没有熔合在一起的现象。产生未熔合的主要原因是坡口或层面未清理干净，运条速度太快，焊接电流过小，焊条角度不当等。未熔合分为坡口面未熔合、层间未熔合和根部未熔合。

4）夹渣

夹渣是指焊后残留在焊缝金属内的熔渣或非金属夹杂物，产生夹渣的主要原因是焊接电流过小，速度过快，清理不干净，致使熔渣或非金属夹杂物来不及浮起而形成的。夹渣可能是条状的、孤立的或成簇的，按形状可分为点状夹渣和条状夹渣。金属夹杂是残留在焊缝金属中的外来金属颗粒，可能是钨、铜或其他金属。

5）裂纹

焊接裂纹是指金属在焊接应力及其他致脆因素共同作用下，焊接接头中局部地区金属原子结合力遭到破坏而形成的新界面所产生的缝隙。具有尖锐的缺口和长宽比大的特征，是焊接结构中危害最大的缺陷。

按裂纹的分布可分为焊缝区裂纹和热影响区裂纹。按裂纹的取向可分为纵向裂纹和横向裂纹。按裂纹成因分为热裂纹、冷裂纹和再热裂纹等。

热裂纹是在焊接过程中的高温阶段（多在固为熔线附近）产生的开裂现象，可发生在各种金属材料的焊缝中，儿其是含有各种杂质的焊缝金属中，一般含 Ni 量高的焊缝或合金钢母材、奥氏体不锈钢及铝合金焊缝对热裂纹敏感。热裂纹可能分布于焊缝中、熔合区、热影响区、多层焊前一道焊缝中或弧坑。部分开口热裂纹的断口有氧化色。

冷裂纹一般在焊后冷却至马氏体转变温度以下产生，常发生在高强度钢或中、高碳钢的焊缝中。拘束应力、淬硬组织和扩散氢是产生延迟裂纹的三大因素。冷裂纹可以焊后立即出现，也有可能在几个小时，几天甚至更长时间以后才发生，这种冷裂纹称为延迟裂纹。延迟裂纹多发生在热影响区，少数发生在焊缝上，沿纵向和横向都有发生，具有穿晶开裂特征。

再热裂纹一般是焊件在焊后再次加热（消除应力热处理或其他加热过程）而产生的裂纹，常发生在析出强化高强钢和 Cr-Mo（V）耐热钢以及镍基合金的焊接接头中，主要产生于热影响区的粗晶区，常沿熔合线发展，也呈典型的沿晶开裂特征。

焊接钢管中的气孔、夹渣是立体型缺陷，危害性较小。而裂纹、未焊透、未熔合是平面型缺陷，危害性大。在检测中，由于余高的影响及焊缝中裂纹、未焊透、未熔合等危险性大的缺陷往往与检测面垂直或成一定的角度，因此一般采用斜射横波接触法，在焊缝内侧进行扫查。

5.7.2 小径管的超声检测

本检测方法适用于外径小于 100mm，壁厚与管外径比不大于 0.2 的金属薄壁管的超声检测，采用水浸聚焦法。

如图 5-44 所示，当探头偏离管子中心轴线一段距离，使入射角 $\alpha=\alpha_{\mathrm{I}}\sim\alpha_{\mathrm{II}}$时，就可实

现纵波入射，在管内传播横波。这里介绍用有机玻璃聚焦探头水浸检测。

例：用有机玻璃聚焦探头水浸检测 ϕ42mm×4mm 小径管，已知水中 $c_{水}=1480$m/s。钢中 $c_{L2}=5900$m/s，$c_{S2}=3230$m/s，求偏心距，水层厚度和透镜的曲率半径。

操作步骤如下：

步骤一：探测条件的选择：

(1) 聚焦探头：聚焦探头分为线聚焦和点聚焦。一般钢管采用线聚焦探头。对于薄壁管，为了提高检测能力，也可用点聚焦探头。

(2) 探测频率：为了提高对小缺陷的检测能力，宜选用较高的探测频率，一般为 2~5MHz。

(3) 声耦合：既然是水浸法，当然是采用水作耦合剂。为了增强水对钢管表面的润湿作用，需加入少量活性剂。为了防止钢管生锈，需加入适量的防锈剂。

步骤二：扫查方式的选择：

小径管检测时探头扫查方式为螺旋线。一是探头不动，钢管作螺旋运动；二是探头沿管轴转动，钢管直线运动；三是探头沿管移动，钢管转动。螺距应小于或等于探头声束有效宽度，探头移动速度 v 为：

$$v=n\cdot t \tag{5-4}$$

式中 n——管子转速；

t——螺距。

步骤三：偏心距的确定：

偏心距是指探头声束轴线与管材中心轴线的水平距离，常用 x 表示(如图 5-53)。入射角 α 随偏心距 x 增大而增大，调节 x 就可改变 α。

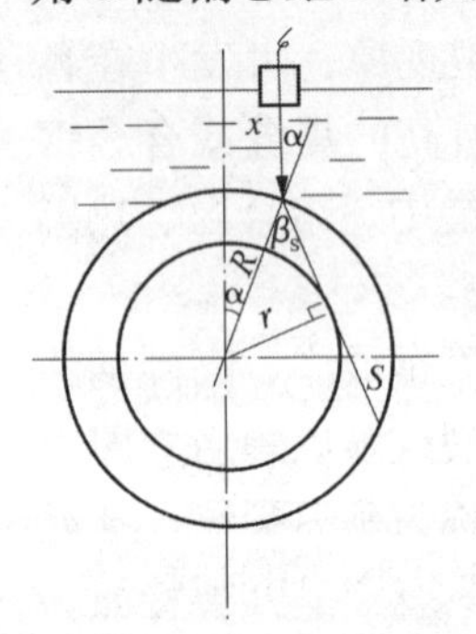

图 5-53 偏心距的确定

偏心距范围由以下两个条件决定。

$$\alpha_a=\alpha_{\rm I}=\sin^{-1}\frac{c_{L1}}{c_{L2}} \tag{5-5}$$

(1) 满足纯横波探测的入射角极限 α_a：

式中 $\alpha_{\rm I}$——第一临界角；

c_{L1}——水中纵波声速；

c_{L2}——钢中纵波声速。

(2) 满足横波主声束能探测到内壁时的入射角极限 α_b：

$$\frac{\sin\alpha}{\sin\beta_{S2}}=\frac{c_{L1}}{c_{S2}} \tag{5-6}$$

式中 β_{S2}——钢中折射角；

c_{S2}——钢中横波声速。

横波主声束能探测到内壁极限是主声束与内壁相切，此时 $\sin\beta_{S2}=r/R$，则极限角 α_b 为：

$$\alpha_b=\sin^{-1}\frac{c_{L1}}{c_{S2}}\cdot\frac{r}{R} \tag{5-7}$$

式中 R——管子外半径；

r——管子内半径。

要同时满足上述两个极限值，就需满足下式：

$$\alpha_a<\alpha<\alpha_b$$

即：

$$\sin^{-1}\frac{c_{L1}}{c_{L2}}<\alpha<\sin^{-1}\frac{c_{L1}}{c_{S2}}\cdot\frac{r}{R}$$

又：

$$\alpha=\sin^{-1}\frac{x}{R}$$

则：

$$\frac{c_{L1}}{c_{L2}}R<x<\frac{c_{L1}}{c_{S2}}r \tag{5-8}$$

将水的纵波声速 $c_{L1}=1500\text{m/s}$，钢的纵波声速 $c_{L2}=5900\text{m/s}$ 和横波声速 $c_{S2}=3230\text{m/s}$ 代入上式则：

$$0.254R<x<0.464r \tag{5-9}$$

偏心距 x：

$$x=\frac{0.254R+0.464r}{2}=\frac{0.254\times21+0.464\times17}{2}=6.6\text{mm}$$

步骤四：水层厚度的确定：

在小径管水浸检测中，尽管由于偏心距的存在，主声束不是垂直射向管壁，但因偏离不是很大，仍能出现水/钢界面的一次界面回波 S_1，二次界面回波 S_2，如图 5-54 所示。为了保证界面回波不至于干扰对缺陷波的辨认，要求二次界面回波 S_2应落横波的二次波在管外壁反射波之后。

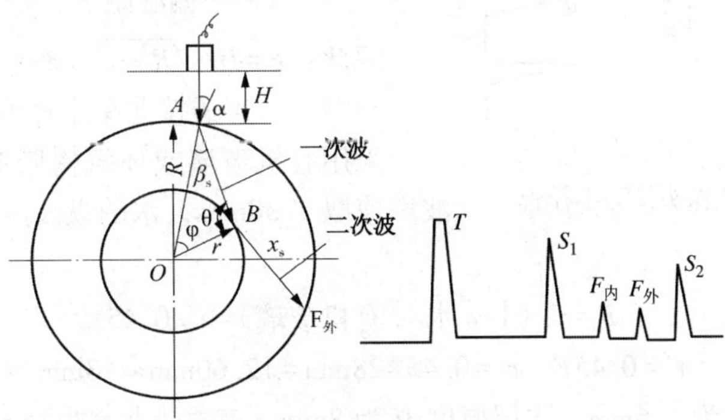

图 5-54　水浸检测示意图

$$\frac{H}{2S_S}=\frac{c_水}{c_S}=\frac{1500}{3230}\approx\frac{1}{2}$$

因为 $c_水=1500\text{m/s}$，钢中 $c_S=3230\text{m/s}$，$c_水/c_S\approx1/2$，设管壁内横波二次波声程为 $2S_S$，则：

$$H\approx S_S$$

故水层厚度 H 必须大于钢管中横波全声程的 1/2(即 $H>S_S$)。

因此水层确定厚度 H 前先求焦距 F

$$\sin\alpha=\frac{x}{R}=\frac{6.6}{21}=0.31\qquad \sin\beta_S=\frac{c_{S2}}{c_水}\sin\alpha=\frac{3230}{1500}\times0.31=0.678$$

见图 5-54 中的△AOB，由正弦定律得

$$\frac{\sin\theta}{R}=\frac{\sin\beta_S}{r} \qquad \sin\theta=\frac{R}{r}\sin\beta_S$$

$$\theta=\sin^{-1}\left(\frac{R}{r}\sin\beta_S\right)=\sin^{-1}\left(\frac{21}{17}\times 0.678\right)=56.9°$$

角 θ 应大于 90°即为钝角

$\theta=180°-56.9°=123.2°$

$\phi=180°-\sin^{-1}\beta_S-\theta=180°-\sin^{-1}0.678-123.3°=14.0°$

又根据正弦定律得：

$$\frac{\sin\phi}{S_S}=\frac{\sin\beta_S}{r} \qquad S_S=r\frac{\sin\phi}{\sin\beta_S}=17\times\frac{\sin 14}{0.678}=6.1\text{mm}$$

所有 H 必需大于 S_S 这里 H 取 8mm。

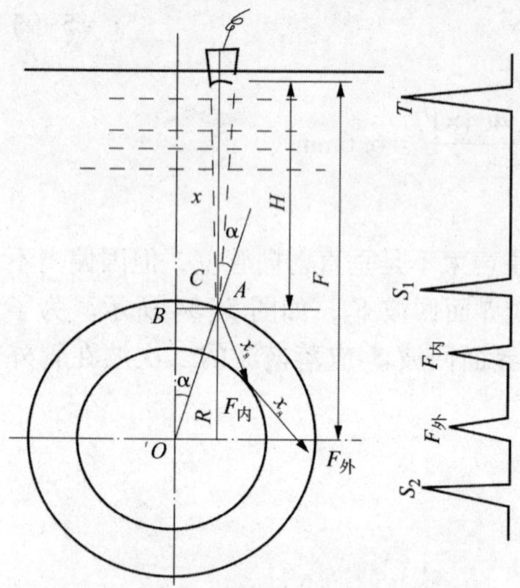

图 5-55　水浸聚焦探头检测小径管

步骤五：焦距的确定：

用水浸聚焦探头检测小径管，应使水中的焦点落在与声束轴线垂直的管心线上，如图 5-55 所示。

在△OAB 中，$OA=R$，$OB=F-H$，则：

$$F=H+\sqrt{R^2-x^2} \tag{5-10}$$

式中　F——焦距；

H——水层厚度；

R——管子外半径；

x——偏心距。

因此：$F=H+\sqrt{R^2-x^2}=8+\sqrt{21^2-6.5^2}=28\text{mm}$

步骤六：声透镜曲率半径的确定：

采用有机玻璃或环氧树脂制作的凸透镜，其纵波声速取 2730m/s，水的纵波声速取 1500m/s，则声透镜曲率半径 r' 为：

因为：　$F=r'/(1-c_{水}/c_{有机玻璃})=r'/0.45$

$$r'=0.45F \quad r'=0.45\times 28\text{mm}=12.60\text{mm}\approx 13\text{mm}$$

答：其偏心距 x 为 6.6mm，水层厚度 H 为 8mm，声透镜曲率半径 r' 为 13mm。

5.7.3　钢管周向横波检测

本方法适用于沿外圆周向扫查的横波检测方法。这种定位方法也适用于压力容器筒体纵焊缝检测时的缺陷定位。

平板工件缺陷的定位由深度 d、水平距离 l 确定，$l=Kd$（K 为斜探头 K 值）。外圆周向探测圆柱体工件时，缺陷定位与平板不同，它是由径向深度 H 和周向弧长 $\hat{L}$ 来确定（见图 5-56 及图 5-57）。

（1）当缺陷由一次波扫查到时其位置的计算公式：

$$\begin{cases}\hat{L}=\dfrac{\pi R\theta}{180}=\dfrac{\pi R}{180}\text{tg}^{-1}\dfrac{1}{R-d}\\ H=R-\sqrt{(Kd)^2+(R-d)^2}\end{cases} \tag{5-11}$$

式中　R——外圆半径；

$\hat{L}$——缺陷在圆柱(探测)面上的投影至入射点的距离，称缺陷周向弧长；

H——缺陷距圆柱(探测)面的距离，称缺陷的径向深度。

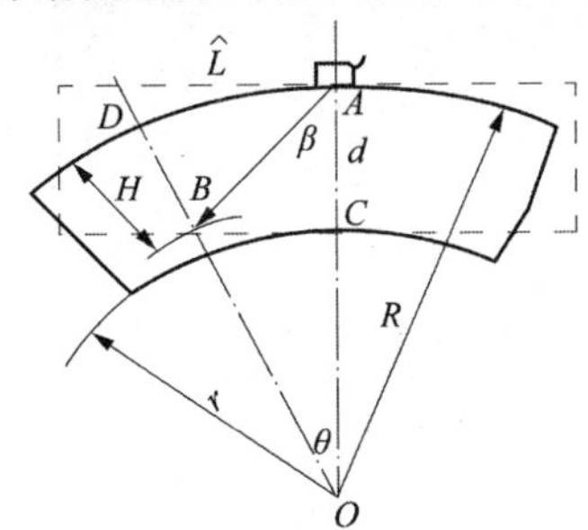

图 5-56　周向探测定位法示意图

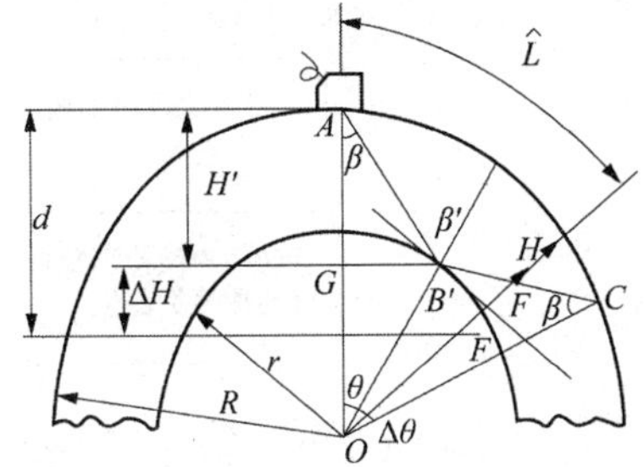

图 5-57　周向探测二次波定位法示意

(2) 当缺陷由二次波扫查到时其位置的计算公式：

$$\begin{cases}\beta' = \sin^{-1}\dfrac{R}{r}\cdot\sin\beta \\ \theta = \beta' - \beta \\ H' = \dfrac{R \pm\sqrt{R^2-(K^2+1)(2RT-T^2)}}{K^2+1} \\ \Delta\theta = \mathrm{tg}^{-1}\dfrac{K(2H'-d)}{r\cos\theta+(d-H)} \\ H = R - \dfrac{K(2H'-d)}{\sin\Delta\theta} \\ \hat{L} = \dfrac{R\pi}{180}\cdot(2\theta-\Delta\theta)\end{cases} \tag{5-12}$$

式中　β——探头折射角；

β'——二次波入射角；

θ——一次底波对应的圆心角；

H'——检测工件内壁反射波显示的深度；

$\Delta\theta$——缺陷与二次波之间的夹角(圆心角)；

d——二次波检测时缺陷波显示的深度；

H——二次波发现缺陷离工件外表面的径向距离；

$\hat{L}$——缺陷至探头入射点的弧长。

根据示波屏上读出的水平距离 l 和深度 d，由式(5-11)即可求出缺陷的周向弧长 $\hat{L}$ 和径向深度 H。

从式 5-12 可以得出：在周向检测工件时，工件尺寸和探头确定后，β'，θ，H'是固定值。H'值是一个重要参数，可以确定是一次波，还是二次波检测到的缺陷，H，$\hat{L}$，$\Delta\theta$ 是由二次波发现的缺陷确定。

5.7.4　双面埋弧焊钢管焊缝的自动超声波检测

本检测方法适用于管径为 ϕ406~1420mm，壁厚范围为 6~50.8mm 的钢制承压钢管焊缝超声自动检测。采用局部满溢式方法。

例：对 ϕ1016mm×17.5mm 双面埋弧焊钢管进行 100%超声检测，操作步骤如下：

步骤一：检测工艺流程(见图 5-58)

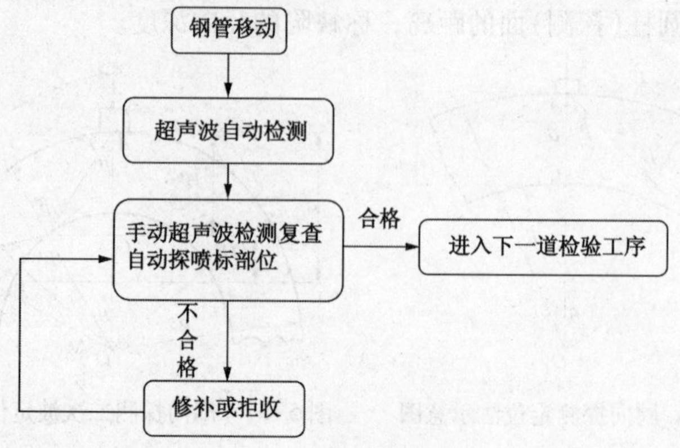

图 5-58 检测工艺流程

步骤二：探头布置及扫查方式

(1) 探头布置(见图 5-59 及表 5-37)：

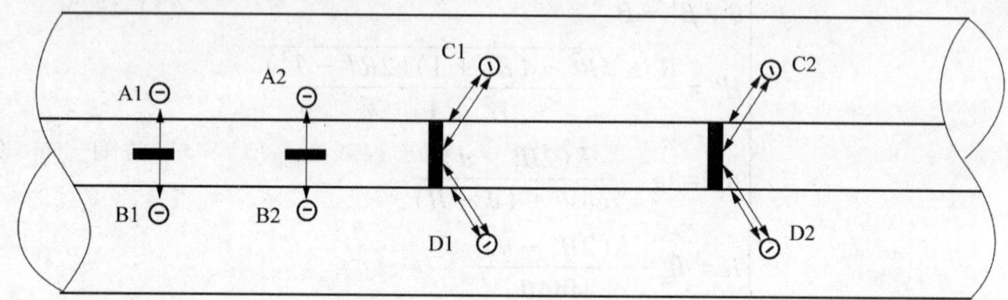

图 5-59 自动检测探头布置

表 5-37 探头扫查范围

检测方向	探头			检测范围
	数量	排列	工作方式	
纵向检测	4 只	A1 B1	自发自收	检测内焊缝中心左侧、右侧及热影响区缺陷
		A2 B2		检测外焊缝中心左侧、右侧及热影响区缺陷
横向检测	4 只	C1 D1	一发一收	检测内焊缝横向缺陷
		C2 D2		检测外焊缝横向缺陷

(2)检测方法(见图 5-60)：

$$L = K'P = 2K't(\tan\beta) \qquad H = L\sin\delta = 2K't(\tan\beta)(\sin\delta)$$

式中 L——纵向探头至焊缝中线的距离；

P——全声程；

K'——声程系数(1，1.25，1.75，2，2.25，2.5)；

β——横波折射角；

t——母材厚度；

H——横向探头至焊缝中线的距离；

δ——声束至焊缝中线的夹角(45°)。

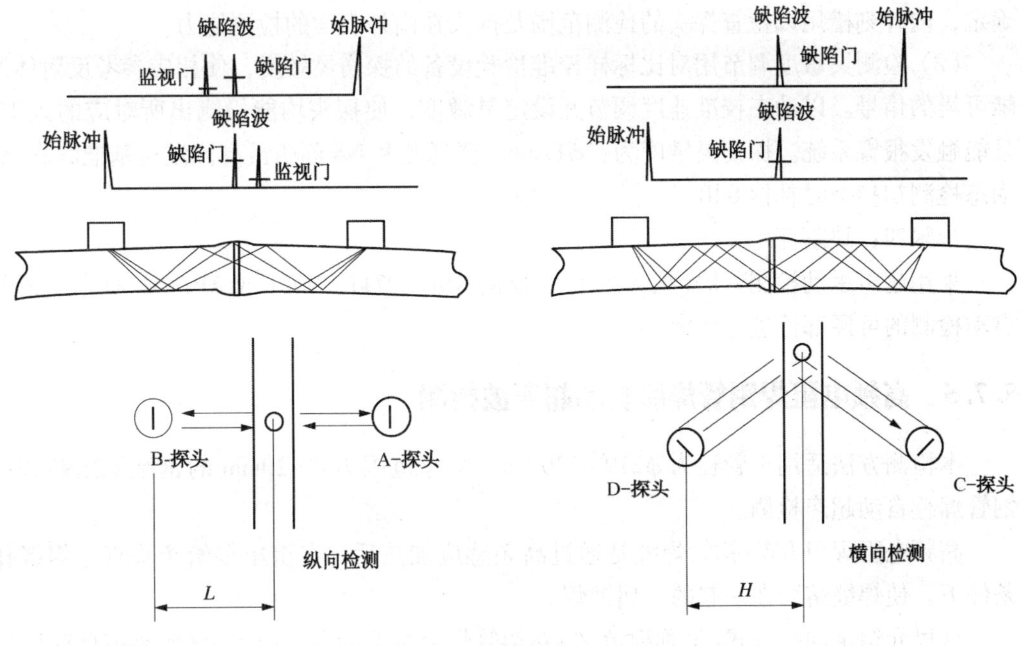

图 5-60　检测方法

（3）闸门设置

纵向缺陷：将闸门后沿选在 1/3 焊缝宽度上，作为焊缝余高位置变量范围，而其余 2/3 焊缝宽度(包括焊缝两侧各 3～5mm 母材区域)作为有效报警区。闸门设在参考缺陷波高的 50%。

底波监视：将闸门设在底面反射波高 20%位置上。

横向缺陷：管辖整个焊缝宽度和焊缝两侧各 3～5mm 母材区域。闸门设在参考缺陷波高的 50%。

步骤三：对比标样制作及检测灵敏度调节

（1）对比标样制作：根据 GB/T 9711—2011 和 API-5L 44 版等标准规定，对比标样应采用同规格、相似的表面状态和声学性能、无缺陷的实物钢管制作见图 5-61。位于焊缝焊趾部位的 N5 内外纵向刻槽，和位于焊缝中央的 ϕ1.6mm 直径竖通孔。竖通孔用以灵敏度的

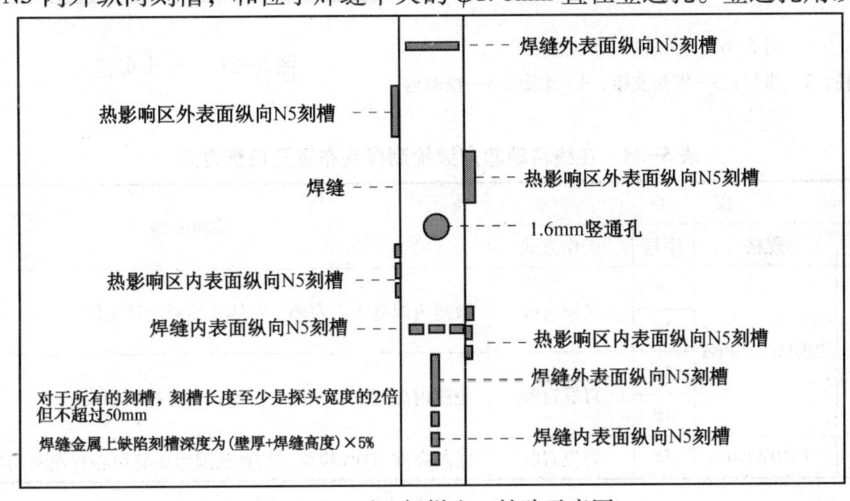

图 5-61　对比标样人工缺陷示意图

确定，内外刻槽用以检查探头的检测范围及探头在内外表面的检测能力。

（2）检测灵敏度调节用对比标样校准检验设备的探伤灵敏度，使相应参考反射体产生清晰可辨的信号。以动态校准速度调节并设定灵敏度，使探头均能检测出所对应的人工缺陷，且能触发报警系统。探伤灵敏度为：ϕ1.6mm 竖通孔和 N5 刻槽最高回波达基准波高(80%)，动态检测初扫查时补偿 6dB。

步骤四：缺陷评定

采用超声手动检测方法(见 5.5.4)，根据 GB/T 9711—2011 或 API-5L 44 版标准规定对自动检测的可疑部位进行评定。

5.7.5 高频电阻焊钢管焊缝自动超声波检测

本检测方法适用于管径为 ϕ219~630mm，壁厚范围为 4~20mm 的钢制承压高频电阻焊钢管焊缝自动超声检侧。

高频电阻焊(ERW)钢管焊缝是通过高频感应加热后，在挤压辊给予垂直于焊缝作用力条件下，使焊缝熔合在一起的，属锻焊。

这里介绍定向喷液式(又称射流法)对钢管焊缝及毛刺高度进行 100%超声自动检测。

1. 在线钢管焊缝自动超声检测

见图 5-62，操作步骤如下：

步骤一：探头布置及扫查方式(见图 5-63 及表 5-38)：

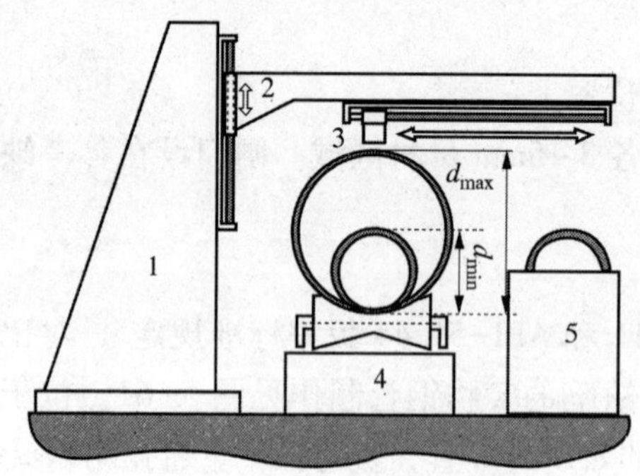

图 5-62　在线检测示意图

1—立柱；2—横梁；3—探伤支架；4—滚道；5—校验台

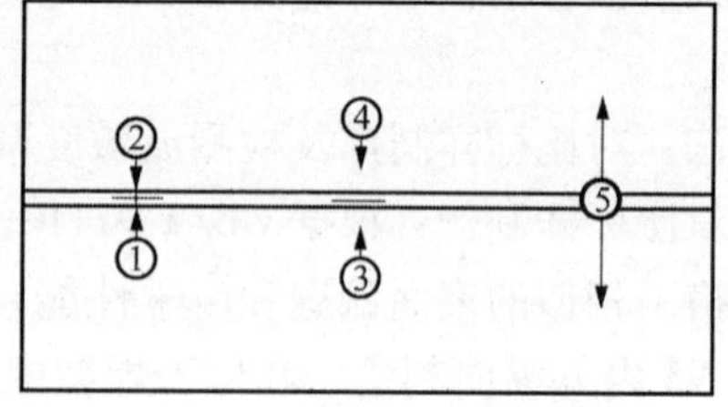

图 5-63　探头布置

表 5-38　在线自动超声波检测探头布置及扫查方式

项目	探头				检测范围
	数量	规格	序号	工作方式	
焊缝	4 只	TSE15.5/6PB4	1#	自发自收	检测内焊缝中心左侧、右侧及热影响区缺陷
			2#		
			3#	自发自收	检测内焊缝中心左侧、右侧及热影响区缺陷
			4#		
毛刺	1 只	TS10WB4C	5#	自发自收	毛刺高度 100%检测，扫查范围为焊缝中心右左两侧各 20mm

步骤二：对比标样制作：

根据 GB/T 9711—2011 和 API-5L 44 版等标准规定，对比标样应采用同规格、相似的表面状态和声学性能、无缺陷的实物钢管制作，具有下图中位于焊缝中部的 ϕ1.6mm 竖通孔和焊缝边缘的 N5 刻槽等人工缺陷，用以确定探伤灵敏度。（见图 5-64）

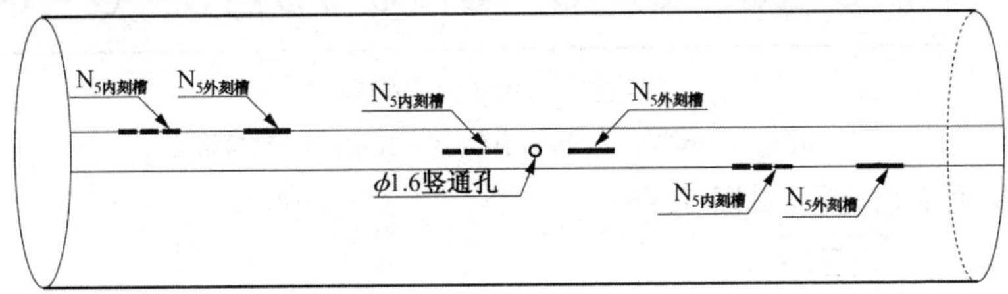

图 5-64　在线检测样管

步骤三：灵敏度的调节及闸门设置：

在线扫查设备灵敏度的调节及闸门的设置（见表 5-39）

表 5-39　灵敏度的调节及闸门设置

检测方式	检测示意图	闸门设置	灵敏度的调节
纵向缺陷的检测	探头 水 超声波主声束各覆盖 80% 的焊缝宽度和邻边 3~5mm 的母材区域。	始脉冲 缺陷门 始脉冲 缺陷门	将人工缺陷最高反射回波幅度调至满幅度的 80% 作为报警极限。设置闸门宽度，使其覆盖整个焊缝宽度范围作为有效报警区。
毛刺高度检测	焊缝内毛刺跟踪检测示意图 纵波直探头垂直入射脉冲反射法	始脉冲 界面波 闸门 底波	调节探头，将人工缺陷最高反射回波幅度调至满幅度的 80% 作为报警极限。设置闸门宽度与钢管板材厚度相等，使低于或高于母材厚度的状况均能有效报警。

2. 离线钢管焊缝自动超声检测

操作步骤如图 5-65 所示：

图 5-65　离线检测示意图

1—立柱；2—横梁；3—探伤小车；4—托辊；5—被检钢管

步骤一：检测工艺流程(见图 5-66)：

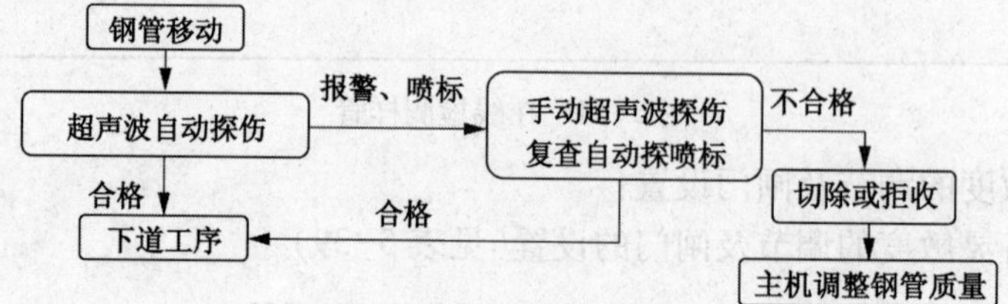

图 5-66　高频电阻焊钢管检验工艺流程

步骤二：探头布置及扫查方式(见图 5-67 及表 5-40)：

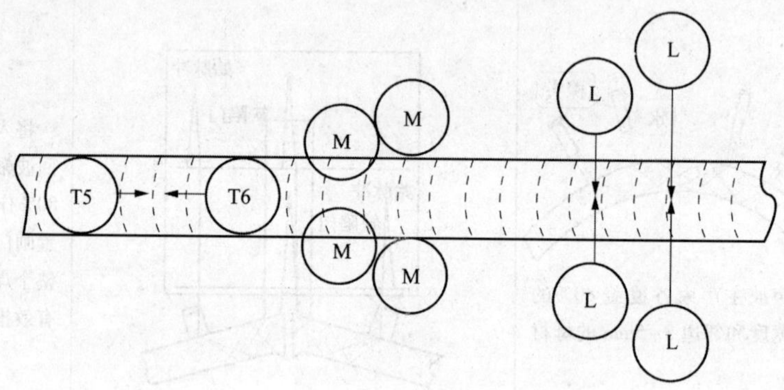

图 5-67　探头布置

表 5-40　自动超声波检测探头布置及扫查方式

项目	探头				检测范围
	数量	规格	排列	工作方式	
焊缝纵向	4 只	TSE15. 5/6PB4	L1 L2	自发自收	检测内焊缝中心左侧、右侧及热影响区缺陷
			L3 L4	自发自收	检测内焊缝中心左侧、右侧及热影响区缺陷
焊缝横向	2 只	TSE15. 5/6PB4	T5 T6	自发自收	焊缝横向缺陷 100%检测
母材分层	4 只	TSE28. 3/8P84C	M1、M2 M3、M4	自发自收	焊缝两侧各 50mm 范围内母材分层缺陷 100%检测

步骤三：对比标样制作：

根据 GB/T 9711—2011 或 API-5L 44 版等标准规定，对比标样应采用同规格、相似的表面状态和声学性能、无缺陷的实物钢管制作。具有下图中位于焊缝中部的 ϕ1. 6mm 竖通孔和焊缝边缘的 N5 刻槽等人工缺陷，以及位于焊缝两侧的 ϕ6mm 平底孔，用以确定探伤灵敏度(见图 5-68)。

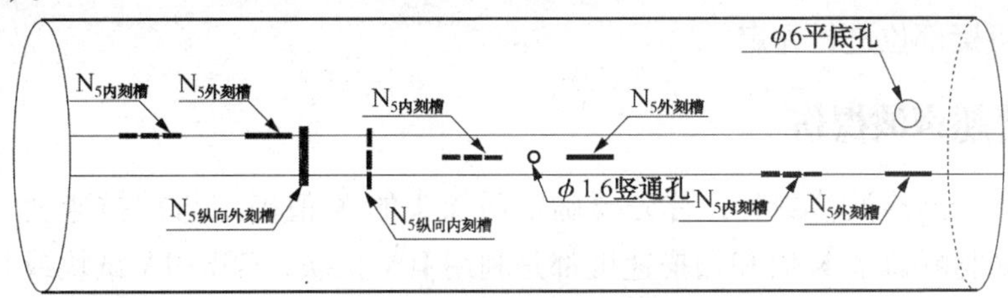

图 5-68　离线探伤样管图

步骤四：灵敏度的标定及闸门设置(见表 5-41)：

表 5-41　灵敏度的标定及闸门设置

检测方式	检测示意图	闸门设置	灵敏度的标定
纵向缺陷的检测	探头 水 超声波主声束各覆盖 80%的焊缝宽度和邻边 3~5mm 的母材区域。	始脉冲 缺陷门 始脉冲 缺陷门	将人工缺陷最高反射回波幅度调至满幅度的 80%作为报警极限。设置闸门宽度，使其覆盖整个焊缝宽度范围作为有效报警区。
横向缺陷的检测	主声束平行于焊管的轴线方向扫查焊缝的中心位置。	始脉冲 缺陷门 始脉冲 缺陷门	调节探头，将人工缺陷最高反射回波幅度调至满幅度的 80%作为报警极限。设置闸门宽度，使上下焊缝的横向人工缺陷均能有效报警。
分层缺陷的检测	双晶探头垂直钢管表面入射，对焊缝两侧规定范围内母材分层缺陷进行超声波检测	始脉冲 闸门 界面波 底波	调节探头，将人工缺陷最高反射回波幅度调至满幅度的 80%作为报警极限。设置闸门宽度为始脉冲和钢管板材底面回波区域之间，使人工缺陷能有效报警。

步骤五：缺陷评定。

采用超声手动检测方法(见 5.5.4)，根据 GB/T 9711—2011 或 API-5L 44 版等标准规定对自动检测的可疑部位进行评定。

5.7.6 PE 管超声波探伤

通常情况下，超声波检测时，首先要确定斜探头的 K 值确定与扫描速度，以及扫查方式，而常规金属材料调节 K 值和扫描速度都是利用 IIW 试块、CSK-IA 试块或其他相应的标准试块进行调节。然而在 PE 管超声波探伤中并没有相应的标准试块，这里介绍利用断面来确定探头 K 值与调节扫描速度。

1. 原理

在 PE 管超声波探伤中，由于 PE 材料的声速小，因此使用纵波斜探头进行探伤。如图 5-69 所示，截下一段断面平整的 PE 管做成简单的试块，斜探头在其表面扫查过程中必然会在 A 端的下端角及上端角分别产生回波(利用最大回波)。利用一次回波 B；可以确定探头的 K 值，利用一次回波 B_1 和二次回波 B_2 可以调节扫描速度。

1）斜探头 K 值的确定

在 PE 管探伤中，斜探头的 K 值是指被探工件纵波折射角的正切值。如图 5-69 所示，当出现最大回波 B_1 时，依据 K 值的定义有：

$$K=\tan\theta=\frac{l+L}{h} \tag{5-13}$$

式中　l——探头前沿长度；

L——探头前沿到试块断面的距离；

h——试块的壁厚。

其中，探头的前沿长度 L 可以用 CSK—IA 试块的 $R100$ 和面确定，L 和 h 在实际探伤中实测得到。

2）扫描速度的确定

调节扫描速度利用 B_1 和 B_2 这两个回波进行调节。如图 5-70 所示，根据出现 B_1 时的声程为 W_1，出现 B_2 时的声程为 W_2，则有：

$$\begin{aligned}W_1&=\sqrt{(l+L)^2+h^2}\\W_2&=2W_1\end{aligned} \tag{5-14}$$

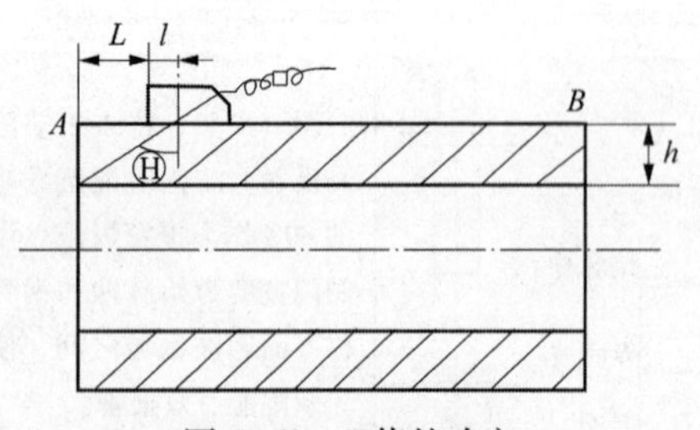

图 5-69　K 值的确定

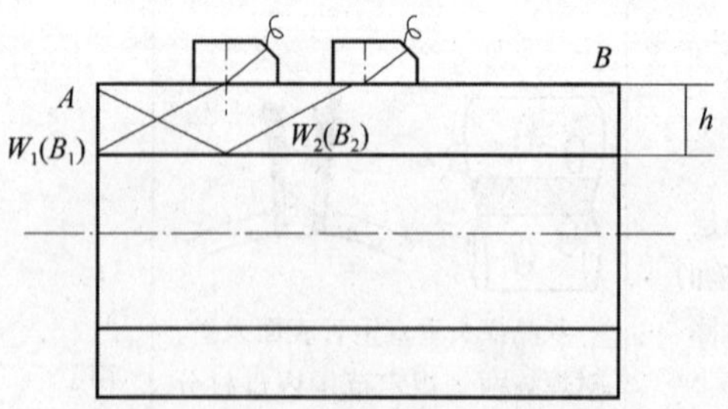

图 5-70　扫描速度的调节

若按声程调节，则调节仪器使 B_1、B_2 回波分别对准水平刻度为 W_1、W_2 即可。

例：检测尺寸为 ϕ200mm×19mm 的 PE 管，确定其 K 值及扫描速度。

2. 调节方法

（1）检测前准备：

数字式 HS-610E 超声波探伤仪，探头为 2P8×11 K3，试块为端面平整的 PE 管。

（2）操作步骤如下：

步骤一：先在 CSK—I A 试块上测得探头的前沿长度 $l=10.8$。

步骤二：K 值的确定。

如图 5-68 所示，当探头移动过程中找到下端角的最大回波 B_1时，多次测得的 L 值分别为：12、11.9、11、11.5、12。取平均值，$l=11.65$，将 $l=10.8$ 及 $l=11.65$，代入(5-13)式，得：

$$K=\tan\theta=\frac{l+L}{h}=\frac{10.8+11.65}{19}=1.18$$

$$\theta=49.7°$$

步骤三：扫描速度的调节。

根据式(5-14)可得：

$$W_1=\sqrt{(l+L)^2+h^2}=\sqrt{(10.8+11.65)^2+19^2}=29.4$$

$$W_2=2W_1=58.8$$

调节 HS-610E 数字仪，分别将下端面的最大回波 B_1 和上端面的最大回波 B_2的声程 W_1 和 W_2调到 29.4 和 58.8 处，此时按声程调节完毕。

5.7.7 油井钻具螺纹超声检测

钻具螺纹在基地检测时采用荧光磁粉探伤方法。而在井队现场没有合适的作业架，只能在高度不一的管桥上作业，探伤操作极为不便。若仍用荧光磁粉探伤方法，将由于装置不易携带和易损坏等原因造成不能正常工作，影响钻井生产。所以在井队现场采用荧光磁粉检测钻具螺纹的方法较困难。

超声波探伤方法在井队现场检测钻具螺纹有很多优点：①设备轻巧灵活、携带方便、操作简单。②只需一人即可完成探伤任务。③检测速度快。④不受作业架高度的影响。⑤无需将被检测钻具摆开。⑥不用对螺纹进行表面处理。

例：对型号为 NC35-47 的钻铤螺纹区域进行检测（外径为 120.6mm，内径为 50.8mm，丝扣长为 152mm），按 SY/T 5448—1992 标准要求验收。检测工艺卡（见表 5-42）：

表 5-42 油井钻具螺纹超声检测工艺卡

工件名称	油井钻具螺纹	试件型号	NC35-47	规格	ϕ120.6mm×34.9mm×152mm
表面状态	机械加工	检测时机	在役检测	检测比例	端面 100%
仪器型号	数字检测仪 HS-610e	探头规格	5P8Z	参考试块	大平底/100mm 对比试块
探测灵敏度	人工缺陷/80%	耦合剂	机油	检测方法	纵波检测
验收标准	不允许存在裂纹	扫查速度	≤150mm/s	表面补偿	—
扫查方式	直接接触法	仪器肘基线比例	声程 1∶2	检测部位	端面

续表

灵敏度调节	(1)将 B_1 波高调为满幅度 80%，B_2 波高则为满幅度 40%，记录衰减器幅值，此即为基准灵敏度。 (2)将探头置于对比标样端面扫查，找到人工缺陷反射回波(反射波的信号在荧光屏横坐标 7 的位置)，将其波高调为满幅度 80%，即为探伤灵敏度。
扫查方式	端面 100%扫查，探头的每次扫查覆查率应大于探头直径的 15%。
检测部位示意图	

编制人		审核人		日期	

操作步骤如下：

步骤一：检测前准备：

(1) 仪器：选用 HS-610e 数字式探伤仪；

(2) 探头：选用 5P8Z；

步骤二：比例调节：

按 1∶2 定位：将探头置于厚 100 mm 的大平底试块中心调试仪器[图 5-71(a)]。荧光屏上出现两次反射波信号；使第一次反射波 B_1 出现在荧光屏横坐标 4 的位置，第二次反射波 B_2 出现在荧光屏横坐标 8 的位置(图 5-71a)。

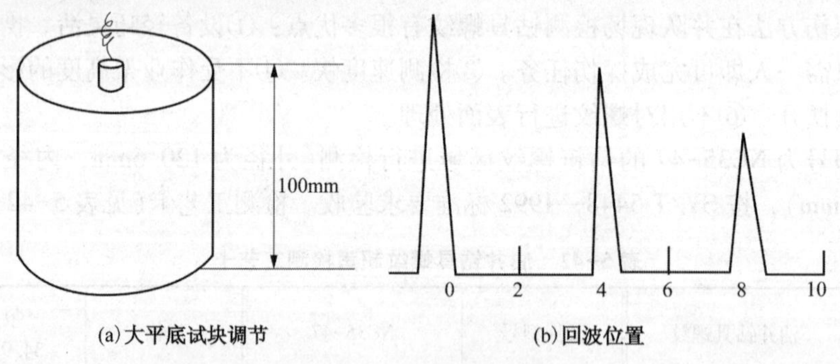

图 5-71　比例调节示意图

步骤三：对比试块的制作：

在完好部位螺纹大端第六扣根部加工一个人工缺陷，深 0.50 mm，宽 1 mm，长 25 mm。其位置从螺纹的小端端面至人工槽的间距为 70 mm。

步骤四：灵敏度调节：

(1) 将 B_1 波高调为满幅度 80%，B_2 波高调为满幅度 40%，记录衰减器幅值，此即为基准灵敏度。

(2) 将探头置于对比标样端面(图 5-72a)扫查，找到人工缺陷反射回波(反射波出现在荧光屏横坐标 7 的位置)，将其波高调为满幅度 80%(图 5-72b)，作为探伤灵敏度。

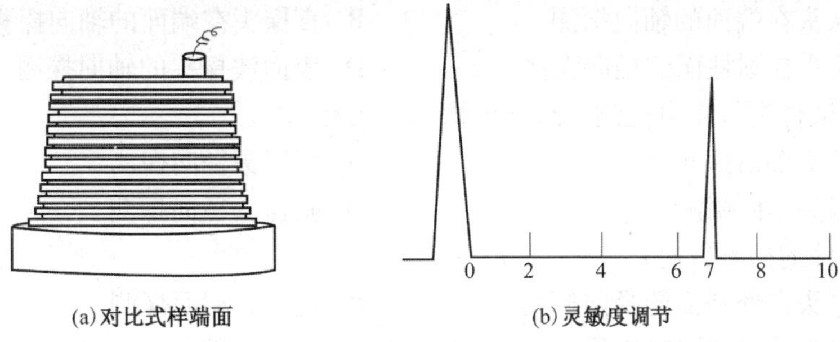

(a) 对比式样端面　　(b) 灵敏度调节

图 5-72　检测示意图

步骤五：扫查：

探头置于钻铤螺纹区域端面扫查，在涂好耦合剂的工件上缓缓移动，先粗扫查，再细扫查，发现疲劳裂纹或其他类型缺陷时，确定位置、深度和长度，作好记录和标识，继而进行评定验收。

步骤六：缺陷评定：

根据相关标准对记录和标识的缺陷进行评定。

习　题

一、问答题

1. 为什么锻件检测通常应选择在热处理后，冲孔、开槽等精加工工序之前进行？
2. 轴类锻件常用的检测方式有哪些？其目的是什么？
3. 筒类锻件或环形件的超声检测常用哪些方式？其目的是什么？
4. 对于饼形锻件中可能存在的与端面倾斜的缺陷，常采用哪些方式进行检测？
5. 棒材检测常用的超声检测技术有哪些？
6. 铸件检测时造成超声波穿透性差，杂波干扰严重的主要原因是什么？
7. 铸件检测时，频率的选择应考虑哪些因素？
8. 铸件检测时应如何选用耦合剂？
9. 厚板材常用的检测技术有哪些？
10. 板材穿透反射法常在什么情况下采用？该方法有哪些局限性？
11. 管材检测最常用的超声检测技术是什么？用于检测哪类缺陷？
12. 焊接接头超声检测为什么常采用横波？
13. 横波检测焊接接头时，应如何选择探头的 K 值？
14. 为了进行超声检测，应如何进行检测面的修整？
15. 什么是距离—波幅曲线？距离—波幅曲线有哪些用途？
16. 焊接接头超声检测有哪些扫查方式？各用于什么目的？

二、选择题

1. 检测锻件时，通常采用的超声波声束入射方向(　　)

　A. 与锻造时金属变形的流线方向一致　　B. 与锻造时金属变形的流线方向垂直

C. 与锻造时金属变形的流线方向无关　　D. 与入射面尽可能垂直

2. 轴类工件的主要探测方向是：(　　)

A. 斜探头在端面的轴向探测　　B. 直探头在端面的轴向探测

C. 直探头在圆柱面的径向探测　　D. 表面波探头的轴向探测

3. 对饼形锻件进行超声检测，最佳的探测方法是：(　　)

A. 直探头端面探测　　B. 直探头径向探测

C. 斜探头端面探测　　D. 斜探头径向探测

4. 筒类锻件的探测方向是：(　　)

A. 直探头在外圆面的径向探测　　B. 直探头端面探测

C. 斜探头轴向和周向探测　　D. 以上全部

5. 环形锻件的主要探测方向是(　　)

A. 直探头在端面　　B. 直探头在圆柱面径向探测

C. 斜探头在圆柱面作周向探测　　D. 以上全部

6. 钢锻件探伤中，超声波的衰减主要取决于：(　　)

A. 材料的表面状态　　B. 材料晶粒度的影响

C. 材料的几何形状　　D. 材料对声波的吸收

7. 下面有关用试块法调节锻件探伤灵敏度的叙述中，哪点是正确的？(　　)

A. 对厚薄锻件都适用　　B. 对平面和曲面锻件都适用

C. 应作耦合及衰减差补偿　　D. 以上全部

8. 用工件底面调节检测灵敏度时，可以：(　　)

A. 不考虑探伤面耦合差补偿　　B. 不考虑材质衰减差修正

C. 不使用试块　　D. 以上全部

9. 用工件自身的底波调节灵敏度的必备条件是：(　　)

A. 工件上下底面必需平行

B. 声程应大于三倍近场长度

C. 所选择部位应是完好无缺陷、且不受侧面影响的位置

D. 以上都对

10. 考虑灵敏度补偿的理由是(　　)

A. 被检工件厚度太大　　B. 工件底面与检测面不平行

C. 耦合剂有较大的声能损耗　　D. 工件与试块材质、表面粗糙度有差异

11. 锻钢件检测灵敏度的校准方式是(　　)

A. 没有特定的方式　　B. 主要采用底波方式

C. 可采用底波方式和试块方式　　D. 主要采用试块方式

12. 用底波法调节锻件探伤灵敏度时，下面有关缺陷定量的叙述中哪点是错误的？(　　)

A. 可不考虑探伤面耦合补偿差　　B. 可采用计算法或 A. V. G. 曲线法

C. 可不使用试块　　D. 可不考虑材质衰减差修正。

13. 下列有关锻件检测的时机的叙述中，正确的是：(　　)

A. 原则上应选择在热处理后，冲孔、开槽等精加工工序之前进行

B. 对需进行多次热处理的工件，可在每次处理后进行

C. 对形状复杂的工件，可在精加工之后进行检测

D. 以上都对

14. 锻件探伤时，如果用试块比较法对缺陷定量，对于表面粗糙的缺陷，缺陷实际尺寸会(　　)

A. 大于当量尺寸　　B. 等于当量尺寸

C. 小于当量尺寸　　D. 以上都可能

15. 接触法纵波垂直入射探伤时，若缺陷波幅较低或不存在，而底波幅度降低的原因可能是：(　　)

A. 耦合不良　　B. 存在与声束方向不垂直的大缺陷

C. 盲区内存在不能分辨的近表面缺陷　　D. 以上都可能

16. 用直探头检验钢锻件时，引起底波明显降低或消失的因素有(　　)

A. 底面与探伤面不平行　　B. 工件内部有倾斜的大缺陷

C. 工件内部有材质衰减大的部位　　D. 以上全部

17. 锻件探伤中，示波屏上出现“林状回波”时，是由于(　　)

A. 工件中有大面积倾斜缺陷　　B. 工件材料晶粒粗大

C. 工件中有密集缺陷　　D. 以上全部

18. 方形锻件垂直法探伤时，示波屏上出现一游动缺陷回波，其波幅较低但底波降低很大。该缺陷取向可能是(　　)

A. 平行且靠近探测面　　B. 与声束方向平行

C. 与探测面成较大角度　　D. 平行且靠近底面

19. 锻件探伤中，如果材料的晶粒粗大，通常会引起(　　)

A. 底波降低或消失　　B. 有较高的“噪声”显示

C. 使声波穿透力降低　　D. 以上全部

20. 轴类锻件径向探测时，会出现三角形回波，它一般出现在：(　　)

A. 一次底波之后的位置　　B. 一次底波之前的位置

C. 在二次底波之后才会出现　　D. 以上位置都可能

21. 厚度为400mm，但材质衰减不同的两个锻件，采用各自底波校正400mm/ϕ2mm灵敏度分别进行检测，在两个锻件中均发现缺陷，且回波高度和缺陷声程均相同，则：(　　)

A. 两个缺陷的当量相同　　B. 材质衰减大的锻件缺陷当量小

C. 材质衰减小的锻件缺陷当量小　　D. 以上均不对

22. 在测定缺陷当量时，通常在获得缺陷的最高波时加以测定，这是因为：(　　)

A. 只有当声束投射到整个缺陷反射面上才能得到反射回波最大值；

B. 声束沿中心轴线投射到缺陷中心；

C. 声束垂直投射到工件内缺陷的反射面上；

D. 人为地将缺陷信号的最高回波规定为测定基准。

23. 棒材检测的特点是：(　　)

A. 检测要求较高　　B. 声能透射率较小

C. 柱面反射杂波较多　　D. 以上全部

24. 采用联合双探头法检测小直径棒材的优点是：(　　)

A. 盲区小，灵敏度较高　　B. 不存在柱面反射杂波

C. 不能检出棒中心的缺陷　　D. 以上全部

25. 厚度相同、材料相同，下列哪种工件对超声波的衰减大？(　　)

A. 钢锻件　　B. 铸钢件

C. 钢板　　D. 以上工件衰减相同

26. 铸件和锻件探伤的差别是：(　　)

A. 与锻件相比，铸件对声的衰减少、且组织不均匀

B. 与锻件相比，铸件表面较粗糙

C. 与锻件相比，铸件形状比较复杂

D. 以上都对

27. 铸钢件超声波探伤的主要困难是：(　　)

A. 材料晶粒粗大　　B. 声速不均匀

C. 声阻抗大　　D. 以上全部

28. 下列哪种频率的超声波对铸钢件的穿透力较大？(　　)

A. 5MHz　　B. 10MHz

C. 2. 5MHz　　D. 1MHz

29. 铸件探伤时，对探头频率的选择是：(　　)

A. 较低频率　　B. 较高频率

C. 与探头频率无关　　D. 厚的工件选取用较高频率

30. 下面有关铸钢件检测条件选择的叙述中，哪点是正确的？(　　)

A. 探测频率 5MHz　　B. 透声性好黏度大的耦合剂

C. 晶片尺寸小的探头　　D. 以上全部

31. 铸件探伤时，下列哪些方法可用于判断铸件的质最：(　　)

A. 缺陷回波法　　B. 底波高度法

C. 多次底面回波法　　D. 以上都可以

32. 对检测铸件时，采用底波损失法的原因是：(　　)

A. 缺陷是体积形的，不能引起反射回波　　B. 疏松缺陷不能引起反射回波

C. 铸件形状复杂　　D. 铸件表面粗糙

33. 钢板中的缺陷分布方向一般是：

A. 平行于钢板的轧制方向　　B. 垂直于钢板的轧制方向

C. 分布方向无规律性　　D. 以上都可能

34. 下面有关“叠加效应”的叙述中，哪点是正确的？(　　)

A. 叠加效应是波型转换时产生的现象

B. 叠加效应是幻像波的一种

C. 叠加效应是钢板厚度不大，且在板厚中心附近存在小缺陷时可看到的现象

D. 叠加效应是波干涉现象的基础

35. 探测 $\delta=28$mm 的钢板，示波屏上出现“叠加效应”的波形，下面哪种评定缺陷的方法是正确的？(　　)

A. 按缺陷第一次回波(F)评定缺陷　　B. 按缺陷多次回波中最大值评定缺陷

C. 按缺陷第二次回波(Fz)评定缺陷　　　　D. 以上都可以

38. 采用液浸法检测技术时，需要调节探头和被检工件之间的距离，一般超声波在液体中的传播时间：(　　)

A. 小于声波在工件中的传播时间　　　　B. 等于声波在工件中的传播时间

C. 大于声波在工件中的传播时间　　　　D. 以上均不对

39. 水浸法检测板厚28mm的钢板，若采用三次重合法，水层厚度应为多少？

A. 9.3mm　　　　B. 14mm

C. 21mm　　　　D. 28mm

40. 用接触法直探头在下面零件(如板材)厚度方向进行的超声检测，可发现：(　　)

A. 主尺寸平行于轧制表面的分层缺陷

B. 主尺寸与轧制表面成直角的横向缺陷

C. 主尺寸沿长度方向但向轧制表面延伸的缺陷

D. 以上都不是

41. 用板波法探测薄钢板时，能否把示波屏上的反射波区分出是内部缺陷还是表面缺陷？(　　)

A. 能　　　　B. 不能

C. 有时能　　　　D. 观察不到表面缺陷波

41. 对复合材料进行超声检测时，可从复合层一侧或基层一侧检测，检测面选择的依据是：(　　)

A. 材料的表面状态　　　　B. 材料的表面形状

C. 复合层和基层各自的厚度值　　　　D. 以上都是

42. 检测复合板时，如基材与复合层声阻抗相差不大，则在下列叙述中，正确的是：(　　)

A. 若只有界面波、而无底波，说明接合不良；

B. 若无界面波、而只有底波，说明接合不良；

C. 若界面波和底波同时存在，说明接合不良；

D. 以上都不对。

43. 检测复合板时，由于基材与复合层声阻抗不同，其界面回波信号的强弱程度也不同，在下列叙述中，正确的是：(　　)

A. 当复合层和基层的声阻抗相差小时，界面回波信号高，缺陷易于判别

B. 当复合层和基层的声阻抗相差小时，界面回波信号低，缺陷难于判别

C. 当复合层和基层的声阻抗相差大时，界面回波信号高，缺陷难于判别

D. 当复合层和基层的声阻抗相差大时，界面回波信号低，缺陷易于判别

44. 小直径薄壁管材水浸聚焦超声检测时，常用的波型是(　　)

A. 纵波　　　　B. 横波

C. 兰姆波　　　　D. 表面波

45. 小钢管水浸超声波探伤主要是检验钢管的：(　　)

A. 纵向缺陷　　　　B. 周向缺陷

C. 分层缺陷　　　　D. 上述缺陷皆能有效检出

46. 管材横波接触法探伤时，入射角的允许范围与(　　)有关。

A. 探头楔块中的纵波声速　　B. 管材中的纵、横波声速

C. 管子的规格　　D. 以上全部

47. 采用纯横波检测外径为 30mm 的钢管时，能检测的管壁厚度的极限值是：(　　)

A. 2.8mm　　B. 5mm

C. 5.9mm　　D. 6.9mm

48. 对管子进行超声检测时，若对比试块的人工反射体是 V 形槽，一般把 V 形槽加工在：(　　)

A. 内外表面　　B. 内表面

C. 外表面　　D. 壁厚的 1/2 处

49. 管材水浸法探伤中，偏心距 x 与入射角 α 的关系是(　　)

A. $\alpha = \sin^{-1}\dfrac{x}{r}$　　B. $\alpha = \sin^{-1}\dfrac{x}{R}$

C. $\alpha = \sin^{-1}\dfrac{R}{x}$　　D. $\alpha = \sin^{-1}\dfrac{r}{x}$

50. 管材自动探伤设备中，探头与管材相对运动的形式是：(　　)

A. 探头旋转，管材直线前进　　B. 探头静止，管材螺旋前进

C. 管材旋转，探头直线移动　　D. 以上均可

51. 钢管水浸聚焦法探伤中，下面有关点聚焦方式的叙述中，哪条是错误的？(　　)

A. 对短缺陷有较高探测灵敏度

B. 聚焦方法一般采用圆柱面声透镜

C. 缺陷长度达到一定尺寸后，回波幅度不随长度而变化

D. 探伤速度较慢

52. 钢管水浸聚焦法探伤时，下面有关线聚焦方式的叙述中，哪条是正确的？(　　)

A. 探伤速度较快

B. 在一定的范围内，回波幅度随缺陷长度增大而增高

C. 聚焦方法一般采用圆柱面透镜或瓦片型晶片

D. 以上全部

53. 采用水浸聚焦探头检测钢管时，如焦点不落在管材中心线上，会造成：(　　)

A. 声束在管内进一步产生敛聚　　B. 声束在管内进一步产生发散

C. 声束在整个管子截面的平均宽度基本一致　　D. 以上均不对

54. 焊缝检测时，常采用的波型是：(　　)

A. 纵波　　B. 横波

C. 表面波　　D. 瑞利波

55. 焊缝检测时，选择探头折射角的原则是：(　　)

A. 应使声束尽可能与缺陷的主反射面垂直　　B. 应有足够的灵敏度

C. 应保证声束能扫到整个焊缝的横截面　　D. 以上都对

56. 为检测焊缝中的未焊透，不宜选用的探头折射角为：(　　)

A. 35°　　B. 45°

C. 50°　　D. 60°

57. 在焊缝超声检测中，若选用的探头角度偏小，可能出现的问题是：(　　)

A. 检测灵敏度达不到要求
B. 焊缝中心附近部位出现扫查盲区
C. 焊缝中心上下表面附近出现扫查盲区
D. 容易出现表面波，干扰检测

58. 焊缝斜角检测时，正确调节仪器扫描比例是为了：（　　）
A. 缺陷定位
B. 判定缺陷波幅
C. 判定结构反射波和缺陷波
D. 以上 A 和 C

59. 为检测出焊缝中与表面成不同角度的缺陷，应采取的方法是：（　　）
A. 提高检测频率
B. 用多种角度探头检测
C. 修磨检测面
D. 以上都可以

60. 对接焊缝超声检测时，下列有关探头扫查的叙述中，错误的是：（　　）
A. 斜平行扫查是为了检测横向缺陷
B. 垂直于焊缝的扫查是为了检测纵向缺陷
C. 定点扫查和环向扫查是为了确定缺陷的形状
D. 串列式扫查可以检测各个方向的缺陷

61. 对中厚板焊缝超声检测，若采用单面单侧一次波和二次波检测时，则整个焊缝横截面：（　　）
A. 不存在漏检区域
B. 可能存在漏检区域
C. 若增加三次波检测，就能扫查到整个焊缝横截面
D. 以上都不对

62. 焊缝斜角检测时，焊缝中与表面成一定角度的缺陷，其表面状态对回波高度的影响是：（　　）
A. 粗糙表面回波幅度高
B. 无影响
C. 光滑表面回波幅度高
D. 以上都可能

63. 焊缝超声检测中，一般用于判断焊角反射回波的方法是：（　　）
A. 视反射回波的高度而定
B. 观察反射回波的动态范围
C. 用手指沾耦合剂拍打焊角处，视反射回波跳动而定
D. 以上均可

64. 焊缝超声检测时，主要采用哪些方法判断缺陷的性质：（　　）
A. 缺陷的静态波形
B. 缺陷的动态波形
C. 工件的结构
D. 以上方法综合判定

65. 焊缝超声检测时，主要采用哪些方法判断是否为缺陷回波：（　　）
A. 缺陷的静态波形
B. 缺陷的动静态波形
C. 反射回波在工件中的位置
D. 以上全部

66. 焊缝斜角检测时，靠近背部焊道的缺陷不容易检测出来，其原因是：（　　）
A. 远场效应
B. 受分辨力影响
C. 盲区
D. 受反射波影响

67. 用单斜探头检测厚板焊缝时，时常会漏掉：（　　）
A. 与表面垂直的裂纹
B. 方向无规律的夹渣
C. 根部未焊透
D. 与焊缝平行的缺陷

68. 板厚100mm以上窄间隙焊缝作超声检验时，为检测边缘未熔合缺陷，最有效的扫查方式是：(　　)

A. 斜平行扫查　　B. 前后同向串列扫查

C. 双晶斜探头前后扫查　　D. 交叉扫查

69. 对圆筒形工件纵向焊缝检测时，跨距将：(　　)

A. 增大　　B. 减小

C. 不变　　D. 以上A或B均可能

70. 焊缝斜角检测中，如在室温(20℃)调节仪器扫描，当被检焊缝环境温度较高时，显示的缺陷回波深度值将：(　　)

A. 比实际深度大　　B. 比实际深度小

C. 与实际深度相同　　D. 无法判定

71. T型钢焊缝的超声检测中，检测面的一般选择为：(　　)

A. 腹板上　　B. 翼板上

C. A和B　　D. 可任意选择

72. 下列哪种检测方法不适宜T型焊缝的超声检测中：(　　)

A. 直探头在翼板上扫查检测　　B. 斜探头在翼板外侧或内侧上扫查检测

C. 直探头在腹板上扫查检测　　D. 斜探头在腹板上扫查检测

73. 对插入式大口径管座角焊缝，应采用的检测方式是：(　　)

A. 在接管内表面用直探头检测　　B. 在接管内表面用斜探头检测

C. 在容器外表面用斜探头检测　　D. 以上一种或几种方式组合

74. 对安放式大口径管座角焊缝，应采用的检测方式是：(　　)

A. 直探头在容器筒体内壁进行检测

B. 斜探头在接管外壁利用二次波进行检测

C. 斜探头在接管内壁利用一次波进行检测

D. 以上一种或几种方式组合

三、判断题

1. 轴类锻件，一般以纵波直探头作径向探测效果最佳。(　　)

2. 使用斜探头对轴类锻件作圆柱面轴向探测时，探头应作正反两个方向扫查。(　　)

3. 对饼形锻件，采用直探头作径向探测是最佳的探伤方法。(　　)

4. 调节锻件探伤灵敏度的底波法，其含义是锻件扫查过程中依据底波变化情况评定锻件质量等级。(　　)

5. 锻件探伤中，如由缺陷引起底波明显下降或消失时，说明锻件中存在较严重的缺陷。(　　)

6. 锻件探伤时，如缺陷被探伤人员判定为白点，则应按密集缺陷评定锻件等级。(　　)

7. 棒材检测时，因于棒材是轴对称的，当旋转棒材或探头的位置发生变化时，缺陷波的位置(声程)一般会发生变化，而柱面反射回杂波的相对位置一般是不变的，所以较易区分。(　　)

8. 检测表面粗糙的铸件时，对表面和近表面的缺陷，一般采用表面波检测。(　　)

9. 钢板探伤时，通常只根据缺陷波情况判定缺陷。(　　)

10. 较薄钢板采用底波多次法探伤时，如出现“叠加效应”，说明钢板中缺陷尺寸一定很大。(　　)

11. 复合钢板探伤时，可从母材一侧探伤，也可从复合材料一侧探伤。(　　)

12. 用板波法探测厚度 6mm 以下薄钢板时，不仅能检出内部缺陷，同时能检出表面缺陷。(　　)

13. 小口径钢管采用水浸聚焦探头检验时，属于纵波垂直法探伤。(　　)

14. 采用斜探头对钢管作周向接触法探伤时，钢管内外径之比愈大，入射角允许范围愈大。(　　)

15. 钢管水浸聚焦法探伤时，不宜采用线聚焦探头探测较短缺陷。(　　)

16. 钢管作手工接触法周向探伤时，应从顺、逆时针两个方向各探伤一次。(　　)

17. 钢管水浸探伤时，水中加入适量活性剂是为了调节水的声阻抗，改善透声性。(　　)

18. 钢管水浸探伤时，如钢管中无缺陷，示波屏上只有始波和界面波。(　　)

19. 焊缝斜角检测中，裂纹等危害性缺陷的反射波幅总是很高的。(　　)

20. 焊缝斜角检测时，如采用直射法，可不考虑结构反射、变型波等干扰回波的影响。(　　)

21. 焊缝检测所用斜探头，当楔块底面前部磨损较大时，其 K 值将变小。(　　)

22. 对焊缝中与声束成一定角度的缺陷，检测频率较高时，缺陷回波不易被探头接收。(　　)

23. 检测管座角焊缝中，一般以纵波直探头检测为主，对于直探头扫查不到的区域，需要另加斜探头进行检测。(　　)

四、计算题

1. 用 4P20Z 探头检验厚度为 350mm 的饼形钢锻件（$c_L=5900$m/s）。技术要求规定≥ϕ3mm 当量的缺陷不漏检，如何用工件底波调节探伤灵敏度？在此检测灵敏度下发现距检测面 250mm 处有一缺陷，其回波比基准波幅高 16dB，求此缺陷的当量？

2. 用 2.5P14Z 探头检验厚度为 400mm 的钢锻件（$c_L=5900$m/s）。技术要求规定≥ϕ2mm 当量的缺陷不漏检，材料的衰减系数 $\alpha=0.01$dB/mm，如何用工件底波调节探伤灵敏度？在此检测灵敏度下发现距检测面 200mm 处有一缺陷，其回波比基准波幅高 24dB，求此缺陷的当量？

3. 用 2.5P14Z 直探头，对直径为 500mm 的钢轴锻件作径向检验，钢中 $c_L=5900$m/s，材料衰减系数 $\alpha=0.005$dB/mm。技术要求检测灵敏度不低于 ϕ3mm 平底孔，如何用工件底波调节探伤灵敏度？

4. 用 2.5P20Z 直探头检验厚 360mm 的钢锻件，钢的 $c_L=5900$m/s，衰减系数 $\alpha=0.01$dB/mm。技术要求≥ϕ2mm 平底孔当量的缺陷不漏检，问：

① 如何用试块上的深 200mmϕ4mm 平底孔调节检测灵敏度？（试块衰减可忽略）

② 如何用厚度为 200mm 的试块底波调节探伤灵敏度？（锻件与试块衰减相同，耦合差为 5dB）

5. 用 2.5P20Z 直探头检验厚 400mm 的钢锻件，技术要求规定 ϕ3mm 当量的缺陷不漏检，现用工件底波调节灵敏度，调节时发现一次底波为垂直满刻度 80%时，二次底波正好为垂直满刻度 20%，问：

① 如何利用工件底面调节检测灵敏度？

② 如改用深 150mm 的。$\phi 2.8$mm 平底孔试块时，又如何调节检测灵敏度？（试块衰减与工件相同）

③ 在此检测灵敏度下检测，发现一深 300mm 的缺陷，其波幅比基准波幅高 20dB，求此缺陷当量？

6. 用 2.5P14Z 直探头检验外径 1100mm，壁厚 200mm 筒形钢锻件（$c_L=5900$m/s），技术要求规定多≥$\phi 2$mm 当量的缺陷不漏检。问：

① 在外圆周作径向探伤时，如何用内壁曲面回波调节探伤灵敏度？

② 在内壁作径向探伤时，如何用外壁曲面回波调节探伤灵敏度？

7. 用 2.5P20Z 直探头检验厚度为 350mm 饼形钢锻件（$c_L=5900$ m/s），将底波增益 40dB 后进行探伤。问：

① 求此时的检测灵敏度？

② 在此检测灵敏度下检测，发现一深 200mm 的缺陷，其波幅比基准波幅高 29dB，求此缺陷当量？

8. 用 2.5P20Z 直探头检验厚度 3 80mm 钢锻件（$c_L=5900$m/s ），材质衰减系数 $\alpha=0.0\ 1$ dB/mm。检验中在 130mm 深发现一缺陷，其波幅较底波低 7dB。求此缺陷的当量？

9. 用 2.5P14Z 直探头检验 200mm 厚钢锻件，底波调到屏高的 80%，再将灵敏度提高 14dB 进行检测。检测中发现一缺陷深 150mm，波高为 50%，求此缺陷的当量？（钢的 $c_L=5900$m/s）

10. 用 2.5P20Z 直探头检验厚度为 400mm 钢锻件，材料衰减系数 $\alpha=0.01$ dB/mm。将 200mm 厚钢试块底波调至基准波高后再增益 50dB，然后进行检测。（试块 $\alpha_2=0.005$dB/mm，锻件与试块耦合差 1.5dB，声速 c_L均为 5900m/s）

① 试计算此时的检测灵敏度？

② 在此检测灵敏度下检测，发现一深 250mm 的缺陷，其波幅比基准波幅高 23dB，求此缺陷当量？

11. 用充水探头，采用三次重合法检测厚度 $\delta=60$mm 的钢板，水层厚度大约应为多少？

12. 采用水浸聚焦探头检测钢板，已知水中 $c_{L2}=1500$m/s，钢中 $c_{L3}=5900$m/s，水层厚度 $H=60$mm。欲使超声束聚焦于钢板上表面以下 10mm 处，选用声速 $c_{L1}=2600$m/s 的环氧树脂作声透镜，试计算透镜曲率半径？

13. 直径 300mm 壁厚 20mm 的钢管，作周向斜角探伤，采用 $K=2$ 的斜探头合适吗？

14. 采用 $K=2$ 的斜探头，对外径为 600mm 的钢管作接触法周向探伤，能扫查到的最大壁厚为多少 mm？

15. 对 $\phi 60\times 5$mm 钢管作水浸聚热法周向探伤，调节偏心距 $x=9$mm 是否合适？（钢中 $c_L=5900$m/s，$c_S=3200$m/s，水：$c_L=1500$m/s）

16. 用水浸聚焦法检验 $\phi 42\times 5$mm 小口径钢管，有机玻璃透镜曲率半径为 22mm，试求偏心距(平均值)和水层距离？

17. 检验板厚 $T=22$mm 的钢板对接焊缝，上焊缝宽度为 30mm，下焊缝宽度为 20mm。若选用 $K=2$、前沿距离 $l_0=17$mm 的探头。用一、二次波法能否扫查到整个焊缝截面？

18. 采用 $K=2$ 斜探头检测某钢焊缝，按水平 1∶1 调节仪器扫描比例，母材厚度 $T=20$mm，检测中在水平刻度 56 格处发现一缺陷波，求此缺陷深度？

19. 采用 $K=1.5$ 斜探头检测某钢焊缝，按深度 1∶1 调节仪器扫描比例，母材厚度 $T=36\text{mm}$，检测中在水平刻度 60 格处发现一缺陷波，求此缺陷水平位置？

20. 采用 $K=2.5$ 斜探头检测某钢焊缝，按声程 2∶1 调节仪器扫描比例，母材厚度 $T=14\text{mm}$，检测中在水平刻度 60 格处发现一缺陷波，求此缺陷深度和水平位置？

21. 检测材质为 Q235、母材厚度为 12mm 的钢焊缝，若上焊缝的宽度为 20mm，下焊缝的宽度为 8mm，焊缝相对于中心线对称，该焊缝结构如图 5-73 所示。若选用 K2.5 的斜探头，时基线按深度 4∶1 调节检测中，若在时基线 48 格和 72 格的位置上出现回波信号，若探头入射点距焊缝中心线的距离分别为 34mm、45mm，问这两个回波信号是缺陷回波吗？为什么？

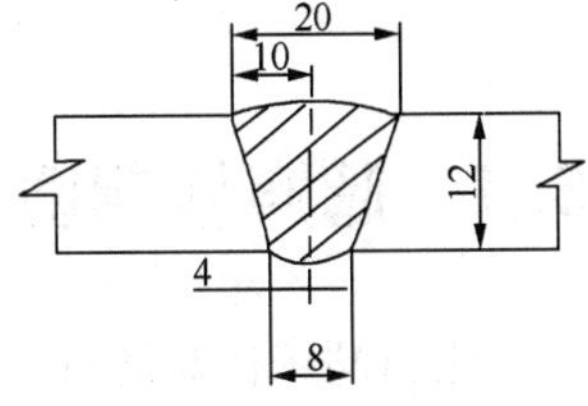

图 5-73 焊缝结构示意图

参考答案

选择题：1. B 2. C 3. A 4. D 5. A 6. B 7. D 8. D 9. D 10. D 11. C 12. D 13. A 14. A 15. D 16. D 17. B 18. C 19. D 20. A 21. B 22. D 23. D 24. A 25. B 26. D 27. A 28. D 29. A 30. B 31. D 32. B 33. A 34. C 35. A 36. C 38. C 39. A 40. B 41. D 42. A 43. C 44. B 45. A 46. D 47. D 48. A 49. B 50. D 51. B 52. D 53. B 54. B 55. D 56. D 57. B 58. D 59. B 60. D 61. B 62. A 63. C 64. D 65. C 66. B 67. A 68. B 69. D 70. A 71. C 72. C 73. D 74. D

判断题：1. √ 2. √ 3. × 4. × 5. √ 6. × 7. √ 8. × 9. × 10. × 11. √ 12. √ 13. × 14. √ 15. √ 16. √ 17. × 18. √ 19. × 20. × 21. √ 22. √ 23. √

计算题：1.（31 dB，ϕ5.4mm） 2.（43.5dB，ϕ3.16mm） 3.（38dB，ϕ4.8mm） 4.（29.5dB，55.9dB） 5.（36.5dB，11.7 dB，ϕ6.5mm） 6.（41.4dB，33.6dB） 7.（ϕ2.3mm，ϕ7mm） 8.（ϕ4.1mm） 9.（ϕ4.6mm） 10.（ϕ3mm，ϕ5.9mm） 11.（ 45mm ） 12.（4.6mm） 13.（不合适） 14.（31.8mm） 15.（合适） 16.（4.4mm，29mm） 17.（不能） 18.（12mm） 19.（12mm） 20.（28mm，11mm） 21.（48 格的不是、72 格的是）

第六章 超声检测质量控制

6.1 超声检测质量控制的目的

进行超声检测的目的是为了发现材料或制件中影响其使用的缺陷或特性，从而对其应用于特定目的的适用性进行评价。完成一项检测任务之后，需要按照已经确定的检测标准，根据检测的结果，对材料或制件是否符合要求进行评价。

因此，提供的检测结果是否准确可靠是人们十分关心的问题。这里所说的准确的含义，一方面是检测结果符合于真实情况的程度，另一方面，是检测结果的一致性和可重复性。对检测结果准确性与可靠性的要求，就是超声检测过程的质量要求。

同任何生产过程一样，超声检测过程也存在一系列影响检测质量的因素。这些因素可以归纳为人员、设备器材、技术文件、操作过程和环境几方面。通过对这些因素进行有效的规范与控制，可以最大限度地保证对材料和制件的检测能够获得准确有效的检测结果，从而对检测对象的质量或状态作出正确的评价，为保证产品的质量和使用安全性，为产品制造工艺的改进，提供更有意义的判据和信息。

6.2 超声检测质量控制的要素

6.2.1 超声检测人员的控制

超声检测过程的各个步骤，包括检测方法的选择，仪器、探头、试块的选用，仪器的调整，扫查和结果的评定，都需要检测人员运用掌握的知识和技能按照既定的程序来完成。特别是在采用A型显示超声检测仪手工扫查这一最基本的检测方式的时候，由于缺陷显示不是直观的图形且缺乏实时的自动记录，因此，对缺陷存在与否的判断及其评价与解释，完全依赖于检测人员的经验、能力和责任心。所以，检测人员的素质和技术水平对超声检测工作的质量影响极大。

按照特种设备无损检测人员管理的要求，从事无损检测工作的人员必须经过培训并经考核鉴定取得资格证书。而且，按照人员的能力水平，资格证书分为三个级别，每一级别人员只能从事与其资格相对的工作。这是保证检测工作质量的一个基本措施。

对于超声检测人员因素的控制还需要注意以下几点：

（1）各单位应保证从事超声检测的人员按时参加各级人员的培训与资格鉴定考试及复证考试，保证人员的资格证在有效期内。并且每年对人员进行专业技能考核，合格后方可上岗。

（2）检测人员每年对矫正视力进行一次检测，矫正视力合格的人员方可上岗。

（3）由于超声检测对于不同检测对象所采用的技术差异较大，考试范围不一定符合各单位的具体情况，所以，各单位负责人应指定本单位Ⅲ级人员对已取证人员进行针对特定产品的专门培训，并根据其检测特定产品的能力给予操作授权。

(4) 超声检测人员应严格遵守无损检测的质量程序要求，认真负责地完成每一项工作。

(5) 由于超声检测缺乏永久记录的特点，超声检测人员更需要坚持原则，不发虚假报告。

(6) 超声检测人员应不断学习本职工作所需的新知识，在工作中积累经验，增长能力。

6.2.2 超声检测设备与器材的控制

检测设备与器材的可靠性是影响检测工作质量最重要的因素之一。超声检测设备与器材包括超声检测仪、探头、电缆线、试块、耦合剂、机械扫查装置、信号采集装置及用于扫描控制与信号采集处理的计算机软件等。为了保证检测结果正确可靠，必须保证所使用的设备与器材符合检测所需的技术要求。为此，需从以下几方面加以严格控制：

(1) 超声检测的设备、探头和试块等在制造、销售(或用户购买时)或使用前，应按其各自的技术要求经过严格的测试，设备应具有国家计量法定单位检定，并提供合格证书，方可使用。应避免购买缺乏质量保证体系的制造商制造的产品。对于非标产品，应提出科学合理的验收方法，加强验收测试。

(2) 使用中的设备、探头和试块应定期送国家计量部门进行性能检定，并应有检定标识，保证在有效期内使用。

(3) 对于超声检测设备来说，满足标准规定的最低要求有时还是不够的，对于检测特定产品使用的仪器和探头，还需要满足产品的特殊要求。如对薄层工件要求，近表面分辨力更好，对于粗晶或组织衰减大、噪声高的工件，要求具有较高的灵敏度和信噪比等。这时，还应经常对其所需要的特殊性能进行测试，以保证其满足实际检测的要求。

(4) 在选用仪器、探头、试块，包括耦合剂、电缆线时，均应按其特性确认其对特定产品检测的适用性。如仪器与探头频带范围是否匹配并满足要求，电缆线是否与探头匹配、水浸电缆线是否防水并抗噪声，试块与工件声特性是否一致等。

(5) 考虑到不同的仪器、探头、试块，即使是同型号的，也可能存在一些性能的差异，对于检测要求特别严格的工件，应尽可能采用同一仪器和探头组合检测相同的产品，以保持检测结果的一致性。

(6) 对易损的探头或某些试块应经常进行校验，并记录其变化情况，以便在其性能超出允许范围时及时更换。检测时，可对允许范围内的变化修正后使用。如横波斜探头磨损引起的角度变化，试块磨损或生锈等引起超声检测数据的改变等。

(7) 在设备出现故障经修理或更换部件之后，应重新进行严格的性能测试，证明其满足要求。

6.2.3 超声检测技术文件的控制

超声检测技术文件是正确执行检测操作，评定检测结果的依据。超声检测技术文件包括检测方法标准与验收标准、检测工艺规程和工艺卡。技术文件的控制包括技术文件的正确制订与技术文件的正确使用，需要注意的有以下几点：

(1) 针对每一具体零件或一类零件，应采用的检测方法标准与验收标准多由订货技术协议、设计图纸或专用技术条件规定。因此，在编写这些文件时，应有无损检测人员参与，需仔细审核拟采用的检测方法标准和验收标准对该零件的适用性，选用适当的标准。

（2）所采用的超声检测方法标准与验收标准均应是现行有效的标准版本，为此，每年应对标准的有效性进行审核。

（3）超声检测工艺规程必须根据所采用的标准和该类零件的具体情况，由超声检测Ⅲ级人员制定。超声检测工艺卡必须根据检测工艺规程或相关标准以及该零件的具体情况，由超声检测Ⅱ级以上人员制定，由Ⅲ级人员审核和批准。

（4）检测工艺规程和工艺卡必须符合所依据的标准，对影响检测可靠性的各要素给出明确的要求。

（5）检测工艺规程和工艺卡制定时，如发现零件中有因某些原因无法检测的部位，应提请有关部门批准，并特别注明。

（6）在没有可依据的上一级标准的情况下，应用新的检测技术时，必须经过充分的试验与验证，经评审通过后编制检测工艺规程及工艺卡。

（7）零件检测要求或条件有变化时，应及时按规定的程序更改检测工艺规程或工艺卡。

6.2.4 超声检测操作过程的控制

检测工艺规程和工艺卡制定以后，即可按规定的方法进行缺陷的检测。检测过程由表面状态的准备、仪器的调整、工件的扫查、缺陷的评定以及记录与报告等步骤组成。每个步骤的操作都必须符合技术文件的规定。具体要求如下：

（1）超声检测人员在进行检测前应认真阅读工艺卡，熟悉产品的情况和检测设备的情况。

（2）检测前应观察工件的表面状况是否符合规程要求，去除影响检测的表面情况。必要时，应进行表面机加工以准备适当的超声检测面。局部无法去除的部位，应进行记录并在检测报告中注明，情况严重以致难以检测时，需上报有关部门处理。

（3）检测用仪器、探头、试块和耦合剂应符合检测工艺卡的规定，不得任意改变。仪器的调整、扫查及缺陷的评定。均应严格按照工艺卡的规定进行。

（4）检测过程中，应按规定及时作好原始记录，记录内容应真实、完整、清晰。检测后，应由Ⅱ级以上人员签发检测报告。

（5）检测过程中和检测后，应按规定进行仪器调整的校验，发现灵敏度降低等异常情况时，应对上一次校验后检测的所有工件重新进行检测。

（6）检测中发现标准未规定的异常情况时，应进行详细记录，并报有关部门处理。

（7）超声波检测合格后应该利用其他无损检测手段进行复验，并根据各自检测方法的标准对其进行评定。

6.2.5 超声检测环境的控制

（1）为了保证超声检测仪的正常工作，超声检测现场的环境应避免强磁、高频、高温、潮湿、灰尘、腐蚀性气体、震动等条件的存在。此外，强光对检测人员观察显示屏有不利影响，有时会使检测无法进行。

（2）检测现场应提供检测所需的吊车设施。

（3）检测现场的仪器、设备等物品以及检测产品，应分类、分区摆放并标识清晰。

第七章　标准知识简介

7.1　标准的定义和作用

标准的定义是：“标准是对重复性事务和概念所作的规定，它以科学、技术和实践经验的综合成果为基础，经有关方面协商一致，由主管机构批准，以特定形式发布，作为共同遵守的准则和依据。”由此可见，标准是一种特定的文件，其作用是作为人们从事某种特定工作时共同遵守的准则和依据。

作为超声检测标准，其目的也是为了给超声检测工作提供共同遵循的原则，保证检测过程的正确实施和检测结果的正确评判，因而是超声检测质量控制的重要依据。不同检测单位共同执行同一标准时，超声检测标准又可作为产品质量仲裁的依据。

7.2　标准的分类

7.2.1　按标准的用途的分类

根据标准的不同用途，可将超声检测标准分为以下几种主要类型：

1. 术语标准

术语标准是对相关专业术语名称的规定和含义的解释，是人们用科学的语言、统一的格式编写的相关专业文本。它的主要用途是统一相关专业的名词用语，避免发生理解上的误差，也便于进行纠纷的仲裁。

国标 GB/T 12604 就是无损检测专业的术语，其中 GB/T 12604.1 是超声检测专业的术语。

2. 设备与器材标准

这类标准主要是对相关检测专业所使用基本设备、仪器和主用器材的基本技术要求做出规定，规范产品生产单位使其产品性能符合检测工作的需要，也便于产品使用单位能据以验收、所购的或校验正在使用的设备、仪器和器材。

在超声检测中，这类标准主要涉及超声检测仪、探头、试块等产品本身的技术要求，以及超声检测仪、探头的性能和组合性能的测试方法，也涉及标准试块、对比试块的制作和检验方法等。例如国标 GB/T 19799.1—2005 是超声检测 1 号标准试块的技术条件。机械协会标准 JB/T 10061 是 A 型脉冲反射式超声探伤仪通用技术条件。

3. 检测方法标准

检测方法标准对检测工作中各要素，包括主要设备、器材，检测人员，一般通用要求，工艺参数的控制等，进行规范的主要技术文件，是保证超声检测结果可靠性的主要技术文件，也是检测工作质量控制和质量纠纷仲裁的主要技术依据。检测方法标准有通用性的检测技术标准，也有针对某类产品的检测技术标准。有的检测方法标准还与被检对象的质量分级合为一个标准。

例如：CB/T 3907—1999 是适用于船舶系统钢锻件超声检测工艺和质量分级方面的标准。

4. 验收标准

被检对象的验收标准规定了检测结果的一系列特征指标，根据这些指标，可对被检件的质量状态做出评定结论。验收标准可以是一份独立的标准，但在多数情况是某种或某类材料技术条件或产品标准的一部分，是对被检对象的一系列质量要求之一。

上述各类标准中，检测方法标准和验收标准是与超声检测过程直接相关的标准，是编制检测规程的主要依据。检测方法标准是对检测过程的全面要求，用来保证检测过程能够提供用于产品验收的准确结果。验收标准一般不包括对检测过程的要求，而是针对被检对象的要求，但验收标准是检测技术选择的主要依据之一，也是检测结果评定的主要依据，因此，验收标准也是对检测过程有直接影响的标准。

7.2.2 按制定标准的主管部门分类

按制定标准的主管部门分类，可将超声检测标准分为国家标准、行业标准和企业标准。

1. 国家标准(GB)

国家标准是由国家标准化管理委员会领导下的全国无损检测标准化技术委员会(代号SAC/TC56)组织，按照《中华人民共和国标准化法》的规定，为在全国范围内统一超声检测技术要求而制定的标准，因此，国家标准是适应范围最广的标准，可在全国范围内使用。

2. 行业标准

行业标准是由各行业根据本行业的产品或特殊要求而制定的标准，如石油天然气行业标准(SY)、船舶行业标准(CB)，机械行业标准(JB)、航空行业标准((HB)、航天行业标准(QJ)、核工业标准(EJ)、兵器工业标准(WJ)等。在船舶工业中，除应用国家标准和船舶行业标准外，还经常应用机械行业标准，这是由于金属材料与零件的加工几乎均可归类为机械行业，而金属材料与金属工件又是超声检测的主要对象，因此，机械行业的超声检测标准具有广泛的通用性，为船舶行业所经常引用。

3. 企业标准(QB)

企业标准是由企业根据国家标准和行业标准的要求，或者由于国家或行业尚无相关标准，结合自身情况而制定的标准，它仅适应于企业内部。标准化规定："企业生产的产况没有国家标准和行业标准的，应当制定企业标准作为组织生产的依据，已有国家标准和行业标准的，国家鼓励企业制定严于国家标准和行业标准的企业标准，在企业内部使用。"

7.3 国内外无损检测标准发布进展

2010 年以来，全国无损检测标准化技术委员会(SAC/TC 56)及其对口的国际标准化组织无损检测技术委员会(ISO/TC 135)，相继完成了一批无损检测国家标准、机械行业标准和国际标准，同时也正在或计划制修订一批无损检测国家标准、机械行业标准和国际标准。

无损检测标准项目的具体分布情况如下。

无损检测标准	已发布数	待发布数	正在制修订数	近期计划制修订数
国家标准(GB/T)	16	11	11	31
机械行业标准(JB/T)	4	3	—	12
国际标准(ISO)	6	5	24	—

1. 已发布的无损检测国家标准

序号	标准号	标准名称	采标情况
1	GB/T 12604.10—2011	无损检测 术语 磁记忆检测	—
2	GB/T 2557—2010	无损检测 钢管自动漏磁检测系统综合性能测试方法	—
3	GB/T 25758.1—2010	无损检测 工业 X 射线系统焦点特性 第 1 部分 扫描方式	EN12543—1：1999. IDT
4	GB/T 25758.2—2010	无损检测 工业 X 射线系统焦点特性 第 2 部分 针孔照相机射线照相方法	EN12543—2：1999. IDT
5	GB/T 25758.3—2010	无损检测 工业 X 射线系统焦点特性 第 3 部分 狭缝照相机射线照相方法	EN12543—3：1999. IDT
6	GB/T 25758.4—2010	无损检测 工业 X 射线系统焦点特性 第 4 部分 边缘方法	EN12543—4：1999. IDT
7	GB/T 25758.5—2010	无损检测 工业 X 射线系统焦点特性 第 5 部分 小焦点和微焦点 X 射线管的有效焦点尺寸的测量方法	EN12543—5：1999. IDT
8	GB/T 25759—2010	无损检测 数字化超声检测数据的计算机传输数据段指南	ASTM1454—02. IDT
9	GB/T 26140—2010	无损检测 测量残余应力的中子衍射方法	ISO/T S 21432：2005，IDT
10	GB/T 16141.1—2010	无损检测 射线照相底片数字化系统的质量鉴定第 1 部分：定义、像质参数的定量测量、标准参考底片和定性控制	ISO 14096—1：2005，IDT
11	GB/T 16141.2—2010	无损检测 射线照相底片数字化系统的质量鉴定第 2 部分：最低要求	ISO 14096—2：2005，IDT
12	GB/T 26641—2011	无损检测 磁记忆检测 总则	—
13	GB/T 26642—2011	无损检测 金属材料计算机射线照相检测方法	EN 14784—2：2005，MOD
14	GB/T 26643—2011	无损检测 闪光灯激励红外热像法导则	—
15	GB/T 26644—2011	无损检测 声发射检测总则	EN 13554：2002. MOD
16	GB/T 26646—2011	无损检测 小型部件声发射检测方法	ASTM E1932：07，MOD

2. 已发布的无损检测机械行业标准

序号	标准号	标准名称	代替标准
1	JB/T 7523—2010	无损检测 渗透检测用材料	JB/T 7523—2004
2	JB/T 9212—2010	无损检测 常压钢质储罐焊缝超声检测方法	JB/T 9212—1999
3	JB/T 9214—2010	无损检测 A 型脉冲反射式超声检测系统工作性能测试方法	JB/T 9214—1999
4	JB/T 11130—2011	工业内窥镜	—

3. 已发布的无损检测国际标准

序号	标准号	标准名称
1	ISO/TS 11774：2011	Non-destructive testing Performance-based qualification
2	ISO/TR 13115：2011	Non-destructive testing Methods for absolute calibration of acoustic emission transducers by the reciprocity technique
3	ISO 16371-1：2011	Non-destructive testing Industrial computed radiography with storage phosphor imaging plates Part Classification of systems
4	I SO16526-1：2011	Non-destructive testing Measurement and evaluation of the X-ray tube voltage Part 1：Voltage divider method
5	ISO 16526-2：2011	Non-destructive testing Measurement and evaluation of the X-ray tube voltage Part 2：Constancy check by the thick filter method
6	ISO 16526-3：2011	Non-destructive testing Measurement and evaluation of the X-ray tube voltage Part 3：Spectrometric method

4. 待发布的无损检测国家标准

序号	标准名称	采标情况	代替标准
1	无损检测渗透检测 第1部分：总则	ISO 3452-1：2008. IDT	GB/T18851. 1—2005 GB/T 18851. 5—2005
2	无损检测 超声检测2号校准试块	ISO 7963：2006. IDT	GB/T 19799. 2—2005
3	无损检测　磁致伸缩超声导波检测方法	—	—
4	无损检测　脉冲涡流检测方法	—	—
5	无损检测　机械及电气设备红外热成像检测方法	—	—
6	无损检测　工业计算机层析成像(CT)检测通用要求	—	—
7	无损检测　工业计算机层析成像(CT)图像测量方法	—	—
8	无损检测　工业计算机层析成像(CT)系统性能测试方法	—	—
9	无损检测　工业计算机层析成像(CT)系统选型指南	—	—
10	无损检测　工业计算机层析成像(CT) 指南	—	—
11	无损检测　火工装置工业计算机层析成像(CT)检测方法	—	—

5. 待发布的无损检测机械行业标准

序号	标准项目名称	代替标准
1	无损检测　气门超声检测	JB/T 10555—2006
2	无损检测 聚乙烯管道焊缝超声检测	JB/T 10662—2006
3	无损检测　超声相控阵探头通用技术条件	—

6. 待发布的无损检测国际标准

序号	标准项目号	标准项目名称
1	ISO/FDIS 9712	Non-destructive testing Qualification and certification of NDT personnel
2	ISO/FDIS 10878	Non-destructive testing Infrared thermography—Vocabulary
3	ISO/FDIS 16810	Non-destructive testing Ultrasonic testing General principles
4	ISO/FDIS 16811	Non-destructive testing Ultrasonic testing Sensitivity and range setting
5	ISO/FDIS 16831	Non-destructive testing Ultrasonic testing Characterization and verification of ultrasonic thickness measuring equipment

7. 正在制修订中的无损检测国家标准

序号	标准项目名称	采标计划	代替标准
1	无损检测 渗透检测第5部分：温度高于50℃的渗透检测	ISO 3452-5：2008	—
2	无损检测工业射线照相胶片第1部分；工业射线照相胶片系统的分类	ISO 11699-1：2008	GB/T 19348. 1—2003
3	无损检测　术语　泄漏检测	—	GB/T 12604. 7—1995
4	无损检测　术语　中子检测	—	GB/T 12604. 8—1995
5	无损检测　术语　渗透检测	ISO 12706：2009	GB/T 12604. 3—2005
6	无损检测　应用导则	—	GB/T 5616—2006
7	无损检测　NDT人员培训机构指南	—	ISO 25108：2006
8	无损检测　超声相控阵检测方法	—	—
9	无损检测　绝对式涡流探头阻抗测定方法	ASTM 1629-2007	—
10	无损检测　涡流检测　总则	ISO 15549：2008	—
11	无损检测　数字成像与通信方法	ASTM 2339-2010	—

8. 正在制修订中的无损检测国际标准

序号	标准项目号	标准项目名称
1	ISO/DIS 2400	Non-destructive testing Ultrasonic examination Specification for calibration block No. 1
2	ISO/DIS 3059	Non-destructive testing Penetrant testing and magnetic particle testing—Viewing conditions
3	ISO/DIS 3452-1	Non-destructive testing Penetrant testing Part 1：General principles
4	ISO/CD 3452-2	Non-destructive testingPenetrant testing Part 2：Testing of penetrant materials
5	ISO/CD 3452-3	Non-destructive testing Penetrant testing Part 3：Reference test blocks
6	ISO/DIS 5579	Non-destructive testing Radiographic testing of metallic materials using film and X- or gamma rays Basic rules
7	ISO/NP 9934-1	Non-destructive testing Magnetic particle testing Part 1：General principles
8	ISO/NP 9934-2	Non-destructive testing Magnetic particle testing Part 2：Detection media
9	ISO/NP 9934-3	Non-destructive testing Magnetic particle testing Part 3：Equipment
10	ISO/DIS 12707	Non-destructive testing Terminology Terms used in magnetic particle testing

续表

序号	标准项目号	标准项目名称
11	ISO/CD 12715	Ultrasonic non-destructive testing Reference blocks and test procedures for the characterization of contact search unit beam profiles
12	ISO/NP 16371-2	Non-destructive testing Industrial computed radiography with storage phosphor imaging plates Part 2: General principles for testing of metallic materials using X-rays and gamma rays
13	ISO/DIS 1680	Non-destructive testing Ultrasonic thickness measurement
14	ISO 16823	Non-destructive testing Ultrasonic testing Transmission technique
15	ISO 16826	Non - destructive testing Ultrasonic testing Examination for discontinuities perpendicular to the surface
16	ISO 16827	Non-destructive testing Ultrasonic testing Characterization and sizing of discontinuities
17	ISO 16828	Non-destructive testing Ultrasonictesting Time-of-flight diffraction technique as a method for detection and sizing of discontinuities
18	ISO/DTR 16829	Non-destructive testing Automated ultrasonic testing Selection and application of systems
19	ISO/NP 16946	Non-destructive testing Ultrasonic testing Specification for step wedge calibration block
20	ISO/DIS 19232-1	Non-destructive testing Image quality of radiographs Part 1: Image quality indicators (wire type) Determination of image quality value
21	ISO/DIS 19232-2	Non-destructive testing Image quality of radiographs Part2: Image quality indicators (step/hole type) Determination of image quality value
22	ISO/DIS 19232-3	Non - destructive testing Image quality of radiographs Part 3: Image quality classes for ferrous metals
23	ISO/DIS 19232-4	Non-destructive testing Image quality of radiographs Part 4: Experimental evaluation of image quality values and image quality tables
24	ISO/DIS 19232-5	Non-destructive testing Image quality of radiographs Part 5: Image quality indicators (duplex wire type) Determination of image unsharpness value

9. 近期计划制修订的无损检测国家标准项目

序号	标准项目名称	采标计划
1	无损检测　锻件超声检测方法	ASTM A38B-2009
2	无损检测　气泡泄漏检测方法	ASTM E0515-2005
3	无损检测　超声泄漏检测方法	ASTM E1002-2005
4	无损检测　超声探头特性评定方法	ASTM E1065-2008
5	无损检测　氨泄漏检测方法	ASTME1066-1995(2006)
6	无损检测　荧光渗透剂亮度测定方法	ASTM E1135-1997(2008)
7	无损检测　铸铁烘缸的声发射检测方法	ASTM E2598-2007
8	无损检测　绝缘空架载人设备的声发射检测方法	ASTM F914-2010
9	无损检测　热中子照相检测　总则和基本规则	ISO 11537：1998
10	无损检测　热中子照相检测　中子束准直比(L/D 值)的测定	ISO 12721：2000
11	无损检测　有限应用无损检测的人员资格鉴定	ISO 20807：2004

续表

序号	标准项目名称	采标计划
12	无损检测　资格考试用试样中的不连续	ISO 22809：2007
13	无损检测　渗透检测　第 6 部分：温度低于 10℃的渗透检测	ISO 3452-6：2008
14	集成无损检测　涡流—金属磁记忆检测方法	—
15	无损检测　超声导波检测　总则	—
16	无损检测　发动机缸体再制造无损检测及评价方法	—
17	无损检测　工业射线照相底片黑度的测定方法	—
18	无损检测　光折射渗透检测方法	—
19	无损检测　基于光纤光栅传感技术的机械结构健康监测方法	—
20	无损检测　基于光纤光栅的球罐结构健康监测方法	—
21	无损检测　基于叶尖定时原理的叶片在线监测方法	—
22	无损检测　结构残余应力的电磁检测方法	—
23	无损检测　金属管内表面氧化皮堆积的磁性检测方法	—
24	无损检测　漏磁检测　总则	—
25	无损检测　球墨铸铁件的超声检测方法	—
26	无损检测　闪光灯激励红外热像法　参考试块	—
27	无损检测　闪光灯激励红外热像法　检测规程	—
28	无损检测　闪光灯激励红外热像法　设备	—
29	无损检测　术语　工业计算机层析成像(CT)检测	—
30	无损检测　术语　漏磁检测	—
31	无损检测标准编写导则	—

10. 近期计划制修订的无损检测机械行业标准项目

序号	标准项目名称	代替标准
1	无损检测　渗透试块通用规范	JB/T 6064—2006
2	无损检测　线型像质计通用规范	JB/T 7902—2006
3	无损检测　超声试块通用规范	JB/T 8428—2006
4	无损检测　渗透检测方法	JB/T 9218—2007
5	无损检测　轴类球墨铸铁超声检测第 1 部分：总则	JB/T 10554. 1—2006
6	无损检测　轴类球墨铸铁超声检测第 2 部分：球墨铸铁曲轴的检测	JB/T 10554. 2—2006
7	无损检测　锻钢材料超声检测　连杆的检测	JB/T 1 D659—2006
8	无损检测　锻钢材料超声检测　连杆螺栓的检测	JB/T 10660—2006
9	无损检测　锻钢材料超声检测　万向节的检测	JB/T 10661—2006
10	无损检测　机翼数字化 X 射线直接成像检测方法	—
11	无损检测　零部件表面光折射渗透检测方法	—
12	无损检测　超声探头通用规范	—

7.4 石油行业的常用标准

石油天然气工业用标准，是引用国际标准，并将国际标准全部转化为我国的标准，为了方便对外交流。同时也标注了对应的国际标准或API标准，以及对石油天然气特殊工程中一些检查或验收的内部所制定的标准，总体上，这些规范内容全面、范围广、技术先进，其主要内容包括验收标准、检测技术规则等。常用的石油行业标准有：

SY/T 4123—2012 石油天然气钢质管道环向对接接头全自动超声波检测标准

SY/T 6270—2012 石油钻采高压管汇的使用、维护、维修与检测

SY/T 6477.2—2012 含缺陷油气输送管道剩余强度评价方法 第2部分：裂纹型缺陷

SY/T 6586—2012 石油钻机现场安装及检验

SY/T 6850—2012 油气田及管道工程测量质量评定

SY/T 6856—2012 石油天然气工业 复合材料内衬钢管

SY/T 6858.1—2012 油井管无损检测方法 第1部分：套铣管螺纹漏磁探伤

SY/T 6858.2—2012 油井管无损检测方法 第2部分：钻杆加厚过渡带漏磁探伤

SY/T 6824—2011 油气井用复合射孔器通用技术条件及检测方法

Q/SY 93—2007 天然气管道检验规程

QSY JS0015—2003 陕京二线管道工程制管用热轧板卷技术条件

QSY JS0016—2003 陕京二线管道工程直缝埋弧焊管用热轧板技术条件

QSY JS0017—2003 陕京二线管道工程用螺旋缝埋弧焊钢管技术条件

QSY JS0018—2003 陕京二线管道工程用直缝埋弧焊钢管技术条件

QSY JS0019—2003 陕京二线管道工程线路焊接施工几验收规范

QSY JS0026—2003 陕京二线管道工程埋地钢质管道热煨弯头防腐层施工及验收规范

QSY JS0028—2003 陕京二线管道工程管道对接环焊缝射线检测规范

QSY JS0029—2003 陕京二线管道工程管道对接环焊缝全自动超声波检测规范

SY/T 0422—2010 油气田集输管道施工技术规范

7.5 船舶行业的常用标准

7.5.1 船级社规范和船舶标准

在船舶建造中，超声检测经常使用船级社规范和船舶行业标准。虽然，世界上各船级社是互认的，但各船级社均有自己的规范，总体上，这些规范内容全面、范围广、技术先进，其主要内容包括验收标准、检测技术规则等。常用的船级社规范和船舶行业标准有：

中国船级社《船舶焊接检测指南》

中国船级社《无损检测人员资格鉴定与认证规范》

Lloyd's Register Rules and Regulations《英国劳氏船级社船舶入级规范和规则》

RTN《焊缝无损检测指南》

ABS《船体焊缝无损检测规范》

《钢船建造和入级规范 第二篇材料和焊接规范》
挪威船级社(DNV)《入级指导 NO7》
CB/T 3559《船舶钢焊缝手工超声波探伤工艺和质量分级》
CB/T 3907—1999《船用锻钢件超声波探伤》
CB/Z 211《船用金属复合材料超声波探伤工艺规程》
CB 1134《BFe 30-1-1 管材的超声波探伤方法》

7.5.2 国内标准

中国的超声检测标准始于 20 世纪 70 年代，至今经历半个世纪，随着科学技术的发展，超声检测标准也迅速发展起来，现有的标准种类齐全，技术水平比较相近，有些标准已接近世界先进水平。

由于船舶行业是一个综合性的企业，涉及范围广泛，在超声检测中，常引用的国内标准主要有：

GB/T 11345《钢焊缝手工超声波探伤方法和探伤结果分级》
GB/T 11344《接触式超声波脉冲回波法测厚》
GB/T 6402《钢锻件超声检测方法》
GB/T 2970《厚钢板超声波检验方法》
GB/T 7734《复合钢板超声波检验方法》
GB/T 5777《无缝钢管超声波探伤检测方法》
GB/T 12604.1《无损检测术语——超声检测》
GB/T 1786《锻制圆饼超声波检验方法》
GB/T 4162《锻轧钢棒超声波检验方法》
CB/T 7233《铸钢件超声波探伤及质量评级方法》
GB/T 18694《无损检测 超声检测 探头及其声场的表征》
GB/T 11259《超声波检验用对比试块的制作与校验方法》
GB/T 19799.1《无损检测　超声检测 1 号标准试块》
GJB1580A《变形金属超声检测方法》
JB/T 4730.3《承压设备无损检测 第 3 部分：超声检测》
JB/T 9214《A 型脉冲反射式超声探伤系统工作性能测试方法》
JB/T 10061《A 型脉冲反射式超声探伤仪通用技术条件》
JB/T 10062《超声探伤用探头性能测试方法》

7.5.3 ISO 标准

ISO 标准是由国际标准化组织颁布的标准，也称国际标准。国际标准化组织(International Standardization Organization)，简称为 ISO，是一个专门的国际标准化组织，ISO 国际标准由 ISO 各技术组织(包括技术委员会及下设的分技术委员会)负责草拟，经全体成员国协商表决通过，以国际标准形式颁布。其中的无损检测标准由代号为 ISO/TC 135 的无损检测技术委员会负责，在它之下还设有多个分技术委员会。声学方法分委员会代号为 TC135/SC3。船舶行业中常引用的 ISO 标准有：

ISO 5577：《无损检测—超声检测术语》

ISO/DIS 22825:《焊缝无损检测—超声检测—奥氏体钢和镍基合金的检测》

ISO 10375:《无损检测—超声检测—探头及其声场的表征》

ISO 12710:《无损检测—超声检测—超声检测仪电子性能的评价》

ISO 18715:《无损检测—不使用电子仪器评价超声检测系统的性能》

上述前两份标准已转化为我国相应的国家标准，关于超声检测仪性能评价的两份标准是在美国 ASTM 相应标准的基础上制定的。

7.5.4 欧盟标准

欧盟标准种类较多，其内容比较全面、先进，相对比较完善。近几年来，为与世界接轨，我国新制定的一些标准，大都引用欧盟标准或与之等效。在超声检测中，常引用的标准有：

EN 473《无损检测人员的资格鉴定与认可总则》

PrEN 583-1《无损检测—超声检测—第一部分：总则》

PrEN 583-2《无损检测—超声检测—第一部分：灵敏度和范围设置》

BS EN 1712《焊接接头的无损检验—焊接接头的超声检验—验收等级》

BS EN 1713《焊接接头的无损检验—超声检验—焊接接头的缺陷特征》

BS EN 1714《焊接接头的无损检验—超声检验—焊接接头的超声检测》

EN 12062《焊缝无损检测—金属材料通则》

EN 102881-3《钢锻件无损检测第 3 部分：铁素体和马氏体钢锻件的超声检测》

EN 102881-4《钢锻件无损检测第 4 部分：奥氏体和奥氏体—铁素体不锈钢锻件的超声检测》

EN25817(ISO 5817)《钢电弧焊焊接接头—金属材料的缺陷分级指南(ISO 5817)》

BS EN 12668.1《无损检测—超声检测设备的性能和测试—超声检测仪》

BS EN 12668.2《无损检测—超声检测设备的性能和测试—探头》

BS EN 12668.3《无损检测—超声检测设备的性能和测试—组合性能》

7.5.5 日本标准

日本超声检测标准种类较多，也比较完善。主要行业标准有日本工业标准 JIS、日本非破坏性协会标准 NDIS、日本高压技术协会标准 HPIS、日本锻钢协会标准 JFSS、日本建筑协会标准，日本造船相关工业协会标准等。

在船舶行业中，常引用的超声检测标准主要有：

JCSS I_1《船体铸钢件检验》

JFSS I_3《船体锻钢件超声检验》

JIS Z 3060《铁素体钢焊缝超声波探伤方法》

JIS Z 3080《铝焊缝超声波斜角检测方法及检测结果的等级分类方法》

JIS Z 3050《管道焊缝无损检查方法》

7.5.6 美国标准

美国超声检测标准的历史悠久，门类齐全，种类较多，标准的完善程度高，技术先进。

下面介绍几种应用较广的标准。

（1）美国机械工程师协会标准 ASME：ASME 锅炉压力容器规范(标准)第Ⅴ卷。

（2）美国试验与材料学会标准 ASTM：ASTM 标准质量高、适应性好，不仅被美国各工业界广泛采用，而且被美国联邦政府各机构采用。在船舶行业中，常引用超声检测标准主要有：

ASTM E-114《接触脉冲纵波反射法超声检验》

ASTM E-164《焊缝超声波检验方法》

ASTM A-388《大型钢锻件超声波检验方法》

ASTM A-435《压力容器钢板超声波检验方法》

ASTM E-2373《采用超声衍射时差法的标准实施规程》

ASTM A 609/A609M《碳钢、低合金钢和马氏体不锈钢铸件的超声检测方法》

ASTM A 508《大型锻造曲轴的超声检测规范》

（3）美国焊接协会标准：AWS D1.1《钢结构焊接规范》第六章

（4）美国石油协会标准：API RP 2X《近海结构建造的超声波检验和超声技术人员考核指南》

7.6 有关超声检测标准比较

由于我国各行业技术要求不同，因此各类标准也不完全相同。下面以焊缝超声检测为例，结合我国船舶标准 CB/T 3559—2011、国标 GB/T 11345—1989、石油天然气工业标准 SY/T 6423.3—1999、石油天然气工业管线输送系统用钢管 GB/T 9711—2011 为例来说明国内外标准的异同，主要对比的内容见表 7-1。

表 7-1　标准对比情况

代　　号	SY/T 6423.3—1999	CB/T 3559—2011	GB/T 11345—1989	GB/T 9711—2011
名称	石油天然气工业承压钢管无损检测方法　埋弧焊钢管焊缝纵向和/或横向缺欠的超声波检测	船舶钢焊缝超声波检测工艺和质量分级	钢焊缝手工超声波探伤方法和探伤结果分级	石油天然气工业管线输送系统用钢管
主要内容	检测人员、方法、设备要求，和验收等级	检测人员、方法、设备要求，和质量分级	检测方法和检测结果分级	检测人员、方法、设备要求，和验收
适用范围	1. 公称外径 D≥150mm 钢管埋弧焊缝及焊缝熔合线每侧 1.6mm 宽的母材 2. 钢管应在水压和/或扩径后检测	母材厚度 8～150mm 的铁素体钢全熔透焊缝，当厚度为 6～8mm，可参考执行	母材厚度≥8mm 铁素钢全熔透焊缝	1. 公称外径≥60.3mm 钢管焊缝缺欠的超声波检测 2. 钢管母材分层检测 3. 对钢管内外表面检测

续表

代号	SY/T 6423.3—1999	CB/T 3559—2011	GB/T 11345—1989	GB/T 9711—2011
不适用范围	未明确	1. 铸钢及奥氏体不锈钢焊缝 2. 外径小于 200 mm 的筒体周向焊缝 3. 外径小于 250mm 和内外径之比小于 0.7 的纵缝 4. 各种尺寸曲面相贯焊缝	1. 外径小于 159mm 的钢管对接焊缝 2. 内径小于等于 200mm 的管座角焊缝 3. 外径小于 250mm、内外径之比 0.8 的纵缝 4. 铸钢及奥氏体不锈钢焊缝	未明确
接头型式	双面埋弧焊对接焊缝	对接、角接、T 型、管座角焊缝	对接、角接、T 型、管座角焊缝	对接焊缝
仪器	未明确	水平线性误差≤1%、垂直线性误差≤5% 动态范围≥26dB 衰减器总增益量≥80dB、任意 12 dB 误差≤1dB	水平线性误差≤1%、垂直线性误差≤5% 衰减器总调节量大于 60dB、任意 12 dB 误差≤1dB	任何利用超声波或电磁原理，且能连续不断地检验钢管焊缝、或无缝钢管的外表面和/内表面的设备
探头折射角	未明确	45°~70°（或 K=1.0~2.5）	45°~70°（或 K=1.0~2.5）	未明确
检测频率	未明确	2MHz~5MHz	2MHz~5MHz	未明确
组合性能要求 分辨力	未明确	斜探头分辨力≥6dB 直探头分辨力≥26dB	斜探头分辨力≥6dB 直探头分辨力≥30dB	未明确
组合性能要求 灵敏度余量	未明确	检测最大声程时灵敏度余量≥10dB	比评定线至少高 10dB	未明确
组合性能要求 信噪比	未明确	电噪声电平≤20%	未明确	未明确
对比试块	对比试块（ϕ1.6、ϕ3.2、ϕ4 竖通孔和 N5、N10、N12.5 刻槽）	CTRB 试块（ϕ3mm 横孔）	RB 试块(ϕ3mm 横孔)	对比试块(ϕ1.6、ϕ3.2 竖通孔，ϕ6mm 平底孔和 N5、N10、N12.5 刻槽)
检验等级	L2、L3、L4 三级	分 A、B、C 三级	分 A、B、C 三级	无
母材检测	无	仅 C 级要求直探头检测	仅 C 级要求直探头检测	用双晶直探头检测
距离波幅曲线 8~50mm 评定线	无	ϕ3-16dB	ϕ3-16dB	无
距离波幅曲线 8~50mm 定量线	无	ϕ3-10dB	ϕ3-10dB	无
距离波幅曲线 8~50mm 判废线	无	ϕ3	ϕ3	无
距离波幅曲线 50~100mm 评定线	无	ϕ3-12dB	ϕ3-16dB	无
距离波幅曲线 50~100mm 定量线	无	ϕ3-6dB	ϕ3-10dB	无
距离波幅曲线 50~100mm 判废线	无	ϕ3+2dB	ϕ3-4dB	无
距离波幅曲线 >100mm 评定线	无	ϕ3-8dB	ϕ3-14dB(C 级探伤)	无
距离波幅曲线 >100mm 定量线	无	ϕ3-2dB	ϕ3-8dB(C 级探伤)	无
距离波幅曲线 >100mm 判废线	无	ϕ3+2dB	ϕ3-2dB(C 级探伤)	无

续表

代　号	SY/T 6423.3—1999	CB/T 3559—2011	GB/T 11345—1989	GB/T 9711—2011
检测灵敏度	ϕ1.6mm/100%	不低于评定线	不低于评定线	ϕ1.6mm/100% ϕ3.2mm/33.3% ϕN5/100% ϕN10/100% ϕN12.5/100% ϕ6mm/100%
扫查方式	1. 自动检测：几组两个相对的周向波束，固定分布于焊缝两侧扫查焊缝 2. 手动检测：未明确	锯齿形、前后、左右、转角、环绕、平行、斜平行	锯齿形、前后、左右、转角、环绕、平行、斜平行、方形扫查	1. 自动检测：几组两个相对的周向波束，固定分布于焊缝两侧扫查焊缝 2. 手动检测：未明确
缺陷测长	用委托、检测单位双方规定的验收极限灵敏度测量	1. 缺陷回波位于I区缺陷，以EL线的绝对灵敏度法测长 2. 缺陷回波高于I区，只有一个峰幅用6dB法测长，多个峰幅用端点6dB法测长	1. 只有一个波高用6dB法测长 2. 多个波高用端点峰值法测长	未明确
检测结果分级	分为合格、不合格	分Ⅰ、Ⅱ、Ⅲ、Ⅳ、Ⅴ级	分Ⅰ、Ⅱ、Ⅲ、Ⅳ、级	分为合格、不合格

参 考 文 献

1 郑晖．林树青 超声检测[M]．北京：中国劳动社会保障出版社，2005.

2 史亦伟．超声检测[M]．北京：机械工业出版社，2005.

3 李家伟，等．无损检测手册[M]．北京：机械工业出版社，2002.

4 王小伍，等．大直缝焊管钢板超声波探伤的几种扫查方式浅析[J]．无损探伤，2005(4).

5 周正干，冯海伟．超声导波检测技术的研究发展[J]．NDT 无损检测，2006，28(2).

6 郑晖，等．国外 TOFD 检测标准分析和比较[J]．无损检测，2007(3).

7 王小伍．螺旋钢管焊缝自动超声探伤[J]．无损探伤，1989(4).

8 王小伍．薛帏等．螺旋焊管板材电磁超声检测方法[J]．无损探伤，2009(4).

9 沈建中．超声成像技术及其在无损检测中的应用[J]．无损检测，1994，16(7).

10 李振才．电磁超声(EMA)技术的发展与应用[J]．无损探伤，2006，30(6).

11 钟志明，等．超声相控阵技术的发展及应用[J]．无损检测，2002，24(2).

12 全国锅炉压力容器标准化技术委员会．JB/T 4730—2005 承压设备无损检测[S]．北京：新华出版社，2005 年．

13 张庆社，等．油井钻具螺纹的现场超声波检测技术[J]．无损检测，2008，30(4).

14 邓洪军．无损检测实训[M]．北京：机械工业出版社，2010.

15 唐继红．无损检测实验[M]．北京：机械工业出版社，2011.

渗透检测

第一章　液体渗透检测的物理基础

渗透检测是将一种含有染料的渗透剂涂覆在零件表面上，在毛细作用下，渗透剂渗入表面开口的缺陷中去，然后去除掉零件表面上多余的渗透剂，再在零件表面涂上一薄层显像剂，缺陷中的渗透剂在毛细作用下重新被吸附到零件表面上来而形成放大了的缺陷显示，在黑光灯下(荧光检测法)或在白光下(着色检测法)观察缺陷显示。渗透检测的最基本步骤是渗透、清洗、显像和检查，如图 1-1 所示。

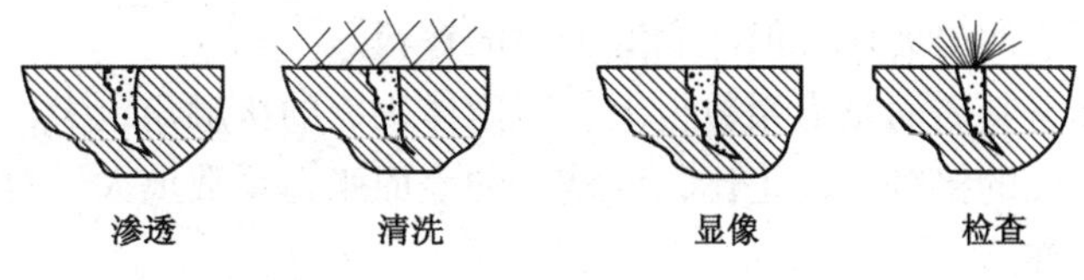

图 1-1　荧光渗透检测的基本过程

1.1　毛细作用

1.1.1　表面张力

日常生活中，我们常见到荷叶上的水珠，玻璃板上的水银珠等，如果没有外力的作用或作用力不大时，总是趋向于自由收缩成球状。这些现象说明：在液体表面存在一种力，它作用于液体表面使液体表面收缩，并趋于使表面积达到最小，我们把这种存在于液体表面，使液体表面收缩的力称为液体的表面张力。

表面张力可以用液面对单位长度边界线的作用力来表示，即用表面张力系数来表示，其单位为毫牛顿每米(mN/m)。液体表面层中的分子一方面受到液体内部分子的吸引力，称为内聚力；另一方面受到其相邻的气体分子的吸引力。由于后一种吸引力比内聚力小，因而液体表面层中的分子有被拉进液体内部的趋势，结果引起了表面收缩。一般地说，容易挥发的液体(如丙酮、酒精)的表面张力系数要比不容易挥发的液体(如水银)的表面张力系数小，同一种液体在高温时比在低温时表面张力系数要小，含有杂质的液体比纯净的液体表面张力系数要小。

1.1.2　接触角

液体和固体接触时，出现两种不同的情况，一种是如同水滴在无油脂玻璃板上那样，水滴沿玻璃面慢慢散开，即液体与固体表面的接触面有扩大的趋势，这是液体润湿固体表面的现象，如图 1-2 所示。另一种现象就像水银滴在玻璃上收缩成水银珠那样，即液体与固体表面的接触面有缩小的趋势，这是液体不润湿固体表面的现象，如图 1-3 所示。图中 θ 角叫做液体对固体表面的接触角。接触角是液面在接触点的切线与包括该液体的固体表面之间的夹角。一种液体对某种固体表面的接触角小于 90°时，我们称该液体对该固体表面是润湿的。接触角越小，说明液体对固体表面润湿能力越好。

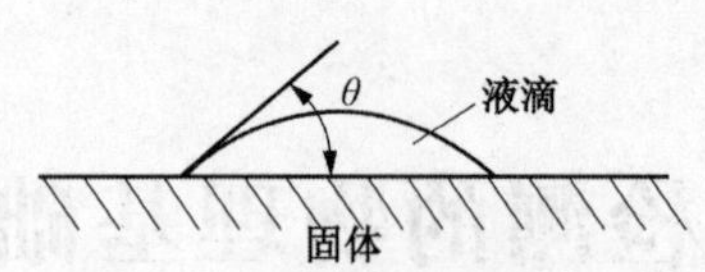

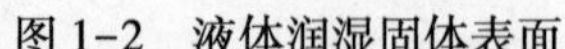

图 1-2　液体润湿固体表面

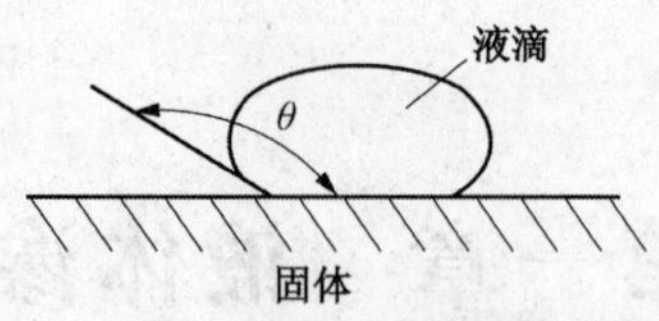

图 1-3　液体不润湿固体表面

液体与固体表面接触时，润湿和不润湿现象，是由液体分子间的引力和液体与固体分子间的引力的大小来决定的。前者为液体中的内聚力，后者为液体和固体间的附着力。附着力大于液体分子间的内聚力时，液体沿固体表面扩散开来，发生润湿现象；液体分子间的内聚力大于液体和固体间的附着力时，液体在固体表面上收缩成珠，发生不润湿现象。同一种液体，对不同的固体来说，可能是润湿的，也可能是不润湿的。水能润湿无油脂的玻璃，但不能润湿石蜡；水银不能润湿玻璃，但能润湿干净的锌板。

内聚力大的液体，其表面张力系数也大，对固体表面的接触角也大，因此，液体的表面张力与液体对固体表面的接触角成正比，即液体的表面张力系数愈大，对同样的固体表面的接触角也愈大，反之亦然。

1.1.3　毛细作用

如果把直径很细的玻璃管(称毛细管)插入盛有水的容器中，水即沿着管内壁自动地上升，水呈凹面，并且高出容器里的液面，见图 1-4。这种能使水在毛细管中自动上升的力，称为毛细作用力。

水是润湿玻璃管壁的，润湿管壁的液体在毛细管中是上升的。如果一种液体不润湿管壁，如水银在毛细管中是下降的，水银呈凸面，并且低于容器里的液面，见图 1-5。

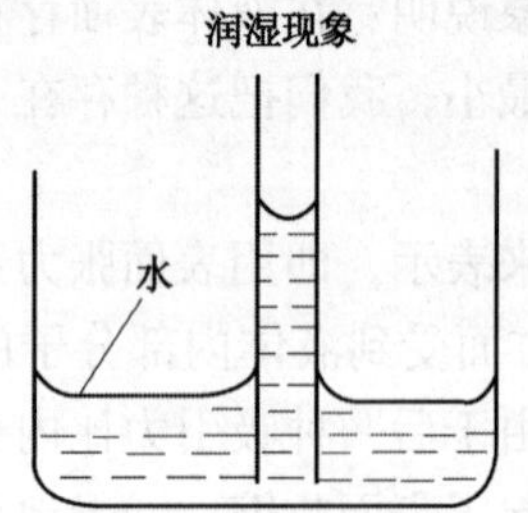

图 1-4　水在毛细管中上升的现象

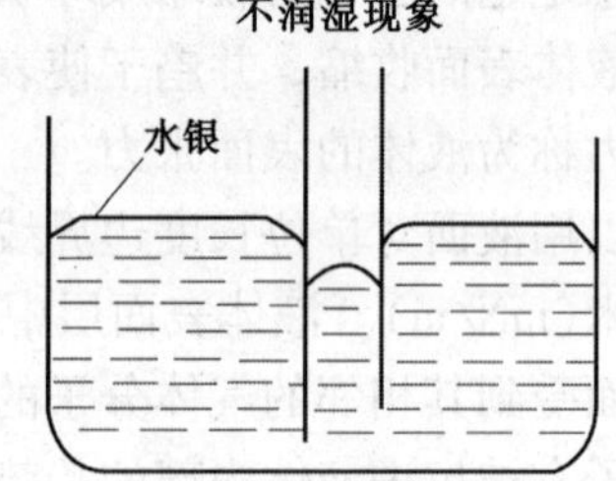

图 1-5　水银在毛管中下降的现象

润湿管壁的液体在毛细管中上升和不润湿管壁的液体在毛细管中下降的现象就叫做毛细现象。

液体在毛细管中上升的高度，可用下式来计算：

$$h = \frac{2\alpha\cos\theta}{r\rho g}$$

式中 h——液体在毛细管中上升的高度，cm；

α——液体的表面张力系数，mN/m；

θ——液体对固体表面的接触角，(°)；

r——毛细管的内半径，cm；

ρ——液体的密度，g/cm^3；

g——重力加速度，cm/s^2。

由上式可知，液体在毛细管中上升的高度与表面张力系数和接触角余弦的乘积成正比，与毛细管的内径、液体的密度和重力加速度成反比。如液体不润湿管壁，管内液面下降的高度也可用上式进行计算。

将零件表面的开口缺陷看作是毛细管或毛细缝隙，液体渗透剂也正是在毛细作用力下自动地渗进表面缺陷中去的。值得指出的是，渗透剂渗入表面开口缺陷中去的力不是来源于渗透剂的重力，因为即使缺陷的开口朝下，渗透剂照样能渗进缺陷中去。渗透检测时，在清洗掉零件表面多余的渗透剂后，缺陷中的渗透剂在附着力的作用下，能重新扩展回到清洁干净的表面上来，直到达到分布平衡，因此在不进行显像的情况下，缺陷处也能产生显示。显像剂的作用如同吸墨纸一样，是利用显像剂在缺陷处形成很多小的毛细管作用，将缺陷中的渗透剂吸附到零件表面上来，形成一个放大的缺陷显示。

1.2 紫外线和荧光

荧光渗透检测时，零件显像后，缺陷显示在白光下是看不见的，只有在紫外线照射下缺陷显示才发出明亮的荧光。

1.2.1 紫外线

紫外线又叫紫外辐射，是一种非照明用的辐射源，是一种不可见光。为研究和应用之便，把紫外辐射划分为 A 波段（400～315nm）、B 波段（315～280nm）和 C 波段（280～100nm）。荧光检测所用的紫外线波长在 330～390nm 范围内，其中心波长约为 365nm。通常将这种略低于紫色可见光波长的紫外线称为光，荧光检测所用的紫外灯叫做黑光灯。

1.2.2 荧光

许多原来在白光下不发光的物质在紫外线照射下能够发光，这种被紫外线激发发光的现象，称为光致发光。光致发光的物质，在外界光源移去后，仍能持续发光的，称为磷光物质；在外界光源移开后，立即停止发光的，称为荧光物质。荧光渗透剂中含有荧光物质，当黑光照射到荧光渗透剂上时，荧光物质便吸收紫外线的能量，处于较低能级的离原子核较近的轨道上的电子受激发而跳跃到离原子核较远的轨道上去，使原子能量升高而处于激发状态。处在激发状态的原子很不稳定，其高能级上的电子要自发地跳跃到失去电子的较低能级上去，电子由高能级跳到低能级，将发出一个光子，这个光子的能量就等于高低能级的能量差。荧光渗透剂中的荧光染料吸收紫外线的能量发出的光子的波长在 510～550nm 范围内，为黄绿色荧光。

1.3 对比度和可见度

液体渗透检测最终能否检查出缺陷，依赖于缺陷显示能否被观察者看到。缺陷显示能否被观察到，用可见度来衡量。可见度又与显示的对比度有关。

1.3.1 对比度

一个显示和围绕这个显示的表面背景之间的亮度或颜色之差，称之为对比度。对比度可用这个显示和围绕这个显示的表面背景之间反射或发射光的相对量来表示，这个相对量称为对比率。

试验测量结果表明，从纯白色表面上反射的最大光强度约为入射白光强度的98%，从最黑的表面上反射的最小光强度为入射白光强度的3%，这意味着黑白之间能得到最大的对比率为33∶1。实际上要达到33∶1是极不容易的。黑色染料显示与白色显像剂背景之间的对比率为90%∶10%，即9∶1，这已是最高的比率了。红色染料显示与白色显像剂背景之间的最高比率约为6∶1。

荧光显示与不发荧光的背景之间的对比率数值要比颜色对比率高得多，因为荧光和非荧光之间是发光的显示和暗的背景之比，即使周围环境不可避免有些微弱的白光存在，这个对比率数值仍可达300∶1，甚至达1000∶1，在完全暗的情况下，对比率可达无穷大。

1.3.2 可见度

可见度是观察者相对背景、外部光等条件能看到显示的一种特征。它与显示的颜色、背景的颜色、显示的对比度、显示本身反射或发射光的强度、周围环境光线的强弱及观察者的视力等因素有关。

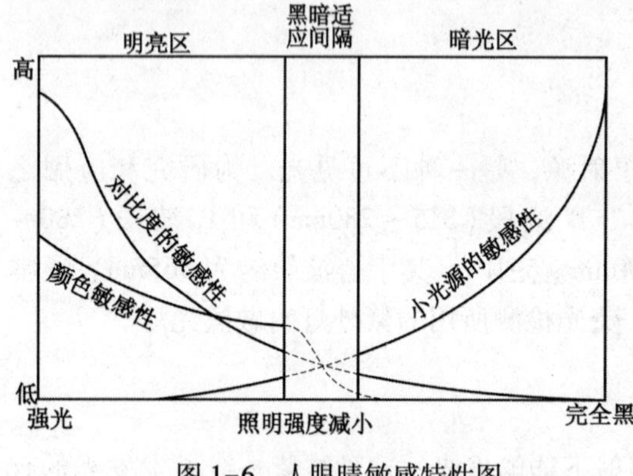

图1-6 人眼睛敏感特性图

人的眼睛具有复杂的观察机能，它能观察事物、区分发光强度和分辨各种不同的颜色等。人的眼睛在强的白光下对光强度的微小差别不敏感，而对颜色和对比度差别的辨别能力很强（见图1-6）；在暗光环境中，人的眼睛辨别颜色和颜色对比度的本领则很差，却能看见微光的物体或微弱的光源（见图1-6），当一个人从明亮的地方进入暗的地方时，在短时间内，眼睛看不见周围的东西，必须过一定时间后，才能看见周围的东西，这种现象称为黑暗适应。同样，从暗室回到明亮的地方，会感到眼睛模糊，短时间看不清或看不见周围的东西，因此也需要有足够的恢复时间。当眼睛直接观察发光的小物体时，人的眼睛感觉到的光源尺寸要比真实物体大，这是因为人的眼睛有自动放大的作用。

人的眼睛对各色光的敏感性是不相等的，对黄绿色光最敏感，在暗场中，黄绿色光具有最好的可见度。渗透检测采用的荧光渗透剂，在紫外线照射下发黄绿色荧光，因而缺陷显示在暗室里具有最好的可见度。

习 题

一、选择题

1. 固体被润湿的条件为：（ ）

A. 润湿角 $\theta<90°$　　B. 润湿角 $\theta=90°$

C. 润湿角 $\theta>90°$　　D. 全不是

2. 下面哪种情况为润湿现象：（ ）

A. 毛细管中液面上升，液面呈凸面　　B. 毛细管中液面上升，液面呈凹面

C. 毛细管中液面下降，液面呈凸面　　D. 毛细管中液面下降，液面呈凹面

3. 渗透剂渗入表面开口缺陷的原因是：(　　)

A. 渗透剂的黏性　　B. 毛细管作用

C. 渗透剂的化学性能　　D. 渗透剂的本身重量

4. 荧光检测用的紫外线波长约为：(　　)

A. 365nm　　B. 365nm

C. 400nm　　D. 200nm

5. 荧光渗透探伤中所应用的黑光是指：(　　)

A. 波长在 300～400 nm 范围内的可见光　　B. 波长在 400～500nm 范围内的红外光

C. 波长在 500～600 nm 范围内的紫外光　　D. 以上都是

6. 液体渗透探伤技术适用于检测非多孔性材料的：(　　)

A. 近表面缺陷　　B. 表面和近表面缺陷

C. 表面缺陷　　D. 内部缺陷

7. 不能直接对着黑光灯看的原因是：(　　)

A. 会引起眼睛的永久性损伤　　B. 短时间看黑光会使视力模糊

C. 会引起暂时性的失明　　D. 以上都不对

8. 直接对着黑光灯看会造成：(　　)

A. 眼睛的永久性损伤　　B. 使视力模糊

C. 引起暂时性的失明　　D. 以上都不会

9. 在可见光范围内，如果下列各种颜色亮度相同，其中哪种颜色最容易发现：(　　)

A. 红色　　B. 黄绿色

C. 蓝色　　D. 紫色

10. 荧光渗透探伤中，黑光灯的作用是：(　　)

A. 使渗透液发荧光　　B. 加强渗透液的毛细管作用

C. 中和表面上多余的渗透剂　　D. 降低零件的表面张力

11. 渗透探伤是一种非破坏性检测方法，这种方法可用于：(　　)

A. 探测和评定试件中的各种缺陷

B. 探测和确定试样中的缺陷长度、深度和宽度

C. 确定试样的抗拉强度

D. 探测工件表面的开口缺陷

12. 渗透检测方法可检出的范围是：(　　)

A. 非铁磁性材料的近表面缺陷　　B. 非多孔性材料的近表面缺陷

C. 非多孔性材料的表面和近表面缺陷　　D. 非多孔性材料的表面缺陷

13. 下列哪种零件不能用液体渗透探伤法检测：(　　)

A. 非松孔性材料零件　　D. 铸铝件

C. 松孔性材料零件　　D. 铸铁件渗透探伤对

14. 下列哪种材料无效：(　　)

A. 铅　　B. 上釉的陶瓷

C. 玻璃　　D. 镁

15. 渗透探伤不能发现下列哪种缺陷：（　　）

A. 表面分层　　B. 缝隙

C. 表面裂纹　　D. 表面下疏松

16. 白光照射下具有足够辨认的颜色，或在黑光照射下能发出足够强度的荧光，称为：（　　）

A. 灵敏度　　B. 鉴别率

C. 可视度　　D. 灵敏度与鉴别度的综合值

17. 毛细吸力与液体表面张力和接触角余弦值的乘积成：（　　）

A. 反比　　B. 如液体比重大于1则成正比

C. 正比　　D. 如液体比重小于1则成正比

18. 渗透液在毛细管中的表面是哪种形状：（　　）

A. 平面　　B. 凸面

C. 凹面　　D. 无法用毛细管试验

19. 渗透探伤的优点是：（　　）

A. 可发现和评定工件的各种缺陷　　B. 准确测定表面缺陷的宽度、长度和深度

C. 对表面缺陷显示直观且不受其方向限制　　D. 以上都是

20. 下列关于液体渗透检测法优越性的叙述中，错误的是：（　　）

A. 该方法可发现所有类型的缺陷　　B. 该方法原理简单易懂

C. 该方法应用方便　　D. 该方法很少受工件尺寸、形状限制

二、判断题

1. 荧光法的灵敏度一般比着色法的灵敏度高。
2. 在检测较厚的试件表面开口细微裂纹时，采用渗透检测法的可靠性优于射线照相检测法。
3. 检测铁磁性材料的表面裂纹时，渗透检测法的灵敏度一般要低于磁粉检测法。
4. 在检测表面细微裂纹时，渗透检测法的可靠性低于射线照相检测法。
5. 在使用黑光源时，要防止未经滤光的紫外线直接射至眼中。
6. 紫外光，荧光都是光致发光。
7. 渗透液接触角表征渗透液对受检零件及缺陷的润湿能力。
8. 着色渗透探伤是利用人眼在强烈白光下对颜色敏感的特点。
9. 渗透探伤时最容易检出的缺陷是宽而浅的缺陷。
10. 渗透检测法能否检查出表面开口缺陷，主要取决于开口处的长度，而不受宽度、深度的影响。
11. 我们把液体在毛细管中自动上升的现象叫毛细现象。
12. 禁止使用无滤光片的黑光灯是因为它发出的红外光对人眼有害。
13. 荧光检测用的紫外线中心波长为365nm。
14. 液渗检测是一种用来检查非多孔性材料的近表面和近表面缺陷的无损检测方法。
15. 液渗检测是一种用来检查多孔性材料表面缺陷的无损检测方法。

参考答案

选择题：1. A　2. B　3. B　4. B　5. C　6. C　7. B　8. B　9. B　10. A　1. D　12. D　13. C　14. B　15. D　16. C　17. B　18. C　19. C　20. A

判断题：1. ○　2. ○　3. ○　4. ×　5. ○　6. ×　7. ○　8. ○　9. ×　10. ×　11. ○　12. ×　13. ○　14. ×　15. ×

第二章　液体渗透剂

渗透检测中所用的液体渗透剂有荧光渗透剂和着色渗透剂两大类，每一类又有水洗型、后乳化型和溶剂去除型之分，此外还有一些其他特殊用途的渗透剂。渗透剂是渗透检测中最关键的材料，渗透剂的质量直接影响检测的灵敏度。

2.1　理想的渗透剂

理想的渗透剂应具备以下的性能：

（1）能容易地渗入零件表面细微的缺陷中去。

（2）能停留在表面开口的缺陷中，即使是在浅而宽的开口缺陷，渗透剂也不容易从缺陷中清洗出来。

（3）不容易挥发，不会很快地干在零件表面上。

（4）容易从被涂覆过的零件表面上清除掉。

（5）有良好地润湿显像剂的能力，容易从缺陷中吸附到显像剂表面而显示出来。

（6）扩展成薄膜时，仍有足够的荧光亮度或颜色强度。

（7）当暴露于热、光及紫外线下时，化学和物理性能稳定，有持久的荧光亮度和颜色强度。

（8）不受酸和碱的影响。

（9）在存放和使用过程中，性能稳定，不分解、不混浊，不沉淀。

（10）对被检材料和存放容器无腐蚀。

（11）无不良气味。

（12）闪点高，不易着火。

（13）无毒，对人体无害，不污染环境。

（14）价格便宜。

任何一种渗透剂不可能全面达到理想的程度，只能尽量接近理想的水平。每种渗透剂的配制都采取折中的方案，或者是突出某一项或某几项性能指标。例如，水洗型渗透剂突出了“易于从被涂覆过的表面上去除掉”的性能，后乳化型渗透剂则突出了“能保留在浅而宽的缺陷中”的特点。

2.2　渗透剂的物理化学性能

渗透剂的物理化学性能主要包括黏度、表面张力、润湿能力、密度（或重度）、挥发性、闪点、光和热的稳定性、化学惰性、溶剂溶解性、溶解度、水洗能力、含水量和容水量及毒性等。

2.2.1　黏度

渗透剂的黏度与液体的流动性有关。它是流体的一种液体特性，是流体分子间存在摩擦力而互相牵制的表现。渗透剂性能用运动黏度来表示，运动黏度的法定计量单位名称是平方米每秒，符号是 m^2/s。

从液体在毛细管中上升的高度的公式看，液体的黏度与上升高度并没有关系，因此，黏度对渗透剂的静态渗透性能没有影响。水的黏度较低，在 20℃时为 $1.004\times10^{-6}m^2/s$，但水并不是一种好的渗透液体；煤油的黏度在 20℃时为 $1.65\times10^{-6}m^2/s$，比水高，而煤油却是一种很好的渗透剂。

黏度对渗透剂的运动性能有很大的影响，因而黏度仍然是衡量渗透剂性能的一项重要指标。黏度的大小有如下影响：

（1）黏度高的液体不能很快地流遍零件表面，渗进表面开口的缺陷中去所需的时间较长；黏度低的渗透剂能很快流遍零件表面，能很快地渗进表面开口的缺陷中去。

（2）黏度高的渗透剂从被涂覆的表面上滴落下来的时间较长，因而被拖带走的渗透剂损耗较大；黏度低的渗透剂被拖带的损耗较小。

（3）黏度高的后乳化型渗透剂由于拖带的多而严重污染乳化剂，乳化剂使用寿命低，检测费用高。

（4）低黏度的渗透剂涂覆表面并渗进表面开口的缺陷中后，在去除表面多余渗透剂的操作中，容易被洗出来，特别是浅而宽的缺陷中的渗透剂更容易洗掉。

因此，渗透剂的黏度太高或太低都不好，渗透剂的黏度一般控制在$(4\sim10)\times10^{-6}m^2/s$（在 38℃）较为适宜。

2.2.2 表面张力和润湿能力

表面张力和润湿能力是确定一种渗透剂是否具有高的渗透能力的两个最主要因素。渗透剂的表面张力用表面张力系数来表示，渗透剂对零件表面或对缺陷的润湿能力用接触角来表示，渗透剂的渗透能力用在毛细管中上升的高度来衡量。从液体在毛细管中上升高度的公式中可以看出，渗透剂的渗透能力与表面张力系数和接触角的余弦的乘积成正比。由于表面张力与接触角成正比，而只有当接触角小时，其余弦值才大，接触角接近零时，余弦值接近最大值“1”，因此，一种好的渗透剂应具有不太大的表面张力和较小的接触角。

需要指出，不能单独以所用的渗透剂来衡量检测灵敏度的高低，而应当结合被检零件的材料、表面状态和清洁程度来综合考虑，因为渗透剂和被检零件的接触角与以上因素有关，也就是说渗透剂的渗透能力只能对一特定的表面用表面张力系数和润湿性来评定。

2.2.3 密度

从液体在毛细管中上升的高度的公式看，液体的密度愈小，上升高度值愈大，说明渗透能力强。由于渗透剂中主要液体是煤油和其他有机溶剂，因此渗透剂的密度一般小于 1。密度小于 1 的渗透剂在使用时，水进入渗透剂（后乳化型的）中能沉于槽底，不会对渗透剂产生污染；水洗时，也可漂浮在水面，容易溢流掉。

液体的密度与温度成反比，温度愈高密度值愈小，渗透能力也随之增强。

水洗型渗透剂被水污染后，由于乳化剂的作用，使水分散在渗透剂中，因而渗透剂的密度值增大，渗透能力下降。

2.2.4 挥发性

挥发性可用液体的沸点或液体的蒸气压来表征。沸点越低，挥发性越强。易挥发的渗透液在滴落过程中易干在工件表面上，给水洗带来困难；也容易干在缺陷中而不易渗出到工件表面，严重时会导致缺陷显示难于形成，使检测失败；另一方面，易挥发的渗透液在敞口槽中使用时，挥发损耗大；渗透液的挥发性越大，着火的危险性也越大，对于毒性材料，挥发性越大，所构成的安全威胁也越大。综上所述，渗透液应以不易挥发为好。

但是，渗透液也必须具有一定的挥发性，一般在不易挥发的渗透液中加进一定量的挥发性液体。这样，渗透液在工件表面滴落时，易挥发的成分挥发掉，使染料的浓度得以提高，有利于提高缺陷显示的着色强度或荧光强度；另一方面，渗透液从缺陷中渗出时，易挥发的成分挥发掉，从而限制了渗透液在缺陷处的扩散面积，使缺陷显示轮廓清晰；此外，渗透液中加进易挥发的成分以后，还可以降低渗透液的黏度，提高渗透速度。上述均有利于缺陷的检出，提高检测灵敏度。

2.2.5 闪点和燃点

可燃性液体在温度上升过程中，液面上方挥发出大量可燃性气体与空气混合，当接触火焰时，会出现闪光现象。闪点就是液体在加温过程中刚刚出现闪光现象时的液体的最低温度。燃点和闪点是两个不同的物理量，燃点高于闪点。燃点是液体加温到能被接触的火焰点燃并能继续燃烧时的液体最低温度。闪点低的液体，其燃点也低，引起着火的危险性也越大。从安全方面考虑，渗透液的闪点愈高，则愈安全。

按不同的闪点测量方式，闪点可分为开口闪点和闭口闪点。开口闪点是用开杯法测出，它是将试样盛于开口油杯中试验。闭口闪点是用闭杯法测出，它是将试样置于带盖的油杯中，盖上有一可开关的窗孔，加热过程中，窗孔关闭，测试闪点时，窗孔打开。闭口法的测定重复性比开口法好，且测得的数值偏低，故渗透检测中，常采用闭口闪点。

对水洗型渗透液和后乳化型渗透液，原则上要求闭口闪点应大于93℃。

有些压力喷罐的渗透液，具有较低的闪点，使用时应特别注意避免接触烟火，室内操作时，应具有良好的通风条件。

2.2.6 光和热的稳定性

渗透剂在长期使用时，在光和热的影响下应不发生变质、分解、混浊、沉淀等现象。荧光渗透剂要求经白光和黑光照射后，发光性能不降低。着色渗透剂要求在强白光照射后，着色剂不褪色。

渗透剂中染料在高、低温下都须保持良好的溶解度，应不发生变质、分解、混浊和沉淀。渗透剂在干燥的过程中受热不应变质。若将渗透剂试样放进烘箱中在较高温度下烘烤一段时间，测量性能无什么变化，就说明该渗透剂具有好的热稳定性；将渗透剂在冰箱里放一段时间，再测定性能有无变化，可由此确定冷稳定性。

2.2.7 化学惰性

化学惰性是衡量渗透剂对盛放的容器和被检工件腐蚀性能的指标，要求渗透剂对盛装容器和被检工件尽可能是惰性的或不腐蚀的。在大多情况下，油基渗透剂能符合这一要求。然而水洗型渗透剂中的乳化剂可能是微碱性的。渗透剂被水污染后，水与乳化剂结合而形成微碱性溶液并保留在渗透剂中，这时渗透剂将会对铝、镁等合金工件产生腐蚀作用，还可能与盛装容器上的涂料或其他保护层起反应。

渗透剂中硫、钠等元素的存在，在高温下会对镍基合金的工件产生热腐蚀(也称热脆)，使工件遭到破坏。渗透剂中的卤族元素如氟、氯等很容易与钛合金及奥氏体不锈钢起作用，在应力存在的情况下易产生应力腐蚀裂纹。对盛装液氧的装置，渗透剂应不与液氧起反应，油基或类似的渗透剂不能满足这一要求，需使用特殊的渗透剂。用来检验橡胶、塑料等工件的渗透剂也应不与其反应，也应采用特殊配制的渗透剂。

国内外的一些标准(如 JB4730，ASME 等)规定，检查镍基合金、钛合金及奥氏体不锈钢材料时，渗透剂中硫和卤素残余量不得超过重量的 1%。美国原子能委员会规定，硫或卤素含量不得超过重量的 0.5%。

2.2.8 溶剂溶解性

渗透剂的溶剂对溶解度的性能主要涉及两个方面：

一是渗透剂的溶剂溶解性，是指渗透剂被清洗的溶剂溶解的能力。它是衡量渗透剂清洗性能的重要指标，如果溶剂溶解性差，则很难清洗掉工件表面多余的渗透剂，造成不良的背景，影响检查的效果，故要求渗透剂应具有良好的溶剂溶解性。

溶剂溶解性与所选用的清洗溶剂的种类有关。例如水洗型渗透剂和后乳化型渗透剂在规定的水温、压力、时间等条件下，可被水溶解而冲洗掉，达到不残留明显的荧光背景或着色背景；溶剂去除型渗透剂不能用水冲洗，只能用有机溶剂擦拭去除；这主要是这种渗透剂不溶于水而溶于有机溶剂。

二是渗透剂中的溶剂对染料的溶解度，渗透剂是将染料溶解到渗透溶剂中而配成的。染料在渗透溶剂中的溶解度高，就可以得到高浓度的渗透剂，因而可以提高渗透剂的发光强度或着色强度，提高检验灵敏度。

2.2.9 溶解度

渗透剂是将染料溶解到渗透溶剂中而配制成的。染料在溶剂中的溶解程度叫做染料在该溶剂中的溶解度。溶解度高可以得到足够浓度的渗透剂。由于储存、运输和在各种温度下使用的可能性，要求渗透剂不仅在加温、加压下，染料有较高的溶解度，而且要求在低温下不发生分解、沉淀和混浊，或者在低温下虽发生染料分离沉淀，回到室温时要能重新溶解。事实上，很多渗透剂是具有这种能力的，因此，要求将渗透剂从冷的地方(如储存地)拿到室温下使用时，应至少在室温下放置 24h。

2.2.10 水洗能力

水洗型渗透剂及后乳化型渗透剂，在施加乳化剂后能否容易地被水清洗掉的能力称为水洗能力。要求渗透剂在规定的水洗温度、压力、时间等条件下，零件表面多余渗透剂在水洗后，应达到不残留明显的荧光背景或着色底色的程度。

2.2.11 含水量和容水量

渗透剂的含水量是指渗透剂中水分的含量与渗透剂总量之比的百分数。渗透剂的容水量是指渗透剂出现分离、混浊、凝胶或灵敏度下降等现象时的渗透剂含水量的极限值，这一含水量的极限值称为渗透剂的容水量。它是衡量渗透剂抗水污染能力的指标。

渗透剂含水量越小越好。渗透剂的容水量指标越高，抗水污染的性能越好。

2.2.12 毒性

渗透剂应是无毒(或低毒)的，有毒或腐蚀性大、异臭的材料不允许用来配制渗透剂。

现在生产的大部分渗透剂是安全的，对人体健康并无严重影响。但尽管如此，操作者应避免自己的皮肤长时间地接触渗透剂，应避免吸进渗透剂的蒸气。

为保证无毒或低毒，渗透剂制造厂不仅应对配制渗透剂的各种成分进行毒性试验，还应对配制好的渗透剂进行毒性试验，以确保供应无毒或低毒的渗透剂。

2.3 渗透剂的组分

渗透剂由多种特性的材料配制而成，其主要组分是染料、溶剂和乳化剂。荧光染料是荧光渗透剂的发光剂，着色染料是着色渗透剂的颜色显示剂。溶剂一方面用来溶解染料，另一方面本身也作为渗透溶剂。水洗型渗透剂中含有乳化剂，使其能用水直接洗掉。

2.3.1 染料

荧光染料要求发光强，色泽鲜艳，对可见光和紫外线照射的稳定性好，对零件不腐蚀，容易清洗和在渗透溶剂中的溶解度大等。

荧光染料种类很多，在紫外线照射下从发蓝色荧光到发红色荧光的各种染料均有，荧光渗透剂选择在黑光照射下发出人眼敏感的黄绿色荧光的荧光染料。苝类化合物 YJP15、YJP11；萘酰亚胺化合物 YJN68；咪唑化合物 YJI143；香豆素化合物 MDAC 是我国 20 世纪 70 年代使用的荧光染料，具有荧光强、色泽鲜艳、对光和热稳定性好的优点，所配制的荧光渗透剂也具有这些特点。

一种荧光渗透剂中往往需加进两种荧光染料，一种染料在黑光下发出的荧光能激发另一种染料发荧光，这就是所谓"串激"发光。如 MDAC 在黑光照射下发出 425~440nm 的蓝紫色光，恰好与 YJN68 的吸收光谱 430nm 相重合，故被 YJN68 所吸收，并发出 510nm 的绿色荧光。由于串激发光，而使得 YJN68 在黑光照射下，能发出很明亮的黄绿色荧光。

着色染料要求色泽鲜艳、颜色浓、对比度高、对光和热的稳定性好、不褪色、对零件不腐蚀、容易清洗和易溶于合适的溶剂中等。几乎所有的着色渗透剂都采用暗红色的染料，因为暗红色在白色背景上能得到高的对比度。大部分红色染料都能得到较高的溶解度，故可得到高浓度的着色渗透剂。常用的着色染料有苏丹红、刚果红、烛红、油溶红、荧光桃红、丙基红等，其中以苏丹Ⅳ应用最广，其化学名称为偶氮苯。荧光桃红、丙基红为醇溶性染料。

2.3.2 溶剂

溶剂是用来溶解染料的，根据化学结构相似相溶的原理，应尽量选择化学分子结构与染料相似的溶剂。若溶剂分子结构与染料不太相似，必须经过实际溶解试验，证明与染料互溶性好时，才能选用。

溶剂又是起渗透作用的渗透剂，渗透能力强的溶剂对染料在其中的溶解度不一定高或者染料溶解在其中不一定能得到理想的颜色或荧光强度，有时常需采用一种中间溶剂来溶解染料，然后再与渗透性能好的溶剂互溶，得到清澈的混合液。这种中间溶剂称互溶剂。

荧光染料的发光强度和波长与所用的溶剂种类和染料在该溶剂中的溶解度有关，如

YJP15 溶解在氯酚中，在黑光下发强黄绿色荧光；而溶解在石油醚中，则呈绿色荧光，且发光强度较弱。

试验证明，荧光染料在溶剂中的浓度增加时，荧光强度也随之增加，但浓度增加到某一极限值时，浓度再增加，荧光强度反而出现减弱的现象。这说明靠提高浓度来提高荧光强度的做法是有限的，选择合适的溶剂有时可得到更高的荧光强度。

染料在溶剂中的溶解度与温度有关，为使染料在低温下不从溶剂中分离出来，还需在渗透剂中加进一定量的助溶剂(或称耦合剂、稳定剂)。

2.3.3 乳化剂、润湿剂

水洗型渗透剂中含有乳化剂。乳化剂分子由亲水基和亲油基两部分组成，能吸附在油和水的界面上，降低油水的界面张力，使水洗时能被洗掉。乳化剂在渗透剂中还能促使染料的溶解、起增溶作用。

乳化剂的质量十分重要，要求乳化剂纯度高；含水、杂质和油污的量要少；低温性能好及分子量小等。这样渗透剂在低温下不分解，不沉淀，对零件不腐蚀。

为增大渗透剂与固体表面的润湿作用，在后乳化渗透剂中需加进少量的润湿剂。润湿剂是界面活性剂的一种，在后乳化渗透剂中起润湿作用。

2.4 水洗型荧光渗透剂

水洗型荧光渗透剂由油基渗透溶剂、互溶剂、荧光染料、乳化剂、助溶剂组成。由于渗透剂中含乳化剂，故也称“预乳化型”或“自乳化型”渗透剂。渗透剂中乳化剂含量愈高，愈容易清洗，但检测灵敏度也愈低；乳化剂含量少，难清洗，但检测灵敏度较高。

渗透剂中荧光染料的浓度高，可得到高的荧光亮度，但渗透剂价格也将提高、在低温下染料被分离出来的可能性大、清洗也困难。

根据渗透剂从零件表面上去除掉的难易程度和检测灵敏度的高低通常可划分为低灵敏度、中等灵敏度和高灵敏度三种类别：

(1) 低灵敏度　渗透剂易于从粗糙表面上去除。主要用于轻合金铸件的检测。

(2) 中等灵敏度　渗透剂较难从粗糙表面上去除。主要用于精密铸钢件、精密铸铝件、焊接件、轻合金铸件机加工表面的检测。

(3) 高灵敏度　渗透剂难于从粗糙的表面上去除掉。要求有良好的机加工表面，主要用于精密铸造涡轮叶片之类的关键零件的检测。

水洗型荧光渗透剂的配方很复杂，各种类型的渗透剂配方各不相同，为帮助对渗透剂的认识，表 2-1 列出一种配方，仅供参考。

表 2-1　典型的水洗型荧光渗透剂的配方

成　分	比　例	作　用	成　分	比　例	作　用
灯用煤油或 5# 机械油	31%	渗透剂	TX-10	25%	乳化剂
邻苯二甲酸二丁酯	19%	互溶剂	YJP15	4g/L	荧光染剂
乙二醇单丁醚	12.5%	稳定剂	PEB	11g/L	荧光增白剂
MOA-3	12.5%	乳化剂			

2.5 后乳化型荧光渗透剂

后乳化型荧光渗透剂由油基渗透溶剂、互溶剂、荧光染料、润湿剂组成，互溶剂所占的比例比水洗型的高，目的在于溶解更多的染料，得到更高的荧光强度。

后乳化渗透剂保留在缺陷中不被洗去的能力强。水进入渗透剂槽中能沉到槽底，故抗水污染、受酸或铬酸盐的影响也小。后乳化型荧光渗透剂按其在黑光灯下发光强度的不同分为标准灵敏度、高灵敏度和超高灵敏度三类：

(1) 标准灵敏度(或称通常灵敏度) 应用于各种变形材料的机加工零件。

(2) 高灵敏度 应用于检测灵敏度要求较高的变形材料的机加工零件。

(3) 超高灵敏度 仅在特殊情况下使用的超亮度的渗透剂，如航空发动机上的涡轮盘、轴等关键零件成品的检测。

为帮助对后乳化荧光渗透剂的了解，表2-2列出了一种配方，仅供参考。

表2-2 典型的后乳化荧光渗透剂的配方

成　分	比　例	作　用	成　分	比　例	作　用
灯用煤油或5#机械油	25%	渗透剂	PEB	20g/L	增白剂
邻苯二甲酸二丁酯	65%	互溶剂	YJP15	4.5g/L	荧光染剂
LPE305	10%	润湿剂			

2.6 溶剂去除型渗透剂

溶剂去除型渗透剂有荧光的和着色的两类，有油基的，也有醇基的。溶剂去除型着色渗透剂应用最广，且多装在压力喷罐中使用。后乳化型荧光渗透剂常常可直接作为溶剂去除型渗透剂使用。

溶剂去除型着色渗透剂通常采用低黏度的易挥发的溶剂作渗进溶剂，故具有很快的渗透速度。由于装喷罐使用，其闪点和挥发性的要求不像在开口槽中使用的渗透剂那样严格。溶剂去除型着色渗透剂与溶剂悬浮型显像剂配合使用，可得到与荧光渗透检测相类似的灵敏度。

表2-3列出了一种溶剂去除型着色渗透剂的配方，供参考。

表2-3 典型的溶剂去除型着色渗透剂

成　分		比　例	作　用
甲	异丙醇	2mL	溶剂
	乙醇	6mL	助溶剂
	荧光桃红		着色染料
乙	OT	1mL	助溶剂
	丙基红		着色染料
	苏丹Ⅳ		着色染料
	邻苯二甲酸二丁酯	1mL	抑制剂

2.7 其他用途的渗透剂

2.7.1 着色荧光渗透剂

粉色荧光渗透剂是一种既可在白光下检测又可在黑光下检测的特殊渗透剂。这种渗透剂中的染料既能在白光下呈鲜艳的暗红色，又能在黑光下发出明亮的荧光。这种渗透剂在白光下检测具有着色检测的灵敏度，在黑光下检测具有荧光检测的高灵敏度，也就是一种渗透剂能同时完成两种灵敏度的检测，故又称为双重灵敏度的渗透剂。

应当指出，着色荧光渗透剂决不是将着色染料和荧光染料同时溶解到渗透溶剂中而配制成的，而是将一种特殊的染料溶解在渗透溶剂中的，这种染料既在白光下呈暗红色又在黑光下发荧光。由于分子结构上的原因，着色染料若与荧光染料混到一起，将要猝灭荧光染料所发出的荧光。

2.7.2 化学反应型着色渗透剂

化学反应型着色渗透剂是将无色的染料溶解在无色的溶剂中的一种无色或淡黄色的渗透剂。这种渗透剂在与显像剂接触时发生化学反应，产生鲜艳的颜色，从而产生清晰的缺陷显示。显像剂不是普通的显像剂，其中含有酸性的显像粉末，当它与渗透剂接触时发生反应产生颜色。这种显示还可在黑光灯下发荧光，因此也被称为双重灵敏度的渗透剂。

化学反应型渗透剂具有不会使零件、工作台、操作者的衣服、皮肤等污染成红色的优点，洗出的水也是无色的，避免了颜色污染问题。

2.7.3 高温下使用的渗透剂

对高温零件进行检测时，涂覆在零件上的荧光渗透剂中的染料很快地遭到破坏，荧光猝灭。因此，通常的荧光渗透剂不能用于高温零件的检测。高温下使用的渗透剂，能短时间地与高温零件接触而不破坏。用这种渗透剂检测时，试验速度要尽量快，要趁染料未完全破坏前，完成对零件的检测。

2.7.4 水基渗透剂

水基渗透剂是以水作为渗透溶剂的渗透剂。大家知道，水的渗透能力是很差的，但如果在水中加进适量的表面活性剂降低水的表面张力，改善水对固体表面的润湿能力，水是可以变成一种好的渗透剂的，尽管水基渗透剂达不到油基或醇基渗透剂那样好的渗透能力，但由于水具有无色、无臭、无毒、不可燃、不污染环境、使用安全、配制的渗透剂能直接用水去除和价格便宜等优点，而受到重视。对某些检测灵敏度要求不高的零件可考虑采用这种价廉的渗透剂。某些零件不允许与可燃性燃料接触，如盛液氧的容器，可采用水基渗透剂进行检测。塑料零件、橡胶零件与油基或醇基渗透剂可能发生反应而引起破坏，也可采用水基渗透剂。

习　题

一、选择题

1. 下面哪种因素对渗透剂的渗透能力影响最大：（　　）

A. 液体的密度　　B. 液体的黏度

C. 液体的表面张力和对固体表面的浸润性　　D. 液体的重量

2. 下列哪种液体的表面张力最大：（　　）

A. 水　　B. 煤油

C. 丙酮　　D. 乙醚

3. 一般说来，表面张力小的液体对固体表面的浸润作用：（　　）

A. 强　　B. 弱

C. 无关　　D. 不能浸润

4. 表面张力系数的单位是：（　　）

A. 达因每厘米　　B. 厘米每达因

C. 毫牛顿每米　　D. 厘米每秒

5. 用来描述渗透剂在工件表面分布状况的常用术语是：（　　）

A. 毛细管作用　　B. 润湿作用

C. 表面张力　　D. 渗透作用

6. 决定渗透剂渗透能力的两个主要参数是：（　　）

A. 表面张力和黏度　　B. 黏度和接触角余弦

C. 表面张力系数和接触角余弦　　D. 密度和接触角余弦

7. 施加荧光渗透剂之前，零件上的酸性材料去除不干净会引起：（　　）

A. 渗透剂的荧光降低　　B. 渗透时间需要加倍

C. 在零件上形成永久性锈斑　　D. 以上都对

8. 黏度对渗透剂的某些实际使用来说具有显著的影响，在下列哪一方面黏度是个重要因素：（　　）

A. 污染物的溶解度　　B. 渗透剂的水洗性能

C. 发射的荧光强度　　D. 渗入缺陷的速度

9. 当缺陷宽度窄到与渗透剂载色体分子同数量级时，渗透剂：（　　）

A. 容易渗入　　B. 不易渗入

C. 毫无关系　　D. 是否容易渗入还同材料有关

10. 渗透剂中的氯和空气或水洗液中的水反应能生成盐酸，时间越长，盐酸越多，将使工件受到何种破坏：（　　）

A. 受到表面腐蚀　　B. 受到晶间腐蚀

C. 产生腐蚀裂纹　　D. 以上都存在

11. 按表面张力系数大小排列水、苯、酒精、醚的顺序是：（　　）

A. 水>苯>酒精>醚　　B. 苯>醚>水>酒精

C. 苯>水>酒精>醚　　D. 醚>水>苯>酒精

12. 渗透性的主要内容包括：（　　）

A. 渗透能力　　B. 渗透速度

C. A 和 B　　D. 被渗透材料的材质

13. 影响渗入表面缺陷速度的主要原因是：（　　）

A. 密度　　B. 表面张力和润湿性

C. 黏度　　D. 相对密度

14. 下列关于液体的表面张力的叙述中，正确的是：（　　）

A. 容易挥发液体比不容易挥发液体的表面张力系数要大

B. 同一种液体在高温时比在低温时，表面张力系数要小

C. 含有杂质的液体比纯净的液体，表面张力系数要大

D. 以上都对

15. 哪种合金制成的零件必须采用低氟的渗透剂：（　　）

A. 铝　　B. 镁

C. 钛　　D. 镍基

16. 由渗透材料的性质所决定，大部分渗透方法对操作者的健康有影响，这是因为：（　　）

A. 渗透剂的主溶剂是无机物，所以是危险的

B. 如果不采取适当措施，渗透方法所采用的材料可能会引起皮炎

C. 渗透材料含有例如酒精等麻醉剂，能使人麻醉

D. 虽有影响但无危险

17. 渗透剂挥发性太高易发生什么现象：（　　）

A. 渗透剂易干涸在工件表面　　B. 渗透剂易干涸在缺陷中

C. 可提高渗透效果　　D. A 和 B

18. 用来定义渗透剂向裂纹、裂缝等小开口中渗透趋势的术语是：（　　）

A. 润湿　　B. 毛细管作用

C. 吸出　　D. 去除

19. 施加到零件表面上的渗透剂会：（　　）

A. 渗入不连续性中　　B. 被缺陷吸收

C. 由毛细作用拉入不连续性中　　D. 由重力拉入不连续性中

20. 下列因素中哪些因素对渗透剂进入裂纹、裂缝和其他小开口缺陷的速度和深度有影响：（　　）

A. 试样的厚度　　B. 试样的表面状态

C. 渗透剂的颜色　　D. 试样的电导率

21. 要使渗透剂进入缺陷的速度增快，则渗透剂应该是：（　　）

A. 表面张力小　　B. 接触角大

C. 黏度小　　D. 黏度大

22. 一般情况下，水和油的表面张力：（　　）

A. 水大于油　　B. 油大于水

C. 两者相同　　D. 不一定

23. 渗透剂在毛细管中的表面是哪种形状：(　　)

A. 平面　　B. 凸面

C. 凹面　　D. 无法用毛细管试验

24. 液体表面张力是由其分子之间的什么力产生的：(　　)

A. 毛细吸力　　B. 表面张力

C. 内聚力　　D. 沾湿能力

25. 什么情况下白色背景上形成的红色不连续性图像最容易看到：(　　)

A. 使用干粉显像剂时　　B. 使用着色渗透剂时

C. 使用后乳化型荧光渗透剂时　　D. 使用湿式显像剂时

二、是非题

1. 决定渗透剂渗透能力的主要参数是黏度和密度。
2. 润湿能力是由液体分子间的引力与固体间的附着力大小来决定的。
3. 水银不能润湿玻璃，所以也不能润湿其他固体。
4. 渗透剂渗透性能可用渗透剂在毛细管中的上升高度来衡量。
5. 为了强化渗透剂的渗透能力，应努力提高渗透剂的表面张力和降低接触角。
6. 表面张力和润湿能力是确定一种渗透剂是否具有高渗透能力的两个最主要因素。
7. 润湿现象能综合反映液体表面张力和接触角两种物理性能指标。
8. 表面张力系数的法定计量单位是“牛/米”。
9. 液体表面层中的分子受到液体内部分子的吸引力，这种力称为表面张力。
10. 液体渗入微小裂纹的原理主要是对固体表面的浸润性。
11. 渗透剂中含有的卤化物对金属有腐蚀作用。
12. 着色渗透剂的存放应注意避免接近高温和火源。
13. 着色渗透剂的颜色一般都是选用红色，因为人眼在白光下对红颜色最敏感。

参考答案

选择题：1. C　2. A　3. A　4. A　5. B　6. C　7. A　8. D　9. B　10. D　11. A　12. C　13. C　14. B　15. C　16. B　17. D　18. B　19. C　20. B　21. C　22. A　23. C　24. C　25. B

判断题：1. ×　2. ○　3. ×　4. ○　5. ×　6. ○　7. ○　8. ○　9. ○　10. ×　11. ○　12. ○　13. ○

第三章 显 像 剂

显像剂是渗透检测中的另一关键材料，它在渗透检测中的作用有下述三点：

通过毛细作用将缺陷中的渗透液吸附到工件表面上，形成缺陷指示。

将形成的缺陷显示在被检件表面上扩展，放大至足以用肉眼观察到。通过显像剂的放大作用，裂纹的显示尺寸可高达该裂纹宽度的许多倍。

提供与缺陷指示有较大反差的背景，从而达到提高检测灵敏度的目的。

3.1 显像剂的性能要求

一种好的显像剂应具备如下的性能：

(1) 吸湿能力强，吸湿速度快，能容易被缺陷处的渗透剂所润湿。

(2) 显像粉末颗粒细微，能将缺陷处微量的渗透剂扩展到尽量大的范围内，并能保持显示轮廓清晰。

(3) 在零件表面上形成均匀的薄薄的覆盖层，能尽量多地遮住零件表面的光泽和颜色。

(4) 在紫外线照射下不发荧光，也不减弱荧光渗透剂的亮度。

(5) 着色显像剂要提供与缺陷显示相差足够大的底色，以保证最佳的对比度，并对着色染料无消色作用。

(6) 对被检零件和存放容器不腐蚀。

(7) 无不良气味、无毒、不损害操作人员的身体健康。

(8) 容易从零件表面上去除掉。

(9) 价格便宜。

3.2 显像剂的种类

显像剂有干式和湿式两大类，即干粉显像剂和湿显像剂。湿显像剂又有含水湿显像剂和非水湿显像剂两类，且各有悬浮型和溶解型之分。因此，湿显像剂通常分为水悬浮型、水溶型、溶剂悬浮型和溶剂溶解型四种类型。

3.2.1 干粉显像剂

干粉显像剂是荧光渗透检测中最常用的显像剂。干粉显像剂为白色无机粉末，如氧化镁、碳酸镁、氧化锌、氧化钛粉末等。有时在白色粉末中加进少量的有机颜料或有机纤维素，以减少白色背景对黑光的反射，提高显示对比度和清晰度。

干粉显像剂粉末应是轻质的、松散的、干燥的。粉末应很细徽，应不超过 1~3μm。

干粉显像剂吸水、吸油性能要好，容易被缺陷处微量的渗透剂润湿。干粉显像剂应能容易地吸附在干燥了的零件表面上，并仅形成一层显像粉薄膜。显像粉在黑光下应不发荧光、对零件和存放容器不腐蚀、无毒。

3.2.2 水悬浮型湿显像剂

水悬浮型湿显像剂是将干粉显像剂按一定的比例加入水中配制而成的。

为得到良好的悬浮性，防止沉淀和结块，改善与零件表面的润湿性，保证在零件表面形成均匀的薄膜，显像剂中应加进一定量的润湿剂和分散剂。为不使缺陷显示无限制地扩散，保证相邻显示的分辨力和显示轮廓清晰，悬浮剂中应加进一定量的限制剂，如糊精。为使检测后零件表面的显像剂膜能够容易地去除掉，悬浮剂中应加进帮助去除的试剂。为防止显像剂腐蚀零件或容器，悬浮液中还应加进一定量的防锈剂。通常要求显像剂的 pH 值是弱碱性的，这样对一般钢零件不腐蚀，但长时间残留在铝、镁合金零件上，会引起腐蚀麻点。

显像剂粉末含量不宜太多，否则会造成显像剂膜太厚，尤其是很容易黏附在螺纹根部、沉积在零件的底部边缘，遮盖掉这些部位的缺陷显示。厚的显像剂膜在检测后的去除也较困难。显像剂中粉末含量也不宜太少，否则将不能形成均匀的薄膜。为此，显像剂中粉末要控制在最佳比例上。通常水悬浮型湿显像剂的配制是每升水中加进 30~100g 的显像粉末。

3.2.3 水溶型湿显像剂

水溶型湿显像剂是将显像材料溶解在水中而制成的。这种显像剂克服了水悬浮型湿显像剂容易沉淀、不均匀、可能结块的缺点。

溶解在水中的显像材料在显像剂中的水分蒸发掉后，能形成一层与零件表面贴合比较紧密的白色显像剂薄膜，更有利于缺陷显示。检测后，只需将零件在水中洗一洗，就很容易地将显像剂膜去除掉。

水溶型显像剂中也应加进适当的防锈剂、润湿剂和限制剂等，应对零件和容器不腐蚀，对操作者无害，将显像剂干粉与防锈剂、润湿剂和限制剂混合在一起制成水溶型显像干粉，使用时只需按比例将这种干粉加到水中溶解后即可使用。

水溶型显像剂具有不可燃、使用安全、能在不抽风的条件下使用等优点。

3.2.4 溶剂悬浮型湿显像剂

溶剂悬浮型湿显像剂是将显像剂粉末加在挥发性的有机溶剂中配制而成的。由于有机溶剂挥发快，故又称为速干型显像剂。这种显像剂通常都装在喷罐中使用，而且与着色渗透剂配合使用。“油和白粉”的原始方法中所用的显像粉加酒精的“白粉剂”，实际上就是一种最早的溶剂悬浮型湿显像剂。溶剂悬浮型湿显像剂中的溶剂具有好的渗透能力，在其挥发的过程中能不断地把缺陷中的渗透剂带回到零件表面上来，故显像灵敏度高。溶剂悬浮型湿显像剂，由于挥发快，故形成的显示扩散小、显示轮廓清晰。

溶剂悬浮型湿显像剂由制造厂配制成最佳浓度装在压力喷罐中供用户使用。若悬浮剂的浓度太高可能堵塞喷口或形成厚的显像剂膜，浓度太低不利于形成一层白色的背景。装罐时，通常加入一颗或几颗玻璃球供显像时摇晃搅拌用。

常用的溶剂显像剂溶剂有丙酮、乙醇、苯、二甲苯等，常用的限制剂有火棉胶、醋酸纤维素、过氯乙烯树脂等。溶剂悬浮型湿显像剂中还加进一定量的稀释剂，用以调整显像剂的黏度，使显像剂不致于太浓。稀释剂主要是溶解限制剂的，稀释剂太多，会引起显像剂膜自动剥落。

表 3-1 列出了一种溶剂悬浮型湿显像剂的配方，供参考。

表 3-1 溶剂悬浮型湿显像剂的配方

成　分	比　例	作　用	成　分	比　例	作　用
二氧化钛	50g/L	显像粉末	火棉胶	45%	限制剂
丙酮	40%	溶剂	乙醇	15%	烯释剂

3.3 显像剂的物理化学性能

显像剂的物理化学性能主要包括显像剂干粉的粒度、显像剂干粉的密度、水悬浮型或溶剂悬浮型显像剂的沉淀率和分散性、湿显像剂的润湿能力、腐蚀性和毒性等。

1. 干粉显像剂的粒度和密度

干粉显像剂的粒度应不超过 1~3μm。松散状态的干粉显像剂的密度应小于 0.075g/L，即每升体积的松散的显像粉的重量为 75g 以下。包装状态下的密度应不大于 0.13g/L，即每升体积内的显像粉重量不多于 130g。密度采用称重法测量。

2. 水悬浮型或溶剂悬浮型湿显像剂的沉淀率

显像剂粉末在水中或溶剂中的沉淀速率称为沉淀率。细小的显像粉末悬浮后，沉淀慢；粗的显像粉末不易悬浮，悬浮后沉淀速度快；粗细不均匀的显像粉末沉淀速率不均匀。为确保悬浮性好，必须选用细微的显像粉。

3. 分散性

分散性是指当显像粉末沉淀后，再次进行搅拌，显像粉重新分散到溶剂中的能力。分散性好的显像剂，在搅拌后能全部重新分散到溶剂中去，而不残留任何结块。

4. 湿显像剂的润湿能力

湿显像剂应能很好地润湿零件表面，如果润湿能力差，在显像溶剂挥发后，会出现显像剂流痕和卷曲、剥落等现象。

5. 腐蚀性

显像剂在显像过程中和显像后都不应对零件产生腐蚀。显像剂中的硫、钠、氟、氯的含量会对镍基合金零件产生热腐蚀和对钛合金零件产生应力腐蚀裂纹。因此显像剂必须控制硫、钠、氟、氯等元素的含量。

6. 毒性

显像剂应是无毒的。有毒的、异臭的材料不允许用来配制显像剂。长期吸入显像粉末会对肺部产生有害影响，应避免使用二氧化硅干粉显像剂。干粉显像一定要在抽风条件好的地方进行。

习　题

一、选择题

1. 用显像剂把渗入缺陷内的渗透剂吸附出来的原理是基于：(　　)

A. 液体的表面张力　　B. 液体的毛细作用

C. 对固体表面的浸润　　D. 上述都是

2. 显像剂有助于发现着色渗透剂的检测痕迹是由于显像剂：（　　）

A. 提供了清洁的表面　　B. 提供了背景反差

C. 提供了干燥的表面　　D. 乳化了吸出的渗透剂

3. 显像剂有助于检出滞留在缺陷内的渗透剂是由于什么作用：（　　）

A. 后清洗工序　　B. 乳化作用

C. 吸出作用　　D. 干燥工序

4. 下面哪一条不是显像剂成分本身的作用：（　　）

A. 将渗透剂从缺陷中吸出来　　B. 有助于形成缺陷图像

C. 增强渗透剂的荧光　　D. 有助于控制渗出

5. 能吸出保留在表面开口缺陷中的渗透剂从而形成略微扩大的缺陷显示的材料叫：（　　）

A. 显像剂　　B. 渗透剂

C. 干燥剂　　D. 以上都是

6. 显像剂的使用是吸收不连续性中的渗透剂，使渗透剂的渗出量增大，从而提高对比度和灵敏度，用来描述显像剂的这种作用的术语叫做：（　　）

A. 吸出　　B. 毛细管作用

C. 浓度　　D. 吸引

7. 对非常光滑的表面进行荧光探伤时，使用哪种显像剂最好：（　　）

A. 松软的干式显像剂　　B. 规则的干式显像剂

C. 湿式显像剂　　D. 以上都不好

8. 在那种情况下最好采用干式显像剂：（　　）

A. 干燥烘箱的温度高于110℃时　　B. 当要求得到尽可能光滑和均匀的显像涂层时

C. 在铸件表面上使用荧光渗透剂时　　D. 在钢丝刷刷过的焊缝上使用荧光渗透剂

9. 将白色粉末状的显像材料调匀在水中，用于浸渍法的显像方法是：（　　）

A. 湿式显像法　　B. 快干式显像法

C. 干式显像法　　D. 无显像剂式显像法

10. 直接使用白色干粉，能取得较鲜明的显示迹痕的显像方法是：（　　）

A. 湿式显像法　　B. 快干式显像法

C. 干式显像法　　D. 无显像剂式显像法

11. 将白色粉末状的显像材料加入有机溶剂中，同溶剂去除型渗透剂一起使用的显像方法是：（　　）

A. 湿式显像法　　B. 快干式显像法

C. 干式显像法　　D. 无显像剂式显像法

12. 显像剂由细微粉末组成，渗透及清洗完成后施加在物件表面，其目的是：（　　）

A. 具有吸附作用促使渗透剂从缺陷内回到表面

B. 促使渗透剂在表面侧蔓延，形成易于观察的显示

C. 溶剂型显像剂具有溶解作用，更能促进渗透剂回到表面

D. 以上都对

13. 下列哪种是干粉显像剂的主要显示作用：（　　）

A. 毛细作用　　B. 显像剂在缺陷内的膨胀作用

C. 溶解于缺陷内的渗透剂中　　D. 提供一个均匀薄膜以形成对比背景

14. 下列哪种显像剂被认为灵敏度最差：(　　)
   A. 显像干粉　　B. 干粉与水的悬浮液
   C. 干粉与水的溶液　　D. 溶剂显像剂

15. 关于显像说法正确的是：(　　)
   A. 利用显像剂的毛细管作用，将缺陷中的渗透剂吸收出来
   B. 在荧光检测时显像剂能盖住零件表面光泽，改善背景，利用紫外线灯下检测
   C. 显像时间越长，缺陷形象就越清晰
   D. A 和 B 都是

16. 下列哪种显像剂不是通常能买到的显像剂类型：(　　)
   A. 干式显像剂　　B. 速干式显像剂
   C. 湿式显像剂　　D. 高黏度显像剂

17. 下面的说法哪条是正确的：(　　)
   A. 显像剂是悬浮液　　B. 显像剂是溶液
   C. 显像剂是乳浊液　　D. 全不对

18. 对显像剂白色粉的颗粒要求是：(　　)
   A. 粒度尽可能小而均匀　　B. 粒度尽可能均匀
   C. 对粒度要求不高　　D. 全不对

19. 显像剂主要由何种物质配成：(　　)
   A. 低沸点的有机溶剂+白色吸附物质　B. 煤油+白色吸附物质
   C. 低沸点的有机溶剂+红色染料　　D. 煤油+红色染料

20. 着色探伤显像剂应具有下述哪种性能：(　　)
   A. 吸付能力强　　B. 对比度好
   C. 挥发性好　　D. 以上各点

21. “干式”，“速干式”和“湿式”三个术语用来说明三种类型的：(　　)
   A. 乳化剂　　B. 清洗剂
   C. 显像剂　　D. 渗透剂

22. 液体渗透探伤采用湿式显像剂时：(　　)
   A. 对于微细裂纹的显示，厚的显像剂涂层比薄的涂层更为清晰
   B. 黑色显像剂的反差比白色显示剂好
   C. 应使用压缩空气清除多余的显像剂
   D. 对于微细裂纹的显示，薄的显像剂涂层比的厚涂层更为清晰

23. 快干式显像剂的显示灵敏度要比其他显示方法高，这是因为：(　　)
   A. 快干式显像剂可稀释缺陷中的渗透剂，降低黏度，体积膨胀，容易进入显像剂的粉末中来
   B. 由于溶解作用，使之渗透剂与显像剂共同形成粉状涂层，增加毛细管作用
   C. 以上都对
   D. 以上都不对

24. 干式显像是一种：(　　)
   A. 分辨率较高的一种显像方式　　B. 不容易显示微小的气孔和疏松的显像方式

C. 适用于小批量零件检查　　　　　　D. 以上都是

二、是非题

1. 干粉显像剂应使其保持在干燥与松散的状态。

2. 液态显像剂的浓度应保持在制造厂规定的工作浓度范围内，其比重应经常进行校验。

3. 各类湿式显像剂都是悬浮液。

4. 水基湿式显像剂中一般都有表面活性剂，它主要是起润湿作用。

5. 荧光渗透剂和溶剂悬浮式显像剂都是溶液。

6. 干式显像，湿式显像都是速干式显像。

7. 施加显像剂的目的，其中之一是给缺陷迹痕提供背景反差。

8. 为显示细微裂纹，施加湿显像剂时，越厚越好。

9. 在被检工件上施加显像剂的目的是从缺陷中吸收渗透剂并提供背景反差。

10. 显像剂的作用是将缺陷内的渗透剂吸附到试样表面，并提供与渗透剂形成强烈对比的衬托背景。

11. 溶剂悬浮型湿显像剂又称为速干式显像剂。

12. 悬浮型湿显像剂粉末沉淀后，经过搅拌，显像粉又能重新悬浮起来，这种性能称为分散性。

13. 荧光渗透探伤常用的干式显像剂之一是氧化镁粉。

14. 水基湿式显像剂中一般都有表面活性剂，它主要是起润湿作用。

参考答案

选择题：1. B　2. B　3. C　4. C　5. A　6. A　7. C　8. B　9. A　10. C　11. B　12. D　13. A　14. A　15. D　16. D　17. A　18. A　19. A　20. D　21. C　22. D　23. C　24. D

判断题：1. ○　2. ○　3. ×　4. ○　5. ×　6. ×　7. ○　8. ×　9. ○　10. ○　11. ○　12. ○　13. ○　14. ○

第四章　去　除　剂

渗透检测中，用来去除零件表面多余渗透剂的溶剂叫去除剂。水洗型渗透剂，直接用水去除，水就是一种去除剂。溶剂去除型渗透剂采用有机溶剂去除，这种去除溶剂应与渗透剂有良好的互溶性，应不与荧光渗透剂起化学反应，应不猝灭荧光。通常采用的去除溶剂有煤油、酒精、丙酮、三氯乙烯等。后乳化型渗透剂在乳化后用水去除，它的去除剂是乳化剂和水。本章主要讨论用来去除后乳化渗透剂的乳化剂。

4.1　表面活性剂的乳化作用

把油和水一起倒进烧杯中，静置后会出现如图 4-1 那样的分层现象，上层是油，下层是水，形成明显的分界面，如果加以搅拌，虽能暂时混合，但稍静置后，又分成明显的两层。如果往烧杯中加入少量的表面活性剂，如加进肥皂或洗涤剂，再经搅拌混合，则油将变成微小粒子分散于水中，呈乳状液。这种乳状液即使静置后也不出现分层，这就是表面活性剂乳化作用的结果。

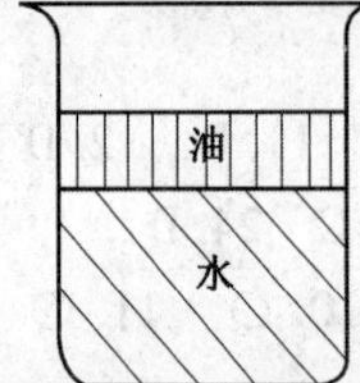

图 4-1　油水混合后的分层现象

为什么在油、水中加入表面活性剂就不分层了呢？这要从表面活性剂的分子结构来分析。表面活性剂的分子模型如图 4-2 所示。它具有亲水基(亲水、憎油)和亲油基(亲油、憎水)两部分(或称两个基团)，这两个基团不仅具有防止油水两相互相排斥的功能，而且还具有把油水两相连接起来不使其分离的特殊功能。因此，当往烧杯中加进表面活性剂后，表面活性剂吸附在油、水的边界上，以其两个基团把细微的油粒子和水粒子连接起来，使油以微小的粒子稳定地分散在水中。图 4-3 为表面活性剂乳化作用示意图。表面活性剂有很多作用，我们把起乳化作用的表面活性剂称为乳化剂。

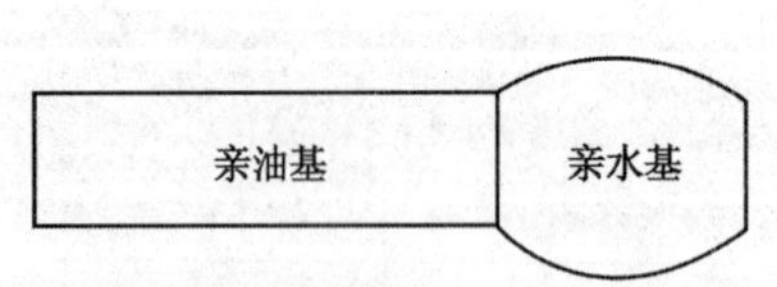

图 4-2　表面活性剂的分子模型

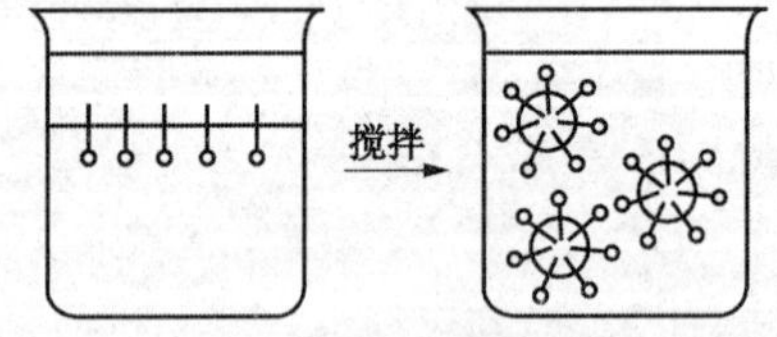

图 4-3　表面活性剂的乳化作用示意图

4.2　表面活性剂的亲水性

表面活性剂溶于水时，凡能电离生成离子的叫离子型表面活性剂，凡不能电离生成离子的叫非离子型表面活性剂。渗透检测通常采用非离子型表面活性剂作乳化剂。表面活性剂的亲水性用亲憎平衡值($H.L.B$)来表示，非离子型表面活性剂的 $H.L.B$ 值可用下式计算：

$$H.L.B=\frac{\text{亲水基部分的分子量}}{\text{表面活性剂的分子量}}\times\frac{100}{5}$$

例如：辛基酚聚氧乙烯醚的分子式为：

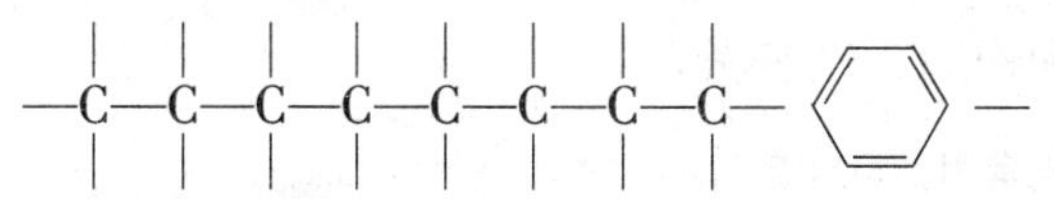

亲水基部分的分子结构为：

$$(OCH_2CH_2)_{10}\text{-}OH$$

亲油基部分的分子量为：

$$14C+21H=14\times12+21\times1=189$$

亲油基部分的分子结构为：

辛基酚聚氧乙烯醚的总分子量为：

457+189=646

因此，$H.L.B=457/646\times100/5\approx14.1$

表面活性剂具有润湿、洗涤、乳化、增溶、消泡等作用，表面活性剂的 *H. L. B* 值和其作用的大概关系如图 4-4。后乳化型渗透剂的去除剂应同时具有乳化作用和洗涤作用，因此，后乳化型渗透剂的亲水性乳化去除剂的 *H. L. B* 值，选择在 11~15 之间。

从图中还可以看出，*H. L. B* 值愈高，亲水性愈好；*H. L. B* 值愈低，亲油性愈好。

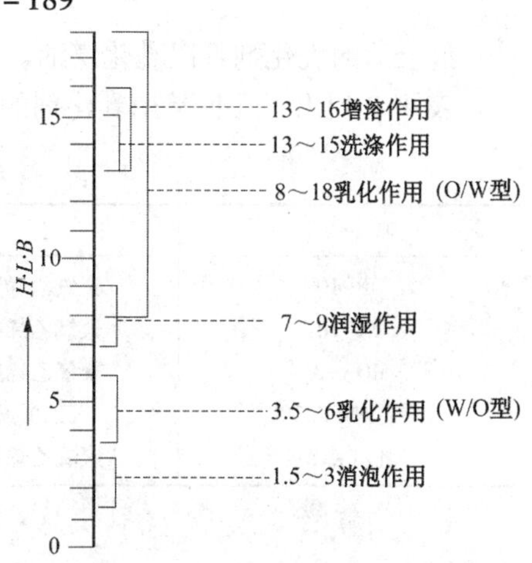

图 4-4　表面活性剂的 *H.L.B* 值和其作用的对应关系

4.3　乳化剂

H. L. B 值在 3. 5~6 和 8~18 的表面活性剂又称乳化剂。*H. L. B* 值在 8~18 的称为水包油型的乳化剂，或称亲水型乳化剂。这种乳化剂能将油分散在水中。后乳化型渗透剂的去除，多采用亲水型乳化剂，其 *H. L. B* 值在 11~15 之间。*H. L. B* 值在 3. 5~6 的称为油包水型或亲油型乳化剂，这种乳化剂能将水分散在油中。后乳化型渗透剂有时也采用这类乳化剂作去除剂。

H. L. B 值的大小可粗略地根据表面活性剂在水中的分散情况来判断。表 4-1 列出了从表面活性剂在水中发散情况所估计的 *H. L. B* 值。

表 4-1　从表面活性剂在水中分散的情况来估计的 *H. L. B* 值

表面活性剂在水中分散的情况	*H. L. B* 值	表面活性剂在水中分散的情况	*H. L. B* 值
在水中不分散	1~4	搅拌后呈稳定的乳状分散	8~10
在水中分散不好	3~6	搅拌后呈透明至半透明的分散体	10~13
强烈搅拌后呈乳状分散	6~8	透明溶液	大于 13

将几种不同 *H. L. B* 值的表面活性剂按一定的比例混合在一起，可得到一种新 *H. L. B* 值的表面活性剂。混合后的表面活性剂比单一的表面活性剂性能好。几种表面活性剂混合后的 *H. L. B* 值可按下式计算：

$$H.L.B=\frac{ax+by+cz+\cdots}{x+y+z+\cdots}$$

式中　a，b，c——混合前的几种表面活性剂的 $H.L.B$ 值；

x，y，z——混合前的几种表面活性剂的重量。

例如：10 gMOA-3 和 20gTX-10 混合后，其 $H.L.B$ 值按上式计算为：

$$H.L.B=\frac{5\times10+14.5\times20}{10+20}=11.3$$

混合后的乳化剂可以乳化煤油。

表 4-2 列出了几种常用乳化剂的牌号和作用，供参考。

表 4-2　常用的乳化剂

牌　号	名　称	作　用	$H.L.B$
OP-10	聚氧乙烯醚烷基酚	亲水乳化剂洗净剂	14.5
TX-10	聚氧乙烯醚烷基酚	亲水乳化剂洗净剂	14.5
MOA-3	聚氧乙烯脂肪醇醚	亲油乳化剂	5
阿特拉斯 C3300	三乙醇胺油酸皂	亲水乳化剂	12
乳白灵 A	聚氧乙烯脂肪醇醚	亲水乳化剂洗净剂	13

4.4　渗透检测用的乳化剂的性能要求

尽管 $H.L.B$ 值是选择乳化剂的基准，但在实际应用中，常需考虑被乳化物的具体情况。被乳化物与乳化剂的亲油基化学结构相似时，乳化效果好。后乳化型渗透剂是乳化的对象，因此，要求乳化剂的亲油基要与渗透剂中的油基及染料的化学结构相似。由于乳化的目的是要将渗透剂清洗掉，故乳化剂还应具有良好的洗涤作用。$H.L.B$ 在 11~15 范围内的乳化剂，既具有乳化作用又具有洗涤作用，是比较理想的去除剂。

亲水型乳化剂的黏度一般比较高，通常都是用水稀释后再使用的。稀释后的乳化剂浓度愈高、乳化能力就愈强，乳化速度较快，因而乳化时间较难控制，而且乳化剂拖带损耗大。稀释后的乳化剂浓度太低，乳化剂的乳化能力较弱，乳化速度慢，需要较长的乳化时间，乳化剂有足够的时间渗入表面开口的缺陷中去，使缺陷中的渗透剂也变得容易用水洗掉，从而达不到后乳化渗透检测应有的高灵敏度。乳化剂浓度太低，受水和渗透剂污染变质的速度快，使更换乳化剂的频次太高，很不经济。因此，需要根据被检零件在大小、数量、表面光洁度等情况，通过试验来选择最佳的浓度，或按乳化剂制造厂推荐的浓度使用。通常乳化剂制造厂推荐用的浓度为 5%~20%。

亲油型乳化剂不加水使用，若乳化剂黏度大，扩散到渗透剂中去的速度就慢，容易控制乳化，但乳化剂拖带损耗大。黏度低的乳化剂，扩散到渗透剂中去的速度快，乳化速度快，需注意控制乳化时间。黏度低的乳化剂相对而言，拖带损耗小。除了以上要求外，乳化剂还应具备如下性能：

（1）乳化剂必须适合在开口槽中使用，为此要求乳化剂具有高闪点和低的蒸发速率。

（2）乳化剂耐水和渗透剂的抗污染能力要强。

（3）乳化剂对零件和容器应不腐蚀。

(4) 乳化剂应无刺激性的臭味，应无毒。

渗透检测用的乳化剂都是由渗透剂制造厂根据其渗透剂的特点，配套生产供应的，使用单位应选择与所用渗透剂相同族组的乳化剂。

习　题

一、选择题

1. 表面活性剂形成胶团时，亲油基：(　　)

A. 朝向溶液　　B. 朝向水中

C. 聚集于胶团之中　　D. 不聚集于溶液之中

2. 表面活性剂形成胶团时，亲水基：(　　)

A. 朝向溶液　　B. 朝向水中

C. 聚集于胶团之中　　D. 不聚集于溶液之中

3. 亲水型乳状液：(　　)

A. 外相为水，内相为油，乳化形式为 O/W

B. 外相为油，内相为水，乳化形式为 W/O

C. 外相为水，内相为油，乳化形式为 W/O

D. 外相为油，内相为水，乳化形式为 O/W

4. 亲水性是乳化剂的一个重要指标，常用 $H.L.B$ 值表达，即：(　　)

A. $H.L.B=20(A/B)$　　B. $H.L.B=20(B/A)$

C. $H.L.B=20AB$　　D. $H.L.B=30(A/B)$

(式中：A—亲水基部分的分子量，B—乳化剂的分子量)

5. 表面活性剂的 $H.L.B$ 值越低，则哪种性能越好：(　　)

A. 亲水性　　B. 亲油性

C. 增溶作用　　D. 降溶作用

6. 施加在零件表面渗透剂薄膜上与渗透剂混合，从而使渗透剂能被清洗掉的材料是：(　　)

A. 乳化剂　　B. 渗透剂

C. 显像剂　　D. 同素异构体

7. 乳化剂的应用是：(　　)

A. 与渗透剂混合形成可以被水清洗的混合物　B. 有助于显像剂的吸收作用

C. 提高渗透剂渗入不连续性的渗透性　　D. 消除虚假显示

8. 一般来说，液体渗透探伤法中使用的清洗剂应有哪些性能：(　　)

A. 对工件无腐蚀，具有较高的挥发性

B. 对工件表面浸润作用强

C. 对渗透剂具有一定的溶解度，但不能与其起化学反应

D. 以上三点都具备

9. 自乳化水洗型渗透剂中，乳化剂的作用是：(　　)

A. 增强渗透剂的渗透能力　　B. 提高渗透速度

C. 减少渗透时间　　D. 有助于用水清洗多余渗透剂

10. 便携式渗透探伤器材中一般不包括哪些材料：（　　）

A. 渗透剂　　　　　　　　　　　　　　　B. 乳化液

C. 显像剂　　　　　　　　　　　　　　　D. 清洗剂

11. 渗透剂的去除清洗要求是：（　　）

A. 把零件表面上的渗透剂刚好去除掉　　　B. 清洗得越干净越好

C. 保持一定背景水平　　　　　　　　　　D. A 和 C 都是

12. 化学清洗剂可用来清洗非常脏的，有油污的零件，用这种清洗剂清洗之后，必须：（　　）

A. 再用溶剂清洗剂清洗表面

B. 彻底清洗表面，去除所有残余清洗剂

C. 加热零件，以便把表面开口中的残余清洗剂去除掉

D. 用挥发性溶剂清洗表面

二、是非题

1. 在进行乳化或清洗处理时，被检物表面所附着的残余渗透剂的是否去除无关紧要。
2. 一般来说，用油基乳化剂的乳化时间比用水基乳化剂的乳化时间要长。
3. 用清洗剂去除时，既可自然干燥或用布或纸擦干，也可加热干燥。
4. 表面活性剂的 *H. L. B* 值较高时，可起乳化作用，较低时不能起乳化作用。
5. 表面活性剂的 *H. L. B* 值越高，亲水情况越好。
6. 采用溶剂清洗型着色渗透探伤时，不宜用棉纱擦抹清洁工件。
7. 采用溶剂清洗型着色渗透探伤时，不宜用容易脱落纤维的物件擦抹清洁工件。

参考答案

选择题：1. C　2. B　3. A　4. A　5. B　6. A　7. A　8. D　9. D　10. B　11. D　12. B

判断题：1. ×　2. ×　3. ×　4. ×　5. ○　6. ○　7. ○

第五章　渗透检测的六个基本步骤

渗透检测的六个基本步骤是：预清洗、渗透、去除表面多余的渗透剂、干燥、显像和检查。

5.1　表面准备和预清洗

表面准备是指零件在渗透检测前的表面清理，包括清理铁屑、铁锈、毛刺、氧化皮、积炭层、熔渣及各种防护层。预清洗是渗透检测的第一道工序，用来去除零件表面的油污之类的表面污染。渗透检测前必须清除所有表面污染物，因为这些表面污染的存在会有如下影响：

（1）阻止渗透剂渗进缺陷中去，甚至堵塞住缺陷。

（2）渗透剂渗进缺陷后，与缺陷中的油污混合，使显示的荧光亮度或颜色强度降低。

（3）在荧光检测时，最后显像是在紫蓝色的背景下显现黄绿色的缺陷影像，而大多数油类在黑光灯照射下都会发光，从而干扰真正的缺陷显示。

（4）渗透剂容易保留在零件上有油污的地方，可能将这些部位的缺陷显示掩盖掉。

（5）渗透剂易保留在零件上的毛刺、氧化皮等部位，而产生虚假显示。

（6）零件表面的油污带进渗透剂槽中，会污染渗透剂，降低渗透剂的发光强度或颜色强度，降低渗透剂的渗透能力及使用寿命。

零件表面污染物的去除通常采用表 5-1 所列的方法。实际上，需根据零件材料、表面状态和污染的种类选择一种或几种合适的去除方法。采用机械清理方法时，由于外力作用于零件表面和机械清理时的磨料及产生的金属细末将堵塞缺陷，给渗透带来困难，尤其是软金属材料(如铝、镁、钛合金材料)更是如此。为此，凡经机械处理和进行过车、铣、刨、磨的零件，在渗透检测前应进行酸洗或碱洗，以去除表面金属。铸件和焊接件在吹砂后通常可不必进行酸洗或碱洗，而直接进行渗透检测。精密铸造的关键零件，如涡轮叶片等则必须在吹砂并酸洗后进行渗透检测。

表 5-1　污染物去除的常用方法

去除方法		适用范围
机械方法	振动光饰	去除轻微的氧化皮、毛刺、锈、铸件型砂或磨料等不能用于铝、镁、钛等软金属材料
	抛光	去除零件表面积炭、毛刺等
	干吹砂	去除氧化皮、熔渣、铸件的型砂、模料、喷涂层和积炭等
	湿吹砂	多用于沉积物比较轻微的情况
	钢丝刷	去除氧化皮、熔渣、铁屑、铁锈等
	超声波清洗	利用超声波的机械振动，去除零件表面的油污，常与洗涤剂或溶剂结合使用，适用于批量小零件的清洗

续表

去除方法		适用范围
化学方法	碱洗	去除锈、油污、抛光剂、积炭，多用于铝合金
	酸洗	强酸溶液用以去除严重的氧化皮，中等酸度的溶液用以去除轻微氧化皮，弱酸溶液用于去除零件表面微薄层金属
溶剂去除	溶剂蒸气除油	去除零件表面油污，通常为三氯乙烯蒸气除油
	溶剂液体清洗	去除油污通常用酒精、丙酮或汽油、三氯乙烷等溶剂清洗或擦洗，常用于大零件局部区域

渗透检测多在半成品零件或成品零件上进行。焊接件、铸件应在进行过振动光饰、吹砂或用钢丝刷去除氧化皮、磨料、毛边、毛刺等后才送交进行渗透检测。有些机加工零件，在磨削加工后要进行酸洗检测，由于酸洗后的零件已经去除掉了表面污染，故渗透检测通常紧接在酸洗工序后进行。

为确保渗透检测的有效性，渗透检测工序的安排是相当重要的，工序安排一般遵从如下的原则：

(1) 渗透检测应在喷丸、吹砂、镀层、阳极化、涂层、氧化或其他表面处理工序前进行。表面处理后，还需局部机加工的，还需在机加工后，对机加工表面再次进行检测。

(2) 零件要求腐蚀检测时，渗透检测紧接在腐蚀工序后进行。

(3) 焊接件在热处理后进行检测。如果需进行两次以上热处理时，仅需在温度较高的一次热处理后进行检测。

(4) 使用过的零件应去除表面积炭层、漆层后进行检测。

(5) 如无特殊规定，要求渗透检测的零件，必须在最终成品上进行渗透检测。

渗透检测部门常用的预清洗方法有溶剂清洗、三氯乙烯蒸气除油和超声波清洗等。这些方法能有效地去除掉零件表面的油污，起到保证渗透剂渗进表面开口缺陷中去和减少渗透剂污染的作用。有些渗透检测部门采用酸洗的方法来预清洗零件，这能更好地保证检测灵敏度。表 5-2 列出了一些腐蚀剂的配方及适用范围。酸洗时，要严格控制酸洗时间，保证只去除掉零件表面一微薄层金属。酸洗可能对零件产生有害影响，如高强度钢零件在酸洗时容易吸进氢气，而产生氢脆现象，使零件在使用时产生脆裂。因此，氢脆敏感的材料在酸洗后，应在合适的温度下烘烤一定的时间以去除氢气。烘烤应在酸洗后尽快地进行。

表 5-2　浸蚀剂配方及适用范围

浸蚀剂	温度/℃	中和液	适用范围
氢氧化钠 6 g，水 1 L	70~77	硝酸　25% 水　75%	铝合金铸件
盐酸　80% 硝酸　13% 氢氟酸　7% (按体积比)	常温		镍基合金
氢氧化钠　10% 水　90%	77~88	硝酸　25% 水　75%	铝合金锻件

续表

浸蚀剂		温度/℃	中和液	适用范围
硝酸 氢氟酸 水	80% 10% 10%		氢氧化铵 25% 水 75%	不锈钢零件
硝酸 氢氟酸 余量水	15%~20% 1%	50~60		钛合金
硫酸 铬酐 氢氟酸 加水至	100mL 40g 10mL 1L			钢零件

为使零件表面各部位得到均匀的腐蚀，在酸洗前，需对零件进行清洗，以去除表面的砂子、油脂、污物等。零件的盲孔，内通道部位要用橡胶塞子塞住或用蜡封住，以防止化学溶剂进入通道，产生腐蚀和清洗困难。浸蚀率由观察与被浸蚀材料相同的金属箔所需的时间来估计。从一条金属箔上溶去 0.002mm 厚所需的时间，相当于从零件表面上去除掉 0.001mm 厚的金属薄层所需的时间。酸洗后要进行中和处理，然后在流动的水中进行彻底的清洗，以保证彻底清洗掉酸洗液和中和液。清洗后要烘干零件，以保证将零件表面和可能渗入缺陷中去的水分蒸发干净。三氯乙烯蒸气除油方法是一种最有效而最方便的除油方法。

三氯乙烯是一种无色、透明的中性有机化学溶剂，具有比汽油大得多的溶油能力，在加温后蒸气状态溶油能力更强。因此，三氯乙烯是极好的除油剂。三氯乙烯比重大，沸点 86.7℃，蒸气密度可达 4.54g/L，因而容易形成蒸气区，来进行蒸气除油。三氯乙烯蒸气除油操作十分方便，只需将零件放入蒸气区中，三氯乙烯蒸气便迅速在零件表面上冷凝，而将零件表面上的油污溶解掉。在除油过程中，零件表面温度不断上升，当达到蒸气温度时，除油也就结束了。

三氯乙烯在使用过程中受热、光、氧的作用易分解成酸性，因此，在使用中要经常测量酸度值，避免三氯乙烯变酸而腐蚀零件。钛合金零件很容易与卤族元素起作用，产生应力腐蚀裂纹，因此，钛合金应采用加特殊抑制剂的三氯乙烯进行除油，并且在除油前必须进行热处理，以消除应力。此外，三氯乙烯不能对涂漆的零件、橡胶或塑料零件进行除油，因为这些零件会受到三氯乙烯的破坏。铝、镁合金零件在除油后，容易在空气中锈蚀，应尽快浸入渗透剂中。

一些很大的结构件，进行溶剂清洗或三氯乙烯蒸气除油有困难时，可采用水蒸气喷洗。

超声波清洗有较好的效果，超声波清洗剂，可以用有机溶剂。也可采用洗涤剂，当去除无机物污染时，用水和洗涤剂；当去除有机物污染时，用有机溶剂。用水和洗涤剂清洗过的零件，要用水充分洗净并烘干。特别值得提出的是：零件表面上水的污染是极其有害的。我们知道，大部分渗透剂与水是不相溶的，在缺陷处或缺陷中的水分将严重地阻碍渗透剂的渗入。三氯乙烯蒸气除油法，不仅能有效地去除油污，还能加热零件，保证了零件表面和缺陷中的水分被蒸发干净，有利于渗透剂的渗入。

5.2 渗透

渗透是以渗透剂覆盖零件。覆盖的方法可用喷涂、刷涂、流涂、静电喷涂或浸涂等。应根据零件的大小、形状、数量和检测部位来选择合适的方法。一般地说，小零件多采用浸涂法；大零件采用喷涂法、流涂法；焊缝采用刷涂法；局部检测采用刷涂法或喷罐喷；全面检测采用浸、喷法。无论采用哪种方法，都要保证被检部位完全被渗透剂覆盖，并在整个渗透时间内保持湿润状态。由于渗透剂只要不干在零件表面上，就一直有渗透作用，因此，不论采用哪种方法都能达到渗透的目的。在实际应用中，总是希望尽量采用浸涂的方法，因浸涂能确保零件表面完全被渗透剂覆盖上。

有盲孔或内通道的零件，渗透前，孔洞口要用橡皮塞塞住或用胶纸粘住，防止渗透剂渗入而造成清洗困难。

渗透温度一般控制在 10~50℃范围内。温度太高，渗透剂易干在零件上，给清洗带来困难；温度太低，渗透剂变稠，渗透速度受影响。当渗透检测不可能在 10~50℃的温度范围内进行时，则应检测方法作出鉴定，通常使用铝合金试块进行。

浸涂后，需使零件上的渗透剂滴落，以减少渗透剂的损耗。渗透剂在滴落过程中仍在继续往缺陷中渗透，因此，滴落时间是渗透时间的一部分。浸涂和滴落时间之和，称为接触时间或称为停留时间，即规范上规定的渗透时间。零件不同、要求发现的缺陷种类和大小不同、零件表面状态不同及所用的渗透剂不同，渗透时间的长短也不同。一般规定渗透时间为不少于 10min。

为检查更细微的裂纹，在渗透的同时，给零件加载荷，使微裂纹张开，让渗透剂渗入，这种方法叫加载渗透法。初期疲劳裂纹是极微小的，在静态时甚至是闭合的，热疲劳裂纹中有氧化物、腐蚀物等，钛合金零件中的微小裂纹采用一般渗透检测方法也很难检查出来，这些微小缺陷采用加载渗透很有效。

5.3 去除表面多余的渗透剂

本步骤要求从零件表面上去除掉所有的渗透剂，又不能将已渗入缺陷中的渗透剂清洗出来，从而保证在得到合格的背景前提下，取得最高的检测灵敏度。

水洗型渗透剂直接用水去除；后乳化型渗透剂在乳化后，用水去除；溶剂去除型渗透剂用溶剂擦除。

用水清洗是比较安全的，因为水不溶解渗透剂，水的渗透能力又很差，使从缺陷中洗出渗透剂的可能性减小。水洗型渗透剂中含有乳化剂，水洗时间长、水洗压力高、水洗温度高都有可能把缺陷中的渗透剂清洗掉。一般规定水温在 10~43℃ 范围内，压力不超过 0.34MPa，水洗时间在得到合格背景的前提下愈短愈好，用荧光渗透剂时，在黑光灯下控制去除效果。

后乳化渗透剂中不含乳化剂，只要乳化控制严格，缺陷中的渗透剂被洗掉的可能性要小得多，因此，具有高的检测灵敏度。

图 5-1 示出了采用不同的去除表面多余渗透剂的方法与从缺陷中去除渗透剂的可能性的关系。从图中看出，用未沾溶剂的干净布擦除时，缺陷中的渗透剂保留最好。

水洗的方法有搅拌水浸洗、水喷枪冲洗和多喷头集中喷洗几种。

搅拌浸洗时，槽中要不断补充干净的水，脏水从槽子上方溢流排出，使槽中保持干净的活水。对大零件要不断地翻动，以保证零件各部位得到均匀清洗。

喷洗可将零件直接用自来水冲洗，但这种方法有时得不到满意的效果。用软管喷嘴或压缩空气/水喷枪清洗效果较好，在水压不足的情况下，用压缩空气加大喷洗压力以产生较大粗水流的强力喷洗，采用水蒸气和水混合后的液体接到软管喷嘴上清洗，效果也很好。尤其在冬天或在水温比较低的地方，采用此法不仅可调节喷洗压力，而且能调节水洗温度，能明显改善清洗效果。

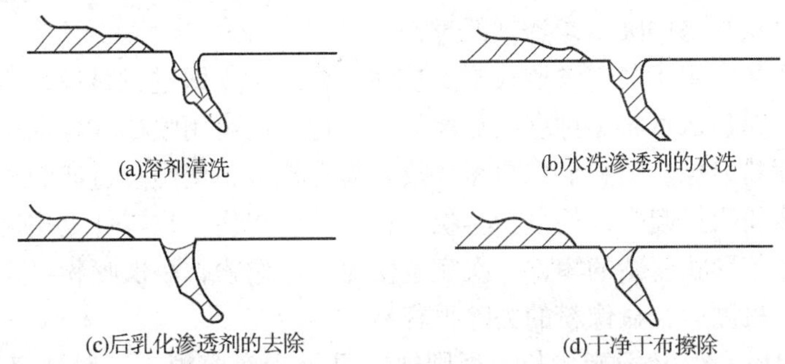

图 5-1 去除方法与从缺陷中去除掉渗透剂的可能性的关系图

搅拌水洗和喷枪清洗相结合的方法应用较广，在搅拌水中粗略地清洗后，再用喷枪清洗，并注意清洗零件的凹槽、盲孔、空腔等容易残留渗透剂的部位。

采用多喷头集中喷洗的效果最佳，这种方法往往用在自动清洗装置中。

5.4 干燥

溶剂去除法不必进行专门的干燥处理。用水清洗的零件，采用干粉显像或非水湿显像时，零件在显像前必须进行干燥处理，若采用含水湿显像，水洗后直接显像，然后再进行干燥处理。干燥的方法可用干净的布擦干、压缩空气吹干、热风吹干、热空气循环烘干装置烘干等方法。其中以热空气循环烘干装置烘干的效果最好。实际应用中是将多种干燥方法结合起来进行。如：零件水洗后，先用干净的布擦去零件表面明显的水分或用经过过滤的清洁、干燥的压缩空气吹去零件表面的水分，尤其要吹去盲孔、凹槽、内腔部位及可能积聚水分部位的水，然后放进热空气循环干燥装置中干燥。这样做，比零件水洗后直接烘干要快得多而且效果好。零件洗净后，短时间地在80~90℃的热水中浸一下，可提高零件的初始温度，加快烘干速度。这种在热水中浸一下的方法称为“热浸”技术。由于“热浸”对零件具有一定的补充清洗作用，故一般不推荐采用此法。为确保不因“热浸”造成过洗，要求采用此法时要严格控制。热浸时间，机加工光洁零件不允许进行“热浸”。

干燥温度不能太高，否则会将缺陷中渗透剂烘干，不能在显像时吸附到零件表面上来。允许的最高干燥温度还与所用渗透剂的种类、零件的材料有关。正确的干燥温度需通过试验确定。干燥时，被检面的温度不得大于50℃。

干燥时间愈短愈好，通常为5~10min。干燥时间与零件材耗、尺寸、表面光洁度、零件上水分的多少、零件初始温度和烘干装置的温度等因素有关，还与每批干燥零件的数量有关。为控制最短的干燥时间，需注意控制每批放进烘干装置中的零件数量。

干燥时，要注意防止操作者手上的油污、零件筐、吊具上的渗透材料等，对零件造成污染而产生虚假显示或遮盖缺陷显示。为防止污染，将干燥后的操作与干燥前的操作隔离开来。如在自动操作线上，采用分离的两条流水线上，第一条线进行除油、渗透和水洗，第二条线进行干燥和显像。在只有一条线操作的情况下，为避免污染，从干燥工序开始，换用一种干净的零件筐，这种零件筐专用于干燥以后的工序，这样做效果也很好。

5.5 显像

显像的过程是从缺陷中吸出渗透剂的过程。

干粉显像法大量应用于荧光渗透检测。零件干燥后，立即进行显像，热的零件能得到更好的显像效果。干粉显像可将零件埋入显像粉中进行，也可用喷枪或静电喷粉显像，但最好采用喷粉柜进行喷粉显像。喷粉显像将零件放入粉末柜中，用经过过滤的干净干燥的压缩空气或风扇，将显像粉吹扬起来，使呈粉雾状，将零件包围住，在零件上均匀地覆盖一薄层显像粉。这种方法能使形状复杂的零件一次完全覆盖上显像粉，一次喷粉可显像一批零件。经干粉显像的零件，检测后，显像粉的去除很容易。

显像时间要足够，但又不能太长，否则缺陷显示会变模糊。一般规定显像时间为不少于 7min。

非水湿显像大都采用压力罐喷显示，要轻微地喷一薄层显像剂，喷涂前摇动喷罐中的玻璃球使显像剂均匀；喷时，要调节到边喷边形成显像剂薄膜的程度。注意不要过多地喷涂显像剂，否则会掩盖微小的缺陷显示。非水湿显像剂有时采用刷涂、浸涂，浸涂要迅速，一个部位不允许往复刷涂几次。

含水湿显像可采用浸涂、流涂或喷涂，多数采用浸涂，涂覆后，要进行滴落，然后再在热空气循环烘干装置中烘干，干燥的过程中，实际上也是显像的过程。为防止显像粉末的沉淀，显像时，要不定时地进行搅拌。

对一些灵敏度要求不高的检测，如铝、镁合金砂型铸件，常可采用自显像法的检测工艺，即在干燥后，不显像停留 10~15min，等缺陷中的渗透剂重新蔓延到零件表面上后再进行检测。为保证足够的灵敏度，通常可采用较高一等级的渗透剂进行渗透和在更强的黑光灯下进行检测。

5.6 检查

着色渗透检测时，缺陷显示的检查应在白光下进行，显示为红色图像。通常被检工件被检面处白光强度应大于等于 1000 lx；当现场采用便携式设备检测，由于条件所限无法满足时，可见光强度可适当降低，但不得低于 500 lx。

荧光检测在暗室里进行，要求暗室足够地暗，其白光强度应不超过 20 lx。暗室中黑光强度要足够，一般规定在距离紫外灯 38 cm 处，其强度不低于 1000 $\mu W/cm^2$。

检测员进入暗室检查零件前，应至少等 3min，以使眼睛适应暗室条件。检测员在黑光灯下发现显示后，需判别显示的类型，用干净的布或棉球沾一点酒精擦拭显示部位，如果被擦去的是真实缺陷显示，擦拭后，显示能再现。若在擦拭后撒上少许显像粉末，可放大缺陷显示，提高微小缺陷的重现性。如果被擦去的显示不再重现，一般都是虚假显示。在黑光灯下确定为缺陷显示，要进一步确定缺陷性质，对于缺陷性质不能确定的和缺陷尺寸怀疑超出标准的，需在白光灯下用放大镜进行检查，并按指定的验收标准，作出合格、拒收的结论，出具检测报告。

渗透检测一般不能确定缺陷的深度，深的缺陷吸出的渗透剂多，有时可以根据这一现象来粗略地估计缺陷的深浅。

检查后，零件表面上残留的渗透剂和显像剂，一般应去除掉。钢零件用压缩空气吹去显像粉末，铝、镁、钛合金零件应在煤油中进行清洗。对检测不合格的零件要做不合格标记，与合格零件严格隔离开来。

在暗室里检测，检测者很容易疲劳，这就要求检测员在暗室里连续检查的时间不能太长，否则会影响检测灵敏度。检测时，黑光不能直射或反射到检测者的眼睛，因为尽管黑光对人的细胞组织和眼睛没有永久性的损伤，但黑光可使人的眼球发荧光，人眼直照射后，会出现模糊的感觉，加速检测者的眼睛疲劳，影响检测质量。

习　题

一、选择题

1. 粗燥表面对渗透探伤的影响是：(　　)

A. 渗透剂渗入缺陷有困难　　B. 去除多余渗透剂有困难

C. 无法进行缺陷观察　　D. 以上都是

2. 零件在荧光渗透检测前若不彻底清除表面污物，将会发生：(　　)

A. 污物堵住缺陷开口使荧光液不能渗入缺陷

B. 荧光液与油污作用，降低荧光强度

C. 缺陷附近的油污存在，使荧光渗透剂清洗困难

D. 以上都对

3. 渗透探伤前，零件表面的油脂不主张采用下列哪种方法去除：(　　)

A. 蒸汽除油　　B. 碱性清洗剂清洗

C. 溶剂清洗　　D. 热水清洗

4. 对工件表面预处理一般不推荐采用喷丸处理是因为可能会：(　　)

A. 把工件表面的缺陷开口封住　　B. 把油污封在缺陷中

C. 使缺陷发生扩展　　D. 使工件表面产生缺陷

5. 施加荧光渗透剂以前，零件表面的酸性材料去除不净会引起：(　　)

A. 渗透剂的荧光降低　　B. 渗透时间需加倍

C. 在零件上形成永久性锈斑　　D. 以上都是

6. 渗透探伤前重要的是要保证零件上没有：(　　)

A. 油和脂　　B. 酸和铬酸盐

C. 水迹　　D. 以上都不能有

7. 蒸汽除油所用的蒸汽是指：(　　)

A. 三氯乙烯蒸汽　　B. 水蒸气

C. 汽油蒸气　　D. 以上都是

8. 以下哪一类试件不能使用三氯乙烯蒸气除油：(　　)

A. 橡胶制品　　B. 塑料制品

C. 涂漆零件　　D. 以上都是

9. 如果零件表面清理不当，下列哪种外来物可能堵塞缺陷的开口：(　　)

A. 油漆　　B. 氧化层

C. 型芯或铸模材料　　D. 以上都是

10. 下面哪条不是渗透探伤前用于零件表面清洗的清洗剂的要求：(　　)

A. 清洗剂必须能溶解零件表面上常见的油脂

B. 清洗剂必须不易燃

C. 清洗剂必须不污染

D. 清洗剂在零件表面的残留量最少

11. 以下关于渗透探伤零件酸洗处理的叙述，哪一条是错误的：(　　)

A. 经过机加工的软金属一般应进行酸洗

B. 经过吹砂处理的重要零件一般应进行酸洗

C. 高强度钢酸洗时会吸进氢气，应及时进行去氢处理

D. 铝合金酸洗的浸蚀剂成分为 80%硝酸+10%氢氟酸

12. 下列哪种污染不能用蒸气除油法去除：(　　)

A. 油脂　　B. 锈

C. 重油　　D. 溶剂油

13. 化学清洗剂可用来清洗非常脏的、有油污的零件。用这种清洗剂清洗之后，必须：(　　)

A. 再用溶剂清洗剂清洗表面

B. 彻底清洗表面，去除所有残余清洗剂

C. 加热零件，以便把表面开口中的残余清洗剂去除掉

D. 用挥发性溶剂清洗表面

14. 渗透速度可以用下列哪个工艺参数来补偿：(　　)

A. 乳化时间　　B. 渗透时间

C. 干燥时间　　D. 水洗时间

15. 使渗透剂渗入可能存在的不连续性中的时间叫：(　　)

A. 乳化时间　　B. 施加时间

C. 渗透时间　　D. 滴落时间

16. 零件被渗透剂覆盖后须放置一段时间，此时间叫：(　　)

A. 等待时间　　B. 滴落时间

C. 渗透时间　　D. 显像时间

17. 渗透剂在被检工件表面上喷涂应：(　　)

A. 越多越好

B. 保证覆盖全部被检表面，并保持不干状态

C. 渗透时间尽可能长

D. 只要渗透时间足够，保持不干状态并不重要

18. 溶剂去除型渗透探伤的干燥处理方法是：(　　)

A. 40℃以下热风吹 5min　　B. 80℃以下热风吹 2min

C. 室温下自然干燥 20min　　D. 不必专门干燥处理

19. 从试样表面去除多余渗透剂的难易程度主要取决于：(　　)

A. 试样表面粗糙度　　B. 被检材料类型

C. 渗透时间长短　　D. 以上都是

20. 使用溶剂去除型渗透剂时，普遍公认最重要的注意事项是：（　　）

A. 不要施加过量的乳化剂　　B. 不要施加过量的溶剂

C. 清洗压力应足够大　　D. 应用紫外灯检查清洗效果

21. 各种显像方式中，分辨率最高的显像方法是：（　　）

A. 自显像　　B. 干式显像

C. 水湿式显像　　D. 溶剂悬浮式显像

22. 显像时间取决于：（　　）

A. 所使用渗透剂的类型　　B. 所使用显像剂的类型和被检出缺陷的类型

C. 被检材料的温度　　D. 所有上述内容

23. 零件探伤后清洗应：（　　）

A. 尽快进行。这样比较容易去除残余物

B. 若干小时后再进行，干的残余材料易于去除

C. 加热零件，提高残余物的溶解度

D. 急冷零件，使残余材料失去附着力

二、是非题

1. 去氢处理实际上就是进行碱洗。
2. 经机械处理过的零件，一般在渗透探伤前应进行酸洗或碱洗。
3. 在使用油基渗透剂时，工件表面的油污可不进行清洗。
4. 工件表面上的油污有助于降低渗透剂的接触角，使渗透剂更容易渗入缺陷。
5. 最终渗透探伤应在喷丸前进行。
6. 蒸气除油是用水蒸气去除工件表面油脂、油漆等污物。
7. 渗透剂不能用喷、刷、洗、浸涂的方法施加。
8. 浸涂适用于大零件的局部或全部检查。
9. 渗透时间指施加渗透剂时间和滴落时间之和。
10. 渗透温度高于或低于标准要求时均不允许进行。
11. 防止过清洗的一个办法就是将背景保持在一定的水准上。
12. 去除操作过程中，如出现清洗不足现象，可重新清洗。
13. “热浸”对零件具有一定的补充清洗作用，故应优先推荐使用。
14. 湿法显像前干燥时间越短越好，干法显像前干燥时间越长越好。
15. 粗糙表面应优先选用湿式显像剂。
16. 水溶性湿式显像剂不适用于着色渗透探伤剂系统。
17. 任何表面状态，都应优先选用溶剂悬浮湿式显像剂。
18. 荧光渗透探伤检测人员要尽量使用光敏眼镜，以提高黑暗观察能力。
19. 暗室里检测时，检测者容易疲劳，故可选用光敏眼镜。
20. 显像后，发现本底水平过高时，应重新清洗，然后再次显象。

参考答案

选择题：1. B　2. D　3. D　4. A　5. A　6. D　7. A　8. D　9. D　10. B　11. D　12. B　13. B　14. B　15. C　16. C　17. B　18. D　19. A　20. B　21. C　22. C　23. A

判断题：1. ×　2. ○　3. ×　4. ×　5. ○　6. ×　7. ×　8. ○　9. ○　10. ○　11. ○　12. ×　13. ×　14. ×　15. ×　16. ×　17. ×　18. ×　19. ○　20. ×

第六章 渗透检测装置

渗透检测装置有固定式装置、整体式装置、便携式喷罐装置、静电喷涂装置、加载试验装置、自动化和半自动化渗透检测装置等。固定式装置由一系列分离的装置组成，这些分离的装置是预清洗装置、渗透槽、乳化槽、水洗槽、烘干装置、显像装置和黑光灯等。

6.1 预清洗装置

常用的预清洗装置有三氯乙烯蒸气除油装置，超声波清洗机、碱性或酸性腐蚀槽、洗涤剂清洗槽等。见图 6-1 原理图。

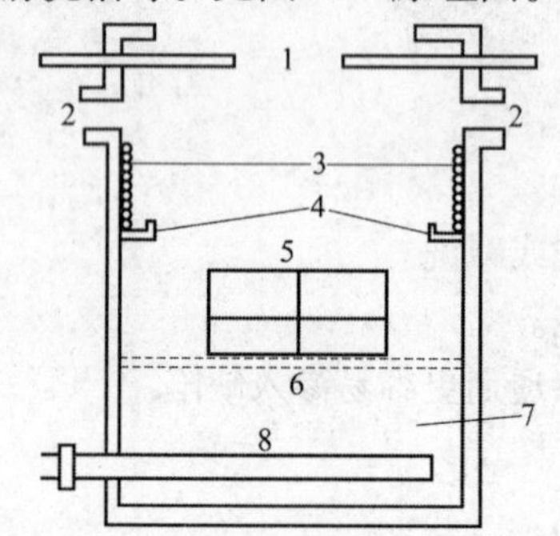

图 6-1 三氯乙烯蒸气除油装置原理图
1—滑动的盖板；2—抽风口；3—冷凝管；4—冷凝集液槽；5—零件筐；6—零件栅格；7—三氯乙烯；8—加热器

三氯乙烯蒸气除油装置主要由三氯乙烯溶液槽、加热器、冷凝器和温度控制器组成。加热器加热三氯乙烯使其蒸发，蒸气面不断上升，上升到冷凝处产生冷凝，冷凝管连续通冷水冷却，从而限制了三氯乙烯蒸气面的上升，使蒸气面保持在一定的水平面上。冷凝的三氯乙烯液体，收集后流回槽中重复使用。在槽子上部内侧装有一个温度控制测头，如果因某种原因使三氯乙烯蒸气面上升时，测头处的温度将提高，此时温度控制器能自动切断电源，起到安全保护作用。槽子上部的抽风口，可抽掉挥发在槽口的三氯乙烯蒸气。为保持槽内蒸气稳定，抽风速度不能太大。

三氯乙烯槽、抽风管道用镀锌铁皮或镀锌钢板制成，用不锈钢制成则更好。冷却管用紫铜管弯曲成蛇形紧靠在槽内侧。加热器可采用蒸气管加热或电加热，加热器应尽量靠近槽底。除油槽应安装在空气流动速度小于 0.25m/s 的室内环境中，不宜装在门、窗、暖气片、通风机或进气、抽气等通风装置的附近，不允许安装在靠近焊接、加热炉及有火焰产生的地方。

要保持除油槽的清洁，防止槽液变酸。为此，油污重的零件在除油前需先用煤油或汽油清洗一遍。铝、镁合金零件在除油前要彻底清除屑末，防止铝镁屑掉进槽中与三氯乙烯反应使槽液变酸，潮湿的零件必须干燥后才能除油。

三氯乙烯吸入人体是有害的，操作时零件进出槽子要缓慢，防止过多的蒸气带出槽外。要经常添加三氯乙烯，防止加热器露出液面，否则会引起过热产生剧毒气体。操作现场禁止抽烟，防止吸入有毒气体。

6.2 零件筐、渗透剂槽和滴落架

渗透装置主要包括零件筐、渗透剂槽、滴落架、毛刷、喷枪，软管喷嘴和油泵等。本节主要介绍零件筐、渗透剂槽和滴落架的结构。

小零件需装在零件筐内一批一批地进行检测。零件筐的大小需根据被检零件的大小、数量及渗透剂槽子的尺寸来设计，可用不锈钢片或不锈钢丝做成。筐子的栅格在保证不使零件漏出的情况下，要尽量地大，这样可使渗透剂容易从筐子上滴落掉，使清洗时，零件和筐子都能得到很好的清洗。零件筐上不要用油漆做标记. 因油漆污染渗透剂槽，而且在除油时也会被清洗掉。可采用挂金属牌或在零件筐上打钢印的办法编号和做标记。仅用于干燥和显像检测工序的零件筐，可用油漆做标记。

渗透剂槽可用普通钢、铝或不锈钢板焊接而成，也可在普通钢槽子里衬上聚氯乙烯塑料衬里。水基渗透剂槽子最好用不锈钢制成，槽子大小要根据被检零件大小和场地的面积来考虑，通常槽子内侧要装有液面高度指示标尺或做好正常液面高度的永久性标记。正常液面高度也即零件浸入槽中时能被完全覆盖住又不产生渗透剂外溢时的液面高度。有的槽子上装两个阀门，一个离槽底约 75~100mm，在清槽液时用来排出槽子上层清洁的渗透剂；另一个阀门装在槽底，用来排出槽底的油污和水分。槽子上方要装上活动的盖板，不用时盖上以减少污染和减少渗透剂挥发。

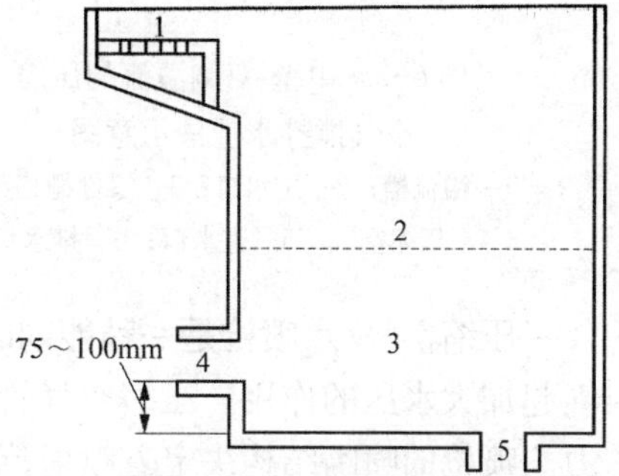

图 6-2　带滴落架的渗透剂槽示意图

1—滴落架；2—正常液面高度标记；3—渗透剂；4—排液口；5—排渣口

滴落架可做成一个空槽子，紧挨在渗透剂槽旁放置。大部分滴落架与渗透剂槽是做成一体的，见图 6-2 所示。这种滴落架上滴下的渗透剂直接流到渗透剂槽中，滴落架还能为零件在清洗前提供一个放置的位置，也可将零件放在架上进行流涂或喷涂渗透剂。滴落架通常用硬木制成栅格形或制成滚槽，也可用金属板做成稍倾斜的平台。最好在渗透剂槽中装一个油泵，在油泵上接上软管喷嘴，用来对零件进行流涂或喷涂。

6.3　乳化剂槽和滴落架

乳化剂槽子大小的和结构与图 6-2 相似。乳化剂槽中需装置搅拌器，供乳化剂不连续的定期或不定期搅拌用。可采用泵或桨式搅拌器，但最好采用桨式搅抨器。通常不宜采用压缩空气搅拌，因为压缩空气搅拌会产生大量的乳化剂泡沫。

6.4　水洗装置

常用的水洗装置有：搅拌水洗槽、喷洗槽、软管喷嘴和压缩空气/水喷枪等。

搅拌水洗槽通常用压缩空气进行搅拌。槽子用普通钢板焊接而成，槽侧有进水口，槽底有排水口。使用时，排水口关闭，进水口开，脏水从槽子上方的溢流装置中排走。图 6-3 所示为单壁式结构；图 6-4 为四侧溢流的双壁式结构。

水洗槽大小与渗透剂槽相似。考虑到冬天水温可能太低，可在槽中加蒸气管加热装置。为防止水洗时水的溅出而污染渗透剂槽液，可在槽上装置挡水板。水洗槽侧要安装软管喷嘴或压缩空气/水喷枪，用来进行最终清洗和补充清洗，尤其用来清洗零件的凹槽、盲孔和内腔部位。槽侧或槽子上方还应安装防爆黑光灯。

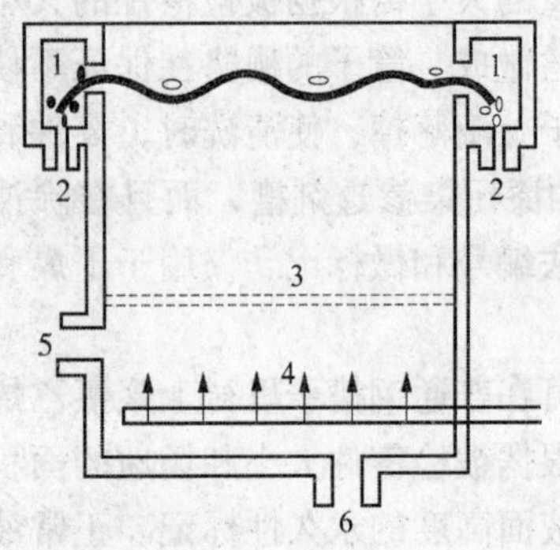

图 6-3 单壁 双侧溢流的压缩空气搅拌水洗槽示意图

1—溢流槽；2—排水口；3—零件栅格架；4—压缩空气；5—进水口；6—排水口

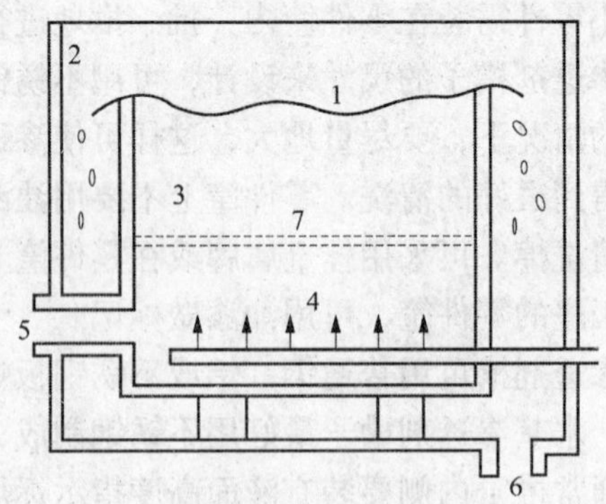

图 6-4 双壁四侧溢流的压缩空气搅拌水洗槽示意图

1—水溢流；2—外槽；3—内槽；4—压缩空气；5—进水口；6—排水口；7—零件栅格架

压缩空气/水喷枪是一种能同时通进压缩空气和水的喷洗装置，见示意图 6-5，压缩空气起加大水压的作用。压缩空气管路上和水管上都要安装压力表，以指示压缩空气和水的压力。喷枪的喷嘴结构决定着喷射流的形状，通常有扇形的和锥形的两种喷射图样。喷嘴喷出的水滴要粗大而有力。压缩空气管路上要安装过滤器。

蒸气和水混合喷洗装置如图 6-6 所示，在蒸气和水混合后的管路上安装一只表式温度计和一只压力表，再接上喷枪使用。

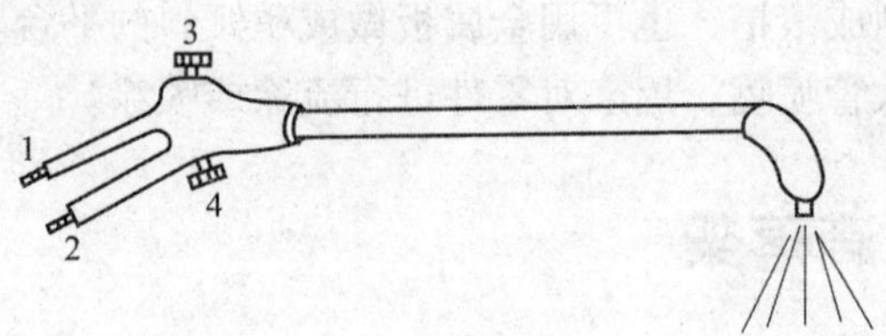

图 6-5 压缩空气气/水喷枪示意图

1—压缩空气；2—水；3—压缩空气阀；4—水阀

多喷头集中喷洗装置见图 6-7。每个喷头喷射锥形或扇形图样，每个喷头的角度和水量均能调节。自动喷洗装置上还装有时间控制器和控制开关，能自动喷洗和自动停止喷洗。

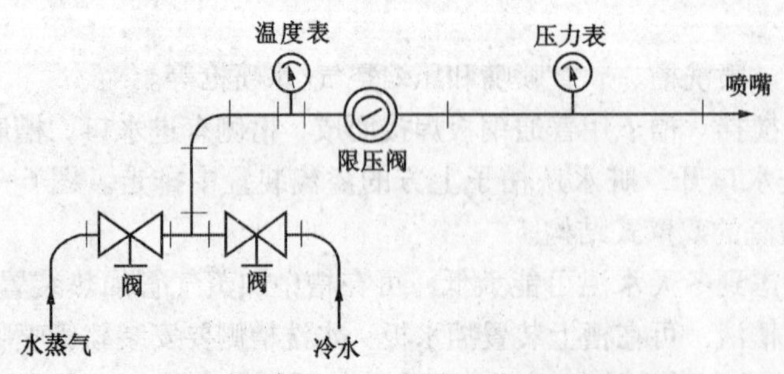

图 6-6 水蒸气和水混合喷洗管路示意图

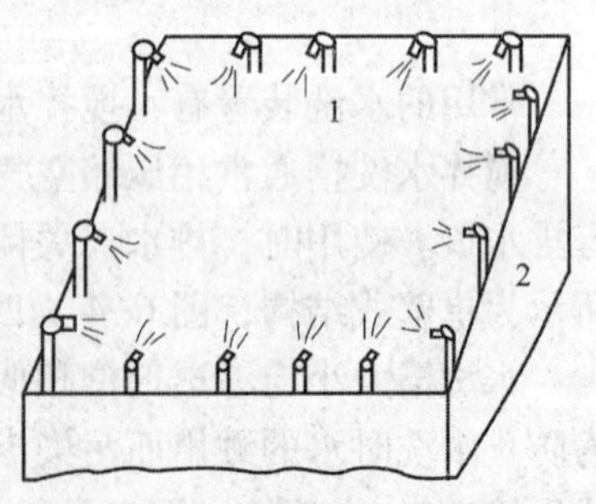

图 6-7 多喷头集中喷洗装置

1—喷头；2—喷洗槽

6.5 热空气循环干燥装置

市场供应的装有恒温控制和空气搅拌装置的烘箱可以用于渗透检测。但目前市场供应的空气调节烘箱都是柜式的，渗透检测时，零件进出须手工操作，很不方便，尤其大零件更不方便。工厂自制的井式或罩式热空气循环烘干装置，比较适合进行流水线上的渗透检测。图 6-8 为井式热空气循环烘干装置示意图，适合于吊车吊运零件的检测流水线，图 6-9 为罩式热空气循环烘干装置示意图，适合于滚道传送的检测流水线。

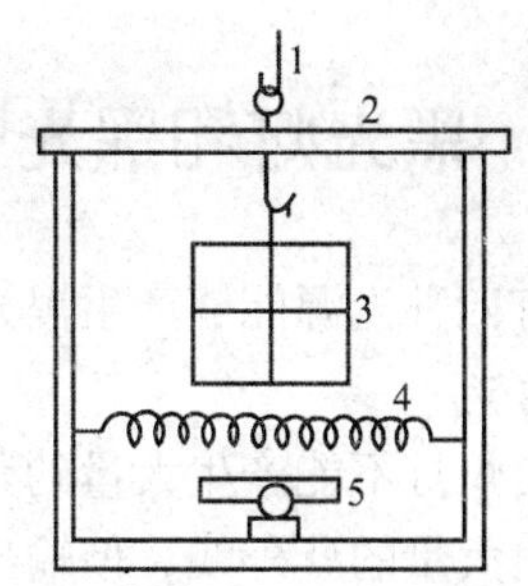

图 6-8　井式热空气循环烘干装置

1—吊车吊钩；2—带吊钩的盖板；3—零件或零件筐；4—电阻丝加热器；5—电风扇

另一种热空气烘干装置如图 6-10 所示。这种装置是将一个或多个热吹风机固定在检测流水线的烘干位置上，零件在热风下吹干。这种装置较适合吊车吊运零件的自动检测线。

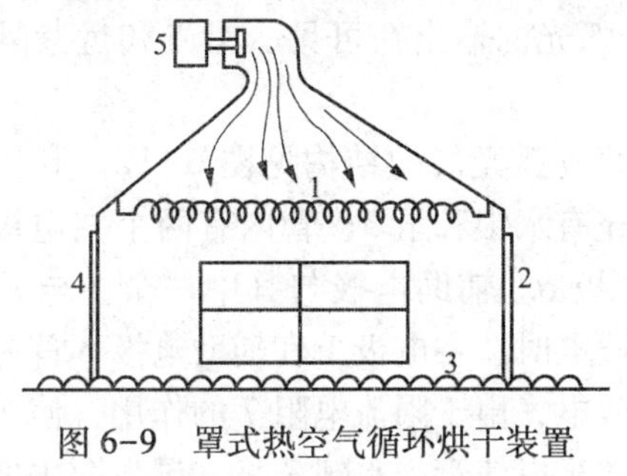

图 6-9　罩式热空气循环烘干装置

1—加热器；2—零件出门；3—滚道；4—零件进门；5—鼓风机

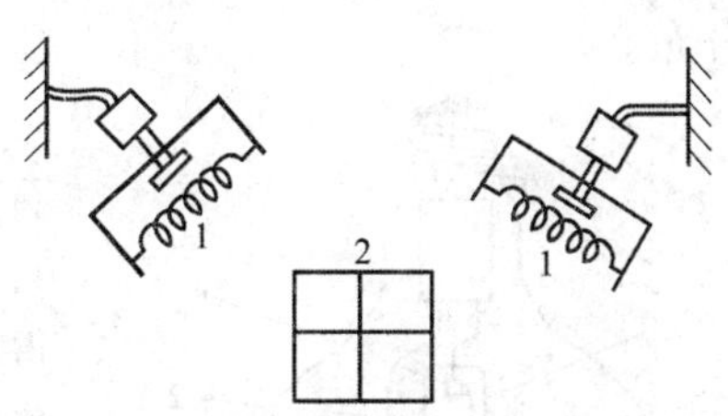

图 6-10　热吹风干燥装置

1—吹风机；2—零件或零件筐

6.6 显像装置

显像装置有喷粉柜、湿显像剂槽等。槽式湿显像装置主要用于含水湿显像剂显像。这种槽子与渗透剂槽、乳化槽相似，也由槽子和滴落架组成。显像槽中最好装置桨式搅拌装置，用以进行不定期的搅拌。泵式或压缩空气搅拌将产生气泡和泡沫，故一般不推荐使用。

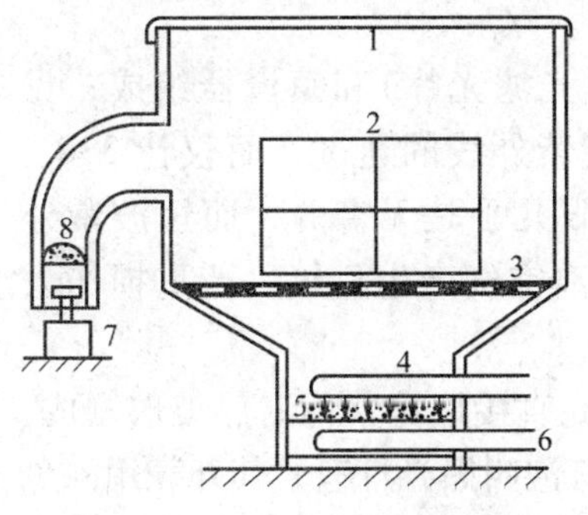

图 6-11　喷粉柜结构示意图

1—密封盖；2—零件筐；3—零件栅格架；4—压缩空气；5—显像粉；6—加热器；7—可逆马达；8—过滤网

喷粉柜结构见图 6-11。加热器使柜中粉末保持干燥松散。压缩空气管下方钻有小孔，当通入压缩空气时，压缩空气将显像粉吹扬起来呈粉雾状，充满密封柜的全部空间。密封盖的下方和喷粉柜的槽边上贴一层厚的海绵或泡沫塑料，当盖板压下时，利用盖板本身的重量将槽口密封住。

喷粉槽用普通钢板焊接而成，柜侧最好用有机玻璃或普通玻璃装一个大观察窗，以观察喷粉情况。压缩空气管路上要安装空气过滤器和压力表。显像时，只需短时间送进压缩空气，等显像粉尘降落时，开启抽风，并打开喷粉柜，取出零件。集聚在过滤网上的显像粉，只需在集聚到一定量时，反向开启马达，就可将其吹回显像柜中。

6.7 黑光灯和黑光强度检测仪

有四种光源能够产生黑光：白炽灯、金属或碳弧灯、管状荧光灯和密封式高压水银蒸气弧光灯。

白炽灯不能产生大量的紫外线，因而不能用于荧光检测。金属弧或碳弧灯在两电极之间能放出大量的紫外线，但输出不稳定，也不能当作检测黑光光源使用。管状荧光灯能输出低强度的稳定黑光，可作为黑光源，但用作检测时强度往往不够。高压水银蒸气弧光灯能提供高强度稳定输出的黑光，故广泛用作检测时的黑光光源。

6.7.1 高压水银蒸气弧光灯

高压水银蒸气弧光灯，也是通过电极放电产生弧光，而发出大量的紫外线。不过其紫外线的输出是可以通过设计和制造加以控制的，可以通过正确选择水银蒸气压力来进行控制的。当水银蒸气压力在1~10个大气压时，弧光的输出在可见、黑光和远紫外线范围内分布。

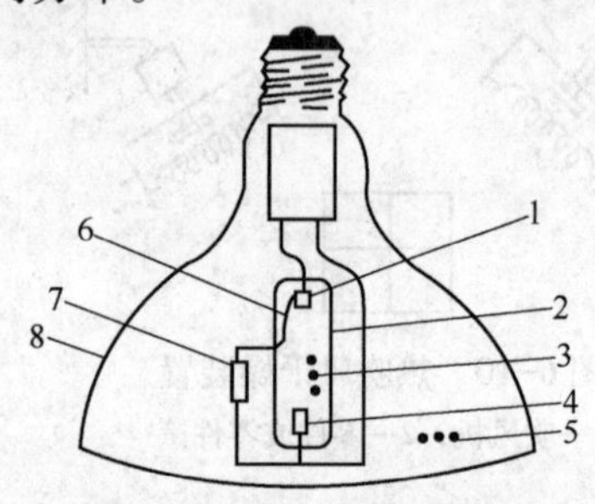

图6-12 高压水银蒸气弧光灯结构图
1—主电极；2—石英内管；3—水银和氩气；4—主电极；5—真空或氮气或惰性气体；6—辅助电极；7—限流电阻；8—玻璃外壳

高压水银蒸气弧光灯的结构见图6-12。高压水银石英内管2内充有水银和氩3，管内有两个主电极1和4，一个辅助电极6。辅助电极与其中一个主电极1靠得很近，开始通电时，主电极1和辅助电极6首先通过氩气产生电极放电，由于限流电阻7的作用，使放电电流相当小，但却足以使管内水银蒸发，导致两主电极之间产生电弧放电。两主电极之间开始放电，就表示高压水银蒸气灯已经点燃了，但此时放电并不稳定，一般要等5~15min才能稳定下来。两主电极稳定放电时，管内水银蒸气压力达4~5个大气压，因此称为高压水银蒸气灯。高压水银蒸气弧光灯的光谱以365nm和546nm的强度最高。

6.7.2 黑光灯

黑光灯由高压水银蒸气弧光灯、紫外线滤光片（或称黑光滤光片）和镇流器组成，见图6-13。黑光滤光片为深紫色玻璃，能阻挡可见光和短波紫外线的通过，而仅让330~390nm波长范围的黑光通过。该波长范围内的紫外线对人眼几乎是无害的，而短波紫外线（波长短于300nm的紫外线）能杀死细菌、晒伤皮肤、电离空气产生臭氧、严重损伤人的眼睛。

目前生产的黑光灯大部分是将高压水银蒸气弧光灯的外壳直接用深紫色耐热玻璃制成，这种外壳起过滤作用，使用时不必装过滤片。这种带过滤的灯泡叫黑光灯泡。其外壳用深色耐热玻璃制成，其锥形部位的内壁上镀有水银，可起到反光聚光的作用，故有强的黑光输出。

镇流器的结构与日光灯镇流器一样，由铁芯和绕在上面的线圈组成。镇流器在黑光灯线路中起镇流作用，因此必须与黑光灯泡串联，图6-14为黑光灯接线图。

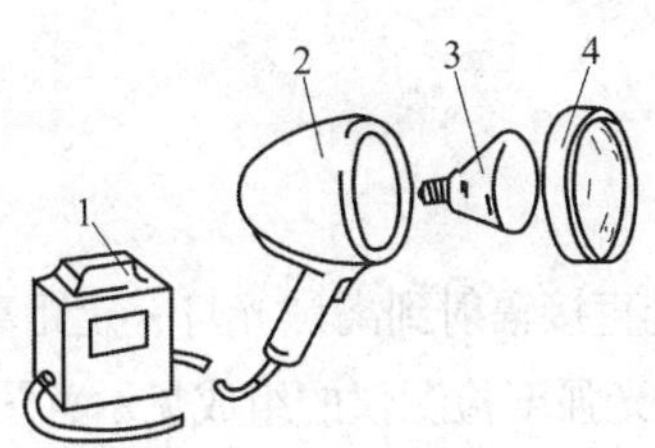

图 6-13 黑光灯装置组成示意图

1—镇流器；2—黑光灯罩；3—高压水银蒸气弧光灯；4—黑光过滤片

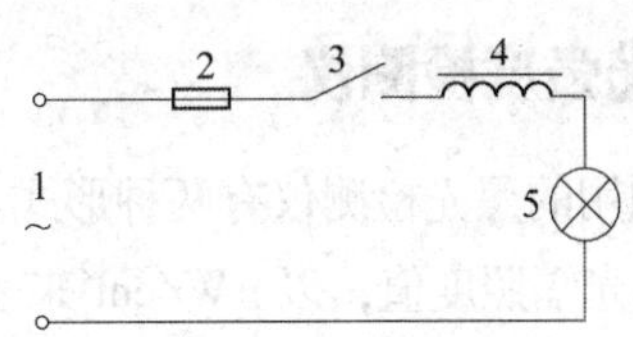

图 6-14 黑光灯接线图

1—电源；2—保险丝；3—开关；4—镇流器；5—黑光灯

镇流器是电感主件，在主、辅电极放电和两主电极放电的时候都起着阻止电流增加的作用，使放电电流趋于稳定，保护高压水银蒸气灯不致过载。由主辅电极放电转为两主电极放电的一瞬间，主辅电极断电，在镇流器上产生一个阻止电流减小的反电动势，这个反电动势加到电源电压上，使两主电极之间的放电电压高于电源电压，有助于高压水银灯的点燃。

黑光灯点燃并稳定工作后，石英内管中的水银蒸气压力很高，在这种状态下关闭电源时，断电的一瞬间，镇流器上产生一个阻止电流减小的反电动势，这个反电动势加到电源电压上，使得在断电的一瞬间，两主电极之间电压高于电源电压，由于此时管内水银蒸气压力很高，会造成高压水银蒸气弧光灯处于瞬时击穿状态。减少灯的使用寿命。每断电一次，灯的寿命大约缩短 3h。为减少镇流器的这一副作用，使用时，要尽量减少不必要的开关次数。通常每个工作班只开关一次，即黑光灯开启后，直到本班不再使用时才关闭掉。

黑光灯强度在使用过程中将不断地降低，或出现强度变化的情况，其原因是：

（1）黑光灯本身质量的差异。不同制造厂生产的黑光灯的输出功率可能不相同，即使是同一个制造厂生产的黑光灯，其输出功率也可能各不相同，两个灯泡本身输出功率之差最高可能达 50%。

（2）黑光灯的输出功率与施加的电压成正比。图 6-15为一个 100W 的黑光灯的输出功率随电压改变的曲线。由图可知，额定电压为 110V 的灯泡在 120V 电压时可得到理想的输出功率，当电压下降到 105V 时，输出功率约下降 20%。

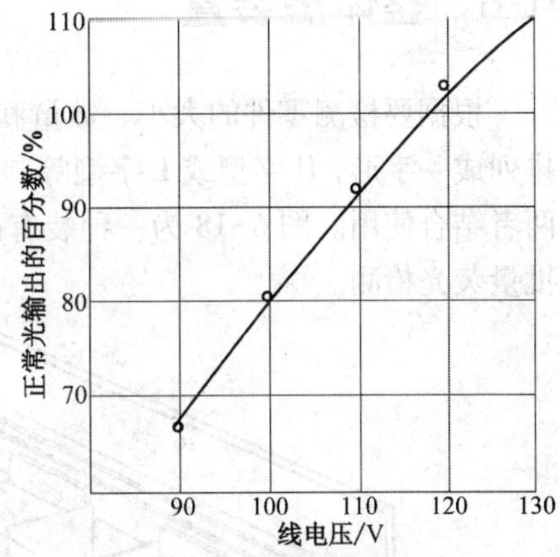

图 6-15 100W 黑光灯输出功率随电压改变的曲线

（3）黑光灯的输出功率随使用时间增长不断降低，黑光灯在使用初期 1000h 内，其输出功率大约降到新灯泡输出功率的 90%，以后则缓慢下降。黑光灯的寿命是由制造厂标定的，实际使用的寿命往往低于标定的数值，这是因为制造厂进行寿命试验时是在连续工作和通风良好的情况下进行的。而实际使用时，大量的开关次数大大降低了灯泡的寿命，加之灯泡装在灯罩和滤光片中，散热条件差，使灯泡可能在高温下工作，这也使实际使用寿命降低。

（4）灯泡和过滤片上集聚的灰尘将严重地降低黑光灯的输出，集聚灰尘严重时，能使输出功率降低一半。

（5）黑光灯的使用电压超过额定电压时，对灯的寿命有很大的影响。使用电压的微小增加，灯的寿命将急骤下降，如额定电压规定为 110V 的灯泡，当电源电压增加到 125~130V

时，每点燃 1h，灯泡寿命就减少 48h。

6.7.3 热光强度检测仪

荧光检测用的黑光检测仪有两种形式。一种是黑光直接辐射到离黑光灯一定距离处的光敏电池上，测得黑光辐照度值，以 $\mu W/cm^2$ 来表示。这种黑光强度检测仪的组成见示意图 6-16 中未画出黑光过滤片，黑光过滤片的作用是挡住外部的白光，使其不照射到硅光敏电池上。

另一种类型的黑光强度检测仪的结构见示意图 6-17。黑光辐照到一块荧光板上(荧光板是无机的荧光粉沾在一块薄板上，表面涂一层透明的聚酯薄膜)激发其发黄绿色荧光，黄绿色光再照射到光电池上(光电池前装有黄绿色滤光片)，使照度计指针偏转，指示出照度值，以勒克斯(符号 lx)为刻度。由于这种检测仪以照度刻度，故又称为黑光照度计。

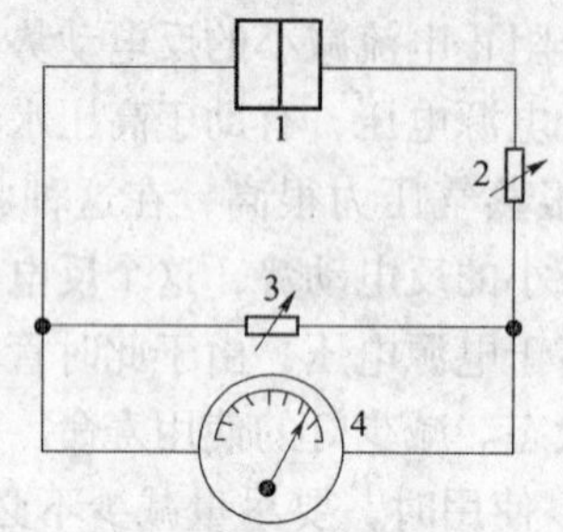

图 6-16 以 $\mu W/cm^2$ 为读数的黑光强度检测仪组成示意图

1—硅光敏电池；2—调整电位器；3—分流电阻；4—电表(刻度-$\mu W/cm^2$)

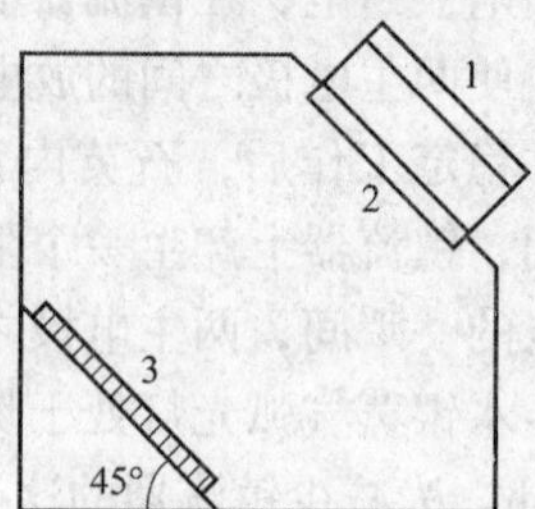

图 6-17 黑光照度计示意图

1—照度计；2—带黄绿色滤光片的光敏电池；3—荧光板

6.8 整体型装置

根据要检测零件的大小、数量和现场具体情况等，可将渗透检测所用的各种槽子分离地排列成一字形，U 字型或 L 字型等。零件可用手推动在滚道上传送，也可用吊车吊运，最好两者结合使用。图 6-18 为一种装有吊车和滚道 L 型布置。适合于大型零件(如砂型铸件)的批量荧光检测。

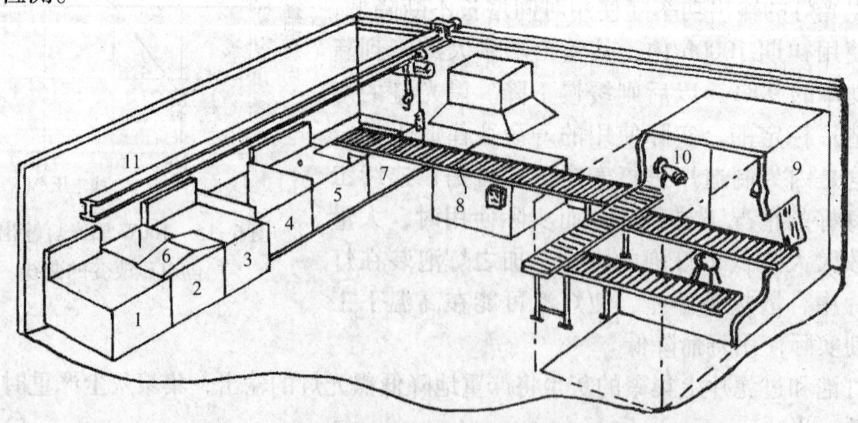

图 6-18 L 型排列的固定式荧光渗透检测流水线示意图

1—渗透槽；2—滴落槽；3—乳化槽；4—水洗槽；5—液体显像槽；6—滴落板；7—滴落板；8—传输带；9—观察室；10—黑光灯；11—吊轨

将渗透检测各种槽子组成一个整体，称为整体型装置。整体型装置占地面积小，各部分连接紧凑。适合于叶片、小型机加工零件（如螺钉、螺帽等）的工序中的批量渗透检测。图6-19为用于小尺寸零件后乳化荧光渗透—干粉显像的整体型装置，图6-20为中小型零件水洗型荧光渗透—湿显像的整体型装置。

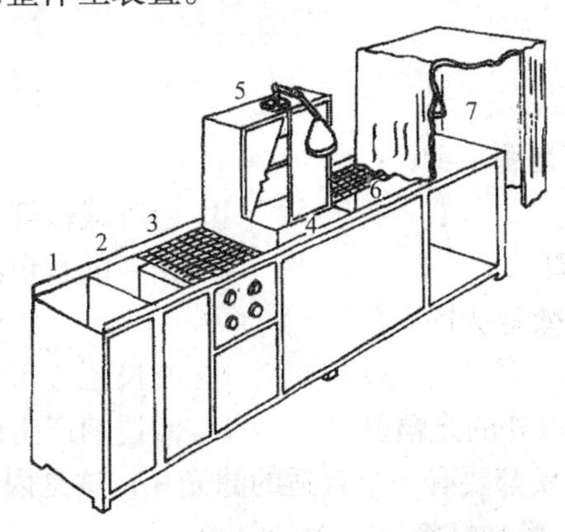

图6-19　后乳化型荧光渗透—干粉显像的整体型装置

1—渗透；2—乳化；3—滴落；4—水洗；5—干燥；6—显像；7—检测

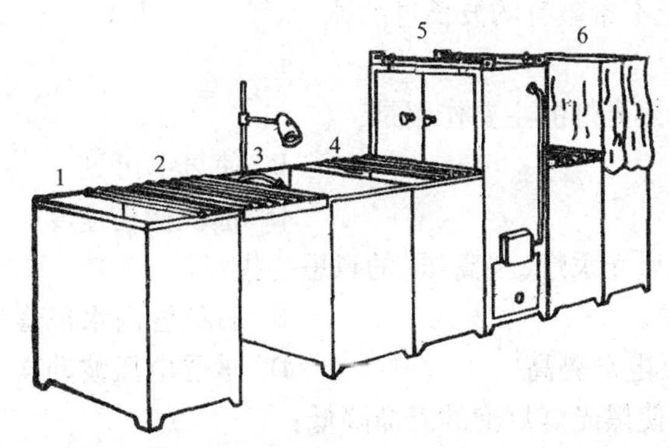

图6-20　中小型零件水洗型荧光渗透—湿显像的整体型装置

1—渗透；2—滴落；3—水洗；4—显像；5—干燥；6—检测

6.9　便携式压力喷罐装置

在没有固定式设备的条件下进行渗透检测时，或对大零件进行局部检测时，采用便携式压力喷罐装置很方便。将渗透检测所需用材料和金属刷、擦布、紫外线灯等装在一个便携式箱子里，便是一套便携式渗透检测箱。

渗透检测剂通常装在密闭的喷罐里，喷罐结构见示意图6-21，喷罐内装有被喷涂的材料（渗透剂、清洗剂或显像剂）和能在常温下产生压力的气溶胶或雾化剂。当按下喷罐口上喷嘴时，可使被喷涂材料呈雾状喷射出来。

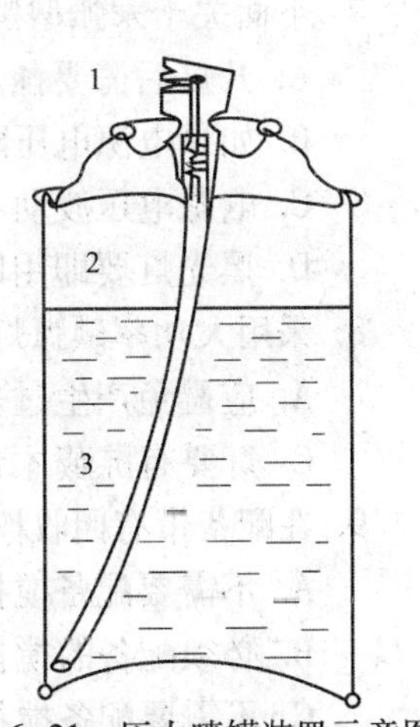

图6-21　压力喷罐装置示意图

1—带弹簧的喷嘴；2—雾化剂；3—被喷涂的材料

压力喷罐中盛装溶剂悬浮显像剂或水悬浮湿式显像剂时，罐内装有数个弹珠，使用前，应充分摇晃弹珠，使沉淀的固体显像剂粉末重新悬浮起来，呈均匀分布状。

使用喷罐时，喷嘴与工件应保持一定合适的距离；喷罐不宜放在靠近火源、热源处，以防爆炸。

习 题

一、选择题

1. 使用最普遍的黑光灯是哪一种：(　　)

A. 白炽灯　　B. 金属碳弧灯

C. 管状的“BL”荧光灯　　D. 密封的水银蒸气弧光灯

2. 黑光灯的滤光片能有效地去除：(　　)

A. 自然白光　　B. 波长超过 330nm 的光幅射

C. 波长 320~400nm 以外的光幅射　　D. 渗透剂产生的荧光

3. 黑光灯灯泡上任何时候都要有一个合适的滤光片，这是因为：(　　)

A. 如果没有滤光片，黑光灯将发出大量白光

B. 加果没有滤光片，人眼会受损伤

C. 滤光片可以把不希望有的波长过滤掉

D. 以上都是

4. 荧光渗透探伤中黑光灯的主要作用是：(　　)

A. 放大显示　　B. 使显示可见

C. 使显示清晰　　D. 加快探伤速度

5. 黑光灯又称高压黑光汞灯，“高压”的意思是指：(　　)

A. 需要高压电源　　B. 石英管内水银蒸汽压力高

C. 镇流器产生反电动势高　　D. 承受电压波动高

6. 下面哪种情况会使黑光灯灯泡的寿命降低：(　　)

A. 电源电压波动很大　　B. 灯泡上有灰尘

C. 室温变化　　D. 以上都会

7. 下面关于汞弧型黑光灯的操作，下面哪种说法是正确的：(　　)

A. 开灯后需要预热 5min 使灯泡达到最大输出

B. 如果电源电压降到 90V 以下，黑光灯自动熄灭

C. 电源电压波动不超过额定电压±5V 时，对灯泡影响不大或没有影响

D. 黑光灯要即用即开、即停即关

8. 采用大功率碘弧灯进行着色渗透探伤：(　　)

A. 应避免产生过多的耀眼的光　　B. 可减轻眼睛的疲劳

C. 灯要有屏蔽才允许使用　　D. 灯没有屏蔽才允许使用

9. 在配备带有回收槽的渗透剂的储存槽上：(　　)

A. 不需要配备搅拌装置，因为渗透剂是均匀的

B. 必须配备的搅拌装置，以防渗透剂沉淀

C. 不需要配备搅拌装置，以防止污染沉淀上浮

D. 回收装置本身带有搅拌装置，不须另配

10. 用浸入方式施加干式显像剂、探伤大批零件时，显像槽应配备：(　　)

A. 抽风机　　B. 搅拌机

C. 静电充电器　　D. 显像剂补充器

二、判断题

1. 电源电压波动太大，会缩短黑光灯的寿命。

2. 装有合适滤光片的黑光灯，不会对人眼产生永久性损害。

3. 荧光渗透检测中黑光灯的主要作用是放大缺陷的痕迹。

4. 荧光法渗透探伤时，试件检查应在紫外线灯辐照的有效区域内进行。

5. 黑光灯外壳能阻挡可见光和短波黑光通过。

6. 黑光灯外的黑光波长为 330~390nm。

7. 黑光灯与镇流器需并联才能使用。

8. 黑光灯在使用时会产生热量，故需经常关闭散热，以延长其使用寿命。

参考答案

选择题：1. D　2. C　3. D　4. B　5. B　6. A　7. C　8. A　9. A　10. A

判断题：1. ○　2. ○　3. ×　4. ○　5. ○　6. ○　7. ×　8. ×

第七章 渗透检测方法

渗透检测方法主要分为水洗型渗透检测法、后乳化型渗透检测法和溶剂去除型渗透检测法，以及其他一些特殊的渗透检测方法。

7.1 水洗型渗透检测法

水洗型渗透检测法是广泛使用的渗透检测方法之一，其检测工艺过程见图 7-1。

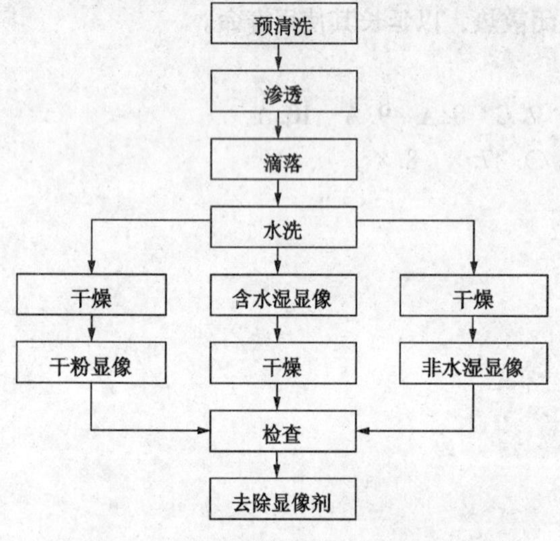

图 7-1 水洗型荧光渗透检测工艺方框图

水洗型渗透检测方法主要应用于锻铸件毛料阶段和焊接件等的检测。零件的状态不同，要检查的缺陷种类不同，所需的渗透时间不同。表 7-1 列出了水洗型荧光渗透检测推荐的渗透时间，供参考。实际渗透时间，需根据所用渗透剂型号，检测灵敏度要求或渗透剂制造厂推荐的渗透时间来具体制定。

水洗型渗透检测工艺的主要优点：

(1) 缺陷显示在黑光灯下有明亮的荧光和高的可见度。

(2) 零件表面多余的渗透剂可直接用水去除，相对于后乳化型渗透检测工艺，具有操作简单、检测费用低等优点。

(3) 适应于粗糙表面的零件和形状复杂的零件的检测，能检查出零件的拐角、键槽、螺纹等部位的缺陷。

(4) 高灵敏度的水洗型荧光渗透剂能检查出非常细微的缺陷。

水洗型渗透检测的主要缺点：

(1) 不能保证发现浅而宽的开口缺陷。

(2) 如果水洗时间长，水温高，水压大，都可能将缺陷中的渗透剂清洗掉。

(3) 渗透剂的配方复杂，使得这种渗透剂容易受污染变质，特别是渗透料中水的含量超出允许的极限时，会出现混浊、分离、沉淀或检测灵敏度下降的现象。

(4) 酸的污染将影响渗透检测的灵敏度，尤其是铬酸和铬酸盐的影响很大。

(5) 重复检测效果较差，即第一次检测出现的显示，在第二次试验时，不一定能重现出来。

(6) 和其他荧光渗透检测方法一样，需要暗室和黑光灯，并要求在黑光灯下进行检测。

表 7-1 推荐的水洗型荧光渗透检测工艺的渗透时间(16~28℃)

材料	状态	缺陷类型	渗透时间/min
铝、镁	铸件 锻件 焊缝 各种状态	气孔、裂纹、冷隔 裂纹 折叠 未焊透、气孔、裂纹 疲劳裂纹	5~15 15~30 30 30 30
不锈钢	铸件 锻件 焊缝 各种状态	气孔、裂纹、冷隔 裂纹、折叠 裂纹、未焊透、气孔 疲劳裂纹	30 60 60 30
黄铜、青铜	铸件 锻件 钎焊缝 各种状态	气孔、裂纹、冷隔 裂纹 折叠 裂纹 气孔、未焊透 疲劳裂纹	10 20 30 10 15 30
塑料		裂纹	5~30
玻璃	玻璃与金属封严	裂纹	30~120
硬质合金刀头	焊接刀头	未焊透、气孔 磨削裂纹	30 10
钨丝		裂纹	1~24h
钛和高温合金	各种状态	各种缺陷	不推荐用这种渗透剂

7.2 后乳化型渗透检测法

后乳化型渗透检测也是广泛应用的渗透检测方法之一，其检测工艺见图 7-2。

由方框图可知，后乳化型荧光渗透检测工艺除了多一道乳化工序外，其余与水洗型渗透检测工艺完全相同。

后乳化型渗透检测方法，大量应用于经机加工的光洁的零件的检测，如航空发动机的涡轮叶片、压气机叶片、涡轮盘、压气机盘等机加工零件的检测。这些零件往往需进行腐蚀检测，因此，荧光检测应紧接在腐蚀检测工序后进行、零件若无腐蚀工序，最好能在荧光检测前，对零件进行一次酸洗或碱洗，以去除零件表面约 0.001~0.005mm 的金属层，使被机加工堵塞的缺陷，重新露出表面，有利于进行渗透检测。

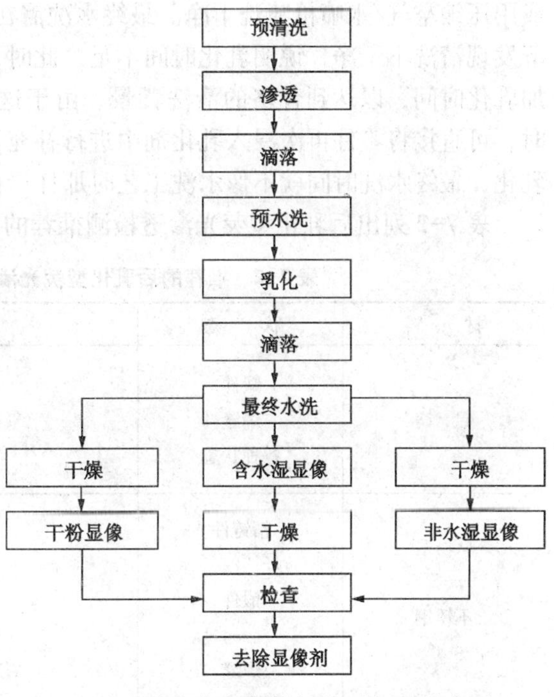

图 7-2 后乳化荧光渗透检测工艺过程示意图

零件渗透并滴落后，先要进行一次粗略的预水洗。预水洗的目的在于尽量多地洗去零件表面多余的渗透剂，减少渗透剂对乳化剂的污染，延长乳化剂的使用寿命。预水洗可用压缩空气/水喷枪喷洗或浸入搅拌水槽中清洗，要注意清洗零件上的凹槽、盲孔和内腔等容易残留渗透剂的部位。预水洗水温应不高于40℃，时间应控制在尽量短的时间范围内。

预水洗后，接着进行乳化，为使乳化均匀，应将零件浸在乳化剂中进行。一般不允许采用刷涂乳化剂的方法，因刷涂法会造成乳化不均匀，乳化时间也无法精确控制。乳化工序是后乳化型渗透检测工艺中最关键的步骤，必须严格控制乳化时间，在保证达到允许的荧光背景的前提下，乳化时间应尽量地短。

零件从乳化剂槽中取出后，需进行滴落，滴落时间是乳化时间的一部分，即乳化时间等于乳化剂时间与滴落时间之和。

乳化时间随零件表面光洁度、乳化剂的浓度、乳化剂的温度、乳化剂被污染的程度和乳化型渗透剂的种类不同而异，需针对具体零件，通过试验选择最佳的乳化时间。乳化剂在使用过程中受渗透剂和水的污染，乳化能力不断降低，因此，需要操作者根据自己的经验，来不断地修正乳化时间。一般，当乳化时间增加到新配制的乳化剂的乳化时间的一倍以上还达不到乳化效果时，应更换乳化剂。

乳化剂的温度太低也会使乳化能力下降，特别在寒冷的冬天，往往需要将乳化剂加温使用。乳化剂的温度需根据乳化剂制造厂的规定，有的规范规定在21~32℃范围内，使用效果较好。

乳化结束后，需将零件立即浸入温度不超过40℃的搅拌水中清洗，以迅速停止乳化剂的乳化作用。要保证零件表面各部位能同时被水覆盖，避免局部未覆盖上而造成过乳化。采用压缩空气搅拌水进行最终清洗时，由于乳化剂在水槽中形成大量的泡沫、漂浮在水面上，短时间内溢流不掉，零件洗出后会带上泡沫，因此，必须在另一个干净的水槽中进一步清洗或用压缩空气/水喷枪喷洗干净。最终水洗需在黑光灯下进往以控制清洗质量。若在黑光灯下发现清洗不干净，说明乳化时间不足，此时，应将零件烘干，重新对零件进行渗透，并增加乳化时间，以达到合格的清洗背景、由于这样做控制乳化时间较难，在不太严格的检测时，可直接将零件再次浸入乳化剂中进行补充乳化以减小背景。只要乳化时间合适，即不过乳化，最终水洗时间就不像水洗工艺时那样严格了，但也应在尽量短的时间内清洗干净。

表7-2列出后乳化型荧光渗透检测推荐的渗透时间，供参考。

表7-2　推荐的后乳化型荧光渗透检测的渗透时间(16~28℃)

材　料	状　态	缺陷类型	渗透时间/min
铝、镁	锻件	裂纹、折叠	10
	焊缝	气孔、未焊透、裂纹	10
	各种状态	疲劳裂纹	10
不锈钢	精铸件	裂纹	20
		气孔、冷隔	10
	锻件	裂纹	20
		折叠	10~30
	焊缝	裂纹、未焊透、气孔	20
	各种状态	疲劳裂纹	20

续表

材　料	状　态	缺陷类型	渗透时间/min
青铜	铸件	裂纹	10
		气孔、冷隔	5
黄铜	锻件	裂纹	10
		折叠	5~15
	钎焊缝	裂纹、折叠、气孔	10
	各种状态	疲劳裂纹	10
塑料		裂纹	2
玻璃		裂纹	5
玻璃与金属封严		裂纹	5~60
硬质合金刀头	钎焊刀头	气孔、未焊透、	5
		磨削纹裂	20
钛合金与高温合金	各种状态	各种缺陷	20~30

后乳化型渗透检测的优点：

(1) 能检查出浅而宽的开口缺陷。这是因为在严格控制乳化时间的情况下，避免已渗入浅而宽的开口缺陷中的渗透剂被乳化。

(2) 渗透剂中不含乳化剂，有利于渗入表面开口缺陷中去，可发现更细微的缺陷，检测灵敏度高。

(3) 渗透剂中荧光染料的浓度高，故显示亮度比水洗型荧光渗透剂要高。

(4) 不含乳化剂的渗透剂渗透速度较快，故渗透时间比水洗型要短。

(5) 酸和铬酸盐对后乳化型渗透剂的影响较小，这是因为酸和铬酸盐仅在有水存在的情况下才与荧光染料发生反应，后乳化型渗透剂中不含乳化剂，不能吸收水分，因而酸和铬酸盐对其影响小。

(6) 重复效果较好。即零件第一次检测后，可重复多次复验，能得到同样的检测结果。后乳化型渗透剂中不含乳化剂，第一次检测后，残存在缺陷中的渗透剂可以用溶剂或三氯乙烯蒸气清洗掉，第二次渗透时，不影响渗透剂的渗入，故缺陷能重复显示。水洗型渗透剂中含有乳化剂，第一次检测后，用溶剂清洗，只能清洗掉渗透剂中的油基成分，乳化剂将残留在缺陷中，使第二次渗透困难，缺陷重复显现效果差。

(7) 后乳化型渗透剂中因不含乳化剂，水进入后，将沉于槽底，故水对后乳化型渗透剂污染影响小。

(8) 渗透剂中不含乳化剂，温度变化时，不产生分离、沉淀和凝胶现象。

后乳化型渗透检测的缺点：

(1) 要进行单独的乳化工序，故操作周期长，检测费用大。

(2) 必须严格控制乳化时间，才能保证检测灵敏度。

(3) 零件上的凹槽、螺纹、拐角、键槽等部位的渗透剂不容易被清洗掉。为保证这些部位的检测灵敏度，乳化前，这些部位的渗透剂需充分滴落干净。

(4) 和水洗型荧光渗透检测一样，需要暗室和黑光灯。

(5) 大型工件用后乳化渗透检测比较困难。

7.3 溶剂去除型渗透检测法

溶剂去除型渗透检测方法是渗透检测中应用最广的一种方法。其检测工艺过程如图7-3所示。

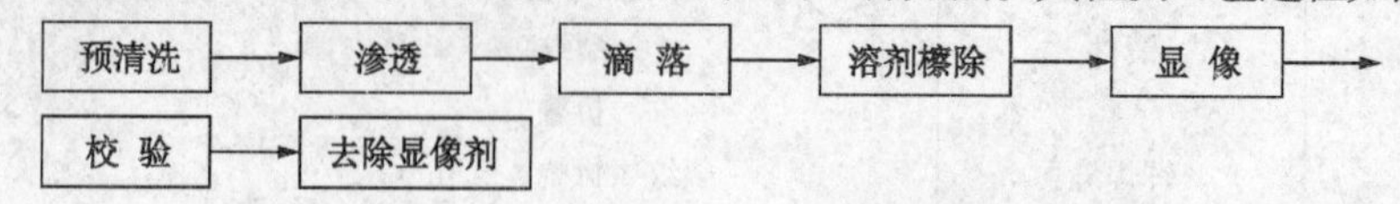

图7-3 溶剂去除型渗透检测工艺过程方框图

溶剂去除型渗透检测方法适用于表面光洁的零件和焊缝的检测，特别适合于大零件的局部检测、非批量零件的检测和现场检测。零件检测前的清洗和渗透剂的去除都采用同一种溶剂，零件表面渗透剂的去除采用擦除而不采用喷洗或浸洗，因为溶剂能快速渗进表面缺陷中，会将缺陷中的渗透剂溶解掉。擦除时，先用一块布或绉纹纸粗略地擦一遍，以擦掉零件表面上大部分渗透剂，再用无绒的布浸渍少许溶剂擦几遍，最后用干净的布将零件擦干净。表面较粗糙的零件，可用浸渍较多溶剂的布擦洗或在零件表面喷射少量溶剂后，再用干净的布擦洗。

溶剂去除型渗透检测采用非水湿显像剂显像，因而具有较高的检测灵敏度，渗透剂的渗透速度比较快，故常采用较短的渗透时间，表7-3为溶剂去除型着色渗透检测推荐的渗透时间，供参考。

表7-3 溶剂去除型着色渗透检测推荐的渗透时间

材料和状态	缺陷类型	渗透时间/min
各种状态	热处理裂纹	2
	磨削裂纹、疲劳裂纹	10
塑料陶瓷	裂纹、气孔	1~5
刀具或硬质合金刀具	未焊透、裂纹	1~10
铸件	气孔	3~10
	冷隔	10~20
锻件	裂纹、折叠	20
金属滚轧件	缝隙	10~20
焊缝	裂纹、气孔	10~20

溶剂去除型渗透检测的优点：

(1) 设备材料简单，不需要暗室和黑光灯。

(2) 适合于现场和大零件局部检测，配合返修修理，对有怀疑的部位随时可进行局部检测。

(3) 可对不允许接触水的零件进行检测和在没有水的条件下进行检测。

(4) 清洗剂、渗透剂、显像剂装在喷罐中使用，操作方便。

(5) 缺陷污染对渗透检测灵敏度的影响不像对荧光渗透检测的影响那样严重。零件上残存的酸和碱对着色渗透剂的破坏不明显。

(6) 配合溶剂悬浮型显像，能检查出非常细小的裂纹。

溶剂去除型渗透检测的缺点：

(1) 所用材料多数是可燃的，不宜在开口槽中使用。

（2）相对于水洗型和后乳化型而言，不太适合于批量零件的连续检测。

（3）很难在粗糙表面上使用，特别很难用于吹砂表面。

（4）擦除表面多余的渗透剂要细心，否则容易将浅而宽的缺陷中的渗透剂擦掉。

7.4 渗透检测方法的选择

各种渗透检测方法都有自己的优缺点，实际选用时，应根据零件的大小、形状、数量、重量、零件表面光洁度、需要检测的缺陷类型、要求检测的灵敏度、水、电的供应情况、检测场地的大小及检测费用等因素来综合考虑。以上因素中，以灵敏度和试验费用的考虑最为重要，足够的灵敏度才能确保产品的检测质量，但这并不意味着在任何清况下都要选择最高灵敏度的检测方法。粗糙的表面若采用高灵敏度的渗透剂，会使清洗困难，荧光背景过深，虚假显示多，甚至达不到检测的目的。灵敏度高的检测方法，往往检测费用也较高，因此，灵敏度和检测费用要综合考虑。

在进行某一种渗透检测时，所用的一系列材料(渗透剂、去除剂、显像剂)应选用同一个制造厂家生产的产品。这一系列渗透检测材料称为一个族组，只有在同一族组的材料配合使用下才能达到满意的试验效果。特别注意不要将不同族组的同类材料混合在一起使用，因为虽然是同种作用的材料(例如渗透剂)，由于其组成不同，混合使用时，会出现化学反应或灵敏度下降的现象。经过着色渗透检测过的零件，需进行彻底清洗，才能进行荧光检测，因为缺陷中残存的着色染料会减小或猝灭荧光染料的发光亮度。

对于给定的零件，采用合适的显像方法，对保证检测灵敏度十分重要。非常光滑的表面，干粉显像剂不能有效地吸附在上面，撒上的粉末很容易从表面滑下来。因此，对于表面光滑的零件采用湿显像效果很好。相反，粗糙的表面采用干粉显像效果比湿显像好，而采用湿显像时显像剂可能集聚在拐角、孔洞、空腔、螺纹根部等部位而掩盖缺陷显示。溶剂悬浮型显像剂显示细微裂纹很有效，但对浅而宽的缺陷显示效果较差。

7.5 用渗透剂探测泄漏的方法

泄漏是一种穿透截面的缺陷。储存液体或气体的容器、输送气体或液体的管道、密封的压力容器、抽真空装置及电子真空器件等，如果存在泄漏缺陷，可能使零件无法使用或使用时造成事故。因此，需用无损检测的方法探测泄漏。探测泄漏的方法很多，如空气压力试验法、液压试验法、带放大器的传声器探测植物或气味鉴别法，卤素气体探测器法、质谱仪法和用渗透剂探测的方法等。本节介绍用液体渗透剂探测泄漏的方法。

用渗透剂探测泄漏的原理见示意图 7-4。

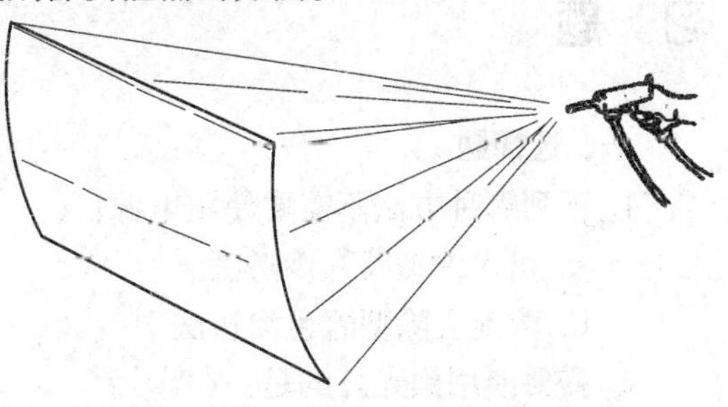

图 7-4　用渗透剂探测泄漏示意图

各种类型的荧光渗透剂和着色渗透剂均可用于探测泄漏，通常可采用高灵敏度的后乳化型荧光渗透剂探测泄漏，这是因为后乳化型渗透剂具有高的渗透能力和荧光亮度，探测泄漏时，不需要清除表面多余的渗透剂，因而各种表面(包括粗糙表面的零件)均可采用高灵敏度的后乳化型渗透剂进行检测。用来探测泄漏的荧光渗透剂的荧光颜色可以是多种多样的。零件上的油污在黑光灯下发蓝色荧光，若采用红色荧光渗透剂，则可明显地将泄漏鉴别出来。表 7-4 列出了探测泄漏所用的一些特殊的荧光渗透剂和添加剂。

表 7-4　探测泄漏用的特殊的荧光渗透剂和添加剂

渗透剂(添加剂)	荧光色	特　点
渗透剂	红色	液体渗透剂
渗透剂	黄色	无油液体渗透剂
添加剂	黄色	能溶于水的粉末添加剂
添加剂	黄色	含润湿剂的能溶于水的粉末添加剂
添加剂	黄色	溶于油的粉末添加剂
添加剂	红色	溶于水或酒精的粉末添加剂
添加剂	蓝色	溶于水的粉末添加剂

采用渗透剂探测泄漏，通常有如下三种情况：

1. 被探测物是密封的压力容器或装置

如果密封的液体本身带有荧光，则只需从容器外侧在黑光灯下进行探测。如果密封的液体不带荧光，可加进合适的添加剂进行检测。加进的添加剂应不对容器的使用产生有害影响。

2. 被检测物是真空容器或装置

一种方法是在抽真空前，在容器中灌入渗透剂，在外侧用黑光灯照射检查有无泄漏；另一种方法是在容器外侧涂上渗透剂，并降低容器内侧的压力(如抽真空)；保持一定的渗透时间后，从内侧检测有无泄漏显示。透明的玻璃真空装置，只需在外侧涂上渗透剂，擦去外侧的渗透剂后，在黑光灯下观察，若有荧光显示，则说明渗透剂已渗入，可能有泄漏存在。

3. 被检测物是焊接的容器

一种方法是在容器内灌入液体，再在液体中加进荧光添加剂，在容器外侧于黑光灯下检测焊缝区有无泄漏显示；另一种方法是在容器焊缝的内侧涂覆荧光渗透剂，于外侧在黑光灯下检测，或在焊缝外侧涂覆渗透剂，在内侧进行检测。

用渗透剂探测泄漏时，通常不必进行显像，因为只要渗透时间长，渗过泄漏的渗透剂足以在黑光灯下观察出来，也可在涂覆渗透剂的对侧涂覆显像剂来检测更细微的泄漏。为保证检测出厚焊缝或厚大零件上的泄漏，要求长的渗透时间，一次渗透甚至长达若干小时。

习　题

一、选择题

1. 下列哪种方法不需要使用电源：(　　)

A. 可水洗型荧光渗透法　　B. 后乳化型荧光渗透法

C. 溶剂去除型着色渗透法　　D. 后乳化着色渗透法

2. 需要使用黑光灯的是：(　　)

A. 荧光渗透法　B. 着色渗透法　C. 非荧光渗透法　D. 以上方法都需要

3. 大型工件大面积渗透探伤，应选用：(　　)

A. 后乳化型渗透探伤法　　B. 水洗型渗透探伤法

C. 溶剂去除型渗透探伤法　　D. 以上都是

4. 水洗型渗透探伤剂适于检测：(　　)

A. 螺纹零件和带键槽零件　　B. 开口浅而宽的缺陷

C. 磨削裂纹　　D. 以上都是

5. 水洗着色渗透剂选配显像剂时，应：(　　)

A. 优先选溶剂悬浮式，其次水悬浮式，最后干式

B. 优先选水悬浮式，其次干式，最后溶剂悬浮式

C. 优先选干式，其次水悬浮式，最后溶剂悬浮式

D. 优先选干式，其次溶剂悬浮式，最后水悬浮式

6. 水洗荧光渗透剂粗糙表面工件，优先选择的显像剂是：(　　)

A. 溶剂悬浮式　　B. 干式　　C. 水悬浮式　　D. 水溶性

7. 后乳化方法比水洗方法的优点是：(　　)

A. 多余渗透剂的去除是由水喷洗来完成的

B. 灵敏度容易控制

C. 对紧密的裂纹有较高的灵敏度

D. 检测验时间缩短了

8. 与其他着色方法相比，后乳化着色方法的缺点是：(　　)

A. 对酸和碱敏感　　B. 灵敏度低　　C. 试验时间长　　D. 要用普通日光

9. 下列哪条是荧光渗透剂优于着色渗透剂之处：(　　)

A. 可在明亮的地方进行检测　　B. 微小显示容易看到

C. 可用于不能与水接触的情况下　　D. 对缺陷的污染不太灵敏

10. 后乳化型渗透检测检查浅而宽的缺陷时，乳化时间应：(　　)

A. 等于渗透时间　　B. 等于水洗时间　　C. 等于显像时间　　D. 通过试验确定

11. 后乳化型渗透探伤时，乳化时间过长最可能造成的后果是：(　　)

A. 在零件上形成大量的不相关显示

B. 浅的表面缺陷可能漏检

C. 水洗后可能保留下多余的渗透剂

D. 形成凝胶阻碍显像

12. 后乳化型渗透检测施加乳化剂，不能使用的方法是：(　　)

A. 把零件浸入乳化剂　　B. 把乳化剂喷到零件上

C. 把乳化剂浇到零件上　　D. 把乳化剂刷到零件上

13. 后乳化渗透探伤最难掌握的环节是：(　　)

A. 渗透时间　　B. 显像时间　　C. 乳化时间　　D. 干燥时间

14. 后乳化渗透检测的乳化目的是：(　　)

A. 溶解零件上的渗透剂

B. 乳化剂渗透到缺陷中以提高荧光液的发光强度

C. 使零件表面的渗透剂变得可以用水清除

D. 防止荧光液干在零件表面上

15. 检测精铸涡轮叶片上非常细微的裂纹，使用的渗透剂应是：(　　)

A. 可水洗型荧光渗透剂，以得到适当的灵敏度和水洗性能

B. 溶剂去除型渗透剂，这是由零件的大小和形状决定的

C. 后乳化型荧光渗透剂，以得到最佳灵敏度和水洗性能

D. 溶剂去除型渗透剂，以得到较高的可见度

16. 渗透法能否检测出表面开口缺陷主要取决于：(　　)

A. 开口处的长度，而不受宽度、深度的影响

B. 开口处的宽度，其次是长度、深度和影响

C. 开口处的宽度，而不受深度、长度的影响

D. 开口处的深度×宽度×长度之积的影响

17. 什么方法对浅而宽的缺陷最灵敏：(　　)

A. 水洗型荧光渗透检测　　B. 后乳化型荧光渗透检测

C. 溶剂去除型荧光渗透检测　　D. 自乳化型荧光渗透检测

18. 下列哪种方法对非常细微的缺陷最灵敏：(　　)

A. 油白法　　B. 水洗型荧光法　　C. 后乳化型荧光法　　D. 后乳化型着色法

19. 检测多孔性烧结陶瓷用什么方法好：(　　)

A. 过滤性微粒方法　B. 带电粒子法　　C. 脆性漆层法　　D. 后乳化型着色法

20. 检测玻璃时，为了发现非常细小的裂纹采用哪种方法最好：(　　)

A. 后乳化型荧光法　B. 可水洗荧光法　　C. 后乳化着色法　　D. 带电粒子法

21. 下列哪种渗透检测法灵敏度最高：(　　)

A. 水洗型荧光渗透检测　　B. 后乳化着色渗透检测

C. 溶剂清洗型着色渗透检测　　D. 后乳化型荧光渗透检测

22. 水洗型(自乳化型)着色渗透探伤的优点是：(　　)

A. 不需要特殊光源工件可远离电源

B. 适用表面粗糙的工件及大型工件的局部探伤

C. 适用于外形复杂工件的探伤

D. 上述都是

23. 下面哪种渗透探伤方法灵敏度比较低：(　　)

A. 可水洗型着色法　　B. 溶剂去除型着色法

C. 可水洗型荧光法　　D. 后乳化型着色法

24. 着色渗透剂优于荧光渗透剂的原因是：(　　)

A. 易于看出微小的迹痕

B. 可用于经过阳极化处理和上色的表面

C. 粗糙的表面对其影响较小

D. 不需要特殊的光源

25. 水洗型渗透剂与后乳化型渗透剂相比的不同之处在于：(　　)

A. 只能用于铝试样　　C. 用水进行去除

B. 显像前不需要去除　　D. 清洗前不需要施加乳化剂

二、是非题

1. 为了避免使用水洗型渗透剂时的过清洗，通常让冲水方向与工件表面相垂直。

2. 采用溶剂去除零件表面多余的渗透剂时，溶剂起着对渗透剂的乳化作用。

3. 施加探伤剂时，应注意使渗透剂在工件表面上始终保持润湿状态。

4. 乳化槽中乳化剂可采用压缩空气搅拌。

5. 如试件表面极为光滑，最好选用湿式显像剂。

6. 使用过滤性微粒渗透剂对石墨制品进行渗透探伤时，可不用显像剂而实现自显像。

7. 后乳化渗透法施加乳化剂时，可选择喷法、刷法、涂法和浇法。

8. 荧光法灵敏度一般比着色法灵敏度高。

9. 渗透探伤时，宽而浅的缺陷最容易检出。

10. 一般说来，在渗透探伤中采用后乳化剂荧光渗透法的灵敏度最高。

11. 水洗型荧光渗透检测方法对浅而宽的缺陷最灵敏。

12. 后乳化荧光法灵敏度高于溶剂清洗型着色法。

13. 进行荧光渗透探伤时，一般说来，选用后乳化型荧光渗透检测法较水洗型荧光渗透检测法灵敏度高。

参考答案

选择题

1. C　2. A　3. B　4. A　5. A　6. B　7. C　8. C　9. B　10. D　11. B　12. D　13. C　14. C　15. C　16. B　17. B　18. C　19. A　20. D　21. D　22. D　23. A　24. D　25. D

判断题

1. ×　2. ×　3. ○　4. ×　5. ○　6. ○　7. ×　8. ○　9. ×　10. ○　11. ×　12. ○13. ○

第八章　显示的解释和缺陷的评定

渗透检测所得到的显示是缺陷或不连续存在的依据，但并非所有的显示都是由缺陷或不连续所引起的。

渗透检测真实显示的原因包括不连续和缺陷。不连续是原材料或零(部)件物理结构或外形的约定性间断或非约定性间断。这种间断可能会也可能不会影响工件的使用。而缺陷是其尺寸、形状、取向、位置或性质对工件的有效使用会造成损害或不满足验收标准要求的不连续。而超标缺陷是其尺寸、形状、取向、位置或性质对工件的有效使用会造成损害且不满足验收标准要求的不连续。

因此，必须对显示作出解释，显示的解释和缺陷评定是两个完全不同的检验阶段。

显示的解释是对观察到的显示进行研究分析，确定显示是相关显示、不相关显示还是伪缺陷显示的过程。即确定显示是由缺陷引起的，或是由于工件的结构等不相关原因引起的，或仅是因为表面未清洗干净而残留的渗透液，或由于某种污染引起的虚假缺陷显示。也就是说：显示的解释是判断显示是否属于缺陷显示的一个过程。

缺陷评定是显示解释确定显示属于缺陷显示之后，根据标准，对原材料或零(部)件的真实显示进行评级或判断合格与否的过程。

形成迹痕显示的很多原因中，只有与影响工件有效使用的缺陷或不连续相关联、反映缺陷存在的迹痕显示才有必要进行评定。因此，渗透检测人员应具有丰富的工程实际经验，并能够结合工件的材料、形状和加工工艺，熟练掌握各类迹痕显示的特征、产生原因及鉴别方法，必要时还应采用其他无损检测方法进行验证，尽可能使检测评定结果准确可靠。

渗透检测迹痕显示分析和解释的意义如下：

(1) 正确的迹痕分析和解释可以避免误判，如果把由缺陷引起的显示误判为由不是缺陷引起的显示，则会产生漏检，造成重大的质量隐患；相反，则会把合格工件拒收或报废，造成不必要的经济损失。

(2) 由于迹痕显示能反映出缺陷的位置、大小、形状和严重程度，并可大致确定缺陷的性质，所以迹痕分析可为产品的设计和工艺改进提供较可靠的信息。

(3) 对在用设备进行渗透检测，重点发现和检测疲劳裂纹和应力腐蚀裂纹等危害性缺陷，能够及早预防、避免设备和人身事故的发生。

8.1　显示的分类

渗透检测显示一般可分为三种类型：由真实缺陷引起的相关显示、由于工件的结构等原因所引起的不相关显示、由于表面未清洗干净而残留的渗透液等所引起的伪缺陷显示。

8.1.1　真实显示

真实显示是指由裂纹、气孔、夹杂、疏松、折叠、分层等真实缺陷所引起的渗透剂显示。

8.1.2 不相关显示

一类不相关显示是零件的加工工艺所固有的，如装配压痕、压印、铆接印和电阻焊时不焊接的搭接部分等所产生的显示。由于这是加工工艺过程中不可避免的，且又是设计允许存在的，故称为不相关显示。

另一类不相关显示是由零件的结构外形引起的，如键槽、花键、装配结合缝等引起的显示。这些显示是零件上的不连续处造成的，故也称为不相关显示。

还有一类不相关显示是由划伤、刻痕、凹坑、毛刺、焊斑或铸件上松散的氧化皮等原因引起的。这些缺陷目视检测可以发现，渗透检测时可能产生显示，也可能不产生显示，由于此类缺陷通常不作为渗透检测拒收零件的依据，故也称为不相关显示。不相关显示在显示解释时，是很容易判别的，而且目视可见。

图 8-1 为一些不相关显示的示意图，表 8-1 为渗透检测时常见的不相关显示的种类、位置和特征。

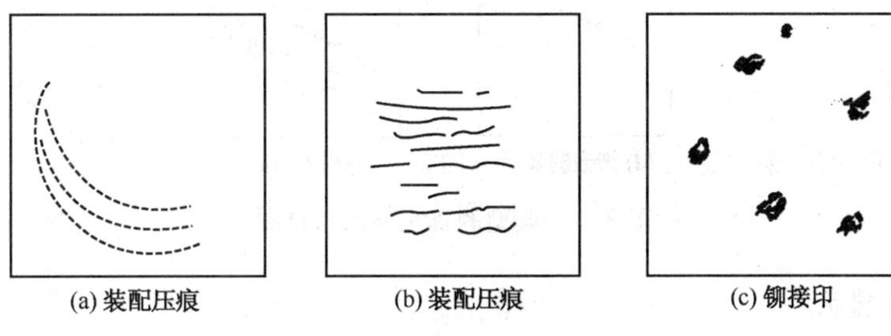

(a) 装配压痕　(b) 装配压痕　(c) 铆接印

图 8-1　常见的不相关显示示意图

表 8-1　常见的不相关显示

种　类	位　置	特　征
焊接飞溅	电弧焊的基体金属上	表面上的球形物
电阻焊缝上不焊接的边缘部分	电阻焊缝的边缘	沿整个焊缝长度的严重的渗透剂渗出
装配压痕	压配合处	压配合轮廓
铆接印	铆接处	锤击的印
刻痕、凹坑、划伤	各种零件	目视可见
毛刺	机加工零件	目视可见

8.1.3 虚假显示

由零件表面渗透剂的污染产生的显示称为虚假显示。产生虚假显示的原因如下：

(1) 操作者手上的渗透剂污染。

(2) 检测工作台上的渗透剂污染。

(3) 显像剂受到渗透剂的污染。

(4) 清洗时，渗透剂飞溅到干净的零件上。

(5) 擦布或棉花纤维上的渗透剂污染。

(6) 零件筐、吊具上残存的渗透剂与清洗干净的零件接触而造成的污染。

(7) 一个零件上的缺陷处渗出的渗透剂污染了相邻的零件。虚假的显示从显示特征分析很容易辨别，若用酒精浸渍的棉球擦拭，虚假显示容易擦掉，且不重新显现。

渗透检测时，要尽量避免产生虚假显示，为此，操作者的手要保持干净，应无渗透剂的污染，零件筐、吊具和工作台要始终保持干净，使用无绒的布擦洗零件和在清洗部位安装黑光灯等。

8.2 真实显示的分类

真实缺陷显示按显示图样分可分为四类：连续线状显示、断续线状显示、圆形显示和小点状显示。图 8-2 示出了一些典型的真实显示。

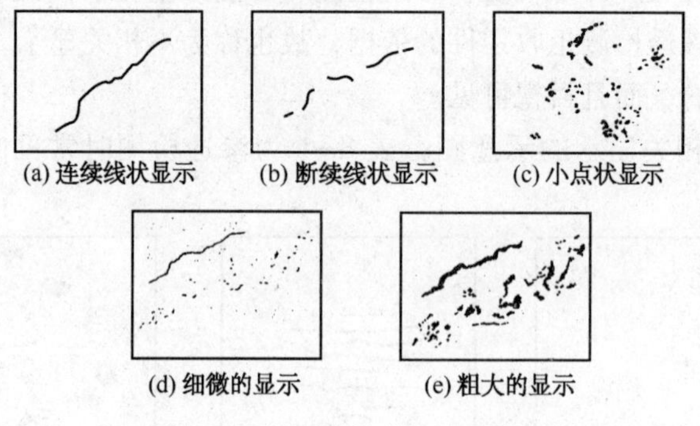

(a) 连续线状显示　(b) 断续线状显示　(c) 小点状显示

(d) 细微的显示　(e) 粗大的显示

图 8-2　典型的真实显示示意图

1. 连续线状显示

连续线状显示是由裂纹、冷隔、锻造折叠等缺陷产生的。

2. 断续线状显示

断续线状显示可能是排列在一条直线或曲线上的相距很近的单个缺陷组成的，在计算缺陷长度时，可算作是连续的长缺陷，按一条线性缺陷来评定。当零件进行磨削、喷丸、吹砂、锻造或机加工时，原来表面上的线性缺陷被部分地堵塞住了，渗透检测时也呈现为断续的线状显示。

3. 圆形显示

圆形显示通常由铸件表面的气孔、针孔、铁豆或疏松等产生的。深的表面裂纹显像时能吸出大量的渗透剂，也可能在缺陷处扩散成圆形的显示。

4. 小点状显示

小点状显示是由针孔、显微疏松等产生的。小点状显示有圆形的、也有带尖角形的。由于小点状缺陷比较细微，深度也小，故显示比较弱。

8.3 缺陷的分类

根据缺陷的起因，可将缺陷分为三类：即固有缺陷、工艺缺陷和使用缺陷。

8.3.1 固有缺陷

固有缺陷是金属在冶炼过程中，金属由熔化状态凝固成固体状态时产生的，如缩孔、夹杂、钢锭裂纹、气泡等。钢锭开坯、变形后的产品中的缺陷如果与钢锭中的固有缺陷有关，尽管缺陷的形状已不再是原来的样子了，缺陷的名称也不同了，但仍然列为固有缺陷。如棒材上的发纹(原钢锭中的夹杂、气泡)、板材上的分层(原钢锭中的气泡、缩孔或夹杂)和钢锭中的裂纹残留在棒坯中经变形而产生的缝隙缺陷等。

金属材料铸造零件时，在零件中产生的铸造缺陷尽管在性质上与钢锭中的铸造缺陷相同，但由于铸造零件是零件的一种制造工艺，故铸件中的缺陷均列为工艺缺陷。

8.3.2 工艺缺陷

工艺缺陷是与工件制造的各种工艺有关的缺陷，这些制造工艺包括铸造、冲压、锻造、挤压、滚轧、机加工、焊接、表面处理和热处理等。故工艺缺陷又称为加工缺陷。通常有下列四种情况：

(1) 钢锭经过一定的变形加工后，在棒材、板材、管材或带材上，由于变形工艺上的原因形成的工艺缺陷，例如折叠、缝隙、冲压裂纹、弯曲裂纹等。

(2) 铸造时产生的缺陷，例如气孔、疏松、夹杂、裂纹、冷隔等。应当指出：金属材料铸造工件时，在工件中产生的铸造缺陷，尽管在性质与钢锭中的铸造缺陷相同，但由于铸造是工件制造的一种工艺，故铸件中的缺陷不列为原材料缺陷，而列为加工缺陷。

(3) 焊接时产生的缺陷，例如气孔、夹渣、裂纹、未熔合和未焊透等。

(4) 工件经车、铣、磨等机械加工、电解腐蚀加工、热处理、表面处理等工艺过程产生的缺陷，例如车削裂纹、镀铬层裂纹、淬火裂纹、金属喷涂层裂纹等。

8.3.3 使用缺陷

零件在使用过程中产生的缺陷，如应力腐蚀裂纹和疲劳裂纹等称为使用缺陷。

8.4 渗透检测能发现的常见缺陷

渗透检测能发现的常见缺陷有：缩裂、热裂、冷裂、锻造裂纹、焊缝裂纹、热影响区裂纹、弧坑裂纹、磨削裂纹、淬火裂纹、应力腐蚀裂纹、疲劳裂纹、冷隔、折叠、分层、气孔、夹杂、氧化夹杂、疏松等。本书介绍最常见的几种缺陷的产生原因和显示特征。

8.4.1 气孔

气孔是零件浇铸时，进入了气体，在铸件凝固时，气泡没能排出来，而在零件内部形成大致呈球形的缺陷。这种气孔在机加工后露出表面时渗透检测可发现，但这种气孔一般目视可见，在放大镜下可看到气孔内表面是光滑的。

渗透检测在铸件表面上经常发现的气孔如图 8-3 所示，图 8-4 为铸件气孔的荧光显示。这种气孔是在浇铸时，砂型里所含的水分形成蒸气，砂型又透气不好，蒸气被迫进入金属液中，而在金属表面形成了梨形的表面气孔。气孔的尖端与铸件表面相通，渗透剂可渗进去。在铝、镁合金砂型铸件表面常发现这种气孔，当加工 1~2mm 后，气孔一般能全部加工掉。

焊接时，由于基体金属或焊料潮湿，清洗不干净等原因，也会产生气孔。

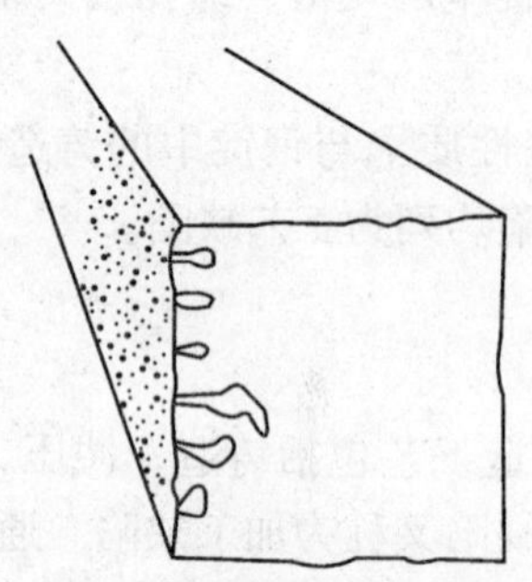
图 8-3　表面气孔示意图

图 8-4　铸件气孔的荧光显示

8.4.2　非金属夹杂

1. 钢锭或铸件中的非金属夹杂

在浇铸钢锭或铸件时，要在熔炉浇包或锭模加进易氧化的金属(如铝、镁、硅等)作脱氧剂，这些材料的氧化物或硫化物比熔化的金属要轻，在金属熔化时，大部分可浮到钢锭的顶部或铸件的冒口处，少量的保留在钢锭中或铸件中，并分散在材料中。分散在材料中的夹杂，通常不会对零件产生危害。但有时这些夹杂在零件中聚集成大块，大块夹杂是有害的，铸件中的夹杂在加工后露出表面，才能用渗透检测发现。分层、发纹等缺陷是由钢锭中聚集的夹杂形成的。发纹很细小，直而浅，与金属结合紧密，一般不推荐用渗透法检测，若规定用渗透法检测时，应采用较长的渗透时间和后乳化渗透剂进行检测。

2. 铸件表面夹杂

铸造时，由于模子原因，常常在铸件表面产生夹灰、夹砂或模料等外来物夹渣，这些外来物在铸件吹砂、腐蚀或其他加工的过程中，能部分地或全部清除掉，在零件表面留下不规则的孔洞。若用放大镜观察，可发现孔洞中或多或少地残留有夹杂物。这种铸件表面的夹杂物，在渗透检测时能容易地发现，且显示比较明亮。

3. 铸件表面的氧化皮夹杂

非真空浇铸零件时，金属液表面接触空气氧化产生金属氧化皮，被卷进铸件中，在零件凝固后，保留在铸件中或露出铸件表面。露出表面的夹杂呈条状或絮丝状，由于其显示呈疤块状，故又称为氧化斑疤。氧化斑疤与铸件金属的颜色相同，一般较难用目视检查出来，渗透检测则能很容易地发现这种缺陷。图 8-5 为精密铸件上的氧化皮夹杂的荧光显示。

图 8-5　氧化皮夹杂的荧光显示

8.4.3 疏松

疏松是铸件在凝固结晶过程中，补缩不足而形成的不连续、形状不规则的孔洞。这些孔洞多存在于零件内部。经抛光或机加工后，露出零件表面，零件表面疏松渗透检测时能容易地显示出来。疏松的荧光显示有点状显微疏松(见图 8-6)、条状显微疏松(见图 8-7)和聚集块状显微疏松(见图 8-8)几种形式。显微疏松的荧光显示擦掉后，在白光下目视检查一般是看不见疏松孔洞的。

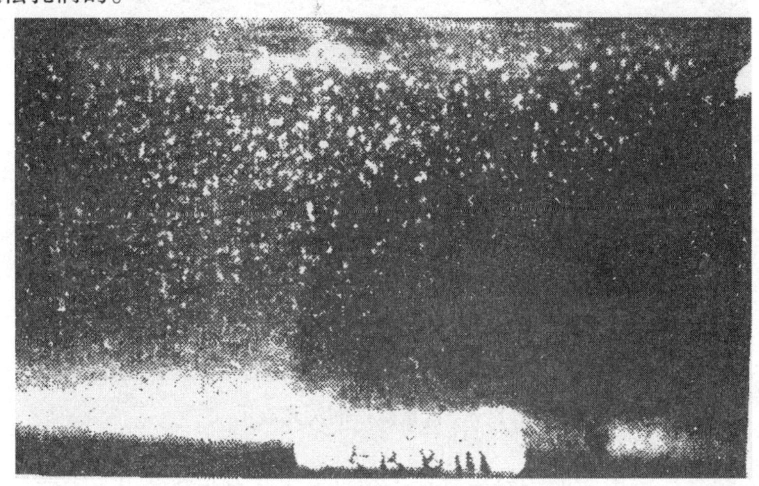

图 8-6 点状显微疏松的荧光显示

条状和聚集疏松是由无数个靠得很近的小点状疏松孔洞连成一片而形成的，因而荧光显示比较明亮。在聚集的疏松孔洞之中，通常有较大的疏松孔洞，擦去荧光显示后，在白光下目视检查可发现一些较大的疏松孔洞。

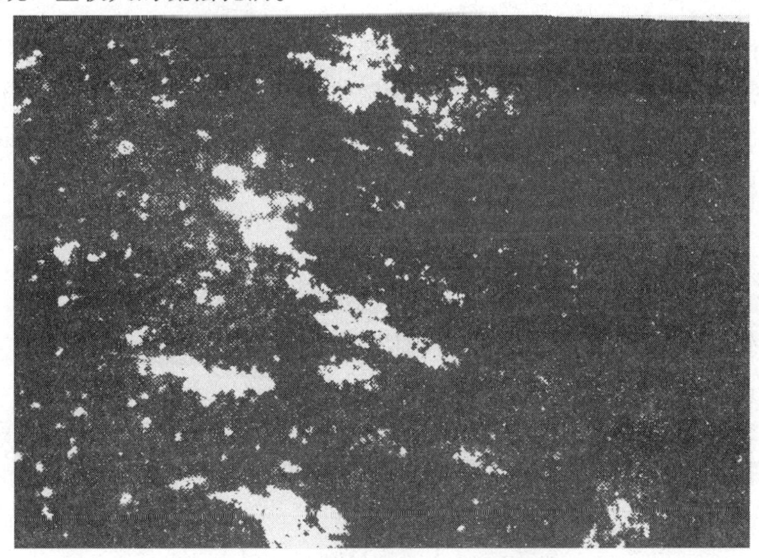

图 8-7 条状显微疏松的荧光显示

8.4.4 铸件裂纹

铸件裂纹是铸造的金属液在接近凝固温度时，相邻区域冷却速度不同而产生了内应力，在凝固收缩过程中，由于内应力的作用，而使铸件产生裂纹。按产生裂纹时的温度不同，铸件裂纹分为热裂纹和冷裂纹，热裂纹是在高温下产生的，出现在热应力集中区、一般比较浅，冷裂纹是在低温时产生的，一般产生在厚薄截面交界处。

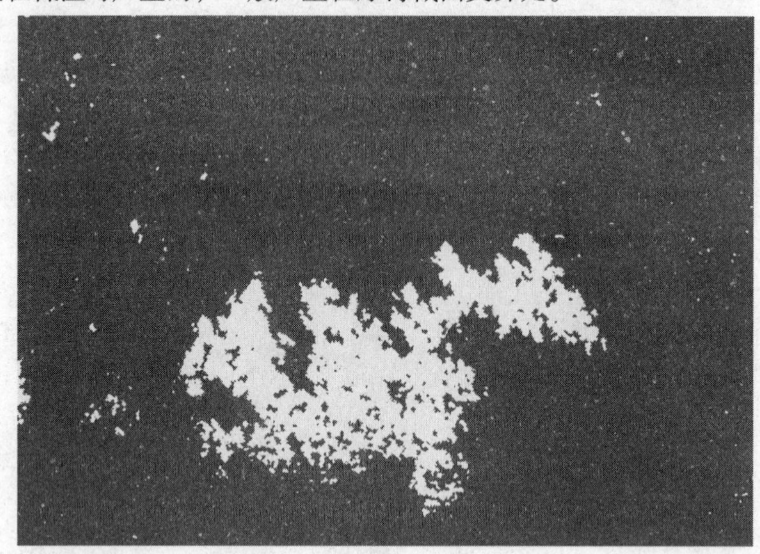

图 8-8　聚集疏松的荧光显示

对宽而深的裂纹，渗透检测较容易发现，裂纹显示具有呈锯齿状和端部尖细的特点，故很容易识别。深的裂纹显示，由于吸出的渗透剂较多，而失去了裂纹的外形，有时甚至呈圆形显示。用酒精沾湿的布擦试显示部位，裂纹的外形特征可清楚地显现出来。

8.4.5　铸件的冷隔

冷隔是一种线性铸造缺陷。在浇铸时，两股金属液流到一起时没能真正地融合在一起，而呈现出的紧密的、断续的或连续的线状表面缺陷。冷隔常出现在远离浇口的薄截面处。如果浇铸模内壁上某处在金属液流到该处之前，已经沾上了飞溅的金属，金属液流到此处时，遇到已经冷却的飞溅金属，也不能融合在一起，而出现冷融。冷融的荧光显示为光滑的线状。

8.4.6　折叠

在锻造和轧制零件的过程中，由于模具太大、材料在模子中放置位置不正确、坯料太大等原因而产生的一些金属重叠在零件表面上的缺陷，这种缺陷称为折叠。折叠通常与零件表面结合紧密，渗透剂渗入比较困难，但由于缺陷显露于表面，若采用高灵敏度的渗透剂和较长的渗透时间，是可以发现的。图 8-9 为航空发动机涡轮叶片上的锻造折叠的荧光显示。

8.4.7　缝隙

在滚轧、拉制棒材时，在棒材表面上产生一种沿纵长方向的很直的表面缺陷，尤如棒材上有一条缝一样，故称为“缝隙”缺陷。坯料上的裂纹是产生缝隙的一种根源，可以通过切除坯料上的裂纹来避免。但大部分缝隙是由滚轧和拉制工艺造成的。图 8-10 为滚轧工艺造成缝隙缺陷的示意图，图 8-10a 表示当滚轧金属表面上存在金属凸耳时，滚轧后在棒材上将产生折叠，这种折叠沿棒材纵长方向成一条长而直的缺陷外形，故也称缝隙。图 8-10b 表示当滚轧的金属充不满轧模时，在以后的滚轧过程中将挤出金属而形成缝隙，这种缝隙往往贯穿整根棒材。

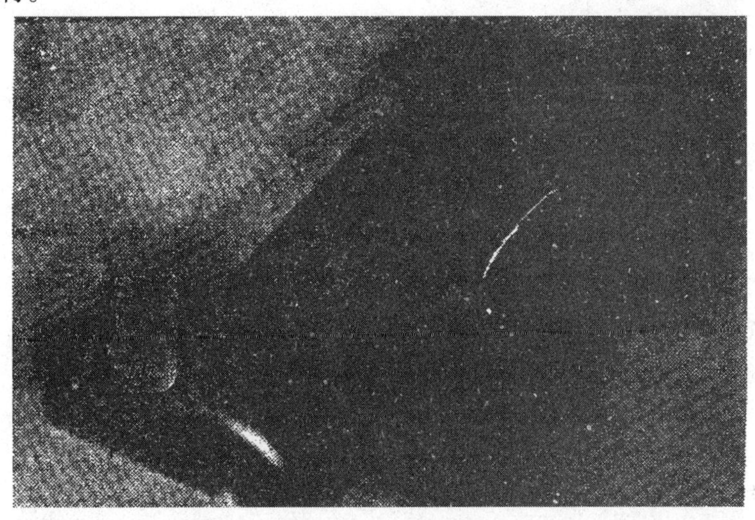

图 8-9　涡轮叶片上折叠的荧光显示

在拉制棒材或丝材时，由于模子上的缺陷，可能在棒材或丝材表面上产生贯穿棒材的拉痕，这也是一种缝隙缺陷。图 8-11 为棒材上缝隙的荧光显示。

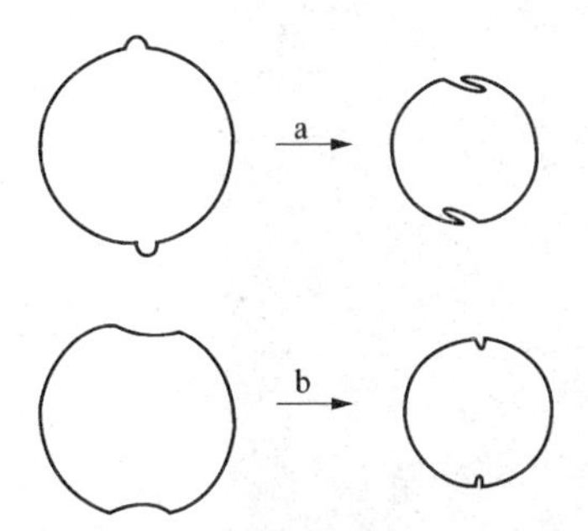

图 8-10　滚轧棒材产生缝隙的原因

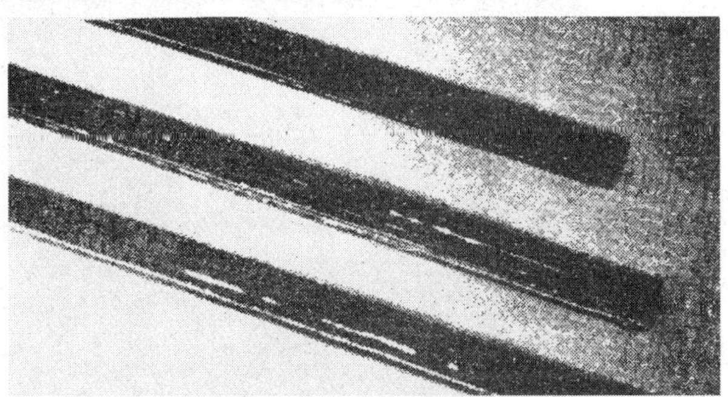

图 8-11　棒材上缝隙的荧光显示

8.4.8　焊接缺陷

焊缝上最常见的缺陷是根部未焊透(或根部未熔合)和裂纹。这两种缺陷对焊接结构的使用影响很大。未焊透是焊缝背面由于没达到熔化温度而残留的未焊合的基体金属缝隙。焊缝上的裂纹以及热影响区的裂纹是由于熔化金属在凝固过程中受收缩力影响而产生的。未焊透和影响而产生的。未焊透和裂纹都可用渗透检测法检测。图 8-12 为角焊缝上裂纹的荧光显示。

8.4.9　磨削裂纹

零件在磨加工时，由于砂轮粒度不当、砂轮太钝、磨削进刀量太大、冷却条件不好或零件上碳化物偏析等原因，都可能引起磨加工的表面局部过热，在加工应力状态下而产生磨削裂纹。磨削裂纹一般比较浅微，其方向基本上垂直磨削方向，并沿晶界分布或呈网状。图 8-13为磨削裂纹的荧光显示。

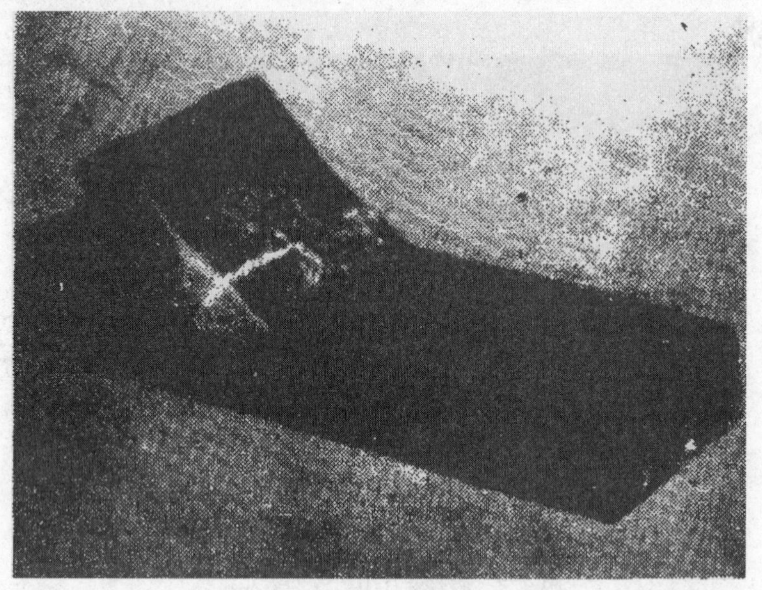

图 8-12　角焊缝上裂纹的荧光显示

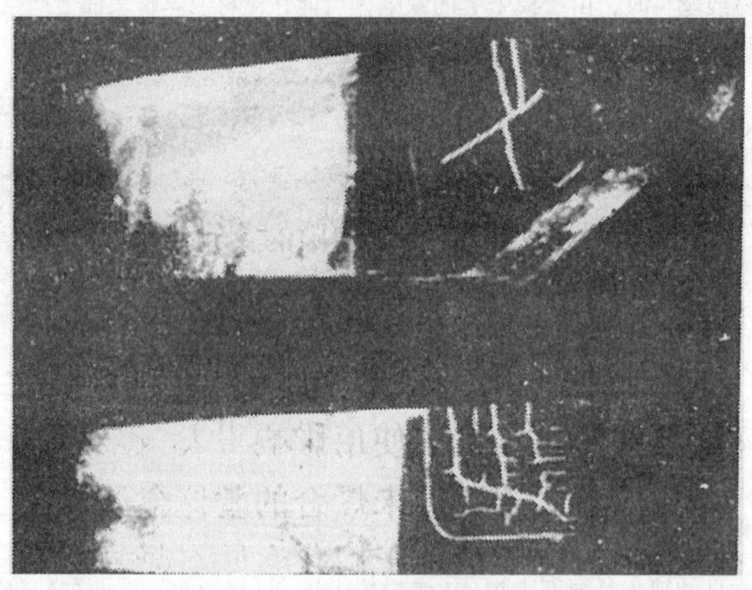

图 8-13　磨削裂纹的荧光显示

8.4.10　疲劳裂纹

零件在使用过程中，若长期受交变应力的作用，可能在应力集中区产生疲劳裂纹。疲劳裂纹往往从零件上划伤、刻槽、陡的拐角及表面缺陷处开始，一般都开口于零件表面，能用渗透法进行检测。图 8-14 为镁铸件上疲劳裂纹的荧光显示。

图 8-14　镁铸件上疲劳裂纹的荧光显示

8.5　缺陷的评定

对显示解释后，需按指定的质量验收标准评定缺陷。质量验收标准通常是按以下一种或几种方法制定的：

(1) 引用类似零件的现有标准，这些现有标准都是经过长期的实践检测，被证明是可靠的。

(2) 按一定的工艺试生产一批零件，进行无损探伤，对发现有缺陷的零件，进行破坏性试验，如强度、疲劳试验等，根据试验结果制定出合适的验收标准。

(3) 根据经验或理论的应力分析，制定出验收标准。评定缺陷时，应严格按标准进行，对于那些明显超出标准的缺陷，在黑光灯下，检测人员就可下结论，而对于那些缺陷尺寸或间距接近验收标准的，需在白光灯下用放大镜测出缺陷的尺寸和定出缺陷的性质后，才能作出合格或不合格的结论。超出标准但允许打磨或补焊的零件，应在打磨后再次进行渗透检测，确认缺陷被打磨干净后，才可验收或进行补焊。补焊后需再次进行渗透检测和射线检测。

按验收标准进行评定为合格的零件，要做合格标记，发往下道工序。评定为不合格的零件要做不合格标记或做永久性的报废标记。特别是报废的零件最好做破坏性标记，以防止将废品混入合格品中，而产生质量事故。检测现场一定要把合格品与废品严格隔离开。

缺陷评定后，有时需要将发现的缺陷记录下来，缺陷记录方式大致有三种：

(1) 画出零件的草图，在草图上标出零件上缺陷的相应位置、形状和大小，并说明缺陷的性质。

(2) 采用一种可剥性塑料膜显像剂，显像后，剥落下来，贴到玻璃板上保存起来。剥下的显像剂膜包含有缺陷显示，在白光下(着色检测)或在黑光灯下可看见缺陷显示。

(3) 用照相机直接把缺陷拍照下来、着色显示在白光灯下拍照。荧光显示需在黑光灯下拍照，拍照时，镜头上要加黄色滤光片，且采用较长的曝光时间。黑光灯下拍照需要熟练的照相技术，首先在白光下极短的时间内曝光，以产生零件的外形，再在不变的条件下，在黑光下继续进行曝光，这样可得到在清楚的零件背景上的缺陷的荧光显示。

习　题

一、选择题

1. 缺陷能否检出主要取决于哪个因素：(　　)

A. 缺陷是如何形成的　　B. 零件是如何加工制造的
C. 缺陷尺寸和特点　　D. 缺陷的位置

2. 什么情况下白色背景上形成的红色不连续性图像最容易看到：(　　)

A. 使用干粉显像剂时　　B. 使用着色渗透剂时
C. 使用后乳化型荧光渗透剂时　　D. 使用湿式显像剂时

3. 荧光渗透探伤时，显示呈现为：(　　)

A. 灰色背景上的微弱白光　　B. 白色背景上的红色显示
C. 深紫蓝色背景上的明亮的黄绿光　　D. 黑色背景上的明亮的黄绿光

4. 着色渗透剂的显示呈现为：(　　)

A. 白色背景上的明亮红光　　B. 灰色背景上的红色显示
C. 白色背景上的红色显示　　D. 发亮的白色背景上的红色显示

5. 裂纹显示一般为：(　　)

A. 圆形显示　　B. 连续的直线状或锯齿状显示
C. 笔直的、单条实线显示　　D. 不规则的圆孔形或长孔形显示

6. 带 V 形焊缝的 12mm 厚的钢板上，在一个略呈圆形的区域内出现一个显示，该显示从圆形区中心向外幅射，这个显示是：(　　)

A. 疏松　　B. 不相关显示　　C. 淬火裂纹　　D. 弧口裂纹

7. 渗透探伤时，焊缝表面上的圆形显示可能是：(　　)

A. 疲劳裂纹　　B. 气孔　　C. 焊缝满溢　　D. 热撕裂

8. 下列哪种记录方式可以得到迹痕显示的最多的信息：(　　)

A. 拍照　　B. 现场草图　　C. 复印　　D. 胶带纸粘取

9. 由于渗透剂污染造成假缺陷的主要原因是：(　　)

A. 工作台上的渗透剂　　B. 操作人员手上的渗透剂
C. 干的或湿的显像剂被渗透剂污染　　D. 以上都对

10. 下列关于液体渗透、探伤的几种说法，哪种是正确的：(　　)

A. 荧光渗透剂可在白色背景上产生红色的不连续性显示
B. 非荧光渗透剂需要使用黑光灯
C. 荧光显示在黑光灯照射下可以看见
D. 为了便于观察和解释，应使荧光显示在明亮处发光

11. 下列因素中哪些会影响渗透剂迹痕的分辨力：(　　)

A. 所采用渗透剂的灵敏度　　B. 工件表面状况
C. 工件或渗透剂的温度　　D. 以上都是

12. 下列哪种情况可能引起伪缺陷显示：（　　）

A. 过分的清洗　　B. 显像剂施加不当

C. 渗透探伤时，工件或渗透剂太冷　　D. 工件表面沾有棉绒或污垢

13. 一条紧密的或污染的裂纹，荧光显示为何状：（　　）

A. 一条明亮的荧光点构成的线条　　B. 一条宽而明亮的线条

C. 一个个很小的点　　D. 成群的亮点

14. 下列哪种显示是典型的不相关显示：（　　）

A. 由零件形状或结构引起的显示　　B. 近表面缺陷引起的显示

C. 棉纤维污染造成的显示　　D. 非线性显示

15. 重新渗透探伤后，如果微弱的显示不再出现，这说明：（　　）

A. 可能是虚假显示　　B. 该部位过清洗

C. 显示可能是小缺陷产生的　　D. 重新渗透探伤时，缺陷已堵塞

16. 原来的显像剂去除后如果再施加一次显像剂，显示再次出现，这说明：（　　）

A. 不连续性中含有很多渗透剂　　B. 不连续性可能是疏松

C. 不连续性可能是气孔　　D. 不连续性很可能是裂纹

17. 下列哪种小的显示最容易看到：（　　）

A. 细而短的显示　B. 宽而短的显示　　C. 细而长的显示　　D. 窄而短的显示

18. 下列哪种缺陷可能产生线状显示：（　　）

A. 气孔　　B. 夹杂　　C. 麻点　　D. 裂纹

19. 铸铁渗透探伤时，发现一群小的黄绿色亮点显示，这有可能是：（　　）

A. 淬火裂纹　　B. 缩裂　　C. 热裂纹　　D. 密集型气孔

20. 铸件上的冷隔会出现哪种显示：（　　）

A. 一条由点构成的线　　B. 成群的点

C. 一条连续的线，窄而不成锯齿形　　D. 一条间断的线

21. 部分地锻合的锻造折叠可能：（　　）

A. 不产生显示　　B. 产生非常细的连续线状显示

C. 产生宽的连续线状显示　　D. 产生断续线状显示

22. 从冷隔中渗出的渗透剂是下列哪种显示的一个实例：（　　）

A. 虚假显示　　B. 不相关显示　　C. 真实显示　　D. 以上都不是

23. 深的弧坑裂纹显示常呈现为：（　　）

A. 小而紧密　　B. 圆形　　C. 细线状　　D. 微弱而断续

24. 下列哪种缺陷可以归类为使用导致的缺陷：（　　）

A. 疲劳裂纹　　B. 气孔　　C. 机加工裂纹　　D. 折叠

25. 下列哪种缺陷可归类为二次工艺缺陷：（　　）

A. 疲劳裂纹　　B. 应力腐蚀裂纹　　C. 分层　　D. 热处理裂纹

26. 在轧板坯上可以发现下列哪种缺陷：（　　）

A. 收缩裂纹　　B. 夹杂　　C. 锻造折叠　　D. 气孔

27. 在锻件上可以发现哪种缺陷：（　　）

A. 缩裂　　B. 折叠　　C. 热裂　　D. 分层

28. 在锻件中可能发现下列哪种缺陷：(　　)

A. 疏松　　B. 折叠　　C. 冷隔　　D. 未焊透

29. 在滚轧棒坯上可能发现下列哪种缺陷：(　　)

A. 气孔　　B. 收缩折叠　　C. 裂纹或缝隙　　D. 未焊透

30. 在焊接件中可能发现下列哪种缺陷：(　　)

A. 疏松　　B. 未熔合　　C. 缝隙　　D. 折叠

31. 在滚轧棒坯上可能发现下列哪种缺陷：(　　)

A. 疏松　　B. 渗漏　　C. 折叠　　D. 咬边

32. 在轧制板材上可能发现下列哪种缺陷：(　　)

A. 分层　　B. 疏松　　C. 未熔合　　D. 咬边

33. 下列在使用过程中出现缺陷的是：(　　)

A. 疲劳裂纹　　B. 气孔　　C. 发纹　　D. 疏松

34. 下列在制造过程中出现的缺陷是：(　　)

A. 疲劳裂纹　　B. 腐蚀裂纹　　C. 热处理裂纹　　D. 疏松

35. 铸件上由于厚薄截面冷却度不同而产生的宽度不均匀、有许多分枝的线状显示，最有可能是：(　　)

A. 疏松　　B. 冷隔　　C. 热裂　　D. 折叠

36. 锻件折叠的渗透剂显示通常是：(　　)

A. 圆形的或近似圆形的显示　　B. 聚集的显示

C. 连续的线条　　D. 断续的线条

37. 下列哪种显示不可能是锻造折叠造成的：(　　)

A. 一条由明亮的点构成的波动而间断的线状显示

B. 一条短而尖锐的显示

C. 一条弯曲而明亮的线状显示

D. 一条间断的线状显示，有时模糊而暗淡

38. 哪种显示不可能是疲劳裂纹：(　　)

A. 一条点状细线

B. 一条细而清晰的细线

C. 有数条细而清晰的密集的显示

D. 一条细而尖锐的、参差不齐的显示

39. 下列哪种显示是磨削裂纹的显示：(　　)

A. 在一定面积范围内，有或长或短、相互平行而清晰的显示

B. 在一定面积范围内，有数条明亮而呈网状的显示

C. 数条很短、细而模糊的显示

D. 上述三种显示均是

二、判断题

1. 对渗透探伤操作要求最高的工序是迹痕解释和评定。

2. 弧坑裂纹有时呈放射形。

3. 磨削裂纹一般平行于磨削方向，(砂轮旋转方向)，它是由于磨削过程中局部过热产生的。

4. 冷隔是铸造过程中的缺陷，折叠是锻造过程中的缺陷，它们都可以通过渗透探伤检出。

5. 冷裂纹一般出现在焊缝表面。

6. 检查疲劳裂纹应以应力集中部位作为检查的重点部位。

7. 应力腐蚀裂纹发生在工件表面，属于表面缺陷。

参考答案

选择题

1. C　2. B　3. C　4. C　5. B　6. D　7. B　8. A　9. D　10. C　11. D　12. D　13. A　14. A　15. A　16. A　17. B　18. D　19. D　20. C　21. D　22. C　23. B　24. A　25. D　26. B　27. B　28. B　29. C　30. B　31. C　32. A　33. A　34. C　35. C　36. C　37. B　38. C　39. D

判断题

1. ○　2. ○　3. ×　4. ○　5. ×　6. ○　7. ○

第九章　渗透检测的质量控制与安全防护

渗透检测用的材料和设备在购买、领用、安装使用时，均要进行适当的控制和检测以保证符合规定的质量验收要求后，才能正式用于零件的检测。

使用中的材料和设备，由于外界的污染、设备的老化等因素，其性能可能发生变化，为保持每次检测的一致性，也需对使用中的材料和设备进行定期的控制校验。

9.1　控制校验用的试片和试件

9.1.1　铝合金淬火试片

铝合金淬火试片见图 9-1，试片的制作方法见图 9-2。

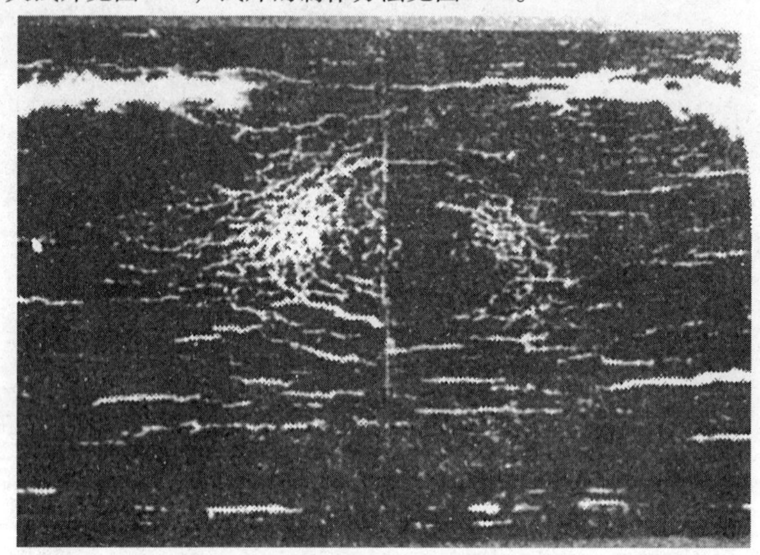

图 9-1　铝合金淬火试片

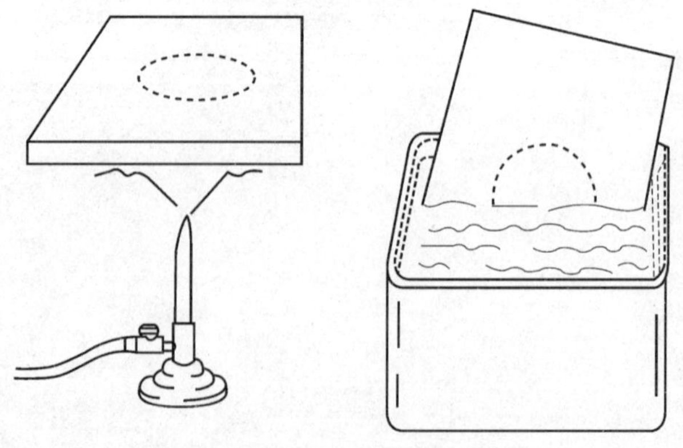

图 9-2　铝合金淬火试片制作示意图

铝合金淬火试片制作步骤如下：

从 8~10mm 厚的铝合金板材上取一块 50mm×75mm 大小的试块，取料时使 75mm 长度沿着板材的轧制方向，把试块放在支架上，用气体灯或喷灯加热，加热的位置在试片的下方中央，加热时，用测温色笔测量试片中央位置的温度，加热到 510~1530℃时，调节火焰，保温约 4min，然后迅速在冷水中淬火。淬火后，试块上出现宽度和深度不一的淬火裂纹。沿 75mm 方向的中心位置开一个 1.5mm×1.5mm 的槽沟，再用硬刷子清理表面，并用溶剂洗涤，就完成了一块铝合金淬火试片的制作。

铝合金淬火试片因有分离的两半区域，最适合于两种不同灵敏度的渗透剂在互不污染的情况下进行灵敏度对比试验。

已经使用过的试片，在重复使用前，需进行清理。根据有关资料介绍，用过的试块需在试片中心用气体灯加热到 426℃左右，再放入冷水中淬火，然后在 110℃下干燥 15min，使裂纹中的溶剂或水分蒸发干净，冷至室温，以备重复使用。

9.1.2 镀铬裂纹试片

从 4mm 厚的热轧钢板上切一 75mm×40mm 的试片，在控制槽液浓度、槽液温度和电流密度的情况下，对试片镀铬，保证产生脆性镀铬层。镀铬后，清洗试片并干燥。干燥的试片在图 9-3 所示的夹具上弯曲、就可得到裂纹试片。图 9-3a 是半径为 114mm 的圆柱面夹具，试片在此夹具上弯曲产生等距离分布的裂纹。图 9-3b 的夹具面是一种非圆柱面的曲面，称为悬臂模，试片在此夹具上产生由固定点向外由密到疏排列的裂纹。

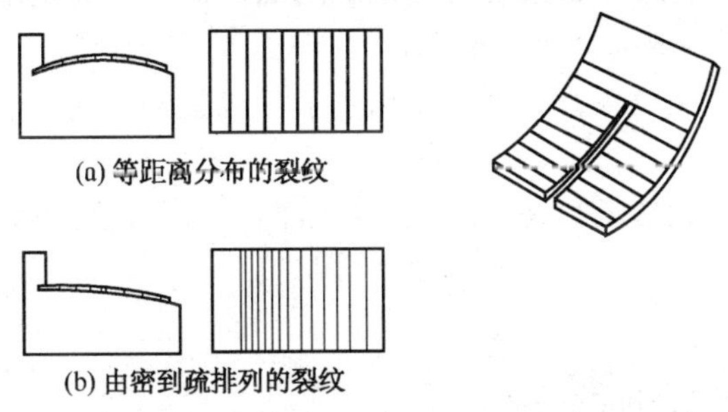

(a) 等距离分布的裂纹

(b) 由密到疏排列的裂纹

图 9-3　镀铬裂纹试片弯曲夹具示意图

由以上方法产生的裂纹是相当宽的，为产生细的裂纹，可将镀铬面贴在模子上弯曲，这样将在试片凹面上出现较细的裂纹。做好的裂纹试片，在垂直裂纹方向切开，两半试片上的裂纹互相对应，以便用此进行渗透剂灵敏度对比试验，此法制作裂纹试片，可通过控制镀层厚度来控制裂纹深度。试片每次使用后，先用洗涤剂清洗然后再用水清洗干净，在 110℃的烘箱中烘干 15min，再浸入丙酮中 24h，取出后，用三氯乙烯蒸气除油，最后将试片放在干燥器中保存备用。此外也可以采用其他推荐的清洗方法。

由于镀铬试片表面光滑，渗透剂易于洗掉，与实际零件表面状态往往相差较大。

9.1.3 镀铬辐射状裂纹试片

图 9-4 为镀铬辐射状裂纹试片示意图。试片用不锈钢制成。尺寸为 100mm×25mm×4mm。试片的一面磨光镀硬铬，铬层厚为 0.25mm 左右。镀铬后退火，以消除电镀层的应

力。然后从试片的另一面用直径为 12mm 钢球在布氏硬度机上分别以 750kg、1000kg、1250kg 的载荷打三个硬度点，这样在镀铬层上出现如图 9-4 的辐射状裂纹。

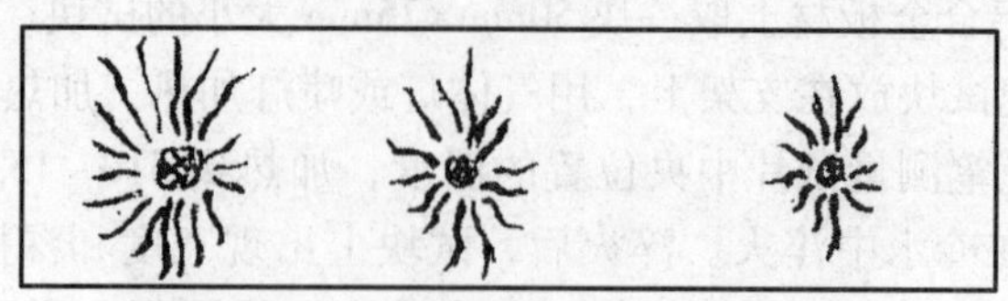

图 9-4　镀铬辐射状裂纹试片示意图

9.1.4　吹砂钢试片

吹砂钢试片采用 50mm×100mm 的退火不锈钢片制成，在试片的一面，用平均粒度为 100 目的砂子进行吹砂，吹砂喷嘴距试片表面为 450mm，压缩空气压力为 0.4MPa，吹到试片表面达毛面状态为止。吹好砂的试片用干净纸包好备用。

9.1.5　缺陷试件

人工裂纹试片表面光洁度与实际检测的零件相差较大，这样试片的清洗时间和真实零件的清洗时间差异很大。为克服这一缺点，可选择一些带有缺陷的零件与人工裂纹试片一起使用。缺陷试件选择原则如下：

（1）在被检测的零件中挑选有代表性的零件作缺陷试件。

（2）在所发现的缺陷件中，挑选有代表性缺陷的零件，裂纹是最危险的缺陷，通常必须选择带裂纹的缺陷试件。

（3）要选择带有细小裂纹和其他细小缺陷的试样或试件，同时还要选择带有浅而宽的开口缺陷的试样或试件。

选择好的缺陷试件，其缺陷位置、大小要作草图记录，最好作照相记录，以备校验时对照用。

9.2　工艺性能的控制校验

每班开始工作时，将人工缺陷试片和自然缺陷试件，放在第一批被检测的零件中，按正常的操作工艺进行渗透试验，最后在黑光灯下检测试片和试件，与预先保存的该试片或试件的缺陷复制板或照相记录进行比较，达到相同效果时，才能开始本班工作。

用试片和试件在每班开始工作前所做的以上控制校验，是对渗透检测工艺的综合检查，故称为工艺性能的控制校验。由于试片和试件需反复使用，因此，每次使用后要进行彻底的清洗，以保证去除掉缺陷中残余的荧光渗透剂或着色渗透剂，推荐的清洗方法和步骤如下：

（1）用水或煤油彻底洗掉显像剂。

（2）用压缩空气吹干。

（3）在热的三氯乙烯液体中浸泡至少 15min。

（4）冷却后，在黑光灯下检测。

（5）如果仍有渗透剂残余，则重复 1～4 工序。清洗后，将试片和试件放在三氯乙烷、丙酮或无水酒精中保存。

用于水洗型渗透剂的试片、试件，不推荐直接用三氯乙烯蒸气除油，因为三氯乙烯只能将缺陷中渗透剂的油基有机溶剂溶解掉，而将渗透剂中的乳化剂残留在缺陷中。这种试片需用水进行长时间的清洗后，再用溶剂清洗。

9.3 渗透剂去除性的校验

荧光渗透剂性能的试验方法采用不同的规范时，有不同的要求。

本节介绍美国军标规定的渗透剂去除性试验所用设备和校验方法，供参考。

1. 水洗试验用的设备

水洗试验用的设备包括容器、橡皮塞、管子和喷嘴，见图 9-5。对其各部分要求如下：

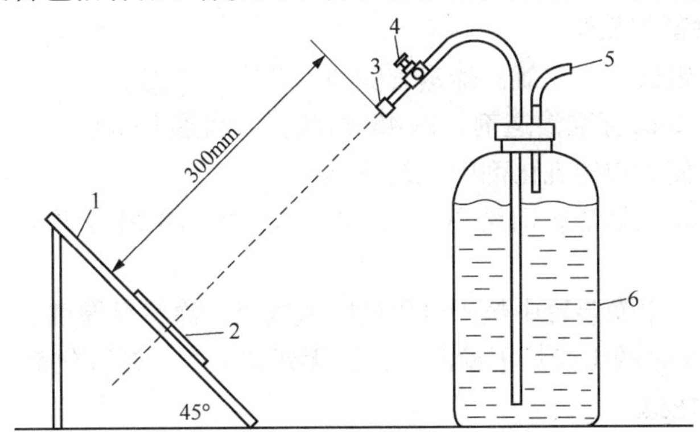

图 9-5 水洗试验用的设备

1—托架；2—试片；3—喷嘴；4—控制开关；5—压缩空气；6—容器

(1) 容器的容量要达到在 0.2MPa 的水压下，能连续喷水 5min 以上；容器壁应能承受 0.42MPa 以上的压力；容器口应足够大，以便装上两孔橡皮塞。

(2) 橡皮塞上有两个通孔，用来插外径为 8mm 的金属管，橡皮塞上压上一个带螺纹的罩子，将塞子固紧在瓶口上。

(3) 金属管内径为 6mm，外径 8mm。出水管插入容器的底部，管下端离容器底的距离应不大于 12mm，管子上端弯成与被试验表面垂直的位置，管上装有水阀。压缩空气进气管处在插入容器而不触及液面的位置。

(4) 喷嘴喷射的水流应为粗大的水滴。

(5) 容器中的水为硬水。其配方如下：将 0.40g±0.005g 分析纯的醋酸钙和 0.23g±0.005g 分析纯的硫酸镁溶解在 1L 蒸馏水中而成。水温应在 13~15℃之间。

2. 水洗型荧光渗透剂的水洗性校验

用吹砂钢试片进行试验，试验步骤如下：

(1) 取两块吹砂钢试片，三氯乙烯蒸气除油，并冷至室温。

(2) 分别在每块试片上滴 2mL 的标准水洗型荧光渗透剂和 2mL 使用中的水洗型荧光渗透剂，以 45°角倾斜，滴落 15min。

(3) 用图 9-5 的水洗装置冲洗试片，压缩空气压力不小于 0.2MPa，不大于 0.4MPa，喷嘴与试片表面垂直，喷嘴离试片表面 300mm，清洗时间 30s。

(4) 清洗后，试片在热空气烘干装置中烘干或用电吹风吹干，然后涂覆显像剂。

(5) 在 3000μW/cm²的黑光灯下检查试片。

若使用中的渗透剂与标准渗透剂没有多大差别，则使用中的渗透剂仍可使用，若差别悬殊，应更换渗透剂。

3. 后乳化型荧光渗透剂的去除性校验

校验方法基本与上相同，不同的是，渗透剂滴落后，将试片浸入乳化剂中，乳化 30s，再清洗 30s。

9.4 乳化剂性能的校验

本节介绍美国军标规定的乳化剂校验方法，供参考：

1. 乳化剂乳化性能的校验

(1) 取一片吹砂钢试片，三氯乙烯蒸气除油，并冷至室温。

(2) 在试片上滴 2mL 标准渗透剂，以 45°角倾斜，滴落 15min。

(3) 将试片浸入使用中的乳化剂中，约 30s。

(4) 用图 9-6 的水洗装置，清洗 30s，喷嘴与试片表面距离为 300mm，喷嘴垂直于试片表面。

(5) 试片在热空气干燥装置中烘干或用电吹风吹干，涂覆显像剂。

(6) 在 3000μW/cm²的黑光灯下检测，试片无残留荧光、则乳化剂性能合格。

2. 乳化剂污染的校验

(1) 取两块吹砂钢试片，三氯乙烯蒸气除油，并冷至室温。

(2) 将 75%的使用过的乳化剂与 25%的标准后乳化型渗透剂混合，涂覆在第一块试片上。

(3) 将 50%的标准乳化剂与 50%的标准后乳化型渗透剂混合，涂覆在第二块试片上。

(4) 两块试片均倾斜 45°，滴落 15min，用图 9-6 的水洗装置清洗 30s，喷嘴与试片垂直，离试片表面 300mm。

(5) 试片在热空气干燥装置中烘干或用电吹风吹干，并涂覆显像剂。

(6) 在 3000μW/cm²的黑光灯下检查试片。若两块试片底色相似，则使用中的乳化剂仍可使用，相差悬殊时，应更换乳化剂。

9.5 显像剂的校验

本节介绍美国军标中的校验方法，供参考。

1. 干粉显像剂的校验

(1) 把容量为 1L 的烧杯精确称重，记下质量(g)。

(2) 在烧杯中装满干粉显像剂，并在侧面轻轻敲击，使显像剂下沉。用刮刀或直尺刮平烧杯顶部的显像粉。

(3) 装满显像粉的烧杯精确称重，记下质量(g)。

(4) 用“3”的质量减去“1”的质量，即为干粉显像剂的密度。其值应不大于 130g/L。

2. 非水湿显像剂悬浮性的校验

(1) 将显像剂充分搅拌后，取 25mL 置于 25mL 的量筒中。

（2）量筒静置 15min，观察沉淀后的分界线。分界线离上表面距离应不大于 2mL 的刻度。

3. 含水湿显像剂的校验

试验方法同“二”，要求分界线离底面不低于 25mL 量筒的一半高度。

9.6 荧光渗透剂亮度的比较测定

粗略的测定方法：用两个玻璃试管，一个装上标准渗透剂，另一个装上使用中的渗透剂，密封放置 4h 以上，在黑光灯下比较荧光亮度，并观察渗透剂有无分层、沉淀现象。

用黑光照度计测量方法：

（1）用二张干净的滤纸，分别用使用中的渗透剂和标准渗透剂浸湿，然后烘干，在黑光灯下比较，如二者发光强度无明显差别，则说明使用中的渗透剂发光强度合格。若有明显差别，再做进一步比较试验。

（2）用二氯甲烷分别将使用中的渗透剂和标准渗透剂稀释到 10%的浓度。

（3）用两张 80mm×80mm 的滤纸分别在以上两种稀释液中浸湿，并在 85℃以下的烘干装置中烘干。

（4）将黑光照度计置于黑光灯下，移动照度计得最大值，再调节黑光灯高度使照度计读数达 250lx 为止。

（5）取出黑光照度计中的荧光板，换上浸过渗透剂的滤纸，分别记下两张滤纸的读数。

（6）二者读数之差除以浸过标准荧光液的滤纸的读数的百分数应不大于 25%，否则渗透剂应更换。

9.7 渗透剂的含水量和容水量的测定

9.7.1 渗透剂的含水量的测定

水洗型渗透剂用图 9-6 所示的水分测定器测量含水量。测量方法如下：

取 100mL 渗透剂和 100mL 无水溶剂（如二甲苯）置于容量为 500mL 的圆底玻璃烧瓶中，摇动 5min，使其均匀混合，用电炉、酒精灯或小火焰煤气灯加热烧瓶，并控制回流速度，使冷凝管的斜口每秒钟滴下 2～4 滴液体。这样，含水量可由下式得出：

$$含水量=\frac{集水管中水的容量(mL)}{100(mL)}\times 100\% \qquad (9-1)$$

一般规范规定最大含水量应在 5%以下。

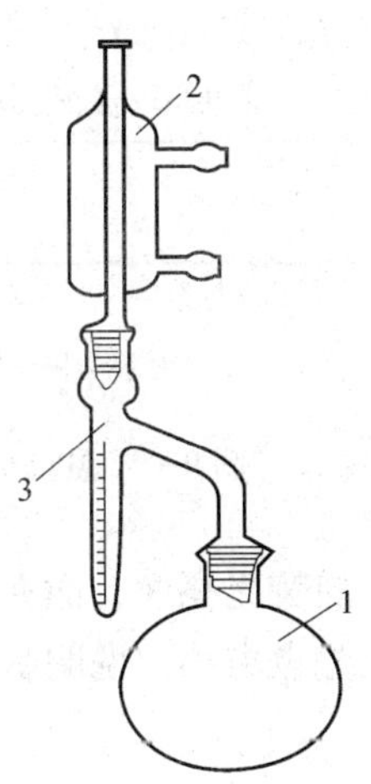

图 9-6　水分测定器

1—烧瓶；2—冷凝器；3—集水管

9.7.2 渗透剂容水量的测定

准备在开口槽中使用的水洗型渗透剂，需测量其容水量，测量方法如下：

取 50mL 渗透剂置于 100mL 的量筒中，以 0.5mL 的增量逐次往渗透剂中加水，每次加水后，用塞子塞住量筒，颠倒几次，并观察渗透剂是否有混浊、凝胶、分层等现象，检查灵敏度是否下降。记录逐次加进水的含量，当出现混浊、凝胶或检测灵敏度下降现象时为止，则：

$$容水量 = \frac{加入水的总量(mL)}{50(mL) + 加入水的总量(mL)} \times 100\% \qquad (9-2)$$

9.8 渗透剂的腐蚀性试验

渗透剂的腐蚀性校验方法如下：

(1) 把镁合金 MB-2、铝合金 LC-4 铬钼结构钢 30CrMoA 按 10mm×4mm×100mm 的规格加工成试样。

(2) 把三种试样分别置于三个玻璃试管中，一半浸在荧光液中，另一半在液面上，试管用塞子塞住。

(3) 把试管置于(50±1)℃的恒温水浴中。

(4) 3h 后，将试样从渗透剂中取出，擦净，并冷却到室温，观察有无变化。然后，水洗渗透剂直接用水洗净，后乳化渗透剂乳化后再用水清洗，将试片烘干。

(5) 目视观察试样上(浸在渗透剂中和未浸入渗透剂中的两部分)有无失光、变色和腐蚀现象。

9.9 黑点试验

黑点试验又叫新月试验，这种方法是用来测量荧光渗透剂扩展成多厚的薄膜时，在一定强度的黑光照射下，具有最大发光亮度的一种方法。这一厚度就是临界厚度。由于临界厚度以上的荧光亮度与临界厚度处相同，故常用临界厚度值来表示荧光渗透剂在黑光辐射下的发光强度。临界厚度愈小，发光强度就愈大。

黑点试验法如下：

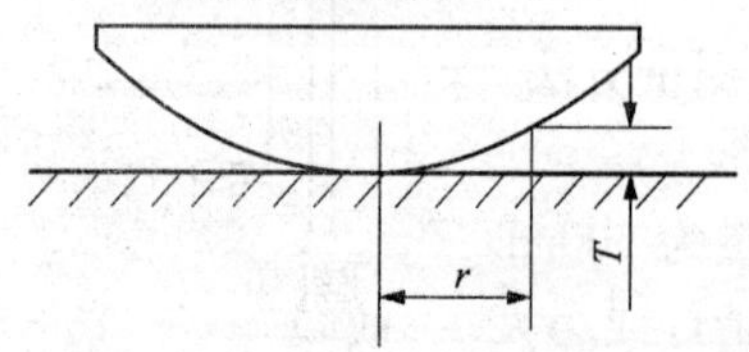

图 9-7　黑点试验示意图

在一块平板上(如玻璃板上)滴几滴荧光渗透剂，将一块曲率半径为 1.06m 的平凸透镜的凸面压在荧光渗透剂上，这时透镜与平板之间的荧光渗透剂呈薄膜状，见图 9-7。透镜与平板相接触的一点，渗透剂的厚度为零，接触点附近的渗透剂形成薄膜，离中心愈近，薄膜愈薄。

在黑光灯的照射下，临界厚度以上的薄膜能发出最大的荧光亮度，而在接触点处及临界厚度以下的极薄层式渗透剂不能发出荧光，而形成黑点。黑点愈小，说明临界厚度愈小。临界厚度用下式求得：

$$T = \frac{r^2}{2R} = \frac{d^2}{8R} \qquad (9-3)$$

式中　r——黑点半径，mm；

d——黑点直径，mm；

R——透镜曲率半径，即 1060mm。

从上式可知，黑点直径愈小，临界厚度愈小，说明荧光渗透剂的发光强度愈高。超亮的荧光渗透剂，其黑点直径可达1mm以下。

临界厚度愈小，说明渗透剂扩展成薄膜时，在黑光灯下被观察到的可能性大。从这个意义上讲，也可说该渗透剂的灵敏度高。因此，常用临界厚度或黑点直径来作为渗透剂的灵敏度的衡量尺度。黑点愈小，灵敏度愈高。

9.10 黑光灯强度的校验

黑光灯强度用黑光强度检测仪或黑光照度计测量，测量方法如下：

开启黑光灯20min后，将黑光强度检测仪置于黑光灯下，调节检测仪过滤片到灯泡的距离为380mm，读出检测仪上的读数。一般规定其读数值应大于1000μW/cm^2。

用同样方法，可用黑光照度计测量。如我国航标规定照度计与灯泡相距460mm时，其读数应不低于70lx。

需要指出，以上两种读数之间并没有什么换算关系。

实际使用黑光灯时，要测量黑光辐照的有效区，其测量方法如下：

(1) 黑光灯置于平时检测时的高度位置，开启灯预热20min。

(2) 将黑光强度检测仪置于黑光灯下，水平移动，使检测仪读数达最大位置时为止。

(3)在工作台上读数最大点位置画互相垂直的两条直线，见图9-8。

(4)再将黑光强度检测仪置于交点处，沿每条直线按150mm的间隔点依次检测，并记下读数，直到测得读数为1000μW/cm^{2}的读数点为止。记下这些点，将这些点连接成圆形，这个圆内区域就是黑光灯辐照的有效区。零件检测应在该有效区范围内进行。

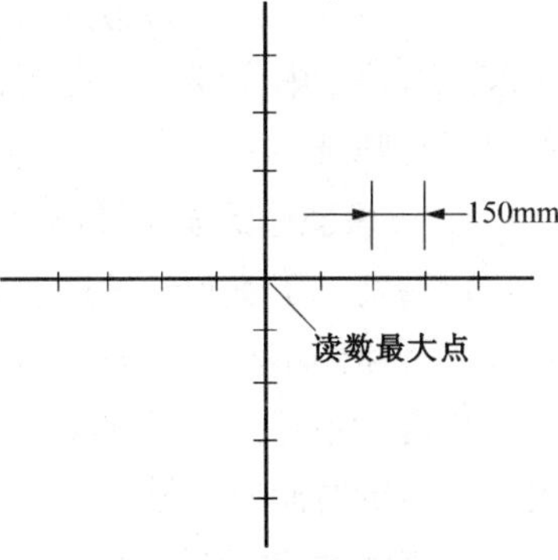

图9-8 黑光的辐照有效区的测量

9.11 渗透检测工艺操作的质量控制

渗透检测工艺操作系统包括如下几部分内容：表面准备和预清洗、渗透、去除、干燥、显像、观察及评定、后清洗等。渗透检测工艺操作系统质量控制的总体要求是：每个工作班开始之前或渗透检测工艺操作条件发生变化时，用B型标准试块校验工艺操作系统的灵敏度，缺陷显示迹痕显示的形貌、数量、亮度及颜色深度，应与试块显示的复制品(或照片)进行对比，合格后方可进行渗透检测工作。试块是要反复使用的，因此，每次使用后要彻底清洗，以保证去除缺陷中的荧光渗透剂或着色渗透剂的残余。渗透检测过程中，严格执行渗透检测工艺规程。

1. 表面清理和预清洗的质量控制

所有表面准备方法不得损伤工件表面，不得堵塞表面开口缺陷。

清洗材料及清洗方法不得影响渗透检测剂的性能，且不腐蚀或损坏被检工件。

工件表面及缺陷内的油脂、铁锈等污物去除之后，工件必须进行干燥，以便排除缺陷内的有机溶剂及水分。

2. 渗透操作的质量控制

在渗透时间内，渗透剂必须将被检部位全部润湿覆盖。工件及渗透剂的温度应保持在15~50℃之间。

渗透时间应根据渗透剂的种类、被检工件材质及用途、缺陷的性质及细微程度来确定，应确保规定的渗透时间。

3. 施加乳化剂的质量控制

乳化剂要与渗透剂同族组，施加方法要适当，要确保被检表面能均匀乳化。

乳化时间取决于乳化剂的乳化能力、浓度、工件表面状态和缺陷类型等因素，要严格控制乳化时间，必须防止“过乳化”。

4. 去除表面渗透剂的质量控制

（1）水洗型和后乳化型渗透剂的去除。工件经充分渗透或乳化以后，清洗去除时，必须边清洗边观察。清洗荧光渗透剂时，在黑光灯下观察。清洗着色渗透剂时，在适当白光光照下观察。以免清洗不足或清洗过度。

（2）溶剂去除型渗透剂的去除。先用不起毛和有吸附能力的布擦去大部分渗透剂，再用不起毛、清洁、干燥、沾有有机溶剂的布擦去剩余在表面上的渗透剂。不允许直接用有机溶剂对工件喷洗。

5. 干燥操作的质量控制

用清洁、干燥和经过过滤的压缩空气吹去工件表面的水分，其压力不超过0.15MPa，喷嘴与工件相距不小于30cm。

用温度不超过80℃的热空气循环烘箱干燥工件。干燥时间随工件尺寸、形状及材料而定。干燥的时间应尽量短。

6. 显像操作的质量控制

施加在工件表面上的干粉显像剂，分布要均匀，显像剂层要薄。

悬浮湿式显像剂使用前要充分搅拌均匀，使显像剂粉末保持悬浮分散状态。

用喷涂法施加显像剂时，喷涂装置应与被检表面保持一定的距离（约200~300mm），使显像剂在到达工件表面时，几乎是干的。避免过近而造成淌流或局部显像剂覆盖层过厚。

显像时间应根据渗透检测方法及缺陷的性质确定，应不少于7min。

7. 观察及评定操作的质量控制

（1）荧光渗透检测操作　黑光灯启动10~15min后方可开始工作。被检部位上的紫外线辐照强度应不低于1000μW/cm^2。可选用合适的红色眼镜。不可佩戴光敏眼镜。检测人员进入暗室后，眼睛至少要有3min的黑暗适应时间。可佩戴防紫外线的无色镜。

（2）着色渗透检测操作　必须在自然光或白光照度不少于500 lx的灯光下检测，并应无其他反射光。

8. 后清洗操作的质量控制

工件检测完毕，应清洗残余的渗透剂和显像剂。如果残余渗透剂和显像剂对工件随后的处理或使用有影响，例如产生腐蚀时，则清洗需更彻底。清洗后的工件应该干燥处理或进行防腐蚀处理。

9. 工件标识的质量控制

如果工件表面出现缺陷迹痕显示，可根据需要分别用照片、示意草图或复印等方法记录缺陷迹痕显示位置及形貌。

渗透检测合格的工件，按设计或工艺制造部门规定的标印方法和标印位置作出“合格”标记。不合格的工件，必须做出“不合格”的明显标记。合格工件与不合格工件应严格隔离放置。

10. 渗透检测环境条件的控制

渗透检测场地的面积大小，应根据被检工件的形状、尺寸、数量及相应形式的渗透检测生产线而定。渗透检测场地应有足够的活动空间，应设有排水沟，应有水磨石地面。

渗透检测场地内应设置抽排风装置、压缩空气管路及暖气设施。渗透检测场地内温度应不低于15℃，相对湿度应不超过50%。

静电喷涂场地墙壁应采用瓷砖砌成，地面应保持15°~20°的倾斜，以便排放污水。

荧光渗透剂废水及其他污水处理后，应符合环境保护要求。

9.12 渗透检测安全防护

9.12.1 防火安全

渗透检测所使用的渗透检测剂，除干粉显像剂、乳化剂以及金属喷罐内使用的氟利昂气体是不燃性物质外，其他大部分是可燃性有机溶剂。因此，在使用这些可燃性渗透检测剂时，一定要和使用普通油类或有机溶剂一样，应采取必要的防火措施。

1. 储存渗透检测剂注意事项

储装渗透检测剂的容器应加盖密封。储存地点应尽量挑选冷暗处，并且避免烟火、热风、阳光直射等。

压力喷罐严禁在高温处存放，因为在高温时，罐内的压力将增大，有发生爆炸的危险。

2. 压力喷罐制品的防火

压力喷罐内充填渗透检测剂的同时，还要充填丙烷气或氟利昂等高压液化气。渗透检测剂本身是一种可燃性物质，充填丙烷气后，着火可能性更大。所以，操作压力喷罐制品时，必须充分注意防火。

3. 灭火器的设置

使用可燃性渗透检测剂时，不仅必须充分注意防火，而且为了防止万一，还应该在操作现场及渗透检测剂储存处设置灭火器。表9-1列出了渗透检测剂着火时可供使用的灭火器。

表9-1 灭火器种类

种　类	主要成分	种　类	主要成分
泡沫灭火器	硫酸铝、重碳酸钠	碳酸气灭火器	二氧化碳(液体)
粉末灭火器	重碳酸钠	强化液灭火器	水、钾盐
ABC 灭火器	磷酸铵		

4. 防火安全措施

(1) 操作现场应做到文明整洁，并有切实可行的防火措施。

（2）操作现场应备有专人管理的灭火器。

（3）除使用的渗透检测剂外，操作现场应尽量避免大量储藏渗透检测剂。

（4）盛装渗透检测剂的容器应加盖密封。对于清洗剂和显像剂等挥发性大的物质，使用后必须密封保管。

（5）避免阳光直射盛装渗透检测剂的容器，特别是对压力喷罐更要注意。

（6）避免在火焰附近以及在高温环境下操作，特别是压力喷罐。如果环境温度超过50℃，应特别引起注意。操作现场禁止明火存在。

（7）当环境温度较低时，压力喷罐内压力将降低，喷雾将减弱且不均匀。此时，可将其放入30℃以下的温水中，待加热之后再使用。但绝不允许将压力喷罐直接放在火焰附近，从而达到加温的目的。

9.12.2 卫生安全

渗透检测中使用的多种有机溶剂。有些有机溶剂，例如三氯乙烯等对人体有毒。因此，如果将它们的蒸气或雾状气体大量吸入体内，可能会引起人体的中毒。渗透检测中，毒性试剂造成人体的中毒，以慢性中毒最多，且多属累积性毒性。另外，渗透检测剂如果沾在皮肤上，有可能引起斑疹。有些试剂，例如胶棉液，本身基本无毒，但遇明火燃烧，则可生成剧毒的氢氰酸和过氧化氮气体。因此，采取积极的卫生安全防护措施是十分必要的。

荧光渗透检测时，应限制操作人员暴露在强紫外线辐射之中，防止眼球处于黑光中导致眼球荧光效应，特别要防止黑光灯滤光片或屏蔽罩破裂，短波紫外线直接照射操作人员，使操作人员可能患角膜炎等眼病。

1. 大气中有害物质的允许浓度

苯和苯衍生物大多有一定毒性，其中以苯和硝基苯的毒性最大。苯的其他衍生物，例如甲苯、二甲苯等也都有一定毒性，但比苯、硝基苯的毒性为小。

四氯化碳、三氯乙烯、二氯乙烷、甲醇等试剂都有较强毒性。还有一些化学试剂，例如丙酮、松节油、乙醚等，对人有刺激作用或麻醉作用，系低毒性溶剂。

除化学试剂外，染料和显像剂微粒的粉尘在空气中超过一定浓度，人们吸入后也可能引起上呼吸道黏膜的炎症，例如鼻炎、咽炎、支气管炎等，长期吸入会造成硅肺。

化学物质的毒性评价指标有许多种，通常用的是最高允许浓度。最高允许浓度是指操作者在该浓度下长期进行生产劳动，不会引起急性或慢性职业性危害的一个限值。它是衡量生产环境污染程度的卫生标准，也是评价卫生技术措施的依据。毒物浓度的表示方法：我国用标准状况下每立方米空气中含有毒物的毫克数（mg/m^3）来表示，英美等国家对气体和蒸气采用在25℃、760mm汞柱大气压下、100万份体积的空气中毒物所占的份数，即百万分之几（ppm）来表示。两种单位可通过下列公式换算：

$$1\ \text{ppm} = \frac{\text{mg}}{\text{m}^3} \times \frac{24.45}{\text{某毒物的相对分子质量}} \tag{9-4}$$

$$\frac{\text{mg}}{\text{m}^3} = 1\ \text{ppm} \times \frac{\text{某毒物的相对分子质量}}{24.45} \tag{9-5}$$

式中，数值24.45为换算系数，原因是我国表示毒物浓度的单位是指标准状况下，而英美等国是指25℃、760mm汞柱状况下，它不是标准状况。如果两方表示毒物浓度的单位均指标准状况，则此换算系数应为22.4。

大气中有害物质的允许浓度见表 9-2。

表 9-2　大气中有害物质的允许浓度

序号	名称	mg/m³	10^{-6}	序号	名称	mg/m³	10^{-6}
1	苯	80　(40)	25	15	松节油	560(300)	100
2	甲苯	750(100)	200	16	二氯乙烯	520(50)	100
3	二甲苯	870(100)	200	17	环己烷	1400	400
4	硝基苯	5	1	18	甲基溶纤剂	80	25
5	氯苯	350(50)	75	19	煤油	(300)	
6	甲醇	260(50)	200	20	胶棉液	(200)	
7	乙醇	1900	1000	21	水杨酸甲酯	(30)	
8	丙酮	360(400)	200	22	苏丹红粉尘	(2)	
9	乙醚	1200(500)	400	23	氧化钛粉尘	(2)	
10	乙二胺	30	10	24	烛红粉尘	(2)	
11	苯脂	19	5	25	平平加蒸气	(10)	
12	氯仿	240	50	26	环氧乙烷	(5)	
13	四氯化碳	65(25)	10	27	苯甲酸甲酯	(60)	
14	汽油	2000(350)	500				

注：表中括弧内的数值为军间工作场所空气中有害物质的允许浓度。

2. 有毒化学品对人体危害的途径

有毒化学品对人体的毒害大致有三种途径：

（1）经呼吸道进入人体。在肺泡中进行交换，渗入血液而进入全身，引起人体机能失调和障碍。该类毒物一般以气态、烟雾、粉尘状态污染操作场所的空气而危害人体。

（2）经消化道进入人体，由肠胃吸收而运至全身。这类中毒一般是因误食毒物或因毒物污染饮食器具而造成。

（3）经人体皮肤渗透进入人体。这种中毒是由于接触某些渗透力极强的化学品后才能引起的。

3. 卫生安全防护措施

（1）在不影响渗透检测灵敏度，满足工件技术要求前提下，尽可能采用低毒配方来代替有毒和高毒的配方。

（2）采用先进技术，引进渗透检测工艺和完善渗透检测设备，特别是增设必要的通风装置，降低毒物在操作场所空气中的浓度。

（3）严格遵守操作规程，正确使用个人防护用品，例如口罩、防毒面具、橡皮手套、防护服和涂敷皮肤的防护膏等。

（4）当紫外线通过三氯乙烯时，会产生有害光气。在除油过程中，注意不要让三氯乙烯滞留在工件的盲孔里或其他凹陷之处。

（5）波长在 320nm 以下的短波紫外线对人眼有害，所以严禁使用不带滤波片或滤波片破裂的紫外线灯。

（6）操作现场严禁吸烟，一是防火安全所必须，二是防止吸入有毒气体。

（7）用三氯乙烯蒸气除油时，要经常向槽内添加三氯乙烯溶液，防止加热器露出液面，则会引起过热，产生剧毒气体。

(8) 显像粉会使皮肤干燥，刺激人的气管，所以，操作者应带橡皮手套，工作现场应有抽风装置。

(9) 工作前，操作者手上应涂防护油，最好戴上防护手套并系好围裙，可避免皮肤与渗透检测剂直接接触而污染，并防止皮肤干燥或开裂，甚至引起皮炎。

(10)人员预检和定期体检也是重要的防护措施。预检是对新参加渗透检测的工作人员进行体检，以便及早发现不宜从事这项工作的某些健康问题。这种问题有哮喘、血液病、肝和肾的实质性疾病及精神病等。定期体检可以早期发现毒物对人体危害致病情况，早期治疗，并采取必要的预防措施。

4. 强紫外线辐射的卫生安全防护

荧光渗透检测中使用的黑光是高压黑光汞灯的光辐射中滤出的强紫外线。众所周知，紫外线会产生物理、化学及生理效应。紫外线产生的各种生理效应明显与波长有关，较短的紫外线(波长小于320nm)是有害的。而用于荧光渗透检测的长波紫外线(波长320~450nm)不太会引起晒黑或其他严重后果，例如，刺伤眼睛或引起癌症。

但是，眼球处于黑光中会导致眼球荧光效应，眼睛会被辐射刺伤，使视力变得模糊，还会产生其他不舒适感。若长期暴露在黑光下，该刺激会引起头痛，极端情况下甚至会引起恶心。然而，一般情况下，是无害的，且这种现象不是长期效应。

眼球荧光是可以避免的。主要途径是防止眼球直接接触黑光，或者将这种直接接触降低到最低限度，也可戴紫外线防护镜，这种眼镜不允许紫外线通过，只允许可见黄绿色光通过。

如果黑光灯滤光片或屏蔽罩破裂，那些小于320nm波长的短波紫外线就可能泄漏出来。此时，与这些短波紫外线辐射接触的操作人员眼睛就有可能患光角膜炎及结膜炎。这种疾症类似雪盲症，开始时感到眼睛中有“沙粒”，对光过敏及流泪，可能发展到暂时性失明。这种症状通常在接触短波紫外线辐射6~12h后开始出现，并延续到6~24h，一般48h后又会消失。这种症状无累积效应。因此，黑光灯滤光片或屏蔽罩一旦破裂，灯就不得投入使用。

习　题

一、选择题

1. 下面关于裂纹试块使用目的的说法中，哪种是不正确的：(　　)

   A. 为了可以算出缺陷的大小和深度

   B. 为了反映是否有足够的探伤灵敏度

   C. 为了确定渗透剂是否还有足够的荧光强度

   D. 以上都是

2. 比较两种不同渗透剂性能时，哪种试块最实用：(　　)

   A. A型试块　　B. B型试块　　C. 凸透镜试块　　D. 带已知裂纹的试块

3. 能够正确反映渗透探伤灵敏度的试块应具备的条件是：(　　)

   A. 具有符合宽度和长度要求的表面裂纹

   B. 具有规定深度的表面裂纹

C. 裂纹内部不存在粘污物

D. 以上都是

4. 比较两种渗透剂的裂纹探伤灵敏度的较好方法是：(　　)

A. 比重计测量比重　　B. 用带裂纹的 A 型铝试块

C. 进行润湿试验测量接触角　　D. 用新月试验法

5. 检查渗透材料系统综合性能的一种常用方法是：(　　)

A. 确定渗透剂的黏度　　B. 测量渗透剂的润湿能力

C. 用人工裂纹试块的两部分进行比较　　D. 以上都是

6. 下面关于裂纹试块使用目的的说法中，哪种是不正确的：(　　)

A. 为了制定一个裂纹的标准尺寸，这种裂纹可以根据需要复制

B. 为了确定两种不同渗透剂的相对灵敏度

C. 为了确定渗透剂是否由于污染而失去或降低了荧光亮度

D. 为了确定从零件表面上去除渗透剂，而不将裂纹中的渗透剂去除掉所需要的清洗程度或清洗方法

7. 人工裂纹对比试块的主要用途是：(　　)

A. 检测渗透剂的性能　　B. 检测操作工艺是否恰当

C. A 和 B　　D. 上述均错

8. 各国渗透探伤用的人工裂纹对比试块有：(　　)

A. 铝合金淬火裂纹试块　　B. 镀铬裂纹试块

C. 不锈钢压痕裂纹试块　　D. 上述都对

9. 如果用悬臂弯曲镀层试片产生的裂纹：(　　)

A. 间隔和宽度相等　　B. 间隔相等深度不等

C. 接近夹持端的裂纹较密集　　D. 不能使用悬臂弯曲模

10. 有时用镀层裂纹试片来比较灵敏度，试片上通常有一层脆性铬镀层，这些试片：(　　)

A. 仅在弯曲悬臂模上弯曲　　B. 仅在径向弯曲模上弯曲

C. 仅在周向弯曲模上产生　　D. 在悬臂和径向弯曲模上产生

11. 不同温度下的灵敏度试验，可采用的试块是：(　　)

A. 不锈钢镀铬辐射状裂纹试块　　B. 铝合金淬火试块

C. 黄铜板镀铬裂纹试块　　D. B 和 C

12. 用悬臂弯曲模弯曲镀层朝下的试片，产生的裂纹：(　　)

A. 间隔和宽度相等

B. 间隔相等，深度不同

C. 聚集在一起，接近夹持端的裂纹较密集

D. 聚集在一起，接近夹持端的裂纹较稀疏

13. 水洗型(自乳化型)着色渗透探伤的优点是：(　　)

A. 不需特殊光源，工件可远离电源

B. 适用于表面粗糙的工件及大型工件的局部探伤

C. 适用于外形复杂工件的探伤

D. 上述都是

14. 后乳化型荧光渗透探伤法的优点是：(　　)

A. 检测灵敏度高，适合检测尺寸较小，宽度较浅的缺陷，具有清晰的荧光显示痕迹

B. 渗透时间短，探伤速度快，乳化后可直接用水清洗，适合大型工件探伤

C. 能用于复杂和表面阳极电化，镀铬处理的工件

D. 以上都是

二、判断题

1. A 型试块和 C 型试块都可用来确定渗透剂的灵敏度等级。

2. 着色渗透检测用过的试片一般不应再用于荧光渗透检测，或者必须经过最彻底的清洗，这是因为试片上残存的着色染料会减少或猝灭荧光染料所发的荧光。

3. 为了保证渗透检测试片、试块的反复使用，用于水洗型渗透剂的试片、试件，每次使用后，推荐采用三氯乙烯蒸气除油清洗。

4. 水洗型荧光渗透检测方法对浅而宽的缺陷最灵敏。

5. 一般情况下，表面比较粗糙的工件宜选用水洗型渗透剂，缺陷大而深度浅的工件宜选用后乳化型渗透剂。

6. 一般说来，在渗透探伤中采用后乳化型荧光渗透法的灵敏度最高。

7. 只要作过着色渗透探伤试验的对比试块，一般情况下不能再作荧光渗透试验，反之则可以。

参考答案

选择题

1. B　2. A　3. D　4. B　5. C　6. A　7. C　8. D　9. C　10. D　11. D　12. C　13. D　14. D

判断题

1. ×　2. ○　3. ×　4. ×　5. ○　6. ○　7. ×

第十章 典型工件渗透检测

10.1 渗透检测通用工艺规程

渗透检测通用工艺规程指用于指导渗透检测工程技术人员和实际操作人员进行渗透检测工作，处理检测结果，进行质量评定并做出合格与否的结论，从而完成渗透检测任务的技术文件。

渗透检测通用工艺规程应根据相关法规、安全技术规范、技术标准、有关的技术文件，例如对于特种设备行业，可依照包含 JB/T 4730.5—2005 在内的要求，并针对本单位的产品(或检测对象)的结构特点和检测能力进行编制。渗透检测通用工艺规程应涵盖本单位(制造、安装或检测单位)产品(或检测对象)的检测范围。

渗透检测通用工艺规程，一般以文字说明为主。它应具有一定的覆盖性、通用性和可选择性。它至少应包括以下内容：

(1) 使用范围：指明该通用工艺规程适用于哪类工件或哪组工件，哪种产品的焊缝及焊缝类型等。

(2) 应用标准、法规：技术文件引用的法规、安全技术规范和技术标准等。

(3) 检测人员资格：对检测人员资格、视力等要求。

(4) 检测设备、器材和材料：渗透检测用的检测设备的选择、试块名称、渗透检测剂名称和牌号等。

(5) 检测表面准备：对被检工件表面的准备方法及要求等。

(6) 检测时机：指不同材料的被检工件渗透检测的工序安排、时间安排等。

(7) 检测工艺和检测技术：指明进行渗透检测时可选择的渗透检测方法，渗透检测剂的施加方法，清洗和去除方法、干燥方法、观察方式，渗透、乳化及显像的时间和温度控制，清洗用水压、水温及水流量控制，干燥的温度和时间的要求以及后清洗的要求等。

(8) 检测结果的评定及质量分级：指明检测结果评定所依据的技术标准、安全技术规范和验收合格等级等。

(9) 检测记录、报告和资料存档：规定检测记录、报告内容及格式要求，资料、档案管理要求，安全管理规定等。

(10) 编制(级别)、审核(级别)和批准人，制定日期等。

渗透检测通用工艺规程的编制、审核及批准应符合相关法规、安全技术规范或技术标准的规定。

10.2 渗透检测工艺卡

10.2.1 工艺卡的基本内容

渗透检测工艺卡是依据渗透检测通用工艺规程、和被检工件的技术要求为依据而专门制定的有关检测技术细节和具体参数条件。它一般应包括以下基本内容：

（1）工艺卡编号：一般为年号加流水顺序号。

（2）产品部分：产品名称，产品编号，制造、安装或检测编号，特种设备类别，规格尺寸，材料牌号，热处理状态及表面状态。

（3）检测设备、器材和材料：检测用仪器设备名称、型号、试块名称、检测附件、检测材料。

（4）检测工艺参数：检测方法、检测部位、检测比例。

（5）检测技术要求：执行标准、验收级别。

（6）检测部位示意图：包括检测部位、缺陷部位、缺陷分布等。

（7）编制人(级别)和审核人(级别)。

（8）制定日期。

实施渗透检测的人员应按特种设备渗透检测工艺卡进行操作。

特种设备渗透检测工艺卡的编制、审核应符合相关法规、安全技术规范或技术标准的规定。

“渗透检测工艺卡”格式参考表 10-1 所示。

表 10-1　特种设备渗透检测工艺卡

产品/工件名称		规格尺寸		热处理状态		检测时机	
被检表面要求		材料牌号		检测部位		检测比例	
检测方法		检测温度		标准试块		检测方法标准	
观察方式		渗透剂型号		乳化剂型号		清洗剂型号	
显像剂型号		渗透时间		干燥时间		显像时间	
乳化时间		检测设备		黑光辐照度		可见光照度	
渗透剂施加方法		乳化剂施加方法		去除方法		显像剂施加方法	
水洗温度		水压		验收标准		合格级别	
渗透检测质量评级要求							
示意草图							
工序号	工序名称	操作要求及主要工艺参数					
1	预清洗						
2	渗透						
3	去除						
4	干燥						
5	显像						
6	观察及评定						
备注							
编制人及资格				审核人及资格			
日期				日期			

10.2.2 渗透检测工艺卡的填写内容

工艺卡编号 如 2012-123456。

产品或工件名称 如压力管道、中压分离器、锻件。

规格尺寸 如 ϕ2000mm×6989mm×33mm+3mm。

热处理状态 如(600±20)℃消除应力退火，900℃正火。

检测时机 一般焊缝可为"焊接完工后"；对有延迟裂纹倾向的材料，应为"焊后至少 24h 后"；对《GB12337—1998 钢制球形储罐》的焊缝，应为"焊后至少 36h 后"；对紧固件和锻件，应为"最终热处理后"；其他工件可根据工序安排。

被检表面要求 根据表面处理要求填写。如果被检测工件表面漆层厚，可填写"除去漆层，露出金属光泽"、"清除油污"等。

材料牌号 被检工件的材料，如 1Cr18Ni9Ti、镍基合金。

检测部位 被检工件上应实施检测的位置。

检测比例 根据技术文件的要求填写具体的检测百分比。

检测方法 所用的渗透检测方法。选用渗透检测方法时，首先应满足检测缺陷类型和灵敏度的要求。在此基础上，可根据被检工件表面粗糙度、检测批量大小和检测现场的水源，电源等条件来决定。

渗透检测方法及其代号见表 10-2。

表 10-2 渗透检测方法分类

渗透剂		渗透剂的去除		显像剂	
分类	名称	方法	名称	分类	名称
Ⅰ	荧光渗透检测	A	水洗型渗透检测	a	干粉显像剂
Ⅱ	着色渗透检测	B	亲油型后乳化渗透检测	b	水溶解显像剂
Ⅲ	荧光、着色渗透检测	C	溶剂去除型渗透检测	c	水悬浮显像剂
		D	亲水型后乳化渗透检测	d	溶剂悬浮显像剂
				e	自显像

注：渗透检测方法代号示例：ⅡC-d 为溶剂去除型着色渗透检测(溶剂悬浮显像剂)

检测温度 检测时要求的温度范围。

标准试块 根据用途和检测条件选用铝合金试块(A 型对比试块)或镀铬试块(B 型试块)。

检测方法标准 对于承压设备 JB/T 4730.5—2005。

观察方式 使用荧光渗透剂检测时，为"黑光下(灯)，目视"。

使用着色渗透剂检测时，为"白光下(灯)，目视"。

渗透剂、乳化剂、清洗剂、显像剂型号 所使用的渗透检测剂种类和型号。

渗透、干燥、显像、乳化时间 根据工艺要求确定具体的时间。具体时间可根据法规、安全技术规范或技术标准的规定、渗透检测剂的使用说明书来确定或通过专门试验来确定。

检测设备 根据工件尺寸、形状等选择合适的设备，如填写"固定式"、"便携式喷罐"、"黑光灯"。

黑光辐照度 使用荧光渗透剂检测时，在暗室或暗处"可见光照度不应大于 20 lx"，"距黑光灯滤光片 38cm 的工件表面的辐照度大于或等于 1000μW/cm^2"。

可见光照度　使用着色渗透检测时，“工件被检处白光照度应大于或等于 1000 lx；条件所限时也“不得低于 500 lx”。

渗透剂施加方法　一般为“喷涂”、“刷涂”、“浇涂”、“浸涂”等方法中的一种或几种组合。

乳化剂施加方法　一般为“喷涂”、“浇涂”、“浸涂”等方法中的一种或几种组合。

多余渗透剂的去除方法　一般为“擦洗”、“喷洗”等方法中的一种或几种组合。

显像剂施加方法　一般为“喷涂”、“刷涂”、“浇涂”、“浸涂”等方法中的一种或几种组合。

水洗温度　采用水清洗时所用水的温度范围。

水压　采用水清洗时所用水的压力要求。

验收标准　对承压设备，为 JB/T 4730. 5—2005。

合格级别　对承压设备，共分Ⅰ、Ⅱ、Ⅲ、Ⅳ四个级别。

渗透检测质量评级要求　指满足合格级别条件下的质量要求(JB/T 4730. 5—2005)：

(1) 对于焊接接头可填写“不允许存在任何裂纹”。

如对于Ⅰ级焊接接头和破口可增加“不允许线性缺陷显示”，“圆形缺陷显示(评定框尺寸为 35mm×100mm)长径 $d \leqslant 1.5$mm，且在评定框内少于或等于 1 个”。

(2) 其他部件可填写“不允许存在任何裂纹和白点”，紧固件和轴类工件填写“不允许任何横向缺陷显示”。

如对于Ⅱ级其他部件可填写“线性缺陷显示长度 $L \leqslant 4$mm”，“圆形缺陷显示(评定框尺寸为 2500mm^2，其中一条矩形边的最大长度为 150mm)长径 $d \leqslant 4.5$mm，且在评定框内少于或等于 4 个”。

编制和审核　人员资质应符合相关法规标准或技术文件的规定。

10. 3　典型工件渗透检测

每项产品或工件一般只编写一份“渗透检测工艺卡”

这里仅举几个编制工艺卡的示例。因为有许多检测方法和设备及材料可供选择，所以可组合编制多种形式工艺卡。这里提供的工艺卡示例，不是唯一形式，也不一定是最佳的，仅供参考。

10. 3. 1　压力管道渗透检测

例：某工厂在建工业压力管道，如图 10-1 所示，规格为 ϕ108mm×5mm，材质为 1Cr18Ni9Ti，总长 100m，共 20 个对接焊缝接头。焊接方法为：氩弧焊打底，电弧焊多层多道焊。焊后外表面进行酸洗、钝化处理，整体进行水压试验。图样要求：对接焊缝外表面 20%渗透检测抽查，按 JB/T 4730. 5—2005 标准，Ⅰ级合格。自选条件，优化编制压力管道对接焊缝渗透检测工艺卡，见表 10-3。

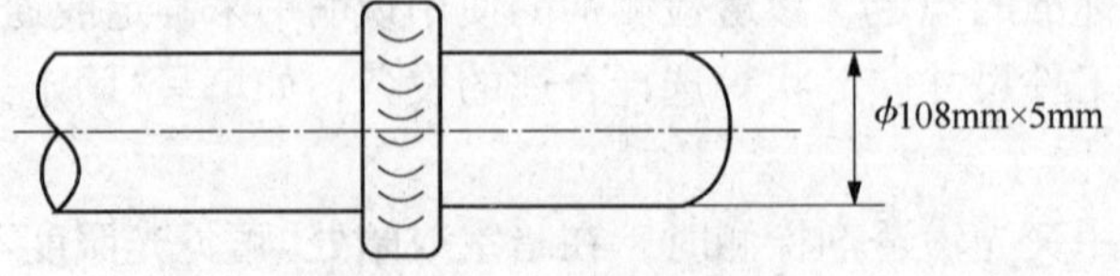

图 10-1　压力管道结构示意图

表 10-3　压力管道渗透检测工艺卡　　编号：2012-1234

设备名称	压力管道	规格尺寸	ϕ108mm×5mm	热处理状态	—	检测时机	外观质量检查合格后
被检表面要求	打磨	材料牌号	1Cr18Ni9Ti	检测部位	对接焊缝	检测比例	20%
检测方法	ⅡC-d	检测温度	10~50℃	标准试块	B 型	检测方法标准	JB/T 4730.5—2005
观察方式	白光下目视	渗透剂型号	DPT-5	乳化剂型号	—	去除剂型号	DPT-5
显像剂型号	DPT-5	渗透时间	≥10min	干燥时间	自然干燥	显像时间	≥7min
乳化时间	—	检测设备	携带式喷罐	黑光辐照度	—	可见光照度	≥1000 lx
渗透剂施加方法	喷涂	乳化剂施加方法	—	去除方法	擦洗	显像剂施加方法	喷涂
水洗温度	—	水压	—	验收标准	JB/T 4730.5—2005	合格级别	Ⅰ级
渗透检测质量评级要求	1. 不允许存在任何裂纹； 2. 不允许线性缺陷显示，圆形缺陷显示（评定框尺寸 35mm×100mm）长径 d≤1.5mm，且在评定框内少于或等于 1 个。						
示意草图	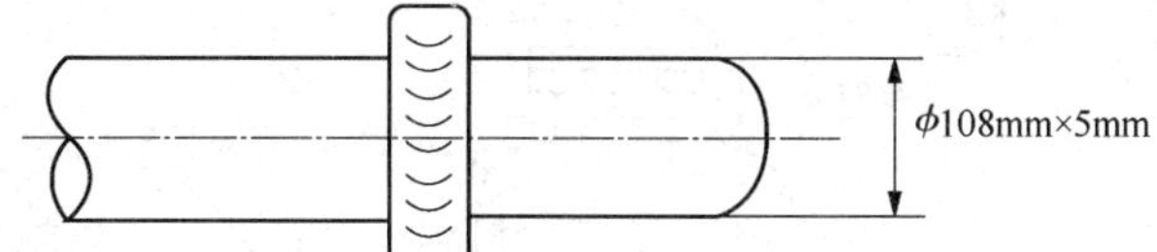						

序号	工序名称	操作要求及主要工艺参数
1	表面准备	用不锈钢丝盘磨光机打磨去除焊缝及两侧各 25mm 范围内焊渣、飞溅及焊缝表面不平，酸洗、钝化处理被检表面
2	预清洗	用清洗剂将被检表面洗擦干净
3	干燥	自然干燥
4	渗透	喷涂施加渗透剂，使之覆盖整个被检表面，在整个渗透时间内始终保持湿润，渗透时间应不少于 10min
5	去除	先用干燥、洁净不脱毛的布或纸依次擦拭，直至大部分多余渗透剂被去除后，再用蘸有清洗剂的干净不脱毛布或纸进行擦拭，直至将被检表面上多余的渗透剂全部擦净。但应注意，擦拭时应按一个方向进行，不得往复擦拭，不得用清洗剂直接在被检表面上冲洗。
6	干燥	自然干燥，时间应尽量短
7	显像	喷涂法施加，喷嘴离被检表面距离为 300~400mm，喷涂方向与被检工件表面夹角为 30°~40°。使用前应充分将喷罐摇动使显像剂均匀，不可在同一地点反复多次施加。显像时间不应少于 7min
8	观察	显像剂施加后 7~60min 内进行观察，被检面处白光照度应≥1000 lx，必要时可用 5~10 倍放大镜进行观察

续表

序号	工序名称	操作要求及主要工艺参数
9	复验	应将被检面彻底清洗，重新进行渗透等检测操作步骤，检测灵敏度不符合要求，操作方法有误或技术条件改变时、合同各方有争议或认为有必要时进行
10	后清洗	用湿布擦除被检面显像剂或用水冲洗
11	评定与验收	根据缺陷显示尺寸及性质按 JB/T 4730. 5—2005 进行等级评定，Ⅰ级合格
12	报告	出具报告内容至少包括 JB/T 4730. 5—2005 规定的内容
备注		1. 渗透检测剂中的氯、氟元素的含量的质量比不得超过 1%。 2. 渗透检测实施前、检测操作方法有误或条件发生变化时，用 B 型试块按工艺进行校验。

编制人及资格		审核人及资格	
日期		日期	

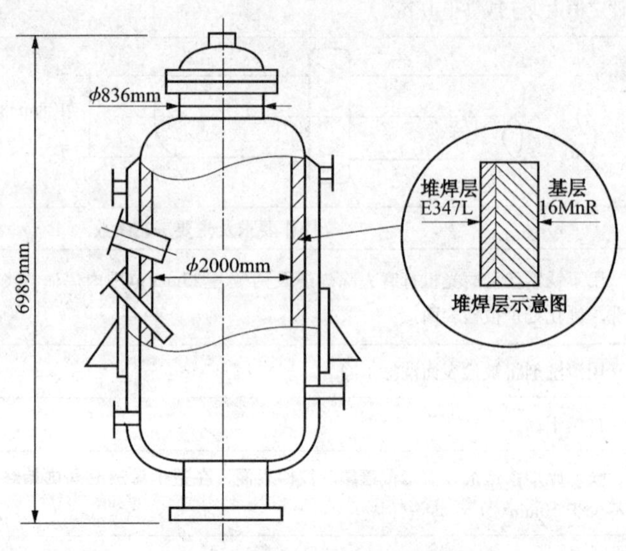

图 10-2　中压分离器结构示意图

10. 3. 2　中压分离器渗透检测

例：某在用中压分离器，结构如图 10-2 所示，规格为 ϕ2000mm×6989mm×33mm+3mm，接管为 ϕ800mm。筒体基层材质为 Q345R；内表面主要为自动堆焊层，材料为 E347L(不锈钢)；有部分手工堆焊层。设计压力为 3. 2MPa，工作压力为 2. 6MPa；工作介质为烃和 H_2，介质中 H_2S 含量较高；工作温度为 220℃。容积为 14m^3。容器类别为Ⅱ类。本次开罐定期检验要求对内表面堆焊层进行 100%渗透检测，标准执行《JB/T 4730. 5—2005 承压设备无损检测　第 5 部分　渗透检测》，Ⅱ级合格。自选条件，优化编制内表面堆焊层渗透检测工艺卡，见表 10-4。

表 10-4　中压分离器渗透检测工艺卡　　　　编号：2012-2234

设备名称	中压分离器	规格尺寸	ϕ2000mm×6989mm×33mm+3mm	热处理状态	—	检测时机	外观质量检查合格后
被检表面要求	不锈钢丝盘磨光机打磨	材料牌号	Q345R+E347L	检测部位	内表面堆焊层	检测比例	100%
检测方法	Ⅰ A-d	检测温度	10～50℃	标准试块	B 型	检测方法标准	JB/T 4730.5—2005
观察方式	黑光灯下目视	渗透剂型号	ZB-2	乳化剂型号	—	清洗剂型号	水
显像剂型号	DPT-5	渗透时间	≥10min	干燥时间	5～10min	显像时间	≥7min
乳化时间	—	检测设备	黑光灯	黑光辐照度	≥1000 μW/cm^2	可见光照度	≤20 lx
渗透剂施加方法	喷涂	乳化剂施加方法	—	去除方法	喷(水)洗	显像剂施加方法	喷涂
水洗温度	20～30℃	水压	0.2～0.3MPa	验收标准	JB/T 4730.5—2005	合格级别	Ⅱ
渗透检测质量评级要求	1. 不允许存在任何裂纹； 2. 不允许线性缺陷显示，圆形缺陷显示(评定框尺寸 35mm×100mm)长径 d≤4.5m，且在评定框内少于或等于 4 个						
示意草图	堆焊层 E347L　基层 16MnR						

序号	工序名称	操作要求及主要工艺参数
1	表面准备	用不锈钢丝盘磨光机打磨去除污物
2	预清洗	被检表面冲洗干净，重点去除油污等
3	干燥	热风吹干，被检面的温度不得大于 50℃
4	渗透	喷涂施加渗透剂，使之覆盖整个被检表面，在整个渗透时间内始终保持润湿，渗透时间应不少于 10min
5	去除	用水喷法去除。冲洗时，水射束与被检面的夹角以 30℃为宜，水温为 10～40℃，如无特殊规定，冲洗装置喷嘴处的水压应不超过 0.34MPa。黑光灯照射下边观察边去除，防止欠洗或过清洗
6	干燥	热风进行干燥。干燥时，被检面的温度不得大于 50℃，干燥时间 5～10min
7	显像	喷涂法施加，喷嘴离被检面距离为 300～400mm，喷涂方向与被检面夹角为 30°～40°，使用前应充分将喷罐摇动使显像剂均匀，不可在同一地点反复多次施加。显像时间应不少于 7min

续表

序号	工序名称	操作要求及主要工艺参数
8	观察	显像剂施加后 7~60mm 内进行观察，距黑光灯滤光片 38cm 的工件表面的紫外线辐照度大于或等于 1000μW/cm^2，暗处白光照度应不大于 20 lx，必要时可用 5~10 倍放大镜进行观察。进入暗区，至少经过 3min 的黑暗适应，不能戴对检测有影响的眼镜
9	复验	应将被检面彻底清洗，重新进行渗透等检测操作各步骤。检测灵敏度不符合要求、操作方法有误或技术条件改变时、合同各方有争议或认为有必要时进行
10	后清洗	将被检面的渗透检测剂用水冲洗干净
11	评定与验收	根据缺陷显示尺寸及性质按 JB/T 4730. 5—2005 进行等级评定，Ⅱ级合格
12	报告	出具报告内容至少包括 JB/T 4730. 5—2005 规定的内容
备注		1. 渗透剂中的氯、氟元素的含量的质量比不得超过 1% 2. 渗透检测实施前、检测操作方法有误或条件发生变化时，用 B 型试块按工艺进行校验 3. 容器内检测时，注意通风、用电安全、防火、防尘

编制人及资格		审核人及资格	
日期		日期	

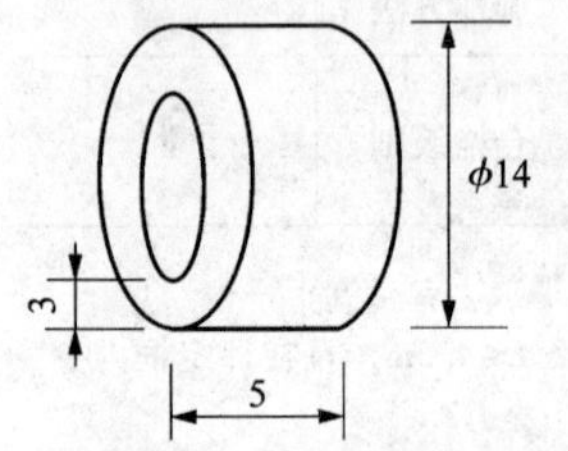

图 10-3　锻件结构示意图

10.3.3　锻件渗透检测

例：一批镍基合金锻件，结构如图 10-3 所示，规格 ϕ14mm×3mm，表面光滑，图样设计要求进行 100%表面渗透检测，执行标准 JB/T 4730. 5-2005，检测灵敏度等级为 2 级，Ⅰ级合格。自选条件，优化编制锻件渗透检测工艺卡，见表 10-5。

表 10-5　锻件透检测工艺卡　　编号 2012-3234

设备名称	锻件	规格尺寸	ϕ14mm×3mm	热处理状态	—	检测时机	锻造后
被检表面要求	锻造表面	材料牌号	镍基合金	检测部位	所有表面	检测比例	100%
检测方法	Ⅰ D-a	检测温度	10~50℃	标准试块	B 型	检测方法标准	JB/T4730. 5—2005
观察方式	黑光灯下，目视	渗透剂型号	985P12	乳化剂型号	9PR12	清洗剂型号	水
显像剂型号	氧化镁粉	渗透时间	≥10min	干燥时间	5~10min	显像时间	≥7min
乳化时间	≤2min	检测设备	黑光灯	黑光辐照度	≥1000 μW/cm^2	可见光照度	≤20 lx
渗透剂施加方法	浸涂	乳化剂施加方法	浸涂	去除方法	喷(水)洗	显像剂施加方法	喷粉(箱)
水洗温度	20~30℃	水压	0. 2~0. 3MPa	验收标准	JB/T 4730. 5—2005	合格级别	Ⅰ级

渗透检测质量评级要求	1. 不允许存在任何裂纹和白点； 2. 不允许线性缺陷显示，圆形缺陷显示(评定框尺寸35mm×100mm)长径d≤1.5mm，且在评定框内少于或等于1个。
示意草图	φ14 3 5

序号	工序名称	操作要求及主要工艺参数
1	表面准备	喷砂去除氧化皮
2	预清洗	用温水清洗剂将被检面冲洗擦干净
3	干燥	将工件放于干燥箱内进行干燥，干燥时间为5min，被检面温度不得高于50℃
4	渗透	采用槽式浸涂，整个工件浸入槽中，使渗透剂将其全部覆盖，渗透时间应不少于10min
5	滴落	逐个将工件从渗透剂中提起，滴落1min。滴落过程适当翻动工件
6	预水洗	用水喷去被检表面多余渗透剂，水压控制在0.2MPa左右。预水洗过程中注意转动工件
7	乳化、滴落	采用槽式浸涂乳化。亲水型乳化剂，乳化时间应大于2min(含滴落时间)
8	最终水洗	用水喷法去除。冲洗时，水射束与被检面的夹角以30°为宜，水温为10~40℃，如无特殊规定，冲洗装置喷嘴处的水压应不超过0.34MPa，冲洗时，在黑光灯照射下监控清洗效果
9	干燥	在热空气循环烘干装置中进行，被检表面温度不得大于50℃。干燥时间为5~10min
10	显像	在喷罐中进行显像，显像时间不应大于7min
11	观察	显像剂施加后7~60min内进行观察，距黑光灯滤光片38cm的工件表面的辐照度大于或等于1000μW/cm²，暗处白光照度应不大于20 lx必要时可用5~10倍放大镜进行观察。进入暗区，至少经过3min的黑暗适应，不能戴对检测有影响的眼镜
12	复验	应将被检面彻底清洗，重新进行渗透等检测操作步骤，检测灵敏度不符合要求，操作方法有误或技术条件改变时、合同各方有争议或认为有必要时进行
13	后清洗	在水一定洗涤剂槽中进行后清洗，将被检面的渗透检测剂用水洗净，清洗后应进行干燥处理
14	评定与验收	根据缺陷显示尺寸及性质按JB/T 4730.5—2005进行等级评定，Ⅰ级合格
15	报告	出具报告内容至少包括JB/T 4730.5—2005规定的内容
备注		1. 渗透检测剂中的氯、氟元素的含量的质量比不得超过1% 2. 渗透检测实施前、检测操作方法有误或条件发生变化时，用B型试块按工艺进行校验

编制人及资格		审核人及资格	
日期		日期	

参 考 文 献

1 郑文仪．渗透检测[M]．北京：国防工业出版社，1981.
2 庄文忠，孙桂儿．磁粉与渗透探伤技术[M]．北京：国防工业出版社，1982.
3 中国机械工程学会无损检测学会．渗透检测[M]．北京：机械工业出版社，1985.
4 全国锅炉压力容器无损检测人员资格鉴定考核委员会．渗透探伤[M]．北京：劳动人事出版社，1989.
5 顾惕人．表面化学[M]．北京：科学出版社，1994.
6 赵国玺．表面活性剂物理化学[M]．北京：北京大学出版社，1984.

涡流检测

第一章　涡流检测的物理基础

1.1　涡流检测的发展背景

涡流现象的发现已经有近二百年的历史。早在 1820 年，Oersted(奥斯特)就发现当一个导体通有电流时，会产生环绕导体的磁场。同年，Ampere(安培)发现在靠近导体的区域通一同样大小方向相反的电流将会抵消该导体电流产生的磁场。1824 年，Arago 发现当一个摆动的磁针放置于一个无磁性导体盘附近时，磁针的摆动会迅速衰减下来，这就是第一个验证涡流存在的实验。1831 年，Faraday(法拉第)发现了电磁感应现象，并在实验的基础上提出了电磁感应原理。1873 年，Maxwell(麦克斯韦)用完整的数学方程式将前人的这些成果表示出来，建立了系统严密的电磁场理论，时至今日，Maxwell 方程组仍然是电磁现象的研究基础，亦是涡流检测的理论基础。

随着电磁理论及其试验的不断发展与完善，促使了涡流检测等电磁无损检测与评估技术的不断发展。在 1879 年，Hughes(休斯)首先将涡流检测应用于实际——判断不同的金属和合金，进行材质分选。1926 年，第一台涡流测厚仪问世。但真正在理论和实践上完善涡流检测技术的是德国的 Föster(福斯特)博士。从 20 世纪 40 年代初，Föster 在基础实验和理论推导的基础上发表了大量有关涡流检测的论文，并创办了福斯特研究所。他的涡流检测理论与技术设备极大地推动了全世界涡流检测技术的发展。除前西德以外，美国、前苏联、法国、英国、日本也先后做了大量的开发性工作，发表了大量的论文，并研制生产了一些高水平的涡流检测设备。

我国于 20 世纪 60 年代开始开展涡流检测研究工作，70 年代中期成功研制了 FQR7501 型和 FQR7502 型涡流电导仪、FQR7503 型和 FQR7504 型膜层测厚仪以及 FQR7505 型涡流探伤仪等一系列涡流检测设备。此后又相继成功研制了 YY-17、YS-1、WTS-100、TC-200、ED-251、T-5、NE-30 等多种涡流检测仪器，至 20 世纪 90 年代，研制生产了 EEC-96 型数字涡流检测设备。这些设备在我国的航空航天、冶金、机械、电力、化工、核能等领域都曾经发挥过或正在发挥着重要的作用。

1.2　涡流检测的特点

涡流检测是以电磁感应原理为基础的一种常规无损检测方法，它适用于导电材料。在实际检测中，有着其自身特有的一些优势和不足之处。

1.2.1　涡流检测的优点

(1) 检测时，线圈不需接触工件，也无需耦合介质，所以检测速度快。对管、棒材检测，一般每分钟可检查几十米；线材每分钟可检查几百米甚至更多。易于实现现代化的自动检测，特别适合在线普查。

（2）对工件表面或近表面的缺陷，有很高的检出灵敏度，且在一定的范围内具有良好的线性指示，可对大小不同的缺陷进行评价，所以可以用作质量管理与控制。

（3）由于检查时不需接触工件又不用耦合介质，所以可在高温状态下进行检测。由于探头可伸入到远处作业，所以可对工件的狭窄区域、深孔壁（包括管壁）等进行检测。

（4）能测量金属覆盖层或非金属涂层的厚度。

（5）除了能进行导电金属材料的检测外，还可以检验能感生涡流的非金属材料，如石墨等。

（6）由于检测信号为电信号，所以可对检测结果进行数字化处理，并将处理后的结果进行存储、再现及进行数据比较和处理。

1.2.2 涡流检测的缺点

（1）涡流检测的对象必须是导电材料，且由于电磁感应的原因，只适用于检测金属表面缺陷，不适用于检测金属材料深层的内部缺陷。

（2）金属表面感应的涡流的渗透深度随频率而异，激励频率高时金属表面涡流密度大，检测灵敏度高，但是涡流渗透深度低；随着激励频率的降低，涡流渗透深度增加，但表面涡流密度下降，检测灵敏度降低。所以检测深度与表面伤检测灵敏度是相互矛盾的，很难两全。当对一种材料进行涡流检测时，须要根据材质、表面状态、检验标准作综合考虑，然后再确定检测方案与技术参数。

（3）采用穿过式线圈进行涡流检测时，线圈覆盖的是管、棒或线材上一段长度的圆周，获得的信息是整个圆环上影响因素的累积结果，对缺陷所处圆周上的具体位置无法判定。

（4）旋转探头式涡流检测方法可准确探出缺陷位置，灵敏度和分辨率也很高，但检测区域狭小，在检验材料需作全面扫查时，检验速度较慢。

尽管涡流检测存在一些不足之处，但它独特的专长是其他无损检测方法所无法取代的，因此它在无损检测技术领域中具有重要的地位。

1.3 涡流检测的基础知识

1.3.1 材料的导电性

1. 金属导电的物理本质

根据物质的导电性能可将各种物质分为导体、绝缘体和半导体三种类型。例如金、银、铜、铝、铁等金属都是具有良好导电性能的导体；而橡胶、陶瓷、云母、塑料、竹木等都是导电性能很差的绝缘体；另外还有一类物质的导电性介于导体和绝缘体之间，称它们为半导体，例如硅、锗等就是常用的半导体材料。需要指出的是，导体和绝缘体的界限不是绝对的，它们在一定的条件下可以相互转化，例如玻璃在常温时是绝缘体，高温熔化后就变成了导体。

一切物质都是由原子组成的，而原子又是由带正电的原子核和带负电的电子所组成。电子在原子核外分层不停地绕核运动。原子核所带的正电荷数量和核外电子所带的负电荷数量相等，所以原子平时呈现电中性。不同物质的原子核所带正电荷数和核外电子数都是不同的。

由于原子核带正电，电子带负电，它们之间就有相互吸引力，电子被束缚在原子核周围绕核作旋转运动。在金属物质的原子中，外层电子受原子核的吸引力较小，在其余电子的排挤下，挣脱了原子核的吸引，使它在金属中自由“游荡”，成为自由电子。失去了外层电子的原子变成带正电的离子，在平衡位置附近作热振动，所以，金属是由热振动的正离子和无规则运动的自由电子组成的。自由电子在电场的作用下会作定向移动，形成电流，从而金属等材料会导电。而绝缘体中的原子，由于外层电子受原子核的束缚力很大，不容易形成自由电子，从而在电场作用下电流不能流过，所以导电性能很差。

2. 电流和电阻

自由电子受电场作用力的影响会向反方向作定向移动，从而形成电流。电流的强弱可用电流强度 I 来表示，它代表单位时间内通过导体横截面的电量，单位是 A(安培)。如果一个导体两端的电位差为 U，导体的电阻为 R，则根据欧姆定律，通过导体的电流可表示为

$$I=\frac{U}{R} \tag{1-1}$$

自由电子在运动中总要与金属晶格中的正离子碰撞，碰撞的次数非常频繁(每秒约 10^{15} 次)。这种碰撞会阻碍自由电子的定向移动，从而减小电流。这种阻碍电荷移动的能力称为电阻，其大小与导体的长度 l 成正比，与导体的横截面积 s 成反比，还与导体的材料有关，可以用下式表示

$$R=\rho\frac{l}{s} \tag{1-2}$$

式中 ρ——导体的电阻率，表示单位长度、单位截面积的电阻，单位是 $\Omega\cdot m$，用于研究金属时的电阻率用 $\mu\Omega\cdot cm$(或 $10^{-8}\Omega\cdot m$)为计量单位。

电阻率的倒数称为电导率，用符号 σ 表示，单位是 S/m(西门子/米)。

$$\sigma=1/\rho \tag{1-3}$$

在工程技术中还可用 IACS(国际退火铜标准)单位来表示电导率，这种单位规定退火工业纯铜(电阻率在温度 20℃时为 $1.7241\times10^{-8}\Omega\cdot m$)的电导率作为 100%IACS。则其他金属的电阻率 ρ_x、电导率 σ_x 若用它的百分数表示，即为

$$\sigma_x=\left[\frac{\text{标准退火铜电阻率}}{\text{金属的电阻率}}\right]\times100\%\ (\text{IACS}) \tag{1-4}$$

显然，电阻率值愈小，电导率值愈大，材料的导电性能就愈好。一些常用金属材料的电阻率、电导率及温度系数见表 1-1。

表 1-1 一些金属的电阻率、电导率和温度系数

金 属	20℃时的电阻率/μΩ·cm	温度系数(20℃)	电导率	
			%IASC	Ms/m
铝	2.824	0.0039	61.05	35.4
锑	41.7	0.0036	4.13	2.40
砷	33.3	0.0042	5.18	3.0
铋	120	0.004	1.44	0.83
黄铜	7	0.002	25	14.3
镉	7.6	0.0038	22	13.2

续表

金 属	20℃时的电阻率/μΩ·cm	温度系数(20℃)	电导率	
			%IASC	Ms/m
高电阻铁镍合金	87	0.0007	2.0	1.15
钴	9.8	0.0033	18	10.2
康铜	49	0.00001	3.5	2.0
铜(退火)	1.7241	0.00393	1.0×10^2	58.00
铜(冷拉)	1.771	0.00382	97.35	56.46
气体碳	5000	−0.0005	0.03	0.02
德银(18%Ni)	33	0.0004	5.2	3.0
金	2.44	0.0034	70.7	41.0
铁(99.8%纯)	10	0.005	17	10.0
铅	22	0.0039	7.8	4.5
镁	4.6	0.004	38	22
锰铜(锰镍铜合金)	44	0.00001	3.9	2.3
汞	95.783	0.00089	1.8	1.044
钼(拉拔)	5.7	0.004	30	17.5
锰乃尔合金	42	0.002	4.1	2.4
镍铬合金	100	0.0004	1.72	1.0
镍	7.8	0.006	22	12.8
钯	11	0.0033	16	9.1
磷青铜	7.8	0.0018	22	12.8
铂	10	0.003	17	10
银	1.59	0.0038	108	63
锰钢	70	0.001	2.5	1.43
西罗铜	15.5	0.0031	11.1	6.5
铝锰合金	47	0.00001	3.7	2.1
锡	11.5	0.0042	15.0	8.7
钨(拉拔)	5.6	0.0045	31	17.9
锌	5.8	0.0037	30	17.2
钢(最高质量)	10.4	0.005	16.6	9.6
钢(滚珠轴承)	11.9	0.004	14.5	8.4
钢(平炉)	18	0.003	9.6	5.6

3. 影响金属导电性的主要因素

影响金属导电性的因素很多，主要有温度、杂质应力、形变以及热处理等。

1）温度的影响

温度升高，导致自由电子与金属晶格中的正离子碰撞加剧，使电阻增大，当温度接近熔点或接近 0 K 时，电阻与温度呈线性关系：

$$R=R_0[1+\alpha(T-T_0)] \tag{1-5}$$

式中　R——温度 T 时的电阻；

R_0——温度 T_0 时的电阻；

α——电阻温度系数。

电阻温度系数随所选择的起始温度 T_0 而异。当电阻率与温度呈线性关系时，对不同起始温度的电阻温度系数，可用下式进行换算

$$\alpha_2 = \frac{\alpha_1}{1 + \alpha_1(T_2 - T_1)} \tag{1-6}$$

式中　α_1、α_2——温度 T_1、T_2 时的电阻温度系数。

由于金属在熔化时点阵的规律性被破坏了，原子之间的键也有所变化，所以熔化金属的电阻比固态时大 2 倍，而且液态金属的电阻还随温度的升高而增大。

2）杂质的影响

纯金属具有规则的晶格，因此电阻率 ρ 很小。杂质，即使含量极少，也会导致金属晶格的畸变，造成电子散射，使电阻率增加。

3）应力的影响

在弹性范围内单向拉伸或者扭转应力能提高金属的电阻率 ρ，并存在下面的关系：

$$\rho=\rho_0(1+\alpha_r\sigma) \tag{1-7}$$

式中　ρ_0——无负荷时的电阻率；

α_r——应力系数；

σ——拉应力，Pa(或 N/m^2)。

显然，应力使电阻率增加了，其原因是在拉伸时应力使原子的间距增大了。

但是在单向压应力作用下，对于大多数金属来说使电阻率降低。如果此时的电阻率为 ρ_p，则它和压应力间存在如下关系：

$$\rho_p = \rho_V(1 + \varphi p) \tag{1-8}$$

式中　ρ_V——真空下的电阻率

p——压力，Pa；

φ——压力系数，是负值。

在压应力作用下电阻率降低可用原子振幅的减小来解释。

4）形变的影响

金属冷加工引起的变形对电阻亦有影响，其原因是冷加工使晶体点阵发生了畸变或产生缺陷，造成电场的不均匀性，从而导致电子波散射的增加。当冷变形度超过 10%时，电阻稍有增加，通常纯金属由冷变形引起的电阻率的增加约为 2%~6%。

5）热处理的影响

导电金属经冷变形后，强度和硬度增高，导电性降低。退火后，其电导率可得到恢复。退火温度对硬铜线电导率的影响见图 1-1 所示。

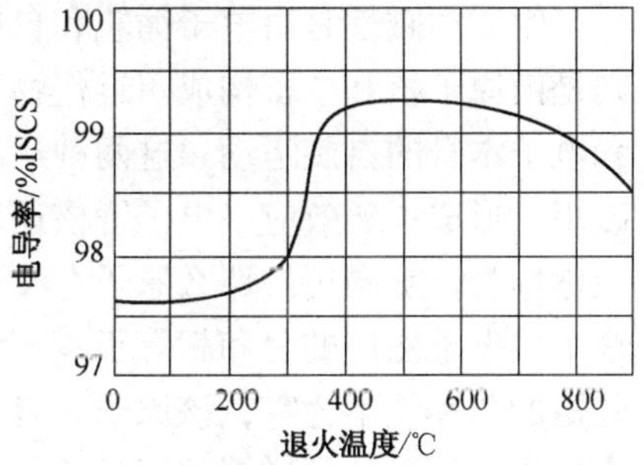

图 1-1　退火温度对硬铜线电导率的影响（铜 99.92%，冷变形度 90%）

4. 典型材料的导电性

涡流检测是一种适用于导电材料质量检测的电磁检测技术。下面从涡流检测的机理和某些物理现象的应用对该检测方法适用材料的导电性作一介绍。

橡胶、油漆、金属氧化物、塑料、搪瓷等是涡流检测中会遇到的非导电材料，这些材料常被涂敷于导电材料表面，具有防止内部金属腐蚀的保护作用。搪瓷，又称“珐琅”，是一种由石英、长石、硝石和碳酸钠等加上铅和锡的氧化物涂于钢质、铜质或银质器物表面经烧制而成的具有不同颜色的保护层。金属氧化物虽由金属经氧化而得，但由于金属原子外层起导电作用的自由电子被氧原子“俘获”而形成氧化物，从而失去导电性。虽然某些金属氧化物，如采用电化学方法形成的 Al_2O_3的阳极氧化膜层，仍然具有良好的金属光泽，因其完全丧失了导电性而成为一种典型的非导电材料。

银、铜、铝、铁、钛是工程上常见的金属材料，具有良好的导电性。但就纯金属而言，这些金属的导电能力依照上述列出的顺序依次降低，当对于更广泛应用的合金材料来说，导电能力会发生很大的变化。如退火状态下纯铜的电导率为 58Ms/m，而康铜的电导率仅为 2. 0Ms/m；同样纯银的电导率为 63Ms/m，添加 18%的镍经合金化形成的德银电导率也只有 3. 0Ms/m；铝及铝合金的电导率范围为 8~36Ms/m，其中导电性最差的是铝合金，纯铝的电导率最高，为 36Ms/m；钢的电导率范围为 5~10Ms/m，其导电性一般优于钛合金，钛合金的电导率变化范围为 0. 5~2Ms/m。

石墨是碳的一种同素异构体，由于原子结构排列的特殊性，石墨材料具有一定的导电能力，与硅、锗元素同属半导体。以石墨(碳)纤维为增强体的树脂基复合材料在工程上有着广泛应用，正是由于其具有导电特性，因此国内外有一些采用涡流技术检测石墨及其复合材料制品的文献报导。

1. 3. 2 材料的磁特性

1. 物质的磁性

磁性是物质的基本属性之一。当外磁场发生改变时，物质的能量也随之改变，这时就表现出物质的宏观磁性；从微观角度看，物质中带电粒子的运动形成了物质的元磁矩，当元磁矩取向为有序时，便形成了物质的磁性。

根据物质磁化后对磁场的影响，可以把物质分为三大类：使磁场减弱的物质称为抗磁性物质；使磁场略有增强的物质称为顺磁性物质；使磁场剧烈增加的物质称为铁磁性物质。抗磁性物质的磁化率χ 为负(数量级约为$-10^{-6}\sim-10^{-3}$)，顺磁性物质的磁化率χ 为正(数量级为 $10^{-6}\sim10^{-2}$)，而铁磁性物质的磁化率χ 很大。抗磁性物质有氢、水、金、银、铜、铋等；顺磁性物质有氧、空气、铝、铂等，在较高温度下(高于居里温度)，铁、镍和钴也具有顺磁性；铁磁性物质有铁、镍和钴。

物质的磁性是由电子循轨和自旋运动产生的。众所周知，物质是由原子组成的，而原子则是由原子核和电子构成。近代物理证明，每个电子都参与两种运动，即环绕原子核的运动和电子本身的自旋运动。这两种运动都可看作为形成了一个个闭合电流，由此产生了一个个磁矩，形成了磁效应。电子绕核运动产生的磁矩称为轨道磁矩，而电子的自旋运动产生的磁矩称作为自旋磁矩。那么原子有没有磁矩呢？理论证明，当原子中一个电子层已经排满时，这个层电子磁矩的总和就等于零，该原子就没有磁矩；若一个原子的电子层未被排满，电子磁矩的总和就不为零，该原子就有了磁矩。当原子结合成分子时，它们的外层电子磁矩就发生变化，所以分子磁矩并不是各单个原子磁矩的总和。由于不同的原子具有不同的磁矩，故当由这些原子组成不同的物质时，物质就表现出不同的磁性。

通常在无外加磁场时，物体本身内部电子的自旋和轨道磁矩和为零，所以物体对外不显磁性。但如对物体加上一个外磁场，物体被磁化后就会表现出一定的磁性。

2. 磁畴

铁磁性的基本特点是自发磁化和磁畴。由于物质内部自身的能量，使任一小区域内的所有原子磁矩都按一定规则排列起来的现象，称为自发磁化。目前已经十分清楚，自发磁化的原因是由于相邻原子中电子之间的交换作用。当原子相互接近时，它们的电子就要发生相互的交换，并由于电子的交换作用而产生一定的交换能，从而使小区域内的所有原子磁矩按一定规则排列。电子间的这一交换作用直接与电子自旋之间的相对取向有关。

人们不禁要问：既然铁磁物质的任一小区域内，由于自发磁化，所有原子磁矩都朝一个方向排列了，为什么除了磁铁(吸铁石)以外的其他铁磁物质却不具有自发吸铁的本领呢？也就是说，这些铁磁物质的总磁矩为什么不显示出来对外表现出磁性呢？这是因为铁磁物质内部存在磁畴。在铁磁物质的内部，分成了许多小的区域，这些小的区域就称为磁畴。图 1-2 为铁磁体某一截面上的磁畴示意图。虽然每一个小区域内的原子磁矩都整齐地排列起来了，但这些小区域的磁矩分别取不同的方向，因此，所有小区域的磁矩叠加起来仍然为零，即总磁矩为零。这样从铁磁体的整体来看，磁化强度为零，对外不显示磁性，如图 1-3(a)所示。

如果将铁磁性物质置于外磁场中，磁场作用使磁畴的磁矩从各个不同的方向转到接近磁场的方向一致，因此对外呈现较强的磁性(见图 1-3(b)和图 1-3(c)所示)，这一过程就是磁化过程。

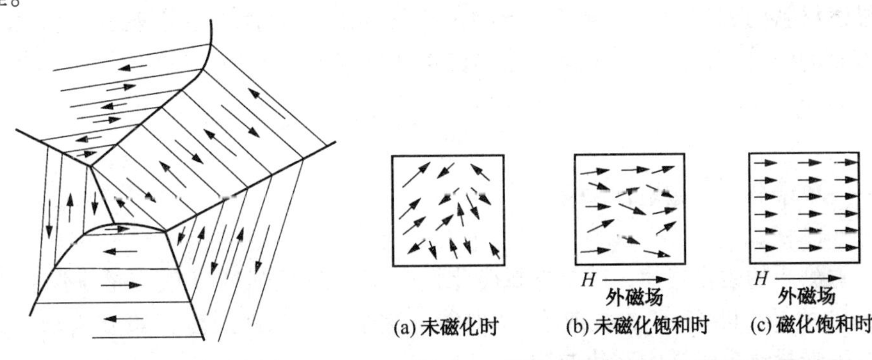

图 1-2　磁畴示意图　　图 1-3　铁磁物质在磁场中磁矩改变示意图

磁畴与磁畴之间有一过渡层，称为畴壁，其厚度约等于几百个原子间距。磁畴的形状、大小及它们之间的搭配方式，统称为磁畴结构。从稳定性的角度来看，实际上存在的磁畴结构，一定是能量最小的。磁畴结构的运动变化是磁性好坏的内因。

磁化是通过磁畴的转动和磁畴畴壁的移动来完成的，磁畴磁矩转动和畴壁移动会有阻力，外界必须对它做功以克服这种阻力。若铁磁性物质需要的磁化能量小，说明它容易磁化；反之就难于磁化。各种铁磁性材料由冷加工、淬火热处理、杂质等引起的晶格变化，会阻碍畴壁的移动，一般来说，它会使磁导率 μ 降低。如果进行退火热处理，消除这种影响因素，磁导率 μ 就上升，图 1-4 是含碳量不同的碳钢，在淬火和退火状态下的磁导率变化情况。

图 1-5 是冷轧低碳钢板退火温度与磁导率的关系曲线。从图中可以看出，铁磁性材料的磁导率会受到机械加工及热处理的影响。

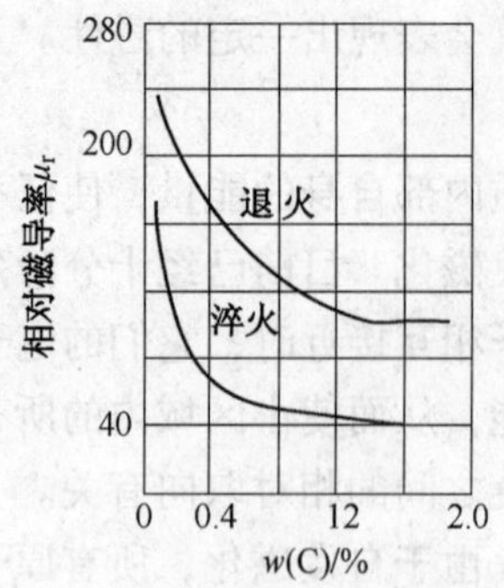

图 1-4 碳钢的含碳量与相对磁导率的关系曲线

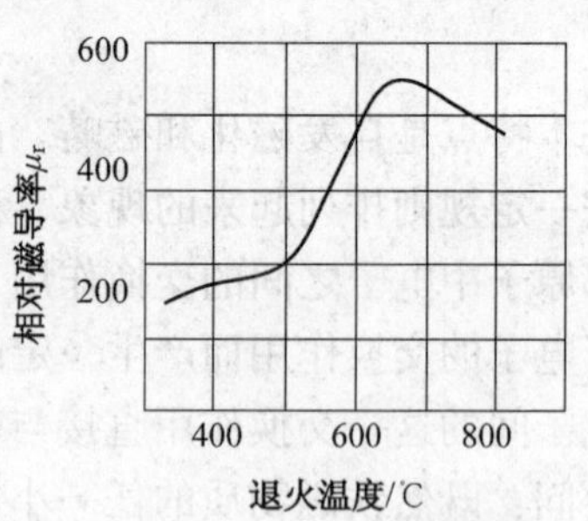

图 1-5 退火温度与相对磁导率的关系曲线(低碳冷轧钢)

3. 铁磁性材料的磁化规律

铁磁物质在外磁场的作用下显示出磁性就称为磁化，又叫技术磁化。对于铁磁性材料，磁化的过程就是外磁场把磁畴磁矩从各个不同的方向转到磁场方向或接近磁场方向，使它们不再杂乱无序，这样它们的合成作用对外就显示出了磁性。

当没有外磁场作用时，铁磁物质内部各磁畴的磁矩取向是杂乱无章的，磁矩是相互抵消的，因而对外不显磁性。但当铁磁材料被置于外磁场中时，在磁场的作用下，各磁畴磁矩在一定程度上沿着磁场方向排列起来，这样在宏观上就对外显示出一定的磁性。

为了描述材料的磁化状态，定义一个称为磁化强度的矢量，用 M 表示。它表示单位体积内所有磁矩的矢量和，是一个矢量，其单位是 A/m(安/米)即：

$$M = \lim_{\Delta V \to 0} \frac{\sum m_i}{\Delta V} \tag{1-9}$$

式中 m_i——单个分子的磁矩；

V——体积。

研究铁磁物质的磁化规律，就是寻找磁化强度 M 与磁场强度 H 或磁感应强度 B 与磁场强度 H 之间的关系，即 M-H 曲线或 B-H 曲线，这个关系只能通过实验方法来获得。1871 年斯托列托夫最早测定了铁的磁化曲线。

如图 1-6 所示，被测铁磁样品的磁化场是由绕在环状铁芯上的螺管产生的，改变磁场强度是用改变电流大小的方法而得到的。

假设磁化前样品处于磁中性状态，即 $M=0$，$H=0$；当磁场逐渐增加时，样品的磁化强度也随之增加。起初，在很弱的磁场时增加得较缓慢(如图 1-7 中的 Oa 段)；而后随磁场强度的增加，磁化强度增加得很快(如图 1-7(a)中的 ab 段)；随着磁场强度的进一步增大，磁化强度的增加又放慢了(如图 1-7(a)中的 bc 段)；最后到磁场很强时，磁化强度的增加很小(如图 1-7(a)中的 cd 段)，几乎不再增加，此时达到磁饱和状态。这条曲线就是磁化曲线。磁化曲线表征的是铁磁物质在外磁场的作用下所具有的磁化规律，又称技术磁化曲线。

在研究铁磁性材料的磁化曲线时，常常用到磁化率χ 这个量，在磁化曲线上，不同位置的χ 不同的，磁化曲线越陡，χ 越大，所以，它与磁化强度 M 和磁场强度 H 有关

$$M = \chi H \tag{1-10}$$

另外，我们还常常用到磁导率μ 这个量，其单位是 H/m(亨/米)，在 MKSA 制中，

$$\mu = \mu_0 \mu_r \tag{1-11}$$

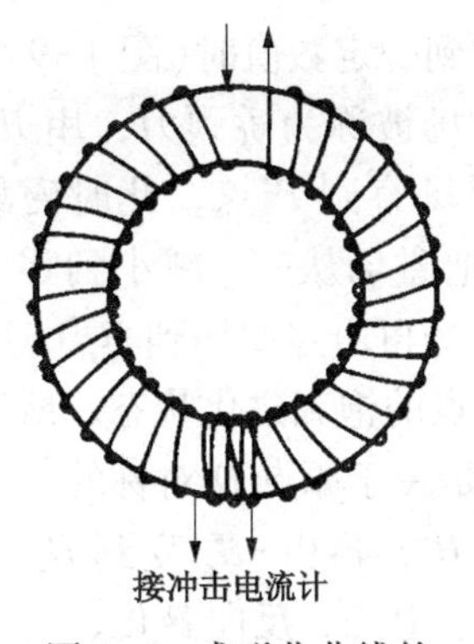
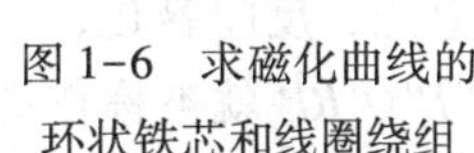

图 1-6 求磁化曲线的环状铁芯和线圈绕组

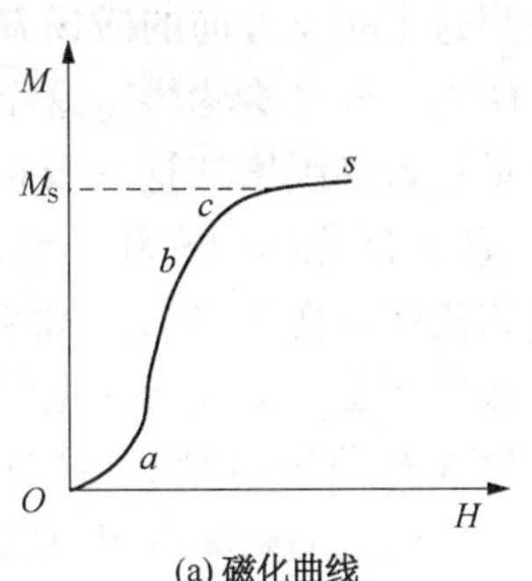

(a) 磁化曲线

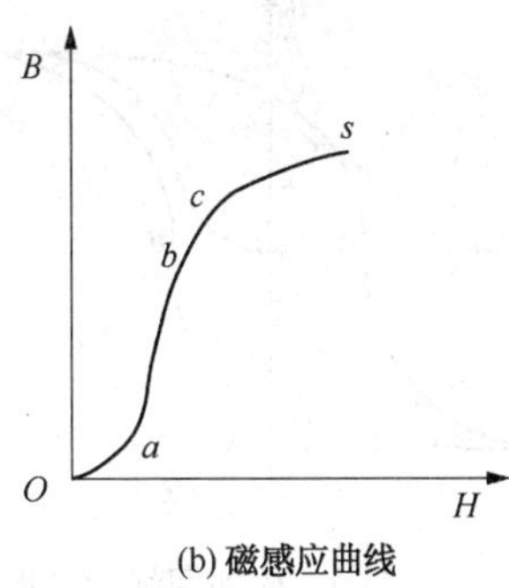

(b) 磁感应曲线

图 1-7 磁化曲线

$$\mu_r = 1+\chi \tag{1-12}$$

式中 μ_0——真空磁导率，$\mu_0 = 4\pi\times10^{-7}$H/m；

μ_r——相对磁导率，是一个无量纲的量。

物质的磁性状态还经常用另一个量——磁感应强度 B(又叫磁通密度)来描述，其单位是 T(特斯拉)，它与磁场强度 H 的关系是

$$B=\mu H=\mu_0\mu_r H \tag{1-13}$$

铁磁物质磁化时，磁感应强度 B 与磁场强度 H 的关系曲线如图 1-7b 所示。M—H 曲线形态基本与 B—H 曲线一致。

4. 居里温度

温度对铁磁性材料的磁性是有影响的，当温度高于某一数值时，自发磁化被破坏，材料的铁磁性消失，这一温度称为居里温度。它是强磁性和顺磁性转变的温度，换句话说，居里点就是铁磁性材料使用温度的最高极限。任何铁磁物质都具有一定的居里温度，其高低与该物质的化学组分和晶体结构有关，而与其磁历史无关。图 1-8是温度与磁感应强度的关系曲线，图中 T_C 表示居里温度。

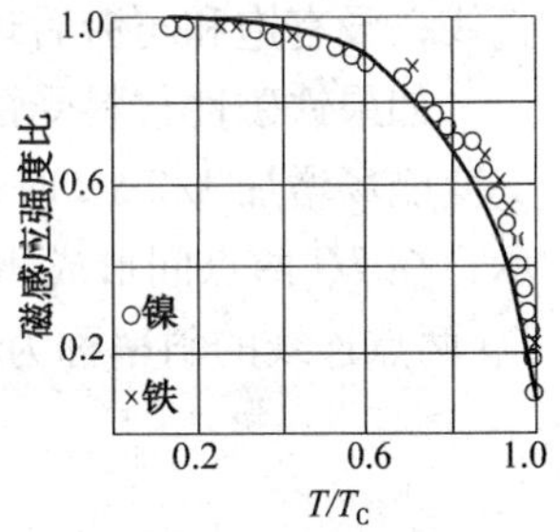

图 1-8 由温度引起的磁特性变化

表 1-2 是几种铁磁材料的居里温度。铁磁性材料在居里温度以上进行涡流检测时，即可视为非铁磁性材料。

表 1-2 几种铁磁性材料的居里温度

金属名称	居里温度/℃	金属名称	居里温度/℃
Fe	770	FeS	320
Co	1120	Fe_3O_4	575
Ni	358	Fe_2O_3	620
Fe_3C	215		

5. 磁滞回线

前面我们已经介绍了单向磁化的过程，这里我们将介绍双向磁化和去磁作用。如图 1-9 所示，从 O 点磁化到 P 点；再把磁场强度从 H_s 逐渐减小，直至降到零，此时磁感应强度 B 不再是零，而是一定的数值(图 1-9 中的 OQ)，这是磁化后的剩余磁感应强度，简称为剩磁，用 B_r表示。若要想使样品的 B 降到零，必须要加上与原磁化场方向相反的磁场，只有

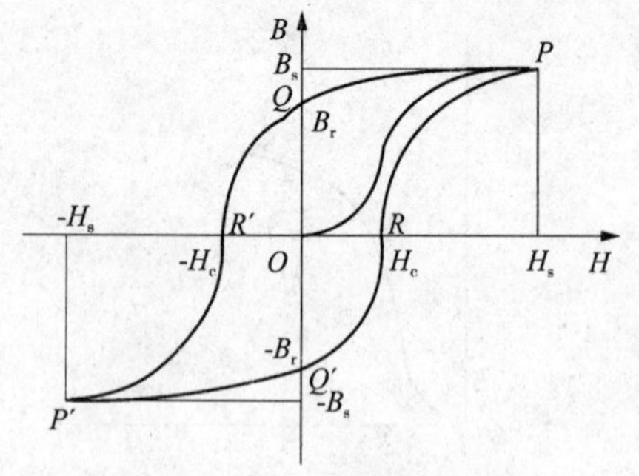

图 1-9　磁滞回线示意图

当这个相反方向的磁场 H 加到一定数值时（图 1-9 中的 OR'），B 才会为零，这个磁场被称为矫顽力，用 H_c 表示；若继续增加这一反向磁场直到 P' 点，此时磁场为 $-H_s$，磁化达到饱和，然后把磁场从 $-H_s$ 减小到零，则磁化状态变到 Q' 点；如果磁场再由零增加到 H_s，这样，磁化状态又会逐渐变化到 P 点的饱和磁化状态。所得的 $PQR'P'$ 曲线和 $P'Q'RP$ 曲线是关于原点 O 对称的。

以上的磁场由 H_s 变到 $-H_s$，再由 $-H_s$ 变到 H_s 的一周变化中；试样经历了磁化、退磁、反向磁化、正向磁化等，形成了一个循环过程，此循环过程所形成的闭合曲线 $PQR'P'P'Q'RP$ 就被称作铁磁性材料的磁滞回线，这一现象就叫做磁滞现象。由于磁化场 H 达到了饱和磁场强度 H_s，试样也达到了饱和磁化，所以闭合曲线 $PQR'P'P'Q'RP$ 也是饱和磁滞回线。

为了得到闭合对称的磁滞回线，磁场强度必须在 H_s 和 $-H_s$ 之间进行反复十几次循环，这个反复循环的过程叫做磁锻炼。

磁滞回线所包围的面积表示的是铁磁物质磁化与反磁化一周的能量损耗，称为磁滞损失。不同铁磁材料的饱和磁滞回线所包围的面积是不同的，软磁材料的磁滞回线狭窄，所包围的面积小，故磁化时损耗的能量少，磁化容易；硬磁材料的磁滞回线形状肥大，所包围的面积大，损耗的能量多，故磁化困难。

对于非铁磁性材料来说，相同的磁场强度引起的变化要比铁磁材料小得多，而其回线是直线，没有饱和与滞后现象。磁滞现象是铁磁性材料磁化所特有的现象。

如果铁磁性材料受恒定外磁场 H_0 磁化的同时，又受 $\pm 1/2\Delta H$ 交变磁场分量反复磁化，在交变磁场增加 $1/2\Delta H$ 时，B 值上升，在交变磁场减小 $1/2\Delta H$ 时，B 值下降，如图 1-10 所示，在 TQ 两点间形成闭合曲线。这种对原点不对称且较小的闭合曲线称为局部磁滞回线。TQ 两点连线的斜率称为增量磁导率，用 μ_Δ 表示，

$$\mu_\Delta = \frac{\Delta B}{\Delta H} \tag{1-14}$$

在检查铁磁性材料的缺陷时，常用直流磁化的方法将铁磁性材料磁化到饱和区，使磁导率的变化向等于 1 的渐近线趋近，故可作为非铁磁性材料来对待，有时要用到增量磁导率的概念。

当 ΔH 趋近于 0 时的 μ_Δ 的极限称为微分磁导率。用 μ_{dif} 表示

$$\mu_{dif} = \lim_{\Delta H \to 0} \frac{\Delta B}{\Delta H} = \frac{dB}{dH} \tag{1-15}$$

另外还有起始磁导率和最大磁导率，分别用 μ_i 和 μ_m 表示。如图 1-10 所示，起始磁导率是 μ_i 铁磁性材料在磁场很弱的情况下的磁导率，它是 $B-H$ 曲线在 O 点处切线的斜率

$$\mu_i = \lim_{H \to 0} \frac{B}{H} \tag{1-16}$$

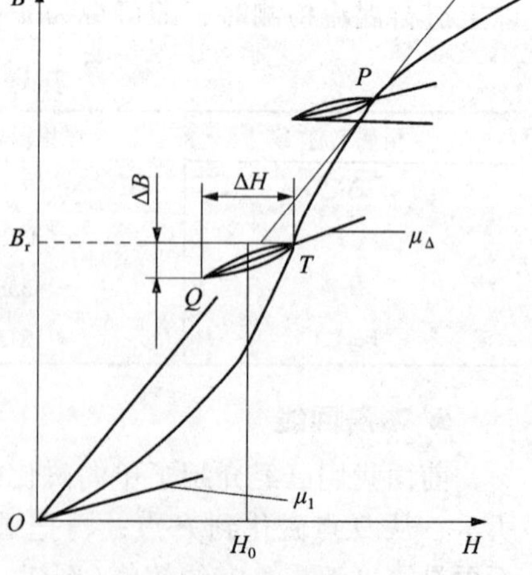

图 1-10　局部磁带回线

最大磁导率 μ_m 是在磁场较强的情况下，直线 OP

与磁化曲线相切于 P 点，它的斜率是原点 O 与磁化曲线所有点连线中最大的

$$\mu_m = \left(\frac{B}{H}\right)_{max} \tag{1-17}$$

6. 影响材料铁磁性因素的作用规律

影响材料铁磁性的因素很多，如有温度、形变以及材料的组织等。

一般饱和磁化强度 M_s 随温度的升高而下降，低温时 M_s 下降得较为缓慢，当温度接近居里点时 M_s 急剧下降，到居里点时为零。这种下降是由于原子的热运转产生的自旋无序倾向所造成的。对于磁导率和温度的关系可分为两种情况，如图 1-11 所示。

由图可以看出，在磁场强度为 24A/m 的磁场中磁导率的变化较复杂，在较低的温度范围内温度升高能引起应力松弛，因而有利于磁化，使磁导率增加。当温度接近居里温度时，随着饱和磁化强度的显著下降，磁导率也剧烈地降低。铁的饱和磁感应强度和矫顽力随着温度的上升而下降，如图 1-12 所示。饱和磁感应强度下降的原因和饱和磁化强度下降的原因是一样的。

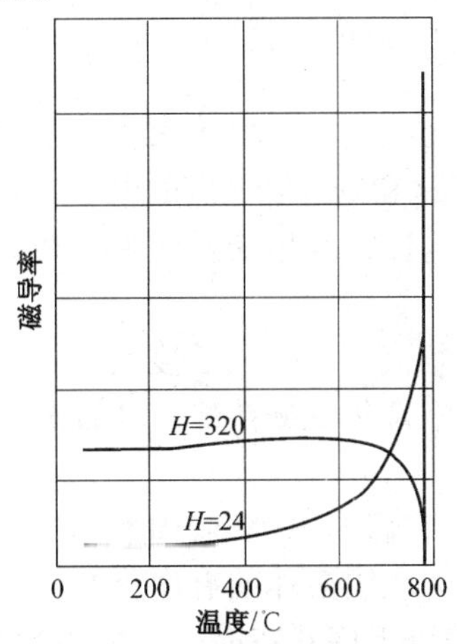

图 1-11　在不同磁场下铁的磁导率与温度的关系

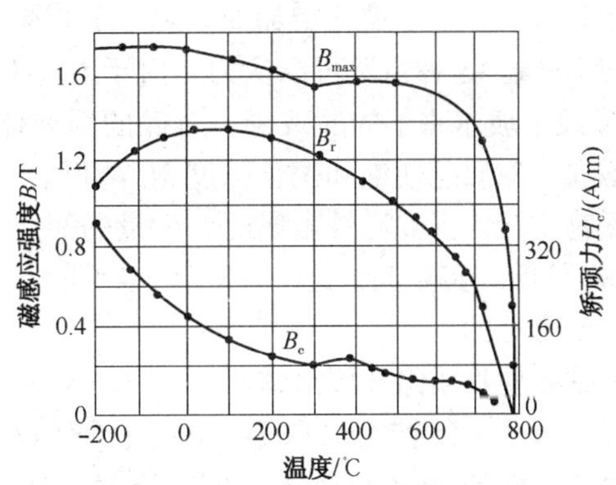

图 1-12　B_{max}、B_r、B_c与温度的关系

范性形变晶体中产生大量的缺陷和内应力，使磁导率显著下降，而且形变量愈大，下降得就愈多。矫顽力则是相反，它随形变量增大而增大，图 1-13 是 w(C)为 0.07%的铁丝在不同压缩形变后的结果。剩余磁感应强度的变化较为复杂，在临界压缩范围(5%~8%)急剧下降，而在压缩量增大时反而增加。

加工硬化后进行再结晶退火，则使磁导率提高，矫顽力降低，在完全再结晶的情况下，可恢复到加工前的状态。

晶粒的大小与加工硬化的影响相同，铁素体的晶粒愈细，则磁导率愈小，矫顽力愈大。这是因为晶粒愈小，晶界就愈多，晶界是妨碍磁化的一个因素。

以上分析可以看到，各种因素对铁磁性材料的磁导率 μ 和矫顽力 H_c 的影响有：纯度愈高磁导率 μ 愈大，矫顽力 H_c 愈小；晶界、亚晶界、位错愈少，则磁导率 μ 愈高，矫顽力 H_c 愈小，磁导率 μ 愈高，矫顽力 H_c 愈小。

7. 合金的磁特性

当合金形成置换式固溶体时，例如在铁磁性金属中溶入抗磁性金属，可使磁化强度降

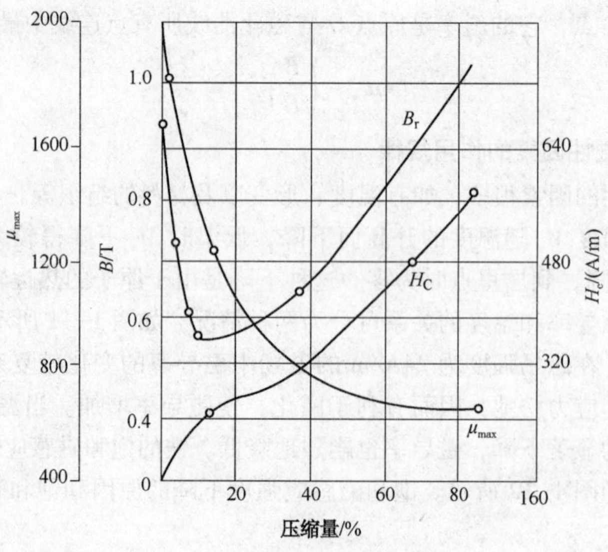

图 1-13　$w(C)=0.07\%$的铁丝的磁性与压缩量的关系

低，并随着溶质原子浓度的增加而下降。溶质原子的原子价愈高，则磁化强度降低得就愈剧烈，见图 1-14。这种情况可以认为是由于 Cu、Zn、Al、Si 和 Sb 的 4s 层的电子进入了镍的 3d 层，导致了玻尔磁子数的减少。对镍的固溶体来说是这样，其他情况较为复杂，但可以说，顺磁和抗磁质总使饱和磁化强度 M_s 降低。

铁磁物质溶入强顺磁性金属时，少量的溶质能使 M_s 增高：但溶质浓度增加得多时，反而导致 M_s 降低。实际上，这些强顺磁性物质组成的合金常常是铁磁性的，例如 Mn 和 Bi 的合金就是铁磁性的。

两种铁磁性物质组成固溶体时，如 Fe-Ni 和 Ni-Co，它们的 M_s 随着固溶体的浓度增加单调下降。Ni-Co 合金在 $w(Co)=30\%$原子时 M_s 出现极大。固溶体的有序化对合金的磁性影响很显著，例如 Ni-Mn 合金，见图 1-15。图中曲线表示无序状态时合金的磁饱和强度，在 $w(Mn)=10\%$以下略有增加，10%以上则单调下降。当 $w(Mn)=25\%$时合金已变成为非铁磁性的了。如在 450℃进行长时间退火，使合金有序化，使其生成有序相 Ni_3Mn，合金的饱和磁化强度将沿着曲线 1 变化。当 $w(Mn)=25\%$时，饱和磁化强度达到极大值，如再将有序合金进行范性形变，破坏其有序状态，则饱和磁化强度又重新下降。

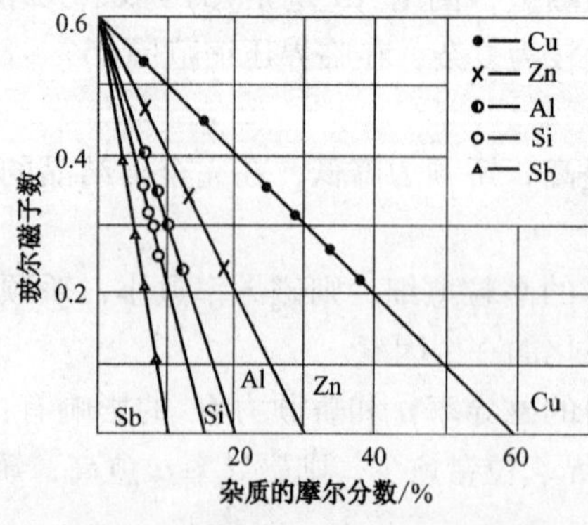

图 1-14　原子的玻尔磁子数与镍中含合金元素浓度的关系

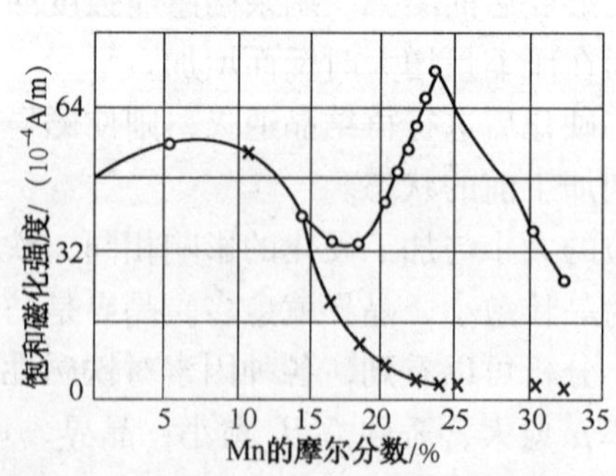

图 1-15　镍锰合金的 M_s 与成分的关系

组成间隙式固溶体时，矫顽力随溶质原子浓度增加而增加，并且在浓度低的范围增加得显著。

当合金组成化合物时，一般铁磁体与顺磁体或抗磁体组成大化合物，以及有显著化学结合的中间相都是顺磁性的。如 $FeMo_2$、$FeZn_2$、$FeAu_3$ 等相，还有 β 相，NiAl 等都是顺磁性的，铁磁性金属与非金属组成的化合物都是铁磁性的，如 FeS_2、Fe_2O_3、FeO_3、FeS 等都是铁磁性的。

组成多相合金时，其饱和磁化强度 M_s 可由组成合金的各相相应的磁化强度值相加得到，

$$M_s = \sum_{i=1}^{n} \frac{P_i}{100}(M_s)_i \tag{1-18}$$

式中 $(M_s)_i$——i 相的饱和磁化强度；

P_i——i 相的体积百分数，且有：

$$\sum_{i=1}^{n} P_i = 100 \tag{1-19}$$

多相合金的居里点和相的成分有关，合金中有几个铁磁相，相应的就有几个居里点。多相合金的 M_s 和温度之间的关系也是各相和温度关系相加而得。如若合金由两个铁磁相组成，两相各有自己的居里点 T_{c1} 和 T_{c2}，以及饱和磁化强度 M_{s1} 和 M_{s2}，那么合金的饱和磁化强度就为它们的和($M_{s1}+M_{s2}$)，如图 1-16 所示。因此，根据饱和磁化强度的相加原则可以对合金进行相分析。

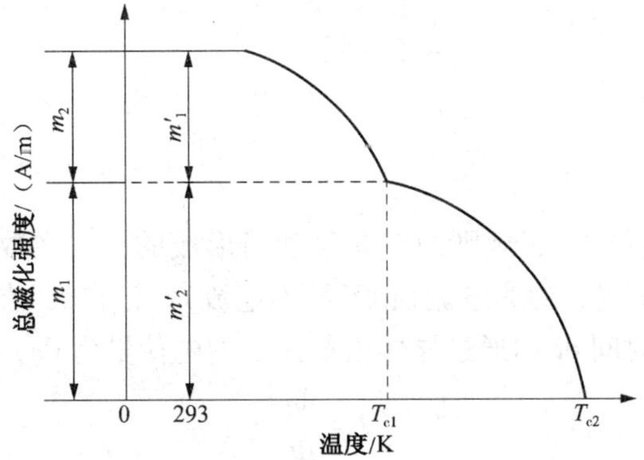

图 1-16 两个铁磁相的合金的磁化强度与温度的关系

另外，多相合金的磁性还与相的形状、大小、分布情况及结构、应力状态有关。以钢为例，钢在常温下的退火组织是由铁素体和渗碳体组成，铁素体是强铁磁相，而渗碳体是弱铁磁相。铁素体的磁性转变点 T_1 是 768℃，而渗碳体的磁性转变点 T_2 是 210℃。铁素体在 T_2 点以上是顺磁的，910℃以上转变为顺磁的 γ 相。合金钢中的碳化物是顺磁相。

钢在加热和冷却过程中都要发生相变，生成不同的组织。在所有的组织及其组成相中只有奥氏体、残余奥氏体及合金碳化物是顺磁性相，其余的组织及相都是铁磁性的。因此，钢在加热及冷却过程中的组织转变必然伴随着产生显著的磁性变化。例如，碳钢的含碳量增加时，由于 Fe_3C 数量的增加，引起钢的饱和磁化强度下降，对于矫顽力 H_c，它不仅与渗碳体的数量有关，而且与其形状和大小有关。一般粒状渗碳体的 H_c 为 8×10^2 A/m，而片状渗碳体

的 H_c 为 1.62×10^3 A/m。

由于淬火后的马氏体是以 α 固溶体的形式存在，其饱和磁化强度比退火时为高，如图 1-17 所示。但由于存在着应力和缺陷，使矫顽力 H_c 大幅度地增高，磁导率显著下降，含碳量愈高，μ_{max} 降低得就愈多。若淬火组织中还有残余奥氏体存在，则 H_c 还会增高一些，并且有极大值，如图 1-18 所示。对 GCr15 钢淬火后，在含有 11% 的残余奥氏体时 H_c 出现极大值。

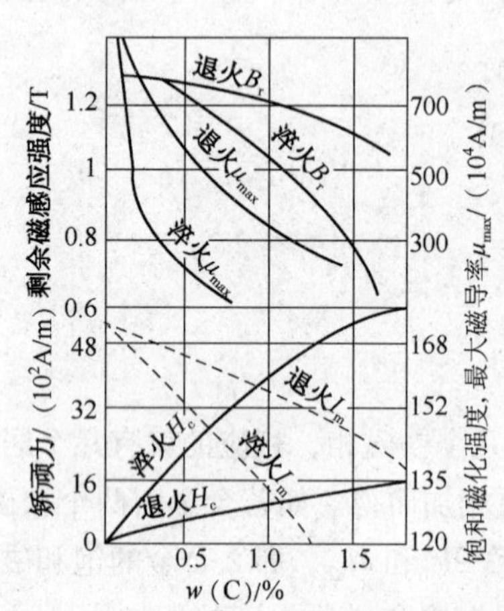

图 1-17　退火与淬火情况的钢磁性比较

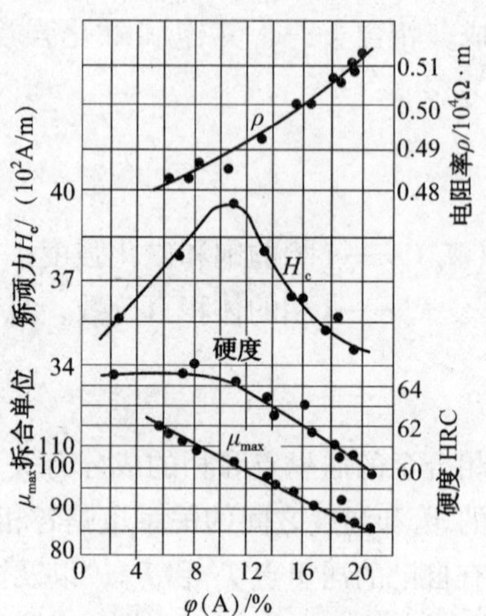

图 1-18　钢淬火后性质与残余奥氏体量的关系

1.3.3　正弦交流电

1. 直流电

电流是由电荷(带电粒子)有规则的定向移动而形成的，它在数值上等于单位时间内通过某一导体横截面的电荷量，称为电流强度(简称电流)，记作 I，在国际单位制(SI)中，单位是 A(安培)。假设在时间 dt 内通过导体横截面 S 的电荷量为 dq，则电流 I 为

$$I=\frac{\mathrm{d}q}{\mathrm{d}t} \tag{1-20}$$

式(1-20)表示电流是随时间变化的，是时间的函数。

如果电流不随时间变化，即 dq/dt = 常数，则这种电流称为恒定电流，简称直流，此时电流可描述为

$$I=\frac{q}{t} \tag{1-21}$$

式中　q——在时间 t 内通过导体横截面 S 的电荷量，C(库仑)。

2. 正弦交流电

电势、电压、电流的大小和方向随时间而交变的电路称为交流电路，当按正弦规律变化时称为正弦交流电路。其中大小、方向随时间按正弦规律交变的电流称为正弦交流电流，简称交流电流，波形如图 1-19 所示。交流电流瞬时值 i 一般可表示为：

$$i=I_m\cos(\omega t+\psi) \tag{1-22}$$

式中　I_m——电流的幅值；

ω——角频率，rad/s；

ψ——初相位，rad；

t——时间，s。

其中 I_m、ω、ψ 称为正弦量的三要素，是正弦量之间进行比较和区分的依据。同样，正弦交流电压 u 和电势 e 一般可表示为：

$$u=U_m\cos(\omega t+\psi) \tag{1-23}$$

$$e=E_m\cos(\omega t+\psi) \tag{1-24}$$

式中　U_m——电压的幅值；

E_m——电势的幅值。

它们的波形如图 1-20 所示。

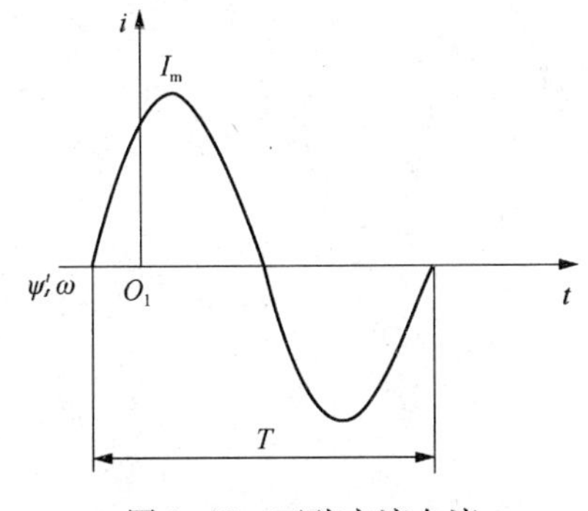

图 1-19　正弦交流电流

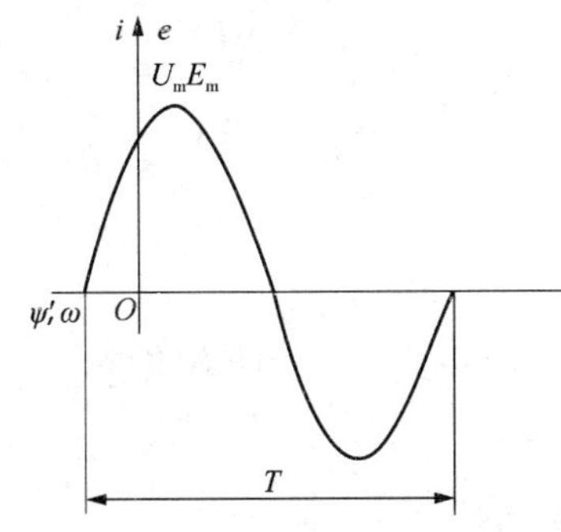

图 1-20　正弦交流电压

在描述正弦交流电时，常用以下这些概念：

（1）周期。交流电流、电压的瞬时值是不断变化的，但是每隔一定的时间会重复出现一次，每重复一次所需的时间间隔叫做周期，用 T 表示（见图 1-19 和图 1-20），单位是 s（秒）。

（2）频率。交流电流、电压的瞬时值在单位时间里重复出现的次数称频率，用 f 表示，单位是 Hz（赫兹），它与周期 T 成倒数关系：

$$f=\frac{l}{T} \tag{1-25}$$

（3）幅值。正弦交流电流、电压在整个变化过程中所能达到的最大值，我们称之为幅值（见图 1-19 和图 1-20）。

（4）相位与相位差。正弦量随时间变化的核心部分是（$\omega t+\psi$），它反映了正弦量的变化过程，称为正弦量的相位或相角，任意一交流电流瞬时值都存在一个相位。其中，当 $t=0$ 时的相位称为初相位，简称为初相。通常初相在 $|\psi|\leqslant\pi$ 主值范围内取值，初相 ψ 的大小与计时起点的选择有关。

我们称同频率的正弦交流电的初相之差为它们的相位差或相角差。例如，假设任意两个同频率的正弦量，一个是正弦电压，另一个是正弦电流，它们分别是：

$$u=U_m\cos(\omega t+\psi_1)$$

$$i=I_m\cos(\omega t+\psi_2)$$

它们之间的相位差就是 $\psi=\psi_1-\psi_2$。相位差是区分两个同频率正弦量的重要标志之一。ψ

也采用主值范围的角度来表示。

如果相位差 $\psi=\psi_1-\psi_2>0$(见图 1-21a)，我们说电压 u 的相位越前(或超前)于电流 i 的相位一个角度 ψ，有时简称电压 u 越前电流 i，或者是说电流 i 落后(或滞后)于电压 u 一个角度，意思是说电压 u 比电流 i 先到达正的最大值。如果 $\psi=\psi_1-\psi_2<0$，则结论刚好与前面的情况相反。如果 $\psi=\psi_1-\psi_2=0$，即相位差为零，则称它们为同相位，简称同相(见图 1-21b)。如果 $\psi=\psi_1-\psi_2=\pi/2$，则称为相位正交(见图 1-21c)。如果 $\psi=\psi_1-\psi_2=\pi$，则称为反相(见图 1-21d)。

不同频率的两个正弦量之间的相位差不再是一个常数，而是随时间变动的。一般谈到的相位差都是指同频率正弦量之间的相位差。

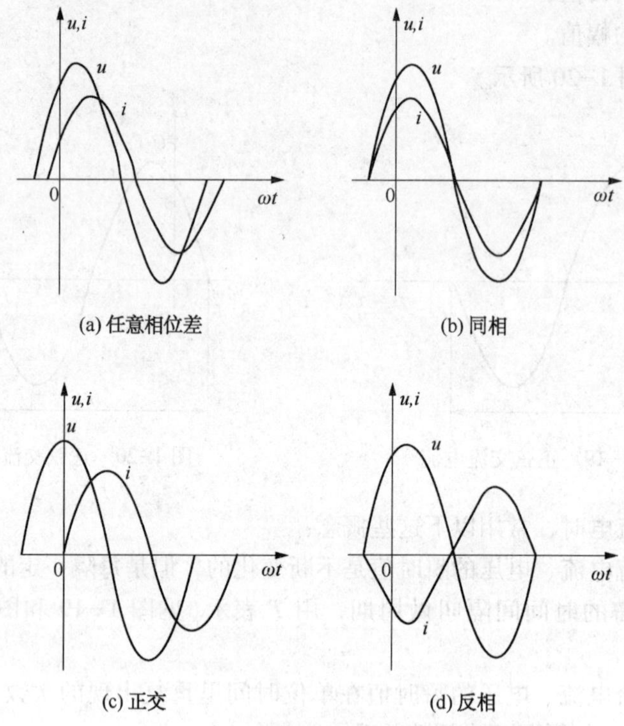

图 1-21　同频率正弦量之间的相位关系

(5) 角频率

相位在单位时间中变化的弧度数，我们称之为角频率，表示相位随时间变化的速度，用 ω 表示，单位是 rad/s(弧度/秒)。它与频率成正比关系：

$$\omega = 2\pi f = 2\pi \frac{1}{T} \tag{1-26}$$

3. 交流电的有效值与平均值

(1) 有效值。我们已经知道，交流电的电流和电压瞬时值都随时间而变，为了确切地衡量大小，在工程实际中，常采用一个被称为有效值的量。其定义是：在相同的电阻上分别通以直流电流与交流电流，经过一个交流周期的时间，如果它们在电阻上所损失的电能相等的话，则把该直流电流的大小作为交流电流的有效值。

正弦交流电流的有效值为：

$$I = \frac{I_m}{\sqrt{2}} \approx 0.707I_m \tag{1-27}$$

同样，正弦交流电势与电压的有效值 E 与 U 分别为：

$$E = \frac{E_m}{\sqrt{2}} \approx 0.707E_m \tag{1-28}$$

$$U = \frac{U_m}{\sqrt{2}} \approx 0.707U_m \tag{1-29}$$

在工程上，一般所说的正弦电压、电流的大小都是指有效值。例如，各种交流仪表所指的读数以及电气设备铭牌上的额定值等都是指有效值。

（2）平均值。正弦交流电流的平均值是指一个周期内电流绝对值的平均值，由于正弦交流电流波形正负半周所包含的面积是相等的，因此这里的平均值实际上也等于正半周期的平均值。它与幅值的关系为：

$$I_a = \frac{2}{\pi}I_m \approx 0.637I_m \tag{1-30}$$

同样，正弦交流电势与电压的平均值是指一个周期内电势与电压绝对值的平均值，

$$E_a = \frac{2}{\pi}E_m \approx 0.637E_m \tag{1-31}$$

$$U_a = \frac{2}{\pi}U_m \approx 0.637U_m \tag{1-32}$$

4. 正弦量的表示法

正弦交流量的表示方法主要有三角函数表示法、波形表示法、复数符号表示法和旋转矢量表示法这几种。其中三角函数表示法与波形表示法见本节第 2 部分，它是基本的表示方法，比较直观，但不便于分析运算。下面将主要介绍余下两种表示法。

（1）复数符号法。根据欧拉公式，有

$$i = I_m\cos(\omega t + \psi) = \sqrt{2}I\cos(\omega t + \psi) = Re[\sqrt{2}Ie^{j(\omega t+\psi)}] = Re[\sqrt{2}Ie^{j\psi}e^{j\omega t}] \tag{1-33}$$

式中　Re——取复数实部的意思。

可以通过数学方法，把一个实数范围的正弦时间函数与一个复数范围的复指数函数一一对应起来，并且其复常数部分把正弦量的有效值和初相结合一个复数表示出来了。我们把这个复数就称为正弦量的相量，它的模是正弦量的有效值，它的复角是正弦量的初相，记为

$$\dot{I} = |\dot{I}|e^{j\psi} = Ie^{j\psi} = I\angle\psi \tag{1-34}$$

式中，$\dot{I}$ 就表示正弦电流的相量，上面加的小圆点是用来与普通复数相区别的记号。这种命名和记法的目的是强调它与正弦量的联系，但在运算过程中与一般复数并无区别。相量和复数一样，可以在复平面上用向量表示出来，图 1-22 是一表示电流的相量图。

（2）旋转相量法。式(1-33)另一指数部分 $e^{j\omega t}$ 是一个随时间推移而旋转的因子，它在复平面上是以原点为中心，以角速度 ω 不断旋转的复数，其模值为 1，因此称它为旋转因子。这样正弦电流 $i = \sqrt{2}I\cos(\omega t + \psi)$ 可用以原点为中心、$\sqrt{2}I$ 为模值、角速度 ω 逆时针不断旋转、并与 x 轴初始夹角为 ψ 的旋转相量来表示，如图 1-23 所示，任何时刻在轴上投影大小就对应等于同一时刻正弦量的瞬时值。

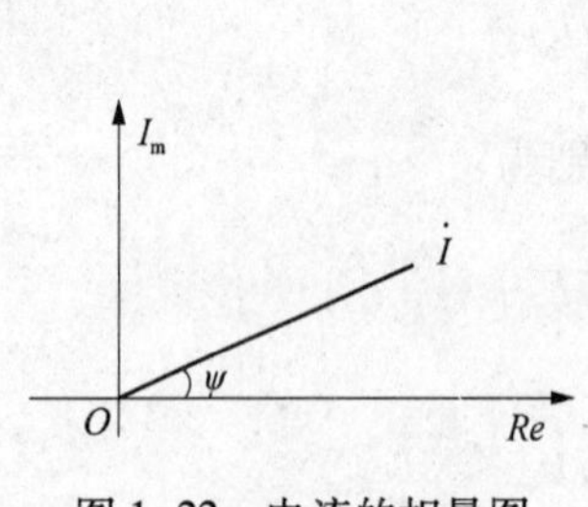

图 1-22　电流的相量图

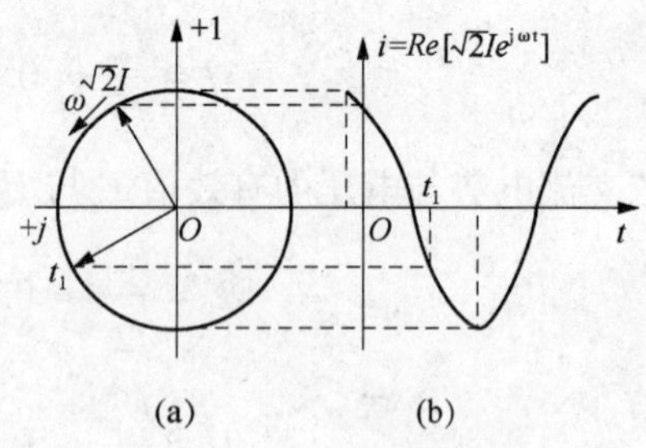

图 1-23　旋转相量与正弦波

1.3.4　阻抗及其矢量图

1. 阻抗

假设有一不含独立电源的一端口电路，如图 1-24 所示，在正弦电流源 $i(t)=\sqrt{2}I\cos(\omega t+\psi i)$ 的激励下，端口电压 u 将是同频的正弦量，并设其为 $u(t)=\sqrt{2}U\cos(\omega t+\psi_U)$ 样，端口电压相量 $\dot{U}=U\angle\psi_U$，端口电流相量 $\dot{I}=I\angle\psi_i$，它们的比值用 Z 表示。

$$Z=\frac{\dot{U}}{\dot{I}}=|Z|\angle\psi_Z \tag{1-35}$$

这里 Z 就称为该一端口电路的阻抗，其中 $|Z|=U/I$ 是阻抗的模，$\psi_Z=\psi_U-\psi_I$ 是阻抗角。Z 是一个复数，所以又称为复数阻抗。

阻抗 Z 用代数形式表示时可写为 $Z=R+jX$，Z 的实部 R 称为电阻，Z 的虚部 X 称为电抗。

2. 阻抗矢量图

在正弦电流电路分析中，往往需要作电路中电阻、电抗、阻抗、阻抗关系的相量图，这种图就称为阻抗相量图或是阻抗矢量图。图 1-24 中一端口电路的阻抗矢量图如图 1-25 所示。

图 1-24 中端口电压 $\dot{U}$ 与电流 $\dot{I}$ 的相位差为 ψ_Z，它可由图 1-25 中的电阻、电抗关系得到

$$\psi_Z=\tan^{-1}\frac{U_X}{U_R}=\tan^{-1}\frac{X}{R} \tag{1-36}$$

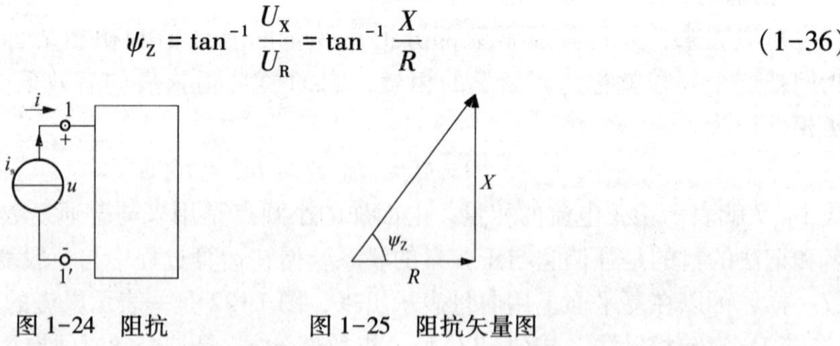

图 1-24　阻抗　　　　图 1-25　阻抗矢量图

习　题

1. 简述涡流检测的特点。

2. 什么是导体、绝缘体、半导体？金属导电的物理本质是什么？
3. 影响金属导电性能的因素有哪些？
4. 物质是如何产生磁性的？什么是顺磁体、抗磁体、铁磁体？
5. 简述磁畴、畴壁以及居里温度的概念。
6. 影响铁磁性的因素有哪些？并简述它们的作用规律。
7. 什么是直流电和正弦交流电？
8. 正弦量的三要素是什么？并简述它们的概念。
9. 试举例说明阻抗图的表示方法。

第二章　涡流检测技术

2.1　电磁感应及涡流

2.1.1　电磁感应现象

电磁感应现象是指电与磁之间相互感应的现象，包括电感生磁和磁感生电两种情况。我们都知道，在通电导线附近会产生磁场，这是电感生磁的现象。另外，当穿过闭合导电回路所包围面积的磁通量发生变化时，回路中就产生电流，这种现象就是磁感生电的现象，如图 2-1a所示，回路中所产生的电流叫做感应电流。并且，当闭合回路中的一段导线在磁场中运动并切割磁力线时，导线也会产生电流，这也是磁感生电的现象，如图 2-1b 所示。

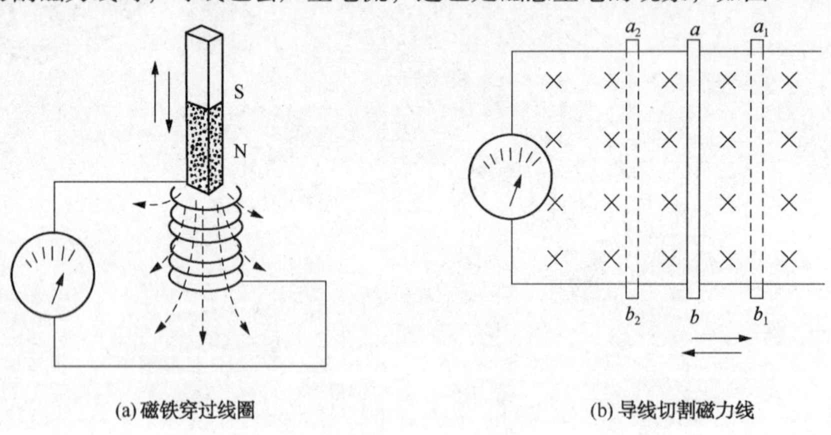

(a) 磁铁穿过线圈　　(b) 导线切割磁力线

图 2-1　电磁感应现象

在任何电磁感应现象中，不论是怎样的闭合路径，只要穿过路径围成的面内的磁通量有了变化，就会有感应电动势产生；任何不闭合的路径，只要切割磁力线，也会有感应电动势产生。

感应电流的方向可以用楞次定律来确定。闭合回路内的感应电流所产生的磁场总是阻碍引起感生电流的磁通变化，这个电流的方向就是感应电动势的方向。另外，对于导线切割磁力线时的感应电动势方向还可用右手定则来确定[见图 2-1(b)]。

1. 法拉第电磁感应定律

当闭合回路所包围面积的磁通量发生变化时，回路中就会产生感应电动势 E_i，其大小等于所包围面积中磁通量 ϕ 随时间变化的负值。

$$E_i = -\frac{\mathrm{d}\phi}{\mathrm{d}t} \tag{2-1}$$

式中，负号表示闭合回路感应电流所产生的磁场总是阻碍产生感应电流的磁通的变化，这个方程称为法拉第电磁感应定律。

如果将上述方程用于一个绕有 N 匝的线圈，线圈绕得很紧密，穿过每匝的磁通量 ϕ 相同，则回路的感应电动势为：

$$E_i = -N\frac{\mathrm{d}\phi}{\mathrm{d}t} = -\frac{\mathrm{d}(N\phi)}{\mathrm{d}t} \tag{2-2}$$

长度为 l 的长导线在均匀的磁场中作切割磁力线运动时，在导线中产生的感应电动势 E_i 为：

$$E_i = Blv\sin\alpha \tag{2-3}$$

式中　B——磁感应强度，T；

l——导线长度，m；

v——导线运动的速度，m/s；

α——导线运动的方向与磁场间的夹角。

2. 自感

当线圈中通有随时间变化的交变电流 I 时，其所产生的交变磁通量必将在本线圈中产生感应电动势，这就是自感现象。所产生的电动势称为自感电动势 E_{L}，

$$E_{\mathrm{L}} = -L\frac{\mathrm{d}I}{\mathrm{d}t} \tag{2-4}$$

式中　L——自感系数，简称自感，H。

式中的负号表示电流增加时，感应电动势的方向与电流的方向相反，阻碍电流的增大，在电流减小时，感应电动势的方向与电流同向，阻碍电流的减小。

线圈自感系数 L 仅与线圈尺寸、匝数、几何形状以及线圈中媒质的分布有关，而与通过线圈的电流无关。

3. 互感

当通有电流 I_1 和 I_2 的两个线圈相互接近时，由线圈 1 中电流 I_1 所引起的变化的磁场在通过线圈 2 时会在线圈 2 中产生感应电动势；同样，线圈 2 中的电流所引起的变化的磁场在通过线圈 1 时也会在线圈 1 中产生感应电动势，这种线圈间相互激起感应电动势的现象叫互感现象，所产生的感应电动势称作为互感电动势。当两线圈形状、大小、匝数、相互位置及周围磁介质一定时，相互产生的感应电动势为

$$E_{21} = -M_{21}\frac{\mathrm{d}I_1}{\mathrm{d}t}, E_{12} = -M_{12}\frac{\mathrm{d}I_2}{\mathrm{d}t} \tag{2-5}$$

式中　M_{21}、M_{12}——线圈 1 对线圈 2 的互感系数和线圈 2 对线圈 1 的互感系数，简称互感，单位是 H，$M_{21} = M_{12}$。

式中的下标的第一个数字表示感应出电动势的线圈，第二个数字表示引起感应的线圈。互感不仅与线圈的形状、尺寸和周围媒质及材料的磁导率有关，还与线圈间的相互位置有关。

当两个线圈之间产生上面的耦合时，它们之间的耦合程度用耦合系数 K 来表示，其大小为：

$$K = \frac{M}{\sqrt{L_1 L_2}} \tag{2-6}$$

式中　L_1 和 L_2——线圈 1 和线圈 2 的自感系数。

2.1.2 涡流及其集肤效应

1. 涡流

由于电磁感应，当导体处在变化的磁场中或相对于磁场运动时，其内部会感应出电流，这些电流的特点是：在导体内部自成闭合回路，呈漩涡状流动，因此称之为涡旋电流，简称涡流，例如，含有圆柱导体芯的螺管线圈中通有交变电流时，圆柱导体芯中出现的感应电流就是涡流，如图 2-2 所示。

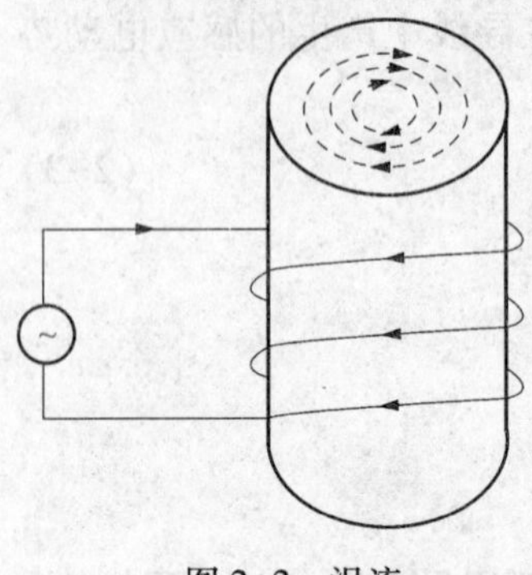

图 2-2 涡流

涡流检测是涡流效应的一项重要应用，其基本原理可表述为：当载有交变电流的检测线圈靠近导电试件时，由于激励线圈磁场的作用，试件中会产生涡流，而涡流的大小、相位及流动形式受到试件导电性能的影响，同时产生的涡流也会形成一个磁场，这个磁场反过来又会使检测线圈的阻抗发生变化，因此，通过测定检测线圈阻抗的变化，就可以判断出被测试件的性能及有无缺陷等。

2. 集肤效应与涡流透入深度

当直流电流通过导线时，横截面上的电流密度是均匀相同的。但如果是交变电流通过导线时，导线周围变化的磁场也会在导线中产生感应电流，从而会使沿导线截面的电流分布不均匀，表面的电流密度较大，越往中心处越小，按负指数规律衰减，尤其是当频率较高时，电流几乎是在导线表面附近的薄层中流动，这种电流主要集中在导体表面附近的现象，称为集肤效应现象。

涡流透入导体的距离称为透入深度，定义涡流密度衰减到其表面值 1/e 时的透入深度称为标准透入深度，也称集肤深度，它表征涡流在导体中的集肤程度，用符号 δ 表示，单位是 m(米)。由半无限大导体中电磁场的麦克斯韦方程可以导出距离导体表面 x 深度处的涡流密度为：

$$I_x = I_0 e^{-\sqrt{\pi f \mu \sigma} x} \tag{2-7}$$

式中 I_0——半无限大导体表面的涡流密度，A；

f——交流电流的频率，Hz；

μ——材料的磁导率，H/m；

σ——材料的电导率，S/m。

则标准透入深度为

$$\delta = \frac{1}{\sqrt{\pi f \mu \sigma}} \tag{2-8}$$

从式 2-8 中我们可以看出，频率越高、导电性能越好或导磁性能越好的材料，集肤效应越显著。图 2-3 为不同材料的标准透入深度与频率的关系。对于非铁磁性材料，有 $\mu \approx \mu_0 = 4\pi \times 10^{-7}$H/m，可得标准透入深度为：

$$\delta = \frac{503}{\sqrt{f\sigma}} \tag{2-9}$$

例如，f=50Hz 时，退火铜(磁导率 $\sigma = 58 \times 10^6$S/m)的透入深度为 2.9×10^{-7}m。图 2-4 为

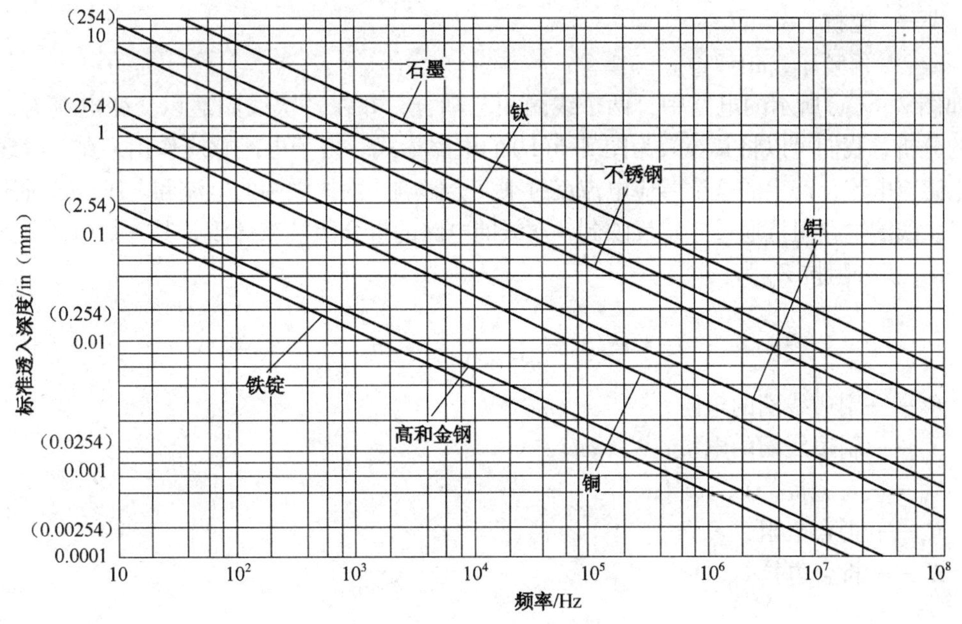

图 2-3　几种不同材料的标准透入深度与频度的关系

一平板导体中涡流密度随透入深度而变化的曲线，假设该平板导体表面涡流密度为 1。

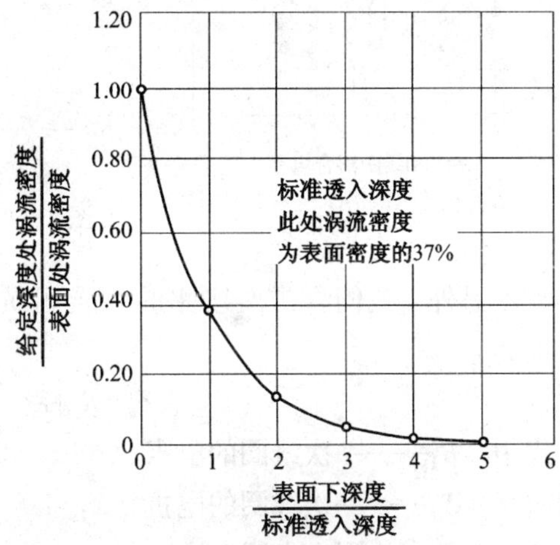

图 2-4　透入半无限大导体的涡流密度与透入深度的关系

在实际工程应用中，标准透入深度 δ 是一个重要的数据，因为在 2.6 个透入深度处，涡流密度一般已经衰减了约 90%。工程中，通常定义 2.6 倍的标准透入深度为涡流的有效透入深度。其意义是：将 2.6 倍标准透入深度范围内 90%的涡流视为对涡流检测线圈产生有效影响，而在 2.6 倍标准透入深度以外的总量为 10%的涡流对线圈产生的效应是可以忽略不计的。

2.2　阻抗分析法

2.2.1　线圈的阻抗

一个理想线圈的阻抗应该只有感抗部分，线圈的电阻应该为零，但实际上，线圈是用金属导线绕制而成的，除了具有电感外，导线还有电阻，各匝线圈之间还是电容，所以一个线圈可以用一个由电阻、电感和电容串联的电路表示，一般忽略线匝间的分布电容，而用电阻和电感的串联电路来表示（如图 2-5 所示），因而可用下式表示线圈的复阻抗，

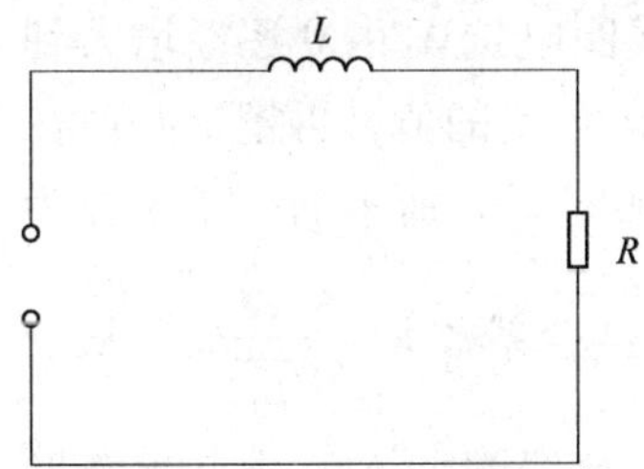

图 2-5　单个线圈的等效电路

$$Z = R + jX = R + j\omega L \tag{2-10}$$

式中　R——电阻；

X——电抗，$X=\omega L$；

ω——角频率，$\omega=2\pi f$。

如图 2-6(a)所示的电路中，两个线圈相互耦合，并在一次线圈通以交变电流 I_1，根据前面的分析，我们可以将其等效为图 2-6(b)的电路形式。由于电磁感应作用，在二次线圈中会产生感应电流，产生的这个感应电流反过来又会影响一次线圈中的电流和电压，这种影响可以用二次线圈电路阻抗通过互感反映到一次线圈电路的折合阻抗来体现，其等效电路如图 2-6(c)所示，折合阻抗 Z_e 为：

$$Z_e = R_e + jX_e R_e = \frac{X_M^2}{R_2^2 + X_2^2} R_2 X_e = -\frac{X_M^2}{R_2^2 + X_2^2} X_2 \tag{2-11}$$

式中 R_2——副边线圈的电阻；

X_2——副边线圈的电抗，$X_2=\omega L_2$；

X_M——互感抗，$X_M=\omega M$；

R_e——折合电阻；

X_e——折合电抗。

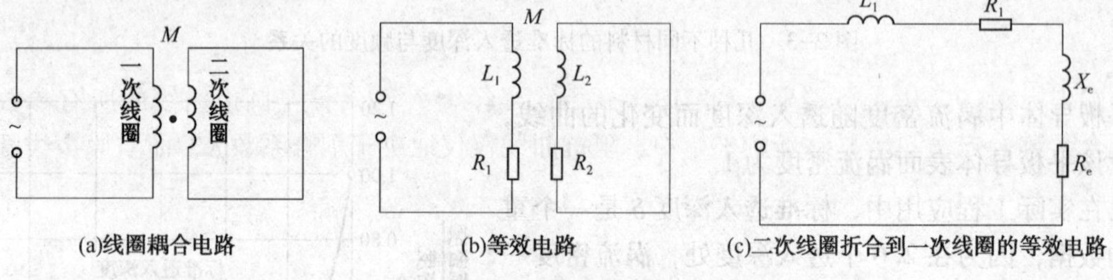

(a)线圈耦合电路　(b)等效电路　(c)二次线圈折合到一次线圈的等效电路

图 2-6　线圈耦合的等效电路

另外，我们将二次线圈的折合阻抗与一次线圈自身的阻抗相加得到的和称为视在阻抗 Z_s

$$Z_s=R_s+X_s \quad R_s=R_1+R_e \quad X_s=X_1+X_e \tag{2-12}$$

式中 R_1——一次线圈的电阻；

X_1——一次线圈的电抗，$X_1=\omega L_1$；

R_s——视在电阻；

X_s——视在电抗。

这样，应用二次线圈折合到一次线圈后得到的视在阻抗的概念，我们就可以认为一次电路中电流和电压的变化是由于视在阻抗变化引起的，而根据视在阻抗的变化就可以知道二次线圈对一次线圈的效应，从而可以推知二次线圈电路中阻抗的变化。

如果把二次线圈电阻 R_2 由 ∞ 逐渐递减到 0，或者是把二次线圈电抗 X_2 由 0 逐渐增大到 ∞，便可以得到一系列相对应的一次电路中视在电阻 R_s 和视在电抗 X_s 的值，再把这些值在以 R_s 为横轴、以 X_s 为纵轴的坐标平面内连接起来，便可以得到如图 2-7 所示的一条半径为 $\frac{K^2\omega L_1}{2}$ 的半圆形曲线，这个曲线就称为线圈的阻抗平面图，其中耦合系数 $K=\frac{M}{\sqrt{L_1L_2}}$。从图中可以看出，随着二次线圈电阻 R_2 由 ∞ 逐渐递减到 0，或者是二次线圈电抗 X_2 由 0 逐渐增大到 ∞，视在电抗 X_s 从 $X_1=\omega L_1$ 单调减小到 $\omega L_1(1-K^2)$，而视在电阻 R_s 从 R_1 开始增大，直

至极大值点 $R_1+\dfrac{K^2\omega L_1}{2}$ 后，又逐渐减小返回到 R_1。

图 2-7 所示的阻抗平面图虽然比较直观，但是，在阻抗平面图上，半圆形曲线的位置与一次线圈自身的阻抗以及两个线圈自身的电感和互感有关，另外，半圆形曲线的位半圆的半径不仅受到上述因素的影响，而且还随频率的不同而变化。这样，如果要对每个阻抗值不同的一次线圈的视在阻抗，或者是对频率不同的次线圈的视在阻抗，或者是对两线圈间耦合系数不同的一次线圈的视在阻抗作出阻抗平面图，就会得到半径不同、位置不一的许多半圆曲线，这不仅给作图带来不便，而且也不便于对不同情况下的曲线进行比较。为了消除原边线圈阻抗以及激励频率对曲线位置的影响，便于对不同情况下曲线进行比较，通常采用阻抗归一化方法。

2.2.2 阻抗归一化

如果把图 2-7 中的曲线向左移动 R_1 的距离（即坐标纵轴右移 R_1 的距离），并将新的曲线坐标值除以 X_1，也就是将横坐标和纵坐标由 R_s 和 X_s 变为 $\dfrac{R_s-R_1}{\omega L_1}$ 和 $\dfrac{X_s}{\omega L_1}$，这样得到如图 2-8 所示的曲线。从图中我们可以看到，新的轨迹曲线还是半圆形状，其直径与纵轴重合，半圆的上端坐标为(0，1)，下端坐标为(0，$1-K^2$)，半径为 $K^2/2$。该半圆形曲线的所有参数仅与耦合系数 K 有关，于是在新的坐标中，阻抗曲线仅仅取决于耦合系数 K，而与原边线圈电阻和激励频率无关了，但是曲线上点的位置依然还是随 R_2（或 X_2）而变动的。以上的处理方法就是归一化方法，图 2-8 就是经过归一化处理后的耦合线圈阻抗平面图。由图可见，经归一化处理后得到的阻抗平面图具有统一的形式，仅与耦合系数 K 有关，因而有着很强的可比性，具有以下特点：

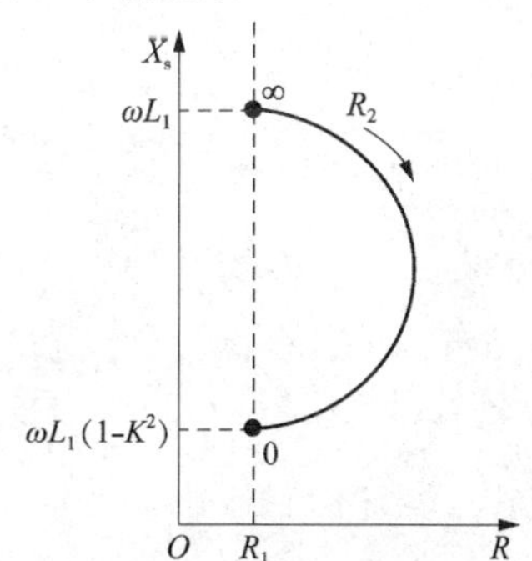

图 2-7 线圈耦合时原边线圈的视在阻抗平面图

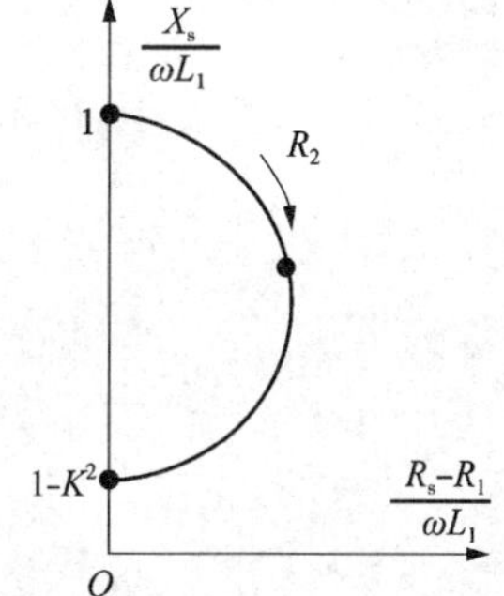

图 2-8 归一化后的阻抗平面图

(1) 它消除了一次线圈电阻和电感的影响，具有通用性。

(2) 阻抗图的曲线以一系列影响阻抗的因素（如电导率、磁导率等）作参量。

(3) 阻抗图形定量地表示出各影响阻抗因素的效应大小和方向，为涡流检测时选择检验的方法和条件，为减少各种效应的干扰提供了参考依据。

(4) 对于各种类型的工件和检测线圈，有各自对应的阻抗图。

在实际的涡流检测中，在载流激励线圈（一次线圈）的作用下，被测金属试件中由于电磁感应而感生的涡流宛若在多层密叠在一起的线圈中流过的电流，这就可以把被测试件看作一个与检测线圈交链的副边线圈。因此，从电路角度来看，涡流检测类似于线圈耦合回路的情形，上述的线圈耦合阻抗分析完全能类似地用于涡流检测中的线圈阻抗分析。

习 题

1. 什么是电磁感应和法拉第电磁感应定律?
2. 什么是自感和互感?
3. 什么是涡流、集肤效应和涡流透入深度?
4. 简述线圈阻抗的组成及耦合线圈的折算方法。

第三章　涡流检测装置

涡流检测仪器是涡流检测装置最核心的组成部分，根据应用目的不同，涡流检测仪器可分为涡流探伤仪、涡流电导仪和涡流测厚仪等三种类型。针对不同检测对象的应用，不仅各类涡流检测设备在构成完整的检测系统上有所不同，而且同类检测设备也会因检测对象不同有所差异，特别是涡流探伤系统表现得尤为明显。一般而言，涡流检测装置包括检测线圈、检测仪器、辅助装置。虽然标准试样或对比试样不包括在检测装置中，但从实施涡流检测所必要的硬件条件及检测装置的调整与评价两方面考虑，将标准试样和对比试样列在本章叙述。

3.1　涡流检测试圈

涡流检测线圈通常又称探头。从制作方式和检测信号产生原理两方面考虑，“检测线圈”这一名称比“探头”要更准确、合理。“探头”是各种小尺寸探测器的俗称，在电磁检测中，有几种原理不同的“探头”，如霍尔元件、磁敏二极管及电磁线圈等。涡流检测中通常所称的“探头”即其中的“电磁线圈”，它是用直径非常细的铜线按一定方式缠绕而成，在通以交流电时能够产生交变的磁场，并在与其接近的导电体中激励产生涡流；同时，“电磁线圈”还具有接收感应电流(即涡流)所产生的感应磁场、将感应磁场转换为交变的电信号的功能，并将检测信号传输给检测仪器。虽然霍尔元件、磁敏二极管都具有将磁场信号转换成电信号的性能，但二者不具有激励产生磁场的作用。“检测线圈”这一名称，一方面，表明了涡流检测所采用的探测器是由金属细线缠绕而成的制作方式；另一方面揭示了涡流检测是基于“电磁感应现象”这一本质特征。

检测线圈与采用霍尔元件、磁敏二极管等其他基于磁电转换原理的测试探头相比，具有以下优点：①同时具备激励和拾取信号两项功能；②可根据被检测对象的外形结构、尺寸和检测目的，设计、制作成不同缠绕方式、不同大小且形状各异的线圈，能够更好地适应不同的检测对象和满足检测要求；③受温度影响较小，可适用于高温条件下的检测。

3.1.1　检测线圈的分类

检测线圈是构成涡流检测系统的重要组成部分，对于检测结果的好坏起着重要的作用。线圈的结构与形式不同，其性能和适用性也随之形成很大差异。涡流检测线圈的分类有多种方式，常用的分类方式有以下三种：按感应方式分类，按应用方式分类和按比较方式分类。

1. 按感应方式分类

按照感应方式不同，检测线圈可分为自感式线圈和互感式线圈，又称为参量式线圈和变压器式线圈见图 3-1(a)、(b)。

自感式线圈由单个线圈构成，该线圈既作为产生激励磁场、在导电体中形成涡流的激励线圈，同时又是感应、接收导电体中涡流再生磁场信号的检测线圈，故名自感线圈。互感线圈一般由两个或两组线圈构成，其中一个线圈是用于产生激励磁场、在导电体中形成涡流的激励线圈(又称一次线圈)，另一个(组)线圈是感应、接收导电体中涡流再生磁场信号的检测线圈(又称二次线圈)。

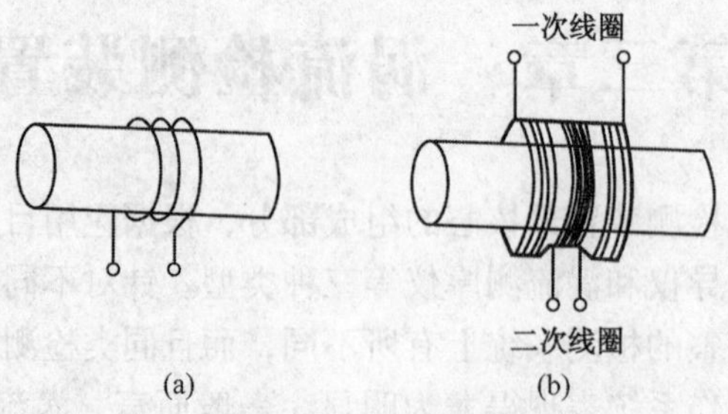

图 3-1　不同感应方式的检测线圈

2. 按应用方式分类

按照应用方式不同，检测线圈可分为外通过式线圈、内穿过式线圈和放置式线圈[见图 3-2(a)、(b)和(c)]。

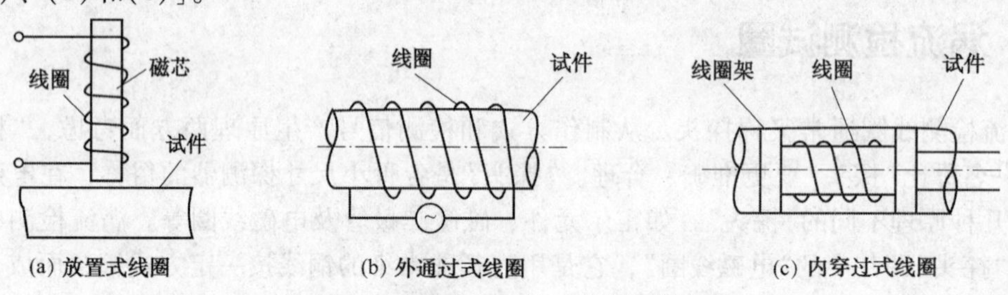

图 3-2　不同应用方式的检测线圈

外通过式线圈是将工件插入并通过线圈内部进行检测，广泛用于管、棒、线材的在线涡流检测。对于厚壁管材和棒材而言，受涡流集肤效应的限制，一般仅可实现对表面和近表面质量进行检测。由于形状规则的管、棒、线材可非接触地通过线圈，因此易于实现对批量材料的高速、自动化检验。内穿过式线圈是将其插入并通过被检管材(或管道)内部进行检测，广泛用于管材或管道质量的在役涡流检测。放置式线圈又称为探头式线圈(probe coil)，不同于外通过式线圈和内穿过式线圈在应用过程中其轴线平行于被检工件的表面，放置式线圈的轴线在检测过程中垂直于被检零件表面，实现对零件表面和近表面质量的缺陷检测。这种线圈可以设计、制作得非常小，而且线圈中可以附加磁芯，具有增强磁场强度和聚焦磁场的特性，因此具有较高的检测灵敏度。该类线圈不仅可用于板材、带材、管材、棒材等原材料的检验，而且可更广泛地应用于各种复杂形状零件的检验。

3. 按比较方式分类

按照比较方式不同，检测线圈可分为绝对式线圈、自比式线圈和他比式线圈见图 3-3(a)、(b)和(c)。

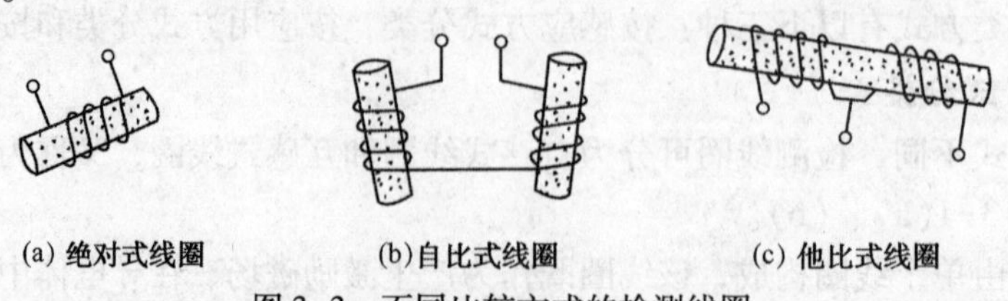

图 3-3　不同比较方式的检测线圈

绝对式线圈是一种由一个同时起激励和检测作用的线圈或一个激励线圈(一次线圈)和

一个检测线圈(二次线圈)构成，仅针对被检测对象某一位置的电磁特性直接进行检测的线圈，而不与被检对象的其他部位或对比试样某一部位的电磁特性通过比较进行检测。自比式线圈是一种由一个激励线圈(一次线圈)和两个检测线圈(二次线圈)构成，针对被检测对象两处相邻近位置通过其自身电磁特性差异的比较进行检测的线圈，又称差动式线圈。他比式线圈是一种针对被检测对象某一位置通过与另一对象电磁特性差异的比较进行检测的线圈，通常这一参比对象是对比试样。

上面从不同角度对涡流检测线圈进行了分类，所划分的不同类型线圈之间在大多数情况下并不是并列和独立的、而是相互交叉与包容。虽然从感应方式、应用方式和比较方式三个方面细分，涡流检测线圈可以有10余种不同形式，但在实际应用中通常是仅根据其中某一原则进行线圈分类。

3.1.2 各类检测线圈的特点

由于自感式线圈只有一个线圈，具有绕制方便、对多种影响被检对象电磁性能因素的综合效应响应灵敏的特点，同时，由于激励线圈和检测线圈二者合为一体，对某一影响因素的单独作用效应难以区分。因此，这类线圈一般仅用于管、棒、线材的直径测量。互感式线圈的激励线圈和检测线圈相互独立、各司其职，对不同影响因素响应信号的提取和处理比较方便。除此之外，激励线圈与检测线圈之间有静电屏蔽作用，因此静电感应的噪声较小，工作期间性能较为稳定。

外通过式、内穿过式和放置式检测线圈是根据不同应用对象在线圈外形设计与制作上形成了差异，不同线圈的特点首先体现在对检测对象的适应性上，即外通过式线圈可用于检测管、棒、线等多种材料，内穿过式线圈则仅可用于检测管材及管材制品，放置式线圈不仅可用于管、棒、线材的检测，而且可用于检测板材、型材以及形状复杂的零件；其次，由于外通过式和内穿过式线圈电磁场的作用范围为环状区域，而放置式线圈检测范围为尺寸较小的点状区域，因此外通过式和内穿过式线圈的检测效率要明显高于放置式线圈；再次，外通过式和内穿过式线圈在管壁和(或)棒材表层感应产生的涡流沿管、棒材周向方向流动，对于缺陷方向的响应敏感度低，而放置式线圈在试件表面被检部位感应产生的涡流呈圆形，对于缺陷方向的响应敏感度低，即受裂纹取向的影响小，加上线圈中心缠有铁氧体磁芯，利于集中磁场能量，因此检测灵敏度最高。

绝对式线圈只有一个检测线圈，不仅对被检对象的各种情况，如材质、形状、尺寸等均能够产生响应，而且受环境条件(如温度变化和外界电磁场干扰)的影响较为明显。由于自比式线圈的两个二次线圈缠绕方向相反，在同一时刻同一方向交变磁场条件下感应产生的涡流流动方向相反，即在以串联方式联接的检测线圈输出端的感应电压是两个检测线圈中感应涡流与线圈阻抗乘积的差值，故称差动式线圈。这种线圈利于抑制由于环境温度、工件外形尺寸等缓慢变化引起线圈阻抗的变化。他比式线圈实际上是由两个独立线圈构成的一个线圈组，其中一个线圈作用于被检测对象，另一个线圈作用于对比试样，通过比较两个线圈分别作用于被检测对象和对比试样时产生的电磁感应差异来评价被检测对象的质量，这种检测方式具有能够发现外形尺寸、化学成分缓慢变化的优点。

3.1.3 涡流信号的形成

涡流检测信号在检测线圈中的形成是一个较复杂的过程，并且随检测线圈结构不同，检测信号的形成也有所不同。

当检测线圈中的激励线圈(一次线圈)通有交变电流时，在激励线圈的每一匝线圈的周围产生大小和方向交替变化的电磁场，并分别作用于检测线圈(二次线圈)的每一匝线圈；在每匝线圈的闭合回路中感应产生电动势，由法拉第电磁感应定律可以计算得出感应电动势的大小。检测线圈(二次线圈)是由紧密缠绕的许多匝线圈组成，检测线圈的感应电动势是组成该线圈的每一匝线圈的电动势之和。对于差动式线圈，由于检测线圈是由两个匝数相同、缠绕方向相反的二次线圈构成，二者所形成的电动势大小相等，但方向相反，因此相互抵消，理论上讲检测线圈(二次线圈)内不能形成电流流动，因此没有涡流信号。对于绝对式线圈，检测线圈在感应电动势作用下，在闭合的检测线圈(二次线圈)内形成电流流动。

当检测线圈接近导电体时，激励线圈的交变磁场不仅作用于二次线圈，同时还作用于导体，并在导体中感应产生涡流。导体中每一点涡流的大小与方向是每一匝激励线圈和检测线圈(二次线圈)电磁感应综合作用的矢量和；导体中形成的涡流以再生交变磁场的形式反作用于激励线圈和检测线圈(二次线圈)，导体中涡流产生的磁场阻碍线圈磁场的变化，使线圈内的电流大小发生变化；同时，随着激励线圈和检测线圈(二次线圈)内电流发生变化，线圈的激励磁场随之发生变化，导体中感应涡流的大小也随之发生改变，涡流线圈的激励电磁场与导体中感应涡流产生的电磁场之间如此相互作用，在线圈平稳置于导体表面上时，迅速达到一种稳定状态。对于差动式线圈，同样由于在两个形状和匝数相同而缠绕方向相反的二次线圈两端形成大小相等而方向相反的感应电动势，因此在二次线圈中不能形成电流流动，即没有涡流输出信号。当导体中存在电磁特征的不连续，如缺陷、边缘、台阶等，由于检测线圈中的两个二次线圈相对于该不连续的非对称性，在该不连续处发生畸变的涡流所产生的交变磁场在两个二次线圈中感应产生大小不等的电动势，从而在检测线圈中形成电流信号，该信号的大小除了与检测线圈相关参数(如阻抗)有关外，与导体电磁特征的不连续密切相关。对于绝对式互感线圈，在激励线圈的交变磁场与导体中感应涡流再生磁场的合成磁场作用下，检测线圈(二次线圈)两端形成稳态的感应电动势，其中流动的感应电流的大小与导体的电磁特性相关，即检测线圈输出信号中包含了被检测导体的相关信息。

3.2 涡流检测仪器

涡流检测仪是涡流检测系统的核心部分。根据不同的检测对象和检测目的，研制出各种类型和用途的检测仪器。尽管各类仪器的电路组成和结构各不相同，但工作原理和基本结构是相同的。涡流检测仪的基本组成部分和工作原理是：激励单元的信号发生器产生交变电流供给检测线圈，放大单元将检测线圈拾取的电压信号放大并传送给处理单元，处理单元抑制或消除干扰信号，提取有用信号，最终显示单元显示出检测结果。

3.2.1 检测仪器的分类

根据检测对象和目的的不同对涡流检测仪器进行分类是最常见的分类方式，一般分为涡流探伤仪、涡流电导仪和涡流测厚仪三种，也有一些型号的仪器，除了具备涡流探伤这一主要功能外，还兼有电导率测量、甚至膜层厚度测量的功能，但与单一功能的电导仪和测厚仪相比，这类通用型仪器对于电导率或厚度的测量精度要低得多。从另一个方面讲，任何一个涡流检测仪都同时具备探伤、测电导率和测厚的能力，只是在检测范围和分辨力上存在明显的差异而已。

按照对检测结果显示方式的不同，涡流检测仪可分为阻抗幅值型和阻抗平面型，这一般是针对涡流探伤仪而言，不包括涡流电导仪和测厚仪。阻抗幅值型仪器在显示终端仅给出检测结果幅度的相关信息，不包含检测信号的相位信息，如电表指针的指示、数字表头的读数及示波器时基线上的波形显示等。值得注意的是，该类仪器所指示的结果并不一定是最大阻抗值或阻抗变化的最大值，而通常是在最有利于抑制干扰信号的相位件下的阻抗分量，这一点可以通过对具有相位调节功能仪器上相位旋钮的调整，观察电表指针摆动幅度的变化或示波器时基线上的波形幅度的变化加以确认。指针式涡流探伤仪、涡流电导仪和涡流测厚仪均属于该类型仪器。阻抗平面型仪器在其显示终端不仅给出检侧结果幅度的信息，而且同时给出了检测信号的相位信息。当调节相位控制旋钮(或按键)时，只是显示信号的相位角发生变化，而其幅值不会发生变化。带有荧光示波屏或液晶屏的涡流探伤仪大多属于阻抗平面型仪器。

按照仪器的工作频率特征，涡流检测仪可分为单频涡流仪和多频涡流仪。单频涡流仪并非仅限于只有单一激励频率的仪器，如涡流测厚仪和大部分涡流电导仪，而是包括激励频带非常宽的涡流探伤仪。尽管宽频带的涡流探伤仪可以激励不同工作频率的线圈进行检测，但由于同一时刻仅以单一的选定频率工作，因此仍归类于单频涡流仪。多频涡流仪是指同时可以选择两个或两个以上检测频率工作的涡流探伤仪和具有两种或两种以上工作频率的涡流电导仪。对于多频涡流探伤仪而言，是指仪器具有两个或两个以上的信号激励与检测的工作通道，因此又称作多通道涡流探伤仪。

随着涡流检测仪器制造技术的发展，不仅出现了多种型号的同时具备探伤、电导率测量、膜层厚度测量功能的通用型仪器，而且还能够以阻抗幅值和阻抗平面两种形式显示检测信号。

3.2.2 检测仪器的组成及各部分的作用

图 3-4 是涡流检测仪器最基本的原理图。振荡器产生的交变电流流过置于导电体上的线圈，在线圈周围形成交变磁场，并在导体表面产生涡流；当检测线圈位置发生变化时，由于线圈所处位置下面存在缺陷，导体形状、尺寸或材料电磁特性有所变化，都会引起涡流的大小发生改变并通过二次磁场作用于检测线圈，使线圈阻抗发生变化，通过并联于检测线圈的电表可以显示出这一变化。

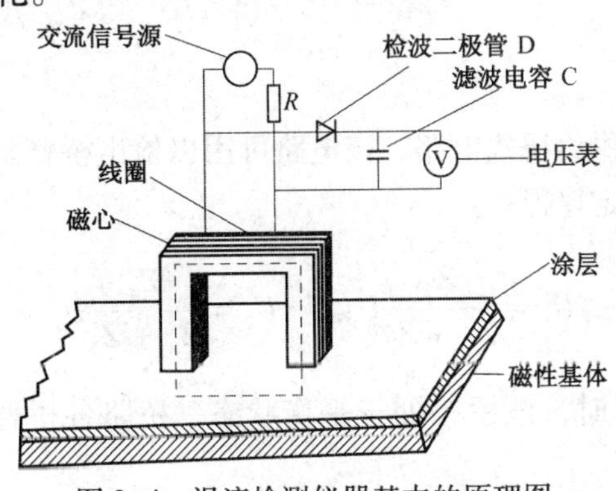

图 3-4 涡流检测仪器基本的原理图

在大多数检测中，线圈的阻抗变化很小。例如，线圈经过缺陷时阻抗变化可能小于1%，采用如图 3-4 所示的检测装置很难检测到如此小的阻抗或电压的绝对变化，因此在涡流检测仪的设计制作中必须采用各种电桥、平衡电路和放大器等，以提取和放大线圈阻抗的变化。

如前所述，常用的涡流检测仪有两类，一类是仅显示检测信号的幅度，另一类是显示检测信号的幅度和相位。图 3-5、图 3-6 分别给出了这两类仪器的电路原理框图。

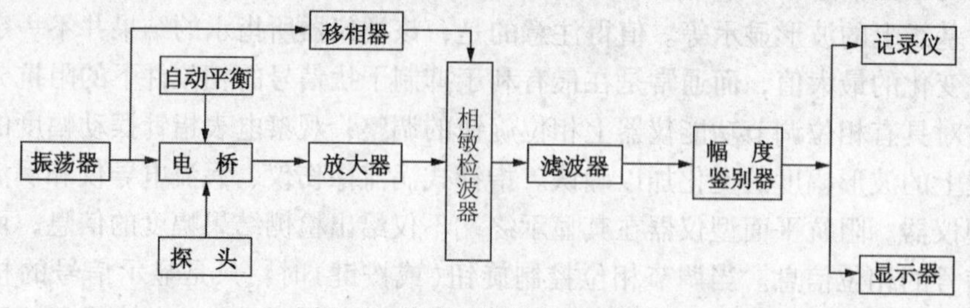

图 3-5 指针式涡流仪电路框图

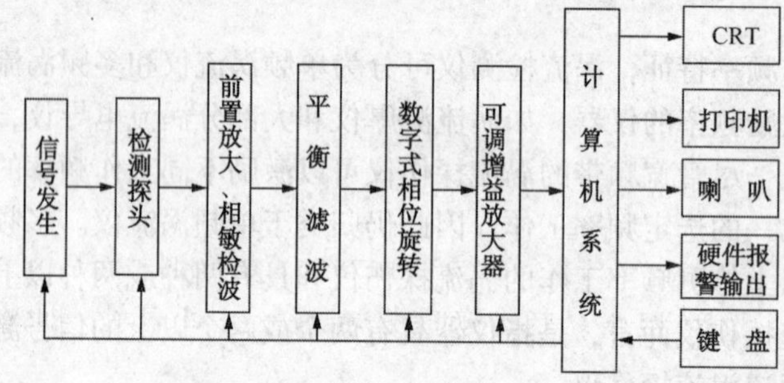

图 3-6 阻抗平面式涡流仪电路框图

幅度显示类型的仪器由振荡器产生交变信号供给电桥和检测线圈，信号经放大、相敏检波、滤波和幅度鉴别器，检测信号中的干扰信号被去除，缺陷信号(或期望得到的信号)被获取并在显示和记录单元以信号的幅值量被显示和记录。阻抗平面显示类型的仪器在信号的激励产生、提取及放大等信号处理方面与幅值显示类型仪器的工作原理及过程基本相同，所不同的是：信号经过相敏检波和滤波变成一个包含有线圈阻抗变化的相位和幅度信息的直流信号。该信号被分解成 X 和 Y 两个相互垂直的分量，在 X-Y 显示屏上进行显示。信号的两个分量能同时旋转，因此可以选择任意的参考相位对信号进行相位和幅度分析。这种仪器除了具有幅度显示和分析的功能，还具有信号相位的显示和分析功能，较幅度显示类型仪器在技术上提高了一大步。

1. 桥式电路

振荡器产生交变信号供给桥式电路，该电路可用以检出桥臂阻抗的变化，图 3-7(a)为典型的桥式电路，由欧姆定律得：

$$U_1 = \frac{Z_2}{Z_1 + Z_2} U_i, \quad U_2 = \frac{Z_4}{Z_3 + Z_4} U_i \tag{3-1}$$

当 $U_1 = U_2$，即 $U_0 = 0$ 时，该桥路处于平衡状态，桥路各桥臂阻抗之间有 $Z_1 Z_4 = Z_2 Z_3$ 关系。

涡流检测中，通常将涡流检测线圈作为构成平衡电桥的一个桥臂，该桥臂上的检测线圈与另一个桥臂上的比较线圈二者的阻抗不可能完全相等，一般需要通过调节平衡电桥中的可变电阻来消除两个线圈之间的电位差，实现桥式电路的平衡，如图 3-7(b)所示。

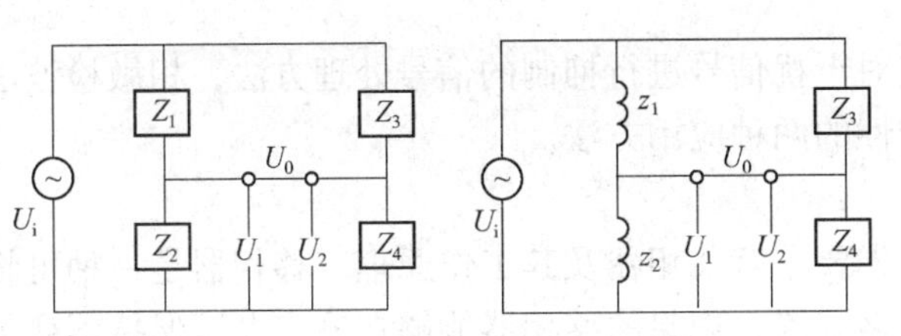

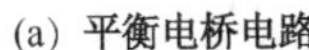

(a) 平衡电桥电路

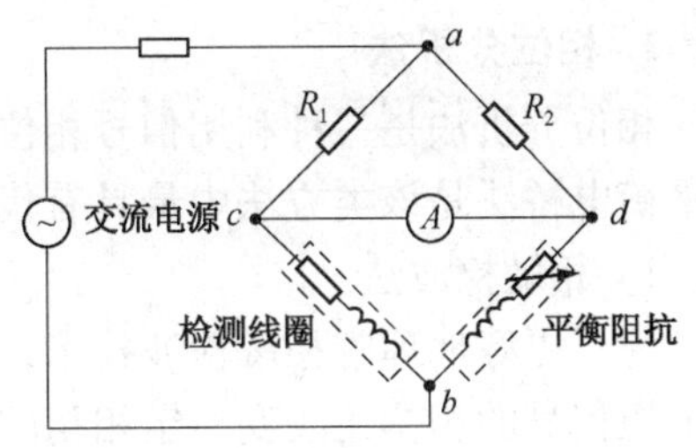

(b) 检测线圈作为电桥桥臂之一的平衡电路

图 3-7 桥式电路

当检测线圈阻抗发生变化(如线圈下被检测零件中出现缺陷)，其两端电压就会发生变化，于是桥路失去平衡，这时输出电压不再为零，而是一个非常微弱的信号，其大小取决于被检测零件的电磁特性。这就是用线圈阻抗表示试样参数的一种基本实验方法。

除了试件中缺陷可以引起线圈阻抗变化，其他因素，如环境温度的变化同样会引起线圈阻抗的变化，即使桥式电路已调整平衡，随温度的变化又会失去平衡。为避免频繁进行平衡电路的调节，当前使用的涡流检测仪大多采用具有自动平衡功能的桥式电路。

2. 放大单元

不平衡电桥中的信号非常微小，首先要传输到放大倍数相当大的放大单元进行放大。放大单元的输出电压 U_o与输入电压 U_i之比称为放大倍数，用 A 表示，即 $A=U_o/U_i$。放大单元的放大倍数在涡流检测仪器中通常用增益 G 表示，$G=20\lg A=20\lg(U_o/U_i)$，其单位为 dB。例如，对于一个增益范围为 0~100dB 的涡流检测仪，其放大单元对输入信号的最大放大倍数与增益的对应关系为：$G=20\lg(U_o/U_i)=20\lg A=100\text{dB}$，对应地可求出最大放大倍数。$A=10^{(G/20)}=10^{(100/20)}=10^5=100000$，即最大放大倍数为 10 万倍。

对于这种放大倍数很高的放大器，要获得信噪比好且失真小的输出信号，要求放大单元必须具有以下特性：①输入级噪声低，②动态范围宽，③畸变低。这种放大器通常是分立元件和集成电路的组合，其原因是分立元件具有较低的噪声，集成电路具有高而稳定的增益、体积小、直流漂移小的优点。

3. 处理单元

处理单元的作用是抑制或消除检测信号中的干扰信号，并识别和提取有用信号。由于存在方方面面的干扰因素，所形成的噪声信号特征又各不相同，因此涡流检测仪器中设计有具备处理不同特征信号功能的多种信号处理单元。如移相器、相敏检波器、滤波器、幅值鉴别器等。

4. 显示单元

经处理得到的检测信号在涡流检测仪的终端得以显示或记录。由于仪器设计与制造上的不同，显示单元有多种形式。早期的涡流仪较多采用指针式电表、条带记录纸、阴极射线管，目前则较多地采用数码管、阴极射线管、液晶显示屏等。

3.2.3 检测信号的分析与处理技术

信号的分析与处理由涡流检测仪器的处理单元完成。针对信号的不同特征所采用的分析与处理技术主要有相位分析法、频率分析法和幅度鉴别法。

1. 相位分析法

相位分析法是一种利用信号相位差对干扰信号进行抑制的信号处理方法，相敏检波法和不平衡电桥法是该类方法中最具有代表性的两种应用方法。

1）相敏检波法

为了更好地理解相敏检波技术，首先要了解移相器及其工作原理。移相器是一种可将某一电压信号的相位角改变一定相角的电路装置。理想的移相器能够在输出电压保持不变的条件下，把信号相位角从0°连续地变到360°。

图3-8(a)所示电路是一个最简单的移相电路，它可以通过改变电阻的大小将一个已知的电压信号的相位在0°~90°之间连续改变。电路的交流电压、电流的矢量表示如图3-8(b)所示。由移相电路的矢量图可以看到，输出电压U_o与输入电压U_i之间夹角为θ，其值为：

$$\theta = \arctan\frac{U_C}{U_R} = \arctan\frac{1}{\omega CR} \tag{3-2}$$

$$U_0 = IR = \frac{RU_i}{Z} = \frac{RU_i}{\sqrt{R^2+\left(\frac{1}{\omega C}\right)^2}} \tag{3-3}$$

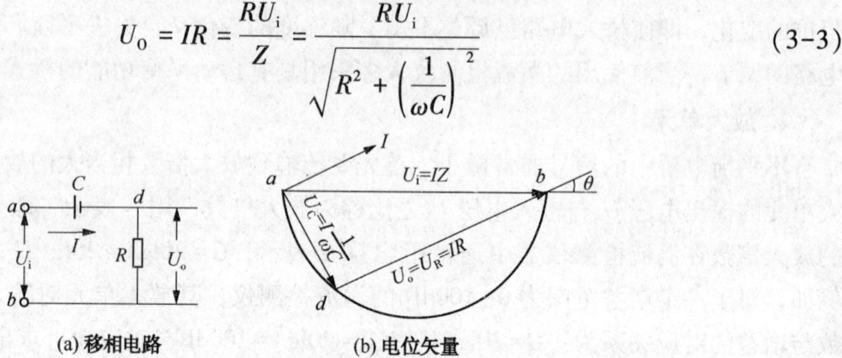

(a) 移相电路　　(b) 电位矢量

图3-8　简单的移相电路及电位的矢量表示

由式(3-2)可以看出，当电阻$R\to 0$时，输出电压信号与输入电压信号之间的夹角$\theta\to 90°$；当$R\to\infty$时，相移角$\theta\to 0°$。即当电阻R从0变到∞时，该移相电路可将输出信号的相位相对于输入信号的相位前移90°~0°。同时，由式(3-3)可以看出，当电阻$R\to 0$时，输出电压$U_o\to 0$；当$R\to\infty$时，输出电压$U_o\to U_i$。由此可见，该移相电路在通过改变电阻R实现对输入信号相位改变的同时，也使输入信号的大小发生了变化。

图3-9(a)、(b)为另一种简单的移相电路及其电压矢量图。通过改变该电路中电阻R的取值，例如R从0变到∞，可以将c、d间的输出电压信号U_o的相位角相对于a、b两点的输入电压信号U_i的相位角改变0°~180°，而输出电压幅值U_o总是等于$U_i/2$。

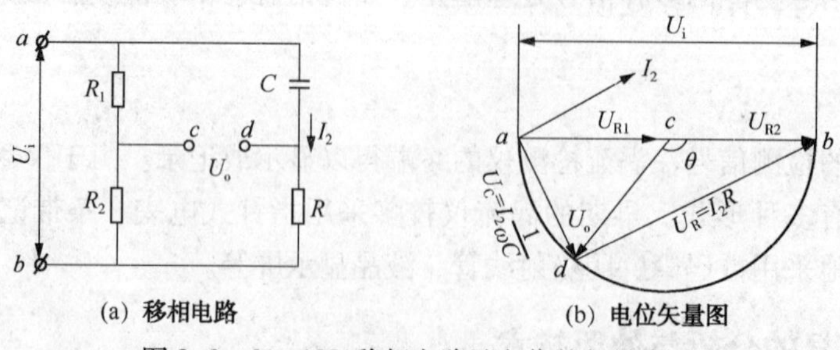

(a) 移相电路　　(b) 电位矢量图

图3-9　0°~180°移相电路及电位的矢量表示

由于可变电阻R的实际取值不可能为零和无穷大，因此该移相电路不可能达到0°~180°的调整范围。图3-10给出了涡流探伤仪中常用的两种0°~360°移相器的实用电路。

图 3-10 示出了一个由检测线圈检出并经放大电路放大了的信号 U_z，它是由相位角分别为 θ_1 和 θ_2 的干扰信号 U_N 和缺陷信号 U_F 叠加形成。

通过调整移相器的可变电阻，将移相器输出电压信号的相位调整到与干扰信号垂直的 OT 方向，并作为控制该相位角条件下控制信号输出的开关。由于干扰信号与移相器输出的控制信号垂直，因此干扰信号电压 U_N 在控制电压 OT 方向上的输出电压 $U_{N_{OT}}=U_N\cos 90°$ 为 0，即干扰信号电压经相敏检波后不再出现。缺陷信号电压 U_F 在控制电压 OT 方向上的输出电压 $U_{F_{OT}}=U_F\cos(90°+\theta_1-\theta_2)$ 不等于 0，缺陷信号电压经相敏检波器后仍有输出。

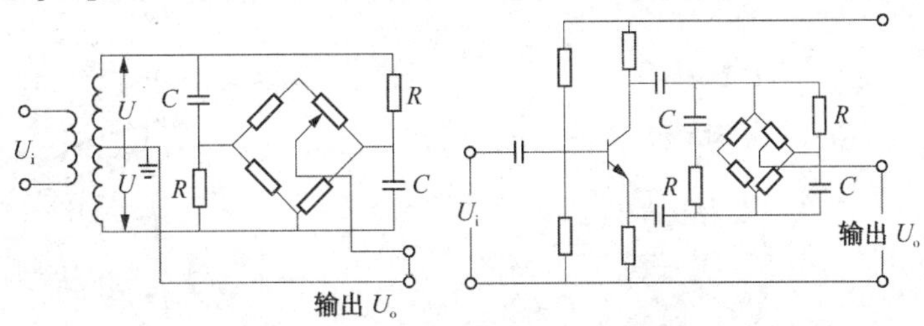

图 3-10　两种典型实用的 0°~360°移相电路

由图 3-11 可以看到，经过相敏检波得到的信号，虽然干扰信号被完全抑制掉，但得到的信号并不是缺陷信号的最大幅值，而是最大幅值在控制电压 OT 方向上的投影。这表明，采用相敏检波法在抑制了干扰信号的同时，输出的缺陷信号也是有所损失的，其损失大小 $\Delta U_F=U_F-U_F\cos(90°+\theta_1-\theta_2)=U_F[1-\sin(\theta_1-\theta_2)]$。当 $\theta_1-\theta_2=0$，即 $\theta_1=\theta_2$，$\Delta U_F=U_F$；当 $\theta_1-\theta_2=90°$时，$\Delta U_F=0$。其物理意义分别为：当缺陷信号与干扰信号在同一直线方向时，相敏检波器在抑制掉干扰信号的同时，缺陷信号的损失最大，即缺陷信号本身也全部被抑制掉；当缺陷信号与干扰信号垂直时，相敏检波器在抑制掉干扰信号的同时，缺陷信号的损失为零，即缺陷信号没有任何损失。

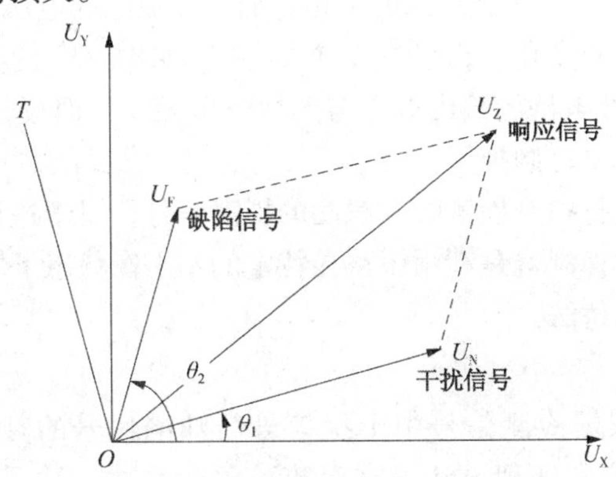

图 3-11　涡流响应信号的矢量分解

上述相敏检波技术是通过电压信号的矢量表示方式来描述的，采用电压信号正弦曲线的表达方式可以更加直观地阐述清楚。

如图 3-12 所示，平衡电路检出信号经放大器放大后得到交变电压信号 U，它是由以正弦函数变化的电压信号 $U_{N_{OT}}=U_N\sin(\omega t+\theta_1)$ 和 $U_{F_{OT}}=U_F\sin(\omega t+\theta_2)$ 叠加而成。U_{OT} 为一控制开关，其函数为：

$$U_{or}=\begin{cases}1,\ 当\ t=(2n\pi-\theta_2)/\omega\ 时,\\0,\ 当\ t\neq(2n\pi-\theta_2)/\omega\ 时。\end{cases}\tag{3-4}$$

当 $t=(2n\pi-\theta_1)/\omega$ 时，干扰信号 $U_{N_{OT}}=U_N\sin(\omega t+\theta_1)=U_N\sin[\omega(2n\pi-\theta_1)/\omega+\theta_1]=U_N\sin2n\pi=0$，控制开关导通，干扰信号为零输出；缺陷信号输出电压 $U_{F_{OT}}=U_F\sin(\omega t+\theta_2)=U_F\sin[\omega(2n\pi-\theta_1)/\omega+\theta_2]=U_F\sin[2n\pi+\theta_2-\theta_1]=U_F\sin(\theta_2-\theta_1)$。由此可见，在控制开关导通时，输出信号电压的大小是一个与缺陷信号和干扰信号相位角均相关的正弦函数。缺陷信号输出电压的损失和缺陷信号与干扰信号相位差之间的对应关系，同上面信号向量分析法的结论是一致的。由于这种相敏检波器的电路比较简单，因此在涡流仪器中广泛采用。然而，当干扰信号 U_N 不是一条直线，而是一条曲线，采用上述方式抑制干扰信号就达不到理想的效果。

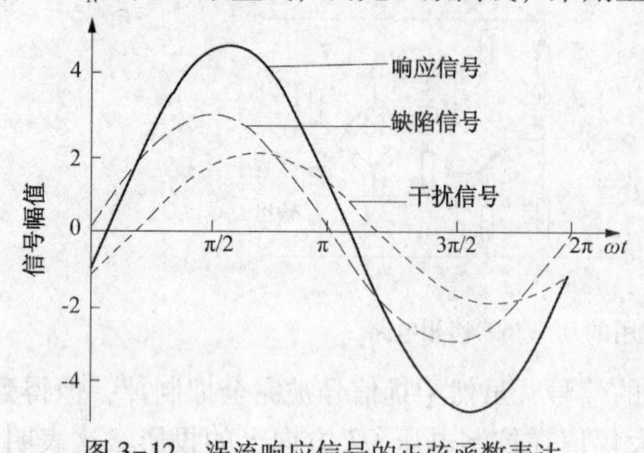

图 3-12　涡流响应信号的正弦函数表达

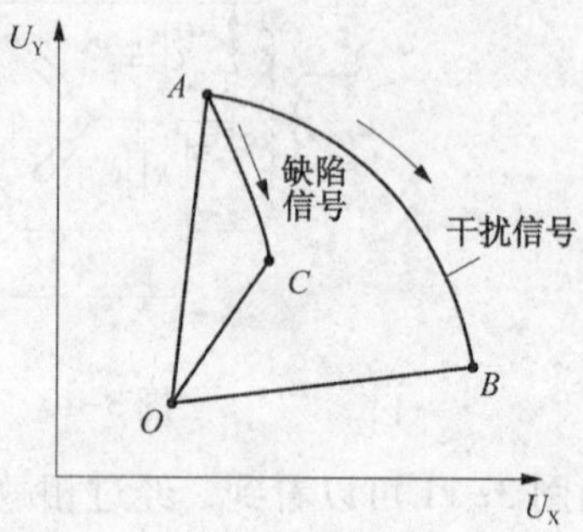

图 3-13　采用不平衡电桥法

2）不平衡电桥法

相敏检波法是以选定相位的电压作为控制电压来抑制检测线圈桥路输出的干扰信号。不平衡电桥法，又称谐振电路法，也可以抑制阻抗平面中不希望有的干扰信号，这种干扰信号的电压变化轨迹近似圆弧形，采用相敏检波法是难以抑制的。例如图 3-13 中的 *AB* 表示干扰信号的电压轨迹，*AC* 表示缺陷信号的电压轨迹。选择圆弧 *AB* 的中心 *O* 点作为参考点，因此干扰信号的电压轨迹对于 *O* 点来说都是相等的，而缺陷的电压轨迹与 *O* 点的距离不同，因此桥路的输出电压就会有变化。再设置一个振幅为 *OA* 或 *OB* 的参考电压，相位与 *OA* 或 *OB* 信号的相位相反，因此电桥的输出电压与干扰电压无关，而仅输出由缺陷引起的电压变化，这样干扰信号就被完全抑制掉了。

在采用放置式线圈进行扫查检测时，线圈的提离信号即属于这种变化轨迹为圆弧形的干扰信号，提离干扰信号的抑制就是利用桥路在特定的不平衡状态下实现的，因此这种信号处理的方法被称为不平衡电桥法。

2. 频率分析法

频率分析法是一种根据检测信号中干扰信号与缺陷信号的频率差异实现对干扰信号抑制和缺陷信号提取的信号处理方法。在涡流检测信号中，除了缺陷信号外，还包含着如试样外形尺寸变化和电导率不均匀等因素产生的干扰信号。人们在实践中发现，一般由被检管材直径或电导率变化产生的信号，其持续时间比试件上裂纹、折叠等缺陷信号所产生信号的持续时间明显要长。也就是说，由管材直径和电导率变化所产生信号的调制频率是较低的。

滤波器是一种能使某频率范围的信号较顺利地通过，而使该频率范围以外的信号受到较大衰减的装置。涡流探伤仪中常用的滤波器是由电阻与电容组成的 RC 滤波器。图 3-14 是最基本的 RC 滤波电路及其频率特性。对电容来说，容抗 X_c 与频率成反比，即随 f 增加时 X_c 减小，反之，f 减小时 X_c 增大。

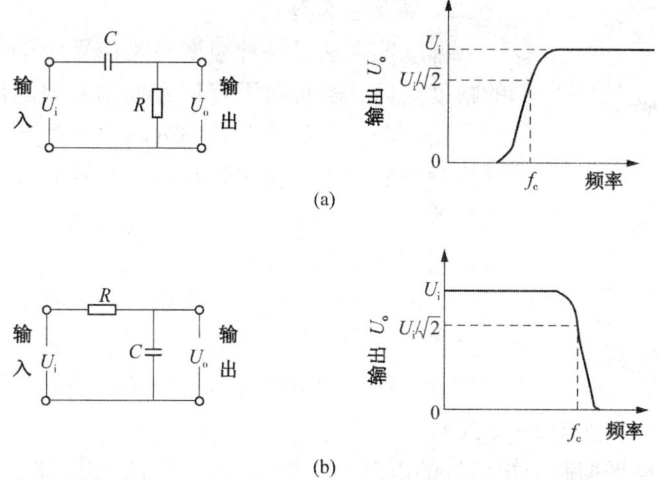

图 3-14　两种典型的滤波电路

图 3-14(a)所示的电路对于低频输入信号而言，由于 X_c 值很大，因此阻止了低频电压信号的传送，而对于高频信号来说，X_c 值很小，在电阻 R 两端获得输出电压信号。输出电压 U_o可表示为：

$$U_o = \frac{R}{\sqrt{R^2 + \left(\frac{1}{\omega C}\right)^2}} U_i = \frac{\omega CR}{\sqrt{1 + (\omega CR)^2}} U_i \tag{3-5}$$

由式(3-5)可知，当输入信号频率低时($2\pi fCR$ 远小于 1)，输出电压 U_o接近于零。当输入信号频率高时($2\pi fCR$ 远大于 1)，输出电压 U_o接近于输入电压 U_i。像这种只允许高频信号通过，而阻碍低频信号通过的滤波器称为高通滤波器。

图 3-14(b)所示的电路与图 3-14(a)所示电路不同的是将电阻 R 和电容 C 的位置做了对调，在电容 C 两端获得输出电压信号。输出电压 U_o可表示为：

$$U_o = \frac{\frac{1}{\omega C}}{\sqrt{R^2 + \left(\frac{1}{\omega C}\right)^2}} U_i = \frac{1}{\sqrt{1 + (\omega CR)^2}} U_i \tag{3-6}$$

由式(3-6)可知，当输入信号频率较高时($2\pi fCR$ 远大于 1)，输出电压 U_o接近于零。当输入信号频率较低时($2\pi fCR$ 远小于 1)，输出电压 U_o接近于输入电压 U_i。像这种只允许低频信号通过，而阻止高频信号通过的滤波器称为低通滤波器。

为使涡流检测仪既可以抵制相敏检波器输出电压中所包含的与仪器工作频率相同的电噪声成分和外来高频噪声成分，又可以抑制由试样材质、尺寸、形状变化及仪器漂移所产生的低频信号，仪器通常采用带通滤波器。带通滤波器就是把高通滤波器和低通滤波器连接起来而形成的允许一定频率范围信号通过的滤波器。

由式(3-4)和式(3-5)可知，随着频率的减小和增大，当输出电压 U_o由 U_i降低到 $U_i/\sqrt{2}$ 时的频率和 $f_{C1} = 1/2\pi C_1 R$ 和 $f_{C2} = 1/2\pi C_2 R$ 分别称为下限截止频率和上限截止频率，$[f_{C1}, f_{C2}]$称为滤波器的带通范围。

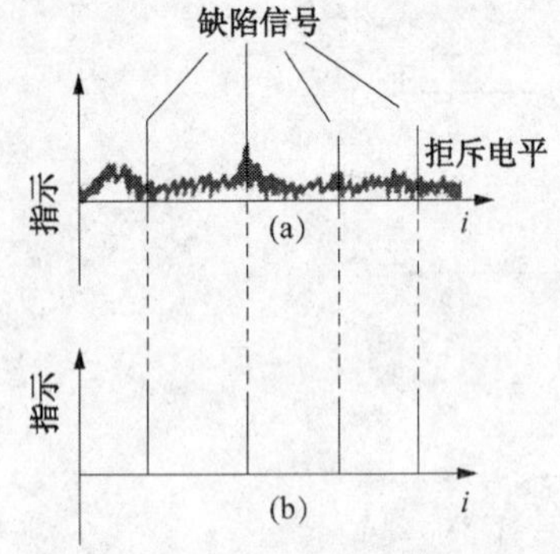

图 3-15　幅度鉴别电路及原理

3. 幅度鉴别法

幅度鉴别法是一种根据检测信号中干扰信号与缺陷信号的幅度差异，实现对干扰信号抑制和缺陷信号提取的信号处理方法。经过了相位和频率分析法对检测信号处理之后，往往检测信号中仍包含相位和频率与缺陷信号的相位和频率没有显著差异的干扰信号，如仪器电路产生的干扰噪声信号。与缺陷信号相比，电噪声信号的幅度往往比缺陷信号幅度低，如图 3-15(a)所示。采用一种只提取输入信号中幅度高于预置电平的信号而消除幅度低于预置电平的噪声信号的门槛触发电路，即可实现对这类干扰信号的抑制，达到改善缺陷信号信噪比的目的，如图 3-15(b)。

这种通过预置电平抑制干扰信号的电路称为拒斥器，或幅度鉴别器。拒斥器的工作原理是：由于输入信号中噪声信号均低于拒斥电平 U_r，达不到触发该电路所要求的电压水平，电路处于关闭状态，因此输出电压为 0；而输入信号中的缺陷信号幅度均大于 U_r，足以触发电路导通，并按其输入—输出特性曲线输出等幅的或放大的缺陷信号。

3.3　涡流检测辅助装置及其使用

涡流检测辅助装置是指除检测线圈和仪器之外的、对材料或零件实施可靠检测所必要的装置，主要包括磁饱和装置、试样传动装置、探头驱动装置、标记装置等。

3.3.1　磁饱和装置

铁磁性材料经过加工(如冷拔、热处理、旋压和焊接等)后，其内部会出现明显的磁性不均匀，这种磁性不均匀的噪声信号往往大于缺陷的响应信号，给缺陷的检出带来困难；另一方面，与非铁磁性材料相比，铁磁性材料的相对磁导率一般远大于 1，一些材料的最大相对磁导率甚至达到 1000 以上，由于集肤效应的影响而大大限制了涡流的透入深度。对铁磁性材料在检测前进行磁饱和处理是消除磁性不均匀，提高涡流透入深度的有效方法。

涡流检测中使用的磁饱和装置有两类。一类是由线圈构成，并通以直流电。这类磁饱和装置主要包括外通过式线圈的磁饱和装置和磁轭式磁饱和装置。

前者主要用于采用外通过式线圈的管、棒材的涡流检测，其结构如图 3-16(a)所示。两个磁饱和线圈中间为放置涡流检测线圈留出一定的间距，为防止快速传动的管材或棒材撞伤或磨损磁饱和线圈，分别在两个磁饱和线圈内装有采用耐磨材料制成的导套。由于磁饱和线圈往往长时间通以很大的直流电，线圈很容易发热甚至被烧毁，因此通常采用水冷或风冷方式对磁饱和装置进行冷却。

后者可用于采用扇形线圈的有缝管的涡流检测，其结构如图 3-16(b)所示。直流电通过线圈时产生的磁场经过磁轭传导至被检材料或零件的表面，从而对被检材料或零件进行饱和磁化。为了充分利用磁化线圈产生的磁场，这类磁饱和装置一般密封在由纯铁制成的外壳内，由于纯铁具有很高的磁导率，即磁阻非常小，因此磁化场被集中“禁锢”在管、棒材料或试样的被检测区域。

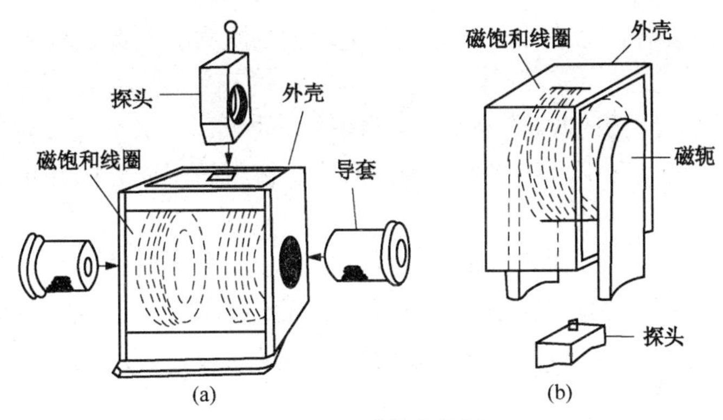

图 3-16　磁饱和装置

另一类磁饱和装置由一个简单的直径较小但磁导率非常高的磁棒或磁环构成。当交流电通过缠绕在磁棒或磁环上的检测线圈时激励产生很强的磁场，从而达到对铁磁性材料或零件的被检测部位实施饱和磁化的目的。

3.3.2　试样传动装置

试样传动装置主要用于形状规则产品的自动化检测，在管、棒材生产线上的应用最为广泛。图 3-17 所示是一套典型的管、棒材自动检测的传动系统，它是由上料、进料和分料装置组成。

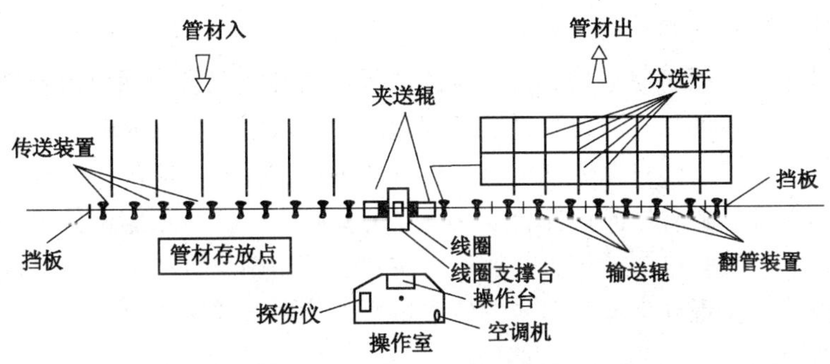

图 3-17　管、棒材自动检测的传动系统

上料装置主要有两种形式。一类是以管材生产线的最后输出部分，如矫直后的切割输出装置，直接作为涡流检测系统的输入装置。这类上料形式要求涡流检测系统的运转与管、棒材的生产同步进行，不允许检测系统在中间过程对存在可疑信号的管材或棒材重新进行检测和分析，也不允许对仪器进行定期校准或调试，因此这种将在线产品直接传送到进料装置的上料方式较少采用。另一类上料机构是将批量生产的管、棒材分小批移至物料台上，利用物料架载物平台的倾斜角度或专门机构(如辊轮)逐根将管、棒材送至进料装置。

进料装置是将管、棒材输送到涡流线圈检测的部分，为减小或消除由传动不稳定给涡流检测带来干扰，要求传动装置对管棒材的传送尽可能无振动和偏摆，且传送速度稳定、可调。为满足上述要求，通常在检测线圈前后的附近位置分别安装有多组三爪卡盘式的辊轮，每组辊轮通常由三个以适当倾斜角度安置、按 120°排布的耐磨滑轮组成。三个滑轮按 120°角分布可有效地减小和消除振动，多组滚轮精确的同轴心排布可保证管材或棒材的同心传送。由于各滚轮组中的每个滑轮均以相同的倾斜角度匀速转动，通过在管、棒材表面产生的摩擦力推动和拉动管材匀速、稳定地通过检测线圈。对于铁磁性管、棒材的检测，由于磁饱和装置产生的强磁场会对管材或棒材的传送产生较大的阻力，因此还要求进给装置具有足够的输送功率。

分料装置是检测系统按验收标准确定的不同等级的管、棒材实施自动分离的装置，一般可将产品分为合格、可疑和不合格三组，通过对管、棒材按不同方向和不同时间的离线控制予以实现。

如上所述的管、棒材的传动装置是涡流自动检测中最为常见的一种，但并非试件传动装置仅有这一种传动形式。这种装置是对管、棒材实施直线平移传送，管材不作周向转动。当需要采用放置式线圈对管、棒材实施周向扫查时，传动装置还应该配备驱动管、棒材沿周向转动的机构。

3.3.3 探头驱动装置

针对不同类型检测对象和要求，采用的探头驱动方式各有不同。如上所述，当需要采用放置式线圈对管、棒材实施周向扫查时，除了可通过试件传动装置驱动管、棒材沿轴向作平移和转动两种复合运动予以实现外，还可以在管、棒材作直线平移运动的同时，驱动放置式线圈沿管棒材作周向旋转。

管道的在役检测通常采用内穿过式线圈，对于较大长度的管道，往往需要借助专用的探头驱动装置。

3.3.4 标记装置

标记装置是对被检测对象出现异常信号的位置自动实施记录和标识的装置，在早期的涡流自动检测系统中较多采用。当检测系统发现超出设定水平的信号时输出一个报警信号，标记装置接收到报警信号后会自动驱使相关的机械装置在试件的对应部位以设定的方式进行标记，如喷漆、刷涂等。随着检测仪器智能化水平的提高，仪器可根据试件传动装置的进给速度和时间准确计算出线圈检测的位置，通过对试件运动初始位置的标定，可以在检测仪的屏幕或显示界面上给出发现异常显示信号的位置坐标，从而替代了传统的独立于检测仪器之外的机械打标装置。

3.4 标准试样与对比试样

涡流检测与其他无损检测方法一样，其对于被检测对象质与量的评价和检测都是通过与已知样品质与量的比较而得出的。如果脱离了这类起参比作用的样品，任何无损检测方法将无从实施，这类参考物质在无损检测中通常被称作标准试样或对比试样。根据标准试样或对比试样的具体形态不同，又有标准试块和对比试块，或标准试片和对比试片之分。

目前在一些标准文件和文献资料中对于标准试样和对比试样冠以不同的名称，甚至对标准试样和对比试样不加区分地混用。以下从无损检测领域已形成的较为广泛共识的角度，对涡流检测中涉及的标准试样和对比试样作一介绍。

标准试样是按相关标准规定的技术条件加工制作、并经被认可的技术机构认证的用于评价检测系统性能的试样。上述定义确定了标准试样的属性和用途。属性之一是必须满足相关技术条件要求，如规格尺寸，材质均匀且无自然缺陷，人工缺陷的形式、位置、数量、大小等。属性之二是应得到授权的技术权威机构的书面确认和批准。标准试样不仅应在加工制作完成后需要得到认证，在长期重复使用过程中还应按相关标准文件规定定期进行认证。标准试样的本质用途是评价检测系统的性能，而不是用于产品的实际检验。

对比试样是针对被检测对象要求按照相关标准规定的技术条件加工制作、并经相关部门确认的用于被检对象质量符合性评价的试样。与标准试样的定义相比，可以看到对比试样不同于标准试样的重要属性包括以下两个方面：一是与被检测对象密切相关，即对比试样的材料特性与被检测对象必须相同或相近，这一点在标准的技术要求中会作出明确规定，如材料牌号、热处理状态、规格或形态等；二是与检测要求相适应，即对比试样上人工缺陷的形式和大小应根据要求确定，这一点是由对比试样的本质用途所决定。根据定义，对比试样是用作被检测对象质量状况的评价依据，因此其上面人工缺陷的形式和大小尺寸应根据被检测对象在制造或作用过程中最可能产生的自然缺陷的种类、方向、位置和对产品可靠使用的影响等因素确定。

对比试样同样应按照相关标准文件或技术条件要求制作，一般不允许带有自然缺陷。虽然可以不要求对比试样必须经过技术权威的认证和进行周期检定，但应当由相关部门(如质检部门或计量部门)采用适当、可靠的方法对其作出满足相关标准文件或技术条件要求的结论。如果对比试样在使用过程中外形尺寸、材质和缺陷大小不会发生变化，一般在初次验证合格后可不必定期进行检定。为确认对比试样上述各项参数的稳定性，使用部门定期采用简单实用的方法对其进行核查是必要的。

3.4.1 涡流探伤

如前所述，标准试样是按照相关标准加工制作并用于仪器性能测试与评价的标准样品，并不直接与被检测对象的材质相关和用具体产品的检验。大多数涡流探伤标准对对比试样的选材、加工制作和人工缺陷的形式、大小作了规定，但对涡流仪器的使用性能，如检测能力、周向灵敏度差、端部盲区、分辨力及线性度等性能指标均未作规定，因此也就未涉及用于涡流仪器性能测试与评价的标准试样。德国《无损检验　管道和管子的涡流检验　用同心试验线圈的涡流检验系统性能测定与校正的基准方法》(DIN 54141-2—1982)、《无损检测　涡流检测设备　第3部分：系统性能和检验》(GB/T 14480.3—2008)标准和国家计量检定规程JJG 0061—2001《涡流探伤仪》等，是关于涡流仪器性能的专用标准，以德国DIN 54141-2—1982标准有关内容为例，对管材涡流探伤标准试样的相关知识简单加以介绍。

1. 标准试样

为使测试、评价结果具有良好的可重复性和可比性，标准对系统测试用标准样管的规格、尺寸及材料做了统一规定：建议采用外径为25mm、壁厚为2mm、长度为2000mm的铜(SF-Cu)、奥氏体不锈钢(X-10，1Cr18Ni9Ti)、铜—锌合金(CuZn20Al)和铁磁性钢管(St35.2)制作。不同材料的选用是根据测试的频率范围和所期望的内部缺陷与表面缺陷信号间相位角的差异所决定的。表3-1、表3-2列出了上述材料对应的测试频率范围和不同测试频率条件下各种材料管材内、外壁缺陷涡流响应信号的相位角差。

表3-1　几种材料管材(壁厚为2mm)涡流检测的参考频率　　kHz

材　料	SF-Cu	X-10	CuZn20Al	St35.2
测试频率范围	0.5~6	10	2.5~30	1~50

表 3-2　不同测试频率条件下各种材料管材内、外壁缺陷涡流响应信号的相位角差

f/kHz	内、外表面环形槽响应信号的相位角差/(°)			
	铜(52.0MS/m)	CuZn20Al(12.5MS/m)	奥氏体不锈钢(1.4MS/m)	碳钢(5.8MS/m)
0.5	30	—	—	—
1	50	—	—	28
3	128	42	—	48
6	200	73	—	60
10	—	110	—	73
20	—	175	—	95
30	—	220	32	115
50	—	—	45	152
—	—	—	12070	
—	—	—	230	

如图 3-18 所示，在管材试样一端管壁同一母线位置上加工 10 个间距为 20mm、直径为 1mm 的通孔缺陷。通过记录和比较各人工缺陷响应信号的大小，可评价涡流仪对靠近管材端部缺陷的检测分辨能力，即检测系统的端部效应。

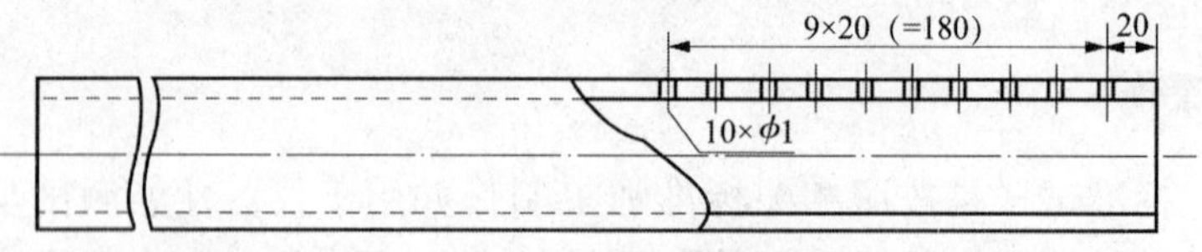

图 3-18　用于评价检测系统端部效应的标准试样

评价涡流检测系统的不同性能需要采用不同的标准试样，不同标准试样上人工缺陷的设计与制作要求见 3.5 节。

2. 对比试样

如前所述，对比试样的本质用途是建立评价被检测产品质量符合性的标准，即以对比试样上人工缺陷作为判定该产品经涡流检测是否合格的依据。除此之外，对比试样在检测过程中还具有以下作用：①对涡流检测系统进行调试，如检测频率、相位等检测参数的设定和机械系统传送速度、稳定度的调整；②检测系统长时间工作稳定性的监测。为消除外界干扰因素的影响，保证涡流检测结果的一致性，通常在涡流检测系统连续工作一段时间后(如 2h 或 4h)或发现涡流仪器显示出现异常时，要求采用对比试样对检测系统进行重新测试。

由于对比试样的形状相对被检测产品必须具有代表性，因此对比试样的形状必然是千差万别、各不相同的。按照对比试样上人工缺陷的形式不同，可分为孔形缺陷对比试样和槽形缺陷对比试样。按照涡流探伤应用对象的不同，也可分为外通过式线圈检测用对比试样、内穿过式线圈检测用对比试样和放置式线圈检测用对比试样。无论是用于哪一类产品检测的对比试样，其上人工缺陷的形式并不受统一的限定，而是由产品制造或使用过程中最可能产生缺陷的性质、形态所决定。

通孔形人工缺陷能较好地代表穿透性孔洞，虽然穿透性孔洞在管材制造过程中较少出现，但由于通孔缺陷最易于加工，因此被广泛采用。平底盲孔缺陷对于管壁的腐蚀具有较好的代表性，因此在在役管材的涡流探伤中较多采用。槽形人工缺陷能更好地代表管、棒材制

造过程产生的折叠及使用过程中出现的开裂等条状缺陷和各种机械零件使用过程产生的疲劳裂纹，可以说槽形人工缺陷在多数情况下比通孔缺陷对于自然缺陷具有更广泛、真实的代表性，但由于槽形缺陷的加工与测量比孔形缺陷难度大，因此在涡流对比试样制作中并没有广泛地选择槽形人工缺陷，这也是人们对涡流检测结果可靠性不能够充分信任的重要原因之一。

图 3-19 所示试样是一典型的管材探伤用对比试样。试样上 3 个通孔缺陷沿轴向方向等距离排列，在圆周方向上以 120°均匀分布在圆周面上，其作用是调定检测灵敏度和传动系统的对中状态；在接近对比样管某一端部位置上的通孔的作用是评价和保证涡流检侧系统的端部盲区。

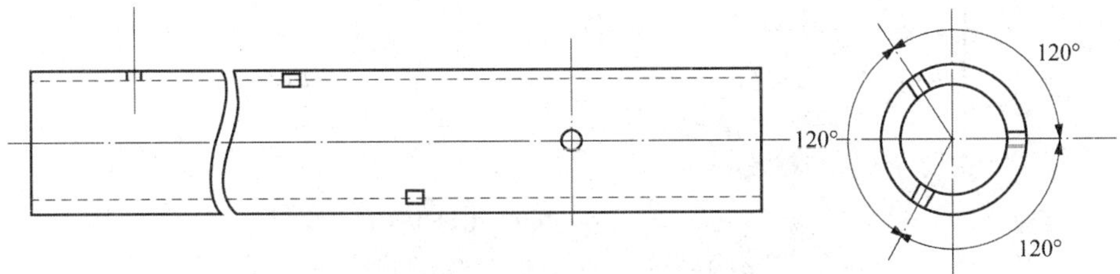

图 3-19　评价检测系统周向灵敏度差的标准试样

图 3-20 所示试样是一典型的小径管探伤用对比试样。试样外表面从左至右加工有 5 个深度分别为管材壁厚 10%、20%、30%、40%和 50%深度的周向刻槽，内表面刻有 1 个深度为壁厚 10%的周向刻槽，槽深容许偏差为 0. 075mm。各槽宽度和间距分别均为 50mm 和 25mm，槽宽和间距容许偏差为 1. 5mm。

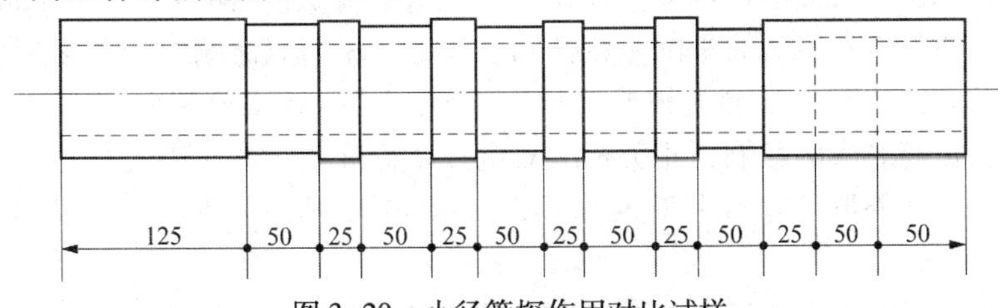

图 3-20　小径管探伤用对比试样

图 3-21 给出了两个零件探伤用典型对比试样。图 3-21a、b 分别是用于平板试件或具有较大曲率半径试件和带有螺栓孔零件检测的对比试样。槽的深度如图 3-21 所示，宽度为 0. 15mm，容许偏差均为±0. 05mm。

对比试样上孔形缺陷的制作一般采用机械加工的方法，在加工平底孔时，应选用平刃刀具钻制。槽形缺陷的制作一般采用电化学加工方式，最常用的两种加工方法是线切割和电火花。前一种方法适用于贯穿整个加工面的槽形缺陷的加工，槽形缺陷宽度一般可达到 0. 15mm，更细小的槽则难以加工；后一种方法适用于较短槽形缺陷的加工，刻槽宽度可达到 0. 05mm，对于长度大于 20mm 的槽形缺陷，加工电极则难以保证槽形缺陷的平直度。

在加工孔形缺陷过程中，钻头施加给对比试样较大的压力和切削力，因此需要注意防止试样产生变形。在管材试样上加工通孔时，在管材内壁容易留下切屑，即所谓毛刺。毛刺的存在不仅会产生干扰信号，而且会损伤检测线圈。线切割和电火花加工方式会产生较大的热量，应注意避免烧伤试样。不论是变形、毛刺，还是烧伤，都可能会引起涡流效应，因此涡流检测人员在制作对比试样时应将这些注意事项向加工人员提出。

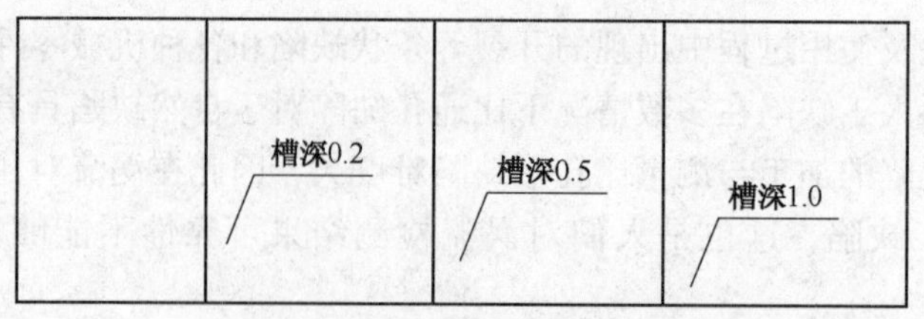

(a) 平面或大曲率半径试件探伤用对比试样

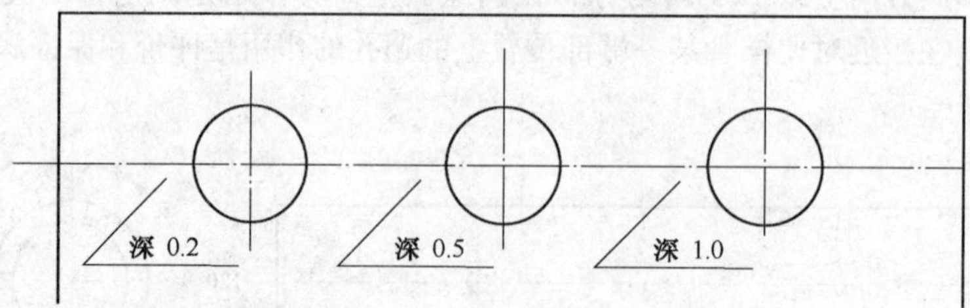

(b) 螺栓孔探伤用对比试样

图 3-21　零件检测用对比试样

3.4.2　电导率测量与分选

电导率的测量是采用已知量值的电导率标准试块校准涡流电导仪后对材料或零件的电导率进行测量，不需要选择与被检测对象材料、热处理状态相同或相近的材料制作对比试块，因此在电导率测试中只有标准试块而不存在对比试块。由于材料电导率对涡流的影响不是简单的线性关系，而且也不能用简单的函数精确表述电导率与涡流响应的对应关系，因此选择校准仪器的标准试块的量值不能与被检测材料或试样的电导率值相差过大。受涡流边缘效应、集肤效应和提离效应的影响，相关标准对电导率标准试块的大小、厚度和表面粗糙度作出了严格的规定，如外形尺寸不小于 30mm×30mm，厚度不小于 5mm，表面粗糙度参数 *Ra* 不大于 3.2μm。

早期大多数和近期少数的标块制造商将电导率值刻在标准试块的表面上，实际上这种做法是不科学的。因为材料都或多或少地存在时效性，特别是铝合金尤为明显。尽管在制作标准试块前的选材，就要求选择有足够时效时间的材料，但在实际应用中仍然发现标准试块在每一次检定时电导率值都会发生一些变化，标块的电导率值是在每一次检定时重新赋予的，因此在标块销售之初将电导率值固化在其表面是不合理的。

电导率的测量是进行材料分选的有效、可靠手段，如果仅关注于少数具体材料或零件的区分而不需要知道具体的电导率值，不采用电导率的读数测量方法也是可以实现的，这就是采用涡流分选技术，这种技术可以不依赖于电导仪和电导率标准试块。利用其他涡流仪器（如探伤仪）和对比试块对外观和形状相同而材质或热处理状态不同的材料或零件可实施正确的分选，这就要求对比试块应与被分选对象的材质、状态和尺寸相同，并且知道各个对比试块的材质和状态。

3.4.3　膜层厚度测量

与电导率测量相似，膜层厚度测量是采用标准厚度片校准测厚仪对涂层厚度进行测量（因此绝大多数情况下不存在对比试片的问题），用作校准仪器用的标准试片必须有明确的量值，并满足以下要求：①良好的刚性，即检测线圈压在上面时不会发生显著的弹性变形；②良好的弯曲性能，当用于曲面制件表面覆盖层厚度测量时，应能与被检测对象的弧面基体形成良好的吻合。

膜层厚度测量用标准试片主要有两类，一类是不带有基体的薄膜(片)，这类标准试片可覆盖在各种制件的基体进行仪器校准，具有良好的适用性；另一类是带有基体的标准试片，这类试片的覆盖层与基体结合为一体，但这类标准试块的使用有一定的局限性。

涡流测厚的精度不仅与标准厚度膜片的不确定度、基体材料的电磁特性有关，而且与标准厚度试片的选用密切相关，校准仪器使用的标准厚度片与被测量覆盖层的厚度越接近，测量结果就越准确，因此涡流检测人员在购买涡流测厚仪时应特别关注仪器配备的标准试片的数量及其厚度与实际工作中检测对象厚度范围的相关性。

3.5 检测仪器（系统）的性能评价

对于不同的涡流检测仪器所关注的性能参数与指标是各不相同的，如对于涡流电导仪，要求仪器对探头离开被检测对象距离的微小变化的响应越小越好，即提离抑制(或称为提离补偿)性能越强越好，而对于涡流测厚仪，则要求仪器对于探头离开被检测对象距离的微小变化的响应越显著越好。因此，本节分别针对涡流探伤仪、电导仪和测厚仪介绍涡流仪器的性能和测试方法。

3.5.1 涡流探伤仪的性能测试

涡流探伤仪的种类很多，当配以不同形式的检测线圈并用于不同的检测对象时，人们对其所关注的性能及其性能的表现形式也会有较大的差异。下面以对配备外通过式和内穿过式线圈、用于检测管材或管材制品的涡流检测系统为例加以介绍。检测系统的性能是通过对标准试样上人工缺陷的响应进行测试和评价的，因此标准试样的设计制作是正确、合理评价系统各种性能的关键。

1. 对缺陷深度响应性能的评价

如图 3-22 所示，试样外壁上加工有一组深度分别为壁厚 20%、40% 和 60%，宽度为 0.5mm，长度为 30mm 的纵向槽形缺陷。使标准试样以尽可能平稳的速度通过检测线圈(如果采用内穿过式线圈，使检测线圈平稳地穿过标准样管)，调整检测灵敏度，使深度为 60% 壁厚的人工缺陷响应信号的幅度为显示屏最大显示值的 100%，记录和比较各人工缺陷响应信号的幅值来评价涡流仪对不同深度缺陷响应性能。

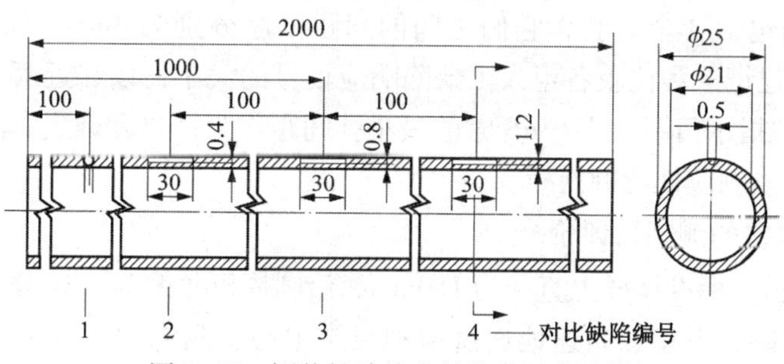

图 3-22 评价缺陷响应性能的标准试样

2. 对内部缺陷和表面缺陷响应能力的评价

图 3-23 所示标准试样上有两对深度分别是管材壁厚的 20%和 40%，宽度均为 0.5mm 的内、外槽伤。以尽可能平稳的速度使试样同心地通过检测线圈中心，并将最大响应信号的幅度调整至仪器最大指示值的 100%，测量和记录各响应信号的幅度。根据标准试样内、外壁上深度为壁厚的 20%和 40%环形槽响应信号幅度的测定值，计算出检测仪器对表面缺陷和内部缺陷指示信号幅值之比，并以此作为评价仪器响应能力的指标。

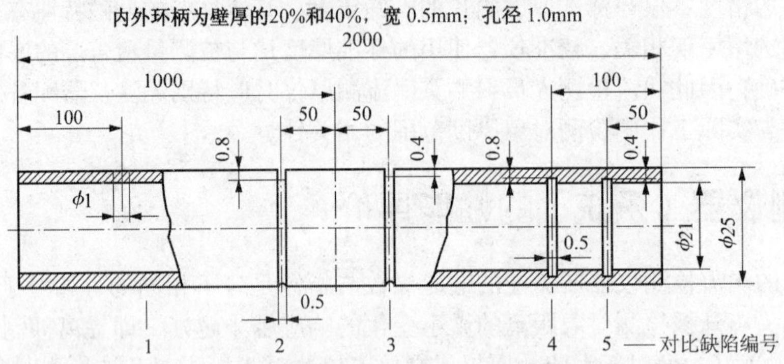

图 3-23　评价内部缺陷和表面缺陷响应能力的标准试样

3. 对缺陷长度响应性能的评价

如图 3-24 所示，标准试样上加工有深度为 0.2mm，长度分别为 2.5mm、5mm、10mm、15mm、20mm 和 40mm 的人工槽形缺陷。将该试样平稳地穿过检测线圈中心，并测量和记录信号幅度。以响应信号幅度与 40mm 长槽形缺陷响应信号幅度之差不大于 3dB 的最短槽形缺陷的长度作为评价涡流检测仪“极限缺陷长度”的指标。

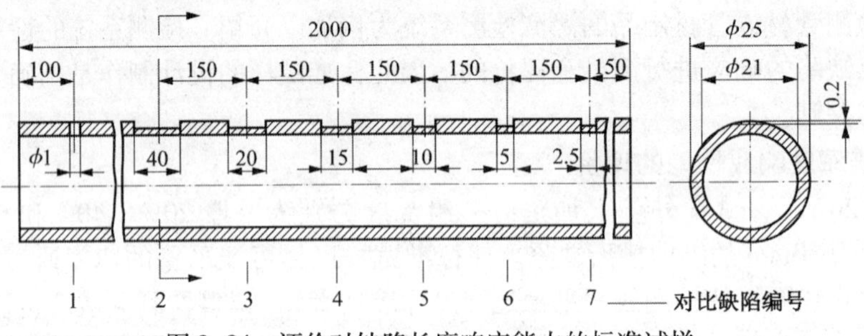

图 3-24　评价对缺陷长度响应能力的标准试样

4. 对缺陷间距分辨能力的评价

如图 3-25 所示，试样管壁同一母线位置上加工有 6 组间距为 50mm、直径为 1mm 的通孔缺陷。每组缺陷包括 3 个通孔，它们之间的间距依序分别为 4mm、6mm、8mm、10mm、15mm、20mm。通过记录和比较各组人工缺陷响应信号的大小，以邻近两个孔指示信号与间距为 200mm 的孔的指示值不大于±3dB 时的最小孔间距作为评价和确定涡流仪的检测分辨能力和对不同间距缺陷响应性能的指标。

5. 周向灵敏度差的测试与评价

如图 3-26 所示，标准试样上直径为 1.0mm、沿圆周以角距为 120°分布、孔距为 100mm 的 3 个人工通孔缺陷，平稳、匀速地通过检测线圈中心，测定和记录每个孔响应信号的幅度。以 3 个孔响应信号之间的最大差值作为评价仪器周向灵敏度差性能的指标。

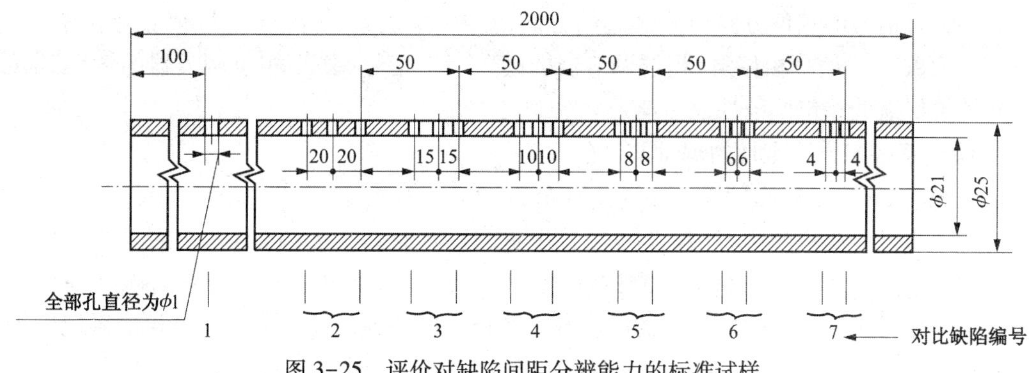

图 3-25　评价对缺陷间距分辨能力的标准试样

6. 端部盲区的测试与评价

如图 3-26 所示，在距离标准试样一端的管壁同一母线位置上加工有 10 个间距为 20mm，直径为 1mm 的通孔缺陷。使这 10 个通孔平稳、匀速地通过检测线圈中心，各孔响应信号幅度与距离管端部最远孔的响应信号幅度相比，以其中幅度之差不大于±3dB、距离管端部最近的孔到管端部的距离作为评价和确定涡流仪的检测部盲区的评价指标。

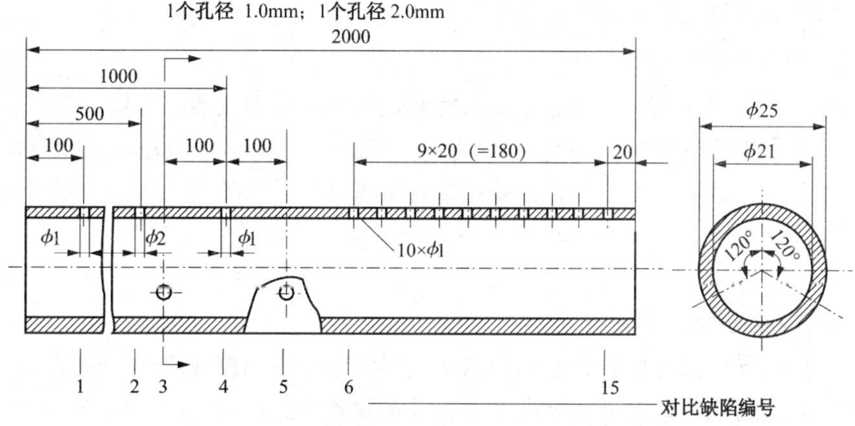

图 3-26　评价周向灵敏度差、端部盲区及检测灵敏度的标准试样

7. 涡流仪灵敏度调节性能的测试与评价

采用图 3-26 所示标准试样，使直径为 2mm 的通孔缺陷平稳、匀速地通过检测线圈中心，调节仪器检测灵敏度，使该人工缺陷的响应幅度为仪器最大显示值的 100%。依次降低检测灵敏度，使响应信号幅度分别约为仪器最大显示值的 75%、50%、35%、25%和 10%，在上述不同灵敏度水平下分别重复进行 3 次测量，并记录每一次孔形缺陷响应信号的幅度，以每个灵敏度级别下 3 次测量值的平均值与理论计算值之差作为评价仪器灵敏度调节性能的指标。

8. 涡流仪相位调节性能的测试与评价（适用于带相位调节功能的仪器）

采用图 3-22 所示的标准试样，以深度为壁厚 20%的外表面槽形缺陷平稳、匀速地通过检测线圈中心，调节仪器的相位旋钮（或按键），使该槽形缺陷响应信号的相位角为 0 或 90°，记录仪器相位调节旋钮（或按键）的读数；同向改变相位调节器读数，直至该缺陷响应信号的相位角变化了 360°（即响应信号旋转一周），再次记录仪器相位调节旋钮（或按键）的读数；将相位调节器的两次读数的差值均分为 12 档，以 1/12 差分档重新调节相位调节器，并测试和记录信号的相位方向与信号起始方向的相位角之差。分别绘制“信号相位角-相位调节器的读数”、“信号相移角-相位调节器的读数”和“信号幅度-相位调节器的读数”曲线，并以此评价仪器的相位调节性能。

9. 检测系统工作稳定性的测试与评价

采用图 3-26 所示标准试样，使周向夹角为 120°的 3 个通孔缺陷在 1h 之内每隔 15min 平稳、匀速地通过检测线圈中心(仪器经过了规定的预热时间)，并将通孔缺陷响应信号幅度调整至仪器最大指示范围的 50%。测试和记录每个通孔各次通过检测线圈时响应信号的幅度，以 3 个孔每次通过时响应信号的幅度与平均值之间的最大差值作为评价检测系统工作稳定性的指标。

3.5.2 涡流电导仪的性能测试与评价

1. 稳定性的测试与评价

电导仪按规定时间预热后，选择电导率值为 15MS/m 左右的铝合金电导率标准试块作为测试标块，并选择电导率值分别低于和高于该值的并与该值最邻近的两个标准试块校准仪器。在 30min 时间内每隔 5min 测量一次标称值为 15MS/m 左右的电导率标块，并记录各次测试值。以各次测试值与第一次测试值之差中的最大值作为评价电导仪工作稳定性的指标。

2. 提离抑制性能的测试与评价

按照与测试电导仪稳定性相同的方法选择测试标块和校准仪器。分别在测试标块上覆盖有厚度为 0μm(无非导电膜层)、25μm、50μm、75μm、100μm、200μm、300μm 和 500μm 非导电薄膜条件下测量电导率的读数，并记录各次测试值。以各次测试值与零覆盖层条件下的测试值之差中不大于±0.2MS/m 时覆盖层的最大厚度值作为评价电导仪提离抑制性能的指标。

3. 测量准确度的测试与评价

同样，按照电导仪稳定性测试的相同方法选择测试标块和校准仪器。重复 3 次测量电导率值为 15MS/m 左右铝合金电导率标准试块，并记录各次测试值。以 3 次测量值的平均值与标块标称值(上级检定机构的赋值)之差作为评价电导仪测量准确度的指标。以上测试仅给出了仪器在校准标块量值所覆盖的电导率范围内测量准确度。如果需要对仪器整个测试范围(如 1%IACS~100%IACS)的测试准确度进行测试和评价，应当按照上述方法选择其他电导率范围的标准试块校准仪器进行测试。

3.5.3 涡流测厚仪的性能测试与评价

对涡流测厚仪性能的关注主要是工作稳定性和测试准确度两项技术指标。目前还没有相关的标准给出涡流测厚仪性能测试方法和评价指标。如果要求或希望对所使用的涡流测厚仪上述两项性能进行测试，可参照电导仪的测试方法进行测试和评价。

习　题

1. 涡流检测线圈的分类通常采用哪几种方式?
2. 不同类型检测线圈的特点是什么? 各种线圈的适用性如何?

3. 根据 3. 1. 3 节关于差动式互感线圈内涡流信号的形成过程，说明绝对式互感线圈在接近导体时检测线圈(二次线圈)内涡流信号的形成过程。

4. 按用途不同，涡流检测仪分为哪几类？

5. 阻抗幅度型和阻抗平面型涡流仪的根本区别是什么？宽带式单涡流探伤仪与多频涡流探伤仪的区别是什么？

6. 简要说明不同类型涡流仪器的优缺点及适用性。

7. 绘图说明涡流检测仪的基本原理框图及其各组成部分的功能。

8. 简述相位分析法、频率分析法和幅度鉴别法的技术原理及适用性。

9. 涡流检测辅助装置主要包括哪些设备？

10. 涡流检测用标准试样和对比试样有什么不同？对比试样的制作、选用应注意什么？

11. 对涡流探伤仪、电导仪和测厚仪进行性能评价时，应分别测试仪器的哪些性能？

第四章　涡流检测技术的应用

4.1　概述

涡流检测技术以其适用性较强、非接触耦合、检测装置轻便等优点，在冶金、化工、电力、航空、航天、核工业等工业部门得到较广泛的应用。涡流检测技术具有较强的适用性主要体现在：

(1) 可用于所有导电材料，不仅包括具有良好导电性的金属材料及制件，如各工业部门广泛应用的铝及铝合金、钛及钛合金、铜及铜合金、奥氏体不锈钢、镍基高温合金等非铁磁性金属材料及制件和铁磁性的钢铁材料及制件，而且还包括导电性较弱的非金属材料，如石墨制品及碳纤维复合材料。

(2) 不仅可用于导电材料及制件表面缺陷的检测，还可用于表面下一定深度范围内近表层缺陷的检测。

(3) 检测线圈形式多样，不仅可适用于规则形状的管、板、棒、丝等原材料，而且还可以适应较复杂形状零件的检测。

涡流检测技术应用的广泛适用性不仅表现为可用于缺陷检测，而且还可用于材料或零件电、磁特性的测量以及非铁磁性基体上非导电覆盖层厚度的测量，因此在材质分选、电导率测量、防护层厚度测量等方面也有着广泛的应用。

由于涡流响应信号较为复杂，且难以将各种干扰信号与缺陷响应区分开来，因此涡流检测结果的可靠性受到一定的影响。此外，虽然涡流在较低频率条件下可达到较大的检测深度，但随之产生的检测灵敏度显著降低使得涡流检测能力往往达不到期望的要求。任何一种无损检测方法都有其优点和局限性，随着信号处理技术的发展和涡流检测仪器智能化程度的提高，近 10 年来，涡流检测技术呈现出应用范围迅速扩大的趋势。

4.2　涡流探伤

涡流探伤是涡流检测技术最主要的应用，它可应用于导电材料表面及近表面缺陷的检测、由于涡流检测是基于电磁感应现象，不仅被检测材料或制件的电、磁性能发生变化会引起检测线圈的响应，而且检测对象的形状、尺寸的变化也会引起感应磁场和涡流分布的改变，正确、可靠地将缺陷信号从多种干扰因素所产生的“噪声”信号中分离、提取出来是涡流检测的根本目标。要达到这一目标，对全部引起涡流响应的因素及其作用规律进行分析、认识是十分必要的。以下通过工作频率、电导率、磁导率、边缘效率、提离效应等主要影响因素作用规律的阐述，说明涡流探伤过程通常应注意的事项。

用于涡流探伤的检测频率范围约为几十 Hz 至 10MHz。大多数非铁性材料或制件检测选用的频率在几千赫至几百千赫范围。在任何具体的涡流检测中，工作频率是由被检测对象的厚度、期望的透入深度、要求达到的灵敏度或分辨率以及其他检测目的所决定的。

检测频率的选择往往是上述因素的一种折衷，虽然低频条件下可获得更大的涡流透入深度，但不能无限降低检测频率。因为随着频率的降低，发现缺陷的灵敏度也随之降低，并且某些情况下(如自动检测)，检测速度也可能需要降低。在满足检测深度要求的前提下，检测频率应选得尽可能高，以得到较高的检测灵敏度。如果仅是需要检测表面裂纹，一般来说频率选择比较简单，通常可选择高达几兆赫的频率；但如果被检测表面粗糙，或是期望识别出表面不同裂纹缺陷的深度差异，则采用过高的检测频率并不能获得良好的检测结果。

电导率、磁导率是影响涡流透入深度和涡流分布密度的两个重要因素。涡流标准透入深度公式为：

$$\delta = \frac{1}{\sqrt{\pi f \mu_0 \mu_r \sigma}} \tag{4-1}$$

式中 δ——标准透入深度，m；

f——工作频率，Hz

μ_0——真空磁导率，$\mu_0 = 4\pi \times 10^{-7}$，H/m；

μ_r——相对磁导率，无量纲常数；

σ——电导率，S/m。

可以看到电导率和磁导率的平方根值与涡流标准透入深度成反比，即电导率和磁导率值越大，涡流在该材料中的透入深度越小。对于非铁磁性材料，其相对磁导率 $\mu_r = 1$，在确定检测深度时可不考虑磁导率的影响；而对于铁磁性材料，μ_r是一个随磁化强度变化的量，即使在饱和磁化条件下依然是一个数值较大的量，因此在铁磁性材料检测时往往选择较低的检测频率，以保证涡流在被检试件中达到适当的透入深度。

由根据麦克斯韦关于电磁场理论的方程组针对半无限平面导体推导出的涡流分布密度公式：

$$J_x = J_0 e^{-(1+j)\sqrt{\pi f \mu_0 \mu_r \sigma}x} \tag{4-2}$$

式中 j——单位虚量；

J_x——被检测表面下 x 深度处的涡流分布密度；

J_0——被检测表面的涡流分布密度。

可以看到 J_x是一个大小取决于 J_0并按照由检测频率、材料磁导率和电导率等参数构成的负指数函数变化的变量。由 $J_0 = \sqrt{\pi f \mu_0 \mu_r \sigma} H_0$ 可以看到，被检测对象表面的涡流密度与检测频率、电导率、磁导率等三个参数的平方根值成正比，即相同的磁化条件下(H_0)，检测频率、电导率和磁导率越高，在被检测材料表面激励产生的涡流密度就越大，检测线圈拾取的感应信号也就越强。由此可以说明，涡流检测对于导电性能较好的材料具有比导电性弱的材料更高的检测灵敏度。由于铁磁性材料磁导率不均性显著，且磁导率随磁化程度而变化，在涡流检测过程中形成较大的干扰信号，致使涡流检测灵敏度随磁导率提高的效应被掩盖。

单位虚量 j 表示随着涡流透入深度增加的过程，涡流信号的相位角也在按照负指数函数的规律随时间产生相应的滞后。对于半无限大导体，涡流信号相位角随透入深度变化而滞后的计算公式为：

$$\theta(x) = \sqrt{\pi f \mu_0 \mu_r \sigma}\, x \tag{4-3}$$

式中 $\theta(x)$——在导电金属表面下 x 深度位置上涡流信号的相位角，rad。

由式 4-3 可以看到，电导率、磁导率和检测频率的平方根值与涡流信号的相位角滞后成正比，即电导率和磁导率值越大，感应涡流信号在该材料中的相位滞后越快；检测频率越高，涡流响应信号的相位滞后现象越显著。

边缘效应在涡流检测中会经常出现。当检测线圈扫查中接近零件边缘或其上面的孔洞、台阶时，涡流的流动路径就会发生畸变，如图 4-1 所示。

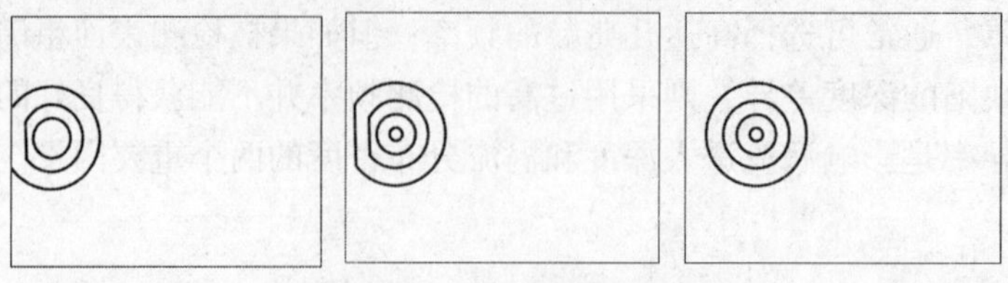

图 4-1 涡流的边缘效应

这种由于被检测部位形状突变引起的涡流变化通常远远超过所期望检测缺陷的涡流响应，如果不能消除这种影响，也就无法检测出靠近或存在于试件边缘的缺陷。

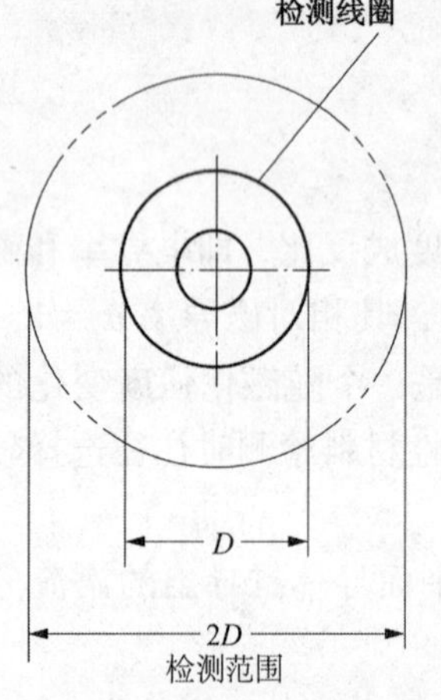

图 4-2 非屏蔽式线圈涡流场的有效范围

边缘效应作用范围的大小除了与被检测材料的导电性、导磁性相关，还与检测线圈的尺寸、结构有关。鉴于在这种条件下电磁场与涡流分布较为复杂，因此不作进一步的理论分析与计算。从实际经验来说，对于非屏蔽式线圈，通常认为磁场的作用范围是涡流检测线圈直径的 2 倍，如图 4-2 所示。

提离效应这一概念是针对放置式线圈而言，是指随着检测线圈离开被检测对象表面距离的变化而感应到涡流反作用发生改变的现象，对于外通过式和内穿过式线圈而言，表现为棒材外径和管材内径或外径相对于检测线圈直径的变化而产生的涡流响应变化的现象。无论是提离效应，还是填充系数变化的影响，其作用规律均较为显著和一致，即该因素变化引起检测线圈阻抗的矢量变化具有固定的方向，且在通常采用的检测频率条件下，该方向与缺陷信号的矢量方向具有明显的差异，因此采用适当的信号处理办法或相位调整可比较容易地抑制或消除这类干扰因素的影响。

4.2.1 涡流探伤适用的典型缺陷及响应特点

在涡流透入深度范围内，所有导致被检测材料或零件电磁特性变化的不连续均可能引起涡流的异常响应，其中影响被检测对象使用性能的不连续通常被视为缺陷。这些缺陷包括制造过程中出现的冶金缺陷、工艺缺陷和使用过程中产生的各类损伤缺陷和疲劳缺陷。

采用环绕式线圈(包括外通过式和内穿过式线圈)检测管材或棒材，对于方向以纵向为主并在径向方向具有不同深度的不连续，如裂纹、折叠、未焊透、焊接错位等缺陷比较容易检测出来。检测线圈对缺陷的涡流响应与线圈的结构、缺陷的形状密切相关，对于通常使用的自比差动式检测线圈，容易在长条状缺陷的两端产生较强的响应信号，而在条状缺陷中间，特别是深度较为一致的区域，难以产生响应信号。对于管、棒材内部的分层缺陷，由于对周向流动的涡流改变较小，不足以引起涡流响应的明显变化，因此难以检出。对于结疤、凹坑、夹杂、气孔等体积型的表面和近表面缺陷，无论是采用成分偏析、热处理或磁性不均匀等，也会引起涡流响应，这类不连续的响应一般呈连续、缓慢变化的特征，不像结疤、凹坑、夹杂、气孔等小的体积型缺陷通常表现为突变形式的响应，因此自比差动式线圈不容易检测出这类缺陷。

金属产品或零件在使用过程中容易产生腐蚀和疲劳裂纹，对于产品下表面的腐蚀和探测面上出现的开裂度极其微小裂纹，肉眼是无法发现的，采用放置式线圈则比较容易发现，尤其是探测面上出现的疲劳裂纹。由于腐蚀缺陷通常在腐蚀区域的边沿部位深度较浅，中间部位较深，且有一定的面积，当采用自比差动式检测线圈时，涡流响应的变化较为平缓；而对于疲劳裂纹，当检测线圈扫过缺陷时涡流变化则非常显著。放置式线圈垂直置于被检测对象表面时，涡流在试件表层形成平行于表面的涡旋状流动电流，与外通过式和内穿过式线圈类似，这种流动方式的涡流难以发现平行于试件表面的平面型缺陷，如分层；而对于垂直于试件表面的裂纹缺陷，涡旋状流动电流总是垂直于开裂面，因此无论放置式线圈相对于裂纹方向以何种角度扫过缺陷时，所产生的涡流响应都是一致的。

4.2.2 涡流探伤应用的分类

涡流探伤的应用主要分为管、棒材的在线检测与入厂复验检测、管道的在役检测和非规则零件制造与使用过程的检测。

管、棒材的在线检测在冶金、有色部门广泛应用，如钢管、冷拉圆钢、钛合金管(棒)、铝合金管、铜合金管等。以管、棒、丝材作为原材料进行相关产品加工制造的单位通常在原材料购进后进行质量复验，应用较多的行业有核能、电力、航空、航天、兵器及机械制造。在核能和电力部门，钢管、铜管被广泛用于锅炉管道和热交换器冷凝管制造，在航空、航天部门，飞机、火箭的油路系统大量使用小直径薄壁金属管，小直径棒材是制造螺栓等紧固件的材料，兵器部门制造枪炮所用各种规格的钢管也可采用涡流方法进行原材料检测。不论是在原材料生产部门的检测，还是各制造行业的原材料复验，绝大多数是采用外通过式线圈，且以检测原材料中的冶金缺陷为主要目标。

金属管材加工成产品并运行使用一段时间后，如锅炉、热交换器等，通常需要进行定期检测，由于管道外壁与其他构件相连接，无法采用外通过式线圈实施检测，因此对于管状类产品的在役检测多采用内穿过式线圈。

管棒类材料及制件采用外通过式或内穿过式涡流线圈进行检测，主要在于环形线圈可以在同一时刻对管棒材整个圆周区域实施相同灵敏度的检测，具有易于实现自动化、速度快、效率高的优点。对于非管棒类材料及制件，环形线圈无法提供可靠、有效的检测，因此放置式线圈在非规则零件的制造和使用中具有广泛的应用。

4.2.3 管、棒材探伤

要有效、可靠地对管棒材实施涡流探伤，应解决好以下问题：检测频率与填充系数的确定、检测线圈与扫查间距的选择、传送速度与稳定性的控制和对比试样人工缺陷的制作。对于铁磁性管、棒材，还应考虑施加适当的磁饱和。

不同于放置式线圈在半无限平面导体上的涡流透入深度可通过较简单的公式计算得出，对于管、棒材，由于涡流线圈的电磁场强度和试件中涡流的分布密度计算十分复杂，通常管、棒材的检测频率通过以下几种方式确定：

(1) 利用表征线圈内金属棒材尺寸和电磁特性的特征频率参数 f_g 进行非铁磁性棒材检测

频率的计算；

(2) 利用“频率选择图”进行非铁磁性棒材检测频率的选择；

(3) 利用放置式线圈在半无限大平面导体上的涡流透入深度公式近似估算非铁磁性管材的检测频率；

(4) 利用对比试样上不同深度人工缺陷的涡流响应情况确定。以下分别举例说明。

1. 根据特征频率参数计算检测频率

[示例] 有钛合金棒和铜棒各一根，直径、电导率分别为：$d_{Ti}=5\text{mm}$，$\sigma_{Ti}=0.7\text{MS/m}$，$d_{Cu}=10\text{mm}$，$\sigma_{Cu}=58\text{MS/m}$。由特征频率计算公式$f_g=\dfrac{1}{2\pi\mu_0\sigma r^2}$有：

$$f_{g(Ti)}=\frac{1}{2\pi\mu_0\sigma_{Ti}r_{Ti}^2}=28978\ \text{Hz}$$

$$f_{g(Cu)}=\frac{1}{2\pi\mu_0\sigma_{Cu}r_{Cu}^2}=87\ \text{Hz}$$

通常对于圆柱形棒材，f/f_g取值在 5～50 范围时，缺陷引起的涡流响应变化最为显著，因此可以得出钛合金棒和铜棒的检测频率分别为：

$$f_{(Ti)}=(5\sim50)\times28978=144890\sim1448900\text{Hz}$$

$$f_{(Cu)}=(5\sim50)\times87=435\sim4350\text{Hz}$$

由上述计算结果可以看到，被检测材料电导率和直径的差异对于检测频率选择的影响十分显著。

2. 利用“频率选择图”确定检测频率

对于非铁磁性棒材，涡流检测的工作频率可利用图 4-3 估算。图上 4 个主要变量为电导率、棒材直径、工作频率和单一阻抗曲线上的工作点。通常对于圆柱形棒材，所要求的工作点对应于$Kr=r\sqrt{2\pi f\mu\sigma}$的一个值，这个值近似为 4，但可在 2～7 范围内变动。对于实际检测问题，被检测材料的电导率和半径(或直径)为已知量，要求在单一阻抗图上的特殊工作点决定出工作频率。这种情况下可以根据图 4-3 按照下列步骤和方法确定检测频率。

(1) 在 A 线上取棒材的电导率 σ，图中给出的电导率单位为国际退火铜标准(%IACS)。

(2) 在 B 线上取棒材直径 d，单位为 in(英寸)或 mil(密耳，1mil＝1/1000in)。

(3) 用直尺连接两点，并将连线延长使之与 C 线相交。

(4) 由连线与 C 线的交点垂直向上画直线，与所需的 kr 值对应的水平线相交，得到一交点。

(5) 选择第(4)步得到的交点所在的频率线，从该频率线上可读出检测所需的工作频率。

3. 利用无限大平面导体上的涡流透入深度公式计算非铁磁性管材的检测频率

[示例]有一内、外径分别为 24mm 和 30mm 的铝合金管材，电导率 $\sigma=25\text{MS/m}$。试确定采用外通过式线圈检测的频率。

分析：涡流检测频率的选择必须使涡流的有效透入深度大于管材的壁厚。工程上，通常取标准透入深度的 3 倍作为涡流的有效透入深度，以管壁厚度作为涡流的有效透入深度，则标准透入深度为壁厚的 1/3。

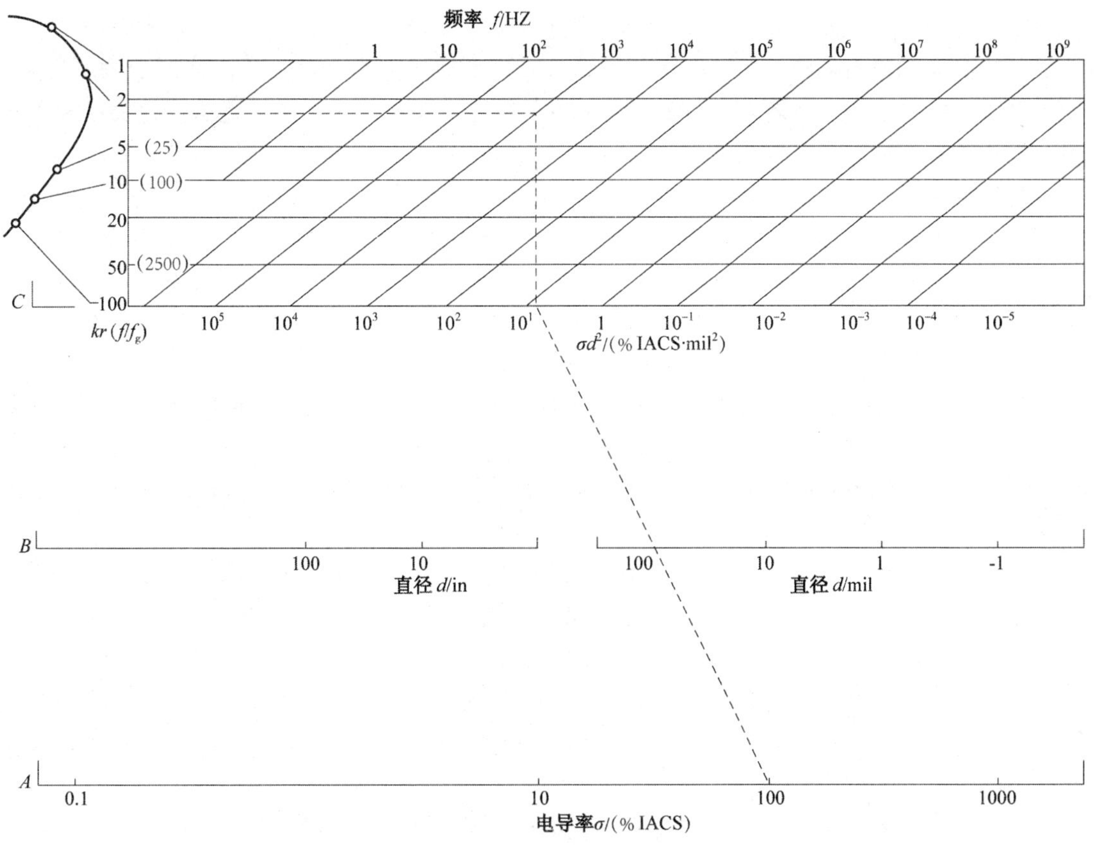

图 4-3　用于非铁磁性棒材检测的频率选择图

注：1mil = 1/1000in

计算：由放置式线图在半无限大平面导体上的涡流透入深度计算公式 $\delta=\dfrac{1}{\sqrt{\pi f\mu\sigma}}$ 有：

$$f=\frac{1}{\pi\mu\sigma\delta^2}=\frac{1}{3.14\times4\times3.14\times10^{-7}\times25\times10^6\times0.001^2}\text{Hz}=10142\ \text{Hz}$$

其中：因 $3\delta=(D_0-D_i)/2=(30-24)\text{mm}/2=3\text{mm}$，故有 $\delta=1\text{mm}$；$\mu=4\pi\times10^{-7}\text{H/m}$。

说明：在有效透入深度位置上涡流的分布密度仅约为表面涡流密度的 5%，因此对于管壁内表面缺陷的检出灵敏度非常低，按照该方法计算得出的检测频率可作为频率选择的极限值，实际检测选定的工作频率应低于这个极限频率值。

4. 利用对比试样上人工缺陷的响应情况确定检测频率

涡流检测频率的确定，最可靠的方式是根据涡流对于对比试样上不同深度人工缺陷的响应情况确定。简便的做法是在线圈最难检测的管壁上加工深度较浅的人工缺陷，缺陷的深度一般可取壁厚的 10%。对于外通过式线圈，人工缺陷应在管材内壁制作，对于内穿过式线圈，人工缺陷应在管材外壁加工。通过改变试验频率，观察是否得到内壁或外壁上人工缺陷的响应，并根据响应信号的大小确定合适的检测频率。

填充系数是影响管、棒材涡流检测灵敏度的重要因素。从电磁感应原理讲，检测线圈与管、棒材接近程度越高，检测灵敏度越高。由于管、棒材的平直度、轴对称性和椭圆度总是存在一定的偏差，加上传动装置运行中可能造成管、棒材的出现微小的偏离，如果仅仅关注追求填充系数的提高，必然会增大检测线圈被高速运行的管、棒材撞击的概率和磨损。面对被检测的管、棒材，如何选择适当尺寸的检测线圈，其中没有其他更复杂的影响因素，只要将尽可能提高填充系数和防止检测线圈受撞击或过度磨损这两个基本原则协调处理好即可。如果管、棒材的平直度、同心度、表面粗糙度都很好，检测系统传动装置运行的稳定性和精确度也比较高，则可选择填充系数值大的条件实施检测；否则应适当降低填充系数。

这里有两个值得稍加注意的问题：第一，填充系数是指一种检测的条件或状态，是检测线圈尺寸与试件尺寸之间的一种相对关系，而不是检测线圈的属性或参数，通常所说的"检测线圈的填充系数"是指具体的线圈相对具体的对象而言；二是填充系数不是一个单纯取决于检测线圈或被检测对象尺寸的绝对值，而是一个与检测线圈和被检测对象尺寸相关的一个相对值，因此脱离检测线圈和被检测对象尺寸简单以填充系数值的大小评价检测条件的优劣是不确切的，因为对于直径为 10mm 和 100mm 的管材或棒材，相对填充系数条件下，线圈与管、棒材表面之间的间隙是会相差很大的。例如，对外于外通过式线圈和直径为 10mm 的管、棒材，当填充系数取 0. 9 时，检测线圈与其表面的间隙为不到 0. 3mm；而对于直径为 100mm 的管、棒材，检测线圈与其表面的间隙则接近 3mm。

对于管、棒材涡流探伤，检测线圈的选择除了对填充系数这一重要因素的考虑之外，还应注意对线圈结构和类型的考虑。绝对式线圈受被检测对象材质、尺寸变化的影响更加敏感，如果对这两项因素的影响不必特别关注时，则应选择能够较好克服这两项因素影响的差动式线圈。我们知道，采用通过式线圈具有很高的检测效率，但对于沿管、棒材轴向的条状缺陷，如果其深度比较一致，则采用该类线圈容易造成漏检，因此，必要时应考虑增加放置式线圈的扫查。

放置式线圈沿管材作周向旋转运动，管材沿其轴向作水平匀速运动，在棒材表面形成螺旋式的扫查。扫查轨迹的螺距取决于放置式线圈的旋转速度和管材的传动速度。如果探头旋转速度慢而管材运行速度快，扫查螺距过大，就会出现扫查不到的区域，可能会因此造成缺陷漏检；如果探头旋转速度快而管材运行速度慢，扫查螺距过小，就会出现重复扫查的区域，检测效率大大降低。如何通过调整线圈旋转和管材运行的速度确定合适的扫查间距，这是必须要解决的问题。根据检测线圈电磁场的有效作用范围，确定扫查间距为放置式线圈直径的 2 倍。

设单个放置式线圈直径为 D，周向旋转速度为 ω(r/s)，管材水平传动速度为 v(m/s)。当采用单个放置式线圈扫查时，探头旋转 1 周所用时间为 $1/\omega$，管材在 $1/\omega$ 时间里水平方向位移为 v/ω。要保证不出现漏检区域，必须满足 $v/\omega \leqslant 2D$。当采用多个放置式线圈扫查时(假设线圈数量为 n)，且各相邻的间距为 $2D$，则管材在该组线圈周向旋转一周时在水平方向位移最大为 $v/\omega \leqslant 2nD$。

由于检测线圈对缺陷的响应与传送速度有关，因此管、棒材检测时应保持与采用对比试样调整检测灵敏度时所选择的速度相同，管、棒材在运行过程中应保持相对稳定的匀速运动，速度变化的波动不应超过平均速度的±10%。此外，传送装置应保持管、棒材在外穿过式线圈中心轴线上平直移动，尽可能减小在线圈中心线上的上下、左右偏移。管、棒材运行的稳定程度取决于机械传动机构的性能，该性能可采用周向灵敏度标准试样或对比试样进行调整和评价。通常要求检测系统对 3 个沿周向 120°均匀分布的人工通孔缺陷的响应差异小于 3dB。

对比试样上人工缺陷制作的形式和大小取决于被检测管、棒材的生产工艺和检测要求。如果管、棒材在制造过程中容易形成条状缺陷，如折叠、重皮、裂纹等，在对比试样上加工制作纵向人工槽形缺陷更合理，且对于自然缺陷更具有代表性。由于外通过式线圈对于外表面缺陷响应最灵敏，而对于管壁内部和内表面缺陷的响应灵敏度远远低于外表面槽形缺陷；只有保证线圈对于内壁上槽形缺陷具有适当的检出灵敏度，才可以保证对于整个管壁的检测灵敏度，因此在加工槽形人工缺陷时，不应仅在管材外壁上制作，而在管材内壁上也需要考虑。

不仅可以在管、棒材表面加工纵向槽形缺陷，也可以根据实际情况和需要沿管、棒材表面周向方向加工制作。图 4-4 中给出了管材对比试样上的几种典型槽形缺陷。

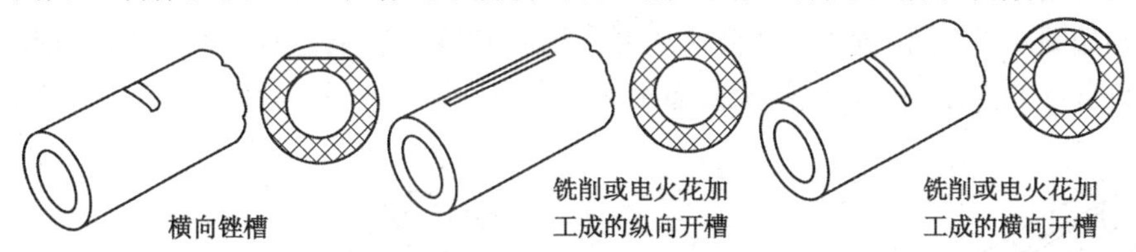

图 4-4　几种典型的人工槽形缺陷

带人工通孔缺陷的对比试样在管材涡流检测中广泛应用，其主要原因在于孔形缺陷易于加工制作，而实际上通孔缺陷对于多数自然缺陷的代表性不如槽形缺陷。由于通孔缺陷贯穿管材的整个壁厚，响应信号不能反映出涡流对于不同深度位置上缺陷检出能力的差异。近年来，军工行业在订购管、棒材原材料时，已开始注意到向材料供应方提出选用槽形缺陷对比试样的要求，这对于保证军工产品的质量具有重要意义。

人工缺陷的大小是根据产品质量要求确定的。国外金属管材涡流检测方法标准中多数未给出人工缺陷大小的规定，而国内相关标准则多数针对不同规格和壁厚的管材规定了人工缺陷的尺寸，并以此作为产品质量等级的评价标准，且多数标准只规定制作通孔形式的人工缺陷，这也反映我国的管、棒材涡流检测技术与国外的检测水平存在一定的差距。

4.2.4　小径管道探伤

小径管道内的液体介质可能造成管壁的腐蚀和沉淀物的堆积。设备在运行过程中，由于小径管的振动，与支撑板之间形成碰撞和摩擦，造成小径管外壁与支撑板接触部位磨损。采用内穿过式线圈的涡流检测方法是检测小径管道内、外壁缺陷，保证设备安全运行最为有效和可靠的无损检测方法，也是小径管道检测中应用最为广泛的一项无损检测方法。

1. 小径管道探伤信号的形成

小径管道的涡流检测多采用内穿过式自比差动线圈，我们知道，差动式线圈的信号输出端是两个匝数相同缠绕方向相反的串接线圈的两端。当两个串接的检测线圈所处检测部位的电磁特性相同，则在两个线圈两端产生大小相等而方向相反的感应电压，因此输出电压为零；当两个检测线圈所处检测部位的电磁特性出现差异，则两个线圈两端产生大小不等、方向相反的感应电压，因此在输出端形成不为零的电压信号。图 4-5 给出了检测线圈通过通孔缺陷时“8”字形信号的形成过程。

当探头处于管中如图 4-5(a)位置时，管壁上通孔缺陷开始进入线圈 1 的响应范围，由于通孔相对于管壁材料电磁特性不同而引起涡流畸变，导致线圈 1 接收到不同于管壁内正常流动的涡流所产生的电磁场，从而打破两个检测线圈的平衡状态，在涡流仪的示波屏上形成如图 4-6(a)所示的离开平衡位置的阻抗信号；当探头处于管中如图 4-5(b)位置时，通孔缺陷处于线圈 1 正上方，其涡流响应与管壁涡流场作用于线圈 2 的差异达到最大，形成如图 4-6(b)

所示的阻抗信号；探头继续推进，随着线圈 1 离开通孔缺陷距离逐渐增大和线圈 2 逐渐进入通孔缺陷涡流场的作用范围，两个线圈对于通孔缺陷感应产生的电压差值逐渐减小，当通孔处于两个线圈正中间时，如图 4-5(c)，线圈 1、线圈 2 所感应产生的电压大小相等，方向相反，差动线圈输出端电压为零，达到如图 4-6(c)所示的新的平衡状态。随探头继续推进，线圈 1 离开了对通孔缺陷的响应范围，而线圈 2 逐渐增大对通孔缺陷的响应，检测线圈处于如图 4-5(d)所示位置，新的平衡状态又被打破，在涡流仪的示波屏上形成如图 4-6(d)所示的离开平衡位置的阻抗信号，并在通孔缺陷处于线圈 2 正上方时，阻抗信号幅度达到最大值；当探头在管中推进到如图 4-5(e)位置时，线圈 2 离开了通孔缺陷的影响范围，两个差动连接的线圈都感应着来自管壁的涡流响应，线圈阻抗显示再一次回到如图 4-6(e)所示的平衡位置。

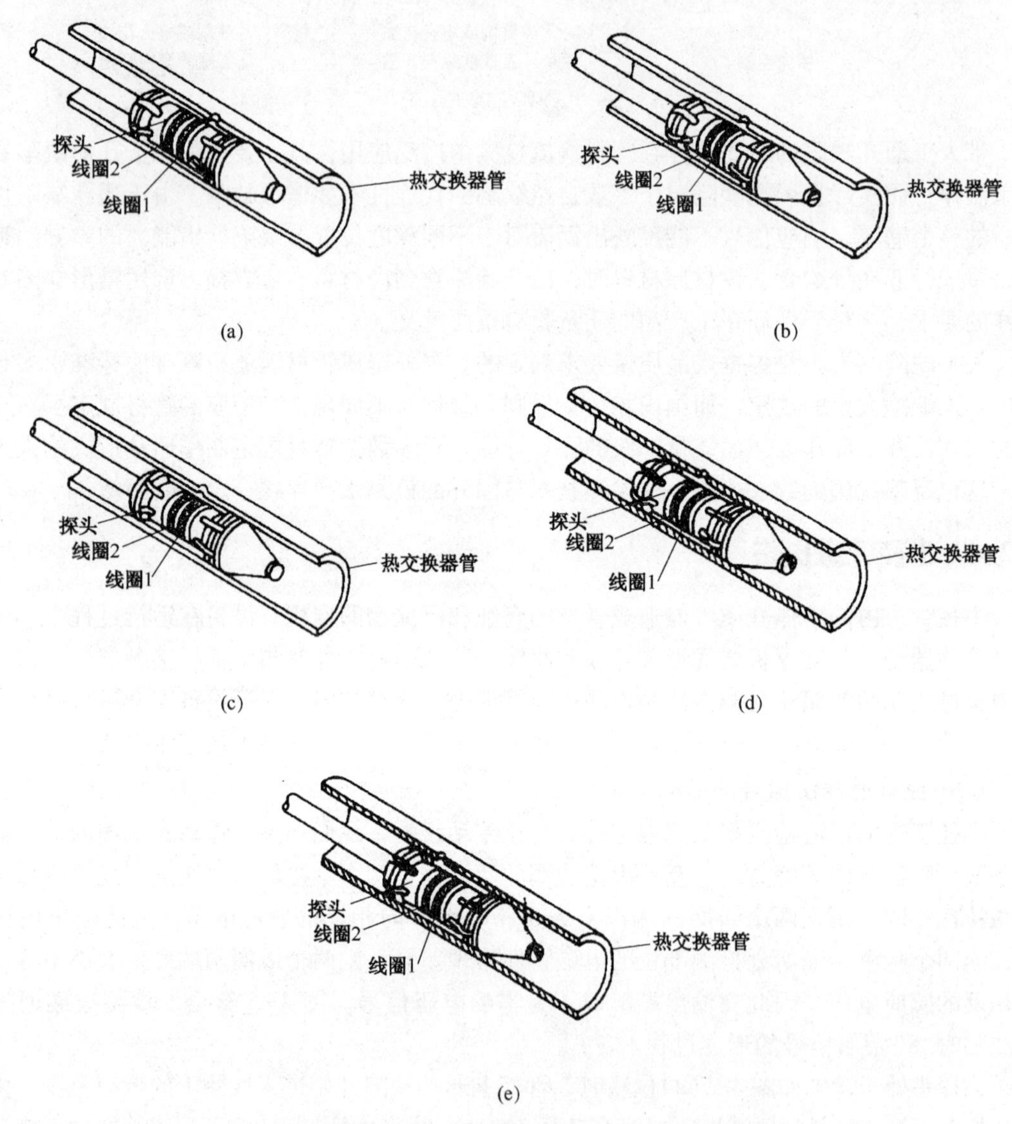

图 4-5　内穿过差动式线圈相对管壁上通孔伤的不同位置

当探头处于管中如图 4-5(a)位置时，管壁上通孔缺陷开始进入线圈 1 的响应范围，由于通孔相对于管壁材料电磁特性不同而引起涡流畸变，导致线圈 1 接收到不同于管壁内正常流动的涡流所产生的电磁场，从而打破两个检测线圈的平衡状态，在涡流仪的示波屏上形成如图 4-6(a)所示的离开平衡位置的阻抗信号；当探头处于管中如图 4-5(b)位置时，通孔缺陷处于线圈 1 正上方，其涡流响应与管壁涡流场作用于线圈 2 的差异达到最大，形成如图 4-6(b)所示的阻抗信号；探头继续推进，随着线圈 1 离开通孔缺陷距离逐渐增大和线圈 2 逐渐进入通孔缺陷涡流场的作用范围，两个线圈对于通孔缺陷感应产生的电压差值逐渐减小，当通孔处于两个线圈正中间时，如图 4-5(c)，线圈 1、线圈 2 所感应产生的电压大小相等，方向相反，差动线圈输出端电压为零，达到如图 4-6(c)所示的新的平衡状态。随探头继续推进，线圈 1 离开了对通孔缺陷的响应范围，而线圈 2 逐渐增大对通孔缺陷的响应，检测线圈处于如图 4-5(d)所示位置，新的平衡状态又被打破，在涡流仪的示波屏上形成如图 4-6(d)所示的离开平衡位置的阻抗信号，并在通孔缺陷处于线圈 2 正上方时，阻抗信号幅度达到最大值；当探头在管中推进到如图 4-5(e)位置时，线圈 2 离开了通孔缺陷的影响范围，两个差动连接的线圈都感应着来自管壁的涡流响应，线圈阻抗显示再一次回到如图 4-6(e)所示的平衡位置。

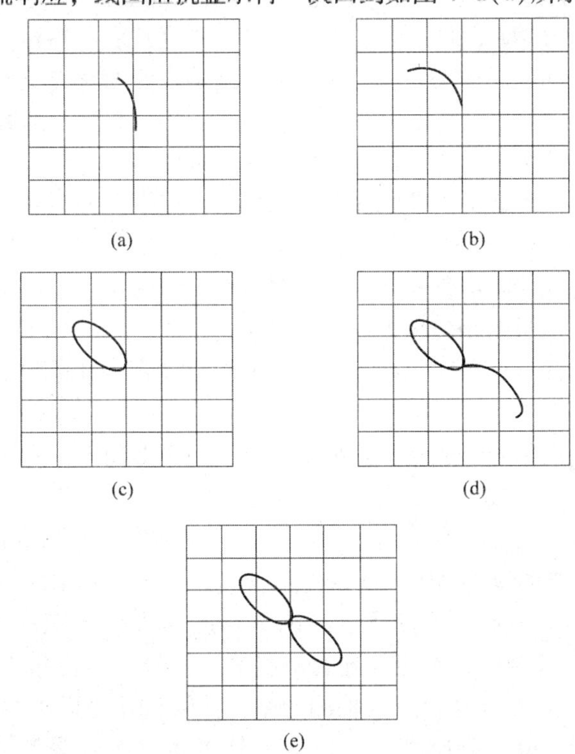

图 4-6　差动式线圈扫查过通孔缺陷不同位置进涡流响应的变化

如图 4-6(e)所示涡流检测信号的相位角按以下方式定义：①取响应信号阻抗为最大值的两个点，如图 4-7(a)中两个小圆圈确定的位置；②用直线连接这两个点，并规定垂直方向的正方向为正方向；③该直线与水平方向的负方向所成夹角，如图 4-7 中粗的圆弧线所表示的角。值得注意的是，在涡流检测中，响应信号夹角的定义方式与解析几何中直线的角度(即与水平方向的正方向所成夹角)定义不同，二者之间的对应关系是涡流信号的相位角等于 180°减去几何中直线与水平线的夹角。

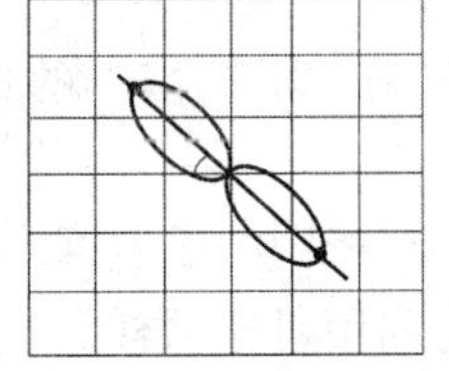

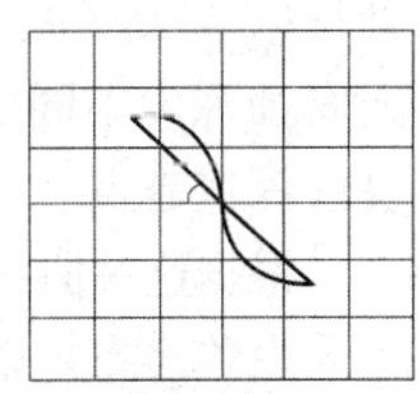

图 4-7　涡流响应信号的相位角

实际涡流检测中，由于涡流仪在信号处理电路部分所采取的特殊设计，内穿过式自比差动线圈通过管壁上通孔缺陷或周向槽形缺陷时的响应信号的阻抗图并不是如图 4-6(e)所示的呈对称状的“8”字形，而是如 4-7(b)所示的类似于半个“8”字的形状，在涡流检测中仍称之为“8”字形阻抗曲线，这种形状响应信号的相位角更容易识别和判定。

2. 小径管管道的单频涡流探伤

涡流在管壁中的分布密度不仅与涡流透入深度相关，而且涡流场的相位也随着涡流透入深度的改变而变化。对于规则形状的人工缺陷，如不同深度的槽形缺陷或孔形缺陷，如果槽的深度、长度相同或孔径相同，则涡流响应信号的幅值大小与槽伤或孔的深度存在良好的对应关系，同时对应不同深度的槽形缺陷或孔形缺陷，响应信号的相位角也呈现出规律性的对应关系，即距离检测线圈较近缺陷的响应信号的相位角较小，而距离线圈较远的缺陷的响应信号相位角较大。

由于小径管(实际上，不单局限于小径管)中出现的腐蚀、裂纹等自然缺陷并不像人工缺陷的形状那样规则，自然缺陷的实际长度、宽度、深度及取向各异，因此涡流响应信号的幅值与自然缺陷大小之间的对应关系远不及同人工缺陷之间的对应关系那么明确。对于热交换器在役检测，人们最关注的是内、外壁上的腐蚀或磨损引起管壁的减薄是否会影响设备的安全运行；同时，小径管内、外壁上的腐蚀或磨损是设备运行过程中最为常见的缺陷。尽管由于磨损缺陷形状各异而引起的涡流响应信号的形状与规则的人工缺陷的响应信号形状有很大差异，但响应信号的相位角与腐蚀或磨损缺陷的深度之间总是存在良好的对应关系，且这种关系的对应性要明显优于响应信号幅度与缺陷深度之间的对应性，因此在小径管的在役检测中，人们通常采用以信号的相位角评定缺陷深度的方法。

对腐蚀缺陷深度的评价，是建立在利用一组不同深度人工缺陷绘制的“缺陷深度与响应信号相位角关系曲线”基础上的。为了从不同深度的孔形人工缺陷或周向环形槽缺陷上获得幅度大小一致的涡流响应信号，通常深孔缺陷的直径制作得较小，浅孔缺陷的直径加工得较大；同样，深槽缺陷的宽度较小，而浅槽的宽度较大。图 4-8(a)是一根典型的用于小径管涡流检测的对比试样，上面加工有不同深度且直径不等的平底孔和通孔缺陷。

图 4-8(b)是在工作频率 f=400kHz 条件下，自比差动式线圈穿过整个样管时缺陷形成的涡流响应信号。可以看到，不同深度缺陷的响应信号按照随深度减小而相位角增大的规律依序排列。实际检测中，约定将通孔缺陷响应信号的相位角设定为 40°，根据管材电、磁特性参数和壁厚尺寸选择合适的检测频率，使管材外表面上最浅人工缺陷(如壁厚的 25%)的相位角处于 150°~160°范围，以保证外表面上不同深度缺陷(管材壁厚的 0~100%)在 40°~180°范围内显示，这是因为缺陷信号可能存在对称性(如人工缺陷)，将不同深度缺陷响应信号的相位角控制在不超过 180°的范围，目的在于更容易识别信号的相位角和判定缺陷的深度。图 4-8(c)是根据图 4-8(b)绘制的缺陷深度与响应信号相位角的关系曲线。可以看到，如上所述。通孔缺陷响应信号的相位角为 40°，外表面上深度为管材壁厚 25%的平底孔的相位角为 152°。相位角在 0°~40°范围的阻抗信号表示管材内壁上腐蚀深度不同的缺陷。阻抗信号的相位角越小，则腐蚀深度越浅，反之，相位角越大，腐蚀深度越深。

根据这一曲线，在相同的试验条件下(被检管材的材料、直径及规格与对比试样相同，且采用的检测频率与利用对比试样调定涡流仪器工作条件时的试验频率相同)，即可通过对自然缺陷响应信号相位角的识别来判定缺陷的位置与深度。

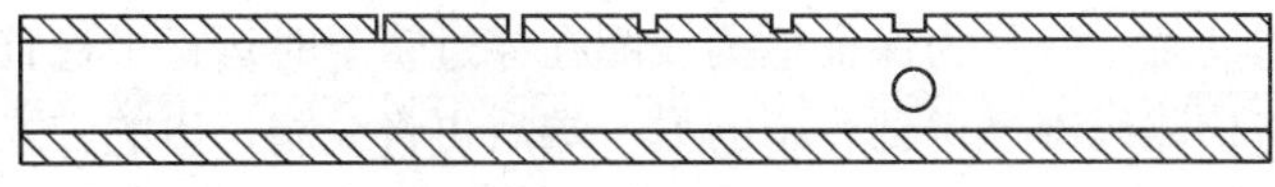

(a)

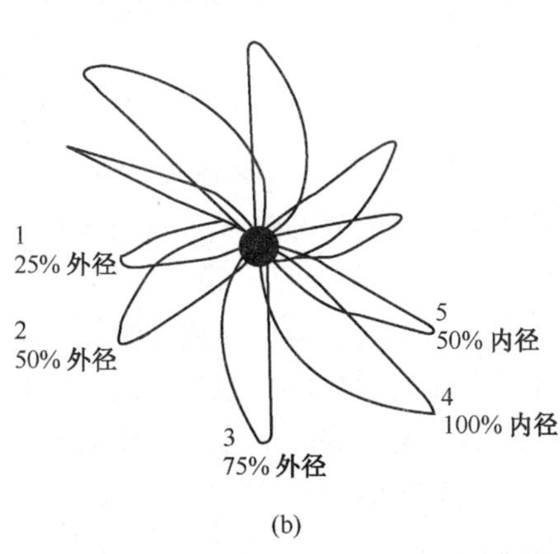

(b)

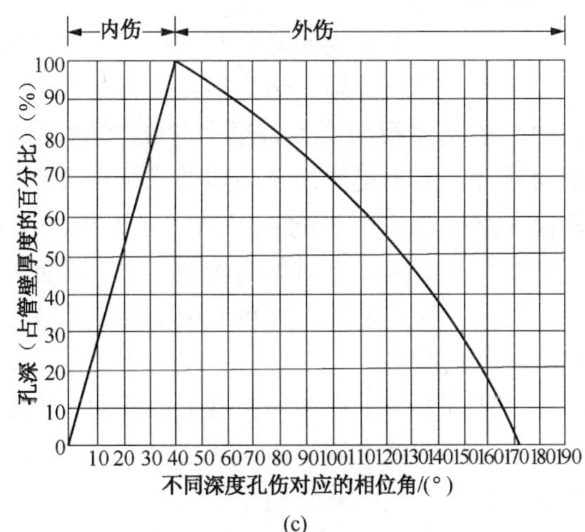

(c)

图 4-8　典型的小径管对比试样及不同深度人工缺陷响应信号的相位

如图 4-9(a)、(b)所示两个缺陷响应信号的相位角分别为 20°和 110°，根据上述原则可以判定：图 4-9(a)响应信号对应的缺陷处于管材内壁上，其深度为壁厚的 50%；图 4-9(b)所示缺陷处于管材外壁上，其深度为壁厚的 60%。

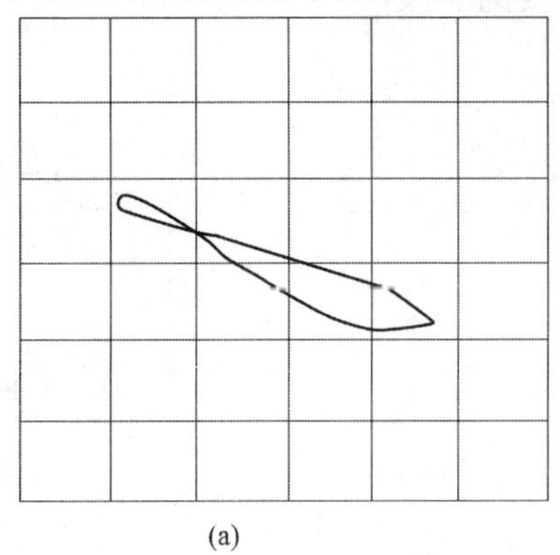

(a)

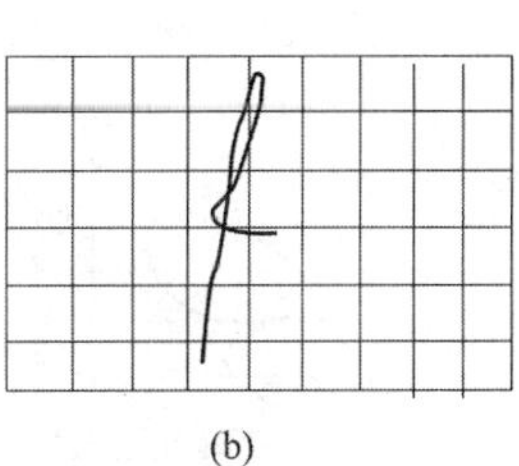

(b)

图 4-9　两个不同缺陷的响应信号

这里有三点值得注意：一是为保证检测线圈在穿过管子时运行平稳且速度均匀，手动操作时，通常采取先将检测线圈插送到管子的另一端后再将线圈拉出的方式进行检测，而不是采取推进探头进行检测的方式，因此在对比试样上调整人工缺陷阻抗信号时，会发现缺陷信号响应轨迹与图 4-6 所描述的响应信号形成过程恰好相反，即在检测线圈拉出过程经过人工缺陷时，首先形成如图 4-7 所示“8”字图形中下半部分的弧线部分，其次经过直线部分回到平衡点，再次由平衡点经直线到达最大阻抗点，最后以弧线轨迹回到平衡点。二是自然缺陷响应信号的轨迹通常不是规则的“8”字图形，甚至差异很大，往往较难确定用以确定信号相位角的直线，这需要细致地观察信号形成的过程，特别是对形成时起始位置与走向、平衡位置、终止位置与走向等关键点和阻抗曲线变化趋势的识别，这更多的是靠经验的日积月累。三是仪器相位角的调节，阻抗平面式涡流仪器通常有用于调整检测信号相位角的按键或旋钮，并且按键或旋钮的调整对应确定的数值，但是通过调节相位调整按键或旋钮所给出的相位读数的增加值或减少值，并不一定是响应信号相位角的变化值，因此相位调整按键或旋钮的示值不代表响应信号相位角的实际值。

3. 热交换器管道的多频涡流探伤

热交换器通常由几十根，甚至几百根相同材料和规格的管子构成，各管之间有一块或多块金属板支撑以保持管子的整齐、稳固排列。热交换器运行过程中管道内部液体介质的流动和外界其他因素带来的振动，在支撑板与交换器管外壁的接触部位容易产生磨损和电化腐蚀。当采用单一工作频率检测时，由于支撑板多采用铁磁性钢板制作，检测线圈运行至支撑板材所在位置时会受到来自支撑板感应产生的强电磁信号干扰，这种干扰信号足以“淹没”该位置上小径管内、外壁可能存在的缺陷所引起的响应信号，因此必须消除支撑板的干扰信号才能够正确地检测和评价小径管的质量。一种可有效消除支撑隔板干扰信号的涡流检测技术就是下面要介绍的多频涡流检测技术。

多频涡流检测是指涡流仪具有多个工作通道，并能够同时以两个或两个以上的工作频率进行检测的技术。通过调整不同激励频率的涡流对隔板产生响应信号，再经过混频通道进行信号叠加，达到消除隔板响应信号、提取缺陷信号的目的。

如图 4-10 所示，涡流仪通道 A 和通道 B 分别显示的是工作频率为 f_1 和 f_2 时隔板产生的涡流响应信号，可以注意到，通道 A、B 所获得的涡流响应信号已调整为幅度相等、相位相差 90°（该状态是通过分别调整涡流仪通道 A、B 的增益和相位获得的）。将幅度和相位满足上述条件的 A、B 通道的检测信号输入到另外一个工作通道进行混频处理，得到如图中混频通道（通道“A+B”）的响应信号。可以看到隔板的响应信号已被消除。

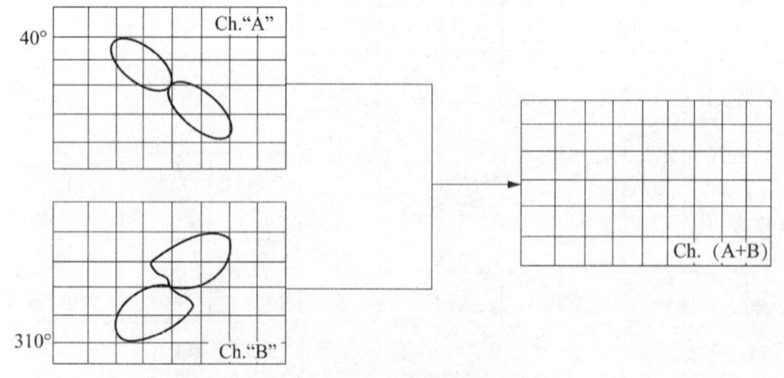

图 4-10　响应信号的混频处理

从混频处理后得到的显示信号可以看到小径管在隔板支撑处没有其他响应信号，因此可以判定该位置上没有出现腐蚀和磨损缺陷。图 4-11 给出了仪器 A、B 通道在相同工作条件下在另一根小径管的隔板支撑位置获得的涡流响应信号，经混频处理后得到一个相位角约为 110°的响应信号。从“缺陷深度与响应信号相位对应关系曲线”可以判定该缺陷为小径管外壁缺陷，缺陷深度约为管材壁厚的 60%。

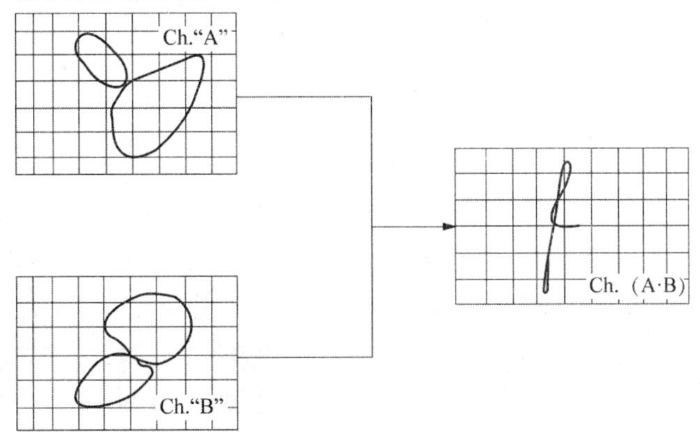

图 4-11　经混频处理得到的支撑板处磨损缺陷的涡流响应信号

4.2.5　非规则形状材料和零件探伤

非规则形状材料和零件是相对于具有规则形状并适合采用外通过式或内穿过式线圈检测的管、棒材及其制作而言，指适合采用放置式线圈检测的材料和零件，既包括形状复杂零件的探伤，也包括除管棒材以外形状规则的材料和零件的探伤，如板材、型材等。

对于金属薄板原材料的探伤，国外有较多的报道，主要采用多通道仪器连接多个放置式涡流线圈进行自动化检测。在这种涡流探伤的应用中，主要考虑：①涡流线圈的选择与排布；②各通道信号的识别与相互影响的抑制。首先，检测线圈的频带响应范围应能够保证涡流透过被检测板材的整个厚度；其次，为提高检测效率，在能够识别所要求检出的最小缺陷的前提下，一般尽可能选择直径较大的放置线圈，线圈的排布通常沿垂直于扫查方向“一”字排开，当一组探头从板材的一边扫到另一边，则完成一次扫查；板材以探头扫查覆盖的范围为步进单元传送，探头再从上一次扫查的终止位置回到上一次扫查的起始位置，完成第二次扫查；如此反复扫查，直至完成整张板材的扫查。也可以采取检测线圈沿垂直于板材传送方向“一”字排布的方式，并且一组线圈排列的长度与板材在垂直于传送方向上的尺寸相等。这样，线圈保持不动，随着板材像流水一样从这组线圈下面不停地“流”过，就完成了整张板材的检测。

每个涡流检测线圈与多通道涡流检测仪的每一个“输入/输出”端口相连接，有的仪器是将各通道获得的检测信号汇集在一起处理和显示，这种仪器不能区分异常信号来自于哪一个检测线圈，因此无法准确确定引起异常信号的位置。另一类仪器将各通道获得的检测信号分别独立地处理和显示，便于对引起异常信号位置准确定位，但通常这类仪器造价较高。由于国内极少应用这种技术对金属薄板实施涡流检测，因此不作更详细的介绍。

采用放置式线圈对非规则形状零件进行检测的技术更多的是应用于零件的原位检测，这主要由以下两方面因素所决定的：①对于制造过程中未装配零件的表面或近表面缺陷，采用渗透或磁粉(仅指铁磁性零件)检测方法具有更高的灵敏度和效率；②对于装配好的零件，渗透和磁粉(非铁磁性零件除外)检测方法的实施往往受空间的限制。

采用放置式线圈检测，效果的好坏很大程度上取决于线圈外形与被检测零件形面的吻合状况，良好的吻合是保证检测线圈平稳扫查、与被检测零件形成最佳电磁耦合的重要前提。由于零件形状、结构多种多样，因此放置式线圈的形貌也多种多样。要采用涡流方法完成飞机维修手册所规定的全部检查项目，配备各式各样检测线圈所需花费往往是一台涡流仪器价格的数倍，甚至数十倍。以下就一些典型形状的放置式涡流检测线圈及其应用加以介绍。

1. 笔式探头

如图 4-12 所示，笔式探头外形细长、平直，线圈直径通常只有 1~2mm，线圈外壳直径一般也只有 3~5mm。线圈端部多呈弧形球面，其优点是能够较好地适用于曲率较大的平面、拐角和深孔底部的检测，具有较高的检测灵敏度；缺点是保持线圈端部与检测部位耦合一致性的难度较大，在检测部位上方需要有较大的操作空间(至少大于探头外形高度)。

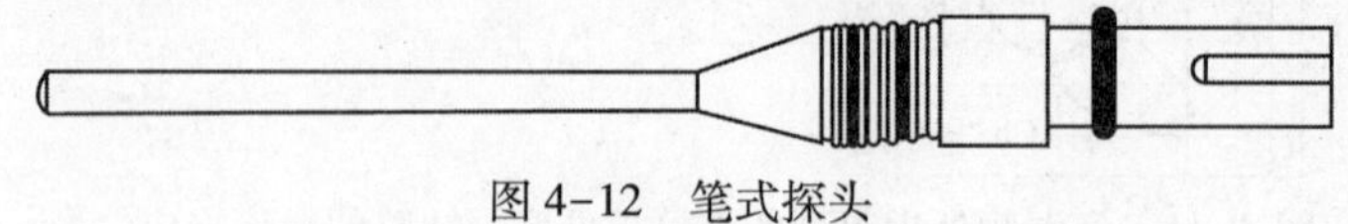

图 4-12　笔式探头

2. 钩式探头

钩式探头的线圈直径和外形尺寸与笔式探头相近，所不同的是钩式探头的端部呈直角，如图 4-13 所示。这种结构的探头不仅可较好地适用于曲率较大的平面、拐角部位的检测，具有较高的检测灵敏度，而且克服了检测部位上方需要有较大操作空间的限制，操作平稳性也要较笔式探头稍好一些。

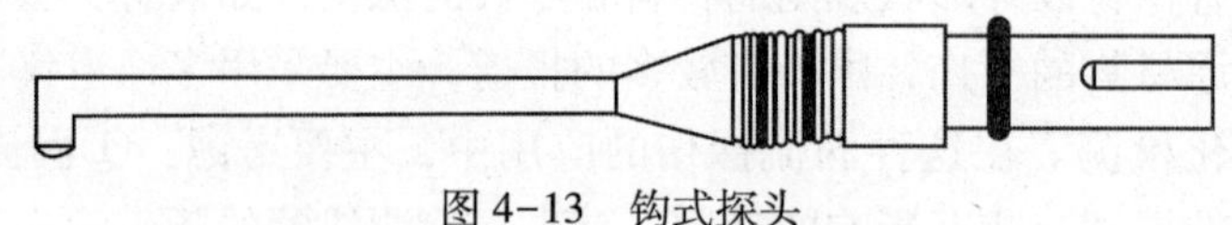

图 4-13　钩式探头

3. 平探头

如图 4-14 所示，平探头检测线圈的直径一般在 5~15mm，外壳直径在 10~20mm 左右，探头的探测面为平面，内部通常装有弹簧，能够与被检测面形成稳定的耦合。由于平探头检测线圈的直径较大，线圈电感量较高，通常工作在较低的检测频率下。同时，由于涡流的实际透入深度不仅与检测频率有关，而且与检测线圈的直径相关，因此平探头适用于检测埋藏深度较深的近表面缺陷和薄金属板下表面的缺陷。此外，由于单次扫查覆盖区域较大，因此检测效率高，适合于平面和曲率较小的弧面上的检测，不足之处在于不适合形状复杂零件的检测和对表面微小缺陷的检测灵敏度相对要低一些。

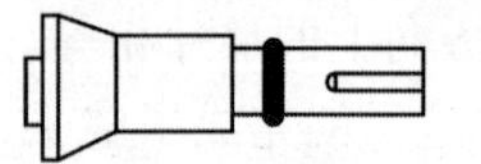

图 4-14　平探头

4. 孔探头

如图 4-15 所示，孔探头的线圈尺寸较小，直径通常在 1~2mm 范围，与被检测孔的直径大小无关。相反，探头端部镶嵌检测线圈的球体的直径应与被检测孔的直径相同，以保证检测线圈与孔壁的紧密耦合，因此当检测不同直径的螺栓孔时，就需要购买相应规格的孔探头。为实现线圈与孔壁表面的紧密耦合，镶嵌检测线圈的球体采用弹性较好的塑料制作，并在塑料球的中间切割一条狭缝。孔探头专为检测螺栓孔内壁表面缺陷设计，通常与专用的探头枪配合使用，以获得良好的检测信号。由于探头枪的价格较高，一些单位在配备检测设备时往往舍弃了探头枪的采购。采用手动方式转动、推进探头，耦合的稳定性、一致性和检测速度要明显劣于使用探头枪的操作。

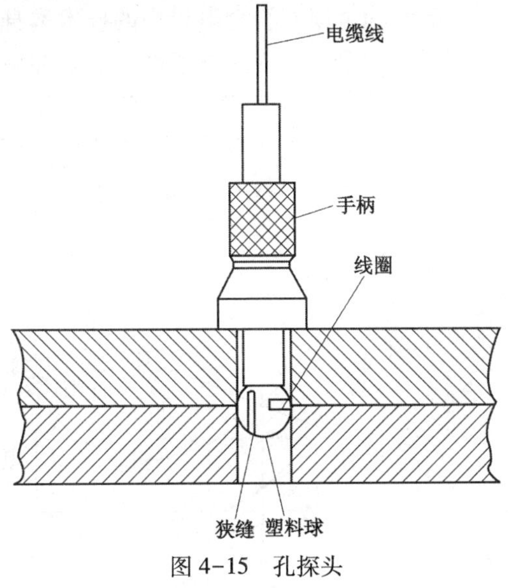

图 4-15　孔探头

5. 异形探头

异形探头是为检测特殊形状零件而设计、制作的专用探头，探头外形和尺寸与被检测零件或结构的外形相同或相似，其目的是为了保证探头与被检测面之间形成最佳的、稳定的一致的耦合，最大限度地减小“提离”干扰信号。

4.3　电导率测量与材质分选

非铁磁性金属的电导率测量和材质分选是涡流检测技术的主要应用领域之一。严格说来，通过磁导率的不同进行材质分选的电磁检测技术并不属于涡流检测技术的范畴，但在电磁涡流检测技术中经常会遇到，该技术的应用与利用涡流进行材质分选的检测技术有相似之处，因此本节也将对这一技术的应用加以介绍。

电导率的测量是利用涡流电导仪测量出非铁磁性金属的电导率值，通过电导率值的测量结果可以进行材质的分选、热处理状态的鉴别以及硬度、耐应力腐蚀性能的评价。材质分选可以是通过利用电导仪测量出不同材料的电导率值进行，也可以是利用其他类型涡流仪器(如涡流探伤仪、涡流测厚仪)检测出由于材料导电性的差异引起的涡流响应的不同，并据此进行不同材质的分选。这种检测往往不是准确的定量测量，而是定性的测试分析。铁磁性材料的电磁分选也是一种定性测试技术。

4.3.1　非铁磁性金属电导率的涡流检测

当载有交变电流的线圈接近导电材料时，线圈内交变电流产生的交变磁场会在导电材料表层生成涡旋状流动的电流，该涡旋电流的大小除了与激励磁场的大小及交变电流的频率有关外，还与导电材料的电、磁特性及尺寸等参数密切相关。对于非铁磁性的铝合金，其相对磁导率 $\mu_r=1$，因此其磁特性参数 $\mu=\mu_0\mu_r$ 是一个常量。对于确定的仪器，当线圈紧密接触厚度无限大铝合金平板时，影响涡流场大小的只有一个变量，即铝合金板材的电导率。为了精确测量出电导率的微小变化，通过复杂的阻抗分析、计算和比较试验，确定了电导率 1%~100%IACS 范围的金属及其合金最合适的测试频率为 60kHz 左右。

利用涡流电导仪测量非铁磁性的金属及合金电导率的技术本身比较简单，只要试件的厚度、大小、表面状态等满足测试条件要求，使用量值准确的电导率标准试块校准性能合格的电导仪，即可直接测量出材料和零件的电导率值，并据此进行牌号、状态的识别或分选。不同于其他非铁磁性金属，由于铝合金的一些力学性能(如硬度)与其电导率之间具有密切的对应关系，如图 4-16 所示，因此铝合金电导率的涡流检测技术应用更为广泛。

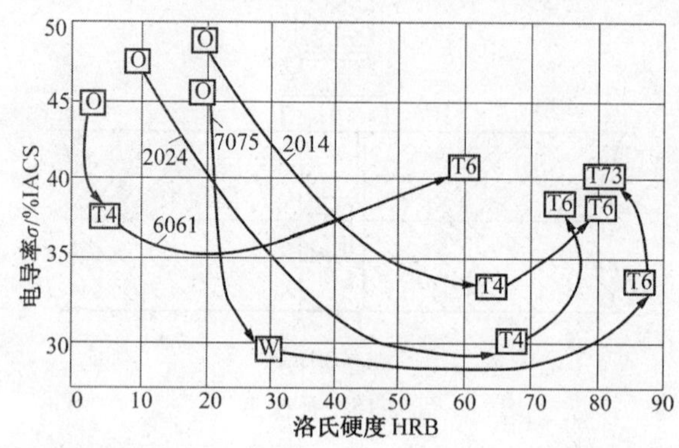

图 4-16　几种牌号铝合金的热处理状态、硬度及电导率之间的关系曲线

利用涡流电导仪测量材料或制件电导率之前，首先要用电导率标准试块校准仪器的测量范围。以 Sigmatest2.067 型电导仪为例，该仪器配备了电导率值分别为 9.18MS/m 和 58.2MS/m 的标准试块。从该型号电导仪的指示板可以看到，在不同的量值范围内等量的电导率变化引起指针的偏移量并不相等，这是因为电导仪指示被测试件电导率值的刻度板与仪器内某平衡电桥电路上的可调电容相联接，电导率变化量与电桥平衡过程中电容改变量之间存在近似的对数函数关系，而不是线性关系。美国波音公司在 20 世纪 60 年代末期最早发现，以仪器配备的标准试块校准仪器量限的高、低端，测试铝合金得到的电导率读数与其真实电导率值有较大偏差，这是因为模拟对数函数变化规律标记的刻度板不能在很宽的测试范围内准确反映电导率变化，为此增补了量值分别约为 11.6MS/m、16.7MS/m、25MS/m、34.9MS/m 和 49MS/m 的电导率标准试块，各标准试块量值间隔为 5~15MS/m。选用与被测件电导率最接近的两块标准试块校准仪器相应的测量范围，测得的铝合金电导率结果要比采用仪器配备的标准试块校准后测量结果精确得多。20 世纪 70 年代之后，美、德、英、俄及中国先后开展了电导率标准试块的研究与制造，试块不再是仪器的附属品，成为独立于商售仪器之外专卖的标准物质，因此用户在订购电导仪的同时，应根据其测试对象购置相应范围的电导率标准试块。

严格地讲，涡流电导仪属计量器具，校准仪器用的试块属于标准物质范畴，因此需要按照计量技术管理原则开展标准试块量值溯源、传递及仪器周期检定工作。早期标准试块的量值基本上采用机械加工方式将电导率值刻印在其表面上，而且许多试块的量值不具有可溯源性。美国波音公司在 20 世纪 60 年代末最早开始研究电导率标准试块量值的计量溯源问题，他们首先在大量合金材料中选择均匀性好、稳定性佳的板材，经过精密机械加工制成尺寸为 1524mm×50.8mm×12.6mm 条形板，在能够精确控温的油槽内向长条板输入定值直流电，并在固定长度位置上(间距 1m)精确测量电压降，经过电阻 R，电阻率 p 的计算，导出电导率

σ 值，并定义该组长条板为Ⅰ级电导率标准，以Ⅰ级电导率标准的定值校准专用的涡流电导率测量装置，再测量尺寸为 30mm×30mm×5mm 试块的电导率值。以该方法及测量装置给出的量值作为试块的标准值，并定义其为Ⅱ级电导率标准。美国国家标准技术研究院（简称NIST，即原美国国家标准局 NBS）在 20 世纪 70 年代中期开始建立原理方法与波音公司基本相同的Ⅰ级电导率标准，并以此作为美国国家电导率最高基标准，向波音公司等企业或部门的最高标准进行量值传递，其传递量值得到世界许多国家认可。由于电导率标准试块在使用过程中会磨损，保存不当还会出现腐蚀，更由于铝合金材料的时效特性，所以标块的制造、供应商在标块表面上刻印电导率量值的做法是不科学、不合理的；正确的做法是在标准试块销售时出具包含标块量值的检定证书，每次周期检定后再出具新的检定证书。对于同一标准试块，各次检定的结果并不完全相同，这种标块量值在规定范围内变化的情况是正常的、允许的；如果标块量值的变化量超出规定范围，则须予以修复或报废。

即使电导率标准试块的量值非常精确，如果涡流电导仪性能不合格，则仍不能准确测量铝合金材料或零件的电导率，因此须对可能影响仪器测量准确度的有关性能定期校验，如仪器的测试稳定性、准确度、灵敏度及提离抑制性等。稳定性是指仪器在一定时间内持续测量同一试件时指示值的变化；准确度是指仪器在校准范围内测量结果的正确程度；灵敏度是指仪器能够测量出电导率的最小差值或变化；提离抑制性是指仪器消除或减小探头与试件间微小间隙影响的能力。

4.3.2 铁磁性材料的电磁分选

根据涡流检测仪器对不同铁磁性材料产生不同的涡流响应可实现对铁磁性材料的分选，但由于涡流仪的响应是对铁磁性材料导电性与导磁性的综合效应，既包含了材料磁导率作用的贡献，也包含了材料电导率作用的贡献，当某两种铁磁性材料的电导率 σ_1 和 σ_2、磁导率 μ_1 和 μ_2 两者之间均存在明显差异，而它们的电导率与磁导率的乘积相等时，即 $\sigma_1\mu_1=\sigma_2\mu_2$ 情况下，二者对涡流检测仪的电磁作用大小相等，导致无法根据涡流仪的响应区分这两种电、磁特性均不相同的铁磁性材料。

为克服或减小不同铁磁性材料电导率不同对材料分选带来的不利影响，工程上通常采用很低的检测频率对铁磁性材料分选，即所谓的电磁分选。当检测频率只有几十赫至几百赫时，检测线圈交变电流所产生的低频交变磁场在铁磁性材料中激励产生的涡流非常微弱，其再生的磁场对检测线圈的反作用远远小于由铁磁性材料磁导率感应的磁场对检测线圈的反作用，因此涡流效应可以被忽略不计，从而实现仅根据低频线圈对铁磁性材料磁导率的不同响应进行材料分选。

铁磁性材料在低频交变磁场作用下产生的反作用磁场，与高频电磁场在导电金属材料中形成的涡流的反作用磁场本质上是相同的，即铁磁性材料引起的反作用磁场的大小和相位与材料的磁导率之间存在密切的对应关系（由于材料电导率的作用非常微弱而被忽略），因此可根据电磁响应信号幅度和相位的不同实现对不同铁磁性材料的鉴别。

图 4-17 和图 4-18 分别给出了不同含碳量钢棒和不同处理状态的同一牌号碳钢材料在电磁分选仪示波屏上的阻抗响应波形。

需要说明的是，电磁分选是一种定性比较的测试方法，单根据电磁响应的差异往往不能给出被区分材料的牌号，除非根据已有材料的电磁响应图谱对其中某两种材料在相同试验条件下进行鉴定，否则需要在被区分的两类或多类材料中分别取样，再根据化学分析或金相试验结果作进一步的判定。

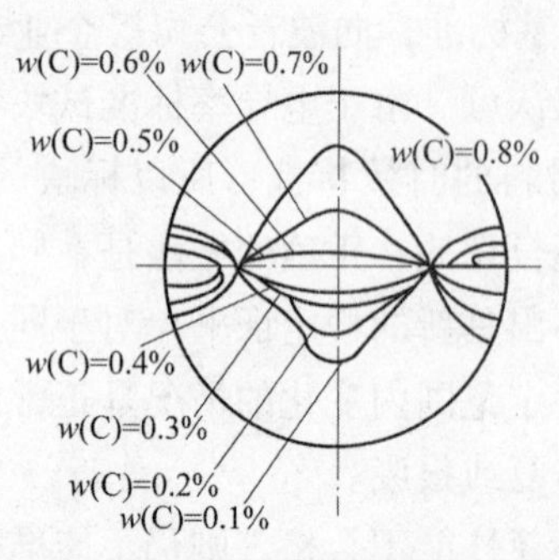

图 4-17　不同含碳量钢棒的阻抗响应波形

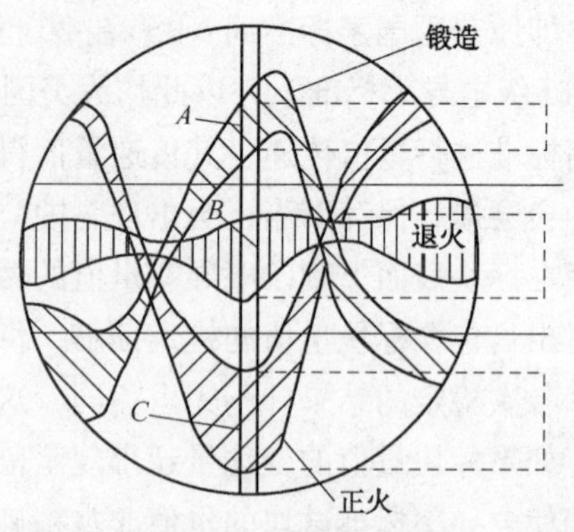

图 4-18　不同热工艺条件钢棒的阻抗响应波形

4.4　覆盖层厚度测量

根据覆盖层及其附着的基体材料的电磁特性，覆盖层厚度测量技术分为涡流测厚与磁性测厚两种方法。涡流法适用于基体材料为非铁磁性材料，如常见的铜及铜合金、铝及铝合金、钛及钛合金以及奥氏体不锈钢等，覆盖层为非导电的绝缘材料，如漆层、阳极氧化膜等。磁性法适用于基体材料为铁磁性材料，如碳钢，覆盖层为非铁磁性材料，包括非导电的漆层、阳极氧化膜、珐琅层和导电的铜、铬、锌的镀层等。

4.4.1　非导电覆盖层厚度的涡流法测量

涡流测厚技术是利用涡流检测中的提离效应。为提高涡流测厚的灵敏度和准确度，涡流测厚仪在设计，制造时选用了很高的检测频率，一般在 1~10MHz 的频率范围。不同于涡流探伤仪，测厚仪通常使用固定的检测频率，在测试过程中不需要、也不能够进行频率选择。较高的检测频率可以增大检测线圈在被测量覆盖层下面导电基体中所激励产生涡流的密度，进而增强涡流的提离效应，达到提高测量灵敏度和准确度的目的。

影响非导电覆盖层厚度测量的因素除了检测频率外，主要还包括：基体的导电性、基体的厚度、测量部位的形状、尺寸及表面粗糙度、校准膜片厚度的选择、覆盖层的刚性以及操作的一致性等。

具有不同电导率的基体对于同一仪器和检测线圈，在相同距离上所感应产生的涡流大小必然不同，因此作用于测量线圈的电磁场的强弱也就存在差异。无论是指针式还是数字式涡流测厚仪，其指示覆盖层厚度的数值随着测量线圈离开基体表面距离的增大而增大，即与感应涡流作用场之间是一种反向变化的对应关系。当被测量覆盖层下面基体材料的导电性优于仪器校准时所用基体的导电性，高导电性基体材料所产生感应涡流的密度要大于校准用试块基体中的涡流密度，增强的电磁场反作用于检测线圈，原则上将导致测厚仪读数变小；反之，低导电性基体材料将导致涡流测厚仪读数增大。表 4-1 给出了使用电导率为 25.1MS/m 的材料作为基体校准仪器，在该材料上和其他具有不同导电性材料上测量已知厚度膜片得到的结果。

表 4-1　不同电导率基体上非导电膜层厚度的测量值

试样编号	电导率/MS/m	膜片标称厚度/μm					
		18.5	50.5	174	494	1025	1519
1	0.60	66.8	98.8	218.6	520	1036	1538
2	5.42	25.1	56.5	180.6	499	1024	1533
3	11.73	21.2	52.4	179.3	498	1016	1528
4	16.74	20.1	51.5	177.3	498	1015	1524
5	25.10	18.6	50.7	175.3	490	1016	1532
6	34.99	19.2	50.0	178.3	497	1017	1529
7	49.25	18.3	49.8	176.3	499	1023	1541
8	58.60	19.2	51.1	178.3	495	1017	1531

由图 4-19 可以清楚地看到基体材料电导率的差异对膜层厚度测量的影响规律和程度：①低电导率基体上的测量值明显大于膜层的实际厚度，测量值与实际值的偏差（相对误差）随着膜层厚度的增大而减小，这一规律与上述理论分析一致；②在与校准材料电导率相同的基体上的测量值与膜层实际厚度最为相近，误差最小；③高电导率基体上的测量值与膜层的实际厚度较为接近，多数情况下略大于膜层的实际厚度，这一结果与理论分析不一致，其原因有待进一步研究和分析；④随着覆盖层厚度的增大，基体电导率差异的影响逐渐减小。因此，在采用涡流法测量覆盖层厚度时，首先要清楚被测量覆盖层下面基体的导电性，最好选择具有相同导电性的材料作为基体校准仪器。

基体有效厚度是指不影响对覆盖层厚度准确测量的最小厚度。由于涡流测厚仪采用的工作频率很高，以检测频率为 4MHz、电导率 1%～100%IACS 范围的常用金属为例，取 3 倍的标准透入深度作为涡流的有效透入深度，则对应的基体有效厚度范围为 0.03～0.3mm，因此绝大多数情况下基体的厚度都会大于这一厚度要求。但对于带有多种覆盖层试件表面非导电覆盖层厚的测量，应注意表面覆盖层下面覆盖层的性质与厚度。如果多层覆盖层均为绝缘材料，则可以不考虑其厚度，但测量的结果是多重覆盖层的总体厚度；如果表层下的覆盖层是导电材料，如镀层，则必须考虑镀层的导电性和厚度，仪器校准时应采用带镀层的试样。

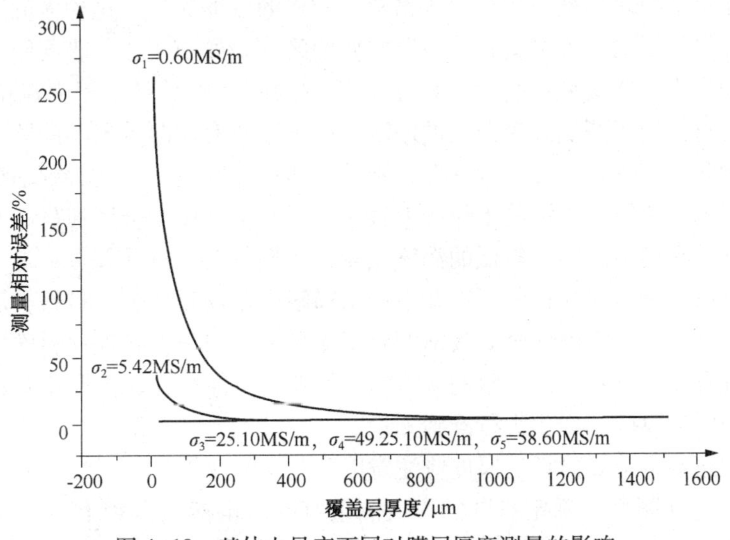

图 4-19　基体电导率不同对膜层厚度测量的影响

测量部位的形状、尺寸及表面粗糙度会直接影响测量线圈与基体的电磁耦合状况。某种型号涡流测厚仪在平面基体上校准后测量相同材料、不同直径棒材上非导电膜层厚度的结果是不同的，由此可见曲率的影响是十分显著的，即使是在直径为100mm 棒材的表面上这种影响依然存在，因此在有曲面的零件上测量覆盖层厚度时，应在相同曲面形状的基体上或直接在不带有覆盖层的零件上校准仪器，以消除曲面的影响。值得注意的是，不同仪器对于相同曲面的响应可能是不同的，当使用不同型号的涡流测厚仪时，不应以一种仪器的测量修正结果或修正曲线应用于另一种型号的仪器。基体表面和覆盖层表面的粗糙状况都会对覆盖层厚度的精确测量带来影响，通常表面较光洁的零件的粗糙度 Ra 在 1~10μm 范围，非导电覆盖层的粗糙度一般要劣于这一水平，因此当基体和覆盖层粗糙度值不是很小时，期望测量厚度小于 10μm 的覆盖层和在粗糙覆盖层表面获得精确度高于 10μm 的结果都是不现实的。基于检测线圈离导电基体距离越近电磁感应越显著这一现象，仪器在 10μm 以上的测量范围内，一般说来，对于较小的厚度测量范围，测量结果不确定度的绝对值较小，而对于较大的厚度测量范围测量结果不确定度的绝对值较大。

涡流检测线圈到导电基体表面的距离与基体表层感生涡流对线圈反作用磁场的大小之间不是线性对应关系，尽管在测厚仪电路设计时考虑了对二者之间对应关系的数学模型的拟合，但由于检测线圈作用于基体的电磁场并不是理想的零体积点源磁场的相互作用，因此检测线圈磁场与基体中涡流磁场之间的相互作用必然与仪器设计采用的物理模型存在差异，这种差异随着仪器校准范围的增大而表现得愈加显著。提高仪器测量精度的最有效办法是选择合适厚度的标准膜片校准仪器，具体的作法是：选择厚度与被测覆盖层厚度尽可能相近的标准膜片校准仪器，且校准膜片厚度的低值与高值所包含的范围应覆盖被测量膜层的厚度变化范围。如果被测量膜层的厚度变化范围较大，应按上述原则分别选用合适的标准膜片校准仪器。

如果覆盖层的刚性较差(即具有良好的弹性)，当测量线圈以不同压力施加于测量表面时，会引起覆盖层不同程度的变形，难以获得稳定、准确的测量数据，因此涡流测厚方法不适用于刚性差的覆盖层的厚度测量。为消除或减小因施加于线圈作用力不同对测量结果的影响，许多测厚仪在检测线圈壳体内装有弹簧，以此保证操作的一致性。

此外，涡流检测技术还被应用于薄规格金属板材的厚度测量，这种涡流测厚技术的应用在原理上与非导电涂层的厚度测量技术有着本质的区别。如前所述，膜层厚度的涡流测量技术是基于涡流检测中的提离效应。薄规格金属板材的厚度测量是基于涡流检测中的集肤效应，这项技术可直接用于测量金属薄板的厚度，而不涉及表面覆盖层的问题。众所周知，涡流透入深度与检测频率密切相关：频率低，则涡流透入深度大；反之，频率高，则涡流透入深度降低。由于涡流测厚仪选用的工作频率很高，因此不适用于金属板材厚度的测量，这种技术的应用通常是采用检测频率较低的涡流仪器，如探伤仪和电导仪。

利用涡流方法测量金属板材的厚度并不一定局限于非铁磁性金属材料，从涡流检测原理上讲，该技术同样适用于铁磁性金属板材的厚度测量。但由于铁磁性材料磁导率不均匀的情况极为普遍，且有磁导率不一致导致的涡流响应的变化可能往往比由厚度差异引起的涡流响应要大，因此难以对厚度的变化进行准确测量。

应用涡流方法测量金属薄板的厚度应注意以下几个问题：

(1) 选择合适的频率，确定有效的厚度测量范围。虽然从原理上讲，选择足够低的检测频率可使涡流透入深度达到几十毫米，甚至更大，但由于过低的工作频率会导致产生的涡流非常弱，实际上检测线圈无法提取到有效的涡流响应信号。一般来讲，涡流有效透入深度达到 5mm 左右基本可视为有效实施涡流检测的极限厚度。采用工作频率为 60kHz 的涡流电导仪，对于电导率为 15MS/m 的铝合金板，其有效透入深度约为 1.5mm，即采用固定频率为 60kHz 的涡流电导仪可测量电导率低于 15MS/m、厚度小于 1.5mm 铝合金薄板的厚度差异。当使用工作频率可调节的涡流探伤仪，可根据涡流的有效透入深度计算公式确定检测频率。

$$\delta_{\mathrm{eff}} = (2.6 - 3) \times \frac{1}{\sqrt{\pi f \mu \sigma}}$$

（2）被检测对象的电、磁特性应具有良好的均匀性。

（3）在选定工作频率条件下的涡流有效透入深度范围内，涡流响应信号的大小与具有相同电磁特性的金属板材厚度之间的对应关系并不是一种单值对应关系，即存在不同厚度板材的涡流响应信号的大小相等的情况，而涡流响应信号的相位与金属板材厚度之间的关系却是一种单调对应关系。

（4）在一定厚度范围内，如厚度约在 2/3 的涡流有效透入深度范围内，涡流响应信号的大小与金属板材厚度之间呈单值对应关系，且响应信号的大小随金属薄板厚度变化而变化的情况较为显著，有利于更准确地测量板材的厚度。

应用涡流方法对金属板材厚度实施测量之前，除了要合理选定工作频率、确定适用范围外，还要依据被检测对象的厚度及测量精度要求加工制作厚度阶梯试块，并通过实验绘出被测材料的厚度与涡流响应信号的幅度或(和)相位之间的对应关系曲线。在实际测量中，根据被测对象的涡流响应信号的幅度或(和)相位对应到前面制作好的关系曲线上，以确定被检测部位的厚度值。

最后需要说明，利用涡流方法测量薄规格金属板材的厚度，并没有专门的涡流测厚仪，而是利用涡流探伤仪或电导仪进行相对测量，因此这种测量的精度一般不是很高。要相对地提高测量精度，需要在频率选择、厚度阶梯试块制作、材料均匀性控制及对应关系曲线绘制等方面进行充分的技术准备。有关利用涡流检测信号幅值和相位与被检测对象厚度之间对应关系曲线的绘制，可参考图 4-8(c)。

4.4.2 非铁磁性覆盖层厚度的磁性法测量

磁性测厚技术包括机械式和磁阻式两种测量方式。机械式的磁性测量方法原理如图 4-20 所示，测厚装置的核心部分是探头中的永久磁铁(通常采用钕铁硼强磁材料制作)。测量时，探头与非铁磁性覆盖层接触，由于铁磁性基体与探头内永久磁铁的磁引力作用，永久磁铁克服弹簧的弹力向下移动，位移的大小取决于覆盖层的厚度。覆盖层薄，磁引力大，永久磁铁的位移就大；反之，覆盖层厚，磁引力小，永久磁铁的位移就小。由于磁引力的大小，不仅取决于永久磁铁与铁磁性基体表面之间的距离，而且还与基体材料的磁性大小有关，永久磁铁的位移并不直接代表覆盖层的厚度，而是二者之间存在一种单值对应关系，并且这种对应关系随基体材料磁性不同而有所差异，因此这种对应关系需要采用标准厚度膜片针对具体的基体材料通过校准予以确定。

磁阻式的磁性测量方法原理如图 4-21 所示，测厚装置的核心部分是带有磁芯的电感线圈。为避免或减小涡流效应的影响，磁阻式磁性测厚仪采用较低的工作频率，通常是几十赫到几百赫的频率，当线圈通以低频交流电时，线圈内产生磁通，磁通穿过磁芯和被测量对象的铁磁性基体形成闭合的磁路。当非铁磁性覆盖层厚度不同时，磁路中的磁阻不同。对于较薄的覆盖层，回路中的磁阻较小；对于较厚的覆盖层，回路中的磁阻则较大。

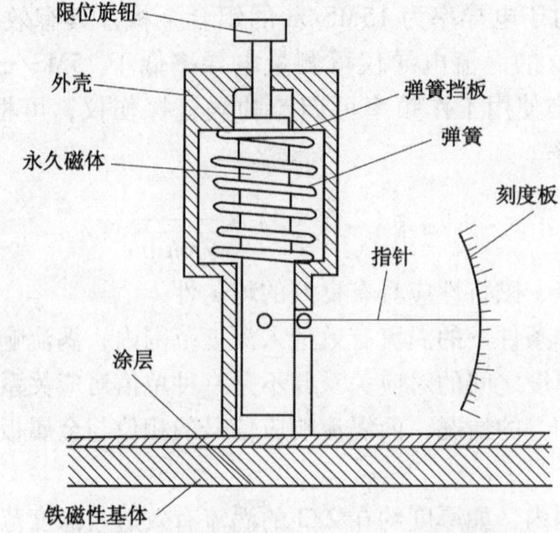

图 4-20　机械式的磁性测量方法原理

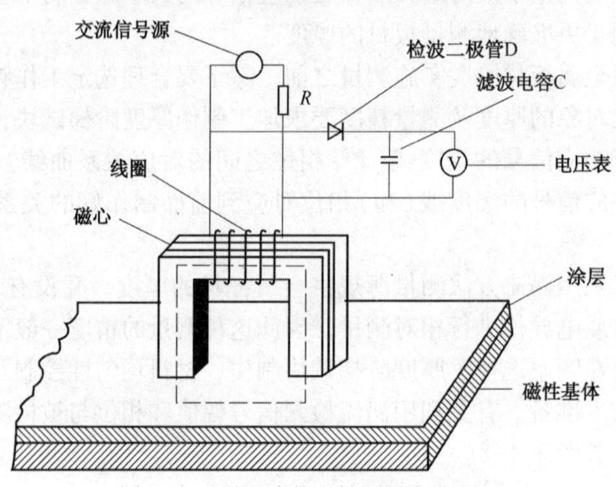

图 4-21　磁阻式的磁性测量方法原理

因此根据磁阻的大小可以获得覆盖层的厚度信息。与机械式磁性测厚仪类似，回路中磁阻的大小不仅取决于检测线圈与铁磁性基体表面之间的距离，而且取决于基体材料的磁性大小。磁阻的大小与表面覆盖层厚度之间存在着明确的对应关系，这种对应关系同样随基体材料磁性不同而有所差异，因此它们之间的对应关系也需要针对具体的基体材料，利用标准厚度膜片通过校准予以确定。

与涡流测厚方法一样，无论是机械式磁性测厚技术，还是磁阻式测厚技术，磁性法测厚结果的准确度同样受基体的磁特性，基体的厚度、测量部位的形状、尺寸及表面粗糙度、校准膜片厚度的选择、覆盖层刚性以及操作一致性等因素的影响，而且这些因素影响的规律基本是一致的，因此不再赘述。

习　题

1. 涡流检测技术的主要特点是什么？

2. 计算说明标准透入深度上涡流密度与有效透入深度（取标准透入深度的 3 倍）上涡流密度的大小之比。

3. 简要说明不同类型（绝对式、自动差动式、他比差动式）线圈对不同类型（体积型、面积型和线型）缺陷的响应特点。

4. 确定检测频率主要有哪几种方法？各种方法的适用性如何？

5. 试计算当检测频率为 100Hz、100kHz 时，涡流在铝合金板材（具有足够的厚度，电导率为 25MS/m）中的标准透入深度和有效透入深度分别为多少？

6. 使用阻抗平面型涡流仪检测时，首先需要调整的最主要的三个参数（或旋钮/按键）是什么？并分别说明其中一个参数改变（即调整其中某一个旋钮/按键）时，对涡流响应信号的其他两个参数的影响。

7. 填充系数的意义是什么？是否填充系数值越大，检测灵敏度就越高？为什么？

8. 涡流检测中使用的对比样管上的通孔形缺陷、平底孔形缺陷、轴向和周向槽形缺陷分别对何种自然缺陷具有更好的代表性？

9. 详细描述内穿过式差动线圈通过管壁上一通孔缺陷时的涡流响应信号的变化过程。

10. 将通孔缺陷涡流响应信号的相位角设定为 40°时，被检测管材内壁缺陷和外壁缺陷响应信号相位角的分布有何规律？

11. 在对小径管实施多频检测时，如何利用混频技术消除管板干扰信号？

12. 典型的放置式线圈有哪几种？其优缺点分别是什么？

13. 为什么涡流电导仪的工作频率一般设定为 60kHz？电导率测量技术为何能够广泛用于评价铝合金的热处理状态和硬度？

14. 电磁分选与涡流分选技术有何不同？

15. 涡流测厚与电磁测厚原理有何不同？影响涡流与电磁测厚精度的主要因素是什么？

16. 在进行涡流测厚或电磁测厚时，应如何选择标准厚度膜片校准仪器？

17. 零件、结构件和小径管在使用中最常出现的缺陷分别是什么？

18. 管棒材在线检测、零件和结构的原位检测、小径管道的在役检测应如何正确选用仪器和检测线圈？

19. 简要说明铁磁性材料或零件检测前进行饱和磁化的必要性及检测完成后如何实施退磁处理。

第五章　涡流检测标准

5.1　涡流检测标准概述

为使读者对涡流检测标准体系建立更完整的概念，达到更准确的理解、掌握和运用涡流检测各相关标准，本节在叙述涡流检测标准的概况之前，首先简要介绍一些有关标准和标准化的基本知识。

5.1.1　标准的基本知识

国家标准《GB/T 2000.1—2002 标准化工作指南　第1部分：标准化和相关活动的通用词汇》给出的关于"标准"一词的定义如下："为了在一定的范围内获得最佳秩序，经协商一致制定并由有关机构批准，共同使用的和重复使用的一种规范性文件"。由"标准"的定义可以看到标准具有以下几方面性质：

1. 目的性

获得最佳秩序，并以最佳的秩序促进使用标准的各方达到最佳的共同效益。一方面，标准是对先进技术或工艺通过文件形式加以固化以利于重复和规范执行的文件，先进制造技术和生产工艺的采用必然带来技术进步和经济效益；另一方面，标准作为通过文字固化形成的规范性文件，保证了使用各方的操作或执行具有可比性和可重复性，易于达到相互之间的认可和接受，从而减少和避免产生经济或贸易纠纷。

2. 层次性

根据标准制定(即标准化)所涉及的地理、政治或经济区域的范围不同表现出的标准层次的差异。如按照地理区域范围大小不同，分为全球性的国际标准化组织标准(International Standardization Organization，简写为ISO)、区域性标准(如欧洲共同体标准)、国家标准、部门标准、企业标准等。

3. 权威性

标准不同于一般的技术文献，其权威性体现为标准是由不同国家、组织或部门在该技术领域的专家编写起草，经多方充分协商讨论确定，最后经专门机构批准。

4. 时效性

不论是新制定标准，还是修订标准，都在标准的封面上给出标准的发布与实施日期。实施日期一般要比发布日期晚3~6个月。从发布日期到实施日期之间的这一段时间是为标准的贯彻实施预留出的条件准备时期，其时间的长短取决于标准涉及的范围、条件准备与建设工作的难度及所需的时间。

标准不是一成不变的，而是经过一段时间就会被修订、合并或作废。从标准的发布日期至第一次被修订后的发布日期或相邻两次修订标准的发布日期的间隔时间称为标准的龄期。标准的龄期不是一个固定的间隔期限，不仅不同国家和组织的标准龄期不同，如美国试验与材料学会(ASTM)标准的平均龄期为3~5年，而我国国家标准的平均龄期约为5~10年，而且同一国家和组织的标准龄期也存在较大的差异，如ASTM标准中，有的标准经过2年或3年就被新的版本所代替，而有的标准经历10余年使用仍未进行修订。标准龄期的长短，除了与各国家或相关组织关于标准制定与管理的政策直接相关外，还与各标准所涉及技术的发展状况密切相关，往往涉及新的学科领域和先进技术方法的标准更新的速度会比较快，而技术原理和方法相对成熟的标准更新的速度则比较缓慢。

任何标准都没有一个固定龄期，而且可能会被合并或作废，因而标准的使用者应特别注意所采用标准的有效性。一是要关注所用标准是否为当前最新的有效版本，二是是否被其他标准替代或被作废。

5. 强制性与推荐性

强制性标准具有法律属性，是在一定范围内通过法律、行政法规等强制手段加以实施的标准。强制性标准一般包括以下几个方面：①全国必须统一的基础标准，如《GB 15093—2008 国徽》《GB 12982—2004 国旗》《GB 11643—1999 公民身份号码》等；②对国计民生重大影响的产品标准，《GB 16999—2010 人民币鉴别仪通用技术条件》《GB 150—2011〈压力容器〉释义》等就属于这类强制性标准；③通用的试验方法和检测方法标准，如国家有关的计量检定规程等；④有关人身健康和生命安全方面的标准，如《GB 18671—2009 一次性使用静脉输液针》《GB 14934—1994 食(饮)具消毒卫生标准》《GB 6722—2003 爆破安全规程》等；⑤环境保护方面的标准，如《GB 20426—2006 皂素工业水污染物排放标准》《GB 20426—2006 煤炭工业污染物排放标准》《GB 9660—1988 机场周围飞机噪声环境标准》《GB 18285—2005 点燃式发动机汽车排气污染物排放限值及测量方法(双怠速法及简易工况法)》等。强制性标准一经颁布，必须贯彻执行。否则，对造成恶劣后果和重大损失的单位或个人，要受到经济制裁或承担法律上的责任。

推荐性标准又称自愿性标准，或非强制性标准。是指生产、交换、使用等方面，通过经济手段或市场调节而自愿采用的标准。对于这类标准，任何单位有权决定是否采用，违反这方面的标准，不构成经济或法律方面的责任。但一经接受并采用，或各方商定统一纳入商品、经济合同之中，就成为共同遵守的技术依据，具有法律上的约束性，彼此必须严格贯彻执行。与强制标准相比，推荐性标准对标准的可能应用方不具有强制性的法律效力，也就是说标准的可能应用者具有不选择和执行推荐性标准的权力。如果标准的应用方未选用推荐性的国家标准，在从事与该标准涉及内容一致的产品制造或性能试验时，不受推荐标准相关条文规定的约束；但当标准的应用方确定选择了某项推荐性的国家标准，则推荐性标准相关条款的要求就成为标准应用方必经遵守的规定。

从鼓励科技进步与技术创新和有利于消除贸易壁垒与促进技术上的双边或多边合作两个方面出发，近年来国际和我国标准的主管部门一直在倡导和推行“严格控制强制性标准，积极采用推荐性标准”的政策。

5.1.2 国际、国外标准与国内标准的代号

随着我国改革开放的不断扩大与深入，对外合作日益增多，以及国防科技工业近年来实施的“以军为本，军民结合”的发展战略，促使绝大多数从事军工产品研制、生产的军工单位越来越多地接触到并采用国际、国外先进标准和国内其他行业的标准，因此对国内外相关

部门、世界主要国家及其组织等的标准代号有一个基本的了解是非常必要的。表 5-1 分别列出了国际与国外标准的代号及其相关信息。

表 5-1　部分国际组织与国外标准代号制定机构及其英文名称

序号	代号	制定机构	制定机构的英文名称
1	ISO	国际标准化组织	International Standardization Organization
2	IEC	国际电工委员会	InternationalElectrotechnical Commission
3	IAEA	国际原子能机构	International Atomic Energy Agency
4	ICS	国际造船联合会	InternationalCommittee of Shipping
5	ANSI	美国国家标准学会	American National Standards Institute
6	ASTM	美国试验与材料学会	American Society for Testing and Materials
7	ASME	美国机械工程师协会	American Society of Mechanical Engineers
8	MIL	美国军用标准	American Military Standards
9	BS	英国标准学会	British Standards Institute
10	LR	英国劳埃德船级社	Lloyd' s Register of Shipping
11	CEN	欧洲标准化委员会	European Committee for Standardization
12	DIN	联邦德国标准化学会	Dutsches Institut für Normung
13	JIS	日本工业标准调查会	Japanese Industrial Standards Committee
14	NF	法国标准化协会	Association Fran caise de Normalisation
15	TOCT	俄罗斯国家标准	The State Standard Committee of Russian

在我国，国家标准、国家军用标准和行业标准的代号都是以标准所属层次的关键词第一个字的声母来表示的，如“国家标准”用“GB”表示，“国家军用标准”用“GJB”表示。依此类推，“HB”表示航空工业标准，“QJ”表示原七机部标准，即航天工业标准，企业标准用“Q/xx”代号表示。部分国内标准代码的意义及发布机构见表 5-2。近年来，虽然国家机构改革已将过去属于部级政府机构的航空、航天、船舶、兵器、核工业等五大军工部门改为十个集团公司，但其标准代号仍保留原来的编码形式，并继续作为行业标准。

表 5-2　部分国内标准代码的意义及发布机构

序号	代号	意　义	发布机构
1	GB	国家标准	国家质量监督检验检疫总局
2	GJB	国家军用标准	国防科技工业技术委员会 中国人民解放军总装备部
3	HB	航空工业标准	国防科技工业技术委员会
4	QJ	航天工业标准	国防科技工业技术委员会
5	CB	船舶工业标准	国防科技工业技术委员会
6	WJ	兵器工业标准	国防科技工业技术委员会
7	EJ	核工业标准	国防科技工业技术委员会
8	SJ	电子工业标准	中华人民共和国信息产业部
9	JB	机械工业标准	国家发展和改革委员会
10	YB	冶金工业标准	全国钢标准化技术委员会

5.1.3 国内外涡流检测标准概况

涡流检测以其独有的技术特点和适应能力而在世界各国得到越来越广泛的应用。以下对国际标准化组织、美国试验与材料协会、美国国防部(DOD)等所制定的涡流检测标准概况及我国国家标准、国家军用标准中的涡流检测标准的情况简要加以介绍。

国际标准化组织(ISO)制定的标准中共有5份电磁涡流检测标准，其中3份是关于覆盖层厚度测量方面的标准，代号及名称分别为ISO 2178：1982《铁磁性金属基体上非磁性覆盖层—厚度测量—磁性方法》(Non-magnetic coatings on magnetic substrates-Measurement of coating thickness-Magnetic method)，ISO 2360：1982《非铁磁性金属基体上非导电覆盖层—厚度测量—涡流法》(Non-conductive coating on non-magnetic basis metal-Measurement of coating thickness-Eddy current method)和ISO 2361：1982《铁磁性和非铁磁性金属基体上电沉积镍镀层—厚度测量—磁性法》(Electrodeposited nickel coatings on magnetic and non-magnetic substrates-Measurement of coating thickness-Magnetic method)。另外两份是关于钢管的电磁涡流检测方面的标准，代号及名称为ISO 9302：1994《无缝和焊接(埋弧焊除外)承压钢管—验证液压密封性的电磁检测》(Seamless and welded (except submerged arc-welded) steel tubes for pressure purposes-Electromagnetic testing for verification of hydraulic leak-tightness)和ISO 9304：1989《无缝和焊接(埋弧焊除外)承压钢管—探测缺陷的涡流检验》(Seamless and welded(except submerged arc-welded)steel tubes for pressure purposes-Eddy current testing for the detection of imperfections)。

美国试验与材料协会(ASTM)组织下面设有一个编号为E-7的专门从事无损检测技术标准化工作的委员会，其下属的E07.07分委员会专门负责电磁与涡流检测方法标准的制定。该分技术委员会编制的电磁涡流检测方面的标准近20份，涉及电磁分选、涡流检测、电导率测试和覆盖层厚度测量、涡流仪器与检测线圈性能评价等方面技术的实施方法，内容最为广泛和系统。

美国军用标准(MIL)体系包括以下五种类型的军用标准文件：①军用规范(Military Specification)；②军用标准(Military Standard)；③军用标准图样(Military Standard Drawing)；④军用手册(Military Handbook)和⑤合格产品目录(Qualified Product Lists，即QPL)。上述五种军用标准如果限于单一军事部门使用，或由于紧急需要而又来不及在全军作调整，则在标准号后加注制定机构代号，如MIL-STD-2032(SH)，就是仅限于海军使用的标准。在用的军用手册中，有一份是关于涡流检验技术的手册，其代号及名称为MIL-HDBK-728/2(92)《涡流检测》(Eddy current testing)。由美国空军20世纪70年代初提出并制定的MIL-HDBK-333(VSAF)手册分上、下两卷，下卷中含涡流检测方面的内容，该手册在MIL-HDBK-728手册出版后被宣布停用。在军用标准中，有两份关于涡流检测技术的标准，一份是MIL-STD-1537B(88)《用涡流电导率测试法检测铝合金热处理状态》(Electrical Conductivity Test for Verification of Heat Treatment of Aluminum Alloys Eddy Current Method)，另一份是MIL-STD-2032(SH)(90)《美国海军舰船用热交换器管的涡流检测》(Eddy Current Inspection Heat Exchanger Tubing on Ships of the United States Navy)。

在国内，就涡流检测技术应用单独制定的国家标准共有13份，内容涉及管棒材检测、覆盖层厚度测量、电导率测量以及涡流检测系统性能测试等，已构成较为系统的涡流检测标准体系。国家军用标准中，仅有一份涡流检测方法标准，即《GJB 2908—1997 涡流检验方法》。GJB 2894—1997是一份关于铝合金电导率和硬度性能要求的材料验收标准，实际上不属于涡流检测的方法标准。

不论是与国家标准相比，还是与美军标、美材料试验协会标准以及国标标准化组织标准相比，都可以看到我国军用标准中涡流检测标准的制定还存在较大的差距，还有很多的工作需要做。

5.2 国内主要涡流检测标准

涡流检测技术在国内各工业部门得到较广泛的推广应用还是比较晚的，这一点可以从最早的几份涡流检测国家标准的制定时间得到证实。第一批涡流检测方面的国家标准是在1985年颁布实施的，它们是《GB/T 4956—1985 磁性金属基体上非磁性覆盖层厚度测量　磁性方法》、《GB/T 4957—1985 非磁性金属基体上非导电覆盖层厚度测量　涡流方法》、《GB/T 5126—1985 铝及铝合金冷拉薄壁管材涡流探伤方法》、《GB/T 5248—1985 铜及铜合金无缝管涡流探伤方法》等4份标准，1987年至1991年的5年期间，先后颁布实施了7份涡流检测的国家标准，它们分别是《GB/T 7735—1987 钢管涡流探伤方法》、《GB/T 11260—1989 冷拉圆钢穿过式涡流检验方法》、《GB/T 11374—1989 热喷涂涂层厚度的无损测量方法》、《GB/T 12307.1—1990 金属覆盖层　银和银合金电镀层试验方法　第一部分　镀层厚度的测定》、《GB/T 12604.6—1990 无损检测术语　涡流检测》、《GB/T 12966—1991 铝合金电导率涡流测试方法》、《GB/T 12968—1991 纯金属电阻率与剩余电阻比涡流衰减测量方法》和《GB/T 12969.2 钛和钛合金管材涡流检测方法》。从1991年至今20余年时间里，新制定了两份有关涡流检测方面的标准，即《GB/T 14480—1993 涡流探伤系统性能测试方法》(现由《GB/T 14480.3—2008 无损检测　涡流检测设备　第3部分：系统性能和检验》代替)和《GB/T 17990—1999 圆钢点式(线圈)涡流探伤检验方法》(现由《GB/T 11260—2008 圆钢涡流探伤方法》代替)。除此之外，还对过去制定的5份标准进行了修订，具体的情况是：GB/T 4956—1985 标准被 GB/T 4956—2003 所代替，GB/T 4957—1985 标准被 GB/T 4957—2003 所代替，GB/T 5126—1985 标准被 GB/T 5126—2001 所代替，GB/T 5248—1985 标准与 GB/T 5248—1998 标准被 GB/T 5248—2008、所代替，GB/T 7735 标准分别于1995年和2004进行了两次修订，现行有效版本为 GB/T 7735—2004。

5.2.1 《GJB 2908—1997 涡流检验方法》

如5.1节所述，《GJB 2908—1997 涡流检验方法》是惟一的一份关于涡流检测方法的国家军用标准，该标准规定了金属材料及零部件表面和近表面缺陷涡流检测的一般要求和仪器设备、试验参数选择、检验步骤等方面的详细要求，适用于金属零部件及一定尺寸范围的管、棒、丝材表面和近表面缺陷的检验。标准的主题内容与适用范围确定了该标准是一份关于金属材料及零件涡流检测的方法标准，不涉及电导率检验和覆盖层厚度测量等涡流检测技术。

在“一般要求”中，针对可能影响涡流检验结果的人员资格、环境条件以及电源稳定性等因素提出了基本要求。关于涡流检测人员资格的规定包含两个方面的含义，简要概括说来就是：一要取证，二不要“越位”。后一重意思比较容易理解，即各级人员应遵守和履行相应级别的责任与义务，而前面一重意思颇有些费解，其实标准的起草人员在编写这一要求也是费了一番脑筋：因为该国家军用标准的应用范围涉及包括民用工业部门和两个以上的军工部门，因此不能引用任何一个行业的无损检测人员资格鉴定标准，而只能引用相关的国家标准，而在《GJB 9712—2002 无损检测人员的资格鉴定与认证》发布、实施之前，各工业部门无损检测人员的资格鉴定与认证工作是由各部门所属的专门机构独立开展，且彼此之间互不认可，由此带来了“有关主管部门颁发的符合 GB 9445 规定的技术资格等级证书”(GB 9445 为无损检测人员资格鉴定与认证的国家标准)的含糊说法。国防科工委在 2002 年颁布了适用于国防科技工业部门无损检测人员资格鉴定与认证的标准，今后军工部门的无损检测人员，包括涡流检测人员，都应按照 GJB 9712—2002 标准要求进行培训、考核和资格认证。对于承担为军品研制和生产提供原材料和配套产品任务的民用部门的无损检测人员也应该达到 GJB 9712 标准的相关要求。

环境条件中关于“检验场地附近不应有影响仪器正常工作的磁场、振动、腐蚀性气体及其他干扰”的要求较为重要，这主要因为涡流检测是一项基于电磁感应原理的技术方法，检测场地周围环境若存在强电磁场会对检测线圈和仪器带来直接影响，从而干扰检测的正常进行，并且这类干扰在实际生产中也比较容易发生，如焊接设备的使用和龙门吊车的开启等。明显的振动可能导致管、棒、线材涡流自动检测系统的传送装置发生抖动，从而影响线圈与试件的稳定耦合。

《GJB 2908—1997 涡流检验方法》标准与其他有关涡流检测的国家标准和国外标准相比，最大的不同之处在于该标准不像其他标准那样仅针对某一类材料和某一种形式产品而制定，如 GB/T 7735—2004 和 ASTM E1606—1999 标准分别针对钢管和铜棒。GJB 2908 标准适用范围很广，从材料方面讲，覆盖了钢、铜合金、铝合金和钛合金等多种材料；从产品形式上讲，不仅包括规则外形的管、棒、线材，而且还包括形状各异的零部件。GJB 2908 标准的这一特征决定了该标准在第 5 章详细要求中对于仪器设备和检测线圈的要求与选择、对比试样的制做与选择、试验条件的调整等方面的规定就显得更原则性，关于检测原理方面的叙述更多一些，而针对具体产品或零件实施涡流检测工作的指导性相对差一些。

1. 仪器设备和检测线圈的要求与选择

标准 5.2 条关于“仪器设备”提出以下要求：“涡流检测仪器设备一般包括探伤仪、检测线圈、机械传动装置、记录装置和磁化装置”。该项规定应该说是针对铁磁性管、棒、线材的自动检测提出的，对于铝合金、铜合金以及钛合金等非铁磁性的管、棒、线材，则不需要磁化装置。对于零部件的手动涡流检测，磁化装置、机械传动和记录装置都是可以不需要的，因此标准中关于涡流仪器设备组成的表述中使用了“一般”二字，即隐含了可针对具体检测对象灵活地配备涡流检测设备的意思。

标准 5.5 条关于“仪器设备的选择”中针对不同类型产品，规定了仪器与线圈的选择要求和检测方式的选择。这部分内容是该标准最为重要的核心内容，也是学习涡流检测技术、掌握涡流检测技能和熟悉本标准要求的重点内容之一。

2. 对比试样的制做与选择

标准 5.3 条关于“试样”中对标准试样和对比试样分别进行了定义和严格的区分，并提出了标准试样应定期检定的要求。这两方面的内容在国内其他涡流检测标准中是没有的，由此可以体现出该份涡流检验国家军用标准的先进性、合理性，也体现了军工部门对于对产品检验质量有重要影响因素的控制更加严格。

标准附录 A、B 中给出了多种带有槽形缺陷和孔形缺陷对比试样的示意图，供采用不同形式(包括放置式、外通过式、内穿过式)检测线圈检测时选择。

3. 试验条件的调整

有关试验条件调试的要求在标准的 5.6 条“检测频率的选择”和 5.9 条“仪器设备综合性能

的调试程序”中做出了规定。检测频率、相位和增益是涡流检测中调整仪器最重要的三项参数。由于该标准主要是针对采用通过式线圈检测管、棒、线材的涡流自动检测系统提出仪器设备综合性能调试的步骤与要求，因此对于相位参数的调整要求未加以规定，这一点对于采用放置式和内穿过式线圈实施涡流检测，并根据检测信号相位角评价缺陷的情况是不能满足的。

标准的附录 C 给出了导电性不同的多种材料的板、管、棒(线)材涡流检测时确定检测频率的预选表。所谓预选表，即意味不能作为工作频率的选定表。一方面，表中对应某种材料或规格管、棒、线材给出的频率不是惟一确定的值，而是一个频带，甚至这一频率范围还很大，因此必须在推荐的范围内作进一步的选择；另一方面，检测要求的不同，如关注缺陷大小的程度差异和关注缺陷位置的不同，都会对频率的选择有较大的影响。在频率选择的实际操作中，应根据检测要求和被检测对象的具体情况，选择或制做合适的对比试样，通过比较试验在附表中给出的预选频率范围确定最佳的检测频率。在选定的检测频率条件下，利用对比试样上的人工缺陷，按 5.9.1 条规定进行检测灵敏度(即增益参数)的调整。

4. 检测的实施

在检测设备综合性能调试完成后，进入到产品或零件的检测过程。在实施连续检测工作时，应注意每隔一定时间(5.10.3 条规定为 2h)和检验结束时利用对比试样对检测仪器设备的稳定性进行期间核查，以防止因仪器设备出现故障(主要指通过正常观察不能发现的问题)而导致错误的检验结果。如果通过期间核查发现或怀疑检测仪器存在问题，应重新调试仪器设备，对不能确认是正常工作状态下检测的产品重新进行检验。

5.2.2 《GB/T 4956—2003 磁性基体上非磁性覆盖层　覆盖层厚度测量　磁性法》

《GB/T 4956—2003 磁性基体上非磁性覆盖层　覆盖层厚度测量　磁性法》标准是将 1982 年版 ISO 2718 标准翻译转换，并按照目前国家标准编写格式编写而成。它基于永久磁铁与铁磁性金属基体之间由于存在不同厚度覆盖层而引起磁引力变化的物理原理，或是以测量线圈因与铁磁性金属基体之间距离不同而接收感应磁场强度不同的物理现象为基础，对非磁性覆盖层厚度进行测量的电磁测厚方法。需要说明的是，目前应用磁性方法测量覆盖层厚度的仪器绝大多数是利用后一种原理，而基于永久磁铁与铁磁性金属基体之间磁吸引力大小进行覆盖层厚度测量的仪器大约占磁性测厚仪总数的不到 10%。

该标准第 4 章中列举了影响利用磁性方法测量非磁性覆盖层厚度精度的 13 项因素。在这 13 项影响测量精度的因素中，特别应予以关注的是 4.1 条“覆盖层厚度”、4.2 条“基体金属磁性”、4.3 条“基体金属厚度”、4.5 条“曲率”、4.6 条“表面粗糙度”、4.11 条“覆盖层的电导率”和 4.12 条“测头压力”。

1. 覆盖层厚度的影响

磁性测厚方法正是建立在覆盖层厚度改变会引起磁吸引力或磁感应场强度变化这一物理原理之上的。将覆盖层厚度作为测量影响精度的因素，是指测量精度随覆盖层厚度的变化而变化，并且这种变化(即影响程度)与测厚仪的型号，即仪器检测线圈与测量电路结构相关。所谓“对于薄的覆盖层，测量精度是一个常数”是指覆盖层厚度小于 10μm 的情况，受仪器精度和被测量覆盖层表面粗糙度的影响，仪器很难准确测量出 10μm 的情况，尤其是 5μm 以下覆盖层的厚度，这种偏差是由测量仪器自身的系统误差带来的。对于厚的覆盖层，一般可理解为厚度在 10μm 以上的覆盖层，标准中所说的测量“其测量准确度等于某一近似恒定的分数与厚度的乘积”，表述了这样一个物理现象：即测量的相对误差近似为一常数，而绝对误差明显地随被测量覆盖层厚度的增加而增大。例如，如果测量相对误差为 5%，则对于 20μm 和 200μm 镀层测量的绝对误差分别为 1μm 和 10μm。

2. 基体金属磁性与厚度的影响

不同铁磁性材料的磁特性（如磁导率）往往存在很大差异，并且同一铁磁性材料在不同热处理状态或经过不同冷加工工艺后，其磁特性也会出现显著的差异，而材料铁磁特性的差异会直接影响对永久磁铁或检测线圈的磁作用，因此要减小或消除磁特性不同带来的显著影响，必须采用与被测覆盖层下基体材料具有相同或相近磁特性的材料作为基体进行仪器的校准。由于线圈式测厚仪所采用的检测频率很低（通常在几百赫或更低），磁场在被测量覆盖层下铁磁性基体材料中的分布状态在一定范围内与基体的厚度密切相关，当基体金属厚度达到某一值时，这种由厚度不同带来的影响才能减小到可以忽略的程度，这一概念实质上与涡流有效透入深度是一致的。基体厚度的这一临界值可以从仪器的使用手册中查到，一般采用厚度大于 5mm 的铁磁性材料作为校准仪器的基体金属试块。

3. 曲率的影响

无论是对于涡流法，还是磁性法，曲率不同对测量结果的影响都是十分显著的，因此当测量曲面上覆盖层厚度时应特别引起注意，尤其是对于具有不同曲率试件上的覆盖层厚度的测量。曲率的影响有以下几方面特点：①影响显著。即较小的曲率差异对测量结果的影响程度明显不同；②影响范围大，即在相当大的曲率半径范围内，曲率不同的影响一直是存在的；③不同方向上曲率的不一致依然会对沿不同方向进行的测量带来不同程度的影响，例如，对于采用双极测头的仪器测量具有相同直径球体表面和柱体表面覆盖层时，既使材料为各向同性，测量结果仍然是不同的，并且在圆柱表面沿平行于轴线方向和垂直于轴线方向上进行测量所得结果也会有差异。要减小或消除由曲率不同带来的影响，必须在与被测对象（准确地说应该是被测量点）完全一致的曲率条件下进行仪器校准。

4. 表面粗糙度的影响

标准 4.6 条针对"在粗糙表面上的同一参考面积内所测量的系列数值明显地超过仪器固有的重现性"这种情况，规定了具体的测量方法："所需的测量次数至少应增加到 5 次"。增加测量次数是减小或消除随机误差的手段，而对于"明显地超出仪器固有的重现性"这一情况更主要是由于系统误差带来的问题，并不是根本的解决途径。严密说来，这种影响是客观存在且无法消除的。对以下两个极端的例子进行分析，可能有助于对该问题的理解。

把问题夸大进行分析，就比较容易理解在粗糙表面上无法进行准确测量的问题，但在实际工作中，这类问题是经常出现的，如图 5-1（a）、（b）所示，不仅是覆盖层厚度的测量存在这类问题，而且在对不带覆盖层零件的尺寸进行机械测量时也存在该类问题。委托方常常对送来的表面极其粗糙的样品提出了很高精度的测试要求，这就属于该类问题或错误。

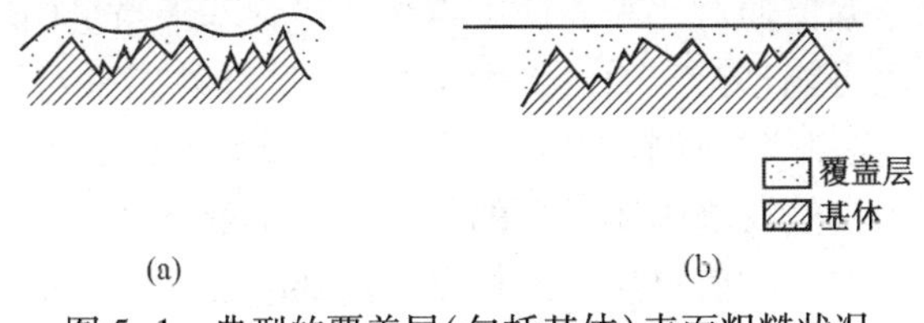

图 5-1　典型的覆盖层（包括基体）表面粗糙状况

5. 覆盖层电导率的影响

磁性测厚是利用永久性磁体或测量线圈与覆盖层下金属基体材料之间的磁作用实现的，

虽然低频交流线圈在铁磁性金属基体中也会产生涡流，但由于工作频率很低，感生涡流的密度也就很小，和线圈与基体材料之间的磁作用相比，涡流再生磁场的反作用足够小以至可以忽略。当检测频率较高(如4.11条所述200~2000Hz)时，特别是对于导电性能较好的金属镀层(如铜、银)，在镀层中会产生密度较大的涡流，并由此形成影响基体对测量线圈磁作用的感应磁场。

6. 测头压力的影响

关于球测头压力影响的原因及消除方式已在本书针对涡流测厚技术的应用做了较详细的介绍，这里不再重复。

标准第5章关于"仪器的校准"中，主要规定了校准膜片(或标准试片)的分类、选择和使用。第6章"测量程序"主要针对实际测量提出了消除各种因素影响的要求与方法。

有一点对于减小系统误差，提高测量精度非常重要，且特别有效，而该标准未给予适当的重视并提出相应的规定，这就是关于仪器校准范围的问题，这也是一个在实际测厚工作中经常出现的问题，因此应特别予以注意。要提高测量精度，应根据被测量覆盖层的厚度和整体均匀状况，选择合适厚度的膜片校准测厚仪。校准仪器膜片的选择应遵循的基本原则在本书4.4.1节已作了较明确的阐述。

5.2.3 《GB/T 7735—2004 钢管涡流探伤检验方法》

1. 范围与探伤原理

GB/T 7735标准规定了无缝钢管和焊接钢管(埋弧焊管除外)涡流探伤原理、探伤要求、探伤方法、对比试样、探伤设备、探伤设备运行与调整及探伤结果评定等内容，适用于外径不小于4mm钢管的涡流检测。与其他大多数涡流检测方法有所不同，该标准规定了A级和B级两种验收等级。

标准的第3章"探伤原理"的3.2条关于探伤结果的判定作以下阐述："系借助于对比试样上人工缺陷与自然缺陷显示信号的幅值对比，即为当量比较法。对比试样被用来对钢管涡流检测设备进行设定和校准"。认真分析和研究这一表述，可以对涡流检测技术得到更深入和准确的理解。首先，要明确自然缺陷的大小是根据自然缺陷显示信号幅值与人工缺陷信号幅值的对比加以评价的，是一间接的当量比较法，而不具有绝对的直接可比性，即不能直接由自然缺陷显示信号的幅值高低判定自然缺陷的实际大小，这是因为自然缺陷的形状与大小并不像孔形或槽形人工缺陷那样具有规则的形状和尺寸，而是在取向、形状、位置、尺寸及电磁特性等方面千差万别，这些因素均可能影响缺陷显示信号的大小和形状。其次，现有的涡流探伤技术(包括其他常规无损检测方法)不可能全面准确地对自然缺陷的取向、形状、位置、尺寸及电磁特性等参数予以量化，因此只有藉助于与对比试样上形状和大小可量化描述的人工缺陷的响应信号幅值的对比来表征。再次，尽管基于当量比较法判定自然缺陷的实际大小是不合理的，甚至可能是错误的，但由于"对比试样被用来对钢管涡流探伤设备进行设定和校准"，实际上仍是以当量比较的结果来判定被检测管材的质量等级，即以自然缺陷显示信号的幅值大小作为自然缺陷真实尺寸的大小进行质量评价。

以上分析也透露出这样一个值得注意的信息，即缺陷信号的评价与判定仅仅基于信号的幅值，而丝毫未涉及缺陷信号的另一个至少是同等重要的参量—相位。如果最新版的GB/T 7735—2004标准是等效采用ISO9304：1989标准的相关内容，可以说明20世纪80年代末涡流检测技术的一般国际水平并未达到广泛采用阻抗分析技术的程度，同时也说明进入21世纪，我国的钢管涡流探伤整体水平仍未逾越仅针对涡流信号幅度作单参数分析的阶段。

2. 探伤方法与对比试样人工缺陷形式

标准第 5 章“探伤方法”针对焊接管和不同直径范围的无缝钢管，规定了三种探伤方法：外通过式线圈检测法、旋转钢管偏平式线圈检测法和扇形线圈式检测法。其中外通过式线圈不适合用于直径超过 180mm 的无缝钢管，扇形线圈式检测技术仅适用于焊接钢管焊缝区域的检测。对应上述三种检测方法，分别制做不同形式人工缺陷的对比试样：①采用外通过式线圈时，试样人工缺陷形状为通孔；②采用钢管旋转偏平式线圈时，试样人工缺陷为通孔或槽口；③采用扇形式线圈检测焊缝时，试样人工缺陷形状为通孔。

3. 探伤设备及其运行与调整

标准第 7 章“探伤设备”7. 1 条规定了涡流探伤系统的组成，7. 2 条提出了按 YB/T 4083 规定的方法对使用穿过式线圈的涡流探伤系统进行综合性能测试。GB/T 7735—2004 标准是在几份关于管材涡流检测方法的国家标准中惟一一份对探伤系统提出综合性能测试要求的标准，该项要求在 1995 年版标准中没有提出，由此可以说明随着无损检测技术的发展和对产品质量要求的提高，人们更加关注无损检测器材本身性能的优劣和检测结果的可靠性。

标准第 8 章“探伤设备运行和调整”中的以下有关规定与要求应予以特别的注意：①不论是用带有三个沿周向方向以 120°等角度间隔的对比试样一次性通过检测线圈，还是用带有一个孔形缺陷的对比试样分别以 0°、90°、180°和 270°依次通过检测线圈的方式，均以得到的最小信号的幅值为准设置检测系统的报警电平。②探伤过程中试验条件一定要与采用对比试样调整检测系统时的试验条件完全一致，包括检测频率、增益、相位角、滤波参数、磁饱和强度以及检测速度。③检测设备连续工作时，每隔 4h 用对比试样进行期间核查，若发生怀疑或出现问题时，要按相关规定对可疑产品重新进行探伤。

4. 探伤结果的评定

特别值得注意的是，标准第 9 章“探伤结果的评定”将经涡流探伤的钢管首先分为两类，一类是合格钢管，另一类是可疑钢管，而不存在不合格钢管。在 9. 3“可疑钢管的处置”一节中，提出可以采用一种或多种措施，包括修磨、切除后重新进行涡流探伤和采用其他无损检测方法复验，然后根据重新探伤的结果将可疑类的钢管评定为合格钢管和不合格钢管。上述谨慎的作法反映了涡流探伤的特点，即涡流检测方法是一种检测灵敏度较高的技术方法，多方面的因素都可能会引起涡流的响应，如成分不均匀，外形尺寸变化、传动系统振动以及外界电磁场干扰，等等，因此在重新进行涡流探伤时，应注意设法消除或减小上述因素的影响。

习　题

1. 标准有哪些性质？强制性标准与推荐性标准的主要区别是什么？

2. ISO、ANSI、ASTM、ASME、MIL、LR、GB(GB/T)、GJB、HB、QJ、CB、WJ、SJ 等分别是哪些标准的代号？

3.《GJB 2908—1997 涡流检验方法》的主题内容与适用范围是什么？此标准对对比试样的种类、人工缺陷形式、适用对象以及检验结果的评定与处理是如何规定的？

4. 最新版的 GB/T 7735《钢管涡流探伤检验方法》标准是那年发布的？对于人工缺陷形式的种类、适用对象及加工要求是怎样规定的？

第六章　典型工件涡流检测

6.1　概述

无损检测规程和检测工艺卡都是指导无损检测工作实施的技术文件。由于专业方法的不同，不同无损检测专业的检测规程和工艺卡在编写形式和内容上存在着较大的差异。不论是国外，还是国内，各企业关于生产与质量控制方面的工艺文件管理模式和体系千差万别，并没有统一的模式，因此在检测规程和检测工艺卡的编制、使用和管理上也就各不相同。本节以美国无损检测学会Ⅱ级人员培训教材中有关的定义、分类及使用为例加以介绍，供从事涡流检测工作的技术人员，特别是参与检测工艺规程和检测工艺卡编制的人员参考。

6.1.1　相关术语的定义与技术文件的层次划分

美国无损检测学会将无损检测技术文件分为规范(Specification)、程序(Procedure)和工艺指导书(Instruction)三个层次。其中检测规范为最高层次的检测技术文件，检测程序为次一级的技术文件，工艺指导书为最低层次的技术文件。

1. 规范

规范是指针对被检测对象和实施的无损检测方法提出相关要求和质量控制条件的技术文件。它不具体规定无损检测方法和相关无损检测技术如何实施。因此可以说规范是开展无损检测活动实施的顶层文件，它包括以下总体要求：

(1) 检测什么，如夹杂、裂纹和(或)腐蚀(包括具体的尺寸、数量要求)，在哪里实施检测；

(2) 如何进行检测，如按照哪一份指令或标准进行检测；

(3) 验收准则(如果未包含在相关的指令或标准文件中)；

(4) 报告内容与方式；

(5) 谁能够执行检测(人员资格要求)。

2. 程序

针对任何检测对象(any object)实施某种无损检测方法确定的最低要求的描述，这些最低要求的描述是根据给定的标准、指令或规范编制的，并且是书面形式的。检测程序文件由具有相关无损检测方法Ⅲ级资格证书的人员编写，其首要用途是指导无损检测Ⅱ级人员制定检测工艺指导书。

检测程序可用于指导某项具体的无损检测的实施，并且与一些条件、要求以及无损检测方法的局限性之间存在必然的、密切的联系，因此要求检测程序编制人员在检测仪器、影响检测结果与可靠性的因素、被检测对象的材料与制造工艺及其使用条件与要求、判定准则等方面具有丰富的专业知识和实际经验。检测程序一般按以下结构和内容要求编写：

(1) 范围；

(2) 引用文件；

(3) 人员资格要求；

(4) 无损检测设备和材料的要求；

(5) 仪器和(或)标准试块的校准与标识要求；

(6) 零件检测前的准备要求；

(7) 检测步骤要求；

(8) 影响因素与检测结果评价要求；

(9) 检测报告要求；

(10) 工艺指导书的编制要求；

(11) 后续检测要求。

3. 工艺指导书

工艺指导书是针对一个具体的零件或一系列同类零件并依据相关的检测程序制定的描述如何有序地实施无损检测工作的技术文件。工艺指导书由具有Ⅱ级和Ⅱ级以上资格相关专业的检测人员编制，其首要的用途是向具体执行该项无损检测工作的Ⅰ级和Ⅱ级人员提供充分的指导，并保证获得可重复的检测结果。

一般来说，检测程序是关于无损检测方法的技术文件，而工艺指导书是关于给定无损检测方法涉及的相关无损检测技术(如超声检测方法中的水浸 C 扫描检测技术)具体实施细节的技术文件。工艺指导书的作用与价值还在于它可以减少或消除不同检测人员执行相同检测规程时对检测规程理解和执行上可能产生的不一致。

检测工艺指导书一般包括适用对象、检测人员与仪器设备的信息，所用材料与校准的情况，以及检测步骤等内容。

6.1.2 检测规程与检测工艺卡的一般要求与区别

如前所述，不同国家之间，同一国家不同企业之间，对于检测规程和检测工艺卡的概念及文件层次的划分不尽相同，如果没有一个统一的认识和界定标准，那么就无法阐述二者的特征与区别。本节参考美国无损检测学会对检测程序和工艺指导书的定义与层次划分方式，介绍检测规程和检测工艺卡的一般要求与区别。

检测规程是根据检测标准编制的规定采用一种无损检测方法或技术对一类产品或零件有效实施检测工作的最低要求的技术文件，基本对应于美国无损检测学会Ⅱ级教材中所定义的“程序”。重要的不同之处：第一，检测规程不完全局限于无损检测方法这一技术层面上，而是涉及到无损检测方法所包含的某一种无损检测技术这一层面，以涡流检测方法而言，该方法包括了涡流测电导率、涡流测覆盖膜层厚度和涡流探伤这三种广泛应用的涡流检测技术，涡流检测规程不应该必须全部覆盖这三项检测技术，因为纵观各国家和团体机构的涡流检测标准，没有任何一份将电导率测量、膜层厚度测量和缺陷探测三项技术融为一体的标准。从标准是程序的依据和更高一个层次文件的角度来讲，检测规程也必然不仅仅局限于涡流检侧方法而不涉及涡流检测技术的程序文件，第二，检测规程是针对一类产品或零件进行无损检测就相关方面提出最低要求的书面文件，不同于 ASNT 所说的适用于所有被检测对象(any object)这一点同样可以从标准的适用范围情况得到支持。

检测工艺卡是针对具体的材料或零件依据相关的检测规程或标准编制的指导无损检测人员逐步实施检测工作的作业指导书，即对应 ASNT 所定义的“工艺指导书”。有一点需要说明，检测工艺卡一般应根据检测规程制定，但特殊情况下也可根据标准编制。例如其企业的产品非常单一，不存在同类的其他规格或品种的材料或零件，因此没有必要一定制定相关的检测规程，而可以直接参照相关的检测标准编制相应的检测工艺卡。

比较上述关于检测规程和检测工艺卡的描述，并对照美国无损检测学会关于检测程序和检测指导书的定义，可以看到检测规程与检测工艺卡有以下几方面的明显区别：

1. 地位不同

检测规程是编写检测工艺卡的依据，是上一个层次的文件。

2. 本质不同

检测规程是为保证检测方法和检测技术正确执行，对人员、器材、环境条件、被检测对象、工艺文件编写提出最低质量控制要求的管理性文件，它不是可直接执行的操作性文件；检测工艺卡是对检测规程要求细化和具体化的可执行文件。

3. 编制要求不同

首先，检测规程需要由具有相关无损检测方法Ⅲ级资格证书的人员制定，而检测工艺卡可以由相关方法Ⅱ级资格的人员编写。其次，由于检测规程是检测工艺卡编制的依据，且适用的范围更大，因此编制者应具备与相关无损检测方法有关的其他方面或领域的知识和经验，主要包括材料、制造工艺、缺陷及其对安全使用的危害、其他无损检测方法等方面。检测工艺卡是检测规程向工程应用的延伸，其实施条件与参数指标基本上是在检测规程确定范围内的具体化，对于编制者而言，并不一定需要广泛的知识和丰富的经验。这也是规定检验规程需由Ⅲ级人员制定，而检测工艺卡可以由Ⅱ级人员编制的原因所在。

4. 覆盖范围不同

检测规程覆盖范围是所应用方法或技术适用的所有被检测对象，而检测工艺卡的覆盖范围仅是某项指定检测技术所适用的一种或一类被检测对象，显然检测规程所覆盖的被检测对象范围要大得多，二者之间的关系类似于面与点或面与线之间的关系。

5. 编写形式不同

一般来说，检测规程的编写采用文字叙述的方式，而检测工艺卡的编写更多地是采用图表形式。

6.2 典型工件涡流检测

检测规程的编制是根据保证材料或产品质量的需要提出，材料或产品质量要求是制定检测规程的依据。材料或产品的质量要求可以有以下表现形式：①相关的质量标准；②材料或产品的技术条件；③合同条款或技术协议内容。如6.1节所述，检测规程并不是对材料或产品实施检测的具体操作文件，而是针对一类材料或产品实施有效、可靠的检测提出的最低的质量控制要求和技术条件要求，因此检测规程的编制应考虑其适用对象的覆盖范围，既要保证已有规格材料或种类产品被覆盖，也应适当考虑对未来同类材料或产品的适用性。

检测规程编制应做好以下几个方面的准备：①明确产品质量要求；②了解被检测对象的材料特性与制造工艺；③了解缺陷产生的特点和规律；④确定要依据的技术方法标准；⑤掌握可供选用的检测仪器的能力水平和性能条件；⑥必要的验证试验。

检测工艺卡的编制同样以被检测对象的质量要求为依据，更多情况下质量要求是从材料或产品的检测委托单中提出。检侧人员在接收了检测任务委托单后应参照相关检测规程的要求确定合适的检测方法或技术、仪器设备、对比试样、实施步骤与方法。在这一过程中，加工制作对比试样或利用有效的对比试样进行探索试验是非常必要的。

按照以上关于检测规程和检测工艺卡的编制要求与规则，选择管棒材检测、零件检测、电导率测试、覆盖层厚度测量等涡流检测方法的典型应用实例，介绍涡流检测规程和检测工艺卡的编制，最后以飞机轮毂检测为例，说明综合应用涡流检测技术的检测规程与检测工艺卡的编制。

6.2.1 零件或结构的涡流检测

1. 叶片探伤

叶片是发动机中的重要承力件，其制造工艺主要有精密铸造和锻造。由于该产品的质量要求很高，一般在叶片制造阶段必须进行无损检测。对于铸造叶片，通常采用 X 射线照相方法检测叶片的内部质量，采用荧光渗透方法检测其表面开口型缺陷；对于锻造叶片，一般是采用超声检测方法对用于锻造叶片的小直径棒材进行检测。与上述无损检测方法相比，从检测方法的能力、检测效率考虑，检测效率考虑，在叶片制造阶段，涡流检测方法不是优先选择的技术手段。

叶片在使用阶段最可能出现的缺陷为疲劳裂纹，在叶片不允许拆卸条件下进行原位检测时，X 射线照相、超声波和渗透检测方法的应用都受到很大限制，因此涡流检测成为首选的无损检测方法。

1）关于叶片涡流探伤规程的制定共有 6 步：

（1）明确检测要求。检测要求主要包括两个方面的内容，一是检测区域：就是要求检测裂纹的深度和长度。这两方面的检测要求可能由专门的技术文件给出，也可能没有相关的技术文件。对于后一种情况，一般根据叶片被检测部位的形状和表面状态结合涡流检测方法的最大能力来确定检测裂纹的最小尺寸。这里应当注意，检测规程的适用性，如果有其他同类的叶片，如不同级涡轮盘上的叶片，如果有不同的缺陷检测要求，或因部位、形状、表面状态不同造成涡流探伤能力有所差别、在编制检测规程时应总体予以考虑。

（2）依据标准的选择。如果叶片的在位检测尚没有适用的标准可参照，可以在检测规程引用文件一栏中空缺。如果认为某项涉及到零件检测技术的标准可供参考，如《GJB 2908—1997 涡流检测方法》，也可以选用该标准作为引用文件。

（3）明确对比试块的制作要求。对比试块人工缺陷的制作要求包括缺陷形式、加工部件及大小。这些要求是根据检测要求和涡流检测能力确定的，对比试样应选择与实际被检测叶片材料和形状相同或相近的叶片制作。

（4）确定选用仪器要求。仪器性能要求主要应考虑以下几个方面：一是便携性；二是供电方式，由于外场作业，如果不能方便地获得电网的供电，应要求仪器能以干电池供电的方式使用；三是检测线圈联接插口要求；四是工作频率范围、根据叶片表面一般较光洁和检测裂纹尺度很小的特点，应要求涡流仪具有较高的频率；五是提离抑制性能；六是信号响应方式，必要时应提出阻抗平面显示要求；七是报警方式，如果实操检测过程中不便于对显示信号的持续观察，提出仪器应具有声或光报警的要求尤为必要。

（5）确定检测线圈的要求。由于叶片形面复杂，检测线圈的选择对于保证检测结果的准确、可靠尤为重要。放置式线圈是叶片涡流检测的必然选择，从检测目标——疲劳裂纹的涡流响应特点和减小由叶片形面引起的耦合不一致的干扰影响两方面考虑，选择小直径的差动式线圈更为适宜。为更好地适应叶片复杂的外形，减小或消除提离因素的干扰，条件允许时应提出探头扫查专用靠具或使用特殊形状探头的要求。

(6) 提出检测人员资格要求。实施叶片涡流检测的人员应具有涡流检测Ⅰ级及以上资格，如需要对检测结果出具检测报告，则不能由Ⅰ级人员独立实施检测工作。

2) 叶片涡流检测工艺卡示例

检测工艺卡是针对确定的叶片编写的，如果缺少具体的条件，是无法编制适用的检测工艺卡。下面给出一些必要的虚拟条件，并根据这些条件和要求，以表格形式给出叶片涡流检测工艺卡示例。由于该检测工艺卡是针对虚拟的对象和一些假设条件编制的，不可直接套用到与之情况不同的叶片检测中，只作为学习涡流检测工艺卡编制的素材。

例：对某一发动机叶片加强筋部位进行涡流检测，该部位为重要受力部位，由于设计尺寸偏小，加上该部位上方为叶片浇冒口，连续多次的叶片断裂的疲劳裂纹源均出现在加强筋上。

检测要求：①不允许加强筋表面有深度大于0.2mm裂纹；②不允许表面下1mm深度范围内有尺寸大于1mm的缺陷。

根据上述条件和要求，按照相关的叶片涡流检测规程编制的检测工艺卡如表6-1。

表6-1　发动机空心叶片加强筋涡流检测工艺卡

<table>
<tr><td>零件名称</td><td>空心叶片</td><td>材料</td><td>KS</td><td>状态</td><td>……</td></tr>
<tr><td>仪器</td><td>M12-20A</td><td>线圈类型</td><td>差动式放置</td><td>线圈编号</td><td>S/N30023</td></tr>
<tr><td colspan="3">仪器检测参数：
频率：$f=100$kHz
相位：$P=135°$
增益：$G=42$dB
垂直/水平分量比：$V/H=2.0$
报警闸门：（略）</td><td colspan="3">对比试样：
选择一个实际叶片作对比试样，在加强筋表面加工一个深度为0.2mm的线切割槽，在距加强筋表面下方1mm深度位置上钻制ϕ1mm通孔。
（图略）</td></tr>
<tr><td colspan="3">检测步骤：
开机，仪器自检
检测参数设置与调整
用直角探头扫查对比试样上的两个人工缺陷，涡流响应信号幅度应大于满屏幅度的40%。
保持探头线圈垂直于加强筋，完整平稳地扫查加强筋
重复探测出现异常信号部位，并做记录
每隔1h，重新校验一次仪器工作状态</td><td colspan="3">零件（结构）示意图及扫查方式：
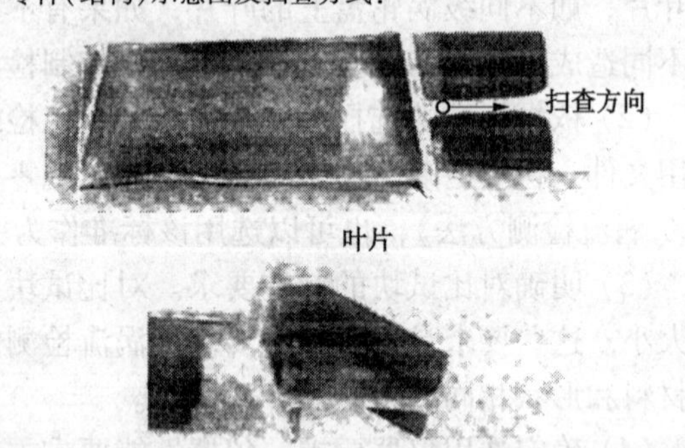
</td></tr>
<tr><td colspan="6">说明（必要时）：</td></tr>
<tr><td colspan="2">编制/日期/级别</td><td colspan="2">审核/日期/级别</td><td colspan="2">批准/日期</td></tr>
<tr><td colspan="2">×××/201×-××-××/Ⅱ</td><td colspan="2">×××/201×-××-××/Ⅲ</td><td colspan="2">×××/201×-××-××</td></tr>
</table>

2. 核设备螺栓的涡流检测工艺卡的编制

例：根据核反应堆相关的检测规范要求对压力容器、主泵组件上直径大于等于48mm的承压螺栓螺母进行涡流检测，其目的是发现螺栓和螺母螺纹根部可能出现的裂纹。主螺母螺纹根部裂纹的涡流检测方法与之相似，只不过是将涡流检测探头镶嵌在外径大小与被检测螺母配套的螺栓内。直径在 48~76mm 范围的主泵螺栓的涡流检测工艺卡如表 6-2。

表 6-2　48~76mm 主泵螺栓涡流检测工艺卡

<table>
<tr><td>零件名称</td><td>主泵螺栓</td><td>材　料</td><td>30CrMnSiA</td></tr>
<tr><td>仪器</td><td>ET-39</td><td>探头及编号</td><td>差动式线圈，P-100-126</td></tr>
<tr><td colspan="2">频率：f=100kHz
相位：P=290°
增益：G=54dB
线圈连接方式：Differential
转速：50~70r/min</td><td colspan="2">对比试块： 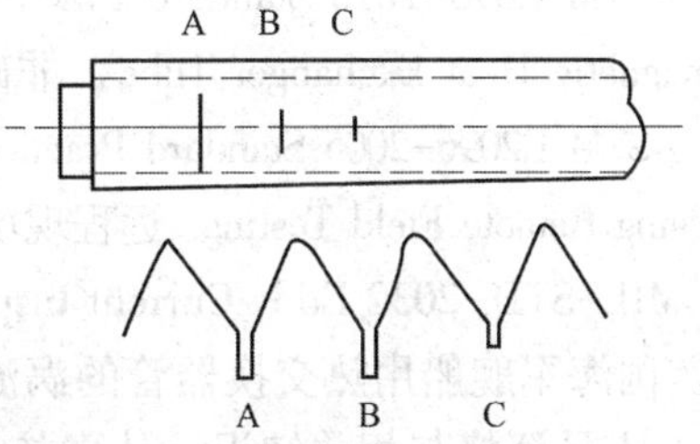
A B C
A B C
人工缺陷　A　B　C
宽　0.2　0.2　0.2
深　2　1　0.5</td></tr>
<tr><td colspan="2">检测步骤：
开机、预热 10min
设置和调整仪器检测参数
开启扫查转台和纸带记录仪
扫查对比试样人工缺陷，记录扫查结果
螺栓自动扫查
当出现可疑信号时，重复进行检测，并记录深度大于 0.5mm 的缺陷响应
每隔 30min 用对比试样进行期间核查</td><td colspan="2">零件(结构)示意图及扫查方式： 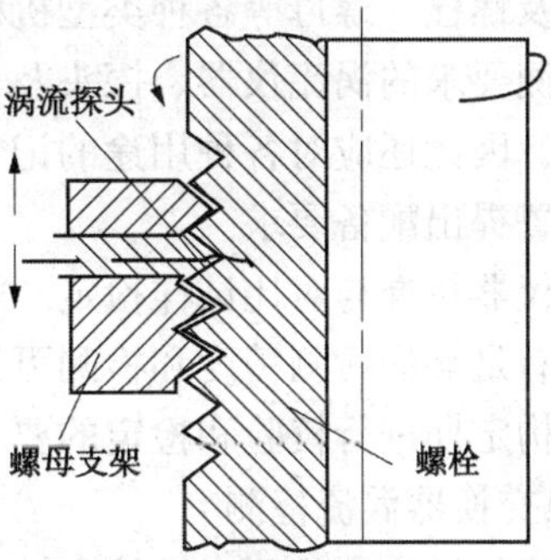
涡流探头
螺母支架
螺栓</td></tr>
<tr><td colspan="4">备注(必要时)：
螺栓检测应使用配套的 SM97 型传动转台和 HP8048 纸带记录仪。
检测不同直径和螺距的螺栓时，应选用配套规格的螺母支撑，以保证探头与螺纹根部的最佳耦合。</td></tr>
</table>

编制/日期/级别	审核/日期/级别	批准/日期
×××/201×-××-××/Ⅱ级	×××/201×-××-××/Ⅲ级	×××/201×-××-××

6.2.2　管棒材的涡流检测

不同材质的管棒材(包括铝合金、不锈钢、铜合金等)在航空、航天、核、船舶、兵器等军工部门武器装备制造及核电站建设方面有着广泛的使用，如飞机、火箭的液压油路系统和核反应堆的各种热交换器都大量使用金属管材；包括舰船和装甲战车、火炮在内，几乎所有的大型武器装备都缺少不了紧固件的使用。本节以核反应堆中蒸气发生器冷凝管和用于制造紧固件的小直径棒涡流检测为例，介绍相关的检测规范和检测工艺卡的编制。

1. 热交换器的涡流检测

1）检测规程的制定

(1) 适用范围确定。核反应堆的高可靠性给无损检测技术的实施提供了广阔的应用空间，涡流检测方法与技术的特点对核反应堆部件的结构特征和检测要求具有良好的适应性，因此涡流检测技术在核反应堆停堆时在役检测工作中占有重要的一席之地。其中蒸气发生器管道、承压容器及主泵的承压螺栓件、核燃料元件包壳管等部件均需要应用涡流技术进行检测。在确定热交换器的涡流检测规程的适用范围时应考虑对上述对象的全面覆盖。

(2)引用文件。虽然我国国家标准和军用标准中有关于多种金属管材的涡流检测方法标准，但均不适用于在设备管道的检测。国外标准中有以下标准可供参考和引用：

① ASTM E690-2010 Standard Practice for In Situ Electromagnetic(Eddy-Current)Examination of Nonmagnetic Heat Exchanger Tubes. 非磁性热交换器管原位电磁(涡流)检验规程。

② ASTM E2096-2005 Standard Practice for In Situ Examination of Ferromagnetic Heat-Exchanger Tubes Using Remote Field Testing. 远程现场试验法现场检验铁磁热交换器管道的标准规程。

③ MIL-STD-2032 Eddy Current Inspection Heat Exchanger Tubingon shipsof the united states Navy. 美国海军舰船用热交换器管的涡流检验。

(3) 人员资格与相关知识。从事核设施涡流检测的人员除了应取得本专业的 II 级以上资格证书外，还应按相关标准、规范要求，具有关于组件结构与安全运行方面知识培训经历，以及信号分析和处理技术方面足够的知识和经验。

(4) 仪器和辅助设备。核反应堆停堆例行检查中包括很多涡流检测项目，不仅包括管道，还涉及螺栓、螺母等各种类型机械零件。从这个角度考虑，应提出可满足不同类型产品和零件检测要求的涡流仪器、探头及自动化辅助设备。除此之外，核设施的检测特别注意记录的保存，因此还应对各种用途的记忆示波器、光线示波器、磁带记录仪、纸带记录仪等波形记录装置提出配备要求。

(5) 仪器校准与对比试样检定。核设施的高安全运行的特性，要求涡流仪器设备和对比试块应具有足够的检测精度和检测可靠性，对检测仪器和对比试样人工缺陷提出送权威部门或专门机构定期进行校验和检定的要求是非常必要的。

2) 热交换器涡流检测

例：蒸气发生器是压水堆核电站的关键设备，由工作环境及运行状况导致传热管容易产生腐蚀、凹痕、疲劳裂纹等多种缺陷，并且这些缺陷分布于管体、管板支撑处，弯管部件以及胀管区。

下面是针对某反应堆蒸气发生器用 ϕ20mm×1.5mm 奥氏体不锈钢管在役检测要求编制的多频涡流检测工艺卡(表 6-3)，多频涡流检测技术的采用是根据相关检测规范要求和管板支撑结构特点而确定的。

表 6-3 ϕ20mm×1.5mm 奥氏体不锈钢蒸气发生器管多频涡流检测工艺卡

零件名称	QSV 蒸气发生器管道	材料	1Cr18Ni9Ti ϕ20mm×1.5mm
依据标准和(或)检测规程	JCGC/ET02C-2003	验收标准	JCYB/QSV-1334(Part II)
仪器	MIZ-18 多频涡流仪	探头及编号	差动式线圈，No. 897819
检测参数： 频率：f_1=400kHz，f_2=100kHz，f_3=75kHz. 相位：P_1　P_2　P_3 增益：G_1　G_2　G_3 线圈连接方式：均为差动式 推进或拉出速度：≤12m/min		对比试块：	

续表

零件名称	QSV 蒸气发生器管道	材料	1Cr18Ni9Ti ϕ20mm×1.5mm
检测步骤： 按检测系统操作说明书连接仪器、探头、推进器、定位器及各种监控、记录装置 接通系统电源及各部分电源开关 系统调试：设定检测参数，利用对比试样管分别调试仪器各通道工作状态 调试、验证混频处理消除隔板干扰信号 按相关文件要求依序对 QSV 蒸气发生器全部管道进行检测。在对每根管子进行检测时，应采取交探头推进到最远端，再在拉回探头时进行信号记录与存储 每隔 2h 用对比样管进行期间检查，怀疑仪器工作异常时，应及时用对比样管进行校验，必要时，重新检测 离线进行信号分析和处理		零件(结构)示意图及扫查方式：  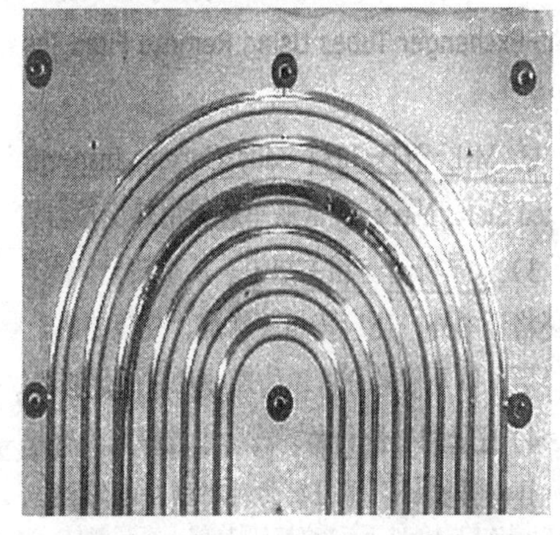	
备注(必要时)： 辅助设备：4D 推进器，SM-10 机械手定位器，HCD-75Z 磁带记录仪，HP9836 主机，HP6L 打印机			

编制/日期/级别	审核/日期/级别	批准/日期
×××/201×-××-××/Ⅱ级	×××/201×-××-××/Ⅲ级	×××/201×-××-××

2. 棒材的涡流检测

金属棒材在各种武器装备制造中广泛采用、对于直径较大的棒材，一般采用超声检测方法进行检测。对于直径小于 6mm 的棒材，超声检测方法的实施则受到很大的限制。本节以某重点型号产品研制所用的 ϕ3.0~5.5mm 小规格钛合金棒为例，简要介绍涡流检测规范的编制，最后给出检测工艺卡。

例：有某一规格为 ϕ3.0~5.5mm 小规格钛合金棒用于制造紧固件，即螺栓、螺母类产品，属受力件，由于过去从未对该类小直径棒进行探伤，因而没有相关的检测方法标准和质量验收标准。设计部门提出以涡流检测方法的最大检测能力作为质量验收标准，即不允许存在涡流检测方法能够发现的任何缺陷，因此在编制规范时，应通过充分的试验确定涡流方法检测钛合金小棒材缺陷的能力。

关于检测技术的选择，最重要的是线圈结构和对比试样人工缺陷形式。对检测线圈和对比试样的基本要求，应根据被检测对象的生产工艺容易产生缺陷的类型与特点以及加工成零件的受力状况等因素确定。例如，从小直径钛棒的冷拉工

艺分析，形成沿棒材轴向方向的纵向缺陷的概率较大，应加工制作纵向人工槽形缺陷来模拟纵向的自然缺陷，如折叠、划伤、裂纹等。但从小直径棒制品的受力状况方面讲，棒材上周向缺陷对紧固件的安全使用危害最严重，从这个角度考虑应制作周向人工槽形缺陷模拟可能出现的周向自然缺陷。外通过式线圈具有检测速度快的优点，但在线圈中心轴线上的磁场为零，因此采用外通过式线圈无法检测棒材中心轴线区域的质量，必要时应考虑辅以放置式线圈进行补充检测。

可根据上述条件和要求编制小直径棒材的涡流检测规范，如果被检测产品的种类及规格十分有限，可根据上述条件和要求直接编制涡流检测工艺卡如表 6-4 所示。

表 6-4　ϕ3.0mm、ϕ4.0mm、ϕ4.5mm、ϕ5.5mm 规格 TC16 棒材涡流检测工艺卡

<table>
<tr><td>零件名称</td><td>ϕ3.0~5.5mm 小直径钛棒</td><td>材料</td><td>TC16</td></tr>
<tr><td>仪器</td><td>ET-204</td><td>探头及编号</td><td>差动式线圈 No. 370415P</td></tr>
<tr><td colspan="2">检测参数：
频率：f=50~80kHz
相位：P=70°
增益：58~64dB
填充系数：η>0.6
检测速度：10~15m/min</td><td colspan="2">对比试块：
（略）</td></tr>
<tr><td colspan="2">检测步骤：
按检测系统操作说明书连接仪器、探头、传动装置及打标记录器
接通系统电源及各部分电源开关
按要求设定检测参数，利用对比试样调试仪器工作状态，灵敏度和报警闸门设置应保证 3 个深 0.2mm 槽形缺陷均报警，1 个深 0.1mm 槽形缺陷有明显响应，但不触发报警
在相同的检测条件下检测对应规格的小直径棒材，当改变检测棒材规格时，应更换检测线圈，并利用相同直径规格的对比试样重新调整灵敏度和报警门槛
每隔 1h 用对比试样进行期间核查，当怀疑系统工作异常时，应及时用对比试样进行校验，必要时重新进行可疑的检测</td><td colspan="2">零件（结构）示意图及扫查方式：
（略）</td></tr>
<tr><td colspan="4">备注（必要时）：
自动探伤配套使用装置：BJF 型上、下料及分选装置、LM2-2 型记录器</td></tr>
</table>

编制/日期/级别	审核/日期/级别	批准/日期
×××/201×-××-××/Ⅱ级	×××/201×-××-××/Ⅲ级	×××/201×-××-××

6.2.3　铝合金电导率的涡流测试

与涡流检测方法及其应用有所不同，电导率的涡流测试是一种定量的测量技术，因此在编制检测规程和检测工艺卡时，应特别关注保证量值准确的要求与规定。

1. 关于变形铝合金电导率涡流检测规程的编制

1）适用范围

规程的适用范围可根据检测对象的种类确定，如原材料中的板、管、棒或型材，成品或半成品中的锻件、模压件或机械加工件等。需要注意的一点是，铝合金的电导率与合金材料的流线方向有关，电导率的测试方法标准均规定沿平行于材料的流线方向进行电导率测试，国内外相关的验收标准中给出的是变形铝合金的电导率验收极限值，因此不宜将铝合金铸件纳入电导率涡流检测规程的适用范围。

2）引用文件

国内标准中，《GB/T 12966—2008 铝合金电导率涡流测试方法》和《GJB 2894—1997 铝合金电导率和硬度要求》可作为编制铝合金电导率涡流检测规程的引用或参考文件。国外标准中，MIL-STD-1537B(87)《Electrical Conductivity Test for Verification of Heat Treatment of Aluminum Alloys Eddy Current Method》、ASTM E1004-99《Electromagnetic (Eddy Current) Measurements of Electrical Conductivity》可加以引用或参考；关于铝合金电导率的涡流测试方法和

验收条件的标准中，波音飞机公司(Boeing Aircrafts Company)的相关标准值得特别关注，该公司关于铝合金电导率涡流检测与验收标准的内容十分详细，具有很强的参考价值和指导作用。相关标准主要有：

BAC 5651 Eddy Current Electrical Conductivity Inspection；

BAC5946 Temper Inspection of Aluminum Alloys；

BAC 7351 Eddy Current Electrical Conductivity—Direct Reading Method。

3）人员资格要求

电导率测量的仪器操作比涡流检测操作要简单，尤其是使用直接读数型电导仪，在波音公司，专门就使用直读式仪器测量铝合金电导率的人员制定了简化的人员资格认证标准，而在国内，目前相关的现行有效标准均没有将电导率的涡流检测作为一个专门项目进行资格认证；在军工部门，从事铝合金电导率测试的人员应按《GJB 9712A—2008 无损检测人员资格鉴定与认证》标准取得涡流检测方法的资格认证。

4）仪器检测环境和被检测对象

涡流线圈的阻抗曲线决定了采用 60kHz 左右的测试频率测量范围在 1%~100%IACS(0.58~58MS/m)的电导率精度最高，因此首先应提出仪器能够在该频率备件下工作的要求。电导率的测量，既可以使用可直接读取电导率值的涡流电导仪，也可以使用非直接读数型的涡流检测仪，如涡流探伤仪。对于后者，需要在测试前绘制涡流响应(如信号幅值或相位)与电导率的对应曲线，然后利用这一曲线进行电导率的比较测量。由于这种利用非直读式涡流仪测量电导率的精度较低，特别是对于处在验收极限值附近的电导率测试值的可靠性较差，一般不推荐采用这类仪器。

环境温度条件对电导率测量有较明显的影响，尽管绝大多数涡流电导仪在操作说明书中给出的允许工作温度条件覆盖了 0~40℃范围，但为保证测量结果的准确，一般要求应在室温条件下进行电导率测量，而且特别要求仪器、探头、标准试块及被检测对象之间温差不允许超过 3℃。

来自被检测对象的影响电导率准确测量的因素有很多，如时效后的稳定性、材质的流线方向、形状与尺寸(曲率、厚度、宽度等)、表面状况(粗糙度、是否带有漆层或包铝层)等。所有这些影响因素都应予以关注，对于不能直接测出真实电导率值的材料或零件，应在检测规程关于测试方法与步骤章节中提出制定修正方法或修正系数的要求。

5）标块检定与仪器校准件

如前所述，电导率测量是一种定量检测技术，因此标块的周期检定与仪器的定期校验尤为重要，它是保证测量结果准确、可靠的有效途径。电导率标准试块的检定，首先要提出溯源性要求，其次是精度要求，再次是配备数量和电导率值分布的要求。仪器的定期校验可以采取自检方式进行，即由企业的中心实验室(或理化试验室，或计量室)使用可溯源的、并且在有效合格期限的标准试块对仪器相关性能指标进行校验。需进行校验的性能包括：稳定性、提离抑制性能、测量精度、灵敏度等。

6）其他

关于被检测材料或零件的准备、检测实施步骤、测试结果修正等方面的要求，参考国内外相关标准就会比较明确，这里不再细述。有两点需要说明，以引起对这两个问题的关注。一是不同型号的涡流电导仪受相同干扰因素影响的程度是不同的，如 Sigmatest2.067 型和 SigmascopeSMPI 型两种电导仪，在同一根铝合金棒材(如直径 D=70mm)上和同一张带有一定厚度(如100μm)层漆或包铝层板材上测得的电导率值并不相同，因此在提出测试结果修正要求时，必须是针对具体型号的仪器而言，而不能是模棱两可的。二是当采用更高的检测频率(如Sigmatest2.608型仪器提供的120kHz、240kHz和480kHz)测量薄规格铝合金板材时，切不可忽视了包铝板材表面包铝层对不同工作频率测试结果的影响是不同的这一问题。

2. 铝合金薄规格板电导率检测工艺卡见表6-5

表6-5　0.5~1.5mmLY12CZ裸铝板材电导率涡流检测工艺卡

<table>
<tr><td>零件名称</td><td>0.5~1.5mm裸铝板材</td><td>材料</td><td>Ly12、状态CZ</td></tr>
<tr><td>依据标准和(或)检测规程</td><td>《GB/T 12966—1991
铝合金电导率涡流测试方法》</td><td>验收标准</td><td>《GJB 2894—1997
铝合金电导率和硬度要求》</td></tr>
<tr><td>仪器</td><td>Sigmatest2.6007</td><td>探头及编号</td><td></td></tr>
<tr><td colspan="2">检测参数：
环境温度要求：20℃±5℃，且仪器、探头、试块、板材之间温差≤3℃。
每张板上至少选择5个测量部位，每个测试部位上至少测量3次</td><td colspan="2">对比试块：
低值标准试块：10.0MS/m左右，15.4MS/m
高值标准试块：15.4MS/m，20MS/m左右
电导率标准试块在检定合格有效期内</td></tr>
<tr><td colspan="2">检测步骤：
开机，预热15min，选择合适的低值和高值电导率板块校准仪器
确定修正系数
选择3张相同厚度板材，分别为a、b、c
按①、②、③方式叠加3张板材，分别在边角和中心位置测量电导率，并求出3种叠加方式的电导率的平均值
分别单独在a、b、c板材上测量各板材的视在电导率值，并求出视在电导率的平均值
按电导率修正公式求出该厚度裸铝板的电导率修正值
在被检测板材的边角和中心处测量电导率值
在被测板材电导率值=视在电导率值+电导率修正值
按GJB 2894—1997标准进行电导率值验收(16.5~19.4MS/m)
记录板材电导率值的最小值和最大值，对于超出电导率验收值的板材，应报告电导率值
每隔15min重新校准一次仪器</td><td colspan="2">零件(结构)示意图及扫查方式：
<table><tr><td rowspan="2">叠放顺序</td><td colspan="3">叠加方式</td></tr><tr><td>①</td><td>②</td><td>③</td></tr><tr><td>最上层</td><td>a</td><td>b</td><td>c</td></tr><tr><td>中间层</td><td>b</td><td>c</td><td>a</td></tr><tr><td>最下层</td><td>c</td><td>a</td><td>b</td></tr></table>
修正公式：
被测板材电导率值=视在电导率值+电导率的修正值(电导率的修正值根据试验确定)</td></tr>
<tr><td colspan="4">备注(必要时)：
当被检测板材的视在电导率值低于12MS/m时，选用电导率值在10.0MS/m和15.0MS/m左右的标块校准电导仪
当被检测板材(包括叠加方式下)的电导率值大于18MS/m时，选用15.0MS/m和20.0MS/m的标块校准电导仪
用于确定修正系数的3张裸铝板材的电导率的均匀性应优于0.3MS/m，以叠加方式测得电导率值$\sigma_{①}$、$\sigma_{②}$、$\sigma_{③}$之间相差小于0.5MS/m
叠加测量时应用力压被测板材，以保证各层板材在被测部件贴紧</td></tr>
</table>

编制/日期/级别	审核/日期/级别	批准/日期
×××/201×-××-××/Ⅱ级	×××/201×-××-××/Ⅲ级	×××/201×-××-××

习　题

1. 美国无损检测学会将无损检测技术文件分为哪三个层次？
2. 最高、次级、最低层次的检测技术文件分别是什么？

3. 规范是指针对什么编制的技术文件？它包括哪些内容要求？

4. 检测程序应由何专业、级别的人员编制？应包括哪些内容要求？

5. 检测工艺指导书一般包括哪些内容？

6. 规范、检测规程、检测工艺卡的区别与用途是什么？

7. 编制检验规程前应做好哪些方面的技术准备？应如何考虑检测规程与检测工艺的编制？

8. 结合本单位需要进行涡流检测的产品，尝试编制涡流检测规程和检测工艺卡。

参 考 文 献

1 李家伟，陈积懋．无损检测手册[M]．北京：机械工业出版社，2002.

2 任吉林，林俊明，高春法．电磁检测[M]．北京：机械工业出版社，2000.

3 钟文定．铁磁学：中册[M]．北京：科学出版社，2000.

4 冯慈璋，马西奎．工程电磁场导论[M]．北京：高等教育出版社，2000.

第四篇
磁 粉 检 测

第一章　磁粉检测的物理基础

1.1　磁的基本概念

在磁粉检测中，常用的磁学概念有：磁性和磁极、磁力线和磁场强度、磁感应强度和磁导率等。下面分别予以简介。

1.1.1　基本磁现象

磁现象是最早被人类认识的物理现象之一，指南针就是中国古代利用天然磁铁确定方向的一大发明。凡能够吸引其他铁磁性材料的物体叫做磁体，磁体具有吸引铁屑等物体的性质叫做磁性。将一根条形磁铁放在铁粉堆里再取出来，可以看到靠近它的两端的地方吸引铁粉最多，其他地方很少或没有。磁铁上这种磁性最强的区域称为磁极(见图 1-1)。

任何一个磁体都有两个磁极。可以在水平面内自由转动的磁体，静止时总是一个磁极指向南方，另一个磁极指向北方，指向南的叫做南极(S 极)，指向北的叫做北极(N 极)。磁极指向南北的原因是地球就是一个巨大的磁体，它也有两极。每个磁体上的磁极总是成对出现的，在自然界中没有单独的 N 极或 S 极存在。如果把条形磁铁分成几个部分，每一部分仍有相应的 S 极和 N 极。

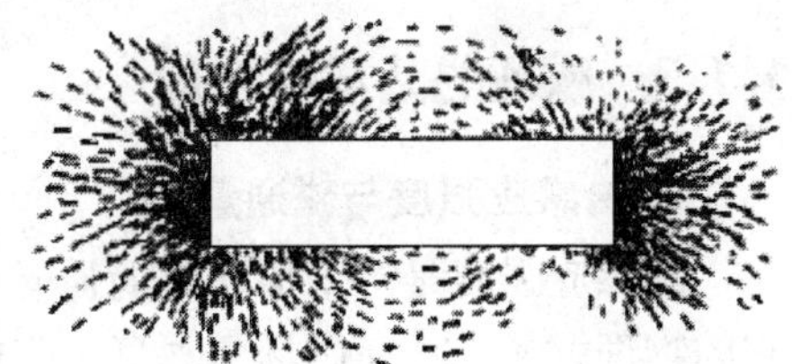

图 1-1　条形磁铁吸引磁粉

磁铁之间所具有的相互作用力叫磁力。极性相同的磁极(S 极和 S 极、N 极和 N 极)互相排斥；极性相反的磁极(S 极和 N 极)彼此间互相吸引。磁力的大小和方向是可以测定的。同一个磁体的两个磁极磁力大小相等，但方向相反。磁场的方向可以用小磁针进行测定，其规定为小磁针的北极在磁场中某点所受磁场力的方向为该电磁场的方向。也就是从小磁针北极出发到南极的方向。

1.1.2　磁场线和磁力线

磁体间的相互作用是通过磁场来实现的。所谓磁场，是具有磁力作用的空间。磁体周围存在磁场，磁体间的相互作用就是以磁场作为媒介的。

磁场的基本特征是能对其中的运动电荷施加作用力，即通电导体在磁场中会受到磁场的作用力。磁场对电流、对磁体的作用力皆源于此。现代科学早已证明，磁体的磁性来源于电流，电流是电荷的运动，因而概括地说，磁场是由运动电荷或变化电场产生的。

磁力是有大小和方向的，即磁场也有大小和方向。两个磁体间的作用力与两个磁极的强度乘积成正比，而与它们之间的距离的平方成反比。磁力为斥力还是吸力取决于两个磁极的极性。

为了形象地表示磁场的强弱、方向和分布的情况，可以在磁场内画出若干条假想的连续曲线。使曲线上任何一点的切线方向都跟这一点的磁场方向相同，这些曲线叫磁力线。磁力线是闭合曲线。规定小磁针的北极所指的方向为磁力线的方向。图 1-2 表示了条形磁铁的磁力线。

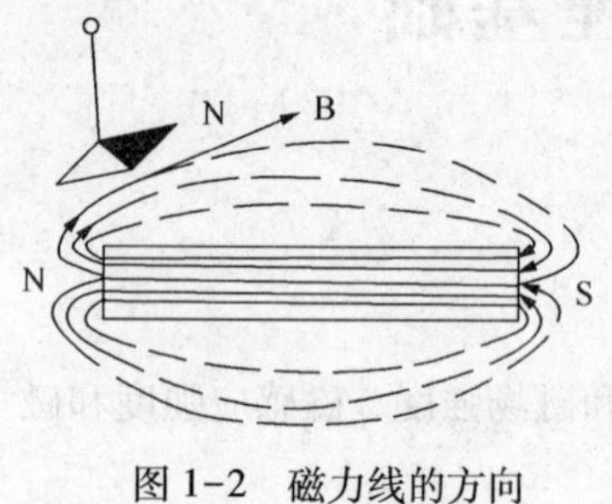

图 1-2　磁力线的方向

从图中可以看出，在条形磁铁两极处磁力线紧密相聚，而在远离磁极的中间部位则较稀疏。这说明两极的磁性很强，离磁极较远的地方则较弱。

磁力线具有以下特点：

(1) 具有方向性。在磁场中磁力线的每一点只能有一个确定的方向。人为规定，磁铁外部是由 N 极到 S 极。可以用小磁针对磁场方向进行测定。

(2) 磁力线是立体的、闭合的，彼此互不交叉。

(3) 磁力线的相对疏密表示磁性的相对强弱，即磁力线疏的地方磁性较弱，磁力线密的地方磁性较强。

(4) 同电流类似，磁力线总是走磁阻最小(磁导率最大)的路径，因此磁力线通常呈直线或曲线，不存在呈直角拐弯的磁力线。

了解磁力线的基本特点是掌握和分析磁路的的基础。

1.1.3　磁场的基本物理量

1. 磁感应强度与磁通量

磁感应强度是一个描述磁场强弱和方向的基本物理量，也叫做磁通量密度或磁通密度。它的物理意义是：在磁场中垂直于磁场方向的通电导线，所受到的磁场力 F 跟电流强度 I 和导线长度 L 的乘积 IL 的比值，叫做通电导线所在处的磁感应强度。即

$$B = \frac{F}{IL} \tag{1-1}$$

磁感应强度的单位定义为：在垂直磁场方向放置的长 1m 的导线，通入电流为 1A，如果受的磁场力为 1N，则该处的磁场为单位磁感应强度。用 T(特斯拉)表示。即

$$1\text{T} = 1\text{N}/(\text{A}\cdot\text{m})$$

磁感应强度 B 是一个矢量，有方向和大小，它的方向代表了磁场的方向，大小也表示磁场的大小。

磁通量就是磁感应通量。通过磁场中某一微小面积 ΔS 的磁通量 Φ，等于该处磁感应强度 B 在垂直于面积 ΔS 的方向上的分量 B_n 和面积 ΔS 的乘积，即

$$\Phi = B_n \cdot \Delta S = B\cos\alpha \cdot \Delta S \tag{1-2}$$

为了使磁力线能定量地表示物质中的磁场，人们规定，通过磁场中某一曲面的磁力线数叫做通过此曲面的磁通量，简称磁通。而单位面积上的磁通量就叫做磁通密度，也就是磁感应强度。

在国际单位制(SI)中磁感应强度单位为 T(特斯拉)，在高斯单位制(CGS)中为 Gs(高斯)。二者关系为：

$$1\text{T} = 10^4\text{Gs}$$

而磁通量的单位是韦伯(Wb)，而高斯单位制(CGS)中则是麦克斯韦(Mx)。通常把 1Mx 叫作 1 根磁力线。Wb 和 Mx 之间的关系是

$$1Wb = 10^8 Mx$$

不同物质在磁场中磁化的情况是不一样的，所得到的磁感应强度也不相同。在采用磁力线来描述物质中的磁场时，其磁力线称为磁感应线。由于铁磁性物质中的磁感应强度较高，为了区别于其他物质，在磁粉检测中，通常将铁磁性物质中的磁力线叫做磁感应线。

2. 磁场强度

磁场强度用 H 表示。它和磁感应强度 B 都是描述磁场的重要物理量。磁场强度 H 是由导体中的电流或由永磁体产生的，它是矢量，有大小，有方向。

磁场强度的单位是用稳定电流在空间产生的磁场的强度来规定的。在 SI 制中，一根载有 1A 直流电流的无限长直导线，在离导线轴线为 r 米的地方所产生的磁场强度为

$$H = I/2\pi r \tag{1-3}$$

如取 $I = 1A$，则在离导线距离为 $r = 1/2\pi m$ 处所得的磁场强度就是单位磁场强度，称为 1 安/米(A/m)。

磁场强度反映了磁场来源的属性，即磁场源的强弱，与磁介质没有关系，即不考虑磁场中介质对磁场大小的影响。而磁感应强度表示的是磁场源在特定环境中的效果，即磁场源对介质的作用。在磁粉检测中，通常将弱磁质(逆磁质或顺磁质)下的磁感应强度当成磁场强度。因为此时的 μ_r(相对磁导率)接近于 1，与被检测的铁磁工件磁导率相差很大。

在高斯单位制中，磁场强度单位是奥斯特，符号为 Oe。两种单位之间的换算关系为

$$1Oe = (10^3/4\pi)A/m \approx 80A/m$$

3. 磁导率

不同物质在相同磁场中的磁感应强度 B 值是不一样的。为了反映这种变化，人们引入了磁导率的概念。磁导率又叫导磁系数，它表示了材料磁化的难易程度，用符号 μ 表示。磁导率是物质磁化时磁感应强度与磁场强度的比值，反映了物质被磁化的能力。用公式表示为

$$\mu = \frac{B}{H} \tag{1-4}$$

磁导率的单位为亨/米(H/m)；真空中的磁导率用 μ_0 表示，它是一个不变的恒量，$\mu_0 = 4\pi \times 10^{-7}$ 亨/米(H/m)；铁磁性材料的磁导率是一个随磁化磁场变化而变化的量。也就是说，其磁导率不是一个常数。真空中的磁导率是一个定值。

一般将 B 与 H 的比值 μ 称为绝对磁导率，又称为材料磁导率。它是通过对材料磁性进行测试得到的。材料磁导率与真空磁导率关系为

$$\mu = \mu_0 \mu_r \tag{1-5}$$

式中，μ_r 叫相对磁导率，是一个无量纲的纯数。

由于空气中的 μ 值接近于 μ_0，在磁粉探伤中，通常将空气中的磁场值看成是真空中的磁场值，其 μ_r 也等于 1。其他物质的磁导率与真空磁导率比较的值为相对磁导率，也是一个无量纲的纯数。

在磁粉检测中，还经常用到最大磁导率、有效磁导率等概念。它们的意义是：

最大磁导率——由于铁磁材料的磁导率是随外加磁场变化的量，从变化曲线中所获得的磁导率最大值叫做最大磁导率，用 μ_m 表示。μ_m 通常出现在磁化曲线拐点附近。可以通过查磁特性曲线手册或对材料进行磁测量获得。

有效磁导率——又叫表观磁导率，它是指磁化时零件上的磁感应强度与外加磁化磁场强度的比值。它不完全由材料的性质所决定。在很大程度上与零件形状有关，对零件在线圈中

纵向磁化极为重要。

1.2 铁磁材料

1.2.1 磁介质分类

如果在磁场中放入一种物质，可以发现，这种物质将产生一个附加磁场，使物质所占空间原来的磁场发生变化，即磁场将增加或减少。这种能影响磁场的物质叫做磁介质。一般物质在较强磁场的作用下都显示出一定程度的磁性，即都能对磁场的作用有所响应，所以都是磁介质。

设原来的磁场中磁感应强度为 B_0，磁介质经磁化后得到的附加磁场为 B'，磁化后总磁场的磁感应强度 B 则为

$$B=B_0+B' \tag{1-6}$$

实验证明，磁介质产生的附加磁场 B' 可以与原磁场 B_0 的方向相同，也可以相反。与原磁场相同方向的磁介质叫顺磁物质，如铝(Al)、钨(W)、钠(Na)、以及氯化铜($CuCl_2$)等都是顺磁物质。与原磁场方向相反的叫抗磁物质(逆磁物质)，如汞(Hg)、金(Au)、铋(Bi)、氯化钠(NaCl)以及石英等都是抗磁物质。顺磁质和抗磁质在外磁场 B_0 中所引起的附加磁场 B' 是很小的，接近于原磁场，对外基本上不显示磁性，故把它们统称为非磁质。但另外有一类物质所引起的附加磁场 B'，却比原来的磁场 B_0 大得多，是原来磁场 B_0 几百倍到数千倍，如铁(Fe)、钴(Co)、镍(Ni)、钆(Gd)及其大多数合金。这一类物质叫做铁磁性物质，简称铁磁质。通常称它们为铁磁质或强磁材料。

非磁质在磁化时的磁导率与真空中的磁导率接近，其 μ_r 近似为 1。

表 1-1 列出了部分非磁性物质和铁磁性物质的 μ_r 数值。

表 1-1 常见材料的相对磁导率 μ_r

类别	逆磁性材料		顺磁性材料		铁磁性材料	
	Cu	Pb	Al	奥氏体钢	纯铁	Fe~Co 合金
μ_r	0.999995	0.999847	1.000021	1.001~1.35	5000~7000	2000~6000

1.2.2 铁磁材料及其强烈磁化原因

1. 铁磁材料

铁磁材料是一种强磁材料。它与非磁质的区别是 $\mu_r \gg 1$。对于铁磁材料，不太大的外加磁场就可以使它强烈磁化以至饱和。也就是说铁磁质产生的附加磁场 B' 远大于原来的磁化磁场。

除了容易磁化、磁化能达到饱和外，铁磁材料还有一个重要性质是有磁滞现象。所谓磁滞，是指磁化物质在磁化后还具有磁性，即具有剩磁。磁滞现象是永久磁铁产生的基础。

容易磁化、磁化能达到饱和、磁化后具有剩磁是铁磁材料的三大基本特性，磁粉检测就是利用这些特性进行检查的。

2. 铁磁材料能强烈磁化的原因

为什么铁磁质能被强烈地磁化呢？这与它的物质结构有关。铁磁质元素(铁、镍、钴)

是过渡族的金属元素，原子中有着较强的电子自旋磁矩。这些磁矩能在一个小的区域内（约 $10^{-15}cm^3$）相互作用，取得一致的排列方向，形成一种自发磁化的小区域——磁畴。磁畴是铁磁物质特有的，大小约在 1μm～0.1mm 之间。一个磁畴中包含有 10^7～10^{17} 个原子。磁畴的开路端，具有极性，其排列通常平行于材料结晶的轴线。各个磁畴的小区域因大小不等，它们的磁矩也就不同，但磁化强度却都相等。这一磁化强度叫做自发磁化强度。在未受到外磁场作用时，由于各个磁畴的磁矩取向混乱，互相作用抵消，它们的矢量和为零，因而在整体上并不呈现磁性。当外磁场作用于铁磁物质时，磁畴的取向或自旋排列将平行于外加磁场，物质内的磁畴迅速改变成与外磁场一致的方向，显示出较强的磁性。这种在外磁场作用下磁畴改变方向的过程，就是铁磁质被磁化的过程，如图 1-3 所示。磁化时，磁场力克服阻力做功。通过磁畴壁的位移和磁矩的转动，使各个不同方向的磁畴改变到与外磁场方向接近的方向上来并形成强大的内磁场，强大的内磁场大大地增强了外磁场，使铁磁质对外具有很大的磁性。若克服阻力所需的能量较小，则磁化过程易于实现；反之则难于磁化。

图 1-3 说明了磁畴的这种变化情况。

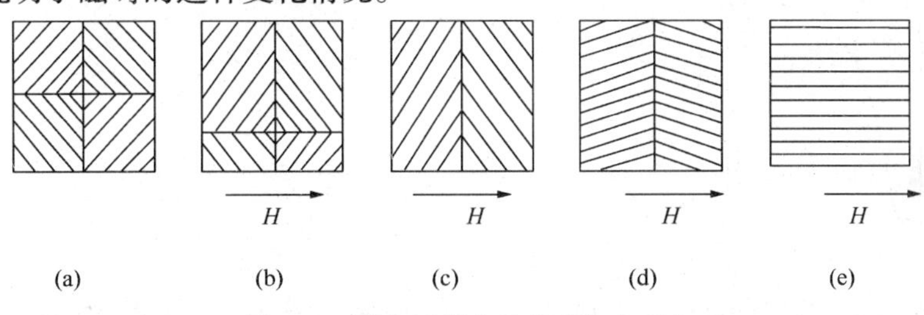

图 1-3　磁化过程中的磁畴方向变化

随着温度的升高，铁磁质内的磁性将逐步降低，即磁化强度数值将会减小。在达到某一个临界温度时，铁磁性将完全消失而呈现出顺磁性。这种铁磁性随温度升高而降低的原因是由于物质内部的热扰动破坏了原子磁矩的平行排列。到达一定程度时，磁畴将完全消失而呈现出顺磁性。这个使磁性完全消失的临界温度叫做该铁磁物质的居里点。不同铁磁物质的居里点不相同，工程纯铁的居里点为 770℃，热轧硅钢的居里温度为 690℃，而碳化三铁（Fe_3C）的居里温度只有 210℃，一般铁合金的居里温度约在 650 ～870℃之间。

1.2.3　铁磁材料的磁化

1. 铁磁性材料的磁化过程——磁化曲线

铁磁质被磁化的过程，就是材料中磁畴的磁矩方向在外磁场作用下整齐排列的过程。材料的磁化曲线描述了这一过程。当把铁磁材料及其制品直接通以直流电或置于外加磁场 H 中时，其磁感应强度 B 将明显地增大，产生比原来磁化场大得多（10～10^5倍）的磁场。但这种增大是随着外磁场的增加而逐渐增大的，B 的变化与 H 间有一定的关系。

可以通过实验来测定 H 和 B 的关系。实验中 H 和 B 都从零开始，逐渐增大外加磁场 H 的数值并对 B 值进行测定，就能得到一组对应的 B 和 H 值，从而画出 B 与 H 的关系曲线。这种反映铁磁材料磁感应强度 B 随磁场强度 H 变化规律的曲线，叫做材料的磁化曲线。又叫做 B—H 曲线。它反映了铁磁质的磁化程度随外磁场变化的规律。可以看出，铁磁质的磁化曲线是非线性的，各类铁磁质的磁化曲线都具有类似的形状，如图 1-4 所示。

从曲线中可以看出，铁磁材料磁化过程可分成四个部分。即初始磁化阶段、急剧磁化阶段、近饱和磁化阶段和饱和磁化阶段。在初始阶段（oa 段），H 增加时 B 增加得较慢，说明此时磁畴刚开始扩张，磁化缓慢，磁化很不充分。第二阶段（ab 段），H 增加时 B 增加得很快，此时磁畴畴壁位移加速，B 值上升很快，材料得到急剧磁化。第三阶段（bm 段），H 尽管同样增加，但 B 值增加的速度缓慢下来，产生了一个转折，这时磁畴畴壁扩张已近尾声，代之以磁畴磁矩的转动为主。b 点常称为膝点。第四阶段，过了 m 点以后，H 继续增加时 B 值几乎不再增加，磁畴平行排列的过程已基本结束，这时铁磁质的磁化已经达到饱和。m 点时的磁感应强度称饱和磁感应强度 B_m，相应的磁场强度为 H_m。

可以看出，磁化曲线的斜率 $\mu=B/H$ 就是材料的磁导率。四个阶段的斜率数值都不一样：初始阶段变化较缓；急剧磁化阶段上升很快，在达到最大点后开始下降；近饱和阶段曲线从较快下降到缓慢下降；在饱和磁化阶段磁导率数值则基本不再发生大的改变，而是缓慢地下降。这些变化反映材料在磁化过程中的不一致。也就是说，μ 是一个随磁场强度 H 变化的量。图 1-5 表示了材料磁导率随磁场强度的变化关系。

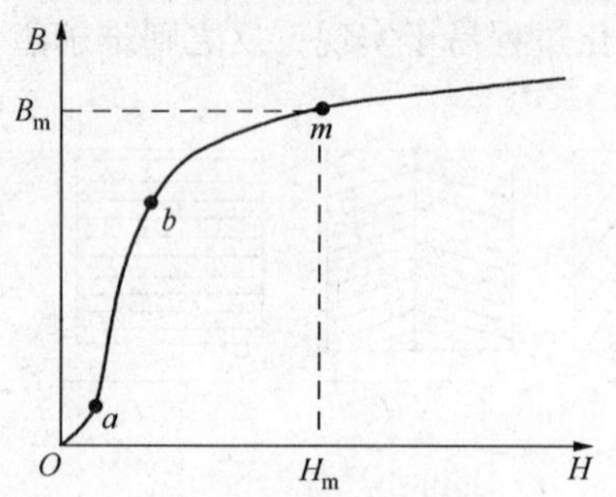

图 1-4　铁磁性材料的磁化曲线

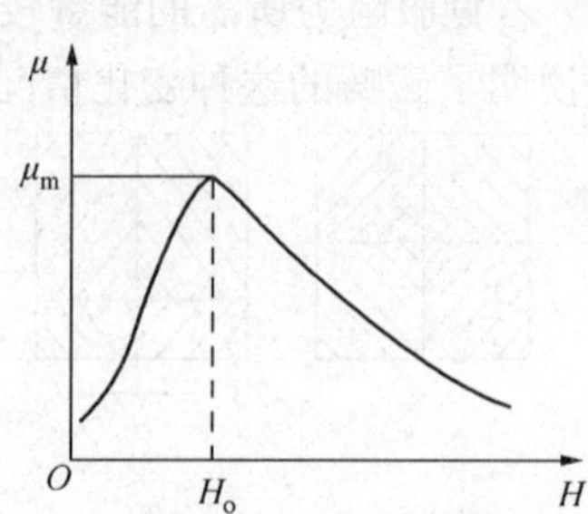

图 1-5　铁磁性材料的磁导率曲线

从图中可以看出，材料磁导率曲线也是一个随磁场强度变化的曲线。曲线随着磁场强度的逐渐增大而升高，当达到顶峰后随着磁场强度的进一步增加而下降。即顶峰上的一点具有磁导率的最大值，该点叫做最大磁导率点，其值即为最大磁导率，用 μ_m 表示。

可以证明，从坐标原点作一直线与磁化曲线相切，则此切点处具有最大磁导率。

由于磁导率 μ 和相对磁导率 μ_r 之间只差了一个定值 μ_0 且为无量纲的纯数，实际应用中通常用 μ_r 代替 μ 进行计算。在磁粉检测中，通常应将材料磁化到近饱和状态。这样才能取得较好的磁化效果。

2. 磁滞回线、矫顽力 H_c 和剩磁 B_r

磁滞是铁磁质的另一重要性质。前面讨论的磁化曲线是铁磁材料在初始时 H 由零逐渐增加的情况下得到的。如果从磁化曲线上饱和点 m 开始减小 H 值，这时的 B—H 关系并非按原曲线 mO 退回，而是沿着在它上面的另一曲线 mr 变化，如图 1-6 所示。当 H 已经回到零时，B 值并不为零，而是等于 B_r（图中 Or 段）。即铁磁材料在外磁场为零时仍保留一定的磁性。

B_r 称为剩磁感应强度，简称剩磁。这说明当铁磁材料被磁化后撤销外磁场时，材料内部的磁畴不会完全恢复到原来未被磁化前的状态。要消除剩磁，必须再施加反方向磁场。当反方向磁场 $H=H_c$ 时，$B=0$。H_c 称为矫顽力。继续再增大反向磁场，则材料将会在反方向磁化，同样会达到饱和点 m'。如果这时再不断减小反方向磁场到 H 为正值并增加至 H_m，则曲线将沿 $m'r'c'm$ 变动，完成一个循环。由图 1-7 可见，在材料的往复交变磁化中，B 的变化总是滞后于 H 的变化，这种现象叫做磁滞现象，又称磁滞。磁滞现象是铁磁材料所特有的，其曲线 $mrcm'r'c'm$ 是一个具有方向性的闭合曲线，称磁滞回线。图 1-7 是铁磁材料的磁滞回线。

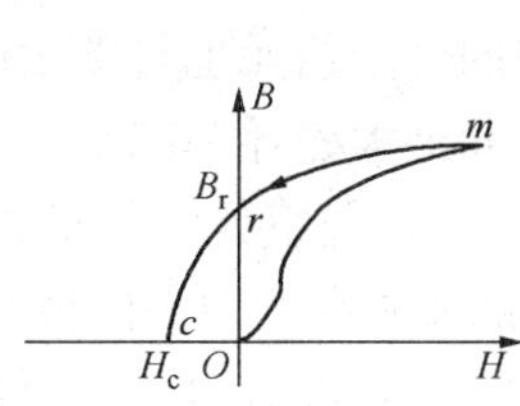

图 1-6　磁滞现象

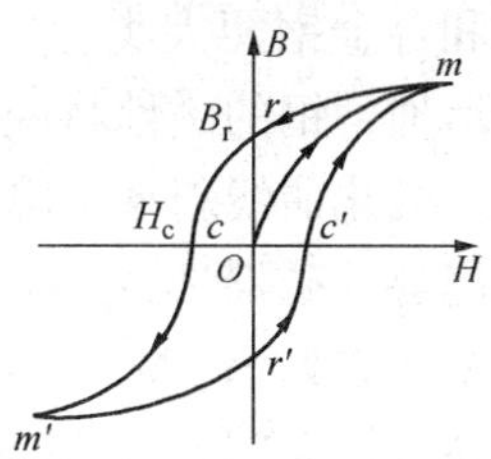

图 1-7　磁滞回线

磁滞回线所包围的面积与该材料在单位体积内的铁磁质循环磁化一次所消耗的功(或能量)成正比。不同的铁磁材料的极限磁滞回线包围的面积不同。磁滞回线比较狭窄的材料磁性较软，所包围的面积较小，磁化时消耗的功也较少，比较容易磁化；而磁滞回线形状比较“肥大”的材料磁性较硬，所包围的面积也比较大。在磁化时消耗的功较多，磁化也比较困难。图 1-8 表示了不同材料的磁滞回线的形态。

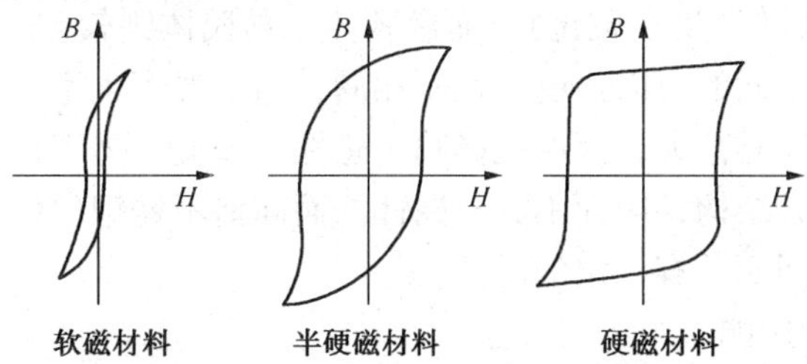

图 1-8　不同材料磁滞回线的比较

剩磁感应强度 B_r 的单位与磁感应强度相同，在 SI 制中都是特斯拉(T)。矫顽力 H_c 的单位与磁场强度相同，在 SI 制中为安/米(A/m)。

并不是所有的铁磁材料都具有相同的特性。铁磁材料在受到外加磁场磁化时，由于材料中磁畴磁矩所表现的差异，反映在有的材料容易得到磁化，有的则难于磁化。通常按照材料的磁性，大致可分成硬磁材料、软磁材料和介于二者之间的常用钢铁材料。

硬磁材料的特点是磁滞回线较宽，具有较大的($H_c > 10^4$ A/m)，剩磁也较大，磁滞现象比较显著。若将硬磁材料放在外加磁场中充磁后取出，它能保留较强的磁性，而且不易消除。因此常用它制造永久磁铁。最早的硬磁材料为淬火后的高碳钢，或加有钨、铬等元素的碳钢。另外钴钢、铝镍钴、稀土钴、钕铁硼等都是很好的永磁性材料。

软磁材料的特点是磁滞回线狭窄，矫顽力很低，剩磁极少。工业上常见的有硅钢片和软磁铁芯等。一些含碳量低的钢，如电工钢、10#钢等通常都列入软磁系列。钢铁材料矫顽力大多在这两者之间，多数为半硬磁材料。

3. 钢铁材料的磁化特性

工业上常见的钢铁材料绝大多数属于铁磁材料。常用的钢铁材料范围很广，它们的磁性差别很大，有的接近于硬磁材料，而有的又相似于软磁材料，也有不具备磁性的钢(如 1Cr18Ni9Ti 奥氏体不锈钢)。然而更多的是介于软硬磁材料之间。在钢铁材料中，不仅不同钢铁材料之间会有较大的磁性差异，就是在同一牌号的钢材中，由于性能要求的不同，也存在较大的磁性差异。

影响钢铁材料磁性的主要因素有：

1）钢铁的化学成分及杂质含量的影响

钢分为碳素钢和合金钢两大类。在碳素钢中，影响磁特性最大的是碳的含量。一般地说，随着含碳量的增加，钢的磁性将硬化。合金钢中的合金组元也与碳相似，随着合金元素种类和含量的增加，磁化曲线斜率下降，初始磁导率和最大磁导率减小，矫顽力增大，最大磁能积也有增大的趋势，磁滞回线也逐渐变得肥大。但合金组元对钢的磁性影响也各不相同，一些常用的合金元素如 Si、Mn、Cr、Ni、Mo 的加入影响了钢的磁性并干涉碳与磁性能之间的关系，使材料磁性变“硬”。但 Si 在作为专用的组元加入时，也可能使磁性变软(如硅钢)。另外，钢中的杂质元素 S、P 等的失常也将使磁性变硬。

2）钢材组织结构的影响

钢的晶体结构与热处理工艺对钢材的磁特性影响很大。在同一材料中，退火材料与正火材料的磁性差别不太大，但淬火或淬火后再进行回火的材料的磁性就有较大的差异。一般说来，淬火后随着回火温度的增高，最大磁导率、饱和磁感应强度增大，矫顽力下降，磁滞回线变狭窄，磁性也变软。其主要原因是热处理改变了材料的组织形态。在各种金相组织中，铁素体珠光体磁化性能较好(易于磁化)，而渗碳体、马氏体则较差。在不同热处理条件下，各种组织成分的含量是不同的，因而磁性也不相同，居里温度也不一样。合金钢中组元成分经热处理后形成的组织差异甚大，因而也影响了磁性。如奥氏体不锈钢(1Cr18Ni9Ti)在室温下就具有稳定的面心立方结构，因而不具有磁性。而高铬不锈钢(1Cr13 等)在室温下主要成分为铁素体和马氏体，因而具有一定的磁性。

3）其他加工工艺的影响

钢铁材料在冷作业加工时，将使材料的各向异性变大。如冷拔、冷轧、冷挤压等加工工艺都将造成在加工方向和非加工方向磁性的差异。一般说来，经过冷加工工艺制作的材料，表面将硬化。随着表面硬度的增加，材料的磁性也将减弱，即磁性变硬。而且在各个方向上的磁性也略有不同。这些都是磁粉检测时应该予以注意的。

1.3 电流与磁场

1.3.1 电流产生磁场

电流通过的导体内部及其周围都存在着磁场，这些电流产生的磁场同样可以对磁铁产生作用力，这种现象叫做电流的磁效应。

把一根通过直流电的长直导线垂直穿过一块纸板，在板上撒上许多铁粉。这时可以看到，铁粉有规则地团团围住导线，形成许多以导线为中心的同心圆。如果上下平行移动纸板，铁粉的排列并不改变。这说明，沿着导线的周围都有磁场，而且沿导线长度方向分布相同。从铁粉图中可以看出，在靠近导线的地方，磁场最强；离导线较远的地方，磁场较弱。把小磁针放在纸板的不同位置上，小磁针将指示出磁场的方向，如图 1-9 所示。而当改变电流的方向时，小磁针的方向也会发生改变。

通电螺管线圈(螺线管)同样可以观察到这种现象。图 1-10 为一个细长螺管线圈。线圈的一端相当于磁铁的 N 极，另一端相当于 S 极。通过电流时，它们将对小磁针产生吸引。磁场方向指向螺管线圈中心。当通过线圈电流的方向发生变化时，小磁针的方向也会发生改变，说明螺管线圈中的磁场方向也发生了改变。

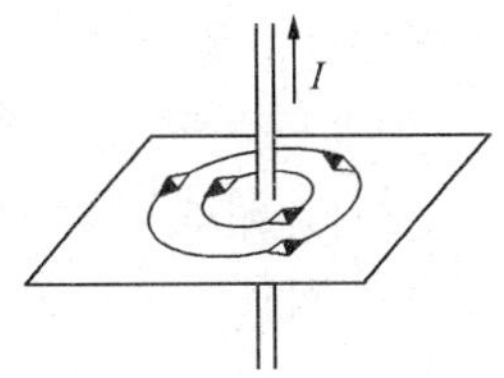

图 1-9 电流产生磁场

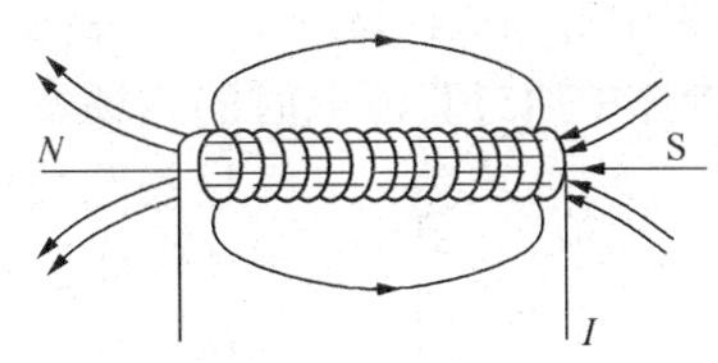

图 1-10 通电螺管线圈的磁效应

从上面可以看出，磁场的方向与电流的方向之间存在着一定的关系。右手螺旋法则表示了这两者之间的关系。

右手螺旋法则一(用于通电导体)：用右手握住导体并把拇指伸直，以拇指所指方向为电流方向，则环绕导体的四指就指示出磁场的方向。如图 1-11 所示。

右手螺旋法则二(用于螺管线圈)：

用右手握住线圈，使弯曲的四指指向线圈电流的方向，则大拇指所指的方向即为磁场的方向，如图 1-12 所示。

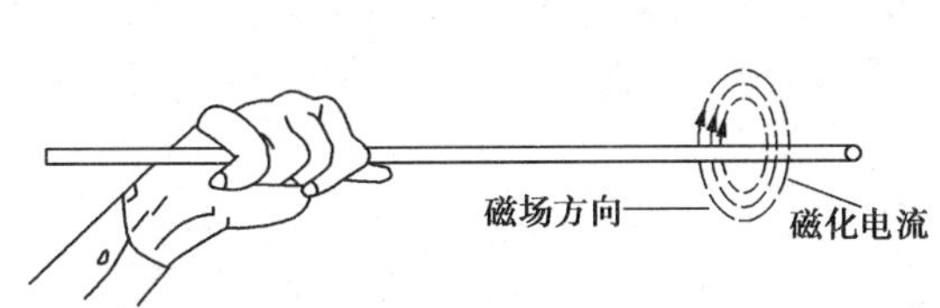

图 1-11 通电导体右手螺旋法则

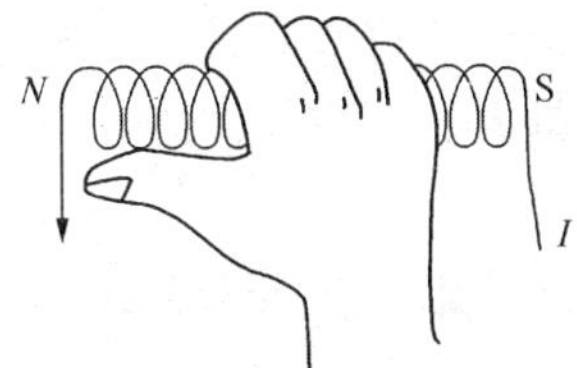

图 1-12 螺管线圈右手螺旋法则

从以上法则可以看出，电流的方向是与磁场的方向垂直的。

上述的两种磁场是磁粉检测中经常遇到的。以导线为中心的圆形磁场是沿着圆周闭合的，我们称它为周向磁场；而螺管线圈的磁场在线圈内部是平行于线圈轴向的(纵向)，通常称为纵向磁场。

采用交流电通过长直导线或螺管线圈时，上述磁场方向交替发生变化，但磁场形状不会改变。但在某一个瞬时，是可以用右手螺旋法则确定的。

通电电流的磁场可用安培环路定理来描述：

安培环路定理是电流磁场性质的一条基本定理。其表述是：电流产生的磁场 H 沿任何闭合环路 l 的线积分，等于穿过这环路所有电流强度代数和。即：

$$\oint_L H \cdot \mathrm{d}l = \sum I$$

对于规则的通电长直圆柱导体，磁力线为以圆柱中心为圆心的同心圆，圆上磁场强度相等。闭合环路的线积分则为圆的周长。即：

$$H = \frac{I}{2\pi r}$$

式中，r 为距圆柱中心的距离。

1.3.2 通电长圆柱导体的磁场与分布

1. 非铁磁材料通电长圆柱导体的磁场

图 1-9 表示了一根通电长直导线(铜、铝等)周围的磁场的形式。如果这根导线换成非铁磁材料制成的长圆柱导体并进行通电，其电流同样能产生磁场，该磁场仍然是一个围绕导

体并以导体轴线为中心的周向磁场。这个磁场在导体内外都存在。磁场大小可以进行计算。图 1-13 表示了导体中通过直流电时的磁场。

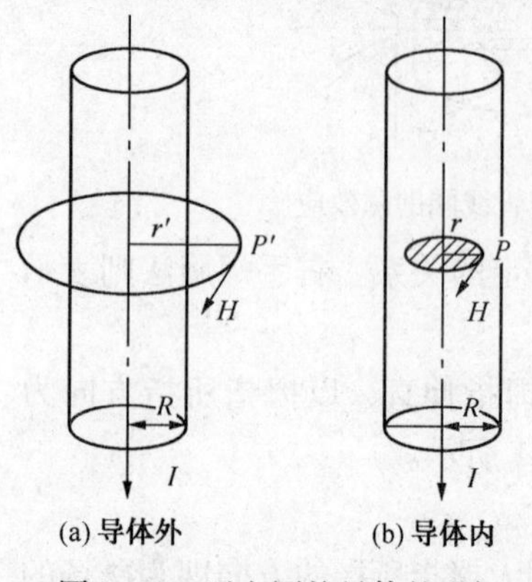

图 1-13　通电圆柱导体的磁场

设长圆柱导体为非磁性导体(铜或铝)半径为 Rm，均匀通过 1A 的直流电流。P 为导体内任一点，距离中心 rm。P' 为导体外任一点，距中心 r'm。

从安培环路定律中可以得知，导体外任一点 P' 处的磁场强度为

$$H' = \frac{I}{2\pi r'} \tag{1-7}$$

导体内任一点 P 处由电流产生的磁场强度为

$$H = \frac{Ir}{2\pi R^2} \tag{1-8}$$

从上两式可以看出，导体内外的磁场强度都与磁化电流成正比。但内外有所差异。在导体内，中心轴线处磁场为 0，离中心越近磁场越小，越靠近外壁磁场越大。而在导体外，离导体中心距离越大，磁场就越小。在导体表面磁场强度为最大。

可以计算出，导体表面磁场强度为

$$H = \frac{I}{2\pi R} \tag{1-9}$$

当通过交流电时，上式依然成立。不过此时的磁场为交变磁场，磁场方向随电流方向改变而作正反方向变化。

导体可以是实心导体，也可以是空心导体(筒体)。对于实心导体，从轴中心为零开始，磁场呈均匀增加，到表面时达到最大值；对于空心导体，则从内表面磁场为零开始，呈均匀增加，到外表面时达到最大值。也就是说，通电空心导体中磁场为零。在导体外，实心导体与空心导体都是随着与导体轴中心的距离增加，磁场强度将逐渐减小。如果导体的半径为 R，外表面的磁场强度为 H，距离轴中心 $2R$ 处的磁场强度为 $H/2$ ，$3R$ 处的磁场强度为 $H/3$。图 1-14 表示了实心和空心圆柱导体的磁场分布比较。

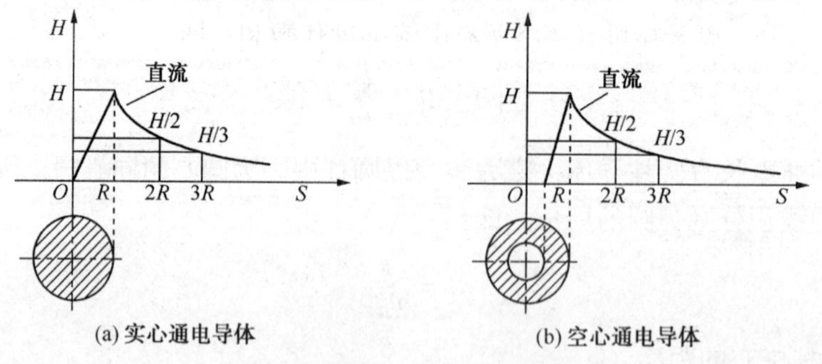

图 1-14　通电圆柱导体的磁场分布比较

由于非磁性导体中的相对磁导率近似为 1，故在导体中磁感应强度与磁场强度值相同，只差了一个真空磁导率值。

在实际检测中，通常采用直径计算通电试件表面的磁场强度，根据式(1-9)可以得出：

$$H = \frac{I}{\pi D} \tag{1-10}$$

式中 D——圆柱导体直径，m；

H——磁场强度，A/m。

2. 铁磁材料通电长圆柱导体的磁场

铁磁材料通电长圆柱导体与非铁磁材料通电长圆柱导体一样，能产生周向磁场。但由于铁磁材料在通电产生磁场的同时，又在通电产生的磁场中得到磁化。因此，能产生比非铁磁材料大得多的磁场。其表面磁感应强度为

$$B = \frac{\mu I}{\pi D} \tag{1-11}$$

图 1-15 表示了铁磁材料磁场的变化。

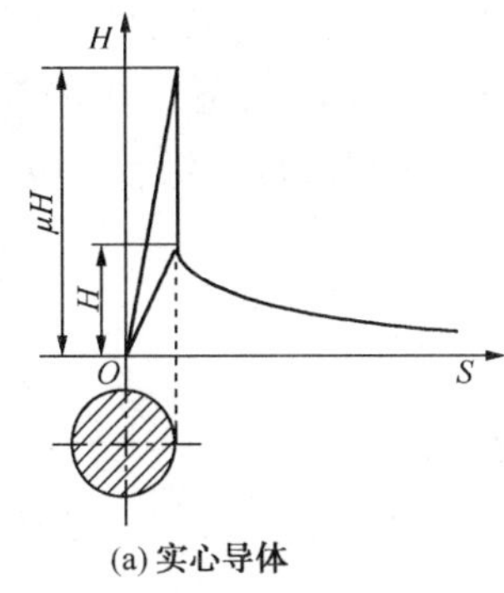

(a) 实心导体

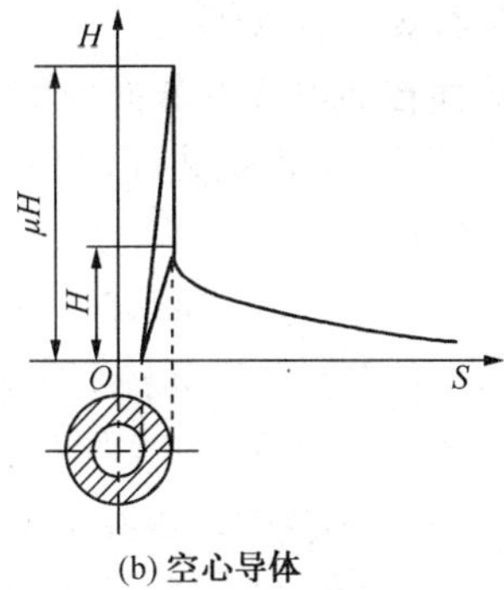

(b) 空心导体

图 1-15 铁磁材料圆柱导体的通电磁化

以上磁化电流采用的是直流电。当采用交流电时，由于趋肤效应的影响，电流多集中在表面，磁场也将集中在表面。如图 1-16 所示。

3. 中心导体通电时的铁磁材料圆筒件的磁场

如果铁磁材料制成的圆筒件中心穿过一根通电导体，此时圆筒件上并未通过电流，但它置于中心通电导体的磁场中，因此也能得到磁化，这种磁化叫做感应磁化。不过此时圆筒内外表面都存在磁场，磁场大小可用式(1-10)和式(1-11)表示。可以看出，在电流一定时，内壁磁场大于外壁磁场。图 1-17 表示了这种变化。

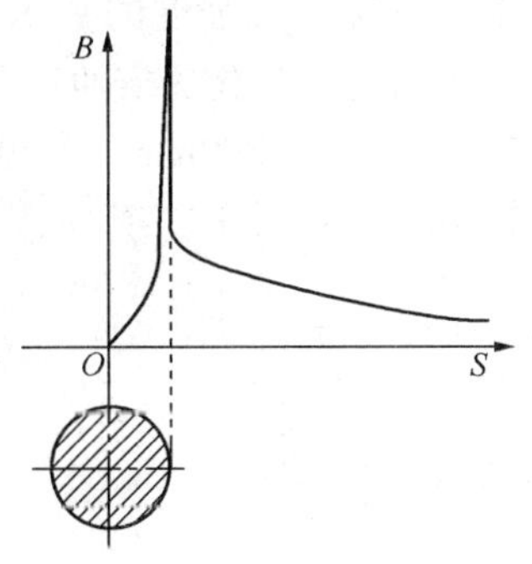

图 1-16 交流电磁化的趋肤效应

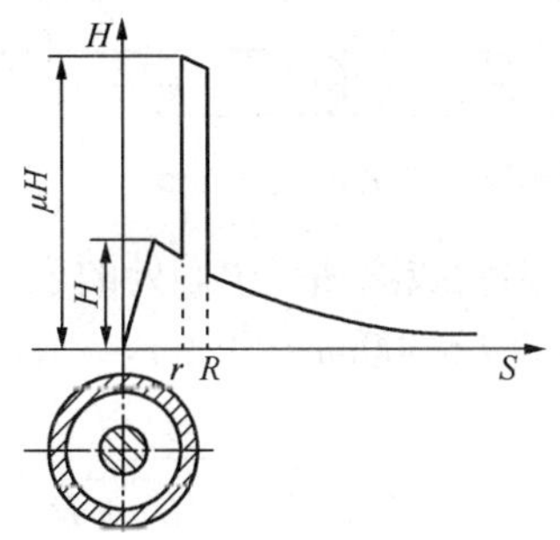

图 1-17 磁性材料筒件采用中心导体磁化时的磁场分布

1.3.3 通电线圈的磁场与分布

1. 线圈的分类

在磁粉检测中，常用线圈对工件进行磁化。线圈通常绕成螺旋形，它能产生纵向磁场。工件在线圈中不直接通过电流，是一种感应磁化。

根据线圈的结构和使用类型，线圈分为以下几种：

(1) 按结构形式分——固定式和缠绕式。

固定式线圈是将绝缘导线按螺旋方式绕制在专用骨架上的圆筒形线圈，有单层和多层绕组等类型。一般是采用单根绝缘导线进行紧密排列同轴缠绕，也有特殊地方采用单层间绕和开合式间绕方式。固定式线圈多用于固定式探伤机等专门场合。

缠绕式线圈是将一根低电压的电缆按要求缠绕在试件特定检查的部位上，形状可随试件形状变化。一般又称为柔性线圈。

(2) 按试件截面在通电线圈截面内的填充系数 τ 分——低填充、中填充和高填充线圈。其中，$\tau=S_{线圈}/S_{工件}$，即线圈横截面面积与试件横截面面积之比。当 $\tau\geqslant10$ 为低填充线圈；$10>\tau\geqslant2$ 为中填充线圈；$\tau<2$ 为高填充线圈。

(3) 按通电线圈长度 L 与线圈直径 D 的比值分

短螺管线圈——$L<D$，在实际检测中使用最多；

有限长螺管线圈——$L>D$，在实际检测中较多使用；

无限长螺管线圈——$L\gg D$，实际检测中不采用。

(4)按通电电流类型分——直流线圈和交流线圈。

直流线圈——线圈中通入直流电或整流电，产生沿轴向方向不变的直流磁场；

交流线圈——线圈中通入交流电，产生方向沿轴向作正反变化的交流磁场。

2. 螺管线圈的磁场计算

对于长度为 L 的空载的通电线圈(图 1-18)轴线中心 O 的磁场强度 H 可以用下式计算：

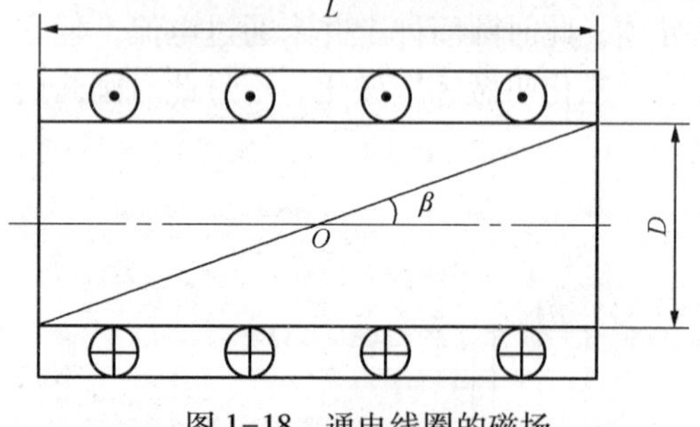

图 1-18　通电线圈的磁场

$$H=\frac{NI}{L}\cos\beta=\frac{NI}{\sqrt{L^2+D^2}} \qquad (1-12)$$

式中　β——螺管线圈对角线与轴线间的夹角；

D——螺管线圈直径，m。

式中线圈匝数和电流强度的乘积 NI 叫线圈的磁通势，简称磁势，单位为安匝(AN)。

例题：有一个长为 300mm，直径为 400mm 的螺管线圈，匝数为 5 匝。现通以直流电流 500A，试求螺管线圈轴线中心处的磁场强度。

解：线圈 $L=300\text{mm}=0.3\text{m}$　　直径 $D=400\text{mm}=0.4\text{m}$

$$H=\frac{NI}{\sqrt{L^2+D^2}}=\frac{5\times500}{\sqrt{0.3^2+0.4^2}}=5000\ (\text{A/m})$$

3. 常用螺管线圈中心轴线上和横截面上的磁场分布

从式(1-12)可以看出，螺管线圈中的磁场不是均匀的，在轴线上其中心最强，越往外越弱。在螺管线圈轴线上两端处，磁场强度仅为中心的一半左右。同样可以计算出，线圈同一截面上磁场也是不均匀的，靠近线圈内壁处磁场强度最大，而中心点上的磁场强度较小。图 1-19 表示了螺管线圈纵向和横向截面上磁场的分布。

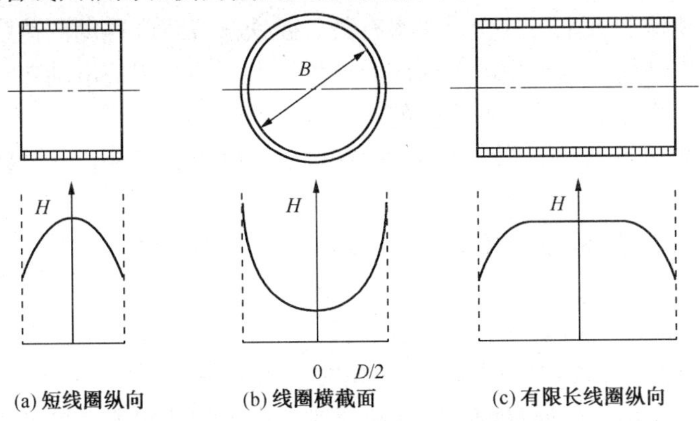

图 1-19　螺管线圈上的磁场分布

从图 1-19 可以看出，在短螺管线圈的内部中心轴线(纵向)上，磁场分布极不均匀，中心比两端强。而有限长螺管线圈内部中心轴线上磁场强度则比较均匀，随着向线圈端部越近，磁场强度逐步减弱，两端处的磁场强度约为中心的 1/2 左右。

不管是短螺管线圈还是有限长螺管线圈，在线圈的横截面上，靠近线圈内壁的磁场强度都较线圈中心强。

1.3.4　环形件绕电缆的磁场

将螺管线圈绕成环形并首尾相连，此时就形成了螺线环。在通电螺线环内，若环上的线圈很密，则磁场几乎集中在环内，如图 1-20 所示。

螺线环的磁力线都是同心圆，圆上各处的磁感应强度数值相等，方向与该处磁力线的圆弧相切，在数值上为

$$H = \frac{NI}{L} = \frac{NI}{2\pi R}$$

式中　H——螺线环内的磁感应强度，A/m；

N——螺线环的总匝数；

I——通过螺线环的电流，A；

R——螺线环的平均半径，m；

L——螺线环的平均长度，m。

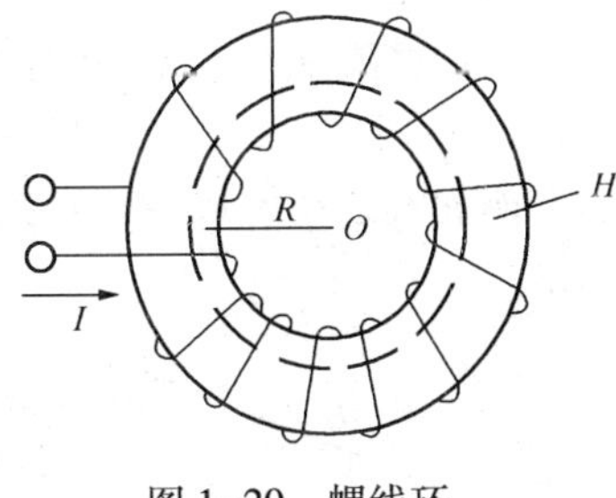

图 1-20　螺线环

螺线环一般用来对环形试件进行检测，特别是对材料进行磁性测试。

1.3.5　电磁感应现象

电流在导体中流动能够产生磁场。同样，一个变化的磁场也能够在闭合的导体回路中产生电动势和电流。这种现象叫做电磁感应。

把一根磁铁棒和一个连接电流表的线圈作相对移动，可以看到，电流表发生了偏转，这说明在线圈中有电流产生。当拿开磁铁棒或停止移动时，线圈中的电流也就消失。把一个没有电流的线圈放在另一个通有变化电流的线圈附近，原来没有电流的线圈的回路中也将产生电流。这说明线圈的变化磁场使没有电流的线圈得到了电流。以上情况说明，不仅电流生磁

（电流产生磁场），而且动磁生电（变化磁场能在电路中产生电流）。两者之间是有密切联系的。

磁场所产生的电流的大小与其变化速率有关。磁铁棒或线圈移动的速度越快，线圈中产生的电流越强，反之则弱。这种由电磁感应所产生的电动势叫感应电动势，电流叫做感应电流。它们是由磁场中变化的磁通量所产生的。

感应电动势只能在磁通发生变化的磁场中产生。当磁通没有变化时，就不可能产生感应电动势及感应电流。

感应电动势与磁通量的变化率有如下的关系：

$$\varepsilon=-\frac{\mathrm{d}\phi}{\mathrm{d}t} \tag{1-13}$$

式中，ε 是感应电动势，单位伏特(V)。是单位时间里的磁通变化率，负号表示感应电动势的方向。从式中可以看出，磁通量的变化速率大时，产生的感应电动势也就高；如果磁通量变化速率小时，感应电动势也就低。

感应电流在线圈中流动时，也要产生磁场。这种磁场叫感应磁场，它的方向与外加磁场方向相反，对激磁磁场的变化总是起着反向的阻碍作用。常见的变压器就是利用电磁感应的原理制成的。一些测磁仪表、磁粉检测中的感应电流磁化方法都广泛利用了电磁感应现象。

1.4 磁场的合成

1.4.1 合成磁场的矢量加法

磁场是一个有方向和大小的物理量，即矢量。当两个或多个磁场同时对一个试件作用时，它们将遵从矢量合成的规则，在试件上形成合成磁场，而试件则在合成磁场中得到磁化。

例如有两个磁场 H_1 和 H_2 同时作用于某一试件，试件上将得到合成磁场，如图 1-21 所示。

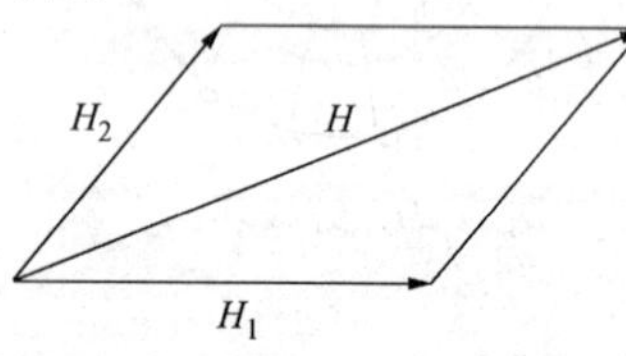

图 1-21　磁场的合成

其合成的磁场强度 H 的数学表达式为

$$H=H_1+H_2 \tag{1-14}$$

合成磁场有几种情况，一是各个分磁场方向完全在一条直线上，其磁场值为各个分磁场值的代数和；方向是绝对值大的磁场分量的方向。如果各个分磁场不在同一条直线上，其合成磁场的大小和方向将按矢量合成法则取决于原来各个磁场的大小和方向。

1.4.2 变化磁场的合成

在磁粉探伤中，为了发现不确定方向上的缺陷，经常用到两个或多个不同方向的变化磁场同时对一个试件作用，这时磁化试件的磁场是一个方向和大小都在随时间发生变化的合成磁场，又称为多向磁场或组合磁场（复合磁场）。如直流电产生的纵向磁场和交流电产生的周向磁场合成为摆动磁场；两个方向不同的交变磁场合成为旋转磁场等。这些合成磁场的特点是各个分磁场的方向和数值在不断变化，每一时刻不相同。因此，合成磁场的方向和数值

(模)在某一瞬间是确定的，在另一瞬间却发生了变化。但是，在一定时间内磁场变化的轨迹却是按照一定规律在多方向变化。利用这种变化，可以在一定时间内对试件实施多个方向的磁化，以达到发现不同方向缺陷的目的。

1.4.3 合成磁场实例

1. 摆动磁场

一个直流恒定磁场和一个交流变化磁场成一定角度(通常采用垂直)复合时，合成磁场随时间变化的轨迹是一个方向绕一固定轴线变化的螺旋形摆动磁场。磁粉探伤中常用的是一个直流纵向磁场和一个交流周向磁场同时对一个圆柱形试件进行磁化，该合成磁场就是一个磁场方向随时间变化的螺旋形摆动磁场。其摆动幅度由两个分磁场的大小决定。若两个磁场最大值相等时，则摆动幅度为上下 π/2；若交流周向磁场大于直流纵向磁场时，摆动幅度将大于 π/2；反之则小于 π/2。但各瞬时的磁场强度是不相等的。见图 1-22所示。

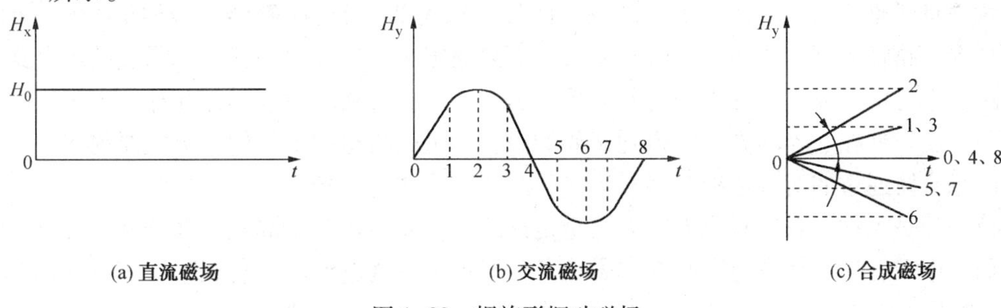

图 1-22 螺旋形摆动磁场

摆动磁场可以用公式表示：

$$H=H_y+H_x \tag{1-15}$$

磁场瞬间大小为式(1-14)

$$H=\sqrt{H_y^2+H_x^2}=\sqrt{H_y^2\sin^2(\omega t+\varphi)+H_x^2} \tag{1-16}$$

磁场瞬间方向指向角

$$\alpha=\mathrm{actg}H_y/H_x \tag{1-17}$$

从图中可以看出，摆动磁场的强度在各个方向上是不均匀的，不同方向上的检测灵敏度也不一致。

摆动磁场在固定式探伤机中得到广泛应用。

2. 磁轭交叉式旋转磁场

磁轭交叉式旋转磁场是旋转磁场中的一种。通常采用的交叉磁轭，是用两个相同的交流磁轭十字交叉组成，并通以有一定相位差的交流电，由于各磁轭磁场在工件上的叠加，其合成磁场便成了一个方向随时间周期性变化的旋转磁场。

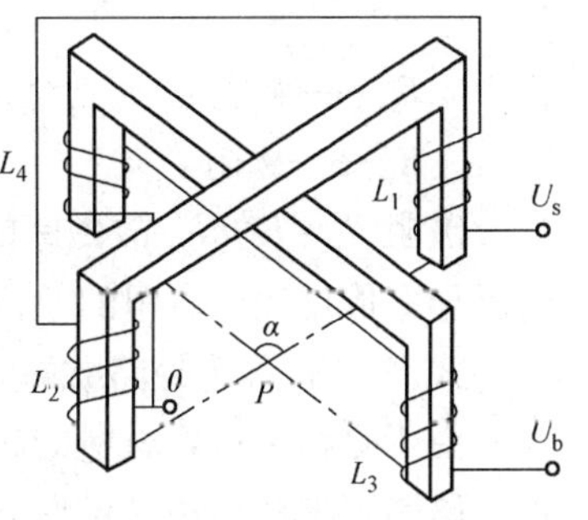

图 1-23 交叉磁轭旋转磁场

图 1-23 是交叉磁轭的示意图。

交叉磁轭旋转磁场的强度大小决定于两个不同相位电流的大小和相位差。若通入的两个电流大小一样，相位角差 π/2 时，其旋转磁场是一个平面上的正圆。如图 1-24 所示。

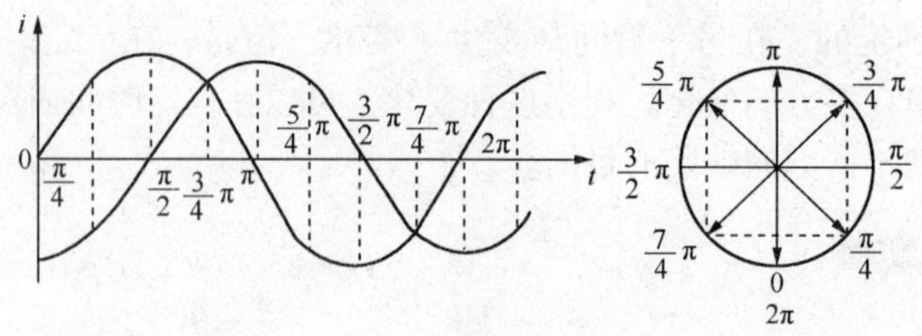

图 1-24　交叉磁轭旋转磁场的产生

1.5　磁路和退磁场

1.5.1　磁路和磁路定理

1. 磁路

铁磁材料磁化后不仅产生附加磁场，而且能把大部分磁通(磁感应线)约束在一定的闭合路径上，路径周围的空间由于磁导率太小而磁通很少。这种由磁感应线通过的闭合路径叫做磁路。它是由磁通通过的铁磁材料及空气隙(或其他弱磁质)所组成的闭合回路。在磁粉检测中，使工件在适当的磁路中得到必要的磁化，是磁粉检测工作的一个主要内容。

磁感应线通过的闭合路径有多种形式。其典型形式有三种：

第一种是工件材料在磁化方向上完全是连续的，磁感应线全部或大部分从铁磁材料中通过。如对中空管形工件进行中心导体磁化及环形件进行绕电缆法磁化(图 1-17 和图 1-20)。此时磁场完全封闭在铁磁材料形成的路径中，路径外很少磁通泄漏。

第二种是工件材料在磁化方向上没有完全连续，磁感应线大部分从材料路径通过，但在不连续附近产生了外泄，即通过空气隙进行了闭合。

第三种是磁感应线一方面从工件材料中通过，但大多数是从两磁极经过空气进行闭合。

三种形式中第一种最容易磁化，第二和第三种都较难于磁化。

2. 磁路定理

磁路定理又叫磁路欧姆定律。在磁粉检测中，通常用磁路定理来分析磁路。

设一均匀磁路的截面积为 S，长度为 L，磁导率为 μ，如图 1-20 密绕螺线环所示。环中的磁场强度为 $H=(NI)/L$ 磁通量 $\phi=BS=\mu HS$，将上式合并可得

$$\phi=\frac{\mu SIN}{L}=\frac{IN}{R_m}=\frac{F_m}{R_m} \tag{1-18}$$

式中　F_m——磁势；

　　R_m——磁阻。

磁阻 $R_m=L/\mu S$，故磁路的磁阻与磁路的长度成正比，与其截面积及其磁路的铁磁材料的磁导率成反比。磁阻的单位为(H^{-1}) 。

式(1-18)称为磁路欧姆定律，又叫做磁路定理。

由于磁路中铁磁材料的磁导率不是常数，用磁路定理求解磁路的 F 和 ϕ 的关系比较困难。磁路定理往往用来定性分析磁路的工作情况。实际计算磁路时，还需要在这基础上加以扩充。

磁粉检测中常用的电磁轭是典型的闭合磁路，它是由电磁轭铁、工件和空气隙组成。如

图 1-25 所示。

1.5.2 退磁场

1. 退磁场现象

将直径相同，长度不同的几根圆钢棒，放在同一螺管线圈中用相同磁场强度进行磁化。可以发现，几根钢棒磁化情况不一样，较长钢棒比较短钢棒容易得到磁化。这说明，除了磁介质的性质影响磁化外，试件的形状也明显影响磁化的效果。这种因试件形状对磁化的影响，是由试件中的退磁场产生的。

退磁场这种情况的出现，是由于钢棒在线圈中磁化时棒的两端出现了磁极。磁极产生的磁场与螺管线圈电流产生的磁场（磁化场）同时对钢棒磁化起作用，即钢棒是在磁化场和自身磁极产生的磁场的合成磁场中被磁化的。实验表明，不同长度的钢棒磁极产生磁场大小不同，这个磁场与试件的磁化强度和形状有关，有减弱磁化场磁化力的作用，通常叫它退磁场。其方向与磁化场方向相反，所以也叫做叫反磁场，用 H_d 表示。图 1-26 为退磁场的示意图。

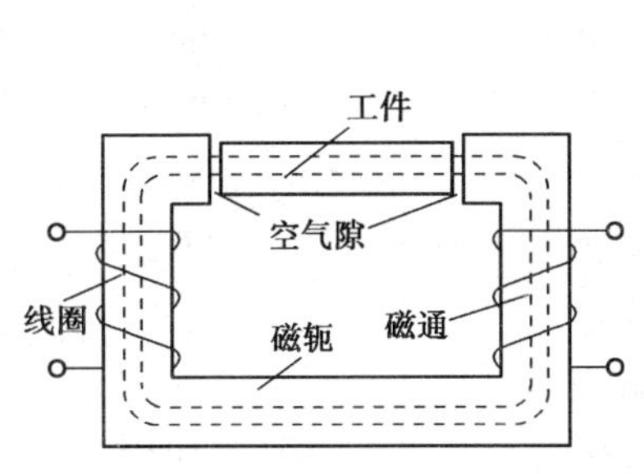

图 1-25 由电磁轭组成的磁路

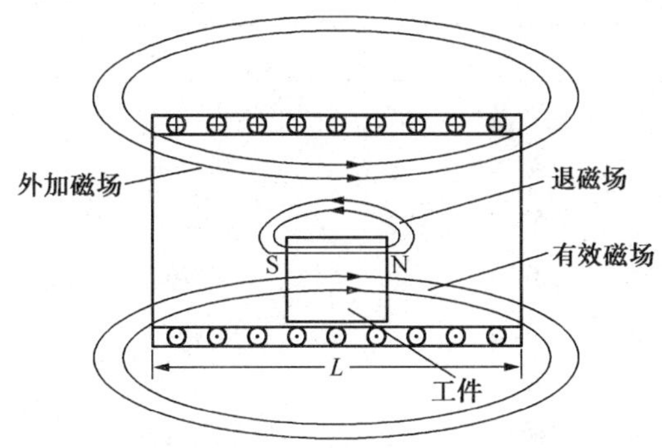

图 1-26 退磁场的示意图

实验和理论都证明，凡是具有磁极的磁体都具有退磁场。不仅钢棒磁化时能产生磁极，其他任何在外磁化场中被磁化的钢铁试件都有可能产生磁极，即可能产生退磁场。退磁场使磁化的磁体有效磁场减小，使工件中的磁感应强度 B 也减少，直接影响缺陷的显现。为了克服退磁场对试件的影响，磁化时应适当增大磁化磁场的数值或改变试件的形状以适应试件检测的需要。

环形试件直接通电受到均匀磁化时，在闭合的磁路中没有磁极产生，没有退磁场出现。试件进行通电周向磁化时，如果试件表面材料是连续的，也没有退磁场出现。

2. 退磁因子与有效磁场

在一个均匀磁化的试件中，如果以 H_0 表示磁化场，H_d 表示退磁场，H 为试件的实际有效磁场，则有

$$H = H_0 + H_d \tag{1-19}$$

由于 H_d 的方向与 H_0 的方向相反，在数值上则为

$$H = H_0 - H_d \tag{1-20}$$

H_d 与试件的磁极化强度 J 成正比，但方向相反，即

$$H_d = -N_d \frac{J}{\mu_0} \tag{1-21}$$

式中，N_d是比例系数，叫退磁因子。是一个与工件形状及磁化方向有关的数。负号表示了退磁场方向与磁化磁场方向相反。

从式(1-21)中可以看出，退磁场在数值上等于试件磁极化强度与退磁因子的乘积。铁磁材料的磁极化强度是一个随外加磁场变化的量，而退磁因子主要与试件的形状因素有关。在相同磁场强度下，退磁因子越大，退磁场对磁化的影响也越大。

可以再作这样的实验，将几根直径和长度都相同的钢棒分别组合放入同样大小的外磁场中磁化，并测量钢棒端头的磁性。在钢棒材质相同的情况下，钢棒的组合数越多，端头的磁性就越低。同样道理，短而粗的试件和细而长的试件在相同条件下磁化时，前者的退磁场就比后者大得多。这些都说明了工件形状对磁化有很大的影响。

形状规则试件的退磁因子可用它的几何形状和尺寸进行计算。不规则的试件退磁因子多采用实验确定。环形工件周向磁化时不产生磁极，其 $N_d=0$。球形工件 $N_d=0.33$。长椭球、扁椭球以及圆柱体的钢铁试件的退磁因子 N 均与长度 L 和直径 D 的比值有关。长径比 L/D 值越大，N_d值就越小。表 1-2 表明了这种情况。

表 1-2　部分试件退磁因子(SI 制)

长径比(L/D)	长椭球	扁椭球	圆柱体
1	0.3333	0.3333	0.27
2	0.1735	0.2364	0.14
5	0.0558	0.1248	0.040
10	0.0203	0.0696	0.0172
20	0.00144	0.0369	0.00617
50	0.00675	0.01472	0.00129
100	0.000430	0.00776	0.00036

3. 试件长径比的计算

从表 1-1 中可以看出，随着试件长径比的增大，退磁因子 N_d显著减小。在实际磁粉探伤磁化规范选择时，往往用计算试件长径比的方法来确定退磁场的影响。亦即采用有效磁导率的方法来确定磁化时的有效磁场。

形状规则的圆柱形试件，长径比直接采用试件的长度与试件直径相比，即 L/D。如果试件的断面为非圆形，则采用有效直径的方法进行计算。即采用与非圆断面工件面积相当的圆柱等效直径来计算。有效直径公式为

$$D = 2\sqrt{S/\pi} \tag{1-22}$$

1.6　漏磁场和磁粉检测

1.6.1　磁场边界条件

在磁路中，磁感应线通过同一磁介质时，它的大小和方向是不变的。但从一种磁介质通向另一种磁介质时，如果两种磁介质的磁导率不同，磁感应线将在两种介质的分界面处发生突变，形成所谓折射现象。这种折射现象与光波或声波的传播现象相似，并且遵从折射

定律：

$$\frac{\mathrm{tg}\alpha_1}{\mu_1}=\frac{\mathrm{tg}\alpha_2}{\mu_2} \tag{1-23}$$

或者

$$\frac{\mathrm{tg}\alpha_1}{\mathrm{tg}\alpha_2}=\frac{\mu_1}{\mu_2}=\frac{\mu_{r1}}{\mu_{r2}} \tag{1-24}$$

式中 α_1——磁感应线从第 1 种磁介质中到第 2 种磁介质界面处与法线的夹角；

α_2——磁感应线在第 2 种磁介质中与法线的夹角；

μ_1——第 1 种磁介质的磁导率；

μ_2——第 2 种磁介质的磁导率。

图 1-27 表示了这种折射情况。

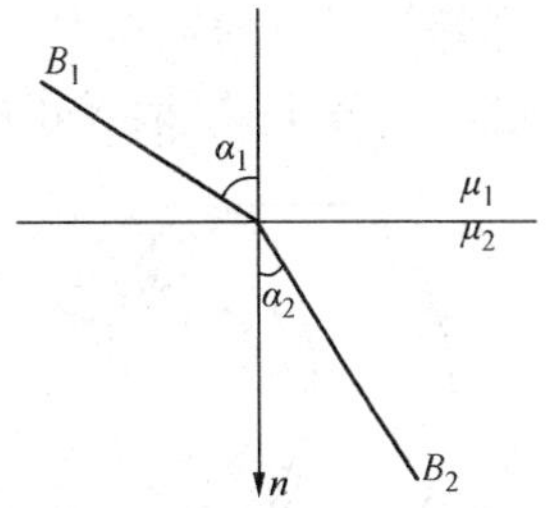

图 1-27　磁感应线的折射

折射定律表明，在两种磁介质的分界面处磁场将发生改变，磁感应线不再沿着原来的路径行进而发生折射。折射的倾角与两种介质的磁导率有关。当磁感应线由磁导率较大的磁介质通过分界面进入磁导率较小的磁介质时(例如从钢进入空气)，磁感应线将折向法线，而且变得稀疏。当磁感应线从较小磁导率的介质进入较大磁导率的介质时(例如从空气进入钢中)，磁感应线将折离法线，变得比较密集。以磁感应线由钢铁进入空气或由空气进入钢铁为例，在空气和钢铁的分界面处，磁感应线几乎是与界面垂直的。这是由于钢铁和空气的磁导率相差 $10^2 \sim 10^3$ 的数量级的缘故。

例：已知某钢相对磁导率为 1000，在钢中，磁场方向与空气分界面的法线成 88°角，求在空气中磁场折射的方向？

解：设钢和空气的磁导率分别为 μ_1 和 μ_2，根据折射定律有：

$$\mathrm{tg}\alpha_2=\frac{\mu_2}{\mu_1}\mathrm{tg}\alpha_1=\frac{1}{1000}\times\mathrm{tg}88^\circ=0.0286$$

$$\alpha_2=1.64^\circ$$

1.6.2　漏磁场及其分类

在磁路中，如果出现磁导率差异很大的两种介质时，在两者的分界面上，将产生磁极，形成漏磁场。这种由漏磁场形成的磁极将产生吸力，与铁磁性物质产生吸引。

如果一个环形磁铁两端完全熔合，便没有磁感应线的溢出，也不会出现磁极。因而也没有漏磁场产生。如果磁铁上有空气隙存在，则气隙两端将产生磁极而具有磁性吸力，形成漏磁场。

磁粉检测中，漏磁场通常有以下几种情况：

(1) 磁铁端面的漏磁场。这种漏磁场是人们为了使用磁铁的吸力而刻意制作的。如条形、U 形或其他形状的永久磁铁、磁粉检测中使用的电磁轭等就属于这一种。这种漏磁场具有较强的吸力，通常用来磁化其他零件。

(2) 由磁化试件形状引起的漏磁场。如试件加工时，一些人为制作一些阶梯或槽孔形成了不同界面，两种零件的组合连接的接缝等。这些不同界面破坏了铁磁材料的连续性，在磁化时产生了磁力线的折射。由于铁磁材料与空气磁导率差异很大，形成的漏磁场较强。

(3) 不同磁导率的材料在磁化时，在其连接的界面上也将产生漏磁场。如采用奥氏体不锈钢焊条焊接的普通钢接头，或磁性差异较大的钢的焊接接头等。这种漏磁场视连接处两种材料磁导率的差异，形成漏磁场的大小也不相同。

（4）试件中缺陷产生的漏磁场。这种漏磁场为试件材料的不连续性——缺陷（如裂纹、气孔、夹杂物等）在磁化时所产生，影响了材料的使用。这种缺陷产生的漏磁场是磁粉检测或漏磁场检测的重点，对这类漏磁场进行检测和评价，是磁粉检测的重要任务。图 1-28 表示了环形磁铁上有无缺陷时的磁场情况。

1.6.3 缺陷处漏磁场的分布规律

缺陷上漏磁场形成的原因，是由于空气或其他非磁性材料的磁导率远低于钢铁的磁导率。如果在磁化了的钢铁试件上存在缺陷，则磁感应线优先通过磁导率高的试件，从缺陷下部基体材料的磁路中“压缩”通过，另一部分则从缺陷外 N 极进入空气再回到 S 极，形成漏磁场。图 1-29 表示了磁感应线从空气隙中通过的情形。

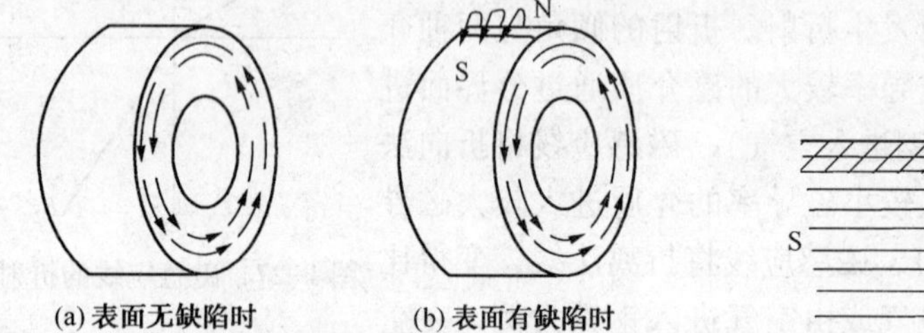

(a) 表面无缺陷时　(b) 表面有缺陷时

图 1-28　环形磁铁上的磁场　　图 1-29　漏磁场的形成

从图中可以看出，磁感应线是从三个路径通过不连续的。一部分是从缺陷下部钢铁材料中通过，形成了磁感应线被“压缩”的现象；一部分磁感应线直接从工件缺陷中通过；另一部分磁感应线折射后从缺陷上方的空气中逸出，通过裂纹上面的空气层再进入钢铁中，形成漏磁场，而裂纹两端磁感应线进出的地方则形成了缺陷的漏磁极。其原因是下部磁阻较低，磁感应线优先从磁阻最小处通过，很快达到局部磁饱和，这时只能从上部空气隙中通过，由于受到磁极的不同作用，一部分通过气隙回到试件，一部分被挤入试件外从空气中再回到试件。

缺陷漏磁场的强度和方向是一个随材料磁特性及磁化场强度变化的量。缺陷处的漏磁通密度可以分解为水平分量 B_x 和垂直分量 B_y。水平分量与钢材表面平行，垂直分量与钢材表面垂直。图 1-30 表示了缺陷处的漏磁场。从图中可以看出，垂直分量在缺陷与钢材交界面最大，是一个过中心点的曲线，磁场方向相反。水平分量在缺陷界面中心最大，并左右对称。如果两个分量合成，就形成了缺陷处的漏磁场的分布。

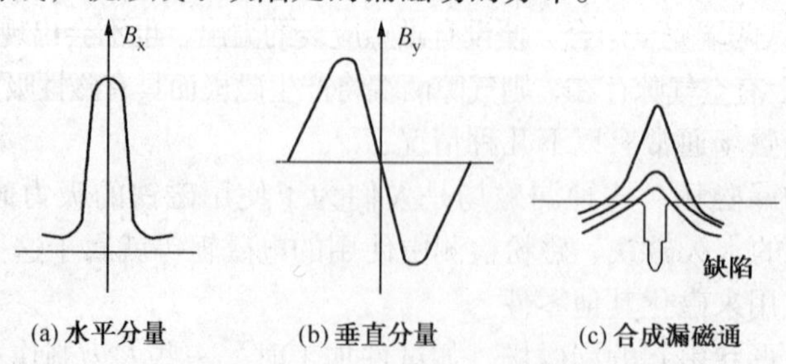

(a) 水平分量　(b) 垂直分量　(c) 合成漏磁通

图 1-30　缺陷处的漏磁场分布

由于试件中的缺陷一般相对都较小，这些漏磁场形不成大的磁力，但足以吸引微细的铁磁粉末以显示它的存在。

1.6.4 影响缺陷漏磁场大小的因素

真实的缺陷具有复杂的几何形状，计算其漏磁场是困难的。但这并不是说漏磁场是不可以认识的。可以对影响缺陷漏磁场的一般规律进行探讨。影响缺陷漏磁场的主要因素有：

1. 外加磁化场的影响

从钢铁的磁化曲线中可知，外加磁场的大小和方向直接影响磁感应强度的变化。而缺陷的漏磁场大小与工件材料的磁化程度有关。一般说来，在材料未达到近饱和前，漏磁场的反应是不充分的。这时磁路中的磁导率μ一般呈上升趋势，磁化不充分，则磁力线多数向下部材料处“压缩”。而当材料接近磁饱和时，磁导率已呈下降趋势，此时漏磁场将迅速增加，如图1-31所示。

2. 工件材料及状态的影响

不同钢铁材料的磁性是不同的。在同样磁化场条件下，它们的磁性各不相同，磁路中的磁阻也不一样。对材料的磁特性分析证明，在材料的近饱和处，不同材料的磁导率与最大磁导率的比值(μ/μ_{max})是有差异的。从统计规律看，磁性较软的材料比值较小，而磁性较硬的材料比值较大。反映了磁性较软的材料在近饱和处磁阻变大，易于逸出形成漏磁场。

3. 缺陷位置及形状的影响

钢铁材料表面和近表面缺陷都会产生漏磁通。不过随着缺陷埋藏深度的加大，缺陷的显现能力将急剧恶化。这是由于同样的缺陷埋藏深度过深时，被弯曲的磁力线难以逸出表面，不容易形成漏磁场。在埋藏浓度为1~2mm的情况下，只有高1.5~3mm或以上的十分粗大的缺陷才能被发现。图1-32表示了缺陷埋藏深度与漏磁场的关系。

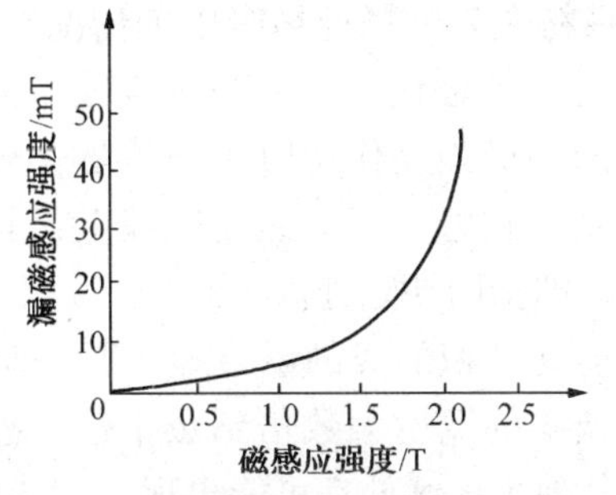

图1-31 漏磁场与钢材磁感应强度的关系

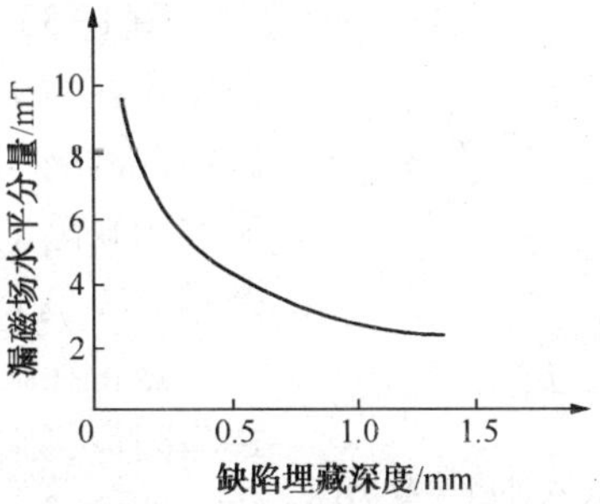

图1-32 缺陷埋藏深度的影响

缺陷倾角方向同样对漏磁场大小有影响。当缺陷倾角方向与磁化场方向平行，所产生的漏磁场最小。当缺陷倾角方向与磁化场方向垂直时，缺陷所阻挡的磁通最多，漏磁场最强也最有利于缺陷的检出。而缺陷倾角方向与磁化场成某一角度时，漏磁场主要由磁感应强度的法向分量决定。一般说来，缺陷倾角方向如果不小于45°，对显示的影响不大；但在缺陷倾角小于20°的条件下，缺陷显现将很不可靠或者根本显现不出来。

在表面缺陷开口宽度相同的条件下，如果缺陷高度不同，产生的漏磁场也不一样。高度h更大或者高宽比h/b更大的缺陷会显现得更好。而缺陷的长度1，只要不小于0.5mm便对显现能力没有影响。深宽比愈大，漏磁场也愈强，缺陷也易于被发现。气孔比横向裂纹产生的漏磁场小。球孔、柱孔、链孔等形状都不利于产生大的漏磁场。

4. 钢材表面覆盖层的影响

工件表面非磁性覆盖层会导致漏磁场在表面上的减小。一般情况下，覆层厚度在20μm

时可认为没有影响。但更大的覆层厚度将造成显示能力的恶化。当覆层厚度在(100~150)μm时，只能检测出高为150μm以上的粗大缺陷。

若工件表面进行了喷丸强化处理，由于处理层的缺陷被强化处理所掩盖，漏磁场的强度也将大大降低，有时甚至影响缺陷的检出。

5. 磁化电流种类的影响

不同种类的电流对工件磁化的效果不同。交流电磁化时，由于趋肤效应的影响，表面磁场最大，表面缺陷反应灵敏，但随着表面向里延伸，漏磁场显著减弱。直流电磁化时渗透深度最深，能发现一些埋藏较深的缺陷。因此，对表面下的缺陷，直流电产生的漏磁场比交流电产生的漏磁场要大。

1.6.5 磁粉在漏磁场中的受力分析

在磁粉探伤中，漏磁场是用磁粉显示的。所谓磁粉，是一种粉末状的磁性物质。有一定的大小、形状、颜色和较高的磁性。它能够被漏磁场所磁化，并受到漏磁场磁力的作用，形成由磁粉堆积的图象，即所谓磁痕。

磁粉被漏磁场的吸引可以这样描述：

设一工件表面有一狭窄的缺陷。当工件被平行于表面的磁场磁化时，缺陷将产生漏磁场，随着磁化磁场强度 H 的增大，缺陷上漏磁场也将适当加强。由于磁粉是一个个的活动的磁性体，在磁化时，磁粉的两端将受到漏磁场力矩的作用，产生与吸引方向相反的N极与S极，并转动到最容易被磁化的位置上来；同时磁粉在指向漏磁场强度增加最快方向上的力的作用下，被迅速吸引向漏磁场最强的区域。

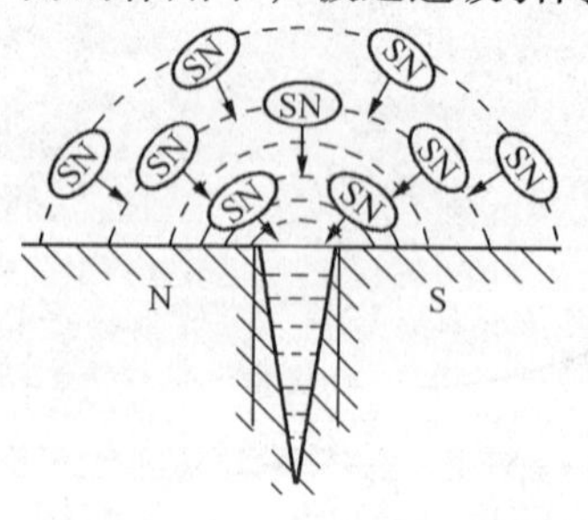

图1-33　缺陷处磁粉受力图

图1-33表示了磁粉在漏磁场处被吸引的情况。可以看出，当磁粉在磁极区通过时将被磁化，并沿磁感应线排列起来。当磁粉的两极与漏磁场的两极相互作用时，磁粉就会被吸引并加速移到缺陷上去。漏磁场磁力作用在磁粉微粒上，其方向指向磁感应线最大密度区，即指向缺陷处。

磁粉在缺陷漏磁场处堆积形成的磁痕显示是一种放大了的缺陷图像，它比真实缺陷的宽度大数倍到数十倍。磁痕不仅在缺陷处出现，在材料其他不连续处都可能出现。

磁粉被漏磁场吸附的过程是一个复杂的过程。它受到的不仅是磁力，还有重力、液体分子的悬浮力、摩擦力、静电力等的作用。但这些作用都是以漏磁场产生为条件的。因此，磁粉探伤是一种利用铁磁材料漏磁场吸引磁粉显示出缺陷的方法，没有漏磁场存在，磁粉检测便发现不了缺陷。

1.7 光学知识

1.7.1 可见光与紫外光

1. 可见光

可见光是人眼能接收到的光，是电磁波中的一种。波长不同的电磁波，引起人眼的颜色感觉不同。可见光的波长在400~780nm之间。770~622nm，感觉为红色；622~597nm为橙色；597~577nm之间为黄色；577~492nm为绿色；492~455nm为蓝靛色；455~390nm为紫色。大于红色光波长的光为红外线，小于紫色光波长的光为紫外线，又叫紫外光。我们通常看到的白光，是不同波长的色光混合的结果。

单位面积上接受的可见光的大小(照度)用照度计直接进行测量。照度单位为lx(勒克斯)。采用白光照明时试件上的照度应不低于500 lx，通常都是在1000 lx左右。

2. 紫外光

紫外光又叫做紫外辐射，它是电磁波的一种，波长范围为100~400nm，是一种不可见光。在磁粉检测中，紫外线通常由专用的紫外线灯产生。

按国际照明委员会规定，紫外线分为三个范围：

波长为400~320nm的紫外线称作UV-A，又叫做黑光或长波紫外线。UV-A可以直达肌肤的真皮层，破坏弹性纤维和胶原蛋白纤维，将我们的皮肤晒黑，故又称为长波黑斑效应紫外线。日光中含有的长波紫外线有超过98%能穿透臭氧层和云层到达地球表面。这种紫外线有很强的穿透力，可以穿透大部分透明的玻璃以及塑料。可透过完全截止可见光的特殊着色玻璃灯管，仅辐射出以365nm为中心的近紫外光，可用于矿石鉴定、舞台装饰、验钞等场所。无损检测(磁粉检测和渗透检测)中常用该波段紫外线作为激发荧光物质(荧光磁粉或荧光渗透液)产生荧光的光源。

波长为320~280nm的紫外线称作UV-B，又叫做中波紫外线。它具有中等穿透力。UV-B紫外线对人体具有红斑作用，使皮肤在短时间内晒伤、晒红(对一般人来说是25min左右)，故又称为中波红斑效应紫外线。

UV-C波段，波长280~100nm，又称为短波灭菌紫外线。它的穿透能力最弱，无法穿透大部分的透明玻璃及塑料。短波紫外线对人体的伤害很大，短时间照射即可灼伤皮肤，长期或高强度照射还会造成皮肤癌。

紫外线的强度通常用辐照度表示。所谓辐照度，是指在某一指定表面上单位面积上所接受的辐射能量。辐照度用E表示，单位为W/m^2(瓦特/平方米)。辐照度可用紫外线辐照度计进行检查。

1.7.2 亮度对比与光致发光

1. 亮度对比

颜色或色彩是通过眼、脑和我们的生活经验所产生的一种对光的视觉效应。光线照射到不同物体表面，表面上会产生不同明暗的景象，反映出物体的不同颜色。人眼对不同颜色的感受是不同的，一般对红色、绿色和蓝色较为敏感，特别是对黄绿色最为敏感。

对比度指的是一幅图像中明暗区域最亮的白和最暗的黑之间不同亮度层级的测量，差异范围越大代表对比度越大，差异范围越小代表对比度越小。这种明暗对比又叫做亮度的反差。对于我们要观察的识别的对象，其亮度与观察背景的亮度反差越大越好，这样有利于对象的识别。还有一种是颜色的差异，不同颜色之间的对比差异是不同的，一个弥散地反射所有波长的光的表面是白色的，而一个吸收所有波长的光的表面是黑色的。黑白之间的反差最为人熟悉。最大的反差比可达9∶1。

人眼对颜色和亮度都很敏感。但并不是对所有强度等级的亮度或所有颜色都具有同等敏感程度，人眼对 400~700nm 波长的光起作用，而对光谱中心的黄绿波长最敏感。响应曲线呈铃罩形，分别在 400nm 和 700nm 左右降到最低点。如图 1-34 所示。

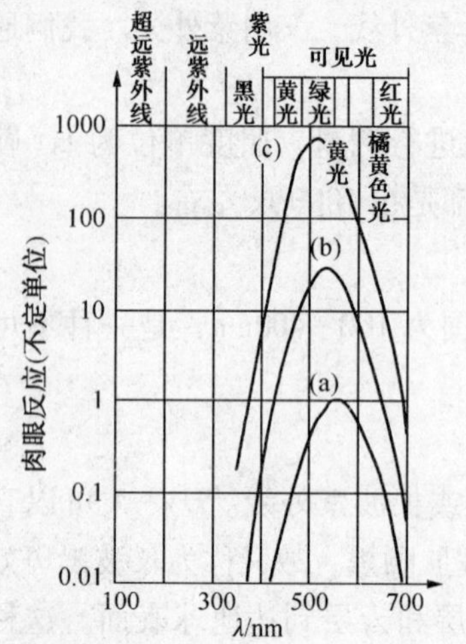

图 1-34　人眼对可见光的相对平均反映

在磁粉检测中，希望缺陷形成的磁粉图像(磁痕)能最大地被人眼识别。这就要求磁痕能具有人眼最能识别的颜色和与试件表面颜色形成最大的反差。

2. 光致发光

发光的物体称为光源，也称为发光体。一些物质(如荧光物质)本身不能发光，但在一定的光源照射下会发出某一波段的单色光或混合光的现象，这种现象叫做光致发光，是一个冷发光现象。其原理是：当某种常温物质经某种波长的入射光(通常是紫外线或 X 射线)照射，吸收光能后进入激发态，发出比入射光的波长长的出射光(通常波长在可见光波段)；一旦停止入射光，发光现象也随之立即消失。

磁粉检测中利用光致发光的原理，采用紫外线对某类荧光物质制成的磁粉进行照射，荧光物质即发出波长范围为 510~550nm 的黄绿色荧光。这种荧光最为人眼所接受，有利于最大限度地识别缺陷。在荧光系统中，磁痕是亮点，由于激发出大量可见光和存在人眼看不见的紫外光。这使得非荧光本底呈低亮度而相应反差比就高。在一个全黑的观察区域内，有效反差比能达到 200∶1 或更高。这样就能更有效地对缺陷磁痕进行识别。

习　题

一、问答题

1. 什么是磁性和磁极？
2. 简述磁通量、磁场强度、磁感应强度和磁导率的概念。
3. 简述电流与磁场的内在联系。
4. 什么是漏磁场？影响漏磁场的主要因素有哪些？
5. 简述磁粉检测的基本原理。

二、选择题

1. 在国际单位制中，常用哪个表示磁场强度：(　　)

　A. A/m　　B. m/A　　C. T　　D. Gs

2. 零件中感应的磁场强度通常叫作：(　　)

　A. 电流密度　　B. 电压　　C. 磁感应强度　　D. 顽磁性

3. 被磁性排斥的材料称为：(　　)

　A. 顺磁性材料　　B. 抗磁性材料　　C. 非金属材料　　D. 金属材料

4. 在磁化时具有微弱吸引力的物质是：(　　)

　A. 顺磁性的　　B. 逆磁性的　　C. 铁磁性的　　D. 非铁磁性的

5. 硬磁材料是指材料的：（　　）

A. 磁导率低　　B. 剩磁场较强　　C. 矫顽力大　　D. 以上都是

6. 漏磁场强度与下列哪个因素有关：（　　）

A. 磁化的磁场强度与材料的导磁率　　B. 缺陷埋藏的深度、方向和形状尺寸

C. 缺陷内部的介质　　D. 上述都是

7. 被磁化的工件表面有一裂纹缺陷，使裂纹处吸引磁粉的原因是：（　　）

A. 矫顽力　　B. 漏磁场　　C. 多普勒效应　　D. 裂纹处的高应力

8. 如果钢件的表面或近表面上有缺陷，磁化后，磁粉被吸引到缺陷上的原因是：（　　）

A. 热效应力　　B. 矫顽力　　C. 漏磁场　　D. 静电场

9. 磁铁上，磁力线进入的一端是：（　　）

A. N 极　　B. S 极　　C. N 极和 S 极　　D. 以上都不是

10. 铁磁性物质吸引其他物质的能力与哪个因素有关：（　　）

A. 密度　　B. 磁性　　C. 矫顽力　　D. 磁感应强度

11. 磁感应线在哪级位置离开磁铁：（　　）

A. N 极　　B. S 极　　C. N 极和 S 极　　D. 以上都不是

12. 在被磁化的零件上，磁场进入和离开的部位叫作：（　　）

A. 显点　　B. 缺陷　　C. 磁极　　D. 节点

13. 下面哪个是磁力线的特点：（　　）

A. 沿直线进行　　B. 形成闭合回路

C. 方向无规律　　D. 覆盖在铁磁材料上

14. 磁力线的特征是：（　　）

A. 磁力线彼此不相交　　B. 磁极处磁力线最稠密

C. 具有最短路径，是封闭的环　　D. 以上三点都是

15. 以下关于磁力线的说法，不正确的是：（　　）

A. 磁力线永不相交

B. 磁力线是用来形象地表示磁场的曲线

C. 磁力线密集处的磁场强

D. 与磁力线垂直的方向就是该点的磁场方向

16. 进一步增大磁化力，材料中的磁性也不会再增大的点称为：（　　）

A. 显极　　B. 饱和点　　C. 剩磁点　　D. 残留点

17. 下列有关磁化曲线的正确叙述为：（　　）

A. 磁化曲线表示磁场强度 H 与磁感应强度 B 的关系

B. 把磁场强度降为零时，磁感应强度与材质密度的关系称为磁化曲线

C. 在铁磁材料中，磁场强度通常与磁通密度成反比

D. 经过一次磁化后，把磁场强度降为零时的磁通密度称为磁化曲线

18. 表示磁化力在某种材料中产生的磁场强度的关系的曲线叫作：（　　）

A. 磁力曲线　　B. 磁滞回线　　C. 饱和曲线　　D. 磁感应曲线

19. 下列关于电流形成磁场的叙述，正确的说法是：（　　）

A. 电流形成的磁场与电流方向平行

B. 电流从一根导体中流过时，用右手定则确定磁场方向

C. 通电导体周围的磁场强度与电流大小无关

D. 通电导体周围的磁场强度与距导体的距离无关

20. 同样大小的电流通过两根尺寸相同的导体时，如果一根是磁性材料，一根是非磁性材料，则围在各导体周围的磁场强度是：(　　)

A. 磁性材料的较强　　B. 非磁性材料的较强

C. 随材料的导磁率而变化　　D. 磁场强度相同

三、是非题

1. 磁粉探伤无法检出钢管内表面的开口形裂纹缺陷。

2. 难于磁化的金属具有低磁导率。

3. 已知磁场方向，其磁化电流方向用右手定则判定。

4. 铁磁材料是指磁导率接近于1的材料。

5. 铁磁材料的特点是：受磁铁强烈吸引、能被磁化。

6. 材料中存在表面和近表面缺陷，磁化后会在缺陷附近产生一磁场，该磁场称为漏磁场。

7. 一般把 $B-H$ 曲线叫做技术磁滞回线，它是表示磁场强度与磁通密度之间的关系曲线。

8. 磁化曲线表示了外加磁场强度和磁感应强度的变化关系。

9. 磁铁的磁极具有不可分开性。

10. 通电导体周围的磁场强度与通电电压有关。

参考答案

选择题：1. A　2. C　3. B　4. A　5. D　6. D　7. B　8. C　9. B　10. B　11. A　12. C　13. B　14. D　15. D　16. B　17. A　18. B　19. B　20. D

是非题：1. ×　2. ○　3. ○　4. ×　5. ○　6. ○　7. ○　8. ○　9. ○　10. ×

第二章　磁粉检测器材与设备

2.1　磁粉与磁悬液

2.1.1　磁粉的种类

磁粉是一种粒度细小的磁性粉状物质，主要成份为Fe_3O_4、Fe_2O_3和纯铁粉。

磁粉的种类较多，分类方法也不同，据磁痕的观察方法不同分为荧光磁粉和非荧光磁粉，据分散介质不同分为干磁粉和湿磁粉。湿磁粉包括浓缩磁粉和磁膏等。此外还有一些特种磁粉，如空心球形磁粉、湿法固着磁粉等。

1. 荧光磁粉和非荧光磁粉

荧光磁粉是将荧光物质黏结在磁性铁粉表面而制成的。通常在紫外灯下观察，磁痕发出色泽鲜明的黄绿色的荧光，与工件表面形成良好的对比度。因此其检测灵敏度高，能发现微小的缺陷。

非荧光磁粉是黑色的Fe_3O_4与红褐色的Fe_2O_3混和物，在日光或灯光下观察。为了提高磁粉与工件表面的对比度，常将磁粉染成红色、黑色或白色。

2. 干磁粉和湿磁粉

干磁粉以干粉粒状保存，具有较好的磁性和流动性。可用于干法检测和湿法检测。

干法检测时，磁粉以空气作为分散剂施加在工件表面上。湿法检测时，将磁粉与轻质油或水配成磁悬液施加在工件表面上。

湿磁粉是将磁粉制成浓缩磁粉或磁膏保存，只能用于湿法检测，使用前需要进行稀释。浓缩磁粉是在磁粉外面包上一层润湿剂而制成的。磁膏是将磁粉与润湿剂、防锈剂均匀混合为稠浆而制成的。

3. 特种磁粉

特种磁粉是指空心球形磁粉和湿法固着磁粉。

空心球形磁粉是铁、铬、铝的复合氧化物，为空心球形，比重轻，具有良好的流动性和分散性，能不断地跳跃着向漏磁场处聚集，检测灵敏度高。高温不氧化，受潮不结块，常用于300~400℃高温焊缝检测。

湿法固着磁粉是将着色的热塑性树脂涂敷在磁性铁粉的表面上。磁粉检测时，加热工件，缺陷处吸附的磁粉受热变软具有黏结性而黏结在缺陷处，使磁痕固着在工件表面上，显示缺陷。

2.1.2　磁粉的性能

磁粉检测中，磁粉是形成磁痕显示缺陷的重要材料。磁粉性能的好坏直接影响缺陷检出的效果。一般要求磁粉具有以下性能。

1. 磁特性

磁粉检测时，要求磁粉具有高磁导率μ，低剩磁B_r和低矫顽力H_c。磁滞回线狭窄。磁粉的磁导率μ高，易磁化，磁化后磁性强，这样容易被漏磁场吸附。磁粉的B_r和H_c低，磁粉容易分散和流动，检测后清除也比较方便。如果B_r和H_c较高，磁粉会凝聚成团，不易分散开，悬浮性能差，容易沉积。同时还会吸附在工件表面上，不便清除。

磁粉的磁特性常用称量法测定，一般要求磁粉的称量值不小于7g。

2. 粒度

磁粉的粒度是指磁粉颗粒的大小。

磁粉的粒度对磁粉的分散性、悬浮性和漏磁场对磁粉的吸附有较大的影响。磁粉粒度大，分散性好，悬浮性差，不容易被缺陷处微弱的漏磁场吸附。磁粉粒度小，分散性差，悬浮性好，容易被微弱的漏磁场吸附。当然，缺陷对磁粉的吸附还与缺陷同磁粉的相对大小有关。一般认为，当磁粉的粒度大小为缺陷宽度的0.5~1倍时，磁粉最容易被缺陷漏磁场所吸附。

不同种类的磁粉粒度要求不同，干法检测，要求分散性好，磁粉粒度以10~60μm为宜。湿法检测，要求磁悬液中的磁粉悬浮性好，磁粉粒度以1~10μm为宜。荧光磁粉，要求磁粉的分散性和悬浮性较好，其粒度以5~25μm为佳。

3. 流动性和密度

为了有效地检出缺陷，磁粉必须能在工件表面流动，以便被漏磁场吸附，因此要求磁粉具有良好的流动性。

磁粉的密度对磁粉的磁性、悬浮性、流动性有影响。磁粉密度大，磁性强，悬浮性差，流动性也不好，吸附磁粉所需的磁场力大。磁粉密度小，磁性弱，悬浮性好，流动性好，吸附磁粉所需的磁场力小。

一般干法检测用纯铁磁粉密度为8g/cm^3，湿法检测用Fe_3O_4和Fe_2O_3磁粉密度为4.5g/cm^3，空心球形磁粉密度为0.71~2.3g/cm^3。

4. 形状

磁粉的形状有条状、椭圆状、球状和各种不同规则形状。

磁粉的形状不同，其磁性和流动性也不一样。条状磁粉，易磁化，出现明显的磁极，易结成磁粉链，被弱漏磁场吸附，形成清晰的磁痕。对于宽而浅的缺陷和近表面缺陷检出率高。但条状磁粉流动性差。球状或椭圆状磁粉流动性好，但磁化较难，磁性较弱，漏磁场的吸附力较小。为了使磁粉既具有良好的磁性又具有良好的流动性，常将条状磁粉和球状磁粉按一定的比例混合而成。

5. 识别度

识别度是指磁粉的光学性能，包括磁粉的颜色或荧光亮度以及与工件表面颜色的对比度。

对于非荧光磁粉，磁粉颜色很重要，一般光亮表面的工件宜用黑磁粉，黑色表面的工件宜用白磁粉，荧光磁粉可用于任何表面颜色的工件。

2.1.3 磁悬液

将磁粉与油或水按一定的比例混合而成的悬浮液，称为磁悬液。磁悬液中悬浮磁粉的液体称为分散剂或悬浮剂或载液。

为了满足磁粉检测的要求，磁悬液中的分散剂必须符合以下条件。

(1) 具有适当的黏度和较好的流动性，使磁粉能较好地悬浮在分散剂中。

(2) 表面张力较小，以便使分散剂能较好地润湿磁粉和工件，施加时能迅速均匀地覆盖在工件表面上。

(3) 闪点高，不易燃，挥发性小，化学稳定性好，经久耐用。

(4) 对工件无腐蚀，对人体无害，价格低廉，来源广。

实际检测中，根据分散剂不同将磁悬液分为油磁悬液和水磁悬液两大类。

1. 油磁悬液

分散剂为油的磁悬液，称为油磁悬液。油磁悬液的悬浮性能好，不易使工件生锈，但流动性差，易燃。

常用的油有变压器油、煤油(无味)等。变压器油黏度较大，悬浮性能较好，但流动性较差。煤油黏度较小，流动性较好，但悬浮性能差，因此一般采用50%的变压器油与50%的煤油的混合液。

配制时先取少量的混合油液与磁粉混合，使磁粉全部润湿。并搅拌成均匀的糊状，然后加入其余的混合油液，再搅拌均匀。对于浓缩磁粉，不需要预先混合，可以直接加入混合油液中适当搅拌，即可使用。

油磁悬液的浓度一般要求磁粉含量为15~35g/L。

2. 水磁悬液

分散剂为水的磁悬液，称为水磁悬液。水磁悬液黏度低，流动性好，成本低，无着火的危险。但磁粉易沉淀，使用时需要不断扭动，同时还容易使工件生锈。因此水中须加入防锈剂、润湿剂和消泡剂。防锈剂的作用是防止工件锈蚀。润湿剂的作用是降低水对磁粉和工件的表面张力，增强润湿作用。消泡剂的作用是防止和抑制搅拌时产生的气泡。

常用的水磁悬液配方如下：

100#浓乳	三乙醇胺	亚硝酸钠	消泡剂	磁粉	水
10g	5g	5g	0.5~1g	10~25g	1000mL

配制方法：将100#浓乳加到50~60℃的温水中，搅拌至完全溶解，再加入三乙醇胺、亚硝酸钠和消泡剂制成分散剂，然后取少量分散剂与磁粉充分混合，最后将其余的分散剂加入，并搅拌均匀。

荧光水磁悬液配方如下：

乳化剂	亚硝酸钠	消泡剂	荧光磁粉	水
5g	15g	0.5~1g	1~2g	1000mL

配制方法：将乳化剂与消泡剂混合搅拌均匀，加入水中制成分散剂。用少量分散剂与磁粉和匀，再加入余下的分散剂，最后加入亚硝酸钠。

一般荧光磁悬液不配制油磁悬液，因为煤油在紫外灯下本身会发出荧光。

2.1.4 磁粉与磁悬液性能的测试

1. 磁粉的性能测试

磁粉的磁性和粒度是磁粉的重要性能，下面介绍其测试方法。

1）磁粉的磁性

磁粉的磁性常用称量法来测定。称量法是根据标准电磁铁吸附磁粉重量的多少来评价磁粉的磁性。磁粉磁性称量仪的结构原理如图 2-1 所示。

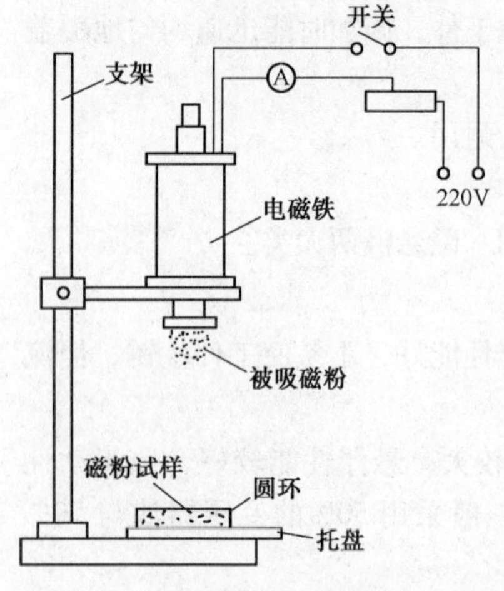

图 2-1 磁粉磁性称量仪的结构原理

具体称量方法如下：

（1）接通电源，调节变阻器，使安培表电流达 1.3A，然后切断电源。

（2）将干磁粉装入圆环内并刮平，然后利用托盘将磁粉移至与电磁铁的吸盘接触，通电 5s 后，将托盘放回原处。

（3）待吸盘吸住的磁粉稳定后切断电源，取下吸盘上吸住的全部磁粉，用天平称量磁粉的重量。

重复测试三次，取平均值为所求。磁粉检测标准规定非荧光磁粉的磁性称量值不少于 7g 为合格，荧光磁粉不少于 6g 为合格。

2）磁粉的粒度

磁粉的粒度可用酒精沉淀法、过筛法和显微镜法来测定。

（1）酒精沉淀法：酒精沉淀法是根据玻璃管内的磁粉与酒精充分摇晃混合静置一定时间后，据管内磁粉沉凝柱高度来评价磁粉的粒度。磁粉沉凝柱高度大，磁粉粒度大。

（2）过筛法：过筛法是用规定的标准筛来筛磁粉，根据通过筛孔的磁粉重量占总磁粉重量的百分比来评价磁粉的粒度。通过百分比大，说明粒度细。

筛子孔尺寸如下：

目数	200	300	320	400	500
孔径/mm	0.076	0.054	0.043	0.0385	0.031

（3）显微镜法：将少量磁粉用含有表面活性剂的水或其他液体分散开，然后用显微镜观察照相，定向测定 1000 个以上的磁粉粒径，给出磁粉粒径的累计数曲线，最后确定磁粉的平均直径。

2. 磁悬液性能测试

磁悬液的浓度和运动黏度是衡量磁悬液性能的重要指标，要进行测试。此外磁悬液的污染也要定期检查。下面简介其测试方法。

1）磁悬液浓度的测定

磁悬液静置一定时间后，会产生磁粉沉淀。磁粉沉淀的量与磁悬液浓度有关，沉淀的量愈多，磁悬液的浓度愈大。目前用来测定磁悬液浓度的梨形沉淀管就是根据这一原理制成的，梨形沉淀管如图 2-2 所示。

测定方法：启动油泵，搅拌磁悬液至少 30min，取 100mL 均匀的磁悬液注入沉淀管，使其静置沉淀。无味煤油或水配制的磁悬液静置 30 min，变压器油配制的磁悬液静置 24h。然后读出沉淀磁粉的毫升数。再用坐标法或计算法确定磁悬液的浓度。

（1）坐标法：先用标准浓度的磁悬液绘制图 2-3 所示的坐标图。由于沉淀量与浓度成线性关系，因此确定两点就可以做出此图。然后根据测得的磁粉沉淀毫升数从坐标图上确定磁悬液的浓度。

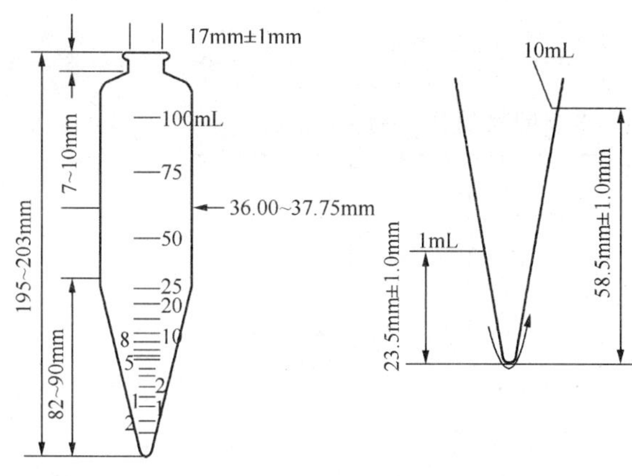

图 2-2　梨形沉淀管

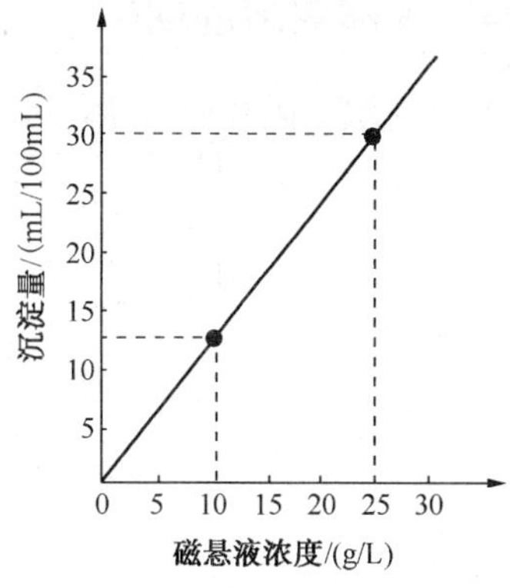

图 2-3　沉淀量与浓度的关系

例如：沉淀量为 30mL 时，对应的磁悬液浓度为 25g/L。

(2) 计算法：由于磁悬液的浓度大致与其沉淀高度成正比，因此磁悬液的浓度 x_2 可用下式来计算：

$$x_2 = \frac{x_1 h_2}{h_1} \text{ (g/L)}$$

式中　x_1——给定磁悬液的浓度，g/L；

h_1——给定磁悬液的沉淀高度，mL；

h_2——待测磁悬液的沉淀高度，mL。

2）磁悬液运动黏度的测定

磁悬液的黏度可用黏度计来进行测量。在 20℃ 时无味煤油的黏度应小于 5×10^{-6} m^2/s（5 厘斯托克斯[cSt]），变压器油黏度应小于 $2\times10^{-5} m^2/s$（20cSt）。$1m^2/s=10^6 cSt$。

3）磁悬液的污染检查

磁悬液在使用一段时间后，由于各种因素的影响，使磁悬液受到污染。因此需要进行定期检查。

用新配的磁悬液与待测磁悬液检查含已知缺陷的试件，比较两者缺陷显示情况。当待测磁悬液缺陷明显变差或荧光亮度显著降低时，说明待测磁悬液被污染，需要更换。

对于荧光磁粉，当磁粉沉淀后，载液明显发出荧光，说明该磁悬液被污染需要更换。用沉淀法测浓度时，沉淀物明显地分成两层，且上层高度超过下层高度的 50%。这时也说明磁悬液被污染，需要更换。

2.2　灵敏度试片

磁粉检测中，发现规定大小或规定深度缺陷的能力，称为磁粉检测灵敏度。磁粉检测灵敏度常用灵敏度试片(块)来测定。

灵敏度试片(块)上含有各种不同的人工缺陷，可以用来鉴别检测设备、磁粉、磁悬液的综合性能，确定检测灵敏度和磁化规范。判别工艺操作方法是否妥当，考察工件表面各点的磁场分布情况等。

灵敏度试片(块)的种类较多，目前，我国用得较多的有 A 型灵敏度试片、环形灵敏度试块、平板形灵敏度试块以及磁场指示器等。

2.2.1 A 型灵敏度试片

A 型灵敏度试片的形状尺寸见图 2-4，类别型号见表 2-1。

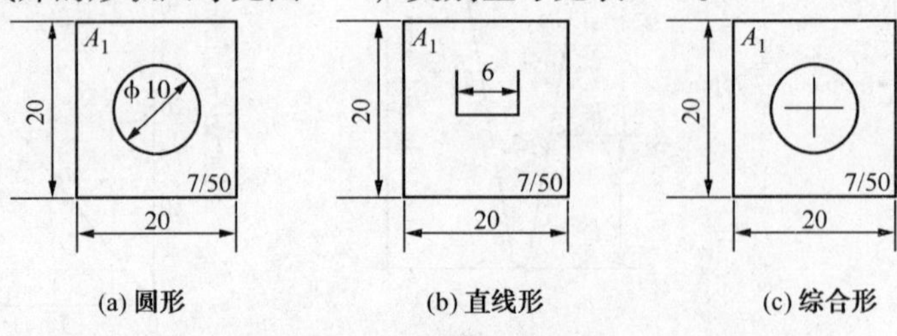

图 2-4 A 型灵敏度试片

A 型灵敏度试片用轧制的电磁软铁片制成，纵横方向的磁场性不同，退火处理可以消除这种现象。通常在试片的一面刻有一定深度的细槽，据刻槽不同分为圆型、直线型和综合型三种形式。一般直线型用于检查磁场方向确定的工件，圆形用于磁场方向任意的工件，综合型兼有直线形和圆形特点。

表 2-1 A 型灵敏度试片的类别与型号

类　别	型　号	材　料
第一类	A_1- 7/50　A_1-15/50　A_1-30/50 A_1-15/100　A_1-30/100　A_1-60/100	退火电磁软铁
第二类	A_2-7/50　A_2-15/50　A_2-30/50 A_2-15/100　A_2-30/100　A_2-60/100	未退火电磁软铁

A 型灵敏度试片分为 A_1、A_2 两类，A_1 为退火电磁软铁，A_2 为未退火电磁软铁。一般显示同样深度的刻槽，A_1 比 A_2 所需的磁场强度小。

A 型灵敏度试片的型号由两部分组成，前者表示材料情况，后者用分数形式表示试片厚度和刻槽深度，分子表示刻槽深度，分母表示试片厚度，单位为 μm。例如 A_1-30/50，A_1 表示试片材料为退火电磁软铁，30/50 表示试片厚度为 50μm，槽深为 30μm。

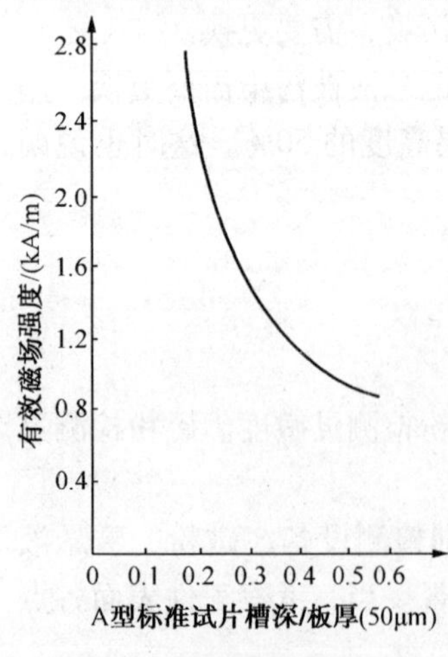

图 2-5 显示磁痕试片分数值与磁场强度的关系

试片显示磁痕时，分数值槽深/板厚与所需磁场强度的关系如图 2-5 所示。试片分数值愈小，显示磁痕所需的磁场强度愈大。一般检查微细缺陷时，用分数值小的试片；检查较大缺陷时，用分值数较大的试片。

A 型灵敏度试片主要用于确定检测灵敏度和磁化规范，鉴别设备与磁粉的性能，判定工艺操作是否适当以及工件表面有效磁场的方向。

A 型灵敏度试片一般只用于连续法检测，不用于剩磁法检测。因为连续法中，试片磁痕显示几乎不受工件材料的影响。而剩磁法中，试片磁痕显示受工件材料、试片与工件接触状态影响较大。

使用试片时，应使有槽一面对着工件，无槽一面朝外，用胶纸将试片固定在工件表面上。注意使试片与工件表面密合，胶纸不要覆盖住槽部，贴放试片的工件表面应清除锈蚀和油污。试片贴放好后通电磁化，并施加磁粉或磁悬液，然后观察磁痕显示情况。

A 型灵敏度试片用后，要用有机溶剂洗净，用脱脂棉擦干，待干燥后涂上防锈油，保存在干操处。

2.2.2 环形灵敏度试块

环形灵敏度试块分为直流试块和交流试块两种。

1. 直流环形试块

直流环形试块形状尺寸见图 2-6。该试块的材料为 MnCrWV 冷作模具钢，退火状态硬度 $HR_c=60\sim65$。试块上加工有 12 个直径为 0.07in(约 ϕ1.8mm)的通孔，各孔距外缘的尺寸分别为 0.07in、0.14in、0.21in、0.28in、0.35in、0.42in、0.49in、0.56in、0.63in、0.70in、0.77in、0.84in。

使用方法：用中心穿铜棒法磁化试块，通直流电，用连续法检测，观察试块外缘显示清晰磁痕的孔数，显示磁痕的孔数愈多，灵敏度就愈高。

该试块仅适用于中心导体法直流电和整流电周向磁化工件的情况。

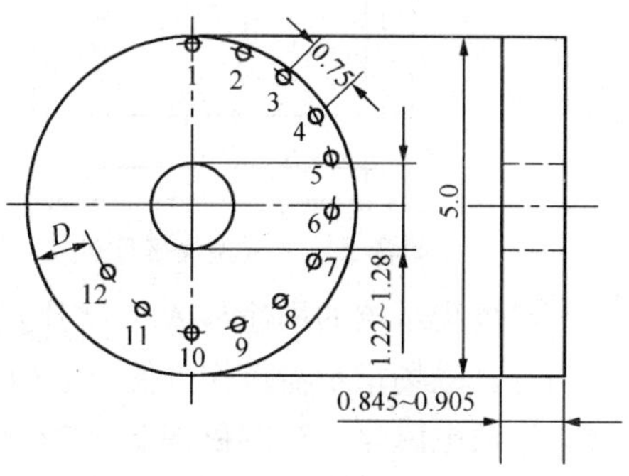

图 2-6 直流环形试块

2. 交流环形试块

交流环形试块尺寸见图 2-7，它由钢环、胶木衬套和铜棒组成。其中钢环通过胶木衬套固定在铜棒上。钢环上钻有 3 个 ϕ1mm 的通孔，孔距表面的尺寸分别为从 1mm、1.5mm、2mm。使用时，将铜棒夹在检测机两触头之间通电磁化，观察钢环外缘孔的磁痕显示情况。显示孔数多，灵敏度高。该试块适用于中心导体法交流电周向磁化工件的情况，主要用于评价磁粉性能和系统灵敏度。

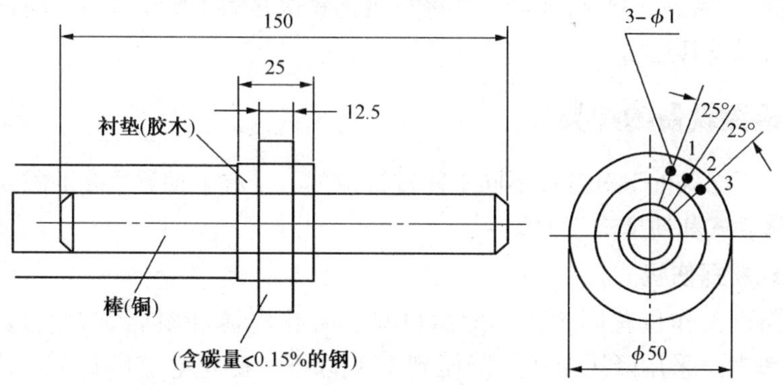

图 2-7 交流环形试块

2.2.3 平板型灵敏度试块

平板型灵敏度试块(图 2-8)的材料与被检材料相同或相近。试块厚度 T 根据被检材料厚度确定。当被检材料厚度在 19mm 以下时，$T\leqslant6.4$mm，当被检材料在 19mm 以上时，$T=19$mm。

试块上用电火花机床加工 10 个小槽，每个槽长 3mm，宽 0.125mm，深度按等差数列排列，公差为 0.125mm，各槽深分别为 0.125 mm、0.250 mm、0.375 mm、0.500 mm、

1.250mm。槽内用环氧树脂等不导电材料充填，以防磁悬液进入。

该试块适用于触头法或磁轭法磁化，用于评价系统灵敏度和磁粉、磁悬液的性能。使用时，使试块有槽一面向下，用触头法或磁轭法在无槽一面通电磁化，观察试块上出现的磁痕总长度。磁痕长，灵敏度高。

2.2.4 磁场指示器

磁场指示器如图2-9所示。它是用铜焊将八块三角形低碳钢薄片焊在一块铜板上制成的正八边形，有一个非磁性的手柄。不同的磁场指示器其铜片厚度不同。

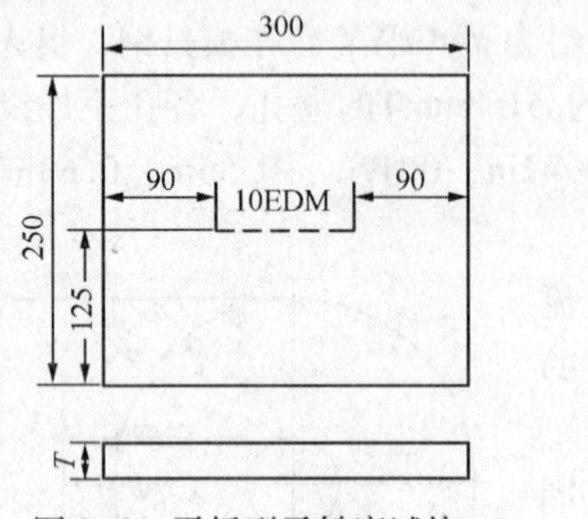

图2-8 平板型灵敏度试块

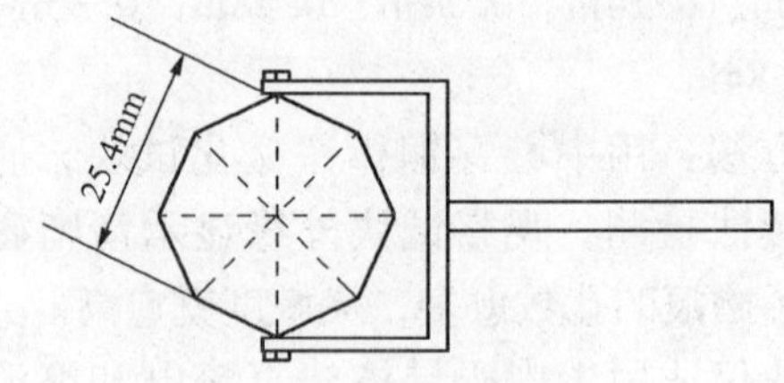

图2-9 磁场指示器

磁场指示器的用途与A型试片基本相同，可以用来确定磁化规范、系统灵敏度、磁场方向等。磁场指示器操作方便，耐用性好。使用时，使指示器铜面朝上，钢面紧贴工件，用连续法通电磁化，观察磁痕显示情况。检查微小缺陷，用铜片较厚的指示器，检查较大缺陷，用铜片较薄的指示器。

2.3 磁粉检测设备

在磁粉检测中，磁粉检测机是对工件进行磁化和退磁的主要设备，下面分别介绍磁粉检测机的分类、组成及其选用。

2.3.1 磁粉检测设备的种类

为了适应在不同条件下对各种不同工件进行检测，发展了种类繁多的磁粉检测机。通常分为固定式、移动式和便携式三大类。

1. 固定式磁粉探伤机

固定式探伤机工作位置固定，一般由机身、磁化电源和附属装置组成。体积大，重量重，输出功率大。采用降压变压器降压到12V以下，磁化电流高达10^4A以上。可以实行周向、纵向和复合磁化，磁化电流和夹头间距可调。一般用于湿法检测，带有磁悬液循环系统和喷枪，喷洒压力和流量可调节。可实现交直流退磁。还备有紫外灯，用于荧光磁粉检测。

这种设备主要用于中小型工件检测，有些设备备有支杆触头和电缆，便于对大型工件检测。

目前常用的固定式磁粉检测机有CEW-2000型、CEW-4000型、CEW -6000型、CEW-10000型等。

2. 移动式磁粉探伤机

移动式磁粉探伤机，一般由磁化电源、电缆和小车等部分组成，小车上装有滚轮可以自由移动，便于探测不易搬动的大型工件。常利用支杆法检测，采用降压变压器降压至 12V 以下，磁化电流在 3000~6000A 之间，磁化电流为交流电或整流电。适用于湿法或干法磁粉检测。

常用移动式磁粉检测机有 CYD-3000 型、CYD-5000 型等。

3. 便携式磁粉探伤机

便携式磁粉探伤机，一般由磁轭(或磁化电源)、电缆组成，重量轻，体积小，便于携带。适用于野外或高空作业。干法、湿法检测均可。在锅炉压力容器和飞机制造等部门应用较广。

常用的便携式检测机有电磁轭型、交叉磁轭型、永久磁轭型和支杆型几种。

(1) 电磁轭型：电磁轭是在一个铁芯上绕一组线圈，利用磁轭线圈通电产生磁场来磁化工作。这种检测小巧轻便，不烧损工件，磁极间距可调，可用直流或交流激磁，常用于焊缝检测。

电磁轭探伤机的主要技术指标是提升力。交流激磁，磁极间距最大时，提升力不小于 44N。直流激磁，磁极间距为 50~100mm 时，提升力不小于 134N，间距为 100~150mm 时，提升力不小于 177N。

(2) 交叉磁轭型：交叉磁轭由两个电磁轭交叉组成，磁轭线圈通电后产生一个方向不断改变的旋转磁场，一次磁化检测可以同时检出不同方向的缺陷，它的四个磁极上装有小滚轮，可以在工件上滚动，检查速度快，特别适用于大型构件的焊缝和轧辊检测。

(3) 永久磁轭型：永久磁轭由永久磁铁制成，不需要通电就可以磁化工件。适用于无电源的飞机检修和野外检测。

(4) 支杆型：支杆型由小型磁化电源与支杆组成。支杆通过电缆与磁化电源相连接。采用支杆法检测，磁化电流可达 2000A，采用可控硅调压，输出 500A 的检测机重只有 7kg，适用于锅炉压力容器焊缝和飞机检修检测。

2.3.2 磁粉探伤机的组成

不同种类的磁粉探伤机结构型式不同，组成也不一样。固定式探伤机主要由机身、磁化电源和附属装置(工件夹持器、指示仪表、磁悬液喷洒装置、照明装置、退磁装置、断电相位控制器等)组成。移动式探伤机主要由磁化电源、支杆触头、磁化线圈和软化缆组成。便携式探伤机主要由磁化电源、电缆与磁轭或支杆组成。

下面以固定式探伤机为主简单说明。

1. 磁化电源

磁化电源是探伤机的核心部分，其主要作用是将 220V 或 380V 的电源电压变为 12V 以下的低电压，以大电流输出，必要时进行整流，以便获得所需的磁化电流，使工件磁化。

一般磁化电源由调压和整流两部分组成。

常用的调压方式有自耦变压器调压和可控硅调压两种。

自耦变压器调压如图 2-10 所示。利用改变自耦变压器匝数来改变初级电压，以达到调节磁化电流的目的。这种调压方式属于有触点调节，磁化电流不能连续调节。

可控硅调压如图 2-11 所示。利用两个反向并联的可控硅二极管来调整导通角，从而改变初级电压，达到调节磁化电流的目的。这种调压方式为无触点调节，磁化电流可连续调节。

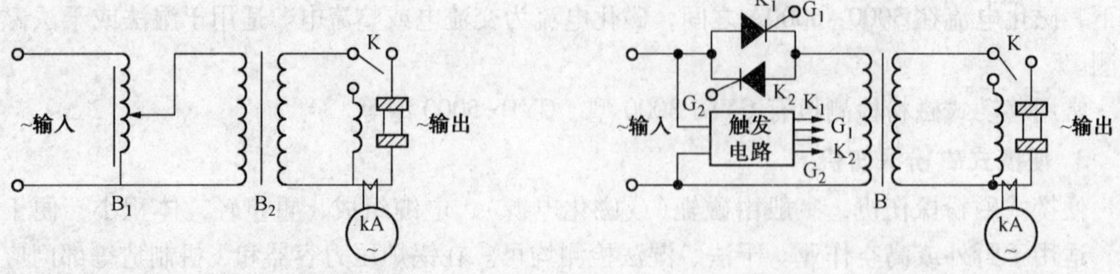

图 2-10　自耦变压器调压　　　　图 2-11　可控硅调压

常用整流电路如图 2-12 所示，图中(a)为单相半波整流，(b)为单相全波整流，(c)为三相半波整流，(d)为三相全波桥式整流。

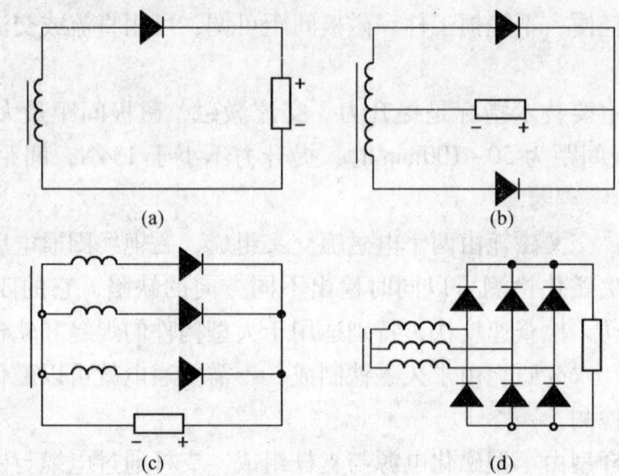

图 2-12　整流电路

图 2-13 为交直流两用探伤机的磁化电流线路图。图中采用可控硅调压和半波整流，B 为降压变压器，K_3为周向、纵向磁化换向开关，K_4为交流和半波整流换向双掷开关。硅整流二极管只数由额定输出电流决定，如果输出电流为 5000A，则需要用 10 只 500A 的硅整流二极管并联。磁化电流可直接通过工件进行周向磁化，也可通过线圈对工件进行纵向磁化。

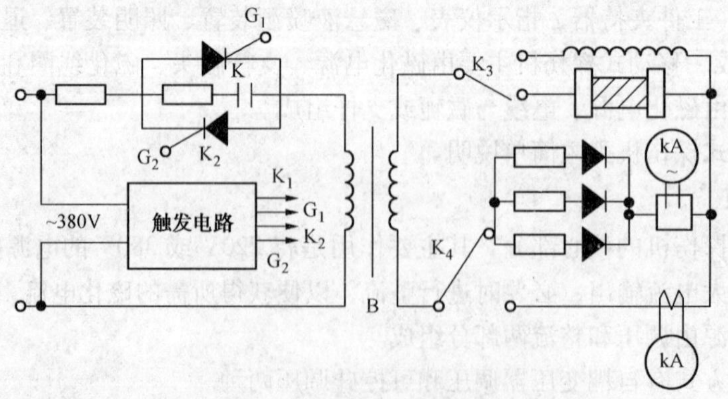

图 2-13　交直流两用探伤机线路图

2. 工件夹持器

工件夹持器用于夹持被检工件进行通电磁化。夹头间距可用电动或手动方式调节。电动调节是利用行程电机和传动机构使夹头在导轨上移动，由弹簧配合夹紧工件。手动调节是利用齿轮与导轨上的齿条啮合传动，使夹头沿导轨移动，也可用手推动夹头移动来夹紧工件，工件夹紧后自锁。

磁化夹头由钢或铜制成，夹持工件，要衬以铅或铜，以利接触，防止通断电时起弧烧伤工件。

有些探伤机的夹头在夹紧工件后可以转动，便于观察，但转动时不要通电磁化。

3. 指示仪表

指示仪表是指电流、电压表。

交流探伤机使用的电磁式电流表量程较小，一般是若干 A，而磁化电流高达 10000A 以上，因此要与电流互感器联用。电流互感器相当于一个变压器，初级线圈只有 1 匝。如果检测机电流为 2000A，电流表为 5A，那么就要用 2000A/5A 的互感器。

直流探伤机使用磁电式电流表量程更小，要与分流器一起使用。直流表一般为 10μA，当探伤机电流为 2000A 时，通过分流器的电流为 10μA～2000A 。

目前有些探伤机开始采用数字式电流显示，电流值误差小，精度高。

4. 磁悬液、磁粉喷洒装置

固定式探伤机磁悬液喷洒装置由磁悬液槽、电动泵、软管和喷嘴组成循环系统。电动泵搅动悬液，并加压至$(2\sim3)\times10^5$Pa，使磁悬液从喷嘴喷出，浇洒在工件表面上，然后又回到磁悬液槽，在回流口上装有过滤网，滤去杂物。移动式和便携式检测机无循环磁悬液喷洒系统，可用带喷嘴的塑料瓶来喷洒磁悬液，其容积为 100～200mL。喷洒时，要不断摇动，以免沉淀。

干磁粉可用空气压缩机或电动送风器来进行喷洒。有时也可用带孔的手动喷洒器来喷洒。

5. 照明装置

工件上的磁痕要在一定的照明条件下观察，非荧光磁粉在白光下观察，荧光磁粉在紫外灯下观察。

由于紫外线不可见，因此紫外灯又称黑光灯，紫外灯的光谱强度峰值波长在 365nm 附近，这正是激发荧光磁粉发出荧光(550nm 左右)所需的波长，波长更短的紫外线对激发荧光无益，却对人眼有害。波长更长的紫外线也无益于荧光激发，而且影响缺陷磁痕的观察。因此，要用滤光片将不需要的紫外线滤掉。

使用紫外灯时应注意：检测工件应在点燃灯 5min 以后进行，因为刚点燃时功率达不到要求，使用过程中要尽量减少开关次数，以免影响灯的寿命。紫外灯在使用 1000h 后，强度约下降 10%，因此要定期检查紫外灯的强度。要求距灯 40cm 处强度不低于 1000μW/cm^2。

常用的紫外灯型号有 GXF-125 型、GXF-2215 型等。

6. 退磁装置

退磁装置用于对工件进行退磁处理，退磁装置可固定在探伤机上，也可分离出来单独使用。其原理是使工件通过磁场方向不断改变强度逐渐减弱至零的磁场，来消除工件上的剩磁。

常用的退磁装置有以下几种。

(1) 交流退磁线圈：交流退磁线圈是利用交流电自动换向改变磁场方向，使工件缓慢从线圈中通过，并远离线圈，直至离开线圈 1.5m，使磁场强度逐渐减弱至零，从而实现退磁。另外也可将工件放在线圈中，使线圈电流强度逐渐减少至零来退磁。线圈框架一般为 300mm×300mm、400mm×400mm、500mm×500mm 等几种，电源为 220V 或 380V，线圈中心磁场强度为 16~20kA/m(200~250 Oe)。

交流退磁线圈只能消除工件表面的剩磁，因此对于直流磁化的工件退磁效果不太理想。

(2) 直流退磁线圈：直流退磁线圈是使工件通过直流电正负极性不断变换并逐渐减弱至零的磁场来退磁。直流退磁深度较大，对直流磁化的工件退磁效果较好。

(3) 交流磁轭退磁：交流磁轭可以作为便携式退磁装置，退磁时将磁轭通电，使磁轭像使用电熨斗一样在工件表面来回移动，最后磁轭远离工件，切断电源，即实现对工件退磁。这种退磁方法常用于大型焊接构件退磁。

7. 断电相位控制器

断电相位控制器用于控制交流磁化电流的断电相位，使工件获得较大的剩磁，以便保证剩磁检测的灵敏度。断电相位控制器仅在交流剩磁法检测设备中使用。

2.3.3 磁粉探伤机的选用

磁粉探伤机种类较多，每种探伤机都有一定的局限性。而被检工件更是种类繁多，形状尺寸各异。为了有效地检出缺陷，必须合理选用检测机。

选用磁粉探伤机的一般原则如下。

1. 据工件形状尺寸选用

对于不同形状尺寸的工件，需要选用不同的探伤机。一般轴类、筒类、环类等形状规则的工件宜选用固定式探伤机进行检测。而一些大型的焊接构件焊缝和形状复杂或不规则的工件宜选用移动式探伤机或便携式探伤机进行检测。

2. 据探测条件选用

同样的工件在不同的探测条件下需要选用不同的检测机。例如焊缝，在有电源的地方，可用便携式电磁轭或移动式支杆法进行检测。在无电源的地方，就只能采用便携式永久磁轭进行检测。

3. 据检测要求选用

在选用检测机时，还要考虑对工件的检测要求，当要求发现较深处的缺陷时，要选用能进行直流磁化的检测机。当只要求发现表面缺陷时，选用一般的交流磁化检测机就行了。

4. 据工件中的缺陷选用

不同的工件，缺陷产生的部位不同。为了有效地检出工件中的主要危险缺陷，需要选用不同的探伤机。例如，当焊缝中以纵向或横向缺陷为主时，选用电磁轭或永久磁轭即可，但当焊缝中存在任意方向的缺陷时，就应选用交叉磁轭来检测。

习　题

一、问答题

1. 简述磁粉的分类方法。

2. 简述磁粉的主要成分和对磁粉的基本要求。

3. 什么是磁悬液？

4. 什么是灵敏度试片？灵敏度试片的主要作用是什么？

5. 简述磁粉检测设备的分类、应用和选用原则。

二、选择题

1. 配制磁悬液时，每升液体中的磁粉含量叫作磁悬液的：（　　）

A. 测量标尺　　B. 磁粉数目　　C. 浓度　　D. 可用的极限

2. 在磁悬液中添加表面活性剂的主要目的是：（　　）

A. 增加磁粉溶解度　　B. 消泡作用

C. 减小表面张力　　D. 易于清洗

3. 磁粉载液 38℃时，黏度不应超过：（　　）

A. 0. 5cSt　　B. 50cSt　　C. 5cSt　　D. 5g

4. JB/T 4730. 4 标准规定，每 100 mL 的非荧光磁粉沉淀的体积为：（　　）

A. 0. 1～0. 5mL　　B. 1～5mL　　C. 1. 2～2. 4mL　　D. 以上都可以

5. 用于磁粉探伤的磁粉应具备的性能是：（　　）

A. 无毒　　B. 磁导率高　　C. 顽磁性低　　D. 以上都是

6. 干粉方法中应用的纯铁磁粉的最好形状是：（　　）

A. 扁平的　　B. 球形的　　C. 细长的　　D. B 和 C 的混合物

7. 磁粉用磁性称量法检测时，其称量值应该：（　　）

A. 小于 7g　　B. 大于 7g　　C. 14g　　D. 根据经验确定

8. 磁粉探伤使用不同颜色磁粉的目的是：（　　）

A. 提高磁场强度　　B. 增加反差便于观察

C. 改变工件的表面颜色　　D. 改善磁粉的磁性

9. 磁粉探伤灵敏度试片的作用是：（　　）

A. 选择最佳的磁化规范　　B. 鉴定磁粉探伤仪的性能是否符合要求

C. 鉴定磁悬液或磁粉性能是否符合要求　　D. 以上都对

10. 磁粉探伤中采用灵敏度试片的目的是：（　　）

A. 检测磁化规范是否适当　　B. 确定工件表面的磁力线的方向

C. 综合评价检测设备和操作技术　　D. 以上都对

11. 八角形磁场指示器可反映：（　　）

A. 磁场的方向　　B. 磁场的定量大小

C. 磁粉的磁性　　D. 磁粉的粒度

12. A 型灵敏度试片正确的使用为：（　　）

A. 用来估价磁场的大小是否满足灵敏度的要求

B. 需将有槽的一面朝向工件贴于探伤表面上

C. 施加磁粉时必须使用连续法

D. 以上都是

13. 下列有关磁悬液的制作方法的叙述，正确的是：（　　）

A. 将磁悬液搅拌后，经一定时间后，仍有部分磁粉未沉淀下来的磁悬液，被认为是性能不良的

B. 磁悬液中的磁粉量是取一定量的磁悬液倒入沉淀管，按磁粉的沉淀容积求出的

C. 当磁悬液的浓度低于规定值时，应将磁悬液倒去

D. 荧光磁粉磁悬液的规定浓度一般比非荧光磁粉磁悬液的规定值高

14. 磁悬液中的磁粉浓度测量是：(　　)

A. 称磁悬液的质量　　B. 将磁粉吸入苯中

C. 使磁粉从磁悬液中沉淀出来　　D. 测量磁铁上吸引的磁粉

15. 磁粉检测法中使用标称 15/100 的 A 型灵敏度试片，它表示：(　　)

A. 试片厚度为 15/100mm　　B. 试片上的槽深为 15/100mm

C. 试片厚度 100μm，槽深 15μm　　D. 槽深 100μm，槽宽 15μm

16. 荧光磁粉显示应在哪种光下检测：(　　)

A. 荧光　　B. 自然光　　C. 黑光　　D. 氖光

17. 下列关于荧光磁粉的叙述中，正确的是：(　　)

A. 在分散液体中的含量与非荧光磁粉相同　B. 必须在紫外灯下观察

C. 只能用于表面呈暗色的工件　　D. 沉降速度越快越好

18. 下列有关磁粉和磁悬液的叙述中，正确的是：(　　)

A. 要使用与探伤面具有高对比度颜色的磁粉

B. 配制磁悬液时，要先把称量过的磁粉与少量表面活性剂仔细混合搅拌，然后慢慢地把其加入到经过计量的液体中

C. 为了提高对探伤面的润湿性，水磁悬液中需加入表面活性剂

D. A、B 和 C

三、是非题

1. 磁强计用来测定保留在零件中的剩磁场的大小。

2. 用水作悬浮介质时，必须加入表面活性剂。

3. 磁粉的矫顽力越小越好。

4. 磁粉有多种颜色是因为与零件表面形成对比，使显示容易看到。

5. 用 A 型标准试片可以估计磁场强度的大小。

6. A 型标准试片上施加磁粉是用剩磁法进行的。

7. 在工作中要补充流失的磁粉，增加磁悬液的浓度，通常的作法是：先把磁粉用活性剂拌成糊状，再加入磁悬液中或将磁粉直接加入磁悬液。

8. 为提高磁粉探伤的灵敏度，磁悬液的浓度一般应为 15~30g/L。

9. 磁悬液的浓度要与显示无关。

10. 灵敏度标准试片的使用，可用来测定磁粉探伤系统的综合性能和磁粉性能。

11. 磁粉探伤法中使用标称 7/50 的 A 型灵敏度试片，它表示试片厚度 50μm，槽深 7μm。

参考答案

选择题：1. C　2. C　3. C　4. C　5. D　6. D　7. B　8. B　9. D　10. D　11. A　12. D　13. B　14. C　15. C　16. C　17. B　18. D

是非题：1. ○　2. ○　3. ○　4. ○　5. ○　6. ×　7. ○　8. ○　9. ×　10. ○　11. ○

第三章 磁粉检测工艺方法

3.1 磁粉检测方法与一般工艺操作

3.1.1 磁粉检测方法

1. 干法与湿法

在磁粉检测中，根据分散介质不同将磁粉检测分为干法磁粉检测和湿法磁粉检测两类。

(1) 干法：干法是将干燥的磁粉以空气为分散介质施加在磁化的工件表面来进行检测的方法。

干法检测要求工件表面完全干燥，用压缩空气或电动送风器喷洒磁粉，施加磁粉要均匀，避免局部堆积过多，多余的磁粉用干燥的空气吹去，吹风的风压、风量和距离要适当。

干法检测灵活机动，可在热态工件上进行，常与支杆法、磁轭法配合使用。适用于大型结构件的局部检测。但该法磁粉不能回收，污染环境，工作条件差。

(2) 湿法：湿法是将磁粉与油或水配成磁悬液施加在磁化的工件表面来进行检测的方法。

湿法检测要求磁悬液充分润湿工件表面。磁悬液施加方法有喷洒法或浸入法。

湿法检测操作简单，对工件表面干湿情况无要求，磁悬液可回收，不污染环境。常在固定式检测机上进行，适用于中小型大批量工件检测。但需要磁悬液循环系统，搬动困难。另外不能在热态工件上进行。

2. 剩磁法与连续法

在磁粉检测中，根据施加磁粉或磁悬液的时机不同将磁粉检测分为剩磁法和连续法。

(1) 剩磁法：剩磁法是利用工件停止磁化以后的剩磁来进行检测的方法。

剩磁法的一般工艺程序为：

预处理→磁化工件→施加磁粉或磁悬液→观察检查→退磁→后处理。

剩磁法检测效率高，多个工件可以同时进行检测，便于观察，工件可以置于最有利的位置进行观察。但灵敏度较低，交流磁化时需要控制断电相位，不适合于复合磁化，要求工件具有较高的剩磁。

剩磁法检测常用于经淬火、调质等处理后的高碳钢或合金钢一般要求工件的剩磁 $B_r \geqslant$ 0.8T(8000Gs)，矫顽磁力 $H_0 \geqslant 800$A 加(100 Oe)。低碳钢、马氏体不锈钢以及退火状态的 B_r 较低的钢材不能采用剩磁法检测。

(2) 连续法：在外磁场磁化工件的同时将磁粉或磁悬液施加在工件表面上来进行检测的方法，称为连续法或外加磁场法。

连续法的一般工艺程序为：

预处理→磁化工件的同时施加磁粉或磁悬液→观察检查→退磁→后处理。

连续法适用于任何铁磁性材料，灵敏度较高，能用于复合磁化。但检测效率低，易出现杂乱显示。常用于低碳钢和其他退火状态的 B_r，较低的钢材检测。此外，对于形状复杂的大型工件。L/D 较小反磁场影响较大的工件以及表面覆盖层较厚的工件也宜采用连续法。

3.1.2 一般工艺操作

不同的磁粉检测方法，工艺程序有所不同，但其主要的工艺程序是基本相同的。

磁粉检测的一般工艺操作为：

预处理→磁化工件→施加磁粉或磁悬液→观察检查→退磁→后处理→记录。下面分别说明之。

1. 预处理

磁粉检测中，工件表面状况对缺陷检出有较大的影响。因此检测前需要对工件表面进行预处理，使之清洁、干净。

磁粉检测前，应清除工件表面的油脂、污垢、锈蚀、漆层、毛刺、砂粒和松动的氧化皮等。工件表面的油脂、污垢可用有机溶剂清除，毛刺、砂粒和松动的氧化皮可用喷砂的方法清除。

此外，干法检测时，工件表面还不得有水或油迹。湿法检测时，油磁悬液要求工件表面不得有油脂或水滴，水磁悬液要求工件表面不得有油迹。

2. 磁化工件

磁化工件是磁粉检测中最关键的工序。对检测灵敏度有决定性的影响，磁化不足可能漏检；磁化过度，会产生杂乱显示，影响判伤。

磁化工件是根据工件的材质和结构尺寸来选择磁粉检测方法和磁化方法、磁化电流、磁化时间等工艺参数，使工件在缺陷处产生足够的漏磁场，以便吸附磁粉来显示缺陷。

3. 施加磁粉或磁悬液

施加磁粉或磁悬液要注意掌握施加时机。剩磁法检测时。可在停止磁化工件以后来施加磁粉或磁悬液。连续法检测时，应在磁化工件的同时施加磁粉或磁悬液，并在停止施加磁粉或磁悬液以后一定时间才停止磁化工件。

磁粉或磁悬液要均匀地喷洒在整个被检工件的表面上。连续干法检测时，要在吹去多余磁粉后切断磁化电流。

4. 观察检查

施加磁粉以后，要认真观察工件表面上的磁痕情况，并进行磁痕分析，判别缺陷磁痕和非缺陷磁痕，确认缺陷以后要记录缺陷的位置、形状、尺寸和数量。

非荧光磁粉检测，在日光或灯光下观察，被检区的照度不低于 1000 lx。荧光磁粉检测，在暗场紫外灯下观察，暗场白光照度不大于 20 lx，被检区紫外灯照度不低于 $1000\mu W/cm^2$。

5. 退磁

工件经过磁粉检测以后，会保留一定的剩磁，当工件上的剩磁影响附近电磁仪表的精度或由于剩磁吸附磁粉加速运动工件的磨损时，应对工件进行退磁处理，最后还要检查退磁效果。

6. 后处理

磁粉检测以后，工件表面会残留部分磁粉或磁悬液。当残留的磁粉或磁悬液会影响工件以后的加工和使用时，则要在检测后进行清理。

干法检测时，可用压缩空气吹去残留在工件表面的磁粉，湿法检测时，对油磁悬液，可用汽油溶液清除；对于水磁悬液，可用含防锈剂的水溶液清洗。此外还可将工件烘干，再用压缩空气清除。

7. 记录与标记

磁粉检测以后，要记录工件情况、磁化工艺参数和缺陷情况，然后在工件上或工件草图上标明缺陷位置和大小等。最后以适当的方式标记工件是否合格。

3.2 磁化方法

磁粉检测中，当磁力线与缺陷垂直时，缺陷漏磁场强。缺陷检出灵敏度高；当磁力线与缺陷平行时，缺陷漏磁场弱，缺陷难以检出。实际工件种类繁多，缺陷方向各异。为了有效地检出缺陷，必须正确地选择磁化方法。选择的原则是尽可能使磁力线与缺陷方向垂直。

一般根据外加磁场的方向不同分为周向磁化法。纵向磁化法和复合磁化法等几种。

3.2.1 周向磁化法

周向磁化是磁力线环绕工件的周围进行磁化的方法。周向磁化主要用于发现纵向(或轴向)缺陷以及与纵向夹角小于45°的其他缺陷。

常用的周向磁化法有直接通电磁化法、穿芯棒法、穿电缆法、支杆法等。

1. 直接通电法

使工件直接通电产生周向磁场来磁化工件的方法称为直接通电法，如图3-1所示。

当电流轴向通过工件时，工件中产生周向磁场，电流方向与磁力线方向符合右手螺旋定则。当工件表面无缺陷时，磁力线并不穿出工件形成磁极，因此不会吸附磁粉。当工件表面或近表面存在轴向缺陷时，磁力线就会从缺陷处穿出穿进，形成漏磁场，吸附磁粉，显示缺陷。

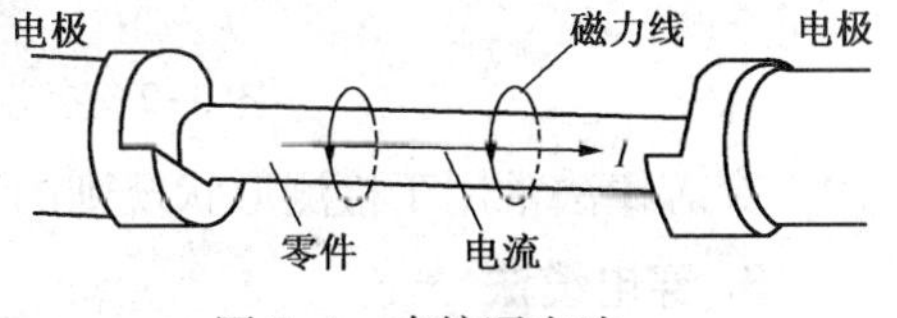

图3-1　直接通电法

直接通电磁化既可用于实芯棒材，又可用于空心管材。

电流 I 通过半径为 R 的实芯圆棒时，其表面处的磁感应强度：$B=\dfrac{\mu I}{2\pi R}$。

电流 I 通过外半径为 R_0 内半径为 r_0 的空心圆筒形工件时，圆筒工件环形截面内某点至中心为 r 处的磁感应强度：$B=\dfrac{\mu I(r^2-r_0^2)}{2\pi r(R_0^2-r_0^2)}$ 这时圆筒内表面，$r=r_0$，$B=0$。圆筒外表面 $r=R_0$，$B=\dfrac{\mu I}{2\pi R_0}$。这说明直接通电磁化筒形工件时，筒体内表面处的磁感应强度为零，因此内表面缺陷无法检出。而筒体外表面磁感应强度同实心圆棒，因此外表面缺陷易检出。

直接通电磁化法，磁化电流可以控制，缺陷检出灵敏度高，夹持方便，检测效率高，适用于大批量生产检测。但由于磁化电流大，易在电极处因接触不良产生过热或烧伤，影响材料的组织性能。为此常在电极处衬以铅垫或铜网，并注意控制夹持力和每次通电时间不宜过长。另外，采用直接通电法，电极与工件端面接触，因此端面缺陷无法检出。

直接通电法主要用于检测形状规则的实芯棒材或空心管材表面纵向缺陷。

2. 穿芯棒法

将导体芯棒从空心工件孔中穿过，使电流从导体芯棒通过，在工件内外表面产生周向磁场的磁化方法称为穿芯棒法或中心导体或心杆法，如图 3-2 所示。

穿芯棒磁化外半径为 R_0内半径为 r_0的空心工件时，工件各处的磁感应强度符合 $B=\dfrac{\mu I}{2\pi r}$（$r_0 \leqslant r \leqslant R$）。由于工件外半径 R_0总是大于内半径 r_0，因此工件内表面处的磁感应强度总是高于外表面。

由此可见，穿芯棒法不仅可以发现空心工件外表面的缺陷，而且可以发现工件内表面的缺陷，并且内表面缺陷显示更清晰。此外，穿芯棒法还可发现工件端面缺陷，因为工件端面不与电极接触。

一般情况下，导体位于工件中心。但当工件内径太大，磁化电流不足以使工件表面达到所需磁感应强度时，可将导体偏心放置进行磁化，如图 3-3 所示。这时有效磁化周向长度约为导体直径的 4 倍。转动工件，分段磁化，检查整个圆周。为了防止漏检，每两次相邻磁化区应有 10%的覆盖。对于短小空心工件，可将多个工件穿在芯棒上同时进行磁化检测。导体芯棒常用铜棒，有时也可采用铝棒或钢棒，但当电流较大时钢棒发热明显。

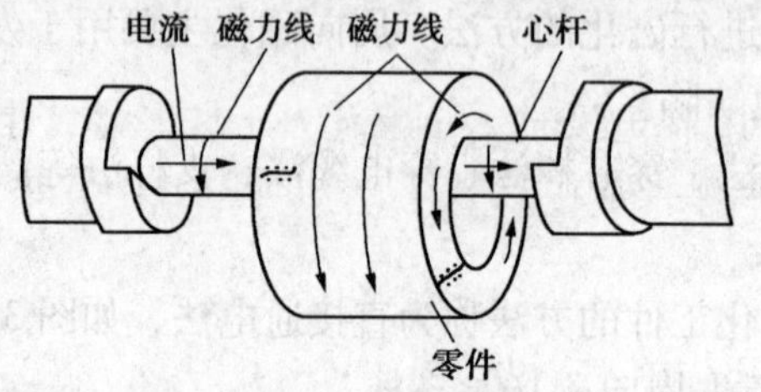

图 3-2 穿芯棒法

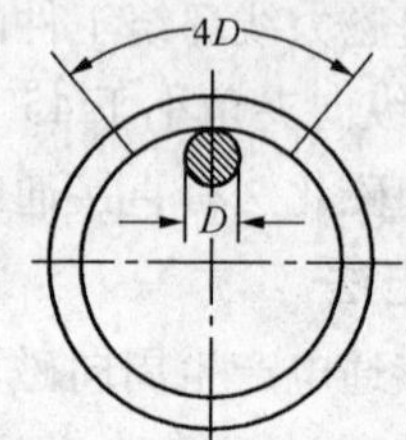

图 3-3 偏置芯棒的有效磁化区

穿芯棒法常用于检测形状规则的带孔工件，如齿轮、飞轮、套筒等。

3. 穿电缆法

对于一些大型筒形工件，由于磁化电流所限，用穿芯棒法难以达到所需的磁场强度。为此在工件内孔穿绕数匝电缆，然后使电流通过电缆对工件进行周向磁化，如图 3-4 所示。这时工件的磁场强度与电缆匝数成正比，因此，磁化同一工件，所需电缆电流比穿芯棒法所需电流小得多，这样就可以实现小电流磁化大工件的目的。

对于环形工件，也可采用绕电缆法来进行周向磁化，如图 3-5 所示。

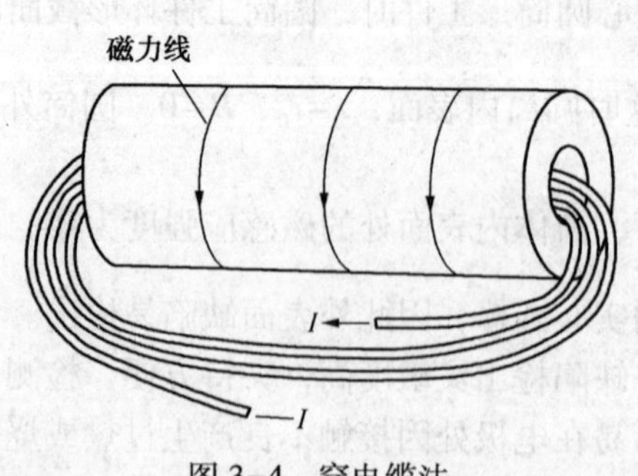

图 3-4 穿电缆法

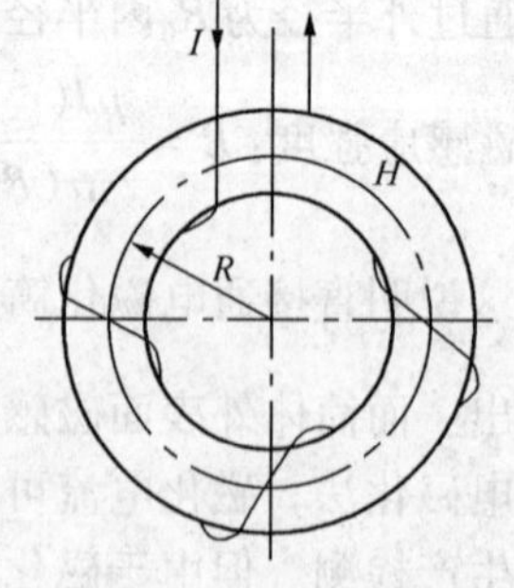

图 3-5 环形工件绕电缆法

4. 支杆法

支杆法是通过两支杆电极将磁化电流通入工件，在电极周围形成周向磁场来局部磁化工件的检测方法，支杆法又叫触头法、刺入法、磁锥法等，如图 3-6 所示。

用支杆法磁化工件时，工件表面的磁场强度与磁化电流、支杆间距有关。支杆间距一定，磁化电流大，工件表面磁场强度大。磁化电流一定，支杆间距大，工件表面磁场强度小。为了使工件达到规定的磁场强度，当支杆间距较大时，应选用较大的磁化电流。一般按 3~5A/mm(间距)选取。实际检测中，支杆间距 150~200mm 为宜，最大不超过 300mm，最小不小于 75mm。支杆电极间距过大，磁场强度达不到规定要求。间距过小，电极附近的电流密度过大，易产生非相关显示。

图 3-7 为支杆间距为 200mm，磁化电流为 400A(交流)上时的磁场分布。两支杆电极周围磁场强度最大，两极间连线附近磁场强度其次，其他远离连线区域磁场强度较弱。

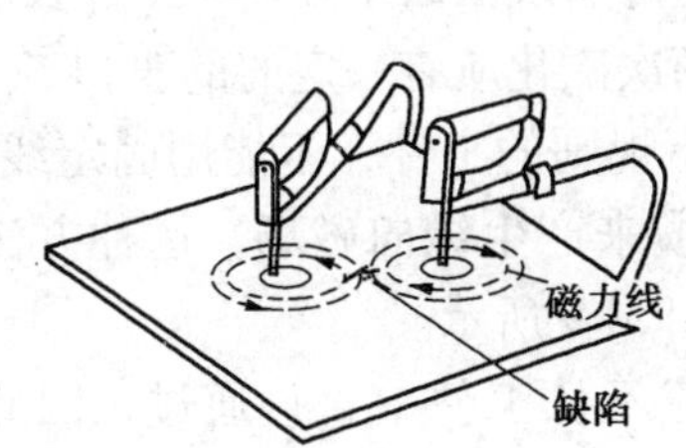

图 3-6　支杆法

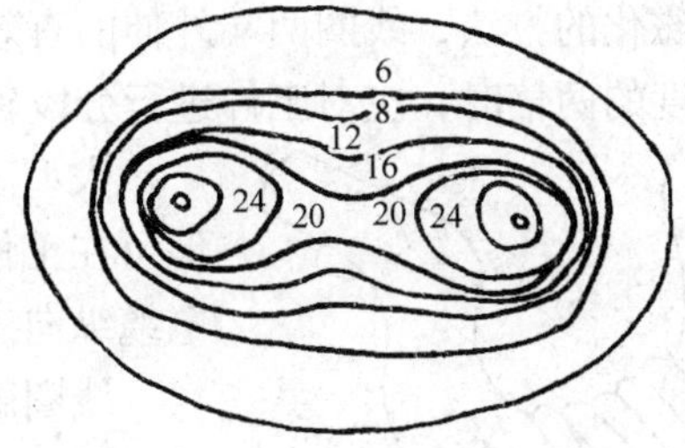

图 3-7　支杆法磁场分布(A/m)

支杆电极常用 Al 或 Cu 制成，但用 Cu 作电极时，Cu 会渗入工件，影响材料性能，产生裂纹。用支杆法检测，为了保证良好的接触，常在支杆与工件之间衬以 Pb 垫片。此外还可采用低溶点 Al-Sn 合金(熔点 235℃)作衬垫，使用时衬垫熔化，使接触面积扩大。这样不仅接触良好，而且可以防止电极材料渗入工件。

支杆法灵敏度较高，机动灵活性好。能检出与支杆连线平行的缺陷。变动支杆位置，可以检出不同方向的缺陷。适用于大型工件和结构复杂工件的检测，如大型焊接结构件，柴油机曲轴、连杆等。为了防止漏检，相邻两次检测，应有 25mm 重迭。

但支杆法易在电极处引起局部过热或烧伤，因此不宜用于表面光洁度要求较高的工件。钢中含 C 量>0.3%时，烧伤可能性增加。磁化电流过大，接触压力不足，电极处有锈蚀或氧化皮时，也容易引起烧伤。为了防止烧伤工件，磁化电流和压力要适当，工件表面要清除干净。此外，还要注意，支杆在触及或离开工件时，必须事先切断电流。一般支杆电极开路电压不超过 24V。

3.2.2　纵向磁化法

纵向磁化法是使磁力线与工件轴线平行进行磁化的方法。主要用于发现横向(或周向)缺陷和与横向夹角小于 45°的其他缺陷。

常用的纵向磁化法有线圈法、磁轭法和电磁感应法等。

1. 线圈法

线圈法是将工件放在通有电流的螺管线圈内进行纵向磁化的方法，如图 3-8 所示。

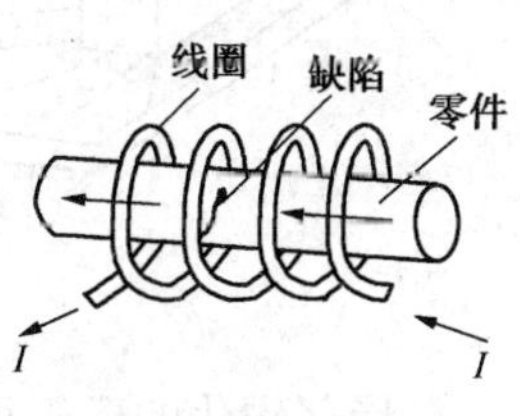

图 3-8　线圈法

当电流通过线圈时，线圈内产生一个与线圈轴线平行的纵向磁场，磁场方向与电流符合右手螺旋定则，线圈内的磁场强度与电流和线圈匝数之积(安匝数)成正比。

当螺管线圈直径较大，长度较短时，螺管线圈内的磁场强度分布是不均匀的。在线圈轴向，线圈两端的磁场强度比中心低。在线圈径向，线圈中心的磁场强度比靠近线圈的地方低。因此，工件在线圈内进行磁化时，应尽量将工件放在线圈内靠近线圈内壁的地方。

用线圈进行纵向磁化时，由于存在反磁场的影响，使磁场强度减弱。特别是当工件长径比 L/D 较小时，反磁场影响更大。这时需要采用磁极加长块或将几个工件串起来一起磁化，从而增加长径比，减少反磁场的不利影响。此外，还可采用适当增加磁化电流来抵消反磁场对外加磁场的削弱，使工件表面达到规定的磁场强度。

当线圈较短，工件较长，线圈磁场不能磁化整个工件时，工件在线圈两端处形成自由磁极，产生反磁场，削弱外磁场的作用。这时也需要适当增加磁化电流来抵消反磁场的不利影响。这种磁化的方法，线圈两端外伸的有效磁化长度约等于线圈的半径。当工件长度超过有效磁化长度的两倍时，应对工件进行分段磁化。相邻两次磁化应有一定的重迭。

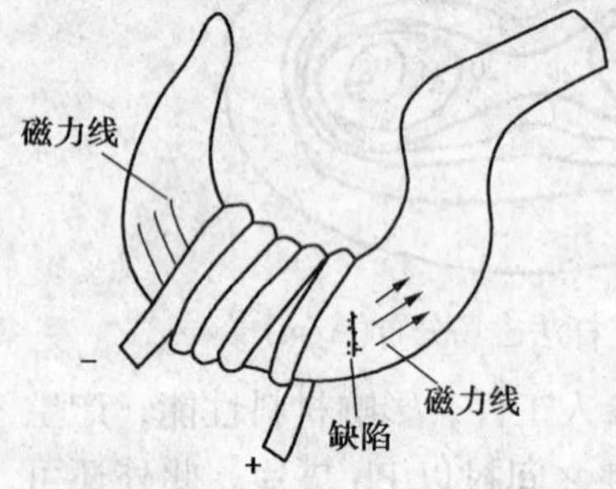

图 3-9　绕电缆纵向磁化法

大型工件或形状不规则的工件，不能用固定线圈磁化。但可在工件表面绕电缆来产生纵向磁场，这种方法称为绕电缆纵向磁化法，如图 3-9 所示。

线圈磁化法，电流不从工件中直接通过，因此不会引起局部过热或烧伤。常用于检查长条形工件的横向缺陷。

2. 磁轭法

磁轭法是利用电磁轭或永久磁轭对工件进行纵向磁化的方法，如图 3-10 所示。电磁轭是利用电流通过激磁线圈来产生磁场，永久磁轭是利用永久磁铁来产生磁场。电磁轭磁场强度较大，并且可以调节，但需要电源。永久磁轭磁场强度有限，而且不能调节，磁化工件后不易从工件上取下来，磁极附近吸附磁粉多，但不需要电源，实际检测应用较广的是电磁轭。

当电流通过电磁轭的激磁线圈时，铁芯磁轭两极之间的工件表面产生一个纵向磁场使工件磁化。如果工件表面存在与磁轭方向垂直的缺陷时，就会形成缺陷磁痕，显示缺陷。

磁轭磁化工件分局部磁化和整体磁化两种情况。图 3-10(a) 为局部磁化，(b) 为整体磁化。局部磁化时，磁轭两极间的磁力线基本平行于两极连线，磁化区为一椭圆形，磁化区内磁场强度分布不均，在两极连线方向，两极附近强，连线中心弱。在连线的垂直方向，连线附近强，远离连线弱。

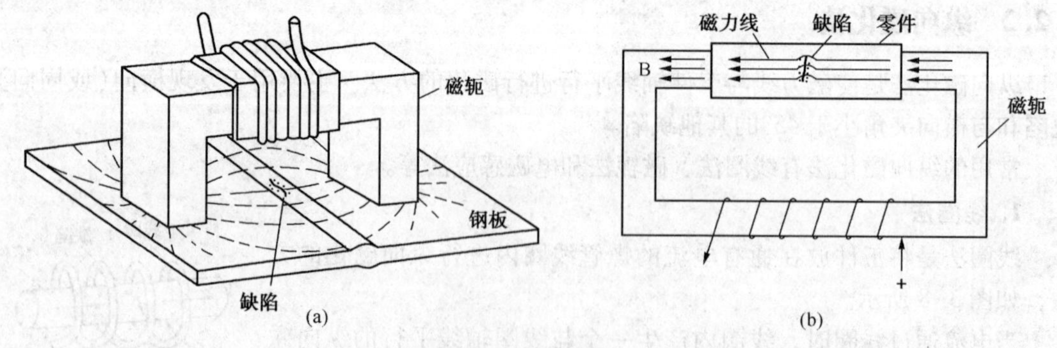

图 3-10　磁轭法

局部磁化的磁轭可做成活动式，两极间距可调。当两极间距增大时，工件表面的磁场强度就会减弱，如图 3-11 所示。

磁轭的磁极与工件的间隙对磁场的影响如图 3-12 所示，间隙增加，工件表面的磁场强度降低。此外磁极间隙会在磁极附近的工件表面形成漏磁场，吸附磁粉，产生非相关显示，使这一区域内缺陷无法判别，故称为盲区。盲区随间隙增加而大。一般间隙为 3mm 时，盲区宽约 15mm。

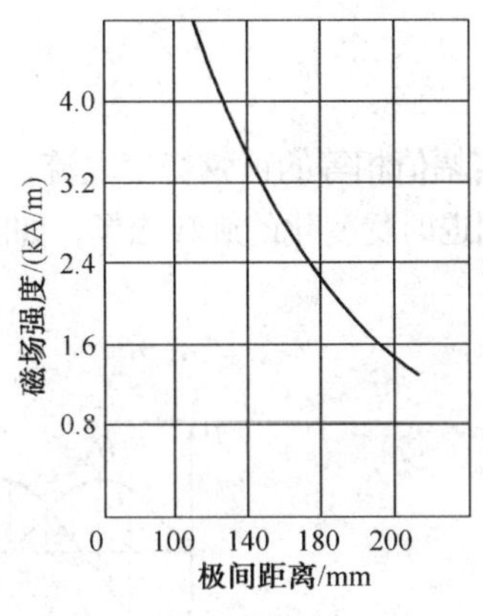

图 3-11　磁轭间距与磁场强度的关系

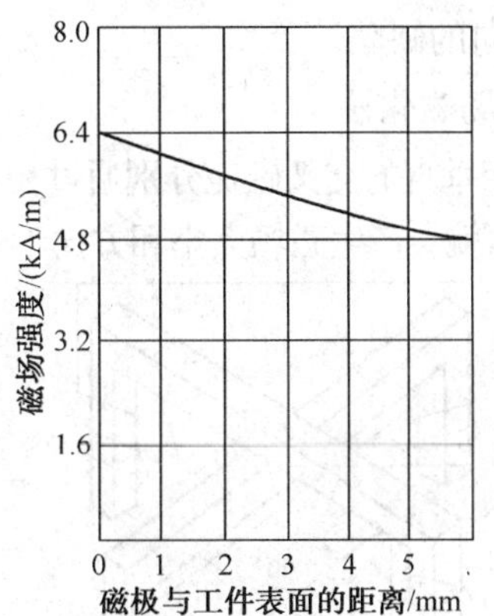

图 3-12　磁极间隙对磁场强度的影响

局部磁化时，工件表面的磁场强度还与工件厚度有关。工件厚度大，磁力线分散，磁场强度低。直流磁化尤为突出。交流具有集肤效应，情况比直流好。所以一般厚度超过 5mm 的工件，不宜采用直流磁化。

整体磁化时，要求工件截面不大于磁轭极截面。当工件截面大于磁轭极截面时，工件表面的磁场强度将达不到规定的要求。此外，整体磁化的磁极间隙同样会影响磁化效果，因此要尽量保证磁极与工件两端接触良好。

磁轭法检测时磁力线在工件中形成闭合回路，磁化效果好，灵敏度较高。同时电流不直接通过工件，不会烧伤工件或引起局部过热。磁轭小巧，使用方便，磁化方向可据需要确定。易发现与磁极连线垂直的缺陷。局部磁化适用于检查板状工件，整体磁化适用于检查截面不大、形状规则的小型工件。

3. 电磁感应法

电磁感应法是将环形工件作为次级线圈，利用工件上感生的周向电流来产生纵向磁场磁化工件，如图 3-13 所示。

当电流通过线圈时，工件内磁通发生变化，于是在工件中产生周向感应电流，此感应电流又在工件表面产生一个与工件轴线平行的纵向磁场。当工件表面存在横向缺陷时，就会形成缺陷磁痕。

工件表面的磁场强度与感应电流有关，感应电流与磁通变化率成正比，铁芯的磁通量变化大，感应电流大，工件表面磁场强度大。此外工件表面磁场强度还与环形工件内半径有关，工件半径大，磁场强度低。

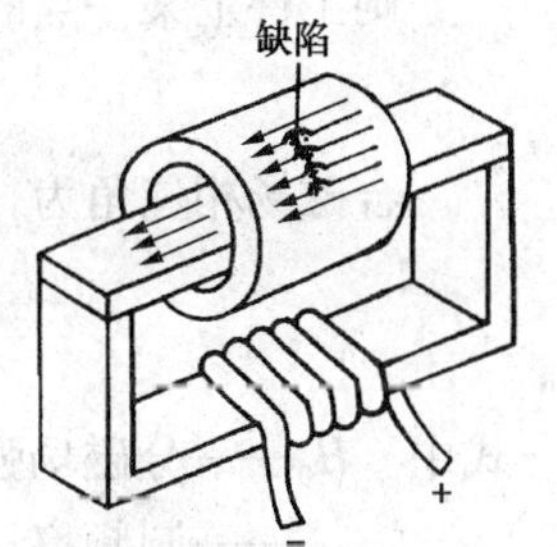

图 3-13　电磁感应法

电磁感应法可采用交流，也可采用直流。当采用直流时，要快速通断线圈电流，以便产生足够的磁场强度来磁化工件。

这种方法，工件不直接通电，不会引起工件过热或烧伤。适用于检查环形工件的横向缺陷。

3.2.3 复合磁化法

周向磁化易于检出纵向缺陷，纵向磁化易于检出横向缺陷，然而实际工件表面缺陷的取向和分布是很不规则的，用单一的周向和纵向磁化，往往容易漏检。采用复合磁化法可以同时检出不同方向的缺陷。

1. 旋转磁场磁化法

使两个互相垂直的交叉磁轭分别通过相位差一定幅值相等的正弦交变电流，二者磁场互相迭加，在工件表面就会产生磁场大小和方向不断随时回退时泛变化的旋转磁场，如图 3-14 所示。

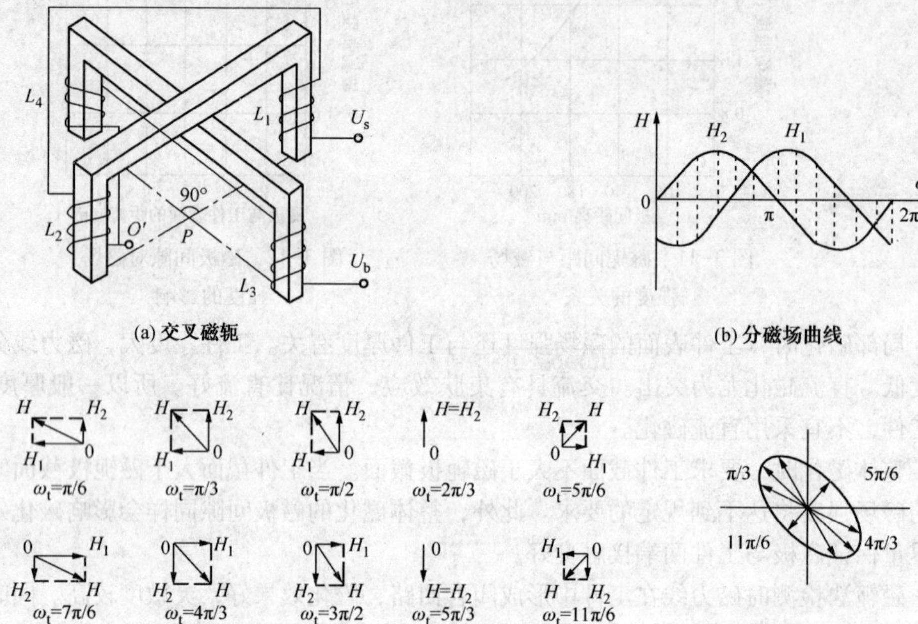

图 3-14　旋转磁场

设两线圈交变分磁场分别为

$$H_1 = H_0 \sin(\omega t - \varphi_1)$$

$$H_2 = H_0 \sin\omega t$$

则工件上某一点的合磁场为两个分磁场的矢量和，合磁场大小为

$$H = \sqrt{H_1^2 + H_2^2} = H_0\sqrt{\sin^2\omega t + \sin^2(\omega t - \varphi_1)} \tag{3-1}$$

合磁场相位角为

$$\varphi = \mathrm{tg}^{-1}\frac{H_2}{H_1} = \mathrm{tg}^{-1}\frac{\sin\omega t}{\sin(\omega t - \varphi_1)} \tag{3-2}$$

式中　H_0——分磁场强度幅值；

ω——圆频率；

t——时间；

φ_1——两分磁场的相位差。

当 $\varphi_1 = \pi/2$ 时，合磁场大小和相位角分别为

$$H = H_0\sqrt{\cos^2\omega t + \sin^2\omega t} = H_0$$

$$\varphi = \text{tg}^{-1}\frac{H_2}{H_1} = \text{tg}^{-1}(-\text{tg}\omega t) = -\omega t$$

由此可见，当两分磁场相位差为 $\pi/2$ 时，合磁场大小为常数，$H=H_0$，相位角 φ 与 H_2 相位角大小相等方向相反。这说明，当二者相位差为 $\pi/2$，其合磁场的轨道为依顺时针方向转动的圆形旋转磁场，圆的半径为 H_0。

当 $\varphi_1 \neq \pi/2$ 时，合磁场为大小不同方向随时间而变化的椭圆形旋转磁场。例如图 3-14(d)就是相位差 $\varphi_1 = 2\pi/3$ 时产生的旋转磁场情况。

旋转磁场法对于检测平板焊缝表面缺陷具有显著的优越性，目前应用很广。

2. 摆动磁场磁化法

用直流电纵向磁化工件，交流电周向磁化工件，二者互相迭加，则在工件表面产生一个随时间而变化的摆动磁场。磁化装置如图 3-15(a)所示。

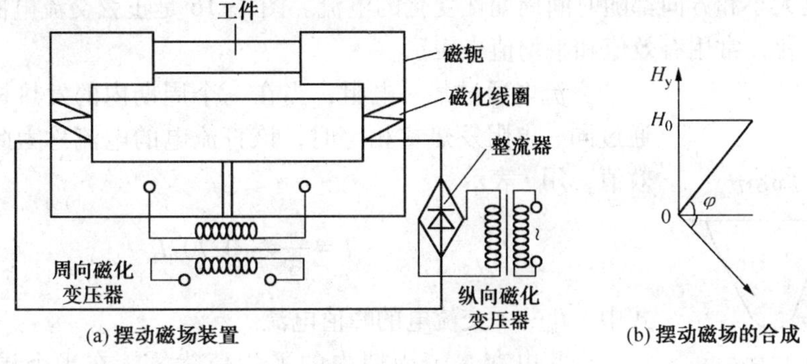

图 3-15　摆动磁场

设水平方向的分磁场 $H_x = H_0$ 为常量，表示直流产生的纵向磁场。垂直方向的分磁场 $H_y = H_0\sin\omega t$，为随时间而变化的变量，表示交流周向磁场。工件某处的合磁场为二者的矢量和，其大小为

$$H = \sqrt{H_x^2 - H_y^2} = H_0\sqrt{1 + \sin^2\omega t} \tag{3-3}$$

合磁场的相位角为

$$\varphi = \text{tg}^{-1}\frac{H_y}{H_x} = \text{tg}^{-1}(\sin\omega t) \tag{3-4}$$

由此可见，这时合磁场的大小在 $H_0 \sim \sqrt{2}H_0$ 之间变化。合磁场的方向在 $\pi/4 \sim -\pi/4$ 范围内摆动，故称为摆动磁场。摆动磁场的轨迹为一条平行于 y 轴的直线，该直线在横坐标上的截距为 H_0，如图 3-15(b)所示。

实际上，当两磁轭垂直交叉时，一个通直流，另一个通交流，其合成磁场也是摆动磁场。

摆动磁场法既可用于检测形状规则的轴类、筒形工件，又可用于检测焊缝。

3. 纵向周向先后磁化法

这种磁化方法一般是在同一磁化装置上先用直流进行纵向磁化，然后用交流进行周向磁化，来实现不同方向的缺陷检测。这种方法能够充分发挥两种磁化方法的优点，可以获得较好的检测效果。这种先直流纵向磁化，后交流周向磁化对工件退磁有利。其磁化装置类似于

图 3-15(a)。不同的是，这时工件不是同时进行纵向和周向磁化，而是先用直流进行纵向磁化，然后用交流进行周向磁化。摆动磁场是同时进行纵向和周向磁化。

纵向周向先后磁化法适用于轴类或筒形工件的检测。

3.3 磁化电流

磁化电流是指使工件达到规定磁化要求所需施加的电流，在磁化检测中，磁化方法确定以后，如何选择磁化电流对于磁粉检测灵敏度有较大的影响。

磁化电流种类有多种，不同的磁化电流其磁化效果不同。目前在磁粉检测中常用的磁化电流有交流电、直流电、整流电和冲击电流等几种。

3.3.1 交流电

交流电是大小和方向都随时间周期性变化的电流。图 3-16 是正弦交流电曲线。交流电的电流不断变化，常用有效值和平均值来表示。

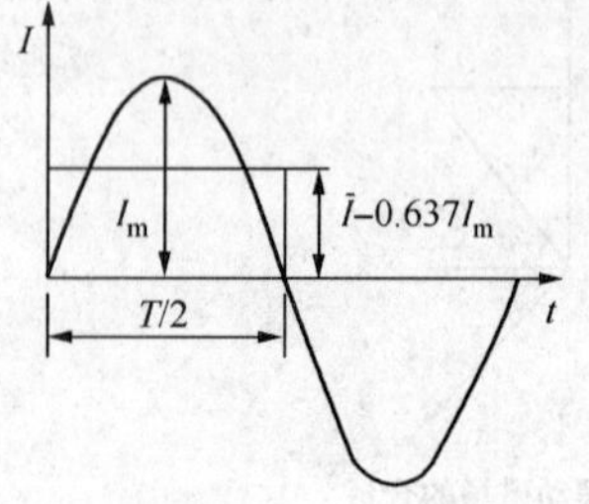

图 3-16　正弦交流电

交流电通过某一电阻，当在一个周期内的发热量与某直流电通过同一电阻发热量相等时，该直流电的电流称为此交流电的有效值，用 I 表示。

$$I = \frac{I_m}{\sqrt{2}} \approx 0.707 I_m$$

式中　I_m——交流电的峰值电流。

交流电在一个周期内的平均值为零，在半个周期内的平均值为

$$\bar{I} = \frac{2}{\pi} I_m = 0.637 I_m$$

交流电是目前磁粉检测中应用较广的电流，它具有以下优点。

(1) 工件表面缺陷检出灵敏度高，交流电通过导体时，导体内电流密度不同，导体中心小，导体表面大，这种现象称为趋肤效应(或集肤效应)。电流频率愈高，趋肤效应愈显著。一般交流电在工件中透入深度 $\delta_{0.37}$ 为：

$$\delta_{0.37} = \frac{1}{\sqrt{\pi f \sigma \mu_r}}$$

式中　f——电流频率；

σ——工件的电导率；

μ_r——工件相对磁导率；

$\delta_{0.37}$——电流密度减少到表面密度的 37%时的深度。

由此可见，交流电磁化工件时，其有效磁化深度随电流频率、导体的电导率、相对磁导率增加而降低。

(2) 扰动磁粉：交流电磁化工件时，由于产生的磁场方向与大小不断交替变化，因此可以扰动磁粉，使磁粉更加活跃，这样有利于缺陷磁痕的形成，提高检测灵敏度。

(3) 易于退磁：交流电磁化工件，磁场集中于工件表面，采用交流电退磁效果好，而且退磁简便易行。

（4）可以实现复合磁化：交流电同时通入两个不同的交叉线圈，可以产生旋转磁场，能够检出任何方向的缺陷。

此外交流磁粉检测设备结构简单，重量轻，价格便宜，易于维修。

交流电磁化工件也有不足。

（1）剩磁不稳定：采用剩磁法检测时，若用交流电磁化工件，由图3-17所示的磁滞回线可知，不同的断电相位，工件中的剩磁 B_r 是不同的。

当电流在1～2区间（π/2～π）或4～5区间（3π/2～2π）切断时，工件中的剩磁 B_r 最大；当电流在其他区间切断时剩磁较小。例如，在3处断电，其剩磁 $B_r'<B_r$。为了保证工件具有足够的剩磁，稳定磁粉检测灵敏度，必须注意控制交流电的断电相位。

（2）探测深度小：由于交流电具有趋肤效应，工件表面磁场强度大，内部磁场强度小，因此交流电磁化工件时，探测深度小，只能发现表面缺陷，近表面缺陷检出困难。例如，$f=50$Hz 时，钢制工件的有效检测深度约为2.5mm。

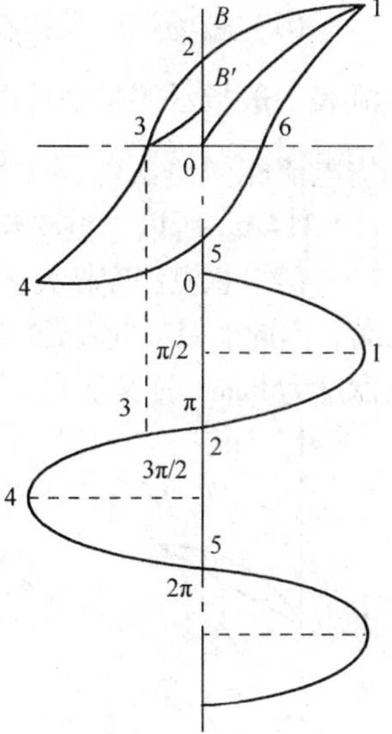

图3-17　断电相位与剩磁

3.3.2　直流电

直流电是指电流大小和方向都恒定不变的电流，又叫恒稳电流。检测用的直流电常由蓄电池或直流发电机提供。直流电磁化工件，电流在导体内均匀分布，无趋肤效应，因此检测深度较大，可以检出表面和近表面缺陷。

一般有效检测深度可达到6～7mm。此外直流电不需要制断电相位。但直流设备结构复杂，重量大，价格贵，现场检测使用不便。

3.3.3　整流电

整流电是电流方向不变大小变化的电流，又称脉冲电流。整流电含有交流分量和直流分量。

整流电分为单相半波整流、单相全波整流、三相半波整流、三相全波整流等几种，如图3-18所示。各种整流电的平均值 $\bar{I}$、有效值 I 和峰值 I_m 之间的关系见表3-1。

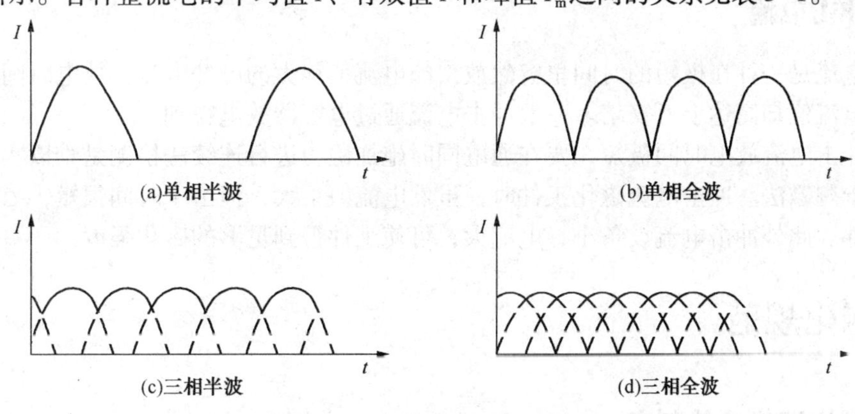

图3-18　各种整流电流的波形

表 3-1 各种整流电 $\bar{I}$、I 和 I_m 的关系

电流种类	直流电	交流电	单相半波整流	单相全波整流	三相半波整流	三相全波整流
平均电流 $\bar{I}$	$\bar{I}=I_m$		$\bar{I}=\frac{I_m}{\pi}$	$\bar{I}=\frac{2}{\pi}I_m$	$\bar{I}=\frac{3\sqrt{3}}{2\pi}I_m$	$\bar{I}=\frac{3}{\pi}I_m$
有效电流 I	$I=I_m$	$I=\frac{I_m}{\sqrt{2}}$	$I=\frac{I_m}{2}$	$I=\frac{I_m}{\sqrt{2}}$		$I=\frac{3}{\pi}I_m$

由整流电的波形图可知，三相半波或全波整流电的电流，交流分量很小，波动很小，已接近于直流，故磁化特性基本同直流。单相半波或全波整流的电流，交流分量较大，电流波动大，其磁化特点与直流不同，因此，下面讨论单相半波整流电/磁化特点。

（1）磁场强度大：在磁粉检测中，工件中的磁场强度取决于峰值电流 I_m。整流电的电流表一般指示的是平均电流 $\bar{I}$，对于单相半波整流电，$I_m=\pi\bar{I}$，而直流电，$I_m=\bar{I}$，因此在平均电流相同的条件下，半波整流的峰值电流要比直流大得多。例如，$\bar{I}=100\text{A}$，半波整流 $I_m=314\text{A}$。所以半波整流的磁场强度也大得多。

（2）探测深度较大：单相半波整流电方向单一，变化幅度比交流小，趋肤效应没有交流显著，因此能探测近表面缺陷。试验表明，对于钢中 ϕ1mm 的人工缺陷，交流探测时，剩磁法检出深度为 lmm，连续法为 2.5mm，而单相半波整流探测时，剩磁法为 1.5mm，连续法为 4mm。

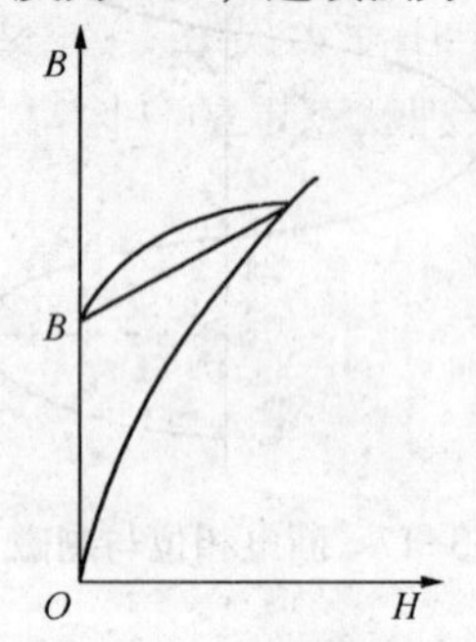

图 3-19 单相半波整流电的磁滞回线

（3）剩磁稳定：单相半波整流的磁滞回线如图 3-19 所示，无论在何处断电，剩磁 B_r 基本是一致的，这对剩磁法检测是有利的。

（4）可扰动磁粉：单相半波整流电的大小不断变化，从而引起磁粉的扰动，增加磁粉的活力，有利于在缺陷处形成磁痕，这一点在干法检测时尤为明显。

（5）对比度好：单相半波整流电磁化工件时，工件表面磁场强度不及交流，因此工件本底干净，缺陷磁痕清晰，对比度好，便于观察分析。

此外单相半波整流设备结构较简单，价格较便宜，因此应用较广。单相全波整流电流脉冲比单相半波小，电流透入深度要大一些，可以检出更深一些的缺陷。

3.3.4 冲击电流

冲击电流是一种在极短的时间里突然放出的电流值很大的脉冲电流。放电时间可以短到数微秒，电流值却高达上万安培。一般冲击电流通过电容器放电得到。

由于冲击电流放电时间极短，要在通电同时施加磁粉进行连续法检测是难以实现的，因此只适用于剩磁法。冲击电流磁化工件时，虽然电流值很大，但由于时间很短，因此一般不会烧伤工件。此外冲击电流设备小，电流大，可使工件得到足够的磁化强度。

3.4 磁化规范

3.4.1 磁化规范及其制定

对工件磁化，选择磁化电流值或磁场强度值所遵循的规则称为磁化规范。磁粉检测

应使用既能检测出所有的有害缺陷，又能区分磁痕显示的最小磁场强度进行检测。因磁场强度过大易产生过度背景，会掩盖相关显示；磁场强度过小，磁痕显示不清晰，难以发现缺陷。

1. 制定磁化规范应考虑的因素

首先根据工件的材料、热处理状态和磁特性，确定采用连续法还是剩磁法检测，制定相应的磁化规范；还要根据工件的尺寸、形状、表面状态和欲检出缺陷的种类、位置、形状及大小，确定磁化方法、磁化电流种类和有效磁化区，制定相应的磁化规范。显然这些变动因素范围很大，对每个工件制定一个精确的磁化规范进行磁化是困难的。但是人们在长期的理论探讨和实践经验的基础上，摸索出了将磁场强度控制在一个较合理的范围内，使工件得到有效磁化的方法。

2. 制定磁化规范的方法

磁场强度足够的磁化规范可通过下述一种或综合四种方法来确定。

(1) 用经验公式计算　对于工件形状规则的，磁化规范可用经验公式计算，如 $I=(8\sim15)D$ 等，这些公式可提供一个大略的指导，使用时应与其他磁场强度监控方法结合使用。

(2) 利用材料的磁特性曲线确定合适的磁场强度　制定磁化规范时，除了应考虑工件的尺寸和形状外，还应将材料的磁特性考虑进去。磁特性曲线可参考兵器工业无损考委会所编写的《常用钢材磁特性曲线速查手册》。由于各种材料及其在不同热处理状态下的磁性都不同，因而对每种工件都去测定其磁化曲线是不现实的。但对于工作中常遇到的材料，一般总能找到一个可满足检测条件的磁场范围。

(3) 用毫特斯拉计测量工件表面的切向磁场强度　测量时，将磁强计的探头放在被检工件表面，确定切向磁场强度的最大值是否满足磁化规范的要求，可以替代用经验公式计算出的电流值，这样制定的磁化规范也比较可靠。

(4) 用标准试片确定　用标准试片上的磁痕显示程度确定磁化规范，尤其对于形状复杂的工件，难以用计算法求得磁化规范时，把标准试片贴在被磁化工件不同部位，可确定大致理想的磁化规范。

3.4.2　轴向通电法和中心导体法磁化规范

轴向通电法和中心导体法的磁化规范见表 3-2。中心导体法可用于检测工件内、外表面与电流平行的纵向缺陷和端面的径向缺陷。外表面检测时应尽量使用直流电或整流电。

表 3-2　轴向通电法和中心导体法的磁化规范

检测方法	磁化电流计算公式	
	AC	FWDC
连续法	$I=(8\sim15)D$	$I=(12\sim32)D$
剩磁法	$I=(25\sim45)D$	$I=(25\sim45)D$

注：1. I 为磁化电流，A；D 为圆柱形直径，mm。

2. 对于非圆柱形工件，D 为工件横截面上最大尺寸，mm。

磁化规范公式的来源：轴向通电磁化电流的计算公式为 $H=I/\pi D$。

在特种设备行业，轴向通电(周向)磁化法主要用于锻件和螺栓件的检查。压力容器锻件和螺栓件所用碳素钢、低合金钢材料牌号在 GB/T 150—2011 等标准中已做规定。根据相关资料表明，这些材料一般来说 $H_1=1360\sim3680$ A/m，$H_2=2400\sim6400$ A/m，$H_3=6400\sim12000$A/m，$H_m=14880\sim16000$ A/m。

根据产品质量的要求，磁化规范应选用标准规范的上限值。因此，取 $H_1=3680$ A/m，$H_2=6400$ A/m，$H_3=8000$ A/m，$H_m=16000$ A/m。代入上式中，有：

直流电和整流电：

连续法 $I=H_1\sim H_2\pi D=(11.55\sim20.09)D$，取 $I=(12\sim32)D$(上限值提高)。

剩磁法 $I=H_3\sim0.9H_m\pi D=(25.12\sim45.216)D$，取 $I=(25\sim45)D$。

交流电连续法：因为交流电有集肤效应且 $I_{交}=0.707I_{直}$，所以取 $I_{交}=0.5I_{直}$。

代入式中得 $I=(8\sim15)D$(上限值也有所提高)。

例　一截面为 50 mm×50 mm，长为 900 mm 的方钢，要求工件表面磁场强度为 8000 A/m，求所需的磁化电流值。

解：工件截面最大尺寸 $D=50\times\sqrt{2}\approx70.7$(mm)

因此，所需的磁化电流值 $I=8000\times70.7\times3.14/1000=1776$(A)

3.4.3　偏置芯棒法磁化规范

当采用中心导体法磁化时，若工件直径大、设备的功率电流值不能满足，可采用偏置芯棒法磁化。应依次将芯棒紧靠工件内壁(必要时对与工件接触部位的芯棒进行绝缘)停放在不同位置，以检测整个圆周，在工件圆周方向表面的有效磁化区为芯棒直径 D 的 4 倍，并应有不小于 10%的磁化重叠区。磁化电流仍按表 3-3 中的公式计算，只是工件直径 D 要按芯棒直径加两倍工件壁厚之和计算。

例　有一钢管，规格为 ϕ180mm×17mm×1000mm，用偏置芯棒法检测管内、外壁的纵向缺陷，应采用多大的磁化电流？若采用直径为 25mm 的芯棒时，需移动几次才能完成全部表面的检测？

解：芯棒直径 $D=25$mm，

采用交流连续法时 $I=(8\sim15)\times(25+2\times17)=(472\sim885)$(A)

又因为检测范围为 $4D=4\times25=100$(mm)

钢管外壁周长为 $L=\pi\phi=3.14\times180\approx570$ (mm)

考虑到检测区 10%的重叠，所以完成全部表面的检测需移动芯棒次数为

$$N=\frac{L}{4D(1\%\sim10\%)}=\frac{570}{100\times0.9}\approx6.3$$

取整数 $N=7$

答：当芯棒直径为 25mm 时，用偏置芯棒法全面检测钢管需 472~855 A 磁化电流，钢管应移动 7 次。

3.4.4　触头法磁化规范

触头法磁化时，电极间距 L 一般应控制在 75~200 mm 之间。磁场的有效宽度为触头中心线两侧 1/4 间距。两次磁化区域之间应有不小于 10%的磁化重叠区。

连续法检测的触头法磁化电流值见表 3-3。磁化电流应根据标准试片实测结果校正。

表 3-3　触头法磁化电流值

工件厚度 T/mm	电源值 I/A	工件厚度 T/mm	电源值 I/A
$T<19$	$I=(3.5\sim4.5)\ L$	$T\geqslant19$	$I=(4\sim5)\ L$

注：I—磁化电流，A；L—两触头间距，mm。

例　有一板材对接焊缝，板厚为 20 mm，采用触头间距固定为 150mm 的探伤仪来检查，需要多大磁化电流？

解：因为 $L=150$ mm，$T=20$ mm

所以 $I=(4\sim5)L=600\sim750(\text{A})$

3.4.5　线圈法磁化规范

线圈法产生的磁场平行于线圈的轴线。

1. 用连续法检测的线圈法磁化规范

线圈法的有效磁化区是从线圈端部向外延伸 150 mm 的范围内，超过 150 mm 之外区域，磁化强度应采用标准试片确定。当被检工件太长时，应进行分段磁化，且应有一定的重叠区。重叠区应不小于分段检测长度的 10%。检测时，磁化电流应根据标准试片实测结果来确定，

（1）低充填因数线圈——线圈横截面积与被检工件横截面积之比大于等于 10 时

① 当工件偏心放置时，线圈的安匝数为

$$IN=\frac{45000}{L/D} \tag{3-5}$$

② 当工件正中放置于线圈中心时，线圈的安匝数为

$$IN=\frac{1690R}{6(L/D)-5} \tag{3-6}$$

（2）高充填因数线圈——线圈横截面积与被检工件横截面积之比小于等于 2 时线圈的安匝数为

$$IN=\frac{35000}{L/D+2} \tag{3-7}$$

式中　I——施加在线圈上的磁化电流，A；

N——线圈匝数；

R——线圈半径，mm；

L——工件长度，mm；

D——工件直径或横截面上最大尺寸，mm。

（3）中充填因数线圈——线圈横截面积与被检工件横截面积之比大于 2 且小于 10 时线圈的安匝数为

$$IN=(IN)h\frac{10-Y}{8}+(IN)l\frac{Y-2}{8} \tag{3-8}$$

式中　$(IN)h$——由式(3-3)计算出的安匝数；

$(IN)l$——由式(3-1)或式(3-2)计算出的安匝数；

Y——充填因数，线圈横截面积与被检工件横截面积之比。

例如：线圈直径为 200 mm，工件为棒料，直径为 100 mm，则 $Y=(\pi\times100^2)/(\pi\times50^2)=$

A_t为中充填因数。

进行充填因数的计算时，无论工件是实心或空心，工件截面积为总的横截面积。

关于 L/D 中的直径 D，应注意以下几点：

① 若工件为实心件，圆柱体，D 为外直径；其他形状，D 为横截面最大尺寸。

② 若工件为空心件，应采用有效直径 D_{eff} 代替。

对于中空的非圆筒形工件，D_{eff} 的计算如下

$$D_{eff} = 2\sqrt{\frac{A_t - A_h}{\pi}} \tag{3-9}$$

式中 A_t——工件总的横截面积，mm^2；

A_h——工件中空部分横截面积，mm^2。

对于中空的圆筒形工件，D_{eff} 的计算如下

$$D_{eff} = 2\sqrt{D_o^{\ 2} + D_i^{\ 2}} \tag{3-10}$$

式中 D_o——圆筒外直径，mm；

D_i——圆筒内直径，mm。

③ 式(3-5)和式(3-6)在 $L/D>2$ 时有效；当 $L/D<2$ 时，应在工件两端连接与被检工件材料接近的磁极块，以使 $L/D>2$ 或采用标准试片实测来决定电流值；当 $L/D\geqslant15$ 时，L/D 值仍按 15 计算。

④ 式(3-5)～式(3-8)中的电流 I 为放入工件后的电流值。

例　一空心圆筒形工件，长 600mm，外径 100mm，内径 80 mm，求 L/D 值。

解：$D_{eff} = \sqrt{D_o^{\ 2} + D_i^{\ 2}} = \sqrt{100^2 - 80^2} = 60\ (mm)$

代入公式得　$L/D = L/D_{eff} = 600/60 = 10$

2. 用剩磁法检测的线圈法磁化规范

特种设备行业剩磁法应用较少。但对于紧固件如螺栓螺纹根部的横向缺陷应采用线圈磁化剩磁法检测，因为紧固件螺栓用的材料经过淬火后，其剩磁和矫顽力值一般都符合剩磁法检测的条件。如果用连续法检测，螺纹本身就相当横向裂纹，纵向磁化后，螺纹吸附磁粉形成的过度背景，使缺陷难以观察，所以宜采用剩磁法检测。

进行剩磁法检测时，考虑 L/D 的影响，推荐采用空载线圈中心的磁场强度应不小于表 3-4中所列的数值。

表 3-4　空载线圈中心的磁场强度值

L/D	磁场强度/(kA/m)	L/D	磁场强度/(kA/m)
>2～5	28	>10	12
>5～10	20		

3.4.6　磁轭法磁化规范

1. 磁轭法的提升力

磁轭法的提升力是指通电电磁轭在最大磁极间距时(有的指磁极间距为 200 mm 时)，对铁磁性材料的吸引力是多少。磁轭的提升力大小反映了磁轭对磁化规范的要求，即当磁轭磁感应强度的峰值 B_m 达到一定大小所对应的磁轭吸引力。对于一定的设备和工件，磁轭的吸

引力 F 与铁素体钢板的磁导率、磁极间距、磁极与钢板的间隙及移动情况都有关。当上述因素不变时，磁感应强度峰值 B_m 与磁轭吸引力有一定的对应关系。但当磁极间距 L 变化时，将使磁感应强度峰值 B_m 随之改变，这就是讲提升力大小时必须注明磁极间距 L 的原因。

2. 磁轭法的检测灵敏度

磁轭法磁化时，检测灵敏度可根据标准试片上的磁痕显示和电磁轭的提升力来确定。磁轭法磁化时，两磁极间距 L 一般应控制在 75 ~200mm 之间。当使用磁轭最大间距时，交流电磁轭至少应有 45N 的提升力；直流电磁轭至少应有 177N 的提升力；交叉磁轭至少应有 118N 的提升力(磁极与试件表面间隙为 0.5mm)。采用便携式电磁轭磁化工件时，其磁化规范应根据标准试片上的磁痕显示来验证；如果采用固定式磁轭磁化工件时，应根据标准试片上的磁痕显示来校验灵敏度是否满足要求。

3.5 磁痕分析

磁痕是指磁粉检测时，工件表面形成的磁粉聚集在磁粉检测中，凡有磁力线穿出或进入的地方就会产生磁极，吸附磁粉，形成磁痕。然而形成磁痕的原因很多，并不是所有的磁痕都是缺陷产生的，有时非缺陷处也可能形成磁痕。一般把缺陷引起的磁痕称为缺陷磁痕，又叫相关显示。非缺陷引起的磁痕称为伪磁痕(假磁痕)或非相关显示(无关显示)。为了正确地判别缺陷磁痕，必须掌握工件中常见缺陷磁痕的特点和非缺陷磁痕的鉴别方法。

3.5.1 缺陷磁痕

工件加工方法很多，工艺过程复杂，产生的缺陷类型各不相同。归纳起来有裂纹、夹杂、分层、白点、折迭、疏松、气孔、发纹等几种。由于它们的形状、位置、方向和磁导率不同，因此其磁痕也不一样。一般根据其磁痕特点来分析判别缺陷的类型。

1. 裂纹

裂纹是材料承受的应力超过其强度极限引起的破裂，裂纹的危害大、种类多，据成因不同，分为锻造裂纹、铸造裂纹、热处理裂纹、焊接裂纹、磨削裂纹和疲劳裂纹等几种。

锻造裂纹是加热、锻造、冷却等工艺不当引起的，容易出现在锻造比大和截面突变，具有一定的深度和长度。其磁痕浓密清晰，两头尖细多呈直线状或折线状，有时也呈龟裂状或弯曲。

铸造裂纹是工件冷却凝固收缩时产生过大的热应力和组织应力引起的，常出现在截面突变部位应力集中的尖角处，有一定的深度和密度。其磁痕较清晰，宽度较大，多呈断续或连续线状。

热处理裂纹多在淬火过程中产生，容易出现在截面突变的应力集中处，有一定的深度。其磁痕细直清晰，尾部尖锐，有时呈锯齿形或弧形。

焊接裂纹是在焊接过程中或焊后，因焊接工艺不当，在焊缝或热影响区产生的裂纹。焊接裂纹深度、长度和形状不一，磁痕较清晰，两头尖细，多有弯曲，形状不规则，有时呈折线状，有时呈辐射状。

磨削裂纹是对高硬度工件表面进行磨削时产生的裂纹，磨削裂纹深度小，长度短。其磁痕轮廓清晰，长度小，磁粉密度不大。常呈网状、放射状或龟裂状。

疲劳裂纹是工件在长期交变应力作用下产生的。钢中冶金缺陷，加工产生划伤或刀痕及缺口等都可能成为疲劳源，引起疲劳裂纹。它常出现在应力集中处，与受力方向垂直。其磁痕较清晰，两头尖细，有时成群出现，略带弯曲。

2. 夹杂

夹杂是钢在冶炼过程中，因工艺或操作不当而残留在工件内的一种非金属或金属氧化物。

夹杂是铸件和焊接件中常见的缺陷。铸件中的夹杂易在浇口处产生，焊接件中的夹杂可在不同部位产生。其磁痕不太清晰，有一定的宽度，呈点状或条状，有时也弯曲。

3. 分层

分层是钢板中常见缺陷，是钢锭中缩孔或气孔在轧制时未焊合而产生的，位于钢板内部，平行于轧制面。一般在轧制面上难以发现，但在制成的工件侧面可以发现。其磁痕呈条状，连续或断续。

4. 白点

白点是一种危害很大的内部缺陷，多位于大截面的中心，其断面呈白色斑点。白点是钢材在加热或冷却过程中氢原子来不及扩散形成巨大的压力而引起的不同方向的细小裂纹。马氏体铬镍钢及铬镍钼钢对白点敏感性大。外露的白点磁痕清晰，多呈辐射状。

5. 折迭

折迭是锻件或钢板中常见的缺陷，是工件表面局部互相折合或重迭的双层金属。磁痕多呈圆弧形。

6. 疏松

疏松是铸件常见的缺陷，是金属在冷却凝固过程中得不到补充而产生的孔穴，位于冒口处附近。其磁痕呈片状或条状，有时分散，有时密集，有一定面积。磁化方向改变时，磁痕也随着改变。

7. 气孔

气孔是铸件和焊接件中常见缺陷，是金属中的气体在冷却凝固过程中来不及排出而形成的孔洞。其磁痕呈圆形或椭圆形，不太清晰。

8. 发纹

发纹是材料中金属或非金属夹杂在轧制过程中沿轴向延伸的微小缺陷，其磁痕细而淡，与金属压延方向一致，呈直线或微曲线状分布。

3.5.2 伪磁痕

伪磁痕是指不是缺陷引起的磁痕。伪磁痕的产生将干扰对缺陷的判别。因此对伪磁痕产生的原因及其特征进行分析，有利于正确判别磁痕。

磁粉检测中，常见的伪磁痕有以下几种。

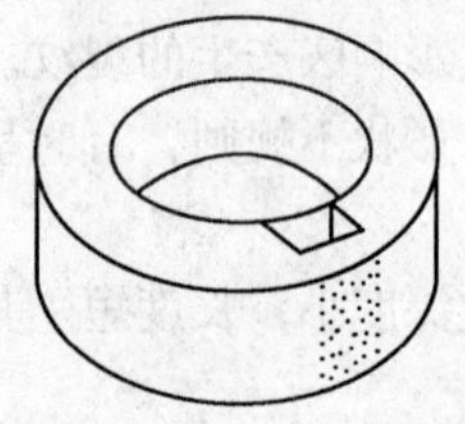

图 3-20　键槽引起的磁痕

1. 工件截面突变

周向磁化带槽或孔的工件时，由于槽孔处截面尺寸突变，使磁力线被迫从表面穿出或进入，形成漏磁场，吸附磁粉，产生磁痕。这种磁痕松散，有一定的宽度，如图 3-20 所示。

2. 加工硬化

加工硬化是指工件表面局部受到碰撞、弯曲、捶击或重压，易产生晶格扭曲和滑移，位错增加，硬度提高的现象。加工硬化处，磁导率变小。磁化工件时，磁力线被迫从加工硬化处穿出或进入，形成磁痕。这种磁痕松散，不太清晰，有一定的宽度。表面硬度较高的工件，加工硬化引起的磁痕较明显。砂轮局部打磨抛光的工件，残余应力增加，也会引起磁痕。

加工硬化产生的磁痕，经再结晶退火处理后可以消除。

3. 局部淬火

钢铁材料中各种组织的磁导率是不同的，工件经局部淬火后，组织发生变化，淬火部位组织硬度高，磁导率低，因此在淬火与未淬火的分界面上往往会形成磁痕。这种磁痕有一定宽度，位置特定，但不太清晰。降低磁化电流，可能消失。

4. 两种材料结合处

由两种材料结合而成的工件，由于两者的组织不同，磁导率存在异常，因此常常在其结合面处也会形成磁痕，如图 3-21 所示。这种磁痕松散，不太清晰，位置总位于结合面处，降低磁化电流即可消失。

5. 碳化物带状组织

钢铁材料中碳化物磁导率比珠光体、铁素体等组织低得多。当工件中存在碳化物带状组织时就会产生磁痕。这种磁痕比较松散，沿材料晶界呈带状分布。

高碳钢、高碳合金钢，容易产生碳化物带状组织引起的磁痕。

6. 磁泻

当磁化的工件与另一铁磁性工件接触时，接触处的磁力线发生扭曲，穿出或进入工件，产生磁极，吸附磁粉，形成磁痕。这种现象称为磁泻，如图 3-22 所示。使磁化的工件与未磁化的工件磨擦，在磨擦处也会产生磁泻，形成磁痕。这种磁痕松散，不太清晰，呈线状或片状，将工件退磁后重新磁化即可消除。

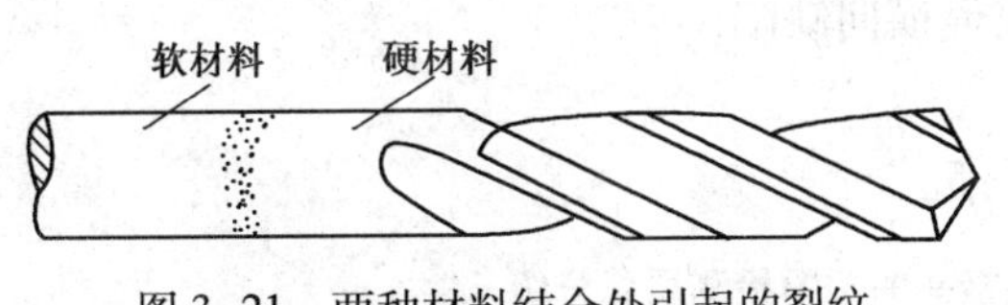

图 3-21　两种材料结合处引起的裂纹

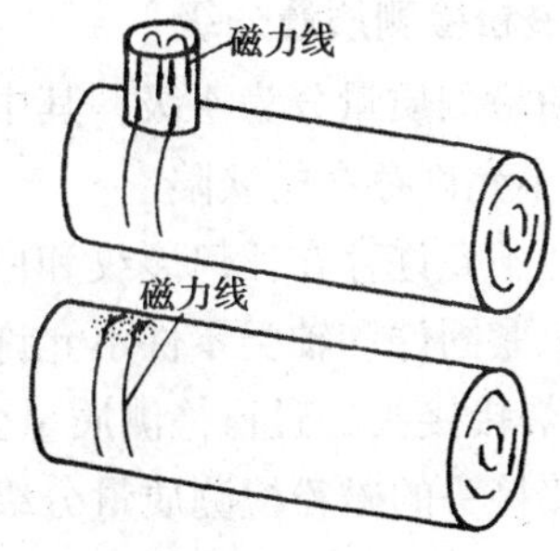

图 3-22　磁泻的产生

7. 磁化电流过大

每种材料的磁导率是一定的，工件截面上容纳的磁力线是有限的。当磁化电流过大时，磁力线超过工件容纳的极限，被迫溢出工件形成磁痕。这种磁痕容易在工件截面处或棱角处首先产生。如周向磁化矩形工件时，当磁化电流过大时，工件棱角处会产生磁痕。这种磁痕整个棱角都有。

8. 电极与磁极

用支杆法局部检测工件时，由于支杆电极附近的电流密度过大，往往会在支杆电极附近的工件表面上产生磁痕。用电磁轭检测时，由于磁极与工件接触处的漏磁而吸附磁粉，产生磁痕。这种磁痕松散，位置特定。退磁后改变电极或磁极的位置就会消失。

9. 划伤或刀痕

当磁化电流过大时，工件表面的划伤或刀痕也会产生磁痕。这种磁痕浅淡、细小、降低磁化电流即可消失。

10. 其他

工件表面的油污、熔渣等也会引起磁粉聚集，形成磁痕。这种磁痕在清除工件表面的油污、熔渣后可以消除。

3.5.3 磁痕评定

磁粉检测中发现磁痕显示后，首先要分析磁痕是不是缺陷磁痕，如果是缺陷磁痕，就应根据依照相应标准，根据缺陷磁痕的形状、尺寸、数量等评定工件质量级别，然后判别工件是否合格。《JB/T 4730.4—2005 承压设备无损检测 第 4 部分 磁粉检测》对磁痕的评定有如下规定。

1. 磁痕的分类和处理

(1) 磁痕显示分为相关显示、非相关显示和伪显示。

(2) 长度与宽度之比大于 3 的磁痕，按条状磁痕处理；长度与宽度之比不大于 3 的磁痕，按圆形磁痕处理。

(3) 长度小于 0.5mm 的磁痕不计。

(4) 两条或两条以上缺陷磁痕在同一直线上且间距不大于 2mm 时，按一条磁痕处理，其长度为两条磁痕之间和加间距。

(5) 缺陷磁痕长轴方向与工作(轴类或管类)轴线或母线的夹角大于或等于 30°时，按横向缺陷处理，其他按纵向缺陷处理。

2. 磁粉检测质量分级

磁粉检测质量分为 4 级，其中 Ⅰ 为最高级，Ⅳ为最低级。

1) 不允许存在的缺陷

(1) 不允许存在任何裂纹和白点。

(2) 紧固件和轴类零件不允许存在任何横向缺陷。

2) 焊接接头的磁粉检测质量分级

焊接接头的磁粉检测质量分级见表 3-5。

表 3-5　焊接接头的磁粉检测质量分级

等　　级	线性缺陷磁痕	圆形缺陷磁痕(评定框尺寸为 35mm×100mm)
Ⅰ	不允许	d≤1.5，且在评定框内不大于 1 个
Ⅱ	不允许	d≤3.0，且在评定框内不大于 2 个
Ⅲ	L≤3.0	d≤4.5，且在评定框内不大于 4 个
Ⅳ	大于Ⅲ级	

注：L—线性缺陷磁痕长度，mm；d—圆形缺陷磁痕长径，mm。

3. 受压加工部件和材料磁粉检测质量分级

受压加工部件和材料磁粉检测质量分级见表 3-6。

表 3-6 受压加工部件和材料磁粉检测质量分级

等　级	线性缺陷磁痕	圆形缺陷磁痕 （评定框尺寸为 2500mm^2，其中一条矩形边长最大为 150mm）
Ⅰ	不允许	d≤2.0，且在评定框内不大于 1 个
Ⅱ	L≤4.0	d≤4.0，且在评定框内不大于 2 个
Ⅲ	L≤6.0	d≤6.0，且在评定框内不大于 4 个
Ⅳ	大于Ⅲ级	

注：L—线性缺陷磁痕长度，mm；d—圆形缺陷磁痕长径，mm。

4. 综合评级

在圆形缺陷评定区内同时存在多种缺陷时，应进行综合评级。对各类缺陷分别评定级别，取质量级别最低的级别作为综合评级的级别；当各类缺陷的级别相同时，则降低一级作为综合评级的级别。

3.6 退磁

3.6.1 退磁的原因

由磁带回线可知，磁粉检测过的工件不管任何处断电都将保留一定的剩磁，工件上存在的剩磁往往会带来一些不良后果。因此磁粉检测后工件有时要退磁。

(1) 当工件附近有电磁计量仪表时，工件剩磁将会影响仪表的正常工作，使仪表的计量精度下降，误差增加。

(2) 对于运动的零部件，因剩磁存在而吸附磁粉或金属微粒，加速零部件的磨损和损坏，使用寿命降低。

(3) 检测以后需要进行继续机加工的工件，由于剩磁存在而吸附铁屑，干扰对工件的进一步加工，使工件表面光洁度降低。

(4) 在电弧焊中，当工件剩磁较大时，剩磁会使焊接电弧发生偏转，造成焊位偏离。

(5) 工件上剩磁的存在还会影响工件上磁粉的清除和进一步检查。

当然，也不是所有的工件在检测后都要退磁，遇以下几种情况可不退磁。

(1) 要求不高的非运动零部件，如某些锅炉压力容器。

(2) 磁粉检测后尚需进行加热温度在磁性居里点以上的热处理。

(3) 需要进一步进行磁粉检测的工件。

(4) 磁导率很高，剩磁很低的某些软磁材料。

3.6.2 退磁的原理和条件

工件磁化的实质是磁畴在外磁场作用下由无序排列变为有序排列，工件内部磁畴与外磁场方向一致，显强磁性。当工件停止磁化以后，部分磁畴发生偏转，由有序变为无序，但仍有部分磁畴与原外磁场方向保持一致，因此工件保留一定的剩磁。为了消除工件内部的剩磁，必须使全部磁畴由有序排列变为无序排列。

实验证明，不管在何处断电，工件内部的剩磁不可能一下子全部退去，必须使磁场经多次反向，并逐渐减弱到零，才能达到退磁的目的。这可理解为工件内部的磁畴像小磁针一样，相互之间存在一种作用力，相互制约，难以一下子使全部磁畴由有序排列变为无序排列，只有当退磁磁场方向不断改变，强度逐渐减弱时，剩磁才能逐步消除。退磁磁场每反向减弱一次，有序排列的磁畴就减少一次，多次反向减弱以后，有序排列的磁畴也就愈来愈少，最后趋向于零，从而使工件实现退磁。交流退磁的原理如图 3-23 所示。

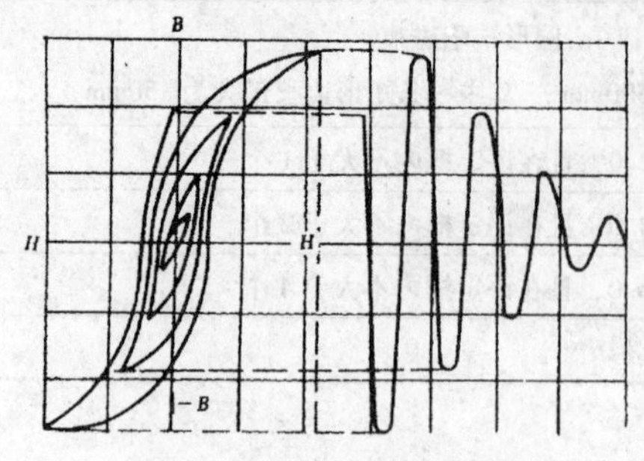

图 3-23　交流退磁原理

归纳起来，退磁的条件为：

（1）退磁磁场强度要大于或等于磁化时施加的磁场强度。

（2）退磁磁场的方向不断改变。

（3）退磁磁场的强度逐渐趋向于零。

3.6.3　退磁方法

常用磁化电流有交流电和直流电。交流电具有集肤效应。磁化深度浅。直流电无集肤效应，磁化深度大。为了使工件退磁充分，必须合理选择退磁方法。按退磁电流不同分为交流退磁法和直流退磁法。

1. 交流退磁

交流电方向不断改变，工业用交流电频率 $f=50\text{Hz}$，即电流每秒钟反向 100 次。因此采用交流电退磁时，只要使退磁电流逐渐减弱到零，就可以达到退磁的目的。交流退磁深度浅，一般只用于交流磁化的工件退磁。

常用交流退磁方法有以下几种。

(1)线圈退磁法：

① 工件放在退磁线圈内不动，逐渐使通过线圈的交流电的电流减弱到零。这种方法适用于较大的工件退磁。

② 通过线圈的交流电的电流不变，使工件从线圈内通过，并逐渐远离至 1. 5m 以外，然后切断线圈电流。这种方法适用于小型工件退磁。

（2）绕电缆退磁法：对于特别大的工件，线圈退磁有困难，可以用软电缆在工件上绕若干圈，一般使安匝数达到 5000At 以上，然后将电流逐渐降低到零来实现退磁。

（3）直接通电退磁法。对于采用直接通电或穿芯棒进行周向磁化的工件，可在磁粉检测结束时，不取下工件，使磁化电流逐渐减弱到零来进行退磁。

（4）支杆退磁法：用支杆法检测时，可在检测结束时，使支杆置于原处，将磁化电流逐渐减弱到零来进行退磁。

（5）交流磁轭退磁法：将交流磁轭放在退磁部位，使磁轭线圈通电并逐渐减弱到零，或在交流磁轭通电的同时将磁轭逐渐远离工件至 450mm 以外，这样，可以实现退磁。这种方法适用于局部退磁。

2. 直流退磁

直流电是方向不变的电流，因此直流电退磁除了使电流逐渐减弱以外，还要设法使电流方向不断改变。一般直流电的电流减弱可用调压器来调节，电流反向用整流器来实现间隙时间用时间继电器来控制。

直流退磁深度较大，退磁效果好，无论是交流磁化的工件还是直流磁化的工件，都可用直流退磁。但直流退磁设备比较复杂。常用的直流退磁方法有以下几种：

（1）工件放在退磁线圈中，使退磁电流在逐渐减弱的同时不断反向，来达到退磁的目的。一般电流反向的频率为0.1~5次/s，当频率为0.5~0.6次/s时，退磁效果较好。这种方法适用于较大的工件退磁。

（2）退磁线圈电流方向不变，大小逐渐减弱到零，工件不断反转180°通过线圈来进行退磁。这种方法适用于较小的工件退磁。

为了达到理想的退磁效果，在退磁过程中以及退磁以后，有以下几点值得注意：

（1）对于长度较大的工件，考虑到地磁场的影响，工件应尽量与地磁场方向垂直，即东西方向放置。否则会给退磁带来困难。

（2）欲退磁的工件应放在无磁性的支架上进行退磁，不得放在铁磁性材料的支架上进行退磁，否则会影响退磁效果。

（3）工件退磁以后，不要放在磁化装置或退磁线圈附近，以免再次磁化。

（4）对于直流退磁，退磁磁场反向和减弱的次数与工件的磁导率μ、矫顽力H_c有关。μ大、H_c小的工件，磁场反向和减弱的次数可适当少一些，一般不多于10次。但μ小、H_c大的工件，磁场反向和减弱的次数要多一些，一般在10~30次范围内。

（5）周向磁化的工件，同样存在剩磁，但由于磁力线没有穿出工件，没有磁极存在，因此一般不会吸附磁粉，但当该工件与其他铁磁性材料接触时，就会发生磁泻，形成磁极，吸附磁粉。因此对于某些重要的周向磁化的工件仍需要退磁。

3.6.4 退磁效果的检测

用不同的退磁方法对同一工件进行退磁，或用相同的退磁方法对不同材料和形状的工件进行退磁，其退磁效果是不一样的。为了达到规定的退磁效果，应设法对工件的退磁效果进行检测。常用的检测方法有以下几种。

1. 剩磁仪检测法

工件退磁后，可以利用XCJ型袖珍式剩磁仪来检测工件的退磁效果。当要求测量精度较高时，可利用RC-1型弱磁场侧量仪来检测。测量的方法是使仪器探头靠近工件剩磁显示最强的地方，读出仪器指示的剩磁值。一般要求工件退磁后剩磁大于0.3mT(3Gs)。

2. 回形针检测法

工件退磁效果的好坏也可利用串在一起的回形针或大头针来检测。方法是使回形针或大头针靠近工件剩磁显示效果最强的地方，观察回形针或大头针是否被吸引，若被吸引，说明剩磁较强，退磁效果不好，需要进一步退磁。用细线悬挂0.25g重的纯铁丝采用上述方法同样可以检测退磁效果。

3. 罗盘磁针检测法

将罗盘磁针靠近退磁工件的磁极处，并转动360°，观察罗盘磁针的偏转情况。当在这一过程中罗盘磁针偏转超过1°时，说明退磁效果不好，应重新退磁。

以上三种检测退磁效果的方法中，剩磁仪检测法精度最高，适用于重要工件退磁效果的检测。回形针与罗盘检测法，精度较低，只能估计工件退磁效果的好坏，适用于要求不高的一般工件退磁效果的检测。

3.7 记录、报告与标记

磁粉检测过程中，操作者应记录工件情况、检测条件和缺陷情况，然后根据检测记录结合规定的验收标准签发报告，对工件质量进行评价，确定工件质量级别，最后判别工件是否合格。并用适当方式作出合格标记。

3.7.1 记录

检测记录是指检测过程中的原始记录，它是填写检测报告、评价工件质量的基础，因此要求检测记录条理清楚、简单明确、实事求是。磁粉检测中需要记录以下几方面的内容。

1. 工件情况

检测前应了解工件名称、图号(或编号)、数量、材料、热处理状态、表面光洁度、结构尺寸、受检部位以及验收标准等，并记录之。作为选择检测条件的依据。

2. 检测条件

检测条件是指检出规定缺陷所需选用的检测设备、检测方法和工艺参数等。主要包括以下诸方面。

(1) 设备、磁粉：检测设备型号、磁粉种类(荧光磁粉或非荧光磁粉)、施加方式(干磁粉或湿磁粉)以及磁粉的材料、颜色、粒度。当采用磁悬液时还应注明其浓度。

(2) 检测方法：剩磁法或连续法，周向磁化法或纵向磁化法。

(3) 磁化方法：直接通电法、线圈法、支杆法、磁轭法等。

(4) 磁化电流：包括电流的种类(交流、直流或整流电)和大小(或安匝数)。

(5) 灵敏度试块：A 型灵敏度试片、环形灵敏度试块或平板形灵敏度试块等。

3. 缺陷磁痕情况

磁粉检测过程中，要认真分析工件表面的磁痕情况，仔细鉴别缺陷磁痕与非缺陷磁痕，在确认是缺陷磁痕以后，要记录缺陷磁痕的位置和尺寸大小，并在工件上或工件草图上标明。

记录缺陷磁痕的方法如下。

(1) 照相法：对缺陷磁痕进行照相，用摄影照相记录缺陷磁痕。为了便于确定缺陷的大小，可与刻度尺一起拍摄。

(2) 贴印法：用透明胶纸复制记录磁痕。具体方法是将工件表面清洗干净，将黑色酒精磁悬液施加在工件表面上，待缺陷磁痕形成并干燥后，用透明胶纸贴在试验面上，均匀按压后揭下，贴在白纸上即可。

(3) 可剥性涂层法：缺陷磁痕显示后，在试验面上喷涂一层快干可剥性涂层，然后取下涂层就可得到印取的缺陷磁痕。

(4) 磁橡胶铸形法：将磁粉弥散于室温硫化硅橡胶液中，加入固化剂浇铸在工件表面上并磁化工件，这时在缺陷漏磁场的作用下，磁粉在橡胶液内迁移和排列，形成缺陷磁痕。取出固化后的橡胶，可观察到缺陷磁痕情况。磁橡胶法对于不便观察部位的检测具有无可比拟的优越性，如螺栓内孔的检测。

4. 其他

此外还包括检测日期、检测人员的姓名、级别以及退磁情况等。

3.7.2 报告

检测报告是根据检测记录的主要内容整理得到的正式技术文件．检测报告与记录不同的地方在于检测报告对工件质量进行了评价，并给出工件质量是否合格的结论。对检测报告的要求是：内容全面、数据可靠、结论正确。

3.7.3 标记

工件检测以后，凡合格的工件都应有明确的标记，以免与不合格及未检测的工件混淆以后难以辨认。

标记时应注意：标记方法无损于工件的性能和使用；标记位置合理；标记醒目可靠，不易被擦磨掉或玷污；全部受检工件都要标记。

3.8 影响磁粉检测灵敏度的主要因素

磁粉检测灵敏度是指有效地检出工件表面或近表面规定大小缺陷的能力。认真分析影响磁粉检测灵敏度的主要因素，对于防止缺陷漏检或误判，提高检测灵敏度具有重要意义。

下面从工件状况、缺陷状况、磁粉性能、磁化方法和工艺操作等方面来进行分析。

3.8.1 工件状况的影响

这里工件状况包括工件表面状态和工件本身的磁特性。

1. 工件表面状态

工件表面光洁度、氧化皮、油污、铁锈等对检测灵敏度都有一定的影响。工件表面较粗糙或存在氧化皮、铁锈时，会增加磁粉的流动阻力，影响缺陷处漏磁场对磁粉的吸附，使检测灵敏度下降。工件表面的凹坑和油污处会出现磁粉聚集，引起非缺陷磁痕。

工件表面的油漆和镀层会削弱缺陷漏磁场对磁粉的吸附作用，使检测灵敏度降低。当履盖层较厚时，甚至会引起漏检。例如，某工件表面在镀铬处理前，可检出长 2mm 的裂纹和发纹数条，但在镀铬层厚度达到 10~70μm 以后，就只能检出裂纹，而发纹都难以发现。

因此，为了提高磁粉检测灵敏度，磁粉检测前必须清除工件表面的油污、水滴、氧化皮、铁锈，提高工件表面的光洁度。对于镀层较厚的工件，应在镀层以前进行检测。

2. 工件的磁特性

工件本身的磁导率产生剩磁 B_r，对检测灵敏度有直接的影响。

在连续法检测中，由 $B=H$ 可知，工件表面的磁感应强度 B 与磁导率成正比。当外磁场强度 II 一定时，工件缺陷处的漏磁场随产值增加而增加。因此工件产值人，缺陷容易检出。

在剩磁法检测中，工件的剩磁 B_r 对缺陷的检出起着决定性的影响。剩磁 B_r 愈大，缺陷检出的灵敏度就愈高。$B_r \leqslant 0.8T$ 的工件一般不能采用剩磁法检测。

3.8.2 缺陷状况的影响

磁粉检测时，检测灵敏度与缺陷的方向、位置、性质及深宽比有关。

由磁粉检测的原理可知，只有当缺陷与磁力线垂直或接近垂直时，缺陷处形成的漏磁场强度最大，吸附的磁粉最多，检测灵敏度最高，当缺陷与磁力线几乎平行时，缺陷产生的漏磁场很弱，缺陷难以检出。

工件中不同位置的缺陷，检出效果不同。位于工件表面的缺陷比近表面缺陷容易检出。当缺陷的埋藏深度增加到一定程度时，将难以检出。交流电磁化工件时尤为明显。

不同性质的缺陷，其磁导率不同，检出效果不同。缺陷磁导率愈低，愈容易检出。例如裂纹就比金属夹杂容易发现。

此外缺陷的深宽比也对缺陷的检出有影响，一般深宽比小，产生漏磁场弱，缺陷难以发现。

3.8.3 磁粉与磁悬液性能的影响

磁粉的磁导率、粒度、色衬与磁悬液的浓度、润湿作用等对检测灵敏度有较大的影响。

磁粉的磁导率高，磁性强，容易被微弱的漏磁场吸附，灵敏度高。磁粉的粒度细，流动性好，所需吸附力小，容易聚集，灵敏度高。磁粉色衬好，在工件表面形成的对比度高，发现微小缺陷的能力强。

磁悬液的浓度适当，灵敏度高。浓度太大，磁悬液流动困难，磁粉流动阻力大，不易聚集在缺陷漏磁场处形成磁痕，灵敏度低。浓度太小，磁悬液流动快，停留时间短，缺陷漏磁场吸附磁粉的机会少，不利于形成缺陷磁痕，灵敏度也低。

为了更好地发现缺陷，还要求磁悬液能充分润湿工件表面，以便使磁悬液能均匀地分布在工件表面上，防止缺陷漏检。

3.8.4 磁化电流和磁化方法的影响

磁化电流分为交流、直流和整流电。交流电具有集肤效应，发现工件表面缺陷灵敏度较高。直流电或整流电磁化深度较大，检出近表面缺陷灵敏度较高。

磁化方法有多种，为了有效地发现缺陷，不同的工件需要采用不同的磁化方法。一般采用直接通电法或穿芯棒法进行周向磁化，检出纵向缺陷灵敏度较高。采用线圈法或磁轭法进行纵向磁化，检出横向缺陷灵敏度较高。采用旋转磁场法或复合磁化法，可以检出任意方向的缺陷。

3.8.5 工艺操作的影响

磁粉检测的主要工艺过程是清理工件表面、磁化工件、施加磁粉或磁悬液、观察分析等，不管是哪一步操作不当，都会影响缺陷的检出。

工件表面清理不干净，不但会增大磁粉的流动阻力，影响缺陷磁痕的形成，而且会产生非缺陷磁痕，影响对缺陷的判别。

实验证明，只有当工件表面的磁感应强度达到饱和磁感应强度的80%时，才能有效地检出规定大小的缺焰。磁化不足，缺陷漏磁场弱，容易漏检。磁化过剩，非缺陷处也有磁力线穿出进入，引起非缺陷显示，判伤困难。

磁化效果还与磁化时间和次数有关。磁粉检测中，为了不致烧伤工件，需要对工件进行多次磁化，每次磁化要持续一定的时间。磁化时间太短或磁化次数太少，工件内部的磁畴来不及转向，磁化效果差，检测灵敏度低。

剩磁法检测中，当采用交流磁化工件时，还要注意控制断电相位。断电相位控制不好，会使检测灵敏度降低。

此外施加磁粉或磁悬液的时机也要控制好。连续法检测时，要求在磁化工件的同时施加磁粉或磁悬液，并停止磁化工件以前停止施加磁粉或磁悬液。否则施加的磁粉或磁悬液会冲刷缺陷处形成的磁痕，影响缺陷的检出。

缺陷磁痕形成以后，要在相应的照明条件下进行观察。非荧光磁粉检测时。要求在白光下观察，检测区的照度应达到1000 lx以上。荧光磁粉检测时，要求在紫外灯下观察，检测区的强度不低于1000μW/cm^2，而且要在暗室内进行，暗室内的白光照度不大于20 lx。当照明条件达不到上述条件时，会影响对细小缺陷的检出和判别。

习　题

一、问答题

1. 简述磁粉检测方法的分类和一般工艺过程。
2. 试说明工件磁化方法的分类和选择磁化方法的基本原则。
3. 什么是相关显示和无关显示？它们的共同点和不同点是什么？
4. 常见的退磁方法有哪几种？简述其应用。
5. 试分析影响检测灵敏度的主要因素。

二、选择题

1. 下列有关缺陷所形成的漏磁通的叙述正确的是：(　　)
   A. 在磁化状态、缺陷种类和大小一定时，缺陷漏磁通密度受缺陷方向影响
   B. 交流磁化时，近表面缺陷的漏磁通比直流磁化时要小
   C. 当磁化强度、缺陷种类和大小为一定时，缺陷处的漏磁通密度受磁化方向的影响
   D. 以上都对
2. 将零件从线圈中抽出时，哪种电流对零件的退磁效应最小：(　　)
   A. 交流电　　B. 直流电
   C. 半波整流交流电　　D. 全波整流电
3. 磁化电流计算的经验方程式适用于：(　　)
   A. 所有工件的纵向磁化　　B. 周向磁化
   C. 高充填因素线圈磁化　　D. 低充填因素线圈磁化
4. 最适合于检测表面缺陷的电流类型是：(　　)
   A. 直流　　B. 交流　　C. 脉动直流　　D. 半波整流
5. 下列磁化方法中，不直接把电流通入零件的是：(　　)
   A. 芯棒法　　B. 磁轭法　　C. 磁通贯通法　　D. 以上都对
6. 把铁粉撒在放于一根磁棒上的纸上，由铁粉形成的图形叫作：(　　)
   A. 磁场测量图　　B. 磁强计　　C. 磁图　　D. 磁通计
7. 使工件退磁的方法是：(　　)
   A. 在居里点以上进行热处理
   B. 在交流线圈中沿轴线缓慢取出工件
   C. 用直流电来回作倒向磁化，磁化电流逐渐减小

D. 以上都是

8. 对于周向磁化的剩余磁场进行退磁时，应：(　　)

A. 考虑材料的磁滞回线　　B. 建立一个纵向磁场，然后退磁

C. 用半波整流电　　D. 使用旋转磁场

9. 将零件放入一个极性不断反转，强度逐渐减小的磁场中的目的是：(　　)

A. 磁化零件　　B. 使零件退磁

C. 增大剩余磁场强度　　D. 有助于检出埋藏深的缺陷

10. 采用哪种磁化方法时，可能由于外部磁极太强而不能对零件进行满意的检测。(　　)

A. 周向磁化　　B. 纵向磁化　　C. 偏振磁化　　D. 剩余磁化

11. 下面哪种退磁方法最有效：(　　)

A. 有反向和降压控制器的直流电　　B. 有降压控制器的交流电

C. 半波整流交流　　D. 全波整流电

12. 在被磁化的零件中和其周围存在的磁通量叫作：(　　)

A. 饱和点　　B. 磁场　　C. 抗磁性　　D. 顺磁性

13. 旋转磁场是一种特殊的复合磁场，它可以检测工件中：(　　)

A. 纵向的表面和近表面缺陷　　B. 横向的表面和近表面缺陷

C. 斜向的工件内部缺陷　　D. 任何方向的表面和近表面缺陷

14. 直流电通过线圈时产生纵向磁场，其方向用什么确定：(　　)

A. 左手定则　　B. 右手定则

C. 欧姆定律　　D. 没有相关的定律

15. 线圈中磁场最强处在：(　　)

A. 导线中部　　B. 线圈外缘　　C. 线圈圆心　　D. 线圈端头

16. 钢轴通以一定值的交流电磁化，其表面磁场强度：(　　)

A. 与工件长度成反比　　B. 与直径成反比

C. 与工件长度成正比　　D. 与直径成正比

17. 高压螺栓通交流电磁化，磁感应强度最大的部位是：(　　)

A. 中心　　B. 近表面　　C. 表面　　D. 近表面和表面

18. 从零件两端通电磁化零件，零件的长：(　　)

A. 影响零件的磁导率　　B. 对磁场强度无影响

C. 改变磁场的强度　　D. 使磁场方向变化

19. 零件表面通电或用夹头通电时，使用大接触面如铅或铜丝的原因是：(　　)

A. 可增大磁通密度　　B. 有助于加热金属从而有利于磁感应

C. 增大接触面积，减少烧伤零件的可能性　D. 有助于提高零件的熔点

20. 用软电缆绕成线圈对零件进行纵向磁化，这种方式能够：(　　)

A. 在小电流的情况下产生很高的周向磁场　B. 增加线圈的充填系数

C. 使被磁化零件得到一个复合磁场　　D. 以上都正确

21. 触头间距 100 mm，检测板厚为 25 mm 的焊缝时，其电流为：(　　)

A. 250~350A　　B. 500~650A　　C. 800~900A　　D. 400~500 A

22. 棒形磁铁内的磁力线沿磁铁的长度方向，这个棒形磁铁的磁化叫作：(　　)

A. 随机磁化　　B. 永久磁化　　C. 周向磁化　　D. 纵向磁化

23. 下列关于连续法和剩磁法的叙述中，正确的是：(　　)

A. 不是任何铁磁材料均可采用连续法

B. 剩磁法可用于热处理后的弹簧钢、工具钢、轴承钢

C. 剩磁法比连续法所需的磁场强度要小

D. 低碳钢淬火后可采用剩磁法

24. 围绕零件的通电线圈产生：(　　)

A. 周向磁场　B. 纵向磁场　C. 与电流类型有关　D. 间歇磁场

25. 难于磁化的金属具有：(　　)

A. 高磁导率　B. 低磁导率　C. 高磁阻　D. 低顽磁性

26. 真空中的磁导率为：(　　)

A. 0　B. 1　C. -1　D. 10

27. 磁性材料在达到居里温度时，会变为：(　　)

A. 顺磁性的　B. 抗磁性的　C. 非磁性的　D. 放射性的

28. 材料的磁导率是表示：(　　)

A. 材料被磁化的难易程度　B. 材料中磁场的穿透深度

C. 工件需要退磁时间的长短　D. 保留磁场的能力

29. 铁磁物质在加热时铁磁消失而变为顺磁性的温度叫：(　　)

A. 凝固点　B. 熔点　C. 居里点　D. 相变点

30. 矫顽力是描述：(　　)

A. 湿法检测时，在液体中悬浮磁粉的方法

B. 连续法时使用的磁化力

C. 表示去除材料中的剩余磁性需要的反向磁化力

D. 不是用于磁粉探伤的术语

31. 下列关于钢磁特性的叙述正确的是：(　　)

A. 一般含碳量越多，矫顽力越小　B. 一般经淬火的材料矫顽力大

C. 含碳量越高的钢，一般磁导率也越高　D. 奥氏体不锈钢显示的磁性强

32. 当外部磁化力撤去后，一些磁畴仍保持优势方向，为使它们恢复原来的无规则方向所需要的额外的磁化力，通常叫作：(　　)

A. 直流电力　B. 矫顽力　C. 剩余磁场力　D. 外力磁场力

33. 采用线圈磁化法要注意的事项是：(　　)

A. 线圈的直径不要比零件大得太多　B. 线圈两端的磁场比较小

C. 小直径的零件应靠近线圈　D. 以上都是

34. 在确定磁化方法时必需的参数是：(　　)

A. 材料磁导率　B. 材料硬度，预计缺陷位置方向

C. 制造方法　D. 以上都对

35. 用周向磁化法检测近表面的缺陷时，使用直流电代替交流电的原因是：(　　)

A. 磁粉的流动性不再对检测有影响

B. 直流电易于达到磁场饱和

C. 交流电的趋肤效应使可发现缺陷的深度变小

D. 没有技术方面的理由

36. 用芯棒法磁化圆筒零件时，最大磁场强度的位置在零件的：( )

A. 外表面　　B. 壁厚的一半处　　C. 两端　　D. 内表面

37. 使电流直接从工件上通过的磁化方法是：( )

A. 支杆法　　B. 线圈法　　C. 磁轭法　　D. 芯棒法

三、是非题

1. 直流电磁轭的提升力至少应为47N。

2. 对交流做半波整流是为了更好地检测表面与近表面缺陷。

3. 干粉法探伤时，关闭电流的时间应在吹去多余的磁粉前。

4. 连续法和剩磁法的叙述中，正确的是剩磁法比连续法所需的磁场强度要小。

5. 低碳钢淬火后可采用剩磁法。

6. 磁力线具有绕过缺陷继续传播的能力，缺陷延长了磁力线路径，并断开磁力线。

7. 棒形磁铁内的磁力线沿磁铁的长度方向，这个棒形磁铁的磁化叫作纵向磁化。

8. 在触头法中，电极连线上的磁场方向平行于其连线。

9. 探伤表面光滑是磁粉探伤的主要条件。

10. 磁粉探伤中应用交流电进行剩磁法检测时，要求探伤机上应该配备断点相位控制器。

11. 采用磁轭磁化时，缺陷的检出能力受工件厚度的影响。

12. 材料的磁导率是表示材料被磁化的难易程度。

13. 电磁轭的磁极间距离应控制在75~200 mm范围内。

14. 铁磁质的磁导率是变量。

四、计算题

1. 直接通电周向磁化ϕ50mm和50mm×50mm的钢棒，要求在表面磁场达到8000A/m，求所需磁化电流为多少?

2. 直流通电周向磁化宽250mm，长800mm的薄钢板，要求表面磁场强度达到2400A/m，求所需磁化电流至少为多少?

3. 直流通电磁化ϕ40mm的钢棒，试根据JB/T 4730. 4—2005标准确定所需整流电连续法磁化电流范围。

4. 穿芯棒周向磁化钢工件，芯棒偏心放置，芯棒直径为ϕ50mm，工件壁厚28. 8mm，试根据JB/T 4730. 4—2005标准确定磁化电流值。

5. 用螺管线圈纵向磁化ϕ50mm×200mm的钢工件，线圈直径为ϕ300mm，试计算工件偏心放置时所需的安匝数为多少?

参考答案

选择题：1. D　2. B　3. D　4. B　5. D　6. C　7. D　8. B　9. B　10. B　11. A　12. B　13. D　14. B　15. B　16. B　17. C　18. B　19. C　20. B　21. D　22. D　23. B　24. B　25. B　26. B　27. A　28. A　29. C　30. C　31. B　32. B　33. D　34. D　35. C　36. D　37. A

是非题：1. ×　2. ○　3. ×　4. ×　5. ○　6. ×　7. ○　8. ×　9. ×　10. ○　11. ×　12. ○　13. ×　14. ×

计算题：1. 1250A，1592A　2. 1194A　3. 480~800A　4. 2900A　5. 11250At

第四章　质量控制与安全防护

4.1　磁粉检测质量控制

为了保证磁粉检测的质量，即保证磁粉检测的灵敏度、分辨率和可靠性三个质量判据，必须对影响检测结果的诸因素逐个地加以控制。如检测人员要经过培训和资格鉴定；设备的精度和器材的性能要符合要求；从磁粉检测的预处理到后处理的检测全过程都必须严格按标准和规范进行；检测环境也应满足要求。即必须从人、机、料、法、环五个方面进行全面的控制。

所谓磁粉检测的灵敏度，是指发现最小缺陷磁痕显示的能力。能检测出的缺陷越小，检测灵敏度就越高，所以磁粉检测灵敏度是指绝对灵敏度。在实际应用中，并不是灵敏度越高越好，因为过高的灵敏度会影响缺陷的分辨率和细小缺陷磁痕显示检出的重复性，还将造成产品拒收率增加而导致浪费。

所谓磁粉检测的分辨率，是指可能观察到的最小缺陷磁痕显示和对它的位置、形状及大小的鉴别能力。

所谓磁粉检测的可靠性，是指对细小缺陷磁痕显示检测灵敏度和分辨率的重复性，从而保证磁粉检测结果的可靠性。

4.1.1　人员资格的控制

从事特种设备的原材料、零部件和焊接接头磁粉检测的人员，应按照《特种设备无损检测人员考核和管理规则》的要求取得相应的无损检测资格。

磁粉检测人员按技术等级分为Ⅲ(高级)、Ⅱ级(中级)和Ⅰ级(初级)。取得不同无损检测方法各技术等级的人员，只能从事与该方法和该等级相应的无损检测工作，并负相应的技术责任。

由于磁痕显示主要靠目视观察，所以要求磁粉检测人员应具有良好的视力。磁粉检测人员未经矫正或经矫正的近(距)视力和远(距)视力应不低于5.0(小数记录值为1.0)，每年检查1次视力，也不得有色盲。

磁粉检测是保证产品质量和安全的一项重要手段，所以检测人员的培训、资格鉴定和人员素质是至关重要的，从事无损检测的人员，必须符合《特种设备无损检测人员考核和监督管理规则》的要求。磁粉检测人员除具有一定的磁粉检测基础知识和专业知识外，还应具有无损检测相关知识和特种设备的专门知识，了解特种设备的法规及产品标准中有关无损检测的规定，并掌握《JB/T 4730.4—2005 承压设备无损检测 第4部分 磁粉检测》和无损检测专业知识的应用。检测人员还应具有丰富的实践经验和熟练的操作技能。

4.1.2　材料的质量控制

1. 磁悬液浓度测定

对于新配的磁悬液，其浓度应符合表4-1。对于在固定式检测机上循环使用的磁悬液，沉淀浓度一般采用梨形沉淀管，用测量容积的方法来测定，每天开始检测前进行。

表 4-1　磁悬液浓度

磁粉类型	配制浓度/(g/L)	沉淀浓度(含固体量：mL/100mL)
非荧光磁粉	10~25	1.2~2.4
荧光磁粉	0.5~3.0	0.1~0.4

测定方法是：

(1) 充分搅拌磁悬液，取 100mL 注入沉淀管中。

(2) 对沉淀管中磁悬液退磁(新配制的除外)。

(3) 水磁悬液静置 30min，油磁悬液静置 60min，变压器油磁悬液静置 24h。

(4) 读出沉淀磁粉的体积。磁悬液浓度的测定如图 4-1 所示，磁悬液浓度应符合表 4-l 或合适的书面工艺要求。

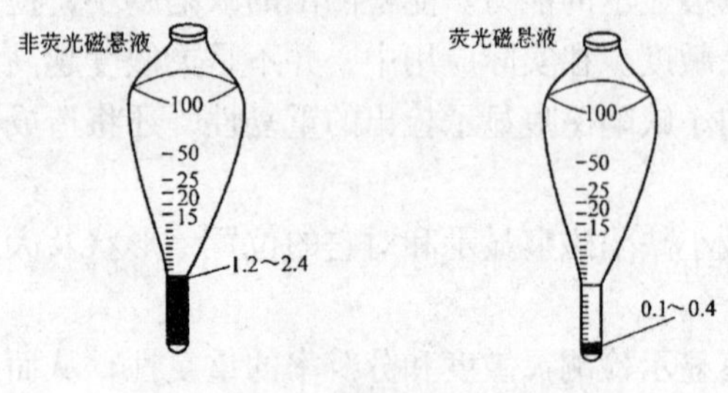

图 4-1　磁悬液浓度的测定

2. 磁悬液污染判定

在每次新配制磁悬液时，将搅拌均匀的磁悬液在玻璃瓶中注满 200 mL，放在阴暗处，作为标准磁悬液。用于每周一次和使用过的磁悬液做对比试验，进行污染判定。

测定方法：

(1) 充分搅拌磁悬液，取 100mL 注入沉淀管中。

(2) 对沉淀管中磁悬液退磁(新配制的除外)。

(3) 水磁悬液静置 30 min，油磁悬液静置 60 min，变压器油磁悬液静置 24 h。

(4) 在白光和黑光(用于荧光磁悬液)下观察，梨形管沉积物中若明显分成两层，当上层污染物体积超过下层磁粉体积的 30%时为污染。

(5) 用未使用过的标准磁悬液与使用过的磁悬液比较，在黑光下观察，发现荧光磁粉的亮度和颜色明显地降低，或磁悬液沉积物之上的载液发荧光，以及磁悬液变色、结团等都说明磁悬液污染。应更换新磁悬液。

3. 水磁悬液润湿性能试验(水断试验)

应在每次检测前进行，试验方法是将水磁悬液施加在工件表面，停止浇磁悬液后，如果工件表面水磁悬液的薄膜是连续不断的，在整个工件表面连成一片，说明润湿性能良好；如果工件表面的水磁悬液薄膜断开，工件有裸露的表面(即水断表面)，说明水磁悬液的润湿性能不合格。此时应添加润湿剂或清洗工件表面，使之达到完全润湿。

4.1.3　检测工艺的控制

1. 文件的控制

文件的控制是确保磁粉检测结果可靠性的重要手段。磁粉检测技术文件包括产品标准和规范、检测标准、磁粉检测通用工艺规程、专用工艺卡等。对磁粉检测质量进行控制，应按照相关法规、产品标准、有关的技术文件和检测标准的要求，并结合检测机构的特点和检测能力编制磁粉检测通用工艺规程。检测前应根据受检工件的特点和通用工艺规程的要求，编制工件的检测工艺卡。所有技术文件应齐全、正确，并应是现行有效版次。对磁粉检测通用工艺规程和专用工艺卡的编制、审核、更改进行全过程控制，做到“每个过程均在受控状态下进行，每个人都在受控状态下工作”，从而保证检测的工作质量和检测结果的可靠性。

2. 记录的控制

做好磁粉检测原始记录是检测工作极其重要的环节。原始记录不仅能追溯产品的质量状态，也可以证明检测工作的质量。因此，在磁粉检测工作中，应坚持“没有记录，就等于没有进行工作”的原则，对记录工作进行严格的控制。记录填写时应正确、完整、清晰，相关人员签署应齐全。对记录的修改应规范，原始记录要妥善保管，防止变质和丢失。为保证原始记录的唯一性和检测工作的可追溯性，每一个记录表应有唯一的编号。

3. 综合性能试验的控制

磁粉检测综合性能(系统灵敏度)试验，应在初次使用检测机时及此后每天开始工作前进行。综合性能试验合格后，才能开始进行磁粉检测工作。综合性能试验可采取下述样件之一进行，试验方法如下：

(1) 自然缺陷标准样件：按规定的磁粉检测要求，对自然缺陷标准样件进行检测，如果样件上的已知缺陷磁痕能清晰显示，为综合性能试验合格。

(2) E 型标准试块：将 E 型标准试块穿在铜棒上，通以 700A(有效值)的交流电用中心导体法周向磁化，用湿连续法检测时，在 E 型标准试块应能清晰显示出一个人工孔的磁痕，为综合性能试验合格。

(3) B 型标准试块：将 B 型标准试块穿在直径为 25~38mm 的铜棒上，用中心导体法周向磁化，用湿连续法检测，所用磁化电流与所显示孔的最少数量符合表 4-2 时，为综合性能试验合格。

(4) 标准试片：将标准试片贴在被检工件表面，进行磁化和湿连续法检测，按所要求的灵敏度等级，如果磁痕能清晰显示，为综合性能试验合格。

表 4-2　B 型标准试块要求显示出的孔数

方　法	磁化电流/A	所显示出孔的最少数量
荧光磁粉/非荧光磁法 湿法	1400	3
	2500	5
	3400	6
非荧光磁粉 干法	1400	4
	2500	6
	3400	7

注：如果没有获得所要求的孔数，则按下述要求将 B 型标准试块退火，退火要求：加热到 760~790℃，在这个温度下至少保温 1 h，以最大 22℃/h 的速率冷却到 540℃，随炉或空气冷却至室温。

4.1.4　检测环境的控制

采用非荧光磁粉检测时，检测地点应有充足的自然光或白光。采用荧光磁粉检测时，要有合适的暗区或暗室。

1. 可见光照度

在磁粉检测场地应有均匀而明亮的照明，要避免强光和阴影。采用非荧光磁粉检测时，被检工件表面的可见光照度应大于或等于1000lx。若在现场由于条件有限，无法满足时，可以适当降低，但不能低于500lx。

2. 黑光辐照度

采用荧光磁粉检测时，应有能产生波长在320~400mm范围内，中心波长约为365mm的黑光灯。在工件表面的黑光辐照度应大于或等于1000μW/cm^2。黑光灯电源线路电压波动超过±10%时，应装稳压电源。黑光辐照度采用黑光辐照计测量。ASME V要求“黑光辐照度最少每8h和每当工作场所改变时测量一次”。

3. 环境光照度

采用荧光磁粉检测时，暗区或暗室的环境光照度应不大于20 lx。所谓环境光，是指来自所有光源，包括从黑光灯发射出的检测区域的可见光。ASME SE-709要求：环境光照度用照度计测量，最长每周一次。

磁粉检测校验项目和周期见表4-3。

表4-3　磁粉检测校验项目和周期

校验项目	最长校验间隔
综合性能试验	每天
光线：可见光照度	JB/T 4730.4—2005无要求
黑光辐照度	JB/T 4730.4—2005无要求
环境光照度	JB/T 4730.4—2005无要求
磁悬液浓度测定（循环使用的磁悬液）	每天检测前
磁悬液污染判定	每周
水磁悬液润湿性能试验（水断试验）	每次检测前
电流表精度校验	半年
电磁轭提升力校验	半年
设备内部短路检查	1年
电流载荷校验	1年
通电时间校验	1年
照度计校验	1年
黑光辐照计校验	1年
袖珍式磁强计校验	1年
毫特斯拉计（高斯计）校验	1年
袖珍式电秒表校验	1年

4.2　磁粉检测安全防护

磁粉检测由于涉及电流、磁场、紫外线、铅蒸气、溶剂和粉尘等，而且有可能在高空、野外、水下或盛装过易燃易爆材料的容器中进行检测，所以磁粉检测工作者必须掌握安全防护知识，既要安全的进行磁粉检测，又要保护自身不受伤害，避免设备和人身事故。

1. 紫外线的危害

(1) 使用黑光灯时，人眼应避免直接注视黑光光源，防止造成眼球损伤。应经常检查滤光板，不准有任何裂纹，因为 320nm 以下的短波紫外线若从裂纹穿过，对人的眼睛和皮肤都是有害的。有裂纹的滤光板应即时更换。磁粉检测人员在检测时应戴上相应的防护眼镜。

(2) 大多数黑光灯工作时温度非常高，皮肤与其接触会受到热和辐射烧伤，这种烧伤非常疼痛而且愈合很慢。

但是应该强调，实践证明，使用 UV-A 黑光灯时，只要认真做好安全防护就可有效避免黑光对人体的伤害。

(3) 检测人员连续工作时，期间应适当休息，避免眼睛疲劳。

2. 电气与机械安全

(1) JB/T 8290—1998 规定磁粉检测机整机绝缘电阻应不小于 4MΩ，以防止电器短路给人员安全带来威胁。尤其使用水磁悬液时，绝缘不良会产生电击伤人。

(2) 使用冲击电流法磁化时，不得用手接触高压电路，以防高压伤人。

(3) 气压和液压部件失效时，也会引起伤害事故。

3. 材料的潜在危险

(1) 磁悬液中的油基载液、荧光磁粉、润湿剂、防锈剂、消泡剂和溶剂等，作为一种组合物，并非是危险的化学品，但长期使用有可能会除去皮肤中的油脂，引起皮肤的干裂，所以磁粉检测人员应戴防护手套，并避免磁悬液进入人的口腔和眼睛。除了水以外，几乎所有化合物都会刺激眼睛，许多材料可能会与口腔、咽喉和胃的组织起反应，所以应通风良好，避免对溶剂蒸气吸入太多。

(2) 使用干法检测时，磁粉飘浮在空气中，所以检测区域应保持通风良好，避免人吸入太多。

4. 磁粉检测系统的潜在危险

(1) 使用通电法或触头法时，由于接触不良，与电接触部位有铁锈和氧化皮，或触头带电时接触工件或离开工件，都会产生电弧打火，火星飞溅，有可能烧伤检测人员的眼睛和皮肤，还会烧伤工件，甚至会引起油磁悬液起火。

(2) 为改善电接触，一般在磁化夹头上加装铅皮。如果接触不良或电流过大时，也会产生打火并产生有毒的铅蒸气，铅蒸气轻则使人头昏眼花，重则使人中毒，所以只有在通风良好时才准使用铅皮接触头，并尽量避免产生电弧打火。

(3) 磁化的工件和通电线圈周围都产生磁场，它会影响装在附近的磁罗盘和其他仪表的准确性。

(4) 安装心脏起搏器者，不得从事磁粉检测。

5. 检测场所的潜在危险

在高空、野外、水下或容器内部进行磁粉检测，检测人员必须首先知道这些特殊环境中有哪些特殊的安全防护要求，必须学会在这类场所检测时的安全知识，保护自身不致受到伤害。

6. 磁粉检测系统与检测环境相互作用的潜在危险

(1) 不要使用触头法和通电法检测盛装过易燃易爆材料的容器内壁焊缝。在这种场合，由于产生电弧起火，已发生过多起伤亡事故。

（2）在附近有易燃易爆材料的场所，禁止使用触头法和通电法进行磁粉检测。

（3）磁粉检测使用低闪点油基载液时，在检测环境区内也不允许有明火或火源。如某工厂在探伤机附近进行焊接，由于焊接的火星飞落在低闪点煤油磁悬液槽中，引起着火，烧毁了探伤机。

习　题

一、问答题

1. 影响磁粉检测质量的因素主要有哪些?
2. 说明磁粉检测的灵敏度、分辨率和可靠性的含义。
3. 磁粉检测有哪几方面危险?
4. 综合性能可通过哪几种试片(块、样件)来进行？目的是什么？

二、选择题

1. 表面裂纹检出灵敏度最高的电流类型是：(　　)

A. 交流　　B. 半波整流　　C. 全波整流　　D. 直流

2. 下列磁粉探伤方法中，检测灵敏度最高的是：(　　)

A. 连续法　　B. 剩磁法　　C. 间断法　　D. 反向电流法

3. 干式磁粉探伤中最常用的是：(　　)

A. 三相交流电　　B. 半波整流交流电

C. 高压低安培电流　　D. 稳恒直流电

4. 磁粉探伤灵敏度表示的是：(　　)

A. 绝对灵敏度　　B. 相对灵敏度

C. 对比灵敏度　　D. 以上都是

5. 平板焊缝磁粉探伤最理想的探伤仪是：(　　)

A. 带支杆的便携式探伤仪　　B. 永久磁铁探伤仪

C. 旋转磁场探伤机　　D. 交流电磁轭探伤仪

6. 试件磁粉探伤必须具备的条件之一是：(　　)

A. 能顺利通电　　B. 探伤面能用肉眼观察

C. 探伤表面必须光滑　　D. 试件必须有一定密度

7. 半波整流的磁粉探伤方法是：(　　)

A. 脉动直流式

B. 与干粉配合使用

C. 适用于检查焊缝

D. 脉动直流式、常与干粉配合使用、适用于检查焊缝

8. 如果零件不能按图纸完全检测，则：(　　)

A. 必须更改图纸　　B. 零件必须报废

C. 发一份不符合检测要求的报告　　D. 在零件上标红漆等候处理

9. 磁粉探伤中，不主张使用的是：(　　)

A. 纵向磁化　　B. 轴向磁化　　C. 向量磁化　　D. 平行磁化

10. 磁粉探伤时，对试件施加适当的磁场强度值应该是：(　　)

A. 连续法比剩磁法要大　　B. 按试件的磁特性而有所不同

C. 试件越长，施加的磁场强度越大　　D. 以上都不对

11. 中心导体磁化，产生的磁场强度在工件内表面为：(　　)

A. 最小　　B. 与外表面相同　　C. 最大　　D. 零值

12. 磁粉探伤后的零件应：(　　)

A. 用丙酮清洗　　B. 用干布擦净

C. 用蘸稀煤油的布擦拭　　D. 零件清洗不属于工艺程序的条款

13. 磁粉探伤中，最好是：(　　)

A. 对所有有疑问的磁痕全部重新检测

B. 对有疑问的超标磁痕重新检测

C. 保证零件比规定的标准高

D. 用其他无损检测方法重新检测有疑问的零件

14. 除非另有规定，最终磁粉探伤：(　　)

A. 应在最终热处理后，最终机加工前

B. 应在最终处理前，最终机加工后

C. 应在最终热处理和最终机加工后

D. 在最终热处理后的任何时间

15. 在下面的诸材料中，能用磁粉探伤法检测的材料是：(　　)

A. 碳钢　　B. 黄铜　　C. 塑料　　D. 奥氏体不锈钢

16. 下列有关缺陷所形成的漏磁通的叙述中正确的是：(　　)

A. 它与试件上的磁通密度有关　　B. 它与缺陷的高度有关

C. 磁化方向与缺陷垂直时漏磁通最大　　D. 以上都对

17. 与漏磁场有关的因素是：(　　)

A. 磁化的磁场强度与材料的磁导率　　B. 缺陷埋藏的深度、方向和形状尺寸

C. 缺陷内的介质　　D. 以上都是

18. 下列关于漏磁场的叙述中，正确的是：(　　)

A. 缺陷方向与磁力线平行时，漏磁场最大

B. 漏磁场的大小与工件的磁化程度无关

C. 漏磁场的大小与缺陷的深度比有关

D. 工件表层下，缺陷所产生的漏磁场，随缺陷的埋藏深度增加而增大

19. 淬火螺栓经磁粉探伤后，通电法退磁的电流：(　　)

A. 电流应尽量大，使之达到磁饱和　　B. 低于充磁时的电流强度

C. 比充磁时的电流稍大些　　D. 螺栓已经过热处理，不必通电退磁

三、是非题

1. 交流磁化时，近表面缺陷的漏磁通比直流磁化时要小。

2. 材料中为去掉剩磁所需的反向磁化力叫磁化。

3. 用湿粉连续法探伤，磁化电流停止时要立即停止喷洒磁悬液，以免流动的磁悬液继续在工件上作用，这是由于这会冲洗掉细小的磁痕，使连续法变为剩磁法。

4. 剩磁法检测时，把很多零件放在架子上施加磁粉。在这种情况下，零件之间不得相

互接触和摩擦是因为可能产生“磁泻”现象。

5. 下次磁化将使用更强的磁场时不需要退磁。

6. 随着含碳量的增高，矫顽力增大。

7. 连续探伤过程中，应在停止喷洒磁悬液之前切断电流。

8. 使用干磁粉时往零件上施加磁粉探伤的正确方法是使磁粉尽可能轻地飘落在零件被检表面上。

9. 试件温度较高时，使用干法探伤。

10. 硬磁材料比软磁材料易退磁。

参考答案

选择题：1. A　2. A　3. B　4. D　5. B　6. A　7. B　8. C　9. D　10. B　11. C　12. C　13. B　14. C　15. A　16. D　17. D　18. C　19. D

是非题：1. ○　2. ×　3. ○　4. ○　5. ○　6. ○　7. ×　8. ○　9. ○　10. ×

第五章 典型工件磁粉检测

5.1 磁粉检测通用工艺规程

磁粉检测通用工艺规程应根据相关法规、产品标准、有关的技术文件和相关检测标准(如《JB/T 4730.4—2005 承压设备无损检测 第4部分 磁粉检测》等)要求，并针对检测机构的特点和检测能力进行编制。磁粉检测通用工艺规程应涵盖本单位(制造、安装或检测单位)产品的检测范围。

磁粉检测通用工艺规程至少应包括以下内容：适用范围；引用标准、法规；检测人员资格；检测设备、器材；检测表面制备；检测时机；检测工艺和检测技术；检测结果的评定和质量等级分类；检测记录、报告和资料存档；编制(级别)、审核(级别)和批准人；制定日期。

磁粉检测通用工艺规程的编制、审核及批准应符合相关法规或标准的规定。

5.2 磁粉检测工艺卡

实施磁粉检测的人员应按检测工艺卡进行操作。磁粉检测工艺卡应根据磁粉检测通用工艺规程、产品标准、有关的技术文件等检测标准的要求编制，一般应包括以下内容：

(1) 工艺卡编号(一般为流水顺序号)。

(2) 产品部分。包括产品名称，产品编号，制造、安装或检测编号，特种设备类别，规格尺寸，材料牌号，热处理状态及表面状态。

(3) 检测设备与材料。包括设备种类、型号、检测附件、检测材料。

(4) 检测工艺参数。包括检测方法、检测比例、检测部位、标准试块或标准试样(片)。

(5) 检测技术要求。包括执行标准、验收级别。

(6) 检测程序。

(7) 检测部位示意图。包括检测部位、缺陷部位、缺陷分布等。

(8) 制定日期。

磁粉检测工艺卡的编制、审核和审批应符合相关法规或标准的规定。磁粉检测工艺卡的格式参见表5-1，磁粉检测操作要求及主要工艺参数的格式参见表5-2。

表5-1 磁粉检测工艺卡

编号：

产品或工件名称		材料牌号		规格尺寸	
热处理状态		检测部位		被检表面要求	
检测时机		检测设备		标准试片(块)	
检测方法		光线及 检测环境		缺陷磁痕 记录方式	

续表

编号：

产品或工件名称		材料牌号		规格尺寸	
磁化方法		电流种类 磁化规范		磁粉、载液及 磁悬液浓度	
磁悬液施加方法		检测方法标准		质量验收等级	
磁粉检测质量 评级要求					
磁化方法示意草图：		磁化方法附加说明：			
编 制	年 月 日	审 核	年 月 日	审 批	年 月 日

表 5-2 磁粉检测操作要求及主要工艺参数

编号：

工序号	工序名称		操作要求及主要工艺参数
1	预处理		
2	磁化	设备选择	
		磁化方法 磁化规范	
		磁化次数	
		试片次数	
3	施加磁悬液方式		
4	磁痕观察与记录	光线	
		检测环境	
		辅助观察器材	
		磁痕记录内容	
		磁痕记录方式	
		超标缺陷处理	
5	缺陷评级		
6	退磁		
7	后处理		
8	复验		
9	检测报告		

编 制	年 月 日	审 核	年 月 日	审 批	年 月 日

1. 磁粉检测工艺卡的填写内容说明

（1）产品(或工件)名称：如低温储罐、高压螺栓、吊钩。

（2）材料牌号：如20g，Q345R，09MnNiDR。

（3）规格尺寸：如 ϕ2800 mm×8000mm×18mm。

（4）热处理状态：如880℃油淬，220℃回火。

（5）检测部位：具体标出检测部位和检测百分比。

（6）被检表面要求：根据预处理要求进行填写。如果被检工件表面漆层厚，可填写“除去漆层，露出金属光泽”；如果漆层较薄(小于0.05 mm)不影响检测结果且合同各方同意时，可填写“打磨掉工件表面与电极接触处的非导电覆盖层”；使用干法检测时，可填写“清除油污等，工件表面要干净和干燥”。

（7）检测时机：一般焊缝可填写“焊接完后”；对有延迟裂纹倾向的材料，应填写“焊后至少24 h后”；对GB 12337《钢制球形储罐》的焊缝，应填写“焊后至少36 h后”。

（8）检测设备：根据工件尺寸、形状等选择合适的设备，如填写“CXE交叉磁轭，CJX-2000型交流检测仪，CJE交流电磁轭”。

（9）标准试片(块)：特种设备一般选用“A_1-30/100试片”；灵敏度要求高时选用“A_1-15/100试片”；被检工件表面较小或是曲面，A_1型试片使用不便时可选用“C_1-15/50试片”；为了更准确地推断出被检工件表面的磁化状态，当用户需要或技术文件有规定时，可选用D型或 M_1 型标准试片。

当采用固定式检测机检测时，交流检测机用“E型试块”，直流检测机用“B型试块”进行综合性能试验。

（10）检测方法：特种设备检测对裂纹敏感材料和可能发生应力腐蚀裂纹时，或重要产品工件时使用荧光磁粉，其余使用黑磁粉或其他非荧光磁粉。因为特种设备磁粉检测对质量要求高，所以一般用湿法，特殊情况下用干法。只有经过热处理(淬火、回火、渗碳、渗氮及局部正火等)的高碳钢和合金结构钢，矫顽力在1 kA/m，剩磁在0.8 T以上者，才可进行剩磁法检测，尤其是高压螺栓螺纹根部检测必须用剩磁法，其余用连续法检测。

（11）光线及检测环境：使用荧光磁粉检测时，暗区的环境光照度应小于20 lx，黑光辐照度应不小于1000μW/cm^2。使用非荧光磁粉检测时，可见光照度应大于或等于1000 lx；当现场采用便携式设备检测，由于条件所限无法满足时，可见光照度可适当降低，但不得低于500 lx。

（12）缺陷磁痕记录方式：用“照相”“贴印”“录像”或“临摹草图”等任一种。

（13）磁化方法：根据工件尺寸、结构、外形和欲发现缺陷的方向，选择磁轭法、交叉磁轭法、轴向通电法、触头法、线圈法、中心导体法等方法中的一种或几种组合来进行检测。

（14）电流种类：根据产品或工件对发现缺陷的要求选择AC，DC，FWDC和HW等磁化电流中的一种。

（15）磁化规范：电磁轭填写提升力，如交流电磁轭可填写“提升力大于等于45N”，交叉磁轭可填写“提升力大于等于118N，间隙0.5mm”，触头法可填写“$I=5L=1000$A”，轴向通电法(连续法)可填写“$I=15D=1500$ A”，线圈法(连续法)可填写“$I=2000$A，($N=5$)”

“磁化规范最终以 A_1-30/100 试片上的磁痕显示确定”。

(16) 磁粉、载液及磁悬液浓度。

① 磁粉有荧光磁粉和非荧光磁粉。对在用特种设备进行检测时，如果制造时采用高强度钢以及对裂纹(包括冷裂纹、热裂纹和再热裂纹)敏感的材料。或是长期工作在腐蚀介质环境下，有可能发生应力腐蚀裂纹的场合，其内壁宜采用荧光磁粉方法进行检测。可填写“YC2 荧光磁粉”、“HK-1 黑磁粉”或“HD-RO 黑油磁悬液喷罐”等。

② 载液。油基载液优先使用于如下场合：

a. 对腐蚀应严加防止的某些铁基合金(如经过加工的某些轴承或轴承套)。

b. 水可能会引起电击的地方。

c. 在水中浸泡可引起氢脆的某些高强度钢。载液可填写“LPW-3 号油基载液”。

③ 磁悬液浓度。现场磁粉检测一般填写“配制浓度”，如非荧光磁悬液填写“10~25g/L”。在固定式检测机磁粉检测时，一般填写“沉淀浓度”，如荧光磁悬液填写“0.1~0.4mL/100mL”。也可用磁悬液喷罐，如填写“HD-BO 黑水磁悬液喷罐”或“HD-YN 荧光磁悬液喷罐”。

(17) 磁悬液施加方法：一般可用“浇法”和“喷洒”，剩磁法用“浸法”灵敏度更高。

(18) 检测方法标准：填写“JB/T 4730.4—2005”。

(19) 质量验收等级：共分Ⅰ、Ⅱ、Ⅲ、Ⅳ四个级别，根据特种设备产品或工件验收级别内容填写，如“Ⅰ级”。

(20) 磁粉检测质量评级要求：

① 对于焊接接头可填写“不允许存在任何裂纹”(焊接接头不产生白点)。对于Ⅱ级焊接接头可填写“不允许存在线性缺陷磁痕”“圆形缺陷磁痕(评定框尺寸为35mm×100mm)，长径 $d \leqslant 3.0$mm，且在评定框内不大于2个”。

② 对于受压加工部件和材料可填写“不允许存在任何裂纹和白点”，紧固件和轴类零件填写“不允许任何横向缺陷显示”。如对于Ⅲ级受压加工部件和材料可填写“线性缺陷磁痕长度 $L \leqslant 6.0$mm”“圆形缺陷磁痕(评定框尺寸为 $2500mm^2$，其中一条矩形边长最大为150mm)长径 $d \leqslant 6.0$mm，且在评定框内不大于4个”。

2. 磁粉检测操作要求及主要工艺参数的填写内容

磁粉检测操作要求及主要工艺参数，主要是围绕磁粉检测七个程序进行更详细更具体的阐述，以便指导实际检测操作，详见表5-4的填写内容。

5.3 典型工件磁粉检测

一般每项产品或工件只编写一份“磁粉检测工艺卡”。必要时，还应再附一份“磁粉检测操作要求及主要工艺参数”，作为对工艺卡有关项目的补充。

5.3.1 低温储罐磁粉检测

例：有一低温储罐，规格为 ϕ2800mm×8000mm×18mm，设计压力1.78MPa，设计温度为-45℃，材质09MnNiDR，介质为丙烯。焊后要求整体热处理、水压试验和气密试验。

按JB/T 4730.4—2005标准，验收级别为Ⅰ级，自选条件优化编制特种设备磁粉检测工艺卡，逐项填写特种设备磁粉检测操作要求及主要工艺参数，见表 5-3 和表 5-4。

表 5-3　低温储罐磁粉检测工艺卡

编号：

产品(或工件)名称	低温储罐	材料牌号	09MnNiDR	规格尺寸	ϕ2800mm×8000mm×18mm
热处理状态	—	检测部位	A，B_1，B_2，C，D 焊缝及热影响区，100%检测	被检表面要求	清除并打磨焊缝及热影响区表面
检测时机	焊接完 24h 后	检测设备	CJE 交流电磁轭 CXE 交叉磁轭	标准试片（块）	A_1-30/100
检测方法	荧光、湿法 连续法	光线及检测环境	黑光辐照度 ≥1000μW/cm^2，环境光照度<20 lx	缺陷磁痕记录方式	照相、贴印 或临摹草图
磁化方法磁轭法交叉磁场法	磁轭法 交叉磁场法	电流种类磁化规范	AC 提升力≥45N 提升力≥118N (同隙 0.5mm)	磁粉、载液及磁悬液配制浓度	YC2 荧光磁粉 LPW-3 号煤油 0.5~2g/L
磁悬液施加方法	浇法	检测方法标准	JB/T 4730.4—2005	质量验收等级	Ⅰ级
磁粉检测质量评级要求	1. 不允许存在任何裂纹 2. 不允许存在任何线性缺陷磁痕 3. 圆形缺陷磁痕(评定框尺寸为 35mm×100mm)，长径 d≤1.5mm，且在评定框内不大于 1 个				

磁化方法示意草图：

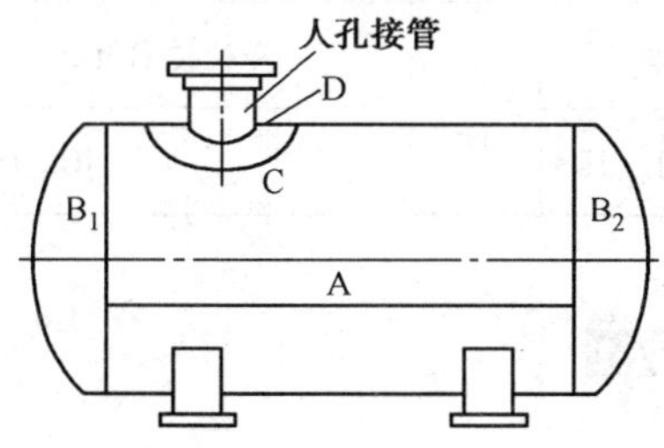

磁化方法附加说明：

(1) A 焊缝用交叉磁轭磁化；

(2) B_1，B_2焊缝用交叉磁轭磁化；

(3) C，D 焊缝用可变角度交流电磁轭，在垂直或平行焊缝的两个方向磁化，磁极间距 L≥75mm，保证有效磁化区重叠，在磁化时施加磁悬液；

(4) 磁化规范最终以 A_1-30/100 标准试片上磁痕显示确定。

编制	MTⅡ级(或Ⅲ级) 年　月　日	审核	NDT 责任工程师 年　月　日	审批	单位技术负责人 年　月　日

表 5-4　磁粉检测操作要求及主要工艺参数

编号：

工序号	工序名称		操作要求及主要工艺参数
1	预处理		清除焊缝及热影响区表面的飞溅焊渣，并采用砂轮打磨等方式，保证被检区域光滑
2	磁化	设备选择	CJE 交流电磁轭
		磁化方法	CXE 交叉磁轭
		磁化规范	磁轭法
		磁化次数	交叉磁轭法
		试片校核	磁化规范最终以 A_1-30/100 标准试片磁痕显示确定，放置区域在两磁极连线外侧的 1/4 磁极距离处
3	施加磁悬液方式		A 焊缝：磁悬液施加在交叉磁轭行走方向的前上方。 B_1，B_2焊缝：磁悬液施加在交叉磁轭行走方向的正前方。 C，D 焊缝：磁悬液喷洒时自上而下、自高而低分两个半圆进行喷洒。
4	磁痕观察与记录	光线	黑光辐照度大于或等于 1000μW/cm^2
		检测环境	在暗区进行，环境光照度小于 20 lx，至少 3min 暗区适应
		辅助观察器材	必要时可采用 2~10 倍放大镜观察磁痕
		磁痕记录内容	记录缺陷性质、形状、尺寸及部位
		磁痕记录方式	用照相、贴印或临摹草图等方法
		超标缺陷处理	发现超标缺陷后，清除至肉眼不可见，可采用磁粉检测复验，直至缺陷清除
5	缺陷评级		确认是相关显示，按 JB/T 4730. 4—2005 第 9 条进行缺陷评级
6	退磁		可不退磁
7	后处理		清除残余磁粉或磁悬液
8	复验		按 JB/T 4730. 4—2005 第 6 条进行复验
9	检测报告		按 JB/T 4730. 4—2005 第 10 条签发磁粉检测报告

编制	MTⅡ级（或Ⅲ级）	审核	NDT 责任工程师	审批	单位技术负责人
	年　月　日		年　月　日		年　月　日

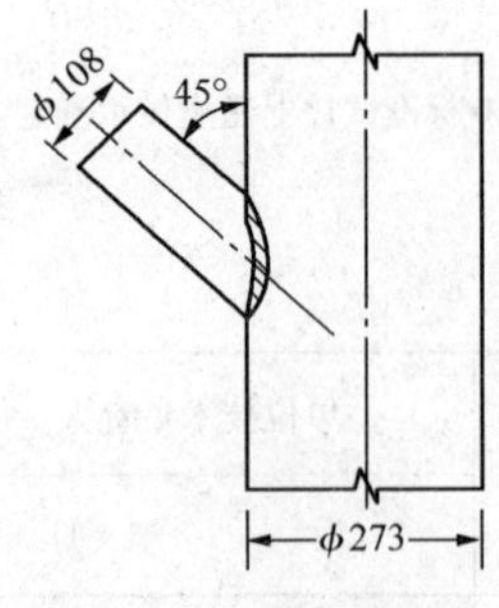

图 5-1　锅炉接管

5.3.2　锅炉接管磁粉检测

例：有一锅炉接管，如图 5-1 所示。材料牌号为 20g，两只管子的几何尺寸分别为 ϕ273mm×14 mm 和 ϕ108mm×8mm，要求检测两只管子相交角焊缝处表面的缺陷。按 JB/T 4730. 4—2005 标准，验收级别为Ⅱ级，自选条件优化编制特种设备磁粉检测工艺卡，见表 5-5。

表 5-5　锅炉接管磁粉检测工艺卡

编号：

<table>
<tr><td>产品(或工件)名称</td><td>锅炉接管</td><td>材料牌号</td><td>20g</td><td>尺寸规格</td><td>ϕ273mm×14mm
ϕ108mm×8mm</td></tr>
<tr><td>热处理状态</td><td>—</td><td>检测部位</td><td>焊缝及热影响区</td><td>被检表面要求</td><td>清除并打磨焊缝及热影响区表面</td></tr>
<tr><td>检测时机</td><td>焊接完后</td><td>检测设备</td><td>CJE 交流电磁轭</td><td>标准试片(块)</td><td>D_1-15/50</td></tr>
<tr><td>检测方法</td><td>非荧光、湿法连续法</td><td>光线及检测环境</td><td>被检的焊缝表面光照度大于或等</td><td>缺陷记录方式</td><td>照相、贴印或临摹草图</td></tr>
<tr><td>磁化方法</td><td>磁轭法</td><td>电流种类磁化规范</td><td>AC 提升力大于或等于 45N</td><td>磁粉、载液及磁悬液配制浓度</td><td>HD-RO 黑磁粉油磁悬液喷罐
10~25g/L</td></tr>
<tr><td>磁悬液施加方法</td><td>磁化时浇或喷磁悬液</td><td>检测方法标准</td><td>JB/T 4730.4—2005</td><td>质量验收等级</td><td>Ⅱ级</td></tr>
<tr><td>磁粉检测质量评级要求</td><td colspan="5">1. 不允许存在任何裂纹
2. 不允许存在任何线性缺陷磁痕
3. 圆形缺陷磁痕(评定框尺寸为 35mm×100mm)，长径 $d\leqslant0.3$mm，且在评定框内不大于 2 个</td></tr>
<tr><td colspan="3">磁化方法示意草图：
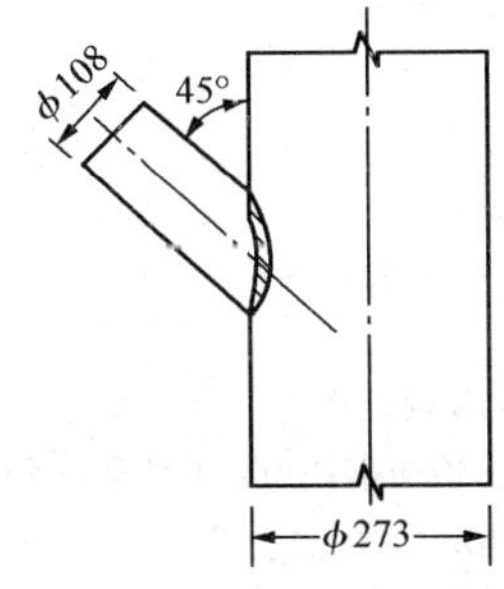
</td><td colspan="3">磁化方法附加说明：
1. 用活动关节电磁轭，保证磁极与工作接触良好；
2. 用交流电磁轭先垂直于焊缝磁化，检测焊缝纵向缺陷；
3. 再用交流电磁轭平行于焊缝磁化，检测焊缝横向缺陷；
4. 磁极间距 $L\geqslant75$mm；
5. 保证有效磁化区重叠；
注：也可以采用绕电缆法和触头法磁化。</td></tr>
</table>

<table>
<tr><td rowspan="2">编制</td><td>MTⅡ级(或Ⅲ级)</td><td rowspan="2">审核</td><td>NDT 责任工程师</td><td rowspan="2">审批</td><td>单位技术负责人</td></tr>
<tr><td>年　月　日</td><td>年　月　日</td><td>年　月　日</td></tr>
</table>

5.3.3　天车吊钩磁粉检测

例：有一在用起重天车吊钩，如图 5-2 所示。材料为 30CrMnSiA；热处理条件为 880℃油淬，220℃回火，$B_r=0.98$T，$H_c=2712$A/m；尺寸为ϕ80mm×400mm，受力区 A 为吊钩弯曲部位，受力区 B 为柄，受力区 C 为螺纹部位，受力区不允许任何缺陷存在。表面涂漆，检测所有表面(不包括端面)疲劳裂纹，按 JB/T 4730.4—2005 标准，Ⅰ级合格，根据现有条件优化，编制特种设备磁粉检测工艺卡，见表 5-6。

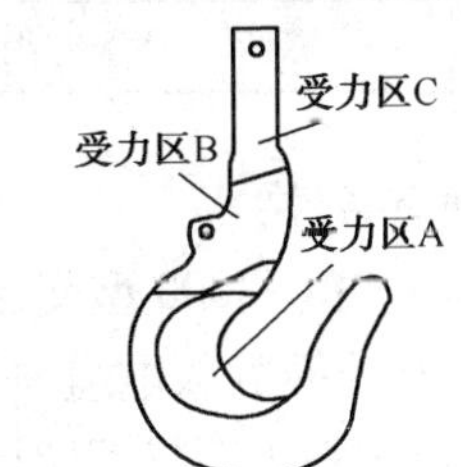

图 5-2　起重天车吊钩

表 5-6 天车吊钩磁粉检测工艺卡

编号：

产品（或工件）名称	在用起重天车吊钩	材料牌号	30CrMnSiA	尺寸规格	ϕ80mm×400mm
热处理状态	880℃油淬 220℃回火	检测部位	所有表面（除端面）	被检表面要求	除去漆层，露出金属光泽
检测时机	使用后	检测设备	CJX-3000	标准试片（块）	C_1-7/50
检测方法	荧光、湿法 连续法、剩磁法	光线及检测环境	黑光辐照度 ≥1000μW/cm^2，环境光照度<20 lx	缺陷磁痕记录方式	照相、贴印或临摹草图
磁化方法	触头法、绕电缆法	电流种类磁化规范	AC 周向磁化： I_1 = 1200A 纵向磁化： N=6 匝， I_2=1 000 A， H=28 kA/m	磁粉、载液及磁悬液配制浓度	YC2 荧光磁粉 TYT-3 号煤油 0.5~2g/L
磁悬液施加方法	浇或喷磁悬液	检测方法标准	JB/T 4730.4—2005	质量验收等级	Ⅰ级
磁粉检测质量评级要求	受力区： 1. 不允许存在任何缺陷磁痕显示； 2. 不允许存在任何横向缺陷显示； 3. 不允许存在线性缺陷磁痕显示； 4. 非受力区的圆形缺陷磁痕（评定框尺寸为 2500mm^2，其中一条矩形边长最大为 1500mm），长径 d≤2.0mm，且在评定框内不大于 1 个。				

磁化方法示意草图：

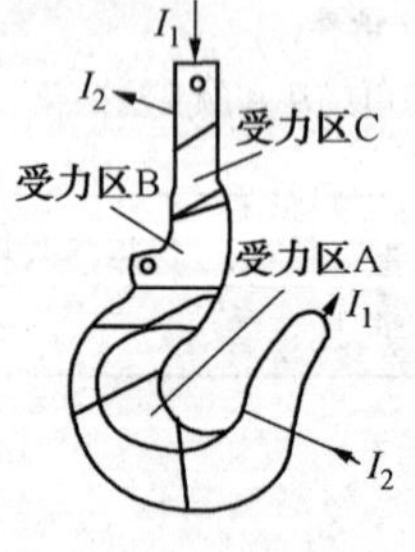

磁化方法附加说明：

（1）先周向磁化，后纵向分两段磁化；

（2）周向磁化用触头从吊钩两端通电，并安装接触垫，以防打火烧伤。用连续法检测 $I_1 = 15D = 1200$A；

（3）受力区 A 和 B 用连续法检测，纵向绕电缆法，$N=5$，$L/D=5$，$Y<2$；因此使用高充公式计算，$IN=\dfrac{35000}{L/D+2}$，$I_2 \approx 1000$A；

（4）受力区 C 螺纹部分用剩磁法检测，因 $B=0.98$T，$H_c=2712$A/m，用纵向磁化，$L/D=5$，工件表面磁场强度应达到 28 kA/m；

（5）退磁后 $B_r \leq 0.3$ mT。

编制	MTⅡ级（或Ⅲ级） 年 月 日	审核	NDT 责任工程师 年 月 日	审批	NDT 责任工程师 年 月 日

现有条件：

（1）CJX-3000 型交流便携式磁粉检测机和 CEW-6000 型交直流固定式磁粉检测机，并带有可绕线圈的软电缆。

（2）CT-3 型特斯拉计、UV-A 型黑光灯、ST-80 型照度计、UV-A 型黑光辐照计、XCJ 型袖珍式磁强计。

（3）YC2 荧光磁粉、HK-1 黑磁粉、BW-1 黑磁膏、水、LPW-3 号或 TYT-3 型无味煤油。

（4）C_1，D_1和 M_1型标准试片，2~10 倍放大镜。

5.3.4 传动轴磁粉检测

例：有一大型游乐设施传动轴(局部)，结构尺寸如图 5-3 所示。材料牌号为 2Cr13，热处理状态为调质处理(1050℃油淬，550℃回火)，齿轮表面为淬火处理(860℃油淬)。工件为机加工表面，该工件经磁粉检测后需精加工。要求检测该轴外表面各方向缺陷(不包括轴端面)。请参照 JB/T 4730.4—2005，采用高等级灵敏度检测。验收级别为Ⅰ级，根据现有条件优化，编制磁粉检测工艺卡，见表 5-7。

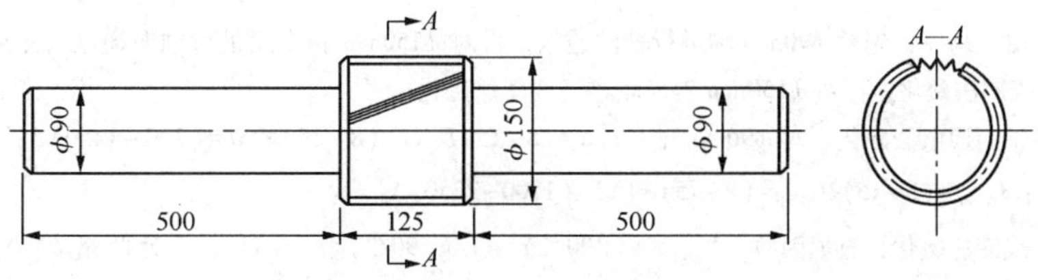

图 5-3 传动轴

表 5-7 传动轴磁粉检测工艺卡

产品名称	传动轴	材料牌号	2Cr13	尺寸规格	ϕ150mm×125mm ϕ90mm×500mm
热处理状态	调质处理(1050℃油淬，550℃回火)，齿轮表面为淬火处理(860℃油淬)	检测部位	轴外表面 （不包括轴端面）	被检表面要求	机加工表面
检测时机	机加工后	检测设备	CYD-3000(TC-6000)	标准试片(块)	C_1-8/50
检测方法	荧光、湿式、交流、连续法(或非荧光)	光线及检测环境	黑光辐照度≥1000μW/cm^2 环境光照度<20 lx 光照度≥1000 lx	缺陷磁痕记录方式	照相、贴印或临摹草图
磁化方法	轴向通电法+线圈法	电流种类磁化规范	AC， 周向磁化： $I_{\phi 90\,mm}$=(720~1350)A $I_{\phi 150\,mm}$=(1200~2250)A 纵向磁化：偏心放置 $I_{\phi 90\,mm}$=720A $I_{\phi 150\,mm}$=853A	磁粉、载液及磁悬液配置浓度	YC2 型荧光磁粉 LPW-3 号油基载液 0.5~3.0 g/L (BW-1 型黑磁膏+水 10~25g/L)
磁悬液施加方法	喷、浇磁悬液均可	检测方法标准	JB/T 4730.4—2005	质量验收等级	Ⅰ级
磁粉检测质量评级要求	1. 不允许存在任何裂纹和白点； 2. 不允许存在任何线性缺陷磁痕； 3. 在 2500 mm^{2}评定框内，其中一条矩形边长最大为 150mm，圆形缺陷磁痕长径 d≤2 mm，且在评定；框内不大于 1 个； 4. 不允许存在综合评级超标的缺陷磁痕。				

续表

产品名称	传动轴	材料牌号	2Cr13	尺寸规格	ϕ150mm×125mm ϕ90mm×500mm
示意草图					
磁化方法 附加说明	1. 磁化顺序：先对 ϕ90mm 轴进行轴向通电，再对 ϕ150mm 斜齿轮进行轴向通电，然后对 ϕ90mm 轴进行线圈法磁化，再对 ϕ150mm 斜齿轮进行线圈法磁化 2. 轴向通电法磁化，对 ϕ90mm 轴：$I_{\phi 90}=(8\sim15)D_{\phi 90}=(8\sim15)\times90=(720\sim1350)$A；对 ϕ150mm 斜齿轮：$I_{\phi 150}=(8\sim15)D_{\phi 150}=(8\sim15)\times150=(1200\sim2250)$A 3. 线圈法磁化，充填因数：$Y_{\phi 90}=[(300/2)^2\pi]/[(90/2)^2\pi]=11.11$，为低充填。$Y_{\phi 150}=[(300/2)^2\pi]/[(150/2)^2\pi]=4$，为中充填 磁化次数：$\phi$90mm 段，500/[(100+300)(1-10%)]=1.39，2 次，两段共 4 次；ϕ150mm 段，125/[(100+300)(1-10%)]=0.347，1 次 4. 纵向磁化时，轴长 L=200+125+500=1125(mm)。当轴偏置时，$I_{\phi 90mm}$=720A(每端各磁化两次)I=12000/N(WT)=45000/S(1125/90)=720A，$I_{\phi 150mm}$=853A 5. 退磁后 $B_r\leqslant0.3$mT				
检测	MTⅡ级(或Ⅲ级) 年 月 日	审核	NDT 责任工程师 年 月 日	审批	单位技术负责人 年 月 日

现有如下检测设备与器材：

(1) TC-6000 固定式磁粉检测机、CYD-3000 移动式磁粉检测机、CEW-2000 固定式磁粉检测机、CEW-1000 固定式磁粉检测机，以上检测机均配置 ϕ300 mm×100 mm 的线圈，5 匝。

(2) GD-3 型毫特斯拉计、ST-80C 型照度计、UV-A 型黑光辐照计、UV-A 型黑光灯。

(3) YC2 荧光磁粉、HK-1 黑磁粉、BW-1 黑磁膏、水、煤油、LPW-3 号油基载液。

(4) A_1型、C 型标准试片，磁悬液浓度测定管，2~10 倍放大镜。

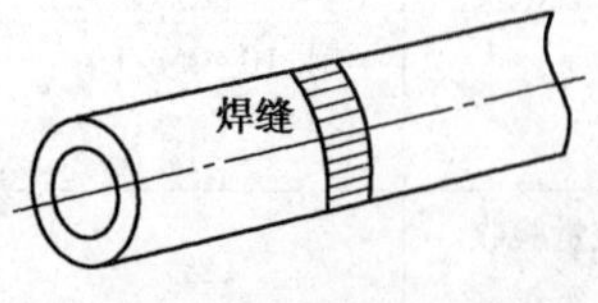

图 5-4 在用压力管道

5.3.5 压力管道磁粉检测

例：现有长为 2000m 的在用压力管道，规格 ϕ57mm×5mm，材质 20g，表面有较厚的油漆防腐层 0.2mm，定期检测中，要求对外表面对接环向焊接接头进行 100%磁粉检测，如图 5-4 所示。

根据所给出的被检工件情况和磁粉检测设备，编写自行选定最佳磁化方法及磁化规范。按 JB/T 4730. 4—2005 标准进行检测，合格级别Ⅰ级，采用高灵敏度。可选用的设备和器材有 CYD3000 移动式磁粉探伤机、CEW12000 固定式磁粉探伤机、CDX-3 旋转磁场探伤仪、A 型试片等，检测工艺卡(见表 5-8)。

表 5-8 压力管道磁粉检测工艺卡

产品名称	压力管道	产品规格	ϕ57mm×5mm
材料牌号	20g	检测部位	外表面对接环缝
工序安排	表面检测合格后	表面预清理要求	砂轮打磨至金属光泽
探伤设备	CYD3000 移动式磁粉探伤机	标准试片	A_1-15/100
检测方法	连续法	磁化方法	磁轭法
磁化规范	≥118N	磁化时间	1~3s
	磁轭间距 200mm，I=900A		2~3 次
磁粉、载液磁悬液配制浓度	黑磁粉、水悬液 10~25g/L	磁悬液施加方法及操作要求	在通电的同时喷洒磁悬液，停止浇洒后再停止通电
紫外光辐照度或试件表面光照度	试件表面光照度≥1000 lx	缺陷记录方式	照相法
探伤方法标准	JB/T 4730.4—2005	质量验收等级	Ⅰ级
产品名称	压力管道	产品规格/mm	ϕ57×5
不允许缺陷	白点、裂纹和横向缺陷		

磁化方法示意图：

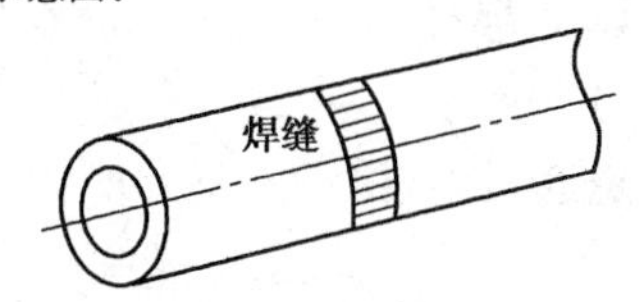

磁化方法的附加说明：
磁轭法时，磁轭的连线垂直于环焊缝接头或有一定角度，并且 在垂直的位置再磁化一次(共磁化两次)。要用 A_1-15/100 试片 确定磁化规范的正确性

检测	MT Ⅱ级(或Ⅲ级)	审核	NDT 责任工程师	审批	单位技术负责人
	年 月 日		年 月 日		年 月 日

习 题

一、问答题

1. 特种设备磁粉检测工艺规格和工艺卡主要区别是什么?
2. 特种设备磁粉检测工艺卡由具备什么资格的人员编制、审核和审批?

二、选择题

1. 对 3 个直径为 30 mm、长为 50 mm，有周向缺陷的圆柱体试件进行磁粉探伤时，正确的操作工艺是：(　　)
   A. 将 3 个试件沿轴向连接在一起，平行于线圈轴置入线圈中。用连续法施加磁粉，先取中间的试件进行观察，然后再将端部的一个换入中间，重复进行探伤
   B. 将单个试件放入线圈中央，用连续法施加磁粉进行观察
   C. 把 3 个试件沿轴向连接在一起，用轴向通电法磁化，用连续法进行探伤
   D. 单个用轴向通电法磁化，连续法进行探伤
2. 最有效的退磁方法是：(　　)
   A. 有反向和降压控制器的直流电　　B. 有降压控制器的交流电

C. 半波整流交流电　　　　　　D. 全波整流电

3. 对大铸钢(铁)件应用磁粉检测时，有效的磁化方法是：(　　)

A. 穿芯棒磁化　B. 局部两个方向磁化

C. 直接磁化　D. 整体磁化

4. 为了检出高强度钢螺栓螺纹部分的周向缺陷，适用的方法是：(　　)

A. 剩磁法、湿法　B. 线圈法　C. 荧光磁粉　D. A、B 和 C

5. 磁粉探伤中，选择适当的磁化方法应根据：(　　)

A. 工件的形状和尺寸　B. 材质

C. 缺陷的位置和方向　D. A、B 和 C

6. 可使试件退磁方法是：(　　)

A. 高于居里温度的热处理　B. 交流线圈

C. 可倒向的直流磁场　D. 以上方法都可以

7. 磁化、断电，然后给零件施加磁性介质的检测方法叫作：(　　)

A. 连续法　B. 湿法　C. 剩磁法　D. 干法

8. 在试件中感应出周向磁场的方法是：(　　)

A. 夹头法通电　B. 触头法通电

C. 中心导体法　D. 以上都是

9. 不直接将磁化电流通过试件的磁化方法是：(　　)

A. 穿芯棒法　B. 磁轭法　C. 磁通贯通法　D. 以上都对

三、是非题

1. 选择磁化方法时必须考虑的重要因素是磁化电流类型和现有设备能力。

2. 磁化、断电，然后给零件施加磁性介质的检测方法叫作连续法。

3. 一般认为，在受腐蚀的表面和涂漆的表面情况下磁粉探伤方法优于渗透探伤方法。

4. 退磁一般通过下述方法来实现：把工件放入等于或大于磁化工件的磁场，然后不断改变磁场的方向，同时逐渐减小磁场到零；若需要完全退磁，应在纵向退磁前采取周向退磁。

5. 零件的退磁方法可以是：将退磁交流电调节到比原来磁化电流高的安培值，然后使工件从线圈中缓缓通过。

参考答案

选择题：1. A　2. A　3. B　4. D　5. D　6. D　7. C　8. D　9. D

是非题：1. ○　2. ×　3. ○　4. ○　5. ○

正确答案：磁化、断电，然后给零件施加磁性介质的检测方法叫作剩磁法。

参 考 文 献

1 中国机械工程学会无损检测分会．磁粉检测(第2版)[M]．北京：机械工业出版社，2004.

2 陶旺斌，周在杞．电磁检测[M]．北京：航空工业出版社，1995.

3 兵器工业无损检测人员技术资格鉴定考核委员会．常用钢材磁特性曲线速查手册[M]．北京：机械工业出版社，2003.

4 国防科技工业无损检测人员资格鉴定与认证培训教材编审委员会．磁粉检测[M]．北京：机械工业出版社，2004.

5 计量测试技术手册编辑委员会．计量测试技术手册·第七卷电磁学[M]．北京：中国计量出版社，1996.

6 任吉林．电磁无损检测[M]．北京：航空工业出版社，1989.

第五篇

射线检测

第一章　射线检测的物理基础

1.1　原子与原子结构

1.1.1　元素与原子

原子是元素的具体存在，是体现元素性质的最小微粒。在化学反应中，原子的种类和性质不会发生变化。原子由一个原子核和若干个核外电子组成。原子核带正电荷，位于原子中心，核外电子带负电荷，在原子核周围高速运动。原子核所带的正电荷与核外电子所带的负电荷相等，所以整个原子对外呈电中性。

原子核是由两种更小的粒子即质子和中子组成的。中子不带电，1 个质子带 1 个单位正电荷，原子核中有几个质子，就有几个核电荷，因此在数值上有以下关系：在原子中，原子核所带的正电荷数(简称核电荷数)与核外电子所带的负电荷数相等。所以核外电子数就等于核电荷数。不同元素的核电荷数不同，核外电子数也不同。元素周期表中，元素的次序就是按核电荷数排列的，因此，周期表中的原子序数 Z 等于核电荷数。

中子不带电，1 个质子带 1 个单位正电荷，原子核中有几个质子，就有几个核电荷，因此得到以下关系：

$$质子数=核电荷数=核外电子数=原子序数$$

$$原子量-质子数+中子数$$

$$中子数=原子量-质子数=原子量-原子序数\ Z$$

通常将原子量标于元素符号的左上角，核电荷数标于左下角，例如${}^{60}_{27}Co$，即表示钴(Co)元素中原子量为 60 的钴原子，其核电荷数为 27，核内有 27 个质子，而中子数为 60-27=33。

这些质子数相同而中子数不同(或叙述为核电荷数相同而原子量不同)的几种原子互称为同位素。同位素可分为稳定和不稳定的两类，不稳定的同位素又称放射性同位素，它能自发地放出某些射线——α 射线、β 射线或 γ 射线，而变为另一种元素。这种同位素称为放射性同位素。

放射性同位素又可分为天然的和人工制造的两类，前者为自然界存在的矿物，一般 $Z\geqslant83$的许多元素及其化合物具有放射性。获得后者最常用的方法是用高能粒子轰击稳定同位素的核，使其变成放射性同位素。天然放射性同位素稀少，又不易提炼，价格昂贵，所以当前射线检测所用的均为人工放射性同位素。

1.1.2　核外电子运动规律

丹麦科学家玻尔运用量子论思想提出了原子轨道和能级的概念，并对原子发光机理作出了解释。玻尔的原子理论假设可概括叙述如下：

原子中的电子沿着圆形轨道绕核运行，各条轨道有不同的能量状态，叫作能级，各能级的能值都是确定的。正常情况下电子总是在能级最低的轨道上运行，这时的原子状态称作基态。

当原子从外界吸收一定能量时，电子就由最低能级跳到较高能级上去，这一过程称作跃迁，这时原子的状态称作激发态。激发态是一种不稳定状态，所以电子将再次跃迁回到较低能级，这样，先后两个能级的能值差就会以光能的形式发射出来，即：

$$h\nu = E'' - E' \tag{1-1}$$

式中 $h\nu$——光量子能量；

E''——较高能级的能值；

E'——较低能级的能值。

现代科学用量子力学研究微观粒子。从量子力学的观点看，玻尔原子理论也存在着缺陷。实际上，核外电子并不在固定的轨道上运行，所谓原子轨道只是在三维空间中找到该运动电子的某个区域。由于核外电子任一时刻的位置和动量无法同时测出，描述核外电子的运动只能采用统计的方法，把电子在空间出现的概率密度分布用图像表示出来，称作电子云。描述原子轨道和电子云的参数共有3个：即主量子数 n，用于确定原子的电子层和轨道能级(各电子层分别用K、L、M、N…表示)；角量子数1，用于确定每个电子层所包含的分层，同时还代表了电子的角动量和原子轨道形状(各分层分别用s，p，d，f…表示)；磁量子数 m，用于确定原子轨道在空间的伸展方向；再加上自旋量子数 m_s，用于确定电子的自旋方向。原子的电子层结构，特别是最外层结构，对元素的化学性质有很大影响。根据元素周期性变化的规律，按元素原子核电荷数递增顺序把元素排列起来，并使具有相同电子层的元素排在同一横行，化学性质相似的各元素处在同一纵行里，就构成了元素周期表，元素周期表是元素周期律的具体表现形式，反映了元素间性质相互联系及其对原子结构的依赖关系。

1.1.3 原子核结构

原子核的半径为 $10^{-13} \sim 10^{-12}$cm，约为原子半径的万分之一。如果把原子设想为一个直径10m的球体，那么原子核也只有针头大，所以说原子内部的绝大部分是空的。

在原子核内，带正电的质子间存在着库仑斥力，但质子和中子仍能非常紧密地结合在一起，这说明核内存在着一个非常强大的力，即核力。核力具有以下性质：第一，核力与电荷无关，无论中子还是质子都受到核力的作用。第二，核力是短程力，只有在相邻核子之间发生作用，因此一个核子所能相互作用的其他核子数目是有限的，这称为核力的饱和性。第三，核力约比库仑力大100倍，是一种强相互作用。第四，核力能促成粒子的成对结合(例如，两个自旋相反的质子或中子)以及对对结合(即总自旋为零的一对质子和一对中子的结合)。

采用人为的方法，以中子、质子或其他基本粒子作为炮弹轰击原子核，从而改变核内质子或中子的数目，便可以制造出新的同位素，也可以使稳定的同位素变为不稳定的同位素。

现已发现的约2000种核素中，天然存在的有300多种，其中有30多种是不稳定的；人工制造的有1600多种，其中绝大部分是不稳定的。不稳定的核素会自发蜕变，变成另一种核素，同时放出各种射线，这种现象称为放射性衰变。

放射性衰变有多种模式，其中最主要的有：

α衰变：放出带2个正电荷的氦核，衰变后形成的子核，核电荷数较母核减2，即在周期表上前移两位，而质量数较母核减少4。

β衰变：母核放出电子。衰变后子核的质量数不变，而核电荷数增加1，即在周期表上后移一位。

γ 衰变：放出波长很短的电磁辐射。衰变前后核的质量数和电荷数均不发生改变。

γ 衰变总是伴随着 α 衰变或 β 衰变而发生，母核经 α 或 β 衰变到子核的激发态，这种激发态的核是不稳定的，它要通过 γ 衰变过渡到正常态。所以 γ 射线是原子核由高能级跃迁到低能级而产生的。

1.2 射线的种类和性质

1.2.1 X 射线和 γ 射线的性质

X 射线和 γ 射线与无线电波、红外线、可见光、紫外线等属于同一范畴，都是电磁波，其区别只是在于波长不同，以及产生方法不同，因此 X 射线和 γ 射线具有电磁波的共性，同时也具有不同于可见光和无线电波等其他电磁辐射的特性。

从图 1-1 的电磁波谱中可以看到各种电磁辐射所占据的波长范围。

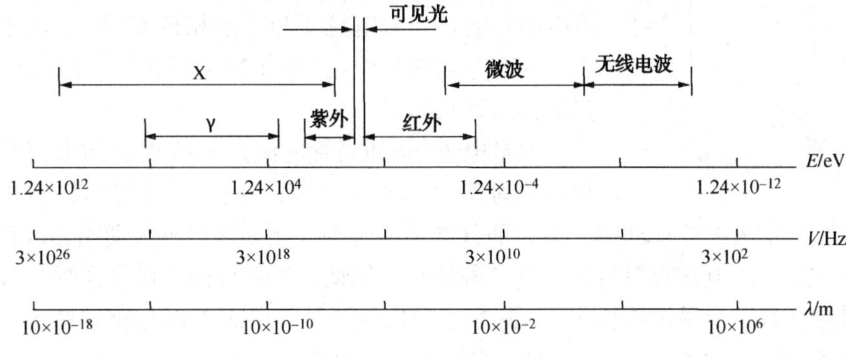

图 1-1 电磁波谱

电磁波的波长 λ 和频率 ν 以及波速(光速)c 的关系式为：

$$\lambda = c/\nu \tag{1-2}$$

X 射线和 γ 射线具有以下性质：

(1) 在真空中以光速直线传播。

(2) 本身不带电，不受电场和磁场的影响。

(3) 在媒质界面可以发生反射和折射，但 X 射线和 γ 射线只能发生漫反射，而不能像可见光那样产生镜面反射。X 射线和 γ 射线的折射系数非常接近于 1，所以折射的方向改变不明显。

(4) 可以发生干涉和衍射现象，但只能在非常小的，例如晶体组成的光栅中才能发生这种现象。

(5) 不可见，能够穿透可见光不能穿透的物质。

(6) 在穿透物质过程中，会与物质发生复杂的物理和化学作用，例如电离作用，荧光作用，热作用，以及光化学作用等。

(7) 具有辐射生物效应，能够杀伤生物细胞，破坏生物组织。

1.2.2 X 射线的产生及其特点

X 射线是在 X 射线管中产生的，X 射线管是一个具有阴阳两极的真空管，阴极是钨丝，阳极是金属制成的靶。在阴阳两极之间加有很高的直流电压(管电压)，当阴极加热到白炽状态时释放出大量电子，这些电子在高压电场中被加速，从阴极飞向阳极(管电流)，最终以很大速度撞击在金属靶上，失去所具有的动能，这些动能绝大部分转换为热能，仅有极少一部分转换为X射线向四周辐射。

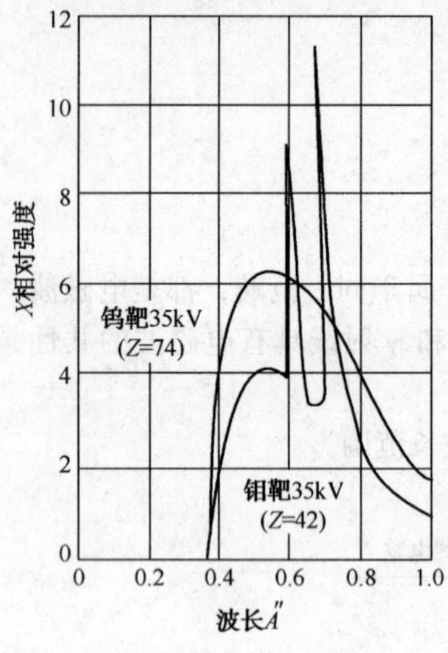

图1-2　X射线谱

对X射线管发出X射线做光谱测定，可以发现X射线谱由两部分组成，一个是波长连续变化的部分，称为连续谱，它的最小波长只与外加电压有关，另一部分具有分立波长的谱线，这部分谱线要么不出现，一旦出现它的谱峰所对应的波长位置完全取决于靶材料本身，这部分谱线称为标识谱，又称特征谱，标识谱重迭在连续谱之上，如同山丘上的宝塔(图1-2)。

1. 连续谱的产生和特点

经典电动力学指出，带电粒子在加速或减速时必然伴随着电磁辐射，当带电粒子与原子相碰撞(更确切地说是与原子核的库仑场相互作用)发生骤然减速时，由此伴随产生的辐射称为韧致辐射。

大量电子(例如当管电流为5mA时，撞击到靶上的电子数目约为 3×10^{15} 个/s)与靶相撞，减速过程各不相同，少量电子经一次撞击就失去全部动能，而大部分电子经过多次制动逐步丧失动能，这就使得能量转换过程中所发出的电磁辐射可以具有各种波长，因此，X射线的波谱呈连续分布。

连续谱存在着一个最短波长 λ_{min}，其数值只依赖于外加电压 V 而与靶材料无关，如果一个电子在电场中得到动能 $E=eV$，与靶一次撞击这些动能全部转换为辐射能，则辐射的波长可按下式计算。

$$E = eV = h\nu = hc/\lambda_{min} \tag{1-3}$$

$$\lambda_{min} = \frac{hc}{eV} = \frac{12.4\times10^{-7}}{V} = \frac{12.4}{V}(\text{Å}) \tag{1-4}$$

式中　h——普朗克常数，$h=6.626\times10^{-34}$ J·s；

c——光速，$c=3\times10^{8}$ m/s；

e——电子电量，$e=1.6\times10^{-19}$ C；

V——管电压，kV。

连续谱中最大强度对应的波长 $\lambda_{IM}=1.5\lambda_{min}$，在实际检测中，以最大强度波长 λ_{IM} 为中心的邻近波段的射线起主要作用。

连续X射线的总强度 I_T 可用连续谱曲线下所包含的面积表示，即：

$$I_T = \int_{\lambda_{min}}^{\infty} I(\lambda)\,d\lambda \tag{1-5}$$

试验证明，I_T 与管电流 i(mA)，管电压 V(kV)、靶材料原子序数 Z 有以下关系：

$$I_T = K_i Z V^2 \tag{1-6}$$

式中　K_i——比例常数；

$K_i\approx(1.1\sim1.4)\times10^{-6}$。

管电流越大，表明单位时间撞击靶的电子数越多；管电压增加时，虽然电子数目未变，但每个电子所获得的能量增大，因而短波成份射线增加，且碰撞发生的能量转换过程增加；靶材料的原子序数越高，核库仑场越强，韧致辐射作用越强，所以靶一般采用高原子序数的钨制作。上述关系可参如图 1-3 所示。

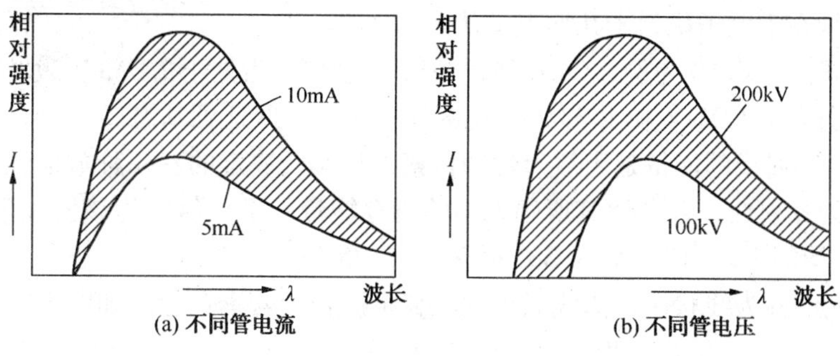

图 1-3　X 射线谱

X 射线的产生效率 η 等于连续 X 射线的总强度 I_T 与管电压 V 和管电流 i 的乘积之比，即：

$$\eta = \frac{I_T}{Vi} = \frac{K_i iZV^2}{iV} = K_i ZV \tag{1-7}$$

可见 X 射线的产生效率与管电压和靶材料原子序数成正比。在其他条件相同的情况下，管电压越高，X 射线产生效率越高；管电压的高压波形越接近恒压，X 射线产生效率也越高。当电压为 100kV 时，X 射线的转换效率约为 1%，而产生 4MeV 高能 X 射线的加速器，其转换效率约为 36%。

由于输入的能量的绝大部分转换为热能，所以 X 射线管必须有良好的冷却装置，以保证阳极不被烧坏。

2. 标识谱的产生和特点

当 X 射线管两端所加的电压超过某个临界值 V_K时，波谱曲线上除连续谱外，还将在特定波长位置出现强度很大的线状谱线，这种线状谱的波长只依赖于阳极靶面的材料，而与管电压和管电流无关，因此，把这种标识靶材料特征的波谱称为标识谱，V_K称为激发电压。不同靶材料的激发电压各不相同，例如图 1. 3 中，管电压 35kV 时，低于钨的激发电压(V_K=69. 3kV)高于钼的激发电压(V_K=20. 0kV)，所以，钼靶的波谱上有标识谱而钨靶的波谱上没有标识谱。

标识谱的产生机理是：如果 X 射线管的管电压超过 V_K，阴极发射的电子可以获得足够的能量，它与阳极靶相撞时，可以把靶原子的内层电子逐出壳层之外，使该原子处于激发态。此时外层电子将向内层跃迁，同时放出一个光子，光子的能量等于发生跃迁的两能级能值之差。K_α标识射线是 L 层电子跃迁至 K 层放出的，K_β标识射线则是Ⅳ层电子跃迁至 K 层放出的……。L、Ⅳ等各壳层也可发生标识辐射，但其能量小，通常被 X 射线管管壁吸收，所以 X 射线波谱中最常见的是 K 系标识谱。

标识 X 射线强度只占 X 射线总强度极少一部分，能量也很低，所以在工业射线探伤中，标识谱不起什么作用。

1. 2. 3　γ 射线的产生及特点

γ 射线是放射性同位素经过 α 衰变或 β 衰变后，从激发态向稳定态过渡的过程中，从原子核内发出的，这一过程称作 γ 衰变，又称 γ 跃迁。γ 跃迁是核内能级之间的跃迁，与原子的核外电子的跃迁一样，都可以放出光子，光子的能量等于跃迁前后两能级能值之差。不同的是，原子的核外电子跃迁放出的光子能量在电子伏到千电子伏之间。而核内能级的跃迁放出的 γ 光子能量在千电子伏到十几兆电子伏。

以放射性同位素 Co60 为例，Co60 经过一次 β^- 衰变成为处于 2.5MeV 激发态的 Ni60，随后放出能量分别为 1.17MeV 和 1.33MeV 的两种 γ 射线而跃迁到基态。

由此可见，γ 射线的能量是由放射性同位素的种类所决定的。一种放射性同位素可能放出许多种能量的 γ 射线，对此取其所辐射出的所有能量的平均值作为该同位素的辐射能量。例如 Co60 的平均能为(1.17MeV+1.33MeV)/2=1.25MeV。

γ 射线的光谱称为线状谱，谱线只出现在特定波长的若干点上。如图 1-4 所示。

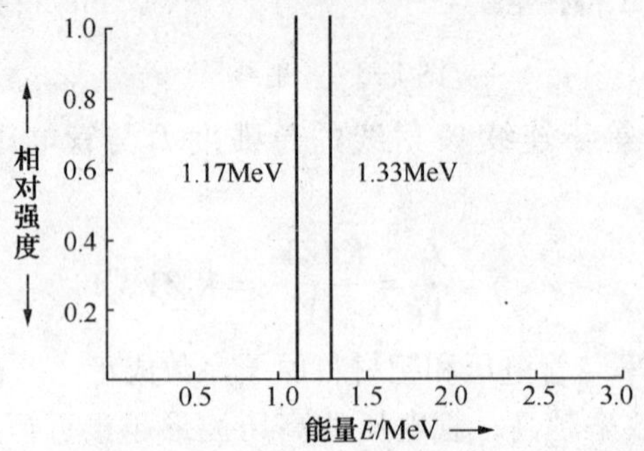

图 1-4　Co60 的 γ 射线的线状光谱

放射性同位素的原子核衰变是自发进行的，对于任意一个放射性核，它何时衰变具有偶然性，不可预测，但对于足够多的放射性核的集合，它的衰变规律服从统计规律，是十分确定的。

设在 dt 时间内发生的核衰变数目为 $-\mathrm{d}N$，它必定正比于当时存在的原子核数 N，也显然正比于时间 dτ，于是有

$$-\mathrm{d}N=\lambda N\mathrm{d}\tau \tag{1-8}$$

λ 是比例系数，称作衰变常数，dN 代表 N 的减少量，所以前面要加负号，设 $t=0$ 时原子核的数目为 N_0。则式(1-8)积分后得

$$N=N_0e^{-\lambda\tau} \tag{1-9}$$

即放射性同位素的衰变服从指数规律。

衰变常数 λ 反映了放射性物质的固有属性，λ 值越大，说明该物质越不稳定，衰变得越快。

放射性同位素衰变掉原有核数一半所需时间，称为半衰期，用 $T_{1/2}$ 表示。当 $T=T_{1/2}$ 时，$N=N_0/2$，由式(1.9)可得：

$$N_0/2=N_0e^{-\lambda T_{1/2}}$$

$$T_{1/2}=\frac{\ln 2}{\lambda}=\frac{0.693}{\lambda} \tag{1-10}$$

$T_{1/2}$ 也反映了放射性物质的固有属性，λ 越大，$T_{1/2}$ 越小。

例 1：已知 Co60 放射性同位素的半衰期为 5.3 年，其衰变常数是多少？8 年后其放射强度衰变到初始强度的百分之几？

解：由(1-10)式 $T_{1/2}=0.693/\lambda$

得：$\lambda=0.693/T_{1/2}=0.693/5.3=0.131$/年

由(1.9)式 $N=N_0e^{-\lambda T}$

得 $N/N_0e^{-0.131\times8}=0.35$

答：Co60 的衰变常数为 0.131/年

8 年后其放射强度衰变到初始强度的 35%。

1.2.4 波粒二象性

微观粒子，即光子、电子、中子、质子以及所有基本粒子，在运动中既表现出波动性，又表现出粒子性，这个性质称为微观粒子的波粒二象性。

光的粒子性表现在光具有量子化的能量，同时还具有动量，光的动量是光子的运动质量和速度的乘积。光的波动性表现在光具有波长和频率，当光通过狭缝时，会产生衍射现象。描述光子能量 E 和动量 P 的公式分别为：

$$E=h\nu \tag{1-11}$$

$$P=h/\lambda \tag{1-12}$$

式中 h——普朗克常数，$h=6.626\times10^{-34}$ J/Hz；

ν——频率，Hz；

λ——波长，m。

以上两式中，等式左边是光的粒子性，等式右边是光的波动性，通过普朗克常数两者被定量联系起来。

德布罗意在光的波粒二象性的启发下，提出了一切实物粒子都具有波粒二象性的假设，当质量为 m 的粒子，以速度 ν 匀速运动时，其能量 E，动量 P，波长 λ 和频率 ν 的相应关系为：

$$E=h\nu=mc^2 \tag{1-13}$$

德布罗意假设很快在电子衍射试验中得到证实。按上式可计算出 10keV 的电子波长约为 0.12Å。

实物粒子的波称作物质波，与光子对应的电磁波是有差别的，例如，光在真空中的速度只有一个，即光速，而电子或中子可以具有任何小于光速的速度。在质量方面，光子静止质量为零，而电子和中子均有质量。在与物质相互作用的过程中，光子和实物粒子的表现也存在着本质上的差别。

1.2.5 射线的种类

物理学上的射线又称为辐射，是指由微观粒子组成的束流，按照波粒二象性的观点，也可以看作是一束波动。常见的射线有 X 射线和 γ 射线，电子射线和 β 射线，质子射线和 α 射线，中子射线等。

电子射线和 β 射线的组成都是电子，电子射线是利用加速器或者其他高压电场加速电子获得的，而 λ 射线是放射性同位素在 β 衰变过程中从原子核内发出的。

质子射线和 α 射线都是带正电的粒子流，质子射线可通过加速器获得。α 射线是放射性同位素在 α 衰变过程中从原子核内发出的，α 粒子就是氦的原子核。

中子射线是一束中子流。可以通过放射性同位素，加速器或核反应堆获得中子射线。

上述各种射线中，质子射线和 α 射线，电子射线和 β 射线均属带电粒子组成的射线，它们对物质的穿透能力很弱，例如能量为4MeV的α粒子，在空气中的射程仅2.5cm，而同样能量的β粒子，射程也仅为15cm，所以不能用来探测材料的内部缺陷。X射线和γ射线对物质具有很强的穿透能力，是目前工业射线检测的主要手段。中子射线与物质的相互作用明显不同于X射线和γ射线，它容易穿透高原子序数的材料而难于透过某些低原子序数的材料，因此中子射线检测适用于一些特殊场合。

1.2.6 工业探伤常用放射性同位素

1. Co60(钴60)

人工放射性同位素Co60，是由稳定同位素Co59被中子照射后形成的，中子进入Co59原子核内的过剩能量，在中子俘获的瞬间以r射线发射出来，其反应式为：

$$^{59}_{27}\mathrm{Co}+n\rightarrow^{60}_{27}\mathrm{Co}+\gamma$$

由上述反应所形成的同位素是不稳定的，它放出β粒子而变成同位素Ni60(镍)，即：

$$^{60}_{27}\mathrm{Co}^{\beta}\rightarrow^{60}_{28}\mathrm{Ni}+\beta$$

受激状态的Ni60在连续放出两个各带有1.17MeV和1.33MeV的γ射线光子后，转变为稳定状态。

图1-5(a)为Co60蜕变图，Co60半衰期为5.3年，K_γ。放射常数为13.2R·m^2/(h·Ci)；实际比活度约为50Ci/g(1850×10^9Bq/g)，钴具有铁磁性，故可借助磁工具实现远距离操作。

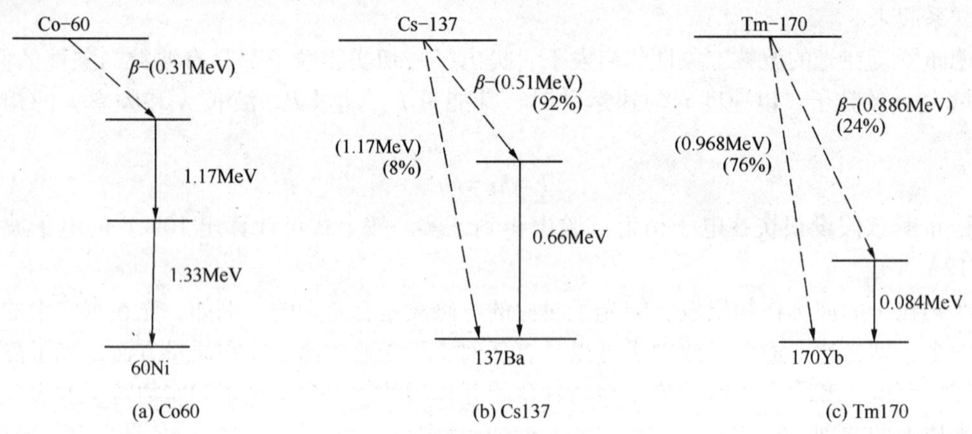

(a) Co60 (b) Cs137 (c) Tm170

图1-5 放射性同位素蜕变

2. Cs137(铯)

放射性同位素Cs137是U235(铀)分裂时的一种产物，当U235核分裂时，约有6.3%的裂变产物为Cs137，在β蜕变过程中，约有92%的Cs137核转变为受激状态的Ba137(钡)；约有8%的Cs137核转变为稳定状态的Ba137，受激状态的钡转变为稳定状态时，放出能量为0.661MeV的γ射线。图1-5(b)为Cs137的蜕变图。

Cs137的半衰期约33年，K_γ。放射常数为3.28R·m^2/(h·Ci)；实际比活度约25Ci/g(925×10^9Bq/g)。

实际使用的放射源是Cs137的盐——CsCl，其液化温度约28℃，为防止液体泄漏造成污染，通常使用双层不锈钢壳将铯源严格地密封起来。

3. Ir192(铱)

人工放射性同位素 Ir192 是 Ir191 俘获热中子而得:

$$^{191}_{77}\text{Ir}+n\rightarrow^{192}_{77}\text{Ir}+\gamma$$

自然界中铱是 Ir191 和 Ir193 的混合物，含量分别为 38.5%和 61.5%。Ir193 俘获热中子后转变成放射性同位素 Ir194，其半衰期仅 20h，因此，经过一定的时间后，可以忽略其放射强度。Ir192 经上述反应释放出 0.057MeV 能量的 γ 射线，半衰期为 1.42min，此状态下的铱 Ir192 仍不稳定，其中 96%的核素经 β 衰变过渡到$^{192}_{78}$Pt(铂)，另外，4%经 K 俘获过渡到$^{192}_{76}$Os（锇）。从不稳定状态过渡到稳定状态放射出 γ 射线。

Ir192 半衰期为 74.4 天，K_γ 放射常数为 4.72R · m^2/(h · Ci)；实际比活度约 350Ci/g，(13000×10^9 Bq/g)，图 1-6 所示为铱 Ir192 蜕变图。

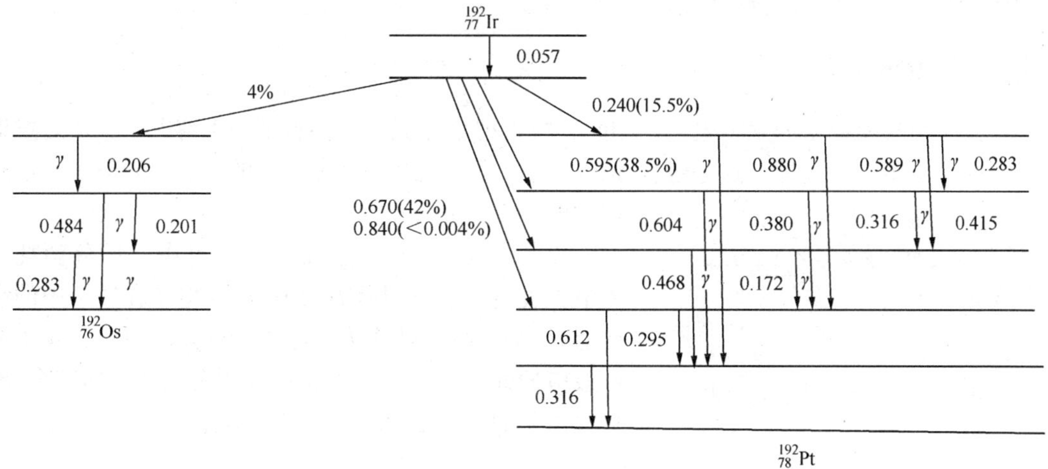

图 1-6　铱 192 蜕变图

4. Tm170(铥 170)

当热中子照射稳定同位素$^{169}_{69}$Tm 时，就形成人工放射性同位素$^{170}_{69}$Tm。在蜕变时约有 76%的 核放射出最大能量为 0.968MeV 的 β 粒子而形成稳定的同位素 Yb170(镱)，约有 24%的 Tm170 核放射出最大能量为 0.886MeV 的 β 粒子而形成处于受激状态的 Yb170，在转变到稳定状态时，约有 3%放出能量为 0.084MeV 的 γ 射线，约有 5%通过内转换发射 K 层轨道电子，随后发生电子跃迁发射出 52KEY 的特征 X 射线。图 1-5(c)为 Tm170 的蜕变图。

Tm170 的半衰期为 128 天，K_γ 放射常数为 0.014R · m^2/(h · Ci)；实际比活度为 1000Ci/g(370000×10^9Bq/g)。由于 Tm170 有较软的 γ 射线能量，可用作薄金属及轻金属的透照。

5. Se75(硒)

Se75(硒 75)原子质量数为 75，其原子核中含质子数为 34，中子数为 41，它是 种人工放射性同位素，由中子俘获反应所得。Se75 的半衰期是 120.4 天，比活度 14500Ci/g。K_γ 常数为 2.04R · m^2/(h · Ci)。主要能谱线有 9 根能量分别为 0.066MeV、0.097MeV、0.121MeV、0.136MeV、0.199MeV、0.265MeV、0.280MeV、0.304MeV、0.401MeV。

Se75 射线源的平均能量为 206keV，相当于 200keV 的 X 射线机，与 Ir192 相比，Se75 更适用于薄壁焊缝透照检测。

1.3 射线与物质的相互作用

射线通过物质时，会与物质发生相互作用而强度减弱。导致强度减弱的原因可分为两类，即吸收与散射。吸收是一种能量转换，光子的能量被物质吸收后变为其他形式的能量；散射会使光子的运动方向改变，其效果等于在束流中移去入射光子。

在X射线和γ射线能量范围内，光子与物质作用的主要形式有：光电效应、康普顿效应、电子对效应，当光子能量较低时，还必须考虑瑞利散射。除此以外，还存在一些其他形式的相互作用，例如光核反应和核共振反应，因其发生概率极小，所以不作介绍。

射线通过物质时的强度衰减遵循指数规律，衰减情况不仅与吸收物质的性质和厚度有关，而且还取决于辐射自身的性质。

1.3.1 光电效应

当光子与物质原子的束缚电子作用时，光子把全部能量转移给某个束缚电子，使之发射出去，而光子本身消失掉，这一过程称为光电效应，光电效应发射出的电子叫光电子，该过程如图1-7所示。

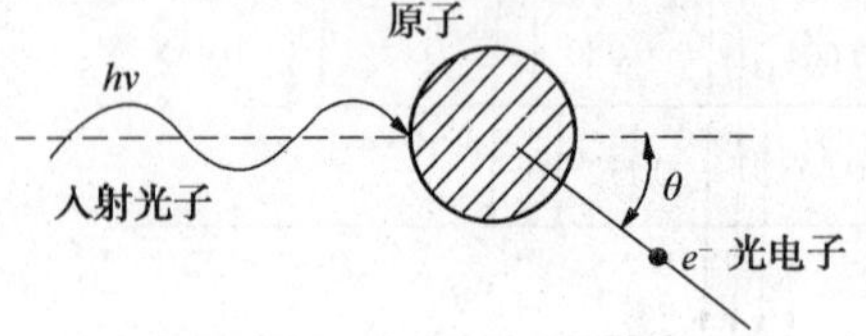

图1-7 光电效应的示意图

原子吸收了光子的全部能量，其中一部分消耗于光电子脱离原子束缚所需的电离能(电子在原子中的结合能)，另一部分就作为光电子的动能。所以，发生光电效应的前提条件是光子能量必须大于电子的结合能。释放出来的光电子能量 E_e 与入射光子能量 $h\nu$ 以及电子所在壳层的结合能 E_i 之间有如下关系：

$$E_e = h\nu - E_i \tag{1-14}$$

光电效应的发生概率与射线能量和物质原子序数有关，它随着光子能量增大而减小，随着原子序数Z的增大而增大。

光子打在自由电子上不能产生光电效应，这是因为动量守恒不能满足。在光电效应过程中，除了入射光子外，还需有一个第三者参加，这第三者就是原子核，严格地讲是发射光电子之后剩余下来的整个原子，它带走一些反冲能量，这能量十分小。但由于它的参加，动量和能量守恒才能满足。电子在原子中束缚越紧，就越容易使原子核参加上述过程，发生光电效应的概率就越大，所以K壳层上发生光电效应的概率最大，L层次之，M层、N层更次之，如果入射光子能量超过K层结合能，那么，大约80%光电吸收发生在K层电子上。

发生光电效应时，从内壳上打出电子，在此壳层上就留下空位，并使原子处于激发态，这种激发态是不稳定的，退激的过程有两种，一种是外层电子向内层跃迁，来填补空位，使原子恢复到较低能量状态，例如，从K层打出电子后，L层的电子可以跃迁到K层，两个壳层能量之差，就是跃迁时释放出来的能量，这能量以标识X射线(又称次级X射线，荧光X射线)的形式释放，另一种过程是原子的激发能也可以交给外壳层电子，使它从原子中发射出来，这电子称为俄歇电子，如图1-8所示，因此在

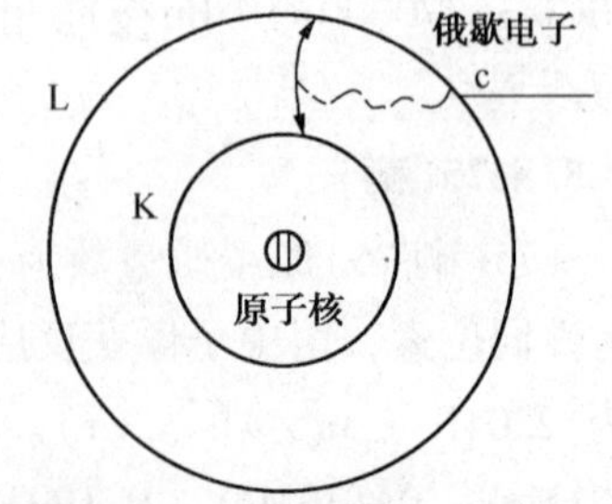

图1-8 特征X射线和俄歇电子的发射示意图

发射光电子的同时，还伴随着原子发射次级 X 射线和俄歇电子。

光电效应的概率可用光电截面来表示，光电截面 $\sigma_{ph} \propto Z^{s}$，且有 $\sigma_{ph} \propto 1/h\nu-(1/h\nu)^{7/2}$。图 1-9 给出了不同吸收物质的光电截面与光子能量的关系，也称光电吸收曲线，由图中可见，随着入射光子能量增大，σ_{ph}变小。

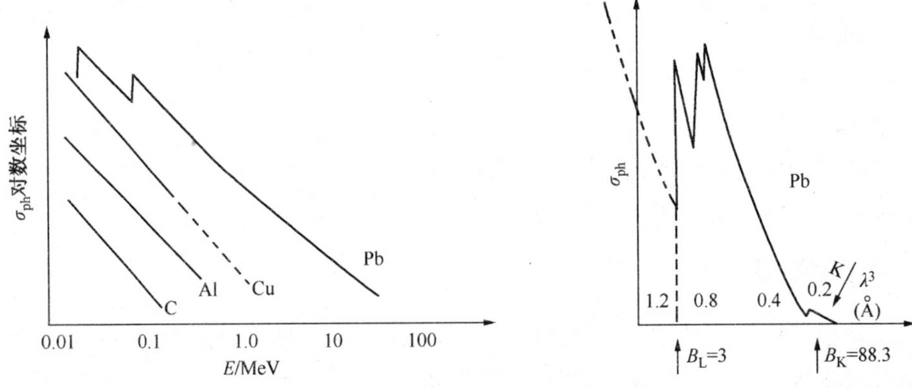

图 1-9 原子的光电截面与入射光子能量的关系

在 $h\nu<100$KeV 时，光电截面显示出特征性的锯齿状结构，这种尖锐的突变，称为吸收限，它是在入射光子能与 K 层、L 层、M 层电子的结合能相一致时出现的。当光子能量逐渐增加到等于某一层电子的结合能时，这一壳层电子就对光电作用有贡献，因而 σ_{ph}就阶跃升高，然后又随能量的增加而下降，例如铅的吸收曲线上，K 吸收限在 88. 3keV，而 L 层有 3 个吸收限，M 层有 5 个吸收限。

1. 3. 2 康普顿效应

在康普顿效应中，光子与电子发生非弹性碰撞， 部分能量转移给电子，使它成为反冲电子，而散射光子的能量和运动方向发生变化，如图 1-10 所示。$h\nu$ 和 $h\nu'$为入射和散射光子能量，θ 为散射光子与入射光子方向间夹角，称为散射角，φ 为反冲电子的反冲角。

康普顿效应总是发生于自由电子或原子的束缚最松的外层电子上，入射光子的能量和动量由反冲电子和散射光子两者之间进行分配，散射角越大，散射光子的能量越小，当散射角 θ 为 180°时，散射光子能量最小。

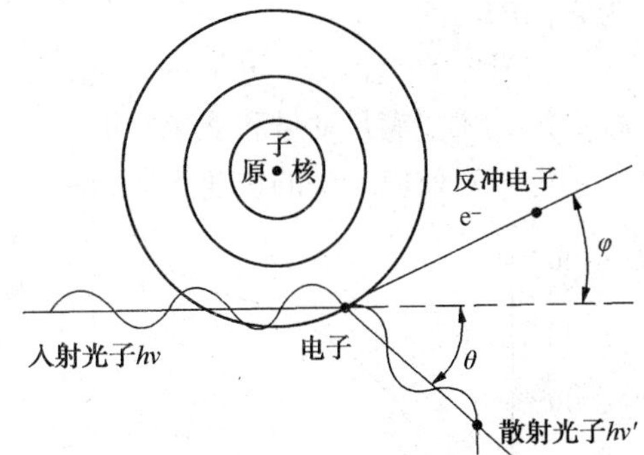

图 1-10 康普顿效应的示意图

康普顿效应的发生概率大致与物质原子序数成正比，与光子能量成反比。

由动量和能量守恒定律可以推导出散射光子和反冲电子的能量和散射角关系，设入射光子能量为 $E=h\nu$，波长为 λ，散射光子能量为 $E'=h\nu'$，波长为 λ'，反冲电子的动能为 E_e，有关计算式如下：

$$E_e = h\nu - h\nu' \tag{1-15}$$

$$E' = \frac{E}{1 + \frac{E}{m_0c^2}(1 - \cos\theta)} \tag{1-16}$$

$$\text{ctg}\varphi = (1 + \frac{E}{m_0c^2})\text{tg}\frac{\theta}{2} \tag{1-17}$$

$$\Delta\lambda = \lambda' - \lambda = \frac{h}{m_0c}(1 - \cos\theta) = 0.0242(1 - \cos\theta) \tag{1-18}$$

式中　h——普朗克常数；

c——光速；

m_0——电子静止质量；

$m_0 = 9.11\times10^{-31}$kg。

康普顿散射截面与入射光子的能量关系如图 1-11，当入射光子能量增加时，康普顿散射截面下降，但下降速度比光电截面慢。

1.3.3 电子对效应

当光子从原子核旁经过时，在原子核的库仑场作用下，光子转化为一个正电子和一个负电子，这种过程称为电子对效应，如图 1-12 所示。

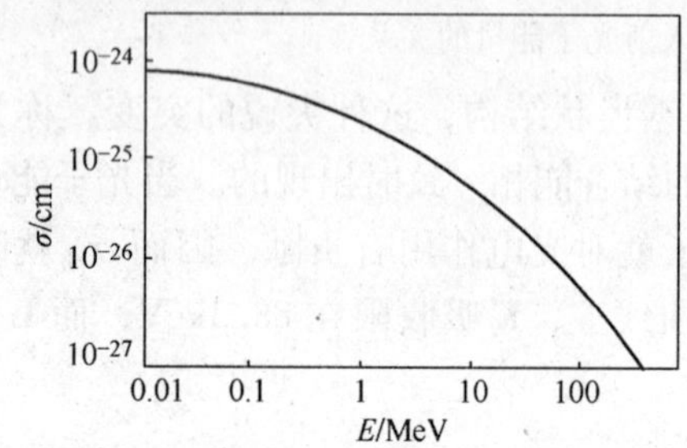

图 1-11　电子的康普顿散射截面与入射光子能量的关系

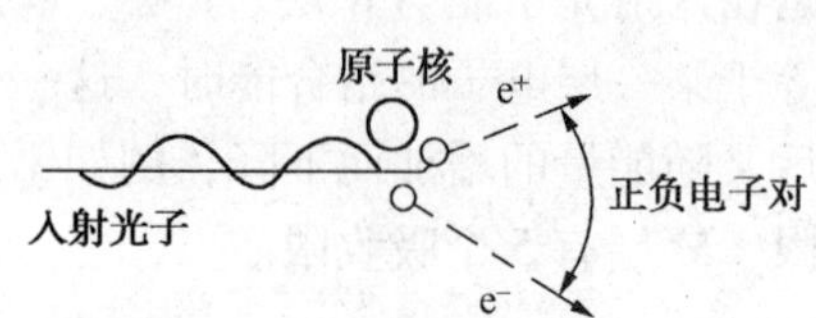

图 1-12　在原子核库仑场中的电子对效应

根据能量守恒定律，只有当入射光子能量 $h\nu>2m_0c^2$ 即 $h\nu>1.02$MeV 时，才能发生电子对效应，入射光子的能量除一部分转变为正负电子对的静止质量(1.02MeV)外，其余就作为它们的动能。

与光电效应相似，电子对效应除涉及入射光子和电子对外，必须有一个第三者——原子核参加，才能满足动量和能量守恒。

电子对效应产生的快速正电子和电子一样，在吸收物质中通过电离损失和辐射损失消耗能量，很快被慢化，然后与吸收物质中一个电子相互转化为两个能量为 0.51MeV 的光子，这种现象称电子对湮没。

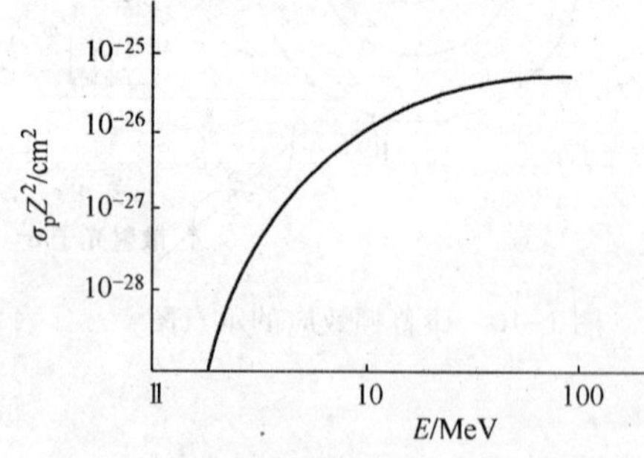

图 1-13　电子对效应截面与能量的关系

电子对效应截面是入射光子能两个吸收物质原子序数的函数，当 $h\nu$ 稍大于 $2m_oc^2$ 时，$\sigma_p \propto Z^2E$。当 $h\nu \gg 2m_oc^2$时：$\sigma_p \propto Z^2\ln E$。

由此可见，在能量较低时，σ_p随光子能量线性增加，高能时，σ_p随光子能量变化就缓慢一些。不论在高能区和低能区，都有 $\sigma_p \propto Z^2$的关系，图 1-13 给出了 σ_p与光子能量的对应关系。

1.3.4 瑞利散射

瑞利散射是入射光子和束缚较牢固的内层轨道电子发生的弹性散射过程(也称为电子的共振散射)。在此过程中，一个束缚电子吸收入射光子而跃迁到高能级，随即又放出一个能量约等于入射光子能量的散射光子，由于束缚电子未脱离原子，故反冲体是整个原子，从而光子的能量损失可忽略不计。

瑞利散射是相干散射的一种，所谓相干散射，是指散射线与入射线具有相同波长，从而能够发生干涉的散射过程。

瑞利散射的概率和物质的原子序数及入射光子的能量有关，大致与物质原子序数 Z 的平方成正比，并随入射光子能量的增大而急剧减小。当入射光子能量在 200KeV 以下时，瑞利散射的影响不可忽略。

1.3.5 各种相互作用发生的相对概率

光电效应、康普顿效应、电子对效应的发生概率与物质的原子序数和入射光子能量有关，对于不同物质和不同能量区域，这三种效应的相对重要性不同，图 1-14 表示各种效应占优势的区域，可以看出：

(1) 对于低能量射线和原子序数高的物质，光电效应占优势。

(2) 对于中等能量射线和原子序数低的物质，康普顿效应占优势。

(3) 对于高能量射线和原子序数高的物质，电子对效应占优势。

图 1-15 表示射线与铁相互作用时，各种效应的发生概率，由图中可见看出：当光子能量为 10KeV 时，光电效应占绝对优势。随着能量的增大，光电效应逐渐减少，而康普顿效应的作用却逐渐增大。稍过 100KeV，两种效应相等，瑞利散射在此能量附近发生比率达到最大，但也不超过 10%。在 1MeV 左右，射线强度的衰减几乎都是康普顿效应造成的。光子能量继续增大，由电子对效应引起的吸收逐渐增大，在 10MeV 左右，电子对效应与康普顿效应作用大致相等，超过 10MeV 以后，电子对效应的比率越来越大。

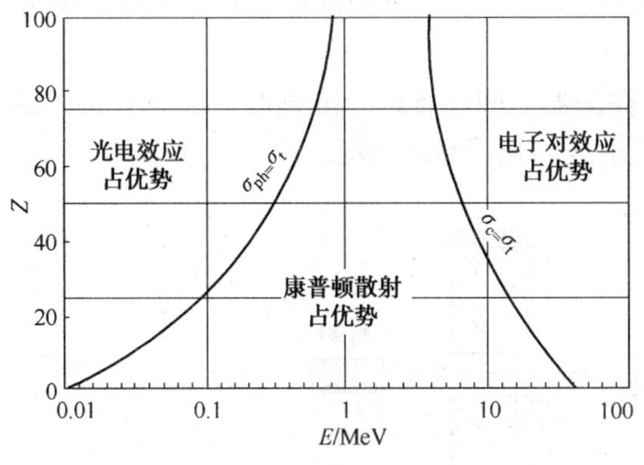

图 1-14　按光子能量和原子序数来表示的三种相互作用占优势的区域

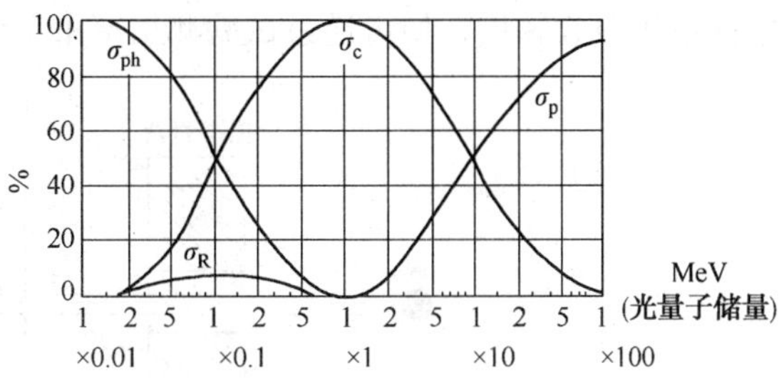

图 1-15　铁中各种效应的发生概率

各种效应对射线照相质量产生不同的影响，例如，光电效应和电子对效应引起的吸收有利于提高照相对比度，而康普顿效应产生的散射线则会降低对比度。对轻金属试件照相质量往往比重金属试件照相质量差。使用 1MeV 左右能量的射线照相，其对比度往往不如较低能量射线或更高能量射线，这些都是康普顿效应的影响造成的。

射线与物质相互作用导致强度减弱以及能量转化结果可用图 1-16 来总结表示。

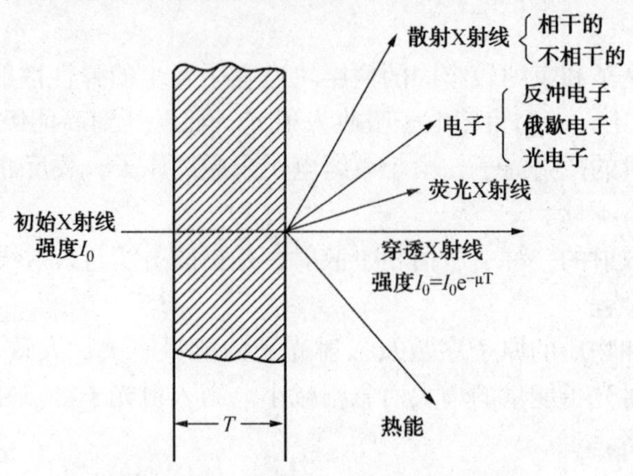

图 1-16 X 射线与物质相互作用

1.3.6 窄束、单色射线的强度衰减规律

由以上讨论可知，射线通过一定厚度物质时，有些光子与物质发生相互作用，有些则没有。如果光子与物质发生的相互作用是光电效应和电子对效应，则光子被物质吸收，如果光子与物质发生康普顿效应，则光子被散射。散射光子也可能穿过物质层，这样，穿过物质层的射线通常由两部分组成，一部分是未与物质发生相互作用的光子，其能量和方向均未变化，称为透射射线；另一部分是发生过一次或多次康普顿效应的光子，其能量和方向都发生了改变，称为散射线。

所谓窄束射线是指不包括散射成分的射线束，通过物质后的射线束，仅由未与物质发生相互作用的光子组成。“窄束”一词是从实验时，通过准直器得到细小的辐射束流而取名，并不含有几何学上“细小”的意义，即使射束有一定宽度，只要其中没有散射成分，便可称其为“窄束”。

所谓“单色”是指由单一波长电磁波组成的射线，或者说，由相同能量光子组成的辐射束流，又称为单能辐射。

采用图 1-17 所示的装置，在单能辐射源与探测器之间放置两个准直器，在两个准直器之间放置吸收物质，便可通过试验测出窄束单色射线的强度衰减情况。

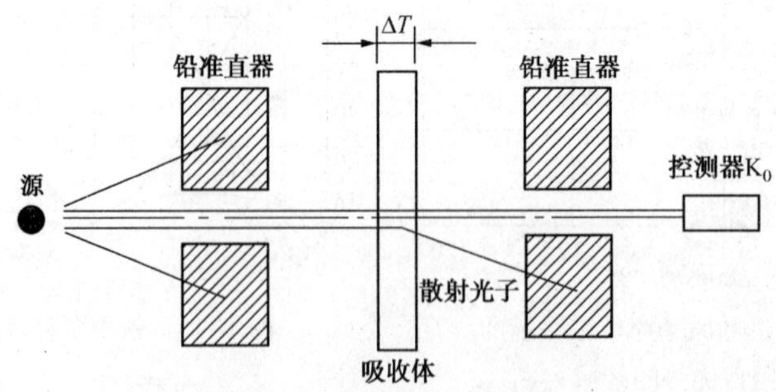

图 1-17 获窄辐射束的装置示意图

当吸收物质不存在时，探测器 K 记录的辐射强度为 I_0，称为辐射的原始强度或入射强度。放置厚度为 ΔT 的薄层物质后，K 点的辐射强度变为 I，称为一次透射射线强度。以 ΔI 表示强度的变化量，即 $I-I_0=-\Delta I$，负号表示强度在减弱。用不同种类和厚度的吸收物质和

不同能量的射线试验，可发现以下关系：

$$-\Delta I=\mu I_0\Delta T \tag{1-19}$$

即射线通过薄层物质时，强度减弱与物质厚度及辐射初始强度成正比，同时与μ的数值有关，μ称为线衰减系数。

对式(1-19)积分，并设$T=0$时，$I=I_0$，即可得窄束单色射线强度衰减公式：

$$I=I_0e^{-\mu T} \tag{1-20}$$

式中，T为透过物质的厚度。

线衰减系数μ的意义是射线通过单位厚度物质时，与物质相互作用的概率。它与射线能量、物质的原子序数和密度有关。对于同一种物质，射线能量不同时衰减系数不同。对于同一能量的射线，通过不同物质时，其衰减系数也不同。

由于射线强度衰减是几个效应共同作用的结果，所以，线衰减系数可描写为：

$$\mu=\mu_{ph}+\mu_c+\mu_p+\mu_R \tag{1-21}$$

式中　μ_{ph}——光电效应线衰减系数；

μ_c——康普顿效应线衰减系数；

μ_p——电子对效应线衰减系数；

μ_R——瑞利散射线衰减系数。

μ大致与物质密度ρ成正比。对于原子序数Z，存在以下关系：$\mu_{ph}\propto Z^5$，$\mu_c\propto Z$，$\mu_p\propto Z^2$。对于射线能量$h\nu$，存在以下关系：$\mu_{ph}\propto(h\nu)^{-3.5}$，$\mu_c\propto(h\nu)^{-1}$，$\mu_p\propto\ln(h\nu)$。

令$\mu_m=\mu/P$，称为质量衰减系数。质量衰减系数的优点是μ_m值不受物质密度和物理状态的影响。例如水和水蒸气的μ_m值是一样的。当吸收物质是混合物和化合物时，可按下式求得其质量衰减μ_m：

$$\mu_m-\mu/\rho-\mu_{m1}\alpha_1-\mu_{m2}\alpha_2+\cdots=(\frac{\mu_1}{\rho_1})\alpha_1+(\frac{\mu_2}{\rho_2})\alpha_2+\cdots \tag{1-22}$$

式中，μ_{m1}、μ_{m2}…为各组成元素的质量衰减系数；α_1、α_2…为各组成元素的含量百分比；ρ为混合物的密度。

表1-1列出部分元素线衰减系数。

表1-1　几种材料的线衰减系数　　cm^{-1}

射线能量/MeV	水	碳	铝	铁	铜	铅
0.25	0.121	0.26	0.29	0.80	0.91	2.7
0.50	0.095	0.20	0.22	0.665	0.70	1.8
1.0	0.069	0.15	0.16	0.469	0.50	0.8
1.5	0.058	0.12	0.132	0.370	0.41	0.58
2.0	0.050	0.10	0.150	0.313	0.35	0.48
3.0	0.041	0.083	0.100	0.270	0.32	0.42
5.0	0.030	0.067	0.075	0.244	0.27	0.48
7.0	0.025	0.061	0.068	0.233	0.30	0.53
10.0	0.022	0.054	0.061	0.214	0.31	0.6

在实际应用中，经常使用半价层来描述某种能量射线的穿透能力或某种射线的衰减作用程度。半价层是指使入射射线强度减少一半的吸收物质厚度，用符号Th表示，由式

(1-21)，当 $T=T_{1/2}$时，$I/I_0=1/2$，则有 $e_{1/2}^{-\mu T}=1/2$，两边取自然对数，有：

$$T_{1/2}=0.693/\mu \tag{1-23}$$

利用式(1-20)和式(1-23)可进行一些计算。

例：已知某窄束单能射线穿过 20mm 的某材料后，强度减弱到原来的 20%，求该射线在某材料中的线衰减系数。

解 1　由式(1-21) $I=I_0e^{-\mu T}$

已知 $I/I_0=0.20$，$T=2\text{cm}$，则有

$$e^{-\mu\cdot 2}=0.2$$

$$\mu=-1/2\cdot\ln 0.2=0.80(\text{cm}^{-1})$$

解 2　设射线穿过 n 个半价层，则存在以下关系式：

$$\frac{1}{2^n}=0.2\ ,\ n=\frac{\lg 5}{\lg 2}=2.32\ ,\ Th=\frac{2}{2.32}=0.86(\text{cm})$$

由式(1-24) $Th=0.693/\mu$，得

$$\mu=0.693/\text{Th}=0.80(\text{cm}^{-1})$$

1.3.7　宽束、多色射线的强度衰减规律

工业探伤中应用的射线，不可能是“窄束、单色”射线，到达探测器的束流中，总是包含有散射线的成分，这样的射线称为“宽束”射线。束流中的光子往往也不具有相同能量。例如，常用的放射性同位素发出的 γ 射线是几种乃至十几种能量光子的组合，属“多色”射线，而 X 射线的波长更是连续变化的，称为“白色”射线。宽束多色射线通过物质时，强度衰减具有一些不同于窄束单色射线的特点，因此式(1-20)不适用于宽束多色射线。

1. 散射线和散射比

射线在穿透物质过程中与物质相互作用，除了直线前进的透射射线外，还会产生散乱射线、荧光 X 射线、光电子、反冲电子、俄歇电子等向各个方向射出，其中各种电子穿透物质能力很弱，很容易被物质本身或空气吸收，而荧光 X 射线能量较低，例如铁的 $K_{\beta 1}$荧光 X 射线的能量约为 7KeV，也很容易被吸收，一般不会造成影响，所以对射线照相产生影响的散射线来自康普顿效应，在较低能量范围，则是来自相干散射。

应用宽束射线时，一次透射射线 I_p和散射射线 I_s同时到达探测器，设到达探测器的射线总强度为 I，则有

$$I=I_p+I_s=I_p(1+I_s/I_p)=I_p(1+n) \tag{1-24}$$

这里 $n=I_s/I_p$，称作散射比，散射比 n 的大小与射线能量，穿透物质种类、穿透厚度等诸多因素有关。

2. 平均衰减系数

如果射线束不是由单一能量的光子组成，而是由几种不同能量的光子组成，那么，它通过物质时的强度衰减将变得更复杂一些，因为光子的能量不同，其衰减系数也不同，与物质相互作用强度减弱的程度也不同。

设一束多色射线的初始强度分别为 I_0，其中不同能量的光子束流强度分别为 I_{01}、I_{02}……，在物质中的衰减系数分别为(μ_1)、(μ_2)……，一次透过射线的总强度为 I，不同能量射线的分强度为 I_1、I_2……，则以下关系式成立：

$$I_0+I_{01}+I_{02}+I_{03}+\cdots\cdots$$

$$I=I_1+I_2+I_3+\cdots\cdots$$

其中，$I_1=I_{01}e^{-\mu 1T}$，$I_2=I_{02}e^{-\mu 2T}$，$I_3=\cdots\cdots$

考虑总的强度衰减结果，可以归纳得到以下关系式：

$$I = I_0 e^{-\bar{\mu}T} \tag{1-25}$$

此即为多色射线强度衰减公式，式中$\bar{\mu}$称为平均衰减系数，可根据试验数据计算得出。

多色射线穿透物质过程中，能量较低的射线分量强度衰减多而能量较高的射线分量强度衰减相对较少，这样，透射射线的平均能量将高于初始射线的平均能量，此过程被称为多色射线穿透物质过程的线质硬化现象，随着穿透厚度的增加，线质逐渐变硬。平均衰减系数$\bar{\mu}$的数值逐渐减小，而平均半价层 Th 值将逐渐增大。

图 1-18 表示连续 X 射线穿透物质前后强度变化情况，由图中可以看出，波长较长部分射线强度衰减较大，从而使透射射线的平均波长变短。

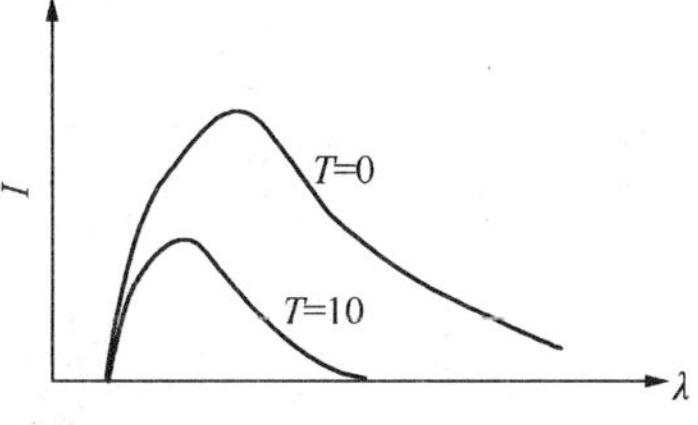

图 1-18　连续谱射线穿过物体后强度分布的变化

3. 宽束多色射线强度衰减规律

综上所述，对于宽束、多色射线其强度衰减公式可写为

$$I = I_0 e^{-\bar{\mu}T} \cdot (1 + n) \tag{1-26}$$

式中　I——透射射线强度，为一次透射射线 I_p 和散射射线 I_s 强度之和；

I_0——初始射线强度；

$\bar{\mu}$——平均衰减系数；

T——穿透物质的厚度；

n——散射比。

1.3.8　吸收(衰减)曲线

以吸收物质的厚度作为横坐标，射线的剂量率或相对强度作为纵坐标，可以绘出射线强度衰减曲线，又称为吸收曲线。

在图 1-19 所示的半对数坐标系中，吸收曲线方程为 $\ln(I/I_0)=-\mu T$。对窄束单色射线，线衰减系数 μ 为常数，所以吸收曲线为一直线(如图曲线 A)，直线的斜率为 μ。而对于多色射线，线衰减系数 μ 是一个变量，为穿透厚度 T 的函数，又因为 μ 随 T 的增大而减小，所以吸收曲线为一条向上凹的曲线(如图曲线 B)，曲线上任意一点切线的斜率即为该点对应的穿透厚度上射线的线衰减系数 μ，如要求某一穿透厚度范围内射线的平均衰减系数，可以用直线连接对应于厚度 T_1 和 T_2 的吸收曲线的两点，该直线的斜率就是平均衰减系数，计算公式为：

$$\bar{\mu} = \frac{\ln I_2 - \ln I_1}{T_2 - T_1} = -2.3\frac{\lg I_2 - \lg I_1}{T_2 - T_1} \tag{1-27}$$

对于宽束多色射线，其吸收曲线方程应为 $\ln I/I_0=-\mu T+\ln(1+n)$，其位置应在曲线 B 的右上方，因 μ 和 n 均是 T 的函数，曲线的形状更复杂一些，凹凸难以确定。

日本学者给出一组连续 X 射线吸收系数测试结果，测试的透照布置如图 1-20 所示，因采用了光阑，且射线与试件作用产生的散射线有一定偏转角而不能到达探测器，所以探测器所接收的射线可视为窄束射线。图 1-19 为根据测试结果绘制的吸收曲线，表 1-2 列出了一些测试数据和计算数据。

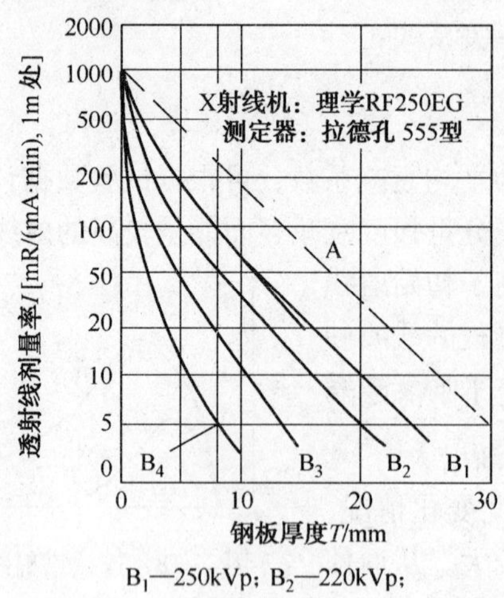

B1—250kVp；B2—220kVp；
B3—180kVp；B4—140kVp

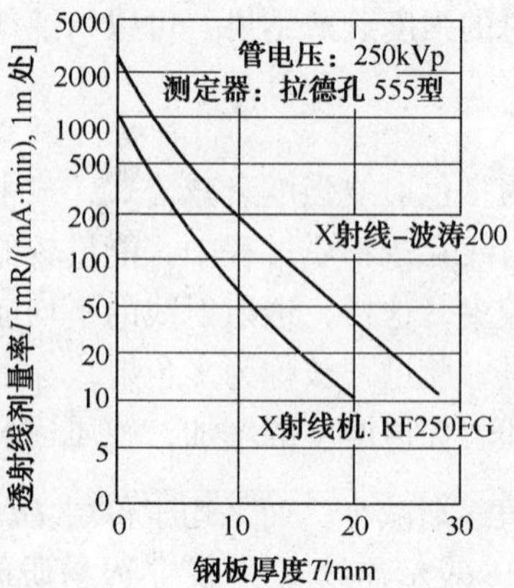

图 1-19 吸收曲线两例

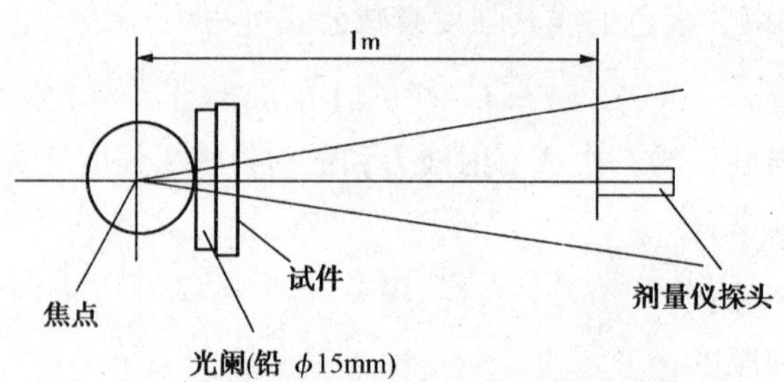

图 1-20 测定布置

表 1-2 半衰渐层、吸收系数和有效能量

试件厚度 T_1/mm	透射线剂量率 I_1	$\frac{I_1}{2}$	与 $\frac{I_1}{2}$ 相应的试件厚度 T_2	半衰渐层 $T_{\frac{1}{2}} = T_2 - T_1$ (mm)	吸收系数 $\bar{\mu}_1$/cm	有效能量 V_1 /kV_{eff}
0	1300	650	0.9	0.9	7.7	64
1	630	315	3.1	2.1	3.3	94
5	190	95	8.2	3.2	2.2	117
10	65	33	13.7	3.7	1.9	130
20	10.6	5.3	23.8	3.8	1.8	135

1. X 射线机对测试结果的影响

图 1-19 反映了不同 X 射线机对吸收曲线测试结果的影响。

即使是同一管电压和管电流，穿透同样厚度的钢板，如果 X 射线机不同，其透射线的剂量率将有很大差异，之所以如此，是由于不同 X 射线机的高压发生方式不同，X 射线管和 X 射线机结构的自吸收不同等原因造成的。因此吸收曲线的测试数据不能随意引用于不同种类的 X 射线机上去。

2. 连续 X 射线吸收系数和半价层

由表 1-2 中的数据可以看出，X 射线的吸收系数随穿透厚度的增大而减小，半价层厚度随穿透厚度的增大而增大，这说明连续 X 射线的吸收系数不是恒定的，而是在穿透试件的过程中逐渐硬化的，当穿透厚度增大到一定程度后，吸收系数随穿透厚度的变化不明显了，这说明射线束中波长较长的成分几乎衰减殆尽。钢板厚度与吸收系数的关系曲线如图 1-21。

3. 连续 X 射线的有效能量

如果连续 X 射线在某一穿透厚度范围内的平均衰减系数与某一能量的单色射线的衰减系数 μ 的数值相同，则可用此单色射线的能量值来表示连续 X 射线的平均能量，又称为有效能量。由表 1-2 和图 1-22 可以看出，连续 X 射线的有效能量随穿透厚度的增大而增大。

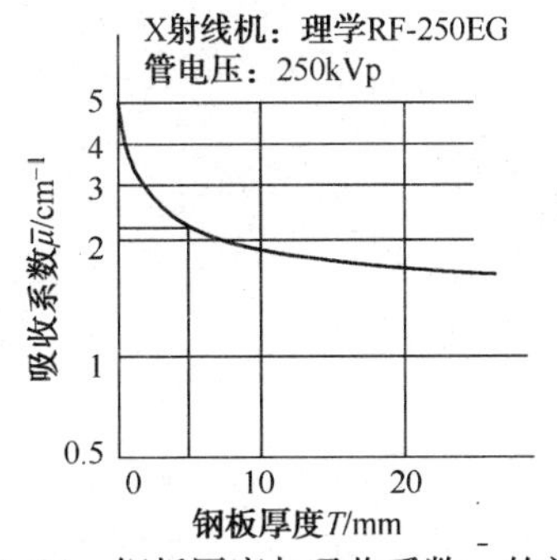

图 1-21　钢板厚度与吸收系数 $\bar{\mu}$ 的关系

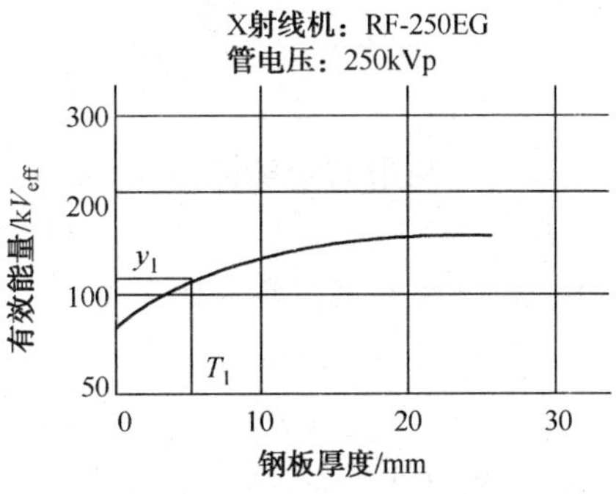

图 1-22　钢板厚度与有效能量的关系

4. 考虑胶片速度系数的吸收曲线

感光材料对不同波长(不同能量)的可见光或射线表现出不同的敏感性，也就是说，要达到同一黑度，如果使用的射线能量不同，则所需要的曝光量也不同，此特性称为胶片的光谱灵敏度或光谱感光度。

图 1.23 所示为 X 射线的光谱响应曲线。其中实线为连续 X 射线曝光的响应曲线。虚线为单色射线曝光的响应曲线。虚线的转折点对应于溴化银的 K 吸收不连续点的波长。大约在 30kV 处感光度有一极大值，当能量大于 200kV 时，感光度有极小值。极大感光度和极小感光度之比约在 20～50 之间。但在能量大于 200kV 以后的区间，感光度变化趋于平缓。

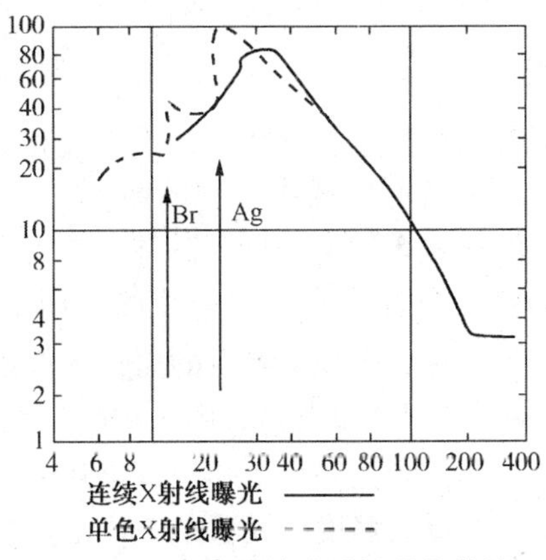

图 1-23　考虑胶片速度的吸收曲线

1.3.9　截面与吸收系数

射线与物质相互作用的概率可用截面这个物理量来表示，截面的定义是：

$$\sigma=\Delta I/(IN\Delta t) \tag{1-28}$$

式中，ΔI 是发生相互作用的光子数；I 是入射光子数；$N\Delta t$ 是靶物质原子数。式(1-28)表示强度为 I 的光子穿过单位体积内靶原子数为 N，靶厚度为 Δt 的物质时有 ΔI 个光子与物质发生了相互作用。因此 σ 具有面积量纲，所以称它为“截面”，一般用 10^{-24}cm^2 作为截面单位，称为靶恩，符号为 b。

$$1b=10^{-24}\text{cm}^2$$

射线与物质相互作用有多种方式，因此有各种作用截面，即：光电效应截面 σ_{ph}，康普顿效应截面 σ_c，电子对效应截面 σ_p，射线与物质相互作用的总截面是各部分截面之和，即：

$$\sigma=\sigma_{ph}+\sigma_c+\sigma_p \tag{1-29}$$

射线穿透厚度为 dT 的物质，其强度变化为 dI，按照截面的定义，应有以下关系：

$$-dI=\sigma NIdT \tag{1-30}$$

解这个方程，并利用初始条件($T=0$ 时，$I=I_0$)，便得

$$I=I_0e^{-\sigma NT} \tag{1-31}$$

上式表明，窄束射线通过物质时，其强度的衰减遵循指数规律。

令 $\mu=\sigma N$，则上式可改写为：

$$I=I_0e^{-\mu T}$$

此即(1-20)式，μ 即线衰减系数。

因为 $N=(P/A)\cdot N_A$，A 为原子量，N_A为阿伏伽德罗常数，所以有 $\mu=(p/\text{A})\cdot N_A\cdot\sigma$，质量衰减系数 $\mu_m=\mu/P=N_A\cdot\sigma/A$。

由于三种效应的截面都随入射光子能量 $h\nu$ 和吸收物质的原子序数 Z 而变化，因而衰减系数 μ(或 μm)也就随 $h\nu$ 和 Z 而变化。

由此可见，σ 描述的是单个光子与单个原子相互作用的概率，而 μ 描述的是射线与大量原子的集合，即物质相互作用的概率。

1.4 射线照相法的原理与特点

1.4.1 射线照相法的原理

射线在穿透物体过程中会与物质发生相互作用，因吸收和散射而使其强度减弱。强度衰减程度取决于物质的衰减系数和射线在物质中穿越的厚度。如果被透照物体(试件)的局部存在缺陷，且构成缺陷的物质的衰减系数又不同于试件，该局部区域的透过射线强度就会与周围产生差异。把胶片放在适当位置使其在透过射线的作用下感光，经暗室处理后得到底片。底片上各点的黑化程度取决于射线照射量(射线强度·照射时间)，由于缺陷部位和完好部位的透射射线强度不同，底片上相应部位就会出现黑度差异。底片上相邻区域的黑度差定义为“对比度”。把底片放在观片灯光屏上借助透过光线观察，可以看到由对比度构成的不同形状的影象，评片人员据此判断缺陷情况并评价试件质量。

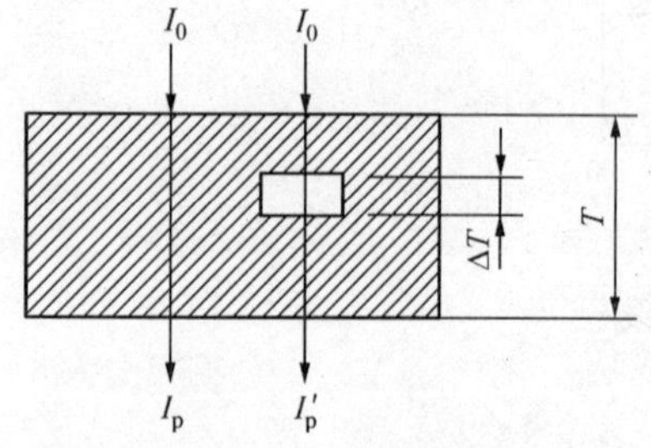

图 1-24 射线检测基本原理

对缺陷引起的射线强度变化情况可作定量分析如下：如图 1-24 所示，在试件内部有一小缺陷，试件厚度为 T，

线衰减系数为μ；缺陷在射线透过方向的尺寸为ΔT，线衰减系数为μ'；入射射线强度为I_0，一次透射射线强度分别为I_p(完好部位)和I_p'(缺陷部位)，散射比为n，透射射线总强度为I，则由1.3节可知，有：

$$I=(1+n)I_0e^{-\mu T} \tag{1}$$

$$I_p=I_0e^{-\mu T} \tag{2}$$

$$I_p'=I_0e^{-\mu(T-\Delta T)-\mu'\Delta T} \tag{3}$$

$$\Delta I=I_p'-I_p=I_0e^{-\mu T}\cdot(e^{(\mu-\mu')\Delta T}-1) \tag{4}$$

(4)÷(1)得：

$$\frac{\Delta I}{I}=\frac{e^{(\mu-\mu')\Delta T}-1}{1+n} \tag{5}$$

而$e^{(\mu-\mu')\Delta T}$可展为级数

$$e^{(\mu-\mu')\Delta T}=1+(\mu-\mu')\Delta T+\frac{[(\mu-\mu')\Delta T]^2}{2!}+\cdots\cdots+\frac{[(\mu-\mu')\Delta T]^n}{n!}$$

近似取级数前两项代入(5)，得：

$$\frac{\Delta I}{I}=\frac{(\mu-\mu')\Delta T}{1+n} \tag{1-32}$$

如果缺陷介质的μ'值与μ相比极小，则μ'可以忽略(例如μ为钢的衰减系数，而μ'为空气的衰减系数)，式(1-32)可写作：

$$\frac{\Delta I}{I}=\frac{\mu\Delta T}{1+n} \tag{1-33}$$

因为射线强度差异是底片产生对比度的根本原因，所以把$\Delta I/I$称为主因对比度。由式(1-33)可以看出，影响主因对比度的因素是透照厚度差，线衰减系数和散射比。

1.4.2 射线照相法的特点

射线照相法在工业生产中得到广泛的应用，它适宜的检测对象是各种熔化焊接方法(电弧焊、气体保护焊、电渣焊、气焊等)的对接接头。也适宜检查铸钢件，特殊情况下也可用于检测角焊缝或其他一些特殊结构试件。它不适宜钢板、钢管、锻件的检测。也不适宜钎焊、摩擦焊等焊接方法的接头的检测。

射线照相法用底片作为记录介质，可以直接得到缺陷的直观图像，且可以长期保存。通过观察底片能够比较准确地判断出缺陷的性质、数量、尺寸和位置。

射线照相法容易检出那些形成局部厚度差的缺陷。对气孔和夹渣之类缺陷有很高的检出率，对裂纹类缺陷的检出率则受透照角度的影响。它不能检出垂直照射方向的薄层缺陷，例如钢板的分层。

射线照相所能检出的缺陷高度尺寸与透照厚度有关，可以达到透照厚度的1%，甚至更小。所能检出的长度和宽度尺寸分别为毫米数量级和亚毫米数量级，甚至更小。

射线照相法检测薄工件没有困难，几乎不存在检测厚度下限，但检测厚度上限受射线穿透能力的限制。而穿透能力取决于射线光子能量。420kV的X射线机能穿透的钢厚度约80mm，Co60γ射线穿透的钢厚度约150mm。更大厚度的试件则需要使用特殊的设备——加速器，其最大穿透厚度可达到500mm。

射线照相法适用于几乎所有材料，在钢、钛、铜、铝等金属材料上使用均能得到良好的效果，它对试件的形状、表面粗糙度没有严格要求，材料晶粒度对其不产生影响。

射线照相法检测成本较高，检测速度不快。射线对人体有伤害，需要采取防护措施。

习 题

一、是非题

1. 原子序数 Z 等于原子核中的质子数量。(　　)

2. 放射性同位素的半衰期是指放射性元素的能量变为原来一半所需要的时间。(　　)

3. 各种 γ 射线源产生的射线均是单能辐射。(　　)

4. 同能量的 γ 射线和 X 射线具有完全相同的性质。(　　)

5. X 射线的强度不仅取决于 X 射线机的管电流而且还取决于 X 射线机的管电压。(　　)

6. 射线通过材料后，其强度的 9/10 被吸收，该厚度即称作 1/10 价层。(　　)

7. 连续 X 射线的能量与管电压有关，与管电流无关。(　　)

8. 经过一次 β 衰变，元素的原子序数 Z 增加 1，而经过一次 α 衰变，元素的原子序数 Z 将减少 2。(　　)

9. 高能 X 射线与物质相互作用的主要形式之一是瑞利散射。(　　)

10. 不稳定的同位素又称放射性同位素。(　　)

二、选择题

1. 原子的主要组成部分是(　　)。

A. 质子、电子、光子　　B. 质子、重子、电子

C. 光子、电子、X 射线　　D. 质子、中子、电子

2. 当几种粒子和射线通过空气时，其电离效应最高的是(　　)。

A. α 粒子　　B. β 粒子

C. 中子　　D. X 射线和 γ 射线

3. 光子能量的数学表达式是(　　)。

A. $E=h/\nu$　　B. $E=\lambda/hc$

C. $E=h\nu$　　D. $E=h\nu^2$

4. 单色射线是指(　　)。

A. 标识 X 射线　　B. 工业探伤 γ 源产生的射线

C. 用来产生高对比度的窄束射线　　D. 由单一波长的电磁波组成的射线

5. 光电效应的特征是(　　)。

A. 产生光电子　　B. 发射标识 X 射线

C. 发射二次电子　　D. 以上都是

6. 连续 X 射线穿透厚工件时，有何特点？(　　)

A. 第二半价层小于第一半价层　　B. 第二半价层等于第一半价层

C. 第二半价层大于第一半价层　　D. 第二半价层与第一半价层关系不确定

7. X 射线机的管电流不变，管电压减小时，则 X 射线将会发生(　　)。

A. 强度不变，波长减小　　B. 强度不变，波长增大

C. 波长减小，强度减小　　D. 波长增大，强度减小

8. 韧致辐射是指高速运动的电子同靶相碰撞时，与靶的什么相互作用而释放出电子的能量，产生连续X射线的？（　　）

A. 自由电子　　B. 原子核的质子或中子

C. 壳层电子　　D. 原子核外库仑场

9. 某放射性同位素的衰变常数为0.005371T^{-1}，则其半衰期为(　　)

A. 186T　　B. 129T　　C. 53T　　D. 537T

10. 射线照相法对哪一种焊接方法不适用。（　　）

A. 气焊、电渣焊　　B. 气体保护焊、埋弧自动焊

C. 手工电弧焊、等离子弧焊　　D. 摩擦焊、钎焊

三、问答题

1. 什么叫核素？核素分为哪几类？
2. 射线可分为哪几类，用于工业探伤的射线有哪几种？
3. 放射性同位素衰变有哪几种模式？
4. 产生X射线需要哪些条件？
5. 连续X射线和标识X射线有哪些不同点？它们在射线探伤中各起什么作用？
6. 什么叫电子对效应？电子对效应产生条件是什么？
7. 什么叫瑞利散射？瑞利散射的特点是什么？
8. 什么叫射线的线质？连续X射线的线质怎样表示？
9. 什么叫半价层？它在检测中有哪些应用？
10. 什么叫放射性同位素的半衰期？它在射线检测中有什么用处？

参考答案

是非题：1. ○　2. ×　3. ×　4. ○　5. ○　6. ○　7. ○　8. ○　9. ×　10. ○

选择题：1. D　2. A　3. C　4. D　5. A　6. C　7. D　8. D　9. B　10. D

第二章　射线照相检验设备与器材

2.1　X射线机

2.1.1　X射线机的基本结构与类型

工业射线照相探伤中使用的低能X射线机，简单地说是由四部分组成：射线发生器(X射线管)、高压发生器、冷却系统、控制系统。当各部分独立时，高压发生器与射线发生器之间应采用高压电缆连接。

X射线机可以从不同方面进行分类。按照X射线机的结构，X射线机通常分为三类，便携式X射线机、移动式X射线机、固定式X射线机。

便携式X射线机采用组合式射线发生器，其X射线管、高压发生器、冷却系统共同安装在一个机壳中，也简单地称为射线发生器，在射线发生器中充满绝缘介质。整机由两个单元构成，即控制器和射线发生器，它们之间由低压电缆连接。便携式X射线机的管电压一般不超过350kV，管电流经常固定值为5mA，连续工作时间一般为5min。采用充气绝缘的便携式X射线机，体积小、质量轻，便于携带，利于现场进行射线照相检验。

移动式X射线机具有分立的各个组成部分，但它们共同安装在一个小车上，可以方便地移动到现场、车间，进行射线检验。冷却系统为良好的水循环冷却系统。X射线管采用金属陶瓷X射线管，管电压不高于160kV(或150kV)，尺寸小，射线发生器通常就是X射线管，它与高压发生器之间采用一长达15m左右的高压电缆连接，以便于现场的防护和操作。

固定式X射线机采用结构完善、功能强的分立射线发生器、高压发生器、冷却系统和控制系统，射线发生器与高压发生器之间采用高压电缆连接，高压电缆的长度一般为2m。其体积大、重量也大，不便移动，因此固定安装在X射线机房内。这类X射线机已形成150kV、250kV(225kV)、320kV、450kV(420kV)等系列，其管电流可用到30mA甚至更大的值，系统完善，工作效率高，它是检验实验室应优先选用的X射线机。

X射线机也可以按其他方面分类，例如按照X射线机的工作电压可分为恒压X射线机和脉冲X射线机，按照加在X射线管上的电压脉冲频率可分为恒频X射线机和变频X射线机，按照所使用的X射线管可分为玻璃管X射线机和陶瓷管X射线机，按照X射线管的辐射角可分为定向X射线机和周向X射线机，按照X射线管焦点尺寸可分为微焦点、小焦点和常规焦点X射线机等，但目前较多采用的是按照结构进行分类。

2.1.2　X射线管

X射线机的核心器件是X射线管，普通X射线管的基本结构如图2-1所示。它主要由阳极、阴极和管壳构成。

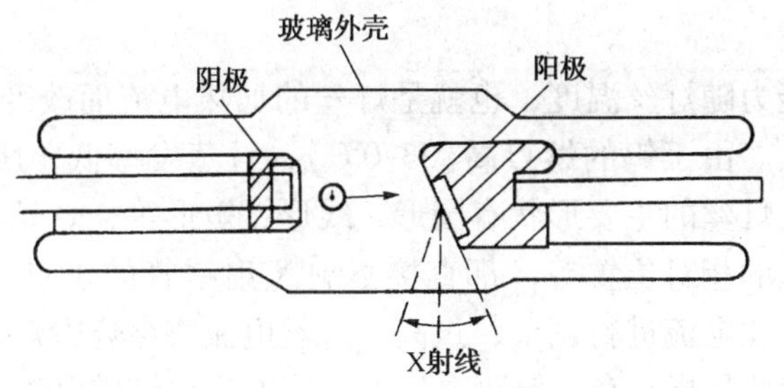

图 2-1　X 射线管结构示意图

阳极是产生 X 射线的部位。主要由阳极体、阳极靶和阳极罩组成。阳极的基本结构如图 2-2 所示。

阳极体为具有高热传导性的金属电极，典型的阳极体由无氧铜制做。其作用是支承阳极靶，并将阳极靶上产生的热量传送出去，避免靶面烧毁。

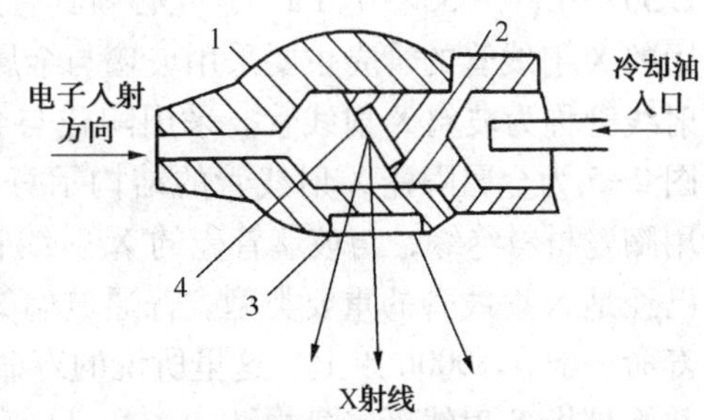

图 2-2　阳极的基本结构示意图

1—阳极罩；2—阳极体；3—放射窗口；4—阳极靶

阳极靶的作用是承受高速电子的撞击，产生 X 射线。阳极靶紧密镶嵌在阳极体上，与阳极体具有良好的接触。由于工作时阳极靶直接承受高速电子的撞击，电子大部分动能在它上面转换为热，因此阳极靶必须耐高温。此外，阳极靶应具有高原子序数，才能具有较高的 X 射线转换效率。所以，对工业射线照相检验用的 X 射线管，其阳极靶采用钨制做。阳极靶的表面应磨成镜面，并与 X 射线管轴成一定角度，靶面与管轴垂线所成的角度常称为靶面角。阳极靶可以采用不同的结构，以产生不同的辐射。例如，常用锥形靶和平面形靶产生周向辐射 X 射线，也有的 X 射线机采用特殊的旋转阳极靶，它不仅可以改善散热状况，而且可以获得更高的管电流。

高速电子撞击阳极靶时会产生二次电子，二次电子可集聚在管壳上，形成一定电位，影响飞向阳极靶的电子束，阳极罩就是用来吸收高速电子撞击阳极靶时产生的二次电子。阳极罩常用铜制做，在朝向阴极方向有一小孔，阴极发射的电子从这个小孔进入，撞击阳极靶；阳极罩的侧面也有一个小孔，常用原子序数很低的薄铍板覆盖，称为窗口，阳极靶产生的 X 射线从此窗口辐射出来。

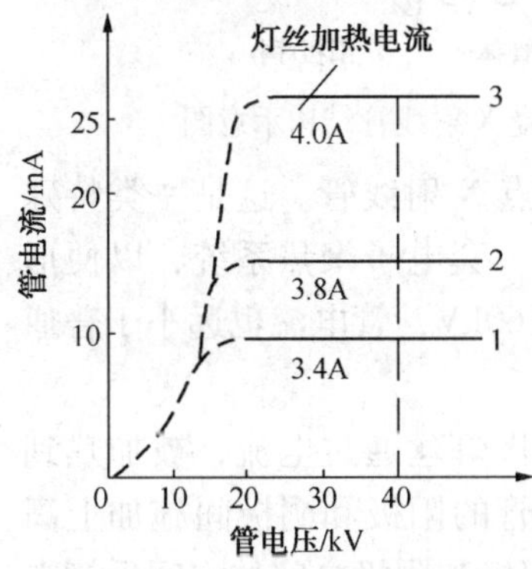

图 2-3　X 射线管的阳极特性曲线

X 射线管的阳极特性是指，在一定的阴极灯丝电流下，管电流与管电压的关系。图 2-3 是 X 射线管的阳极特性曲线。从图中可以看到，管电流在最初随着管电压升高而增加，但当管电压达到一定值以后，管电流趋于饱和。产生这种饱和特点的原因是，灯丝发射的电子已接近全部到达阳极靶。当 X 射线管施加的管电压较低时，为了得到较大的管电流，只能采用更大的灯丝电流。但实际上灯丝电流也只能在一定范围内调整，这也就限定了低管电压下可使用的最大管电流。

阴极是 X 射线管中发射电子的部位，它由灯丝和一定形状的金属电极-聚焦杯(阴极头)构成。

灯丝由钨丝绕成一定形状，聚焦杯包围着灯丝。灯丝在灯丝电流加热下可发射热电子，这些电子在 X 射线管的管电压作用下，高速飞向阳极靶，最终通过韧致辐射在阳极靶产生 X

射线。

灯丝发射电子的能力随灯丝温度，也就是灯丝的加热电流而改变。当灯丝温度增高时，发射电子的能力也增大。由于钨的熔点高(3370℃)，且蒸发率低，所以工业探伤用X射线管的灯丝采用钨制做。灯丝的主要形状有圆形、线形、矩形等，灯丝的形状、尺寸及聚焦杯的形状、尺寸、与灯丝的相对位置等，都直接影响X射线管的焦点。灯丝温度通过调节灯丝变压器的电压改变灯丝电流进行调节，过高的灯丝电流将会烧毁灯丝。

X射线管的阴极特性是指，在一定管电压下，管电流与灯丝电流之间的关系。图2-4是X射线管的阴极特性曲线。

X射线管的管壳封出一个高真空腔体，并在腔内封装阳极和阴极。管内的真空度应达到$1.33\times10^{-4}\sim1.33\times10^{-5}$Pa。管壳必须具有足够高的机械强度和电绝缘强度。工业射线检测常用的X射线管的管壳主要采用玻璃与金属或陶瓷与金属制做。采用玻璃与金属制做管壳的X射线管称为玻璃X射线管。采用陶瓷与金属制做管壳的X射线管称为金属陶瓷X射线管。图2-5为金属陶瓷X射线管的结构示意图。金属陶瓷X射线管以不锈钢管代替玻璃管壳，用陶瓷材料绝缘，与玻璃管壳的X射线管比较，它的主要特点是结构牢固、寿命长，现在已经是X射线管的重要类型。普通玻璃X射线管的寿命一般为400~500h，陶瓷X射线管的寿命一般在1000h以上。这里所说的寿命是指X射线管的辐射量降低到规定值的80%以下，并不是指X射线管本身损坏。

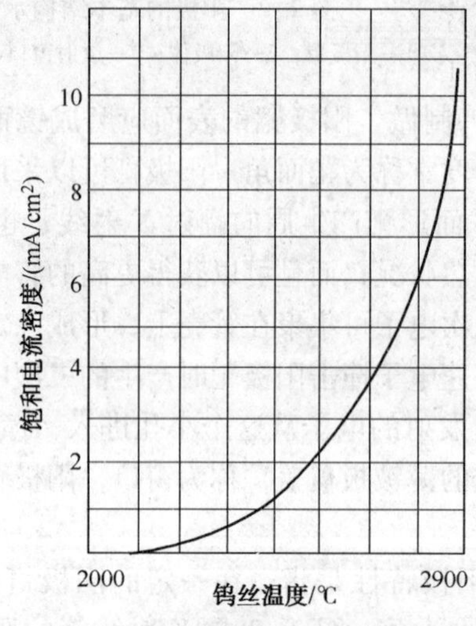

图2-4　X射线管的阴极特性曲线

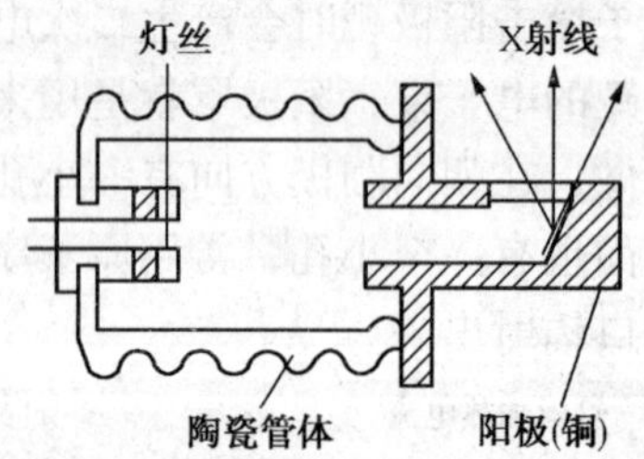

图2-5　金属陶瓷X射线管结构示意图

目前，在工业射线检测中还使用的另一种X射线管是微焦点X射线管。这是一类特殊结构的X射线管，管的焦点尺寸现在可小到几微米，它采用了一套电子聚焦系统，以便形成很细的电子束。这种X射线管的工作电压较低，一般不超过160kV，管电流也远小于普通X射线管，一般不超过数百微安。

在X射线管中产生X射线的基本过程如下。X射线管的阴极灯丝通过电流，被加热到2000℃以上后发射电子，这些电子聚集在灯丝附近。当X射线管的阳极和阴极间施加上高压后，电子在这个高压作用下被加速，高速飞向阳极靶，穿过阳极和阴极之间的空间后撞击到阳极靶上。通过韧致辐射，电子的一部分动能转化为X射线，从X射线管窗口辐射出来。电子的大部分动能传给了阳极靶，使它迅速升温。

从这个过程可以看出，为了保证X射线管能够正常地工作，产生一定能量和强度的X

射线，X 射线管必须具有足够的真空度、足够的绝缘强度和足够的散热能力。X 射线管的结构、所达到的绝缘强度和真空度，限定了在阳极和阴极间所能施加的最高高压。由于气体分子在电子的撞击下可以发生电离，产生附加的电流，真空度同时还将影响 X 射线管管电流的稳定性，这也直接关系到 X 射线管的正常工作和寿命。显然，如果不能很好地散热，X 射线管的阳极将迅速升到很高的温度，不仅会使阳极靶烧毁，而且也会导致 X 射线管整体损坏。

使用时，X 射线管置于一定的外壳中，X 射线管与此外壳和外壳中充填的绝缘介质等构成一个整体，通常称为射线发生器(机头)。对便携式 X 射线机，射线发生器还会包括高压部分。外壳由具有一定强度的金属制做，外壳上有一系列的插座，包括可能有的高压电缆插座和冷却循环用的接管等。在外壳内应有一定厚度的铅屏蔽层，使漏泄辐射量降低到规定的要求。内部充填的绝缘介质主要是高抗电强度的变压器油或六氟化硫气体。图 2-6 是一射线发生器内部结构示意图。

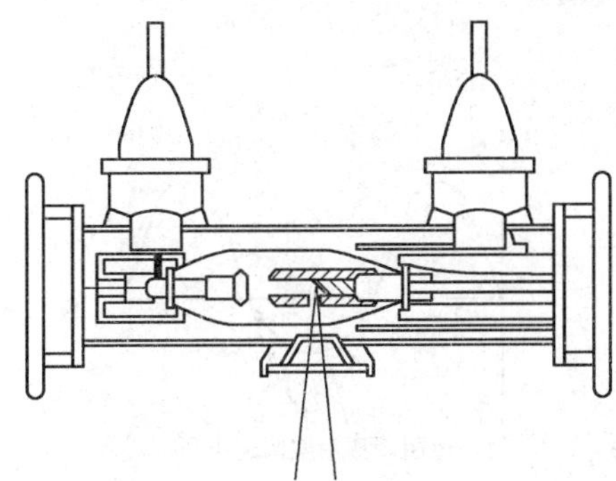

图 2-6　油浸 200kV　X 射线机射线发生器结构示意图

2.1.3　高压发生器

高压发生器由高压变压器、高压整流管、灯丝变压器和高压整流电路组成，它们共同装在一个机壳中，里面充满了耐高压的绝缘介质。高压发生器提供 X 射线管的加速电压-阳极与阴极之间的电位差和 X 射线管的灯丝电压。高压发生器中注满高压绝缘介质，目前主要是高抗电强度的变压器油，其抗电强度应不小于 30~50kV/2.5mm。现在多数充填的绝缘介质是六氟化硫(SF_6)，以减轻射线发生器的重量。充填的 SF_6 气体的气压应不低于 0.34MPa ($3.5kg/cm^2$)，但也不能过高，以防机壳爆裂，通常不应超过 0.49MPa($5.0kg/cm^2$)。

高压变压器的结构与一般变压器相同，其特点是二次电压很高、但功率不大。为保证高压变压器具有足够的绝缘强度，在制造过程中应进行严格绝缘处理，以防止以后发生击穿。

灯丝变压器的一次电压一般为 100~200V，二次电压常为 5~20V，必须解决的问题是一次绕组与二次绕组之间的绝缘问题。由于 X 射线管的阴极处于高压之中，而灯丝变压器的一次绕组处在低压线路之中，所以必须防止它们之间的高压击穿。正是由于这个原因，灯丝变压器必须置于高压绝缘介质之中。

高压整流电路有多种形式，一些典型电路是半波自整流电路、全波整流电路、恒压整流电路。

半波自整流电路是最简单的高压整流电路，其基本电路如图 2-7 所示，得到的电压波形如图 2-8 所示。在这种电路中 X 射线管本身起着整流二极管的作用。当 X 射线管施加交流电压时，利用自整流作用，在阳极电位为正半周时电流通过，X 射线管工作，发射 X 射线。在阳极电位为负半周时电流不能通过，X 射线管不工作，不发射 X 射线。即半波自整流电路只在半周的时间内发射 X 射线。

半波自整流电路的优点是结构简单、部件少、体积小，多用于携带式 X 射线机。但半波自整流电路也存在明显的缺点，主要是仅在半周发射 X 射线，电源利用率低；此外，在高压的负半周，X 射线管要承受很高的反向电压，如果阳极温度很高，可能会因发射电子而出现反向电流。为避免这一问题，电路中常采用逆电压降低电路，这样一来，在负半周仅有较低的电压加在 X 射线管上。

全波整流电路其基本电路如图 2-9 所示。当交流电处在不同半周时，可分别通过不同的整流二极管将电压施加在 X 射线管上，使 X 射线管工作，发射 X 射线。此电路电源利用率高，X 射线管不存在需要承受反向高压问题。电路存在的主要缺点是，输出的电压波形不稳定，也即输出的 X 射线不稳定。

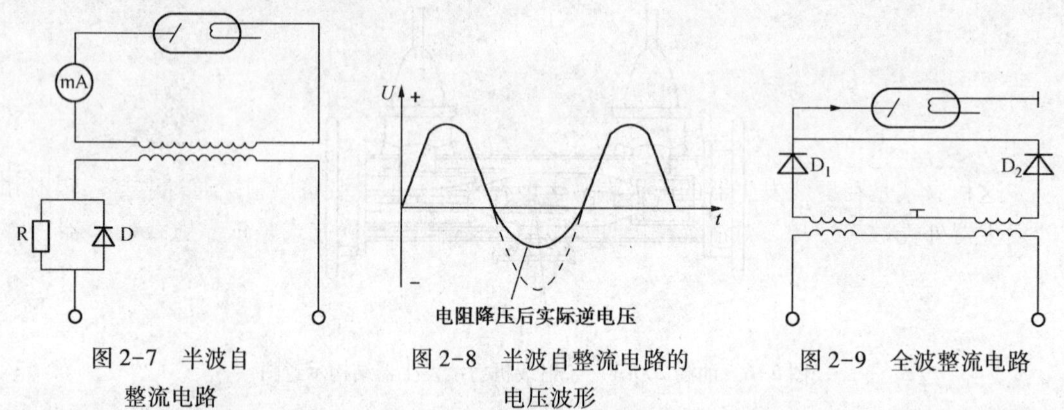

图 2-7　半波自整流电路　　图 2-8　半波自整流电路的电压波形　　图 2-9　全波整流电路

全波恒压整流电路其基本电路如图 2-10 所示，得到的电压波形如图 2-11 所示。为了提高 X 射线管的辐射强度，必须采用波动很小的直流电对 X 射线管供电，全波恒压整流电路就是这样的一种整流电路。按图 2-10 的标示，在正半周时，交流电对电容 C_1 充电，电容 C_2 放电；在负半周时，交流电对电容 C_2 充电，电容 C_1 放电。正半周时电流的路径是高压变压器→整流二极管 D_1→X 射线管→电容器 C_2→高压变压器。负半周时电流的路径是高压变压器→电容器 C_1→X 射线管→整流二极管 D_2→高压变压器。X 射线管上的高压是高压变压器上的电压与电容器上的电压的和，即实际施加到 X 射线管上的电压近似比高压变压器二次电压高一倍。由于电容的充电时间远小于放电时间，因此，X 射线管上的电压变化较小。

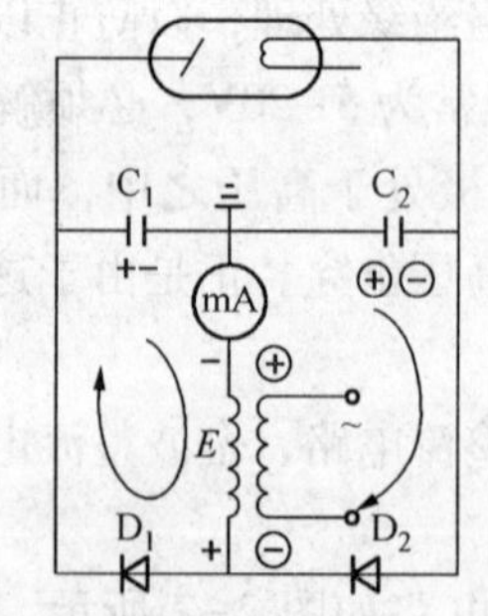

图 2-10　全波恒压整流电路

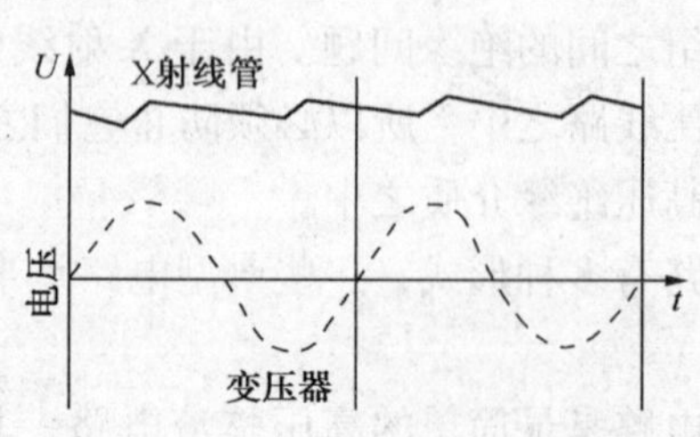

图 2-11　全波恒压整流电路波形

全波恒压整流电路，不仅减少了X射线管输出X射线强度的波动，而且具有倍压作用，因此，这种电路受到了广泛的重视。

2.1.4 冷却系统

对常用的低压X射线机，X射线管只能将1%左右的电子能量转换为X射线，绝大部分的能量在阳极靶上转换为热量，加热阳极靶和阳极体。因此，为了使X射线管能正常工作，X射线机必须有良好的冷却系统，否则，阳极靶将被高热损坏。

X射线机采用的冷却方式粗略地可分为三种：

（1）油循环冷却。这种方式采用油循环系统，冷却油从油箱泵进入射线发生器（X射线管的阳极端），从射线发生器的另一端（X射线管的阴极端）离开，带走热量，返回油箱。为了增强冷却效果，常又采用流动水冷却循环油。这种方式主要应用在固定式X射线机。

（2）水循环冷却。这种方式采用循环水直接进入射线发生器中X射线管的阳极空腔，水流出时带走热量。这种冷却方式只能用于阳极接地电路的情况，主要应用在移动式X射线机。也应用于油绝缘的便携式X射线机。

（3）辐射散热冷却。这种方式主要应用在便携式X射线机。对气绝缘的便携式X射线机，这种方式是在射线发生器的阳极端装上散热器，一般还装备风扇。通过散热器辐射和射线发生器外壳散热冷却。对油绝缘的便携式X射线机，这种方式是依靠射线发生器内部的温差和搅拌油泵使油产生流动带走热量，通过机壳把热量散出。

2.1.5 控制和保护系统

X射线机的控制和保护系统主要包括基本电路、电压和电流调整部分、冷却和时间等的控制部分、保护装置等。

X射线机电路接通的基本步骤是：接通电源和冷却系统→接通X射线管的灯丝加热电路和整流加热电路→接通高压电路。其中基本控制电路原理图如图2-12所示。这个基本控制电路保证了X射线机必须按上述过程接通，从而保证了X射线机安全正常的工作。

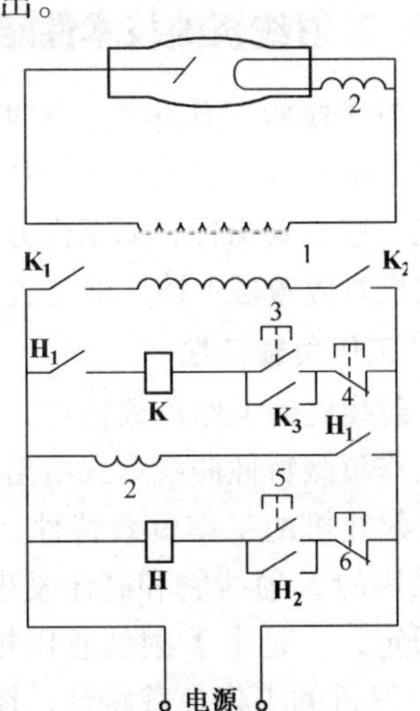

图2-12 X射线机的基本控制电路原理图

1—高压变压器；2—灯丝变压器；

3、4—高压发生通断按钮；

5、6—灯丝加热通断按钮；

K—高压发生继电器；H—灯丝加热继电器

在实际的X射线机电路中，还必须包括一系列其他电路，其中至少包括高压调整电路、灯丝加热调整电路、曝光时间控制电路和保护电路与装置。

高压调整一般是在高压变压器的一次线路上接上自耦变压器，通过调整自耦变压器调节高压变压器的二次电压，实现对X射线管高压的调整。灯丝加热调整电路主要是在灯丝加热变压器的一次绕组上串联一个可变电阻器，通过改变电阻器的阻值改变灯丝变压器二次的电压和灯丝加热电流，实现对X射线管管电流的控制。曝光时间一般采用电动时间控制器完成。

为了保证X射线机安全工作，在X射线机的电路中还设置了一系列的保护电路和装置，其中最主要是下面这些。

(1) 过流保护。采用过流继电器实现保护，即当X射线管的管电流超过规定的限值后，过流继电器将切断它的常闭触点，从而切断保护电路，切断高压。

(2) 过压保护。采用过压继电器实现保护，即当高压变压器一次电压超过规定的限值后，过压继电器将切断它的常闭触点，从而切断保护电路，切断高压。

(3) 油温保护。一般油温继电器置于射线发生器中，即当油温超过规定的限值(通常是60℃±5℃)，油温继电器将切断保护电路，切断高压。

此外还有零位接触器、水压开关、气压开关、油压开关、时钟零位开关等，一旦X射线机中出现异常情况或出现工作条件不符合要求，这些保护装置也将动作，这时X射线机将不能加上高压或高压将被切断。

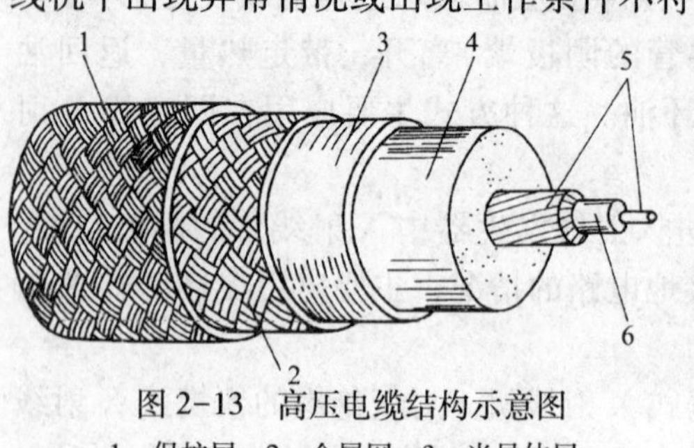

图2-13 高压电缆结构示意图
1—保护层；2—金属网；3—半导体层；
4、6—绝缘层；5—同轴芯线

2.1.6 高压电缆

移动式和固定式X射线机的高压发生器与射线发生器之间，应采用高压电缆连接。高压电缆的结构大体包括同轴芯线、绝缘层、半导体层、金属网、保护层，它的基本结构如图2-13所示。高压电缆在使用中最常见的故障是电缆端头处发生击穿。

2.1.7 X射线机的技术性能、使用与维护

从射线检验工作角度，X射线机的主要技术性能可归纳为五个：工作负载特性、辐射强度、焦点尺寸、辐射角、漏泄辐射剂量，此外还有其他一些重要指标，如工作方式、重量等，这些性能都直接相关于射线照相工作，在选取X射线机时应考虑上述性能是否适应所进行的工作。

1. 工作负载特性

X射线机的工作负载特性，即X射线机可使用的管电压、管电流等特性，完整的特性常以工作负载特性曲线形式给出，典型的工作负载特性曲线如图2-14所示。

X射线机的工作负载特性，实际上是由三方面的工作极限因素决定的。一是X射线机所采用的X射线管和高压发生器系统等所限定的高压范围，二是X射线管阳极特性曲线的限定，三是由X射线管阳极能承受的最大容许功率的限制。这些限制作用共同决定了X射线机的工作负载特性。图2-15给出了工作极限曲线。在实际工作中，X射线管的管电流受到阳极所承受最大容许功率的限制，所以灯丝加热电流、管电流和管电压都有一个极限值。X射线管在使用中，应控制在曲线的阴影区域内。Ⅰ区为灯丝加热电流限制区，此时管电压低，管电流趋于饱和。如仍追求提高管电流，势必要增大灯丝加热电流而超过其允许值。轻者使其寿命缩短，重者可能烧毁灯丝。Ⅱ区是最大管电流限制区，此时管电压没有达到最高值，但管电流已经很大了，再提高管电流就有可能烧毁阳极。Ⅲ区是额定功率限制区，在Ⅲ区已经达到了额定的管功率，若再提高管电压，则必须相应降低管电流；管电压的极限只能到D点，这是X射线管的额定管电压，如果超过这个数值，X射线管就有被击穿的危险。

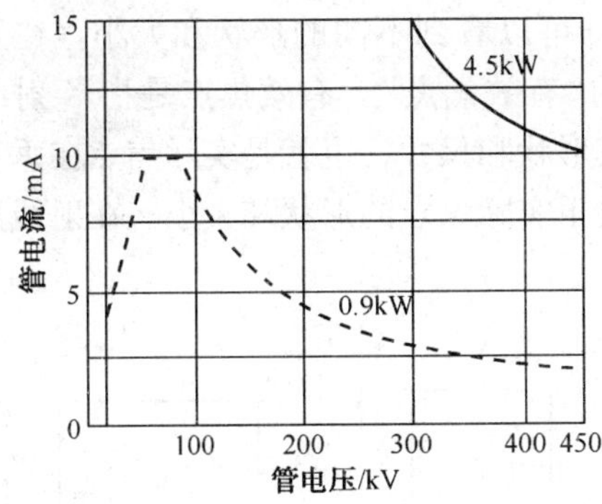

图 2-14　X 射线机工作负载特性曲线

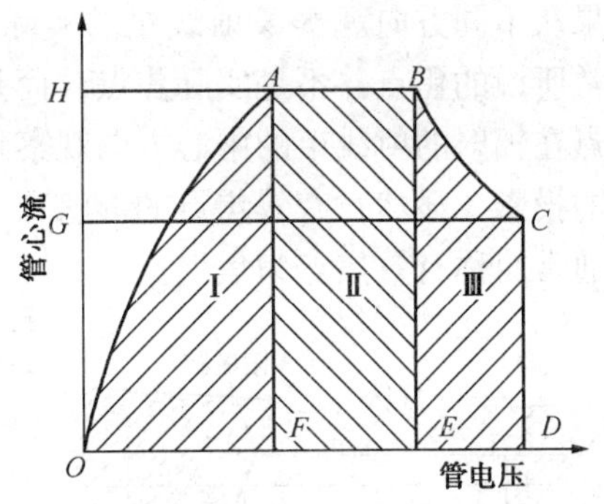

图 2-15　X 射线机工作极限曲线

X 射线机的工作负载特性曲线给出了 X 射线机的工作特性，因此也就给出了其适宜检验的材料、厚度范围和工作的应用特点。从 X 射线机的工作负载特性曲线还可以看到，所能使用的管电流与所施加的管电压相关，也受到焦点尺寸的限制。

2. 辐射强度

实验研究指出，X 射线管辐射的 X 射线强度近似与管电压的平方成正比、与管电流成正比、与靶物质的原子序数成正比，这个关系可以表示成下式

$$I = \alpha i Z V^2 \tag{2-1}$$

式中　I——X 射线强度；

i——管电流，mA；

Z——靶物质的原子序数；

V——管电压，kV；

α——比例系数，$(1.1\sim1.4)\times10^{-6}$。

输入 X 射线管的功率为 iV，所以 X 射线管的转换效率为

$$\eta = \frac{\alpha i Z V^2}{iV} = \alpha Z V \tag{2-2}$$

从此式可以看到，对低压 X 射线机，输入 X 射线管的能量只有很少部分转换为 X 射线，大部分转换成热。例如，钨靶 X 射线管在管电压为 100kV 时，其转换效率仅为 1%左右。X 射线管辐射的 X 射线强度，在空间不同方向是不同的，X 射线管轴线上相对强度的分布如图 2-16 所示。这常称为“侧倾效应”。

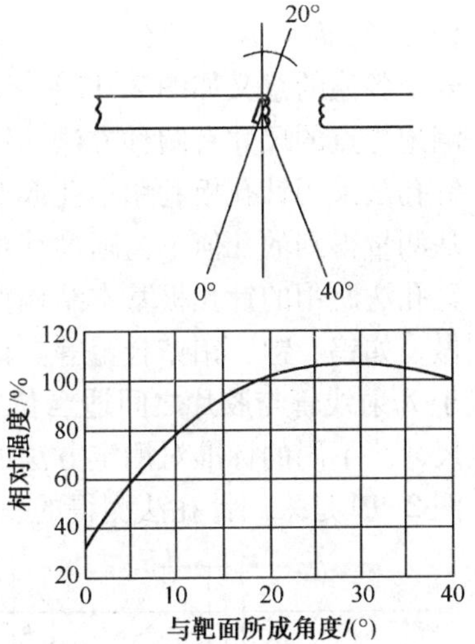

图 2-16　X 射线管辐射的侧倾效应

在距离 X 射线管焦点 F 处空间一点的 X 射线强度可按下式计算

$$I_F = \frac{\alpha i Z V^2}{F^2} \tag{2-3}$$

X 射线管的焦点也就是 X 射线机的焦点，焦点是阳极靶上产生 X 射线的区域。由于焦点的形状、尺寸直接相关于射线照相所得到的影像的质量，所以它是 X 射线机的一个重要技术指标。

图 2-17 给出了 X 射线机的焦点。X 射线机的实际焦点是指电子束所撞击的阳极靶的面

积，如果从不同方向观察 X 射线机的实际焦点，则可以看到不同的形状和大小。在射线照相中通常所说的焦点并不是实际焦点，而是所谓的“有效焦点”。有效焦点是指 X 射线机的实际焦点在辐射的射线束的中心方向观察到的焦点形状和尺寸，也就是实际焦点在垂直于管轴方向的投影。显然，有效焦点的形状和大小取决于实际焦点的形状和大小。在射线照相检验中，通常简称有效焦点为焦点。

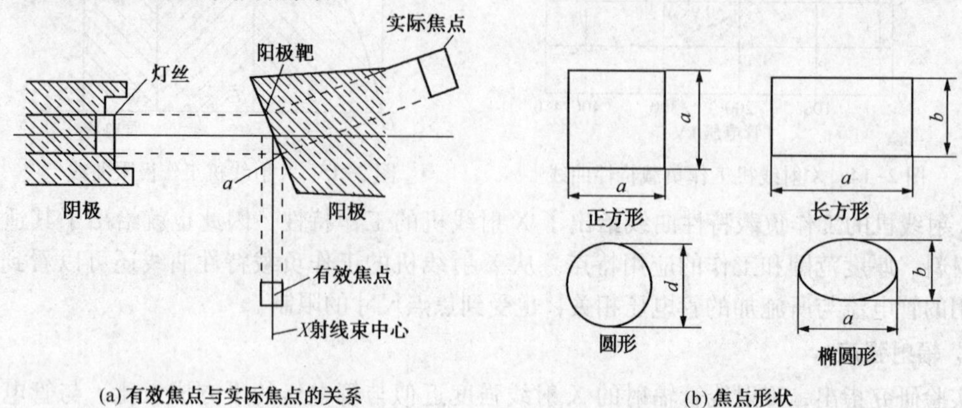

图 2-17　X 射线机的焦点

焦点的形状取决于灯丝绕制的形状，如果灯丝为圆形焦点也为圆形，如果灯丝为长条螺旋管形，则焦点将为长方形。国际标准化组织(ISO)把常用的 X 射线机的焦点形状归纳为四种基本形状，即正方形、长方形、圆形、椭圆形，各种形状焦点的有效焦点尺寸 d 的计算式如下：

正方形：$d=a$

长方形：$d=(a+b)/2$

圆形：$d=a$

椭圆形：$d=(a+b)/2$

式中各值的意义如图 2-17 所示。

测定焦点的尺寸有两种方法：针孔法和几何不清晰度法。

针孔法采用针孔板利用小孔成像方法测定焦点的尺寸。几何不清晰度法是利用计算的方法，从测量得到的几何不清晰度计算焦点的尺寸。

针孔法所用的针孔板基本结构如图 2-18 所示，有关标准均规定，针孔板应采用特殊材料制做，如钨、钽、铂铱合金等。针孔法测定时选择适当的焦点与胶片距离，按规定将针孔板置于 X 射线管与胶片之间适当位置，并按规定的透照参数透照，从得到的底片影像测量焦点尺寸。不同的标准对测定方法的具体规定存在一些差异，表 2-1 和表 2-2 是常见的规定。图 2-19 是采用针孔法测得的一般定向 X 射线机焦点的实际形貌。

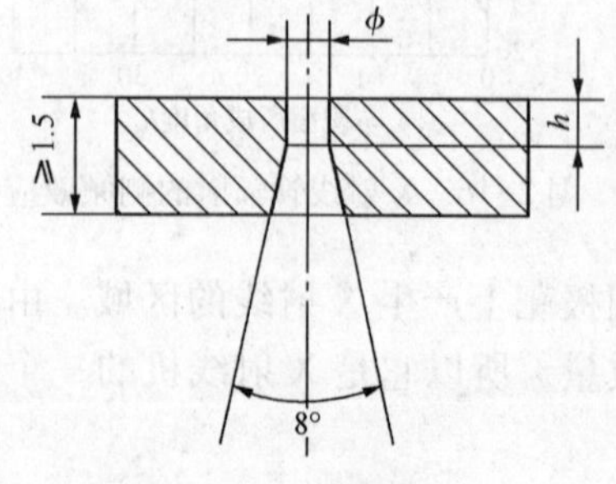

图 2-18　针孔板基本结构

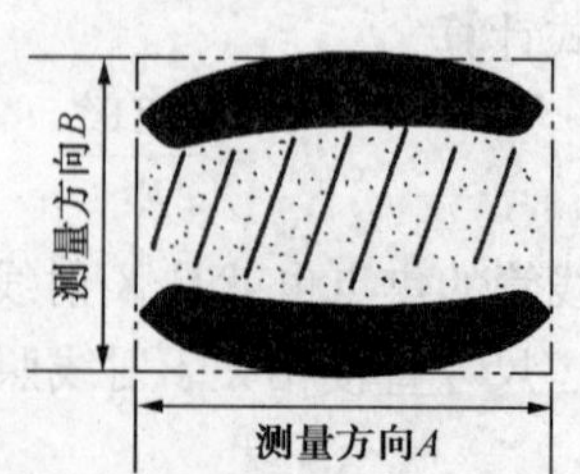

图 2-19　定向 X 射线机焦点形貌示意图

表 2-1 针孔板尺寸的主要规定

焦点尺寸/mm	针孔板孔径 ϕ/mm	针孔板孔高度 h/mm
≤1.0	0.030±0.005	0.075±0.010
≥1.1	0.100±0.005	0.500±0.010

表 2-2 针孔法透照参数的主要规定(X 射线机额定管电压为 V，额定管流为 I)

焦点尺寸/mm	测试布置放大倍数	测试管流 i	测试透照电压 U/kV
≤1.0	≥2	$i=I/2$	$V≤75$，$U=V$ 75~150，$U=75$ $V>150$，$U=V/2$
≥1.1	≥1		

3. 辐射角

辐射角直接决定了 X 射线机可使用的辐照场，它由阳极靶的形状和阳极的设计决定。

在现在使用的 X 射线机中，定向辐射 X 射线机的辐射角一般为 40°锥形辐射角，周向辐射 X 射线机一般为 24°×360°或 25°×360°的扇形周向辐射角，或者是 12°×360°的半扇形周向辐射角。定向辐射 X 射线机的阳极靶为平面靶，靶面角(即靶面与 X 射线管轴垂线的夹角)为 20°。周向辐射 X 射线机的阳极靶常采用锥形靶或平面靶，采用平面靶时靶面角为 0°。

简单的测定辐射角时，可把胶片垂直于窗口平面放置，用很短的时间曝光，从得到的底片影像测量。一般应在十字交叉的两个方位完成上面的测量。

为了测定辐照场，可在预计的辐照区的不同位置放置适当大小的胶片，曝光后从底片的黑度情况判断辐照场的均匀性和具体情况。或者也可将胶片直接贴放在 X 射线机的窗口上，曝光后从得到的底片影像粗略估计辐照场情况。

以上所说的“胶片”，均是指装入暗袋后的胶片。

4. 漏泄辐射剂量

我国辐射防护标准，对 X 射线机的漏泄辐射剂量作出了具体规定，表 2-3 是 GB 16357—1996 对 500kV 以下 X 射线机的规定。

表 2-3 GB 16357—1996 对 X 射线机漏泄辐射剂量的规定

额定管电压/kV	距 X 射线机焦点 1m 处的漏泄空气比释动能率
<150	≤1mGy/h
150~200	≤2.5mGy/h
>200	≤5mGy/h

X 射线机在日常使用中应严格遵守 X 射线机的使用说明，认真进行各项维护工作，其中应特别注意的是下列各项：

1）不能超负荷使用 X 射线机

X 射线机都规定了额定电压、额定电流(管电流)、工作方式，工作方式指的是加载与冷却交替循环时间的规定，在正常开机工作时必须遵守这些规定。

2）注意 X 射线管的老化训练

X 射线管是一个高真空度的器件，如果真空度降低，一是可能引起高压击穿损坏 X 射线管，二是高速电子可将管中的气体电离，产生很大的管电流，造成X射线管损坏。

X射线管在制造过程中，管壳、电极都经过严格的排气处理，但X射线管内的材料析出气体和X射线管本身的漏泄等，都会导致真空度降低。为了保证X射线管的真空度，新安装的X射线管，或关机一段时间再启用的X射线机，在开机后都应进行X射线管的老化训练(训机)，吸收X射线管内的气体，提高X射线管的真空度。老化训练就是按照一定的程序，从低电压、低管电流逐步升压，直到达到X射线机的工作所需的最高管电压或额定工作电压。不同的X射线机均有自己的具体规定，表2-4和表2-5列出了X射线机老化训练的主要规定。在老化训练中应注意观察管电流，如果在某一管电压下管电流不稳定，则应降回原管电压，重新在原管电压下工作一段时间，再升高管电压。

表2-4 玻璃管X射线机的老化训练规定

停用时间	8~16h	2~3d	3~21d	>21d
升压速度	10kV/30s	10kV/min	10kV/2.5min	10kV/5min

表2-5 金属陶瓷管X射线机的老化训练规定

停用时间	老化训练方法
1d	可自动训机到使用电压，更高时可手动按10kV/min训机
2~7d	手动从最低值按10kV/min训机，中间应按规定休息
7~30d	手动从最低值按10kV/5min—休息5min方式训机

现代的X射线机内常安装了保护装置，其保证在未完成必要的老化训练之前，无法向X射线管送上高压。有的X射线机装备了自动老化训练程序，只要停放时间在规定的时间内，可以采用自动老化训练程序完成老化训练。

3）充分预热与冷却

X射线管的灯丝和阳极靶，工作在高温高压下，灯丝金属会挥发，由于在X射线管中电子动能的绝大部分转换为热，阳极急剧升温，如果不注意充分冷却，将导致阳极过热，阳极靶面蒸发或熔化，并会加大气体的释放，最终使X射线管损坏。因此，在使用X射线机时，除了限定在额定工作电压和工作电流外，还必须注意预热和冷却。

在开机后，应使灯丝经历一定的加热时间后，再将高压送到X射线管。关机前，应使X射线管的灯丝在无高压下保持加热一段时间。这将减小X射线管灯丝不发射电子状态与强烈发射电子状态之间的突然变化，这种突然变化将加速灯丝的老化，减少X射线管的寿命。

为了达到充分冷却，除了保证冷却系统正常工作外，还必须遵守X射线机的工作方式规定，在高压加载一定时间后必须按照规定间歇一定的时间，防止X射线机因冷却不足造成事实上的工作，形成了超负载的过度使用，这将很快损坏X射线管或严重损伤X射线管。

不同X射线机对工作方式都有明确的规定，一般都规定了允许的最长连续工作时间，同时规定了相等的高压加载时间和间歇冷却时间。便携式X射线机经常采用高压加载5min、间歇冷却5min的工作方式；移动式和固定式X射线机，由于冷却系统较好，最长连续工作时间可达30min或更长，工作方式一般也是采用相等的高压加载时间和间歇冷却时间。

4）日常定期维护

做好日常定期维护工作，对于保证X射线机长期处于正常工作状态和延长使用寿命都具有重要意义。主要的日常维护工作是定期校验指示仪表和清洁控制系统的元器件，定期检验绝缘油、冷却油的耐压强度和充气绝缘X射线机的气压，定期检验连接部分和紧固部分的状况，特别是高压电缆连接处的密封和紧固螺栓，保证它们都处于良好、有效的状态，防止泄漏、渗入。

现在许多X射线机已改为高压、管电流可以预置，接通高压开关后，X射线机的控制部分自动调节、逐步达到所需要的高压和管电流，不需要再进行人工调节。多数控制箱已改为数字显示和数字式调节方式调节。这从设备本身避免了一些不正确的操作。

由于制造质量不良、操作不当、维护不佳等原因，X射线机可能发生各种故障。在日常使用中常出现的故障，主要发生在X射线管、高压发生器和高压电缆等部分，在低压电路中，由于元器件的损坏或老化，也会出现故障。

X射线管的主要故障是真空度降低、X射线管漏气，由此造成X射线管击穿。或者X射线管灯丝烧断，造成X射线管损坏。

高压发生器部分的故障主要是高压电路中局部绝缘降低、高压变压器对地击穿、高压变压器层间击穿、灯丝变压器对地击穿等。

高压电缆的故障主要是击穿，击穿的部位经常出现的位置是插头部位，主要原因是这个部位经常活动，造成裂纹，进入气体或水分，或者此部位原已存在气孔或裂纹。

低压电路部分的故障主要是电路元器件失效、电接触不良、存在短路或击穿等。

发生故障时应立即停止X射线机的工作，查明原因，排除故障。

2.2　γ射线机

γ射线机用放射性同位素作为γ射线源辐射γ射线，它与X射线机的一个重要不同是，γ射线源始终都在不断地辐射γ射线，而X射线机仅仅在开机并加上高压后才产生X射线，这就使γ射线机的结构具有了不同于X射线机的特点。

2.2.1　γ射线机的类型

我国有关标准(GB/T 14058—2008等)将γ射线探伤机分为三种类型：手提式、移动式、固定式。手提式γ射线机轻便，体积小、质量小，便于携带，使用方便。但从辐射防护的角度，其不能装备能量高的γ射线源。移动式和固定式γ射线机，体积较大，重量也较大，移动需借助适当的装置。由于容许采用更多材料进行辐射防护设计，因此可以装备能量高和活度较大的γ射线源。

我国辐射防护标准GB 18465—2001对这三类γ射线机的源容器的防护性能规定了具体的要求，如表2-6所示。表2-7列出的是我国生产的部分γ射线机的主要数据。

表2-6　GB 18465—2001对γ射线机源容器漏泄比释动能率的规定

源容器类别	源容器外表面	距外表面50mm处	距外表面1m处
手提式	≤2mGy/h	≤0.5mGy/h	≤0.02mGy/h
移动式	≤2mGy/h	≤1mGy/h	≤0.05mGy/h
固定式	≤2mGy/h	≤1mGy/h	≤0.10mGy/h

表 2-7　γ 射线机的主要技术参数

γ 射线机型号	CTS—I	YTS—I	SETS—I
外形尺寸/(mm×mm×mm)	530×390×310	421×242×287	240×110×180
主机重量/kg	200	28	8.5
屏蔽材料与重量	贫化铀，135kg	贫化铀，19kg	贫化铀，3.2kg
γ 射线源	^{60}Co	^{192}Ir	^{75}Se
额定源活度/ Bq	3.7×10^{12}(100Ci)	3.7×10^{12}(100Ci)	2.96×10^{12}(80Ci)
通道型式	S 通道	S 通道	直通道
输源方式	自动/手动	自动/手动	自动/手动
驱动机构长度/m	11	10	10
输源管长度/(m×m)	3×2.1	3×2.1	3×2.1

2.2.2　γ 射线机的基本构成

γ 射线机主要由五部分构成：源组件(密封 γ 射线源)、源容器(主机体)、输源(导)管、驱动机构和附件。图 2-20 是弯通道设计的 γ 射线机源容器结构示意图。

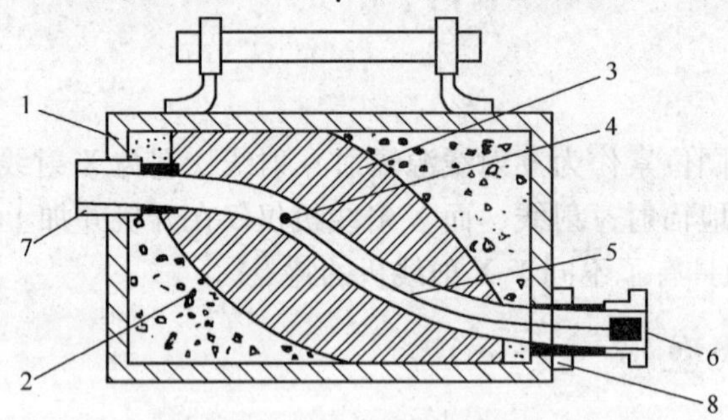

图 2-20　S 通道 γ 射线机源容器的基本结构示意图

1—外壳；2—聚氨酯填料；3—贫化铀屏蔽层；4—γ 源(源组件)

5—源托；6—安全接插器；7—快速连接器；8—密封盒

源容器是 γ 射线源的储存装置，是 γ 射线机的主机。在不曝光时 γ 射线源被收回置于源容器中，为了减少 γ 射线辐射的外泄，源容器内部都装备了屏蔽材料，近年来主要采用贫化铀代替铅作为屏蔽材料。屏蔽体内的设计主要是两种形式："S 通道"和"直通道"。S 通道结构比较简单，在各方向具有近似相等的屏蔽厚度。直通道结构比较复杂，需利用适当的结构，使 γ 射线源在存放到源容器中时，不存在直接向外辐射的通道。

源容器的通道端口都设计有可快速连接的接口，源容器上还都设计有一套安全连锁机构。这些装置和机构用以保证正确和安全操作 γ 射线机，避免意外事故。

源组件由 γ 射线源、外壳、源辫子、屏蔽杆构成。γ 射线源密封在外壳中。外壳由内外两层构成，内层是铝壳，外层一般由不锈钢制做，通过等离子焊将一定形状和尺寸的放射性同位素密封在外壳之中，防止放射性同位素散失。对外壳的结构和强度有严格要求，它必须在一定的温度、压力、振动、冲击等的作用下不发生损坏，不会导致放射性同位素外泄。图 2-21 是源组件的结构示意图。源组件与源托连接，通过源托与驱动部件连接在一起。

驱动机构由一套控制部件、控制导管、驱动部件构成，在使用时它与源容器连接，用来送出和收回 γ 射线源，其行程记录装置可以指示 γ 射线源所处的位置。驱动方式可分为自动(电动)方式和手动方式两种。手动方式是通过手摇动驱动手柄使 γ 射线源在输源管中移动，完成 γ 射线源的送出和收回。为了减少现场操作人员受到的辐射照射，可采用电动驱动方式。电动驱动方式可设置一定的 γ 射线源移动速度、预置适当的送源延时时间、预置一定的曝光时间等，它可以在一定的距离外进行遥控操作。输源管是一种软管，它由包塑的不锈钢管制成，使用时，根据现场情况，可将一根或多根相连，构成一端开口另一端封闭的输源管。开口一端与源容器连接，封闭一端与照射头连接，照射头固定在曝光位置，γ 射线源沿输源导管送到预定的曝光位置。

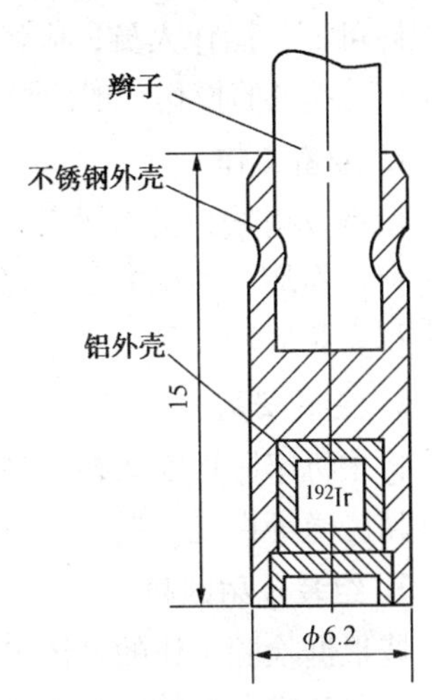

图 2-21　源组件结构示意图

附件主要是照射头、定向架等，利用照射头限定 γ 射线源的照射场，利用定向架固定照射头，保证 γ 射线照相过程按设定的方式进行。

目前，在工业射线照相探伤中使用的 γ 射线源主要是人工放射性同位素：^{60}Co、^{192}Ir、^{75}Se、^{170}Tm 等，它们的主要特性列于表 2-8 中。对于工业射线探伤来说，在选择 γ 射线源时应考虑的 γ 射线源的主要特性是能量、放射性比活度、半衰期、源尺寸。由于不同的 γ 射线源的能量是固定的，所以应按照被检验工件的材料和厚度，选择适当的 γ 射线源，γ 射线源的能量是否适当直接关系到检验的灵敏度。

表 2-8　常用 γ 射线源的主要特性

γ 射线源		^{60}Co	^{192}Ir	^{75}Se	^{170}Tm
主要能量/MeV		1.17，1.33	0.30，0.31，0.47，0.60	0.13，0.26	0.052，0.084
半衰期		5.3n	74d	120d	128d
K_r	[R · m^2/(h · Ci)]	1.30	0.48(0.55)	0.20(0.125)	0.0014
	C · m^2/(kg · h · Bq)	9.2×10^{-5}	3.3×10^{-15}	1.4×10^{-15}	0.01×10^{-15}
等效能量		1.25MeV	400keV	217keV	84keV
适宜厚度/mm(钢)		40~200	10~100	5~40	3~20

表中的 Kr 称为照射量率常数，由于采用法定计量单位的值比较复杂，因此也用带括号形式给出非法定计量单位的值，这时它表示活度为 1Ci 的源、在无滤波下、在距源 1m 处 1h 时间内给出的照射量的伦琴数值。

2.2.3　γ 射线机使用

γ 射线机与 X 射线机比较具有设备简单、便于操作、不用水电等特点，但 γ 射线机操作错误所引起的后果将是十分严重的，因此，必须注意 γ 射线机的操作和使用。按照国家的有关规定，使用 γ 射线机的单位涉及到放射性同位素，因此，单位必须申领放射性同位素使用许可证，操作人员，应经过专门的培训，并应取得放射工作人员证。

γ 射线机的操作一般应按下列程序进行。

1. 准备工作

检查 γ 射线机的有关部分是否完好正常，例如，驱动机构是否可正常工作，输源导管是否存在损坏，主机的漏泄辐射是否处于规定范围之内等。在确认 γ 射线机处于完好后方可进行安装应用。

2. 主机安装

将主机牢固地安放在适当位置，并应采取必须的辐射防护措施和设置必要的防雨、防外界物品碰撞等设施。在安装过程中，应随时用剂量仪进行监测。

3. 组装 γ 射线机

按根据检验工作的具体情况和特点设计的透照布置，组装输源导管、连接驱动机构、固定准直器和定向架等。输源导管应尽量平直，弯曲半径应不小于 500mm。固定准直器和定向架时应使 γ 射线源尽量与设定的焦点位置重合。

4. 设定控制区和监督区

通过监测(和理论计算)，设定控制区边界和监督区边界，控制区边界处的空气比释动能率应为 40μGy/h 处，监督区边界处的空气比释动能率应为 2.5μGy/h 处，并按国家标准的规定设置警告标志。操作人员应在控制区边界外工作，公众人员不应进入监督区。需要时，应设专门的监督管理人员。

5. 完成曝光过程

按 γ 射线机的操作说明、有关的操作规程和检验工艺卡的规定，完成曝光过程。

γ 射线机在使用过程中可能发生的故障主要是：部分机件损坏，如驱动失灵、输源导管变形、源座脱开等，造成 γ 射线源不能送出或收回；安全联锁机构失灵等。如果出现 γ 射线源不能收回到源容器贮存位置的故障，不能盲目处理，应对现场采取必要的措施，并报告有关领导和部门，请专门人员进行处理，排除故障。在使用中，应特别防范“掉源”事故，防止由此造成的严重危害。

γ 射线机使用时必须严格遵守国家、卫生、公安等部门的有关法规、规章和制度，操作人员必须经过有关培训，注意防止 γ 射线机操作失误，严格防止因 γ 射线源未收回或遗失等可能造成的辐射事故。

*2.3 加速器

在工业射线照相探伤中产生更高能量射线一般采用加速器。加速器是带电粒子加速器的简称，其基本原理是利用电磁场加速带电粒子，从而获得高能 X 射线。适合工业射线照相探伤的加速器主要是电子感应加速器、电子直线加速器、电子回旋加速器。

2.3.1 电子感应加速器

电子感应加速器的主体结构是一环形真空室和巨大的电磁铁，环形真空室，即环形真空加速管，放置在电磁铁之间。其主要结构示意图如图 2-22 所示。

这种加速器利用随时间变化的磁场及其产生的感应电场，使电子在环形真空室内沿圆形轨道运动，进行加速。主要励磁线圈上通常加上几千伏的低频交流电，电子在环形真空室中需运转很多圈才能获得数百万电子伏的能量。当电子达到需要的能量时，在辅助励磁线圈的磁场作用下，脱离圆形加速轨道，撞击在靶上，产生 X 射线。

电子感应加速器结构简单，造价比较低，能量范围比较宽，对工业射线照相探伤它的能量多为 15~35MeV，焦点尺寸小，产生的锥形 X 射线束的顶角约为 5°~6°，但它的电子束流强度小，一般不超过 1μA，因此产生的射线强度低。

2.3.2 行波电子直线加速器

行波电子直线加速器的主体结构是圆柱形金属波导管，波导管中每隔一定距离安放一个金属圆盘，圆盘中心有一圆孔，它是行波电磁场和电子的通路。这种加速器采用电磁场在波导管内不断供给电子能量，使电子加速，电子每前进 1cm 可获得约 60×10^3eV 的能量。电子在加速管内沿直线运动，加速到一定能量后撞击在靶上产生 X 射线。图 2-23 是行波电子直线加速器结构示意图。

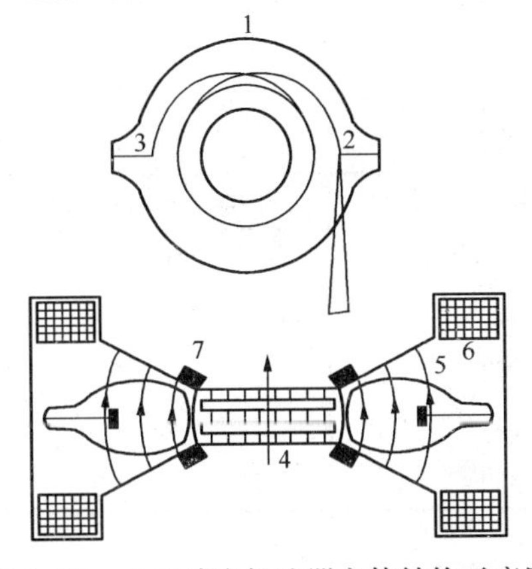

图 2-22 电子感应加速器主体结构示意图

1—环形加速器管；2—阳极；3—阴极

4、5—磁场；6—磁化线圈；7—辅助线圈

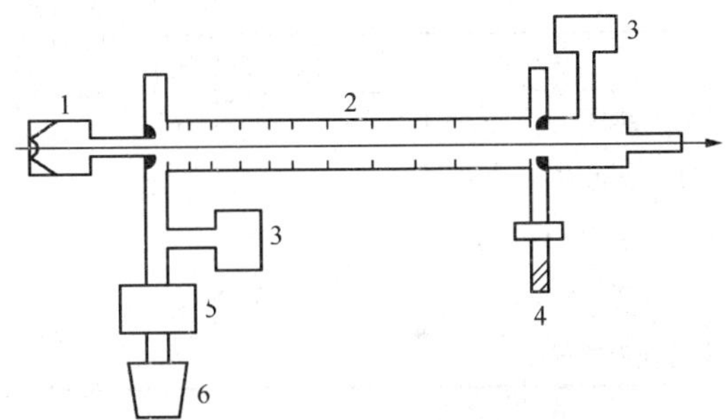

图 2-23 行波电子直线加速器结构示意图

1—电子枪；2—加速管；3—离子泵；

4—波导管；5—铁氧体；6—磁控管

电子直线加速器是性能更适合于工业射线照相探伤的加速器，对工业射线照相探伤，其能量多为 1~15MeV，在这个能量范围它可以制造得轻巧、操作方便，其焦点约为 $\phi2$~$\phi3$mm。与电子感应加速器相比，它的体积大些，但它的电子束流强度大，产生的 X 射线强度大，约为电子感应加速器的 10~100 倍。

2.3.3 电子回旋加速器

电子回旋加速器是利用恒定的磁场和高频电场，使电子沿具有公切点的逐渐加大的圆运动，不断加速的电子加速器。这种加速器的主体结构是安放在两个磁极之间的一个扁圆盒形真空室，图 2-24 是其结构的示意图。当电子被加速到所需要的能量时，从圆周轨道将电子引出，使其撞击在靶上产生 X 射线。

电子回旋加速器的能量可在较宽的范围变化，对工业射线照相探伤多为 6~25MeV，能量的分散度小，焦点尺寸也小，束流强度比较大，束流的准直性好。

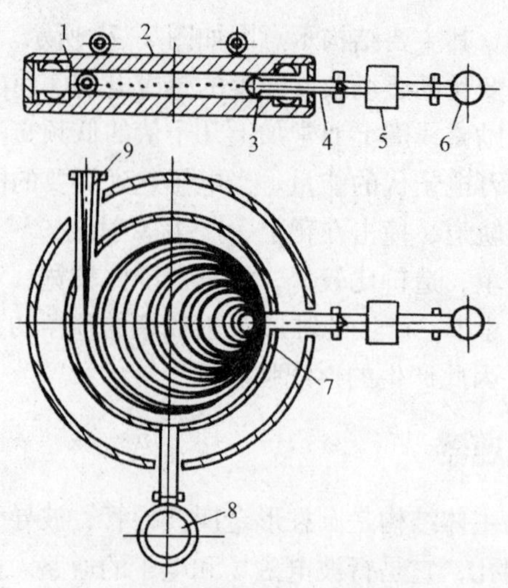

图 2-24　电子回旋加速器结构示意图

1—真空室；2—磁铁；3—谐振腔；

4—吸收负载；5—隔离器；6—磁控管；

7—电子发射极；8—高真空泵；9—引出管

表 2-9 列出了一些牌号加速器的主要性能。

表 2-9　部分牌号加速器的主要性能

类　型	电子感应加速器	电子直线加速器	电子回旋加速器
牌号	KBc-8-25	ML-15RⅡ	МД-10
最大能量/MeV	25	12	10
1m 处照射量率/(R/min)	400	7000	2000
焦点尺寸/mm	1.5×0.3	$\phi1$	$\phi2\sim\phi3$
1m 处照射范围/mm	$\phi240$	$\phi300$	$\phi150$

2.4　工业射线胶片

2.4.1　射线胶片的结构

射线胶片的结构如图 2-25 所示，射线胶片与普通胶片除了感光乳剂成分有所不同外，其他的主要不同是射线胶片一般是双面涂布感光乳剂层，普通胶片是单面涂布感光乳剂层；射线胶片的感光乳剂层厚度远大于普通胶片的感光乳剂层厚度。这主要是为了能更多地吸收射线的能量。但感光最慢、颗粒最细的射线胶片也是单面涂布乳剂层。

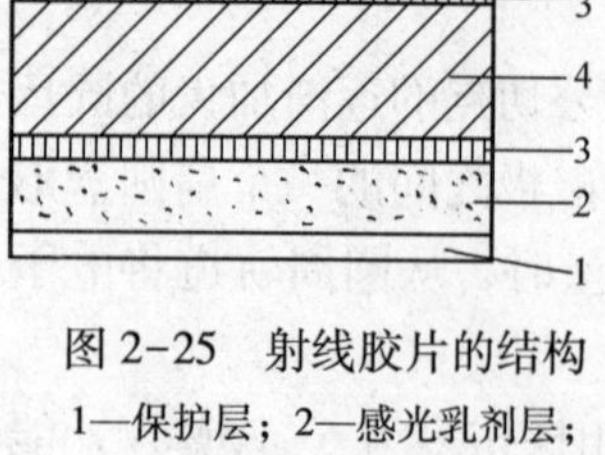

1
2
3
4
3
2
1

图 2-25　射线胶片的结构

1—保护层；2—感光乳剂层；

3—结合层；4—片基

片基为透明塑料，它是感光乳剂层的支持体，厚度约为 0.175~0.30mm。

感光乳剂层的主要成分是卤化银感光物质极细颗粒和明胶，此外还有其他一些成分，如增感剂等，感光乳剂层的厚度约为

10~20μm。卤化银主要采用的是溴化银，其颗粒尺寸一般不超过1μm。明胶可以使卤化银颗粒均匀地悬浮在感光乳剂层中，它具有多孔性，对水有极大的亲合力，使暗室处理药液能均匀地渗透到感光乳剂层中，完成处理。

结合层是一层胶质膜，它将感光乳剂层牢固地粘结在片基上。

保护层主要是一层极薄的明胶层，厚度约为1~2μm，它涂在感光乳剂层上，避免感光乳剂层直接与外界接触，产生损坏。

核心部分是感光乳剂层，它决定了胶片的感光性能。

2.4.2 胶片的主要感光特性与感光特性曲线

胶片的感光特性是指胶片曝光后(经暗室处理)得到的底片黑度(光学密度)与曝光量的关系。主要的感光特性包括感光度(S)、梯度(G)、灰雾度(D_0)及宽容度(L)等，感光特性曲线集中反应了这些感光特性。

胶片的感光特性曲线，给出的是胶片曝光后(经暗室处理)得到的底片黑度(光学密度)与(相对)曝光量对数的关系。

在描述这个特性曲线之前，首先建立光学密度和曝光量概念。

胶片经过曝光和暗室处理后称为底片，对射线照相则常称为射线照片。底片上各处的金属银密度不同，所以各处透光的程度也不同。底片的光学密度就是底片的不透明程度，它表示了金属银使底片变黑的程度，所以光学密度通常简称为黑度。

如图2-26所示，设入射到底片的光强度为I_0，透过底片的光强度为I，记光学密度为D，则光学密度定义为：

$$D=\lg(I_0/I) \tag{2-4}$$

即光学密度为入射光强度与透射光强度之比的常用对数之值。

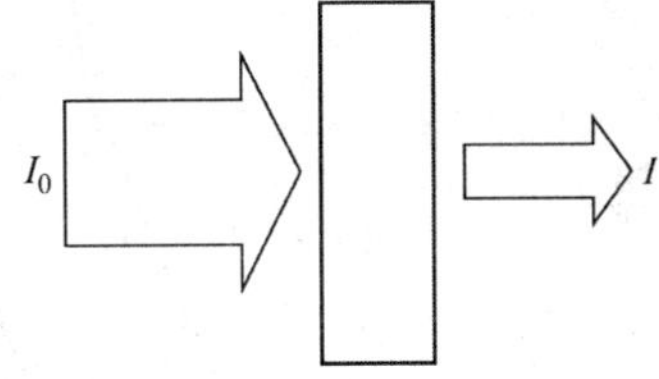

图2-26 光学密度定义

曝光量是在曝光期间胶片所接收的光能量，记，光(射线)强度为I，曝光时间为t，曝光量为H，则曝光量可以用下式定义：

$$H=I\,t \tag{2-5}$$

在射线照相中通常所说的曝光量(常用E表示)，与这里的定义不完全相同，例如，对X射线采用管电流与曝光时间的乘积，而对γ射线则常采用源的放射性活度与曝光时间的积，并没有直接采用射线强度与曝光时间的积。但对于同一管电压下的X射线或同一γ射线源的γ射线，它们之间存在固定的关系，即仅相差一个常数倍数。

图2-27是一般胶片的感光特性曲线的典型样式。特性曲线的纵坐标表示底片的黑度，横坐标表示曝光量的常用对数。

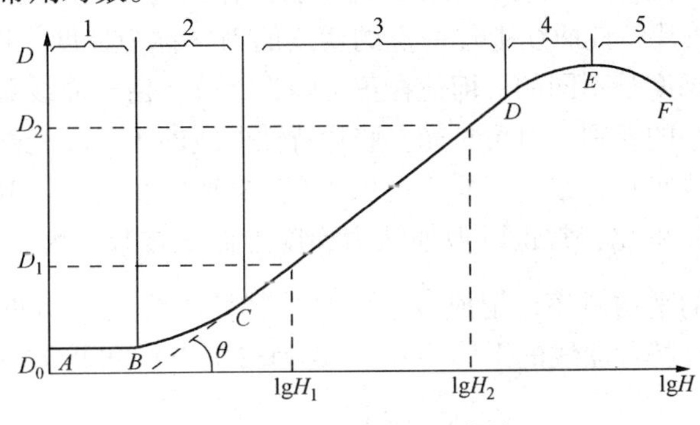

图2-27 胶片的特性曲线

胶片的感光特性曲线一般可分为下面几个部分。

(1) 趾部。即曲线中的 AC 部分，也称为曝光不足区。在这部分，对应于曝光量的增加黑度的增加很慢。

(2) 正常曝光部分。即曲线中的 CD 部分，这部分曲线近似为直线，在这一部分，黑度与曝光量的对数近似成正比。工业射线照相检验中规定的射线照片黑度都在这个范围之内。

(3) 肩部。即曲线的 DE 部分，也称为曝光过度区，在这部分当曝光量增加时，黑度的增加很缓慢。

(4) 反转部分。即曲线中 E 以后的部分，以前这部分常称为负感区。在这部分黑度随曝光量的增加不仅不增加反而减少。

对特性曲线的正常曝光部分，黑度与曝光量对数之间近似满足下面的关系：

$$D = G\lg H + k \tag{2-6}$$

式中 D——底片黑度；

G——特性曲线的斜率，也即梯度；

H——曝光量；

k——常数。

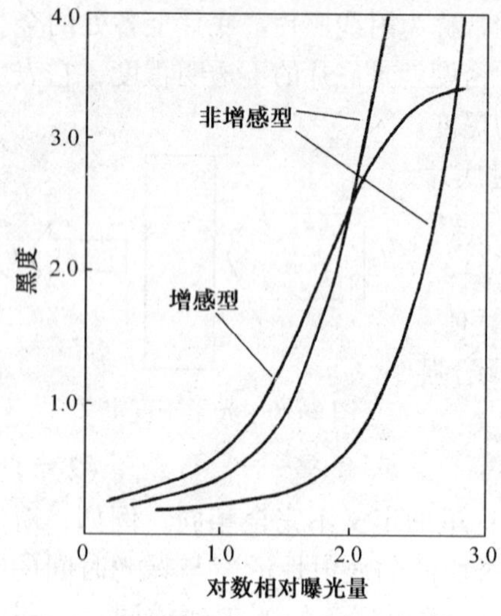

图 2-28　工业射线胶片的感光特性曲线

这个关系式在讨论射线照相检验技术的理论时，经常要加以引用。图 2-28 是工业射线胶片的感光特性曲线，显然，在常用的黑度范围它不同于一般胶片的感光特性曲线。

从胶片感光特性曲线，容易定义和理解胶片的主要感光特性。

(1) 感光度(S)。感光度也称为感光速度，它表示胶片感光的快慢。通常定义，使底片产生一定黑度所需的曝光量的倒数为感光度，即

$$S = 1/HS$$

式中，HS 为产生一定黑度所需要的曝光量。

不同胶片得到同样的黑度所需的曝光量不同，所需曝光量少的感光度高，或说感光速度快。对工业射线胶片，我国标准 GB 9582—2008 和 ISO 7004：2002 标准均规定，HS 为产生片基加上灰雾黑度再加上 2.0 的黑度所需要的曝光量，曝光量的单位为戈瑞(Gy)。不同国家、不同标准在不同时期曾经作出过不同的规定。

(2) 梯度(G)。胶片特性曲线上任一点的切线的斜率称为梯度，以前常称为反差系数。特性曲线上不同点的梯度是不同的，即使在正常曝光部分，由于曲线只是近似直线，因此各点的梯度也存在一些小的差别。对可见光，胶片特性曲线的正常曝光部分，梯度可以认为是常数。对非增感型射线胶片，在一定黑度范围内(至少到黑度为 12~16)，梯度随着黑度的增加连续增大，为了简单化，常也近似地认为梯度近似是常数。为了表示胶片这方面的特性，引入了特性曲线的平均斜率，记成 $\bar{G}$ 。它是在特性曲线上选择两个特定的点，以这两点连线的斜率作为胶片特性曲线的平均斜率。GB 9582—2008 和 ISO 7004：2002 标准规定如下计算平均斜率：

$$\bar{G}=\frac{D_2-D_1}{\lg H_2-\lg H_1}=\frac{2.0}{\lg H_2-\lg H_1}$$

式中 D_1——片基加灰雾度再加 1.50 的黑度；

D_2——片基加灰雾度再加 3.50 的黑度；

H_1——产生黑度 D_1所需的曝光量；

H_2——产生黑度 D_2所需的曝光量。

梯度与胶片的类型、增感方式、显影过程等相关。

（3）宽容度(L)。宽容度定义为特性曲线上直线部分对应的曝光量对数之差，即

$$L=\lg H_c-\lg H_b$$

在这个范围内，由于黑度与曝光量对数近似成正比关系，因此在射线照相检验中不同厚度或厚度差将以相应的不同黑度记录在射线照片上。

（4）灰雾度(D_0)。它表示胶片即使不经曝光在显影后也能得到的黑度。在胶片感光特性曲线上是曲线起点对应的黑度。

胶片的感光度、梯度(或说平均斜率)、灰雾度与存放时间和显影条件都相关，随着时间的延长，胶片的感光性能将要衰退，这称为感光材料的“老化”。

研究指出，感光材料对不同波长(不同能量)的光或射线的敏感性不同，也就是感光度不同，因而要达到同一黑度，采用不同波长(能量)的光或射线曝光将需要不同的曝光量。图 2-29 是胶片对不同能量的感光灵敏度特性，常称为胶片的谱响应灵敏度曲线。由于这样一个特性，所制作的胶片感光特性曲线，都是在规定的能量下的结果，在讨论一些具体问题时，应注意这个前提条件。

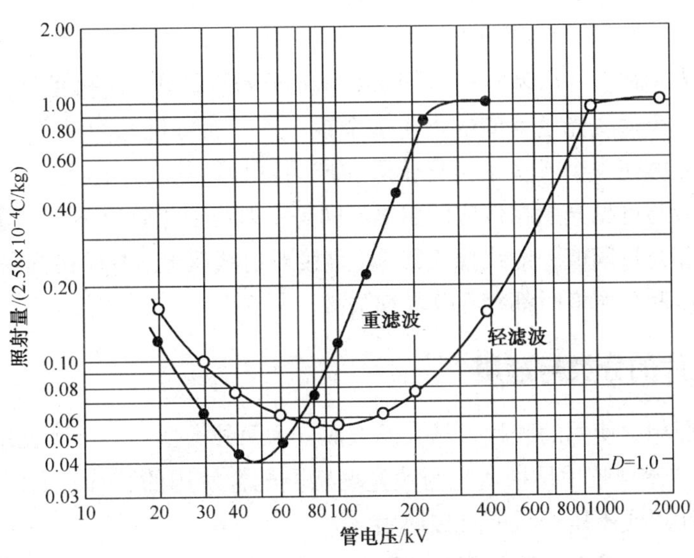

图 2-29 胶片的谱响应灵敏度曲线

影响胶片感光特性的一个重要方面是卤化银颗粒的粒度，即感光乳剂中卤化银颗粒的平均尺寸。卤化银颗粒尺寸一般不超过 1μm，但不同的卤化银颗粒尺寸不同，因此，不同的卤化银颗粒其尺寸总存在与平均尺寸的偏差。此外，在感光乳剂中，卤化银颗粒的随机分布将使得在不同区域卤化银颗粒的密度也会不同。这些情况使得均匀的曝光过程也会产生感光

的不均匀性。胶片的感光特性还将受到暗室处理的影响。

一般说来，随着粒度增大，胶片的感光度也增高，梯度降低，灰雾度也会增大。

感光材料的粒度限制了胶片所能记录的细节最小尺寸。

*2.4.3 潜影形成与射线照相效应特点

在可见光或射线照射下，胶片感光乳剂层中可以形成肉眼看不见的潜在的影像，称为“潜影”，经过显影处理，潜影可转化为可见的影像。

在照相乳剂的制备过程中，在感光乳剂层中将形成“感光中心”——卤化银微粒表面的一些部分，由于存在中性银原子和硫化银而提高了对光的反应能力，它是潜影形成的基础。潜影形成可分为四个阶段。

（1）在射线或可见光照射时，在光子作用下，卤化银微粒吸收光子，激发溴离子产生电子。

（2）产生的电子移动，到达感光中心。

（3）带负电荷的感光中心吸引卤化银晶格之间的银离子。

（4）银离子与电子结合产生银原子。

上述过程是潜影形成的基本过程。感光中心具有一个银原子后基本过程再度重复，直至曝光结束。这样产生的银原子团称为“潜影中心”，潜影中心的总和就是潜影。

研究指出，潜影随着时间可以变化，通常是减弱，这称为“潜影衰退”。潜影衰退实际是构成潜影中心的银原子被空气氧化后又变成了银离子。在较高的温度和较大的湿度下，氧化作用加剧，将促进潜影衰退。其化学反应为

$$2Ag+1/2O_2+H_2O \longrightarrow 2Ag+2OH^-$$

射线与可见光相比，一个基本的差别是射线光子的能量远大于可见光，感光乳剂在射线照射下，每吸收一个射线光子就能够产生多个银原子，而可见光的量子产率约为 1。因此，一个射线光子就能够使一个或多个卤化银颗粒成为可显影的，这称为“一次撞击”本领。这导致射线照相效应与可见光照相效应的明显不同是：射线照相效应不存在曝光量阈值，可见光照相效应存在曝光量阈值；射线照相效应（直接对射线曝光）不存在互易律失效，可见光照相效应在低照度和高照度时都存在互易律失效。

2.4.4 射线胶片的分类与选用

在工业射线照相中使用的胶片，从大的方面分为两种类型：增感型胶片；非增感型胶片（直接型胶片）。增感型胶片是指适宜与荧光增感屏配合使用的胶片，非增感型胶片适于与金属增感屏一起使用或不用增感屏直接使用。

增感型胶片当不与荧光增感屏配合使用时，其感光度将比使用荧光增感屏时低很多。增感型胶片也可与金属增感屏一起使用，这时与感光度近似的非增感型胶片相比，它所得到的影像的对比度要低一些。非增感型胶片不适宜与荧光增感屏配合。按照近年来射线照相技术发展的情况，在射线照相中一般不使用增感型胶片。

按照胶片感光乳剂的粒度和主要的感光特性，射线胶片定性地划分为四类。表 2-10 是各类胶片的基本性能的要求，表中数据是一种牌号胶片给出的参考值。

表 2-10　射线胶片分类性能要求

类　型	粒度/μm		感光度/S		梯度/G		
	要求	尺寸	要求	相对值	要求	D=2.0	D=4.0
G_1	微粒	0.1~0.3	很低	7.0	很高	>4.0	>8.0
G_2	细粒	0.3~0.5	低	3.0	高	>3.7	>7.5
G_3	中粒	0.5~0.7	中	1.0	高	>3.5	>6.8
G_4	粗粒	0.7~1.1	高	0.5	中	>3.0	>6.0

图 2-30 是不同类型胶片的梯度与黑度之间的关系。图中曲线 A 为细颗粒非增感型胶片的结果，曲线 B 为中等感光度的非增感型胶片的结果，曲线 C 为增感型胶片与荧光增感屏一起使用的结果。从图中可见，对增感型胶片，在黑度为 1.5 左右可以得到最大的梯度值，所以对增感型胶片在使用时才规定黑度应为 1.5 左右。非增感型胶片的梯度随黑度的增加持续增加，至少可以延续到黑度为 12~16 左右，特别是对细颗粒的胶片。正是因为这样，近年来对射线照片的黑度都倾向于提高。

近几年，国外标准关于工业射线照相胶片提出了“胶片系统”概念，并按胶片系统进行新的分类。我国已等效采用了这些新的标准。

所谓胶片系统，是指把胶片、铅增感屏、暗室处理的药品配方和程序(方法)结合在一起作为一个整体，并按这时表现出的感光特性和影像性能进行分类。

胶片系统按下列三个性能指标进行分类：

(1) 梯度 G，即胶片特性曲线在规定黑度处的斜率；

(2) 颗粒度 G_D，射线照片黑度在规定黑度下的随机偏差；

(3) 梯度/噪声比，在规定黑度下的 G/G_D 值，它直接相关于信噪比。

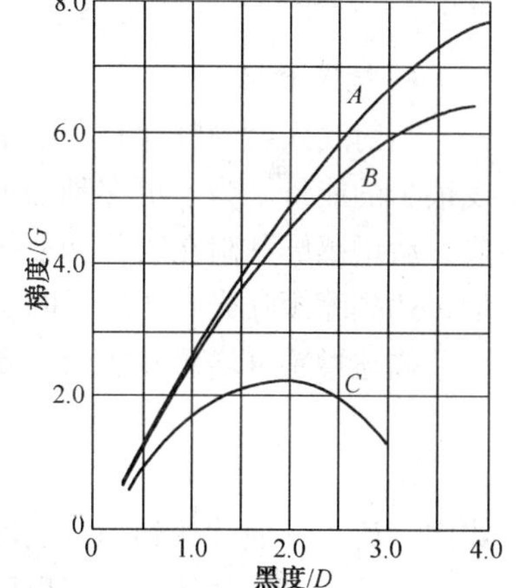

图 2-30　胶片的梯度与黑度关系

表 2-11 列出了胶片系统分类的具体指标。应注意的是，这些指标都是在特殊规定的 X 射线管电压、靶材料、增感屏材料和厚度、黑度范围等条件下测定的数据。

表 2-11　胶片系统的主要特性指标

系统类别	梯度最小值 G_{min}		颗粒度最大值$(\sigma_D)_{max}$	(梯度/颗粒度)最小值$(G/\sigma_D)_{min}$
	D=2.0	D=4.0	D=2.0	D=2.0
T1	4.3	7.4	0.018	270
T2	4.1	6.8	0.028	150
T3	3.8	6.4	0.032	120
T4	3.5	5.0	0.039	100

注：表中的黑度均指灰雾度以上的黑度。

以前的工业射线照相胶片分类，主要是从胶片自身的性能考虑，但实际上给出的是在一定条件下胶片的感光特性。胶片系统概念，进一步考虑了得到的影像性能，但这时所呈现的特性，仍是在规定的特定条件下的特性，因此，并不是可作为一般性能广泛应用的特性。

在射线照相检验工作中，应按照射线照相检验标准的规定选用胶片。一般说，采用中等灵敏度的射线照相检验技术时，应选用T3(G_3)类或性能更好的胶片，采用高灵敏度射线照相检验技术时，应选用T2(G_2)或性能更好的胶片。当特别注意检验裂纹性缺陷时，一定应选用性能好的胶片。在射线照相检验技术中，一般不允许选用T4(G_4)类胶片，也就是一般不允许选用增感型胶片。

胶片在存放中，应避免接触有害气体，应远离热源和辐射源。尽量存放在温度低和湿度低的环境中，存放中应使胶片避免受到较大的压力。这样使胶片在存放中尽量减少灰雾产生，减少可能产生的其他问题。胶片的最佳储存温度为4~24℃，最佳储存相对湿度为30%~60%左右。温度和湿度过高会导致胶片灰雾度增加，且乳剂膜发黏，造成胶片间粘连，甚至发霉。但温度和湿度过低会造成胶片变脆，易断裂和产生摩擦静电。

2.5 射线照相检验常用的其他设备和器材

2.5.1 增感屏

1. 增感概念

当射线入射到胶片时，由于射线的穿透能力很强，大部分穿过胶片，胶片仅吸收入射射线很少的能量。为了更多地吸收射线的能量，缩短曝光时间，在射线照相检验中，常使用前、后增感屏贴附在胶片两侧，与胶片一起进行射线照相，利用增感屏吸收一部分射线能量，达到缩短曝光时间的目的。

描述增感屏增感性能的主要指标是增感系数，它定义为

$$k=\frac{E_0}{E} \tag{2-7}$$

式中 E_0——底片达到一定黑度不用增感屏时所需的曝光量；

E——底片达到一定黑度使用增感屏时所需的曝光量；

k——增感系数。

即，增感系数是在同样的透照条件下(和同样的暗室处理条件下)，底片得到同一黑度所需的曝光量之比。

不同类型的增感屏增感机理不同，增感系数不同，同一类型增感屏在不同能量的射线下使用，增感系数也不同。

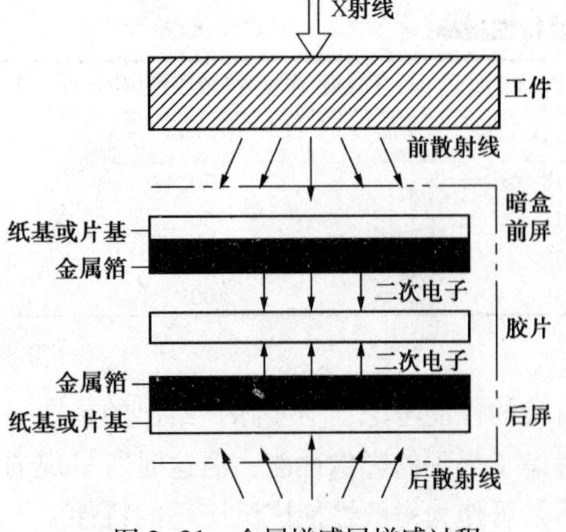

图2-31 金属增感屏增感过程

2. 增感屏的类型与特点

增感屏主要有三种类型：金属增感屏、荧光增感屏、复合增感屏(金属荧光增感屏)。

金属增感屏是将厚度均匀、平整的金属箔黏接在一定的支持物(如纸片、胶片片基等)上构成的。金属箔目前主要是采用铅合金箔。金属箔增感屏主要与非增感型胶片一起使用。金属箔增感屏在射线照射下可以发射电子，这些电子被胶片吸收也产生照相作用，从而增加了射线的照相效应，产生增感作用。图2-31是增感过程示意图。金属增感屏的另一个重要作用是，它还具有滤波作用，能够吸收

散射线。一次射线能量较高，能够穿透金属箔并激发金属箔发射电子，实现增感，但工件中产生的散射线能量较低，大部分被金属箔吸收，这将大大地降低散射比，提高底片的影像质量。

金属增感屏的增感系数与金属箔的原子序数、金属箔厚度和使用的射线能量都相关。图 2-32是增感系数与射线能量、金属物质的原子序数、金属箔的厚度的关系曲线。从图中可见，对 X 射线，金属增感屏在 300kV 以下管电压时，增感系数随管电压的增高而增大；在管电压较高时，增感系数随增感屏物质的原子序数的增大而增大，但在管电压较低时，在原子序数为 50 左右存在增感系数的较大值。试验指出，对 X 射线，当管电压低于 80~90kV 时铅箔增感屏的增感系数不大于 1，即无增感作用。金属箔增感屏的增感系数都较小，一般为 2~7。表 2-12 列出了常用金属增感屏的规格和它们适用的能量，可作使用参考。

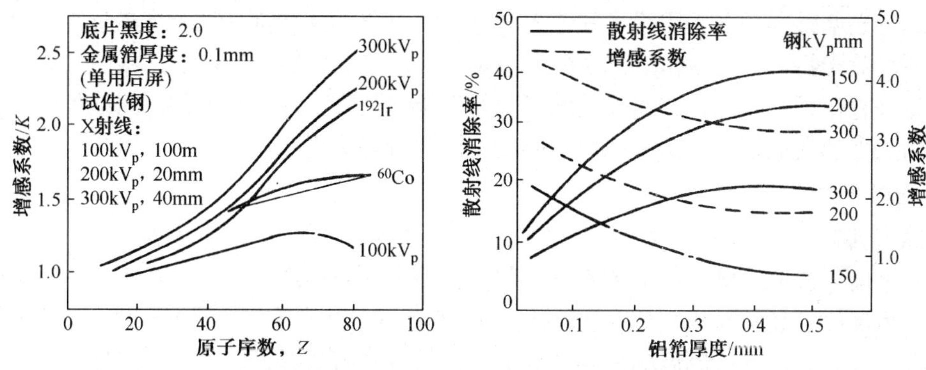

图 2-32　增感系数与射线能量、原子序数、屏的厚度的关系

表 2-12　常用金属增感屏材料与厚度

射线源	前屏		后屏	
	材料	厚度/mm	材料	厚度/mm
X 射线，≤100kV	铅	不用或≤0.03	铅	≤0.03
X 射线，100~150kV	铅	≤0.15	铅	≤0.15
X 射线，150~250kV	铅	0.02~0.15	铅	0.02~0.15
X 射线，250~500kV	铅	0.02~0.2	铅	0.02~0.2
^{75}Se	铅	0.1~0.2	铅	0.1~0.2
^{192}Ir	铅	A 级 0.02~0.2 B 级 0.1~0.2	铅	A 级 0.02~0.2 B 级 0.1~0.2
^{60}Co	钢或铜 铅(A 级)	0.25~0.7 0.5~2.0	钢或铜 铅(A 级)	0.25~0.7 0.5~2.0
X 射线，1~4MeV	钢或铜 铅(A 级)	0.25~0.7 0.5~2.0	钢或铜 铅(A 级)	0.25~0.7 0.5~2.0
X 射线，4~12MeV	铜，钢或钽 铅(A 级)	≤1 0.5~1.0	铜， 钢钽铅(A 级)	≤1 ≤0.5 0.5~1.0
X 射线，>12MeV	钽	≤1	不用后屏	

荧光增感屏也称为盐增感屏，它是在支持物上均匀涂布一层荧光物质，上面再涂布一薄

层保护物质层构成的。荧光增感屏与增感型胶片一起使用。当受到射线照射时，荧光物质被激发，辐射荧光，胶片吸收荧光实现增感作用。

荧光增感屏常用的荧光物质是钨酸钙，在射线照射时它可以发出峰值波长为 425nm 的蓝紫光，这与增感型胶片的主要感光区一致。荧光增感屏的增感系数较大，通常可达 10~60 或更高。增感系数主要取决于荧光物质的颗粒大小，在一定的范围内，颗粒越大发射的荧光越强，增感系数也越大。增感系数与射线能量相关，也与增感屏的厚度相关。

荧光增感屏的主要缺点是荧光物质的颗粒性将产生一个新的不清晰度——屏不清晰度，其值常常都大于其他不清晰度；荧光增感屏本身还将产生较强的散射线，这些将严重损害射线照相的影像质量。正是由于荧光增感屏存在上述缺点，近年来的绝大多数射线照相标准都规定不采用荧光增感屏。

金属荧光增感屏是金属增感屏和荧光增感屏的组合，其结构是在金属增感屏的金属箔外再附加一层荧光物质，在最初设计时的考虑是，金属箔的作用是吸收散射线，荧光物质发射荧光产生增感作用。因此，金属荧光增感屏除了能够吸收工件中产生的散射线外，并不能克服荧光增感屏的其他缺点，所以在射线照相中也未得到应用。

3. 增感屏使用

增感屏具有增感作用，但必须注意正确使用。使用时增感屏常分为前屏和后屏。前屏应置于胶片朝向射线源一侧，后屏置于另一侧，胶片夹在两屏之间。前屏应采用适于射线能量的厚度，后屏厚度经常较大，以便同时具有吸收背景产生的散射线的作用。为了操作的方便，实际上经常选用同样厚度的前屏和后屏，而另外在暗袋外面附加一定厚度的铅板屏蔽环境产生的散射线。使用增感屏时主要应注意：

（1）正确选取增感屏的类型和规格；

（2）增感物质表面（金属箔、荧光物质）应朝向胶片；

（3）增感物质表面与胶片表面之间应直接接触，不能放置其他物品，如纸张；

（4）射线照相过程中应保证增感屏与胶片紧密接触，但不能过分弯曲和挤压；

（5）在向前后屏之间装入胶片或从它们之间取出胶片时应尽量避免磨擦，以免因摩擦产生荧光或静电，使胶片感光；

（6）使用前应检查增感屏表面是否受到污染或损坏，存在这些问题的增感屏不能使用。

日常应经常对增感屏进行清洁，定期检查增感屏是否受到损坏，防止存在问题的增感屏投入使用，造成不必要的返工、浪费。

三种类型增感屏具有不同的特点，适应不同的要求。对一般技术和较高技术都应采用金属增感屏，只有在特殊的情况下，当采用荧光增感屏或金属荧光增感屏也能达到检验质量要求时，才能使用荧光增感屏或金属荧光增感屏。

2.5.2 像质计

像质计（像质指示器，透度计）是测定射线照片的射线照相灵敏度的器件，根据在底片上显示的像质计的影像，可以判断底片影像的质量，并可评定透照技术、胶片暗室处理情况、缺陷检验能力等。目前，最广泛使用的像质计主要是三种：丝型像质计、阶梯孔型像质计、平板孔型像质计，此外还有槽型像质计和双丝像质计等。像质计应用与被检验工件相同或对射线吸收性能相似的材料制做。各种像质计设计了自己特定的结构和细节形式，规定了自己的测定射线照相灵敏度的方法。

1. 丝型像质计(线型像质计)

丝型像质计是国内外使用最多的像质计。它结构简单、易于制做，已被世界各国广泛采用，国际标准化组织(ISO)也将丝型像质计纳入其制订的射线照相标准中。丝型像质计的型式、规格已基本统一。

丝型像质计的基本样式如图 2-33 所示。它采用与被透照工件材料相同或相近的材料制做的金属丝，按照直径大小的顺序、以规定的间距平行排列、封装在对射线吸收系数很低的透明材料中，或直接安装在一定的框架上，并配备一定的标志说明字母和数字。一般在排列的金属丝的两端还放置金属丝对应的号数，以识别该丝型像质计。不同国家的标准对丝的直径与允许的偏差、长度、间距、一个像质计中丝的根数及标志说明等都作出了各自的规定，对丝的材料有的标准作出了比较具体的规定。丝型像质计主要应用在金属材料。

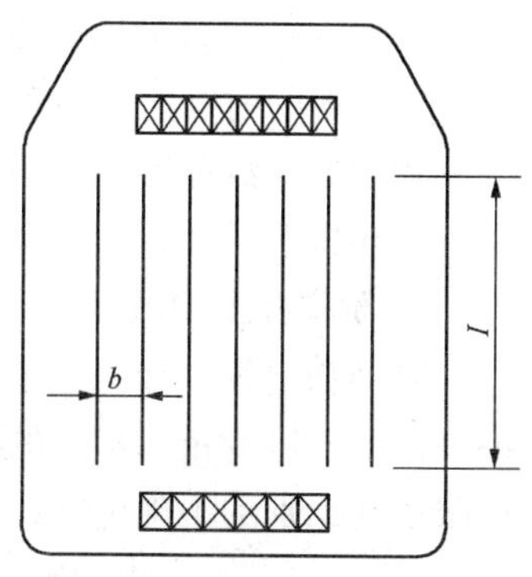

图 2-33 丝型像质计样式

关于丝的直径，现在各个国家一般都采用公比为 $\sqrt[10]{10}$（近似为 1.25)的等比数列决定的一个优选数列(ISO/R10 化整值系列)，并对丝径给以编号，我国有关标准对丝径的规定如表 2-13 所示。我国的有些标准中，按照原西德标准的规定，又称每根丝的编号为“像质指数”，记为 Z：

$$Z = 6 - 10\lg d$$

式中，d 以 mm 为单位的丝径值，像质指数 Z 为按此式计算的值取整后的整数。

表 2-13 R10 像质计线号和丝径

丝　号	1	2	3	4	5	6	7	8			
丝径/mm	3.20	2.50	2.00	1.60	1.25	1.00	0.80	0.63			
丝　号	9	10	11	12	13	14	15	16	17	18	19
丝径/mm	0.50	0/40	0.32	0.25	0.20	0.16	0.125	0.100	0.080	0.063	0.050

我国的丝型像质计，将表 2-13 中列出的 19 根丝分成五组：1~7、6~12、10~16、12~18、13~19，每个像质计包含其中一组丝，适用于不同的厚度。在制做成丝型像质计时，丝长一般为 50mm，间距一般为 5mm。经常见到的是前面三组，并常分别称为第Ⅰ、第Ⅱ、第Ⅲ号丝型像质计。在射线照相中究竟选用哪一组的像质计，应按照透照厚度和技术要求决定，所应识别的丝不应处于所在组的边缘。例如，要求识别第 7 号丝，则应选用 6~12 号这组，而不应选取 1~7 号这组。

使用时，丝型像质计放置的数量、位置和具体的安放方法等应符合有关标准的规定。一般的规定主要是，原则上每张底片上都应有像质计的影像，像质计应放置在工件射线源侧的表面上，且应放置在透照区中灵敏度差的部位。当像质计放置在工件胶片侧表面时，应附加标记(一般是字母“F”)。多数标准对丝型像质计的识别性都有规定，在底片上至少可清晰看到连续 10mm 长的丝状影像时，则该丝认为是可识别的。

除了上面的常规样式的丝型像质计外，针对不同的应用，我国标准也规定了一些非常规或专用型的丝型像质计，如等径型丝型像质计、双丝或三丝型丝型像质计等。

丝型像质计的相对灵敏度规定为，在射线照片上可识别的金属丝最小直径与工件的透照

厚度的百分比，即

$$S_W = (d/T) \times 100\%$$

式中　S_W——丝型像质计射线照相灵敏度；

d——射线照片上可识别的金属丝最小直径；

T——工件的透照厚度。

但目前的射线照相检验标准已很少采用这种规定的灵敏度了。

我国的少数标准还采用像质指数规定灵敏度。实际上得到的值就是丝径对应的丝号，并没有带来新的意义。

2. 阶梯孔型像质计

阶梯孔型像质计的基本结构是在阶梯块上钻上直径等于阶梯厚度的通孔，孔应垂直于阶梯表面、不做倒角。常用的阶梯形状是矩形和正六边形，典型的设计如图 2-34 所示。为了克服小孔识别的不确定性，常在薄的阶梯上钻上两个孔。

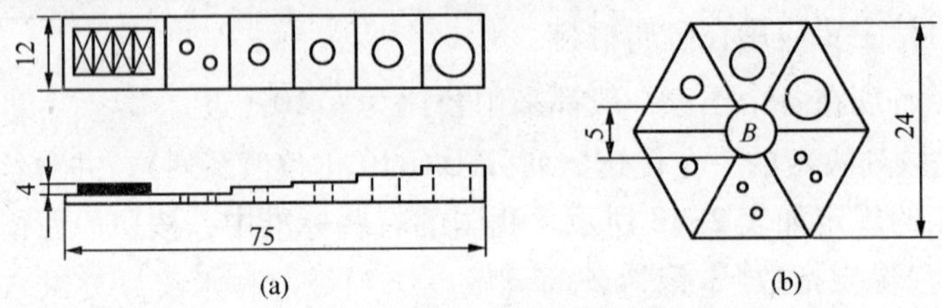

图 2-34　阶梯孔型像质计的典型样式

与丝型像质计一样，阶梯的材料应与被检工件的材料相同或相近，阶梯的厚度尺寸与丝型像质计的金属丝直径尺寸相同。阶梯孔型像质计的射线照相灵敏度规定为，在射线照片上可识别的最小孔所在的阶梯的阶梯厚度与工件的透照厚度的百分比，即

$$S_h = (h/T) \times 100\%$$

式中　S_h——阶梯孔型像质计的射线照相灵敏度；

h——可识别的最小孔所在的阶梯的厚度；

T——工件的透照厚度。

由于在射线照片上丝的可识别性与孔的可识别性并不相同，因此，即使丝型像质计灵敏度与阶梯孔型像质计灵敏度相同，也并不表示射线照相灵敏度相同。

阶梯孔型像质计主要在欧洲地区应用，有试验报告显示，在显示射线照相技术变化对影像质量的影响方面它比丝型像质计更灵敏一些。

3. 平板孔型像质计

在美国广泛使用一种特殊型式的像质计，并且仍称为透度计，这就是平板孔型像质计。也可以认为它是一种特殊的阶梯孔型像质计。

平板孔型像质计是在均匀厚度的平板上钻上三个通孔，如果记板的厚度为 T，则三个孔的直径分别为 $1T$、$2T$、$4T$，$1T$ 孔位于中间。板厚应选为透照厚度的 1%、2% 或 4%，板的材料应与被透照工件的材料相同或相近。平板孔型像质计的典型样式如图 2-35 所示。图(a)适于较小透照厚度，图(b)适于较大透照厚度。

平板孔型像质计以下面的方式规定灵敏度级别：

$$n_1 - n_2T$$

式中，n_1、n_2 为两个数字，n_1 是以透照物体厚度的百分数表示的像质计板厚，n_2 是应识别的最

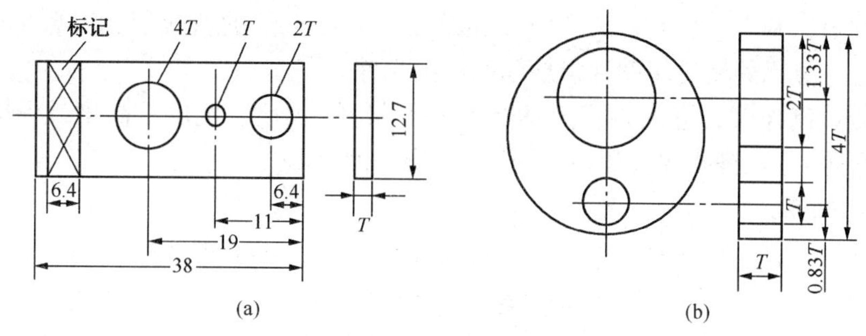

图 2-35　平板孔型像质计的样式

小孔径为像质计板厚 T 的倍数。n_1、n_2 都只取 1、2 或 4。例如

$$4-2T$$

这个灵敏度级别表示，所使用的像质计板厚 T 应是透照厚度的 4%（即 $n_1=4$），至少应能识别像质计上直径为像质计板厚 2 倍的孔（即 $n_2=2$）。由于 n_1、n_2 都只取 1、2 或 4 三个数中的一个，所以平板孔型像质计共可以规定出 9 个灵敏度级别，即

1-1T　1-2T　1-4T

2-1T　2-2T　2-4T

4-1T　4-2T　4-4T

在射线照相检验中，以规定应达到的灵敏度级别规定技术级别要求。经常设立五个级别，即

1-1T　1-2T　2-1T　2-2T　2-4T

对于平板孔型像质计在美国还规定了一个特殊的灵敏度——“等效透度计灵敏度”，简记为 EPS。所谓等效透度计灵敏度是指，对于每个灵敏度级别，采用与达到这个灵敏度级别相同的射线照相技术时，2T 孔是可识别的最小孔的像质计板厚与透照厚度的百分比。这是类似于阶梯孔型像质计灵敏度的一种规定，但是，两者之间存在很大的不同。表 2-14 列出了平板孔型像质计各个灵敏度级别对应的等效透度计灵敏度值。

表 2-14　各灵敏度级别的等效透度计灵敏度

灵敏度级别	1-1T	1-2T	1-4T	2-1T	2-2T	2-4T	4-1T	4-2T	4-4T
EPS/%	0.7	1.0	1.4	1.4	2.0	2.8	2.8	4.0	5.6

EPS 灵敏度可按下式计算

$$EPS=\frac{100}{x}\sqrt{\frac{Th}{2}}\ (\%) \tag{2-8}$$

式中　x——为透照厚度；

h——像质计上可识别的最小孔径；

T——像质计板厚度。

应该注意的是 EPS 灵敏度既不等于阶梯孔型像质计灵敏度，也不等于丝型像质计灵敏度。例如，对 2-1T 灵敏度级别，其 EPS 灵敏度为 1.4%，而对应的阶梯孔型像质计灵敏度却是 2.0%。

4. 槽式像质计

槽式像质计的基本结构是在矩形块上制做出深度不等、宽度相等或不等的矩形槽（缝）。

这些槽作为细节，利用它们在底片上显示的影像，判断底片的射线照相灵敏度和缺陷的情况。例如，通过显示的槽的深度评定缺陷的深度尺寸。

槽式像质计制作时，应主要规定适当的外形尺寸(长度、宽度、高度)、槽的尺寸(宽度、深度、间距)等。槽式像质计在我国还没有统一的规定。

5. 双丝型像质计

双丝型像质计是一种特殊的像质计，它的基本结构是一系列的丝对(分为圆形截面和矩形截面两种)，图2-36是圆形截面的双丝像质计的样式，矩形截面的双丝像质计仅是截面不同。像质计中的丝对由直径相等、丝的间距等于丝的直径的两根丝组成，这样的一系列不同直径的丝对按一定间距封装起来、并加上适当的标记构成了双丝型像质计。丝的材料应是钨等对射线具有高吸收特性的物质，丝径的值和允许的偏差都有严格的规定。表2-15列出的是ASTM E 2002—98中关于丝形截面的双丝像质计的尺寸和对应的不清晰度值。

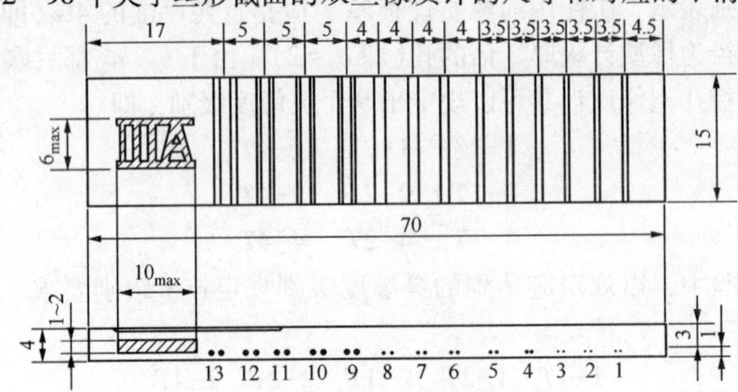

图2-36　双丝型像质计样式(圆形截面)

表2-15　双丝像质计的丝径和不清晰度　mm

单元号	13	12	11	10	9	8	7
丝径和间距	0.05	0.063	0.08	0.10	0.13	0.16	0.20
对应的不清晰度	0.10	0.13	0.16	0.20	0.26	0.32	0.40
单元号	6	5	4	3	2	1	
丝径和间距	0.25	0.32	0.40	0.50	0.63	0.80	
对应的不清晰度	0.50	0.64	0.80	1.00	1.26	1.60	

注：在BS 3971：1980标准，关于丝径、间距、对应的不清晰度的值等规定，与表中相同，但对单元号的规定，恰与ASTM E 2002—98标准的规定采用了相反的次序，即表中的“13”号为“1”号，表中的“1”号却为“13”号，并按此序顺序编号。

双丝型像质计用于测定射线检测的不清晰度。有关标准中规定，不清晰度等于不能清晰区分为两根丝的丝对中直径最大的丝对的直径的2倍(对绝大多数测定情况)。

*2.5.3　其他设备和器材

为完成射线照相检验，除需要上面叙述的设备器材外，还需要其他的一些设备和器材，下面列出了另外一些常用的小型设备和器材，但这并不是全部的器材，如暗盒、药品等均未在此列出。

1. 观片灯

观片灯是识别底片缺陷影像所需要的基本设备。对观片灯的主要要求包括三个方面，即光的颜色、光源亮度、照明方式与范围。

光的颜色一般应为日光色；光源应具有足够的亮度且应可调整，其最大亮度应能达到与底片黑度相适应的值。对此，多数标准规定：

底片黑度 $D \leqslant 2.5$ 时，观片灯透过底片的亮度应不低于 $30cd/m^2$；

底片黑度 $D>2.5$ 时，观片灯透过底片的亮度应不低于 $10cd/m^2$

但只要可能就应达到 $100cd/m^2$ 或更高的值。对底片黑度大于 2.5 时亮度规定值之所以降低到 $10cd/m^2$，主要是目前的多数观片灯，其最大亮度值还达不到对高黑度的底片也能保证透射的光亮度不低于 $30cd/m^2$。此外，对观片灯的主要要求是光源的照明应以漫射方式，照明的区域应当可以调整大小，可以控制在评片者注意观察的范围。

实际上对观片灯还有一系列其他重要要求，例如光照的均匀性、观片灯的绝缘电阻、观片灯的发热性、观片灯的噪声等。详细的要求可参见有关标准，例如 JB/T 19802—2005。

2. 黑度计(光学密度计)

底片黑度是底片质量的基本指标之一，黑度计是测量底片黑度的设备。

在工业射线照相检验中，作为底片质量指标的黑度，并不要求测量非常准确，目前的标准一般规定，测量误差应不大于±0.1。因此，所使用的黑度计最基本的要求是满足这一要求。为了满足这个要求，一般应要求黑度计的测量值的不确定度为 0.05。

黑度计使用的一般程序是：接通外电源→复位→校准 0 点→测量。使用中的黑度计应定期用标准黑度片(密度片)进行校验。

黑度计可按照生产厂推荐的校验方法校验或如下校验。

接通黑度计外电源和测量开关，预热 10min 左右。然后用标准黑度片(密度片)的零黑度点(区)校准黑度计零点，校准后顺次测量黑度片上不同黑度的各点的黑度，记录测量值。从校准黑度计零点开始，对各黑度值至少循环测量 3 次。计算出各点测量值的平均值，以平均值与黑度片该点的黑度值之差作为黑度计的测量误差。对黑度不大于 4.0 的各点的测量误差均应不超过±0.05。否则黑度计应校准、修理或报废。所使用的标准黑度片应按规定送有关部门或单位进行检定。

如果要确定黑度计的测量不确定度，则需进行较多次的测量，并应按数理统计方法计算。

3. 暗室设备和器材

暗室必需的主要设备和器材是工作台、切刀、胶片处理的槽或盘、上下水系统、安全红灯、(暗室条件下)计时钟等，可能条件下应配置自动洗片机。

安全红灯主要是指灯的颜色和亮度应保证射线胶片在切装和冲洗处理过程中不被感光。灯的颜色应为暗红色，一般用 15~25W 白炽灯加装滤色片构成。应控制灯与工作台的距离，特别是安全红灯与显影装置、切装胶片工作台的距离。安全红灯的可靠性可用一条胶片在安全红灯的不同工作部位及不同暴露时间下是否产生灰雾黑度确定。

4. 标记

在射线照相检验中，为了建立档案和缺陷识别及定位，需要采用标记。

标记主要由识别标记和定位标记组成。标记一般由适当尺寸的铅(或其他适宜的重金属)制数字、拼音字母和符号等构成。

识别标记一般包括产品编号、部位编号、透照日期，可能时还会包括透照单位、透照人员的代号等。此外还会有返修标记等其他必要的标记。定位标记主要是搭接标记，需要时还可能有中心标记。搭接标记是连续检验时的透照分段标记，它可采用适当的能显示搭接情况的方法或符号表示。中心标记指示透照部位区段的中心位置和分段编号的方向，一般用十字箭头"✛"表示。

标记应放置在工件适当的部位，与工件同时透照，所有标记的影像不应重叠，且不应干扰有效评定范围内的影场、野外或透照部位。附近环境复杂时，在暗盒后面必须贴附适当厚度的铅板，厚度经常是1~3mm，以吸收来自周围环境产生的散射线。

此外铅板还会用于其他方面，例如透照边像。

5. 铅板

铅板是射线照相检验中经常需要使用的器材，控制散射线。

在实验室中，透照台面或透照区地面应铺设适当厚度的铅板，通常应不低于4mm，用于减少散射线的产生和吸收可能产生的散射线。在现场的准确定位、遮蔽、制作适当的标记等。

习　题

一、是非题

1. X射线管的有效焦点总是小于实际焦点。(　　)

2. 全波整流X射线机所产生射线的平均能比半波整流X射线机所产生射线的平均能高。(　　)

3. 黑度定义为阻光率的常用对数值。(　　)

4. 用来说明管电压、管电流和穿透厚度关系的曲线称为胶片特性曲线。(　　)

5. 胶片达到一定黑度所需的照射量(即伦琴数)与射线质无关。(　　)

6. X和γ射线的本质是相同的，但γ射线来自同位素，而X射线来自于一个以高压加速电子的装置。(　　)

7. 放射源的比活度越大，其半衰期就越短。(　　)

8. "潜影"是指在没有强光灯的条件下不能看到的影像。(　　)

9. 梯噪比高的胶片成像质量好。(　　)

10. 胶片对不同曝光量在底片上显示不同黑度差的固有能力称为梯度。(　　)

二、选择题

1. 管电压、管电流不变，将X射线管阳极由铜换成钨，产生连续X射线线质如何变化？(　　)

A. 变硬　　B. 变软　　C. 不变　　D. 不一定

2. 当两台相同型号的X射线机的千伏值和毫安值均相同时，则(　　)。

A. 产生的X射线的强度和波长一定相同
B. 产生的X射线的波长相同，强度不同
C. 产生的X射线的强度相同，波长不同
D. 产生的X射线的强度和波长不一定相同

3. 提高灯丝温度的目的是使(　　)

A. 发射电子的能量增大
B. 发射电子的数量增多
C. 发出X射线的波长变短
D. 发出X射线的波长变长

4. 下列四种放射性元素中，半价层最厚的是(　　)

A. ^{60}Co　　B. ^{137}Cs　　C. ^{192}Ir　　D. ^{170}Tm

5. 放射性同位素源的比活度取决于(　　)

A. 核反应堆中照射的中子流　　B. 材料在反应堆中的停留时间

C. 照射材料的特性(原子量、活化截面)　　D. 以上全是

6. 以下哪一条不是 γ 射线探伤设备优点(　　)

A. 不需用电和水　　B. 可连续操作

C. 可进行周向曝光和全景曝光　　D. 曝光时间短、防护要求高

7. 表示胶片受到一定量 X 射线照射，显影后的底片黑度是多少的曲线叫做(　　)

A. 曝光曲线　　B. 灵敏度曲线

C. 特性曲线　　D. 吸收曲线

8. 已曝过光的 X 胶片，不能在高温高湿的环境内保持时间过长，否则会引起(　　)

A. 药膜自动脱落　　B. 产生白色斑点

C. 产生静电感光　　D. 潜像衰退、黑度下降

9. 金属丝型像质计应具有的标志有：(　　)

A. 像质计标准编号　　B. 线材代号

C. 最粗线与最细线的编号　　D. 以上都是

10. 一个电压调节器由铁芯变压器组成，变压器只有一个绕组，绕组上有许多抽头。这种变压器叫做：(　　)

A. 高压变压器　　B. 灯丝变压器

C. 自耦变压器　　D. 脉冲变压器

三、问答题

1. 简述 X 射线管结构和各部分作用。

2. X 射线管的阳极冷却方式有几种？冷却有什么重要性？

3. 简述影响 X 射线管使用寿命的因素？

4. 简述 X 射线机维护、保养的注意事项。

5. 何谓放射性活度？它与射线源的强度有何联系？

6. Se75 放射性同位素与 Ir192 相比，具有哪些特点？

7. 增感型胶片和非增感型胶片的特性曲线有何区别？两种胶片的黑度与 GD 值关系有何不同？

8. 胶片的选用一般应考虑哪些因素？

9. 金属增感屏有哪些作用，哪些金属材料可用作增感屏？

10. 像质计如何使用和放置？

参考答案

是非题：1. ○　2. ○　3. ○　4. ×　5. ×　6. ○　7. ×　8. ×　9. ○　10. ○

选择题：1. C　2. D　3. B　4. A　5. D　6. D　7. C　8. D　9. D　10. C

第三章　射线照相质量的影响因素

3.1 概述

评价射线照相最重要的指标是射线照相灵敏度。所谓射线照相灵敏度从定量方面来说，是指在射线底片上可以观察到的最小缺陷尺寸或最小细节尺寸，从定性方面来说，是指发现和识别细小影像的难易程度。

灵敏度有绝对与相对之分，在射线照相底片上所能发现的沿射线穿透方向上的最小缺陷尺寸称为绝对灵敏度，此最小缺陷尺寸与射线透照厚度的百分比称为相对灵敏度。

由于工件中是否有缺陷，在探伤前是不可知的，经过探伤发现的缺陷，其沿射线穿透方向上的尺寸也是很难测定的。因此，用自然缺陷尺寸来评价射线照相灵敏度是不现实的。为便于定量评价射线照相灵敏度，常用与被检工件或焊缝的厚度有一定百分比关系的人工结构，如金属丝、孔、槽等组成所谓透度计，又称为像质计，作为底片影像质量的监测工具，由此得到灵敏度称为像质计灵敏度。需要注意的是，底片上显示的像质计最小金属丝直径，或孔径、或槽深，并不等于工件中所能发现的最小缺陷尺寸。即像质计灵敏度并不等于自然缺陷灵敏度。但像质计灵敏度越高，则表示底片影像的质量水平越高，因而也能间接地定性反映出射线照相对最小自然缺陷检出能力。

对裂纹之类方向性很强的面积型缺陷，即使底片上显示的像质计灵敏度很高，黑度、不清晰度均符合标准要求，有时也有难于检出甚至完全不能检出的情况。面积型缺陷检出灵敏度与像质计灵敏度存在着较大差异。造成这种差异的影响因素很多，例如焦点尺寸等几何因素的影响，射线透照方向与缺陷平面有一定的夹角而造成透照厚度差减小的影响等。要提高此类缺陷的检出率，就必须很好考虑透照方向及其他有助于提高缺陷检出灵敏度的措施。

射线照相灵敏度是射线照相对比度(小缺陷或细节与其周围背景的黑度差)，不清晰度(影像轮廓边缘黑度过渡区的宽度)，颗粒度(影像黑度的不均匀程度)三大要素的综合结果，而三大要素又分别受到不同因素的影响。

黑度是射线照相影像质量的基础，黑度与三大要素的关系可用图 3-1 表示。

三大要素的定义和区别可用图 3-2 表示。

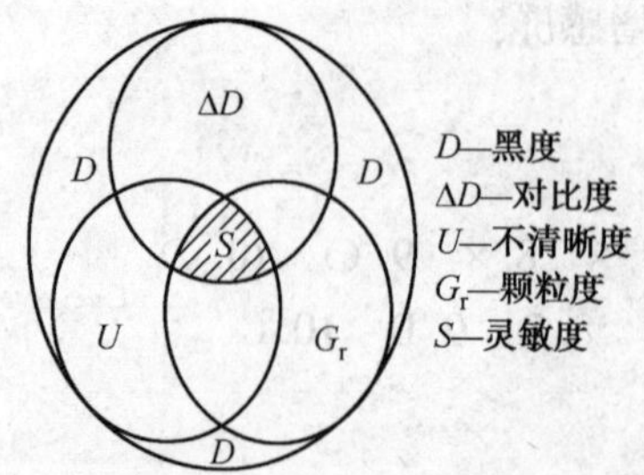

图 3-1　射线照相影像质量的组成和核心图

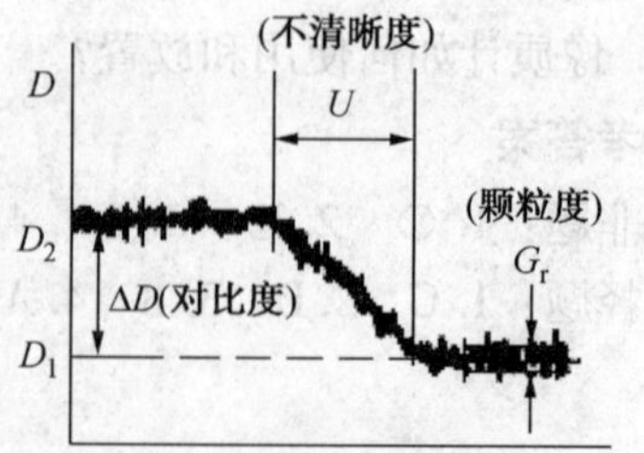

图 3-2　对比度、不清晰度和颗粒度概念示意图

射线照相灵敏度的影响因素可归纳为表 3-1。

表 3-1　影像射线照相灵敏度的因素

射线照相对比度 ΔD $\Delta D=\pm 0.434\mu\gamma\Delta T/(1+n)$		射线照相不清晰度 U $U=\sqrt{U_g^2+U_i^2}$		射线照相颗粒度 G_r
主因对比度 $\dfrac{\Delta I}{I}=\dfrac{\mu\Delta T}{1+n}$	胶片对比度 $\gamma=\dfrac{\Delta D}{\Delta \lg E}$	几何不清晰度 $U_g=\dfrac{d_f L_2}{L_1}$	固有不清晰度 U_i	
取决于： a. 由缺陷造成的透照度厚度差 ΔT（缺陷高度、形状、透照方向） b. 射线的质 μ（或 λ，kVp，MeV） c. 散射比 $n\left(n=\dfrac{I_n}{I_p}\right)$	取决于： a. 胶片类型 γ（或梯度 G） b. 显影条件（配方、时间、活度、温度、搅动） c. 底片黑度 D（$\gamma\propto D$）	取决于： a. 焦点尺寸 d_f b. 焦点至工件表面距离 L_1 c. 工件表面至胶片距离 L_2	取决于： a. 射线的质 μ（或 λ，kVp，MeV） b. 增感屏种类（Pb，Au，Sb） c. 屏—片贴紧程度	取决于： a. 胶片类型 G_r b. 射线的质 μ（或 λ，kVp，MeV） c. 显影条件（配方，时间，温度）

3.2　射线照相对比度

如果工件中存在厚度差，那么射线穿透工件后，不同厚度部位的透过射线的强度就不同，用此射线曝光，经暗室处理得到的底片上不同部位就会产生不同的黑度，射线照相底片上的影像就是由不同黑度的阴影构成的，阴影和背景的黑度差使得影像能够被观察和识别。我们把底片上某一小区域和相邻区域的黑度差称为底片对比度，又叫作底片反差。显然，底片对比度越大，影像越容易被观察到和识别清楚。因此，为检出较小的缺陷，获得较高的灵敏度，就必须设法提高底片对比度。但在提高对比度的同时，也会产生一些不利后果，例如试件能被检出的厚度范围（厚度宽容度）减小，底片上的有效评定区域缩小，曝光时间延长，检测速度下降，检测成本增大等等。

射线照相对比度公式

$$\Delta D=0.434G\cdot\mu\cdot\Delta T/(1+n) \tag{3-1}$$

由式(3-1)可知，射线底片的对比度 ΔD 是主因对比度 $\mu\cdot\Delta T/(1+n)$ 和胶片对比度 G 共同作用的结果，主因对比度是构成底片对比度的根本原因，而胶片对比度可以看作是主因对比度的放大系数，（通常这个系数为 3~8）。

影响主因对比度的因素有：厚度差 ΔT，衰减系数 μ，散射比 n。

ΔT 与缺陷尺寸有关，某些情况下还与透照方向有关。对于试件中具体存在的缺陷，它的几何尺寸是一定的，但在不同方向上形成的厚度差可能不同，对于具有方向性的面积型缺陷，如裂纹、未熔合等，透照方向与 ΔT 的关系特别明显，为提高照相对比度，就必须考虑选择适当的透照方向或控制一定的透照角度，以求得到较大的 ΔT。例如，为检出坡口未熔合，往往选择沿坡口的透照方向，为保证裂纹的检出率，就必须控制射线束与工件表面法线的角度不得过大。

衰减系数 μ 与试件材质和射线能量有关。在试件材质给定的情况下，透照的射线能量越低，线质越软，μ 值越大，在保证射线穿透力的前提下，选择能量较低的射线进行照相，是增大对比度的常用方法。

减小散射比 n 可以提高对比度，因此透照时就必须采取有效措施控制和屏蔽散射线。

影响胶片对比度的因素有：胶片种类、底片黑度，显影条件。

不同类型的胶片具有不同的梯度，通常，非增感胶片的梯度比增感型胶片的梯度大。非增感型胶片中，不同种类的胶片有时梯度也不一样，要想提高对比度，可以选择梯度较大的胶片。

胶片梯度随黑度的增加而增大，为保证对比度，常对底片的最小黑度提出限制，为增大对比度，射线照相底片往往取较大的黑度值。

显影条件的变化可以显著改变胶片特性曲线的形状、显影配方、显影时间、温度以及显影液活度都会影响胶片的梯度。

此外，对小缺陷来说，射线照相的几何条件也会影响其影像对比度。所谓小缺陷，是指横向尺寸(垂直于射线束方向的尺寸)远小于射线源的焦点尺寸的缺陷，包括小的点状缺陷和细的线状缺陷。影响对比度的照相几何条件主要是指射线源尺寸 d_f，源到缺陷的距离 L_1，缺陷到胶片的距离 L_2。

结合图 3-3 可以对几何条件影响小缺陷影像对比度问题作出一个简明的解释：正常情况下，底片上缺陷影像由本影和半影组成如图 3-3(a)所示，但随着 d_f 的增大或 L_2的增大，或 L_1的减小，缺陷影像的本影区域将缩小，半影区域将扩大，图 3-3(b)表示一种临界状态，即本影缩小为一个点；如果进一步增大 d_f，L_2 或缩小 L_1，则情况如图 3-3(c)所示，缺陷的本影将消失，其影像只由半影构成，对比度将显著下降。

几何条件对小缺陷影像对比度的影响可以用系数 d 来修正，这样，考虑几何条件影响的小缺陷影像对比度公式就变为

$$\Delta D = 0.434G \cdot \mu \cdot \sigma \cdot \Delta T/(1+n) \tag{3-2}$$

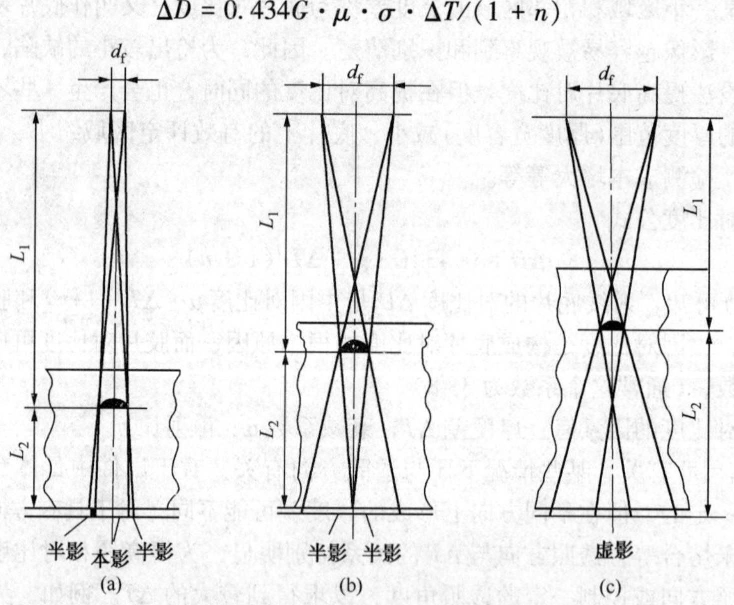

图 3-3　照相几何条件对小缺陷对比度的影像

3.3　射线照相清晰度

如图 3-4 所示，用一束垂直于试件表面的射线透照一个金属台阶试块，理论上理想的射线底片将由两部分黑度区域组成，一部分是试件 AO 部分形成的高黑度均匀区，另一部分

是试件 OB 部分形成的低黑度均匀区，两部分交界处的黑度是突变的，不连续的，如图中(a)所示，但实际上底片上的黑度变化并不是突变的，试件的“阶边”影像是模糊的，影像的黑度变化如图中(b)或(c)所示，存在着一个黑度过渡区，把黑度在该区域的变化绘成曲线，称之为“黑度分布曲线”或“不清晰度曲线”，很明显，黑度变化区域的宽度越大，影像的轮廓就越模糊，所以该黑度变化区域的宽度就定义为射线照相的不清晰度 U。

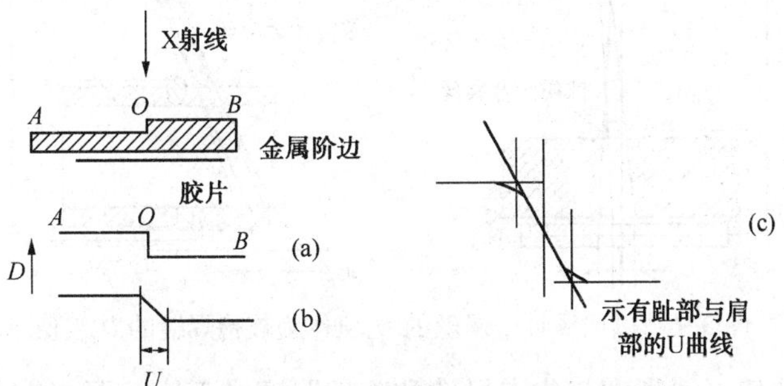

图 3-4　阶边影像的射线照相不清晰度 U

在实际工业射线照相中，造成底片影像不清晰有多种原因，如果排除试件或射源移动，屏—胶片接触不良等偶然因素，不考虑使用盐类增感屏荧光散射引起的屏不清晰度，那么构成射线照相不清晰度主要是两方面因素，即：由于射源有一定尺寸而引起的几何不清晰度 U_g 以及由于电子在胶片乳剂中散射而引起的固有不清晰度 U_i。

底片上总的不清晰度 U 是 U_g 和 U_i 的综合结果，U 和 U_g 和 U_i 三者之间的关系有多种表达式，目前比较广泛采用的关系表达式为

$$U = (U_g^2 + U_i^2)^{1/2} \tag{3-3}$$

3.3.1　几何不清晰度 U_g

由于 X 射线管焦点或 γ 射线源都有一定尺寸，所以透照工件时，工件表面轮廓或工件中的缺陷在底片上的影像的边缘会产生一定宽度的半影，这个半影的宽度就是几何不清晰度 U_g，如图 3-5 所示。

U_g 的数值可用下式计算

$$U_g = \frac{d_f \cdot b}{F - b} \tag{3-4}$$

式中　d_f——焦点尺寸；

F——焦点至胶片距离；

b——缺陷至胶片距离。

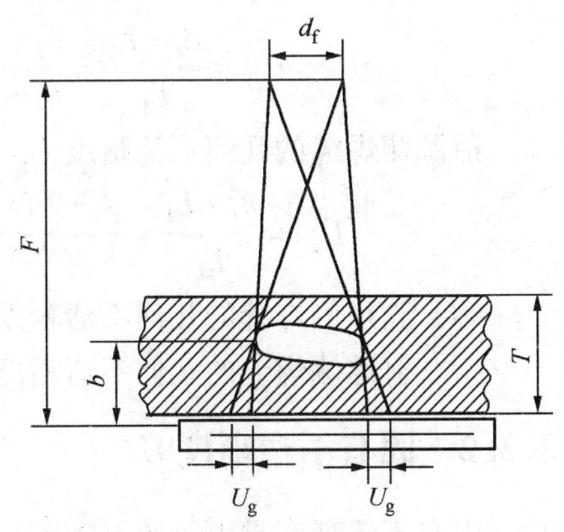

图 3-5　工件中缺陷的几何不清晰度

通常技术标准中所规定的射线照相必须满足的几何不清晰度，是指工件中可能产生的最大几何不清晰度 U_{gmax}，相当于射源侧表面缺陷或射源侧放置的像质计金属丝所产生的几何不清晰度(图 3-6)，其计算公式为

$$U_{gmax} = d_f L_2/(F - L_2) = d_f L_2/L_1 \tag{3-5}$$

式中　L_1——焦点至工件表面的距离；

L_2——工件表面至胶片的距离。

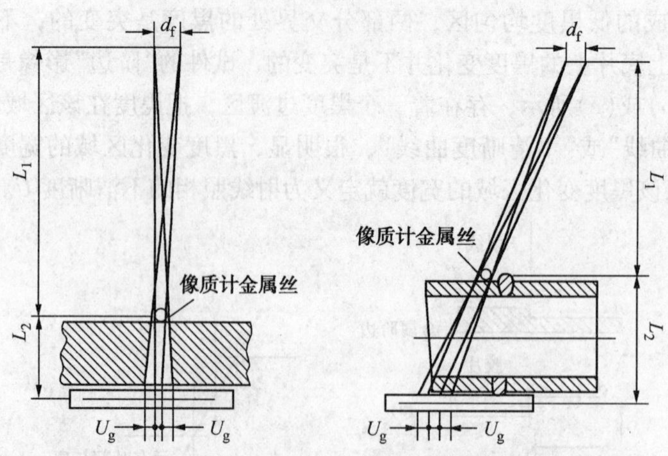

图 3-6　以像质计金属丝的 U_g 值作为被检焊缝的 U_{gmax} 值

由上式可知，几何不清晰度与焦点尺寸和工件厚度成正比，而与焦点至工件表面的距离成反比。在焦点尺寸和工件厚度给定的情况下，为获得较小的 U_g 值，透照时就需要取较大的焦距 F，但由于射线强度与距离平方成反比，如果要保证底片黑度不变，在增大焦距的同时就必须延长曝光时间或提高管电压，所以对此要综合权衡考虑。

使用 X 射线照相时，由于透照场中不同位置上的焦点尺寸不同，阴极一侧的焦点尺寸较大，因此相应位置上的几何不清晰度也较大。实际上，由于照射场内光学焦点从阴极到阳极一侧都是变化的，因此，即使是纵焊缝(平板)照相，底片上各点的 U_g 值也是不同的。而环焊缝(曲面)照相，由于距离、厚度的变化，故底片的上各点的 U_g 值的变化更大、更复杂。

几何不清晰度的计算可见下面例题：

例：采用双壁双影法透照 $\phi 76\times 3$mm 的管子对接焊缝，已知 X 射线机焦点尺寸为 3mm，透照焦距为 600mm，求胶片侧焊缝和射源侧焊缝的照相几何不清晰度 U_g。

解：已知管子外径 $D=76$mm，焦点 $d_f=3$mm，壁厚 $t=3$mm，焦距 $F=600$mm

又：焊缝余高 Δt 取 2mm，根部余高取 0mm。

则胶片侧焊缝的几何不清晰度 U_{g1}

$$U_{g1}=\frac{d_f\cdot L_2}{L_1}=\frac{d_f\cdot(t+\Delta t)}{F-(t+\Delta t)}=\frac{3(3+2)}{600-(3+2)}=0.0252\text{mm}$$

射源侧焊缝的几何不清晰度 U_{g2}

$$U_{g2}=\frac{d_f\cdot L_2}{L_1}=\frac{d_f\cdot(D+2\Delta t)}{F-(D+2\Delta t)}=\frac{3(76+2\times 2)}{600-(76+2\times 2)}=0.4615\text{mm}$$

答：胶片侧焊缝的几何不清晰度 $U_{g1}=0.0252$mm；

　　射源侧焊缝的几何不清晰度 $U_{g2}=0.4615$mm。

3.3.2　固有不清晰度 U_i

固有不清晰度是由于照射到胶片上的射线在乳剂层中激发出的电子的散射而产生的。当光子穿过剂层时，与物质相互作用发生光电效应，康普顿效应，以及电子对效应，所有这三种效应都能激发出电子。射线光量子的能量越高，激发出来的电子的动能就越大，在乳剂层中的射程也就越长。这些电子向各个方向散射，到达邻近的卤化银颗粒，动能较大的电子甚至可以穿透过许多个卤化银颗粒。由于电子的作用，使这些卤化银颗粒成为潜影，因此一个射线光量子不只是影响一个卤化银颗粒，而可能在乳剂中产生一小块潜影银，其结果是不仅光量子直接作用的点能被显影，而且该点附近区域也能被显影，这就造成了影像边界的扩散和轮廓的模糊，固有不清晰度大小就是散射电子在胶片乳剂层中作用的平均距离。

固有不清晰度主要取决于射线的能量，表 3-2 为不同射线能量下的固有不清晰度值。按表 3-2 的数值绘制成曲线图 3-7，可以看出：U_i随射线能量的提高而连续递增，在低能区，U_i增大速率较慢，但在高能区，U_i增大速率较快。

表 3-2　与不同射线能量相应的固有不清晰度值

经滤波的射线		U_i/mm
50kV	X 射线	0.03
100kV	X 射线	0.05
200kV	X 射线	0.09
300kV	X 射线	0.12
400kV	X 射线	0.15
1000kV	X 射线	0.24
2MV	X 射线	0.32
5.5MV	X 射线	0.46
8MV	X 射线	0.60
18MV	X 射线	0.80
31MV	X 射线	0.97
Ir192	X 射线	0.17
Cs137	X 射线	0.28
Co60	X 射线	0.35
Tm170	X 射线	0.07~0.1

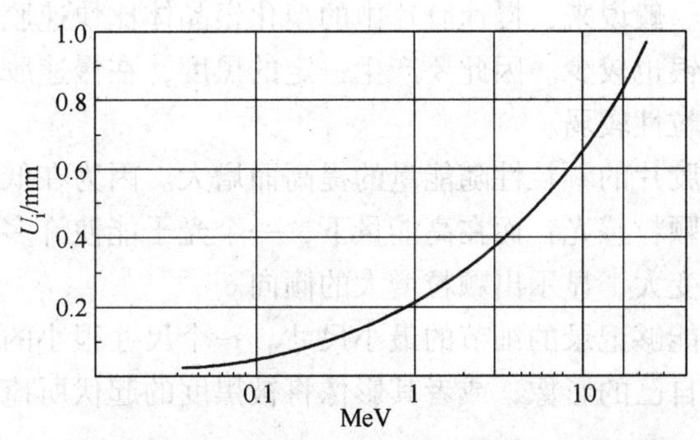

图 3-7　不同射线能量下的一射线照相固有不清晰度实验曲线

（微粒胶片，经滤波的射线）

锅炉压力容器射线照相通常使用的金属增感屏能吸收射线能量，发射出电子，作用于胶片的卤化银，增加感光，由增感屏发射出的电子，在乳剂层中也有一定的射程，同样产生固有不清晰度。有关文献指出，增感屏的材料种类、厚度，以及使用情况都会影响固有不清晰度。例如，在中低能量射线照相中，使用铅增感屏的底片比不使用铅增感屏的底片的固有不清晰度有所增大；随着铅增感屏厚度的变化，固有不清晰度也将有所改变；在 γ 射线和高能 X 射线照相中，使用铜、钽、钨制作的增感屏可以得到比铅屏更小的固有不清晰度；在使用增感屏时，如果屏与胶片贴合得不紧，留有间隙，将使固有不清晰度明显增大。

对屏和胶片贴合不紧导致固有不清晰度增大的现象可作出以下解释，由屏发射出的电子脱离屏表面后，如果未立即进入胶片乳剂层，而是在空气中经过一段距离后再进入乳剂层，那么，由于电子通过空气时的动能损失较小，其总的作用距离将大于那些完全在乳剂层中穿行的电子的作用距离。因此导致固有不清晰度增大。

3.4 射线照相颗粒度

颗粒性是指均匀曝光的射线底片上、影像黑度分布不均匀的视觉印象。颗粒度则是根据测微光密度计测出的数据、按一定方法求出的所谓底片黑度涨落的客观量值。

对受到高能量射线照射的快速胶片来说，不用放大镜，颗粒性就很明显；而对受低能量射线照射的慢速胶片来说，可能要经中度放大才能使颗粒性明显。一般说来、颗粒性随胶片速度和射线能量的增大而增大，另外也与显影配方、活度、温度等因素有关。

颗粒性印象不是由单个显影的感光颗粒引起的。在工业射线胶片中，由单个感光颗粒显影产生的黑色金属银粒很少大于0.01mm，通常还要小些，这远低于人眼可见界限。

实际上颗粒的视觉印象是由许多银粒交互重迭组成的颗粒团产生的，而颗粒团的黑度则是由这些单个银粒的随机分布造成的。胶片乳剂中，每吸收一个X射线或γ射线光量子，会使乳剂中一个以上的溴化银晶体感光。这些“吸收现象”是随机存在的，即使在均匀的X射线束中，由于纯统计原因，胶片上一个微小区域的光子吸收数也将不同于另一个区域。因此被曝光的颗粒是随机分布的，即从一个区域到另一个区域，曝光的颗粒数有统计变化。

对速度很慢的胶片来说，要产生黑度2.0，一个小区域中可能要吸收10000个光子。而对快速胶片，产生同样黑度所需的光子要少得多，考虑光子吸收过程中的迭加作用对吸收随机性和颗粒性的影响，需要的光子数越多，射线照相影像的颗粒性就越不明显。可见胶片速度会影响胶片颗粒性。一般说来，慢速胶片中的溴化银晶体比快速胶片中的晶体小，故曝光和显影后产生的光吸收银也较少。因此要产生一定的黑度，在慢速胶片中吸收的光子数要比快速胶片多，故胶片颗粒性较弱。

同样也易于理解，胶片的颗粒性随能量的提高而增大。因为在低能量下，吸收一个光子只使一个或几个溴化银颗粒感光；而在高能量下，一个光子能使许多个颗粒感光，这样就使得随机分布的黑度起伏变大，显示出颗粒增大的倾向。

颗粒度限制了影像能够记录的细节的最小尺寸。一个尺寸很小的细节，在颗粒度较大的影像中，或者不能形成自己的影像，或者其影像将被黑度的起伏所掩盖，无法识别出来。

习　题

一、是非题

1. 影像颗粒度完全取决于胶片乳剂层中卤化银微粒尺寸的大小。(　　)

2. 射线照相时，若千伏值提高，将会使胶片对比度降低。(　　)

3. 当射线的有效能量增加到大约250kV以上时，就会对底片颗粒度产生明显影响。(　　)

4. 减小几何不清晰度的途径之一，就是使胶片尽可能地靠近工件。(　　)

5. 增加源到胶片的距离可以减小几何不清晰度，但同时会引起固有不清晰度增

大。(　　)

6. 胶片的粒度越大，固有不清晰度也就越大。(　　)

7. 可以采取增大焦距的办法使尺寸较大的源的照相几何不清晰度与尺寸较小的源完全一样。(　　)

8. 射线照相对比度就是缺陷影像与其周围背景的黑度差。(　　)

9. 底片能够记录的影像细节的最小尺寸取决于颗粒度。(　　)

10. 射线照相颗粒度表示影像黑度的不均匀程度。(　　)

二、选择题

1. 从可检出最小缺陷的意义上说，射线照相灵敏度取决于(　　)。
   A. 底片成像颗粒度；　　B. 底片上缺陷图像不清晰度；
   C. 底片上缺陷图像对比度　　D. 以上都是。

2. 胶片对比度取决于：(　　)。
   A. 胶片类型(或梯度 G)　　B. 显影条件
   C. 底片黑度 D　　D. 以上都是

3. 下列四种因素中，不能减小几何不清晰度的因素是(　　)。
   A. 射源到胶片的距离　　B. 胶片到工件的距离
   C. 射源的强度　　D. 射源的尺寸。

4. 下列四种因素中对底片的清晰度无任何影响的是(　　)。
   A. 射源的焦点尺寸　　B. 增感屏的类型；
   C. 射线的能量　　D. 底片的黑度

5. 以下哪一个参数不被认为是影响裂纹检出的关键参数(　　)。
   A. 长度 L　　B. 开口宽度 W
   C. 自身高度 d　　D. 裂纹与射线角度

6. 如何提高射线底片的信噪比？(　　)。
   A. 增加曝光量　　B. 提高管电压；
   C. 增大焦距　　D. 胶片与工件距离减小。

7. 决定缺陷在射线透照方向上可检出最小厚度差的因素是(　　)。
   A. 对比度　　B. 不清晰度
   C. 颗粒度　　D. 以上都是

8. 以下哪一种措施不能提高射线照相的信噪比(　　)。
   A. 使用速度更慢的胶片　　B. 增加曝光量
   C. 提高底片黑度　　D. 提高射线能量

9. 下列关于胶片梯度的叙述，正确的是(　　)。
   A. 增感型胶片比非增感型胶片梯度大　　B. 选择梯度较大的胶片可提高对比度
   C. 胶片梯度随黑度的增加而减小　　D. 以上都是

10. 几何不清晰度与(　　)。
   A. 焦点尺寸成正比　　B. 工件厚度成正比
   C. 焦点至工件表面距离成反比　　D. 以上都对

三、问答题

1. 什么是射线照相灵敏度？绝对灵敏度和相对灵敏度的概念又是什么？

2. 什么叫主因对比度？什么叫胶片对比度？它们与射线照相对比度的关系如何？

3. 写出透照厚度差为 ΔX 的平板底片对比度公式和像质计金属丝底片对比度公式，说明公式中各符号的含义，并指出两个公式的差异？

4. 何谓固有不清晰度？

5. 固有不清晰度大小与哪些因素有关？

6. 何谓几何不清晰度？其主要影响因素有哪些？

7. 试述 U_g 和 U_i 关系以及对照相质量的影响。

8. 什么叫最小可见对比度？影响最小可见对比度的因素有哪些？

9. 为什么射线探伤标准要规定底片黑度的上、下限？

10. 采用源在外的透照方式比源在内透照方式更有利于内壁表面裂纹的检出，这一说法是否正确，为什么？

参考答案

是非题：1. ×　2. ×　3. ○　4. ○　5. ×　6. ×　7. ○　8. ○　9. ○　10. ○

选择题：1. D　2. D　3. C　4. D　5. A　6. A　7. A　8. D　9. B　10. D

第四章　暗室处理技术

暗室处理是射线照相检验的一道重要工序，被射线曝光的带有潜影的胶片经过暗室处理后变为带有可见影像的底片。底片质量好坏与暗室工作的技术水平以及操作正确与否密切相关。作为射线检测人员，应熟练掌握暗室操作技术以及有关知识。

4.1　暗室基本知识

4.1.1　暗室布局知识

暗室的布局应注意以下几点：

(1) 暗室应有足够的空间，不宜过小、过窄。

(2) 暗室应分为干区和湿区两个部分。其中干区用于摆放胶片、暗盒、增感屏等器材并用来进行切片、装片等工作。而湿区用来进行显影、定影、水洗、干燥等工作。干区和湿区应尽可能相距远一些(图 4-1)。

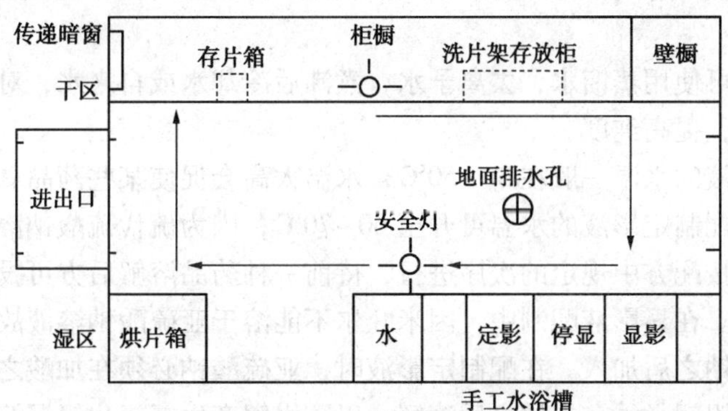

图 4-1　手工冲洗的暗室

(3) 各种设备器材摆放位置应适当。以利于工作，例如冲洗胶片的设备的摆放次序应与操作次序一致。

(4) 暗室要完全遮光，进口处应设置过渡间和双重门，以保证出入不漏光，为减少人员出入次数，应设置传递口，用于传送胶片和底片。

(5) 如暗室附近有射线源，要注意屏蔽问题。

(6) 暗室应有通风换气设备和排水系统。应有控制温度和湿度的设施。

(7) 暗室地面和工作台应保持干燥、清洁，墙壁、工作台应有防水和防化学腐蚀的能力。

4.1.2　暗室设备器材使用知识

暗室常用的设备器材包括安全灯、温度计、天平、洗片槽、烘片箱等，有的还配有自动洗片机。

洗片机等设备的使用有专门的操作规程，其他设备使用时应注意以下几点：

安全灯用于胶片冲洗过程中的照明。不同种类胶片具有不同的感光波长范围，此特性称为感色性。工业射线胶片对可见光的蓝色部分最敏感，而对红色或橙色部分不敏感，因此，用于射线胶片处理的安全灯采用暗红色或暗橙色。为保证安全，对新购置的安全灯应进行测试，对长期使用的安全灯也应作定期测试。测试方法为：在工作位置放置胶片，上盖黑纸，打开安全灯，每隔数分钟移动一下黑纸，使胶片不同部位在安全灯下经受不同时间的曝光，然后进行标准显影处理，将曝光部分与未曝光部分比较，以黑度不明显增大为安全，据此可确定安全灯的性能以及允许工作时间和工作距离。

温度计用于配液和显影操作时测量药液温度，可使用量程大于 50℃，刻度为 1℃ 或 0.5℃ 的酒精玻璃温度计，也可使用半导体温度计。

天平用于配液时称量药品，可采用称量精度为 0.1g 的托盘天平。天平使用后应及时清洁，以防腐蚀造成称量失准。

胶片手工处理可分为盘式和槽式两种方式。其中盘式处理易产生伪缺陷，所以目前多采用槽式处理。洗片槽用不锈钢或塑料制成，其深度应超过底片长度 20%以上，使用时应将药液装满槽，并随时用盖将槽盖好，以减少药液氧化。槽应定期清洗，保持清洁。

4.1.3 配液注意事项

（1）配液的容器应使用玻璃，搪瓷或塑料制品，也可使用不锈钢制品，搅拌棒也应用上述材料制作，切忌使用铜、铁、铝制品，因为铜、铁等金属离子对显影剂的氧化有催化作用。

（2）配液用水可使用蒸馏水，去离子水，煮沸后冷却水或自来水，对井水或河水应进行再制，以降低硬度，提高纯度。

（3）配制显影液的水温一般在 30~50℃，水温太高会促使某些药品氧化，太低又会使某些药品不易溶解。配制定影液的水温可升至 60~70℃，因为硫代硫酸钠溶解时会大量吸热。

（4）配液时应按配方中规定的次序进行，待前一种药品溶解后方可投入下一种药品，切不可随意颠倒次序。在显影液配制中，因米吐尔不能溶于亚硫酸钠溶液故最先加入，其余显影液都应在亚硫酸钠之后加入。在配制定影液时，亚硫酸钠必须在加酸之前溶解，以防硫代硫酸钠分解。硫酸铝钾必须在加酸之后溶解，以防水解产生氢氧化铝沉淀。

（5）配液时应不停地搅拌，以加速溶解。但显影液的搅拌不宜过于激烈，且应朝着一个方向进行，以免发生显影剂氧化现象。

（6）配液时宜先取总体积四分之三的水量，待全部药品溶解后再加水至所要求的体积，配好的药液应静置 24h 后再使用。

4.1.4 胶片处理程序和操作要点

胶片手工处理过程可分为显影、停显、定影、水洗、干燥五个步骤，各个步骤的标准操作条件见表 4-1：

表 4-1 胶片处理的标准条件和操作要点

步 骤	温 度	时 间	药 液	操 作 要 点
显影	20℃±2℃	4~6min	显影液（标准配方）	预先水浸，过程中适当搅动
停显	16~24℃	约 30s	停影液	充分搅动

续表

步　骤	温　度	时　间	药　液	操作要点
定影	16~24℃	5~15min	定影液	适当搅动
水洗	—	30~60min	水	流动水漂洗
干燥	≤40℃	—	—	去除表面水滴后干燥

有关说明如下：

（1）显影温度对底片质量影响很大，必须严格控制。

（2）胶片放入显影液之前，应在清水中预浸一下，使胶片表面润湿，避免进入显影液后胶片表面附有气泡造成显影不均匀。

（3）显影时正确的搅动方法：在最初 30s 内不间断地搅动，以后每隔 30s 搅动一次。

（4）停显阶段应不间断地充分搅动。

（5）停显温度最好与显影温度相近，停显温度过高，可能会产生“网纹”、“皱褶”等缺陷。

（6）定影总的时间为“通透时间”的 2 倍，所谓“通透时间”是指胶片放进定影液开始到乳剂的乳白色消失为止的时间。

（7）水洗应使用清洁流水飘洗，水洗不充分的底片长期保存后会发生变色现象。

（8）水洗水温应适当控制，水温高时水洗效率也高，但药膜高度膨胀易产生“划伤”、“药膜脱落”等缺陷。

（9）底片干燥应选择没有灰尘的地方进行，因为湿底片极易吸附空气中的尘埃。

（10）热风干燥能缩短干燥时间，但如温度过高易产生干燥不均的条纹。

（11）水洗后的底片表面附有许多水滴，如不除去会因干燥不均产生水迹，可用湿海绵擦去水滴，或浸入脱水剂溶液，使水从底片表面快速流尽。

4.1.5　胶片处理药液配方

（1）工业射线胶片常用的显影配方见表 4-2 和表 4-3。

表 4-2　米吐尔显影配方

项　　目	天　津	柯达 D196	阿克发	富　士
温水(50℃)/mm	750	750	750	750
米吐尔/g	4	2.2	3.5	4
无水亚硫酸钠/g	65	72	60	60
对苯二酚/g	10	8.8	9	10
无水碳酸钠/g	45	4	40	53
溴化钾/g	5	5	3.5	2.5
加水至/mg	1000	1000	1000	1000
显影温度/℃	20	20	18	20
显影时间/min	4~8	5	5~7	5

表 4-3 菲尼酮配方显影液

项 目	普通糙显影液	高活性显影液	自动洗片机用显影液
温水(50℃)/mL	750	750	750
无水显硫酸钠/g	60	100	60
对苯二酚/g	11	35	24
菲尼酚/g	0.27	0.6	0.75
无水碳酸钠/g	40	25	—
偏硼酸钠/g	—	—	33
氢氧化钠/g	4	21	19
溴化钾/g	4	1	10
6-硝苯并/g	—	—	0.5
-2-磺酸/g	—	—	0.2
苯并三/g	0.1	0.5	—
E. D. T. A/g	2	2	3.5
聚乙二醇 200/mL	—	—	0.2
明胶坚膜剂(亚硫酸氢盐化合物)/g	—	—	17
加水至/L	1	1	1
显影温度/℃	20	26.5	27.5~32
显影时间/min	4~5	1.5~2	7~3

（2）停显液配方见表 4-4。

表 4-4 常用停显液配方

项 目	停显配方	坚膜停显配方
水/mL	750	750
冰醋酸/mL	20	20
无水硫酸钠/g	—	-45
加水至/mL	1000	1000
停显时间/s	10~20	20

（3）定影液配方见表 4-5。

表 4-5 常用定影液配方

项 目	天 津	柯达 F5	柯达 ATF-6 快速定影配方
温水(65℃)/mL	600	600	600
硫代硫酸钠/g	240	240	—
硫代硫酸钠/g	—	—	200
无水亚硫酸钠/g	15	15	15
冰醋酸/mL	15	15	15.4
硼酸/g	7.5	7.5	7.5
硫酸铝钾/g	15	15	15
加水至/mL	1000	1000	1000

4.2 暗室处理技术

4.2.1 显影

显影在整个胶片处理过程中具有特别重要的意义。即使是同一种胶片，如果采用不同的显影配方和操作条件，所表现的感光性能是不一样的，底片的主要质量指标，例如黑度，对比度，颗粒度等都受到显影的影响。

1. 显影液的组成及作用

一般显影液中含有四种主要成分：显影剂、保护剂、促进剂和抑制剂。此外有时还加入一些其他物质，例如坚膜剂和水质净化剂等。

1）显影剂

显影剂的作用是将已感光的卤化银还原为金属银，常用的显影剂有米吐尔、菲尼酮、对苯二酚。它们各有不同特点。显影配方通过选择不同显影剂和不同的配比来调整显影性能。

米吐尔为白色或灰色针状结晶或粉末，易溶于水，不易溶于亚硫酸钠溶液，因此配制显影液时将米吐尔在亚硫酸钠之前溶解。米吐尔显影能力强、速度快、初影时间短，得到的影像较柔和，反差小，称为软性显影剂，米吐尔适用的溶液 pH 值范围很宽，在 6~10 之间均可使用。温度的变化对米吐尔的显影能力影响不大。

菲尼酮是另一种软性显影剂，呈白色结晶粉末状，常温下不溶于水，但易溶于碱性水溶液。菲尼酮与对苯二酚配合使用时表现出极强的显影能力，且性能稳定。

对苯二酚为白色或黄色针状结晶，易溶于水和亚硫酸钠溶液。对苯二酚显影速度慢，初影时间长，一旦出影，则影像密度急增。对苯二酚可使影像具有很高的反差，称为硬性显影剂，对苯二酚在 pH 值 9~11 之间的碱性溶液中才有较好的显影能力。同时它对温度敏感，在 10℃以下时几乎无显影能力。温度过高则易引起灰雾，此外它对溴化钾也很敏感，如显影液中溴化钾过量会大大抑制对苯二酚的显影作用。

2）保护剂

保护剂的作用是阻止显影剂与进入显影液的氧发生作用，使其不被氧化。最常用的保护剂是亚硫酸钠。

显影剂在水溶液中，特别是在碱性溶液中很容易氧化，一旦氧化便失去显影能力。而产生的氧化物又会使溶液变黄，污染乳剂。亚硫酸钠具有更强的与氧化合的能力，因而能够优先与氧化合，减少显影剂的氧化。同时亚硫酸钠还能与显影剂的氧化产物作用，生成可溶的无色的显影剂磺酸盐，从而延长显影液的使用寿命。

亚硫酸钠有两种：无水亚硫酸钠（Na_2SO_3），分子量为 126.12。另一种是结晶亚硫酸钠（$Na_2SO_3 \cdot 7H_2O$），分子量为 252.14。一般配方中采用无水亚硫酸钠，如使用结晶亚硫酸钠应进行质量换算。

3）促进剂

促进剂的作用是增强显影剂的显影能力和速度。各种有机显影剂的显影能力都随着溶液的 pH 值增大而增强，因此大多数显影液都是碱性溶液。另一方面，在显影过程中，每一个卤化银被还原成一个金属银原子时，就产生一个氢离子。为了不使 pH 值局部降低而减缓显影速度，就必须有足够的氢氧离子来中和氢离子。因此显影液不仅要呈碱性，而且还应具有保持碱性 pH 的良好的缓冲性能。通常使用的促进剂是一些强碱弱酸盐，如碳酸钠、硼砂，有时也用一些强碱，如氢氧化钠。

显影液的 pH 值在 8~11 之间，可通过改变促进剂的种类和数量来调节 pH 值。显影液中加入硼砂，pH 值约 8.0~9.2；加入碳酸钠，pH 值约 9.0~11.0；加入碳酸钠和氢氧化钠，pH 值约 10.5~12.0。显影液的 pH 值低，则显影速度较慢，所得影像颗粒较细，反差较小。

显影液的 pH 值高，则显影速度较快，所得影像颗粒较粗，反差较大，灰雾也增大。根据性质和作用，称硼砂为软性促进剂，碳酸钠为中性促进剂，氢氧化钠为硬性促进剂。

碳酸钠有无水碳酸钠(Na_2CO_3，分子量 106)和结晶碳酸钠($NaCO_3 \cdot nH_2O$)两种，一般配方中采用无水碳酸钠，如使用结晶碳酸钠，应作重量换算。硼砂的分子式为 $NaB_4O_7 \cdot 10H_2O$，分子量 381。氢氧化钠分子式 NaOH，分子量 40。氢氧化钠是强碱，使用时要注意安全。

4）抑制剂

抑制剂的主要作用是抑制灰雾，常用的抑制剂包括溴化钾、苯并三氮唑等。

不加抑制剂的显影液对已曝光和未曝光的溴化银颗粒区别能力很小，从而有形成灰雾的倾向，在显影液中加入溴化钾后，离解出的溴离子会吸附在溴化银颗粒周围，从而阻滞显影作用，但这种阻滞程度有所不同，对未曝光的颗粒阻滞作用最大，而对已曝光的溴化银颗粒阻滞作用最小，从而使显影灰雾降低。抑制剂在抑制灰雾的同时也抑制了显影速度，这样有利于显影均匀。此外抑制剂对影像层次和反差也起着调节和控制作用。

2. 影响显影的因素

影响显影的因素很多，除了配方外，显影时间、温度、搅动情况和显影液老化程度对显影都有明显影响。

1）时间对显影的影响

合适的显影时间与配方有关。所以配方都附有推荐的显影时间，对于手工处理，大多规定为 4~6min。显影时间进一步延长，虽然黑度和反差会增加，但影像颗粒和灰雾也将增大。而显影时间过短，将导致黑度和反差不足。图 4-2 反映了显影时间与反差和灰雾的关系。

2）温度对显影的影响

显影温度也与配方有关，手工处理的显影配方推荐的显影温度多在 18~20℃。温度高时显影速度快，温度低时显影速度慢。温度高时对苯二酚显影能力增强。其结果使影像反差增大，同时灰雾也增大，颗粒变粗，此时药膜松软，容易划伤或脱落，温度低时对苯二酚显影能力减弱，此时显影主要靠米吐尔作用，因此反差降低(图 4-3)。

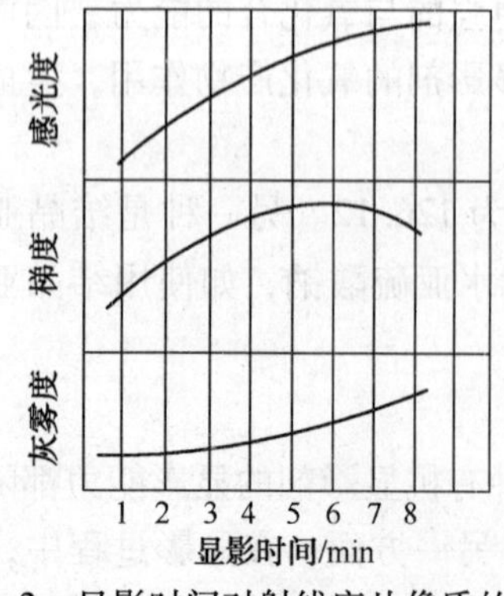

图 4-2　显影时间对射线底片像质的影响

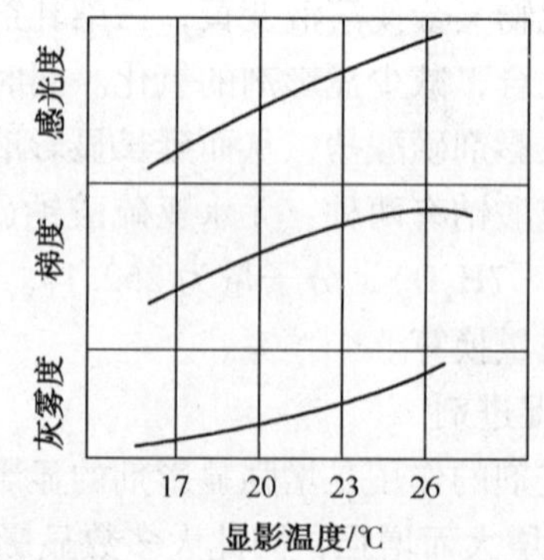

图 4-3　显影温度对射线底片像质的影响

3）搅动对显影的影响

在显影过程中进行搅动，可以使乳剂膜表面不断地与新鲜药液接触并发生作用，这样不仅使显影速度加快，而且保证了显影作用均匀。此外，由于曝光多的部分显影反应迅速，与之接触的药液容易疲乏，不曝光的部分显影作用少，药液不易疲乏，搅拌的结果加速了曝光多的部分的显影速度，从而提高了反差。

如果胶片在显影液中静止不动，会使反应产生的溴化物无法扩散，造成显影不均匀的条纹，为保证显影均匀，应不断进行搅动操作，尤其是胶片进入显影液的最初一分钟的频繁搅动特别重要。

4）显影液活性对显影的影响

显影液的活性取决于显影剂的种类和浓度以及显影液的 pH 值。显影液在使用过程中，显影剂浓度逐渐减少，显影剂氧化物逐渐增加，pH 值逐渐降低，溶液中卤化物离子逐渐增加，将导致显影作用减弱，活性降低，这种现象称为显影液老化。使用老化的显影液，显影速度变慢，反差减小，灰雾增大。

为保证显影效果，可在活性减弱的显影液中加入补充液。补充液应具有比显影液更高的 pH 值，更高的显影剂和亚硫酸盐浓度。补充液通常不含溴化物，如原配方中有有机防灰雾剂可加以补充。每次添加的补充液最好不超过槽中显影液总体积的 2%或 3%，当加入的补充液达到原显影液体积 2 倍时，药液必须废弃。

3. 显影基本原理

化学显影的基本反应可用下式表示

$$\text{已曝光的 } AgBr^{+}\text{显影剂} \rightarrow Ag^{+}\text{显影剂氧化物} + HBr$$

可见显影剂在反应中起还原剂作用，将银离子 Ag^{+}还原成黑色的金属银 Ag。而自身被氧化。但实际上，并非所有能够还原银离子的物质都可作为显影剂，对现代显影剂的性能有以下五项要求：

（1）能给出电子，将银离子还原为黑色的金属银。

（2）只对已曝光的溴化银起还原作用。而对未曝光的溴化银不起作用。

（3）可溶于水或碱性溶液。

（4）比较稳定，能抗空气氧化。

（5）所产生的氧化物应是可溶的和无色的。

常用的显影液有两大类：一类由米吐尔和对苯二酚组成，称为 MQ 显影液；另一类由菲尼酮和对苯二酚组成，称为 PQ 显影液。当前，PQ 显影液使用日益广泛，有取代 MQ 显影液的趋势。

菲尼酮之所以能取代米吐尔与对苯二酚配用，是因为它具有一系列优良性能，例如在强碱溶液中更稳定，显影活性受溴化物影响较小等，但更重要的原因是菲尼酮与对苯二酚配合时，其“超加和性”比米吐尔更佳。

所谓超加和性是指两种显影剂一起使用时产生的一种特殊效应，又称协合效应。当两种显影剂加在同一溶液中，在其他变数都固定时，混合液的显影速度有四种表现方式，加和作用：总显影速度等于两种显影剂分别速度之和；协合作用：总显影速度大于分别速度之和；对抗作用：总显影速度小于分别速度之和；第四个可能是在某一浓度范围出现协合作用，另一浓度范围表现出对抗作用。上述四种方式以第二种最有意义，显影配方常选用两种显影剂一起使用的依据即在于此。

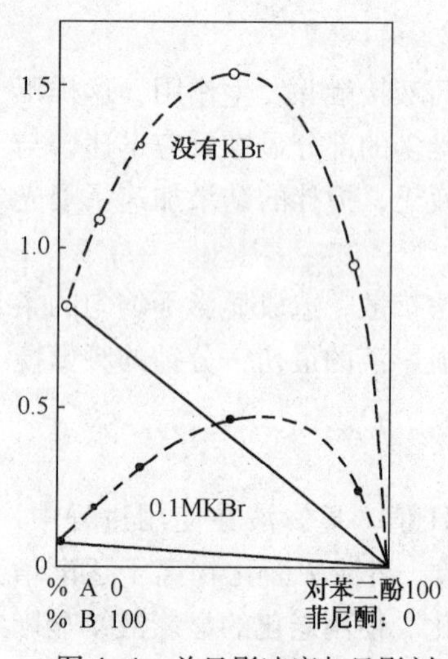

图 4-4　总显影速度与显影剂百分比率之间的关系—加和速度所得的曲线

米吐尔—对苯二酚和菲尼酮—对苯二酚是两种最常用的超加和体系。以后者为例，菲尼酮单独使用时只能表现出极低的显影活性，对苯二酚单独使用的活性也较低，而两者混合使用后，显影速度大大提高，图 4-4 表明了这种效应的结果。

4.2.2　停显

从显影液中取出胶片后，显影作用并不立即停止，胶片乳剂层中残留的显影液还在继续着显影，此时将胶片直接放入定影液，容易产生不均匀的条纹和两色性雾翳，两色性雾翳是极细的银粒沉淀。在反射光下呈蓝绿色，在透射光下呈粉红色。另一方面，胶片上残留的碱性显影液如果带进酸性定影液，会污染定影液，并使 pH 值升高，将大大缩短定影液寿命。因此，显影之后必须进行停显处理，然后再进行定影。

停显液通常为 2%~3%的乙酸溶液，其他停显剂有酒石酸、柠檬酸、亚硫酸氢钠等。胶片放入停显液后，残留的碱性显影液被中和，pH 值迅速下降至显影停止点，明胶的膨胀也得到控制。

停显时由于酸碱中和，乳剂层中会产生 CO_2气泡从表面排出，操作上应不停搅动。在热天或药液温度较高时，药膜极易损伤，可在停显液中加入坚膜剂无水硫酸钠。

4.2.3　定影

显影后的胶片，其乳剂层中大约还有 70%的卤化银未被还原成金属银。这些卤化银必须从乳剂层中除去，才能将显影形成的影像固定下来。这一过程称为定影，在定影过程中，定影剂与卤化银发生化学反应，生成溶于水的络合物，但对已还原的金属银则不发生作用。

1. 定影液的组成及作用

定影液包含有四种组分：定影剂、保护剂、坚膜剂、酸性剂。

1）定影剂

定影剂是定影液的主要成分，常用的定影剂为硫代硫酸钠，又称大苏打、海波、分子式为 $Na_2S_2O_3$。有时也使用硫代硫酸铵$(NH_4)_2S_2O_3$，后者有快速定影作用。

硫代硫酸根离子可与银离子反应生成多种形式的络合物并溶于水中，同时卤离子也进入溶液，但并不参与反应。这样卤化银就从乳剂层中除去而溶解在定影液中。

2）保护剂

定影剂硫代硫酸钠在酸性溶液中易发生分解析出硫而失效，需要使用保护剂来阻止这种现象发生。常用的保护剂为无水亚硫酸钠，亚硫酸根离子能与氢离子结合从而抑制硫代硫酸钠的分解。

3）坚膜剂

在定影过程中，胶片乳剂层吸水膨胀，易造成划伤和药膜脱落，因此需要在定影液中加入坚膜剂。使用坚膜剂的另一好处是降低胶片的吸水性、干燥起来更容易。

常用的坚膜剂有硫酸铝钾（钾明矾），化学式为 $K_2SO_4 \cdot Al_2(SO_4)_3 \cdot 24H_2O$，硫酸铬钾

(钾铬矾)化学式为 $K_2SO_4 \cdot Cr_2(SO_4)_3 \cdot 24H_2O$，后者的坚膜能力优于前者，上述坚膜剂适用于酸性定影液，坚膜效果最佳的 pH 值约在 4.3。

4）酸性剂

为中和停显阶段未除净的显影液碱性物质，通常将定影液配制成酸性溶液，加入的酸性物质通常是醋酸和硼酸。

醋酸(CH_3COOH)在常温下呈白色晶体状，所以又称冰醋酸。硼酸(H_3BO_3)为无色发光的结晶透明晶粒。

定影液的 pH 值一般控制在 4~6 之间，若 pH 值低于 4，硫代硫酸钠易发生分解而析出硫；当 pH 值高于 6 时，坚膜剂会发生水解形成氢氧化铝沉淀。其中硫酸铝钾比硫酸铬钾更易水解，单纯硫酸铝钾溶液在 pH 值升至 4.2 时即开始水解。硼酸可抑制水解的发生，定影液中加入硼酸后，可将硫酸铝钾不发生水解的 pH 值升高至 6.5。

2. 影响定影的因素

影响定影的因素主要有，定影时间、定影温度、定影液老化程度，以及定影时的搅动。

1）定影时间

定影过程中，胶片乳剂膜的乳黄色消失。变为透明的现象称为“通透”，从胶片放入定影液直至通透的这段时间称为“通透时间”。通透现象出现意味着胶片乳剂层中未显影的卤化银已被定影剂溶解，但要使被溶解的银盐从乳剂中渗出进入定影液，还需要附加时间。因此，定影时间应明显多于通透时间。为保险起见，规定整个定影时间为通透时间的 2 倍。

定影速度因定影配方不同而异，同时还受以下因素影响：卤化银的成分，颗粒的大小以及乳剂层厚度，定影温度，搅动以及定影液老化程度。射线照相底片在标准条件下，采用硫代硫酸钠配方的定影液，所需的定影时间一般不超过 15min。如采用硫代硫酸铵作定影剂，定影时间将大大缩短。

2）定影温度

温度影响到定影速度，随着温度的升高，定影速度将加快。但如果温度过高，胶片乳剂膜过度膨胀，容易造成划伤或药膜脱落。因此需要对定影温度作适当控制，通常规定为 16~24℃。

3）定影液的老化

定影液在使用过程中定影剂不断消耗，浓度变小，而银的络合物和卤化物不断积累，浓度增大，使得定影速度越来越慢，所需时间越来越长，此现象称为定影的老化。老化的定影液在定影时会生成一些较难溶的银络合物，虽经过水洗也难以除去，仍残留在乳剂层中，经过若干时间后，会分解出硫化银，使底片变黄，所以对使用的定影液，当其需要的定影时间已长到新液所需时间的两倍时，即认为已经失效，需更换新液。

4）定影时的搅动

搅动可以提高定影速度，并使定影均匀。在胶片刚放入定影液中时，应作多次抖动。在定影过程中，应适当搅动，一般每两分钟搅动一次。

4.2.4 水洗和干燥

1. 水洗

胶片在定影后，应在流动的清水中冲洗 20~30min，冲洗的目的是将胶片表面和乳剂膜内吸附的硫代硫酸钠以及银盐络合物清除掉。否则银盐络合物会分解产生硫化银，硫代硫酸钠也会缓慢地与空气中的水分和二氧化碳作用，产生硫和硫化氢，最后与金属银作用生成硫化银。硫化银会使射线底片变黄，影像质量下降，为使射线底片具有稳定的质量，能够长期保存，必须进行充分的水洗。

推荐使用的条件是采用16～22℃的流动清水冲洗底片。但由于冲洗用水大多使用自来水，水温往往超出上述范围，当水温较低时，应适当延长水洗时间；当水温较高时，应适当缩短水洗时间，同时应注意保护乳剂膜，避免损伤。

2. 干燥

干燥的目的是去除膨胀的乳剂层中的水分。

防止干燥后的底片产生水迹，可在水洗后，干燥前进行润湿处理，即把水洗后的湿胶片放入润湿液（浓度约为0.3%的洗涤剂水溶液）中浸润约1min，然后取出使水从胶片表面流光，再进行干燥。

干燥的方法有自然干燥和烘箱干燥两种。

自然干燥是将胶片悬挂起来，在清洁通风的空间晾干。烘箱干燥是把胶片悬挂在烘箱内，用热风烘干，热风温度一般不应超过40℃。

4.3 自动洗片机

自动洗片机采用连续冲洗方式，能自动完成显影、定影、水洗、烘干整个暗室处理过程，它与手工处理胶片相比有以下优点：

速度快——自动洗片机能在约12min内提供干燥好的可供评定的射线照相底片。

效率高——每小时约可处理360mm×100mm胶片100张。

质量好——只要摄片条件正确，通过自动洗片机处理的底片表面光洁、性能稳定、像质好。

劳动强度低——操作者只需将胶片逐张输入自动洗片机即可，对操作者的技术熟练要求不高。自动洗片机工作原理见图4-5。

自动洗片机由下列五大机构组成：

（1）送片机构：送片机构是由一百多个滚筒及其传动部件组成，它能使胶片从输入口进入，按一定速率移动，完成显影、定影、水洗、干燥等各项胶片处理工作，最后将底片送入受片箱。送片滚筒分为几组，可以方便地从洗片机中取出，进行清洗、维修工作。

（2）温度控制机构：自动洗片机内显影、定影、水洗、干燥温度要求是严格的，温度的自动控制通过自动电加热器及热交换器来完成，使各项温度达到恒定。

（3）干燥机构：由电加热器和鼓风机组成，使水洗后的底片在热风中迅速烘干。

（4）补充机构：显影液、定影液在与胶片多次作用后药力会下降，然而自动洗片机显影、定影的时间和温度是一定的，所以要求药液的浓度不能变化，为了解决这一矛盾，自动洗片机配置了显影液、定影液补充筒。每次进片自动洗片机都能给出一个进片信号，使溶液泵自动向机内补充一定数量的显影液、定影液，与此同时机内排出相应数量的溶液。每处理$1m^2$的胶片约需补充1000mL，显影液和1000mL定影液。

（5）搅拌装置：为了使机内药液温度、浓度均匀，并使胶片表面不断与溶液充分接触，自动洗片机设有搅拌机构。

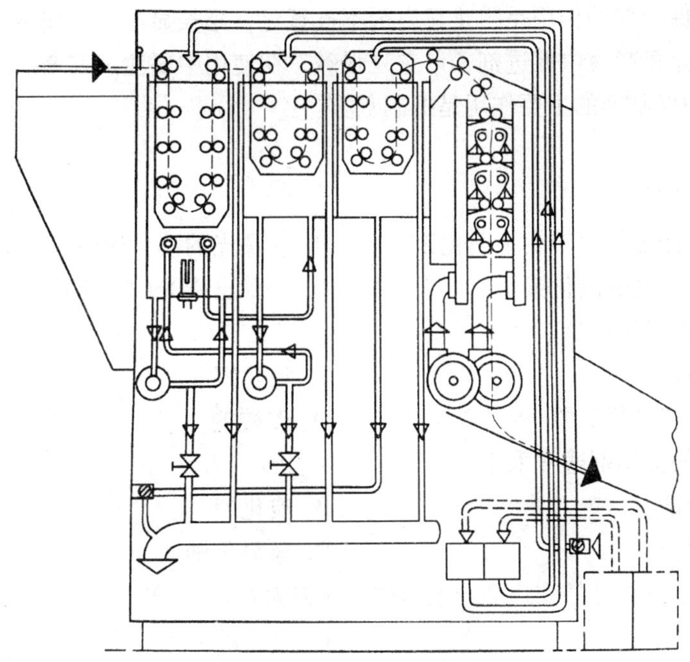

图 4-5　自动洗片机工作流程图

自动洗片机使用的注意事项如下：

（1）自动洗片机正式投入使用前，除对主机作大量的调整试验外，由于自动洗片机显影的温度和时间是固定的，故对摄片条件较为苛刻，必须对所有射线探伤机重新作曝光曲线，以适应自动洗片机的特点，否则底片的黑度不能达到予期效果。在透照时应严格按照采用自动洗片条件制作的新曝光曲线控制摄片条件，才能得到满意的底片。

（2）每次使用前要开机预热一段时间，使各项温度均满足自动处理条件时，先输入一张3500mm×4300mm 的清洗片，等它输出后检查无异常时，才能连续输入需冲洗的胶片。清洗片的作用是清除掉暴露在空气中的液筒上沾染的被空气氧化的显影液和定影液。最好的清洗办法是在自动洗片机工作结束或开始工作前，将送片滚筒取出用清水冲洗。

（3）清洗片和胶片输入时必须注意与导向边一端成直角送入，并注意不要让暗盒等物沾污胶片，尤其要防止异物进入洗片机，防止划伤滚筒。

习　题

一、是非题

1. 显影时胶片上的 AgBr 被还原成金属银，从而使胶片变黑。（　　）

2. 胶片在显影液中显影时，如果不进行任何搅动，则使反应产生的溴化物无法扩散。（　　）

3. 减少底片上水迹的方法是使胶片快速干燥。（　　）

4. 显影液中如果过量增加碳酸钠，在底片上会产生灰雾增大的不良后果。（　　）

5. 如果显影时间过长，有些未曝光的 AgBr 也会被还原，从而增大了底片灰雾。（　　）

6. 溴化钾除了抑制灰雾的作用外，还有调节和控制反差的作用。（　　）

7. 黑度、对比度、颗粒度是底片的主要质量指标。（　　）

8. 显影液中保护剂的作用是阻止显影剂不被氧化，延长显影液的使用寿命。(　　)

9. 氢氧化钠是显影液中促进剂，但它是强碱，在使用中要注意安全。(　　)

10. 显影液中抑制剂的主要作用是抑制灰雾。(　　)

二、选择题

1. 显影的目的是(　　)

A. 使曝光的金属银转变为溴化银　　B. 使曝光的溴化银转变为金属银

C. 去除未曝光的溴化银　　D. 去除已曝光的溴化银

2. 还原剂通常采用(　　)

A. 亚硫酸钠　　B. 溴化钾

C. 米吐尔和对苯二酚　　D. 碳酸钠

3. 显影液中的抑制剂通常采用(　　)

A. 亚硫酸钠　　B. 溴化钾

C. 菲尼酮　　D. 氢氧化钠

4. 显影时，哪一条件的变化会导致影像颗粒粗大？(　　)

A. 显影液活力降低　　B. 显影液搅动过度

C. 显影时间过短　　D. 显影温度过高

5. 定影液使用一定的时间后会失效，其原因是(　　)

A. 主要起作用的成分已挥发　　B. 主要起作用的成分已沉淀

C. 主要起作用的成分已变质　　D. 定影液里可溶性的银盐浓度大高

6. 在定影液中能抑制硫代硫酸钠被分解析出硫的化学药品是(　　)

A. CH_3COOH　　B. H_3BO_3

C. Na_2SO_4　　D. Na_2SO_3

7. 显影速度变慢，反差减小，灰雾增大，引起上述现象的原因可能是(　　)

A. 显影温度过高　　B. 显影时间过短

C. 显影时搅动不足　　D. 显影液老化

8. 配制定影液时，如果在加酸之前就加入硫酸铝钾，则会发生硫酸铝钾被(　　)

A. 氧化　　B. 还原

C. 抑制　　D. 水解

9. 显影配方中哪一项改变会导致影像灰雾增大，颗粒变粗(　　)

A. 米吐尔改为菲尼酮　　B. 增大亚硫酸钠用量

C. 碳酸钠改为氢氧化钠　　D. 增大溴化钾用量

10. 显影液、定影液配液时的要求是：(　　)

A. 配置用水的硬度越高越好，有利与药液溶解

B. 因为硫代硫酸钠会大量吸热，所以配置定影液时水温要高一些

C. 除对配液容器材质有要求外，对搅拌棒的材质无要求

D. 配液时应不停地激烈搅拌，有利于药液快速溶解

三、问答题

1. 暗室布局有哪些要求？

2. 叙述胶片处理的药液配置时的注意事项。

3. 叙述显影液的成分及作用。

4. 影响显影的因素有哪些？

5. 叙述定影液的成分及作用。

6. 影响定影的因素有哪些？

7. 相对于手工处理胶片而言，自动洗片机处理有哪些优点？

参考答案

是非题：1. ○　2. ○　3. ×　4. ○　5. ○　6. ×　7. ○　8. ○　9. ○　10. ○

选择题：1. B　2. C　3. B　4. D　5. D　6. D　7. D　8. D　9. C　10. B

第五章　射线照相底片的评定

5.1　评片工作的基本要求

缺陷是否能够通过射线照相而被检出，取决于若干环节。首先，必须使缺陷在底片上留下足以识别的影像，这涉及到照相质量方面的问题。其次，底片上的影像应在适当条件下得以充分显示，以利于评片人员观察和识别，这与观片设备和环境条件有关。第三，评片人员对观察到的影像应能作出正确的分析与判断，这取决于评片人员的知识、经验、技术水平和责任心。

按以上所述，对评片工作的基本要求可归纳为三个方面，即底片质量要求，设备环境条件要求和人员条件要求。

5.1.1　底片质量要求

通常对底片的质量检查包括以下项目：

1. 灵敏度检查

灵敏度是射线照相质量诸多影响因素的综合结果。底片灵敏度用像质计测定，即根据底片上像质计的影像的可识别程度来定量评价灵敏度高低。目前国内广泛使用的是丝型像质计，评价底片灵敏度的指标是像质指数 Z，它等于底片上能识别出的最细金属丝的编号。显然，透照给定厚度的工件时，底片上显示的金属丝直径越小，其像质指数 Z 越大，底片的灵敏度也就越高。

灵敏度是射线照相底片质量的最重要指标之一，必须符合有关标准的要求。我国国家标准 GB/T 3323—2005 根据不同透照厚度和不同照相质量等级，规定了必须达到的像质指数 Z（表 5-1）。

表 5-1　不同透照厚度的像质指数

要求达到的像质指数	线直径	透照厚度 T_A		
		A 级	AB 级	B 级
16	0.100	—	—	<6
15	0.125	—	<6	>6~8
14	0.160	<6	>6~8	>8~10
13	0.200	>6~8	>8~12	>10~16
12	0.250	>8~10	>12~16	>16~25
11	0.320	>10~16	>16~20	>25~32
10	0.400	>16~25	>20~25	>32~40
9	0.500	>25~32	>25~32	>40~50
8	0.630	>32~40	>32~50	>50~80
7	0.800	>40~60	>50~80	>80~150

续表

要求达到的像质指数	线直径	透照厚度 T_A		
		A 级	AB 级	B 级
6	1.000	>60~80	>80~120	>150~200
5	1.250	>80~150	>120~150	
4	1.600	>150~170	150~200	
3	2.000	>170~180		
2	2.500	>180~190		
1	3.200	>190~200		

对底片的灵敏度检查内容包括：底片上是否有像质计影像，像质计型号、规格、摆放位置是否正确，能够观察到的金属丝像质指数是多少，是否达到了标准规定的要求等。

2. 黑度检查

黑度是射线照相底片质量的又一重要指标，各个射线探伤标准对底片的黑度范围都有规定。GB/T 3323—2005 规定的底片黑度范围如表 5-2 所示。

表 5-2　底片黑度

等　级	黑　度①
A	≥2.0②
B	≥2.3③

注：① 测量允许误差为±0.1。

② 经合同各方商定，可降为 1.5。

③ 经合同各方商定，可降为 2.0。

由胶片特性曲线可知，胶片梯度随黑度的增加而增大，为保证底片具有足够的对比度，黑度不能太小，所以标准规定了黑度的下限值。

底片黑度用光学密度计测定。测定时应注意，最大黑度一般在底片中部焊接接头热影响区位置，最小黑度一般在底片两端焊缝余高中心位置，只有当有效评定区内各点的黑度均在规定的范围内，才能认为该底片黑度符合要求。

3. 标记检查

底片上标记的种类和数量应符合有关标准和工艺规定。常用的标记种类有：工件编号、焊缝编号、部位编号、中心定位标记、搭接标记。此外，有时还需使用返修标记，像质计放在胶片侧的区别标记以及人员代号、透照日期等。

标记应放在适当位置，距焊缝边缘应不少于 5mm。

4. 伪缺陷检查

伪缺陷是指由于透照操作或暗室操作不当，或由于胶片、增感屏质量不好，在底片上留下的非缺陷影像。常见的伪缺陷影像包括：划痕、折痕、水迹、静电感光、指纹、霉点、药膜脱落、污染等。

伪缺陷容易与真缺陷影像混淆，影响评片的正确性，造成漏检和误判，所以底片上有效评定区域内不允许有伪缺陷影像。

5. 背散射检查

6. 背散射检查即“B”标记检查

照相时，在暗盒背面贴附一个“B”铅字标记，观片时若发现在较黑背景上出现“B”字较淡影像，说明背散射严重，应采取防护措施重新拍照；若不出现“B”字或在较淡背景上出现较黑“B”字，则说明底片未受背散射影响，符合要求。黑“B”字是由于铅字标记本身引起射线散射产生了附加增感，不能作为底片质量判废的依据。

5.1.2 环境设备条件要求

环境设备条件应能提供底片的最大的细节对比度，使评片人员感到舒适且疲劳最小，各种干扰应尽量避免，以保证评片人员能聚精会神工作。

1. 环境

观片室应与其他工作岗位隔离，单独布置，室内光线应柔和偏暗，但不必全黑，一般等于或略低于透过底片光的亮度。室内照明应避免直射人眼或在底片上产生反光。观片灯两侧应有适当台面供放置底片及记录。黑度计、直尺等常用仪器和工具应靠近放置，取用方便。

2. 观片灯

观片灯应有足够的光强度，底片黑度 $D\leqslant 2.5$ 时，要求透过底片的光强不低于 30cd/m^2，底片黑度 $D>2.5$ 时，要求透过底片的光强不低于 10cd/m^2，这样，为观察黑度 4.0 的底片，要求观片灯的最大亮度应>10^{5}cd/m^2。

观片灯亮度必须可调，以便在观察低黑度区域时将光强减小，而在观察高黑度区域时将光强调大。光源的颜色通常应是白色，也允许橙色或黄绿色之间。偏红或偏紫色则不适合。

观片灯应有足够大的照明区，一般不小于 300mm×80mm，照明区过小会使人感到观察不方便，实际使用时采用一系列遮光板改变照明区面积，使其略小于底片尺寸。

照射到底片上的光应是散射的，通常用一块漫射玻璃来实现这一要求。

观片灯应散热良好，无噪声。

3. 各种工具用品

评片需用的工具物品包括：

放大镜——用于观察影像细节，放大倍数一般为 2~5 倍，最大不超过 10 倍。

遮光板——观察底片局部区域或细节时，遮挡周围区域的透射光，避免多余光线进入评片人眼中。

直尺——最好是透明塑料尺。

记号笔——用于在底片上作标记。

手套——避免评片人手指与底片直接接触，产生污痕。

文件——提供数据或用于记录的各种规范、标准、图表。

5.1.3 人员条件要求

担任评片工作的人员应符合以下要求：

(1) 应经过系统的专业培训，并通过权威部门考核确认其具有承担此项工作的能力与资格。

(2) 应具有一定的评片实际工作经历和经验。

（3）除了系统地掌握射线检测理论知识外，还应具有焊接、材料等相关专业知识。

（4）应熟悉射线检测标准以及被检测试件的设计制造规范和有关管理法规。

（5）应充分了解被检测试件的状况，如材质、焊接和热处理工艺，以及表面形态等。

（6）应充分了解所评定的底片的射线照相工艺及工艺执行情况。

（7）应具有良好的职业道德，高度的工作责任心。

（8）应具有良好的视力。要求校正视力不低于1.0，近视力检查应能读出距离400mm处高0.5mm，间隔0.5mm的一组印刷字母。

5.2 评片基本知识

5.2.1 观片的基本操作

观察底片的操作可分为两个阶段，通览底片和影像细节观察（图5-1、图5-2）。

通览底片的目的是获得焊接接头质量总体印象，找出需要分析研究的可疑影像。通览底片时必须注意，评定区域不仅仅是焊缝，还包括焊缝两侧的热影响区，对这两部分区域，都应仔细观察。由于余高的影响，焊缝和热影响区的黑度差异往往较大，有时需要调节观片灯亮度，在不同的光强下分别观察。

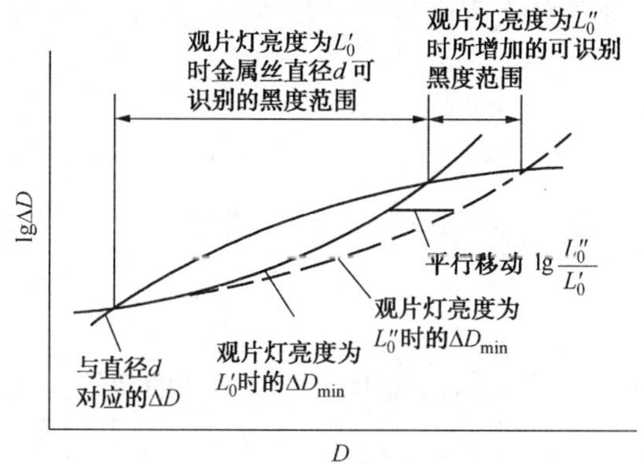

图5-1 观片灯亮度和黑度对透度计识别度的影响

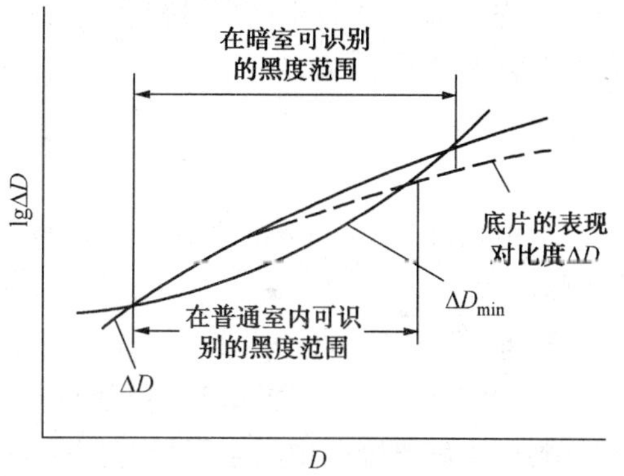

图5-2 室内亮度和黑度对ΔD及ΔD_{min}的影响

影像细节观察是为了作出正确的分析判断。因细节的尺寸和对比度极小，识别和分辨是比较困难的，为尽可能看清细节，常采用下列方法：

（1）调节观片灯亮度，寻找最适合观察的透过光强；

（2）用纸框等物体遮挡住细节部位邻近区域的透过光线；

（3）使用放大镜进行观察；

（4）移动底片，不断改变观察距离和角度。

5.2.2 投影的基本概念

投影概念对于影像识别和评定具有重要意义。

用一组光线将物体的形状投射到一个面上去，称为“投影”。在该面上得到的图像，也称作“投影”。这个面称为“投影面”（通常是平面）。光线称“投射线”。投射线从一点出发的称“中心投影”，投射线相互平行的称“平行投影”。平行投影中，投射线与投影面垂直的称

“正投影”，倾斜的称“斜投影”(图 5-3)。

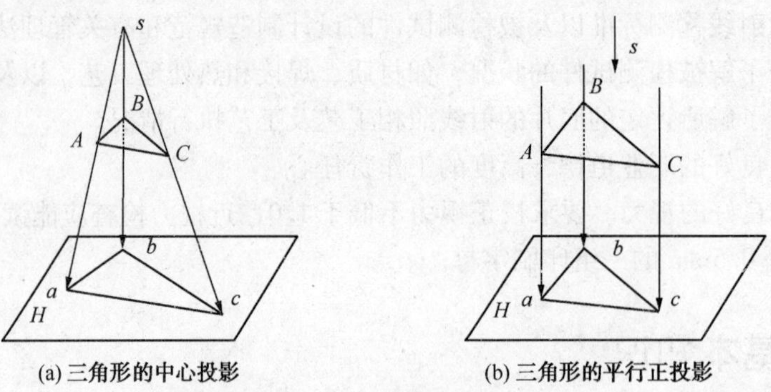

(a) 三角形的中心投影　　(b) 三角形的平行正投影

图 5-3　投影概念的图示

射线照相就是通过投影把具有三维尺寸的试件(包括其中的缺陷)投射到底片上转化为只有二维尺寸的图像，由于射线源、物体(试件及缺陷)、胶片三者之间相对位置和角度的变化，会使底片上的影像与实际物体的尺寸、形状、位置有所不同，常见的情况有以下几种：

1. 放大

影像放大是指底片上的影像尺寸大于物体的实际尺寸。由于焦距比射源尺寸大很多，射源可视为“点源”，照相投影可视为“中心投影”，影像放大程度与 L_1、L_2 有关(图 5-4)，放大率 M 的计算公式为：

$$M = \frac{W'}{W} = \frac{L_1 + L_2}{L_1} \tag{5-1}$$

一般情况下 $L_1 \gg L_2$，所以，影像放大并不显著，底片评定时一般不考虑放大产生的影响。

2. 畸变

对于同一物体，正投影和斜投影所得到的影像形状不同，如果正投影得到的像视为正常，则认为斜投影的像发生了畸变。

实际照相中，影像畸变大部分是由投射线和投影面不垂直的斜投影造成的。此外，当投影面不是平面时(胶片弯曲)，也会引起或加剧畸变。球形气孔在斜投影中畸变影像为椭圆形(图 5-4)，裂纹影像有时会畸变为一个有一定宽度的，黑度不大的暗带。

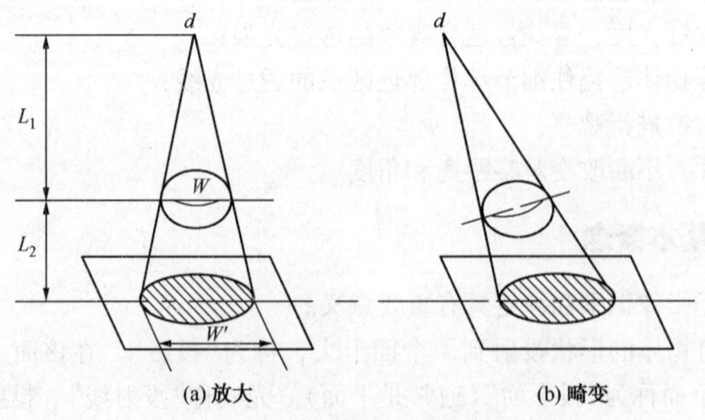

(a) 放大　　(b) 畸变

图 5-4　球孔透照时影像的放大与畸变

畸变会改变缺陷的影像特征，有时给缺陷的识别和评定带来困难。

3. 重叠

影像重叠是射线照相投影特有的情况，由于射线能够穿透物质，试件对于射线是“透明”的，试件上下表面的几何形状影像和内部缺陷影像都能在底片上出现，从而造成影像重叠。例如，图5-5中，底片上A点的影像实际上是投射线经过各点A_1、A_2、A_3……的影像的迭加。

射线照相底片上影像重叠的情况有以下几种：试件上下表面几何形状影像重叠；表面几何形状影像与内部缺陷影像重叠；两个或更多的缺陷影像重叠。在评片时应注意分析不同影像的层次关系。

4. 相对位置改变

比较正投影方式照相的底片和斜投影方式照相的底片，可以发现底片上影像的相对位置发生变化。例如图5-6中，不同的投影角度使*a*、*b*、*c*、*d*点在底片上的相对位置改变。

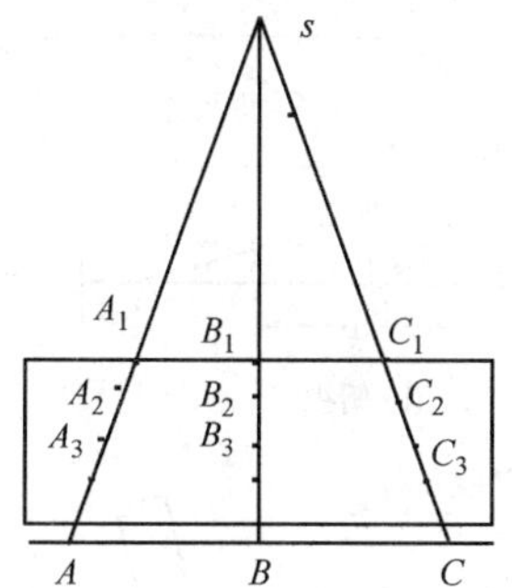

图5-5 射线照相的影像重叠图

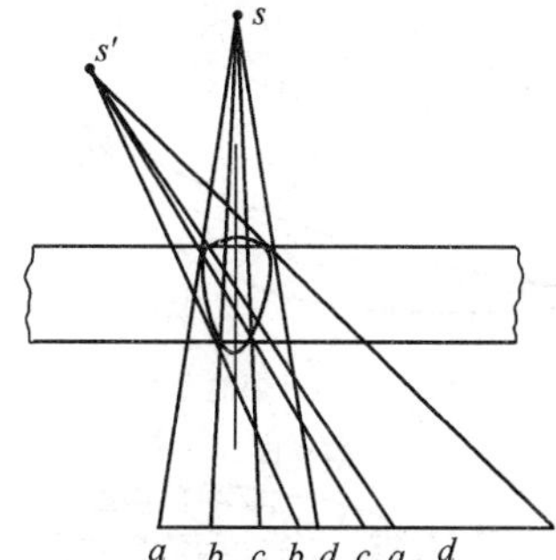

图5-6 射线照相的影像相对位置改变

影像位置是判断和识别缺陷的重要依据之一，相对位置改变有时会给评片带来困难，需要通过观察，推测投影角度，作出正确判断。

5.3 焊接接头射线检测

5.3.1 焊接基本知识

1. 焊接冶金特点

两个分离的物体(同种或异种材料)通过原子或分子之间的结合和扩散造成永久性连接的工艺过程叫作焊接。熔化焊是金属材料焊接的主要方法。熔化焊接时，被焊金属在热源作用下被加热，发生局部熔化，同时熔化了的金属，熔渣、气相之间进行着一系列影响焊缝金属的成分，组织和性能的化学冶金反应，随着热源的离开，熔化金属开始结晶，由液态转变为固态，形成焊缝。

熔化焊接是一种特殊的冶金过程，它具有以下特点：

(1) 温度高。以手工电弧焊为例，电弧温度高达6000~8000℃，熔池温度约1800~2400℃，在如此高温下，外界气体(如N_2、O_2、H_2)会大量分解，溶入液态金属中，随后又在冷却过程中析出，所以焊缝易形成气孔缺陷。

(2) 温度梯度大。焊接是局部加热，熔池温度在1700℃以上，而其周围是冷态金属，形成很陡的温度梯度。从而会导致较大的内应力，引起变形或产生裂纹缺陷。

（3）熔池小，冷却速度快。熔池的体积，手工焊约 $2\sim10cm^3$，自动焊约 $9\sim30cm^3$，金属从熔化到凝固只有几秒钟，在这样短的时间里，冶金反应是不平衡的，因此焊缝金属成分不均匀，偏析较大。

2. 焊缝结晶特点

焊接熔池从高温冷却到常温，其间经历过两次组织变化过程：第一次是液体金属转变为固体金属的结晶过程，称为一次结晶；第一次是温度降低到相变温度时，发生组织转变，称为二次结晶。

一次结晶从熔合线上开始，晶体的生长方向指向溶池中心，形成柱状晶体，当柱状晶生长至相互接触时，结晶过程即告结束。焊缝表面形态以及热裂纹、气孔等缺陷的成因，形态、位置均与一次结晶有关(图 5-7)。

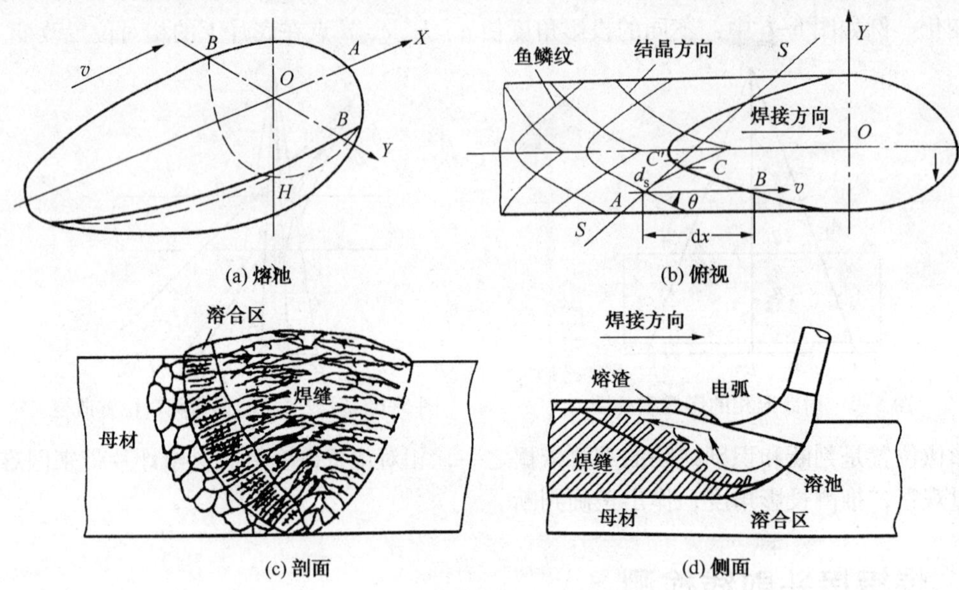

图 5-7　熔池金属的结晶方向

对低碳钢及低合金钢，一次结晶的组织为奥氏体，继续冷却到低于相变温度时，奥氏体分解为铁素体和珠光体，冷却速度影响着铁素体和珠光体的比率和大小，进而影响焊缝的强度硬度和塑料韧性，当冷却速度很大时，有可能产生淬硬组织马氏体，冷裂纹的形成与淬硬组织有关。

3. 焊接接头组成及热影响区组织

焊接接头由焊缝和热影响区两部分组成。

二次结晶不仅仅发生在焊缝，也发生在靠近焊缝的基本金属区域，该区域在焊接过程中受到不同程度加热，在不同温度下停留一段时间后又以不同速度冷却下来，最终获得各不相同的组织和机械性能，称为热影响区。根据组织特征可将热影响区划分为熔合区、过热区、相变重结晶区，不完全重结晶区四个小区，其中熔合区和过热区组织晶粒粗大，塑性很低，是产生裂纹，局部脆性破坏的发源地，是焊接接头的薄弱环节。低碳钢焊接接头热影响区的划分，组织特征和性能见图 5-8 和表 5-3。

不同焊接方法影响区平均尺寸见表 5-4。

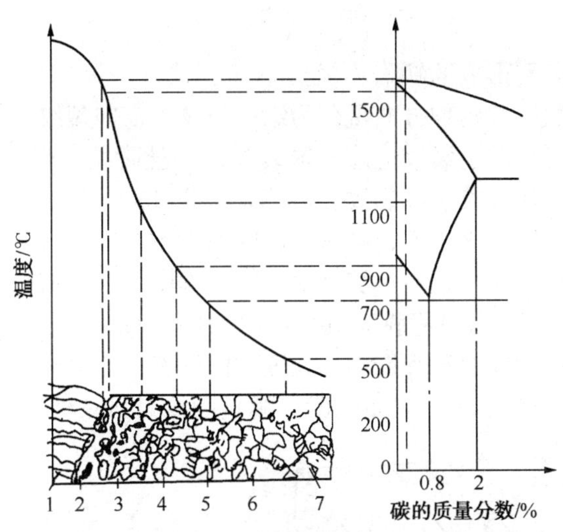

图 5-8　焊接热影响区不同温度范围与钢状态图的关系

表 5-3　低碳钢热影响区的组织分布特征及性能

部　位	加热温度范围/℃	组织特征及性能	图 5-8 上的位置
焊缝	>1500	铸造组织柱状树枝晶	
熔合区及过热区	1400~1250	晶粒粗大，可能出现魏氏组织，硬化之后，易产生裂纹，塑性不好	1
	1250~1100	粗晶与细晶交替混合	
相变重结晶区	1100~900	又称细晶粒区，晶粒细化，机械性能良好	2
不完全重结晶区	900~730	粗大铁素体和细小的珠光体、铁素体、机械性能不均匀，在极冷的条件下可能出现高碳马氏体	3
时效脆化区	730~300	由于热应力及脆化物析出，经时效而产生脆化现象，在显微镜下观察不到组织上的变化	4
母材	300~室温	没有收到热影响的母材部分	5

表 5-4　不同焊接方法热影响区的平均尺寸

焊 接 方 法	各区平均尺寸/mm			总宽/mm
	过热	相变重结晶	不完全重结晶	
手工电弧焊	2.2~3.0	1.5~2.5	2.2~3.0	6.0~8.5
埋弧自动焊	0.8~1.2	0.8~1.7	0.7~1.0	2.3~4.0
电渣焊	18~20	5.0~7.0	2.0~3.0	25~30
氧乙炔气焊	21	4.0	2.0	27.0
真空电子束	—	—	—	0.05~0.75

5.3.2　焊接缺陷的危害性及分类

焊接缺陷对锅炉压力容器安全的影响主要表现在三个方面。一是由于缺陷的存在，减少了焊缝的承载截面积，削弱了静力拉伸强度。二是由于缺陷形成缺口，缺口尖端会发生应力集中和脆化现象，容易产生裂纹并扩展。三是缺陷可能穿透筒壁，发生泄漏，影响致密性。

金属熔化焊焊接接头中的缺陷可分为以下六类：

1. 裂纹

裂纹是指材料局部断裂形成的缺陷

裂纹有多种分类方法：按延伸方向可分为纵向裂纹、横向裂纹、辐射状裂纹等；按发生部位可分为焊缝裂纹、热影响区裂纹、熔合区裂纹、焊趾裂纹、焊道下裂纹、弧坑裂纹等；按发生条件和时机可分为热裂纹、冷裂纹、再热裂纹等(图 5-9)。

热裂纹发生于焊缝金属凝固末期，敏感温度区间大致在固相线附近的高温区，最常见的热裂纹是结晶裂纹，其生成原因是在焊缝金属凝固过程中，结晶偏析使杂质生成的低熔点共晶物富集于晶界，形成所谓“液态薄膜”，由于焊缝凝固收缩而受到拉应力，最终开裂形成裂纹。结晶裂纹最常见的情况是沿焊缝中心长度方向开裂，为纵向裂纹，有时也发生在焊缝内部两个柱状晶之间，为横向裂纹(图 5-10)。弧坑裂纹是另一种形态的常见的热裂纹。

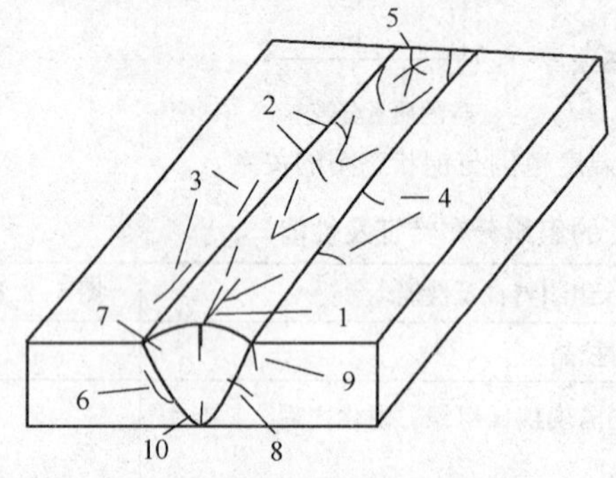

图 5-9　各种裂纹的分布情况

1—焊缝上纵向裂纹；2—焊缝上横向裂纹；3—HAZ 纵向裂纹；4—HAZ 横向裂纹；5—弧坑裂纹；6—焊道下裂纹；7—焊缝；内晶间裂纹；8—HAZ 焊缝贯穿裂纹；9—焊趾裂纹；10—焊缝根部裂纹

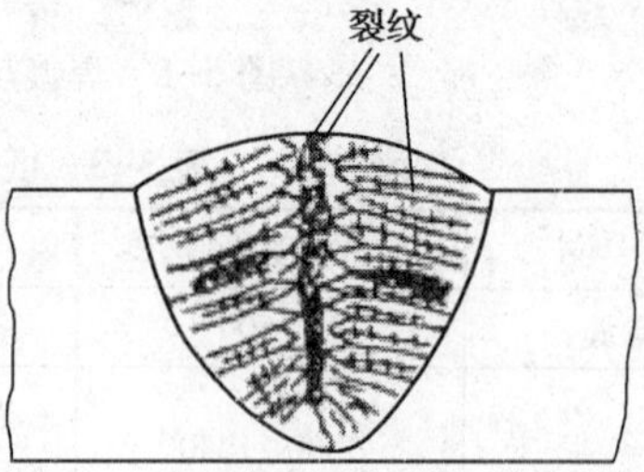

裂纹

图 5-10　焊缝中结晶裂纹的出现地带

热裂纹都是沿晶界开裂，通常发生在杂质较多的碳钢、低合金钢、奥氏体不锈钢等材料焊缝中。

冷裂纹一般在焊后冷却至马氏体转变温度以下产生，对于低碳钢和低合金钢，大致在300~200℃以下。冷裂纹可以在焊后立即出现，也有可能在几个小时，几天甚至更长时间以后才发生，这种冷裂纹称为延迟裂纹，具有更大的危险性。

拘束应力，淬硬组织和扩散氢是产生延迟裂纹的三大因素。延迟裂纹多发生在热影响区，少数发生在焊缝上，沿纵向和横向都有发生。焊趾裂纹、焊道下裂纹、根部裂纹都是延迟裂纹常见的形态。

冷裂纹微观形态有沿晶开裂，也有穿晶开裂。多发生在低合金高强钢，中、高碳钢的焊缝上。

再热裂纹是指某些含钼、钒、铬、铌、钛等沉淀强化元素的低合金高强钢和耐热钢，焊接冷却后又重新加热(通常是消除应力热处理)的过程中，在焊接热影响区的粗晶区产生的裂纹。产生裂纹的原因是再加热时焊接残余应力松弛，导致较大的附加变形，与此同时热影响区的粗晶部位会析出合金碳化物组成的沉淀硬化相，如果粗晶部位的蠕变塑性不足以适应应力松弛所产生的附加变形，则沿晶界发生裂纹。再热裂纹的敏感温度区间为550~650℃。

裂纹是焊接缺陷中危害性最大的一种。裂纹是一种面积型缺陷(具有三维尺寸的缺陷称为体积型缺陷，具有二维尺寸(第三维尺寸极小)的缺陷称为面积型缺陷)，它的出现将显著减少承载截面积，更严重的是裂纹端部形成尖锐缺口，应力高度集中，很容易扩展导致破坏。

焊接裂纹的详细分类见表 5-5。

表 5-5　各种裂纹分类表

裂纹分类		基本特征	敏感的温度区间	被焊材料	位置	裂纹走向
热裂纹	结晶裂纹	在结晶后期，由于低熔共晶形成的液态薄膜削弱了晶粒间的联结，在拉伸应力作用下发生开裂	在固相线温度以上稍高的温度（固液状态）	杂质较多的碳钢、低中合金钢、奥氏体钢、镍基合金及铝	焊缝上，少量在热影响区	沿奥氏体晶界
	多边化裂纹	已凝固的结晶前沿，在高温和应力的作用下，晶格缺陷发生移动和聚集，形成二次边界，它在高温处于低塑性状态，在应力作用下产生的裂纹	固相线以下再结晶温度	纯金属及单项奥氏体合金钢	焊缝上，少量在热影响区	沿奥氏体晶界
	液化裂纹	在焊接热循环峰值温度的作用下，在热影响区和多层焊的层间发生重熔，在应力作用下产生的裂纹	固相线以下稍低温度	含 S、P、C 较多的镍铬高强钢、奥氏体钢、镍基合金	热影响区及多层焊的层间	沿奥氏体晶界
再热裂纹		厚板焊接结构消除应力处理过程中，在热影响区的粗晶存在不同程度的应力集中时，由于应力松弛所产生附加变形大于该部位的蠕变塑性。则发生再热裂纹	600~700℃回火处理	含有沉淀强化元素的高强钢、珠光体钢、奥氏体钢、镍基合金等	热影响区的粗晶区	沿晶界开裂
冷裂纹	延迟裂纹	在淬硬组织、氢和拘束应力的共同作用下产生的具有延迟特征的裂纹	在 M_S点以下	中、高碳钢，低、中合金钢、钛合金等	热影响区，少量在焊缝	沿晶或穿晶
	淬硬脆化裂纹	主要是由淬硬组织，在焊接应力作用下产生的裂纹	M_S点附近	含碳的 NiCrMo 钢、马氏体不锈钢、工具钢	热影响区，少量在焊缝	沿晶及穿晶
	低塑性脆化裂纹	在较低温度下，由于被焊材料的收缩应变，超过了材料本身的塑性储备而产生的裂纹	在 400℃以下	铸铁、堆焊硬质合金	热影响区及焊缝	沿晶及穿晶
层状撕裂		主要是由于钢板的内部存在分层的夹杂物（沿榨汁方向），在焊接时产生的垂直于轧制方向的应力，致使在热影响区或稍远的地方，产生“台阶”式层状开裂	约 400℃以下	含有杂质的低合金高强钢厚板结构	热影响区附近	穿晶或沿晶

2. 未熔合

未熔合是指焊缝金属与母材金属，或焊缝金属之间未熔化结合在一起的缺陷。

按其所在部位，未熔合可分为坡口未熔合，根部未熔合，层间未熔合三种(图 5-11)。

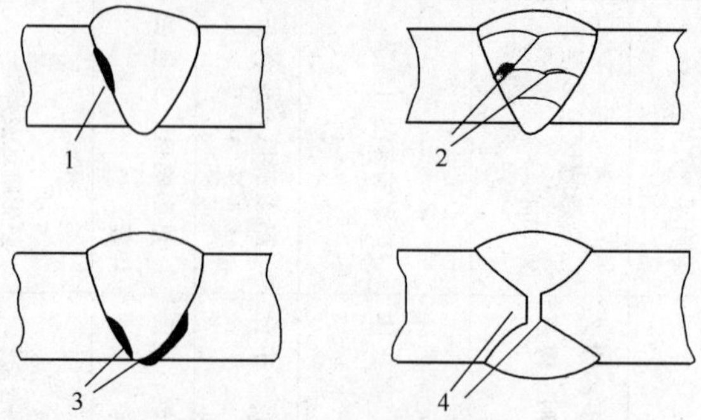

图 5-11 未熔合示意图

1—坡口未熔合；2—层间未熔合；3—单 V 坡口根部未熔合；4—X 坡口根部未熔合

产生未熔合缺陷的原因主要有：焊接电流过小；焊接速度过快；焊条角度不对；产生了弧偏吹现象；焊接处于下坡焊位置，母材未熔化时已被铁水复盖；母材表面有污物或氧化物影响熔敷金属与母材间的熔化结合等。

未熔合也是一种面积型缺陷，坡口未熔合和根部未熔合对承载截面积的减小都非常明显，应力集中也比较严重，其危害性仅次于裂纹。

3. 未焊透

未焊透是指母材金属之间没有熔化，焊缝金属没有进入接头的根部造成的缺陷。

未焊透可分为双面焊未焊透和单面焊未焊透两种(图 5-12)。

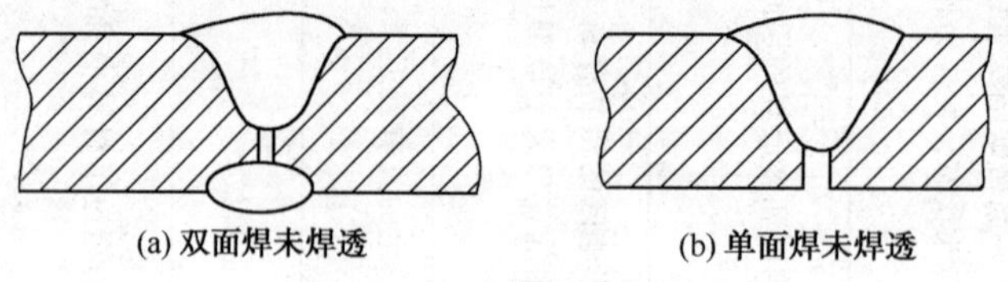

(a) 双面焊未焊透　　(b) 单面焊未焊透

图 5-12 未焊透示意图

产生未焊透的原因主要有：焊接电流过小，焊接速度过快；坡口角度太小；根部钝边太厚；间隙太小；焊条角度不当；电弧太长等。

未焊透也是一种比较危险的缺陷，其危害性取决于缺陷的形状、深度和长度。

4. 夹渣

夹渣是指焊缝金属中残留有外来固体物质所形成的缺陷。

按形态、夹渣可分为点状夹渣、块状夹渣、条状夹渣(图 5-13)，按残留固体物质种类，夹渣可分为非金属夹渣和金属夹渣。

非金属夹渣的主要成分是硅酸盐，也有一些是氧化物和硫化物，它们主要来自焊条药皮和焊剂熔渣。金属夹渣最常见的是钨夹渣，它是由钨极氩弧焊中的钨极烧损，熔入焊缝中形成的。

产生非金属夹渣的主要原因是：焊接电流太小，焊接速度太快；熔池金属凝固过快；运条不正确；铁水与熔渣分离不好；层间清渣不彻底等。产生金属夹渣的主要原因是：焊接电流过大或钨极直径太小，氩气保护不良引起钨极烧损，钨极触及熔池或焊丝而剥落。

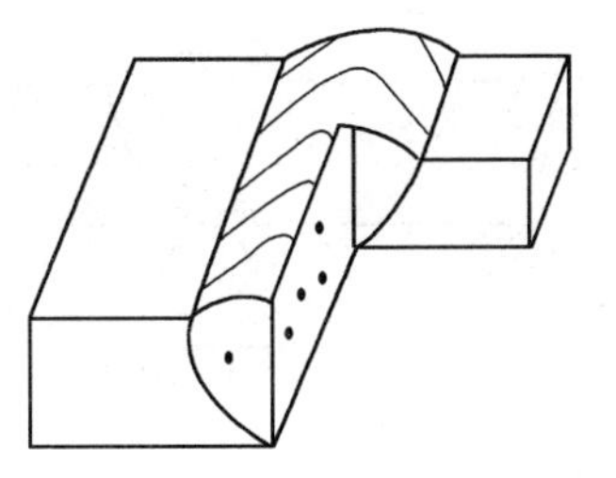

(a) 单个点状夹渣

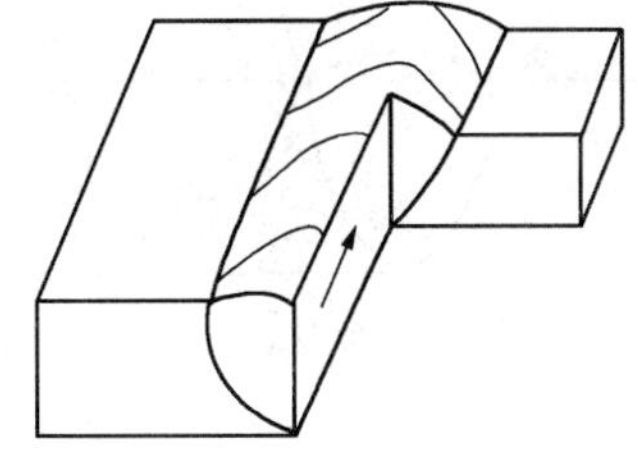

(b) 条状夹渣

图 5-13　夹渣示意图

夹渣是一种体积型缺陷，容易被射线照相检出。夹渣会减少焊缝受力截面。夹渣的棱角容易引起应力集中，成为交变载荷下的疲劳源。

5. 气孔

气孔是指溶入焊缝金属的气体引起的空洞。

按形状气孔可分为球形气孔、条形气孔、针形气孔；按分布状态气孔可分为单个气孔、密集气孔、链状气孔，虫状气孔等(图 5-14)。

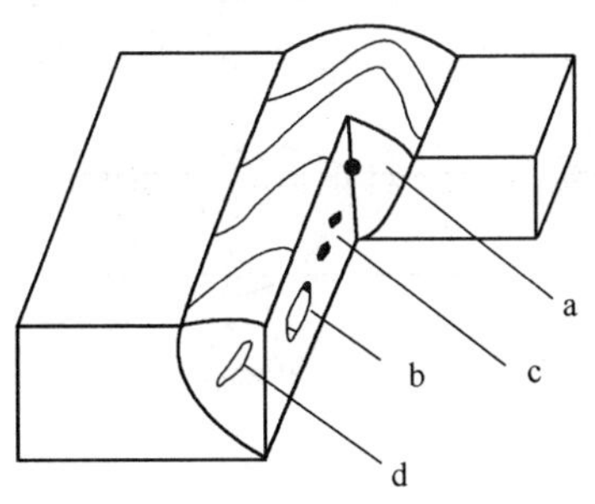

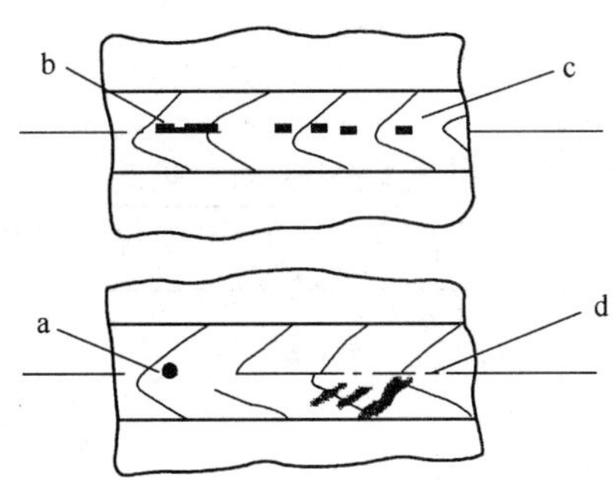

图 5-14　气孔示意图

a—单个气孔；b—条状气孔；c—链状气孔；d—虫状气孔

生成气孔的气体主要是 H_2 和 CO，气体来自电弧区周围的空气，母材和焊材表面的杂质，如油污、锈、水分以及焊条药皮和焊剂的分解燃烧。熔化了的金属在高温下可以吸收大量气体，冷却时，气体在金属中的溶解度下降，气体便析出并聚集生成气泡上浮，如果受到焊缝金属结晶的阻碍无法逸出，就会留在金属内生成气孔。

气孔是一种体积型缺陷。它对焊缝强度的影响主要是减少了受力截面，深气孔(针孔)有时会破坏焊缝的致密性。

6. 形状缺陷

形状缺陷是指焊缝金属表面成形不良或其他原因造成的缺陷，包括咬边、烧穿，根部内凹，收缩沟、弧坑、焊瘤、未焊满，搭接不良等(图 5-15~图 5-18)。

5.3.3　焊接缺陷影像

1. 裂纹

底片上裂纹的典型影像是轮廓分明的黑线或黑丝。其细节特征包括：线有微小的锯齿，有分叉，粗细和黑度有时有变化，有些裂纹影像呈较粗的黑线与较细的黑丝相互缠绕状；线的端部尖细，端头前方有时有丝状阴影延伸。

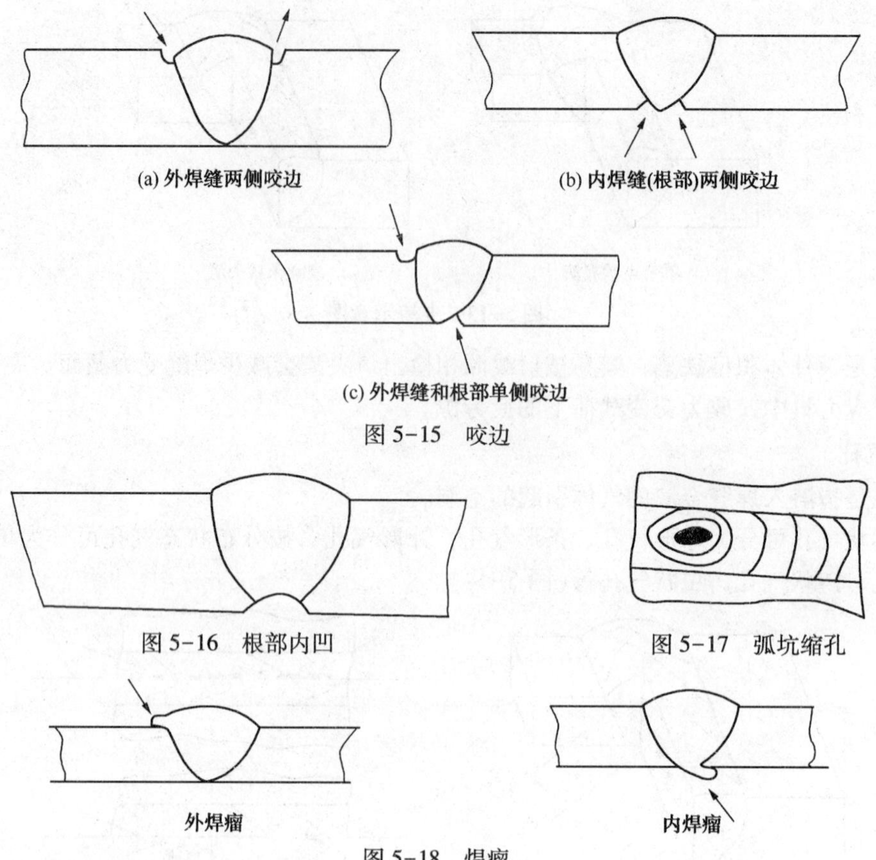

图 5-15　咬边

图 5-16　根部内凹

图 5-17　弧坑缩孔

图 5-18　焊瘤

各种裂纹的影像差异和变化较大，因为裂纹影像不仅与裂纹自身形态有关，而且与射线能量、工件厚度、透照角度，底片质量等许多因素有关。例如，透照时射线束方向与裂纹深度方向平行，得到的裂纹影像是一条黑线，随着透照角度逐渐增大，黑线将变宽，同时黑度变小，透照角度更大时，可能只出现一条模糊的宽带阴影，完全失去了裂纹影像特征。又例如，薄板焊缝的裂纹影像比较清晰，各种细节特征可以显示出来，而当透照厚度增加后，细节特征可能有一部分丧失，甚至完全消失，影像将发生很大变化。所以在影像分析时，要注意各种因素对裂纹影像变化的影响。

裂纹可能发生在焊接接头的任何部位，包括焊缝和热影响区。

2. 未熔合

根部未熔合的典型影像是一条细直黑线，线的一侧轮廓整齐且黑度较大，为坡口钝边痕迹，另一侧轮廓可能较规则也可能不规则。根部未熔合在底片上的位置应是焊缝根部的投影位置，一般在焊缝中间，因坡口形状或投影角度等原因也可能偏向一边。

坡口未熔合的典型影像是连续或断续的黑线，宽度不一，黑度不均匀，一侧轮廓较齐，黑度较大，另一侧轮廓不规则，黑度较小，在底片上的位置一般在焊缝中心至边缘的 1/2 处，沿焊缝纵向延伸。

层间未熔合的典型影像是黑度不大的块状阴影，形状不规则，如伴有夹渣时，夹渣部位的黑度较大。

3. 未焊透

末焊透的典型影像是细直黑线，两侧轮廓都很整齐，为坡口钝边痕迹，宽度恰好为钝边间隙宽度。

有时坡口钝边有部分熔化，影像轮廓就变得不很整齐，线宽度和黑度局部发生变化，但只要能判断是处于焊缝根部的线性缺陷，仍判定为未焊透。

未焊透在底片上处于焊缝根部的投影位置，一般在焊缝中部，因透照偏、焊偏等原因也可能偏向一侧。未焊透呈断续或连续分布，有时能贯穿整张底片。

4. 夹渣

非金属夹渣在底片上的影像是黑点，黑条或黑块，形状不规则，黑度变化无规律，轮廓不圆滑，有的带棱角。

非金属夹渣可能发生在焊缝中的任何位置，条状夹渣的延伸方向多与焊缝平行。

钨夹渣在底片上的影像是一个白点，由于钨对射线的吸收系数很大，因此白点的黑度极小(极亮)，据此可将其与飞溅影像相区别，钨夹渣只产生在非熔化极氩弧焊焊缝中，该焊接方法多用于不锈钢薄板焊接和管子对接环焊缝的打底焊接。钨夹渣尺寸一般不大，形状不规则。大多数情况是以单个形式出现，少数情况是以弥散状态出现。

5. 气孔

气孔在底片上的影像是黑色圆点，也有呈黑线(线状气孔)或其他不规则形状的，气孔的轮廓比较圆滑，其黑度中心较大，至边缘稍减小。

气孔可以发生在焊缝中任何部位，手工单面焊根部线状气孔，双面焊根部链状气孔，焊缝中心线两侧的虫状气孔是发生部位与气孔形状有对应规律的例子。

“针孔”直径较小，但影像黑度很大，一般发生在焊缝中心。“夹珠”是另一类特殊的气孔缺陷，它是由前一道焊接生成的气孔，被后一道焊接熔穿，铁水流进气孔的空间而形成的，在底片上的影像为黑色气孔中间包含着一个白色圆珠。

5.3.4 常见伪缺陷影像及识别方法

伪缺陷是指由于照相材料、工艺或操作不当在底片上留下的影像，常见的有以下几种：

1. 划痕

胶片被尖锐物体(指甲、器具尖角、胶片尖角、砂粒等)划过，在底片上留下的黑线。划痕细而光滑，十分清晰。识别方法主要是借助反射光观察，可以看到底片上药膜有划伤痕迹。

2. 压痕

胶片局部受压会引起局部感光，从而在底片上留下压痕。压痕是黑度很大的黑点，其大小与受压面积有关，借助反射光观察，可以看到底片上药膜有压伤痕迹。

3. 折痕

胶片受弯折，会发生减感或增感效应。曝光前受折，折痕为白色影像，曝光后受折，折痕为黑色影像，最常见的折痕形状呈月牙形。借助反射光观察，可以看到底片有折伤痕迹。

4. 水迹

由于水质不好或底片干燥处理不当，会在底片上出现水迹，水滴流过的痕迹是一条黑线或黑带，水滴最终停留的痕迹是黑色的点或弧线。

水迹可以发生在底片的任何部位，黑度一般不大。水流痕迹直而光滑，可以找到起点和终点；水珠痕迹形状如水滴一般；借助反射光观察有时可以看到底片上水迹处药膜有污物痕迹。

5. 静电感光

切装胶片时，因摩擦产生的静电发生放电现象使胶片感光，在底片上留下黑色影像。静电感光影像以树枝状为最常见，也有点状或冠状斑纹影像。静电感光影像比较特殊，易于识别。

6. 显影斑纹

由于曝光过度，显影液温度过高，浓度过大导致快速显影，或因显影时搅动不及时，均会造成显影不均匀，从而产生显影斑纹。

显影斑纹呈黑色条状或宽带状，在整张底片范围出现，影像对比度不大，轮廓模糊，一般不会与缺陷影像混淆。

7. 显影液沾染

显影操作开始前，胶片上沾染了显影液。沾上显影液的部位提前显影，黑度比其他部位大，影像可能是点、条或成片区域的黑影。

8. 定影液沾染

显影操作开始前，胶片沾染了定影液，沾上定影液的部位发生定影作用，使得该部位黑度小于其他部位，影像可能是点、条或成片区域的白影。

9. 增感屏伪缺陷

由于增感屏的损坏或污染使局部增感性能改变而在底片上留下的影像。如增感屏上的裂纹或划伤会在底片上造成黑色伪缺陷影像，而增感屏上的污物会在底片上造成白色影像。

增感屏引起的伪缺陷，在底片上的形状和部位与增感屏上完全一致。当增感屏重复使用时，伪缺陷会重复出现，避免此类伪缺陷的方法是经常检查增感屏，及时淘汰损坏了的增感屏。

底片上其他伪缺陷还有：因胶片质量不好或暗室处理不当引起的药膜脱落、网纹、指印、污染等，因胶片保存或使用不当造成的跑光、霉点等。

5.3.5 表面几何影像的识别

表面几何影像是指由于试件的结构和外观形状投影形成的影像，大致可分为以下几类：

（1）试件结构影像。如母材厚度的变化，焊缝垫板，试件内部结构件投影等因素造成的影像。

（2）焊接成形影像，如焊缝余高，根部形状，焊缝表面波纹，焊道间沟槽等生成的影像。

（3）焊接形状缺陷影像。如上节所述的咬边、烧穿、内凹、收缩沟、弧坑、焊瘤、未填满、搭接不良等因焊接造成的表面缺陷的影像。

（4）表面损伤影像，由非焊接因素造成的表面缺陷的影像，如机械划痕、压痕、表面撕裂、电弧烧伤、打磨沟槽等。

为能正确地识别表面几何影像，首先应要求评片人员仔细了解试件结构和焊接接头型式。其次评片人员应熟悉不同焊接方法和焊接位置的焊缝成形特点。此外，评片人员应注意焊缝外观检查的结果，掌握试件的表面质量状况。对可能影响缺陷识别的表面几何形状进行打磨，评片时应注意对表面缺陷的核查。

底片上焊接形状缺陷的影像和表面损伤的影像主要根据其位置、形状、表面结晶形态以及影像轮廓清晰度等特征来加以识别。

5.3.6 底片影像分析要点

底片上包含着丰富的信息。评片人员从底片上能够获得的不仅仅是缺陷情况，还能了解到一些试件结构，几何尺寸、表面状态以及焊接和照相投影等方面的情况，注意提取上述信息并进行综合分析，有助于作出正确的评定。

本节简要叙述了观察底片时应提取的信息要点以及影像分析的一般方法。只有在理论学习的基础上经过大量的实践训练，才能较好掌握影像分析的技能。

1. 通览底片时的影像分析要点

结合已掌握的情况，通过观察底片，一般应进行以下分析并作出判断。

焊接方法：区分手工焊、自动焊、氩弧焊等。

焊接位置：区分平焊、立焊、横焊或仰焊(对管子环焊缝则有水平固定，垂直固定或滚动焊)。

焊缝型式：区分双面焊、单面焊、加垫板单面焊。

评定区范围：认清焊缝余高边缘，热影响区范围。

投影情况及投影位置：判断投影是否偏斜，认清焊缝上缘和下缘以及根部的位置。

认清焊接方向，估计结晶方向，查找起弧和收弧位置。

了解试件厚度，判断试件厚度变化情况，大致判断清晰度、对比度、灰雾度的大小和成像质量水平，考核底片质量是否满足标准规定的要求。

2. 缺陷定性时的影像分析要点

观察影像时，一般首先注意的是影像形状、尺寸、黑度，除此以外，还应作下列观察与分析：

影像位置：根据影像在底片上的位置以及影像特征、结合投影关系，推测其在焊缝中的位置是在根部、坡口还是表面，是在焊缝还是热影响区。

影像的延伸方向：影像的延伸方向有一定规律性。例如未熔合，未焊透等沿焊缝纵向，热裂纹、虫状气孔与焊缝结晶方向有关，咬边、弧坑的轮廓与焊缝表面波纹相吻合。

影像轮廓清晰程度：除了照相工艺条件影响清晰度外，还应注意以下影响轮廓清晰程度的因素并据此进行分析，厚板与薄板中影像清晰程度的差异、缺陷和某些伪缺陷清晰度差异、内部缺陷和表面缺陷轮廓清晰度的差异等。

影像细节特征：注意寻找细节特征，如裂纹的尖端、锯齿，未焊透的直边等。

3. 影像定性分析方法——列举排除法

列举排除法是影像定性分析常用的方法，对一定形状的影像，先列出它可能是什么，再根据每一类影像特点，逐个鉴别，排除与影像特征不符的推测，最终得到正确的结论。

例如，对底片的一个黑点，它可能是气孔、点状夹渣、弧坑、压痕、水迹、显影液沾染霉点。可逐个进行鉴别。

气孔、点状夹渣、压痕、水迹，显影液沾染的影像特征和识别方法在本章内已有叙述，弧坑的特征是发生在焊道中央，在收弧部位，焊接位置应处于平焊，如果是霉点，则应大量发生，在底片上广泛分布，不会是孤立黑点。

对底片上的一条黑线，可以列出它可能是裂纹、未熔合、未焊透、线状气孔、咬边、错口、划痕、水迹、增感屏伪缺陷等。

裂纹、未熔合、未焊透、划痕、水迹、增感屏伪缺陷影像的特征和识别方法本章内已有叙述，线状气孔为细长黑线，黑度均匀，轮廓圆滑，发生在手工单面焊的焊缝根部；咬边发生在焊缝边缘，与焊缝波纹的起伏走向一致；错口发生在焊缝中心线上，如果细看的话可以发现它不是一道黑线而是一道不同黑度区域的明暗分界线。

4. 影像分析示例：小径管环焊缝底片评判要点

1）小径管环焊缝双壁双影照相特点

透照厚度变化大，例如对 ϕ51mm×3.5mm 的管子照相，最大透照厚度为最小透照厚度的 3.7 倍，因此底片上不同部位的黑度和灵敏度差异较大。

为错开上下焊缝、透照时有一倾角，对 ϕ51mm×3.5mm 的管子，这一倾角约为 12°～18°，会引起影像畸变，对纵向裂纹检出亦有影响。

上下焊缝几何不清晰度存在较大差异，对 ϕ51mm×3.5mm 的管子，上焊缝 U_g 约为下焊缝的 10 倍。

边蚀效应较严重，散射比较大，因此成像质量不高。

2）通览底片时的影像分析要点

辨认焊接方法：小径管焊口多采用手工焊，由根部成形情况判断是否用氩弧焊打底。

辨认焊接位置：根据焊缝波纹判断水平固定，垂直固定，或是滚动焊；如果是水平固定，找出起弧的仰焊位置和收弧的平焊位置。

确定有效评定范围：根据黑度和灵敏度情况判断检出范围是否达到 90%。

辨明投影位置：焊缝根部投影位于椭圆影像的内侧，根据影像放大或畸变情况以及清晰程度有时可分辨出上焊缝和下焊缝。

3）缺陷定性时的影像分析要点

常见缺陷：裂纹、根部未熔合、未焊透、夹渣、气孔、焊穿、内凹、内咬边。

常见形状缺陷：焊瘤、弧坑、咬边。

影像位置的一般规律：根部裂纹、未熔合、未焊透、线状气孔、内凹、内咬边、烧穿都发生在焊缝根部，底片上的位置处于椭圆内侧；内凹一般在仰焊位置，根部焊瘤、焊漏、弧坑在平焊位置。

观察影像的主要特征和细节特征，注意区别未焊透与内凹，烧穿、弧坑与气孔的区别，线状气孔与裂纹的区别。

5.4 焊接接头的质量等级评定

底片上的缺陷被确认以后，下一步就是对照有关标准，评出焊接接头的质量等级。

射线照相标准有许多种，例如国家标准，部颁标准，行业标准以及国外标准等。在我国，锅炉压力容器产品执行的探伤标准由国家安全监察法规和产品设计制造规范指定。法规和规范同时还对探伤方法的选用、探伤部位、比例以及验收质量等级等方面作出了规定。

不同的射线照相标准关于质量分级的具体规定各不相同，但确定质量等级的原则和依据大体是一致的。缺陷的危害性，焊接接头的强度水平，制造要求的工艺水平是质量分级考虑的主要因素，缺陷性质、尺寸大小、数量、密集程度是划分质量等级的主要依据。

评片人员应熟悉标准中的有关内容，正确运用并严格执行评级规定。

5.4.1 质量分级规定评说

本节结合 GB/T 3323—2005 标准，简单评说质量分级的有关规定

1. 级别划分

标准将焊缝质量划分为四个等级，Ⅰ级质量最好，Ⅳ级质量最差。

2. 缺陷性质与质量等级

标准正文中提到了五种焊接缺陷：裂纹、未熔合、未焊透、条形缺陷、圆形缺陷。对于小径管环焊缝评定增加了一种内凹。至于其他焊接形状缺陷未提及，这是因为射线探伤应在焊缝外观检验合格后进行，形状缺陷应由外观目视检查发现，不属无损探伤检出范畴，因此不作评级规定。但对于目视检查无法进行的场合或部位，例如小径管、小直径容器、钢瓶、锅炉联箱以及其他带垫板焊缝的根部缺陷，如内凹、烧穿，内咬边等应由射线照相检出并作评级规定。

标准有关缺陷性质的评级规定如下：

裂纹、未熔合、双面焊和加垫板单面焊的未焊透属不允许存在的缺陷，只要发生即评为Ⅳ级。

不加垫板单面焊允许未焊透存在(这取决于焊缝系数)，但最高只能评Ⅲ级，其允许长度按条状夹渣Ⅲ级的有关规定。

对夹渣和气孔按长宽比重新分类：长宽比大于 3 的定义为条状夹渣，长宽比小于或等于 3 的定义为圆形缺陷，对两者分别制订控制指标，其中Ⅰ级焊缝不允许条状夹渣存在。

3. 缺陷数量与质量等级

缺陷数量包括单个尺寸，总量和密集程度三个方面。定量的依据(包括缺陷长度和宽度尺寸以及间距)是底片上量得的尺寸，不考虑投影放大或畸变造成的影响。黑度不作为缺陷定级依据，特殊情况下需要考虑缺陷高度和黑度对焊缝质量影响时应另作规定。

标准允许圆形缺陷存在，根据母材厚度对缺陷数量加以限制。规定单个缺陷尺寸不得超过母材厚度的 1/2；对缺陷总量采用点数换算，对缺陷密集程度采用评定区控制。各质量等级允许的缺陷点数都有明确规定。

标准对于条状夹渣，也是根据母材厚度来限制的，以单个条渣长度，条渣总长和间距三项指标分别对单个缺陷尺寸、总量、密集程度作出限制。此外，如果在圆形缺陷评定区内同时存在圆形缺陷和条状夹渣，则需要进行综合评级，这也属对缺陷密集程度限制的规定。

标准关于缺陷定量和评级的各种规定甚多，应在标准讲解时逐条详细说明并示例，本节不作赘述。

5.4.2 射线照相检验记录与报告

评片人员应对射线照相检验结果及有关事项进行详细记录并出具报告，其主要内容包括：

产品情况：工程名称、试件名程、规格尺寸、材质、设计制造规范、探伤比例部位、执行标准、验收、合格级别。

透照工艺条件：射源种类、胶片型号、增感方式、透照布置、有效透照长度、曝光参数

(管电压、管电流、焦距、时间)、显影条件(温度、时间)。

底片评定结果：底片编号、像质情况(黑度、像质指数、标记、伪缺陷)

缺陷情况(缺陷性质、尺寸、数量、位置)、焊缝级别、返修情况、最终结论。

评片人签字、日期。

照相位置布片图。

习　题

一、是非题

1. 由于射线照相存在影像放大现象，所以底片评定时，缺陷定量应考虑放大的影响。(　　)

2. 各种热裂纹只发生在焊缝上，不会发生在热影响区。(　　)

3. 形状缺陷不属于无损检测检出范畴，但对于目视检查无法进行的场合和部位进行射线照相，则应对内凹、烧穿、咬边等形状缺陷评级。(　　)

4. 射线照相时，不同的投影角度会使工件上不同部位的特征点在底片上的相对位置改变。(　　)

5. 熔化焊焊接过程中的二次结晶仅仅发生在焊缝，与热影响区无关。(　　)

二、选择题

1. 观片室的明暗程度最好是(　　)

A. 越暗越好　　B. 控制在 70 流明左右

C. 与透过底片的亮度大致相同　　D. 以上都不对

2. 以下关于底片灵敏度检查的叙述，哪一条是错误的(　　)

A. 底片上显示的像质计型号、规格应正确

B. 底片上显示的像质计摆放应符合要求

C. 如能清晰地看到长度不小于 10mm 的像质计钢丝影像，则可认为底片灵敏度达到该钢丝代表的像质指数

D. 要求清晰显示钢丝影像的区域是指焊缝区域，热影响区和母材区域则无此要求

3. 以下关于观片灯亮度的叙述，哪一条是正确的(　　)

A. 透过底片的光强越高越好

B. 透过底片的光强最好为 $10cd/m^2$

C. 透过底片的光强最好为 $30cd/m^2$

D. 透过底片的光颜色最好为绿色

4. 一般情况下，正常人的眼睛大约可以看清(　　)

A. 直径 0.25mm 的点和 0.025mm 的线

B. 直径 0.025mm 的点和 0.0025mm 的线

C. 直径 0.025mm 的点和 0.25mm 的线

D. 直径 0.0025mm 的点和 0.025mm 的线

5. 以下哪些材料的焊接接头一般不会产生再热裂纹(　　)

A. 低碳钢　　B. 低合金高强钢

C. 珠光体耐热钢　　D. 沉淀强化的奥氏体钢

6. 结晶裂纹是热裂纹的一种，发生的位置一般是(　　)

A. 焊缝区　　B. 热影响区

C. 母材　　D. 以上都是

7. 焊接电流过小或焊接速度过快可能引起(　　)

A. 裂纹　　B. 未焊透

C. 咬边　　D. 焊瘤

8. 以下哪一种焊接方法会产生钨夹渣(　　)

A. 手工电弧焊　　B. 埋弧自动焊

C. 非熔化极气体保护焊　　D. 电渣焊

9. 静电感光的影像一般是(　　)

A. 鸟爪型　　B. 树枝型

C. 点状或冠状　　D. 以上都是

10. 显影后呈现在射线底片上的亮的皱折痕迹是由于什么原因造成的？(　　)

A. 静电感光　　B. 铅增感屏划伤

C. 曝光前胶片受折　　D. 曝光后胶片受折

三、问答题

1. 底片的质量检查应包括哪些要求？

2. 观片灯的性能要求有哪些？

3. 底片上缺陷定性时的影像分析要点有哪些？

参考答案

是非题：1. ×　2. ×　3. ○　4. ○　5. ×

选择题：1. A　2. D　3. D　4. A　5. A　6. A　7. B　8. C　9. D　10. C

第六章　辐射防护

6.1　剂量的定义、单位及标准

辐射效应的研究和应用，离不开对电离辐射的计量，需要有各种辐射量和单位，用以表征辐射的特征，描述辐射场的性质，度量电离辐射与物质的相互作用时能量传递及受照物体内部的变化程度和规律。

从放射防护角度出发，可将描述 X 射线和 γ 射线的辐射量分为电离辐射常用辐射量和辐射防护常用辐射量两类。前者包括照射量、比释动能、吸收剂量等；后者包括当量剂量、有效剂量等。

描述辐射量时经常使用“剂量”这一术语，所谓“剂量”是指对某一对象所接受或“吸收”的辐射的一种量度。根据上下文，它可以指吸收剂量、剂量当量、器官剂量、当量剂量、有效剂量等。

辐射量的单位采用国际单位制(SI)单位。为了照顾当前新旧单位过渡的需要，在给出辐射剂量的 SI 单位的同时，还将指出过去沿用的专用单位。

6.1.1　描述电离辐射的常用辐射量和单位

1. 照射量

当 X 或 γ 射线穿过空气时，由于它们和空气中的分子(或原子)相互作用的结果，便产生了次级电子(即三个效应产生的电子)，这些次级电子由于获得了一定的能量，当它们和空气分子作用时就能使空气分子电离，形成离子对——正离子和负离子。X 或 γ 射线的能量愈高，数量愈大，对空气电离本领愈强，被电离的总电荷量也就愈多。因此可用次级电子在空气中产生的任何一种符号的离子(电子或正离子)的总电荷量，来反映 X 或 γ 射量对空气的电离本领。由此，引出照射量这个物理概念。照射量是用来表征 X 或 γ 射线对空气电离本领的大小的物理量。也是沿用最久的辐射量。

1) 照射量的定义和单位

所谓照射量，是指 X 或 γ 射线的光子在单位质量的空气中释放出来的所有次级电子(负电子和正电子)，当它们被空气完全阻止时，在空气中形成的任何一种符号的(带正电或负电的)离子的总电荷的绝对值。其定义为 dQ 除以 dm 所得的商，即：

$$P=\frac{\mathrm{d}Q}{\mathrm{d}m} \tag{6-1}$$

式中　dQ——当光子产生的全部电子被阻止于空气中时，在空气中所形成的任一种符号的离子总电荷量的绝对值；

dm——体积球的空气质量。

照射量(P)的 SI 单位为库仑/千克，用符号 C/kg 表示。

沿用的专用单位为伦琴，用字母 R 表示，简称伦。

$$1R = 2.58 \times 10^{-4} C/kg$$

$$1R = \frac{1\text{静电单位}}{0.001293g}$$

$$= \frac{3.33 \times 10^{-10}}{1.293 \times 10^{-4} kg}$$

$$= 2.58 \times 10^{-4} C/kg$$

$$1C/kg = 3.877 \times 10^{3} R$$

另外，还常用毫伦(mR)，微伦(μR)等单位，与伦琴的关系为：

$$1R = 10^{3} mR = 10^{6} \mu R$$

照射量这个概念，不能用于所有的射线，只适用于 X 射线或 γ 射线对空气的效应，而且由于测量所要求的电子平衡条件难以实现，它只适用于光子能量大约在几千伏到 3MV 之间的 X 射线或 γ 射线。照射量不能作为剂量的度量单位，这是因为当 X 射线或 γ 射线与物质相互作用时，伦琴单位的定义不能正确反应被照射物质实际吸收辐射能量的客观规律。当能量相同的 X 射线与物质相互作用时，物质的种类不同，吸收的辐射能量也不同。

2）照射量率的定义和单位

照射量率(亦称照射率)用字母 P 表示。照射量率的定义是单位时间的照射量，也就是 $\mathrm{d}p$ 除以 $\mathrm{d}t$ 所得的商，即：

$$P = \frac{\mathrm{d}p}{\mathrm{d}t} \tag{6-2}$$

照射量率(P)的 SI 单位为(库仑/千克)/秒，用符号(C/kg)/s 表示。其专用单位是伦琴或其倍数或其分倍数除以适当的时间而得的商，如伦/秒(R/s)，伦/分(R/min)、毫伦/时(mR/h)等。

2. 比释动能

X 射线或 γ 射线与物质相互作用最重要的标志是将能量转移给物质，这是产生辐射效应的依据。能量转移过程分为两个阶段。首先 X 射线或 γ 射线的能量转移给次级电子，然后次级电子通过电离和激发的形式，将能量转移给物质。比释动能是用于描述第一阶段的能量转移情况，即描述不带电粒子有多少能量转移带电粒子的一个辐射量。

1）比释动能的定义和单位

比释动能的定义是指不带电粒子与物质相互作用，在单位质量的物质中释放出来的所有带电粒子的初始动能的总和。若在质量为 $\mathrm{d}m$ 的物质中，不带电粒子释放出来的全部带电粒子的初始动能之和为 $\mathrm{d}E_{tr}$，则比释动能 K 定义的表示式为：

$$K = \frac{\mathrm{d}E_{tr}}{\mathrm{d}m}$$

式中 $\mathrm{d}E_{tr}$——不带电电离粒子在质量为 $\mathrm{d}m$ 的某一物质内释放出的全部带电电离粒子的初始动能的总和。

比释动能只适用于 X 射线或 γ 射线等不带电粒子的辐射，但适用于各种物质。

比释动能的 SI 单位是焦耳/千克(J/kg)。其特定名称为戈[瑞](Gy)。1Gy 等于 1kg 受照射的物质吸收 1J 的辐射能量，即：

$$1Gy = 1J/kg$$

其他单位有毫戈瑞(mGy)、微戈瑞(μGy)等，其间关系为：

$$1Gy = 10^3 mGy = 106\mu Gy$$

已废除但有时仍沿用的专用单位是拉德，其符号为“rad”。

$$1rad = 10^{-2} Gy \tag{6-3}$$

2）比释动能率的定义和单位

比释动能率用字母 K 表示，是单位时间的比释动能。若在时间 dt 内，比释动能的增量为 dK，则比释动能率定义为：

$$K = dK/dt \tag{6-4}$$

比释动能率的 SI 单位为戈瑞・秒$^{-1}$，用符号 Gy・s^{-1} 表示。其他常用单位有毫戈瑞・时$^{-1}$(mGy・h^{-1})等。

3）参考空气比释动能率

源的参考空气比释动能率是在空气中距源 1m 的参考处对空气衰减和散射修正后的比释动能率，用 1m 处的 μGy/h 表示。

3. 吸收剂量

电离辐射与物质的相互作用实际是一种能量的传递过程，结果是电离辐射的能量被物质所吸收，引起被照射物质的性质发生各种变化，其中有物理的、化学的、生物学的，等等。物质吸收的辐射能量愈多，则由辐射引起的效应就愈明显，为了衡量物质吸收辐射能量的多少，用以研究能量吸收与辐射效应的关系，引进了“吸收剂量”这个物理量。

1）吸收剂量的定义和单位

任何电离辐射照射物体时，受照物体将吸收电离辐射的全体或部分能量。如果受照物体是生物的话，将引起生物效应，生物效应的大小与吸收能量的多少有密切关系，也就是说吸收的能量越多，生物效应就越厉害。吸收剂量就是用来表征受照物体吸收电离辐射能量程度的物理量，其定义为：任何电离辐射，授予质量为 dm 的物质的平均能量 d$\bar{\varepsilon}$ 除以 dm 所得的商，即：

$$D = \frac{d\bar{\varepsilon}}{dm} \tag{6-5}$$

式中，$\bar{\varepsilon}$ 为平均授予能。授予能 $\bar{\varepsilon}$ 为进入某一体积的全部带电电离粒子和不带电电离粒子能量的总和与离开该体积的全部带电电离粒子和不带电电离粒子的能量总和之差，再减去在该体积内发生任何核反应或基本粒子反应所增加的静止质量的等效能量。也就是说，吸收剂量是电离辐射传给每单位质量的被照射物质的能量。

吸收剂量不像照射量只适用 X 射线或 γ 射线，它适用于任何类型和任何能量的电离辐射。同时也适用于任何被照射物质。吸收剂量的大小一方面取决于电离辐射的能量，另一方面还取决于被照射物质本身的性质，因此，在提及吸收剂量时，必须说明是什么物质的吸收剂量。

吸收剂量(D)的 SI 单位是焦耳/千克，用符号 J/kg 表示。并给以专名“戈瑞”，简称“戈”，以“Gy”记之。

2）吸收剂量率的定义和单位

各种电离辐射的生物效应，不仅与吸收剂量的大小有关，还与吸收剂量的速率有关，因此引入吸收剂量率的概念。一般说来，吸收剂量率(D)表示单位时间内吸收剂量的增量。严格定义为：某一时间间隔 dt 内吸收剂量的增量 dD 除以该时间间隔 dt 所得的商，即：

$$D = \mathrm{d}D/\mathrm{d}t \tag{6-6}$$

吸收剂量率的SI单位为焦耳/千克·秒$^{-1}$(J/kg·s^{-1})，其专名为戈/秒(Gy/s)。吸收剂量率的单位亦可用戈或其倍数或其分倍数除以适当的时间而得的商表示，如毫戈/时(mGy/h)等。

4. 照射量、比释动能、吸收剂量的联系与区别

(1) 照射量和比释动能的关系。X射线或γ射线照射空气时，如果忽略次级电子能量转移成热能和辐射能的部分，即认为：在单位质量空气中所产生的次级电子能量全部用于使空气分子电离，则空气中某点照射量P和比释动能K在带电粒子平衡条件下的关系为：

$$K = 33.72P \tag{6-7}$$

公式中，照射量的单位为库仑/千克(C/kg)，比释动能的单位为戈瑞(Gy)。

【例】已知空气中某点X射线的照射量P是1.29×10^{-4}C/kg，求空气中该点的比释动能K是多少？

解：$K = 33.72\mathrm{P} = 33.72\times1.29\times10^{-4} = 4.35\times10^{-3}$(Gy)

(2) 比释动能和吸收剂量的关系。比释动能和吸收剂量分别反映物质吸收电离辐射的两个阶段。对于一定质量dm的物质，不带电粒子转移给物质次级电子的平均能量$\mathrm{d}\,\bar{\varepsilon}_{tr}$与物质最终吸收能量$\mathrm{d}\bar{\varepsilon}$相等，则比释动能和吸收剂量相等。即：

$$K = \mathrm{d}\,\bar{\varepsilon}_{tr}/\mathrm{d}m = \mathrm{d}\bar{\varepsilon}/\mathrm{d}m = D \tag{6-8}$$

上式成立必须满足两个条件，首先要求是在带电粒子平衡条件下，其次是带电粒子产生的辐射损失可以忽略不计。

(3) 照射量和吸收剂量的关系。在实际工作中，仪器直接测量的只能是照射量，而不是吸收剂量。因此，要计算辐射场中某点被照射物质的吸收剂量，就只能用该点的照射量进行换算。也就是说，测量或计算出辐射场中某点的照射量，才能换算出某一物质在该点的吸收剂量。常见的有下列两种换算关系：

① 将空气中某点的照射量换算成该点空气的吸收剂量。如果以$D_{空}$表示空气的吸收剂量(单位：Gy)，$P_{空}$表示空气的照射量(单位：C/kg)，则空气中的吸收剂量与照射量换算公式为：

$$D_{空} = 33.72P_{空} \tag{6-9a}$$

如果吸收剂量单位用Gy，而照射量单位用R，则空气中的吸收剂量与照射量换算公式为：

$$D_{空} = 8.69\times10^{-3}P_{空} \tag{6-9b}$$

式中　$P_{空}$——空气的照射量，C/kg。

② 将空气中某点的照射量换算成该点被照射物质的吸收剂量。由于吸收剂量的大小既取决于光子的能量又取决于受照射物质的性质，显然把照射量换算成吸收剂量就需要乘以一个既能反映入射光子的能量，又能反映被照射物质性质的换算因子f，即：

$$D_{物质} = \frac{(\mu en/\rho)_{物质}}{(\mu en/\rho)_{空气}}D_{空气} \tag{6-10}$$

式中　$(\mu en/\rho)_{物质}$——物质的质能吸收系数；

$(\mu en/\rho)_{空气}$——空气的质能吸收系数；

$D_{物质}$——受照射的吸收剂量，Gy；

$D_{空气}$——空气的吸收剂量，Gy。

表 6-1 中列出了水、肌肉和骨骼对不同能量光子的 f 值。由表中数据可见，对于低能光子，在照射量相同的情况下，骨骼的吸收剂量比肌肉高 3~4 倍。当光子能量超过 200keV 后，对于相同照射量，各种物质的吸收剂量都非常接近。f 为换算因子，或称转换系数。与光子的能量和受照射物质的性质有关，若 $D_{物质}$ 的单位是 Gy，P 的单位是 C/kg，则 f 的单位是 Gy · kg/C。

表 6-1　对于不同光子能量，几种物质的 f 值　　Gy · kg/C

光子能量/MeV	水	肌肉组织	骨 骼
0.010	35.1	36.1	140.7
0.020	33.9	35.8	162.4
0.10	37.0	37.0	56.2
0.20	37.4	37.2	37.9
0.50	37.7	37.4	36.2
1.0	37.6	37.3	35.9
10.0	37.4	37.1	36.1

（4）照射量、比释动能及吸收剂量之间的区别的归纳照射量、比释动能及吸收剂量之间的区别见表 6-2。

表 6-2　照射量、比释动能及吸收剂量之间的区别

辐射量种类		照射量 P	比释动能 K	吸收剂量 D
剂量学含义		表征 X 射线或 γ 射线在所关心的体积内用于电离空气的能量	表征不带电粒子在所关心的体积内交给带电粒子的能量	表征任何辐射在所关心的体积内被物质吸收的能量
适用范围	辐射场	X 射线，γ 射线	不带电粒子的辐射	任何带电粒子和不带电粒子的辐射
	介质	空气	任何物质	任何物质
单位及换算关系		$1C \cdot kg^{-1} = 3.877 \times 103R$	1Gy = 100rad	1Gy = 100rad

6.1.2　描述辐射防护的常用辐射量和单位

辐射防护中使用的辐射量有很多种，本节只介绍与人体有关的辐射量——当量剂量和有效剂量。同时介绍国际放射防护委员会(ICRP)的一些新规定。

1. 当量剂量及单位

（1）当量剂量 H_T。吸收剂量在一定程度上可以反映生物体因受到辐射而产生的生物效应。但辐射的生物效应不只是仅仅依赖于吸收剂量的大小，还与其他因素有关。同样的吸收剂量。由于射线的种类和能量不同，对机体产生的生物效应亦有不同。考虑到这一影响因素，应该有一个与辐射种类和射线能量有关的因子对吸收剂量进行修正，这个因子叫做辐射权重因子(ωR)。用辐射权重因子修正后的吸收剂量叫做当量剂量。

需要特别指出的是：在辐射防护中，关心的往往不是受照体某点的吸收剂量，而是某个器官或组织吸收剂量的平均值。辐射权重因子正是用来对某组织或器官的平均吸收剂量进行修正的。因此，用辐射权重因子修正的平均吸收剂量即为当量剂量。

对于某种辐射 R 在某个组织或器官 T 中的当量剂量 $H_{T,R}$ 可由下式给出：

$$H_{T.R} = D_{T.R} W_R \tag{6-11}$$

式中　W_R——辐射 R 的辐射权重因子；

$D_{T.R}$——辐射 R 在器官或组织 T 内产生吸收剂量。

如果对于某一组织或器官 T 的照射是由几种具有不同种类和能量的辐射组成，则应将吸收剂量分成若干组，每组各有与其对应的辐射权重因子 W_R，分别用不同的 W_R 对相应种类辐射的吸收剂量进行修正，而后相加即可得出总的当量剂量。

因此，对于受到多种辐射的组织或器官 T，其当量剂量应表示为：

$$H_T = \sum_R W_R D_{T.R} \tag{6-12}$$

上式中 $D_{T.R}$ 和 W_R 的物理意义同公式(6-11)。

辐射权重因子的数值大小是由 ICRP 选定的。其数值大小表示特定种类和能量的辐射在小剂量时诱发生物效应的情况。表 6-3 列出了某些射线的辐射权重因子。

表 6-3　一些射线的辐射权重因子

辐射的类型及能量范围	辐射权重因子 W_R
光子，所有能量	1
电子及介子，所有能量＊	1
质子(不包括反冲质子)，能量>2MeV	5
α 粒子、裂变碎片、重核	20

辐射的类型及能量范围	辐射权重因子 W_R
中子，能量<10keV	5
10~100keV	10
>100keV~2MeV	20
>2~20MeV	10
>2MeV	5

＊不包括由原子核向 DNA 发射的俄歇电子，此种情况下需进行专门的微剂测定考虑。

从表 6-3 可见，对 X 射线和 γ 射线，不管能量多高，辐射权重因子 W_R 始终为 1，也就是说对任一器官或组织，被 X 射线和 γ 射线照射后的吸收剂量和当量剂量在数值上是相等的。

（2）当量剂量的单位。辐射权重因子 W_R 是无量纲的，当量剂量的 SI 单位与吸收剂量的 SI 单位相同，为 J/kg，专用名称是希沃特(Sv)，因此：

$$1Sv = 1J/kg$$

此外还有厘希沃特(cSv)、毫希沃特(mSv)和微希沃特(μSv)等单位，它们之间的关系为：

$$1Sv = 10^2 cSv = 10^3 mSv = 10^6 \mu Sv$$

2. 当量剂量率及单位

当量剂量率 H_T 是单位时间内的当量剂量。若在 dt 时间内，当量剂量的增量为 dH_T，则当量剂量率为：

$$\dot{H}_T = (dH_T)/(dt) \tag{6-13}$$

当量剂量率的 SI 单位为希沃特/秒(Sv/s)、此外还有希沃特或其倍数或其分倍数除以适当的时间单位而得的商，如厘希沃特/秒(cSv/s)、希沃特/分钟(Sv/min)等。

【例】某组织受到 X 射线的照射，在 30s 内当量剂量的增量为 0.8mSv，求该组织的当量剂量率。

解：该组织的当量剂量率为：

$$\dot{H}_T = (dH_T)/(dt) = (0.8/30)mSv/s = 0.027mSv/s$$

3. 有效剂量

（1）组织权重因子。辐射防护中通常遇到的情况是小剂量慢性照射，在这种条件下引起的辐射效应主要是随机性效应。

随机性效应发生的概率与受照的组织或器官有关，也就是不同的组织或器官，虽然吸收了相同当量剂量的射线，但发生随机性效应的概率有可能不一样。为了考虑不同器官或组织对发生辐射随机性效应的不同敏感性，引入一个新的权重因子对当量剂量进行加权修正，使得修正后的当量剂量能够更好地反映出受照组织或器官吸收射线后所受的危害程度。这个对组织或器官 T 的当量剂量加权的因子称为组织权重因子，用 W_T 表示。ICRP 推荐的各组织或器官的 W_T 值列于表 6-4 中。

由表 6-4 中可以看出，每个组织的权重因子均小于 1。对射线越是敏感的组织，权重因子的数值越大，所有组织权重因子的总和为 1。

（2）有效剂量及单位　经过组织权重因子 W_T 加权修正后的当量剂量称为有效剂量，用字母 E 表示。因为 W_T 无量钢，所以有效剂量的单位与当量剂量的单位相同，为 J/kg，其专用名称是 Sv。

表 6-4　各组织或器官的组织权重因子 W_T

组织或器官	组织权重因子 W_T	组织或器官	组织权重因数 W_T
性腺	0.20	肝	0.05
（红）骨髓	0.12	食道	0.05
结肠①	0.12	甲状腺	0.05
肺	0.12	皮肤	0.01
胃	0.12	肝表面	0.01
膀胱	0.05	骨表面	0.01
乳腺	0.05	其余组织或器官②	0.05

注：① 结肠的权重因数适用于在大肠上部和下部肠壁中当量剂量的质量平均。

② 为进行计算用，表中其余组织或器官包栝肾上腺、脑、外胸区域、小肠、肾、肌肉、胰、脾、胸腺和子宫。在上述其余组织或器官中有一单个组织或器官受到超过 12 个规定了权重因子的器官的最高当量剂量的例外情况下，该组织或器官应取权重因子 0.025，而余下的上列其余组织或器官所受的平均当量剂量亦故取权重因子 0.025。

通常在接受照射中，会同时涉及几个组织或器官，所以应该有不同组织或器官的 W_T 分别给当量剂量 H_T 进行修正，所以有效剂量 E 是对所有组织或器官加权修正后的当量剂量之总和，其公式如下：

$$E = \sum_T W_T \cdot H_T \tag{6-14}$$

式中　H_T——组织或器官 T 所受的当量剂量；

W_T——组织或器官 T 的组织权重因子。

由当量剂量的定义，可以得到：

$$E = \sum_T W_T \sum_R W_R D_{T,R} \tag{6-15}$$

式中　W_R——辐射 R 的辐射权重因子；

$D_{T,R}$——组织或器官 T 内的平均吸收剂量。有效剂量的单位是 J/kg，称为希［沃特］（Sv）。

4. ICRP60 号出版物的一些新规定

国际放射防护委员会（ICRP）成立于 1928 年，是放射卫生与防护领域的最权威国际性机构，它的一系列报告书成为世界各国放射防护的根本指南。1977 年 ICRP 26 号出版物提出了剂量限值制度，明确了“在考虑经济和社会因素后把一切照射保持在可以合理达到的尽可能低的水平”(防护最优化)，奠定了现代放射卫生防护学的基础。近年来，电离辐射致人类危害的研究以及小剂量情况外推模式研究又有了重要进展，防护工作积累了大量经验，在此基础上，ICRP 于 1990 年出版了引人注目的 60 号出版物，将过去的剂量限值制度改称为放射防护体系，其中不仅对剂量限值有了新的建议，而且更加注重防护最优化，改变了过去委员会推荐的剂量限值目的，反复强调不能将剂量限值作为防护成绩的衡量标准。

60 号出版物中，对放射防护中使用的一些名词术语和剂量单位做出进一步明确和重新定义。

(1) 以“确定性效应”取代“非随机性效应”。ICRP1977 年发表的 26 号出版物中将辐射的生物效应分为随机性效应和非随机性效应。而在 60 号出版物中，将非随机性效应另定义为确定性效应，使表述更为准确。

随机性效应和确定性效应的定义如下：

随机性效应，是指发生概率与剂量成正比而严重程度与剂量无关的辐射效应。一般认为，在辐射防护感兴趣的低剂量范围内，这种效应的发生不存在剂量阈值。

确定性效应，是指通常情况下存在剂量阈值的一种辐射效应，超过阈值时，剂量越高则效应的严重程度越大。

(2) 进一步明确吸收剂量定义。按照原先国际辐射单位与测量委员会(ICRU)的定义，吸收剂量可以表示出某一无限小的点的吸收剂量。但在 ICRP60 号出版物中规定：除另有文字说明外，吸收剂量均指某一组织或器官的平均吸收剂量(D_T)，单位 J/kg，专用名称为戈瑞(gray，Gy)。对于随机性效应的概率，可以用平均剂量来指示，这主要基于这样一种关系：即诱发某一效应的概率与剂量的关系是线性的，这在有限的剂量范围内是合理的近似 D 的确定性效应，剂量与效应的关系不是线性的，所以除非剂量在整个器官或组织内分布相当均匀，否则把平均吸收剂量直接用于确定性效应是不贴切的。

(3) 新定义的放射防护剂量单位——当量剂量。当量剂量 H_T 是针对特定组织或器官的，用辐射权重因子 W_R 修正后的吸收剂量。当量剂量与过去的剂量当量的差别在于权重因子的概念上。剂量当量用品质因子 Q 修正，而 W_R 与 Q 的实质含义有极大的差别。按 ICRP 规定，Q 值按照辐射的传能线密度(LET)来确定。ICRP 把 Q 与 LET 联系起来的原意只是为了粗略地指示出 Q 随辐射类型的变化。可是这样却造成了一个学术上的误解，认为 Q 与 LET 有一种精确的数学关系。然而，从放射生物学上看，这种精确的数学关系是不存在的。因此，ICRP 另用来 W_R 对吸收剂量加权，使其能代表不同类型辐射在小剂量时诱发随机性效应的相对生物效能(RBEM)。需要强调的是，既然是针对随机性效应而制定的，因此，不能处处都用当量剂量来恰当地表示它与确定性效应的关系。

6.2 剂量测定方法和仪器

6.2.1 辐射监测方法

从事电离辐射的实践离不开对辐射的监测。辐射监测是放射防护的一项重要的技术，其主要目的是保护工作人员和居民免受辐射的有害影响。因此，辐射监测的内容应包括辐射测量和参照电离辐射防护及辐射源安全基本标准对测定结果进行卫生学评价两个方面。

工业射线照相一般使用的是X射线和γ射线。工作人员处于辐射场中工作，主要受外照射。因此，辐射监测的内容主要是防护监测，按监测的对象可分为工作场所辐射监测和个人剂量监测两大类。

辐射防护监测的实施包括辐射监测方案的制定、现场测量、照射场测量、数据处理、结果评价等。在监测方案中，应明确监测点位、监测周期、监测仪器与方法，以及质量保证措施等。辐射防护监测特别强调质量保证措施，监测人员应经考核持证上岗，监测仪器要定期送计量部门检定，对监测全过程要建立严格的质量控制程序。

1. 工作场所辐射监测

工作场所辐射监测包括透照室内的辐射场测定和周围环境的剂量场分布测定两部分。

(1) 透照室内辐射场测定。在透照室内辐射场测定中，需测定不同射线源在不同条件下射线直接输出剂量、散射线量以及有散射体存在时剂量场的分布情况，以便及时发现潜在的高剂量区，从而采取必要的防护措施。根据剂量场的分布资料，可以计算工作人员的允许连续工作时间，估计工作者在给定条件下将受到的照射剂量。另外，还可测定增添防护设施后剂量场的改变情况，以便评定防护设施的性能。

(2) 周围环境剂量场分布测定。周围环境剂量场分布测定包括透照室门口、窗口、走廊、楼上、楼下和其他相邻房间以及周围环境的照射量率，它可为改善防护条件提供有价值的信息，保证环境剂量水平符合放射卫生防护要求。

(3) 控制区和监督区剂量场分布测定。现场透照时，应根据剂量水平划分控制区和监督(管理)区。作业场所启用时，应围绕控制区边界测量辐射水平，并按空气比释动能不超过40μGy/h的要求进行调整。操作过程中，应进行辐射巡测，观察放射源的位置和状态。

控制区是指在辐射工作场所划分的一种区域，在该区域内要求采取专门的防护手段和安全措施，以便在正常工作条件下能有效控制照射剂量和防止潜在照射。监督(管理)区域指辐射工作场所控制区以外、通常不需要采取专门防护手段和安全措施但要不断检查其职业照射条件的区域。

现行标准规定：以空气比释动能率低于40μGy/h作为控制区边界。对管理区的规定是：X射线照相，控制区边界外空气比释动能率在40μGy/h以上的范围划为管理区；γ射线照相，控制区边界外空气比释动能率在2.5μGy/h以上的范围划为监督区。

2. 个人剂量监测

个人剂量监测是测量被射线照射的个人所接受的剂量，这是一种控制性的测量。它可以告知在辐射场中工作的人员直到某一时刻为止，已经接受了多少照射量或吸收剂量，因此，就可以控制以后的照射。如果被照射者接受了超剂量的照射，个人剂量监测不仅有助于分析超剂量的原因，还可以为医生治疗被照射者提供有价值的数据。当然，个人剂量监测和工作场所监测是相辅相成的。此外，个人剂量监测对加强管理、积累资料、研究剂量与效应关系有很大的作用。

实际上，并不是任何外照条件下都需要进行个人剂量监测。通常只有受照射剂量达到某一水平的地方或偶尔可能发生大剂量照射的地方，才需要进行个人剂量监测。

《GB 18871—2002电离辐射防护与辐射源安全基本标准》规定了个人剂量监测三种情况：

对于任何在控制区工作的工作人员，或有时进入控制区工作并可能受到显著职业照射的工作人员，或其职业照射剂量可能大于5mSv/a的工作人员，均应进行个人监测。在进行个人监测不现实或不可行的情况下，经审管部门认可后可根据工作场所监测的结果和受照地点和时间的资料对工作人员的职业受照作出评价。

对在监督区或只偶尔进入控制区工作的工作人员，如果预计其职业照射剂量在 1～5mSv/a 范围内，则应尽可能进行个人监测。应对这类人员的职业受照进行评价，这种评价应以个人监测或工作场所监测的结果为基础。

如果可能，对所有受到职业照射的人员均应进行个人监测。但对于受照剂量始终不可能大于 1mSv/a 的工作人员一般可不进行个人监测。

6.2.2 剂量测定仪器的工作原理

众所周知，人的感觉器官不能察觉电离辐射的存在，要完成辐射监测的任务，必须依靠专门的探测装置，即辐射剂量仪。

剂量仪之所以能测量电离辐射，其基本原理是根据电离辐射的物理和化学效应，利用这些效应制成各种不同型号和用途的剂量仪。这些效应包括：

利用射线通过气体时的电离效应。

利用射线通过某些固体时的电离和激发。

利用射线与某种物质的核反应或弹性碰撞所产生的易于探测的次级粒子。

利用射线的能量在物质中所产生的热效应。

利用射线(α、β 等)所带的电荷。

利用射线和物质作用而产生的化学变化。

辐射剂量仪可分为探测器和测量装置(电子线路)两部分，前者是选用某种物质按一定方式对辐射产生响应(即物理、化学反应)；后者是选用电子线路测量响应的程度。常见剂量仪的探测器主要有三类：一是利用射线在空气中的电离效应的气体探测器，如电离室、正比计数器、盖革-弥勒计数管等；二是利用射线在半导体产生电子和空穴现象的半导体探测器；三是利用射线在闪烁中产生发光效应的闪烁计数器；此外还有其他探测器，如热释光剂量，固体径迹剂量计等。

6.2.3 剂量仪器的选择及其核准

1. 仪器的选择

在辐射防护监测中，监测仪器的选择一般应掌握以下原则：

(1) 射线性质。对于射线种类及性质清楚的场所，应选用针对性强的仪器。对于辐射场性质不清楚的场所，应选用带有多用探头的监测仪器或多种监测仪。

(2) 量程范围。仪器的量程下限值至少应在个人剂量限值的 1/10 以下，上限值根据具体情况而定。

(3) 能量响应。理想的测量仪器应该是不论射线能量大小，只要照射量相同，其仪器的响应就应该相同。然而事实上仪器的响应总是随着能量的不同而产生一定的差异，这种差异越小，仪器的能量响应越好。对剂量率计仪表，一般要求与 Cs137 相比，在 50keV 到 3MeV 范围内能量响应差异不大于±30%。对数百行电子伏特以上的光子来说，能量响应差别不大，但对于 100keV 以下的光子就需要注意仪器的能量响应性能与被测光子的能量是否相适应。

(4) 环境特征。对于温度，要求在 10～40℃的温度范围内仪器读数变化在±5%以内；对于相对湿度，要求在10%~95%的范围内读数变化在±5%以内。此外，还应考虑气压和电磁场的影响。

(5) 对其他辐射的响应。高能γ射线和β射线都能穿透电离室或计数管的壁引起仪器响应，造成β、γ射线测量相互干扰；中子场往往有γ辐射场。所以，一般γ辐射监测仪应对能量正到2.27MeV(Sr90)的β射线无响应。

(6) 其他因素。仪器零点漂移要小；测量的方向性误差应不大于±30%；仪器响应速度要快；质量要轻，体积要小。

2. 仪器的校准

仪器校准的目的是保证仪器正常工作，满足仪器测量结果总的误差要求，包括能量响应、方向响应、环境效应、分量程线性等。

校准仪器的基本方法有两种，即标定法和替代法。标定法是一种利用性质已充分了解的辐射场、标准源标定；当对辐射场不十分了解时则采用替代法，可用标准仪器比对基准、次级标准、工作标准的误差传递。

国际辐射单位与测量委员会报告(ICRU)提出过以下意见：考虑剂量限值是在偏于保守方式下导出的，所以在辐射防护监测中似乎不需要有很高的准确度：

(1) 当最大当量剂量与最大容许剂量可以比拟时，准确度应达±30%。

(2) 当剂量水平为最大容许剂量的1/10时，误差达3倍似乎是可以接受的。

(3) 万一遇到剂量水平要比最大容许量大得多的时候，应该以很大的努力来提高辐射测量准确度。

6.2.4 场所辐射监测仪器

用于场所辐射监测的仪器按体积、质量和结构可分为携带式和固定式两类。携带式仪器体积小、质量轻，具有合适的量程，便于个人携带使用。固定式监测装置，一般由安装在操作室的主机和通过电缆安装在监测处的探头两部分组成(如伦琴计)。还可采用带有音响，或灯光讯号的报警装置，一旦场所的剂量超过某一预定阈值时，仪器能自动给出信号。

在场所辐射监测中，有用射线束的照射场内辐射水平很高，而一般散、漏射线的辐射水平较低，必须根据探测对象选用适当的仪器进行测量。

以下介绍几种常用的辐射监测仪器。

1. 气体电离探测器

电离室、正比计数和G—M计数管统称为气体电离探测器，其工作原理的共同点是：利用射线使气体发生电离的特性，通过收集探测器工作室内的气体电离所产生的电荷来测定辐射剂量。

(1) 电离室探测器。电离室相当于一个充气的密封电容器。由于电离室没有放大功能，其输出的电离电流很弱，因此，要特别考虑弱电流测量的要求。

电流电离室具有结构简单、使用方便、测量范围宽、能量响应好和工作稳定可靠等优点，虽然灵敏度不是很高，但足够常规防护监测的需要，因此广泛应用于X射线和γ射线的剂量测量。

高气压电离室是测量辐射剂量率的新型探测器，由高气压电离室(一般充氩所到约2×106Pa)探测器和电子线路组成。与一般电离室探测器相比，其灵敏度和测量精度更高。这类仪器价格比较贵，目前国外已普遍应用，国内也已有产品生产。

（2）G—M 计数管。G—M 计数管比电离室灵敏度高，入射射线只要产生一个离子对就能引起放电而被记录，输出脉冲的幅度大，仪器结构简单，不易损坏，价格低廉。其缺点是：分辨时间太长，不能用于高计数率测量，在很强的辐射场中，由于计数率太大会发生“饱和”。对 γ 射线探测效率较低。目前国内有多种型号产品。

2. 闪烁探测器

闪烁探测器是利用某些物质在辐射作用下会发光的特性来探测辐射的，这些物质称为荧光物质或闪烁体。常用的闪烁体可分无机闪烁体和有机闪烁体两类，前者大多是含有杂质的无机盐晶体，例如 XsI(T1)、NaI(T1)等；后者大多属于环苯结构的芳香族化合物，例如蒽晶体等。

闪烁探测器由闪烁体和光电倍增管、放置放大器等组成，射线在闪烁体中产生的荧光极弱，须用光电转换器件(光电倍增管)来把荧光转换成电脉冲，并加以放大，其脉冲幅度正比于带电粒子或光子在闪烁体晶体中累积的能量。

闪烁探测器的优点是对 γ 射线探测效率高，灵敏度比 G—M 计数管高，分辨时间短，能测量射线的强度和能量。

3. 半导体探测器

半导体探测器是 20 世纪 60 年代后迅速发展起来的一种测量辐射剂量率的新型探测器，其工作原理与气体电离室探测器十分相似。半导体探测器有硅 PN 结型、锂漂移型、高纯锗型等多种类型，其中大多为 PN 结结构。在没有受到辐射时，处于反向偏压下的 PN 结绝缘电阻很大，漏电流很小。在受到辐射时，由辐射产生的带电粒子在半导体中产生电子—空穴对，在外电场作用下分别向两电极漂移，在电路中形成电流并产生电压脉冲信号。

与气体电离室探测器相比，半导体探测器的优点是：①由于半导体密度比气体大得多，在输出同样脉冲情况下，半导体探测器的体积比气体探测器小得多；②半导体探测器的能量分辨能力很高，比闪烁探测器还要高数十倍，可用于 X 射线谱和 γ 能谱测量。

6.2.5 个人剂量监测仪器

个人剂量检测仪的探测器件通常佩戴在人员身上，以监测个人受到的总照射量或者组织的吸收剂量。因此，探测元件或仪器必须非常小巧、轻便、牢固、容易使用、佩戴舒适，而且能量响应要好，并不受所测辐射以外的因素干扰。

常用的个人剂量监测仪有电离室式剂量笔、胶片剂量计，以及属于固体剂量仪的玻璃剂量仪和热释光剂量仪。目前使用较多的是固体剂量仪。

1. 个人剂量笔

个人剂量笔(个人剂量计)，实际上是一种直读式袖珍电离室，又叫携带剂量表。是一种形似钢笔的小验电器，如图 6-1 所示，其基本结构包括两个电极，一个带正电(中心电极)，一个带负电(外电极)，中心电极(阳极)与外电极(阴极>绝缘，中心电极有一个活动的石英丝，当电离室充电后，因同性电相斥，活动丝被固定中心电极推开，把刻度按活动丝到固定电极的距离与剂量的关系校准，电荷最多，斥力最大的刻度为零位，依据活动丝位置刻度 X 射线剂量。当 γ 射线及 X 射线与电离室的空气或电离室壁相互作用形成正、负离子对时，电离室两极板电荷减少、斥力减弱，活动丝下垂，即可直接读出 X 射线剂量。

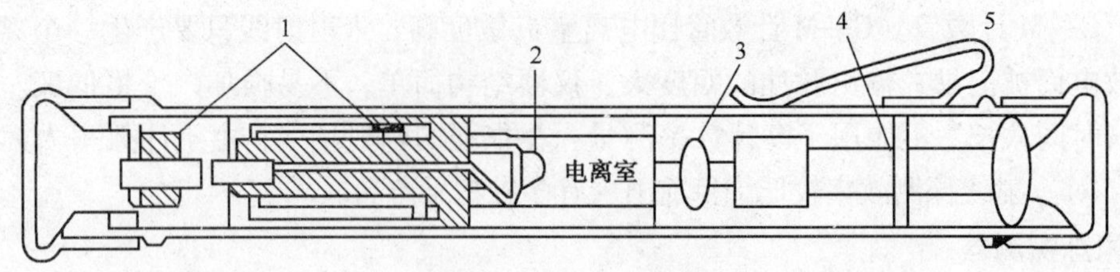

图 6-1　个人剂量笔

1—绝缘体；2—可动纤维；3—物镜；4—刻度镜；5—目镜

这种个人剂量笔具有读数迅速、简便的优点，但它能量响应较差，并且常由于绝缘性能不良或受到冲撞震动而引起错误的读数，目前已很少使用。

2. 热释光剂量计

热释光剂量计和荧光玻璃剂量计都是固体发光剂量计。这是 20 世纪 50 年代以来迅速发展起来的剂量测量仪器。热释光剂量汁具有灵敏度和精确度较高等优点，且尺寸小，剂量元件可加工成小徽章，有的还可以加工成一定形状的指环戴在手指上，佩戴方便。热释光剂量计的缺点是不能直接显示计数，需要通过专门的加热读出装置读取剂量值。

热释光剂量计和测量仪器(读数装置)的工作原理如图 6-2 所示：具有晶体结构的固体剂量元件(磷光体)，常因含有杂质或其中的原子、离子缺位、错位等原因造成晶体缺陷。这种缺陷导致周围电中性状态的破坏，从而造成带电中心，带电中心具有吸引异性电荷的本领。若带电中心吸引异性电荷的本领很强，甚至能把异性电荷束缚住，则称之为“陷阱”。陷阱吸引、束缚异性电荷的能力，即称为陷阱深度。当固体受到射线照射时，电子获得足够能量，从其正常位置(禁带)跳到导带而运动，直到被陷阱捕获为止，如图 6-3a 所示。如果陷阱深度很大，那么常温下电子将长久地留在陷阱之中。只有当固体被加热到一定程度时，它才能从陷阱中逸出，当逸出电子入导带返回上禁带时，即发出蓝绿色的可见光，如图 6-3b 所示。发光强度与陷阱中的电子数有关，而电子数又取决于受照射的射线量，因此，测量发光强度，即可推算出射线的照射量。

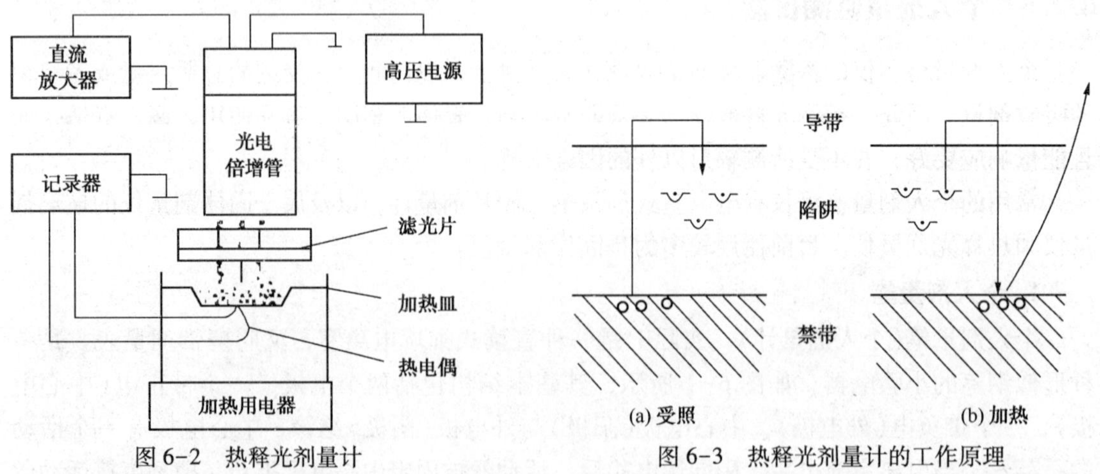

图 6-2　热释光剂量计

图 6-3　热释光剂量计的工作原理

热释光剂量元件的品种很多，目前最常用的是氟化锂(LiF)类热释光材料，其中早期的 LiF(Mg、Ti)灵敏度低，本底高，而 20 世纪 80 年代研制的 LiF(Mg、Cu、P)具有高灵敏度特佳，应用日益广泛。其他热释光剂量元件有用硼酸锂($Li_2B_4O_7$)和氟化钙(CaF_2)等。

热释光剂量元件，一经加热读数，其内部储存的辐射信息随即消失，因而它不具备复测性，但是作为剂量元件，可重复投入使用。

6.3 辐射防护的原则、标准和辐射损伤机理

6.3.1 辐射防护的目的和基本原则

对于辐射防护，往往会形成两种截然相反的观念：一是马虎大意，漠不关心；二是谈虎色变，盲目增加防护成本。这二者都是不对的。要正确实施辐射防护，必须明确辐射防护的目的和基本原则。这些目的和基本原则基于以下事实：

1. 电离辐射是不能够完全避免的，因此盲目增加防护成本是没有意义的

在人类生活的环境中，天然存在多种射线和放射性物质，称为天然本底辐射。据报道，世界上多数地区的人的年平均天然本底辐射剂量水平为1～6mSv。此外，各种人工辐射也不可避免，以医疗照射为例，一次诊断过程中病人受到的局部剂量大约相当于天然辐射年剂量的1～50倍。辐射治疗应用的剂量往往超过几个Gy。

2. 电离辐射所致随机性效应是"线性无阈"的，因此应避免任何不合理的照射

所谓"无阈"是指不存在一个在其以下不产生人体伤害的阈值。所谓"线性"是指随机性效应发生概率随剂量的增加而增大。因此，应尽量减少不必要的照射。

辐射防护的目的有两方面：一方面，防止有害的确定性效应；另一方面，限制随机性效应的发生率，使之达到被认为可以接受的水平。

因此，辐射防护应遵循以下三个基本原则：

(1) 辐射实践的正当化，即辐射实践所致的电离辐射危害同社会和个人从中获得的利益相比是可以接受的，这种实践具有正当理由，获得的利益超过付出的代价。

(2) 辐射防护的最优化，即应当避免一切不必要的照射。在考虑经济和社会因素的条件下，所有辐射照射都应保持在可合理达到的尽可能低的水平。直接以个人剂量限值作为设计和安排工作的唯一依据并不恰当，设计辐射防护的真正的依据应是防护最优化。

(3) 个人剂量限值，即在实施辐射实践的正当化和辐射防护的最优化原则的同时，运用剂量限值对个人所受的照射加以限制，使之不超过规定。

辐射防护的三个基本原则是一个有机的统一整体，在实际工作中，应同时予以考虑，只有这样才能保证辐射防护正常和合理的进行。

6.3.2 剂量限值规定

我国现行放射防护标准《GB 18871—2002 电离辐射防护与辐射源安全基本标准》规定的剂量限值如下：

1. 职业照射剂量限值

(1) 应对任何工作人员的职业照射水平进行控制，使之不超过下述限值：

由审管部门决定的连续5年的年平均有效剂量(但不可作任何追溯性平均)20mSv。

任何一年中的有效剂量，50mSv。

眼晶体的年当量剂量，150mSv。

四肢(手和足)或皮肤的年当量剂量，500mSv。

(2) 对于年龄为16~18岁接受涉及辐射照射就业培训的徒工和年龄为16~18岁在学习过程中需要使用放射源的学生，应控制其职业照射使之不超过下述限值：

年有效剂量，6mSv；

眼晶体的年当量剂量，50mSv；

四肢(手和足)或皮肤的年当量剂量，15mSv。

(3) 特殊情况　在特殊情况下，可依据标准中有关“特殊情况的剂量控制”的规定，对剂量限值进行如下临时变更：

依照审管部门的规定，可将剂量平均期由5个连续年延长到10个连续年；并且，在此期间内，任何工作人员所接受的平均有效剂量不应超过20mSv，任何单一年份不应超过50mSv；此外，当任何一个工作人员自此延长平均期开始以来所接受的剂量累计达到100mSv时，应对这种情况进行审查。

剂量限制的临时变更应遵循审管部门的规定，但任何一年内不得超过50mSv，临时变更的期限不得超过5年。

2. 公众照射剂量限值

公众中有关关键人群组的成员所受到的平均剂量估计值不应超过下述限值：

(1) 年有效剂量，1mSv。

(2) 特殊情况下，如果5个连续年的年平均剂量不超过1mSv，则某一单一年份的有效剂量可提高到5mSv。

(3) 眼晶体的年当量剂量，15mSv。

(4) 皮肤的年当量剂量，50mSv。

6.3.3 辐射损伤的机理

1. 关于确定性效应和随机性效应的进一步说明

辐射对机体带来的损害，分为确定性效应和随机性效应。确定性效应是指射线剂量高于某一个剂量值时，临床上即可观察到这种效应，而射线剂量低于该值时，就不会产生这种效应。随机性效应不存在剂量阈值，它的发生概率随着剂量的增大而增大。

(1) 确定性效应。射线照射人体全部或局部组织，若能杀死相当数量的细胞，而这些细胞又不能由活细胞的增殖来补充，则细胞丢失可在组织或器官中产生临床上可检查出的严重功能性损伤，这种照射引起的生物效应称为确定性效应。可以预测，确定性效应的严重程度与剂量有关，而且存在一个阈剂量：低于阈剂量时，因被杀死的细胞较少，不会引起组织或器官出现可检查到的功能性损伤，在健康人中引起的损害概率为零。随着剂量的增大，被杀死的细胞增加，当剂量增加到一定水平时，其概率陡然上升到100%，这个值称为剂量阈值。

人体不同组织或器官对射线照射的敏感程度差异很大。单次(即急性)低于几Gy的剂量照射，很少有组织表现出临床意义的有害作用。对于分散在几年中的剂量，对大多数组织在年剂量低于0.5Gy时不致有严重效应。但性腺、眼晶状体及骨髓等组织或器官对辐射则表现较为敏感，一般而言，这些组织效应发生的频率随剂量增加而增加，其严重程度也随剂量增加而变化。

(2) 随机性效应。电离辐射的随机性效应被认为无剂量阈值，其有害效应的严重程度与受照剂量的大小无关，但其发生概率随剂量的增加而增大。

随机性效应分为两大类：第一类发生在体细胞内，当电离辐射使细胞发生变异(基因突变或染色体畸变)而未被杀死，这些存活着的但发生变异的细胞能继续繁殖，经过长短不一的潜伏期，可能在受照射体内诱发癌症，此种随机性效应称为致癌效应。第二类发生在生殖组织细胞内，当电离辐射使生殖细胞发生变异，就可能传给受照射者的后代，使其后裔出现遗传疾患，这种随机性效应称为遗传效应。

2. 影响辐射损伤的因素

辐射损伤是一个复杂的过程，它与许多因素，如辐射性质、剂量、剂量率、照射方式、机体的生理状态等有关。

(1) 辐射性质。辐射性质包括辐射的种类和能量。不同质的辐射在介质中的传能线密度(LET)不一，所产生的电离程度不同，因而相对生物效应有异。X 射线和 γ 射线的生物效应基本一致，而中子和 γ 相比，由于中子的 LET 较大，所以中子产生的生物效应比 γ 射线大。对同一种类型的辐射，由于射线能量不同，产生的生物效应也不同。例如，低能 X 射线造成皮肤红斑所需的照射量小于高能 X 射线。这是因为低能 X 射线主要被皮肤所吸收，而高能 X 射线照射时，将能量同时分布到较深的组织中去的缘故。

(2) 剂量。剂量与生物效应之间存在着复杂的关系，一般来说，吸收剂量越大，生物效应也越大。以一次全身照射为例，不同剂量的照射对人体损伤可大致估计为：0.25Gy 以下的一次照射，观察不出明显的病理变化；吸收剂量 0.5Gy 左右，可见一时性迹象变化；吸收剂量再大时便出现机能的和血象的改变，因个体差异有的可能表现出轻的辐射症状；一般 1Gy 以上能引起程度不同(轻度、重度、极重度)的急性放射病。一次全身照射的半致死剂量约 5Gy。如剂量达 10Gy 以上，受照者在一二个月内 100%死亡。几十 Gy 的全身照射，可破坏中枢神经系统而在几分钟至几小时内致死。

(3) 剂量率。由于人体对射线的生物损伤有一定的恢复作用，故在受照总剂量相同时，小剂量的分散照射比一次大剂量率的急性照射所造成的生物损伤要小得多。例如，若一生全身均匀照射的累积剂量为 2Gy，并不会发生急性生物损伤，如一次急性照射的剂量为 2Gy，则可能产生严重的躯体效应，在临床上表现为急性放射病。因此，进行剂量控制时，应在尽可能低的剂量水平下分散进行。

(4) 照射方式。照射方式分为外照射和内照射两种。对于射线检测工作者来说，主要是外照射。在外照射的情况下，单方向与多方向进行照射的生物损伤不一样。一次照射与多次照射，或多次照射之间的时间间隔不同所产生的生物损伤也有差别。

(5) 照射部位。生物损伤与受照部位有关，受照部位不同，产生的生物损伤也不同。例如以 6Gy 照射全身可引起致死，而同样的剂量照射手足，可能不会发生明显的临床症状。在相同剂量和剂量率照射条件下，不同部位的辐射敏感性的高低依次排列为：腹部、盆腔、头部、胸部、四肢。因此，要特别注意腹部的防护。

(6) 照射面积。在相同剂量照射下，受照面积越大，产生的效应也越大。以 6Gy 照射为例，在几平方厘米的面积上照射，仅引起皮肤暂时变红，不会出现全身症状；受照面积增大到几十平方厘米，就会有恶心、头痛等症状出现，但经过一个时期就会消失；若再增大受照射面积，症状就会更严重，如受照面积达到全身的 1/3 以上，就有致死的危险。因此，应尽量避免大剂量的全身照射。

当然，照射面积所产生影响同时还与照射部位密切相关，如果受照部位是重要的器官所在，即使是小面积的照射也会造成该器官的严重损伤。

3. 辐射损伤的机理

电离辐射把能量传递给物质，从原子水平的激发或电离开始，继而引起分子的破坏，又进一步影响到细跑、组织、器官，还可以引起机体继发性的损伤，进而使机体组织发生一系列生物化学变化、代谢的紊乱、机能的失调以及病理形态等方面的改变。损伤严重则导致机体死亡。

电离辐射扰乱和破坏机体细胞和组织的正常代谢运动，破坏细胞和组织的结构，引起损伤的方式，既有直接的作用，也有间接的作用。

直接的作用是指射线照射生物体时，与机体细胞、组织、体液等物质相互作用，引起物质的原子或分子电离，甚至可以直接破坏机体内某些大分子结构，如使蛋白分子链断裂、核糖核酸(RNA)或脱氧核糖核酸(DNA)的断裂、破坏一些对物质代谢有重要意义的酶等。

间接作用是指射线通过电离生物体内广泛存在的水分子，形成一些自由基，通过这些自由基的作用来损伤机体。所谓自由基是指有一个或多个不配对电子而能独立存在的分子或原子，具有极高的不稳定性和化学反应性，存在时间极其短暂，但却能迅速地引起其他生物分子结构的破坏。

电离辐射的生物作用是一个包含着一系列矛盾的非常复杂的过程。机体从吸收能量到引起损伤有其特有的原发和继发反应过程，要经历许多性质不同而又相互联系的变化，在作用时间上可以从 10~16s 延伸至数年或更长。人的机体又存在着对损伤进行修复的能力，损伤和修复几乎是同时进行的，无论是大分子损伤或是自由基的产生，体内都有相应的修复机制，一旦损伤因素解除，机体在短时间内即能恢复。

6.4 辐射防护的基本方法和防护计算

6.4.1 辐射防护的基本方法

辐射防护目的在于控制辐射对人体的照射，使之保持在可以合理做到的最低水平，保证个人所受到的当量剂量不超过规定标准。

对于工业射线检测而言，只需要考虑外照射的防护。总的来说，外照射的防护比内照射的防护容易解决。下面的三个因素是外照射防护的基本要素：

① 时间——控制射线对人体的曝光时间；

② 距离——控制射线源到人体间的距离；

③ 屏蔽——在人体和射线源之间隔一层吸收物质。

下向分别论述这三个要素。

1. 时间

众所周知，在具有恒定剂量率的区域里工作的人，其累积剂量正比于他在该区域内停留的时间。

$$剂量=剂量率\times时间$$

从上式可见，在照射率不变的情况下，照射时间愈长，工作人员所接受的剂量越大。为了控制剂量，对于个人来说，这就要求操作熟练，动作尽量简单迅速，减少不必要的照射时间。为确保每个工作人员的累积剂量在允许的剂量限值以下，有时一项工作需要几个人轮换操作，从而达到缩短照射时间的目的。

2. 距离

增大与辐射源间的距离可以降低受照剂量。这是因为，在辐射源一定时，照射剂量或剂量率与离源的距离平方成反比。即

$$\frac{D_1}{D_2}=\frac{R_2^2}{R_1^2}\text{ 或 }D_1R_1^2=D_2R_2^2 \qquad (6-16)$$

式中 D_1——距辐射源 R_1 处的剂量或剂量率；

D_2——距辐射源 R_2 处的剂量或剂量率；

R_1——辐射源到 1 点的距离；

R_2——辐射源到 2 点的距离。

从上式可见，当距离增加一倍时，剂量或剂量率减少到原来的 1/4。其余依次类推。在实际工作中，为减少工作人员所接受的剂量，在条件允许的情况下，应尽量增大人与辐射源之间的距离，尤其是在无屏蔽的室外工作，应尽量利用连接电缆长度达到距离防护的目的。无论何时何种情况，不得用手直接抓取放射源。

3. 屏蔽

在实际工作中，当人与辐射源之间的距离无法改变，而时间又受到工艺操作的限制时，欲降低工作人员的受照剂量水平，只有采用屏蔽防护。屏蔽防护就是根据辐射通过物质时强度被减弱的原理，在人与辐射源之间加一层足够厚的屏蔽，把照射剂量减少到容许剂量水平以下。

(1) 屏蔽方式。根据防护要求的不同，屏蔽物可以是固定式的，也可以是移动式的。属于固定式的屏蔽物是指防护墙、地板、天花板、防护门等。属于移动式的如容器、防护屏及铅房等。

(2) 屏蔽材料。用作 γ 射线和 X 射线的屏蔽材料是多种多样的。按道理讲，任何材料对射线强度都有程度不同的削弱，但原子序数高的或密度大的防护材料，其防护效果更好。在实用中，铅和混凝土是最常用的防护材料。

总之，屏蔽材料必须根据辐射源的能量、强度、用途和工作性质来具体选择，同时还必须考虑成本和材料来源。

6.4.2 照射量的计算

照射量和居里的关系式

$$P=AK\gamma t/R^2 \qquad (6-17)$$

式中 P——照射量，R；

A——放射件活度，Ci；

$K\gamma$——常数(照射量率常数)，$R\cdot m^2/(h\cdot Ci)$；

R——到点源的距离，m；

t——受照时间，h。

同理，照射率和居里的关系式是：

$$P=AK\gamma/R^2(R/h) \qquad (6-18)$$

式中符号的物理意义和单位同式(6-17)。

$K\gamma$ 是放射性同位素本身的一种属性，表示从 1Ci 点源释放出的未经过滤的 γ 射线在距源 1m 处所造成的照射率(R/h)，$K\gamma$ 常数的单位为伦·米^2/时·居里[R·m^2/(h·Ci)]。射线检测中常用放射源的 $K\gamma$ 常数列于表 6-5 中。

表 6-5　常见 γ 源的 $K\gamma$ 常数

γ 源名称	$K\gamma$/[R·m^2/(h·Ci)]	$K\gamma$/[×10^{-16}C·m^2/(kg·h·Bq)]
Co60	1.32	92
Cs137	0.32	22.3
Tm 170	0.0014	0.097
Ir 192	0.472	32.9
Se75	0.20	13.9

前面列出的照射量(或照射量率)与放射性活度的关系式的适用条件是，放射源必须是点源。所谓点源是指测量点到源距离(R)应至少比源的尺寸大 5~10 倍，满足此条件即可把源看做点源。

【例】今有探伤用 Co60 源 5Ci，工作人员操作时离源 5m，问工作人员所在处的照射率是多少?

解：由式(6-18)得：　$\dot{P}=\mathrm{A}K\gamma/R^2$

已知　$A=5\mathrm{Ci}$，$R=5\mathrm{m}$

从表 6-5 查得　$K\gamma=1.32\mathrm{R}\cdot\mathrm{m}^2/(\mathrm{h}\cdot\mathrm{Ci})$

代入式中，得　$\dot{P}=5\times1.32/52=0.126R/h$

答：工作人员所在处照射率为 0.126R/h。

6.4.3　防护计算

以下分别介绍时间、距离、屏蔽防护计算的方法。

1. 时间防护

【例 1】已知辐射场中某点的剂量率为 50μSv/h，在不超过剂量限值的情况下，问工作人员每周可从事工作多少时间?

解：放射性工作人员年剂量限值为 50mSv，一年的工作时间按 50 周计算，每周的剂量限值为 50mSv/50=1mSv=103μSv

因为，剂量=剂量率×时间，即 $P=\dot{P}t$

所以有

$$1000=50t$$

$$t=1000/50=20\mathrm{h}$$

答：每周可以工作 20h。

【例 2】如果一个工作人员，每周需要在某照射场停留 40h，在不允许超过剂量限值的情况下，试问照射场中所允许的最大剂量率为多少?

解：由上题已知每周的剂量限值为 1000μSv

由

$$P=\dot{P}t$$

得

$$1000=\dot{P}40$$

$$\dot{P}=1000/40=25\mu\mathrm{Sv/h}$$

答：照射场中所允许的最大剂量率为 25μSv/h。

2. 距离防护

【例3】距离一个特定的 γ 源 2m 处的剂量率是 400μSv/h(40mrem/h)，在距源多远处的剂量率为 25μSv/h

(2. 5mrem/h)?

解：

$$D_1R_1^2 = D_2R_2^2$$

$$400\times22 = 25\times R_2^2$$

所以 $R_2^2 = 64$，$R_2 = 8\text{m}$

答：离源 8m 处其剂量率为 25μSv/h(2. 5mrem/h)。

3. 屏蔽防护的近似计算

当需要快速计算屏蔽防护时，可根据所需半价层(或 1/10 价层)个数来确定防护层厚度。在 1. 3 节中曾给出过半价层定义，所谓半价层厚度 $T_{1/2}$是指将入射 X 或 γ 光子的照射量(或照射率)减弱一半所需的屏蔽层厚度。同理可定义 1/10 价层厚度 $T_{1/10}$，后者是指将入射 X 或 γ 光子的照射量(或照射率)减弱到 1/10 所需的屏蔽层厚度。

$T_{1/2}$和 $T_{1/10}$之间下列关系：

$$T_{1/2} = 0.301T_{1/10} \tag{6-19}$$

$$T_{1/10} = 3.32T_{1/2} \tag{6-20}$$

利用半价层计算屏蔽厚度的公式：

$$\frac{I_0}{I} = 2^n \tag{6-21}$$

$$d = nT_{1/2} \tag{6-22}$$

式中 I_0——屏蔽前的射线强度；

I——屏蔽后射线强度；

n——半价层个数；

d——屏蔽层厚度；

$T_{1/2}$——半价层厚度。

通过半价层计算确定屏蔽层厚度的步骤如下：

(1) 求出屏蔽前的照射量(或照射率)I_0。

(2) 确定屏蔽后的安全剂量 I(国家标准规定 I=2. 5μSv/h)

(3) 根据公式(6-21)求出半价层个数 n 值。

(4) 根据射线能量和屏蔽物质的种类由表 6-6 或 6-7 查出 $T_{1/2}$。

(5) 根据公式(6-22)求出屏蔽层厚度值 d。

【例4】将 Co60vjtm 照射量率减小到 1/2000，所需铅防护层厚度为多少？

解：

$$I_0/I = 2000 = 2^n$$

$$n\lg2 = \lg2000$$

$$n = \lg2000/\lg2 = 10.96 \approx 11$$

由表 6-6 查出 Co60 的 $T_{1/2} - 1.06\text{cm}$。

所以 $d = n \cdot \text{T}_{1/2} = 11\times1.06 = 11.7\text{cm}$

答：所需铅防护层厚度为 11. 7cm。

【例5】离 250kV X 射线机一定距离处测得照射率为 200mR/h，若要将该点照射率降低到

10mR/h，试估算所需混凝土屏蔽厚度？

解：减弱倍数 $K=200/10=20=2n$，$n=\lg20/\lg2=4.3$

即需4.3个 $T_{1/2}$，由表6-7查得250kV时混凝土的 $T_{1/2}=2.8$cm，所以，混凝土屏蔽层的厚度为 $4.3\times2.8=12$cm。

表6-6 γ射线的半价层T 1/2的厚度值/cm

γ射线能量/MeV	屏蔽物质			
	水	水泥	钢	铅
0.5	7.4	3.7	1.1	0.4
0.6	6.0	3.9	1.2	0.44
0.7	8.6	4.2	1.3	0.59
1.1	10.6	5.2	1.6	0.97
1.2	11.0	5.5	1.6	1.03
1.3	11.5	5.7	1.7	1.1

表6-7 强衰减、宽X射线束的近似半价层厚度 $T_{1/2}$ 和1/10价层厚度 $T_{1/10}$

峰值电压/kV	$T_{1/2}$/cm		$T_{1/10}$/cm	
	铅	混凝土	铅	混凝土
50	0.006	0.43	0.017	1.5
70	0.017	0.84	0.52	2.8
100	0.027	1.6	0.088	6.3
125	0.028	2.0	0.093	6.6
150	0.030	2.24	0.099	7.4
200	0.052	2.5	0.17	8.4
250	0.088	2.8	0.29	9.4
300	0.147	3.1	0.48	10.9
400	0.250	3.3	0.83	10.9
500	0.360	3.6	1.19	11.7
1 000	0.790	4.4	2.6	14.7

应该指出，利用半价层计算屏蔽厚度虽然简单方便，但只是一种近似算法。无论对单色射线还是连续射线，只要有散射线存在，即属于宽束的情况，其半价层就不是固定数值，半价层厚度防护层的厚度增加而增加。但在厚度很大时，半价层的厚度不再随防护层的增加而增加。因此，根据所需半价层的数目而计算出的防护层不够准确。

4. 精确计算确定屏蔽层厚度时应考虑的因素

屏蔽层厚度的精确计算，首先要根据《GB 18871—2002电离辐射防护与辐射源安全基本标准》的规定，确定职业照射和公众人员的安全剂量限值，以及企业所选用的射源种类和活度，屏蔽材料种类以及透照室的面积和用途。

由于X射线和γ射线的能谱有所不同，因此，在精确计算屏蔽层厚度时所考虑的因素和计算方法及计算公式并不相同。

(1) 确定γ射线屏蔽层厚度的精确计算必须考虑散射线的影响，计算时应用公式 $I=(I+$

$n)I_0e^{-\mu d}$。但由于散射比 n 不是确定数值，与屏蔽层厚度有关，所以要根据具体情况预设屏蔽层厚度值，由散射线数据表中查出该厚度下的散射比 n，代入公式，通过逐步逼近法，进行反复多次计算，最终求出精确厚度。由于计算烦琐，在此不做介绍。

（2）由于 X 射线的能谱是连续谱，很难用公式准确的计算它们在物质中减弱，一般通过 X 射线在各种屏蔽材料中的吸收曲线来确定其减弱程度，吸收曲线（减弱曲线）示例如图 6-4和图 6-5 所示。

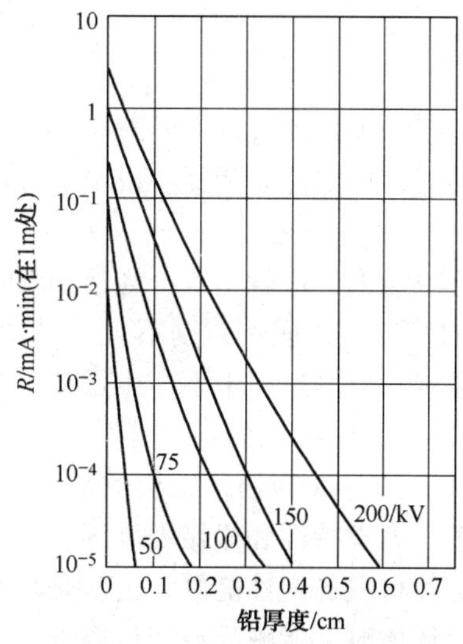

图 6-4　管电压为 50~200kV 的宽束 X 射线穿过铅（密度 11.35g/m³）减弱曲线

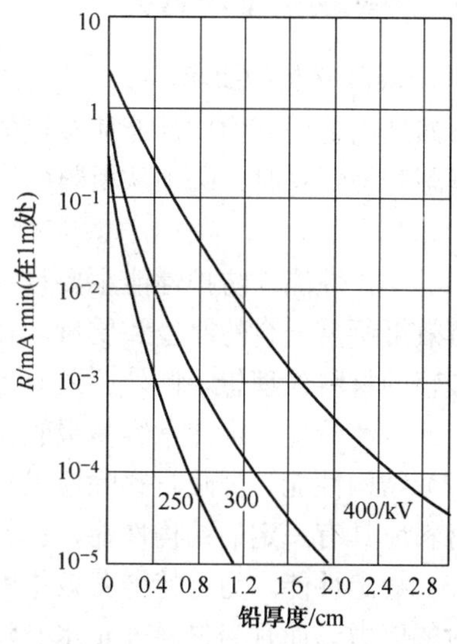

图 6-5　管电压为 250~400kV 的宽束 X 射线穿过铅（密度 11.35g/m³）减弱曲线

X 射线屏蔽层厚度的计算包括两个方面内容：防护初级射线的主屏蔽层厚度和防护散射线的次屏蔽层厚度。计算时要考虑多项因素：

（1）工作负荷 W。指每周的工作负荷，在数值上等于每周 X 射线机的曝光时间 t（分）与管电流 I（mA）的乘积，即 $W=It$。单位：毫安·分/每周。W 一般取数周或 1 年工作量的平均值，它表征 X 射线机使用的频繁程度，同时也是输出量多少的一种标志。

（2）居留因子 T。它是表示工作人员在工作场所停留情况的因子，是一种与工作负荷 W 相乘之后，用以校正有关区域的居留程度和类型的因素。在屏蔽设计中分全居留、部分居留与偶然居留三种情况选取 T 值。

全居留，$T=1$。对于控制区，包括控制室、暗室、工作室、走廊、休息室、职业性照射人员常规使用的办公室。对于非控制区包括位于 X 机房邻近建筑物中用于居留的地方。如商店、办公室、居住区、运动场所等。

部分居留，$T=1/4$。包括非控制区中日常非职业性照射人员所用的公共走廊、公共房间、休息室及娱乐室，电梯及无人管理的停车场。

偶然居留，$T=1/16$。包括非控制区的公共浴室、楼梯、自动电梯、行人或车辆通告的外部区域。

（3）因子 U。它是表示射线利用程度的一个因素，即有用射线（初级束）射向有关点的工作负荷的分数。在屏蔽计算时按充分使用、部分使用与不常使用三种情况选 U 值。

充分使用，$U=1$。它直接受射线照射。如透照室直接受到有效射线束照射的门、墙及天花板。

部分使用，$U=1/4$。指不直接受射线照射。如透照室不直接受到有效射线束照射的门、墙。

不常使用，$U=1/6$。指基本上不受到有效射线束的照射。如透照室不经常受到有效射线束照射的天花板。

确定X射线屏蔽层厚度的精确计算也很复杂，在此也不做介绍。

6.4.4 屏蔽防护常用材料

1. 对屏蔽材料的要求

虽然理论上任何物质都能使穿过的射线受到衰减，但并不是都适合作屏蔽防护材料。在选择屏蔽防护材料时，必须从材料的防护性能、结构性能、稳定性能和经济成本等方面综合考虑。

（1）防护性能。防护性能主要是指材料对辐射的衰减能力，也就是说，为达到某一预定的屏蔽效果所需材料的厚度和质量。在屏蔽效果相当的情况下，成本差别不大，厚度最薄，质量最轻的材料最理想。此外，还应考虑所选材料在衰减入射的过程中不产生贯穿性的次级辐射，或即使产生，也非常容易吸收。

（2）结构性能。屏蔽材料除应具有很好的屏蔽性能，还应成为建筑结构的部分。因此，屏蔽材料应具有一定的结构性能，包括材料的物理形态、力学特性和机械强度等。

（3）稳定性能。为保持屏蔽效果的持久性，要求屏蔽材料稳定性能好，也就是材料具有抗辐射的能力，而且当材料处于水、汽、酸、碱、高温环境时，能耐高温、抗腐蚀。

（4）经济成本。所选用的屏蔽材料应成本低、来源广泛、易加工，且安装、维修方便。

2. 常用屏蔽防护材料及特点

屏蔽X射线和γ射线常用的材料有两类：一类是高原子序数的金属，另一类是低原子序数的建筑材料。

（1）铅。原子序数82，密度11350kg/m^3。具有耐腐蚀、在射线照射下不易损坏和强衰减X射线的特性，是一种良好的屏蔽防护材料。但铅的价格贵，结构性能差，机械强度差，不耐高温，具有化学毒性，对低能X射线散射量较大。选用时需根据情况具体分析，例如，用作X射线管管套内衬防护层、防护椅、遮线器、铅屏风和放射源容器等。

在X射线防护的特殊需要中，还常采用含铅制品，如铅橡皮、铅玻璃等。铅橡皮可制成铅橡胶手套、铅橡胶围裙、铅橡胶活动挂帘和各种铅橡胶个人防护用品等；铅玻璃保持了玻璃的透明特性，可做X射线机透视荧光屏上的防护用铅玻璃，以及铅玻璃眼镜和各种屏蔽设施中的观察窗。

（2）铁。原子序数26，密度7800kg/m^3。铁的机械性能好，价廉，易于获得，有较好的防护性能，因此，是防护性能与结构性能兼优的屏蔽材料，通常多用于固定式或移动式防护屏蔽。对100kV以下的X射线，大约6mm厚的铁板就相当于1mm厚铅板的防护效果。因此，可在很多地方用铁代铅。

（3）砖。价廉、通用、来源容易。在医用诊断X射线能量范围内，一砖厚（24cm）实心砖墙约有2mm的铅当量。对低kV产生的X射线，砖的散射量较低，故是屏蔽防护的好材料，但在施工中应使砖缝内的砂浆饱满，不留空隙。

（4）混凝土。由水泥、粗骨料（石子）、沙子和水混合做成，密度约为2300kg/m^3，含有多种元素。混凝土的成本低廉，有良好的结构性能，多用作固定防护屏障。为特殊需要，可以通过加进重骨料(如重晶石、铁矿石、铸铁块等)，以制成密度较大的重混凝土。重混凝土的成本较高，浇注时必须保证重骨料在整个防护屏障内的均匀分布。

习　题

一、是非题

1. 暗室内的工作人员在冲洗胶片的过程中，会受到胶片上衍生的射线照射，因而白血球也会降低。(　　)

2. 热释光胶片剂量计和袖珍剂量笔的工作原理均基于电离效应。(　　)

3. 当 X 或 γ 射源移去以后工件不再受辐射作用，但工件本身仍残留极低的辐射。(　　)

4. 即使剂量相同，不同种类辐射对人体伤害是不同的。(　　)

5. 从 X 射线机和 γ 射线的防护角度来说，可以认为 1Gy=1Sv。(　　)

6. 剂量当量的国际单位是希沃特(Sv)，专用单位是雷姆(rem)，两者的换算关系是 1Sv=100rem。(　　)

7. 辐射损伤的确定性效应不存在剂量阈值，它的发生概率随着剂量的增加而增加。(　　)

8. 在辐射防护中，人体任一器官或组织被 X 射线和 γ 射线照射后的吸收剂量和当量剂量在数值上是相等的。(　　)

9. 吸收剂量的大小取决于电离辐射的能量，与被照射物质本身的性质无关。(　　)

10. 辐射源一定，当距离增加一倍时，其剂量或剂量率减少到原来的 1/2。(　　)

二、选择题

1. 吸收剂量的 SI 单位是(　　)

A. 伦琴(R)　　B. 戈瑞(Gy)　　C. 拉德(rad)　　D. 希沃特(Sv)

2. GB18871—2002 标准规定：放射工作人员的职业照射水平的年有效剂量不应超过(　　)

A. 50mSv　　B. 50rem　　C. 150mSv　　D. 500mSv

3. 在相同吸收剂量的情况下，对人体伤害最大的射线种类是(　　)

A. X 射线　　B. γ 射线　　C. 中子射线　　D. β 射线

4. 辐射防护应遵循的基本原则是(　　)

A. 辐射实践的正当化　　B. 辐射防护的最优化

C. 个人剂量限值　　D. 以上都应予以同时考虑

5. Ir192γ 射线通过水泥墙后，照射率衰减到 200mR/h，为使照射率衰减到 10mR/h 以下，至少还应覆盖多厚的铅板？(设半价层厚度为 0.12cm)(　　)

A. 10.4mm　　B. 2.6mm　　C. 20.8mm　　D. 6.2mm

6. 热释光剂量剂用于(　　)

A. 工作场所辐射监测　　B. 个人剂量监测

C. 内照射监测　　D. A 和 B

7. 辐射损伤随机效应的特点是(　　)

A. 效应的发生率与剂量无关

B. 剂量越大效应越严重

C. 只要限制剂量便可以限制效应发生

D. 以上 B 和 C

8. 以下 GB 18871—2002 标准关于应急照射的叙述，哪一条是错误的？(　　)

A. 应急照射事先必须周密计划

B. 计划执行前必须履行相应的批准程序

C. 应急照射的剂量水平应在标准范围内

D. 经受应急照射后的人员不应再从事放射工作

9. 辐射防护三个基本要素是(　　)

A. 时间防护　　B. 距离防护　　C. 屏蔽防护　　D. 以上都是

10. 下列关于利用半价层计算屏蔽层厚度的说法，不正确的是：(　　)

A. 只要有散射线存在，其半价层就不是固定值

B. 根据半价层计算出的屏蔽层厚度是准确的

C. 半价层厚度随屏蔽层的厚度增加而增加

D. 屏蔽层厚度很大时，半价层厚度不再随屏蔽层的厚度增加而增加

三、问答题

1. 试阐述现场透照时，控制区和监督区是如何划分的？
2. 场所辐射监测和个人剂量监测的目的是什么？
3. 场所辐射监测仪器有哪几种？
4. 个人辐射监测仪器有哪几种？
5. 叙述辐射防护的目的和辐射防护基本原则。
6. 我国现行辐射防护标准对放射性工作人员的剂量当量限值有哪些规定？
7. 什么叫随机性效应？什么叫确定性效应？
8. 怎样理解电离辐射所致随机性效应是“线性无阈”的？
9. 叙述射线防护的三大方法的原理。

参考答案

是非题：1. ×　2. ×　3. ×　4. ×　5. ○　6. ○　7. ×　8. ○　9. ×　10. ×

选择题：1. A　2. D　3. D　4. A　5. A　6. A　7. B　8. C　9. D　10. C

第七章　其他射线检测方法和技术

除了以 X 射线和 γ 射线为探测手段，以胶片为信息载体的常规射线照相方法外，还有许多其他射线检测方法，例如，高能射线照相、中子射线照相、图像增强器射线实时成像、计算机 X 射线照相(CR)、线阵列扫描成像(LDA)、数字平板成像(DR)、层析照相、几何放大照相、移动照相、康普顿散射照相等。

本章将对目前工业生产中得到应用的高能射线照相、图像增强器射线实时成像，及数字化成像技术作重点介绍。

7.1　高能射线照相

能量在 1MeV 以上的 X 射线被称为高能射线。工业检测中使用的高能射线大多数是通过电子加速器获得的。工业射线照相通常使用的加速器有回旋加速器和直线加速器两种。

7.1.1　电子回旋加速器和电子直线加速器

1. 电子回旋加速器

电子回旋加速器采用变压器的磁感效应使电子加速。变压器的中初级线圈与交流电源连接，使铁芯上的次级线圈产生的电压等于次级线圈的匝数与磁通量的时间变化速率的乘积，产生的电子流由存在于导线中的自由电子构成，电子回旋加速器本质上是一个变压器。如图 7-1 所示。

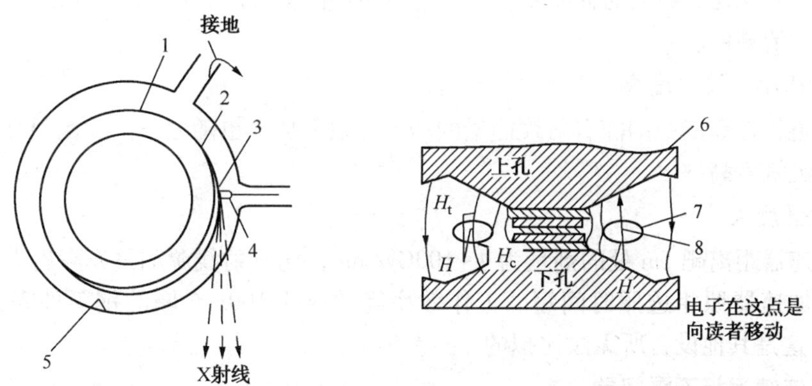

图 7-1　电子回旋加速器示意图

1—平衡轨道；2—盘形轨道；3—靶结构；4—发射器；5—内部深靶；6—钢片；7—环形室；8—电子轨道

次级线圈是一个抽成真空的环形管，又称为环形真空室。除了代替导线外，还用来容纳高速旋转的电子。环形管通常是瓷制的，内侧涂有导电的靶层并接地。环形真空管位于产生脉冲磁场的电磁体的两级之间，射入管中的电子由于磁场作用将在环形通道中加速，作用在粒子上的力与磁通量变化速率和磁场大小成正比。被加速电子在撞击靶前要在环绕轨道上转几十万圈，以获得足够的能量。

电子回旋加速器的焦点很小。照相几何不清晰度小，可以获得高灵敏度的照片，但设备复杂，造价高，体积大，射线强度低，影响了它的应用。

2. 直线加速器

直线加速器的主体是由一系列空腔构成的加速管，空腔两端有孔可以使电子通过，从一个空腔进入到下一个空腔。直线加速器使用射频(RF)电磁场加速电子，利用磁控管产生自激振荡发射微波，通过波导管把微波输入到加速管内。加速管空腔被设计成谐振腔，由电子枪发射的电子在适当的时候射入空腔，穿过谐振腔的电子正好在适当的时刻到达磁场中某一加速点被加速，从而增加了能量，被加速的电子从前一腔体出来后进入下一个空腔被继续加速，直到获得很高能量。电子到靶时的速度可达光速的99%，高速电子撞击靶产生高能 X 射线。目前用于探伤的有两种直线加速器，一种采用行波加速，另一种采用驻波加速。

与电子回旋加速器相比，电子直线加速器焦点稍大、但其束流大、体积小、X 线强度大，更适用于工业射线照相，具有良好的发展前景。

7.1.2 高能射线照相的特点

高能射线照相有以下特点：

1. 穿透能力强

目前 X 射线机对钢的穿透厚度通常小于 100mm，而高能射线对钢透照厚度可达 400mm 以上。使得大厚度工件射线探伤成为可能。

2. 焦点小，焦距大，照相清晰度高

虽然高能 X 射线装置比一般 X 射线探伤机要大得多，但散热问题比较好解决，所以焦点可以做得很小。如电子回旋加速器只有 0.3～0.5mm，直线加速器焦点一般也只有 1～3mm。另外，为保证足够大的辐照场，高能射线照相需要选用大焦距，小焦点和大焦距均有利于提高照相清晰度。

3. 散射比小，灵敏度高

大家知道，在高能范围随着射线能量的增加，散射比 n 也随之下降，因而高能射线照相散射比小，灵敏度高

4. 射线强度大

直线加速器距离靶 1m 处的剂量为 4～100Gy/min，比 γ 射线源剂量率高出十倍以上。因此采用直线加速器照相透照时间短。工作效率高，透照 100mm 厚的钢工件曝光时间约为 1min 左右，这是其他设备所无法比拟的。

5. 可以连续运行不需间歇

普通工业 X 光机开 5min 要歇 5min，其间歇与工作之比几乎是 1:1。而加速器可以连续运行不需间歇。这样对于大厚度工件的探伤，效率更高，更加经济合理。

6. 能量转换率高

根据公式：$\eta = K \cdot Z \cdot V$ 可知，能量 V 与 η 成正比，直线加速器 X 射线能量转换率达 50%～60%。而普通的 X 光机只有 1%～3%。

7. 宽容度大

物质对高能射线吸收规律明显不同于低能射线，其吸收系数随能量变化较缓慢。大致在

1~10MeV 范围，物质的射线吸收系数随能量增高缓慢减小，而在 10~100MeV 范围，物质的射线吸收系数随能量增高缓慢增大。这种变化规律使高能射线照相具有很大的厚度宽容度。

应用高能射线照相对厚度差异大的试件，如曲轴、涡轮叶片等进行检测，可不需要考虑采用补偿块或其他特殊的工艺措施，即使工件的厚度相差一倍也能达到一般标准所规定的黑度要求，而低能射线照相则达不到这样的厚度宽容度。

7.1.3 高能射线照相的几个技术数据

1. 固有不清晰度

高能 X 射线装置焦点小，且高能射线照相时，为了得到足够大的照射场，通常采用较大的焦距。因此，几何不清晰度较小，而固有不清晰度却因为射线能量高而较大。与低能 X 射线照相检验时相反，固有不清晰度成为影响高能射线照相清晰度的主要因素。

2. 灵敏度

在大多数材质和厚度范围内，如果工艺正确，高能射线照相灵敏度能够达到或低于 1%。

3. 增感屏

高能射线照相中，前屏的厚度对增感和滤波作用均产生显著影响，而后屏的厚度对增感来说相对不重要。因此，高能射线照相时，可以不使用后屏。实验证明，某些条件下高能射线照相的灵敏度在不使用后屏时反而有所提高，这一点与常规射线照相有所不同。实际照相时，前屏通常选择厚度 0.25mm 左右的铅增感屏，如使用后屏，其厚度可与前屏相同。

除铅之外还可以根据实际需要采用铜、钽及钨等材料做增感屏，以满足不同的探伤要求。

7.1.4 直线加速器的结构、原理及操作

现以 Varian 公司的直线加速器为例，介绍直线加速器的结构、原理和操作。

1. 结构和原理

直线加速器可分为三个部分：

(1) 电流调整系统。380V 的三相电经过分电稳压系统稳压后，经高压供电系统(H. V. P 系统)并通过调制解调器提供整个加速器各部分的电源。

(2) 控制操作台。在操作台面板上可以预置摄片曝光时间、剂量(Gy 数)。在透照过程中，若曝光时间与剂量数有一项已达到预置数时设备即停止射线输出。面板上还设有自锁控制故障的指示系统。如高压、真空、氟利昂真空、调制器门限位、挡板钥匙等联锁系统，只要一个故障指示灯亮着，就无法使射线输出。必须排除故障以后才能输出射线。

(3) 主机。主机是该设备的核心部分。主要由电子枪、加速管、靶、波导管、磁控管、自动频率调整系统、剂量测试系统、均整器、准直器及高真空系统、激光对焦系统组成。其总体布置见图 7-2。

2. 操作

首先应按该机器的说明书编制操作规程。操作人员必须熟悉该设备工作原理及操作程序。并经过严格培训后方可上机进行操作。

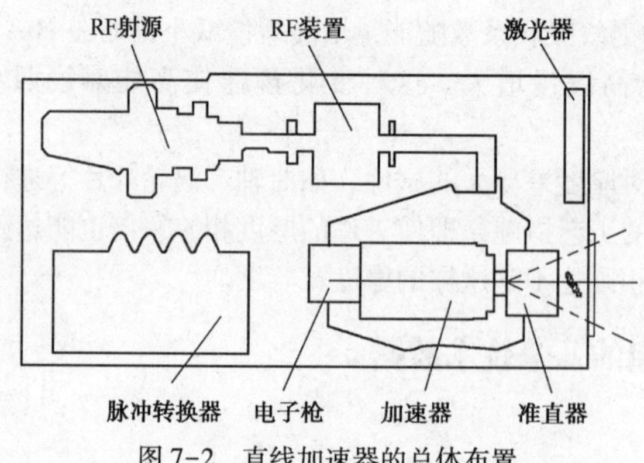

图 7-2 直线加速器的总体布置

拍片的操作程序：

(1) 按 RESET 待机键 ON 指示灯亮。

(2) 按 ON 开机键 ON 指示灯亮。

(3) 根据摄片曝光条件(可查曝光曲线)在时间设置和剂量设置手指轮上设置曝光条件。

(4) 打开 X-RAYS 钥匙开关到 ON 挡。

(5) 按 READ/COMPLETE≡〉READ 灯亮，说明准备就绪。此时观察总控制台上的故障指示灯是否全部熄灭。若有指示灯亮应对该指示灯所代表的故障进行排除，使之全部熄灭。

(6) 按 BEAM. ON 键≡〉BEAM ON 指示灯亮并产生高能 X 射线。

(7) 工作完毕必须按 STADBY 键使处于“备用状态”，即该机器其他部分已停止工作，只有钛泵还在工作，以保证该加速管内的高真空度。

7.1.5 高能射线的辐射防护

加速器产生的高能射线，不但能量高，而且强度也很大。以美国 Varian 公司生产的 Linatron 400 型为例，该设备在距离靶 1m 处每分钟射线输出的剂量是 4Gy，能量为 4MeV。而人体全身辐射的半致死剂量就是 4Gy。若人员被该设备误照是十分危险的，因此，必须做好安全防护工作。

(1) 加速器的防护主要采用屏蔽保护，加速器屏蔽室必须进行专门的安全防护设计，室外的剂量率必须低于国家卫生标准。

(2) 因为高能 X 射线对空气进行电离后产生的臭氧和氮氧化物对人体有害，故室内必须安装通风机进行换气。

(3) 对于直线加速器来说，除了高能 X 射线的误伤害防护之外，还应进行微波辐射防护，同时还要预防高电压、氟利昂气体等对人体的危害。

7.2 射线实时成像检测技术

所谓射线实时成像检测技术，是指在曝光的同时即可观察到所产生的图像的检测技术。这种方法的最重要过程就是利用荧光屏将射线与光进行转换。射线源透过工件后，在荧光屏检测器上成像，通过电视摄像机摄像后，将图像或直接显示或通过计算机处理后显示在电视监视屏上来评定工件内部质量。

7.2.1 射线实时成像检测系统的进展

早期的射线实时成像检测系统是X射线荧光检测系统，它采用荧光屏将X射线照相的强度分布转换为可见光图像，20世纪50年代，X射线图像增强器的发展，促进了实时成像技术的重大进步；70年代开始，微焦点X射线发生器、图像放大技术、高度自动化控制系统以及电脑的应用给射线实时成像检验带来了更大的发展；90年代，国际焊接学会(IIW)成立了专题小组报道这方面的应用情况。射线实时成像检验已得到越来越广泛的应用。这主要包括：

(1) 采用图像增强器代替简单的荧光屏，实现图像亮度和对比度增强。

(2) 采用微焦点或小焦点射线源，以投影放大方式进行射线照相。

(3) 引入数字图像处理技术，改进图像质量。

目前，射线实时成像检测灵敏度已基本上能满足工业检测要求，在中等厚度范围其灵敏度已接近胶片射线照相的水平。

图7-3所示为目前在工业中应用较广泛的采用图像增强器的工业射线实时成像检测系统。

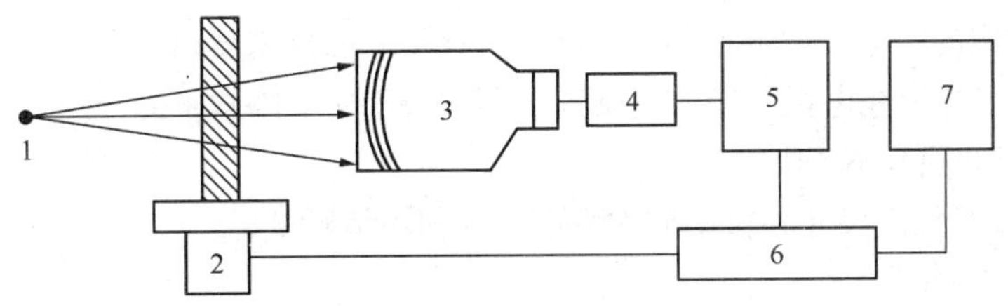

图7-3 图像增强器的工业射线实时成像检测系统

1—射线源；2—工件与机械驱动系统；3—图像增强器；4—摄像机；5—图像处理器；6—计算机；7—显示器

图像增强器是系统最重要的部件，其基本结构如图7-4所示，它由外壳、射线窗口、输入屏、聚焦电极和输出屏组成。射线窗口由钛板制成，既具有一定的强度，又可以减少对射线的吸收。输入屏包括输入转换屏和光电层。输入转换屏采用CsI晶体制做，其发射的可见光处于蓝色和紫外谱范围，以与光电层的谱灵敏度相匹配，输入转换屏吸收入射射线，将其能量转换为可见光发射。光电层将可见光能量转换为电子发射。聚焦电极加有25~30kV的高压，加速电子，并将其聚集到输出屏，输出屏将电子能量转换为可见光发射。在图像增强器中实现下述的转换过程：射线—可见光—电子—可见光。

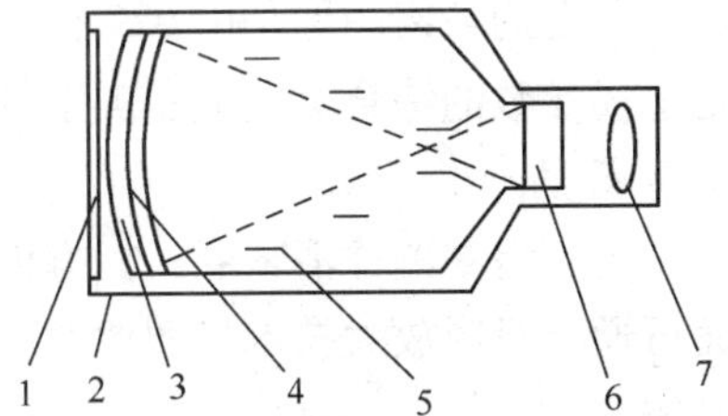

图7-4 图像增强器基本结构

1—射线窗口；2—外壳；3—输入转换屏；4—光电层；5—聚焦电极；6—输出屏；7—透镜

经过图像增强器所得到的可见光图像，比简单的荧光屏图像亮度可提高30倍至10000倍。图像增强器输出屏上的可见光图像，由数字式摄像机摄取，将模拟信号转换为数字信号，然后送入图像处理器，进行各种图像处理以及改善图像质量，处理后的图像送入显示器显示。

7.2.2 射线实时成像检测系统的图像特性

1. 射线实时成像系统图像的构成要素

射线实时成像系统的图像构成要素包括像素和灰度。

(1) 像素。像素是构成数字图像的基本单元。如果把数字图像放大许多倍，会发现这些连续图像其实是由小点组成，这些小点就是构成影像的最小单位“像素”(Pixel)。对一幅图来说，像素越多，单个像素的尺寸越小，图像的分辨率就越高。

图像增强器射线实时成像系统的图像像素与多个因素有关：CRT 显示器图像的像素取决于扫描密度，例如，由 1024 行水平扫描和 768 行垂直扫描构成的图像，包含 1024×768 个像素。在摄像系统以及液晶显示器中，图像像素取决于 CCD/CMOS 光电传感器上的光敏元件数目，一个光敏元件就对应一个像素，此外在存储器中，图像像素还与图像存储方式有关。

(2) 灰度。像素的亮度称为灰度，其变化范围取决于模/数转换位数，用二进制数 bit 表示。如果是 8 位模/数转换，则亮度(灰度)可分为 $2^8=256$ 个级别。

2. 射线实时成像系统图像的质量指标

射线实时成像的图像质量可根据清晰度、对比度和噪声来研讨。

(1) 清晰度。X 射线电视图像的清晰度主要取决于 4 个因素，即

① 主转换屏的固有不清晰度；

② 由 X 射线管焦点尺寸和投影放大引起的几何不清晰度；

③ 工件成像的像素大小；

④ 电视显示的扫描光栅。

用 X 射线图像增强管作主转换屏时，屏的最小不清晰度 $U_s=0.3$mm，由于显示在电视监视器上的最终图像是由 625 行扫描线 512×512 像素矩阵组成的，若几何不清晰度 $U_g=0$，则上述参数的综合会使显示屏上的图像总不清晰度 $U_g=0.5$mm。这远远大于用胶片照相时的不清晰度。

为了提高图像清晰度，一方面可通过计算机多次处理减小荧光屏固有不清晰度，另一方面可通过投影放大技术将图像在主转换屏上放大，使图像中原来细小的像素放大而变得清晰易辨。

(2) 对比度。图像对比度实质上是指缺陷影像与其附近的背景之间的光度差。图像对比度被所使用的射线能量左右，并受监视器上的反差调节器控制，但也可通过数字图像处理程序大幅度提高。

(3) 图像噪声。由于 X 射线影像是通过焊缝后被主转换屏吸收的 X 射线量子构成的，而在转换屏上只有少量 X 射线量子被吸收利用，因而影像存在固有噪声。电视系统能提供很高的放大倍数，从而获得明亮的图像，但在此过程中，噪声也会被放大而变得可见。所以，为防止噪声干扰图像，到达主转换屏的 X 射线强度以及屏的转换效率必须足够高。

图像噪声可通过一连串电视画面的累加或平均化，对静态图像进行图像处理来降低。

7.2.3 射线实时成像检测技术的工艺要点

射线实时成像检测技术有一些与常规射线照相不同的特殊要求，其工艺特点如下：

1. 最佳放大倍数

在射线实时成像检测技术中一般采用放大透照布置。图像放大后缺陷尺寸也放大了，这有利于细小缺陷的识别。但另一方面，随着放大倍数的增大，几何不清晰度也增大，这将导致影像模糊不利于缺陷识别。因此，射线实时成像检验技术存在最佳放大倍数。

设在成像平面处的射线照相总的不清晰度为工件处的射线照相总的不清晰度放大 M 倍的像，则最佳放大倍数应使工件处射线照相总的不清晰度为最小值，因此，采用微分方法可求出最佳放大倍数

$$M_0 = 1 + (U_s/d_f)^{3/2}$$

式中 U_s——转换屏的不清晰度。

从最佳放大倍数的表示式可以看出，最佳放大倍数是由成像平面(荧光屏)的固有不清晰度和射线源的尺寸决定。由于荧光屏的固有不清晰度较大，所以使用常规焦点的射线源时，不可能采用较大的放大倍数。

2. 扫描速度和定位精度

射线实时成像检测过程包含动态检验和静态检验。对动态检验，除了按规定选取扫描面、扫描方位和移动范围等外，必须正确选取扫描速度，即检验时工件相对于射线源的移动速度，它直接相关于图像的噪声。所能采用的扫描速度与射线源的强度相关。射线源的强度高时，图像增强器在单位时间接受的光量子数量多，图像噪声降低，扫描速度可高些。对静态检验，机械驱动装置必须具有一定的定位精度，一般要求定位误差不应超过 10mm。在连续检验过程中应注意累积的定位偏差，并做出修正。

3. 图像处理

在射线实时成像检测技术采用的数字图像处理技术包括对比度增强(灰度增强)、图像平滑(多帧平均法降噪)、图像锐化(边界锐化)和伪彩色显示等。

4. 系统性能校验

为保证检验结果可靠，必须对系统的性能进行定期校验。校验方法有静态校验和动态校验两种，静态校验项目包括图像分辨率和对比灵敏度等，校验的周期和间隔应符合有关要求。用带缺陷的试样进行动态校验时，所用透照参数和试件移动速度应与实际检测相同，像质计的选择、数目、放置等应符合标准和工艺的规定。

7.2.4 图像增强器射线实时成像系统的优点和局限性

与常规射线照相相比，图像增强器射线实时成像系统有以下优点和局限性：

优点

(1) 检测速度快，工作效率比射线照相高数十倍。

(2) 不使用胶片，不需处理胶片的化学药品，运行成本低，且不造成环境污染。

(3) 检测结果可转化为数字化图像用存储器存放，存储、调用、传送比底片方便。

局限性

(1) 图像增强器体积较大，检测系统在用的灵活性和适用性不如普通射线照相装置。

(2) 设备一次投资较大。

(3) 显示器图像的边沿容易出现扭曲失真。

(4) 图像质量，尤其空间分辨率和清晰度低于胶片射线照相。

7.3 数字化射线成像技术

一般认为，数字化射线成像技术包括计算机 X 射线照相技术(CR)、线阵列扫描成像技术(LDA)以及数字平板技术(DR)，后者包括非晶硅(a—Si)数字平板、非晶硒(a—Se)数字平板和 CMOS 数字平板。

7.3.1 计算机射线照相技术(CR)

计算机射线照相，是指将 X 射线透过工件后的信息记录在成像板上，经扫描装置读取，再由计算机生出数字化图像的技术。整个系统由成像板、激光扫描读出器、数字图像处理和储存系统组成。

计算机射线照相的工作过程如下：

用普通 X 射线机对装于暗盒内的成像板曝光，射线穿过工件到达成像板，成像板上的荧光发射物质具有保留潜在图像信息的能力，即形成潜影。

成像板上的潜影是由荧光物质在较高能带俘获的电子形成光激发射荧光中心构成，在激光照射下，光激发射荧光中心的电子将返回它们的初始能级，并以发射可见光的形式输出能量。所发射的可见光强度与原来接收的射线剂量成比例。因此，可用激光扫描仪逐点逐行扫描，将存储在成像板上的射线影像转换为可见光信号，通过具有光电倍增和模数转换功能的读出器将其转换成数字信号存入到计算机中。

数字信号被计算机重建为可视影像在显示器上显示，根据需要对图像进行数字处理。在完成对影像的读取后，可对成像板上的残留信号进行消影处理，为下次使用做好准备，成像板的寿命可达数千次。

CR 技术的优点和局限性：

优点

(1) 原有的 X 射线设备不需要更换或改造，可以直接使用。

(2) 宽容度大，曝光条件易选择。对曝光不足或过度的胶片可通过影像处理进行补救。

(3) CR 技术可对成像板获取的信息进行放大增益，从而可大幅度地减少 X 射线曝光量。

(4) CR 技术产生的数字图像存储、传输、提取、观察方便。

(5) 成像板与胶片一样，有不同的规格，能够分割和弯曲，成像板可重复使用几千次，其寿命决定于机械磨损程度。

局限性

(1) CR 成像的空间分辨率可达到 5 线对/毫米(即 100μm)，稍低于胶片水平。

(2) 不能直接获得图像，必须将 CR 屏放入读取器中才能得到图像。

(3) 不能在潮湿的环境中和极端的温度条件下使用。

7.3.2 线阵列扫描成像技术(LDA)

线阵列扫描数字成像系统由 X 射线机发出的经准直为扇形的一束 X 射线，穿过被检测工件，被线扫描成像器(LDA 探测器)接收，将 X 射线直接转换成数字信号，然后传送到图像采集控制器和计算机中。每次扫描 LDA 探测器所生成的图像仅仅是很窄的一条线，为了获得完整的图像，就必须使被检测工件作匀速运动，同时反复进行扫描。计算机将多次扫描获得的线形图像进行组合，最后在显示器上显示出完整的图像。

1. 线阵列扫描器的制造工艺和特点

线阵列扫描数字成像系统的关键设备是 LDA 线阵列成像器，其制造工艺及参数的选择，对成像器的质量有很大的影响。

典型 LDA 成像器由以下几个主要部分组成：闪烁体，光电二极管阵列，探测器前端和数据采集系统、控制单元、机械装置、辅助设备、软件等。

2. 线扫描成像器的技术特性

(1) 空间分辨率。空间分辨率主要由像素的尺寸和排列决定。像素间距越小，其空间分辨率就越高。实际用光电二极管制造的 LDA 的像素尺寸在 80~250μm。

(2) 动态范围。动态范围是指成像器可以识别的由 X 射线转换成数字图像的灰度等级。一般情况下，动态范围的理论值应该是成像器 A/D 转换器的 Bit 数(通常是 12Bit，即 4096 级灰度)。在实际使用过程中，由于转换器件(光电二极管)的非线形特性，使得动态范围要低于理论值。

(3) 动态校准。校准在很大程度上影响着光电二极管阵列的工作性能，校准可以在模拟的部分进行，也可以在数字部分进行，或者是同时进行。基本校准包括补偿和放大。它们可分别针对每一个像素进行，像素之间的补偿偏差由光电二极管的溢出电流和放大补偿水平确定。而放大变化则是由闪烁体材质的不均匀性引起的。另外，光电二极管的转换不一致性及非线形特性也是需要动态校准的原因。当温度变化时，会引起光电二极管转换偏差，需根据预设的补偿模式给予校准。

(4) 扫描速度。影响扫描速度的主要因素是系统信号的处理速度和 X 射线光通量的大小。现在计算机及电子线路的处理速度都很高，即使扫描线较长的 LDA，也能在很短的时间内处理完毕。因此系统的扫描速度取决于 X 射线光通量的大小。只有当 X 射线在 LDA 上的累积剂量达到一定数量时才能有较好质量的图像，否则信号会被系统固有噪声淹没，使得成像质量大大降低。

(5) 与射线源相关的设计。针对不同射线源，在 LDA 的设计上会有显著的差异。首先要解决的是优化闪烁体，实现闪烁体与 X 射线的能量匹配。当使用能量较高的 X 射线时，必须保证闪烁体能承受高能光子的轰击。目前 LDA 成像器具有承受 450kV X 射线直接照射的能力。其次是 X 射线的屏蔽和准直，X 射线会增加电子线路的噪声，所以屏蔽和准直很重要。

7.3.3 数字平板直接成像技术(DR)

数字平板直接成像，是近几年才发展起来的全新的数字化成像技术。数字平板技术与胶片或 CR 的处理过程不同在两次照射期间，不必更换胶片和存储荧光板，仅仅需要几秒钟的数据采集，就可以观察到图像，检测速度和效率大大高于胶片和 CR 技术。除了不能进行分割和弯曲外，数字平板与胶片和 CR 具有几乎相同的适应性和应用范围。数字平板的成像质量比图像增强器射线实时成像系统好很多，不仅成像区均匀，没有边缘几何变形，而且空间分辨率和灵敏度要高得多，其图像质量已接近或达到胶片照相水平，与 LDA 线阵列扫描相比，数字平板可做成大面积平板一次曝光形成图像，而不需要通过移动或旋转工件，经过多次线扫描才获得图像。

数字平板技术有非晶硅(a—Si)和非晶硒(a—Se)和 CMOS 三种。

7.3.4 关于数字化成像技术的进一步认识

1. 其他获取数字图像的方法

除了上述 CR、DR、LDA 等数字化射线成像技术外，还有其他方法可以获得射线检测数字化图像。例如对底片进行扫描，可将底片上的图像转换为数字图像；工业射线实时成像系统中通过数字式摄像机也能获得数字图像。但上述两种方法均不划入数字化射线成像技术范畴，因为这两种方法的数字图像是在模拟图像基础上加工而获得的：前者是对已完成的射线照相产品底片进行一次再加工；后者仅是在最后阶段通过数字式摄像机才变成数字信号图像，而其成像过程的大部分信号传递变换，从射线作用于输入转换屏以及图像增强器信号的输入输出，均是模拟信号。以上两种方法获取数字图像均存在缺点：底片数字扫描的缺点是扫描转换需要花费较长时间和添加额外设备，图形质量也可能因扫描出现某种程度的退化；而在射线实时成像系统中，由于成像阶段经过模拟信号的多次转换，造成信噪比降低和图像质量劣化，最终获得的数字图像质量是不高的。

2. 数字成像探测器的分类

根据光电转换装置的原理和器件不同，数字成像探测器可以分为气体探测器和固体探测器两大类。

气体探测器包括高压微电离室和多丝正比室，它们可以将辐射粒子转换为电流或电压。

固体探测器又分为间接探测和直接探测两类，用于间接转换探测器的图像传感器在间接转换探测器中，闪烁体材料完成射线到可见光的转换，然后图像传感器实现可见光转换为电流或电压输出的过程。图像传感器有光电二极管、CCD 与 CMOS 多种类型。光电二极管是早期使用的产品，受制造工艺的限制，其分辨率不高，目前已很少应用。近年来图像传感器的主要发展方向是采用分辨率更高、价格更低的 CCD 和 CMOS。

根据尺寸不同，可将数字成像探测器分为线阵列和数字平板。

3. 数字成像系统的技术特性

(1) 数字成像系统的信噪比。信噪比，又称信号噪声比，是指有用信号电压与噪声电压之比，记为 S/N，通常用分贝值表示。信噪比越大，图像质量越好。

(2) 数字成像系统的分辨率。探测器的空间分辨率主要是由图像传感器的像素尺寸决定。分辨率越高，就要求相同尺寸阵列的像素数目越多，其价格就越昂贵。

(3) 对比灵敏度与宽容度。图像的对比度和宽容度实际上是由射线剂量、光电转换装置的动态范围和系统增益决定的。

4. 数字化射线成像技术特点总结

各种数字化射线成像技术的共同优点是：检测过程容易实现自动化，工作效率高，成像质量好，数字图像的处理、存储、传输、提取、观察应用十分方便。

从成像速度来说，各种数字化射线成像技术均比不上图像增强器实时成像，但比胶片照相或 CR 技术快得多。胶片照相或 CR 技术在两次照射期间需更换胶片和存储荧光板，曝光后需冲洗或放入专门装置读取，需要花费许多时间。而数字化射线成像技术仅仅需要几秒钟到几十秒的数据采集时间，就可以观察到图像。

数字化射线成像技术成像的速度与成像精度有关，其中最快的非晶硅平板可以每秒 30

幅的速度显示图像，甚至可以替代图像增强器，然而，成像速度越快，所获得的图像的质量就越低。

除了不能进行分割和弯曲。数字平板有与胶片和 CR 同样的应用范围，可以被放置在机械或传送带位置，检测通过的零件，也可以采用多角度配置进行多视域的检测，

数字化射线成像技术的图像质量比图像增强器射线实时成像系统高得多。

数字平板的共同缺点是：其价格昂贵，而胶片和 CR 的成本相对较低，此外，数字平板需要连接电源和电缆；非晶硅/硒接收板数字板易碎；其灵敏度会随温度定化。

7.4 X 射线层析照相（X-CT）

X 射线计算机层析是迅速发展起来的计算机与 X 射线相结合的检测技术。该技术最早应用于医学，工业 CT 检测技术在近年来逐步进入实际应用阶段。

工业 CT 用经过高度准直的窄束 X 射线对工件分层进行扫描。X 射线管与探测器作为同步转动的整体，分别位于工件两侧的相对位置。检查中 X 射线束从各个方向对被探查的断面进行扫描，位于对侧的探测器接收透过断面的 X 射线，然后将这些 X 射线信息转变为电信号，再由模拟/数字转换器转换为数字信号输入计算机进行处理，最后由图像显示器用不同的灰度等级显示出来，就成为一幅 X-CT 图像。

工业 CT 检测的特点是准确率高。以往的传统射线检测，是把工件全厚度重叠投影在一张底片上，无法分清楚各部分结构，工业 CT 是工件的分层断面图像，可给出工件任一平面层的图像，可以发现平面内任何方向分布的缺陷，它具有不重叠、层次分明、对比度高和分辨率高等特点，容易准确地确定缺陷的位置和性质。工业 CT 产生的数字化图信号储存、转录均十分方便。但 CT 技术完整地检测一个工件比常规射线照相需要长得多的时间，费用也要高很多。

工业 CT 技术目前主要应用在下列方面：

（1）缺陷检测。主要用于检验小型、复杂、精密的铸件和锻件以及大型固体火箭发动机。检验大型固体火箭发动机的 CT 系统，使用电子直线加速器 X 射线源，能量高达 25MeV 可检验直径达 3m 的大型固体火箭发动机。

（2）尺寸测量。如精密铸造的飞机发动机叶片的尺寸测量，尺寸误差应不大于 0.1mm。

（3）结构和密度分布检查。在航空工业中 CT 技术用于检验与评价复合材料和复合结构以及某些复合件的制造过程。这种检测与评价过程与取样破坏分析过程相比，不仅简化了生产过程、降低了成本，而且可靠性也大大提高。CT 技术还可用于检查工程陶瓷和粉末冶金产品制造过程中材料或成分变化，特别是对高强度、形状复杂的产品更有意义。

7.5 中子射线照相

7.5.1 中子射线照相原理

1. 中子射线的物理基本知识

中子是一种不带电荷的基本粒子，其静止质量为 1.00866520 原子质量单位。

中子与物质相互作用时有如下特点：

第一，当它射入物质时与核外电子几乎没有作用，而主要是与原子核发生作用。因此，中子的反应概率主要决定于核的性质，这与 X 射线和 γ 射线大不一样。X 射线和 γ 射线与物质作用时其衰减随吸收体原子序数的增加而逐渐增强，而对中子来说，却完全不是这样，原子序数相邻的两种元素它们对中子的吸收可能完全不同，序数小的元素吸收热中子可能比序数大的元素吸收热中子更强得多。

第二，中子在某些较轻的元素中具有很大的截面，而在某些较重的元素中截面却很小，例如氢中中子截面很大而铁或铅中中子截面很小，因此，一束能量固定的中子能够穿透很厚的铁或铅，却不能穿透很薄的含氢物质。

第三，不同的放射性同位素具有不同的中子截面，因此，用中子射线可以检测放射性物体。

由于中子具有上述独特性能，使得中子检测成为 X 射线检测的一种十分有效的辅助手段。

2. 中子射线照相原理

中子射线照相与 X 射线和 γ 射线照相原理十分相近，中子源发出的中子束射向被检测的物体，由于物体的吸收和散射，中子的能量被衰减，衰减的程度则取决于物体的成分。穿过物体的中子束被影像记录所接收而形成物体的射线照片。

中子还有一个重要的性质，即其本身几乎不具有直接使胶片感光的能力，但它能产生某些容易被胶片记录下来的二次辐射，如带电粒子、光子等。因此，要在感光胶片上记录中子的信息，必须使用某些类型的转换屏。转换屏在中子照射下发生核反应产生 α 粒子、β 粒子和 γ 光子使胶片感光。

中子照相按照转换方式的不同可以分为两种。一种是直接曝光法，胶片夹在两层屏之间，中子穿过物体落在屏上，使屏产生辐射而使胶片感光，产生的辐射通常是 β 射线或 γ 射线。另一种是间接曝光法(又称转换曝光法)，穿过物体的中子束首先使转换屏曝光而使其具有放射性，然后将转换屏与胶片紧密接触地放在一起，转换屏发出的射线使胶片曝光而产生影像。

7.5.2 中子射线照相设备

如上所述，大多数中子源发射出来的中子需经减速器慢化后变成热中子，然后通过准直器限制中子束的发射角，使它成为束照射，再透过被检工件，记录图像。所以中子探伤设备应包括中子源、减速器(或慢化剂)、准直器、记录设备和转换屏。

7.5.3 中子射线照相应用简介

中子射线照相检验技术是常规 X 射线、γ 射线照相检验技术的补充，对一些特殊领域和特殊结构，中子射线照相检验技术具有特殊的意义。中子射线照相检验技术的主要缺点是中子源价格昂贵，使用时需特别注意中子的安全与防护问题。这就限制了中子射线照相检验技术的应用，中子射线照相可应用于核工业装置、爆炸装置、汽轮机叶片、电子器件及航空结构件(包括金属蜂窝结构和组件)等。

习　题

问答题

1. 高能射线照相有哪些优点？
2. 实时射线照相有哪些优点和局限性？
3. 计算机射线照相技术（CR）有哪些优点和局限性？
4. 什么是数字图像的分辨率？数字化射线成像技术的分辨率受哪些因素影响？
5. 简述线阵列扫描数字成像系统工作原理。
6. X 射线层析照相有哪些特点？
7. 简述中子射线照相的应用领域。

第八章　射线透照工艺

8.1　曝光曲线的类型与制作

曝光曲线是在一定条件下绘制的透照参数(射线能量、焦距、曝光量)与透照厚度之间的关系曲线。这些条件主要是透照工件材料、射线源、胶片、暗室处理技术、增感、射线照相质量要求等。实际进行射线照相时确定透照参数经常采用曝光曲线，从曝光曲线给出的关系可方便地确定某种材料、某个厚度的工件、满足规定的质量要求应选用的射线能量、焦距、曝光量等。

对 X 射线照相检验，常用的曝光曲线有两种类型，第一种类型曝光曲线以透照电压为参数，给出一定焦距下曝光量对数与透照厚度之间的关系。第二种类型曝光曲线以曝光量为参数，给出一定焦距下透照电压与透照厚度之间的关系。图 8-1 是第一种类型，图 8-2 是第二种类型。

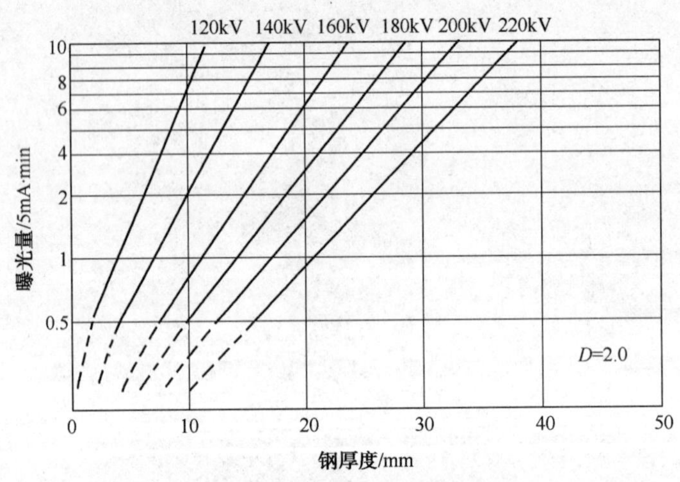

图 8-1　以透照电压为参数的曝光曲线

第一种类型曝光曲线，纵坐标是曝光量，单位是毫安·分(mA·min)，采用对数刻度尺，横坐标是透照厚度，常用毫米(mm)为单位，采用算术刻度尺。图中的曲线是在相同的焦距下对不同的透照电压画出来的。从图中的曲线可以看到，采用某一透照电压但透照不同厚度时，曝光量相差得很大。由于曝光量既不能很大，也不能很小，所以某个透照电压实际上只适于透照一较小的厚度范围。

第二种类型曝光曲线，纵坐标是透照电压，单位名称为千伏，单位符号为 kV，采用算术刻度尺；横坐标是透照厚度，单位常用毫米(mm)，采用算术刻度尺。图中曲线是在相同的焦距下对不同曝光量画出的。很显然，它不是直线。

γ 射线曝光曲线的一般形式如图 8-3 所示，它是以黑度为参数，对于一个 γ 射线源画出的曝光量与透照厚度的关系曲线。图中纵坐标是曝光量，采用对数刻度尺，横坐标是透照厚度，采用算术刻度尺。另一种曝光曲线是以焦距为参数的曝光量与透照厚度的关系曲线。

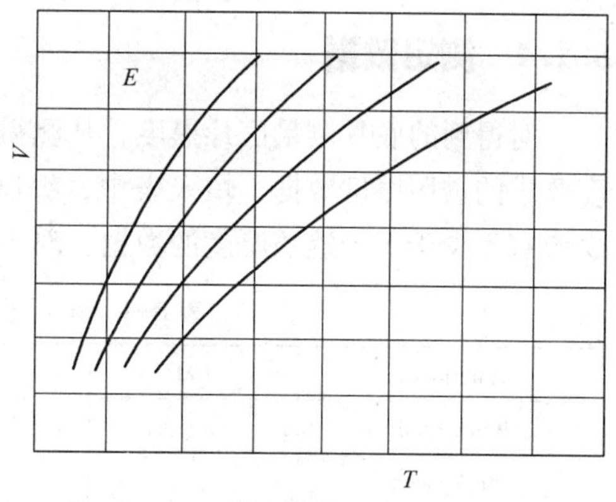

图 8-2　以曝光量为参数的曝光曲线

γ射线源的放射性活度随时间不断减弱，因此在使用γ射线的曝光曲线时，必须知道γ射线源使用时的放射性活度。这可以按照放射性衰变规律绘制出适用于任何γ射线源的曲线，给出γ射线源放射性活度随时间改变的一般关系。

制作曝光曲线可以采用不同的方法，通常曝光曲线采用透照阶梯试块的方法制作。

对X射线的曝光曲线可按照下面的步骤制作。

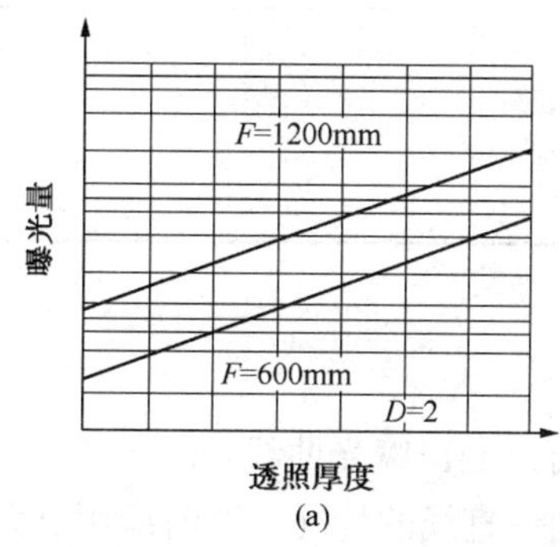

(a)

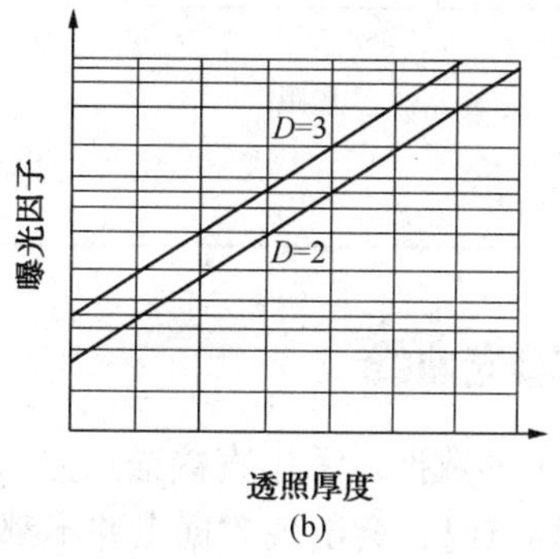

(b)

图 8-3　γ射线曝光曲线

8.1.1　工具器材准备

确定制作曝光曲线的条件和准备阶梯试块及补充试块。

需确定的制作曝光曲线的条件主要是X射线机型号；透照物体的材料和厚度范围；透照的主要条件(胶片、焦距、增感屏等)；射线照相的质量要求(灵敏度、黑度等)。

阶梯试块应选用与被透照物体材料相同或相近的材料制做，应具有一定的平面尺寸，例如300mm×100mm，每个阶梯的厚度差常取为2mm，阶梯应具有适当的宽度，如20mm。为适应透照厚度范围，常还需要制做几块补充试块，补充试块是一平板试块，其尺寸一般取为210mm×100mm×5mm。利用阶梯试块和补充试块就可以构成较大的厚度范围。

8.1.2　透照

在选定的透照条件下，采用一系列不同的透照电压和不同的曝光量对阶梯试块进行射线照相。严格时应在每个阶梯上放置像质计，以判断射线照相灵敏度是否达到要求。

8.1.3　暗室处理

按规定的暗室处理条件进行暗室处理，得到一系列底片。

8.1.4 测定数据

对得到的底片测量底片黑度，从测得的数据选出在某个透照电压和某个曝光量下符合黑度要求的透照厚度数据，填入表中，编制成如表 8-1 所示的数据表。对某个透照电压，至少应有不少于 5 个透照厚度的数据，对不同的透照电压，曝光量可以采用不同的值。

表 8-1 绘制曝光曲线数据表——透照厚度 mm

管电压/kV	100	120	140	160	—
10mA · min					
15mA · min					
20mA · min					
—					

射线机型号和编号：

胶片： 焦距： 增感：

暗室处理条件：

底片黑度：

8.1.5 绘制曝光曲线

利用表 8-1 的数据，采用直接描点方法即可绘制出曝光曲线。

直接进行描点时，会出现数据点并不都在同一直线的情况，这时应用过大多数点的直线作出曝光曲线图。

也可以采用绘制预备曲线的方法绘制曝光曲线，这时候对不同透照电压应采用两个相差较大的不同曝光量透照阶梯试块。具体方法可参考有关教材。

对 γ 射线的曝光曲线可以采取类似于 X 射线曝光曲线的制作方法进行制作。

8.1.6 曝光曲线的修正

在射线照相检验中，曝光曲线主要用于直接确定透照参数。

如果射线照相检验的条件与制作曝光曲线的条件完全一致，则可以简单地从曝光曲线直接查出所需要的透照参数。这时，首先确定透照厚度，然后按透照厚度选择适当的透照电压或 γ 射线源，进一步再确定曝光量。对于厚度均匀的工件，一般取工件的公称厚度为透照厚度。对变截面工件或在透照区中透照厚度变化较大的工件，则需作进一步的考虑。

实际射线照相检验的条件有时不同于制作曝光曲线的条件，这时候不能简单地直接从曝光曲线确定透照参数，而必须对从曝光曲线得到的透照参数进行修正。主要可分为下面四种情况。在下面的讨论中，所采用的符号意义如下：

E_0——从曝光曲线直接得到的曝光量；

E——修正后的曝光量；

V_0——从曝光曲线直接得到的透照电压；

V——修正后的透照电压；

F_0——制作曝光曲线时采用的焦距；

F——射线照相时实际采用的焦距；

D_0——曝光曲线采用的底片黑度；

D——射线照相时底片采用的黑度。

1. 焦距不同时的修正

如果射线照相检验时实际使用的焦距不同于制作曝光曲线时的焦距，可以直接应用曝光因子对从曝光曲线得到的曝光量进行修正。

2. 黑度不同时的修正

如果底片采用的黑度不同于曝光曲线给定的黑度，对从曝光曲线得出的曝光量进行修正时，必须结合射线胶片的特性曲线。修正方法如下：

先从胶片特性曲线查出对应于黑度 D_0 与 D 的曝光量 H_0 与 H（如图 8-4a 所示，实际一般是它们的常用对数值）；然后求出这两个曝光量之比

$$H/H_0$$

最后，将曝光曲线上得到的曝光量乘以这个比，即得到黑度改变后应选用的曝光量

$$E = E_0 \frac{H}{H_0}$$

也就是

$$E = E_0 10^{(\lg H - \lg H_0)}$$

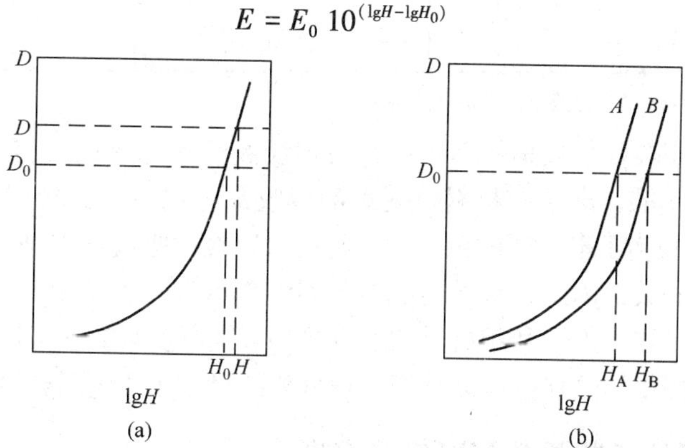

图 8-4　从胶片特性曲线确定曝光量比

3. 胶片不同时的修正

如果制作曝光曲线时使用的是 A 型胶片，实际射线照相时采用的是 B 型胶片，那么对从曝光曲线得到的透照参数应进行修正。修正时必须有这两种胶片的特性曲线。具体方法如下：

先从胶片特性曲线查出为得到黑度 D_0 它们应采用的曝光量 H_A、H_B（见图 8-4b），然后求出 H_B 与 H_A 之比（求此比的方法与求 H/H_0 相同），最后将从 A 型胶片曝光曲线上求出的曝光量乘以这个比值，即得到换用 B 型胶片时应采用的曝光量

$$E = E_0 \frac{H_B}{H_A}$$

也就是

$$E = E_0 10^{(\lg H_B - \lg H_A)}$$

4. 材料不同时的修正

如果被透照的物体的材料不同于制作曝光曲线时的材料，显然，不能直接运用曝光曲线

确定透照参数。为了从对一种材料制作的曝光曲线给出其他材料的透照参数，可借助于材料的射线照相等效厚度系数。表 8-2 给出了常见材料的射线照相等效厚度系数。

表 8-2　部分材料的射线照相等效厚度系数

材　料	X 射线							γ 射线	
	50kV	100kV	150kV	200kV	400kV	2MeV	6~31MeV	^{192}Ir	^{60}Co
黏合剂	0.04								
铝	1.0	1.0	0.12	0.14				0.35	0.35
铝合金	1.4	1.2	0.13	0.14				0.35	0.35
硼环氧树脂	0.75	1.0							
碳环氧树脂	0.07								
玻璃纤维	0.35								
镁	0.6	0.6	0.05	0.05					
钛	6.2	5.8	0.45	0.54	0.71	0.90	0.90	0.90	0.90
锆			2.3	2.0	1.5	1.0	1.2	1.2	1.0
不锈钢	12.0	12.0	1.0	1.0	1.0	1.0	1.0	1.0	1.0
钢	12.0	12.0	1.0	1.0	1.0	1.0	1.0	1.0	1.0

注：表中 50kV 和 100kV 以铝为基准，其余以钢为基准。

材料的射线照相等效系数是指不同材料对射线吸收的等效性，表 8-2 中给出的等效厚度系数是以钢作为基准，即不同材料对射线的吸收都与钢进行比较。简单地说，可以看成 1mm 厚的任何材料相当于多么厚的钢。由于材料对射线的吸收不仅与材料本身的性质相关，而且也与射线能量相关，因此，对不同能量的射线等效厚度系数并不完全相同。表 8-2 中的数据清楚地说明了这一点。利用材料的射线照相等效厚度系数，可以把一种材料的厚度转换为另一种材料的厚度，这样也就能够把一种材料的曝光曲线应用到另一种材料。

8.1.7　曝光曲线的函数关系与厚度宽容度

曝光量对数与透照厚度之间的下述关系

$$\lg E = kT + C \tag{8-1}$$

式中　E——曝光量，mA · min；

T——透照厚度，mm；

k——曝光曲线的斜率；

C——常数。

这个公式，也可以从射线的衰减规律、X 射线源在空间一点的辐射强度公式、曝光量概念等导出。导出时需要的条件是，连续谱射线近似可视为单色射线，互易律成立。

从曝光曲线可以直接确定该曝光曲线对应的透照电压的半价层厚度，方法是，在曝光曲线的直线部分上取任意两点 E_1 和 E_2，它们对应的厚度分别为 T_1 和 T_2，若它们的曝光量相差一倍，即

$$E_2 = 2E_1$$

则该透照电压的半价层厚度为

$$T_{1/2} = T_2 - T_1$$

利用曝光曲线的函数关系可简单地作出证明。从上面的设定有

$$\lg E_1 = kT_1 + C$$

$$\lg E_2 = kT_2 + C$$

$$\lg \frac{E_2}{E_1} = k(T_2 - T_1)$$

$$T_2 - T_1 = \frac{\lg(E_2/E_1)}{k}$$

实际上，在曝光曲线的函数关系中，斜率为

$$k = \mu \lg e$$

所以有

$$T_2 - T_1 = \frac{\lg(E_2/E_1)}{\mu \lg e} = \frac{\ln(E_2/E_1)}{\mu} = \frac{\ln 2}{\mu}$$

这就证明了前面的结论。从此也看到，从曝光曲线也可以确定线衰减系数，当然是连续谱射线已近似单色化后的线衰减系数。

射线照相的厚度宽容度是，采用选定的透照参数在一次透照中，可以透照的厚度差范围。在这个厚度差范围内射线照相灵敏度和射线照片黑度都应符合规定的要求。射线照相厚度宽容度决定于透照时所选用的射线能量和射线胶片。对 X 射线的曝光曲线，每一条曲线由于透照电压不同，因此其厚度宽容度也不同。即采用不同的透照电压，一次可透照的厚度差范围不同。

射线照相的厚度宽容度计算公式可以从曝光曲线的函数关系式(8-1)和胶片特性曲线的函数关系

$$D = G\lg H + C$$

导出。设采用某透照电压透照厚度 T_1、T_2，曝光量分别为 E_1、E_2，得到的黑度分别为 D_1、D_2，记

$$\Delta T = T_2 - T_1$$

$$\Delta D = D_2 - D_1$$

按照上面两式，则

$$\Delta D = G_2 \lg H_2 - G_1 \lg H_1$$

由于 H 与 E 实际只相差一个比例系数，又在胶片特性曲线的近似直线部分可以认为

$$G = G_1 = G_2$$

所以，上式可改写成

$$\Delta D = G(\lg H_2 - \lg H_1) = G(\lg E_2 - \lg E_1)$$

这样就可以得到

$$\Delta D = Gk(T_2 - T_1)$$

或

$$\Delta D = Gk\Delta T$$

最后得到

$$\Delta T = \frac{\Delta D}{Gk}$$

可见，若射线照片允许的黑度差范围为 ΔD，则可透照的厚度差范围 ΔT 相关于胶片特

性曲线的梯度和曝光曲线的斜率。

8.1.8 曝光量计算

曝光量计算主要可涉及下面三种类型：

（1）简单的直接运用曝光因子进行的曝光量修正计算；

（2）曝光因子与胶片特性曲线相结合的曝光量计算；

（3）曝光因子与放射性衰变规律结合的曝光量计算。

除此之外，本章还会涉及一些其他方面的计算，例如透照布置计算、对比度计算等。当然，到了本章后，已可以形成较多方面的计算问题。下面列举一些简单的曝光量计算例题，帮助熟悉这方面问题的处理。

【例1】采用固定式X射线机透照一铸件，焦距为700mm、管电流为8mA时曝光时间为3min，现改用1000mm的焦距，管电流为12mA，这时所需的曝光时间。

解：记　$i_0=8\text{mA}$；$t_0=3\text{min}$；$F_0=700\text{mm}$；

$i=12\text{mA}$；$F=1000\text{mm}$

设　t 为改变透照条件后的曝光时间

按曝光因子概念，则应有

$$\frac{it}{F^2}=\frac{i_0t_0}{F_0^2}$$

所以

$$t=\frac{i_0t_0F^2}{iF_0^2}$$

$$t=8\times3\times1000^2/(12\times700^2)$$

$$t=4.1(\text{min})$$

【例2】用 ^{192}Ir γ射线源，透照直径1.8m的环焊缝，曝光时间为30min，若透照直径为2.4m的相同的环焊缝，问曝光时间应是多少？

解：记　A 为γ射线源的放射性活度；

$R_0=(1.8^2)\text{m}$；$t_0=30\ \text{min}$；$R=(2.4^2)\text{m}$

设　t 为透照第二焊缝的曝光时间

则

$$\frac{At}{R^2}=\frac{At_0}{R_0^2}$$

所以

$$t=\frac{t_0R^2}{R_0^2}$$

$$t=\frac{30\times2.4^2}{1.8^2}$$

$$t=53.3(\text{min})$$

【例3】用 ^{192}Ir γ射线源，透照直径1.6m的环焊缝，曝光时间为32min。若在透照直径1.6m的容器环焊缝后25天再透照直径为1.8m的容器环焊缝，问应选用多大的曝光时间？

解：记　A_0为开始时源的放射性活度；A 为 30 天后源的放射性活度；

$R_0=(1.6^2)\mathrm{m}$；$R=(1.8^2)\mathrm{m}$；$t_0=32\mathrm{min}$；$\Delta t=25$ 天；

$T_{1/2}$为源的半衰期

设　n 是 25 天所等于的半衰期个数

t 为 25 天后透照容器焊缝所需的曝光时间

则

$$\frac{At}{R^2}=\frac{A_0t_0}{R_0^2}$$

所以

$$t=\frac{A_0t_0R^2}{AR_0^2}$$

因
$$A=\left(\frac{1}{2}\right)^nA_0$$

又
$$t=nT_{1/2}$$

而
$$T_{1/2}=74\text{ 天}$$

故
$$n=25/74=0.3378$$

$$A=\left(\frac{1}{2}\right)^{0.3378}A_0$$

$$A=0.7912A_0$$

最后得到

$$t=\frac{32\times1.8^2A_0}{1.6^2\times0.7912A_0}$$

$$t=51.2(\mathrm{min})$$

【例 4】采用 X 射线源透照一工件，焦距为 600mm、管电流为 4mA 时曝光时间为 5min 时得到的底片黑度为 1.8。现改用 800mm 的焦距，管电流为 12 mA，底片黑度要求为 2.6，求这时所需的曝光时间。(胶片特性曲线上，黑度为 1.8 对应的曝光量对数为 2.1，黑度为 2.6 处对应的曝光量对数为 2.4)

解：记　$i_0=4\mathrm{mA}$；$t_0=5\ \mathrm{min}$；$F_0=600\mathrm{mm}$；$D_0=1.8$；$\lg H_0=2.1$

$i=12\mathrm{mA}$；$F=800\mathrm{mm}$；$D=2.6$；$\lg H=2.4$

设　t 为所求的曝光时间

先求仅改变透照参数、但黑度仍为 $D_0=1.8$ 时所需的曝光时间 t_1

$$\frac{it_1}{F^2}=\frac{i_0t_0}{F_0^2}$$

所以

$$t_1=\frac{i_0t_0F^2}{iF_0^2}$$

$$t_1=\frac{4\times5\times800^2}{12\times600^2}$$

$$t_1=2.96(\mathrm{min})$$

当黑度从 1.8 增加到 2.6 时，到达胶片的曝光量应从 H_0 增到 H，因此，将求得的 t_1 再乘以比 H/H_0 即可得到所求的曝光时间 t，即

$$t = \frac{H}{H_0}t_1$$

而

$$\frac{H}{H_0} = 10^{(\lg H - \lg H_0)}$$

$$H/H_0 = 100.3 = 2$$

这样，最后得到

$$t = 2 \times 2.96 = 5.92(\text{min})$$

本题也可以采用其他方法计算，例如从射线强度公式入手等。

8.2 透照布置

8.2.1 基本透照布置

射线照相的基本透照布置如图 8-5 所示，考虑透照布置的基本原则是使射线照相能更有效地对缺陷进行检验。在具体进行透照布置时主要应考虑的方面有：

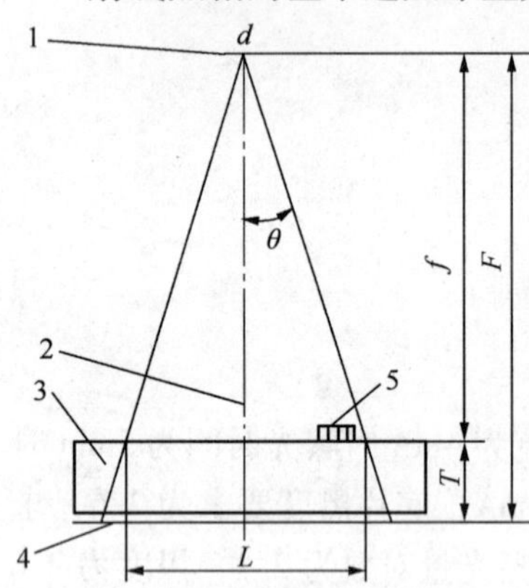

图 8-5　射线照相的基本布置

1—射线源；2—中心束；3—工件；4—胶片；5—像质计

(1) 射线源、工件、胶片的相对位置；

(2) 射线中心束的方向；

(3) 有效透照区(一次透照长度)。

此外，还包括防散射措施、像质计和标记使用等方面的内容。

在图 8-5 中，射线源与工件源侧表面的距离一般记为 f，有效透照区一般记为 L，射线源与工件胶片侧表面的距离一般记为 F，并称为焦距，中心射线束与透照区边缘射线束的夹角一般记为 θ 并称为横向裂纹检出角(也称照射角)，T 是工件厚度。

8.2.2 有效透照区

有效透照区，即一次透照的有效透照范围，在焊缝射线透照中称为“一次透照长度”。是指透照区内，在射线照相底片上形成的影像满足下面要求的区域：

(1) 黑度处于规定的黑度范围；

(2) 射线照相灵敏度符合规定的要求。

射线照片上只有符合这两项要求的区域，才能对工件的质量作出评定，故确定有效透照区是正确进行透照布置的基础。

射线源的焦点尺寸比其焦距小得多，因此从透照布置的角度看，可以认为是点源，一次透照的射线束穿透厚度是变化的，如图 8-6 所示，从中心束到边沿束穿透厚度愈来愈大。如果不同点的穿透厚度相差过大，会存在两个问题：

(1) 将造成一次透照范围内，射线照片上不同点的黑度相差过大，导致不同点影像质量(照相灵敏度)明显不同。

(2) 将造成一次透照范围内，射线照片上不同点对二维性缺陷(例如裂纹)的检出率差别过大，愈靠近透照范围的边沿，照射角愈大，二维性缺陷的检出率就愈小，漏检的可能性增大。

因此必须限制穿透厚度的变化范围，即必须控制一次透照范围，这个受控制的透照范围就是有效透照区(一次透照长度)。

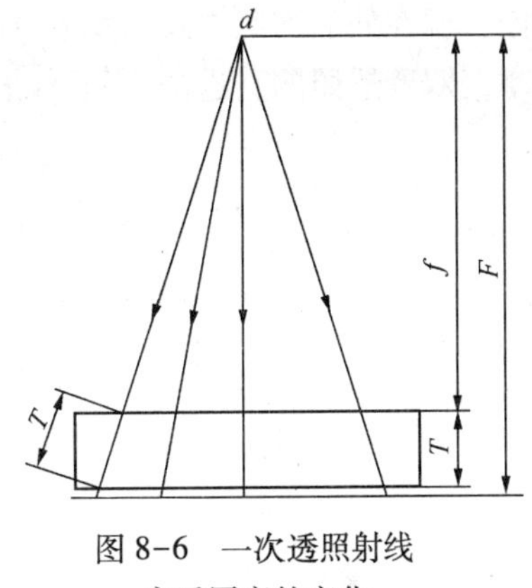

图 8-6 一次透照射线穿透厚度的变化

如果中心束的穿透厚度(工件厚度)为 T，边沿束的穿透厚度为 T'，后者与前者之比，定义为透照厚度比 K。即：

$$K = T'/T \tag{8-2}$$

横向裂纹检出角(照射角)θ 与透照厚度比 K 之间的关系如下：

$$K = \frac{T'}{T} = \frac{1}{\cos\theta} \quad 即 \quad \theta = \cos^{-1}\left(\frac{1}{K}\right) \tag{8-3}$$

我国有关射线检测的国标、船标和机标等标准，对焊缝射线照相，为了控制一次透照长度，都对透照厚度比 K 作了规定，其中船标的规定参见表 8-3。

表 8-3 焊缝射线照相透照厚度比的规定

焊缝类型	A 级技术	B 级技术	焊缝类型	A 级技术	B 级技术
环缝	$K \leqslant 1.1$	$K \leqslant 1.06$	纵 缝	$K \leqslant 1.03$	$K \leqslant 1.01$

对于平板对接焊缝和筒体纵缝，表 8-3 的规定还可近似表示为：

A 级技术：$f \geqslant 2L$

B 级技术：$f \geqslant 3L$

表中 A 级技术是一般灵敏度技术，B 级技术是高灵敏度技术。

8.2.3 常用透照布置

对接焊缝射线照相的基本透照方式(布置)见图 8-7 和图 8-8。这些透照方式分别适用于不同的场合，其中单壁透照是最常用的透照方法，双壁透照一般用在射源或胶片无法进入内部的小直径容器和管道的焊缝透照，双壁双影法一般只用于直径 100mm 以下的管子的环焊缝透照，双壁双影直透法则用于壁厚大于 8mm，焊缝宽度大于 $D_0/4$ 的管子环焊缝透照。

8.2.4 确定透照布置的基本考虑

对于一个具体工件的射线照相，确定透照布置时应综合考虑下列方面：

1. 可能出现的缺陷类型和特点

不同的加工工艺产生的缺陷不同，不同的缺陷可以具有不同的形状、尺寸、延伸方向和出现在不同的位置。因此，在确定透照布置时必须考虑所要检验缺陷的类型和特点，从这些缺陷本身选择适宜检验它们的透照布置。应考虑何种透照布置可以使可能存在的缺陷更靠近胶片，通过减少缺陷与胶片的距离，减小几何不清晰度，从而提高缺陷影像的可识别性。例如，源在外的透照方式与源在内的透照方式相比，前者对容器内壁表面裂纹有更高的检出率，双壁透照的直透法比斜透法更容易检出根部纵向裂纹。

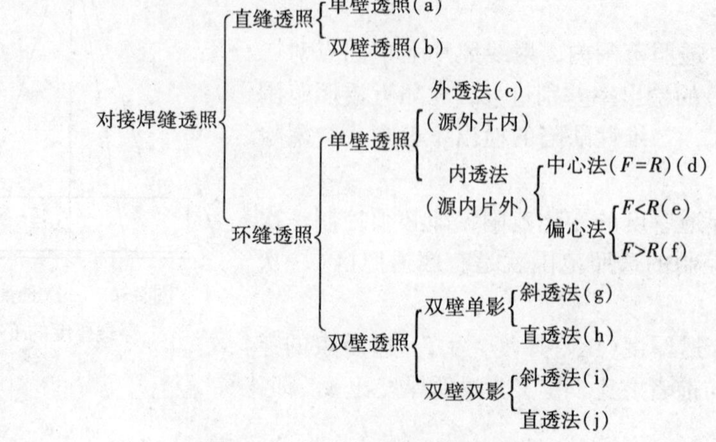

图 8-7　常用的对接焊缝透照方式分类

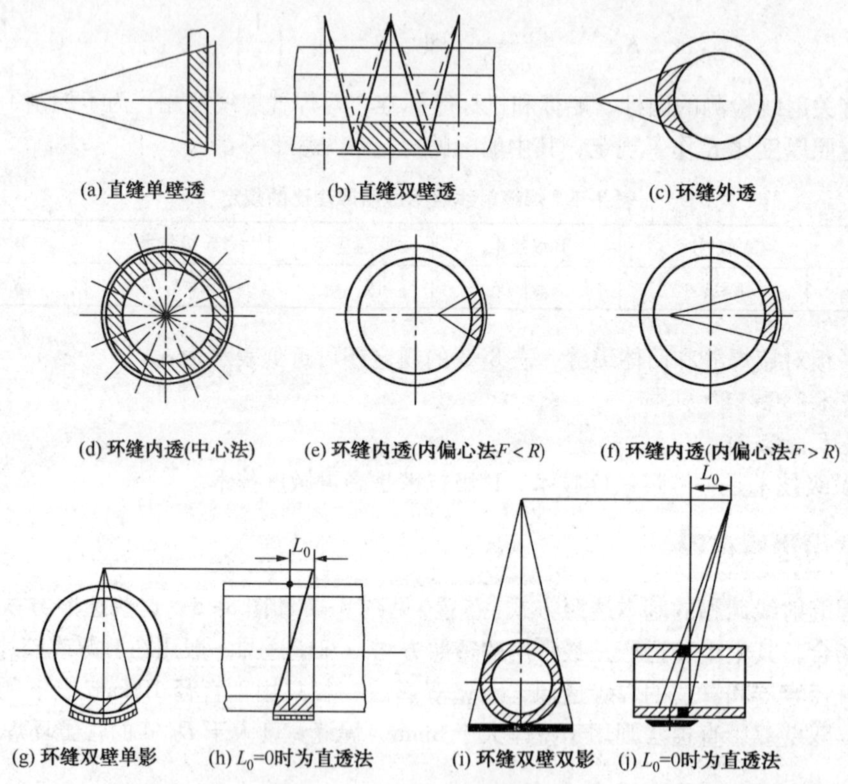

(a) 直缝单壁透　(b) 直缝双壁透　(c) 环缝外透

(d) 环缝内透(中心法)　(e) 环缝内透(内偏心法$F<R$)　(f) 环缝内透(内偏心法$F>R$)

(g) 环缝双壁单影　(h) L_0=0时为直透法　(i) 环缝双壁双影　(j) L_0=0时为直透法

图 8-8　常用对接焊缝透照方式

2. 应考虑验收标准对灵敏度的要求

所选取的透照布置应有利于保证达到验收标准对缺陷检出灵敏度的要求。射线照相检验技术在不同的透照厚度下，所能检出的缺陷最小尺寸不同，所选定的透照布置应是透照厚度最小的透照布置。例如，一般情况下都是单壁透照布置将明显地比双壁透照布置具有更好的缺陷检出能力，实际工作中应尽可能采取单壁透照布置。

3. 透照厚度比和横向裂纹检出角(照射角)

较小的透照厚度比和横向裂纹检出角(照射角)有利于提高裂纹检出率。环缝透照时，在焦距和一次透照长度相同的情况下，源在内透照法比源在外透照法具有更小的透照厚度差和横裂检出角，从这一点看，前者比后者优越。

4. 有效(一次)透照长度

各种透照方式的有效(一次)透照长度各不相同，选择一次透照长度较大的透照方式可以提高检测速度和工作效率。

5. 工件和设备的具体情况和特点

由于工件和设备的具体情况的限制，或者考虑到工作效率的因素等，会从这方面的考虑选定透照布置。这样一来会出现，同一工件在不同单位采用了不同的透照布置，判定其是否适当的最终依据，应是检验结果是否符合验收标准的要求。不能达到验收标准要求的检验结果，将不能保证质量。

8.3 透照参数的选择

8.3.1 射线源的选择

射线源的选择就是在 X 射线源和 γ 射线源之间的选择。

首先考虑穿透力，一般透照厚度在 40mm 以下的钢，在可能的条件下，尽可能采用 X 射线源；更厚的钢工件要考虑使用 γ 射线源，甚至有条件时可采用高能 X 射线源。

再就要考虑射线照相的灵敏度。实验表明，透照厚度在 40mm 以下的钢，用 Ir192 γ 射线源透照所得射线照相对比度不如 X 射线源好；再则，γ 射线源透照的固有不清晰度比 X 射线源大许多。这些因素都使得前者的像质计灵敏度不及后者高。

最后还要从设备的轻便性、经济性、工作效率、安全防护条件等诸多条件综合考虑选取。

8.3.2 X 射线能量的选择

X 射线机的管电压可以根据需要调节，因此用 X 射线对试件透照，射线能量有多种选择。

选择 X 射线能量的首要条件应是具有足够的穿透力。随着管电压的升高，X 射线的平均波长变短，有效能量增大，线质变硬，在物质中的衰减系数变小，穿透能力增强。如果选择的射线能量过低，穿透力不够，结果是到达胶片的透射射线强度过小，造成底片黑度不足，灰雾增大；曝光时间过分延长，以至于无法操作等一系列现象。

但是，随着管电压的升高，衰减系数 μ 减小，对比度 ΔD 降低，固有不清晰度 U_i 增大，底片颗粒度也将增大，其结果是射线照相灵敏度下降。因此，X 射线能量的选择的原则是：在保证穿透力的前提下，尽量选择较低能量的 X 射线。

选择能量较低的射线可以获得较高的对比度，但较高的对比度却意味着较低的透照厚度宽容度，很小的透照厚度差将产生很大的底片黑度差，使得底片黑度值超出允许范围；或是厚度大的部位底片黑度太小，或是厚度小的部位底片黑度太大。因此，在有透照厚度差的情况下，选择射线能量还必须考虑能够得到合适的透照厚度宽容度。

基于以上分析，我们可以得出以下的选择原则：在保证穿透力和厚度宽容度的前提下，尽量选择较低能量(管电压)的 X 射线。在底片黑度不变的前提下，提高管电压便可以缩短曝光时间，从而可以提高工作效率，但其代价是灵敏度降低。为保证透照质量，标准对透照不同厚度允许使用的最高管电压都有一定限制，并要求有适当的曝光量。图 8-9 为一些材料的透照厚度所对应的允许使用的最高管电压。

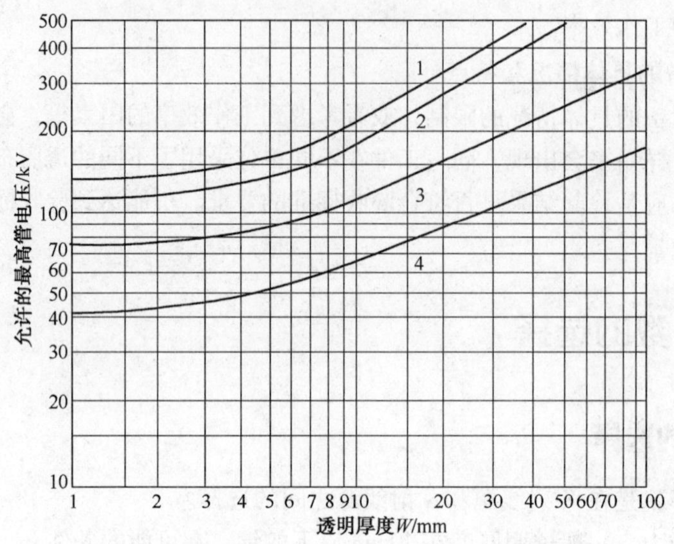

图 8-9 不同透照厚度允许的 X 射线最高管电压

1—铜及铜合金；2—钢；3—钛及钛合金；4—铝及铝合金

8.3.3 焦距的确定

焦距是射线源与胶片之间的距离，通常以 F 表示。确定焦距时除要考虑给出射线强度比较均匀的适当大小的透照区外，还必须考虑的是：

(1) 所选取的焦距必须满足射线照相对几何不清晰度的规定；

(2) 所选取的焦距必须满足有效透照区的要求。

现分述如下：

1) 满足几何不清晰度的要求

在实际的射线照相检验中所使用的射线源，总是具有一定的尺寸，因而必然要产生一定的几何不清晰度。在讨论影像质量时曾给出几何不清晰度的计算公式：

$$U_g = \frac{db}{f}$$

式中 U_g——几何不清晰度；

d——焦点尺寸；

b——工件射源侧表面至胶片的距离。

考虑到工件胶片侧表面距胶片的距离可以忽略不计，用工件厚度 T 替换 b，从上式可推导出最小焦距 F_{min} 的表达式：

$$f_{min} = \frac{db}{U_{gmax}} \text{ 或 } F_{min} = T\left(1 + \frac{d}{U_{gmax}}\right) \tag{8-4}$$

式中　U_{gmax}——标准规定的允许最大的几何不清晰度。

在有的标准中规定的最大几何不清晰度值是一个恒定值，即可由式(8-4)求出最小焦距。但有的标准中，最大几何不清晰度值不是一个恒定值，而规定为工件厚度 T 的函数，是随厚度的增加而增加。具体如下：

A 级技术：
$$U_{gmax} \leqslant \frac{1}{7.5} T^{1/3}$$

B 级技术
$$U_{gmax} \leqslant \frac{1}{15} T^{1/3}$$

将其代入式(8-4)则可得出下式：

A 级技术：
$$f_{min} \geqslant 7.5 d T^{2/3} \tag{8-5a}$$

B 级技术：
$$f_{min} \geqslant 15 d T^{2/3} \tag{8-5b}$$
$$F_{min} = f_{min} + T \tag{8-5c}$$

2）满足有效透照区的要求

前面讲到有效透照区时，对于平板对接焊缝和筒体纵缝，根据透照厚度比的要求推算出的透照距离如下：

A 级技术：
$$f_{min} \geqslant 2L \tag{8-6a}$$

B 级技术：
$$f_{min} \geqslant 3L \tag{8-6b}$$

同样
$$F_{min} = f_{min} + T \tag{8-6c}$$

按照一般焊缝的有效透照长度，求出的 F_{min} 要比按照几何不清晰度求出的 F_{min} 要大得多。例如用 A 级技术透照母材厚度为 20mm 厚的焊缝，焦点尺寸为 2mm，有效透照长度 250mm，按照几何不清晰度的要求，由式(8-5a)求出 $F_{min}=131$mm；按照有效透照长度，由式(8-6a)求出 $F_{min}=520$mm。显然，两者应取其大者。

8.3.4　曝光量

曝光量的定义和通常的表示形式作了如下介绍，即：

对于 X 射线，可表示为：$E=it$　　（单位 mA/min）

对于 γ 射线，可表示为：$E=At$　　（单位 Bq/h 或 Ci/h）

并指出曝光量是射线透照工艺中的一项基本参数，它直接关系到底片的黑度、影像的颗粒度和底片上可显示的细节最小尺寸。这一节着重介绍此问题。

如果对射线照片上均匀曝光区的黑度用测微光度计沿某一方向进行扫描测量，将得到如图 8-10 所示的黑度分布图，可见黑度分布是不规则地起伏变化，这种黑度的起伏就是所谓的影像的颗粒度。如果在测量的方向上存在一小的细节的影像，其影像将如图 8-10(b)所示，在黑度不均匀性较大的情况下，将难以确定是否存在这个影像。如果把曝光量加大到一

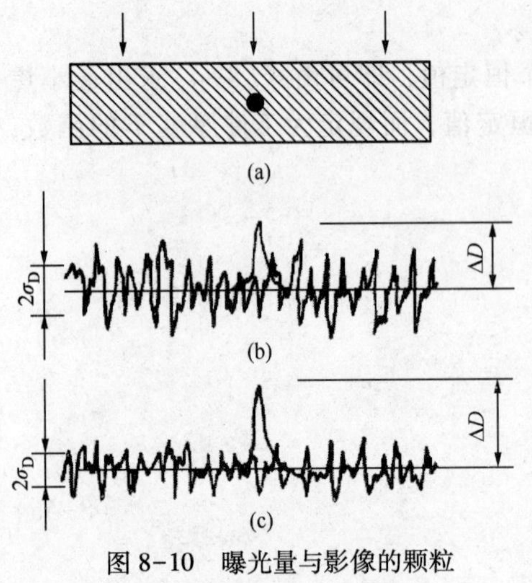

图 8-10　曝光量与影像的颗粒

定程度，将会清晰地显示出如图 8-10(c)所示的细节影像。

影像的这种变化可以如下理解，当加大曝光量后，多幅具有较大黑度起伏的影像互相叠加，不规则的黑度起伏相互补充，降低了每个点间黑度的相对差，也即降低了影像的颗粒度，但细节影像的黑度是固定显示在同一位置，由于多次叠加将越来越高，而明显地显现出来。可见，曝光量必须达到一定的大小，才能保证小的细节的影像的可检验性。

因此，在有的标准中推荐了最小曝光量，例如在 700mm 的焦距下，A 级技术曝光量不小于 15 mA/min；B 级技术曝光量不小于 20 mA/min。当焦距不同于 700mm 时，可按平方反比定律修正。

8.3.5　互易律和曝光因子

1. 互易律

互易律是光化学反应的一条基本定律，它指出：决定光化学反应产物质量的条件，只与总的曝光量相关，即取决于辐射强度和曝光时间的乘积。换言之，底片黑度只与总的曝光量相关。

如果固定各项透照条件(试件尺寸，源、试件、胶片的相对位置，胶片和增感屏，给定的放射源或管电压，相同的暗室处理条件，黑度值一定)，则辐射强度和曝光时间的乘积为一常数，即：$E=It=\psi$。当射线强度 I 和时间 t 相应变化时，只要两者乘积不变，则底片黑度不变。

互易律只有在采用金属增感或无增感的条件下成立；而当采用荧光增感屏时，如果 I 和 t 的乘积不变，底片的黑度仍会改变，此现象称为互易律失效。

2. 平方反比定律和曝光因子

从一点源发出的射线，其辐射强度 I 与距离 F 的平方成反比，即 $I_1/I_2=F_2/F_1$，称之为平方反比定律。

其原理如图 8-11 所示，在点源的照射方向上任意立体角内取任意垂直截面，单位时间内通过的光量子总数是不变的，但由于截面积与到点源的距离平方成正比，所以单位面积的光量子密度，即辐射强度与距离平方成反比地减小。

在底片黑度不变的前提下，互易律给出了射线强度与曝光时间相互变化的关系；平方反比定律给出了射线强度与距离之间的变化关系。将以上两个定律结合起来，可以得到曝光因子的表达式：

$$\frac{E_1}{F_1^2}=\frac{E_2}{F_2^2} \quad 或 \quad \frac{I_1t_1}{F_1^2}=\frac{I_2t_2}{F_2^2} \tag{8-7}$$

对于 X 射线

$$\frac{i_1t_1}{F_1^2}=\frac{i_2t_2}{F_2^2}=\psi_X \tag{8-8a}$$

对于 γ 射线

$$\frac{A_1t_1}{F_1^2}=\frac{A_2t_2}{F_2^2}=\psi_\gamma \tag{8-8b}$$

我们可以理解为，如果固定各项透照条件(试件，试件尺寸，胶片和增感屏，给定的放射源或管电压，相同的暗室处理条件)，获得一定的黑度，曝光量与焦距的平方成正比，或曝光量与焦距的平方之比为一常数ψ 。

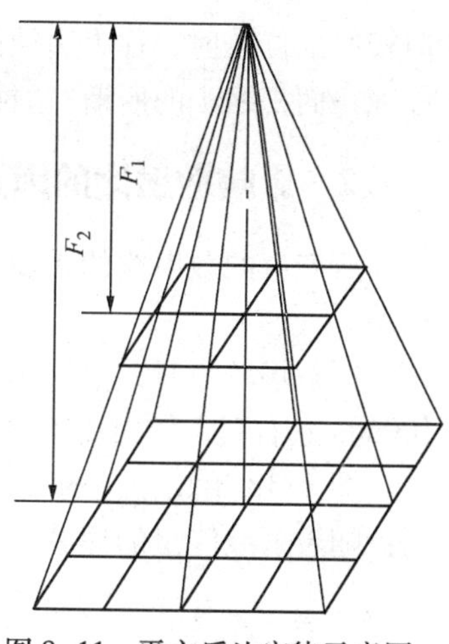

图 8-11　平方反比定律示意图

【例 1】用某一 X 射线机透照某一试件，原透照管电压为 200kV，管电流为 5mA，曝光时间为 4min，焦距为 600mm，现透照时管电压不变，而将焦距变为 900mm，如欲保持底片黑度不变，问如何选择管电流和曝光时间？

解：已知 $i_1=5\text{mA}$，$t_1=4\text{min}$，$F_1=600\text{mm}$，$F_2=900\text{mm}$，求 $i_2=?$ 和 $t_2=?$

由式(8-8a)$\frac{i_1t_1}{F_1^2}=\frac{i_2t_2}{F_2^2}$　得　$i_2t_2=i_1t_1\frac{F_2^2}{F_1^2}=5\times4\times\left(\frac{900}{600}\right)^2=45\text{mA}\cdot\text{min}$

答：第二次透照的曝光量应为 45mA · min，可选择管电流 5mA，曝光时间 9mim。

【例 2】用某 Ir192 γ 射线源透照直径 1m 的环焊缝，曝光时间为 24min，得到的底片黑度恰好满足要求，60 天后仍用该 γ 射线源透照同样厚度的直径为 1. 2m 的环焊缝，问曝光时间应为多少？

解：已知 $t_1=24\text{min}$，$F_1=500\text{mm}$，$F_2=600\text{mm}$，Ir192 γ 射线源的半衰期 $T_{1/2}=75$ 天，经历时间 $T=60$ 天

求　$t_2=?$

Ir192 γ 射线源 60 天所相当的半衰期数　$N=\frac{T}{T_{1/2}}=\frac{60}{75}=0.8$

前后放射性活度比：$\frac{A_1}{A_2}=2^N=2^{0.8}=1.74$

由式(8-8b)得：$\frac{A_1t_1}{F_1^2}=\frac{A_2t_2}{F_2^2}$　$t_2=t_1\frac{A_1}{A_2}\left(\frac{F_2}{F_1}\right)^2=24\times1.74\times\left(\frac{600}{500}\right)^2=60.1(\text{min})$

答：曝光时间应为 60. 1min。

8. 4　散射线的控制

8. 4. 1　散射线的来源和分布

前已提及，射线在穿透物质过程中与物质相互作用会因康普顿效应产生散射，散射线的能量减小，波长变长，运动方向改变，对底片上的成像极为不利。

产生散射线的物体称作散射源，在射线透照时，凡是被射线照射到的物体，例如试件、暗盒、桌面、墙壁、地面，甚至空气都会成为散射源。其中最大的散射源往往是试件本身。

如图 8-12 所示，按散射的方向对散射线分类，可将来自暗盒正面的散射称为前散射，将来自暗盒背面的散射称为背散射，从试件边沿渗入胶片的散射或试件中的较薄部位的射线

向较厚部位散射，称为边蚀散射。边蚀散射会导致影像边界模糊，形成低黑度区域的周边被侵蚀，面积缩小的所谓“边蚀”现象。

8.4.2 影响散射比的因素

所产生的散射线的多少，与射线能量相关，与射线照射物体的材料、厚度、照射场也相关。

照射场较小时，散射比随着照射场面积的增大而增大，但当照射场面积增大到直径大于100mm 左右后，散射比不再增大而保持在一定水平。

图 8-13 给出了钢的散射比(积累因子)与射线能量和厚度关系的试验结果。它清楚地表明：随着射线能量的提高，散射比降低；随着透照厚度的增大，散射比增大。

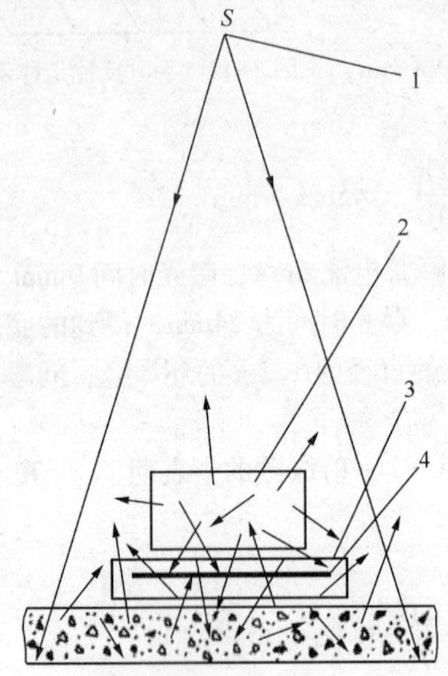

图 8-12　X 散射线产生示意图

1—射线源；2—工件；3—暗盒；4—地面

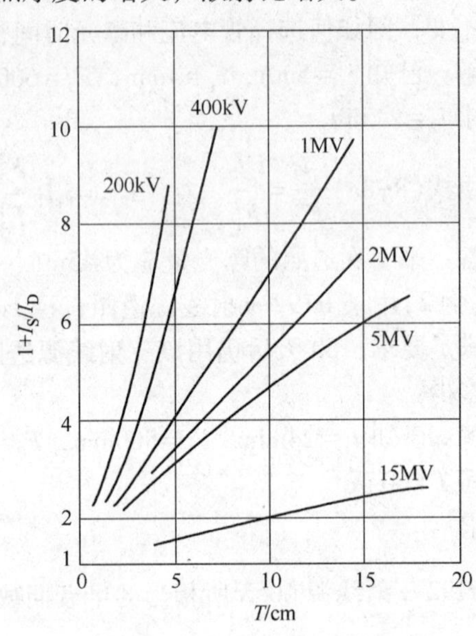

图 8-13　散射比与射线能量和透照厚度的关系

8.4.3 常用的散射线控制措施

散射线对照相质量可产生重要的影响，主要表现在两个方面：降低射线照相的对比度和产生“边蚀”。

如果散射比较大，射线照相的对比度将降低很多，也就是散射线会严重地影响小缺陷和裂纹性缺陷的检出。

产生边蚀的主要原因是在透照物体边界区射线产生的散射线，特别是软散射线，它们更容易被胶片吸收，产生的感光作用也更强。如果不采取防护措施，它们将使影像的边界区域变得很模糊，严重地影响处于边界区中缺陷的检出。

在射线照相检验中，必须严格地控制到达胶片的散射线，否则可能使所进行的射线照相检验完全没有意义，也就是不能有效地对缺陷完成检测。减少到达胶片的散射线的主要方法是滤波、光阑、遮蔽、屏蔽等方法，具体的布置示意图如图 8-14 所示。

1. 铅屏蔽

在实际射线照相检验中，采用铅屏蔽防护散射线是经常使用的措施。

主要的防护方法是用适当厚度的铅屏蔽板遮盖工件未覆盖的胶片，采用适当的金属增感屏吸收来自工件的散射线，或者在工件与胶片之间放置适当厚度的金属过滤箔，吸收从被透照工件产生的散射线。当同时透照的多个工件时，用适当厚度的铅屏蔽板隔离各个工件，减少产生的散射线的相互影响等。

特别应注意的是，被透照的工件小于所使用的胶片、射线的能量又比较低、被透照工件物质的原子序数也比较低时，更应注意对直接处于射线束照射下的那部分胶片的遮蔽。

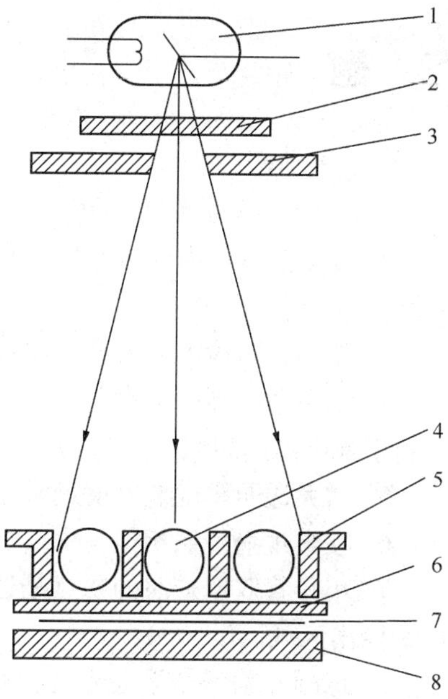

图 8-14　散射线防护措施

1—X 射线管；2—滤波板；3—光阑与准直器；4—工件；5—遮蔽铅板；6—金属过滤箔；7—胶片；8—后屏蔽铅板

2. 光阑与准直器

减少散射线的另一个主要方法是尽量减少物体被检验区以外受到射线照射的范围大小，除了采用铅屏蔽板遮盖外，常用的方法是用光阑或准直器限制射线束的大小，从而限制透照的区域。

光阑采用对射线具有强烈吸收性能的材料制做，例如，采用铅板制做，其厚度应能有效地吸收入射的射线。光阑的孔径和孔的形状可按照透照区的大小和形状设计，光阑通常放在靠近射线源的位置。

3. 滤波

在 X 射线照相中使用的连续谱 X 射线，其长波（低能量）成分 X 射线对射线照相检验不起主要作用，但当它们照射到物体或射到胶片上，可以被强烈吸收并产生散射线。为了减少射线中的低能成分，常采用滤波的方法。即在 X 射线管窗口附近放置滤波片，射线从窗口射出之后首先要穿过滤波片，使长波成分的 X 射线被大量吸收。

滤波片就是适当厚度的某种金属材料平板，它的厚度应按射线能量选取。例如，透照钢时，采用铜滤波板时其厚度应不超过透照厚度的 20%，若采用铅滤波板则厚度应不超过透照厚度的 3%；透照铝时，采用的铜滤波板的厚度应不超过透照厚度的 4%等。

4. 背散射防护

在射线照相中，当胶片后方较近的地方存在物体时，必须注意采用背铅板对背散射线进行防护。否则，背散射线很可能会使底片无法达到规定的影像质量要求。背铅板的厚度一般应大于 1mm。

背铅板的厚度是否满足防护背散射线的要求，可以采用下述的方法检验。在胶片暗袋背面贴附一厚度为 1.6mm、高度为 13mm 左右的铅字“B”。透照后观察底片，如果出现黑度低于背景黑度的铅字“B”的影像，则说明来自周围背景的散射线对胶片产生了一定程度的曝光，防护不足，应加大背铅板的厚度。如果底片上未出现这个铅字“B”的影像或出现黑度高于背景黑度的铅字“B”影像，则说明防护铅板的厚度符合要求。

当透照厚度较大的非金属材料工件时，特别是原子序数小的元素，可能必须采用特殊的散射线防护方法，如防散射栅格。当透照厚度差较大的工件，为了减少厚度差造成的边蚀散射，可采用厚度补偿措施。

习　题

一、是非题

1. 按照“高灵敏度法”的要求，300kV X 射线可透照钢的最大厚度大约是 40mm。(　　)

2. 欲提高球罐内壁表面的小裂纹检出率，采用源在外的透照方式比源在内的透照方式好。(　　)

3. 就小缺陷检出灵敏度来比较 γ 射线与 X 射线，两者差距不大。(　　)

4. 采用平靶周向 X 射线机对环缝作内透中心法周向曝光时，有利于检出横向裂纹，但不利于检出纵向裂纹。(　　)

5. 增大透照厚度宽容度最常用的办法是适当提高射线能量。(　　)

6. 在常规射线照相检验中，散射线是无法避免的。(　　)

7. 小径管双壁透照的要点是选用较高管电压，较低曝光量，其目的是减小底片对比度，扩大检出区域。(　　)

8. 球罐 γ 射线全景曝光时，其曝光时间通过生产厂家提供的“专用计算尺” 可以精确计算出来。(　　)

9. 选择能量较低的 X 射线可以获得较高的对比度和宽容度。(　　)

10. 对于散射源来说，往往最大的散射源来自于试件本身。(　　)

二、选择题

1. 按照“高灵敏度法”的要求，Ir192 γ 射线适宜透照钢的厚度范围是(　　)。

A. 20~80mm　　B. 30 ~100mm　　C. 6 ~100mm　　D. 20 ~120mm

2. 双壁双影直透法一般多用于(　　)。

A. $\phi \leqslant 100$mm 的管子环焊缝的透照

B. $\phi > 100$mm 的管子环焊缝的透照

C. T(壁厚)>8mm 或 g(焊缝宽度)>$D_o/4$ 的管子环焊缝的透照

D. 以上都可以

3. 对于厚度差较大的工件进行透照时，为了得到黑度和层次比较均匀的底片，一般做法是(　　)。

A. 提高管电流　　B. 提高管电压

C. 增加曝光时间　　D. 缩短焦距

4. 比较大的散射源通常是(　　)。

A. 铅箔增感屏　　B. 暗盒背面铅板

C. 地板和墙壁　　D. 被检工件

5. 置于工件和射源之间的滤板可以减少从工件边缘进入的散射线，其原因是滤板(　　)。

A. 吸收一次射线束中波长较长的成分　　B. 吸收一次射线束中波长较短的成分

C. 吸收背散射线　　D. 降低一次射线束的强度

6. 控制透照厚度比 K 值的主要目的是(　　)。

A. 提高横向裂纹检出率　　B. 减小几何不清晰度

C. 增大厚度宽容度　　D. 提高底片对比度

7. 对钢工件，大致在哪一透照厚度值上，使用 Co60 的照相效果比 Ir192 更好一些：( )。

A. 40mm　　B. 60mm　　C. 80mm　　D. 120mm

8. 对厚度为 15mm，直径 1000mm 的筒体的对接环焊缝照相，较理想的选择是( )。

A. Ir192 γ 源，中心透照法　　B. 锥靶周向 X 射线机，中心透照法

C. 单向 X 射线机，外照法　　D. 平靶周向 X 射线机，中心透照法

9. 球罐 γ 射线全景曝光时，安全距离的计算不需要考虑下列哪个因素( )。

A. 焊缝余高　　B. 球罐壁厚　　C. 安全剂量限值　　D. 半价层

10. 下列关于小径管椭圆透照像质要求叙述正确的是( )。

A. 为达到透照灵敏度，可以不考虑厚度宽容度

B. 椭圆开口度太小，会使源侧与片侧焊缝根部缺陷产生混淆

C. 椭圆开口度大，有利于焊缝根部面状缺陷的检出

D. 以上都是

三、问答题

1. 试述射线源的选择原则。

2. 何谓曝光量？X 射线的曝光量分别指什么？

3. 计算搭接长度时，公式中的工件表面至胶片距离 L_2 是否要考虑焊缝余高？

4. 为什么说不同的 X 射线机的曝光曲线各不相同？

5. 影响射线照相质量的散射线是如何产生的？

6. 焊缝透照的基本操作包括哪些内容？

7. 透照余高磨平的焊缝怎样提高底片灵敏度？

8. 大厚度比试件透照采取的特殊技术措施有哪些？

9. 计算小径管透照平移距离时，公式中的工件表面至胶片距离 L_2 是否要计入焊缝余高？

10. 射线照相实际透照时，为什么一般并不采用最小焦距值？

参考答案

是非题：1. ○　2. ○　3. ×　4. ○　5. ○　6. ○　7. ○　8. ×　9. ×　10. ○

选择题：1. D　2. A　3. C　4. D　5. A　6. C　7. D　8. D　9. B　10. D

第九章　典型工件射线检测

9.1　射线检测通用工艺规程和工艺卡

射线透照工艺分通用工艺规程和专用工艺卡两种，两者都是必须遵循的规定性书面文件。

9.1.1　通用工艺规程

无损检测通用工艺规程应根据无损检测单位(机构)自身特点、设备技术条件和人员条件编制，应覆盖本单位(制造、安装或检测单位)产品或检测对象的范围，其规定应明确，具有可操作性，其内容应全面和详细，具有可选择性。无损检测通用工艺规程应符合相关法规、规范标准和本单位的技术质量管理规定。本单位无损检测工作和所实施的技术工艺均应符合通用工艺规程要求。

9.1.2　专用工艺卡

所谓“射线照相工艺卡”是指以表卡形式出现的，针对射线透照工序提出具体参数和技术措施的规定性工艺文件。工艺卡适用对象可能是某一具体产品，或产品上的某一部件，或部件上的某一具体结构。射线照相工艺卡(如表 9-1)一般依据通用工艺规程和设计文件的要求制定，有关参数包括以下三方面：

表 9-1　射线检测工艺卡

产品编号		产品名称		产品规格		产品类别	
材　质		焊接方法		透照方式		执行标准	
检测级别		验收等级		设备型号		焦点尺寸	
检测时机		透照厚度		胶片类型		胶片规格	
增感方式		像质计型号		像质计丝号		底片黑度	
显、定影配方		显影时间		显影温度		停影时间	
		定影时间		定影温度		水洗时间	
焊缝编号	千伏值/kV	曝光时间/min	影像开口宽度/mm	一次透照长度 L_3/mm	平移距离 L_0/mm	实际拍片张数/N	焦距 F/mm
工件草图与透照部位编号				透照布置示意图			
备注：							
编制：		审核：		批准：			
						年　　月　　日	

1）必须交代的内容

工件情况，包括产品名称、图号、材质、壁厚、外径、焊接种类、坡口型式、检查比例以及技术法规、制造安装标准和评定标准，技术方法等级、质量合格等级等。

透照条件参数，包括设备种类型号、焦点尺寸透照方式、焦距平靶机周向曝光偏心距和小径管双壁单影偏心距、一次透照长度焊缝类别编号、环缝分段透照次数、管电压、管电流、曝光时间；胶片种类、规格；增感屏种类、厚度；像质要求(黑度范围、像质计型号、应显示最小丝径、像质计位置)等。

注意事项和辅助措施(如散射防护、厚度补偿、使用滤板、双片技术等)。

2）必须绘出的示意图

(1) 布片定位图：

(2) 平靶机偏心透照示意图；

(3) 小径管椭圆成像偏心透照示意图；

特殊的透照布置、透照方向示意图(如T形接头、椭圆封头拼缝等)。

3）必须签署的人员工艺卡编制人名及资格，审核人名及资格、日期

操作人员遵循专用工艺卡规定的条件、参数进行透照，通常可获得满意的透照质量。但也要注意实际透照过程中某些变量，如距离、厚度的局部变化产生的影响，必要时应对有关参数做适当调整。

9.2 典型工件射线检测

9.2.1 双面埋弧焊钢管数字平板射线实时成像检测

例：对规格为 ϕ1219mm×18.4mm 双面埋弧焊螺旋钢管按检验标准 API 5L 44 版及 CDP-S-OGP-PL-017-2011-2 进行 100%射线检测。(数字平板检测系统，如图 9-1)

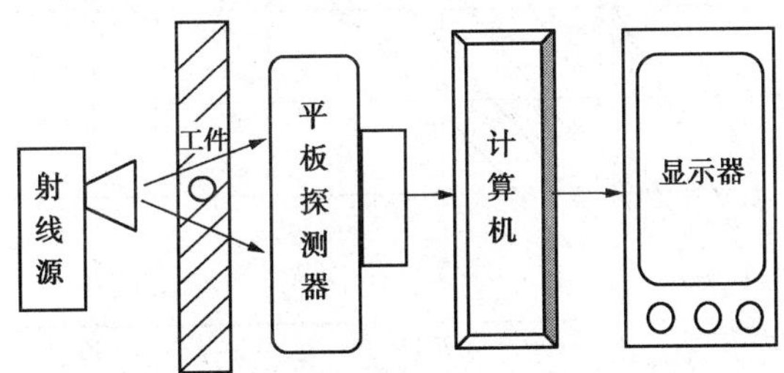

图 9-1　数字平板检测系统

1. 工艺卡编制(如表 9-2)

2. 参数设置

步骤 ·：系统调整。

(1) 调整 DR 成像系统至工作状态；

(2) 调整图像放大比例 1:2。{$M=F/f=(600+18.4+40)\div600>1$，取值 2}；

(3) 调整图像增强器至钢管表面距离：40mm；

(4) 焦距 600mm(B 级检测技术 $f\geq15db^{2/3}$)。

表 9-2　数字平板检测系统检验工艺卡

<table>
<tr><td>钢管规格/mm Size</td><td>材　质</td><td colspan="2">钢　厂</td><td colspan="2">检验标准</td><td>投料数量/t</td><td>用　途</td></tr>
<tr><td>φ1219×18.4</td><td>X80</td><td colspan="2">沙钢</td><td colspan="2">API5L 及
CDP-S-OGP-PL-017-2011-2</td><td>832</td><td>西气东输三线
（弯制用管）</td></tr>
<tr><td colspan="8">主要工艺参数 Main Process Parameters</td></tr>
<tr><td rowspan="2">动态检测</td><td colspan="2">灵敏度</td><td colspan="3">对比标样</td><td colspan="2">检查速度（m/min）</td></tr>
<tr><td colspan="2">动态灵敏度≤4%：7#</td><td colspan="3">金属丝透度计（Fe6/12）</td><td colspan="2">3.0±0.5</td></tr>
<tr><td rowspan="2">静态成像</td><td colspan="2">灵敏度</td><td colspan="5">对比标样</td></tr>
<tr><td colspan="2">静态灵敏度≤2%，10#</td><td colspan="5">金属丝透度计（Fe6/12）</td></tr>
<tr><td colspan="8">技术参数 Technical Parameters</td></tr>
<tr><td colspan="2">设备型号</td><td colspan="2">焦 距 f/mm</td><td colspan="2">管电压/kV</td><td colspan="2">管电流/mA</td></tr>
<tr><td colspan="2">X-RAY HS-XY-225 DRPS1313</td><td colspan="2">600</td><td colspan="2">160~200</td><td colspan="2">5</td></tr>
</table>

要求 Requirements：

1. 仪器动态灵敏度调校频次：每工作班内每 4 小时至少校验灵敏度一次，并做好调校记录。

2. 检查范围：逐根钢管焊缝进行 100%的 X 射线动态检查，对钢管补焊缝以及至少距钢管管端 250mm 范围内应用 DR 静态成像检查。

步骤二：灵敏度调节。

1）动态检测灵敏度：≤4%

（1）管电压的确定：（如图 9-2）

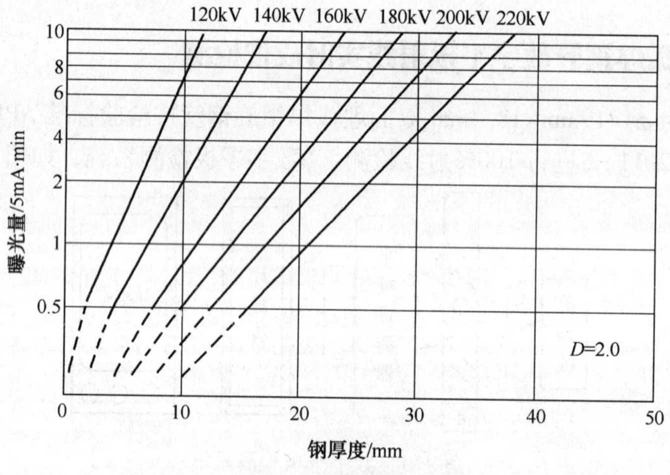

图 9-2　曝光曲线

焊缝厚度为公称壁厚加上两倍的余高，这里为 20.4mm，选用管电压为 180kV。

（2）像质计的选择：根据工件透照厚度选取 7#像质计

$$d_{\min} = 4\% \times (18.4 + 4) = 0.896$$

$$S \leqslant 4\%$$

$$Z = 7^{\#}$$

（3）像质计的布置：在被检钢管焊缝依次布置 4 只 Fe6-12 像质计，各像质计之间间距≥300mm。

（4）灵敏度校验：钢管在规定的检测速度下，像质计丝径影像清晰可见。灵敏度校验频次：每 4h 校验一次。

2）静态检测灵敏度：≤2%

（1）像质计的选择：根据工件透照厚度选取 10# 像质计（$d_{min}=2\%\times(18.4+4)=0.448$ ∵ $S\leqslant2\%$ ∴ $Z=10^{\#}$）

（2）像质计的布置：在被检钢管焊缝布置 1 只 Fe6-12 像质计。

（3）灵敏度校验：保证在静态下所检部位规定像质计丝径清晰可见。

步骤三：钢管检测（图 9-3）。

DR 成像器与射线源保持垂直状态布置，钢管由运管小车控制同步旋转前进通过 X 射线源窗口对钢管全焊缝 100%检查，管端焊缝及补焊焊缝使用静态成像法取代 X 射线胶片法进行检查。

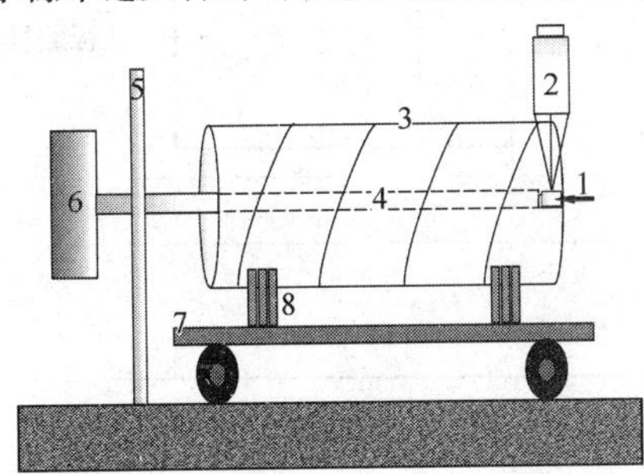

图 9-3　钢管 DR 自动检测系统

1—X 射线源；2—图像增强器；3—钢管；4—探臂；5—探臂支坐；6—配重箱；7—运管小车；8—转胎

9.2.2　钢板对接焊缝射线检测

【例】有一手工焊钢板对接焊缝，钢板材质为 Q235，焊接坡口为 X 型，规格为 300mm×250mm×16mm，焊缝宽度为 25mm，焊缝余高为 4mm。现要求对试板焊缝按 JB/T 4730.2—2005 标准，B 级检测技术要求进行 100%射线检测，验收等级：Ⅱ级。

1. 工艺卡编制（如表 9-3）

表 9-3　钢板对接焊缝射线检测工艺卡

产品编号	20120001	产品名称	焊接工艺试板	产品规格	300mm×250mm×16mm	产品类别	二　类
材质	Q235	焊接方法	手工焊（全焊透）	透照方式	单壁透照	执行标准	JB/T 4730.2—2005
检测级别	B 级	验收等级	Ⅱ级	设备型号	XXG2505	焦点尺寸	2mm×2mm
检测时机	焊后 24h	透照厚度	20mm	胶片类型	天津Ⅲ型	胶片规格	300mm×80mm
增感方式	Pb0.15 前、后	像质计型号	Fe10-16	像质计丝号	12#	底片黑度	$2.3\leqslant D\leqslant4.0$
显、定影配方	专用	显影时间	5min	显影温度	20℃±2℃	停影时间	30s
		定影时间	10min	定影温度	20℃±2℃	水洗时间	—
焊缝编号	千伏值/kV	曝光时间/min	影像开口宽度/mm	一次透照长度 L_3/mm	平移距离 L_0/mm	实际拍片张数/N	焦距 F/mm
A1	180	3	—	300	—	1	620

续表

透照布置示意图
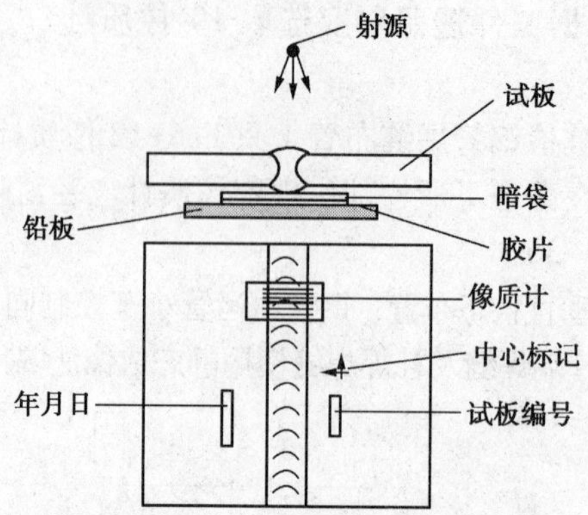
备注：
编制：　　　　审核：　　　　批准： 年　月　日

2. 参数选择

步骤一：射线源的选择。

选用的 XXG2505。

步骤二：管电压的选择。

依据该设备的曝光曲线确定(如图 9-4)。

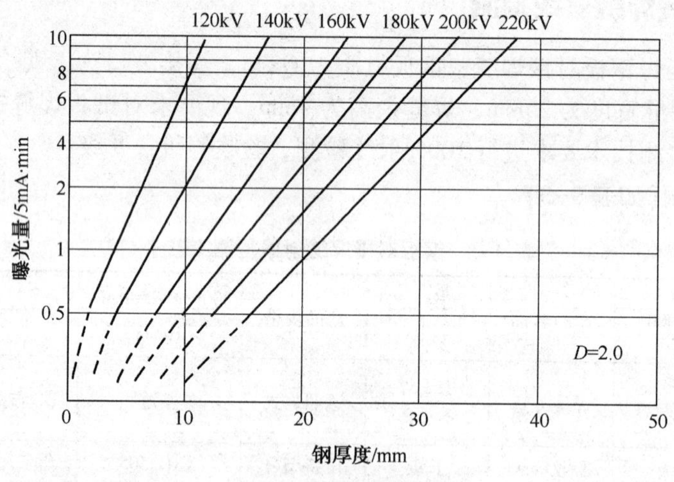

图 9-4　曝光曲线

透照电压：180kV，曝光时间 3min。

步骤三：透照布置。

(1) 焦距的确定：按照标准规定 B 级 $f \geqslant 15db^{2/3}$，标出的焦距太小，只有 150mm 左右，不能满足普通级 $K \leqslant 1.01$ 要求。由此可由公式标出最小焦 $f_{min}=300\times2+20=620$mm

(2) 胶片规格：一次透照长度为 300mm 可贴 1 张胶片；考虑到焊缝宽度只有 25mm，故选用贴 300mm×80mm 的胶片。

(3) 黑度的选择：根据 JB/T 4730. 2—2005 中查出检测级别 B 级黑度为 $2.3 \leqslant D \leqslant 4.0$

（4）曝光曲线：曝光曲线的基准黑度是2.3，为保证余高的黑度不低于1.8，应采用母材加余高的厚度为20mm，根据JB/T 4730.2—2005 B级要求折算最小焦距为620mm，

步骤四：检测结果及评定。

例如：在平行焊缝的一条直线上仅有三个条形缺陷，长度分别为3mm、4mm和9mm，间距分别为3mm和36mm。请按JB/T 4730.2—2005标准，进行评级。

（1）单条缺陷最长者9mm>$T/3$(5.3mm)，但<$2T/3$(10.7mm)，可评Ⅲ级；

（2）三条缺陷均在一直线上，其总长$\sum L=3+4+9=16$(mm)$=T$，故最终评Ⅲ级

9.2.3 小径管检测工艺

外径$D_0 \leqslant 100$mm的管子称为小径管，采用双壁双影法透照其对接环缝。按照被检焊缝在底片上的影像特征，又分椭圆成像和重叠成像两种方法。通常要求采用椭圆成像法，只有当壁厚$T>8$mm或焊缝宽度$g>D_0/4$才采用垂直透照的重叠成像法。

例：某集气站承压管道射线照相检测，采用平移法双壁双影透照管子对接环焊缝（规格：ϕ76×4mm，焊缝余高2mm，焊缝宽度10mm，X射线机焦点尺寸为ϕ2mm，要求透照的最大几何不清晰度$U_g=0.2$mm，椭圆成像的开口宽度等于焊缝宽度）执行标准：JB/T 4730.2—2005，验收等级：Ⅱ级。

1. 工艺卡编制（如表9-4）

表9-4 小径管射线检测工艺卡

<table>
<tr><td>产品编号</td><td>20120001</td><td>产品名称</td><td>承压管道</td><td>产品规格</td><td>φ76mm×4mm</td><td>产品类别</td><td>二 类</td></tr>
<tr><td>材质</td><td>Q345R</td><td>焊接方法</td><td>氩弧焊</td><td>透照方式</td><td>双壁双影</td><td>执行标准</td><td>JB/T 4730.2—2005</td></tr>
<tr><td>检测级别</td><td>AB级</td><td>验收等级</td><td>Ⅱ级</td><td>设备型号</td><td>XXG3005</td><td>焦点尺寸</td><td>2mm×2mm</td></tr>
<tr><td>检测时机</td><td>焊后24h</td><td>透照厚度</td><td>8mm</td><td>胶片类型</td><td>天津Ⅲ</td><td>胶片规格</td><td>300mm×80mm</td></tr>
<tr><td>增感方式</td><td>Pb0.15前、后</td><td>像质计型号</td><td>Fe10-16</td><td>像质计丝号</td><td>14#</td><td>底片黑度</td><td>2.0≤D≤4.0</td></tr>
<tr><td rowspan="2">显、定影配方</td><td rowspan="2">专用</td><td>显影时间</td><td>5min</td><td>显影温度</td><td>20℃±2℃</td><td>停影时间</td><td>30s</td></tr>
<tr><td>定影时间</td><td>10min</td><td>定影温度</td><td>20℃±2℃</td><td>水洗时间</td><td>—</td></tr>
<tr><td>焊缝编号</td><td>千伏值/kV</td><td>曝光时间/min</td><td>影像开口宽度/mm</td><td>一次透照长度L3/mm</td><td>平移距离L0/mm</td><td>实际拍片张数/N</td><td>焦距F/mm</td></tr>
<tr><td>A1</td><td>180</td><td>3.3</td><td>10</td><td>—</td><td>206</td><td>2</td><td>880</td></tr>
<tr><td colspan="4">工件草图与透照部位编号</td><td colspan="4">透照布置示意图</td></tr>
<tr><td colspan="4">A1</td><td colspan="4">d_f　L_0　d　f　f　T　b　D_0　q　e</td></tr>
<tr><td colspan="8">备注：</td></tr>
<tr><td colspan="8">编制：　　　审核：　　　批准：　　　年　月　日</td></tr>
</table>

2. 工艺参数设定

步骤一：透照方法的确定。

椭圆成像法：

胶片暗袋平放，射源焦点偏离焊缝中心平面一定距离（也称为偏心距 L_0），以射线束的中心部分或边缘部分透照被检焊缝。偏心距应适当，可根据椭圆开口宽度 q 的大小算出，依据最打击和不清晰度计算出焦距 F。

$$L_0 = \frac{(e+q)L_1}{L_2} = \frac{F-(D_0+\Delta h)}{D_0+\Delta h}(e+q)$$

$$F = \frac{d_f L_2}{U_g} + L_2$$

式中 Δh——焊缝余高；

e——焊缝宽度；

q——椭圆开口宽度（椭圆影像短轴方向间距）；

d_f——焦点尺寸；

L_2——工件表面至胶片的距离；

U_g——最大几何不清晰度。

$$F = \frac{2\times(76+4)}{0.2} + (76+4) = 880\text{mm}$$

$$L_0 = \frac{880-(76+2)}{76+2}\times(10+10) = 205.64 \approx 206\text{mm}$$

椭圆开口宽度取一倍焊缝宽度左右。这里要说明的是，偏心距太大，窄小的根部缺陷（裂缝、未焊透等）有可能漏检，或者因影像畸变过大，难于评判；偏心距太小，又难于保证开口宽度，上下焊缝影像有一部分重叠。

步骤二：透照次数的确定（如表 9-5）

表 9-5 JB/T 4730.2—2005 中透照次数的选择

壁厚与直径之比	透照次数选择
$T/D_0 \leqslant 0.12$	选定相隔 90°透照 2 次
$T/D_0 > 0.12$	相隔 120°或 60°透照 3 次

管子壁厚为 4mm，外径为 76mm，

$$T/D_0 = 4/76 = 0.05 \leqslant 0.12$$

为了限制透照厚度比，采用椭圆成像法实现 100%检测，选定相隔 90°透照 2 次。

步骤三：检测结果及评定。

例如：在底片上发现如图所示的一处圆形缺陷和条形缺陷。圆形缺陷的长径和条形缺陷的长度如下表。请按 JB/T 4730.2—2005 标准，进行评级。

圆形缺陷编号	1	2	3	4	5
圆形缺陷长径/mm	3.5	0.5	1.5	0.5	1.8
条形缺陷编号			A		
条形缺陷长度/mm			3		

（1）母材厚度 4mm，缺陷评定区确定为 10mm×10mm；

（2）如图条形缺陷 A 和圆形缺陷可被缺陷评定区同时框住，要综合评级；

（3）圆形缺陷折算的点数如下表：

图形缺陷编号	1	2	3	4	5	总计
图形长度/mm	3. 5	0. 5	1. 5	0. 5	1. 8	
折算点数	6	不计	2	不计	2	10

（4）圆形缺陷可评Ⅳ级；条形缺陷可评Ⅳ级

（5）综合评级：最终评Ⅳ级。

9. 2. 4　T 型管角焊缝的射线检测

T 型管角焊缝在焊接工程中经常遇到，该类焊缝结构复杂、施焊困难、受力不均，往往是管道网络中的薄弱环节，因此应加强该类焊缝的检测。X 射线透照是行之有效的检测手段，但由于焊缝结构复杂，透照技术难度较大，往往因探伤人员经验不足、透照方法不当或选择参数不合理，而得不到清晰的底片，需重复多次透照，这样既浪费工时和材料，又影响施工进度，有时底片虽清晰，但未从有利于发现主要缺陷的方向透照，不能发现未焊透和未熔合等危险性缺陷，造成漏检或误判。这里以工程用三通 T 型管角接焊缝检测为例介绍。

例：对某规格为 ϕ219mm×8mm（主管）+ϕ159mm ×6mm（支管）T 型管角焊缝（如图 9-5）工件按 JB/T 4730. 2—2005 标准进行 X 射线检测。（焊缝余高 2mm，检测技术等级为 AB 级）

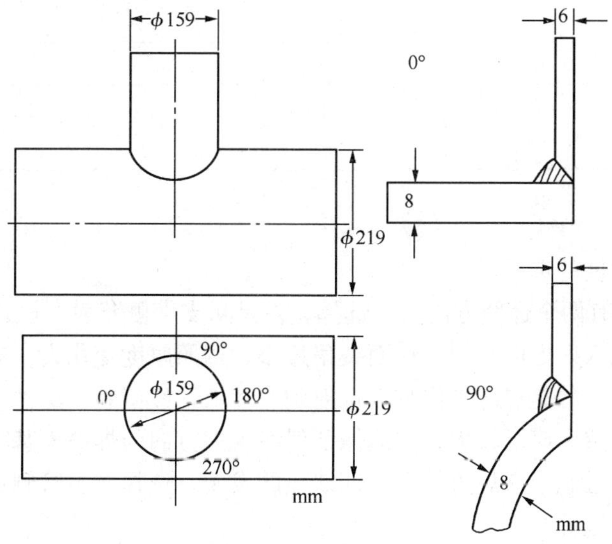

图 9-5　工件示意图

1. 工艺卡编制：（如表 9-6）

表 9-6 T 型管角焊缝射线检测工艺卡

产品编号	20120002	产品名称	T 型管	产品规格	ϕ219mm×8mm ϕ159mm×5mm	产品类别	二 类
材质	Q345R	焊接方法	电弧焊	透照方式	双壁单影	执行标准	JB/T 4730. 2—2005
检测级别	AB 级	验收等级	Ⅱ级	设备型号	XXG-3005	焦点尺寸	2mm×2mm
检测时机	焊后 24h	透照厚度	10mm 20mm	胶片类型	天津Ⅲ 型	胶片规格	300mm×80mm
增感方式	Pb0. 15 前、后	像质计型号	Fe10-16	像质计丝号	12# 胶片侧	底片黑度	2. 0≤D≤4. 0
显、定影配方	专用	显影时间	5min	显影温度	20℃±2℃	停影时间	30s
		定影时间	10min	定影温度	20℃±2℃	水洗时间	30min
焊缝编号	千伏值/kV	曝光时间/min	影像开口宽度/min	一次透照长度 L_3/mm	平移距离 L_0/mm	实际拍片张数/N	焦距 F/mm
A1	220	3. 3	—	65	162	8	560

焊缝透照布置示意图

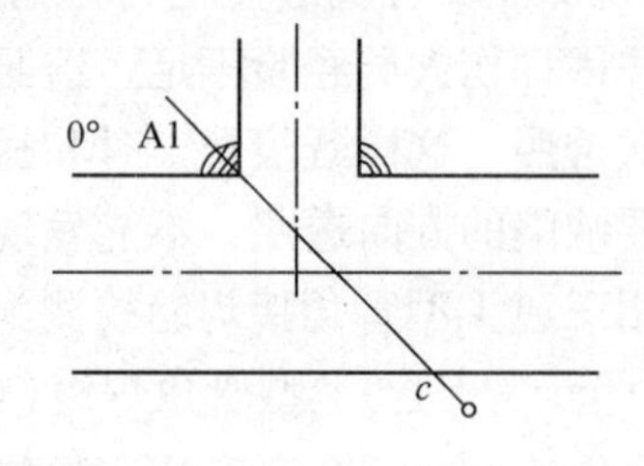

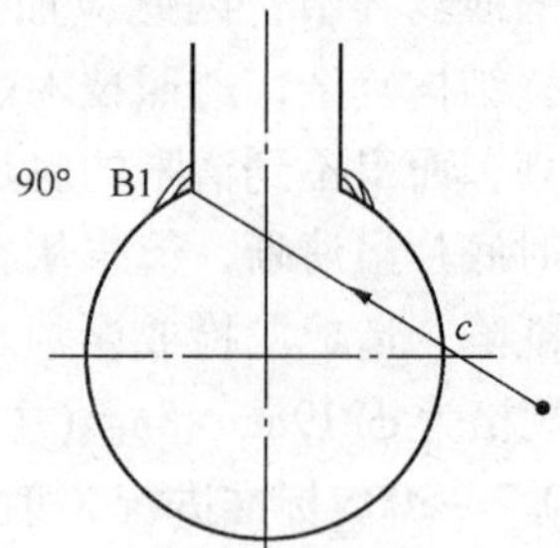

备注：

编制： 审核： 批准：

年 月 日

2. 参数选择

步骤一：照射角度的选择。

T 型管角接焊缝有两个透照方向可供选择，一是从支管侧照射，虽透照厚度较小，但由于受条件限制，射线入射方向与焊缝切面夹角过小，透照厚度变化大，未焊透等主要危险性缺陷难以发现，更主要的是焊缝影像难以投射到底片上，经试验，这种方法基本行不通；二是从主管侧照射，虽透照厚度较大，但能保证射线入射方向与焊缝面基本垂直，透照厚度变化小，投影角度好，且利于未焊透等危险性缺陷的发现，选择在主管侧透照方式。

步骤二：焦距的选择。

焦距对射线照相灵敏度的影响主要表现在几何不清晰度上。对于管座式角焊缝，由于特殊的试件行状及透照方式，在对管座式角焊缝进行双壁单影拍片时，应选择较小的焦距。在实际拍片时，把射线机窗口紧靠在管座式角焊缝的主管上，且焊缝角平分线与射线机焦点的连线应垂直于射线机窗口。此时，焦点至角焊缝圆角表面的距离即为射线透照时的焦距(这里焦距取值为560mm)。

步骤三：一次透照长度的确定。

管座式角焊缝是特殊的焊接试件，因为焊缝长度的准确性，将直接影响到一次透照长度L_3和射线照相对比度，如一次透照长度过短，浪费成本；如过长，又会影响透照厚度比和检出角，降低射线照相底片对比度，影响底片上缺陷的检出能力。管座式角焊缝的焊缝长度L_w应按下列公式计算：

$$L_w = \left(3.81 - \frac{0.389\phi}{d}\right) \times \left(\frac{0.534}{\sin\theta} + 0.466\right) \cdot d$$

式中 ϕ——主管直径；

d——支管直径；

θ——主管与支管的夹角。

$$L_w = \left(3.81 - \frac{0.389 \times 219}{159}\right) \times \left(\frac{0.534}{\sin 90°} + 0.466\right) \times 159 = 520.6(\text{mm})$$

管座式角焊缝最少曝光次数N'和一次透照长度L'_3可参照环缝透照的公式求出：

$$L_3 = \frac{\pi D}{N} = \frac{\pi \times 159}{7}\text{mm} = 71\text{mm}$$

$$N = \frac{180°}{\alpha} = \frac{180°}{27.3°} = 6.6 \approx 7\text{ 次}$$

$$\alpha = \theta + \eta = 23.6° + 3.7° = 27.3°$$

$$\theta = \cos^{-1}\frac{1 + (K^2 - 1)T/D}{K} = \cos^{-1}\frac{1 + (1.1^2 - 1)6/159}{1.1} = 23.6°$$

$$\eta = \sin^{-1}\left(\frac{D}{2F - D}\sin\theta\right) = 3.69°$$

$$N' = \frac{L_w}{L_3} = 520.6 \div 71\text{mm} = 7.3 \approx 8\text{ 次}$$

$$L'_3 = \frac{L_w}{N'} = 65\text{mm}$$

式中 D——环缝直径；

N——焊缝曝光次数；

α——圆心角；

θ——影像最大失真角；

η——有效半辐射角；

T——支管壁厚；

F——焦距。

代入公式得出结果最少透照次数为7次，一次透照长度71mm，实际透照次数$N'=8$次，实际一次透照长度$L'_3=65$mm，焊缝长度为499.26mm，有效焊缝长度$L_w=520.6$mm，有效透照厚度 26mm。

步骤四：管电压的选择。

依据透照厚度，查曝光曲线得透照电压为 200kV、220kV。这里选择 220kV。

选择 X 射线能量的首选条件是具有足够的穿透力。X 射线的穿透力取决于管电压，从灵敏度角度考虑，X 射线能量的选择原则是在保证穿透力的前提下，选择较低的射线能量。但是，管座式角焊缝属大厚度比试件，故在对管座式角焊缝实际拍片中，管电压的选定应在保证不超过材料厚度允许使用的最高管电压的前提下，尽量使用较大的管电压。

步骤五：检测结果及评定。

例如：底片上有如图所示的一处圆形缺陷和平行于焊缝切一直线上分布的 2 条条形缺陷。圆形缺陷的长径和条形缺陷的长度如下表。请按 JB/T 4730. 2—2005 标准，进行评级。

圆形缺陷编号	1	2	3	4	5	6
圆形缺陷长径/mm	1. 0	0. 5	0. 5	0. 9	0. 4	1. 0
条形缺陷编号	A			B		
条形缺陷长度/mm	2			2		

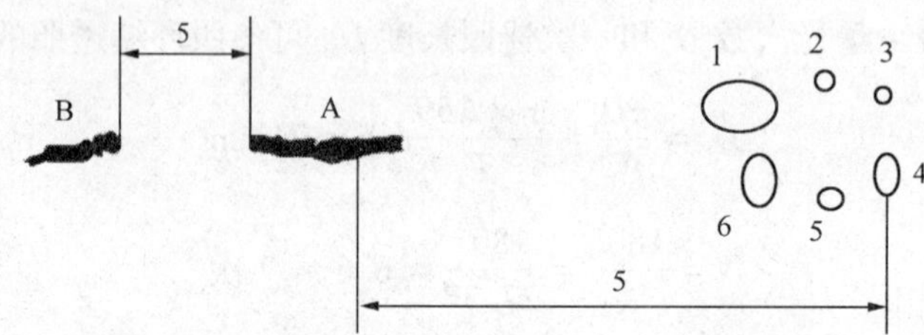

（1）母材厚度 8mm，缺陷评定区确定为 10mm×10mm；

（2）如图条形缺陷 A 和圆形缺陷可被缺陷评定区同时框住，要综合评级；

（3）圆形缺陷折算的点数如下表：

图形缺陷编号	1	2	3	4	5	6	总计
图形长度/mm	1. 0	0. 5	0. 5	0. 9	0. 4	1. 0	
折算点数	1	不计	不计	1	不计	1	3

（4）圆形缺陷可评Ⅱ级；

（5）条形缺陷 AB 的间距 5mm 大于较短缺陷 B 的长度，两缺陷按单个缺陷评级；

（6）较长条形缺陷 A 的长度 2mm<T/3（=2. 7mm），可评为Ⅱ级；

（7）综合评级：2+2-1=3，最终评Ⅲ级。

9. 2. 5　集气储罐环向对接焊缝 X 射线检测

本方法适用于直径 500mm≤D≤2000mm，壁厚≤30mm 的输油输气管道环向对接焊缝及压力容器环向对接焊缝的周向射线检测。

例：某集气储罐壁厚 24mm，直径 ϕ1219mm，要求按 JB/T 4730. 2—2005 标准 AB 级的规定对其环向对接焊缝进行 100%射线检测。

1. 工艺卡编制(如表 9-7)

表 9-7　环向对接焊缝射线检测工艺卡

产品编号	20120003	产品名称	集气储罐	产品规格	ϕ1219mm×24mm	产品类别	三　类
材质	X80	焊接方法	双面埋弧焊	透照方式	内透中心法	执行标准	JB/T 4730. 2—2005
检测级别	AB 级	验收等级	Ⅱ级	设备型号	XXH-2505	焦点尺寸	5mm×5mm
检测时机	焊后 24h	透照厚度	24mm	胶片类型	天津Ⅲ 型	胶片规格	360mm×80mm
增感方式	Pb0. 15 前、后	像质计型号	Fe10-16	像质计丝号	12#胶片侧	底片黑度	2. 0≤D≥4. 0
显、定影配方	专用	显影时间	5min	显影温度	20℃±2℃	停影时间	30s
		定影时间	10min	定影温度	20℃±2℃	水洗时间	30min
焊缝编号	千伏值/kV	曝光时间/min	影像开口宽度/mm	一次透照长度 L_3/mm	平移距离 L_0/mm	实际拍片张数/N	焦距 F/mm
A1	200	5	—	—	—	12	450

透照布置示意图

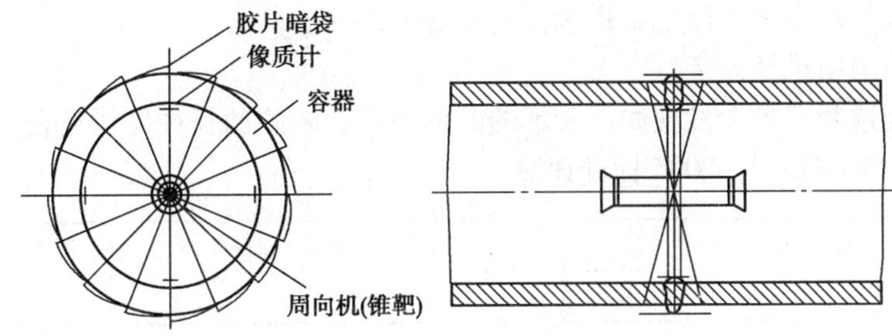

备注：

编制：　　　　审核：　　　　批准：

年　　月　　日

2. 参数选择

步骤一：周向 X 射线机的选择。

选用的 XXH-2505 型气绝缘周向 X 射线机(锥靶)。

步骤二：管电压的选择。

依据该设备的曝光曲线确定(如图 9-6)

透照电压：250kV，电流：5mA 及曝光时间 5min。

步骤三：透照布置。

采用周向 X 射线机透照环焊缝时，贴片方法有两种，　种是多片首尾衔接法，另一种是带状胶片环绕法，这里选用后者。

(1) 焦距的确定：$F \gg f$，$f \geq 10db^{2/3} = 416$mm 则 $F = 450$mm。

(2) 环向对接焊缝长度：$L = \pi D = 1219 \times 3.14 = 3829.6$mm。

(3) 底片的有效评定长度为：$L_{eff} = 360 - (2 \times 20) = 320$mm。

(4) 实际布片张数 N：

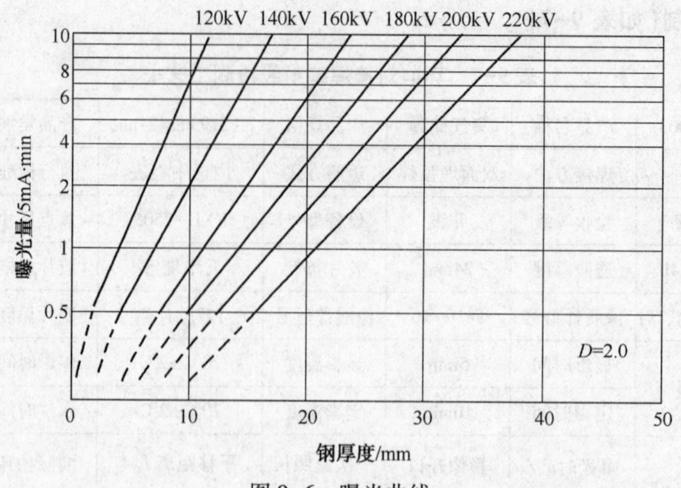

图 9-6　曝光曲线

N=环焊缝透照长度/单张底片有效评定长度=L/L_{eff}=3829.6/320=11.9≈12 张，采取多片首尾衔接法延环向对接焊缝搭接布置 12 张胶片。

(5) 像质计的布置：间隔 90°放置四个。

(6) 每张底片均设中心标记、搭接标记及底片编号。

步骤四：检测结果及评定。

例如：焊缝透照底片上发现如图所示的圆形缺陷，缺陷的长径尺寸见表，其母材厚度为 20mm，请按 JB/T 4730.2—2005 标准评级。

缺陷编号	1	2	3	4	5	6	7
缺陷长径/mm	0.5	0.8	0.4	1.6	1.5	2.0	2.1

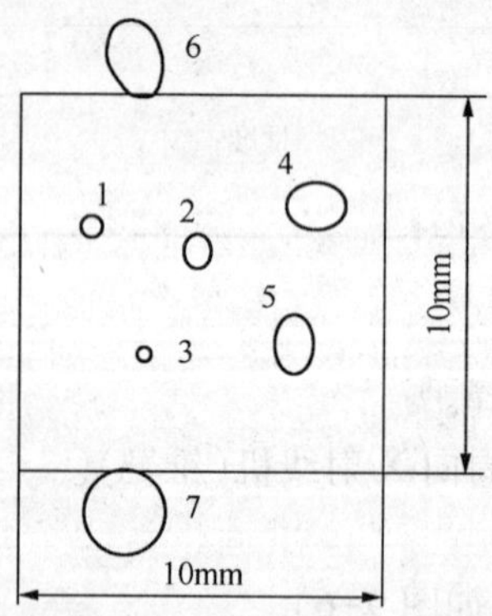

(1) 母材厚度 24mm，评定区确定为 10mm×10mm。

(2) 缺陷与评定区边界相切不计点数，为此应将评定框下移与缺陷 7 相割而放弃了缺陷 6，此时缺陷折算点数见下表：

缺陷编号	1	2	3	4	5	7	总计
缺陷长径/mm	0.5	0.8	0.4	1.6	1.5	2.1	
折算点数	不计	1	不计	2	2	3	8

(3) 评为Ⅱ级。

9.2.6 压力管道元件射线检测

【例】某压力管道元件 90°焊接弯头，规格为 ϕ426×14mm，材料为 Q345R。结构尺寸如图 9-7 所示。采用氩弧焊封底，手工电弧焊盖面，焊缝余高 2mm，现在要求对 A1 焊缝进行 100%射线检测，请选择最佳透照方式，并按 JB/T 4730.3—2005 标准的规定，将相应的透照工艺参数填入表格。

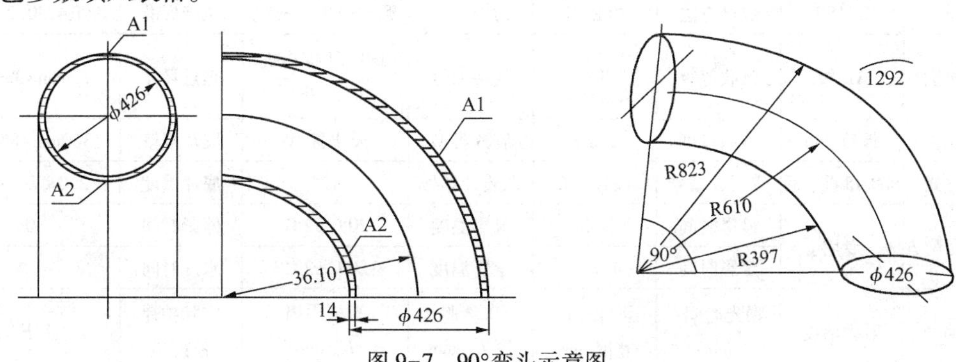

图 9-7　90°弯头示意图

制造单位现有 Ir-192 及 Se-75 两种射线源，曝光直径均为 20mm。Se-75 的初始强度 I_0=90Ci，焦点尺寸 3×3mm，已经使用 120 天，曝光曲线如图 9-8，Ir-192 的初始强度 I_0=50Ci，焦点尺寸 3mm×3mm，已经使用 150 天，曝光曲线如图 9-9。

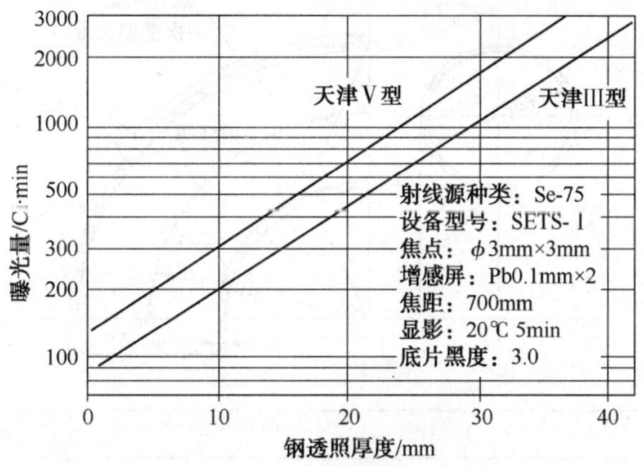

图 9-8　Se-75 射线源曝光曲线

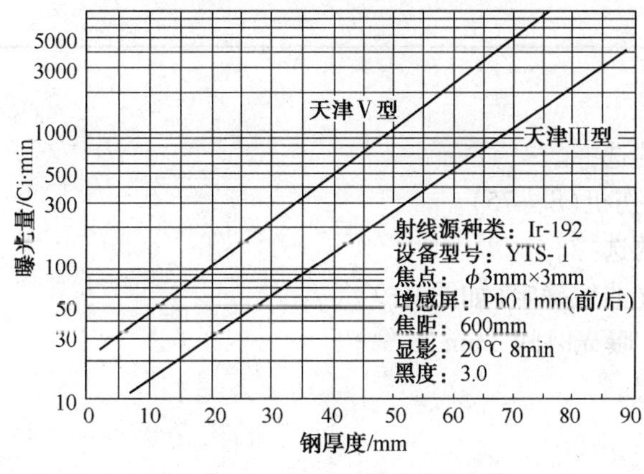

图 9-9　Ir-192 射线源曝光曲线

现有胶片：天津Ⅲ型、天津Ⅴ型。

胶片规格有：360mm×80mm、300mm×80mm。

1. 工艺卡编制(如表9-8)

表9-8 压力管道元件射线检测工艺卡

产品编号	20120004	产品名称	压力管道元件	产品规格	ϕ426mm×14mm	产品类别	二 类
材质	Q345R	焊接方法	电弧焊	透照方式	源在内单壁透照	执行标准	JB/T 4730.2—2005
检测级别	AB级	验收等级	Ⅱ级	设备型号	SET-SI探伤机(Se-75)	焦点尺寸	3mm×3mm
检测时机	焊后24h	透照厚度	14mm	胶片类型	天津Ⅲ型	胶片规格	360mm×80mm
增感方式	Pb0.15前、后	像质计型号	Fe10-16	像质计丝号	12#	底片黑度	2.0≤D≤4.0
显、定影配方	专用	显影时间	5min	显影温度	20℃±2℃	停影时间	30s
		定影时间	10min	定影温度	20℃±2℃	水洗时间	—
焊缝编号	射线活度	曝光时间/min	影像开口宽度/mm	一次透照长度L_3/mm	平移距离L_0/mm	实际拍片张数/N	焦距F/mm
A1	45Ci	3		646		2	404

透照布置示意图

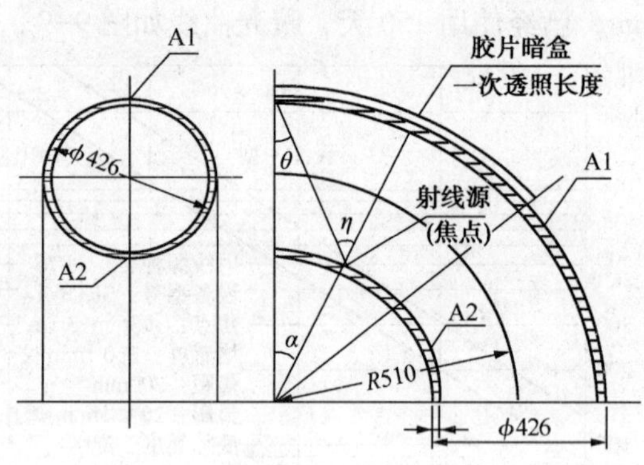

备注：

编制： 审核： 批准：

年 月 日

2. 参数选择

步骤一：射线源的选择。

选用的SET-SI探伤机(Se-75)。

步骤二：管电压的选择。

依据该设备的曝光曲线确定(如图9-9)。

射线活度：45Ci，曝光时间3min。

步骤三：透照布置。

(1) 焦距的确定：

$$F = D_0 - T - 10 = 426 - 14 + 2 - 10 = 404\text{mm}$$

式中　D_0——弯头直径；

T——壁厚。

（2）一次透照长度：由 A1 的弧长 = 1292mm 得一次透照长度

$$L_3 = 1292/N = 646\text{mm}$$

（3）透照次数：由环向接头透照时 $K=1.1$ 可得：$\theta=24.62°$

$$\sin\alpha = 823 \times \sin\theta/423 = 0.8105$$

$$\eta = 54.09°；\text{则 } \alpha = \eta - \theta = 29.48°$$

$$N = 90°/2\alpha = 1.56 \approx 2\text{ 次}$$

（4）曝光时间：由图 9-9 查得 $T=14$mm，$F=700$mm 时，所需要的曝光量 $E_1=400$Ci · min；则 $F=404$mm 时所需要的曝光量

$$E_2 = E_1(F_2/F_1)2 = 400 \times (404/700) \times 2 = 133\text{Ci} \cdot \text{min}$$

$$A = I_0/2 = 45\text{Ci}$$

$$\text{曝光时间：} t = E_2/A = 133/45 = 2.96 \approx 3\text{min}$$

（5）胶片规格：一次透照长度为 646mm 可贴 2 张胶片，故选择 360mm×80mm 的胶片。

步骤四：检测结果及评定。

例如：底片上有如图所示，平行于焊缝沿一直线分布的 5 个条形缺陷，其长度如表。请按 JB/T 4730.2—2005 标准，进行评级。

条形缺陷编号	A	B	C	D	E
条形缺陷长度/mm	4	3	4	3	2

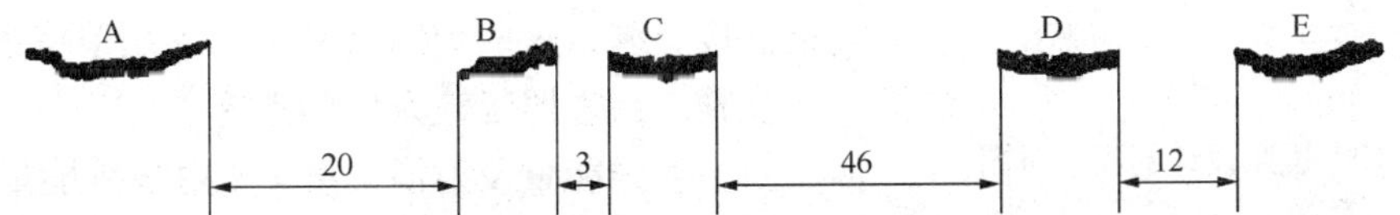

（1）缺陷 BC 的间距 3mm 小于缺陷 B 的长度，两缺陷的长度相加并加间距的长度算一个缺陷，即 3+3+4 = 10mm；（缺陷 AB、CD 和 DE 的间距均大于相邻的最短缺陷，故不存在长度相加问题）。

（2）缺陷 BC 及其间距相加的长度 10mm>$2T/3$，故按所有单个缺陷可评为Ⅳ级。

9.2.7　球罐的射线检测

【例】对某一球罐进行 γ 射线全景曝光照相，有关数据如下，球罐半径为 4.6m；球壳壁厚为 34mm。试件材料 Q345R。容器类别Ⅲ类压力容器。焊接方法双面焊条电弧焊。检测要求对容器焊缝进行 100%射线检测。质量等级 AB 级。

设备和器材

（1）设备。Ir192 γ 射线探伤机，源活度为 140Ci，焦点尺寸为 3mm×3mm。

（2）胶片。宜选用 T2 型细颗粒胶片，现选用天津 V 型胶片，规格 360mm×100mm。

（3）增感屏。使用铅箔增感屏，前、后屏厚度均为 0.1mm。

（4）显影液。胶片厂推荐的显影液。

（5）像质计。FeⅡ型(6/12)像质计。

1. 工艺卡编制(如表 9-9)

表 9-9 球罐的射线检测工艺卡

产品编号	ccy-12-04	产品名称	液化气球形储罐	产品规格	R=4.6m	产品类别	Ⅲ 类
材质	Q345R	焊接方法	电弧焊	透照方式	源在内单壁透照	执行标准	JB/T 4730.2—2005
检测级别	AB 级	验收等级	Ⅱ级	设备型号	Ir192 γ 射线探伤机	焦点尺寸	3mm×3mm
检测时机	焊后 24h	透照厚度	34mm	胶片类型	天津Ⅴ型胶片	胶片规格	360mm×80mm
增感方式	Pb0.1 前后	像质计型号	Fe10-16	像质计丝号	12#	底片黑度	2.0≤D≤4.0
显、定影配方	专用	显影时间	5min	显影温度	20℃±2℃	停影时间	30s
		定影时间	10min	定影温度	20℃±2℃	水洗时间	—
焊缝编号	射线活度	曝光时间/min	影像开口宽度/mm	一次透照长度 L_3/mm	平移距离 L_0/mm	实际拍片张数/N	焦距 F/mm
A1	140Ci	7.5		—			4634

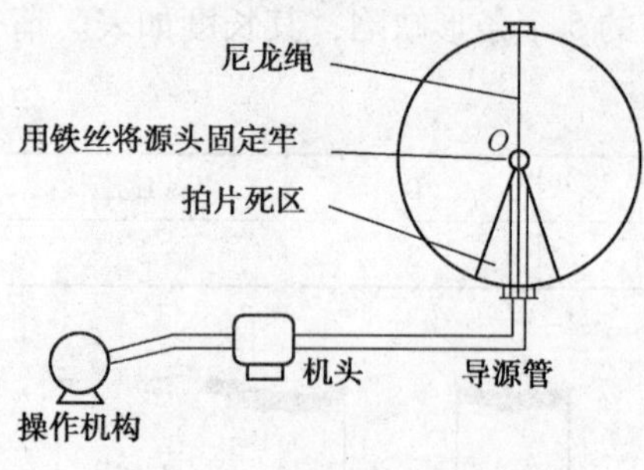

图 9-10 透照设计剖面示意图

2. 参数选择

步骤一：透照方式的选择。

采用源在球罐球心的一次全景曝光方式(见示意图 9-10)。

对于拍片死区，即射线源输出导管下方的一部分极板拼接焊缝，这些焊缝需补拍，采用单壁透照。

步骤二：透照工艺条件的选择。

(1) 射线能量及射源活度。γ 射线源能量取决于源的种类。Ir192 射源适合透照厚度为 20~100mm 的工件。本球罐透照厚度 W=34mm+4mm=38mm，选 Ir192 作为射线源较合适。

球罐在现场透照，应尽量选用活度大的射线源，以便缩短曝光时间。现选用 140Ci 的射线源作为球罐的射源。如果没有大活度的射源，可以将两个源的曝光头捆在一起，利用两颗源同时进行曝光。

(2) 透照焦距。球罐半径即是透照焦距 F=4600mm+34mm=4634mm。

(3) 曝光时间的确定。曝光时间可根据源强、焦距、材料种类、胶片类型查曝光计算尺获得。

现选用天津Ⅴ型胶片，胶片受照剂量可通过表 9-10 查出。

表 9-10 胶片受照剂量和底片黑度对应表

黑度		1.0	1.5	2.0	2.5	3.0	4.0
受照剂量/(10^{-4}C/kg)	AgfaD7	2.06	3.10	4.13	5.16	6.19	7.74
	AgfaD8	3.30	4.95	6.60	8.26	9.91	12.28
	天津Ⅴ	1.89	3.16	4.53	5.96	7.59	11.05

天津Ⅴ型胶片黑度要达到 $D=3.0$ 时，胶片受照剂量为

$$P=7.59\times10^{-4}\mathrm{C/kg}$$

又已知透照厚度 $W=38\mathrm{mm}$；焦距 $F=4634\mathrm{mm}$；源强为 140Ci，查曝光计算尺，如图 9-11 所示。

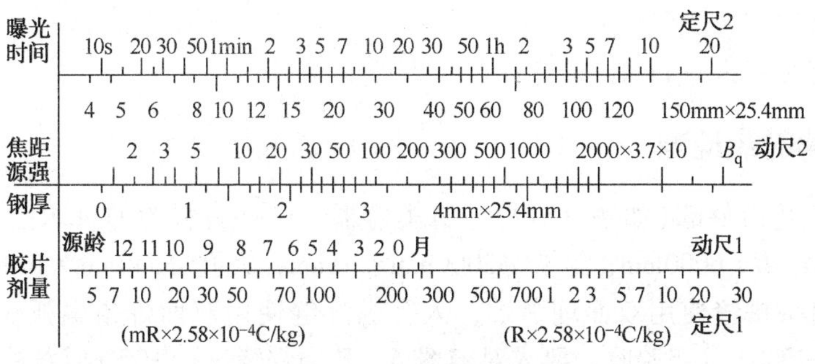

图 9-11 Ir192 γ 探伤曝光计算尺

将动尺 1 衰变时间 0 月对准定尺 1 的胶片剂量 $2.94R$($1R=2.58\times10^{-4}\mathrm{C/kg}$)；调动尺 2，将源强 140Ci 刻度对准定尺 1 的透照厚度 38mm；这时两动尺固定不动，查焦距 4634mm 刻度对应的曝光时间 $t=7.5\mathrm{h}$。

放置像质计时，至少在北极区、赤道区、南极区附近的焊缝上沿纬度等间隔地各放置 3 个，并在每个像质计附近加“F”字母，以示区别像质计，在南、北极拼缝上各放置一个像质计。如果条件允许，也可以在球罐内外壁方便的位置各放几枚像质计，将两侧像质计进行比较，以确定实际达到的像质指数是否符合要求。

(4) 曝光。要达到对球罐全景曝光，需想办法使曝光头固定在球心位置。由于上下人孔通过球心，故在输源管上以曝光头为起点量出球罐的半径 4.6m 的长度，按 γ 射线机操作方法，将射线源送到球心的位置进行曝光。

步骤三：检测结果及评定。

【例】焊缝透照底片上发现如图所示的圆形缺陷和条形缺陷，缺陷的长径尺寸见表，其母材厚度为 34mm，请按 JB/T 4730.2—2005 标准评级。

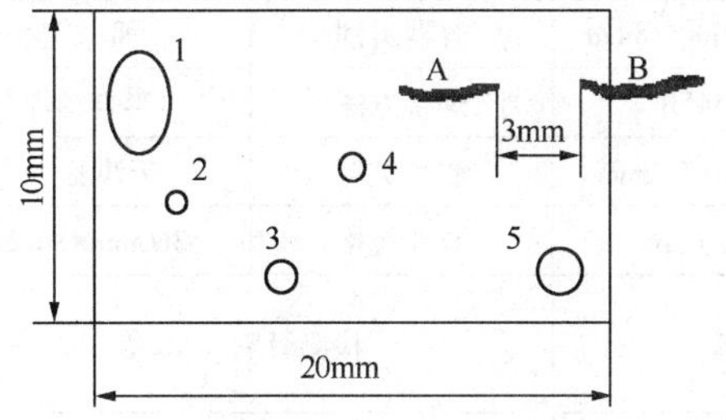

圆形缺陷编号	1	2	3	4	5
圆形长度/mm	3.2	0.8	1.2	0.9	1.6
条渣编号	A			B	
长度/mm	4			5	

(1) 母材厚度 34mm，评定区确定为 20mm×10mm；

(2) 在评定区内同时存在条形缺陷和圆形缺陷，要综合评级；

(3) 圆形缺陷折算的点数如下表：

圆形缺陷编号	1	2	3	4	5	总数
圆形长度/mm	3.2	0.8	1.2	0.9	1.6	
折算点数	6	1	2	1	2	12

(4) 圆形缺陷可评Ⅱ级；

(5) 缺陷 A、B 的间距 3mm 小于缺陷 A 的长度，

两缺陷的长度相加并加间距的长度算一个缺陷，即 4+3+5=12mm；

(6) 缺陷 A、B 及其间距相加的长度 12mm>$T/3$(11mm)，但<$2T/3$(23mm)，作为单个缺陷可评为Ⅲ级；

(7) 综合评级：2+3-1=4，最终评Ⅳ级。

9.2.8 储罐的射线检测

【例】某二氧化硫储罐(如图 9-12)。Ⅲ类容器。试件材料为 Q345R。试件规格：筒体 ϕ2000mm×18mm，H=6000mm；封头 ϕ2000mm×20mm；人孔 ϕ540mm×16mm，H=250mm。筒体纵环缝及封头拼缝使用双面埋弧焊；人孔纵环缝使用双面焊条电弧焊。检测级别 AB 级、JB/T 4730—2005 Ⅱ级验收。要求对容器 A、B 类焊缝进行 100%射线检测。

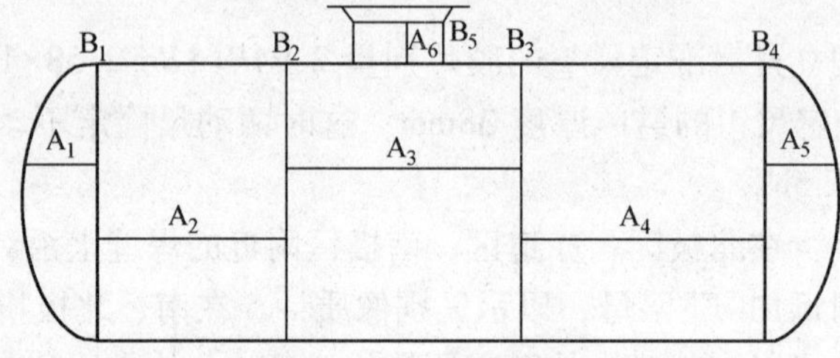

图 9-12 二氧化硫储罐

设备和器材：

设备 XXQ—2505 和 XXH—2505 型 X 射线探伤机，设备焦点尺寸均为 3mm×3mm。

胶片 天津Ⅲ型胶片，规格为 360mm×80mm。

增感屏 使用铅箔增感屏，前屏、后屏厚度均为 0.03mm。

1. 工艺卡编制(如表 9-11)

表 9-11 二氧化硫储罐焊缝射线检测工艺卡

产品名称	二氧化硫储罐	规格/mm	ϕ2000mm×18mm	容器类别	Ⅲ 类
产品编号	05-7309	材质	Q345R	焊接方法	半自动焊
源种类	X 射线探伤机	焦点尺寸	3.0mm×3.0mm	胶片类型	天津Ⅲ型
设备型号	XXQ(H)—2005	像质计	Fe10-16	胶片规格	360mm×80mm
增感方式：(铅箔)前屏：0.03mm 后屏：0.03mm		冲洗方式：自动冲洗		检测级别：AB 级	
检测标准：JB/T 4730—2005		底片黑度：2.0~4.0		显影液：D19b	
合格级别：Ⅱ级		探伤时机：焊接后		显影温度：20℃±2℃	
焊缝编号	A(筒体)	B(筒体)	A(封头)	A(人孔)	B(人孔)
焊缝长度/mm	6000	25572	5210	250	1996
检测比例/%	100	100	100	100	100
公称厚度/mm	18	18	20	16	16
像质指数	11#	11#	11#	11#	11#

续表

透照方式	纵缝单壁透照法	环缝中心透照法	周向机三处曝光法	纵缝单壁透照法	环缝单壁外照法
焦距/mm	700	1200	340/1200	700	700
一次透照长度/mm	320	整条环缝	452/1700	250	257
拍片数量	7×3	20×4	(2+2+6)×2	1	7
管电压/kV	200	200	200	180	180
管电流/mA	5	5	5	5	5
曝光时间/min	2. 8	8	1/11	3. 3	3. 3

2. 参数选择

步骤一：透照方式的选择。

纵缝　　选择纵缝单壁透照法。

筒体环缝　选择源在内中心曝光法。

封头拼缝　采用周向机三次曝光法。

人孔环缝　采用环缝单壁外照法。

步骤二：管电压的选择。

依据该设备的曝光曲线确定。

焊缝编号	A(筒体)	B(筒体)	A(封头)	A(人孔)	B(人孔)
焊缝长度/mm	6000	25572	5210	250	1996
管电压/kV	200	200	200	180	180
管电流/mA	5	5	5	5	5
曝光时间/min	2. 8	8	1/11	3. 3	3. 3

步骤三：透照布置。

这里重点介绍椭圆形封头的射线检测工艺方法。椭圆形封头示意图如图 9-13 所示。椭圆形封头曲线是以 O 为圆心，以 Oc 为半径的圆弧 bcd 和分别以 A、B 为圆心，以 aA、eB 为半径的圆弧 ab、ed 组成的。对标准椭圆形封头，拼接焊缝通过封头顶点时，

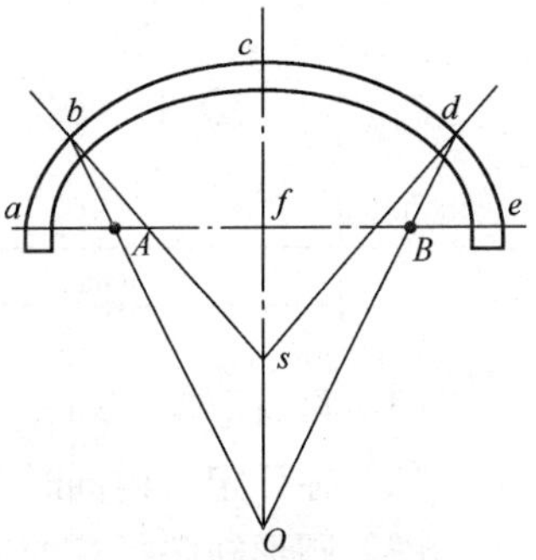

大圆弧半径 $Oc \approx 0.9D$

小圆弧半径 $aA = eB \approx 0.17D$

图 9-13　椭圆形封头示意图

(1) 大圆弧 bcd 段焊缝的透照方法，将射线探伤机放在 O 点进行中心曝光，有内透中心法的一些优点。但是对于封头公称直径 $D = 2000$mm 的封头，$Oc = 0.9D = 0.9 \times 2000\text{mm} = 1800\text{mm}$，焦距则为 $F = Oc + T =$ 1818mm。这样远的焦距，正常电压下，曝光时间会很长，为缩短曝光时间，就要提高管电压，底片灵敏度会显著下降。经过计算，射线源至胶片距离 $f_{min} = 0.57D$ 时即可满足纵缝 AB 级照相透照厚度比的要求($K \leqslant 1.03$)。将 $f_{min} = 0.57D$ 的点设为 s 点，那么，将射线源放在 Os 之间的任一点均能对圆弧 bcd 进行周向机一次曝光。此时我们取 $f = 0.6D = 0.6 \times 2000\text{mm} =$ 1200mm。忽略厚度，焦距 $F \approx 1200$mm。用平方反比定律计算曝光时间，L_1(大圆弧焊缝长

度）$=0.84D+0.9t=0.84\times2000\text{mm}+0.94\times20\text{mm}=1700\text{mm}$。选 360mm×80mm 的胶片，需胶片 6 片。

（2）小圆弧及直边段焊缝的透照方法。小圆弧半径 $aA\approx0.17D=0.17\times2000\text{mm}=340\text{mm}$ 满足 AB 级像质等级的最小透照距离

$f\geqslant10db2/3=10\times3\times202/3\text{mm}=221\text{mm}$

小圆弧半径 $aA=340\text{mm}>f_{\min}=221\text{mm}$，所以源在 A 点对小圆弧做周向透照符合标准要求。

直边段为 50mm，经过理论计算，直边段与小圆弧拼缝同时采用周向机一次曝光，能够满足透照厚度比 $K\leqslant1.03$ 的要求。

小圆弧与直边段焊缝长度计算公式

L_2（小圆弧焊缝长度）$=0.19D+1.1t=0.19\times2000\text{mm}+1.1\times20\text{mm}=402\text{mm}$

L'_2（小圆弧与直段焊缝长度）$=402\text{mm}+50\text{mm}=452\text{mm}$。

透照两侧小圆弧和直段焊缝可选用 300mm×80mm 的胶片，所用胶片为 2×2＝4 片。将焦距（$F=340\text{mm}$）和利用平方反比定律计算所得到的曝光时间计入表 9-11。

步骤四：像质计和各种标记的摆放。

像质计的摆放：椭圆形标准封头采用周向机 3 次曝光法，摆放像质计时，可在距离大圆弧两端 80mm 处各放一枚像质计，像质计放在封头内壁，横跨焊缝，细丝向外。小圆弧透照时，每个胶片都应放一枚像质计，同样放在焊缝端部，横跨焊缝，细丝向外，并置于封头内壁焊缝表面。

步骤五：检测结果及评定。

例如：焊缝透照底片上发现如图所示的缺陷，缺陷的长径尺寸见表，其母材厚度为 20mm，请按 JB/T4730.2—2005 标准评级。

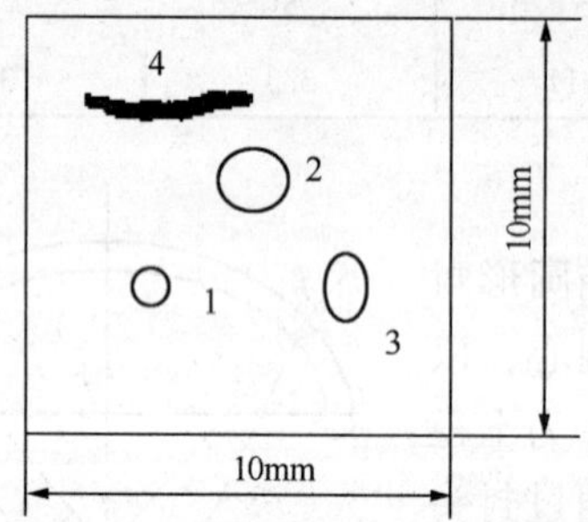

缺陷编号	1	2	3	4
缺陷长径/mm	0.8	1.6	1.5	条形缺陷 4

（1）母材厚度 20mm，评定区确定为 10mm×10mm；

（2）在评定区内同时存在条形缺陷和圆形缺陷，要综合评级；

（3）圆形缺陷折算的点数如下表：

缺陷编号	1	2	3	总计
缺陷长径	0.8	1.6	1.5	
折算点数	1	2	2	5

（4）按圆形缺陷可评Ⅱ级。

（5）4mm 长的条形缺陷可评Ⅱ级。

（6）综合评级：2+2−1＝3，最终评Ⅲ级。

9.3 铸件射线检测

铸件形状的复杂性和厚度的变化决定了对它的射线检测必须采用多种透照技术并用和特殊的探伤工艺。因此，无论是拍片，还是缺陷的评定、定位均与焊缝射线检测有着较大的区别，且提出了更高的要求。

【例】某一铸钢阀体，规格：ϕ500mm×30mm 孔 ϕ200mm，要求对其法兰部位进行射线透照检测，执行标准：ASTM E-446，验收等级：Ⅱ级，

1. 工艺卡编制(如表 9-12)

表 9-12 铸钢阀体射线检测工艺卡

产品名称	闸阀阀体	产品编号	JY-Z05-04
材质	WCA	规格	ϕ500×30
检测时机	粗加工后	验收标准	ASTM E-446
验收等级	Ⅱ	胶片	AGFA-C7
增感屏/mm	Pb 0.1/0.1	像质计	ASTM B
检测灵敏度	10 号 IQI	透照厚度	30mm
底片黑度	1.8~4.0		
RT 参数			
片(源)号	1	2	3
仪器型号	XXG3005	XXG3005	YTS-1
电压	230kV	230kV	30 Ci
焦距/mm	1000	700	150
曝光时间/min	6	3	0.5
胶片规格	180mm×100mm	180mm×100mm	180mm×100mm
透照次数	1	6	2

2. 参数选择

步骤一：透照方式的选择。

透照及布片示意图(图 9-14)根据工件形状，采用 X 射线机 XXG3005 外透(位置见图 9-14 源 1)，一次曝光。内透时，由于阀体结构影响，片 3-1 和片 3-2 透照时，X 射线机无法布置，因此采用 γ 射线机 YTS-1 分两次分别透照片 3-1 和片 3-2(位置见图 9-14 源 3)。其余用 X 射线机，分 6 次透照(位置见图 9-14 源 2)。

步骤二：曝光参数选择。

根据设备曝光曲线图 9-15 选焦距 150mm，根据图 9-16 选管电压 230kV。计算 γ 射线曝光时间 0.3min。X 射线机焦距 700mm，曝光时间 3min。

步骤三：透照基本操作。

根据透照参数，先将胶片贴于“片 1”处，布满 1 周；X 射线机置于“源 1”处(即阀体法兰中心上部)，进行一次曝光，注意阀体散射线影响。

由于“片 3-1”与“片 3-2”用 X 射线机不易透照，故采用 γ 射线置于图示“源 3”处，分 2

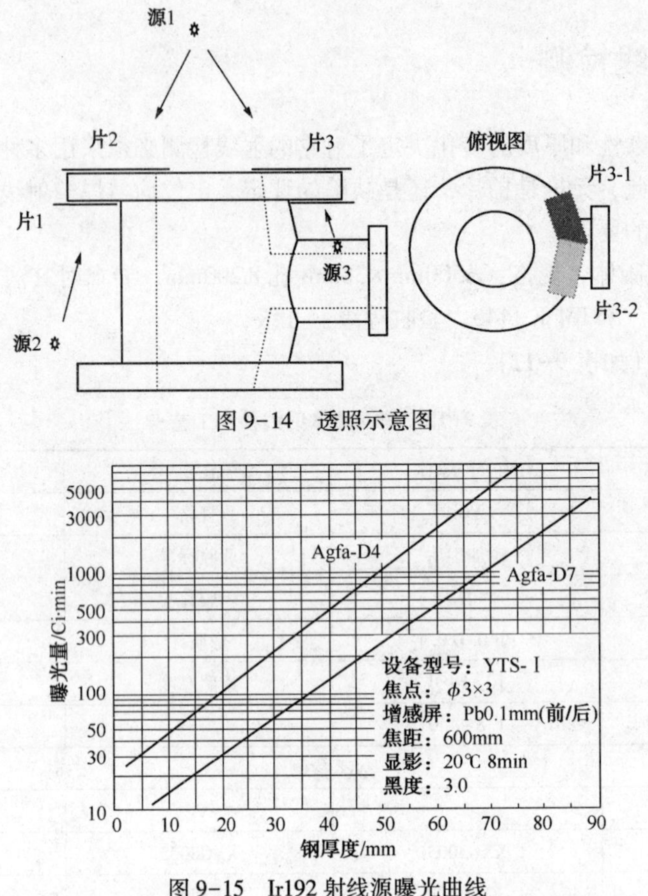

图 9-14 透照示意图

图 9-15 Ir192 射线源曝光曲线

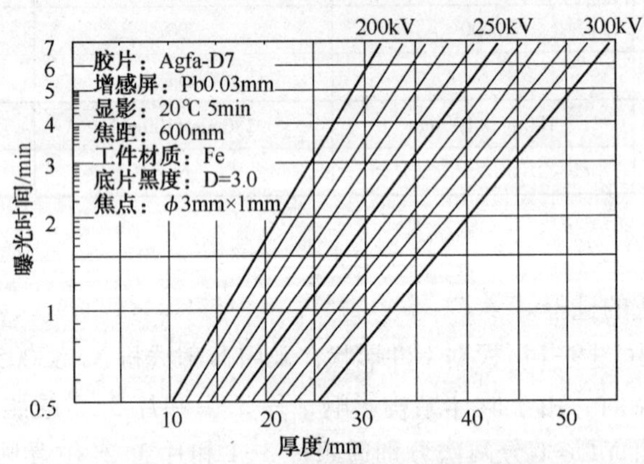

图 9-16 XXG3005 射线机曝光曲线

次进行透照。其余在“片 2”处布片，用 X 射线机置于“源 2”处，分 6 次透照。

透照前划好一次透照区域，标识片号。透照时尽可能使射线束中心垂直于透照区域中心。

9.4 有色金属射线检测

有色金属的检测基本与黑色金属相同，主要应考虑：适用厚度范围、曝光曲线、像质计材料、射线能量允许值、缺陷类型、质量分级、质量评定要求的差别。

例：某镍铜合金板对接焊缝，材质：NCu30，厚度：10mm，焊缝长度6000mm，要求按JB/T 4730.2—2005标准对其进行射线检测，验收等级：Ⅱ级。

1. 工艺卡编制(如表9-13)

表9-13 镍铜对接焊缝射线检测工艺卡

产 品 名 称	预 制 管	材 质	NCu30	厚 度	10mm
焊接方法	氩弧焊	检测时机	外观检查后	检测比例	100%
执行标准	JB/T 4730.2—2005	验收等级	Ⅱ	检测级别	AB级
胶片牌号	AGFA-C7	胶片规格	360mm×80mm	增感屏 mm	0.03(前/后)
仪器型号	RF-200EG-S2	焦点尺寸	2mm×2mm	像质计	Cu Ⅲ
像质计灵敏度	13#	底片黑度	2~4	透照方式	单壁透照
管电压	156kV	曝光时间	2min	焦距	700mm
一次透照长度	300mm	透照次数	20	透照厚度	10mm
显影时间	5min	显影温度	20℃±2℃		

2. 透照准备

制作曝光曲线(图9-17)，用B Fe10-1-1制作阶梯试块；选用3号纯铜制像质计。

(底片黑度2.0，曲线a为20号钢；曲线b为镍基铜合金；曝光时间2min；焦距700mm；增感屏Pb0.03(前/后)；胶片牌号；AGFA-C7；显影20℃ 3min(图9-18)。

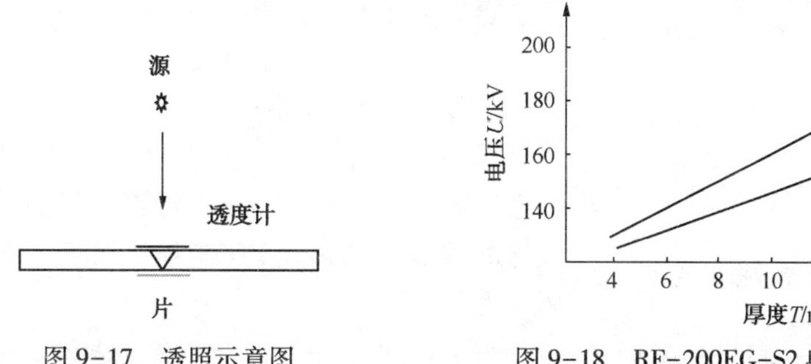

图9-17 透照示意图　　图9-18 RF-200EG-S2射线机曝光曲线

3. 参数选择

步骤一：根据所用设备RF-200EG-S2、材料、曝光曲线选择管电压156kV，曝光时间2min。

步骤二：根据工件规格、形状，确定焦距700mm、一次透照长度300mm。

步骤三：实施检测。

9.5 非金属材料

碳纤维复合材料，它的比重不到钢的1/4，碳纤维树脂复合材料抗拉强度一般都在3500MPa以上，是钢的7~9倍；航空航天飞行器上应用，现在还广泛应用于体育器械、纺织、化工机械及医学领域。

主要缺陷：蜂窝夹心节点脱开，蜂窝夹心拼接缝脱开，蜂窝夹心边缘空隙，碳纤维层压板针状缺胶，碳纤维层压板胶接面气孔型缺胶，碳纤维层压板内多余物。

【例】某碳纤维复合材料，材质：CFRP，厚度：8mm，请对其进行射线检测。

1. 工艺卡编制(如表 9-14)

表 9-14　碳纤维复合材料透照工艺卡

产品名称	碳纤维板	材质	CFRP	厚度	8mm
胶片牌号	AGFA-C4	胶片规格	430mm×350mm	增感屏	无
仪器型号	TY0530-1	焦点尺寸	1.8mm×1.8mm	透照方式	单壁透照
像质计灵敏度	0.16mm 碳纤维	底片黑度	1.5~3.0	透照厚度	8mm
管电压	20kV	曝光时间	3min	焦距	1700mm
一次透照面积	430mm×350mm	显影时间	5~10min	显影温度	20±2℃

2. 透照准备

材料碳纤维；底片黑度 2；胶片 AGFA-C4；焦距 1700mm；曝光时间 3min；无增感屏。

步骤一：射线源选择　由于碳纤维复合材料的比重小，吸收系数小，如采用一般工业 X 射线机透照，会使照相对比度很低，因此选用管电压较低的软 X 射线机。

步骤二：采用较大的曝光量(175mA · min)，选用焦距 1700mm，使透照范围内曝光均匀。

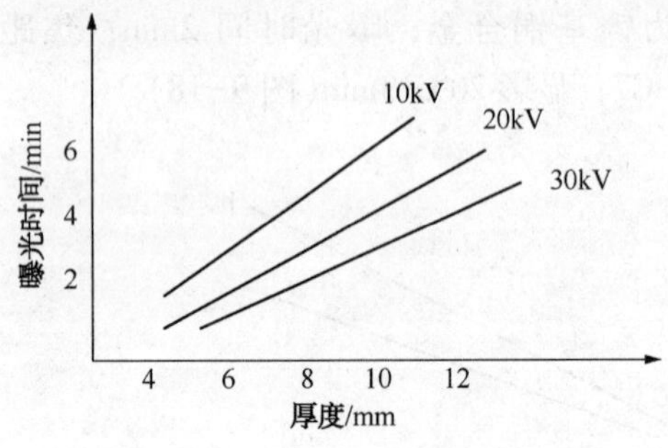

图 9-19　TY0530-1 射线机曝光曲线

步骤三：用碳纤维制作阶梯试块，制作曝光曲线；像质计用一束直径 ϕ0.16mm 碳纤维丝制作。曝光曲线见图 9-19。

步骤四：根据曝光曲线，查出曝光时间。

步骤五：实施检测。

采用垂直透照，透照前，用白色特种铅笔作好透照区域、片号、方向等标识，仔细清理干净被检测件表面的多余物(尘埃、涂料、水珠、纸屑、毛刺等)。

包装胶片的黑纸应经过检查，黑纸本身不应有多余夹杂物、厚薄不均或破裂；包装胶片时应注意将包装胶片黑纸的起始一条边与胶片的一条边缘对齐；贴片时需将黑纸折叠端头一面置于 X 射线源的背面，防止黑纸层数的差异在 X 射线底片上形成影像。

习　题

一、是非题

1. γ 射线照相的优点是射源尺寸小，且对大厚度工件照相曝光时间短。(　)

2. 采用源在外单壁透照方式，如 K 值不变，则焦距越大，一次透照长度 L_3 就越大。(　)

3. 采用双壁单影法透照时，如保持 K 值不变，则焦距越大，一次透照长度 L_3 就越小。(　)

4. 用单壁法透照环焊缝时，所用搭接标记均应放在射源侧工件表面，以免端部缺陷漏

检。(　　)

5. 小径管射线照相采用垂直透照法比倾斜透照法更有利于检出根部未熔合。(　　)

6. 环缝双壁单影照相，搭接标记应放胶片侧，底片的有效评定长度是底片上两搭接标记之间的长度。(　　)

7. 射线照相实际透照时很少采用标准允许的最小焦距值。(　　)

8. 球罐 γ 射线全景曝光时，其曝光时间通过生产厂家提供的“专用计算尺”可以精确计算出来。(　　)

9. 在满足几何不清晰度的前提下，为提高工效和影像质量，环形焊缝应尽量选用圆锥靶周向 X 射线机作内透中心法周向曝光。(　　)

10. 在小径管透照中，影像各处的几何不清晰度都是一致的。(　　)

二、选择题

1. 大约在哪一厚度上，Ir192 射线配合微粒胶片照相的灵敏度与 X 射线配合中粒胶片照相的灵敏度大致相当(　　)

A. 10~20mm　B. 20~30mm　C. 40~50mm　D. 80~90mm

2. 以相同的条件透照一工件，若焦距缩短 20%，曝光时间可减小多少？(　　)

A. 64%　B. 36%　C. 20%　D. 80%

3. 用双胶片进行射线照相，要装两张不同感光速度的胶片，其选片原则是：两种胶片的特性曲线(　　)

A. 应在黑度轴上有些重合　B. 在黑度轴上无需重合

C. 应在 lgE 轴上有些重合　D. 在 lgE 轴上无需重合

4. 射线探伤时，在胶片暗盒和底部铅板之间放一个一定规格的 B 字铅符号，如果经过处理的底片上出现 B 的亮图像，则认为(　　)

A. 这一张底片对比度高，像质好

B. 这一张底片清晰度高，灵敏度高

C. 这一张底片受正向散射影响严重，像质不符合要求

D. 这一张底片受背向散射影响严重，像质不符合要求

5. 选择透照方式时，应综合考虑的因素有(　　)

A. 透照灵敏度　B. 缺陷检出特点

C. 透照厚度差和横向裂纹检出角　D. 以上都是

6. 小径管环焊缝双壁双影透照时，适合的曝光参数是(　　)

A. 较高电压、较短时间　B. 较高电压、较长时间

C. 较低电压、较短时间　D. 较低电压、较长时间

7. 透照厚度为 150mm 的钢对接焊缝，可选用的射线源是(　　)

A. 300kV 携带式 X 射线机　B. 420kV 移动式 X 射线机

C. Ir192 γ 射线源　D. Co60 γ 射线源

8. 锻件法兰对接焊缝射线照相，提高照相质量最重要的措施是(　　)

A. 提高管电压增大宽容度　B. 使用梯噪比高的胶片

C. 使用屏蔽板减少“边蚀”　D. 增大焦距提高小裂纹检出率

9. 编制焊缝透照常规工艺需遵循的原则是(　　)

A. 应符合有关法规、标准、设计文件和管理制度的要求

B. 应考虑缺陷检出率、照相灵敏度和底片质量

C. 应考虑检测速度、工作效率和检测成本

D. 以上都是

10. 编制焊缝透照专用工艺卡必须明确的是(　　)

A. 工件情况　　B. 透照条件参数

C. 注意事项和辅助措施　　D. 以上都是

三、问答题

1. X 射线线质的选择需要考虑哪些因素?
2. 从提高探伤质量的角度比较各种透照方式的优劣?
3. 计算一次透照长度时，公式中的外径 D_o 是否计入焊缝余高?
4. 计算几何不清晰度 U_g 时，公式中的工件表面至胶片距离 L_2 是否要计入焊缝余高?
5. 曝光曲线有哪些固定条件和变化参量。
6. 试述散射线的实际来源和分类。
7. 焊缝余高对 X 射线照相质量有什么影响?
8. 透照有余高焊缝应注意哪些事项?
9. 指出小口径管对接焊缝射线照相对缺陷检出的不利因素，并提出改进措施。
10. 什么是优化焦距 F_{opt}? 射线检测中选择优化焦距的目的是什么?

参考答案

是非题：1. ×　2. ○　3. ○　4. ×　5. ○　6. ○　7. ○　8. ×　9. ○　10. ×

选择题：1. C　2. B　3. C　4. D　5. D　6. A　7. D　8. C　9. D　10. D

第十章 射线检测质量管理

10.1 质量保证体系的建立和运行

10.1.1 概述

无损检测是保证产品可靠性和进行产品质量控制的重要手段。产品质量的好坏，不仅取决于检测技术的进步和可靠，还取决于质量管理的水平。技术与管理二者是紧密联系的，对产品质量都有直接或间接的影响，因此，为保证检测结果的可靠性，必须建立质量管理与质量保证体系。

ISO 9000 对一些关键术语提出如下定义：

质量管理——制定和实施质量方针的全部管理职能。

质量体系——为实施质量管理的组织结构，职责，程序过程和资源。

质量控制——为达到质量要求所采取的作业技术和活动。

质量保证——对某一产品或服务能满足是规定质量要求，提供适当信任所必需的全部有计划，有系统的活动。

“质量”一词在 GB/T 6583——ISO8402“质量管理和质量保证——术语”中的定义为：“反映实体满足明确和隐含需要的能力的特性总和”。通常认为，质量有狭义和广义两种含义。狭义的质量就是产品质量。对射线检测而言，可以认为是指射线检测结果的正确性和可靠性。广义的质量除产品质量外，还包括了工作质量。对射线检测而言，可以认为是指无损检测人员在实施射线检测工作过程中，各个方面，各个环节工作的好坏。它取决于工作人员的责任心与技术水平等综合条件，这些条件将直接或间接地影响到射线检测的结果。

产品质量与工作质量二者是不同的概念，但又是密切相关的。产品质量取决于各个方面，各个环节的工作质量，工作质量是产品质量的保证。

质量保证包括了二个含义，一是指企业在产品质量方面对用户所作的一种担保，具有保证书的含义，具体到射线检测而言，就是指一个射线检测部门的检测结果的正确性、可靠性，对用户或小道工序单位的一种担保和提供的信任。第二个含义是指企业为确保质量所必须的全部有计划有组织的活动。即为了保证产品质量，企业在加强从设计、研制、销售到使用的全过程的质量管理活动。具体到射线检测而言，则是指无损检测的人员，从射线检测工作一开始的任务委托到检测完成的全过程的质量管理活动。质量管理的含义是指确定质量方针和职责并在质量体系中通过诸如质量策划、质量控制、质量保证和质量改进使其实施全部管理职能的所有活动。质量管理与质量保证二者的区别在于，质量管理侧重于研究企业内部的质量问题，而质量保证则是在此基础上进一步强调对企业外部的用户，使用产品的质量保证。

体系，也称系统，是由两个以上有机联系，相互作用的要素组成，具有特定结构和功能的有机整体。质量体系是为实施质量管理所需的组织结构，程序、过程和资源。质量保证体系是：企业以保证和提高产品质量为目标，运用体系的概念和方法，形成一个既有明确的任务、职责和权限，又能互相协调，互相促进的有机整体。质量保证体系的作用在于能够从组织上，制度上保证企业长期稳定地生产用户满意的产品。

10.1.2 无损检测质量保证体系的构成

在质量管理中，有关内容可分为若干个质量体系要素。在GB19004—ISO9004“质量管理和质量体系要素——指南”中质量体系要素有20个。这些要素都取决于人的因素；机器的因素；材料的因素；方法的因素以及工作环境的因素。即人、机、料、法、环五个因素，无损检测的质量管理就是从这五个方面因素着手去提高无损检测的质量。对于射线检测，其主要内容有：

1. 射线检测人员的管理

(1) 人员资格：凡从事无损检测人员必须按照规定的资格考核，取得机构颁发的相应的资格证书、方可从事相应方法和等级的无损检测工作，射线检测资格分为Ⅰ级(初级)、Ⅱ级(中级)、Ⅲ级(高级)三个等级。

(2) 培训考核：培训可以是长期的或短期的，集中的或分散的，一般应有培训记录。一个单位的无损检测部门或其主管部门，应当制订培训计划，以便于按照人员情况，工作需要进行人员技术培训。

(3) 建立无损检测人员的技术档案。对每一位从事射线检测人员应建立个人技术档案，内容至少应包括：检测质量方面的奖惩情况；检测人员的工作记录，包括中断无损检测工作的起止时间；接受技术培训的情况等。

(4) 健康档案和射线剂量记录：射线检测属特殊有害工种。为了保障射线检测人员的健康与安全，应建立射线检测人员的健康档案和进行射线剂量记录。此项工作应归口于单位的安全技术和工业卫生部门管理。但为了便于对无损检测人员的管理。也应同时纳入无损检测部门的质量管理之中。

2. 射线检测设备及器材的管理

该项管理主要是建立设备台帐和设备使用卡以及设备的周期检定(周检)制度。应详细记录设备进厂日期和性能，价值及附件情况；检修和零件更换情况以及设备周检情况。设备应有专人负责维护保养。设备可以集中管理，也可以分散管理。对于关键设备，应记录其作用的频度、分析设备利用率。

要用好、管好、修好设备。要对操作人员进行培训、考核，发设备操作许可证后方可上岗。设备应制定安全操作规程，要严格按操作规程进行操作。设备发生事故，应填写事故报告单，以分析事故发生的原因和责任者。

射线检测设备器材管理的内容主要有：

(1) 射线探伤机的管理(包括γ射线探伤机和电子直线加速器等设备，还包括自动洗片机等设备的管理)。

(2) 射线胶片和底片的管理。

(3) 暗室及其材料的管理(包括显、定影等化学材料的管理)。

(4) 增感屏、像质计、黑度计、密度片，评片灯等器材的管理。

3. 射线检测工艺的管理

检测工艺的管理是质量管理重要组成部分。射线检测工艺应符合有关规范，规程和标准，并随这些标准的变化，按年号修订以及按新颁标准制定相应的工艺规程。射线检测工艺是质量管理和质量保证手册中一种强制性的要求。对于具体的产品或重要的特殊结构的射线检测，还应建立工艺卡，作为射线检测人员具体操作的指导性工艺文件。

4. 建立无损检测质量管理制度

无损检测质量管理制度是射线检测质量管理的具体文件。它应对射线检测整个工作内容，在质量方面作出规定。它是整个质量管理和质量保证体系中的核心内容和文件。其内容应包括：射线检测的工作程序，即从射线检测的委托、编号、检测操作、标记、报告等作出规定。同时，还应制定射线检测设备；射线检测人员；工艺规程等管理制度。这些管理制度是以制度的形式，进一步细化整个射线检测的质量管理内容。它们应具备具体实施的可操作性。

上述的内容就构成了整个射线检测质量管理和质量保证体系的基本内容，这些内容又是互相有联系的一个整体。各个单位可以根据本单位(工厂、企业、事业，公司等实体)的具体情况，作出补充性的一些质量管理制度。如建立有关工艺纪律监督的制度，以保证工艺规程的正确实施。建立审片制度，以确保评片质量等。以上这些制度正常运作之后，就能够有效地确保射线检测的工作质量。

10.1.3 质量保证体系的动作

射线检测，以无损检测的委托开始，进行委托编号；实施射线透照检测[包括检测标记、暗室处理、评(审)片]；签发报告；检测资料的存档；出据质量证明书；无损检测的统计工作等，构成了整个射线检测的工作程序和内容。

射线检测质量管理与质量保证体系应能形成一个有机整体，工作一环扣一环。在外界因素冲击质量体系的情况，仍能保持整体体系的正常动作和工作循环，而射线检测的质量不受其影响。如：评片时，有人为的因素影响，将不符合要求的底片进行了评定或者由于外界因素的干扰使评片准确率变差，在管理体制上就有由审片人员对底片(包括返修片)进行重新审核评定的对策；当射线检测工艺执行时存在问题时，工艺技术人员，应随时到现场处理技术问题，并进行有效的工艺纪律监督。一般在质量保证体系正常运作时，出现的问题均应有信息反馈，应都能得到及时的处理。

图 10-1 是一种典型的射线检测工作程序流程图。

10.1.4 质量文件

射线检测主要的质量文件包括：

(1) 质量管理制度。包括实施质量管理制度的细则，如射线检测人员管理制度；射线检测设备管理制度等。

(2) 射线检测工艺规程。包括射线检测工艺卡。

(3) 射线检测委托单；检测报告单、评片台账、审片记录等口常使用的表格。

(4) 质量证明书。包括有关技术通知单，焊缝返修手续，返修底片丢失处理单，X 光底片处理单，以及射线检测报告的原始资料等。

根据各个单位具体情况，质量文件内容略有不同，但一般不得少于以上几大项目。

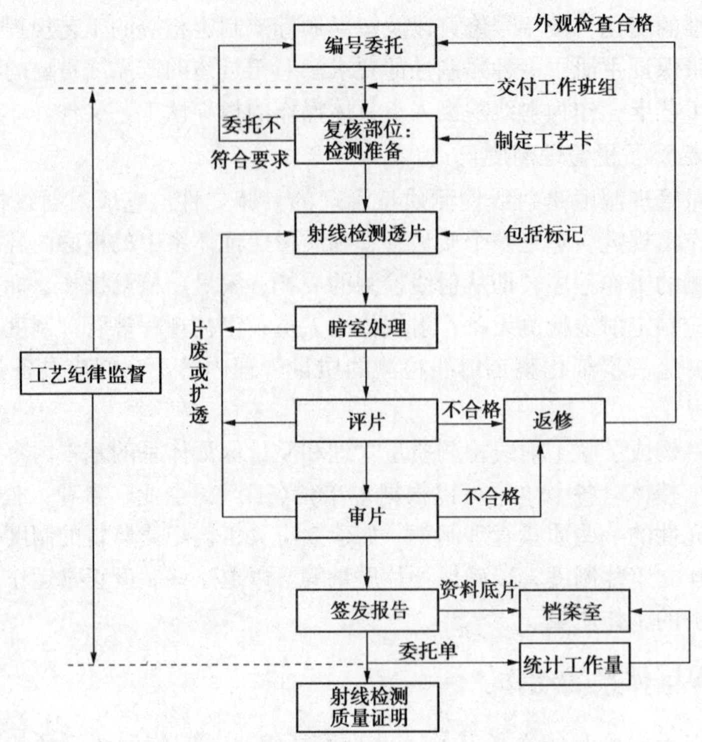

图 10-1　一种典型的射线检测工作程序流程图

10.2　射线检测工艺的管理

10.2.1　工艺规程和工艺卡的编制，审核和批准

编制工艺的目的，是为了保证无损检测结果的一致性和可靠性。所谓射线检测工艺实际上就是对射线检测的方法和要求作出一个统一的规定，以符合有关规范、规程、标准的要求，保证射线检测结果的一致性和可靠性。

一般射线检测工艺分为射线检测工艺规程和射线检测工艺卡两种。它们是属于同一性质的工艺性文件。射线检测工艺规程是企业无损检测质量管理的一部分，它是保证符合有关规范、规程和标准以及获得检测结果一致性和可靠性的质量管理文件。

射线检测工艺规程内容比较详细。有文字叙述，甚至包括一些数字计算过程和规定来源的简单解释。它是针对主要的产品通用性的射线检测操作的指导性文件，它是强制性的。应将“工艺规程”视为必须严格遵守的工厂质量管理法规，实际操作的主要依据。编审人员应对“工艺规程”内容的正确性，符合有关规范、规程和标准的一致性负责。即按照工艺规程操作就可以得到符合标准要求的射线检测结果，并且检测的结果是可靠的。射线检测的操作人员应保证严格遵守工艺规程，并对执行工艺规程的正确性负责。

射线检测工艺卡是针对产品具体结构检测操作指导性的工艺文件，它是工艺规程的“浓缩”。一般是用一张表或卡片来说明应当执行的各种工艺参数。其内容规定得非常具体和简明扼要。它没有详细的文字叙述，最多对一些工艺要点难点有少量的“注释”和用简图说明工艺方法的要点。

1. 工艺规程的编制、审核和批准

Ⅲ级人员可根据标准编制无损检测工艺，Ⅱ级人员可编制一般的无损检测程序，并按Ⅲ级无损检测人员编制的无损检测工艺独立进行检测操作。工艺规程的审核，应为具有Ⅲ级资格的技术人员或专控负责人。而且应该强调审核人应具有该种方法的高级资格。这样才能对工艺规程编制的质量把关。

工艺规程的批准，应为企业或单位的总工程师，技术厂长或技术负责人。这样才符合质量管理的程序。有关工艺规程的批准权限问题一般应在企业或单位的质量管理文件中，作出明确的规定。

2. 射线检测工艺规程的内容

射线检测工艺规程应包括必要的一些内容，遵循这些内容进行射线检测操作，才能保证检测的质量。一般应包括下列内容：

（1）适用范围(编制依据的标准；透照质量等级；透照母材厚度范围；工件种类，焊接方法和类型等)

（2）检测人员要求(资格、视力等)；

（3）对工件的要求(工序、探伤时机、工件表面状况等)；

（4）设备、器材(射线源和能量的选择，胶片牌号和类型，增感屏，像质计，暗盒，铅字等)；

（5）透照方法及相关要求(100%分段透照及要求，局部透照及扩透要求，焦距，划片长度，编号方法，像质计和标记的摆放，散射线的屏蔽等)；

（6）钢印标记方法；

（7）曝光曲线(管电压，管电流，曝光时间等)；

（8）暗室处理(洗片方法，胶片处理程序、条件及要求等)；

（9）底片评定(评片条件，验收标准，像质鉴定，级别评定，返修规定)；

（10）记录报告(记录报告内容及要求，资料，档案管理要求等)，安全管理规定；

（11）其他必要的说明。

编制的工艺规程应符合有关射线检测标准、规程、规范的要求。整个射线检测工作程序的内容及要求都要涉及，语言简明扼要，工艺规程要结合工厂或企业单位的实际情况，要具有可操作性。工厂或企业单位条件达不到的内容不要列入。

3. 射线检测工艺卡的编制、审核、批准

射线检测工艺卡与工艺规程属于同样性质的工艺文件。但是由于工艺卡是针对具体产品，甚至是某一具体检测工序的文件。它的编、审、批，随时都要进行。因此，工艺卡可由有资格的技术人员编制、质控负责人或有资格(Ⅱ级或Ⅱ级以上)的无损检测负责人审核或批准。

一般工艺卡是以一张卡片的样式进行填写，并随委托单流程流动，最终进行存档。

10.2.2 工艺纪律的监督与管理

正确执行工艺是一个很严肃的问题，它将直接影响到射线检测质量，操作人员应对执行工艺的正确性负责。不按工艺要求进行操作，将会影响检测质量或对下一道工序的实施造成困难。最终必然影响到检测结果的可靠性和一致性。所以工艺纪律的监督工作是十分必要的。

工艺纪律的监督工作，一般应采用自检、互检相结合的原则，操作人员应严格按射线检测工艺规程操作，其他检测人员，尤其是班组长，应对操作人员执行工艺的正确性进行监督。对整个工艺的运作情况，由专门负责工艺纪律监督的工艺人员或检测人员，对工艺纪律进行必要的监督。工艺纪律执行的结果，应纳入个人工作业绩考核中去，实行奖罚。由于难于对每次射线检测操作实施监督，因此采用定期或不定期检查工艺纪律的方法是适宜的。

10.2.3 射线检测报告，底片及有关技术文件的管理

具有Ⅱ级及以上资格的评片人员，应在了解射线照相操作人员提供的实际操作条件，原始记录的基础上进行底片评定，然后签发射线检测报告。

原始记录条件，必须是实际操作的数据，不得抄录工艺规程上规定的数据。底片评定后，应单张装袋按顺序理顺或者用纸隔开按照序理顺装袋。按检验编号顺序分捆包扎，存放在专用的房间，最好设置底片存放档案室，并由专人保管。底片不得重叠摆放或堆放。一般应使底片侧端面与存放面垂直，置于架子上，以防底片变形、变质。室内的温度和湿度应保证底片长期存放不变形不变质，尤其要注意防止温度过高和湿度太大。为了查找方便，及时将需要的底片调出，应按照档案管理的办法，按年、按月、按出厂编号台份进行分类顺序整理。

评片记录台账，审片记录，质量证明书及有关原始报告，档案资料应按年、月、台份，按一定的编排顺序装订成册，归入档案室，由专人进行管理。并建立产品目录的台账以便按产品目录进行查询。

10.2.4 新技术、新工艺的试验，工艺的评定工作

随着无损检测技术的发展，各种无损检测新技术、新工艺不断出现。新技术、新工艺能否在日常的无损检测工作中应用，成为一种规定的工艺方法，应该有一定的工艺评定或鉴定的程序，以保证新技术、新工艺检测结果的可靠性。

对于常规的无损检测方法中一般性的新技术、新工艺；以及特殊产品(超出现行标准适用范围的特殊零部件)的射线检测，工艺须经过工艺评定的程序。工艺评定应由有资格的技术人员主持进行，主要是验证所评定的新工艺新技术的可靠性，正确性。在无方法标准，等级评定标准或验收标准可循的情况下，还应制定方法标准，等级评定标准或验收标准，经实际检测验证后，由有关人员写出工艺评定报告。质控负责人最终认可，最后按工艺评定中经验证合适的工艺方法和参数，制定工艺规程，然后实施。

对于起出常规方法的新技术，新工艺，或是新的检测方法，例如计算机实时成像检测技术，则需要经过专家鉴定的程序，然后由国内相关的权威部门认可，有一个较长时期的前期技术开发阶段。一般的程序是：先进行新技术的开发，然后经过反复试验验证，在某一个或几个工厂企业试用一个较长的阶段待新技术较为成熟后，采用召开技术鉴定会的方式，国内相关技术管理部门认可，组织制定方法标准，等级评定标准或验收标准，然后逐步推广使用。一般来说，这种评定程序要经过多次反复认定的过程和逐步认可推广的过程。

10.2.5 统计工作

统计工作是质量管理工作的重要组成部分，统计的内容包括射线检测人员的工作质量和

数量。每位射线检测人员的透照成片数和成片率，全体射线检测人员的成片数和成片率，各种情况的废片率等。从统计资料中可以反映出总的工作量和消耗量。个人工作量和消耗量，以此作为工作考核的主要依据。从统计资料上应能分析出产生废片的原因和提高质量减少废片的途径，以作为降低成本，提高成片率的依据。

统计工作还应包括焊工的焊接一次合格率和焊接质量的统计。作为分析焊接返修的原因和提高焊接质量途径的依据之一。

10.3 射线检测设备和器材的管理

射线检测设备管理的目的和原则是：应最大限度地发挥射线检测设备的作用，延长设备使用寿命，确保人身安全，降低修理费用，确保射线检测结论的正确、可靠。

10.3.1 定期检验与维修

定期检验，常简称为定检。设备与器材应建立定检制度。

X 射线机一般只进行电流表、电压表的定检，一般每年校正一次。毫安表，千伏表的校验、应采用精度不低于 1.0 级的毫安表和交流电压表，参照《JB/T 9402—1999 工业 X 射线探伤机　性能测试方法》进行。从实用的角度考虑亦可采用定期校验 X 射线探伤机曝光曲线的方法进行定检，但必须制订相关的校验规程。

黑度计的校验：允许测量误差值可参照美国试验与材料学会（ASME）规范，一般控制在 ±0.05，ASME 规范规定为每 90 天至少校验一次。

由于密度片的黑度值有可能随时间和其他因素变化，定期校验是必要的。定检应由有资格的国家计量部门进行黑度值的精度校验，并出据校验证明书和校验日期。一般在质量管理制度中可规定为一年校验一次或按照有关的标准规定的校验周期进行校验。

像质计必须有出厂质量证明书，其生产厂家应为经国家计量部门认可的像质计专业生产厂。

10.3.2 射线检测设备的使用、维护保养

要认真贯彻“以预防为主，维护保养与计划检修并重的方针”保证设备经常处于良好状态。主要的射线检测设备应实行定机定人，凭操作证使用设备的制度。应该严格按设备操作规程操作设备。应将设备维护保养情况的检查结果纳入个人工作业绩考核中去。

应建立设备交接班记录，认真填写设备使用情况以及本班的设备完好状况。射线检测设备发生故障、探伤人员必须立即停止操作，防止设备继发性损坏，并及时报告有关部门及负责人。然后由设备管理部门根据设备故障及损坏情况安排检修。

主要射线检测设备应建立大中修制度。设备经大中修后，应组织射线检测设备员、技术人员、操作人员共同验收。验收合格后方可交付使用。

10.3.3 暗室设备及器材

自动洗片机应建立设备操作规程，暗室人员应严格按自动洗片机操作规程操作。随时注意自动洗片机的运转情况，严格调试控制好显、定影温度和烘干温度。检查显、定影的补充情况以及辊子转运的运转情况是否良好，发现异常应随时停机检查处理。

手工冲片装置，烘干箱、切片刀等器材应精心使用和保管。显、定影的化学药品，按规定必须要有质量合格证明，并检查药品的实物与质证是否相符。应按规定的比例和顺序配制显、定影液。胶片不应大量存放在暗室，应随用随领以防变质。暗室红灯应注意亮度大小，不得使胶片产生附加的灰雾。

10.3.4 设备技术文件的管理

射线检测设备有关的技术文件，尤其是设备使用说明书，设备管理台账，都应由设备主管部门专人统一保管，以备随时查用。应防止设备使用说明书的丢失损坏。

10.4 射线检测人员管理

无损检测人员管理是质量管理的首要因素，对射线检测人员的基本情况包括工作经历、工作情况、资格状况、身体状况等都应进行统一的管理。

10.4.1 各级别的射线检测人员培训、考核、取证

企业应有专门部门或人员负责培训、考核、取证的管理工作，其工作内容包括，根据企业的现状和发展提出人员培训的长远规划和近期计划；根据生产的需要组织技术和工艺的学习；根据考核发证部门的计划和规定，提出考核取证人员和复考人员名单，办理有关手续。

10.4.2 资格证书、工作记录等人员技术档案的管理

持证人员所在单位应对持证的无损检测人员加强管理，建立人员技术档案，对持证人员监督管理的主要内容是：

（1）有无工作岗位及工作单位的变更；

（2）在无损检测态度上有无因弄虚作假、玩忽职守造成严重责任事故；

（3）在无损检测技术水平上有无严重漏检、误检，不能保证检测质量；

（4）有无私自外出无损检测工作；

（5）有无从事与资格证书不符（指资格证书内的检测方法，级别，有效期）的无损检测工作。

监督管理主要采取持证人员所在单位的管理与监察机构的日常监督检查相结合的方式，如持证人员建立技术档案，遇有上述情况及时向监督机构报告或备案。

10.4.3 岗位责任制

对射线检测各个岗位，如射线透照操作、评审片、暗室处理技术、质量负责人、资料，档案管理等岗位都应建立岗位责任制。岗位责任制的中心是质量责任制，质量责任制要求明确规定出，每一个无损检测人员，在质量工作上的具体任务，责任与权力，以便做到质量工作事事有人管，人人有专责，办事有标准，工作有检查，检查有考核。

10.4.4 射线检测人员的安全保障

为了保障射线检测人员的健康与安全，应当根据中华人民共和国卫生部、国家卫生管理法规 GWF01—SS“放射工作人员健康管理规定”，对从事放射检测的工作人员进行健康管理。

1. 常规医学监督

放射工作人员就业前必须进行体格检查，体检合格后方可从事放射工作。放射工作单位，对每位放射工作人员，必须建立个人健康档案和个人剂量档案。人员的体检由放射工作单位组织到各省、自治区、直辖市卫生厅、局指定的医疗、卫生防护单位进行。

2. 放射工作人员的健康要求

放射工作人员必须具有正常、异常的紧急情况下能正确，安全地履行其职责的健康条件。

具有下列情况之一者，不宜从事放射工作。已参加放射工作者，可根据情况给予减少接触，短期脱离，疗养或调离等。

(1) 血红蛋白低于 120g/L 或高于 160g/L(男)；血红蛋白低于 110g/L 或高于 150g/L(女)。

(2) 红细胞数低于 4×10^{12}/L 或高于 5.5×10^{12}/L(男)；红细胞数低于 35×10^{12}/L 或高于 5×10^{12}/L(女)。高原地区可参照当地正常值范围处理。

(3) 准备参加放射工作的人员，白细胞总数低于 4.5×10^{9}/L 或高于 10×10^{9}/L 者。已参加放射工作的人员白细胞总数持续(指六个月，下同)低于 4×10^{9}/L 或高于 1.1×10^{10}/L 者。

(4) 准备参加放射工作的人员，血小板低于 110×10^{9}/L，已参加放射工作的人员血小板持续低于 100×10^{9}/L。

(5) 患有心血管、肝、肾、呼吸系统疾患，内分泌疾患，血液病，皮肤疾病和严重的晶体混浊或者高度近视者。

(6) 严重神经，精神异常，如癫痫、癔病等。

(7) 其他器质性或功能性疾患，卫生部门可根据病情或接触放射性的具体情况(包括放射工作种类、水平，本人工作能力，专业技术需要等)综合衡量确定。

3. 放射工作人员的医学检查项目要求

按照规定，体格检查项目，应包括一般体检的详细项目，主要是临床内科，外周血象，肝功及尿常规检查，接触外照射的放射工作人员，要进行眼晶体的检查。必要时应进行血细胞染色体畸变分析(注：最好进行此项检查)。根据需要还可进行皮肤、毛发、指甲、微循环，以及对受事故照射的男性人员增加精液常规检查等。体检时，应注意有无自觉症状，了解职业史及其他有害物质的接触史。

放射性疾病的诊断必须在具有个人健康档案和个人剂量档案的前题下，根据国际家标准：《GB 8280—2000 外照射急性放射病诊断标准及处理原则》《GB 8281—87“外照射慢性放射病诊断标准及处理原则》；《GB 8283—87“放射性白内障诊断标准及处理原则》等作出诊断和处理。

4. 特殊受照人员的健康管理

放射工作单位要关心从事过放射工作的(包括应急照射)现已离退体或因健康原因调离放射工作人员的身体健康。从事放射工作的哺乳期妇女、妊娠初期三个月孕妇应尽量避免接受照射，在妊娠或哺乳期内不得接受事先计划的特殊照射。未满十八周岁者，不得从事放射工作。

5. 放射工作人员的保健

放射工作人员的保健待遇应按照国家有关规定执行。放射工作人员的保健休假，应根据照射剂量的大小与工龄长短，每年除其他休假外，可享受保健休假 2~4 周。从事放射工作 25 年以上的在职者，每年由所在单位安排利用休假时间享受 2~4 月的疗养待遇。放射工作人员健康体检、休假、住院检查或患病治疗期间照常享受保健津贴，医疗费用分别由公费医疗、劳保医疗或所在单位支付，在生活方面所在单位应给予适当照顾。长期从事放射工作的人员，因患病不能胜任现职工作的经规定的组织或机构诊断确认后，可根据国家有关规定提前退休。放射工作人员因职业放射损伤致残者，其退休后工资和医疗卫生津贴照发。因患放射疾病治疗无效死亡者，按因公特殊处理。

有关部、委、局可根据“放射工作人员健康管理规定”结合本部门的实际情况，制定相应的实施细则。

6. 放射工作场地的安全监督及放射性同位素许可登记

放射工作场地启用前，应进行安全剂量测试，经放射卫生防护监督监测部门进行安全测定，符合国家安全剂量规定值后，报送卫生主管部门备案，方可投入使用。放射性工作场所必须设置安全防护装置，其入口处必须设置放射性标志，报警装置和工作信号灯以及安全联锁装置。

放射工作单位或探伤室，应备有剂量仪和其他剂量测试设备、仪器以测定工作环境射线剂量和个人受到的累积剂量。放射性同位素必须建立许可证登记制度。目前我国放射性同位素的安全监督管理工作由各地方卫生部门负责。因此许可证是由卫生部门登记发放。对于重点要害放射性部门，如直线加速器，γ 射线探伤机，应由各单位公安、保卫部门等加强安全管理。

习　题

问答题：

1. 全面质量管理的主要内容是什么？
2. 无损检测的质量管理一般包含哪些内容？
3. 锅炉压力容器无损检测质量管理应包括哪些内容？
4. γ 射线源的保管储存应满足哪些要求？
5. 无损检测工艺管理包括哪些内容？
6. 无损检测新工艺和新技术在生产中应用之前，为什么要经过工艺鉴定程序？
7. 什么是例外检测？制订射线检测的例外检测方案和工艺时，应考虑哪几个方面问题？
8. 申请开展射线装置工作的单位必须具备哪些基本条件？
9. 申请放射工作人员证必须具备哪些基本条件？
10. 如发生人员受超剂量照射事故，应如何处置？

第十一章　标准知识简介

11.1　标准的定义和作用

标准的定义是："标准是对重复性事务和概念所作的规定，它以科学、技术和实践经验的综合成果为基础，经有关方面协商一致，由主管机构批准，以特定形式发布，作为共同遵守的准则和依据。"由此可见，标准是一种特定的文件，其作用是作为人们从事某种特定工作时共同遵守的准则和依据。

射线检测由于其能够对构件内部缺陷的直观的观察(相对于超声波检测)，并具有很好的重现性等特点。但在与其他检测方法一样，射线检测过程中也有很多影响检测质量的因素，涉及到检测器材、检测工艺、验收衡准、人员保护等。同时许多构件由于在结构中的不同功能和重要性的差异，其质量要求就允许存在一定的差异。但是如何判定这种允许存在的差异，就需要在一定的程度上有一个可以共同接受的，可以比较的基础。通过建立这种可比较的基础，针对不同的结构功能性要求，划定不同条件下的可接受的水平或不可接受的水平，使相关各方能够在讨论具体标准时有依可据，这就是标准的作用。

11.2　标准的分类

11.2.1　按标准的用途的分类

根据标准的不同用途，可将射线检测标准分为以下几种主要类型：

1. 术语标准

术语标准是对相关专业术语名称的规定和含义的解释，是人们用科学的语言、统一的格式编写的相关专业文本。它的主要用途是统一相关专业的名词用语，避免发生理解上的误差，也便于进行纠纷的仲裁。

国标 GB/T 12604 就是无损检测专业的术语，其中《GB/T 12604.2—2005 无损检测　术语　射线照相检测》。该标准与国际标准 ISO 5576 等同。

2. 设备与器材标准

这类标准主要是对相关检测专业所使用基本设备、仪器和主用器材的基本技术要求作出规定，规范产品生产单位使其产品性能符合检测工作的需要，也便于产品使用单位能据以验收、所购的或校验正在使用的设备、仪器和器材。

在射线检测中，这类标准主要涉及射线探伤机、胶片、像质计、增感屏、观片灯等。例如国标《GB/T 14058—2008 γ 射线探伤机》，规定了采用密封放射源发射的 γ 射线进行常规工业射线照相的 γ 射线探伤机的产品分类、技术要求、试验方法、检验规则和标志、包装、运输及储存等；机标《JB/T 7413—1994 便携式工业 X 射线探伤机》则是对于管电压不超过 500kV 的携带式工业 X 射线探伤机的产品分类、技术要求、试验方法、检验规则和标志、包装、运输、储存进行了规定。胶片标准为《GB/T 19348—2003 无损检测　工业射线照相胶片》；观片灯的标准为《GB/T 19802—2005 无损检测　工业射线照相观片灯　最低要求》；像质计标准为《GB/T 23901—2009 无损检测　射线照相底片像质》；增感屏目前仅对常用的金属增感屏有现成的《GB/T 23910—2009 无损检测　射线照相检测用金属增感屏》标准，该标准包含了铅、钢、铜、钽、钨等金属材料制成的增感屏。在标准中对制屏用材料的成分、厚度、尺寸作了明确的规定，同时也对屏的表面质量有原则性要求。

3. 检测工艺标准

由于射线检测的工艺与检测标准的相关，不同的检测目标(检测物体材质、检测构件的重要性等)允许工艺上有所区别，但是作为标准主要是以通用性的标准为主。

常用的检测工艺标准有《GB/T 3323—2005 金属熔化焊焊接接头射线照相》(该标准修改采用了 EN1435《焊缝的无损检测熔化焊缝射线照相》)。此标准作为最常用的焊缝射线检测通用工艺被广泛应用于各个行业。《GB/T 19943—2005 无损检测　金属材料 X 和伽玛射线照相检测　基本规则》等同于 ISO 5579 同名标准。此标准主要是了获得良好射线照相质量的基本规则和技术步骤。

《GB/T 19938—2005 无损检测　焊缝射线照相和底片观察条件　像质计推荐型式的使用》等同采用了 ISO2504 同名标准。该标准对在射线检测中像质计的应用以及照相底板的观察条件作了较为明确的规定。

4. 检测的防护标准

为了有效防止射线对人体的伤害，国家对射线检测规定有强制性的职业安全卫生标准。目前常用射线检测防护标准有：《GBZ 117—2006 工业 X 射线探伤放射卫生防护标准》和《GBZ 132—2008 工业 γ 射线探伤卫生防护标准》。这两份标准分别对采用两种不同放射源的设备和场所包括室内和外场防护要求，以及监测方法等作出了明确的规定。

随着科学技术的不断发展，与射线检测相关的各种技术也在不断发展过程中，因此与此相关的标准也会经常地进行修订。在选择适用标准的过程中不仅需要了解标准的针对性，也需要核查标准的有效性。

11.2.2　按制定标准的主管部门分类

按制定标准的主管部门分类，可将射线检测标准分为国际标准、国家标准、行业标准和企业标准。

1. 国家标准(GB)

国家标准是由国家标准化管理委员会领导下的全国无损检测标准化技术委员会(代号 SAC/TC56)组织，按照《中华人民共和国标准化法》的规定，为在全国范围内统一射线检测技术要求而制定的标准，因此，国家标准是适应范围最广的标准，可在全国范围内使用。

2. 行业标准

行业标准是由各行业根据本行业的产品或特殊要求而制定的标准，如石油天然气行业标准(SY)、船舶行业标准(CB)，机械行业标准(JB)、航空行业标准(HB)、航天行业标准(QJ)、轻工业标准(QB)等。以及某些特殊的企业标准，当然也有一些因为产品国际化的需求而直接采用国际上某些公认的国家、行业或企业的标准。

3. 企业标准(QB)

企业标准是由企业根据国家标准和行业标准的要求，或者由于国家或行业尚无相关标准，结合自身情况而制定的标准，它仅适用于企业内部。标准化规定：“企业生产的产况没有国家标准和行业标准的，应当制定企业标准作为组织生产的依据，已有国家标准和行业标准的，国家鼓励企业制定严于国家标准和行业标准的企业标准，在企业内部使用。”

11.3 国内部分射线照相检测标准和辐射防护标准

《GB/T 3323—2005 金属熔化焊焊接接头射线照相》

《GB 5677—2007 铸钢件射线照相检测》

《GB/T 6417.1—2005 金属熔化焊接头缺欠分类及说明》

《GB/T 9445—2005 无损检测　人员资格鉴定与认证》

《GB 9582—2008 摄影工业射线胶片　ISO 感光度，ISO 平均斜率和 ISO 斜率 G2 和 G4 的测定(用 X 和 γ 射线曝光)》

《GB/T 12604.2—2005 无损检测　术语　射线照相检测》

《GB/T 5677—2007 铸钢件射线照相检测》

《GB/T 12605—2008 无损检测　金属管道熔化焊　环向对接接头射线照相检测方法》

《GBZ117—2006 工业 X 射线探伤放射卫生防护标准》

《GBZ 98—2002 放射工作人员健康标准》

《GB 18871—2002 电离辐射防护与辐射源安全基本标准》

《GB/T 19293—2003 对接焊缝 X 射线实时成像检测法》

《GB/T 19348.1—2003 无损检测　工业射线照相胶片　第 1 部分：工业射线照相胶片系统的分类》

《GB/T 19348.2—2003 无损检测　工业射线照相胶片　第 2 部分：用参考值方法控制胶片处理》

《GB/T 19802—2005 无损检测　工业射线照相观片灯　最低要求》

《GB/T 19803—2005 无损检测 射线照相像质计 原则与标识》

《GB/T 19943—2005 无损检测　金属材料 X 射线和 γ 射线　照相检测　基本规则》

《GB/T 21355—2008 无损检测　计算机射线照相系统的分类》

《GB/T 21356—2008　无损检测　计算机射线照相系统的长期稳定性与鉴定方法》

《GB/T 9711—2011 石油天然气工业管线输送系统用钢管》

《CB/T 3558—2011 船舶钢焊缝射线检测工艺和质量分级》

《SY/T 6423.1—1999 石油天然气工业　承压钢管无损检测方法　埋弧焊钢管焊缝缺欠的射线检测》

CDP-S-NGP-PL-006-2011-2《天然气管道工程钢管通用技术条件》

《JB/T 4730—2005 承压设备无损检测》

《JB/T 7902—2006 无损检测 射线照相检测用线型像质计》

《JB/T 19802—2005 无损检测工业射线照相观片灯　最低要求》

《GJB 1486—1992 铝及铝合金熔焊对接接头 X 射线照相检验方法》

《HB 7684—2000 射线照相检验用丝型像质计》

11.4 部分国际标准化组织标准，欧洲标准射线照相检测标准目录

ISO 5579：1998《无损检测　金属材料的 X 射线和 γ 射线检验　基本规则》

ISO 5580：1985(E)《无损检测　工业射线照相检验观片灯　最低要求》

ISO 11699-1：1998《无损检测　工业射线照相胶片　第 1 部分：工业射线照相胶片系统分类》

ISO 11699-2：1998《无损检测　工业射线照相胶片　第 2 部分：用基准值检验底片》

EN 444：1994《无损检测　金属材料的 X 射线和 γ 射线检验　基本规则》

EN 462-1：1994《无损检测　射线照相检验的图像质量　第 1 部分：图像质量指示器(丝型)　图像质量值确定》

EN 462-2：1994《无损检测　射线照相检验的图像质量　第 2 部分：图像质量指示器(丝型)　图像质量值确定》

EN 462-3：1997《无损检测　射线照相检验的图像质量　第 3 部分：用于黑色金属的图像质量分级》

EN 462-4：1995《无损检测　射线照相检验的图像质量　第 4 部分：图像质量值的试验评定和图像质量表》

EN 462-5：1996《无损检测　射线照相检验的图像质量　第 4 部分：图像质量指示器(双丝型)，图像不清晰度值确定》

EN 584-1：1995《无损检测　工业射线照相胶片　第 1 部分：工业射线照相胶片系统分类》

EN 584-2：1997《无损检测　工业射线照相胶片　第 2 部分：用参考值控制胶片暗室处理》

EN 1435：1997《无损检测　焊接检验　熔焊接头的射线照相检验》

EN 25580：1992《无损检测　工业射线照相检验观片灯　最低要求》

ASTM E 94—2010《射线照相检验指南》

ASTM E 155—2005《铝铸件和镁铸件射线照相检验的参考射线照片》

ASTM E 186—1998《厚壁(51～114mm)钢铸件的参考射线照片》

ASTM E 192—04(2010)《航空用熔模钢铸件的参考射线照片》

ASTM E 242—01(2010)《参数改变时射线照相影像变化的参考射线照片》

ASTM E 272—99(2004)《高强度铜基和镍铜合金铸件的参考射线照片》

ASTM E 280：2010《厚壁(114～305mm)钢铸件的参考射线照片》

ASTM E 310—1999《锡青铜铸件的参考射线照片》

ASTM E 390—2011《钢熔化焊焊缝的参考射线照片》

ASTM E 431—96(2011)《半导体和相关器件射线照片判定导则》

ASTM E 446—2010《厚度不大于 50.8mm 钢铸件的参考射线照片》

ASTM E 505—01(2011)《铝镁压铸件射线照相检验的参考射线照片》

ASTM E 545—05(2010)《热中子射线照相检验直接曝光中确定影像质量的方法》

ASTM E 592—99(2009)《X 射线照相检验厚 6～51mm 钢板和钴-60 射线照相检验厚 25～152mm 钢板得到 ASTM 等价透度计灵敏导则》

ASTM E 689—10《球墨铁铸件的参考射线照片》
ASTM E 746—2002《工业用 X 射线照相胶片的相关图像质量特性曲线》
ASTM E 747—04(2010)《用金属丝穿透计控制射线照相检验质量的测试》
ASTM E 748—02(2008)《材料的热中子射线照相方法》
ASTM E 801—06(2011)《电子装置 X 射线照相测试质量的控制》
ASTM E 802—95(2010)《厚度不大于 114mm 铸铁件的参考射线照片》
ASTM E 803—91(2008)《中子射线照相束的长度直径比的测定》
ASTM E 999—06《工业射线照相胶片处理质量控制标准指南》
ASTM E 1000—98(2009)《射线实时成像检测技术导则》
ASTM E 1025—2005《辐射摄影术用孔型图象质量指示仪的应用》
ASTM E 1030—2005《金属铸件的 X 射线照相检验的试验方法》
ASTM E 1032—2006《焊接件射线照相检验方法》
ASTM E 1079—05(2010)《透射密度计的校准》
ASTM E 1114—03(2010)《测定 192Ir 工业射线源焦点尺寸的方法》
ASTM E 1161—03《半导体和电子组件的射线照相检验方法》
ASTM E 1165—04(2010)《针孔成像法测定工业 X 射线管焦点尺寸的方法》
ASTM E 1254—2003《射线照片和未曝光工业用射线照相胶片储存的标准指南》
ASTM E 1255—09《射线透射惯例》
ASTM E 1320—10《钛铸件用基准 X 射线照相》
ASTM E 1390—06《用于观察工业射线照相的照明装置》
ASTM E 1411—09《X 射线透视系统的鉴定》
ASTM E 1416—2004《焊件的射线检验法》
ASTM E 1441 2000(2011)《计算机层析(CT)成像导则》
ASTM E 1453—93(2002)《含有模拟或数字实时成像数据介质的储存导则》
ASTM E 1475—02(2008)《数字射线检验数据计算机传递数据场的原则》
ASTM E 1496—05(2010)《中子射线照相尺寸测量方法》
ASTM E 1570—2000(2005)《计算机层析(CT)检验方法》
ASTM E 1647—2003《射线检验中衬比灵敏度测定标准规范》
ASTM E 1648—1995(2001)《铝熔化焊件的参考射线照片》
ASTM E 1672—95(2001)《计算机层析(CT)系统选择导则》
ASTM E 1695—95(2006)《计算机层析(CT)系统性能的测试方法》
ASTM E 1734—2004《铸件的放射检测用标准实用规程》
ASTM E 1735—2007《确定工业射线胶片对 4~25MeV X 射线曝光的相对图像质量方法》
ASTM E 1742—2006《放射照相检验标准实用规程》
ASTM E 1814—96(2007)《铸件的计算机层析(CT)检验方法》
ASTM E 1815—2008《工业射线胶片系统分类方法》
ASTM E 1817—2003《使用典型质量指示器(RQIs)控制射线检验质量的方法》
ASTM E 1931—2009《X 射线康普顿散射层析成像技术》
ASTM E 1935—97(2008)《校准和测定 CT 密度的方法》
ASTM E 1936—2003《评定数字化射线照相系统性能的参考射线照片》

ASTM E 1955—2004《用 ASTM E390 分级射线照片检验钢中焊缝完善性的参考射线照片》

ASTM E 2002—98(2009)《射线检测中测定总的不清晰度的方法》

ASTM E 2003—10《中子射线束纯度指示器的制作方法》

ASTM E 2007—10《计算机化的射线检测技术[光激发射荧光(PSL)方法]导则》

ASTM E 2023—10《中子射线照相灵敏度指示器的制作方法》

ASTM E 2033—99(2006)《计算机化的射线检测技术(光激发射荧光方法)》

ASTM E 2104—09《先进航空和汽轮机材料和组件的射线照相检验方法》

ASTM E 543—09《实施无损检测机构的要求》

ASTM E 1212—2004《无损检验机构用质量控制体系的建立和维护》

ASTM E 1359—2002(2009)《评定无损检测机构能力的导则》

API5L—2007《中文 44 版 管线钢管规范》

参考文献

1 强天鹏．射线检测[M]．北京：中国劳动社会保障出版社，2007

2 张企耀．射线检测技术．北京：人民交通出版社，2001

3 钱慧．X射线周向曝光技术的应用[J]．无损检测，2002，24(10)

4 陈业汉．T型管角焊缝的射线照相检验[J]．无损检测，1998，20(3)

5 施本林．管座式角焊缝双胶片双臂单影射线透照技术[J]．无损检测，2005，27(6)

6 唐继红．无损检测实验[M]．北京：机械工业出版社，2011

7 邓洪军．无损检测实训[M]．北京：机械工业出版社，2010